国家科学技术学术著作出版基金资助出版

滴灌系统灌水器堵塞过程、机理与控制

李云开 等 著

科学出版社
北京

内 容 简 介

本书综合利用水利、机械、材料、电子等多学科理论及精细结构显微分析、分子微生物学等现代研究方法，结合大量现场原位试验，研究黄河水、再生水、微咸水等复杂水源滴灌条件下灌水器堵塞行为，建立灌水器狭小空间内堵塞物质提取及特征组分测试方法，揭示灌水器物理、化学、生物堵塞诱发机理；创建灌水器内部三维流动可视化的测试及固-液-气多场耦合模拟方法，建立灌水器抗堵塞设计理论与方法，研发抗堵塞灌水器高效制造技术；建立过滤器合理配置、系统运行优化、化学加氯、毛管冲洗等滴灌系统灌水器堵塞控制方法及集成应用模式。

本书可供农业水土工程、水利工程等领域相关学者、科研人员参考，也可作为企业家、技术人员、用户等的参考书。

图书在版编目(CIP)数据

滴灌系统灌水器堵塞过程、机理与控制. 李云开等著. —北京：科学出版社，2023. 11

ISBN 978-7-03-056880-9

Ⅰ. ①滴…　Ⅱ. ①李…　Ⅲ. ①滴灌系统-水口堵塞　Ⅳ. ①S275. 6

中国版本图书馆 CIP 数据核字(2018)第 048346 号

责任编辑：周　炜　罗　娟 / 责任校对：崔向琳
责任印制：肖　兴 / 封面设计：陈　敬

科学出版社出版
北京东黄城根北街 16 号
邮政编码：100717
http://www.sciencep.com
北京中科印刷有限公司印刷
科学出版社发行　各地新华书店经销
*
2023 年 11 月第　一　版　开本：787×1092 1/16
2023 年 11 月第一次印刷　印张：54 1/2
字数：1 290 000
定价：568.00 元
(如有印装质量问题，我社负责调换)

序

水安全与食物安全是人类社会可持续发展的最基本支撑点。水安全是食物安全的基础，水资源短缺将直接导致食物生产的波动，从而在源头上导致真正的食物危机。然而，我国水资源极度紧缺，单位耕地面积的水资源量仅为世界平均水平的1/2，尤其是我国水在南方、地在北方，耕地面积约占全国65%的北方地区，水资源量仅占全国的18.6%。随着我国新一轮千亿斤粮食产能提升行动实施和粮食生产重心不断北移，未来我国农业缺水形势将更加紧迫。

我国农业缺水的同时，其灌溉水利用系数仅为0.572，远低于0.7～0.8的国际先进水平；单方灌溉水的产粮数大约是1.58kg，也远低于2.0～3.0kg的国际先进水平。滴灌是一种现代高效节水灌溉技术，灌溉水利用系数可达0.9以上，其根据作物的需水规律，通过管道将水分适时、适量地滴入作物根区，并可随水输送肥料、药剂、菌剂等物质，具有节水、节肥、增产、提质、省工等优点。我国自1974年由墨西哥引进滴灌设备以来，经过近五十年的不断探究，在一定程度上摆脱了早期完全依赖国外进口、仿制改进的落后状况，建立了较为系统的生产体系，成为了滴灌装备生产大国和全球滴灌发展面积最大的国家，为实现农业水资源高效利用、推动农业农村现代化、保障粮食安全高效生产提供了强有力的技术支撑。

滴灌系统灌水器堵塞问题是自滴灌技术诞生之日起，就一直困扰其规模化应用和推广的世界性难题之一，堵塞问题解决的好坏程度直接决定了滴灌系统的灌水均匀度，堵塞严重时甚至可能导致滴灌系统失效，从而直接影响作物的产量和品质。尤其是我国自然资源禀赋特征导致灌溉水质多元化，水脏、水混问题突出，加之水肥一体化技术的推广应用更是对滴灌系统的抗堵塞能力提出更高的要求、相关研究面临更大的挑战。为了解决灌水器堵塞，李云开教授带领高效节水灌溉技术与装备团队，经过二十多年潜心研究，深入揭示了灌水器堵塞诱发、生长及调控机理，创立了抗堵塞灌水器设计理论与方法，构建了黄河水、微咸水、再生水等复杂水源高效抗堵塞滴灌系统，形成了具有原创性的“堵塞机理解析—抗堵塞装备研发—系统抗堵技术”绿色高效抗堵塞滴灌全链条上的核心原创技术创新。构建的抗堵塞技术大幅提高了系统灌水均匀性和使用寿命，并已在新疆、内蒙古、甘肃等省（自治区）得到示范推广，取得的良好的应用效果，有力地促进了我国滴灌技术的发展。

该专著是我国第一部系统介绍滴灌系统灌水器堵塞的著作，也是李云开教授团队不畏艰难、持续攻关过程的缩影。该书内容系统丰富，立足理论创新，兼顾生产实践，拓展了滴灌系统灌水器堵塞领域多学科交叉研究，拓宽了相关农业节水领域科技工作者的视野，可为我国新时期滴灌技术的快速发展提供科学依据和技术指导。我特向广大同仁、研究人员和实践者推荐此书。

中国工程院院士
中国农业大学教授
2023 年 7 月

前　言

根据联合国粮食及农业组织《2022年全球粮食危机报告》评估，全球粮食危机程度创历史新高，且预期将进一步恶化。美国国家情报委员会发布的《2030年全球趋势——变换的世界》将淡水资源管理与微灌技术发展列为关键技术。而我国水土资源十分贫乏，以占全球6%的水资源、9%的耕地养育着世界20%的人口，压力巨大。水安全是粮食安全的基础，当前水资源短缺已成为我国粮食安全的刚性约束。因此，要发展粮食生产、保障粮食安全，实现农业水资源高效节约利用极为重要。

滴灌是目前最为节水的灌溉技术，其通过全管道化系统精量地为作物根区供水、施肥、施药、加气等，已成为实现农业节水、高产、高效的重要途径，对于推动"农业现代化"、实现"农业节水化"意义重大。目前滴灌技术已在我国设施农业、蔬菜瓜果、大田粮经等作物栽培以及城市绿化、生态建设等场景中得到广泛应用。我国出台了一系列政策支持滴灌等高效节水灌溉发展，以滴灌为主的微灌面积近十年增加了约10倍、已达1.1亿亩，成为全球滴灌面积最大的国家，"十四五"时期还要新增滴灌等高效节水灌溉面积0.6亿亩，滴灌技术面临着极好的发展态势。

滴灌发展遇到了诸多瓶颈问题未能得到有效解决，其中灌水器堵塞是制约滴灌技术应用、推广的国际性难题。灌水器是滴灌系统的"芯片"，其作用是将有压水流充分消能后以均匀、稳定的小流量滴入作物根区土壤。由于消能的需要，灌水器流道较为狭窄，一般尺寸只有0.5～1.2mm，极易被水中的固体颗粒物、微生物、盐分等杂质堵塞，轻则影响系统灌水均匀度，重则使系统报废。国内外众多学者试图通过沉沙、过滤等多种途径来控制灌水器堵塞，但堵塞问题一直未得到有效解决，关键在于堵塞的机理不明，这也导致抗堵塞灌水器产品设计以及堵塞控制技术创新都缺乏有效的理论支撑。而我国因水资源紧缺与水环境污染并重，黄河水、再生水、微咸水、高钙镁地下水等复杂水源也常作为滴灌水源，且随着滴灌水肥一体化技术的应用，复杂水质-肥料耦合作用使得堵塞机理更复杂、风险更大，对灌水器的抗堵塞能力提出了更高要求，亟待取得系统的原始创新。

自2000年开始，作者研究团队在国家自然科学基金创新研究群体项目"农业水转化多过程驱动机制与效率提升(51321001)"，国家自然科学基金重大项目子课题"劣质复杂水源滴灌灌水器堵塞控制机理与系统性能提升机制(51790531)"，国家自然科学基金重点项目"再生水灌溉对系统性能与环境介质的影响及其调控机制(51339007)"，国家自然科学基金面上项目"再生水滴灌条件下灌水器堵塞诱发机理及可控模式研究(50779068)"、"再生水滴灌毛管附生生物膜特征及其诱发灌水器堵塞机理与控制模式(51179190)"、"引黄滴灌条件下灌水器堵塞物质形成机理与自清洗调控模式(51479197)”,国家重点研发计划课题“肥料-水源-装备适配技术及调控装备(2017YFD0201504)”,水利部公益性行业科研专项经费项目“低碳环保型滴灌关键技术及应用研究(201401078)”等二十余项国家级科研项目的资助下,就滴灌系统灌水器堵塞过程、机理与控制方面开展了系统和深入研究。

经过二十多年潜心研究,作者研究团队建立了灌水器堵塞特性的原位加速测试方法,明确了黄河水、再生水、高盐地下水等 5 种复杂水源、24 种灌水器堵塞的发生规律;构建了灌水器物理-化学-生物组分分析技术体系,深入揭示了灌水器堵塞诱发、生长及调控机理,推动了相关研究由定性向定量发展;创建了抗堵塞灌水器设计理论及漩涡洗壁优化方法,研发了水力性能与抗堵塞性能俱佳的分形流道灌水器系列创新产品;并从滴灌系统角度出发,构建了高含沙水、微咸水、再生水等复杂水源滴灌系统灌水器堵塞控制技术体系及应用模式。全书共 21 章,第 1 章阐述了滴灌系统灌水器堵塞的国内外研究现状与存在的关键科学问题;第 2 章描述了不同类型灌水器结构特征与性能评价方法;第 3 章介绍了灌水器堵塞行为测试及评价方法;第 4 章阐述了灌水器生物堵塞、化学堵塞及复合堵塞发生特征;第 5 章和第 6 章介绍了灌水器内部堵塞物质的提取、测试及分析方法,并阐明了灌水器流道内堵塞物质的多尺度空间分布特征;第 7～9 章系统阐述了灌水器生物堵塞、化学堵塞和复合堵塞物质的生长动力学过程和诱发机制;第 10 章和第 11 章聚焦于灌水器流道内水流和颗粒物运动的可视化,分别介绍了灌水器内部水流和颗粒物微观运动特性、灌水器内部固-液-气多相耦合 CFD 分析方法;第 12 章明确了灌水器最优的流道构型及参数控制阈值;第 13 章建立了基于灌水器流道特征无量纲参数的抗堵塞能力快速预测预估方法;第 14 章提出了灌水器流道漩涡洗壁优化设计方法,并提出了适宜的流道近壁面剪切力控制阈值;第 15 章提出了抗堵塞分形流道的设计方法;第 16 章创新了单翼迷宫式、内镶贴片式、内镶圆柱式、流延式这四种灌水器生产制造关键技术与工艺;第 17～20 章重点介绍了灌水器堵塞的控制技术,包括过滤器合理配置、系统运行优化、毛管冲洗、化学加氯等;第 21 章提出了黄河水、微咸水、再生水等三种复杂水源滴灌系统灌水器堵塞控制综合技术体系及应用模式。为给读者提供更高质量的阅读体验,本书彩图请扫封底二维码。

先后参加本书相关研究的有:中国农业大学李云开教授、杨培岭教授、周博副教授、周云鹏副教授、徐飞鹏副研究员、周春发副教授、苏艳平副教授、李淑芹副教授等,博士后宋鹏、肖洋、刘畅,博士研究生冯吉、刘泽元、马长健、王天志、张钟莉莉、王克远、Muhammad Tahir、侯鹏、王亚玉,硕士研究生刘海生、刘耀泽、孙昊苏、裴旖婷、张志静、王伟楠、薛松、吴乃阳、王迪、吴乃阳、李玮珊、申庚午、韩思齐、李强、周泓序、丁璨、潘家翀、梅姣姣、薛涛、周志利、张昌盛、马良翮、王逍遥;甘肃亚盛亚美特节水有限公司马永久、张杰武、邓生荣、史才德、赵艳等;唐山市致富塑料机械有限公司王志富、王艳青、王海军等。本书的研究成果来自项目组全体成员，是对作者研究团队 20 余年来研究成果的梳理和总结。本书由李云开教授统筹策划、撰写，周博、肖洋协助进行统稿。

在本书付梓之际，向所有为本书出版提供支持和帮助的同仁表示衷心感谢。感谢中国工程院康绍忠院士在本研究和本书撰写过程中给予的支持，并在百忙之中欣然提笔为本书作序。感谢清华大学张楚汉院士、河海大学王超院士、水利部国际合作与科技司原巡视员乔世珊教高、中国水利水电科学研究院李久生研究员、大禹节水集团研究院院长高占义、北京市水科学技术研究院总工程师刘洪禄教高等专家提供的指导和帮助。同时感谢赫罗纳大学 Jaume Puig-Bargués 教授、普渡大学 Vincent Bralts 教授以及美国农业部农业研究服务局 Gary Feng、John Brooks 等专家学者对本书相关研究工作的大力支持。

希望本书的出版能够为我国滴灌技术的进一步应用和推广提供科学依据，为推动我国高效节水灌溉领域理论与技术的自主创新和整体进步提供支撑。

本书虽然经过多次讨论和反复修改，但囿于学识视野和水平，在撰写过程中难免存在疏漏和不妥之处，为使其更臻完善，敬请广大读者多加指正。

李云开

2023 年 1 月

目　　录

第1章 绪　　论

1.1 滴灌技术及其应用前景

1.1.1 滴灌技术及其发展过程

滴灌技术是根据作物需水要求，通过全管道系统与安装在毛管上的灌水器，将一定的有压水源均匀而稳定地滴入作物根区土壤，再借助毛细张力或重力作用将水分扩散到整个根层供作物吸收利用的一种局部灌水方法。除紧靠灌水器的土壤水分处于饱和状态外，其他部位的土壤水分均处于非饱和状态。随着对滴灌全管道系统功能的挖掘，滴灌技术由单一的灌溉功能向水肥气药多功能一体化转变，具有明显的节水、增产、提质、省工、易管等优点，已经成为供给精准、集约化程度高、自动化控制易于实现、应用广泛的高效节水灌溉技术以及水肥一体化技术的主要载体。

有关滴灌技术理念的记载最早可以追溯到我国明朝王象晋纂辑的《群芳谱》，无花果种植过程中“结实后不宜缺水，置瓶其侧，出以细蕾，日夜不绝，果大如瓯”。1860年，德国人提出了利用地下排水短瓦管进行地下渗灌，试验后作物增产明显。1920年，Lee提出了一种利用有孔管道灌溉的方法，被认为是滴灌的雏形，并引起苏联、法国和美国等国家相关学者的高度重视，荷兰、英国首先在温室花卉、蔬菜种植过程中对这种灌溉方法进行了小规模试验。1934年，Robey研制了帆布管的渗水灌溉系统，并开始试验不同材质管材对渗水性能的影响。19世纪50年代末，滴灌技术迎来了重大突破，以色列成功研制出长流道灌水器，并迅速发展成一种新型的灌溉方式。1971年在以色列特拉维夫、1974年在美国加利福尼亚州圣地亚哥、1985年在美国加利福尼亚州弗雷斯诺、1988年在澳大利亚奥尔伯里-沃东加、1995年在美国佛罗里达州奥兰多、2000年在南非开普敦、2006年在马来西亚吉隆坡、2011年在伊朗德黑兰、2019年在印度奥兰加巴德陆续召开了九届国际微灌会议。国际微灌会议的成功召开对以滴灌为主导的微灌技术在美国、中国、澳大利亚、墨西哥、意大利、法国、南非以及中东等50多个国家和地区的应用及推广起到举足轻重的作用(表1.1)。以色列80%的灌溉面积采用滴灌。滴灌技术虽然从成型到现在只有70多年的历史，但20世纪70～80年代世界滴灌面积以平均每年2万hm^2的速度发展，到90年代则增长到每年发展8.3万hm^2，进入21世纪后增长速度更是每年超过30万hm^2。其中，我国是世界上微灌应用面积增长最快的国家，2020年微灌面积已发展到322.6万hm^2。

1974年，我国由墨西哥引进滴灌技术，首先在北京、山西和河北分别将该技术试用于粮食作物、果树和蔬菜灌溉，面积仅6hm^2。1975年，我国决定自主研制滴灌系统关键设备，同时在全国各省设立试点，滴灌技术相关研究也于次年成为国家重点科研项目之一。

表 1.1　微灌面积统计　　(单位:hm^2)

序号	国家	1981年	1986年	1991年	2000年	占该国灌溉面积的比例(2000年)
1	美国	1.85×10^5	3.92×10^5	6.06×10^5	1.05×10^6	4.9%
2	西班牙	—	1.12×10^5	1.60×10^5	5.63×10^5	16.8%
3	中国	8.04×10^3	1.00×10^5	1.90×10^5	2.67×10^5	0.5%
4	印度	20.00	—	5.50×10^4	2.60×10^5	0.5%
5	澳大利亚	2.01×10^4	5.87×10^4	1.47×10^5	2.58×10^5	12.9%
6	南非	4.40×10^4	1.03×10^5	1.44×10^5	2.20×10^5	16.9%
7	以色列	8.17×10^5	1.27×10^5	1.04×10^5	1.61×10^5	69.7%
8	法国	2.20×10^4	—	5.09×10^4	1.40×10^5	8.7%
9	墨西哥	2.00×10^3	1.27×10^4	6.00×10^4	1.05×10^5	1.7%
10	埃及	—	6.85×10^4	6.85×10^4	1.04×10^5	3.2%
11	日本	—	1.40×10^3	5.71×10^4	1.00×10^5	0.4%
12	意大利	1.03×10^4	2.17×10^4	7.86×10^4	8.00×10^4	3.0%
13	泰国	—	3.66×10^3	4.52×10^4	7.20×10^4	1.4%
14	哥伦比亚	—	—	2.95×10^4	5.20×10^4	5.0%
15	约旦	1.02×10^3	1.20×10^4	1.20×10^4	3.83×10^4	54.7%
16	巴西	2.00×10^3	2.02×10^4	2.02×10^4	3.50×10^4	1.1%
17	塞浦路斯	6.00×10^3	1.00×10^4	2.50×10^4	2.50×10^4	45.5%
18	葡萄牙	—	2.36×10^4	2.36×10^4	2.50×10^4	4.0%
19	摩洛哥	3.60×10^3	5.83×10^3	9.77×10^3	1.70×10^4	1.4%
20	其他	5.06×10^3	3.88×10^4	1.02×10^5	1.77×10^5	—
合计		1.13×10^6	1.11×10^6	1.99×10^6	3.75×10^6	

注:数据来源于国际灌溉排水委员会网站(http://www.icid.org),由于2000年各国家数据最后更新年份不同,故以2000年作为最后统计时间。

经过最初发展的十年之后,1985年11月我国派代表与以色列NETAFIM公司代表一起参加在美国加利福尼亚州举办的第三届国际微灌会议,这是我国滴灌领域科研工作者与国际滴灌学界的第一次正式交流和沟通。1986年,“滴灌配套设备系列开发”项目列入国家星火计划,为滴灌技术全面、快速发展奠定了基础。“八五”期间,我国滴灌工作者在设备研发、产品配套、技术应用及推广方面陆续取得重大突破。1997年,水利部、财政部、农业部、国家计划委员会、中国人民银行和中国农业发展银行在河北省三河市联合召开全国节水灌溉工作会议,会议对我国未来3～10年内滴灌技术的应用和推广提出战略性发展目标,滴灌技术开始全面、快速发展。1991年第一届全国微灌大会在西安召开,截至目前已成功举办了十四届,滴灌技术受到广泛重视。目前,我国形成了长江以南以温室大棚、果树滴灌为主,东北以粮食作物滴灌为主,西北以大田经济作物、果树滴灌为主,华北温室大棚蔬菜和果树滴灌并进,生态脆弱区荒山和道路绿化、荒漠化治理为主的整体格局。2000年全国以滴灌技术为主的微灌面积为15.3万hm^2,到2020年增长到322.6万hm^2,

滴灌技术逐渐得到广大用户的认可，表现出蓬勃发展的态势。滴灌产品门类和系列基本配套，形成了灌水器、管材与管件、净化过滤设备、施肥设备和控制及安全装置5大类滴灌设备，基本可满足各种植物灌溉的需要。新疆推广使用的一次性薄壁滴灌带也取得了突破性进展，并迅速大面积应用于大田粮经作物膜下滴灌，新疆也成为全球大田作物中应用膜下滴灌节水面积最大的地区，并逐步扩展到内蒙古、宁夏、甘肃、陕西等地区以及中亚的塔吉克斯坦等国家，作物也进一步推广到甜菜、加工番茄、蔬菜、瓜类等，节水、增产、提质效果显著，应用前景广泛。

1.1.2 滴灌技术主要应用区域与主要对象

我国滴灌技术经过多年发展，推广与应用成效显著。目前主要应用在大田粮经、温室大棚、果园及绿化带等方面，表现出由温室大棚室内小单元滴灌向室外露地大单元滴灌扩展的趋势；由设施瓜菜向大田粮经作物延伸；由平地大面积滴灌向山区陡地发展。此外，近年来公路、铁路沿线和荒漠风沙治理绿化也开始陆续采用滴灌技术，进一步应用在城市绿地、林木、屋顶花园及金矿矿石浸淋等非农业领域。整体来看，滴灌主要有以下四种应用对象。

(1) 设施瓜菜。主要应用在没有自然降水的春秋大棚、日光温室、连栋温室等。目前主要在北方地区推广，常见瓜菜包括番茄、辣椒、黄瓜、胡萝卜、西瓜、甜瓜、草莓等，以及袋植、盆植、畦植的各种花卉。日光温室一般长50～120m，宽5～13m，目前滴灌系统普遍采用南北短垄布管，每条滴灌管铺设长度5～10m。设施作物通常生长期短、种植品种杂、茬口多，换茬时要求滴灌管行距随之调整。

(2) 大田粮经。大田作物滴灌起步较晚，但近几年发展很快，主要集中在西北、东北，尤其是新疆的棉花产区。新疆棉花产区属于典型的灌溉农业，没有灌溉就无法种植，节水自然成为重中之重，造就了发展滴灌的独特环境。特别是兵团农场面积大、机械化水平高、人员素质较好、接受和管理能力强，为滴灌技术的应用提供了良好条件，效率大幅提高。价格低廉的一次性薄壁滴灌管的成功研发使得系统一次性亩投资大幅降低，并配合农机、农艺栽培措施的改进，使得棉花、马铃薯、大豆、油葵、甜菜、甘蔗等经济作物的大面积栽培均可以采用滴灌，玉米、小麦、水稻等粮食作物也开始应用滴灌技术。

(3) 特色果树。果树是多年生植物，非常适合铺设多年用滴灌管。目前果园滴灌技术已经推广应用到山地和平原的多种果树种植中，如柑橘、苹果、荔枝、龙眼、梨、桃、葡萄、猕猴桃、香蕉等。果树植株一般较大，行距多为3～6m，株距多为1～4m，不需要调整滴灌管行距，但要求滴灌管壁相对厚一些，使用寿命至少应达3年以上，因此对灌水器的抗堵塞性能提出了更高要求。

(4) 绿化植物。滴灌在沙漠公路、矿区与荒山、戈壁滩、河谷地带等生态脆弱区绿化等生态工程中也取得了非常好的成效，这是其他灌溉方法难以实现的。

总体而言，滴灌技术主要应用于水资源紧缺的河套平原、宁夏北部、河西走廊、南疆、吐鲁番盆地、天山北坡、陇西黄土高原北部等干旱地区以及东北平原的西辽河平原、黄淮海平原的河北黑龙港地区、太行山东麓、太原忻定盆地、土默特平原等半干旱地区，对于南方经济作物种植也表现出良好的应用态势。

1.1.3　滴灌技术应用前景与发展态势

近年来，国家高度重视节水灌溉工程建设与应用，党中央及各级政府出台了一系列政策支持滴灌等高效节水灌溉技术的发展，这意味着以滴灌技术为主要支撑的农业节水事业面临崭新的发展机遇与巨大的发展空间。

2011年中央一号文件中多处提到节水灌溉问题，明确要求大力发展节水灌溉，推广渠道防渗、管道输水、喷灌、滴灌等技术，普及农业高效节水技术。2013年中央一号文件中指出大力发展高效节水灌溉。2015年中央一号文件提出加快大中型灌区续建配套与节水改造，加快推进现代灌区建设，加强小型农田水利基础设施建设。2017年中央一号文件中指出把农业节水作为方向性、战略性大事来抓。2018年中央一号文件中指出实施国家农业节水行动，加快灌区续建配套与现代化改造。2020年中央一号文件中提到“加大农业节水力度”。2022年中央一号文件中指出“统筹规划、同步实施高效节水灌溉与高标准农田建设”。2023年中央一号文件中提到“统筹推进高效节水灌溉，健全长效管护机制”。

2014年“节水优先、空间均衡、系统治理、两手发力”治水思路的提出，表明党和国家对发展农业节水的高度重视。国务院办公厅印发《国家农业节水纲要(2012—2020年)》，该纲要提出，到2020年全国农田有效灌溉面积达到10亿亩，新增滴灌工程面积3亿亩①，其中新增高效节水滴灌工程面积1.5亿亩以上。《中华人民共和国国民经济和社会发展第十三个五年规划纲要》要求“十三五”期间新增高效节水灌溉面积1亿亩。2021年农业农村部印发的《全国高标准农田建设规划(2021—2030年)》中提出，到2030年建成12亿亩高标准农田，改造提升2.8亿亩高标准农田，以此稳定保障1.2万亿斤以上粮食产能。2022年国务院发布的《“十四五”推进农业农村现代化规划》中提到在“十四五”期间新建高标准农田2.75亿亩，新增高效节水灌溉面积0.6亿亩。

水利部也提出按照东北节水增粮、华北节水压采、西北节水增效、南方节水减排的思路全面推进高效节水灌溉，滴灌是其中主要技术之一。2022年北京市第十五届人大常委会第四十五次会议表决通过的《北京市节水条例》，明确提出种植业应当采取管道输水、渠道防渗、喷灌、微灌等先进的节水灌溉方式，提高用水效率。《河北省节水行动实施方案》提出发展高效节水灌溉工程，加快灌区续建配套和现代化改造。《新疆维吾尔自治区节水型社会建设“十四五”规划》中提到，到2025年，全区用水总量控制在国家分配指标以内，农田灌溉水有效利用系数提高到0.585以上，新增高效节水灌溉面积345万亩。

1.2　滴灌系统灌水器堵塞特性及机理

滴灌系统一般由水源工程、首部枢纽、输水管网和灌水器四部分组成。首部枢纽主要由施肥装置、过滤器、控制阀、压力表等关键部件组成，其控制着整个滴灌系统的工作压力、灌水施肥频率等系统运行参数。输水管网包括干管、支管、毛管等三级管道，以及相应

① 1亩≈666.7m^2，下同。

的三通、直通、弯头等部件，其作用是将首部枢纽处理过的水源和肥料，按工作需求通过全管道系统输送、分配到每个灌水器。

灌水器是滴灌系统的核心部件，主要作用是通过其内部复杂流道结构对有压水流进行充分消能，保证水流通过灌水器出口后均匀、稳定地供给作物，灌水器质量的好坏直接影响滴灌系统工作可靠与否及灌水质量高低，因此对灌水器提出了极高的要求：①出水均匀、稳定。一般情况下灌水器的流量随工作水头大小而变化，这就要求灌水器本身需具有一定的调节能力，保证水头变化引起的流量变化较小，也就是追求较低的流态指数。②出水量小。灌水器出水量大小取决于工作水头高低、过流断面大小和出流受阻的情况。滴灌工作水头一般为1～15m，出水流量为0.5～10.0L/h，灌水器流量小意味着滴灌管(带)可以铺设更长。③抗堵塞性能好。灌溉水源中含有一定的污染物等杂质，由于灌水器流道较小，过水流道直径仅为0.5～1.2mm，很容易发生堵塞。灌水器堵塞已经成为制约滴灌技术应用和推广的瓶颈问题，轻则使灌水器流量降低、影响灌水均匀度，重则导致灌水器报废、使系统瘫痪。④制造精度高。灌水器流量大小除受工作水头影响外，还受设备精度的影响。因灌水器流道细小而对制造机械精度要求更高，稍有偏差就会对流量造成较大偏差，一般要求灌水器制造偏差系数C_v控制在0.05以下。⑤价格低廉、坚固耐用。灌水器在整个滴灌系统中用量较大，其费用往往占整个系统投资的25%～30%。如何降低灌水器成本、保证灌水效果，对滴灌技术规模化推广至关重要。⑥结构简单，便于制模、生产与安装。灌水器设计的形式越来越多，技术含量越来越高，经过从孔口式、涡流式、微管长流道式、螺纹长流道式到迷宫流道式以及压力补偿式的发展过程。滴灌技术领军企业之一以色列NETAFIM公司，目前仅灌水器就有8种类型(5种片式灌水器、1种管间式和2种压力补偿式灌水器)、50多种型号，壁厚从0.15mm到1.2mm十四种规格，流量从0.38L/h到8L/h十八种规格。

灌水器堵塞是制约滴灌技术应用和推广的关键问题之一，水质是造成灌水器堵塞最主要和最直接的原因。Bucks等(1979)根据诱发灌水器堵塞的主要水质参数将堵塞分为物理、化学和生物三种堵塞类型，这一分类方法得到了大多数专家的赞同。根据联合国粮食及农业组织统计，灌水器堵塞过程中物理堵塞的发生概率为31%，化学堵塞的发生概率为22%，生物堵塞的发生概率为37%，其他占10%。Gilbert等(1981)研究了6种污水滴灌条件下8种灌水器结构及水质因素等对滴灌系统灌水器堵塞的影响。结果表明，55%的灌水器堵塞是由物理堵塞引起的，物理和生物混合因素引起的灌水器堵塞比例为87%，其中物理因素是诱发灌水器堵塞的直接原因，而生物因素是造成堵塞的启动原因。Nakayama和Bucks(1991)指出堵塞的发生是物理、化学和生物三种因素相互作用的结果，不可孤立分析。

1.2.1 滴灌系统灌水器物理堵塞特性与形成机理

物理堵塞主要是水中无法过滤掉的有机或无机悬浮物引起的堵塞，有机悬浮物主要是指生物残体，如藻类、浮游植物和浮游动物的残体及细菌等；无机悬浮物是指砂、淤泥及黏粒等。对于地下滴灌系统，还包括在系统关闭过程中由系统负压吸入毛管周围的土壤颗粒造成的堵塞(赵和锋和李光永，2004)。Bucks等(1979)给出了可能发生堵塞的固体悬浮物含量范围，认为当不溶性固体含量大于 500mg/L 时就会发生堵塞，而大于 2000mg/L 时会发生严重堵塞。Ford(1976)试验结果表明，过滤器和过滤网可以清除直径大于 75μm 的颗粒，而在通过 200 目的小颗粒中有 78%是直径小于 50μm 的细粒，这些细小的粉粒和胶质黏粒，可能在毛管和滴头中沉淀下来，通过细菌的参与活动会形成黏液块状物，极易堵塞滴头，也会堵塞过滤器的网眼而降低过滤器的过滤能力。周庆荣和董文楚(2000)针对滴灌水源中的悬浮固体物质会在毛管中沉淀并引起滴头堵塞这一现象，从毛管水力特征、泥沙运移规律和能量平衡的观点出发，研究悬浮固体物在滴灌毛管中的迁移规律，分析影响悬浮固体物质在毛管中运移和滴头堵塞的主要因素。董忠尧和王聪玲(1998)从过滤后水体中残存的固态微粒、微生物软泥、不溶性化合物的生成、金属水管电化学侵蚀、固体微粒增长等方面分析水体中固体微粒形成的物理化学机理，为防止滴头堵塞提供了理论依据。

国内外学者以灌水器相对流量和灌水均匀度等指标分析和评价了物理堵塞的动态过程，分析了不同粒径、含沙量和泥沙级配条件下的颗粒物对灌水器抗堵塞性能的影响。李治勤等(2009)研究发现，泥沙淤积发生以后，通过灌水器的浑水流量很快大幅度下降，但不会立即减小为 0。葛令行等(2010)研究发现，随着粒径的增大，沙粒发生沉积的概率增大，粒径大于 50μm 的沙粒，危险系数急剧增加，因此过滤灌溉水时应尽量把粒径大于 50μm 的沙粒滤除。牛文全和刘璐(2012)针对不同的泥沙粒径和泥沙浓度进行了周期性间歇浑水滴灌试验。研究发现，当含沙量为 1.2g/L 时，3 种粒径范围泥沙浑水均保持较高的抗堵塞性能，灌水结束时滴头相对流量和灌水均匀系数均保持在 90%；当含沙量为 1.6g/L 时，粒径对灌水器堵塞影响的显著性开始明显增强；当含沙量为 2.0g/L 时，3 种粒径泥沙浑水条件下，滴头流量变化均呈现先缓后陡再稳定的变化趋势。Niu 和 Liu (2013)采用短周期连续加沙方式进行了灌水器物理堵塞试验，发现随着含沙量的增加，流量均呈下降趋势，灌水器发生了不同程度的堵塞。吴泽广等(2014)研究发现，泥沙淤积位置对灌水器堵塞位置有一定影响，末端灌水器发生严重堵塞的毛管，淤积泥沙主要分布在毛管中段距入口 60～100cm 处，未发生灌水器堵塞或者堵塞非常轻微的毛管，淤积泥沙主要分布在毛管尾段。Bounoua 等(2016)通过原位试验，研究含沙原水和过滤水灌水器堵塞过程，发现过滤使得相对平均流量急剧下降的时间推迟两周。

总体而言，对于单纯的物理堵塞，通常是由于较小的固体颗粒(100μm 以下)进入灌水器流道后流速变慢，受重力因素的影响，下降沉积到流道壁面上，当壁面光滑时，它可能被水流带走，当壁面粗糙时，就停止下来，随后到来的颗粒一部分被水带走，另一部分继续停留下来，带走的那部分颗粒随着下游流速变缓又形成新的沉积，随着时间推移，颗粒越积越多，流道断面不断缩小，日复一日，灌水器堵塞从流道进口逐渐向下游推进，直至整个流道全部被堵塞。

1.2.2 滴灌系统灌水器化学堵塞特性与形成机理

灌溉水中离子在外界条件发生变化时，离子之间发生化学反应会产生沉淀物。化学堵塞通常是指溶解在水中的化学物质(如 CO_3^{2-}、PO_4^{3-}、SO_4^{2-}、SiO_3^{2-}、OH^-、Fe^{3+}、Fe^{2+}、Mn^{2+}、Ca^{2+}、S^{2-}等)，在一定条件下会变成不溶性物质，沉淀在灌水器内部引起堵塞。物质的溶解能力一般取决于压力、温度、pH、相对浓度、氧化还原能力等因素(Pitts et al,1990)。①硬度:它是 Ca^{2+}、Mg^{2+}浓度的度量参数。Pitts 等(1990)认为滴灌水的硬度小于 150mg/L 不会产生堵塞,而大于 300mg/L 将引起严重堵塞。②不溶性固体:与物理堵塞中悬浮固体物不同,它是对所有由化学反应产生的沉淀的度量。例如,钙元素通常是以 $Ca(HCO_3)_2$的形式存在于灌溉水中,pH 和温度的升高,都会减小 Ca^{2+}的溶解度,从而产生 $CaCO_3$ 沉淀。③pH:灌溉水中 pH 的变化会引起镁离子和钙离子等的沉淀,当 pH>7.5 时钙或镁可在过滤器、支管和灌水器壁面附着,Bucks 等(1979)认为pH>8时将产生严重的堵塞问题。④温度:水温的升高使 $CaCO_3$ 溶解度减小,也会引起水中 CO_2 释放,生成$CaCO_3$并滞留在管壁上。也就是说,在灌水器中沉淀的化合物成分很可能随季节的变化而改变,在冬季和春季,硅酸铝的质量分数可能较大;在夏季,磷和钙的质量分数可能较大。⑤铁含量:铁常以可溶形式存在于水中,当压力和温度变化、pH 升高或微生物活动频繁时会以 $Fe(OH)_3$ 沉淀析出而产生堵塞(李久生等,2003)。水中可溶性的亚铁离子(Fe^{2+}),与水中的铁细菌(如 *Gallionella* 等)发生氧化作用,生成不溶于水的 Fe_2O_3,形成红褐色凝胶状污泥,导致灌水器堵塞。Ford 和 Tucker(1975)提出,当灌溉系统中水的 Fe^{2+}浓度为 0.15~0.22g/m^3 时,就容易发生化学堵塞。Farouk 和 Hassan(2003)、Bucks 等(1979)、Nakayama 和 Bucks(1991)则认为 Fe^{2+}浓度大于 0.1mg/L 就会产生堵塞。还未形成统一的结论。⑥锰含量:当水中含有较多的锰,且pH>7 时就可能产生沉淀而堵塞系统(Pitts et al.,1990)。Bucks 等(1979)认为锰离子(Mn^{2+})浓度大于 0.1mg/L 产生堵塞,大于 1.5mg/L 产生严重堵塞。⑦硫化物含量:Farouk 和 Hassan(2003)认为硫化物的浓度大于 0.1mg/L 时就可能产生大量的硫黏质而堵塞过滤器和灌水器。当水源中含有锰离子(Mn^{2+})和亚铁离子(Fe^{2+})时,负二价的硫离子(S^{2-})会与之反应生成黑色的化学沉淀,进而堵塞灌水器(Ford,1987)。高浓度的硫离子还会降低铁离子、锰离子的溶解能力,如 $FeSO_4$、$MnSO_4$ 等在酸性溶液中都不易溶解。灌溉水中的硫化物主要是 H_2S,Bucks 等(1979)认为 H_2S 浓度大于 0.5mg/L 时开始出现堵塞,大于 2mg/L 时产生严重堵塞。

化学堵塞的形成机理与控制一直是众多科研工作者关注的焦点问题。Hills 等(1989)考虑三种微咸水水质(电导率分别为 0.59dS/m、1.12dS/m 和 2.02dS/m),采用四种运行模式(白天地表滴灌、夜间地表滴灌、地下滴灌和加酸滴灌),运行试验 100 天。结果表明,灌水器的化学堵塞并非突然形成,而是随着化学沉淀逐渐积聚,从而导致灌水器出流逐渐变小,系统的灌水均匀度逐渐降低,进而影响滴灌系统的使用寿命。高温容易导致化学沉淀的形成,但从运行模式来看,夜间运行或采用地下滴灌对防止化学堵塞效果不显著。Yuan 等(1998)发现,有机酸可以减缓微咸水滴灌系统灌水器堵塞。磁化处理能够影响灌溉水中 $CaCO_3$ 的溶解度,有望作为新型技术应用于滴灌系统灌水器化学堵塞控制中。Aali 等(2009)发现,加酸和磁化处理方式能够提高灌水器抗堵塞性能,维持系统灌水均匀度,但加酸处理效果要优于磁化处理。Şahin 等(2012)认为磁化处理能够通过软化微咸水水质,有效地防治灌水器化学堵塞,延长滴灌系统使用寿命。

随着肥料注入滴灌系统,有可能诱发灌水器的化学堵塞问题,但针对水肥一体化滴灌系统中灌水器的堵塞研究仍处于起步阶段。Bozkurt 和 Ozekici(2006)发现,施肥处理下灌水器的堵塞问题明显比不施肥条件下更为严重，尤其是施用含有 Ca^{2+}、SO_4^{2-} 的肥料。加酸（通过加磷酸使灌溉水 pH 降至 6.0～6.3）及冲洗（生育期结束后加 5mg/L 磷酸溶液冲洗）能够在一定程度上降低灌水器流量的下降速率，但是效果并不显著。Shinde 等（2012）也发现，随水施肥会增加灌水器堵塞的风险，尤其是肥料中含有 P、Ca、Mg、Fe 和 Mn 元素时。李康勇等（2015）在浑水水肥一体化系统中也发现类似结果，这是由于肥料的加入增加了泥沙颗粒间的絮凝作用，促进了团聚体堵塞物质的形成。

1.2.3 滴灌系统灌水器生物堵塞特性与形成机理

生物堵塞是指水中的生物（包括藻类、浮游动物、细菌黏质等）进入滴灌系统后生长和繁殖，在流道壁面附着生长形成堵塞物质，水源中的颗粒物、有机质、化学沉淀等物质也会在堵塞物质富集区域与之发生相互黏附累积，使得堵塞物质进一步增长而导致灌水器堵塞。国内外大量学者对生物堵塞特性开展了研究。Adin 和 Sacks（1991）对氧化塘再生水滴灌进行研究，结果显示，灌水器出流是渐变过程，虽然堵塞的主要物质是固体颗粒，但这并不是堵塞的原因，沉积物的聚集源自不规则形状的黏粒底层（主要是微生物），加上后续悬浮固体物的不断黏附，最终导致灌水器堵塞；Ravina 等（1992）选择了 12 种灌水器，利用湖水和再生水进行混合滴灌试验，结果表明，堵塞是一个持续发展的过程，部分堵塞的灌水器比完全堵塞的灌水器更常见，位于管线末端的灌水器比首部灌水器更容易堵塞，系统管网中原生动物的聚集是引起生物堵塞的主要因素；Taylor 等（1995）选择 5 种灌水器，利用再生水、自来水滴灌试验研究灌水器堵塞诱因，结果显示，仅有 6%的灌水器堵塞是由砂粒引起的，90%的堵塞是由有机物和细菌组成的微生物絮团将砂粒吸附于其表面引起的；Ravina 等（1997）开展了再生水、水库水、暴雨形成的混合废水滴灌试验，结果发现，微生物共同体（如寄生原生生物）、苔藓和细菌等所分泌的黏性物质与灌水器堵塞密切相关；Li 等（2009）、吴显斌等（2008）分别针对北京地区再生水滴灌灌水器生物堵塞特征进行了探索性研究。

在自然水环境中，细菌等微生物很少以游离态存在，90%以上的微生物都会附着在固体基质表面，微生物几乎可以附生在任何与水接触的固体表面。灌水器堵塞过程中微生物发挥了举足轻重的作用。Bucks 等（1979）认为水中细菌含量大于 10000 个/mL 开始产生堵塞，大于 50000 个/mL 则产生严重堵塞。越来越多学者将灌水器堵塞发生的启动因素归结为水流中的微生物在流道边壁、拐角等部位形成堵塞物质的黏附作用。影响微生物在介质壁面附着的因素很多，如微生物自身的特性（种类、活性等）、介质表面性质（材质、大小、形状、密度、表面特性）以及环境特性（水力特性、溶解性有机质、水质组成、营养水平、颗粒物浓度、pH 及温度等）等，这也使得灌溉水质、灌水器的流道结构、滴灌系统的运行方式（灌水周期、灌水频率、工作压力等）、温度等因素均会对灌水器生物堵塞产生显著影响。Nakayama 和 Bucks（1991）结合前人经验系统分析了生物堵塞的成因、过程及影响因素，并特别指出滴灌管内水流流速越高，发生生物堵塞的风险越大。

微生物在灌溉系统中会生成一种可以吸附矿物质的黏质并不断聚集，从而引起堵塞。灌溉水中存在藻类时会加剧这种黏质的聚集。某些黏质还可以引起硫、铁、锰的沉淀，可溶性的 Fe^{2+} 是某些铁沉淀微生物（嗜铁细菌）的能量来源，这种微生物可以吸附在铁离子表面并将其氧化成不可溶的 $Fe(OH)_3$，在此过程中，还会产生一种呈现红、黄或棕褐色的可以吸附矿物的黏质，称为赭石。研究表明，滴灌系统灌水器生物堵塞与其内部堵塞物质（即附生生物膜）的形成和生长密切相关，附生生物膜是由微生物群体（细菌、原生动物、真菌等）、无机矿物颗粒和有机聚合物基质[胞外聚合物（extracellular polymeric substance，EPS）、腐殖质等]等组成的共存体。Picologlou 等（1980）探索了灌水器堵塞物质的形成，发现滴灌系统内部以细菌为主的微生物的生长可能导致堵塞物质形成，包括微生物以及它们分泌的胞外多聚糖层。此后，Adin 和 Sacks（1991）、Ravina 等（1992）、Taylor 等（1995）、Ravina 等（1997）也陆续通过试验证实再生水、水库水、暴雨形成的混合废水等多种水源滴灌系统灌水器堵塞与微生物共同体（如寄生原生生物）、苔藓和细菌等及其分泌的黏性物质密切相关。其中微生物群体生长和增殖过程中分泌黏性的胞外聚合物保证了附生生物膜整体结构的稳定性（Bishop，2007），并进一步吸附滴灌水源中的悬浮颗粒物、微生物、有机质等，导致附生生物膜不断增长。然而，目前有关生物膜的研究主要集中在污水处理、给排水、水环境自净以及多孔介质生物堵塞等领域，对滴灌系统中附生生物膜的研究非常有限，由于测试水平的限制，其形成和生长对灌水器堵塞的影响也局限于定性研究。

现代光学显微（环境扫描电子显微镜、三维白光干涉形貌仪等）、精细分析（扫描电子显微镜的能谱仪、傅里叶变换红外线光谱分析仪、电感耦合等离子体发射光谱仪等）以及分子微生物学（磷脂脂肪酸、聚合酶链反应-变性梯度凝胶电泳、高通量测序）等技术手段的快速发展，使定量分析复杂的灌水器堵塞物质组分、分布及形态成为可能。Tarchitzky 等（2013）、Li 等（2012）和 Yan 等（2009）研究发现，再生水滴灌系统灌水器堵塞物质的形成与微生物在灌水器壁面附着和生长有密切关系，生物膜是灌水器堵塞产生的初始条件和诱发因素。Zhou 等（2013）精细测试了再生水滴灌系统灌水器内部附生生物膜的物理、化学以及生物组分特征，并且定量分析了灌水器相对平均流量、灌水均匀度等堵塞评估参数与生物膜组分含量之间的关系。

1.2.4 滴灌系统灌水器物理-化学-生物堵塞耦合作用机理

实际上，引起灌水器堵塞的因素十分复杂，受滴灌系统内部复杂的水环境中物理、化学、生物、水动力学等多过程控制，往往是物理、化学、生物三种类型堵塞共同作用的结果（图 1.1）。对滴灌系统而言，水源悬浮颗粒物浓度代表颗粒物与微生物的接触点，浓度越高，两者之间接触的概率也越高，生物堵塞物质增长速度越快，同时会影响颗粒物在滴灌毛管中的输移过程。而化学沉淀物与生物堵塞物质之间的交互作用会显著改变物理、化学和生物堵塞物质的附着特性，在微生物的催化作用下，各堵塞物质还有可能发生化学反应，从而形成稳定性更高的复合沉淀物。生物堵塞物质可能是联系灌水器三种类型堵塞间的桥梁和纽带，尤其是使用非常规水源进行滴灌时，往往会为微生物的生长繁殖提供更好的条件，当微生物大量繁殖增长时，其分解物或细菌黏液容易在流道壁面上及拐角处开始附着并形成堵塞物质，当细小颗粒通过流道近壁面和拐角处时，生物堵塞物质的黏附作用以及流道本身产生的附壁应力，会使这些细小颗粒逐渐累积，进而堵塞灌水器流道。

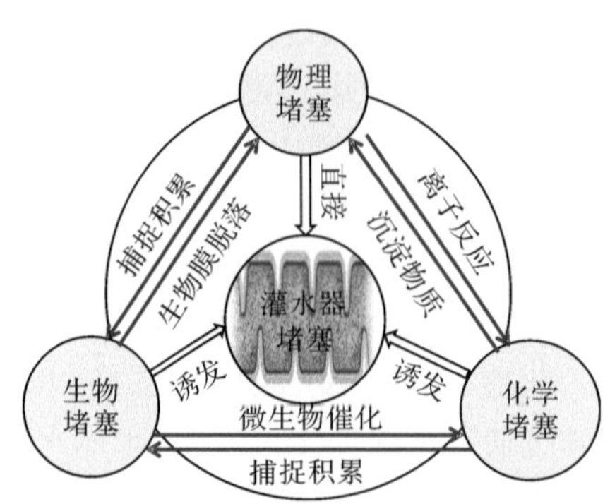

图 1.1 滴灌系统灌水器物理-化学-生物堵塞耦合作用机制

总体而言，灌水器堵塞的产生具有明显的渐进性和随机性两重特征。堵塞的渐进性是指堵塞物质是逐渐沉淀或沉积而形成的，并且随着时间的推移由薄到厚、由少到多，进而使流道断面逐渐变窄而产生灌水器堵塞，例如，常见的 $CaCO_3$、Fe_2O_3 沉淀而产生的化学堵塞。堵塞的随机性是指在短暂的时间内使灌水器发生致命性堵塞，通常由颗粒直接堵在灌水器的流道内而产生，例如，生物堵塞灌水器前段流道内堵塞物质脱落而在后段沉积。

1.3 滴灌系统灌水器堵塞控制技术与方法

1.3.1 滴灌系统灌水器抗堵塞产品开发

解决灌水器堵塞最根本的是要提高灌水器本身的抗堵塞能力，国内外学者致力于抗堵塞滴灌灌水器的研发，灌水器经过了从孔口式、涡流式、微管长流道式、螺纹长流道式到迷宫式以及各种压力补偿式的发展过程，灌水器的形式越来越多，技术含量越来越高。国际上一些著名公司(如 NETAFIM、Rain Bird 等)都有自己的灌水器设计所，拥有较为成熟的设计经验、生产工艺、产品销售以及完善的应用经验，尤其是灌水器的设计与生产，开发设计速度快、周期短，性能指标得到不断改善与提高，实际应用中取得了满意效果。从世界范围来看，滴灌产品生产主要分布在欧美等国家和地区，澳大利亚也有部分生产，现已有 NETAFIM 公司推出的 Typhoon、Tiran、Streamline、Ram 和 Uniran，Plastro 公司的 Hydro pcnd，Lego 公司的 Adi，Rain Bird 公司的 Rainbird PC 等一系列性能优良的产品。NETAFIM 公司更是依托持续推出高性能、高抗堵塞灌水器产品而使其滴灌技术一直领先全球。国外生产厂家先进技术的发展无疑对我国滴灌产品的发展和创新起到了积极有效的推动作用，但是相关企业研发成果一直严格保密，罕见有明显参考价值的论文发表。

我国自 1974 年由墨西哥引进首套滴灌系统以来，中国水利水电科学研究院等多家单位联合攻关，于 1980 年研制出我国第一代成套滴灌设备。20 世纪 80 年代初，我国又研制了管式灌水器、孔口灌水器等滴灌产品，但由于抗堵塞性能、水力性能较差以及结构形式、制造工艺等方面的问题，到 80 年代后期已极少使用。90 年代以后，我国许多滴灌设备企业直接引进国外先进的生产工艺，高起点研制开发滴灌设备产品，主要通过两种途径实现：一是完全仿造国外先进的灌水器结构；二是直接购买国外的灌水器专利及其模具。经过众多科研、生产以及政府主管部门的大力合作，我国相继研制开发了大流道微管式灌水器及组合式灌水器、大流量隔板式灌水器、大孔口灌水器、压力补偿式灌水器、双上孔滴灌带、双腔灌微灌带、内嵌式滴灌带、单腔管微灌带、压力补偿式灌水器等产品，但是具有自主知识产权且水力性能与抗堵塞性能均优的产品还极少，主要原因是缺乏设计理论作为指导，导致成本高、周期长、失败概率高，因此极大地影响企业自主研发的积极性。

灌水器结构及水力特性与灌水器的抗堵塞性能有密切关系，Gilaad 和 Klous(1980)指出灌水器的水力性能由流道的形式、尺寸、材料等因素共同决定；由于灌水器流道不但尺寸非常小，流道边界的黏性底层占整个水流的比例很大，而且流道断面尺寸和形状都不断变化，使压差流和剪切流同时存在，局部水头损失是流道消能的主要形式，要设计合理的灌水器需要对水流在流道中的运动规律进行深入研究。Ozekici 和 Ronald(1991)对齿形迷宫流道的水力特性进行了研究。结果表明，90％的水头损失都发生在流道的齿形结构处。多年的研究结果表明(Camp，1998；Nakayama and Bucks，1991；Adin and Sacks，1991)：①灌水器堵塞的流道敏感尺寸为 0.7mm，＜0.7mm，非常敏感；0.7～1.5mm，敏感；＞1.5mm，不敏感；②灌水器流道尺寸与要求的过滤颗粒尺寸之间的关系估计为 1/10～1/7；③改变灌水器的构造，增强其抗堵塞性能，是行之有效的途径之一，增加灌水器的流道宽度、缩小灌水器流道长度、增加灌水器内部水流的紊流度或加大水流的流速能够防治或减缓堵塞。紊流灌水器抗堵塞性能优于层流灌水器，采用全紊流流道可以在加大灌水器流道尺寸、提升抗堵塞性能的同时，极大限度地改善灌水器水力性能，实现水力性能与抗堵塞性能的系统提升。例如，以色列 NETAFIM 公司的 Tiran 片式灌水器，采用特殊的迷宫结构，当额定流量为 2L/h 时，流道深和宽分别达 1.0mm 和 1.18mm，而长度只有 109mm。Adin 和 Sacks(1991)提出流道应该短而宽，同时考虑必要的流速，尽量避免流道内的流动死区。王冬梅(2007)、陈瑾(2006)、穆乃君(2006)、王建东等(2005)利用 ISO 抗堵塞国际标准草案的测试方法研究了迷宫流道形式、结构参数对灌水器水力性能与抗堵塞性能的影响。

优化灌水器流道从而设计具有高抗堵塞性能的灌水器就必须对其流道内流体流动的机理有较为全面的了解。因此，灌水器流道内部流动分析及其可视化已成为灌水器流道设计者的重要目标。灌水器流道狭窄且边界复杂，原型试验在技术(常规滴灌管带不透明)和经济上都比较困难，常规手段难以满足流场测试要求，因而该领域的试验研究受到多种限制。特别是研发一种新型灌水器流道，由于设计理论不完善，往往需要进行多次模型试验和反复修改设计，导致开发周期长、投资高。数值试验以其独特功能和突出优点，与理论分析及试验研究相辅相成，逐渐成为研究流体流动的重要手段，并形成了新兴学科——计算流体动力学(computational fluid dynamics，CFD)。CFD 方法具有内部流动预测、数值试验、流动诊断等作用，使设计者以较快、较经济的途径评价、选择多个设计方案中的最佳设计，大幅减少实验室和测试等实体试验研究工作量，已成为现代灌水器设计理论中不可缺少的部分。李云开等(2005)、李永欣等(2005)、魏正英等(2005)、魏青松等(2004)、王瑞环(2004)、王尚锦等(2000)利用 CFD 方法对灌水器迷宫流道内部水流流动特性进行了一些探索性研究，并以此来进行灌水器流道边界优化以及优化参数选择，提升灌水器近壁面流速和自清洗能力，增强灌水器中颗粒物的输移能力，并增强堵塞物质的脱落，进而提升灌水器自身抗堵塞能力。

明确颗粒物在灌水器流道内的运移规律是了解灌水器堵塞机理的基础。王建东等(2005)测试了齿形迷宫流道放大模型内的压力分布，证实原型与模型内部水流压力分布有较好的相似性；魏正英等(2005)借助激光多普勒测速(laser doppler velocimetry，LDV)技术测量了灌水器放大模型内流体速度分布情况，并对灌水器原型进行水力性能试验，建立了流道流量-压力-结构之间的关系，为迷宫型灌水器结构设计提供了理论基础；牛文全等(2009)借助粒子图像测速(particle image velocimetry，PIV)等方法并采用镁粉为示踪粒子，研究了迷宫流道平面模型转角对灌水器水力性能和抗堵塞性能的影响；王元等(2009)借助微型 PIV 技术，采用 3μm 荧光示踪粒子对锯齿形微通道流动进行全场测试；在综合考虑灌水器的不透明性和结构复杂性的基础上，Li 等(2009，2008)提出了一种将灌水器等比例透明平面模型与数字粒子图像测速(digital particle image velocimetry，DPIV)、平面激光诱导荧光(planar laser induced fluorescence，PLIF)技术相结合的灌水器内部流动全场测试方法；喻黎明等(2009)利用 PIV 技术，采用镁粒为示踪粒子，观测了固体颗粒在流道中的轨迹线、路程以及单点速度；葛令行等(2009)利用粒子跟踪测速(particle tracking velocimetry，PTV)技术观测了复杂迷宫流道内沙粒与壁面碰撞过程，分析了单个沙粒在不同压力点下矩形流道的碰撞反弹系数；曹蒙等(2009)借助 PIV 平台实现了灌水器流道内部颗粒-壁面黏附过程的可视化，发现壁面粗糙元改变了流道内沙粒浓度分布；李云开等(2005)开发了一种将单元段模型、DPIV、PLIF 等技术相结合的准三维全场测试方法，通过观测片式灌水器原型及透明模型内部不同粒径颗粒物的运动特征，验证了两者的相似性。总体而言，灌水器内部单相水流及固-液两相湍流试验研究与数值模拟方法的快速发展，对于我国相关学者改进灌水器抗堵塞设计理论与方法，自主研发达到国际先进水平的灌水器产品，实现灌水器国产化具有重要意义。

灌水器材料的选择是提高灌水器自身抗堵塞能力的一个重要方面，主要是通过添加特殊抗菌类材料来降低微生物活性，抑制堵塞物质的附着能力，减少堵塞物质的生长。已有探索性研究通过灌水器材料改性来解决灌水器堵塞问题。NETAFIM 公司生产的 Bioline压力补偿型滴灌管，毛管采用线性低密度聚乙烯材料，每个灌水器都经过抗菌剂浸渍后应用，以实现减轻微生物黏液的影响，抵制微生物积聚。在农业和工业中，使用含重金属的杀虫剂来抑制细菌生长非常普遍，因此 NETAFIM 公司也探索性地在滴灌系统中加入有机砷来抑制微生物生长及堵塞的形成，但有机砷化合物具有的潜在毒性可能导致难以估计的威胁。针对堵塞问题更复杂的地下滴灌系统，曾有学者通过在滴头材料中拌入特定的杀虫剂或氟乐灵以控制根系侵入引起的灌水器堵塞问题，NETAFIM 公司 Techfilter 叠片过滤器以及美国 Geoflow 公司 Rootguard 滴头也曾加入氟乐灵这种药剂。但是通过浸泡或者掺入材料的方式改良的灌水器产品释放有效成分的过程不稳定、不持久，而且可能会给土壤、环境和人类生活带来潜在风险，因此未进行大面积推广。近年来，抗菌材料以及微胶囊技术的发展，为灌水器材料改良提供了全新、有效、安全的方法。微胶囊产品有效缓释的特性克服了传统材料高毒性、易挥发、易氧化的缺点，靶向灭杀的特性可以有效针对堵塞物质组分的形成和生长过程进行靶向控制，应用前景巨大。然而，目前该技术与滴灌技术相结合仍处于起步探索阶段，亟须进行系统研究。

1.3.2 滴灌系统灌水器堵塞控制的颗粒物沉淀-过滤处理

水源在进入滴灌系统前需要进行沉淀和过滤，我国众多灌区在高含沙水源泥沙沉淀技术上积累了大量宝贵的经验，研发了直线型沉沙池、曲线型沉沙池、沉沙条渠、混合型沉沙池及特殊形式的沉沙池等多种类型产品，在沉沙池的结构设计、流场分布、泥沙沉降规律、泥沙沉降计算方法以及运行设计、观测等方面开展了大量卓有成效的工作。早在1964年，我国就开始研究细颗粒泥沙在静水中的沉降运动以及高浑浊水在自然沉淀池内的流动、沉淀和淤积过程（王尚毅，1964；李圭白，1964）；从20世纪70年代开始，我国在泥沙处理的标准、沉沙池形式的选择、沉沙池细部结构等方面都取得了大量研究成果；90年代以后，大量学者对涡管排沙式沉沙池、斜管沉沙池的结构参数和控制阈值以及河水滴灌重力沉沙过滤池、新型同向流斜板沉淀池、新型迷宫斜板沉沙池等进行研究，取得了一系列研究成果（刘贞姬等，2016；黎运棻等，2004）。流动分析已成为沉沙池优化设计的一种重要手段，自70年代开始，国外学者利用流道测试与模式技术对沉淀池的流场、温度场、污染物的传质扩散以及沉淀池的优化等进行了一系列研究：Deininger 等（1998）、Dahl 等（1994）、Lyn 和 Rodi（1990）、Larsen（1977）等利用超声测速、激光多普勒测速等技术分别对平流沉淀池、圆形沉沙池等一系列原型池进行测量。Zhou 和 Mccorquodale（1992）利用改进的 k-ε 紊流模型对沉沙池内的密度流进行模拟，得到满意的结果。Goula 等（2008）利用 CFD 方法研究得到加入挡板后可显著提高平流沉淀池的处理效率。Valioulis 和 List（1984）提出考虑絮凝的模拟方法，并将其用于沉淀池的设计。我国对沉淀池数值模拟方面的研究晚于国外，但近年来也有较快发展：蔡金傍等（2005）建立基于剖开算子法的沉淀池模型，并用改进特征线法和有限元法耦合求解。结果表明，该模型能很好地模拟沉淀池内水流的流态及示踪剂在沉淀池内的流动过程；整体来看，如何利用基于计算流体力学方法开展沉沙池结构优化及参数选择等仍将是未来的研究重点。

过滤处理是有效解决灌水器堵塞最基本和最普遍的方法，过滤器也是滴灌水源净化处理的最后一道屏障，常置于沉沙池后以分离固体颗粒和水，其可以单独使用，也可以组装成过滤站。应用最为广泛的过滤器有离心式、砂石、网式、叠片以及组合式等多种类型，以色列 Lego、NETAFIM、Plastro、Naan，西班牙 AZUD，美国 Rain Bird 等公司均推出了不同形式、多种系列的过滤器产品。我国滴灌用过滤器经过了从引进到试验分析，再到自主开发，最终形成大规模产业化的发展过程，目前仅新疆地区上规模的微灌过滤器生产厂家就有数十家，较大规模的有天露公司、库尔勒红光糖厂、阿克苏新农通公司、新疆水利水电科学研究院乌鲁木齐希水节水设备研究开发中心等，小规模的过滤器生产厂家更是难以计算，近年来自洁净过滤器（或称全自动自清洗过滤器）产品逐渐成为研究热点之一（宗全利，2015）。部分学者提出离心式过滤器＋砂石过滤器＋网式/叠片过滤器是高含沙水源比较适宜的过滤器搭配模式，但离心式过滤器对于颗粒物极细的黄河水过滤效果不显著，而砂石过滤器＋网式/叠片过滤器对再生水水源过滤效果较好（Arbat et al.，2013；Elbana et al.，2012；Capra and Scicolone，2004）。河水滴灌重力沉沙过滤池集沉沙过滤为一体，具有体积小、占地少、造价低、建设方便的优势。通过进一步对重力沉沙过滤池中泥沙运行规律的试验研究，采用沉沙池过滤网相结合的形式可以清除30%～60%的泥沙，效果明显，出池水质满足滴灌要求。但总体来看，目前还缺少对不同水源、不同规模滴灌系统的过滤器类型、组合模式及运行优化可以直接参考应用的技术规范。

1.3.3 滴灌系统灌水器堵塞控制的加酸、加氯配合毛管冲洗方法

目前加氯处理是给排水领域最常用也是最经济的堵塞物质控制方法。加氯处理是利用氯的强氧化作用杀死或抑制微生物（细菌）的增殖和生长，防止黏液和块状物的形成，对铁、锰等物质进行氧化而形成难溶化合物，进而抑制堵塞物质的生长过程，成为防止和处理灌水器生物堵塞的常用方法（Ravina et al.，1997；Dehghanisanij et al.，1997）：Feigin等（1991）指出，在管道末端余氯浓度达到1～2mg/L时就可以有效抑制藻类的繁殖；Tajrishy（1994）指出，在灌溉的后1h加入氯（管道末端余氯浓度为2mg/L）或者灌溉水中余氯浓度达到0.4mg/L，可以有效防止再生水滴灌灌水器堵塞；Nakayama和Bucks（1991）研究发现，加氯的浓度为100mg/L时灌水器流量可以恢复到初始水平的95%。整体来看，目前加氯的原料一般为次氯酸钠、次氯酸钙、氯气等（李久生等，2003），但不同研究者建议采用的加氯浓度、注入频率、注入方式等运行参数的研究结论差异很大，例如，加氯浓度范围从1～20mg/L到100～500mg/L；加入方式有连续注入、间歇注入和定期注入等（Rav-Acha et al.，1995；Nakayama and Bucks，1991），甚至由于注入氯的浓度、时机和保持时间选择不当，致使管壁上的沉积物脱落进入系统，反而加重了灌水器的堵塞（Rav-Acha et al.，1995）。这主要是因为加氯效果受水温、pH、接触时间、原生生物对氯的敏感性、灌水器类型等多重因素的影响（Hills and Brenes，2001）。

酸处理是将某种酸（盐酸、磷酸、硫酸或硝酸等）注入灌溉水中，达到溶解滴灌管（带）中出现的水垢、盐类等沉淀物（碳酸盐、氢氧化物、磷酸盐等）的目的。酸液注入一般是间隔进行的，因而不影响大多数作物的生长。酸的浓度依所需pH而定，短时处理（10～30min）时pH为2.0，连续处理时pH为4.0。

毛管冲洗是常用的滴灌系统维护方法，是借助水力剪切力促使毛管内壁堵塞物质脱落、冲出滴灌系统外以降低灌水器堵塞的方法，定期进行冲洗可以有效控制颗粒物和毛管内壁堵塞物质的形成（Adin and Sacks，1991）。但目前对于如何针对不同的水源，确定适宜的加酸、加氯配合管道冲洗模式以及对作物生长的影响都还涉及极少，亟须深入研究。

1.3.4 滴灌系统灌水器堵塞控制的新途径

随着对滴灌系统灌水器堵塞机理的深入解析，科研工作者提出越来越多的堵塞控制方法：①水质处理技术。目前出现了一批新型水处理技术，如利用微纳米气泡爆炸时的能量实现污染物的氧化降解和水质净化（Agarwal et al.，2011）；利用微生物电化学方法（如除垢棒）在水源中通入高电压低电流后，使通过的微生物和颗粒带有相同电荷而互相排斥（王志毅等，2003；侯静等，2003）；利用磁化技术去除微生物，并使滴灌系统中的$CaCO_3$和$MgCO_3$沉积物分解生成较松软的$Ca(HCO_3)_2$和$Mg(HCO_3)_2$等（贾亮等，2006；王祥三和李大美，2000）。②微生物拮抗技术。现代农业植物保护科学家借助拮抗微生物原理来

防治植物病虫害已取得良好效果，这为控制堵塞物质形成和灌水器堵塞提供了一种新的环境友好型的思路与方法。Şahin 等(2005)从滴灌系统堵塞物水相中分离出 25 株真菌和 121 株细菌，探索性地将 3 种农业常用的拮抗细菌添加到再生水滴灌系统已堵塞的灌水器中，在 14 天内将流量近乎为 0 的堵塞灌水器复原。但该技术目前还处于探索阶段，尚未形成可遵循的规范和模式。

1.4 我国滴灌系统灌水器堵塞研究的新问题与新挑战

1.4.1 我国滴灌水源多元化使得灌水器堵塞风险急剧增加

滴灌技术适用的水源广泛，而我国水资源紧缺与水环境污染并重，滴灌水源多元化，不仅包括地下水及江河、湖泊、坑塘等地表水源等，再生水、微咸水、黄河水等劣质水源也常作为滴灌水源。相比于常规灌溉，滴灌对水质要求较高，除必须符合《农田灌溉水质标准》(GB 5084—2021)的规定外，还应满足许多条件，例如，《微灌工程技术规范》(GB/T 50485—2020)中根据水源中悬浮固体物、硬度、不溶固体、pH 以及 Fe^{2+}、Mn^{2+} 和 H_2S 含量阈值，提出了以灌水器堵塞可能性作为参考，且进入微灌管网的水不应有大粒径泥沙、杂草、鱼卵、藻类等物质。

地下水是最常见的滴灌水源，但其总硬度、Fe^{2+} 和 Mn^{2+} 含量偏高。尤其在天津、河北、北京、山东、新疆等北方省(自治区、直辖市)，总硬度大于 450mg/L 的地下水面积比例明显高于南方地区。黄淮海平原总硬度大于 450mg/L 的面积占平原区面积的 39%；辽河平原则为 11.71%；海河平原地下水总硬度大于 450mg/L 的面积达 7.11 万 km^2 (47.51%)，而大于 550mg/L 的面积达 5.29 万 km^2(35.16%)，主要分布在天津、沧州、衡水、德州等地区，绝大部分位于海河南系并基本连成一片。由于 pH 和温度等条件变化，硬度过高的地下水中 Ca^{2+}、HCO_3^-、Mg^{2+} 等在滴灌系统内生成大量的 $CaCO_3$ 和 $MgCO_3$ 等沉淀。

河湖库地表水是我国大型滴灌系统的另一种常见水源。河流由于泥沙较多且不同地区的泥沙含量不同，经过多重过滤后才可作为滴灌水源；从水库取用灌溉渠道水，杂质一般为沿途输水过程中所携入的秸秆、杂草、枝叶以及冲刷挟带的渠床和渠坡、渠岸的泥土等；湖泊水通常都流入河道，由于湖泊可以沉淀大量泥沙，抽取湖泊水输入河道，经过过滤后应用于滴灌系统(蔡焕杰，2003)。尽管我国已经采取多项政策措施保护水资源环境，但是河湖库地表水面临的环境问题仍然十分严重。我国地表水资源以化学需氧量(chemical oxygen demand，COD)、生化需氧量(biochemical oxygen demand，BOD)以及总磷(total phosphorus，TP)为主要污染指标，全国地表水总硬度呈全面上升态势，特别是西北诸河流域、海河流域、淮河流域、黄河流域、长江流域上升态势十分明显。全国地表水总硬度为 4.5～15614mg/L。辽河流域地表水总硬度为 31.5～324mg/L，其中 150～300mg/L 的适度硬水为该流域的主体，占流域面积的 73.9%；海河流域地表水总硬度为 70.6～2725mg/L，总硬度超过 450mg/L 的极硬水占海河流域面积的 3.4%；长江流域大部分地区地表水总硬度为 100～150mg/L。河湖库水受到污染，不仅使河湖库水经过过滤后仍存在部分杂质、藻类、微生物、金属离子，大量氮、磷等各种物质吸附在水体颗粒物上，甚至还会改变水中颗粒物的表面特性，其作为滴灌水源使得灌水器堵塞机理更加复杂。由于受到农业点源、面源污染和水质富营养化等影响，水体中的浮游植物、浮游动物、微生物或颗粒物经絮凝作用或自身分泌黏液形成的不规则多孔颗粒物等有机聚集体急剧增加(Simon et al. ,2002)。水体中的微生物通过分泌胞外聚合物黏附在颗粒物表面，并和胞外聚合物一起形成堵塞物质，堵塞物质的存在增强了水体颗粒物的界面作用能力，界面作用特征也由简单的物理吸附作用转变为复杂的物理-生物-化学吸附作用(李秀英等，2011)。这种变化极大地增强了颗粒物在滴灌灌水器壁面的附着能力，使灌水器诱发堵塞；另外，由于河湖库水总硬度上升，滴灌水源中大量的钙离子、镁离子、铁离子、锰离子发生化学反应产生沉淀，从而进一步增加灌水器堵塞的风险。在我国新疆、沿黄河流域等地区，部分河道含沙量极高，其干流多年平均含沙量高达 35kg/m^3，严重的水资源紧缺形势使得利用高含沙水进行滴灌成为迫切需求，2003 年水利部黄河水利委员会与宁夏、内蒙古两自治区共同开展的水权转换项目中探索性地建设了一批引黄滴灌工程。高泥沙含量、泥沙颗粒粒径较细是对黄河的普遍认识，在输水过程中，将大量泥沙带进灌区灌排系统，给滴灌系统正常运行带来极大风险。大量理论研究及滴灌工程应用实践表明，通过沉淀和过滤可以清除直径大于 76μm 的细沙粒，粒径小于 76μm 的细颗粒泥沙依然会进入滴灌系统和灌水器流道内部(葛令行等，2010)。

我国北方城市或周边地区园林植物和农作物利用再生水进行灌溉已成为缓解该地区水资源短缺问题的重要途径之一，因为滴灌的精量、可控特性而成为其最适宜的灌溉方式。但再生水水质复杂，其中含有大量固体悬浮颗粒、盐分离子、藻类、有机污染物以及微生物，水中的颗粒物还会与其他物质发生一系列物理、化学、微生物动力学行为，这使得再生水滴灌系统灌水器更加容易发生堵塞，堵塞机理也变得更加复杂。这种复杂的多物质竞争体系使再生水滴灌系统灌水器堵塞极为复杂。

微咸水是西北内陆河流域常见的灌溉水源，在缺水的地区备受关注。我国微咸水面积分布广，在宁夏、甘肃、陕西、河南、河北、山东、新疆、辽宁等省(自治区)以及内蒙古河套灌区，都有利用微咸水进行滴灌灌溉的试验和生产实践(王全九和徐益敏，2002)。微咸水较常规水源含有较高的矿化度、盐类离子(Ca^{2+}、Mg^{2+}为主)，容易发生盐类的重新聚集和沉淀，诱发化学沉淀，使得微咸水滴灌系统堵塞过程和机理变得更为复杂，发生堵塞风险也显著增加(Dehghanisanij et al. ,1997)。

1.4.2 滴灌系统功能提升对灌水器抗堵塞能力提出更高要求

滴灌全封闭式管道化系统特征，为实现水、肥、气、热等作物根区微生境多要素协同调控、全面提升作物产量和品质以及农民收入提供了可能，利用滴灌系统施肥已成为常见的水肥一体化技术模式。近年来，水肥一体化理论研究及技术应用在我国日益受到重视，国家连续发布了《国家农业节水纲要(2012—2020 年)》《关于推进农田节水工作的意见》《全国农田节水示范活动工作方案》《水肥一体化技术指导意见》《推进水肥一体化实施方案(2016—2020 年)》《农田水利条例》等政策文件，其颁布实施有力地保障了滴灌水肥一体化技术的顺利推广。但由于肥料中含有大量的化学元素，随着肥料注入滴灌系统中容易发生化学离子的重新组合和沉淀，这使得滴灌系统灌水器发生化学堵塞风险也显著增加，尤其是我国多元化的滴灌水源与肥料的深度耦合，使得堵塞风险急剧增加，对灌水器抗堵塞能力也提出了更高要求。

国外已有学者开始探索利用滴灌系统进行加氧灌溉研究。加气灌溉最早是由澳大利亚昆士兰中心大学 Midmore 和詹姆士库克大学苏宁虎提出的（Suman et al.，2011）。加气灌溉是指在灌溉的水里加气后向植物供水，以提高灌溉效率和作物产量的新技术。Silberbush 等（2005）通过对棉花和玉米进行加氧灌溉的试验研究发现，能够明显改善土体中作物的根系分布；Greenway 等（2006）的研究结果表明，根区通入 O_2 可提高土壤微生物活性；范文涛（2012）在作物灌水后通过空气压缩机并利用埋设在地下的滴灌带将气体输送到作物根区，发现曝气处理的黄瓜产量也明显高于无曝气处理组；胡德勇等（2012）也发现在加气灌溉条件下秋黄瓜的产量显著增加。但目前气泡在灌水器内壁附着后对灌水器水力性能和抗堵塞性能的影响还未见报道。

综上所述，我国因水资源紧缺与水环境污染并重，使得黄河水、再生水、微咸水等复杂水源常作为滴灌水源，滴灌系统也由单纯的灌溉向灌溉、施肥、加气等多功能转变，复杂水质-肥气耦合作用使得堵塞机理更为复杂、风险更大、挑战更高。

1.5 滴灌系统灌水器堵塞机理与控制研究的总体思路

1.5.1 滴灌系统灌水器堵塞机理与控制研究的目标

以解决灌水器堵塞这一制约滴灌技术应用和推广的瓶颈问题为目标，通过现场滴灌与室内精细试验相结合、实验流体力学与计算流体力学相结合的研究方法，系统、深入研究滴灌系统灌水器堵塞机理、产品研发、控制技术和应用模式，旨在为系统解决滴灌系统灌水器堵塞问题提供理论基础和技术指导。

（1）研究我国再生水、黄河水、微咸水等复杂水源滴灌条件下灌水器堵塞的发生特性，明确灌水器外特性参数、流道几何参数以及微粒特性等多因素对灌水器堵塞的影响，为高抗堵能力灌水器的快速预估和产品选择提供依据。

（2）充分利用现代精细显微及分子生物学等技术，构建灌水器内部堵塞物质特征组分的标准化提取和分析技术，力求明确灌水器类型、灌溉方式以及局部水力学条件等多重因素下对堵塞物质的表观形貌、附着物质总量、特征组分含量和时空分布特征的影响。

（3）研究灌水器堵塞物质特征组分与堵塞程度之间的定量关系以及灌水器内部堵塞物质特征组分的生长动力学过程，破解灌水器堵塞的诱发机理、物理-化学-生物堵塞耦合作用机理，从而为复杂水源滴灌系统灌水器堵塞的调控提供理论支撑。

（4）建立灌水器流道内部流动及颗粒物输移过程可视化方法，丰富临界尺度复杂流道内固-液-气多相耦合流动的理论，构建兼具高水力性能与抗堵塞性能的流道构型技术及灌水器流道抗堵塞结构设计方法，形成低流量、小型化、高抗堵塞性能灌水器新产品。

（5）将灌水器流道设计理论方法与滴灌带制造工艺相结合，开发低成本、高效、快速制造技术体系与生产线关键装备，突破生产线精细开模、快速筛选输送、全自动配料、精准打孔等关键工序的技术瓶颈，形成精准化、连续化、清洁化的低成本高效生产线。

(6) 根据典型区域复杂水源特点，从系统的角度出发，以控制堵塞物质形成为目标，探索减缓堵塞物质形成的新途径与新方法，明确不同堵塞控制技术的合理适配、组合和集成策略，为我国复杂水源滴灌系统灌水器堵塞提供集成调控技术体系。

1.5.2 滴灌系统灌水器堵塞机理与控制研究的总体框架体系

综合利用农田水利学、计算流体力学、环境微生物学、植物生理学、土壤学等多学科理论与研究方法，通过多年连续的室内外试验，借助多种现代测试手段，做到理论研究与实证研究相结合、定量与定性分析相结合。研究技术路线与研究方案如图 1.2 所示。

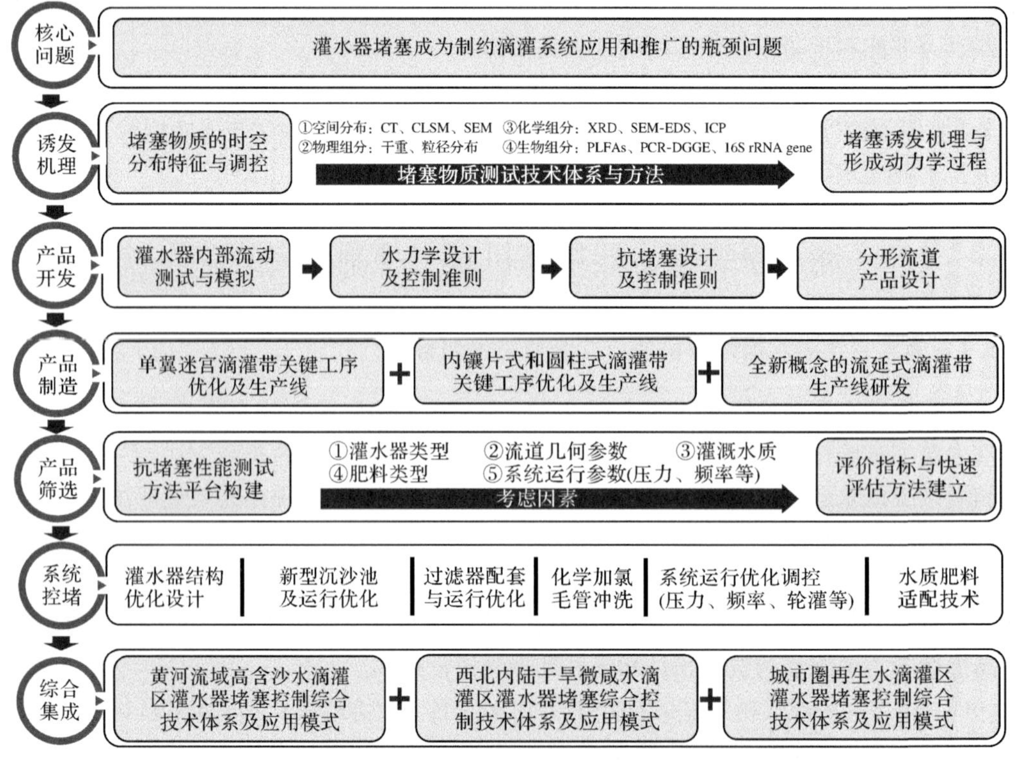

图 1.2 研究技术路线与研究方案

CT. 电子计算机断层扫描；CLSM. 共聚焦激光扫描显微镜；SEM. 扫描电子显微镜

XRD. X 射线衍射；SEM-EDS. 扫描电子显微镜和 X 射线能谱仪；ICP. 电感耦合高频等离子光谱仪

PLFAs. 磷脂脂肪酸；PCR-DGGE. 聚合酶链式反应-变性梯度凝胶电泳

1.5.3 滴灌系统灌水器堵塞机理与控制研究的主要内容

1. 滴灌系统灌水器堵塞特性测试与抗堵塞能力预估方法

综合利用分流调压、分层控压原理及自动控制技术研发滴灌系统灌水器抗堵塞性能测试系统及水温变化下流量的矫正技术与方法，开展ISO短周期堵塞测试及原位现场长期测试试验，筛选灌水器堵塞行为评价指标体系，研究不同灌溉水源、泥沙粒径与浓度、灌水器类型、流道几何参数、工作压力、灌水频率等多因素对灌水器堵塞行为的影响，探索滴灌系统灌水器堵塞发生的随机性、恢复性、持续性时空动态变化规律，明确影响灌水器堵塞的主要因素，探索基于灌水器外特性参数与流道几何参数的灌水器抗堵塞能力快速预估及产品选择方法。

2. 滴灌系统灌水器堵塞物质测试技术方法及多尺度时空分布特征

综合利用环境扫描电子显微镜、高精度Micro-CT＋染色技术、三维白光干涉形貌仪等手段建立滴灌系统灌水器内部堵塞物质分布的无扰测试体系，分析灌水器内部局部点位、结构单元局域、单元段、多段间等多尺度下的堵塞物质分布特征，探索灌水器内部局部水动力学特性与堵塞物质分布的空间动态耦合规律。采用电感耦合等离子体原子发射光谱法(inductively coupled plasma-atomic emission spectrometer，ICP-AES)、磷脂脂肪酸(phospholipid fatty acids，PLFAs)、二代高通量测序、激光粒度仪等现代分析与分子微生物学技术探索堵塞物质表面形貌、结构及颗粒物总量和粒径分布、矿物组分、微生物群落结构等物理、化学、生物特征组分的时空动态变化过程。

3. 滴灌系统灌水器堵塞诱发机理、堵塞物质形成动力学过程及调控路径

综合利用滴灌原位试验和室内模拟试验，研究滴灌系统灌水器堵塞特性评估参数与堵塞物质特征组分之间的量化表征方法，探索堵塞物质形成的关键因子及灌水器水力性能对物质累积过程的敏感阶段，揭示灌水器堵塞诱发机理；建立基于灌水器外特性参数与流道几何参数的堵塞物质生长-脱落过程及物理、化学、生物特征组分形成动力学模型，挖掘灌水器堵塞物质形成以及物理、化学、生物组分间的耦合关系与主要影响因素，探索减缓堵塞物质形成的调控途径与方法。

4. 滴灌系统灌水器内部固-液-气多场耦合流动测试与模型模拟方法

以数字粒子图像测速技术和平面激光诱导荧光技术为基础，通过改进的数字粒子图像测速系统，结合自行研发的荧光粒子和单元段透明模型，建立灌水器这种临界尺度复杂迷宫流道内部单相水流、固-液两相流体流动的全场无扰测试方法，研究灌水器内部流体流动特性；研究颗粒物附着堵塞物质后颗粒物-壁面碰撞特性的变化规律，建立灌水器内部固-液-气多场耦合流动的模型模拟方法与求解方法，形成综合考虑水动力学-微生物耦合作用下的滴灌灌水器堵塞过程量化表征方法。

5. 滴灌系统抗堵塞灌水器循环逐级优化设计方法和控制准则及分形流道灌水器产品设计

研究不同灌水器类型、流道几何参数、工作压力、颗粒物粒径与浓度等多因素对灌水器内部多场流动的影响效应，提出灌水器水力、抗堵塞设计参数的控制准则；研究滴灌系统灌水器流道构型、单元设计、参数适配技术与方法，探索强化滴灌系统灌水器流道自清洗能力的漩涡洗壁边界优化方法与近壁面剪切力控制阈值，构建面向不同设计流量需求

的滴灌系统抗堵塞灌水器循环逐级优化设计方法与技术流程，并将其应用于小型化片式分形流道滴灌灌水器新产品设计，将产品的水力性能、抗堵塞性能与国内外常见的同类产品进行对比。

6. 薄壁滴灌带关键工序优化及精准化、连续化低成本高效生产线研发

优化片式灌水器筛选与输送、真空定径与热压黏结、精准快速打孔等关键工序技术，开发 256 腔全热流道模具，建立精准化、清洁化的片式灌水器生产工艺技术生产线；将较为复杂的流道结构与“流延＋真空吸附＋叠边热封”成型工艺进行整合，研发全新概念的流延式滴灌带生产线；探索矩形流道与管带吹塑、真空吸附成型相结合的方法，开发一体式成型轮，创新单翼迷宫式生产线制造工艺；优化片材挤出、真空定径和灌水器黏结等关键工序，开发半热流道模具、嵌入装置等设备，创新内镶圆柱式灌水器生产线。

7. 以控制堵塞物质形成为目标的堵塞控制技术与方法

以控制堵塞物质的复杂初膜形成和生长为目标，深入研究新型沉沙池及运行优化方法、过滤器合理配置与优化运行、化学加氯＋管道冲洗、系统运行优化调控、水质与肥料选择等多种方法对灌水器内部堵塞物质形成的控制效应及堵塞行为的影响效应，借助分子微生物学测试技术研究控堵效应的持续性，建立协同考虑灌水器堵塞清除效应、作物健康生长、土壤环境质量协同可持续的技术最优化应用模式。

8. 典型复杂水源滴灌系统灌水器堵塞集成技术体系及应用模式

针对黄河水、微咸水和再生水三种典型水源，从滴灌系统角度出发，以削减灌水器内部堵塞物质的总量为目标，探索针对不同复杂水源应用的堵塞控制新技术及其合理适配、组合与集成方法，探索适宜沿黄流域引黄滴灌区、都市圈再生水滴灌区、西北内陆河流域微咸水滴灌区灌水器堵塞控制集成技术体系，构建套餐化的集成应用模式。

1.6 作者研究团队灌水器堵塞机理与控制研究取得的主要进展

1.6.1 滴灌系统灌水器堵塞发生特性与快速预估方法

(1) 建立了滴灌系统灌水器抗堵塞性能的室外原位及室内智能式的多层式测试平台，提出了灌水器堵塞发生特性的加速测试方法，构建了水温等多因素影响下的灌水器流量校正模型，建立了灌水器堵塞随机性、恢复性和持续性的综合评估体系。

① 灌水器抗堵塞性能综合测试平台。针对目前灌水器抗堵塞性能测试装置和平台以水力性能测试为主，且体积较大、投资较高，同时功能较为单一、智能化程度较低等局限，分别开发了室内外滴灌系统灌水器抗堵塞性能测试系统。室外测试系统通过分层控制、多级调压和闭环连通，对滴灌系统灌水器流量进行了长期和准确的测试。系统设计简洁、造价较低，可以原位动态监测田间滴灌系统灌水器堵塞发生特征。室内滴灌系统灌水器抗堵塞性能综合测试装置，实现了灌水器“出流－称量－测试－校正”全过程智能式、自

动化控制，能够同时进行不同灌水器类型、流道深度、系统坡度、灌水频率、工作压力等多工况条件下测试，可以全面和准确测试灌水器的水力性能和抗堵塞性能。

② 灌水器堵塞加速测试方法和评价体系。提出了滴灌系统灌水器堵塞特征的原位加速测试方法，确定了加速运行与正常运行条件下灌水器流量的定量关系，可以通过线性模型对加速运行条件下灌水器堵塞流量测试结果进行校正。分别建立了针对水温、运行压力和邻近堵塞灌水器影响的灌水器流量校正方法，校正后流量用于计算灌水器堵塞评价指标，精度提高3%以上。构建了滴灌系统灌水器堵塞评价体系，灌水器堵塞可以通过单个灌水器堵塞的随机性（随机性指数 ΔF_Q^t）、可恢复性（可恢复性指数 R_Q^{CD}）和堵塞率分布评价，也可以通过滴灌毛管所有灌水器的整体堵塞程度[平均相对流量（discharge ratio variation，Dra）]、灌水均匀性[克里斯琴森均匀系数（christiansen coefficient of uniformity，CU）、统计均匀度（statistical uniformity coefficient，U_s）等]和差异性（流量偏差 q_{var}）来表征。

(2) 测试了地下水、再生水、微咸水、黄河水等常用滴灌水源条件下24种灌水器产品堵塞发生规律，明确了生物堵塞、化学堵塞和复合堵塞发生特征，评估了水质特性、灌水器类型、运行模式等多因素影响效应，建立了不同堵塞评价参数之间的定量关系及影响因素。

① 灌水器生物堵塞发生特征。在灌水器生物堵塞发生过程中Dra与CU的变化特征可分为波动平衡、启动线性变化、翌年加速线性变化三个阶段（两年期）。波动平衡阶段灌水器Dra和CU波动变化且变化幅度较小（3.5%～5.0%）；启动线性变化阶段两者开始线性下降，第一年结束时Dra与CU下降了4.1%～13.1%；翌年加速线性变化阶段Dra和CU均加速下降，到该阶段末期Dra和CU分别降至29.3%～67.3%和12.7%～41.5%。整体来看，片式灌水器抗堵塞能力要优于圆柱型灌水器，采用短流道锯齿尖角形灌水器或压力补偿片式灌水器抗堵塞能力较好。但是，与额定流量越大、流道尺寸越大，灌水器抗堵塞能力相对越强的传统认知不同，四种不同流道深度（0.75mm、0.83mm、1.01mm和1.08mm）的灌水器中，流道深度为0.75mm的灌水器抗堵塞能力显著较高，而其他三种深度灌水器间差异不显著。

② 灌水器化学堵塞发生特征。研究了不同矿化度水质条件下灌水器堵塞的发生特性，Dra与CU表现出前期缓慢下降，中后期快速下降的趋势。不同矿化度下灌水器的化学堵塞行为差异明显，与矿化度1g/L相比，矿化度2～5g/L条件下Dra和CU分别降低了8.1%～33.4%、10.4%～27.5%，ΔF_Q^t提高了8.2%～30.4%，而矿化度7～9g/L处理下，Dra和CU分别降低了59.9%～98.7%、67.4%～112.5%，ΔF_Q^t提高了68.2%～98.7%。堵塞特性整体表现为在矿化度为1～5g/L条件下灌水器堵塞缓慢增长，而矿化度为7～9g/L条件下灌水器堵塞呈急剧增长趋势。因此，建议滴灌水源矿化度低于5g/L。

③ 灌水器复合型堵塞发生特征。复合型堵塞中灌水器堵塞发生行为具有更明显的随机性，复合型堵塞 ΔF_Q^t 峰值分别比物理堵塞、化学堵塞、生物堵塞高19.5%～20.8%、20.5%～22.4%、25.9%～28.2%。R_Q^{CD} 变化规律与 ΔF_Q^t 相反，分别比物理堵塞、化学堵塞、生物堵塞低4.3%～77.2%、6.3%～80.6%、12.3%～105.4%，且当堵塞程度达到60%～75%之后，灌水器堵塞将失去可恢复性。因此单个灌水器堵塞发生的随机性和可

恢复性并不会改变滴灌系统整体堵塞发生的变化特征，Dra 和 CU 均呈现先波动平衡后线性下降的动态变化特征。对不同类型灌水器复合型堵塞而言，ΔF_Q^t 整体表现出贴条灌水器最高、单翼迷宫灌水器稍低、圆柱灌水器更低、片式灌水器最低的动态变化特征，而 R_Q^{CD}、Dra 和 CU 则相反。对于不同水源，ΔF_Q^t 表现为混配水最高，黄河水次之，地表湖泊水最低，而 R_Q^{CD}、Dra 和 CU 则表现出相反的规律，因此，片式灌水器更适合应用于以复合型堵塞为主的工况。

④ 灌水器堵塞评估指标之间的定量关系。以 Dra 为基本参数，评估了不同水质和灌水器 Dra 和变异系数 C_v、统计均匀度 U_s、CU、分布均匀度 DU、设计均匀度 EU 和 q_{var}的相关关系。Dra 和 C_v、U_s、CU、DU 呈现显著（$p<0.01$）的线性相关关系，Dra 和 q_{var}及 EU 间则存在显著（$p<0.01$）的二次函数相关关系。对于不同水质，Dra 和 C_v 的一次项系数 k 表现为再生水最高、微咸水和淡水次之、黄河水稍低、高盐地下水最低的趋势；而 Dra 和 U_s、CU、DU 的相关系数 k 均表现为高盐地下水最高，而淡水、再生水较低的趋势；q_{var} 中二次项系数 a 表现为淡水最低、高盐地下水最高的趋势，而 EU 则恰好相反。灌水器断面平均流速<0.05m/s，Dra 和 C_v 的相关系数 k 以及 Dra 和 EU 的二次相关系数 a 较高，Dra 与其余评估参数之间的相关系数则最低，而当流速>0.05m/s 时，各流速间相关系数均较为接近。

(3) 基于多工况下的滴灌系统抗堵塞原位加速试验，提出了适应多种水质、多种工况条件下可通过灌水器几何参数直接预估灌水器抗堵塞性能的综合相对指数，其可以作为灌水器抗堵塞能力评估及快速选择抗堵塞灌水器产品的有效依据。

基于 14 种不同工况条件下灌水器的出流特征，建立了综合考虑堵塞参数（Dra、CU）和堵塞物质（ECS）等抗堵塞性能关键指标的综合相对指数（CRI）。不同水质-工况条件下所得 CRI_Dra、CRI_CU 和 CRI_ECS 的相对大小可以有效表征不同类型灌水器之间抗堵塞能力的相对差异，CRI 在评估不同水质、多种运行工况下的结果具有准确性和一致性。CRI 的相对差异不受滴灌水质和工况的影响，而是由灌水器结构类型决定的，其相对大小与灌水器流道宽度与深度比值 W/D 和流道断面面积与长度比值 $A^{1/2}/L$ 显著相关。这意味着不需要开展抗堵塞性能测试试验，就可以通过基于 W/D 和 $A^{1/2}/L$ 的 CRI 预报模型直接估算灌水器抗堵塞能力，筛选高抗堵塞灌水器产品。

1.6.2 滴灌系统灌水器堵塞诱发、生长及调控机理

(1) 综合利用现代精细显微及分子微生物学等方法，建立了滴灌系统灌水器内部堵塞物质提取及测试方法，可以全面和准确地量化表征堵塞物质表面形貌、空间分布及特征组分（物理、化学和生物组分）的动态变化过程。

① 堵塞物质特征组分提取和分析技术。通过机械剥落+超声波振荡法可以有效提取介观尺度灌水器内部堵塞物质，利用扫描电子显微镜（scanning electron microscope，SEM）和环境扫描电子显微镜（environmental scanning electron microscope，ESEM）可以直接观察堵塞物质表面形貌，而白光干涉三维形貌仪（3D WLSI）可以进一步定量表征；综合原位染色+高精度 CT 断层扫描+三维重构技术可以准确表征堵塞物质空间分布特性；堵塞物质中的物理组分通过称重法和粒度分析确定其重量及粒径分布特征；化学组分

各物相需要通过X射线能谱仪和环境扫描电子显微镜(energy dispersive spectrometer-environmental scanning electron microscope,EDS-ESEM)进行定量表征;而利用微生物群落结构的磷脂脂肪酸生物标记分析、聚合酶链式反应-变性梯度凝胶电泳(polymerase chain reaction-denatured gradient gel electrophoresis,PCR-DGGE)和高通量测序分析方法(16S rDNA/18S rDNA)等分子微生物学方法可以准确和全面地表征生物组分中的微生物群落结构及其分泌的黏性胞外聚合物。

② 堵塞物质表面形貌特征。借助白光干涉三维形貌仪研究了滴灌系统运行初期灌水器堵塞物质表面形貌特征,对采集的图像利用SPIP软件进行分析,构建了堵塞物质表面形貌评价体系,发现不同类型流道结构单元内,齿跟迎水区堵塞物质的厚度最大,即在此位置处最容易发生堵塞,是灌水器优化设计重点考虑的部位。对于流道单元段内部以及多级单元段上的每个结构单元同一监测点而言,沿水流方向上堵塞物质厚度都呈现逐渐减小的趋势。另外,流道入口处堵塞物质厚度均大于其流道出口处,首部、中部、尾部三个位置处滴灌灌水器流道入口、出口及毛管管壁处堵塞物质厚度呈现首部、中部、尾部逐渐递增的趋势。整体来看,尾部灌水器入口第一单元段首个结构单元中的齿跟迎水区可以作为再生水滴灌系统灌水器堵塞物质表面形貌特征监测部位,其厚度可以作为表面形貌的评价指标。

③ 堵塞物质多尺度分布特征。针对四种复杂水源(再生水、黄河水、微咸水以及黄河水和微咸水等体积混配水),分别对不同结构类型、毛管位置和堵塞程度的灌水器样品进行了CT测试,获得了堵塞物质在灌水器流道内的三维空间分布信息。发现堵塞物质率先在流道壁面的夹角处形成,并逐渐向近壁面的低速区扩展,主流区内生物膜分布较少;流道首部生物膜明显比中部、尾部附生较多,顺水流方向堵塞物质体积呈显著降低趋势,但生长速率并不一致,初期(5%堵塞程度)、后期(50%堵塞程度)堵塞物质生长速率从首部向尾部逐渐降低,然而中期(20%堵塞程度)时首部生物膜生长速率最低;流道各壁面上生物膜的生长速率差异显著,迎水面上生物膜初期的形成速率较高,但中后期生长速率最慢,背水面则与迎水面完全相反。

(2) 系统研究了滴灌系统灌水器物理、化学、生物特征组分的动态变化过程、影响因素及其与堵塞程度之间的定量关系,建立了特征组分生长动力学模型,深入揭示了灌水器物理、生物、化学和复合型堵塞的诱发机制。

① 灌水器生物堵塞形成动力学与诱发机制。灌水器内部生物堵塞物质生长过程整体上可分为生长适应期、快速增长期、动态稳定期三个阶段,其特征组分(固体颗粒SP、磷脂脂肪酸PLFAs、胞外聚合物EPS)含量可以通过多因素影响下的生长动力学模型表征($R^2>0.85$,$p<0.01$)。受到局部水动力学条件和营养物质输移特征的共同影响,堵塞物质总量在滴灌毛管上表现为首部<中部<尾部的趋势。整体来看,生物堵塞物质特征组分的增长导致灌水器堵塞程度加深,两者之间存在显著的S型曲线相关关系($R^2>0.92$,$p<0.01$)。对应堵塞物质特征组分的三个不同生长阶段,灌水器堵塞对特征组分增长的敏感性表现为敏感—微敏感—极度敏感的三段式特征,微生物群落结构特征在其中发挥了重要作用。在生物堵塞物质中发现3种革兰氏阳性菌在不同堵塞程度的灌水器内部呈现出完全分布,且相对丰度达到76.3%以上,进而在这3种革兰氏阳性菌中确定了假单

胞菌 16:0 是影响灌水器堵塞发生过程的核心菌群。微生物种类和相对含量的动态变化也影响了堵塞物质生态学特征参数(多样性指数 H、优势度指数 D 和均匀度指数 J)的变化特征。但是,路径分析的结果发现,微生物群落特征(通过 PLFAs 表征)是同时通过直接作用以及间接作用影响 SP 和 EPS 来共同影响堵塞过程,其分泌的黏性 EPS 主要通过与 SP 和 PLFAs 的相互作用间接影响堵塞发生,而 SP 对堵塞程度的直接影响最大,是主要的决策变量。

② 灌水器化学堵塞形成动力学与诱发机制。灌水器内部化学堵塞物质包括碳酸盐、石英、硅酸盐、磷酸盐和硫酸盐五种组分,碳酸盐为主导污垢组分,其形成和生长受到溶液中多种离子的共同影响,其中溶液中 K^+、Na^+、Mg^{2+}、NO_3^-、SO_4^{2-}、PO_4^{3-} 等离子的组合存在时会对碳酸盐析晶污垢的形成产生抑制作用。而溶液中 Fe^{3+} 对碳酸钙污垢的形成产生促进作用。由于不同矿化度条件下离子浓度不同,导致不同化学堵塞特征组分增长速率也存在显著差异($R^2>0.81$,$p<0.01$),石英、硅酸盐、碳酸盐生长速率随矿化度增高均呈线性递增的变化趋势,而磷酸盐、硫酸盐在矿化度 1~5g/L 条件下含量极少,矿化度 7~9g/L 条件下呈线性递增趋势,这也使得随水质矿化度增高灌水器内部化学堵塞特征组分总量呈缓慢增加到急剧增加的指数变化趋势。基于灌水器堵塞物质沉积与剥蚀过程,以 Kern-Seaton 污垢预测模型为原型,综合考虑灌水器结构类型、流道几何参数和水源特征等因素,建立了灌水器化学堵塞物质生长动力学模型,可以很好地描述化学堵塞灌水器内部堵塞物质总量及特征组分的变化过程。

③ 灌水器复合型堵塞形成动力学与诱发机制。复合型堵塞的堵塞物质具有明显的多样性,灌水器堵塞物质中主要包括物理(SP)、化学(C-MP)、生物(PLFAs、EPS)四种特征组分,分别占堵塞物质干重的 44.21%~70.72%、28.29%~55.26%、0.08%~0.12%、0.44%~0.84%。而单一的物理堵塞(SP 质量分数为 87.51%~95.65%)和化学堵塞(C-MP 质量分数>88.12%)的堵塞物质形成主要受单一特征组分主导。单一生物堵塞类型条件下,微生物(PLFAs 质量分数为 0.73%~0.78%)及其分泌物(EPS 质量分数为 1.24%~1.32%)所占比例较所有堵塞类型高;复合型堵塞各组分生长速率随着系统运行总体呈现快—慢—快的累积增长趋势。各堵塞物质特征组分与堵塞程度均呈现显著的线性正相关关系($R^2>0.75$,$p<0.01$),堵塞物质的增长直接影响堵塞的发生;不同类型灌水器间堵塞物质含量与增长速率差异明显,呈现出单翼迷宫灌水器最高、圆柱灌水器次之、贴条灌水器再次、片式灌水器最低的变化规律;黄河水与地表湖泊水进行混配后使灌水器内部堵塞物质含量大幅增加。

(3) 明确了滴灌系统工作压力,灌水频率,钙、镁离子含量以及复杂水质-肥料耦合等多因素对灌水器内部堵塞物质形成的影响效应与作用机理,提出了以控制灌水器内部堵塞物质形成为目标的调控路径。

① 系统工作频率对灌水器堵塞的控制效应与机制。随着系统工作频率的增加,再生水滴灌系统中灌水器抗堵塞能力逐渐下降,而黄河水和微咸水滴灌系统中灌水器抗堵塞能力则呈现上升趋势。这是由于再生水滴灌系统灌水器内部堵塞物质主要为附生生物膜,系统工作频率的增加为灌水器内部附生生物膜的生长提供了更为充足的营养物质,使灌水器堵塞加剧。然而,对于黄河水和微咸水滴灌系统,较低的系统工作频率导致滴灌系

统内部干燥时间延长，促进了灌水器内部固体颗粒物以及钙镁沉淀的沉积和富集，反而加剧了灌水器内部堵塞物质的形成。

② 系统运行工作压力对灌水器堵塞的影响效应与机制。随着系统运行工作压力的降低，灌水器的抗堵塞性能呈现先缓慢降低再急剧降低的变化趋势，系统运行工作压力的变化主要通过直接影响灌水器内部流动平均流速进而影响堵塞物质形成，辅以通过影响毛管管壁的堵塞物质形成而间接影响，系统运行工作压力 40～60kPa 是对堵塞较为敏感的影响区间，为保持良好的抗堵塞性能滴灌体统的工作压力应在 60kPa 以上。但不同压力条件下灌水器抗堵塞性能特征参数(Dra、CU)和毛管、灌水器内部堵塞物质质量等与常规 100kPa 下的结果均表现出良好的线性关系，可以进行估算。

③ 施加磷肥对水源钙、镁离子浓度的控制要求。相同钙、镁离子浓度的地下水和再生水滴灌系统施加磷肥后，地下水滴灌系统中灌水器轻微堵塞比例明显高于再生水，而一般堵塞、严重堵塞、完全堵塞比例则低于再生水。为了减缓灌水器堵塞，建议滴灌施加磷肥条件下地下水中钙、镁离子浓度应控制在 50mg/L 以下，再生水滴施磷肥条件下水源中钙、镁离子浓度控制水平约比地下水降低 50%左右。室内再生水滴灌施肥(磷肥)试验表明，钙、镁离子与磷肥反应生成的主要产物为氢氧磷灰石，堵塞物质中的主要无机化学组分为石英沉淀和钙镁沉淀，其中石英沉淀含量随着系统运行时间延长而减少，钙镁沉淀含量随着运行时间延长而增加。

④ 引黄滴灌磷肥系统对灌水器堵塞的影响及作用机理。引黄滴灌系统施加磷肥后灌水器流道内部污垢主要组分为 SP，化学结晶污垢主要组分为 C-MP 以及生物污垢主要组分为 EPS、微生物活性物质 MA。随着运行时间的增加，各组分呈现出全面增长的动态变化过程。各组分含量之间呈现出显著的线性正相关关系($R^2>0.82$，$p<0.01$)，SP 含量的增长持续带动着微生物附着并分泌大量 EPS，共同促进了生物污垢与颗粒污垢的形成，C-MP 形成的微晶粒与 SP 之间发生絮凝，并促进了化学结晶污垢与颗粒污垢的形成，而含磷阴离子的加入增强了颗粒间絮凝团聚能力，SP、C-MP、EPS 和 MA 发生的一系列物理、化学和生物反应相互耦合促进共同增长，最终导致灌水器堵塞。

⑤ 高盐地下水滴灌磷肥系统对灌水器堵塞的影响及作用机理。高盐地下水滴灌系统施加磷肥后灌水器流道内部堵塞物质为化学沉淀污垢，包括磷酸盐、碳酸盐、硅酸盐和石英。所有堵塞物质均呈现由缓慢上升到快速上升的趋势。各堵塞物质矿物组分含量均与 CU 呈显著($p<0.05$)负相关关系。与不施肥相比，磷酸二氢钾 MKP 的施用加重了灌水器的堵塞，而两种新型磷肥(聚磷酸铵 APP 和磷酸脲 UP)的施用虽然增加了其他污垢(磷酸盐、硅酸盐和石英)，但抑制了碳酸盐的形成，因此有效缓解了灌水器堵塞，系统的平均相对流量 Dra 提高了 26.2%～74.6%。磷肥浓度对灌水器堵塞行为也有显著影响，在磷肥施用量相同的情况下，APP 和 UP 在低浓度长期运行和高浓度短期运行模式下缓解堵塞效果更好。

⑥ 灌水器内部堵塞物质形成的调控路径。借助高精度 CT 扫描技术和染色技术揭示了多尺度流道结构-水动力学行为-堵塞物质分布的耦合特性与形成机制，发现流道内部复杂的水动力学特征影响了局部附生生物膜累积生长量(最大差异可达 24.2%)，局部水动力学的差异是通过影响微生物群落相对丰度和微生物活性，从而影响微生物总量及

与其直接相关的附生生物膜累积生长量。与此同时，局部流动特性-微生物耦合作用可以量化表征，即附生生物膜累积生长量与近壁面剪切力表现出显著的二次相关关系，且控制灌水器内部堵塞物质结构的主体——固体颗粒和钙镁沉淀(90%以上)、附着载体——微生物分泌的黏性胞外聚合物和土壤黏性颗粒均可以有效减缓堵塞的发生。系统研究了灌水器结构类型、几何参数(长度 L、宽度 W、深度 D、断面平均流速 v、额定流量 Q、无量纲参数 W/D 和 $A^{1/2}/L$)对堵塞物质形成的影响，发现可以通过灌水器两个无量纲参数 W/D 与 $A^{1/2}/L$ 的选择与设计来提升 v，进而影响堵塞物质的形成与堵塞的发生，最终提高灌水器抗堵塞能力。

1.6.3 滴灌系统高效抗堵塞灌水器设计理论与方法

(1) 突破了灌水器流道狭小空间内部水流、颗粒物等物质运动测试及模拟技术瓶颈，提出了灌水器内部三维流动的全场无扰测试方法，形成了基于 CFD 方法的灌水器固-液-气三相耦合流动模拟技术，实现了灌水器内部流动及颗粒物输移过程的可视化。

① 灌水器内部水流和颗粒物运动特性的 DPIV 测试方法。使用 Nikon Flow Sense 2M CCD 相机(200 万像素，150ns 跨帧)，对 DPIV 测试系统进行了改装，将相机镜头换成 Nikon D50 近摄镜头，镜头前连接国产 M42 螺口近摄皮腔，近摄比可达 1∶1 以上，皮腔和镜头之间连接一个 Nikon 原厂卡口近摄接圈 K2，使得相机和镜头成为一个精确可调节的整体，拍摄区域达 4mm×4mm，可充分发挥常规 PIV 与微型 PIV 的优点。与此同时，将改造的 DPIV 系统与 PLIF 技术相结合，研发了基于迷宫流道结构单元内部流动相似性原理的透明单元段模型、示踪荧光粒子，最终构建了一种灌水器内部三维流动及颗粒物运动的全场无扰测试方法，有效解决了灌水器这种狭小空间(0.25～1mm^2)、临界尺度、复杂流道内部物质流动可视化过程中的图像分辨率与拍摄区域不协调以及图像噪声干扰的技术难题。

② 灌水器内部水流和颗粒物运动特性。采用灌水器内部三维流动全场无扰测试方法测试了灌水器原型及透明模型流道内不同粒径颗粒物的流速分布、跟随性、涡量与流线分布特征，发现模型与原型灌水器结构单元内部颗粒物运动特征具有明显的一致性，流道中心区颗粒物运动最大速度偏差在 6.0%以内($R^2>0.80$，$p<0.01$)，表明提出的灌水器内部颗粒物运动特性测试方法能够满足测试要求。利用该方法测试了圆柱型灌水器内部流体运动特征，发现水流和颗粒物运动在横断面上也存在很高的非均匀性，颗粒物和水流运动表现出明显相分离现象，在低速区设置绕流结构以增加漩涡作用，可有效控制灌水器堵塞沉积物的形成。进一步采用该方法测试了不同圆弧优化边界条件下分形 M 流道内部水流和颗粒物运动特性，建议分形 M 流道齿跟迎水区、齿尖背水区、齿尖迎水区采用半径为流道宽度一半的圆弧进行优化，齿跟背水区采用半径为流道宽度的圆弧优化。

③ 灌水器内部固-液-气三相耦合流动分析方法。以大涡模拟模型为基本架构，采用高精度 CT 扫描技术和逆建模技术获取灌水器堵塞流道壁面简化处理方法，形成了基于 CFD 方法的灌水器固-液-气三相耦合流动模拟技术，并通过固液两相流动模拟、水滴滴落过程模拟的实测验证，发现所建立的耦合流动模拟技术的精度可达 5%以内。采用不同的湍流模型(标准 k-ε 模型、RNG k-ε 模型、LES 模型)计算灌水器内部连续相流场，水力

性能试验结果与 DPIV 测试结果作为校验，以选择最优模拟模型。结果表明，三种模型所得到的流量-压力变化趋势相同，标准 k-ε 模型计算结果误差偏大，LES 模型模拟流场与试验测试的流场分布具有最高相似性，因此在灌水器内部流场模拟过程中选择 LES 模型最为适宜。此外，采用高精度 CT 扫描技术、染色技术与逆建模技术联动获取壁面简化处理方法，发现以规则梯形或半弧形来模拟生物膜表面粗糙度并不能反映流场真实情况，采用随机曲线规则突起来模拟生物膜壁面和逆建模真实壁面最为接近。

④ 堵塞作用下灌水器内流场数值模拟模型。采用高精度 CT 扫描技术定量分析灌水器流道内部堵塞物质分布及动态变化，并对灌水器计算流体力学模拟方法进行优化，建立了堵塞物质附着下灌水器流道数值模拟最优计算模型。采用双向耦合的计算方法，研究反弹系数为 0.1、0.5、1.0 时颗粒群的运动规律，确定反弹系数 0.5 较为适宜描述灌水器内颗粒的运动情况。利用逆向建模技术，首次建立灌水器原型生物膜壁面模型，还原真实生物膜附着后壁面流道，并以此为基础，探究生物膜壁面简化模型，结果表明，以简化的堵塞物质厚度建立的壁面模型最接近真实情况，可作为生物膜壁面的一种简化方式。从微观角度量化堵塞物质分布与水力学特征参数间的关系，发现初期堵塞物质厚度与流速、剪切力呈线性负相关关系($R^2>0.78$，$p<0.05$)，而后期堵塞物质厚度随流速、剪切力的增大呈先增大后减小的趋势，这主要是受到近壁面剪切力以及颗粒物和营养物质的输移所致。

⑤ 压力补偿式滴灌灌水器内部流固耦合模拟方法。采用双向流固耦合方法的计算结果与试验测试值具有相同的趋势，流固耦合计算得到的数值较实测值偏小，差距随着压力的增加而增大，最大误差为 15.0%，误差产生的原因可能是由于在实际测量稳流器流量时，稳流器进出口以及连接管道等部位有较大的局部水头损失；计算单一流体结果值大于试验测试值，可能是由于直接对稳流器内部流场进行模拟计算而未考虑进出口位置处的水头损失，导致流体模拟计算结果偏大。采用流固耦合模拟方法对压力补偿式滴灌灌水器弹性膜片和稳流器进行设计，结果表明，弹性膜片最大位移发生在圆心处，且随着弹性膜片厚度的增加，稳流器流态指数变大，稳流器紊流性能越差，随着弹性模量值的增大，稳流器紊流性能变差，采用分形流道对稳流器流道进行改进，通过计算不同齿尖角度下稳流器的消能效果，结果表明，齿尖角度为 60°时效果最好，因此采用流道齿尖角度 60°与膜片厚度 0.3mm 组合设计新型稳流器，其具有较好的稳流性能，流态指数可降低至 0.08。

(2) 创建了抗堵塞灌水器设计理论与流道边界漩涡洗壁精细化优化设计方法，巧妙地利用漩涡区湍流进行流道壁面的自清洗，建立了完整的灌水器设计方法，研发了全新概念的分形流道系列高抗堵塞灌水器系列产品，抗堵塞性能明显优于 NETAFIM 公司同类型产品。

① 灌水器流道构型及几何参数控制阈值。在对国内外现有代表性产品进行收集的基础上，选择梯形、三角形、矩形、分形、齿形 5 种主流流道构型，以流态指数与湍流强度作为评价指标，对其水力性能与抗堵塞性能进行评价。结果表明，不同流道构型中，分形流道和齿形流道水力性能和抗堵塞能力相对最优。对齿形流道不同流道结构参数条件下灌水器水力性能与各结构单元的湍流强度和速度矢量分布进行对比分析发现，齿高为 1.3mm、齿尖角度为 60°、齿间距为 1.8mm 时，流态指数最低(0.514)，抗堵塞能力最高，

为最优的参数组合；综合考虑漩涡发展程度及最小值差异大小、湍流强度大小，建议齿形流道结构参数控制阈值为：流道宽度 0.8～1.2mm，流道长度 27.5～42.5mm，流道深度应低于 1.0mm，且不同灌水器结构参数对其流态指数的影响较小，偏差均在 1.0%以内。

② 灌水器流道结构的漩涡洗壁边界优化设计方法及临界控制阈值。提出了灌水器流道结构的漩涡洗壁边界优化设计方法，将颗粒沉积夹角部位用圆弧优化，巧妙地利用漩涡清洗流道壁面，从而提高流道近壁面流速和增强自清洗能力。对比传统的主航道设计方法（漩涡消除），主航道设计使得灌水器流量系数较原型提高了 4～6 倍，流道消能存在明显不足，在泥沙最易淤积的齿尖迎水区沙相体积分数相对最高，近壁面流速与湍流强度相对较低，灌水器堵塞风险加剧。而漩涡充分发展后（漩涡洗壁抗堵塞设计），所有压力条件下流量系数相对于原型降低 3%以内，流态指数降低 5%以内。尤其在采用大圆弧优化条件下，水流与黏性粗糙边壁接触面积相对于小圆弧更大，漩涡发展更充分。对于流量指数和流态指数的降低更为有利。与此同时，其泥沙最易淤积区域泥沙含量相对最低，湍流强度最高，堵塞物质最不易发生附着与沉积。此外，研究了不同近壁面水力剪切力条件下滴灌系统堵塞物质的形成和生长过程，发现再生水等四种复杂水源滴灌条件下，剪切力为 0.2～0.4Pa 条件下最适宜堵塞物质的形成，因此流道近壁面剪切力控制阈值为（0, 0.2Pa）$\cup$（0.4Pa，$+\infty$）。

③ 建立了面向用户设计流量需求的灌水器设计方法。首先采用构型选择-单元设计-参数适配的流道构造技术得到灌水器流道的雏形设计，以综合评判灌水器水力性能与抗堵塞能力的湍流强度为指标，进行最优流道构型的选择；采用多处理寻优的方式，即对流道结构单元的不同结构设计参数（如齿形流道的齿角度、齿高度、齿间距）的多个处理进行模拟计算，探寻最优的结构单元设计参数；基于灌水器流道结构几何参数的控制阈值范围，以 CRI 为评价指标，确定灌水器流道设计最优的参数适配组合。其次，通过灌水器流道结构的漩涡洗壁边界优化设计方法，对灌水器流道边界进行二级精细优化，最终实现流道结构定型。目前该流道结构设计方法已获批 PCT 美国专利。

④ 研发了全新概念的灌水器分形流道系列产品。以湍流分形特性以及分形几何构建复杂体的能力为基础，创新性地构建了灌水器分形流道，应用所建立的滴灌灌水器循环逐级优化设计方法，研发了 6 种具有自主知识产权的分形流道灌水器新产品，明显优于国际上流行的迷宫流道灌水器，流道设计几何参数从 8 个以上锐减至 3 个，只需确定流道的长、宽、深 3 个结构参数即可实现完整的流道设计，大幅提升优化设计效率；流道内湍流强度提升了约 40%，灌水器流态指数达到极限值 0.5，充分实现了灌水器流道内部的全紊流设计，具有极高的水力性能；将作者研究团队研发的新产品与国内外代表性厂家生产的 14 种不同类型滴灌管/带产品进行同步抗堵塞性能测试，结果表明，自主研发的分形流道系列产品抗堵塞能力（以系统安全运行时间计）提升了 15.6%～24.2%，实现了水力性能与抗堵塞性能的协同提升；此外，灌水器长度和质量均减小 40%左右，也显著降低了滴灌带的壁厚，使滴灌带的生产成本降低了约 25%。

(3) 开发了片式、圆柱式两种长效型灌水器精准化、连续化生产工艺技术体系及生产线，创新了单翼迷宫式薄壁灌水器生产线制造工艺，研发了全新概念的流延式灌水器生产线，实现了抗堵塞灌水器产品的高效生产制造。

① 片式灌水器生产线关键设备及生产工艺。开发了内外双旋转灌水器筛选机进行灌水器筛选，并结合运动控制器和高精度伺服电机，筛选速度由 400 个/min 提高到 1000 个/min；通过对真空定径装置真空度精准调控与压轮启闭自动控制，实现了管径与灌水器的精准黏合；创新了与真空泵相连的中空打孔装置，有效吸除滴灌带残片，在增加生产线打孔速度的同时，可显著降低原材料损耗和生产成本；构建了注塑点相邻两进料点截面积相差 3%的耦合补偿精准注塑模式，突破了传统 128 腔流道中进料点数控制的限制，将可精准控制 16 个进料点提升到 32 个，开发了无废料产生的 256 腔全热流道模具，生产效率提升 2 倍以上。

② 圆柱式灌水器生产线关键设备及生产工艺。打破传统导柱抽芯抽离困难，冷却速度慢的限制，开发了内通冷却水的液压抽芯装置，使得开模时间降低了 50%以上；研发了以液压站蓄能器为动力来源并可以自动控制的液压自动换网装置，自动化程度大幅提升，并将传统平面过滤方式改进为柱面过滤，过滤面积由原来的 2826mm^{2}增加到 39137mm^2；突破了传统电气控制的钻孔方式，研发了机械驱动的圆柱式滴灌带钻孔机，通过卡块锁紧机构与钻孔机构的机械联动，将打孔速度由 75 个/min 提高到 240 个/min；开发了与机械打孔相配套的中空打孔装置，可显著降低打孔能耗的同时有效吸除滴灌带残片。

③ 单翼迷宫式薄壁灌水器生产线关键设备及生产工艺。开发了内部为迷宫流道、真空吸气孔的成型体，外部为冷却水道的一体式成型轮，实现了迷宫流道、进水口和出水口的一次吸附成型；通过外部风冷与半环形风道风冷、水冷协同冷却作用，实现了矩形流道与管带吹塑和真空吸附成型技术的有机结合，使得滴灌带生产速度达到 100m/min；开发了可根据挤出膜片流量的变化控制入料速度的米克重控制器，实现滴灌带重量精确控制，使得制造偏差由 10%降低到 3%以内；针对传统固定切刀结构易被滴灌带的移动改变剖切位置导致滴灌带宽窄不一的问题，开发了增加过辊支撑机构并采用圆形刀片的旋转剖刀机构，解决了固定点接触带来的磨损问题，大幅增加了滴灌带的使用寿命。

④ 流延式灌水器生产线关键设备及生产工艺。将成型轮真空吸附和冷却成型与叠边热封装置机械叠边和双面铸铝加热控温热封有机结合，研发了具有整机发明专利的一体式流延灌水器成型牵引机，保证滴灌带性能不显著降低的同时缩减成本 40%以上，生产速度达到 70m/min，制造偏差控制在 3%以内；突破传统五片式成型轮拆装误差大且冷却效率低的限制，开发了专用于流延滴灌带生产的一体式成型轮；构建了齿尖处左右两侧不对称吸附模式，保证了迷宫流道的成型饱满；通过叠边结构与耐高温硅胶压轮和铸铝热封轮的精确配合，精确控制加热偏差在 1℃以内；创新性地在流延生产线中增加了裁边回收装置，可精确控制挤出膜片宽度，将边侧波动对滴灌带影响降低到 3%以内；开发了 PLC 自动控制的液压自动换网装置，显著提高了自动化程度。

1.6.4 滴灌系统灌水器堵塞控制的技术与方法

(1) 研发了滴灌系统过滤器性能测试平台，探究了不同水源滴灌过滤系统的配置组合及运行方式对泥沙/浊度去除率、水头损失等参数的影响，明确了再生水和黄河水滴灌系统过滤器合理配置技术和适宜的运行模式。

① 再生水滴灌系统过滤器合理配置及运行模式。再生水滴灌系统过滤器宜采用“一

级砂石过滤器＋二级叠片/网式过滤器”的配置模式。一级砂石过滤器最优过滤模式下滤料粒径应选择 1.0～2.0mm，过滤流速选择 0.022m/s，此时的单次过滤时间为 16min，浊度去除率可达 76.9%，最优的反冲洗流速为 0.017m/s，所需要的反冲洗时间为 12min。二级可选用 120 目叠片或 100 目网式过滤器，其在相对较低的压力损失前提下，浊度去除率最高。

② 黄河水滴灌系统过滤器合理配置及运行模式。黄河水滴灌系统过滤器宜采用“一级离心/砂石过滤器＋二级叠片/网式过滤器”的配置模式。一级离心过滤器结构型式宜采用蜗壳进口型，砂石过滤器最优过滤模式下滤料粒径应选择 1.70～2.35mm，过滤流速选择 0.012m/s，此时的单次过滤时间为 28min，泥沙去除率为 30.7%，最优的反冲洗流速为 0.022m/s，所需要的反冲洗时间为 10min。二级可选用 120 目叠片或 100 目网式过滤器。

(2) 系统研究了滴灌毛管冲洗流速、冲洗频率对再生水、黄河水等复杂水源滴灌系统灌水器堵塞的控制机理与效应，明确了毛管冲洗对堵塞物质表观形貌、固体颗粒物含量及微生物群落结构的影响，确定了再生水、黄河水等复杂水源滴灌系统灌水器堵塞控制的最优冲洗策略。

① 再生水滴灌系统毛管冲洗控制机理与最优模式。不同冲洗流速下毛管内生物堵塞物质生长均符合 S 型曲线变化($R^2>0.81$，$p<0.01$)。快速生长期流速为 0.45m/s 时生物堵塞物质平均厚度最大，流速为 0.12m/s 和 0.45m/s 条件下粗糙度、峰值高度和比表面积三个参数均较大。再生水滴灌系统较为适宜的毛管冲洗频率为每两周一次，此频率下灌溉系统 Dra、CU 最高，而 SP、PLFAs、EPS 等生物膜组分含量最低，而高频冲洗下毛管内壁附生生物膜中微生物活性增强，黏性 EPS 分泌旺盛，使得脱落后的生物膜进入灌水器流道后被吸附、截留，进而产生堵塞的风险大幅增加；低频冲洗条件下生物膜生长旺盛，脱落的颗粒物较大，也使得堵塞风险增加。

② 引黄滴灌系统毛管冲洗控制机理与最优模式。毛管管壁内部堵塞物质与灌水器内部堵塞物质含量呈显著相关关系($R^2=0.91$)，灌水器内部堵塞物质绝大部分是来自毛管管壁堵塞物质的脱落，通过毛管冲洗可以控制黄河水滴灌毛管管壁上的堵塞物质，从而控制灌水器内部的堵塞物质。引黄滴灌系统中，不同类型灌水器对冲洗的适宜性表现为：片式灌水器最高，圆柱灌水器次之，单翼迷宫灌水器再次，贴条灌水器最低。最佳的毛管冲洗模式为：系统每运行 64h 左右时以 0.4m/s 的冲洗流速冲洗 6min，此模式可使滴灌系统 Dra 较不冲洗处理提高 11.4%～40.7%，CU 较不冲洗处理提高 18.3%～113.5%。

(3) 研究了化学加氯配合毛管冲洗对滴灌系统灌水器生物堵塞的控制机理，明确了化学加氯后对作物生长、产量和品质以及土壤环境健康质量的影响，提出了化学加氯适宜浓度以及化学加氯配合毛管冲洗联合应用模式。

① 化学加氯配合毛管冲洗对灌水器附生生物膜微生物的控制机理。加氯可以显著降低灌水器内附生生物膜的形成，PLFAs 总量降低、微生物种类减少，微生物丰富度指数 ace 与多样性指数 Shannon 分别降低 3.4%～20.6%和 1.91～20.5%。但加氯处理会使微生物活性增加 0.5%～19.2%，且耐氯菌(*Acinetobacter* 和 *Thermotonus*)的相对丰度增加，这也在一定程度上抑制了加氯效果。综合来看，低浓度＋长时间模式(0.80mg/L＋

3h)是控制复杂迷宫流道附生生物膜形成的适宜模式，可以有效控制灌水器堵塞，这可以使迷宫流道内附生生物膜总量下降43.0%、相对平均流量提升39.9%。

② 化学加氯对滴灌系统、作物产品、品质和土壤健康的影响。化学加氯处理使得田间滴灌系统灌水器平均相对流量保持80%以上，灌水均匀度保持在90%以上。显著降低了土壤PLFAs标记的微生物总量，降幅为11.3%～60.9%，使得细菌、真菌、放线菌含量下降，导致微生物群落多样性下降，然而优势菌群微生物a15:0，16:0，18:0在加氯前后未变。其中加氯对细菌含量影响最为显著。再生水滴灌可提高土壤菌群多样性，加氯处理并不会改变Proteobacteria优势菌群的地位。但是会降低硝化螺旋菌门(Nitrospirae)、放线菌门(Actinobacteria)和厚壁菌门(Firmicutes)的相对丰度，从而降低土壤营养水平，使得土壤健康存在潜在风险。加氯后会引起微生物群落结构变化，从而导致脲酶、过氧化氢酶与磷酸酶活性分别下降7.5%～27.8%、2.8%～7.2%、3.9%～23.7%，进而使脂肪和蛋白质含量显著下降2.2%～16.6%、2.2%～14.1%，但长期加氯并未对春玉米产量产生不利影响。高浓度短持续加氯模式容易产生更大的土壤健康风险，土壤微生物、酶活性显著下降，进而使脂肪与蛋白质含量显著降低。

1.6.5 复杂水源滴灌系统灌水器堵塞控制技术体系与应用模式

以削减滴灌系统灌水器内部堵塞物质为目标，从滴灌系统角度出发，将不同堵塞控制技术进行合理适配、组合、集成，提出并实践了高含沙水、微咸水、再生水等复杂水源滴灌系统灌水器堵塞控制技术体系及应用模式。

(1) 高含沙水滴灌系统灌水器物理堵塞控制技术体系及应用模式。以控制黄河水源细粒径黏性泥沙在滴灌系统内的输移过程为目标，构建了灌水器排沙-毛管冲沙-过滤器拦沙-沉淀池沉沙的黄河水滴灌系统灌水器堵塞控制综合技术体系。从滴灌灌水器出发，通过流道结构优化设计提升灌水器自排沙能力，使更多的细颗粒可以通过灌水器流道排出体外；毛管内淤积的泥沙因其内部流动变化发生脱落而进入灌水器内部诱发堵塞，可以通过周期性毛管冲洗冲出淤积在毛管内的泥沙，两者结合可使绝大多数泥沙排出滴灌系统，需要据此明确进入毛管的泥沙粒径和浓度阈值；据此确定过滤器运行优化配置模式以及进入过滤器的泥沙粒径与浓度阈值；最后确定沉沙池的处理标准。通过四级调控方法配合可以最大限度地发挥每一级的泥沙处理能力，基于反向设计方法，结合正向施工，彻底改变了传统的高成本泥沙沉滤处理模式，而系统安全运行时间(CU>80%)最低可达到420h以上。

(2) 微咸水滴灌系统灌水器化学堵塞控制技术体系及应用模式。以控制钙镁沉淀形成和附着为目标，构建了控制水质-调节运行-配施酸肥相结合的灌水器堵塞控制集成技术体系。其中，控制水质是通过控制矿化度来减少关键组分来源，适宜的水质矿化度阈值应在5g/L以下，且可采用强度为900mT的磁化器对微咸水进行处理；调节运行是采用调控轮灌制度，适宜的运行模式为在允许范围内宜采用高频滴灌，系统工作压力应不低于0.06MPa，且采用淡水与微咸水进行交替滴灌；配施酸肥是通过调节水质pH来清除生成的堵塞物质，主要是施加酸性的肥料以及结合定期加酸的方法，清除生成的沉淀物质。而通过对不同类型的灌水器流量进行长期动态测试，发现采用微咸水滴灌系统灌水器堵塞控制技术体系后，微咸水滴灌系统安全运行时间可达到 390h 以上。

(3) 再生水滴灌系统灌水器生物堵塞控制技术体系及应用模式。以控制再生水中微生物在滴灌系统壁面附着和生长为目标，提出了前截-中控-后清三者结合的再生水滴灌系统灌水器堵塞逐级调控技术。过滤器配置可选用砂石过滤器＋筛网/叠片过滤器，其中，前截是通过过滤器截除微生物附着的颗粒物，砂石过滤器最优滤料粒径宜选择 1.0～2.0mm，过滤流速为 0.022m/s，反冲洗流速为 0.017m/s，反冲洗时间为 12min，配置筛网过滤器适宜目数为 100 目，叠片为 120 目；中控是采用定期毛管冲洗控制微生物生长，毛管冲洗频率以每两周一次为宜，适宜冲洗流速为 0.40～0.45m/s，后清是加氯配合定期毛管冲洗灭杀微生物，加氯配合毛管冲洗最优的模式为应考虑低浓度长持续时间加氯(0.80mg/L×3h)，毛管冲洗流速为 0.45m/s，约 50h 冲洗一次；构建的再生水滴灌系统灌水器堵塞控制体系可使系统安全运行时间达到 907h 以上。

参考文献

蔡焕杰. 2003. 大田作物膜下滴灌的理论与应用[M]. 杨凌：西北农林科技大学出版社.

蔡金傍，朱亮，段祥宝，等. 2005. 平流式沉淀池优化设计研究[J]. 水利学报，27(6)：67-70.

曹蒙，魏正英，葛令行，等. 2009. 滴头壁面形貌对微颗粒与壁面黏附特性的影响[J]. 西安交通大学学报，43(9)：120-124.

陈瑾. 2006. 迷宫滴头流道结构形式的性能研究[D]. 北京：中国农业大学.

董忠尧，王聪玲. 1998. 固体微粒在滴灌水体中形成、长大的理化机理[J]. 节水灌溉，(5)：31-33.

范文涛. 2012. 曝气灌溉对大棚黄瓜和番茄生长的影响研究[D]. 杨凌：西北农林科技大学.

葛令行，魏正英，曹蒙，等. 2010. 微小迷宫流道中的沙粒沉积规律[J]. 农业工程学报，26(3)：20-24.

葛令行，魏正英，唐一平，等. 2009. 迷宫流道内沙粒壁面碰撞模拟与 PTV 实验[J]. 农业机械学报，40(9)：46-50.

侯静，丁睿，沈经纬. 2003. 溶液插层法制备 MHA-g-EG 导电纳米复合材料[J]. 塑料工业，31(5)：20-23.

胡德勇，姚帮松，徐欢欢，等. 2012. 增氧灌溉对大棚秋黄瓜生长特性的影响研究[J]. 灌溉排水学报，31(3)：122-124.

贾亮，李真，贾绍义. 2006. 磁化技术在工业水处理中的应用[J]. 化学工业与工程，23(1)：59-64.

黎运棻，杨晋营，张金凯. 2004. 水利水电工程沉沙池设计[M]. 北京：中国水利水电出版社.

李圭白. 1964. 高浑浊水的动水浓缩规律和自然沉淀池的计算方法[J]. 土木工程学报，(1)：78-88.

李久生，张建君，薛克宗. 2003. 滴灌施肥灌溉原理与应用[M]. 北京：中国农业出版社.

李康勇，牛文全，张若婵，等. 2015. 施肥对浑水灌溉滴头堵塞的加速作用[J]. 农业工程学报，31(17)：81-90.

李秀英，陈志和，孔萌，等. 2011. 水环境变化下泥沙颗粒的界面作用特征研究[J]. 中山大学学报(自然科学版)，50(4)：139-143.

李永欣，李光永，邱象玉，等. 2005. 迷宫滴头水力特性的计算流体动力学模拟[J]. 农业工程学报，21(3)：12-16.

李云开. 2005. 滴头分形流道设计及其流动特性的试验研究与数值模拟[D]. 北京：中国农业大学.

李云开，杨培岭，任树梅，等. 2005. 圆柱型灌水器迷宫式流道内部流体流动分析与数值仿真[J]. 水动力学研究与进展：A 辑，20(6)：736-744.

李治勤,陈刚,杨晓池,等.2009.迷宫灌水器中泥沙淤积特性研究[J].西北农林科技大学学报(自然科学版),37(1):229-234.

刘贞姬,刘焕芳,宗全利,等.2016."水力学"课程多元教学模式的应用研究[J].新课程研究,(2):15-17.

穆乃君.2006.迷宫滴头抗堵塞性能试验研究[D].北京:中国农业大学.

牛文全,刘璐.2012.浑水特性与水温对滴头抗堵塞性能的影响[J].农业机械学报,43(3):39-45.

牛文全,喻黎明,吴普特,等.2009.迷宫流道转角对灌水器抗堵塞性能的影响[J].农业机械学报,40(9):51-55.

王冬梅.2007.迷宫滴头流道结构形式和尺寸对水力及抗堵塞性能的影响[D].北京:中国农业大学.

王建东.2004.滴头水力性能与抗堵塞性能试验研究[D].北京:中国农业大学.

王建东,李光永,邱象玉,等.2005.流道结构形式对灌水器水力性能影响的试验研究[J].农业工程学报,21(增刊):100-103.

王全九,徐益敏.2002.咸水与微咸水在农业灌溉中的应用[J].灌溉排水学报,21(4):73-77.

王瑞环.2004.基于快速成型技术的参数化灌水器结构试验研究[D].西安:西安科技大学.

王尚锦,刘小民,席光,等.2000.迷宫式灌水器内流动的有限元数值分析[J].农业机械学报,31(4):47-49.

王尚毅.1964.细颗粒泥沙在静水中的沉降运动[J].水利学报,5:75-79.

王祥三,李大美.2000.河口海域污染非线性扩散数值解法研究[J].水电能源科学,18(3):13-15.

王元,金文,何文博.2009.锯齿型微通道内流流场的微尺度粒子图像测量[J].西安交通大学学报,43(9):109-113.

王志毅,谷波,黎远光.2003.制冷系统中热力膨胀阀的故障分析[J].流体机械,31(10):54-56.

魏青松,史玉升,董文楚,等.2004.新型灌水器快速自主开发数字试验研究[J].节水灌溉,2:10-14.

魏正英,赵万华,唐一平,等.2005.滴灌灌水器迷宫流道主航道抗堵设计方法研究[J].农业工程学报,21(6):1-7.

吴显斌,吴文勇,刘洪禄,等.2008.再生水滴灌系统滴头抗堵塞性能试验研究[J].农业工程学报,24(5):61-64.

吴泽广,牛文全.喻黎明.2014.泥沙粒径与含沙量对迷宫流道滴头堵塞的影响[J].农业工程学报,30(7):99-108.

喻黎明,吴普特,牛文全,等.2009.迷宫流道内固体颗粒运动的CFD模拟及PIV验证[J].农业机械学报,40(5):45-51.

赵和锋,李光永.2004.微灌水质分析与指标判定[J].节水灌溉,6:4-7.

周庆荣,董文楚.2000.悬浮固体物在滴灌毛管中的迁移规律研究[J].中国农村水利水电,6:30-32.

宗全利.2015.过滤器技术及应用:自清洗网式[M].北京:化学工业出版社.

Aali K A,Liaghat A,Dehghanisanij H. 2009. The effect of acidification and magnetic field on emitter clogging under saline water application[J]. Journal of Agricultural Science(Toronto),1(1):132-141.

Adin A,Sacks M. 1991. Drip clogging factors in wastewater irrigation[J]. Journal of Irrigation and Drainage Engineering,117(6):813-826.

Agarwal A,Ng W J,Liu Y. 2011. Principle and applications of microbubble and nanobubble technology for water treatment[J]. Chemosphere,84(9):1175-1180.

Arbat G,Pujolb T,Puig-Barguésa J,et al. 2013. An experimental and analytical study to analyze hydraulic behavior of nozzle-type underdrains in porous media filters[J]. Agricultural Water Management,126:64-74.

Bishop P L. 2007. The role of biofilms in water reclamation and reuse[J]. Water Science Technology,55:

19-26.

Bounoua S, Tomos S, Labille J, et al. 2016. Understanding physical clogging in drip irrigation: In situ, in-lab and numerical approaches[J]. Irrigation Science, 34(4): 327-342.

Bozkurt S, Ozekici B. 2006. The effects of fertigation managements on clogging of in-line emitters[J]. Journal of Applied Sciences, 6(15): 3026-3034.

Bucks D A, Nakayama F S, Gilbert R G. 1979. Trickle irrigation water quality and preventive maintenance[J]. Agricultural Water Management, 2(2): 149-162.

Camp C R. 1998. Subsurface drip irrigation: A review[J]. Transaction of the ASABE, 41(5): 1353-1367.

Capra A, Scicolone B. 2004. Emitter and filter tests for wastewater reuse by drip irrigation[J]. Agricultural Water Management, 68(2): 135-149.

Dahl C, Larsen T, Petersen O. 1994. Numerical modeling and measurement in a test secondary settling-tank[J]. Water Science and Technology, 45(2): 219-228.

Dehghanisanij H, Yamamoto T, Ahamad B O, et al. 1997. The effect of chlorine on emitter clogging induced by alage and protozoa and the performance of drip irrigation[J]. Agricultural Water Management, 33(2): 127-137.

Deininger A, Holthausen E, Wilderer P A. 1998. Velocity and solids distribution in circular secondary darifiers: Full scale measurements and numerical modeling[J]. Water Research, 127(1): 2951-2958.

Elbana M, Cartagena F R D, Puig-Bargués J. 2012. Effectiveness of sand media filters for removing turbidity and recovering dissolved oxygen from a reclaimed effluent used for micro-irrigation[J]. Agricultural Water Management, 111(4): 27-33.

Farouk A, Hassan D. 2003. The microirrigation maintenance program designed by Agro-industrial management[J]. Water Quality for Microirrigation, 115(2): 115-121.

Feigin A, Ravina I, Shalhevet J. 1991. Sources, treatment processes and uses of sewage effluent[M]//Irrigation with Treated Sewage Effluent. Berlin: Springer.

Ford H W. 1976. Controlling slimes of sulfur bacteria in drip irrigation systems[J]. Hortscience, 11(2): 133-135.

Ford H W, Tucker D P H. 1975. Blockage of drip irrigation filters and emitters by iron sulfur bacterial products[J]. Hortscience, 10(1): 62-64.

Ford H W. 1987. Iron ochre and related sludge deposits in subsurface drain lines[D]. Gainesille: University of Florida.

Gilaad Y K, Klous L Z. 1980. Hydraulic and mechanical properties of drippers[C]//Proceedings of the 2nd International Drip Irrigation Congress, San Diego.

Gilbert R G, Nakayama F S, Bucks D A, et al. 1981. Trickle irrigation: Emitter clogging and other flow problems[J]. Agricultural Water Management, 3(3): 159-178.

Goula A M, Kostoglou M, Karapantsios T D, et al. 2008. The effect of influent temperature variations in a sedimentation tank for potable water treatment—A computational fluid dynamics study[J]. Water Research, 42(13): 3405-3414.

Greenway H, Armstrong W, Colmer A T D. 2006. Conditions leading to high CO_2 (>5kPa) in water-logged-flooded soils and possible effects on root growth and metabolism[J]. Annals of Botany, 98(1): 9-32.

Hills D J, Brenes M J. 2001. Microirrigation of wastewater effluent using drip tape[J]. Applied Engineering in Agriculture, 17(3): 303-308.

Hills D J, Nawar F M, Waller P M. 1989. Effects of chemical clogging on drip-tape irrigation uniformity[J]. Transactions of the ASAE, 32(4): 1202-1206.

Larsen P. 1977. On the hydraulics of rectangular settling basins: Experimental and theoretical studies[J]. Liaoning Chemical Industry, 3: 41-47.

Li Y K, Liu Y Z, Li G B, et al. 2012. Surface topographic characteristics of suspended particulates in reclaimed wastewater and effects on clogging in labyrinth drip irrigation emitters[J]. Irrigation Science, 30(1): 43-56.

Li Y K, Yang P L, Xu T W, et al. 2008. CFD and digital particle tracking to assess flow characteristics in the labyrinth flow path of a drip irrigation emitter[J]. Irrigation Science, 26(5): 427-438.

Li Y K, Yang P L, Xu T W, et al. 2009. Hydraulic property and flow characteristics of three labyrinth flow paths of drip irrigation emitters under micro-pressure[J]. Transaction of ASABE, 52(4): 1129-1138.

Lyn D A, Rodi W. 1990. Turbulence measurements in model settling tank[J]. Journal of Hydraulic Engineering, 116(1): 3-21.

Nakayama F S, Bucks D A. 1991. Water quality in drip/trickle irrigation: A review[J]. Irrigation Science, 12(4): 187-192.

Niu W Q, Liu L. 2013. Influence of fine particle size and concentration on the clogging of labyrinth emitters[J]. Irrigation Science, 31(4): 6-7.

Ozekici B, Ronald S. 1991. Analysis of pressure losses in toutuous-path emitters[J]. America Society of Agriculture Engineering, 21(3): 112-115.

Picologlou B F, Zelver N, Characklis W G. 1980. Biofilm growth and hydraulic performance[J]. ASCE Journal of the Hydraulics Division, 106(5): 733-746.

Pitts D J, Harman D Z, Smajstrla A G, et al. 1990. Causes and prevention of emitter plugging in microirrigation systems[J]. Bulletin-Florida Cooperative Extension Service, 8(1): 1-6.

Rav-Acha C, Kummel M, Salamon I, et al. 1995. The effect of chemical oxidants on effluent constituents for drip irrigation[J]. Water Research, 29(1): 119-129.

Ravina E P, Sofer Z A, Marcu A S, et al. 1992. Control of emitter clogging in drip irrigation with reclaimed wastewater[J]. Irrigation Science, 13(3): 129-139.

Ravina E P, Sofer Z A, Marcu A S, et al. 1997. Control of clogging in drip irrigation with stored treated municipal sewage effluent[J]. Agricultural Water Management, 33(2): 127-137.

Şahin Ü, Anapalı Ö, Dönmez M F, et al. 2005. Biological treatment of clogged emitters in a drip irrigation system[J]. Journal of Environmental Management, 76(4): 338-341.

Şahin Ü, Tunc T, Eroglu S. 2012. Evaluation of $CaCO_3$ clogging in emitters with magnetized saline waters[J]. Desalination and Water Treatment, 40(1-3): 168-173.

Shinde D G, Patel K G, Solia B M, et al. 2012. Clogging behaviour of drippers of different discharge rates as influenced by different fertigation and irrigation water salinity levels[J]. Journal of Environmental Research and Development, 7(2): 917-922.

Silberbush M, Ben-Asher J, Ephrath J E. 2005. A model for nutrient and water flow and their uptake by plants grown in a soilless culture[J]. Plant and Soil, 271(1/2): 309-319.

Simon M, Grossart H P, Schweitzer B, et al. 2002. Microbial ecology of organic aggregates in aquatic ecosystems[J]. Aquatic Microbial Ecology, 28(2): 175-211.

Suman S, Patra S K, Ratneswar R. 2011. Effect of drip fertigation on growth and yield of guava cv Khaja[J].

Environment and Ecology,29(1):34-38.

Tajrishy M A,Hills D J,Tchobanoglous G. 1994. Pretreatment of secondary effluent for drip irrigation[J]. Journal of Irrigation and Drainage Engineering,120(4):716-731.

Tarchitzky J,Rimon A,Kenig E,et al. 2013. Biological and chemical fouling in drip irrigation systems utilizing treated wastewater[J]. Irrigation Science,31(6):1277-1288.

Taylor H D,Bastos R K X,Pearson H W,et al. 1995. Drip irrigation with waste stabilization pond effluents:Solving the problem of emitter fouling[J]. Water Resources,29(4):1069-1078.

Valioulis I A,List E J. 1984. Numerical simulation of a sedimentation basin model development[J]. Environmental Science and Technology,18(4):242-247.

Yan D Z,Bai Z H,Rowan M A,et al. 2009. Biofilm structure and its influence on clogging in drip irrigation emitters distributing reclaimed wastewater[J]. Journal of Environmental Sciences,21(6):834-841.

Yuan Z,Waller P M,Choi C Y. 1998. Effects of organic acids on salt precipitation in drip emitters and soil[J]. Transactions of the ASAE,41(6):1689-1696.

Zhou S,Mccorquodale J A. 1992. Modelings of rectangular settling tanks[J]. Journal of Hydraulic Engineering,118(10):1391-1406.

Zhou B,Li Y K,Pei Y T,et al. 2013. Quantitative relationship between biofilms components and emitter clogging under reclaimed water drip irrigation[J]. Irrigation Science,31(6):1251-1263.

第 2 章　滴灌系统灌水器性能评价与结构特征

灌水器作为滴灌系统的核心部件，因消能的需求流道狭小且结构复杂。灌水器结构将直接影响其水力性能，进而影响滴灌系统灌水均匀性、抗堵塞性能及系统使用寿命（韩权利等，2003；戈德堡等，1984；Gilaad and Klous，1980）。本章系统梳理滴灌系统灌水器研发历程，系统分析灌水器典型产品的结构和宏观水力学特性。

2.1　滴灌系统灌水器研发历程

2.1.1　国外灌水器研发历程

滴灌技术的理念记载最早可追溯到我国明朝无花果种植，1880 年德国利用排水瓦管进行地下渗灌试验，使得贫瘠土壤上的作物产量成倍增加。这项试验持续20 多年。1920 年，研制出的带有微孔的陶瓷管实现了一次突破，使水沿管道输送时从孔眼流入土壤（韩权利等，2003）。1923 年，苏联和法国也进行了类似的试验，研究穿孔管系统的灌溉方法，利用地下水位的改变来进行灌溉。1934 年，美国探索了利用多孔帆布管渗灌。1935 年以后着重试验各种不同材料制成的孔管系统，根据土壤水分张力确定管道中流到土壤里的水量。荷兰、英国首先应用这种方法灌溉温室中的花卉和蔬菜。20 世纪 40 年代以后，塑料工业迅速发展，出现各种塑料管，由于它易于穿孔和连接且价格低廉，灌溉系统在技术上实现第二次突破，成为今天采用的形式（付琳等，1987）。到了 50 年代后期，以色列成功研制长流道管式灌水器，在滴灌技术的发展中迈出重要一步。70 年代以后更多国家开始重视滴灌，滴灌技术得到快速发展。90 年代初期，以色列 NETAFIM 公司推出了 Typhoon、Tiran、Streamline 等一系列内镶式挤出成型滴灌带产品，Plastro 和 Naan-Dan 公司也推出类似产品。90 年代中期，开始出现连续内镶贴条式滴灌带，美国 TORO、澳大利亚 T-TAPE、以色列 Plastro 等公司实现产业化。与此同时，各公司开始推出各种压力补偿式灌水器，例如，NETAFIM 公司的 Ram 和 Uniram 灌水器，Plastro 公司的 Hydro pcnd 灌水器，Lego 公司的 Adi 灌水器，Rain Bird 公司的 Rainbird PC 灌水器等。灌水器产品的不断研发也使滴灌技术在发达国家得到更好的推广。其中，许多著名的滴灌设备公司起到巨大的推动作用，如上述提到的 NETAFIM、Plastro、Rain Bird 等公司，这些公司生产技术成熟，研发的产品质量可靠，且已形成系列化。下面以全球最大的滴灌设备生产厂家 NETAFIM 公司为例，简要介绍其研发历程。

20 世纪 60 年代初，Blass 偶然发现水管漏水处的庄稼长得比别处的庄稼好很多（张承林，2011）。经过认真观察和对比，他发现漏水处土壤水分蒸发量明显减少，1965 年，Blass 设计了一种用于滴灌的软管，它将水缓慢地释放到最有效的地方。Blass 意识到这项发明的巨大潜在价值，并迅速将该想法转化为产品，在这之后，Blass 在 Hatzerim

Kibbutz筹办了当地第一家工业企业 NETAFIM 公司。基于早期模型,NETAFIM 资深工程师生产出第一个连线灌水器。这些早期设计使螺旋水流形成水层,之后为了改善灌水器功能,工程师加入一个齿状的曲径环,使水在灌水器中形成涡流,这样使得原本的设计变得更加巧妙。其后又研发了一系列产品:1967 年研发了管间式层流灌水器,1970 年设计制作管间式紊流灌水器,1975 年纽扣式灌水器,1977 年压力补偿灌水器,1983 年 Ram 灌水器,1989～1994 年内镶式灌水器,1996 年管上式压力补偿灌水器,2000 年Uniram 灌水器,2003 年紧凑型压力补偿灌水器,2006 年 Super Typhoon 灌水器,2007 年紧凑型管上式压力补偿自清洗灌水器,2008 年再生水用 Bioline 灌水器,2010 年耐根系入侵压力补偿式灌水器,2011 年防虹吸紧凑型压力补偿滴灌管,2013 年微型灌水器,2014 年 Aries 系列薄壁灌水器,2016 年研发了 Streamline、Daniel Feinberg 系列灌水器。该公司经过五十多年的发展,灌水器产品有十余种类型,一百多种型号,壁厚 0.15～1.2mm 近二十种规格,流量 0.35～8L/h 不等,可以满足世界各地不同地形、水质和作物的需要。

2.1.2 我国灌水器研发历程

我国正式研究滴灌技术是从 1974 年墨西哥政府赠送给我国三套滴灌设备开始的。我国科研工作者和相关从业人员在学习、吸收国外先进技术的基础上,结合我国国情,基于经济实用、易于安装和便于推广的思路,开始了我国滴灌技术开发和设备研制之路(李久生等,2004;姚振宪和何松林,1999),迄今已有 50 多年的发展历程,大体经历了以下三个阶段。

第一阶段(1974～1980 年)。引进滴灌设备、消化吸收、设备研制、应用试验和试点阶段。由中国水利水电科学研究院和辽宁省水利水电科学研究院等单位联合攻关,于 1980 年研制生产了我国第一代成套滴灌设备,通过了中华人民共和国水利电力部技术鉴定,填补了我国滴灌设备产品的空白,从此我国有了自主设计生产的滴灌设备产品(韩权利等,2003;郭庆人等,2000)。

第二阶段(1981～1986 年)。设备产品改进和应用试验研究与扩大试点推广阶段。在以微管灌水器为代表的滴灌产品的基础上,又研制出管上式灌水器、孔口式灌水器、膜片式多孔毛管、双腔毛管等滴灌产品,但由于抗堵塞性能、水力性能较差以及结构形式、制造工艺等方面的缺陷,到 20 世纪 80 年代后期已极少使用,该阶段由滴灌设备产品改进配套扩展微喷灌设备产品的开发,滴灌设备研制与生产厂由一家发展到多家,滴灌试验研究取得丰硕成果,从应用试点发展到较大面积推广应用。

第三阶段(1987 年至今)。我国一些企业主要采取两种途径来改善灌水器性能:一是仿造改进国外先进的灌水器结构。例如,山东莱芜塑料制品股份有限公司仿造改进了澳大利亚哈迪贸易有限公司的管上式灌水器,北京绿源塑料有限责任公司仿造改进了以色列 Plastro 公司的 Katif 灌水器(陈雪,2008),雨神(唐山)节水科技集团有限公司、廊坊盛大滴灌设备有限公司等企业则在国外先进灌水器的基础上开发了国产化的单翼迷宫、内镶贴片式、贴条、圆柱式等各类灌水器产品。二是采用高额引进的方法,即购买国外的灌水器专利及其模具或生产线等,例如,北京绿源塑料有限责任公司引进以色列NETAFIM

公司滴灌系统生产线制造的 Typhoon 迷宫灌水器，山东莱芜塑料制品股份有限公司从意大利引进内嵌式圆柱迷宫灌水器，1997 年新疆天业(集团)有限公司从德国引进薄壁滴灌带，并从美国引进压力补偿式灌水器，河北灌溉设备有限公司从以色列 Lego 公司引进内嵌迷宫式滴灌管，甘肃亚盛亚美特节水有限公司主要生产工艺则由以色列亚美特滴灌综合设备有限公司引进等(陈雪，2008；齐学斌和庞鸿宾，2000)。经过政府主管部门及众多科研、生产的大力合作，我国研制开发了大流道微管式灌水器系列及组合式灌水器、大流量隔板式灌水器、孔口灌水器系列、压力补偿式灌水器、双孔滴灌管、内嵌式滴灌管等滴灌设备产品，该阶段滴灌设备产品的质量和配套水平大幅度提高，滴灌技术在我国有了较快发展和全面推广(王建东等，2005)。

2.1.3　灌水器产品发展趋势

1. 全紊流滴灌管(带)

为了增强灌水器的抗堵塞性能，改变灌水器的构造是行之有效的方法之一。Li 等(2013)、谢巧丽等(2013)、Zhang 等(2010)都对迷宫式流道结构进行了优化设计。增加灌水器内部水流的紊流度或加大水流的流速往往能够起到防治或减缓堵塞的效果。例如，以色列 NETAFIM 公司生产的 Tiran 片式灌水器，采用特殊的迷宫结构，当额定流量为 2L/h 时，流道深和宽分别达 1.00mm 和 1.18mm，而长度却只有 109mm；张钟莉莉(2016)建议微咸水滴灌系统分形流道灌水器适宜的几何参数为宽度 1.0mm 左右，流道长度不宜超过 224mm，并可以借助缩减流道深度来控制灌水器出流量；闫大壮等(2011)在室内进行了 360h 再生水滴灌试验后发现，各类型灌水器流量下降的幅度范围为 14.4%～72.2%，而堵塞相对严重的是流道长度最长的灌水器，应该选择流道长度较短的灌水器。但整体看来，众多学者的研究主要集中在滴灌灌水器结构参数对水力性能的影响上，但目前对基本结构参数的定义并不统一，得到的结论并不完全一致，各种参数对灌水器抗堵塞性能产生的影响仍不明确，如何构建能实现流道内部全紊流结构的灌水器仍是未来灌水器结构优化的趋势之一。

2. 一次性超薄壁滴灌带

一次性超薄壁滴灌带主要包括单翼迷宫、流延式、贴条式，是一种新型的滴灌产品，在一定的设备和工艺条件下的造价主要由米重(单位长度的质量，单位：g/m)决定，而米重又由管壁厚度决定。通过降低滴灌带的管壁厚度，可以降低原料及辅料的消耗量，增加滴灌带产量，降低滴灌带造价，增强市场竞争力，促进滴灌带的推广应用，但在降低滴灌带管壁厚度的同时，也应满足其韧性要求，避免爆管等现象发生。

如何降低一次性超薄壁滴灌带的使用引起的资源浪费以及环境污染等问题也不容忽视。例如，目前我国新疆膜下滴灌主要使用低成本一次性超薄壁滴灌带，这种滴灌带在降低成本的同时会造成灌水均匀性差、滴灌带回收成本高、能源与资源消耗巨大以及白色污染严重等一系列问题，在其他地区是否可以进行推广值得商榷(李云开等，2016)。

3. 压力补偿式灌水器

压力补偿式灌水器技术含量高，开发难度大，已成为衡量滴灌生产厂商技术水平高低的主要标志之一，也是滴灌设备厂商的研究热点（魏正英等，2014；Adin and Sacks，1991）。国外对压力补偿式灌水器的研制和开发已有 30 多年的历史，例如，以色列 NETAFIM公司和 Naan 公司分别开发了 Ram 灌水器和 Tif 大流道压力补偿式灌水器；美国 DIS 公司结合迷宫式大流道紊流消能和沿程摩阻消能的水力特点开发了 Adi 压力补偿式灌水器。研发的压力补偿式灌水器结构形式不断改进和完善，工作性能也不断提高。但我国相关研究起步较晚，研发的压力补偿式灌水器多以跟踪仿制为主，在产品质量、可靠性等方面与发达国家仍有较大差距，具体表现如下。

(1) 提高模具加工精度，实现灌水器的精密加工。

压力补偿式灌水器的加工精度会直接影响其水力性能和抗堵塞性能。例如，一般压力补偿式灌水器补偿腔中都有尺寸很小的结构来获得比较平稳的水力性能曲线（李令媛等，2013），但由于加工精度不足，该结构难以精确地按照设计要求加工出来，进而对灌水器的补偿区间和流态指数产生负面影响，确保压力补偿式灌水器内部微型结构的加工精度仍亟待突破。

(2) 开发弹性适中的弹性膜片材料。

压力补偿式灌水器最显著的特点就是在其压力补偿区间内出流恒定，而弹性膜片的质量决定其压力补偿区间内的水力性能，目前国内弹性膜片质量与国外相差较远，保证灌水器外壳不变的情况下，将内部的膜片换为相同尺寸、相同硬度的国产膜片，水力性能会发生明显改变（魏正英等，2014）。亟须通过材料改性，开发一种新型材料，从而保证压力补偿式灌水器良好的水力性能。

(3) 研发垫片固定式压力补偿式灌水器。

目前产品所涉及的压力补偿式灌水器都是三件式装配结构，在装配过程中不可避免地会在弹性膜片处出现空隙，从而影响其水力性能（张珍珍，2015），为了降低压力补偿式灌水器的装配误差，直接通过折板、卡槽等装置固定膜片，从而开发一种垫片固定式的压力补偿式灌水器。

(4) 降低压力补偿式灌水器的造价。

相对于非压力补偿式灌水器，压力补偿式灌水器的成本较高，限制了其在实际中的广泛应用。常见的管上式滴灌管价格为 0.6 元/m 左右，圆柱式压力补偿滴灌管价格则达到 1.3 元/m 左右，对于非压力补偿式灌水器，圆柱式滴灌管价格为 0.6 元/m，单翼迷宫式滴灌带价格仅为 0.10 元/m 左右。因此，降低压力补偿式灌水器的造价仍是未来研究热点之一。

4. 低压小流量灌水器

自以色列 Gideon 于 1985 年提出了低压滴灌的想法以来，因其低流量、低能耗而被人们所接受。另一个主要因素是灌水器流量降低后，滴灌系统毛管的铺设距离可以大幅延长，这有利于集约化生产并降低滴灌系统的投资成本。目前研究生产低压滴灌系统的公司主要有以色列的 NETAFIM、EIN-TAL 公司等，但是低压小流量灌水器还不多见，这主要是由于随着压力的降低，灌水器内部的水动力学条件发生巨大改变，水流的流速显著降低，使得灌水器极易堵塞，因此亟须研究面向低压条件运行的小流量抗堵塞灌水器。

2.2　滴灌系统灌水器典型产品结构分析

2.2.1　灌水器主要构成部分

灌水器通常由进水格栅、主体流道、出水口和附属部分构成。

1. 进水格栅

进水格栅主要用于将水流引入流道并过滤掉一部分杂质，其形式主要由流道的性质决定，一般分为滤网式和直条式两种。

滤网式进水格栅（图 2.1）通常设置在内镶贴片式灌水器的中间部分，与出水口相邻。流道环绕其周围，结构较为复杂。因其长方形的结构特点，不适用于内镶圆柱式灌水器，主要应用在内镶贴片式灌水器中。直条式进水格栅（图 2.2）因其只占用一个窄条的空间，并且进水格栅总面积符合要求，广泛应用在内镶贴片式灌水器和内镶圆柱式灌水器中。在内镶贴片式灌水器中，进水格栅通常设置在灌水器靠近边缘的地方，流道全部在其另外一侧；在内镶圆柱式灌水器中，有两个前后位置对称的进水格栅，可以置于灌水器的一侧，靠近流道的地方，也可以放在灌水器的中间。

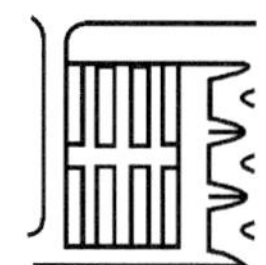
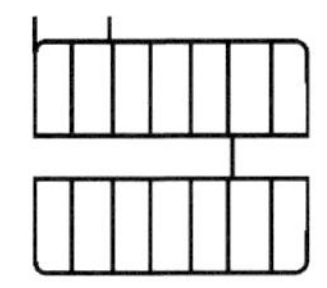

图 2.1　滤网式进水格栅

图 2.2　直条式进水格栅

2. 主体流道

主体流道是灌水器最重要的组成部分，根据齿形不同可以分为以下 7 类，而确定不同流道的齿形结构需要不同的几何参数，所以下面在介绍流道形状的同时，也介绍确定这些齿形流道的几何参数。

1) 锯齿形流道

如图 2.3 所示，这是最常见的流道形式，流道齿为等腰三角形构建。前面提到的以色列 NETAFIM 扁平灌水器等就是这种结构。确定锯齿形流道的结构尺寸，一共需要 5 个几何参数：相邻齿距 S、角度 θ、流道底宽 d、流道长度 L、齿高 H。

2) 直齿形流道

如图 2.4 所示，流道齿为直角三角形构建。确定直齿形流道的结构尺寸，一共需要 3 个几何参数：齿高 H、相邻齿距 S、流道长度 L。

3) 梯形流道

如图 2.5 所示,流道齿为梯形构建。确定梯形流道的结构尺寸,一共需要 6 个几何参数:相邻梯形中心线距离 S、角度 θ、梯形窄宽 u、梯形底宽 d、流道长度 L、齿高 H。

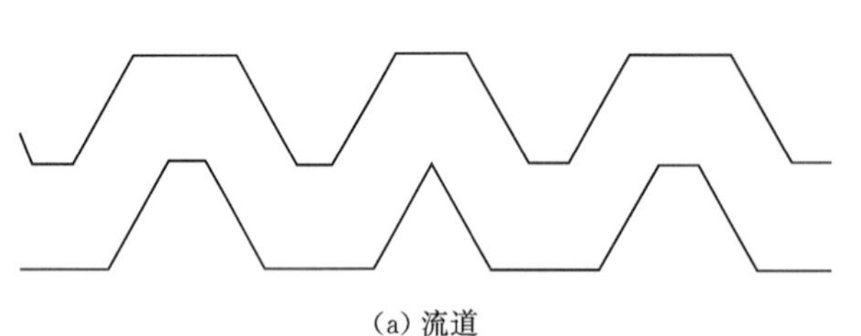

(a) 流道

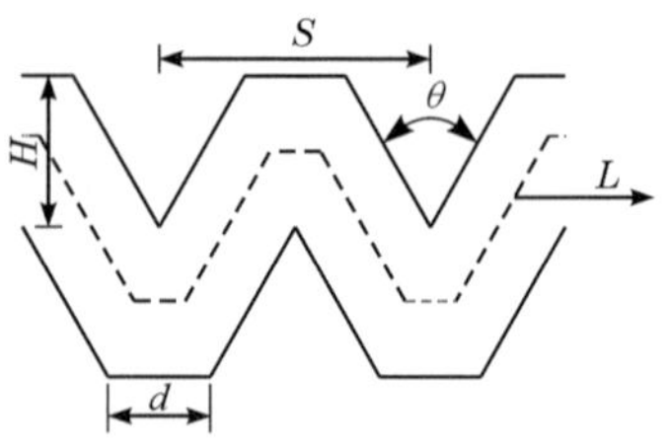

(b) 流道几何参数

图 2.3　锯齿形流道

(a) 流道

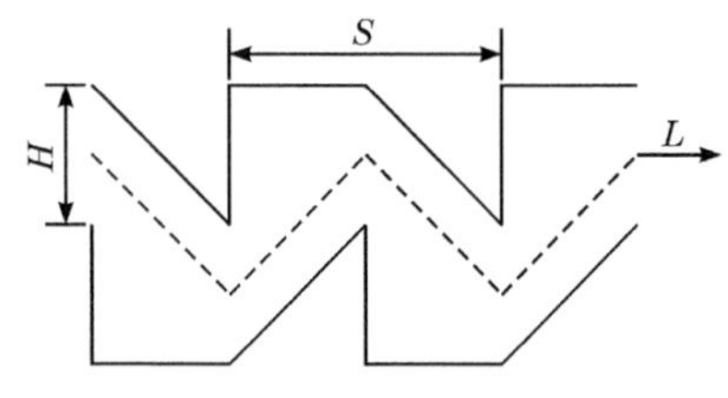

(b) 流道几何参数

图 2.4　直齿形流道

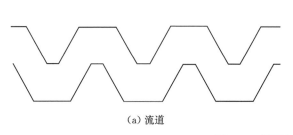

(a) 流道

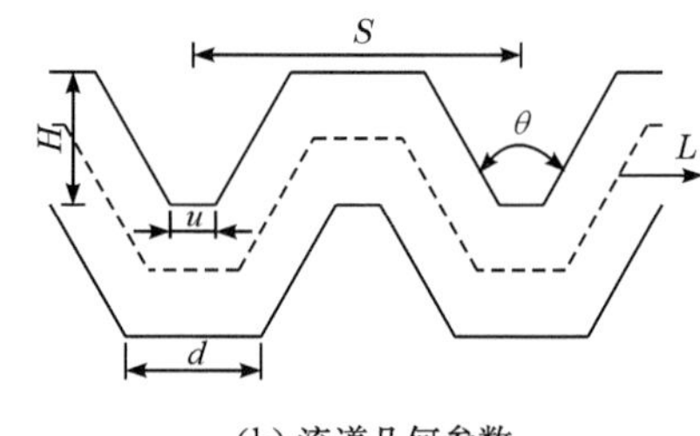

(b) 流道几何参数

图 2.5　梯形流道

4) 三角形流道

如图 2.6 所示,流道齿为三角形构建。确定三角形流道的结构尺寸,一共需要 4 个几何参数:相邻三角形中心线距离 S、角度 θ、流道长度 L、齿高 H。

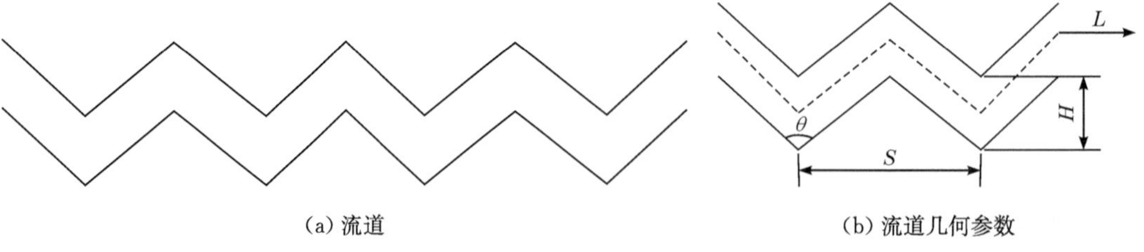

(a) 流道　　(b) 流道几何参数

图 2.6　三角形流道

5）分形流道

如图 2.7 所示，流道齿为矩形构建。确定分形流道的结构尺寸，一共需要 2 个几何参数：流道长度 L、齿高 H。

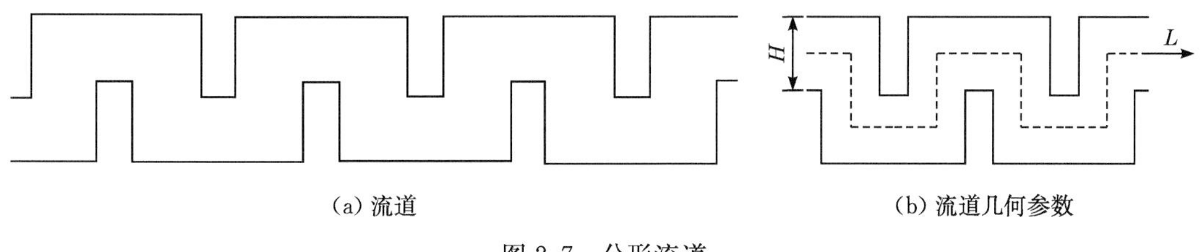

（a）流道　　（b）流道几何参数

图 2.7　分形流道

6）弧齿形流道

如图 2.8 所示，这种流道齿形特殊，确定弧齿形流道的结构尺寸，一共需要 7 个几何参数：相邻齿距 S、半径 $R_1 \sim R_4$、流道长度 L、齿高 H。

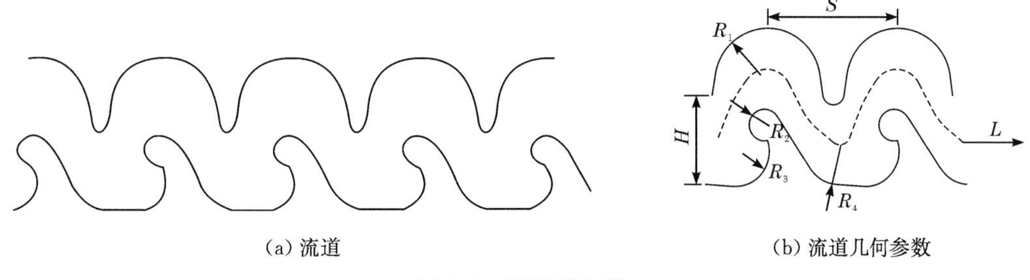

（a）流道　　（b）流道几何参数

图 2.8　弧齿形流道

7）斜齿形流道

如图 2.9 所示，斜齿形流道是圆柱灌水器的流道，其齿形整齐统一。确定斜齿形流道的结构尺寸，一共需要 6 个几何参数：相邻齿距 S、角度 θ、斜齿形窄宽 u、斜齿形宽 d、流道长度 L、齿高 H。

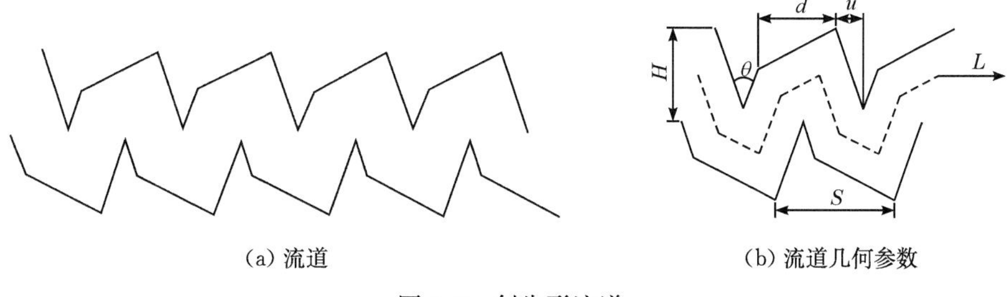

（a）流道　　（b）流道几何参数

图 2.9　斜齿形流道

3. 出水口和附属部分

灌水器出口的设计一般与滴灌带的加工工艺有关，主要分为圆孔型、条型和方型等，其中以圆孔型最为常见。

2.2.2　压力补偿式灌水器

1. 压力补偿内镶贴片式灌水器

与非压力补偿内镶贴片式灌水器相比，压力补偿内镶贴片式灌水器在进水格栅、流道、出水口三部分上并没有较大差别，故不再赘述。压力补偿式灌水器增加了弹性膜片和压盖两部分（图 2.10），弹性膜片受水流冲击会发生一定的形变，改变其流道的横截面积从而使其在一定范围内具有补偿性，压盖可以看作其特有的附属部分，其弹性膜片两侧均分布有齿形流道，进水格栅形式为直条式，出水口形式为圆孔型。压力补偿调节范围为 0.4～2.5bar①。

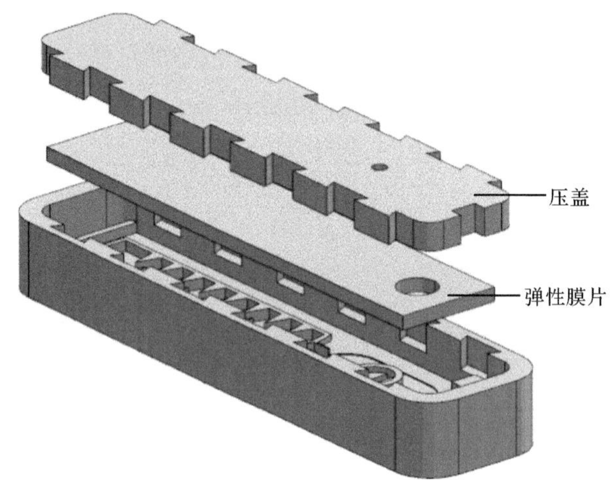

图 2.10　NETAFIM公司 Uniram压力补偿内镶贴片式灌水器

2. 压力补偿内镶圆柱式灌水器

与压力补偿内镶贴片式灌水器相同，压力补偿内镶圆柱式灌水器（图 2.11）也增加了弹性膜片和压盖两部分。弹性膜片下布有流道，有两个进水格栅，其形式均为直条式，出水口形式为圆孔型。压力补偿调节范围为 0.4～4.3bar。

3. 管上式压力补偿灌水器

管上式灌水器一般为压力补偿式灌水器，其主要由消能迷宫式流道、弹性膜片和压盖三部分组成。图 2.12 为管上式压力补偿灌水器，其主要结构特点是在调节腔内有一个弹性膜片，膜片下为带有出水槽沟的底座，在压力的作用下弹性膜片压向底座，槽沟便成为出水流道。进水口形状为十字形，附属部分也较为复杂。压力补偿调节范围为 1.0～3.0bar。

---

① 1bar=10^5Pa，下同。

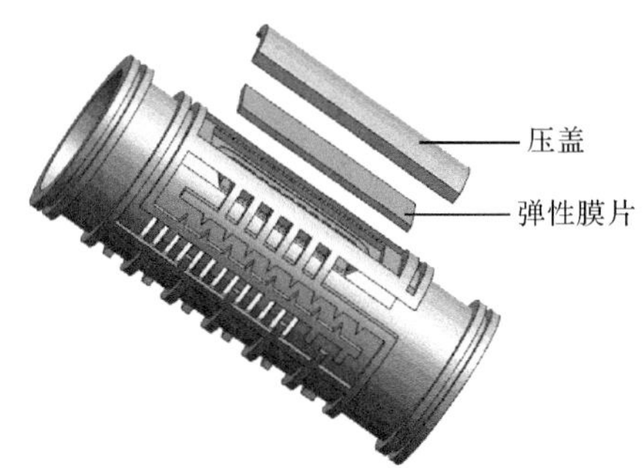

图 2.11　压力补偿内镶圆柱式灌水器

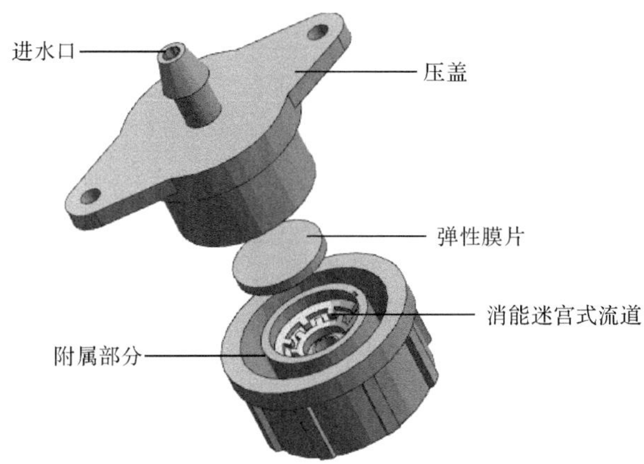

图 2.12　管上式压力补偿灌水器

2.2.3　非压力补偿式灌水器

1. 非压力补偿内镶贴片式灌水器

非压力补偿内镶贴片式灌水器如图 2.13 所示，进水格栅、出水口两部分与上述介绍并未有显著差异，故以下着重介绍非压力补偿内镶贴片式灌水器的流道和附属部分的不同分类方法。

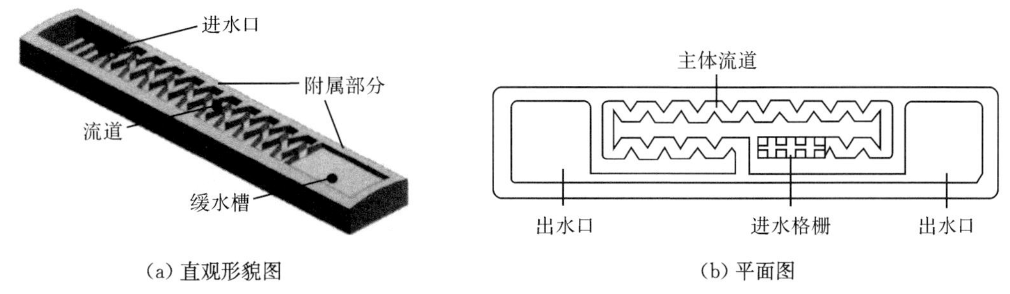

(a) 直观形貌图　(b) 平面图

图 2.13　非压力补偿内镶贴片式灌水器

1) 流道布置形式

非压力补偿内镶贴片式灌水器面积较小，流道安排要求简单。根据其流道排数分为单排式、双排式和多排式三种，如图 2.14～图 2.16 所示。

图 2.14　单排式流道灌水器

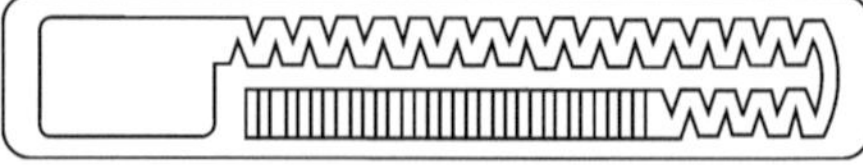

图 2.15　双排式流道灌水器

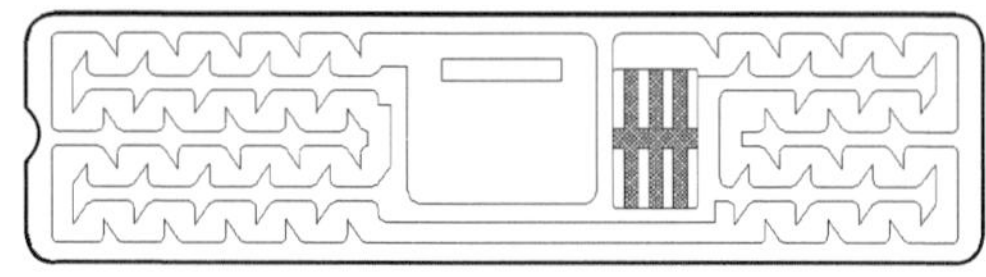

图 2.16　多排式流道灌水器

2) 附属部分

非压力补偿内镶贴片式灌水器的附属部分主要是指进水格栅、流道、出水口这三部分以外的地方(图 2.13)。出水口布置一个缓水槽，为长方形构造，深度与流道深度相同，水流通过缓水槽后经灌水管道上的出水口流出。

2. 非压力补偿内镶圆柱式灌水器

同非压力补偿内镶贴片式灌水器一样，非压力补偿内镶圆柱式灌水器的进水格栅、出水口两部分与上述介绍并没有较大不同，因此重点介绍非压力补偿内镶圆柱式灌水器的流道和附属部分。

1) 流道布置形式

非压力补偿内镶圆柱式灌水器按其流道布置形式可以分为轴向布置和径向布置两种。

轴向布置如图 2.17 所示，即流道与灌水器的中轴线平行。这种布置形式可以实现单排流道较长的设计，其流道长度可以达到 25mm。但对单面总排数有要求，根据其直径大小可以安排 1～4 排不等，更多则难以布置。

径向布置如图 2.18 所示，即流道垂直于灌水器的中轴线。这种布置形式可以允许较多排流道，只要长度满足，可以安排到 12 排甚至更多，最少可以布置 4 排。但它要求单排流道长度较短，必须比最大半径减去流道深度的差值小一点。例如，对于直径为 16mm 的非压力补偿内镶圆柱式灌水器，流道深度如果为 1mm，径向布置流道时，其单排长度不得超过 14mm。

图 2.17　流道轴向布置的灌水器

图 2.18　流道径向布置的灌水器

2) 附属部分

非压力补偿内镶圆柱式灌水器流道中的水流入附属部分(图 2.19),然后通过灌水管道管壁上的小孔流出。

非压力补偿内镶圆柱式灌水器的附属部分面积较大,并经过设计。但其设计不是基于水力学上的考虑,而是要满足其加工制作过程中成型的要求。为了加工方便,附属部分的厚度通常与流道一样,为了节省材料,需要保持圆柱面材料的均匀性,附属部分的设计如图 2.19 所示,几个长条形结构交替隆起。同时,在灌水器的两个边缘也可以添加两个环,使灌水器更容易固定在灌水管道内。

图 2.19　非压力补偿内镶圆柱式灌水器附属部分

3. 单翼迷宫式灌水器

单翼迷宫式灌水器(图 2.20)具有较宽的迷宫式流道,紊流态多口出水。由于其为迷宫式流道且滴孔一次真空整体热压成型,故其进水口、出水口均为方形,无附属部分。

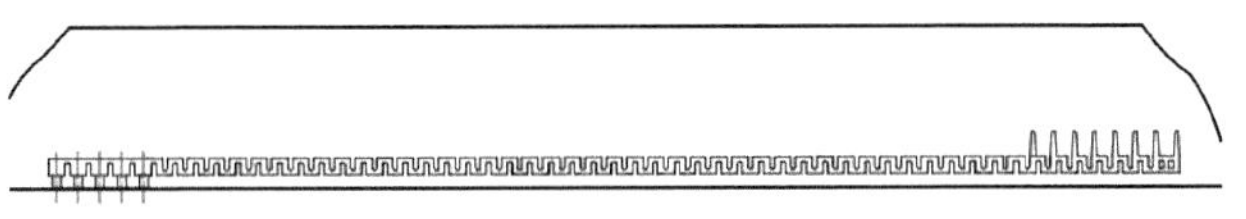

图 2.20　单翼迷宫式灌水器

4. 流延式灌水器

流延式灌水器(图 2.21)与单翼迷宫式灌水器类似,均无附属部分,其特点为由聚烯烃片单面加工而成、带有缝隙式出水口、流道呈迷宫型。缝隙式出水口只在压力作用下打开,具有防止植物根系和土壤等杂质入侵的作用。而紊流流道设计使其具有一定的压力补偿性能。

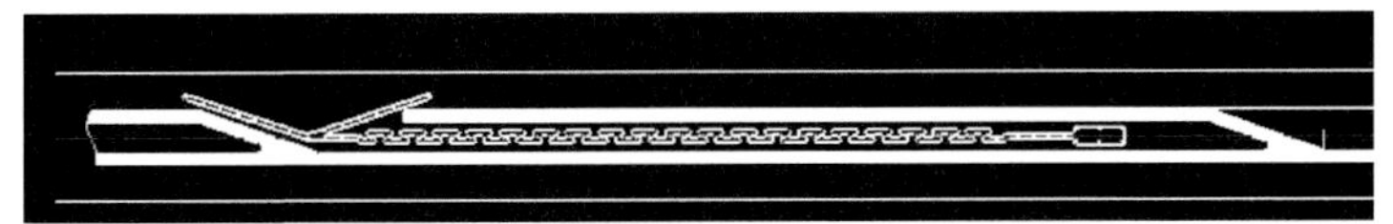

图 2.21　流延式灌水器流道

2.3 滴灌系统灌水器流量及其影响因素

2.3.1 灌水器流量-压力关系

1. 灌水器类型

目前各国制造的灌水器类型繁多,但从消能方式上可分为收缩孔式灌水器、透水毛管、涡流消能灌水器、压力补偿式灌水器、长流道管式灌水器、迷宫式流道灌水器六类,而灌水器流量-压力关系是衡量灌水器性能的重要参数之一。

1) 收缩孔式灌水器

收缩孔式灌水器是利用小管嘴或小孔口产生局部阻力以消去毛管水流中的压力能量,灌水器内水流状态完全为紊流。收缩孔式灌水器具有固定的几何形状,通常它的过水断面是不变的,由水力学孔口出流可得收缩孔式灌水器流量-压力关系式:

$$q = 3.6AC_d\sqrt{2g}h^{1/2} \tag{2.1}$$

式中,A 为过流断面面积,mm^2;C_d 为取决于管嘴特性的流量系数,一般为 0.6~1.0;g 为重力加速度,取 9.8m/s^2;h 为灌水器工作压力,m。

2) 透水毛管

透水毛管是利用毛细管作用透水灌溉。在毛管壁上打有许多小孔,滴灌时水从微孔中渗出。根据双腔毛管的孔口间距、内径、水头损失大小和管长等数据,可以估算出毛管的流量大小,双腔毛管的水头公式为

$$h_o = \frac{h_i}{N^2\dfrac{c_o^2 d_o^4}{c_i^2 d_i^2}+1} \tag{2.2}$$

式中,c_o、c_i分别为配水孔和出水孔流量系数;d_o、d_i分别为配水孔和出水孔孔径,m;N 为配水孔数与出水孔数之比;h_i、h_o分别为内管腔和配水腔的工作水头,m。

3) 涡流消能灌水器

涡流消能灌水器是靠水流切向流入涡室内形成强烈旋转运动,造成极大的水头损失来消能,然后水流通过涡室中间的小孔流出。其优点是出流口可比孔口式灌水器大 1.7 倍左右,但很难得到较低的流量,并且价格较为昂贵。

4) 压力补偿式灌水器

压力补偿式灌水器是借助水流压力使弹性体部件或流道改变形状,从而使过水断面面积变化,使出流量稳定。压力补偿式灌水器的结构使其在大的压力范围内产生近于恒定的流量,相比一般的迷宫流道灌水器而言更能提高系统的灌水均匀性。但弹性材料长时间使用可能会产生变形,即使压力仍维持常数,也会逐渐使流量变小。

5) 长流道管式灌水器

长流道管式灌水器采用长的发丝管或者窄槽水流通道,主要靠水流与流道管壁之间

的摩阻耗能来调节出水量大小，如微管、内螺纹等均属于长流道灌水器。有压管道沿程摩阻水头损失可用 Darcy-Weisbach 公式表示：

$$h_\lambda = \lambda \frac{L}{R} \frac{v^2}{2g} \tag{2.3}$$

式中，h_λ 为摩阻水头损失，m；λ 为摩阻系数；L 为流道长度，m；R 为流道水力直径，m；v 为平均流速，m/s。

6) 迷宫式流道灌水器

迷宫式流道灌水器流量-压力关系主要与管壁摩阻、流道尖角弯道、流道的收缩与扩大等因素有关。Gilaad 和 Klous(1980)指出，灌水器的水力性能由流道的形式、尺寸、材料等因素共同决定。Ozekici 和 Ronald(1991)对圆片式灌水器水力特性进行研究，结果表明水头损失的 98%都发生在流道的齿形结构处，但同时也指出 Darcy-Weisbach 公式并不能描述齿形流道消能机理。

2. 灌水器流量-压力关系测试方法与计算

迷宫式流道形式多样，消能单元的工作原理也存在差异，因而灌水器对压力变化的响应也不同。作者所在课题组在满足《农业灌溉设备 滴头和滴灌管技术规范和试验方法》(GB/T 17187—2009)要求的基础上，自主设计了滴灌灌水器流量-压力关系试验测试平台(图 2.22)，搭建于中国农业大学水利与土木工程学院试验大厅内，水源为自来水，对自由出流条件下灌水器流量进行测定。①入口工作压力：压力表，精度 0.4 级；②灌水器流量：采用量筒法，量筒精度 0.1mL；③水温、室温：温度计，精度 0.1℃；④时间：每次试验时间为 3min，秒表计时，精度 0.01s；⑤停止供水控制：推动试验架，在 0.1s 内断开灌水器与量水器之间的联系。

对于每一种滴灌管，随机截取 5 根长 1.6m，总体包含 25 个灌水器(5×5 排列)测试，所测灌水器的流量按照由小到大排列编号，取第 3、12、13、23 号试样进行分析。在一定压力范围内，灌水器流量-压力关系如下(Dasberg and Or，1999)：

$$q = K_d h^x \tag{2.4}$$

式中，q 为灌水器流量，L/h；h 为灌水器工作压力，m；K_d为灌水器流量系数；x 为灌水器流态指数。

3. 结果与分析

对 5 种灌水器在低压范围内的 10kPa、30kPa、50kPa、70kPa、90kPa、100kPa、110kPa、130kPa、150kPa 共 9 种压力条件下的灌水器出流进行测定，获得对应 9 种压力条件下的流量值，根据式(2.4)，将这几点拟合成幂函数曲线，结果如图 2.23 所示。可以看出，测试点与曲线拟合效果较好，相关系数为 99%。

经过不同压力区间流量系数、流态指数的两两分别配对样本 t 检验(表 2.1)。结果表明，在显著性水平 α=0.05 的情况下，在 10～150kPa 压力范围内，不同压力区间对灌水器流量-压力关系函数的流态指数影响不显著，对流量系数影响比较显著，这表明低压运行对灌水器流态指数的影响未达显著水平，可以忽略不计。

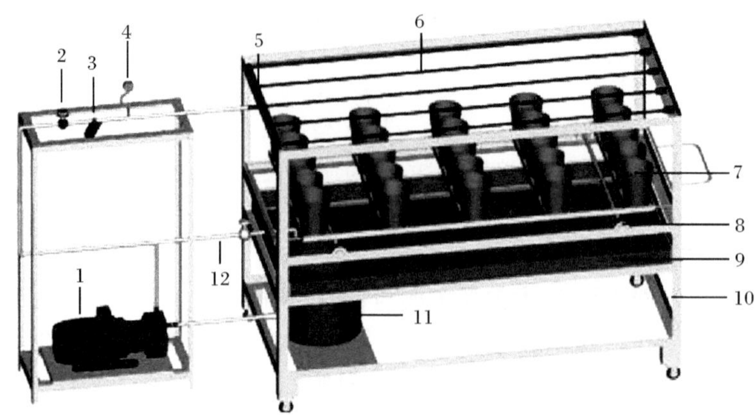

图 2.22 滴灌灌水器流量-压力关系试验测试平台

1. 水泵；2. 调压阀；3. 过滤器；4. 压力表；5. 供水支管；6. 滴灌管；7. 量水器；8. 同步滑轮；9. 集水槽；10. 试验架；11. 调节水箱；12. 分流管

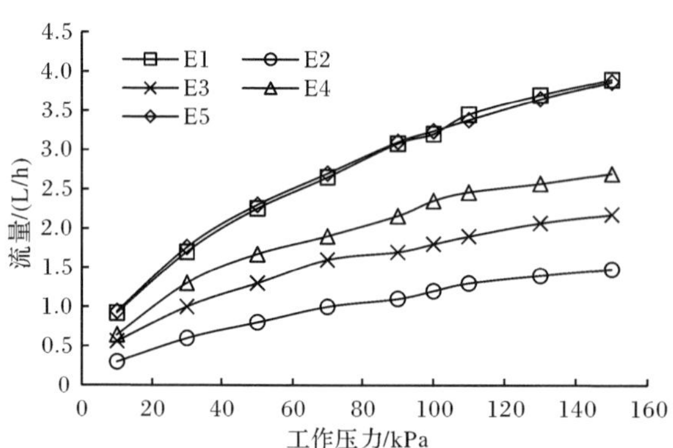

图 2.23 10～150kPa 压力范围内流量-压力关系曲线

表 2.1 迷宫流道不同压力区间流量系数及流态指数差异显著性分析

试验压力区间	流量系数 K_d			流态指数 x		
	标准差	自由度	t	标准差	自由度	t
$H_1 \sim H_2$	1.727×10^{-3}	4	6.551	6.449×10^{-3}	4	2.996
$H_2 \sim H_3$	1.616×10^{-2}	4	6.742	2.126×10^{-2}	4	4.055
$H_1 \sim H_3$	1.500×10^{-2}	4	6.513	1.545×10^{-2}	4	4.329

注：H_1、H_2、H_3分别表示试验压力区间为 10～150kPa、10～100kPa、50～150kPa；$t_{0.05}(4)=4.6041$。

2.3.2 灌水器制造偏差

制造偏差是评价灌水器制造精度的一项重要指标，通常把灌水器在相同工作压力下测定灌水器的流量偏差系数作为其制造偏差系数，计算模型如式(2.5)所示。

$$C_v = \frac{S_q}{\bar{q}} \tag{2.5}$$

$$S_q = \sqrt{\frac{1}{n-1}\left(\sum_{i=1}^{n} q_i^2 - n\bar{q}^2\right)} = \sqrt{\frac{1}{n-1}\sum_{i=1}^{n}(q_i - \bar{q})^2} \tag{2.6}$$

$$\bar{q} = \frac{\sum_{i=1}^{n} q_i}{n} \tag{2.7}$$

式中，C_v为制造偏差系数；$q_1, q_2, \cdots, q_n$为单个灌水器的流量，L/h；n 为所测定的灌水器的个数；$\bar{q}$ 为所测定灌水器的平均流量，L/h；S_q为所测定灌水器的流量标准差，L/h。

从图 2.24 可以看出，7 种滴灌器制造偏差都低于《微灌灌水器——微灌管、微灌带》(SL/T 67.2—1994)规定的 7%的要求，属于合格产品；局部的偏差主要是由于所取的样本点有限，属于小样本造成的流量偏差系数的相对差异。但总体来看，灌水器制造偏差属于灌水器本身的特性，并不随灌水器工作压力的变化而变化，用流量偏差系数完全可以反映这种特性。

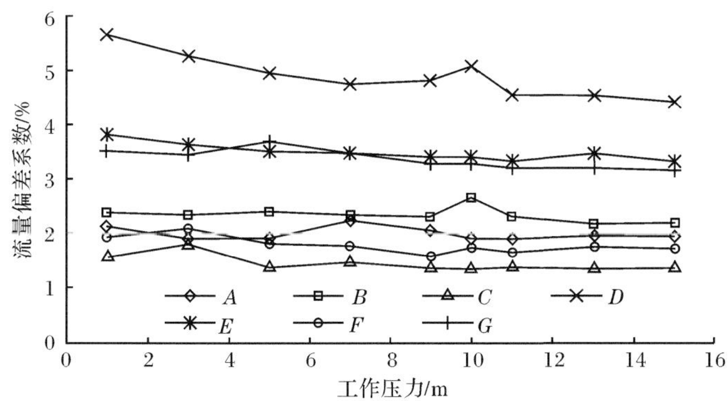

图 2.24　迷宫式流道滴灌灌水器的制造偏差

2.3.3　灌水器流量对滴灌水温的敏感性

一般情况下空气和滴灌管道中的水存在温差，特别是在地表铺设的毛管。随着灌溉水流经滴灌系统，温度发生改变，灌水器流量也会受到显著影响。水在流向毛管末端的过程中变暖可使其黏滞系数逐渐变小，水温的变化也会导致流道尺寸的轻微改变，这对毛管中水压的不断减小具有一定的补偿功能。此外，部分灌水器(如压力补偿式灌水器)中的弹性材料因水温改变引起性能变化。温度-流量比(TDR)可以用来表示灌水器流量对水温的敏感性，TDR 是指水温高于或者低于 20℃的流量与 20℃时流量的比值(张志新，2007)。

2.3.4　堵塞对灌水器流量的影响

由于滴灌系统毛管上灌水器数量较多，当某一个灌水器发生堵塞后，将会影响邻近灌水器的工作压力，进而直接影响毛管内部水流运动特征，从而对灌水器出流产生影响。由堵塞引起的流量偏差 Δq_{C_i} 为任一个灌水器某一运行时刻所测得的流量 q_{m_i} 与该灌水器20℃下的设计流量 q_{20}、水温所引起的流量偏差 Δq_{T_i}、压力变化所引起的流量偏差 Δq_{H_i} 三者之和的差值(Pei et al.，2014)。

2.4　滴灌系统灌水器典型产品水力性能与宏观水力学特性

2.4.1　灌水器结构形式对水力性能的影响

1. 灌水器流道参数

选择5种不同的迷宫流道形式(图2.25)，测试其参数对水力性能的影响。不同结构形式的观测结果见表2.2。

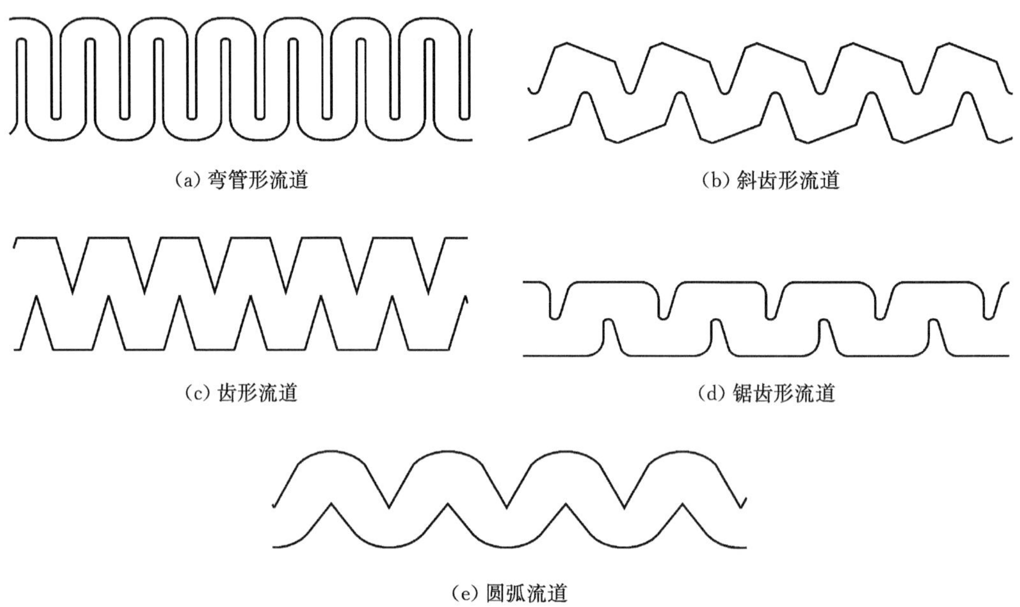

(a) 弯管形流道　(b) 斜齿形流道　(c) 齿形流道　(d) 锯齿形流道　(e) 圆弧流道

图2.25　典型滴灌灌水器迷宫流道形式

表2.2　滴灌灌水器流道几何参数

灌水器类型	管径 φ/mm	最大流道宽度 W_{max}/mm	最小流道宽度 W_{min}/mm	流道深度 D/mm	流道长度 L/mm	流道类型	产地
E1	4	0.73	0.73	0.84	205	弯管形	以色列
E2	8	1.16	0.77	0.77	40	齿形	
E3	12	1.01	0.80	0.97	202	斜齿形	
E4	16	1.23	1.23	0.91	300	齿形	西班牙
E5	16	1.08	1.08	0.85	360	齿形	中国
E6	16	1.60	0.80	1.06	270	圆弧	
E7	16	1.27	1.23	0.84	320	锯齿形	韩国

2. 灌水器流道断面统计平均流速

迷宫式流道内部流体流动一般呈紊流，难以研究流道内流体运动的真实流速，因此计算迷宫式流道断面的平均流速 $\bar{v}$($\bar{v}=q/A$，$A=W_{\min}D$ 或 $A=W_{\max}D$)，结果见表 2.3。

表 2.3　滴灌灌水器流道断面统计平均流速 v　(单位：cm/s)

灌水器类型	工作压力 h								
	1.0m	3.0m	5.0m	7.0m	9.0m	10.0m	11.0m	13.0m	15.0m
E1	18	37	52	63	72	72	77	82	90
E2	29～44	48～73	64～96	72～108	85～128	85～128	89～134	92～139	99～150
E3	8～10	13～16	19～24	22～28	25～32	25～32	26～33	28～36	30～38
E4	17	27	40	49	56	59	63	68	73
E5	16	25	33	38	45	47	50	54	58
E6	9～14	13～20	16～26	19～30	21～33	23～36	23～37	25～40	26～42
E7	21～22	32～33	41～42	50～51	56～58	60～61	62～64	69～71	73～76

从表中可以看出，不同流道类型的灌水器断面统计平均流速为 0.08～1.50m/s，在各压力点下流速分布也不一致，$v_{E3}<v_{E2}<v_{E1}$，可能这与流道的形式及其几何参数相关。弯管形流道和齿形流道截面面积接近，$L_{E1}=5L_{E3}$，但 $v_{E1}<v_{E2}$，这表明流道的结构形式对流速的影响较大，也就是说，流道长度和结构形式是影响迷宫式流道消能效果的主要因素之一。

3. 灌水器流道内部流态转捩的雷诺数

流体力学中用马赫数 Ma 来判断流体的可压缩性，而滴灌灌水器内部流动介质水的密度几乎不随温度及流动状态的变化而变化，流动可视为典型的黏性不可压缩(ρ 为常数)流动。雷诺最早用流动显示方法观察圆管流动中紊流发生过程(Potter and Wiggert，2003)，提出液流形态可用下列无量纲数来判断：

$$Re=\frac{\rho vR}{\mu} \tag{2.8}$$

式中，Re 为雷诺数；ρ 为流体的密度，kg/m^3；v 为断面平均流速，m/s；R 为水力直径，m；μ 为液体的动力黏滞系数，$N\cdot s/m^2$。

雷诺试验结果发现，紊流发生的 Re 最小值约为 2300，该 Re 称为临界雷诺数，这一试验数据常作为工程管路计算中判断流体流动状态的依据(Potter and Wiggert，2003)。灌水器迷宫式流道尺寸为 0.5～1.2mm，流道的临界雷诺数是否也为 2300 还未见报道。通过式(2.8)对 7 种灌水器在不同压力条件下流动的雷诺数进行计算，结果见表 2.4，其中水力直径用式(2.9)进行计算(Jones，1976)：

$$R=4\times\frac{WD}{2(W+D)}\left[\frac{2}{3}+\frac{11}{24}\frac{D}{W}\left(2-\frac{D}{W}\right)\right] \tag{2.9}$$

式中，W 和 D 分别为流道宽度和深度，m。

表 2.4 迷宫式流道灌水器内部流动雷诺数 *Re*

灌水器类型	工作压力 h									流态指数 x
	1.0m	3.0m	5.0m	7.0m	9.0m	10.0m	11.0m	13.0m	15.0m	
E1	171	339	468	596	686	732	775	856	930	0.582
E2	237～335	376～530	495～699	583～822	688～971	723～1021	746～1053	806～137	863～1218	0.483
E3	107～117	145～159	211～223	245～269	280～308	292～321	327～359	338～371	366～403	0.500
E4	218	330	499	613	672	709	752	863	909	0.543
E5	177	282	373	440	491	513	543	633	663	0.530
E6	105～154	149～217	187～274	218～318	234～342	255～372	259～378	297～433	307～449	0.519
E7	251～258	378～387	481～492	586～601	634～650	673～690	704～722	828～849	867～888	0.534

注：表中雷诺数区间是按照流道最大宽度、最小宽度分别计算得来的。

从表 2.4 可以看出，5 种不同流道类型灌水器内部流体流动的 Re 为 107～1218，随着工作压力的增加而增加。如果按照压力 5.0～15.0m 拟合的流态指数分类(姚振宪和何松林，1999)，E3 是一种斜齿形流道，且为典型的全紊流灌水器，也就是说，在正常工作压力(10m)条件下灌水器内部流体流动为紊流，此时 Re 为 292～321，这表明灌水器迷宫式流道内部流体流动的临界雷诺数 $Re<321$。由于滴灌灌水器流道边界复杂，结构弯曲多变，更有利于水流从层流向紊流转变，滴灌灌水器迷宫式微小流道的临界雷诺数比常规尺度流道的值要小，这与姜明健和罗晓蕙(1998)以及辛明道和师晋生(1994)对微矩形槽道的研究结果相似，对于滴灌灌水器迷宫式微小流道已不能采用常规尺度的临界雷诺数($Re=2300$)来表征其流体流动的流态。上述结果基于假设流态指数 $x\leqslant 0.5$ 为全紊流的命题成立的前提，仍需进一步研究。

2.4.2 灌水器流道几何参数对水力性能的影响

影响灌水器自由出流流量的因素很多，主要有流道宽度 W、流道深度 D、流道长度 L(水流通过路径中心线的长度)、流道面积 A、齿数 N、齿高 H 等。由于分形流道几何参数较少，便于控制(陈颙和陈凌，2005)，以分形 M 流道为例，用选定的 A、L、H、N 四个几何参数对灌水器流态指数 x、流量系数 K_d 进行多元统计分析。

1. 流道几何参数对灌水器水力性能参数的通径分析

通径系数是变量标准化的偏回归系数，表示自变量 X 与因变量 Y 之间有方向的相关系数，是介于回归系数与简单相关系数之间的一种统计量。对于各因素对灌水器水力性能参数影响效应的通径分析过程见表 2.5。可以看出，影响 K_d 的直接作用 $|b_A|>|b_L|>|b_N|>|b_H|$，而 $|r_{Ay}|>|r_{Hy}|>|r_{Ly}|>|r_{Ny}|$，$|r_{Hy}|$ 之所以大是因为因子 A 的增进作用；同理，影响 x 的直接作用 $|b_A|>|b_H|>|b_L|>|b_N|$，而 $|r_{Ay}|>|r_{Hy}|>|r_{Ly}|>|r_{Ny}|$，$|r_{Hy}|$ 大的原因也类似；在这种复杂的路径信息中，选择什么样的路径调节 x 和 K_d 最好呢？决策系数可以解决这个问题。从表中还可以看出，从 K_d 的角度来看，$R^2_{(A)}>R^2_{(N)}>R^2_{(H)}>R^2_{(L)}$，$A$ 是主要决策变量，而 L 是主要的限制因子，适当减小流道面积或增

加流道长度可以降低流量系数；从 x 的角度来看，$R^2_{(A)} > R^2_{(H)} > R^2_{(N)} > R^2_{(L)}$，$A$ 为主要决策变量，但是相对而言影响也比较小，其他因素影响很小，可忽略不计，在设计的参数范围内灌水器流道几何参数对流态指数的影响很小。

表 2.5　灌水器水力性能参数通径分析

通径	K_d					x				
	b_i	$r_{ii}b_i$		r_{iy}	$R^2_{(i)}$	b_i	$r_{ii}b_i$		r_{iy}	$R^2_{(i)}$
		H	−0.052				H	−0.104		
A 对 x	0.935**	L	−0.284	0.883	0.777	−0.436*	L	0.083	−0.540	0.281
		N	0.022				N	−0.003		
		A	0.872				A	−0.407		
H 对 x	−0.056	L	−0.282	0.816	−0.095	−0.112	L	0.082	−0.519	0.104
		N	0.080				N	−0.010		
		A	0.849				A	−0.349		
L 对 x	−0.354*	H	−0.045	0.495	−0.476	0.103	H	−0.089	−0.246	−0.061
		N	0.127				N	−0.015		
		A	0.157				A	−0.073		
N 对 x	0.133	H	−0.033	0.290	0.059	−0.016	H	−0.067	−0.089	0.003
		L	−0.339				L	0.099		

*表示显著（$p<0.05$），**表示极显著（$p<0.01$）。

2. 流道几何参数与灌水器流量系数的定量关系

通过通径分析，影响灌水器流道流量系数的主要因素为流道面积和流道长度，根据支持向量机（support vector machine，SVM）回归原理（王建东，2004），建立分形 M 流道几何参数与流量系数的关系模型（R=0.968）：

$$K_d = 6.24 \times \frac{A^{0.97}}{L^{0.33}} \tag{2.10}$$

式中，K_d为灌水器流量系数；A 为流道面积，m^2；L 为流道长度，m。

3. 流道几何参数对灌水器流态指数的影响

Gilaad 和 Klous（1980）指出，局部水头损失是迷宫式流道消能的主要形式；Ozekici 和 Ronald（1991）对片式齿形水力特性进行研究，结果表明，水头损失的 98%都发生在流道的齿形结构处。局部水头损失是指由局部突变引起流动边界发生急剧变化，从而引起附近的局部地区内流体流动结构的变化而引起的水头损失。为此，可以假设迷宫式流道消能效果最佳的极限为经过一段极短的流道就能将压能全部转变为热能，表示该流道内部流体流动的紊流度已经达到无穷，该流道的流态指数就是迷宫式流道流态指数的下限，则可以忽略沿程水头损失，全部为流道局部水头损失，可建立如下关系模型：

$$h = h_{\mathrm{f}} = h_{\mathrm{j}} = \sum \xi_i \frac{v^2}{2g} \tag{2.11}$$

$$q = K_{\mathrm{d}} h^x \tag{2.12}$$

$$q = Av \tag{2.13}$$

式中，h 为灌水器工作压力，m；h_{f}为水头损失，m；h_{j}为局部水头损失，m；v 为流道断面平均流速，m/s；$\sum \xi_i$ 为各消能单元局部水头损失之和，m；q 为灌水器流量，L/h。将式(2.11)、式(2.12)代入式(2.13)，则有

$$h = \sum \xi_i \frac{\left(\dfrac{K_{\mathrm{d}} h^x}{A}\right)^2}{2g} = \frac{1}{2gA^2} \sum \xi_i K_{\mathrm{d}}^2 h^{2x} \tag{2.14}$$

流态指数反映的是灌水器本身的一种特性，并不随着工作压力的变化而变化，因此由式(2.14)可以得出 $x=0.5$，这说明紊流灌水器的流态指数下限为 0.5，也就是说，只有流道边界充分复杂，灌水器引起的水头损失全部为局部水头损失，灌水器流态指数才可能达到迷宫式流道最小值 0.5(当然，灌水器流道的水头损失不可能全部为局部水头损失)。从所研制的分形 M 流道、分形 K 流道灌水器的流态指数来看，绝大多数在 0.5 附近，也就是说，分形流道比常规迷宫式流道更为复杂，内部水流更加紊乱，从而降低流态指数，其中流态指数 0.50 的现象主要是由试验误差和最小二乘法拟合参数引起的。灌水器分形流道的长度、宽度、深度等几何参数对分形流道灌水器流态指数的影响很小。灌水器 E1～E7 的流态指数有一定程度的差异，因而不同的结构形式对灌水器流态指数有一定影响。

2.4.3　灌水器宏观水力学特性与消能机理

1. 迷宫式流道压力沿流道长度分布特性

选取 E2、E4、E6 三种灌水器，利用 CFD 数值模拟方法对工作压力 0.1MPa 条件下各灌水器流道内部流体流动的压力分布进行模拟，对不同位置的流道横截面(图 2.26)进行压力分布积分，求出断面的平均压力，计算结果如图 2.27 所示。从图中可以看出，沿长度方向不同位置压力分布呈线性递减的规律，流道长度同流道消能锯齿的分布是一致的，即锯齿区各消能尖角单元的水头损失相等，由迷宫式流道边界复杂引起的连续水头损失符合线性叠加规律，总的水头损失(工作压力)为消能单元水头损失与消能单元数目的乘积。

(a) E2

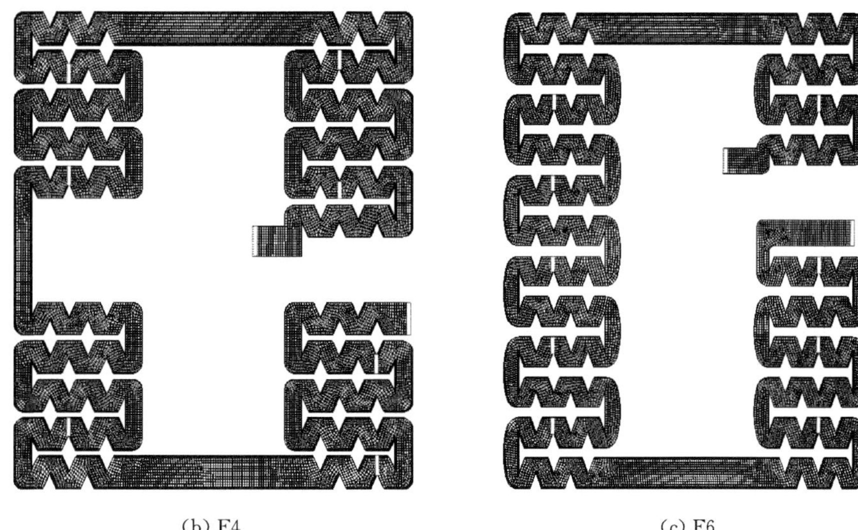

图 2.26　灌水器截面位置分布(截面用白色直线表示)

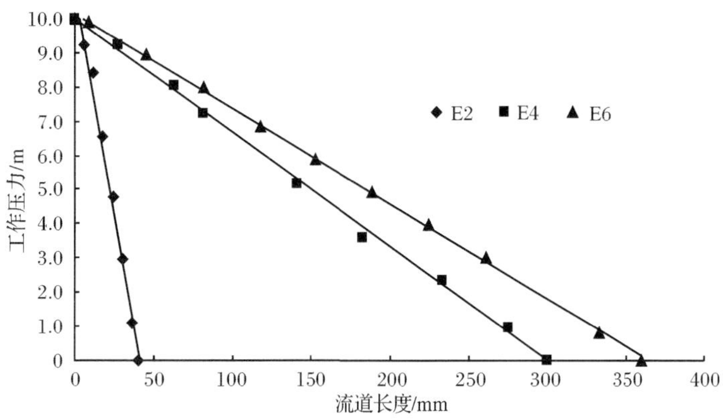

图 2.27　迷宫流道工作压力沿流道长度的分布特性

2. 迷宫流道消能过程中的圆管紊流理论

圆管紊流在人类生活和工程实践中都具有重要意义,因此对圆管紊流的研究也是紊流研究中历史最悠久且研究最成熟的一部分。研究管道阻力的文献最早见于 1903 年 Saph 和 Schoder 在美国土木工程师学会学报上发表的论文,随后国内外学者对光滑圆管、粗糙圆管的摩阻系数进行了大量研究。迷宫式流道损失为管壁摩阻沿程损失以及流道尖角弯道、流道的收缩与扩大等因素造成的局部水头损失之和;同时,流道总水头损失沿流道长度方向呈线性分布,因此可将整个水头损失打散,均匀分布于整个流道长度,并可借助 Darcy-Weisbach 公式来计算不同流道长度的消能结果。然而,目前对于管道流体流动摩阻系数的研究大多局限于长直管道,而对于复杂管道的研究却涉及极少。以分形 M 流道为例,拟将分形流道视为矩形管道,利用 Darcy-Weisbach 公式来研究流道内部消能机理，其关键是确定流道摩阻系数。

3. 分形流道消能摩阻系数的量纲分析

1）量纲分析基本原理与方法

量纲分析法就是利用量纲和谐原理，从量纲的规律性入手推求物理量之间的函数关系，从而找到物体的运动规律。量纲分析法有两种：一种适用于比较简单的问题，称为瑞利法；另一种是具有普遍性的方法，称为 π 定理。拟采用 π 定理进行分析，其基本原理如下。

若某一物理过程包含 $x_1,x_2,\cdots,x_n$ 共 n 个物理量，该物理过程一般可表示为如下函数关系：

$$f(x_1,x_2,\cdots,x_n)=0 \tag{2.15}$$

其中，可选 m 个物理量作为基本物理量，则该物理过程必然可由$(n-m)$个无量纲数的关系式来描述，即

$$F(\pi_1,\pi_2,\cdots,\pi_{n-m})=0 \tag{2.16}$$

式中，$\pi_1,\pi_2,\cdots,\pi_{n-m}$为$(n-m)$个无量纲数。

因为这些无量纲数是用 π 来表示的，故称为 π 定理。该定理由 Buckingham 于 1915 年首先提出，所以又称为布金汉定理。它将由 n 个物理量的函数关系式(2.15)改写成有$(n-m)$个无量纲数的表达式(2.16)，从而使问题得到简化。在 π 定理中，m 个基本物理量的量纲应该是相互独立的，它们不能组合成一个无量纲数的表达式。对于不可压缩的液体流动，一般取 $m=3$。常分别选取几何学量（水头 h、管径 R 等）、运动学量（速度 v、加速度 g 等）以及动力学量（密度 ρ、动力黏滞系数 μ 等）各一个作为基本物理量。

无量纲数 π 可应用式(2.17)确定，即

$$\pi_k=\frac{x_{k+1}}{x_1^{a_k}x_2^{b_k}x_3^{c_k}} \tag{2.17}$$

式中，x_1、x_2、x_3 为基本物理量；k 的取值为 $1,2,\cdots,n$；a_k、b_k、c_k 为各 π 项的待定指数，可由分子、分母的量纲等来确定。

2）分形流道摩阻系数的量纲分析

为定量分析 Darcy-Weisbach 公式中的摩阻系数 λ，拟采用 π 定理对 λ 与其他参数之间的关系进行分析。

取基本量纲为质量 M、长度 L、时间 T。

分形流道摩阻系数 λ 主要与以下变量有关。

(1) 几何学量。水力直径 R[L]；流道长度 L^{D_f}（D_f为流道中心线分形维数，分形 K 流道 $D_f=1.26$；分形 M 流道 $D_f=1.37$）[L]。

(2) 运动学量。速度 v[LT^{-1}]。

(3) 动力学量。密度 ρ[ML^{-3}]；动力黏滞系数 μ[$ML^{-1}T^{-1}$]；摩阻系数 λ[MLT]。则确定物理量个数为 6 个，函数关系式为

$$F(R,\rho,v,\mu,L,\lambda)=0 \tag{2.18}$$

选取 R、v、ρ 作为基本物理量，则无量纲数 π 应该有 3 个，无量纲数的方程为

$$F(\pi_1, \pi_2, \pi_3) = 0 \tag{2.19}$$

根据式(2.17)得

$$\pi_1 = \frac{\mu}{\rho^{a_1} R^{b_1} v^{c_1}} \tag{2.20}$$

$$\pi_2 = \frac{L}{\rho^{a_2} R^{b_2} v^{c_2}} \tag{2.21}$$

$$\pi_3 = \frac{\lambda}{\rho^{a_3} R^{b_3} v^{c_3}} \tag{2.22}$$

按照量纲和谐原理，对于 π_1，其量纲式为

$$\mathrm{ML^{-1}T^{-1}} = (\mathrm{M} \cdot \mathrm{L^{-3}})^{a_1} \mathrm{L}^{b_1} (\mathrm{L} \cdot \mathrm{T^{-1}})^{c_1} \tag{2.23}$$

根据方程齐次性要求，可建立以下方程组：

$$\begin{cases} 1 = a_1 \\ -1 = -3a_1 + b_1 + c_1 \\ -1 = -c_1 \end{cases}$$

则

$$\begin{cases} a_1 = 1 \\ b_1 = 1 \\ c_1 = 1 \end{cases} \tag{2.24}$$

因此

$$\pi_1 = \frac{\mu}{\rho R v} = Re^{-1} \tag{2.25}$$

同理可得，$\pi_2 = \dfrac{L}{R^{D_f}}$；$\pi_3 = \lambda$，则

$$F\left(Re^{-1}, \frac{L}{R^{D_f}}, \lambda\right) = 0 \tag{2.26}$$

即

$$\lambda = F\left(Re, \frac{R^{D_f}}{L}\right) \tag{2.27}$$

4. 分形流道摩阻系数的变化规律

1) 分形流道摩阻系数随 Re 的变化规律

根据实测的分形 M 流道灌水器自由出流流量、流道几何参数，利用式(2.27)，对分形 M 流道在不同压力条件下的摩阻系数 λ 进行计算，结果见表 2.6。对不同压力条件下雷诺数的计算结果见表 2.7。从表 2.6 和表 2.7 可以看出，对于同一种分形 M 流道，随着压力的增加，流道内部流体流动的雷诺数显著增加，而摩阻系数并未随着压力的增加而增加，这也说明雷诺数对摩阻系数的影响很小，可以忽略不计，这也从一定程度上表明在灌水器工作压力 1.0～15.0m 范围内并没有出现流态转捩行为。

表 2.6 不同工作压力条件下分形 M 流道典型单元摩阻系数 λ

流道序号	灌水器工作压力 h									均值
	1.0m	3.0m	5.0m	7.0m	9.0m	10.0m	11.0m	13.0m	15.0m	
1	0.775	0.840	0.863	0.829	0.831	0.841	0.826	0.827	0.867	0.833
2	0.801	0.801	0.734	0.762	0.763	0.749	0.743	0.727	0.728	0.756
3	1.018	1.201	1.188	1.204	1.225	1.205	1.188	1.187	1.225	1.182
4	1.243	1.236	1.331	1.228	1.283	1.286	1.323	1.326	1.360	1.291
5	0.780	0.921	0.874	0.848	0.901	0.865	0.848	0.864	0.855	0.862
6	1.076	1.104	1.071	1.019	1.019	1.052	1.056	1.021	1.032	1.050
7	0.940	1.029	1.029	1.043	1.056	0.975	0.964	0.942	0.968	0.994
8	1.162	1.145	1.068	1.172	1.154	1.125	1.126	1.156	1.154	1.140
9	0.831	0.824	0.811	0.809	0.803	0.803	0.289	0.785	0.794	0.750
10	0.980	1.077	0.969	0.988	0.959	0.949	0.962	0.962	0.960	0.978
11	1.074	0.894	0.893	0.854	0.848	0.844	0.833	0.834	0.862	0.882
12	0.855	0.991	0.956	0.924	0.927	0.921	0.904	0.896	0.936	0.924
13	1.029	0.973	0.983	0.970	0.955	0.984	0.976	0.972	0.986	0.981
14	1.143	0.978	1.026	1.007	1.001	1.005	0.978	0.986	0.992	1.013
15	0.903	0.862	0.827	0.820	0.799	0.797	0.811	0.839	0.836	0.833
16	0.805	0.894	0.860	0.832	0.856	0.829	0.792	0.809	0.831	0.834
17	1.246	1.269	1.281	1.262	1.253	1.293	1.289	1.309	1.367	1.285
18	1.133	1.240	1.246	1.242	1.246	1.217	1.216	1.257	1.224	1.225
19	1.417	1.536	1.553	1.561	1.576	1.585	1.558	1.568	1.581	1.548
20	1.368	1.221	1.294	1.321	1.293	1.302	1.229	1.226	1.249	1.278
21	1.077	1.118	1.182	1.198	1.193	1.194	1.184	1.186	1.218	1.172
22	1.064	1.175	1.187	1.179	1.180	1.154	1.161	1.187	1.157	1.160
23	1.194	1.280	1.330	1.341	1.259	1.348	1.333	1.307	1.268	1.296
24	1.202	1.299	1.260	1.265	1.297	1.242	1.252	1.250	1.271	1.260
25	1.315	1.144	1.286	1.273	1.232	1.275	1.254	1.252	1.224	1.251
26	1.080	1.047	1.077	1.076	1.059	1.051	1.067	1.071	1.066	1.066
27	1.093	1.115	1.192	1.219	1.232	1.227	1.218	1.210	1.202	1.190
28	1.298	1.172	1.375	1.365	1.365	1.363	1.344	1.411	1.313	1.334
29	1.278	1.200	1.219	1.234	1.247	1.216	1.228	1.297	1.213	1.237
30	0.933	0.984	1.010	1.016	1.004	0.991	0.997	0.952	1.038	0.992
31	1.092	1.125	1.082	1.078	1.091	1.082	1.055	1.043	1.084	1.081
32	1.263	1.395	1.457	1.476	1.523	1.492	1.512	1.502	1.531	1.461
33	1.121	1.145	1.171	1.165	1.158	1.147	1.062	1.058	1.176	1.134
34	0.938	1.017	1.033	1.018	1.011	1.007	1.013	1.035	1.076	1.016
35	1.131	1.241	1.271	1.217	1.304	1.267	1.271	1.282	1.306	1.254
36	1.388	1.373	1.415	1.408	1.394	1.428	1.412	1.370	1.474	1.407
37	1.060	1.087	1.100	1.094	1.122	1.087	1.023	1.068	1.066	1.079

表 2.7　不同工作压力条件下分形 M 流道典型单元 *Re*

流道序号	灌水器工作压力 h								
	1.0m	3.0m	5.0m	7.0m	9.0m	10.0m	11.0m	13.0m	15.0m
1	692	940	1198	1446	1638	1716	1816	1973	2070
2	681	963	1299	1509	1710	1819	1915	2104	2259
3	735	957	1243	1461	1642	1745	1843	2005	2120
4	830	1176	1464	1803	2000	2106	2178	2365	2508
5	488	635	842	1011	1112	1197	1267	1365	1474
6	416	580	760	922	1046	1085	1136	1256	1342
7	541	732	944	1110	1251	1372	1447	1591	1687
8	607	864	1156	1305	1491	1592	1669	1791	1926
9	586	874	1152	1369	1565	1650	1772	1940	2054
10	356	479	653	765	880	933	972	1056	1136
11	413	641	827	1001	1140	1204	1271	1381	1459
12	578	759	997	1197	1358	1436	1521	1661	1745
13	617	898	1153	1373	1569	1630	1716	1869	1994
14	347	530	669	799	908	955	1016	1100	1178
15	487	704	928	1103	1267	1338	1391	1487	1600
16	604	811	1068	1284	1435	1537	1650	1775	1881
17	608	852	1095	1305	1485	1541	1619	1747	1836
18	689	932	1200	1422	1610	1717	1802	1927	2097
19	654	888	1140	1345	1518	1595	1688	1829	1956
20	415	621	778	911	1044	1097	1184	1289	1372
21	585	812	1020	1198	1362	1435	1511	1641	1739
22	636	856	1100	1306	1480	1578	1649	1773	1929
23	637	870	1102	1298	1519	1547	1632	1792	1954
24	404	549	720	850	952	1026	1071	1166	1241
25	483	733	892	1061	1223	1268	1340	1458	1584
26	576	828	1054	1247	1426	1509	1571	1704	1835
27	608	851	1062	1242	1402	1480	1559	1700	1832
28	725	1079	1286	1527	1732	1827	1930	2047	2279
29	778	1136	1455	1710	1929	2060	2150	2274	2526
30	574	791	1008	1189	1356	1438	1504	1673	1722
31	563	784	1032	1224	1379	1460	1550	1695	1786
32	680	916	1157	1360	1518	1616	1684	1837	1954
33	769	1076	1374	1630	1854	1963	2140	2331	2375
34	536	727	932	1111	1264	1335	1396	1502	1582
35	517	698	891	1077	1180	1262	1321	1430	1522
36	607	863	1098	1302	1484	1546	1630	1799	1863
37	740	1033	1326	1574	1762	1887	2040	2171	2333

2) 分形 M 流道摩阻系数 λ 预报模型

忽略 Re 的影响，将式(2.27)进行变换，得

$$\lambda = F\left(\frac{R^{D_f}}{L}\right) \tag{2.28}$$

建立分形 M 流道 λ/N 与 R^{D_f}/L 之间的定量关系，如图 2.28 所示。

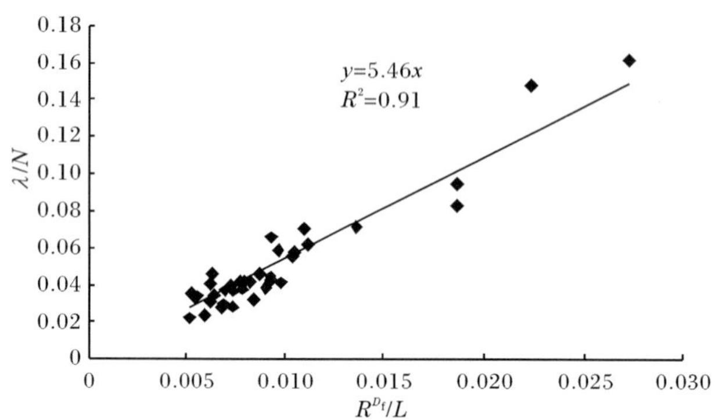

图 2.28　分形 M 流道摩阻系数定量预报

从图 2.28 可以看出，分形 M 流道 λ/N 随 R^{D_f}/L 的增加而线性增加，达到极显著水平，这也证实了量纲分析的准确性；则可建立分形 M 流道摩阻系数预报模型如下：

$$\lambda = N \times 5.46 \times \frac{R^{D_f}}{L} = 5.46 \times \frac{R^{D_f}}{L/N} = 5.46 \times \frac{R^{D_f}}{L_n} \tag{2.29}$$

式中，N 为分形 M 流道齿数，即单元数；L_n 为单元段流道长度(假设每个单元的流道长度相等且完整)，m。对于一分形 M 流道，流道长度、齿数、流道水力半径都为一固定值，则 λ/N 也为固定值，这说明分形 M 流道每个消能单元对摩阻系数的贡献相等，符合线性叠加规律，这也证实了数值模拟结果的可靠性，这为进一步设计分形流道提供了实用工具。

参考文献

陈雪. 2008. 滴灌灌水器三角形迷宫流道结构抗堵塞性能试验研究[D]. 杨凌：西北农林科技大学.

陈颙，陈凌. 2005. 分形几何学[M]. 北京：地震出版社.

付琳，董文楚，郑耀泉，等. 1987. 微灌工程技术指南[M]. 北京：水利水电出版社.

戈德堡 D，戈内特 B，里蒙 D，等. 1984. 滴灌原理与应用[M]. 西世良，薛克宗，等译. 北京：中国农业机械出版社.

郭庆人，魏茂庆，朱嘉冀，等. 2000. 迷宫式滴灌带生产及其在节水灌溉中的应用[J]. 中国塑料，2：53-56.

韩权利，赵万华，丁玉成. 2003. 滴灌用灌水器的现状及分析[J]. 节水灌溉，1：17-18.

姜明健，罗晓惠. 1998. 水在微尺度槽中单相流动和换热研究[J]. 北京联合大学学报，12(1)：71-75.

李久生，张健君，薛克宗. 2004. 滴灌施肥灌溉原理与应用[M]. 北京：中国农业科技出版社.

李令媛，朱德兰，张林. 2013. 大流量压力补偿灌水器水力性能[J]. 排灌机械工程学报，31(12)：1083-1088.

李云开，冯吉，宋鹏，等. 2016. 低碳环保型滴灌技术体系构建与研究现状分析[J]. 农业机械学报，47(6)：83-92.

齐学斌，庞鸿宾. 2000. 节水灌溉的环境效应研究现状及研究重点[J]. 农业工程学报，16(4)：37-40.

王建东. 2004. 滴头水力性能与抗堵塞性能试验研究[D]. 北京：中国农业大学.

王建东，李光永，邱象玉，等. 2005. 流道结构形式对滴头水力性能影响的试验研究[J]. 农业工程学报，21：100-103.

魏正英，苑伟静，周兴，等. 2014. 我国压力补偿灌水器研究进展[J]. 农业机械学报，45(1)：94-99.

谢巧丽，牛文全，李连忠. 2013. 迷宫流道齿转角与齿间距对滴头性能的影响[J]. 排灌机械工程学报，31(5)：449-455.

辛明道，师晋生. 1994. 微矩形槽道内的受迫对流换热性能实验[J]. 重庆大学学报，17(3)：117-122.

薛松. 2016. 滴灌系统灌水器复合型堵塞物质形成机制及动力学模型研究[D]. 北京：中国农业大学.

闫大壮，杨培岭，李云开，等. 2011. 再生水滴灌条件下滴头堵塞特性评估[J]. 农业工程学报，27(5)：19-24.

姚振宪，何松林. 1999. 滴灌设备与滴灌系统规划设计[M]. 北京：中国农业出版社.

张承林. 2011. 以色列的现代灌溉农业[J]. 中国农资，(37)：21.

张珍珍. 2015. 垫片固定式压力补偿灌水器结构设计与水力性能研究[D]. 杨凌：西北农林科技大学.

张志新. 2007. 滴灌工程规划设计原理与应用[M]. 北京：中国水利水电出版社.

张钟莉莉. 2016. 微咸水滴灌系统灌水器化学堵塞机理及控制方法研究[D]. 北京：中国农业大学.

章梓雄，董曾南. 1998. 粘性流体力学[M]. 北京：清华大学出版社.

Adin A, Sacks M. 1991. Dripper-clogging factors in wastewater irrigation[J]. Journal of Irrigation and Drainage Engineering, 117(6): 813-826.

Dasberg S, Or D. 1999. Practical Applications of Drip Irrigation[M]. Berlin: Springer.

Gilaad Y K, Klous L Z. 1980. Hydraulic and mechanical properties of drippers[C]//Proceedings of the 2nd International Drip Irrigation Congress, San Diego.

Jones O C J. 1976. An improvement in the calculation of turbulent friction in rectangular ducts[J]. Journal of Fluids Engineering, 98(2): 173-180.

Li Y K, Liu H S, Yang P L, et al. 2013. Analysis of tracing ability of different sized particles in drip irrigation emitters with computational fluid dynamics[J]. Irrigation and Drainage, 62(3): 340-351.

Ozekici B, Ronald S. 1991. Analysis of pressure losses in tortuous—path emitters[J]. America Society of Agriculture Engineering, 91: 112-115.

Pei Y T, Li Y K, Liu Y Z, et al. 2014. Eight emitters clogging characteristics and its suitability evaluation under on-site reclaimed water drip irrigation[J]. Irrigation Science, 32(2): 141-157.

Potter M C, Wiggert D C. 2003. Mechanics of Fluids[M]. Beijing: China Machine Press.

Zhang J, Zhao W H, Tang Y P, et al. 2010. Anti-clogging performance evaluation and parameterized design of emitters with labyrinth channels[J]. Computers and Electronics in Agriculture, 74(1): 59-65.

Zhou B, Li Y K, Liu Y, et al. 2014. Effects of flow path depth on emitter clogging and surface topographical characteristics of biofilms[J]. Irrigation and Drainage, 63(1): 46-58.

第3章　滴灌系统灌水器堵塞行为测试及评价方法

准确、快速地测试滴灌系统灌水器出流特征是评价灌水器堵塞过程的基础，而通过原位滴灌试验进行测试是精度较高的一种直接有效的方法(Pei et al.，2014；Li et al.，2009；吴显斌等，2008；王冬梅，2007；王建东，2004)，但该方法测试成本高、设备加工标准不一。虽然室内试验条件精确可控，但无法还原真实工作环境。目前灌水器流量测试以室内长周期和短周期测试法为主。整体来看，测试周期较短、次数有限，试验结果大多只能定性反映灌水器堵塞发生的趋势，并不能定量表征灌水器堵塞发生过程，也无法反映堵塞发生过程中温度、灌水器实际工作压力变化等因素影响而产生的灌水器流量偏差，不能准确反映灌水器堵塞情况。

基于此，本章在总结滴灌系统灌水器堵塞评价指标体系及测试方法和装置的基础上，提出灌水器堵塞行为的原位加速测试方法，建立灌水器流量的水温校正模型。

3.1　滴灌系统灌水器堵塞评价指标体系

3.1.1　单个灌水器堵塞轨迹跟踪评价指标

1. 随机性指数

为明确单个灌水器堵塞发生的随机性，首先需对单个灌水器流量 Q 进行计算。

$$Q=\frac{3(m_{\mathrm{wk}}-m_{\mathrm{k}})}{50t} \tag{3.1}$$

式中，Q 为单个灌水器流量，L/h；t 为流量测试时间，本书取 5min；m_{k} 和 m_{wk} 分别为空桶和每次流量测试时间 t 后小桶与其中水的总质量，g。

将某一测试时间间隔内所测试的滴灌管(带)上的所有灌水器流量差值的绝对值由高到低进行排序，取绝对值最大的前 10% 的结果按照式(3.2)计算灌水器堵塞发生的随机性指数，其可以表征单个灌水器出流波动特征的强弱。

$$\Delta F_Q^t=\frac{\sum_{i=1}^{n_{10\%}}\left|\frac{Q^{t+\Delta t}-Q^t}{\overline{Q^0}}\right|\times 100\%}{n_{10\%}} \tag{3.2}$$

式中，ΔF_Q^t 为单个灌水器堵塞发生的随机性指数；t 为流量测试时间，h；Δt 为相邻两次流量测试时间间隔，h；$Q^{t+\Delta t}-Q^t$ 为灌水器在相邻测试时间间隔 Δt 内流量测试差值，L/h；$\overline{Q^0}$ 为第 i 个灌水器初始流量的平均值，L/h；i 为按照流量差值的绝对值由高到低排序后的灌水器序号；$n_{10\%}$ 为流量差值的绝对值由高到低排序后前 10% 的灌水器数量。

2. 可恢复性指数

灌水器堵塞具有一定的自恢复能力，即随着系统持续运行，即使无其他控制堵塞措施，灌水器也可以自行恢复部分流量。因此，将处在同一堵塞水平的所有灌水器流量恢复值由低到高进行排序，取最小的前 10％的测试结果按照式(3.3)计算可恢复性指数，旨在表征灌水器在该堵塞水平下的流量自恢复能力。当可恢复性指数>5.0％时，认为该灌水器在该堵塞水平下堵塞存在可恢复性，否则认为失去可恢复性。

$$R_Q^{CD} = \frac{\sum_{i=1}^{n_{10\%}} \frac{Q^{t+\Delta t} - Q^t}{\overline{Q^0} - Q^t} \times 100\%}{n_{10\%}} \tag{3.3}$$

式中，R_Q^{CD}为单个灌水器在堵塞程度 CD 下的可恢复性指数；$n_{10\%}$ 为流量差值的绝对值由低到高排序后前 10％的灌水器数量。

3.1.2　系统多个灌水器堵塞统计评价指标

1. 平均相对流量

平均相对流量(Dra)表示整个滴灌管(带)灌水器校正后流量占 20℃水温条件下灌水器额定流量百分比，计算公式如下：

$$\mathrm{Dra} = \frac{\sum_{i=1}^{n} \frac{q_{itm}}{q_{i0m}}}{n} \times 100\% \tag{3.4}$$

式中，q_{itm} 为校正后的流量，m^3/s；q_{i0m}为灌水器在 20℃时的额定流量，m^3/s，试验系统刚启动时通过测试获得；n 为灌水器总数。

2. 流量偏差

灌水器流量偏差 q_{var}表示灌水器流量的差异程度，计算公式如下：

$$q_{var} = \frac{q_{max} - q_{min}}{q_{max}} \tag{3.5}$$

式中，q_{max}和 q_{min}分别为经过滴灌管(带)校正后的灌水器流量的最大值和最小值。一般情况下，q_{var}在 10％以内是最佳的，在 10％～20％是可接受的，大于 20％是不可接受的。

3. 克里斯琴森均匀系数

灌水器流量均匀度可采用克里斯琴森均匀系数(CU)来表示，该系数反映各滴灌灌水器堵塞发生的均匀性，评价滴灌系统空间的均匀度，计算公式如下：

$$\mathrm{CU} = \left(1 - \frac{\sum_{i=1}^{n} \frac{|q_{itm} - \overline{q}_{itm}|}{\overline{q}_{itm}}}{n}\right) \times 100\% \tag{3.6}$$

式中，$\overline{q}_{itm}$ 为滴灌管(带) 灌水器校正后流量平均值，m^3/s。

4. 设计均匀度

设计均匀度(EU) 可以用来评价滴灌系统灌溉水利用效率以及整个系统设计是否合理,计算公式如下:

$$\mathrm{EU}=100\times\left(1.0-\frac{1.27\mathrm{CV_m}}{\sqrt{n}}\right)\frac{q_{\min}}{\bar{q}_{itm}} \tag{3.7}$$

式中,$\mathrm{CV_m}$为制造偏差;n 取 1 或是每棵作物上灌水器个数。

5. 统计均匀度

统计均匀度(U_s)可以综合评价管道水头损失、地形差异、制造偏差及灌水器堵塞对滴灌均匀度的影响,计算公式如下:

$$U_s=100(1-V_{qs})$$
$$V_{qs}=\left(\frac{S_q}{\bar{q}_{itm}}\right) \tag{3.8}$$

式中,V_{qs}为灌水器校正后流量变化系数;S_q为滴灌管(带)灌水器校正后流量标准差。

3.1.3 灌水器堵塞率分布评价指标

国际上已有的国际标准化组织(International Organization for Standardization, ISO)标准草案仅将出流在初始流量 75%以下的灌水器定义为堵塞,标准相对笼统。因此,可以通过灌水器的堵塞率分布来表征滴灌管(带)灌水器堵塞情况。具体步骤为:①计算单个灌水器流量占初始流量的百分数;②分类统计在某个百分比范围内的灌水器个数;③计算每个百分比范围内灌水器个数占灌水器总数的比例。灌水器堵塞程度分类采用吴显斌(2006)使用的方法,将单个灌水器流量占初始额定流量的 95%以上定义为不堵塞,80%～95%定义为轻微堵塞,50%～80%定义为一般堵塞,20%～50%定义为严重堵塞,20%以下定义为完全堵塞。

3.2 滴灌系统灌水器堵塞测试方法与装置

3.2.1 滴灌系统灌水器堵塞测试方法

目前国际上普遍使用的灌水器堵塞测试方法主要包括直接测试法和间接测试法。其中,直接测试法即通过田间铺设毛管直接测定灌水器抗堵塞性能,虽然田间原位试验能够还原灌水器的真实工作环境,能较为准确地反映灌水器在田间工作时的堵塞行为,得出的试验结果对于解决灌水器堵塞问题有直接指导意义。但是田间试验影响因素众多、系统运行工况复杂,且无法保证水质均匀和稳定,对于研究不同工况条件下的灌水器堵塞规律较为困难。因此,目前灌水器抗堵塞性能测试仍然以间接测试法为主,采用 ISO 提出的灌水器堵塞测试方法草案中使用的方法,包括长周期灌水器堵塞测试和短周期灌水器堵塞测试。

1. 长周期灌水器堵塞测试

长周期灌水器堵塞测试的关键控制指标见表 3.1。试验过程中要求，除非以别的方式指定，感应器和控制器的精确度控制在预先设定值的±5%内。

表 3.1　长周期灌水器堵塞测试的关键控制指标

控制指标	具体参数
测试灌水器个数/个	25
测试毛管	1 条，水平放置，前后端分别设阀门，水源通过无压直管连接
灌水器样本测试次数/次	1
灌水器独立样本流量测试次数/次	25
测试压力	灌水器额定工作压力或工作压力范围中值±5%
水温/℃	23±3
末端流速/(m/s)	0.5±0.1
循环周期/h	12
循环周期内毛管加压时间/h	10±1
循环周期内毛管不加压时间/h	2
每天循环周期次数/次	2
试验持续时间	14 周期=7d=168h
试验期间毛管加压时间/h	140±5
试验期间毛管不加压时间/h	28
试验用水颗粒物浓度/($\times10^{-6}$)	200～1000
试验用水颗粒物粒径/μm	1～500
灌水器堵塞标准	流量小于初始额定流量的 75%
试验结束时间	第 5 循环周期结束或灌水器流量小于初始额定流量的 20%

长周期灌水器堵塞测试步骤。

(1) 用洁净水准备。

① 将外部供给的洁净水样本加入测试设备，测量初始颗粒物浓度和浊度。

② 确定已经完全清理整个测试设备，在设定所有的其他测试参数之后，取水样测量颗粒物浓度和浊度。

③ 重复上述步骤直到颗粒物浓度值小于 0.01‰，浊度低于 10NTU。

④ 测试 25 个灌水器样品的堵塞率，获得平均堵塞程度和单个灌水器的堵塞程度。

⑤ 连续监测灌水器流量数值，记录测试线压力、末端流速、样品水体积、浊度等指标。

(2) 阶段 1。

① 监测灌水器样品体积或测试其平均堵塞程度。

② 测试线开始运行前关闭阀门，确定其他装置混合物浓度和设定保持不变，在测试

线开始运行时逐步打开阀门(大约30s内),记录压力变化及稳定时间。

③ 阶段1的第1天、第2天、第3天、第4天和第7天的第一个周期开始1h之后测量25个灌水器流量。

④ 直至完成阶段1第7天最后一个周期,进入下一个阶段。

(3) 阶段2～阶段5。

① 测试线开始运行前关闭阀门,确定其他装置混合物浓度和设定保持不变,保证颗粒物浓度值小于0.01‰。

② 在测试线开始运行时逐步打开阀门(大约30s内),确保工作压力稳定,直到阶段5的第7天完成最后一个周期。

2. 短周期灌水器堵塞测试

短周期灌水器堵塞测试的关键控制指标见表3.2。试验过程中要求精度控制在初始值的±10%以内。测试过程与长周期灌水器堵塞测试方法类似,不同之处在于,短周期灌水器堵塞测试是在每个循环周期14～15min分别测试单个灌水器流量,并计算灌水器平均堵塞程度。

表3.2 短周期灌水器堵塞测试的关键控制指标

控制指标	具体参数
测试灌水器个数/个	25
测试毛管	2条,水平放置,前后分别设阀门,水源通过无压直管连接
灌水器独立样本流量测试次数/次	25
测试压力	灌水器额定工作压力或工作压力范围中值±20%
水温	室温
水源过滤	—
末端流速/(m/s)	1±0.2
循环周期/min	50(15+30+5)
循环周期次数/次	8
试验用水颗粒物浓度及粒径	根据过滤装置目数确定
排放速率	在每个循环周期段14～15min分别测试单个灌水器流量,取平均值
灌水器堵塞标准	25个灌水器测试流量平均值在额定流量的75%以下
试验结束时间	第8阶段结束或25个灌水器测试流量平均值在额定流量的20%以下

3.2.2 滴灌系统灌水器性能平台技术指标要求

美国加利福尼亚州灌溉技术研究所、南非农业工程研究所、以色列现代农业公司等国际知名灌溉研究与生产机构都有自己的滴灌系统灌水器性能测试平台,但大部分仅能实现水力性能测试。其中,只有美国加利福尼亚州灌溉技术研究所开发的装置涉及简单的堵塞性能测试,但该系统每次只能测定2条或3条(每条长约2m)滴灌管。在国内,华中科技大学、中国农业大学等高校建立了灌水器堵塞特性及抗堵塞性能测试平台,但目前测试系统还主要集中在室内。魏青松等(2009)发明的一种多功能、自动控制、易扩展、可移动的微灌实验室多功能强化堵塞试验装置主要用于研究灌水器堵塞机理。李光永等(2004)公开了一种微灌灌水器抗堵塞和水力性能综合测试装置，实现了灌水器水力性能和抗堵塞性能的综合测试。

《微灌灌水器——滴头》(SL/T 67.1—1994)提出了灌水器水力性能测试平台的精度要求，见表 3.3。但是，整体而言，目前的测试平台和装置以实现水力性能测试为主，体积较为庞大、投资高、功能较为单一、智能化程度不高，且主要以室内测试为主，难以去除运输过程和储存过程中滴灌水源发生絮凝、沉降以及微生物生长等物理-化学-生物耦合作用的影响，导致试验结果精度不足。因此，如何快速、准确测试灌水器堵塞特征，开发相应的技术平台已成为亟须研究的问题。

表 3.3　灌水器水力性能测试平台的精度要求

平台参数	精度要求
试样	从至少 500 个滴头原件的批量产品中随机抽取 5 个试样，每个试样至少包含 1 个滴头或 1 个从滴灌管上截取的完整原件。对于滴灌管，试样不能在其相邻截面截取，且不含一批产品的第 1 个或者最后 1 个产品。对于多出水口滴头，应至少包括 10 个滴头或具有 25 个出水口
水温/℃	23±3
环境温度/℃	23±3
温度计精度/℃	1
水压测量装置精度	≤1%或精度 0.4 级
压力精度/%	≤2
流量测试装置精度/%	≤0.5(相对于额定流量)
秒表精度/s	0.01
过滤器尺寸/μm	75～100
水源杂质浓度/(mg/L)	≤25

3.2.3　智能式滴灌系统灌水器抗堵塞性能综合测试平台

作者所在课题组在考虑滴灌系统灌水器水力性能测试的基础上，开发了一套室内智能式滴灌系统灌水器抗堵塞性能综合测试装置，实现了对灌水器抗堵塞性能的精细、综合测试，其整体结构示意图及局部结构示意图如图 3.1 和图 3.2 所示。

该装置包括压力表、集水槽、过滤器组、施肥器、水泵、水泵出水管、水泵进水管、底座、调节水箱、一级分流管道及其调压阀、二级分流管道及其调压阀、多孔回水管，后接滴灌管(带)，滴落的水流滴入盛水单元，盛水单元由集水桶、称重传感器、连接件、四通、电磁阀等部分组成，位于复合移动支架上，支架上装有滑道。

为了快速、准确地测试灌水器的出流过程，该装置通过气动牵引装置和电动牵引装置实现了测试单元在二维平面的水平和垂直移动。其中，气动牵引装置带动上层移动支架在沿滴灌毛管方向上迅速错开滴灌毛管灌水器间距的宽度；电动牵引装置可以带动下层

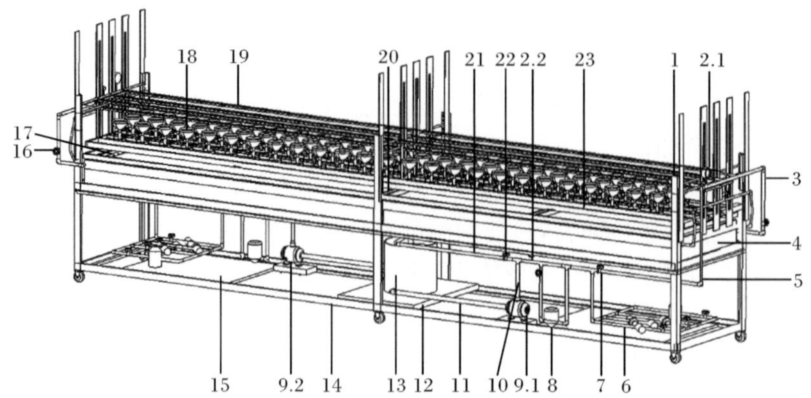

图 3.1　智能式滴灌系统灌水器抗堵塞性能综合测试装置整体结构示意图

1. 坡度模拟装置；2.1，2.2. 压力表；3. 支管；4. 集水槽；5. 二级分流管道；6. 过滤器组；7. 调压阀；8. 施肥器；9.1，9.2. 水泵；10. 水泵出水管；11. 水泵进水管；12. 底座；13. 调节水箱；14. 方钢焊接支架；15. 底板；16. 调压阀；17. 多孔回水管；18. 盛水单元；19. 滴灌管(带)；20. 滑道；21. 一级分流管道；22. 调压阀；23. 复合移动支架

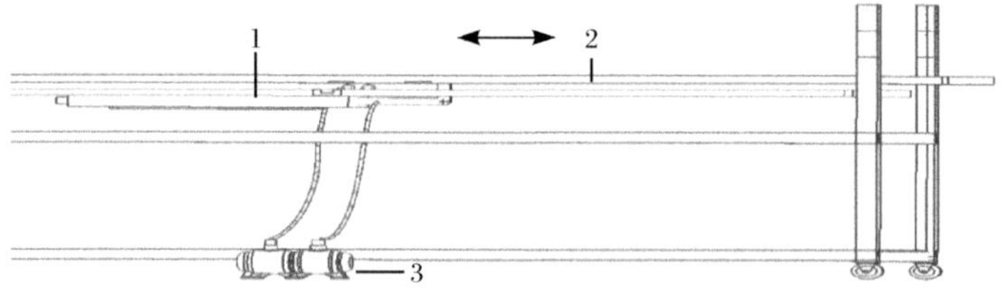

1. 拉伸支杆；2. 复合移动支架；3. 空压机

(a) 气动牵引装置

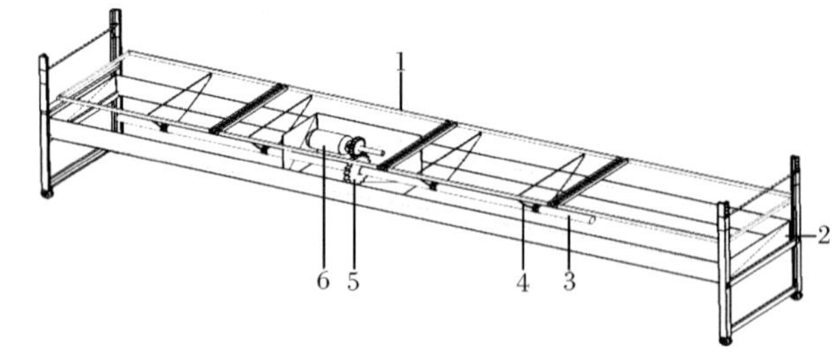

1. 复合移动支架；2. 集水槽；3. 牵引轴；4. 牵引钢丝；5. 减速齿轮；6. 牵引电机

(b) 电动牵引装置

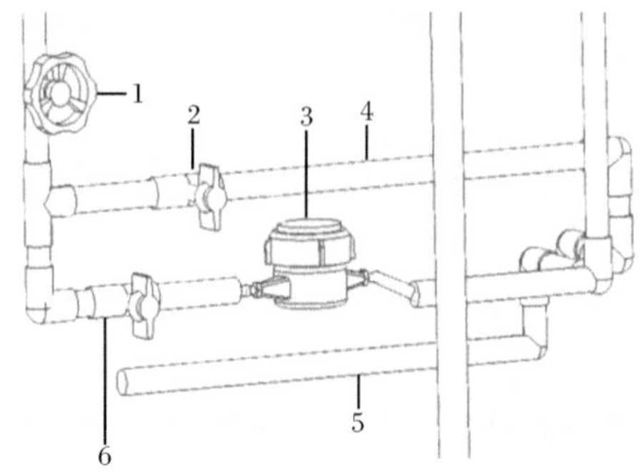

1. 调节阀门；2. 分流调压阀；3. 水表；4. 水表保护支管；5. 多孔回水管；6. 调压阀

(c) 水表保护装置

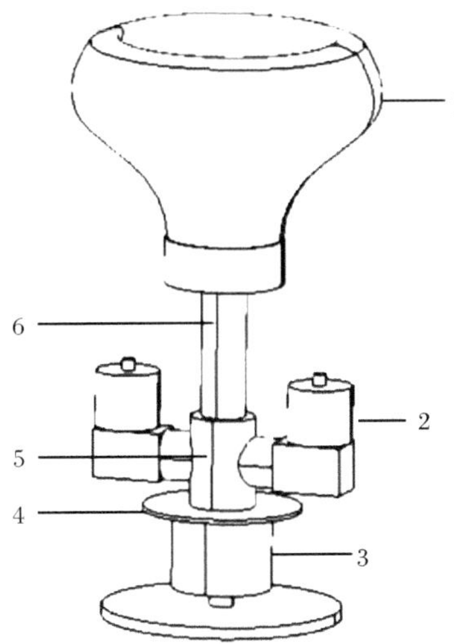

1. 集水桶；2. 电磁阀；3. 称重式传感器；4. 垫片(保护称重式传感器)；5. 四通；6. 连接件

(d) 盛水结构单元

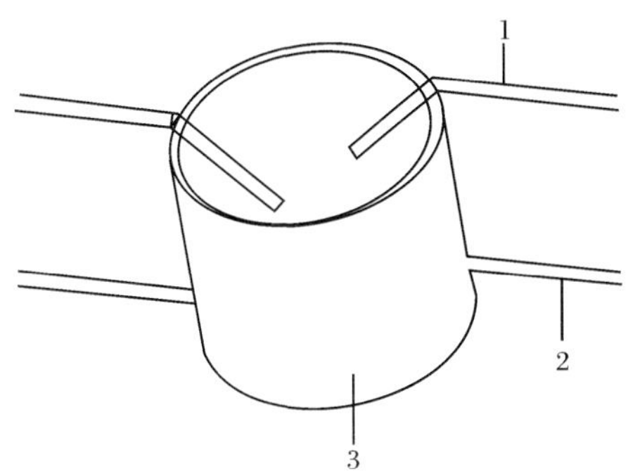

1. 一级分流管道；2. 水泵进水管；3. 调节水箱

(e) 集水箱

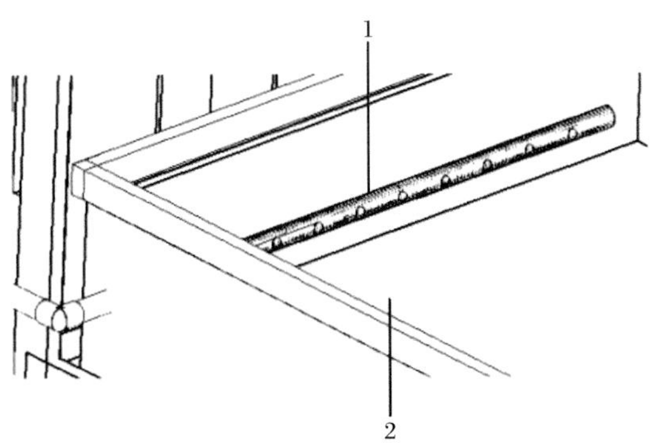

1. 多孔回水管；2. 集水槽

(f) 多孔回水管

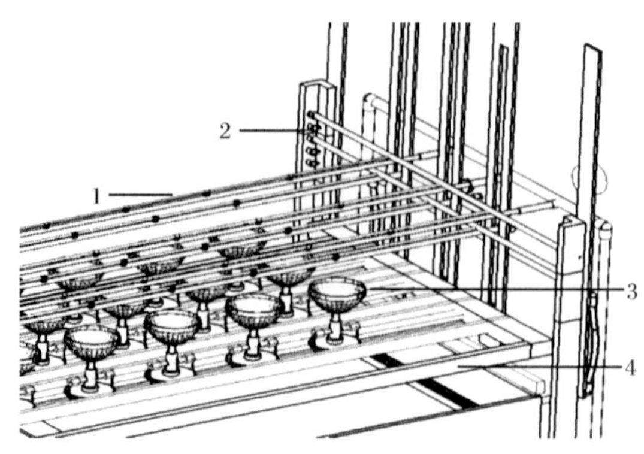

1. 滴灌管；2. 坡度调节装置；3. 集水单元；4. 复合移动支架

(g) 坡度调节装置

图 3.2 智能式滴灌系统灌水器抗堵塞性能综合测试装置局部结构示意图

移动支架在垂直于滴灌毛管的方向进行移动，上下层复合移动支架设计保证可以迅速切断灌水器与量水器之间的水力联系，提高量水器测量结果的同步性，使整个装置处于完全可控的状态下，保证量测的精度要求。测试过程采用循环往复法，先沿滴灌管方向移动，对齐灌水器，然后再沿垂直于滴灌管的方向移动。

该系统具有以下优点：①能够实现多种滴灌管(带)灌水器的综合测试，既有自动化的移动装置，又安装有智能化水量收集装置，测试过程完全可控。主要面向灌水器堵塞特征测试，兼顾灌水器水力性能和过滤器水力性能等测试；②三维扰动装置保证了水质均匀，有效降低了颗粒物沉积对试验误差的影响，使整个试验过程完全处于一个可控的状态；③移动过程采用气动牵引装置和电动牵引装置综合作用，可以迅速切断灌水器与量水器之间的水力联系，量水器测量结果同步性极高，使整个装置处于完全可控的状态下，测试过程灵活便捷、智能化程度高。目前该装置已在中国农业大学北京通州实验站建成使用(图 3.3)，试验系统运行良好。

图 3.3 智能式滴灌系统灌水器抗堵塞性能综合测试系统

3.2.4　灌水器抗堵塞性能原位加速测试平台

为了对滴灌系统灌水器抗堵塞能力进行长期、准确的原位测试，作者所在课题组搭建了一套能够适用于野外(田间)工作环境的灌水器抗堵塞性能测试系统。如图3.4和图3.5所示，该系统包括水源、抽水管道、水泵、供水管道、阀门、水表、过滤器、电磁阀、缓冲管道、分支管道、微调阀门、压力表、滴灌管(带)、回流管道、分流阀门、自动灌溉控制器、配电箱、流量测试单元[固定支架、转向轮、移动支架、同步滑轮、可移动的框格、量水桶(其中，移动支架的平面尺寸为1.60m×1.20m，框格采用角钢焊接而成，尺寸为25mm×25mm×3mm，量水桶口径为15cm，底径为12cm)]、保护装置、水表保护支管、手动阀门、支撑架、回水管道(水平)、回水管道(倾斜)、三角支架、支管调节阀门。

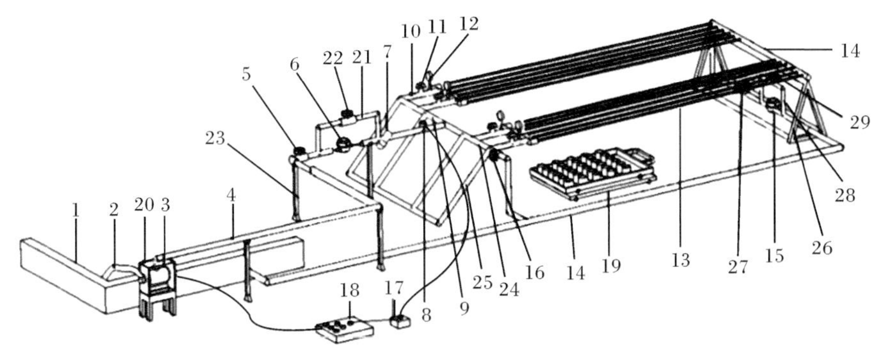

图3.4　田间滴灌系统灌水器抗堵塞性能综合测试系统结构示意图

1.水源；2.抽水管道；3.水泵；4.供水管道；5.阀门；6,15.水表；7.过滤器；8.电磁阀；9.缓冲管道；10.分支管道；11.微调阀门；12.压力表；13.滴灌管(带)；14.回流管道；16.分流阀门；17.自动灌溉控制器；18.配电箱；19.流量测试单元；20.保护装置；21,28.水表保护支管；22,29.手动阀门；23.支撑架；24.回水管道(水平)；25.回水管道(倾斜)；26.三角支架；27.支管调节阀门

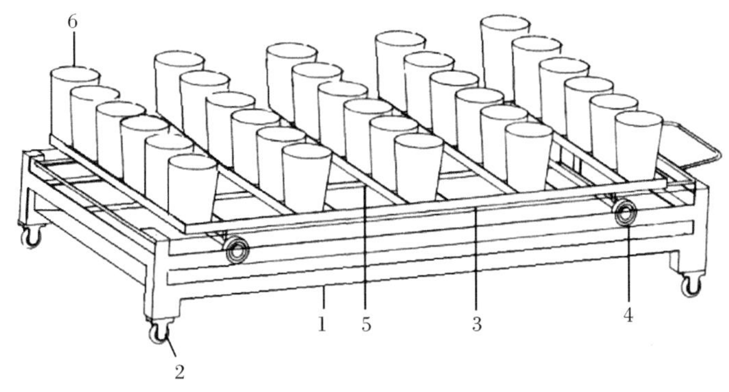

图3.5　灌水器流量测试单元示意图

1.固定支架；2.转向轮；3.移动支架；4.同步滑轮；5.可移动的框格；6.量水桶

灌水器流量测试采用称重法进行，电子天平感量为0.5g，每次测量10～15min。如

灌水器出流发生紊乱时，可在各灌水器出口处用细绳引流，使灌水器水流全部落入量水桶，同时可避免风力等其他自然因素引起的误差。该系统具有以下优点：①可以同时研究不同灌水器类型、流道几何参数、灌水器工作压力、灌水频率等多种工况以及模拟滴灌管（带）不同位置的灌水器堵塞行为，测试用滴灌管长度可以在 20m 以上，大幅提升了测试系统效率；②供水系统采用首尾相连的闭环连通和二级分流支管设计，保障系统可以迅速地稳定在目标工作压力，而系统采用低成本自动控制器控制系统运行，有效解决系统每天开、闭所需的人力资源问题；③灌水器流量采用移动式测量小车进行测试，独特的移动框格、移动支架和同步滑轮组合设计可以迅速断开灌水器和量水桶之间的水力联系，两者相结合显著提升了灌水器出流流量的测试精度和效率；④利用水表、水泵等保护装置，采用时序控制器控制系统自动运行，系统结构简单、造价低廉，符合野外测试的要求，又可真实反映田间滴灌条件下灌水器堵塞的发生状况。

作者所在课题组利用该系统在北京通州、昌平，内蒙古河套，新疆阿拉尔等地区进行了滴灌系统灌水器堵塞试验（图 3.6），试验系统运行良好。

(a) 北京通州

(b) 北京昌平

(c) 内蒙古河套

(d) 新疆阿拉尔

图 3.6　滴灌系统灌水器抗堵塞性能原位测试平台

3.3　滴灌系统灌水器堵塞行为的原位加速测试方法

3.3.1　试验概况

本试验在内蒙古自治区巴彦淖尔市磴口县北乌兰布和沙区灌溉实验站依托滴灌系统抗堵塞性能原位测试平台进行，试验水源采用当地具有代表性的两种水源，即具有高泥沙含量的黄河水（YRW）和含有一定盐分的地表微咸水（SLW），试验期间水质特征见表 3.4。

表 3.4　水源水质参数

水源	pH	悬浮物浓度/(mg/L)	电导率/(μS/cm)	矿化度/(mg/L)	COD_{Cr}/(mg/L)	BOD_5/(mg/L)	TP 浓度/(mg/L)	TN 浓度/(mg/L)	钙离子浓度/(mg/L)	镁离子浓度/(mg/L)
微咸水	8.9～9.2	<5	9453～9460	4757～4760	15～17	2.6～2.9	0.09～0.12	1.6～2.0	321～323	121～126
黄河水	7.2～7.9	38.2～43.7	781～799.8	476～493	5.9～7.2	1.5～1.9	0.04～0.08	1.3～1.5	53.6～55.4	24.6～26.7

试验系统首部过滤器选用砂石＋叠片组合式过滤，系统分层布置，每层压力 0.1MPa，利用分流原理实现工作压力控制，毛管铺设 15m。试验采用 6 种片式灌水器（记作 FE1～FE6），灌水器特征参数见表 3.5。每种滴灌带设置 8 根用于 8 个运行时间取样。试验处理中加速运行（in-situ accelerated operation testing method，ISA）设置为 1 天 1 次，同时根据实际大田、温室作物的滴灌频率设置正常运行：每 4 天运行 1 次、每 7 天运行 1 次（normal intermittent operation testing method，$NI_{1/4}$、$NI_{1/7}$）作为对照，试验运行过程中保证测试流量以及取样时三种运行方式的总灌水时间相同，设置每次灌水时间分别为 3h、12h、21h。试验自 2016 年 6 月 15 日起运行，至 2016 年 10 月 21 日结束，累计运行 360h。

表 3.5　试验用灌水器特征参数

灌水器	额定流量/(L/h)	流道几何参数			流量系数	流态指数	灌水器结构简图
		长/mm	宽/mm	深/mm			
FE1	0.8	21.5	0.50	0.45	2.36	0.505	
FE2	1.0	23.0	0.50	0.52	3.14	0.506	
FE3	1.2	23.0	0.63	0.52	3.64	0.503	
FE4	1.4	25.0	0.63	0.52	4.64	0.508	
FE5	1.6	29.7	0.63	0.52	5.13	0.507	
FE6	2.8	41.1	0.67	0.56	8.27	0.504	

采用称重法对系统灌水器进行流量测试。灌水器流量校正方法参考 Pei 等(2014)的研究,以消除水温、压力等因素对灌水器堵塞测试结果的影响。采用超声波方法剥落其中的堵塞物质。将通过机械手段剥开后的滴灌灌水器样品加入 20mL 去离子水后置于自封袋中,然后将自封袋置于超声波清洗仪(600kW)中处理1h 至堵塞物质脱落。对于其中少量难以脱落的堵塞物质再通过毛刷等工具剥落,最终获取堵塞物质液态样品。首先用高精度电子天平(精度为 10^{-4}g)称量初始灌水器样品的质量,然后使用超声波+机械剥落法获得堵塞物质液态样品,将处理后的灌水器样品置于恒温箱中 110℃烘干,再使用高精度电子天平称量烘干后灌水器样品的质量,两次样品质量的差值即为灌水器内部堵塞物质中颗粒物干重。

3.3.2　加速测试方法对灌水器堵塞行为的影响

1. 原位加速运行对单个灌水器堵塞特性的影响

对 6 种滴灌带各选择其首部、中部、尾部三个灌水器分析其流量 Q 随系统运行动态变化特征,三种运行方式下相对流量动态变化特征如图 3.7 和图 3.8 所示,系统流量变化随机性及两者相关关系如图 3.9 和图 3.10 所示。由图 3.7 和图 3.8 可以看出,随着系统累计运行时间延长,灌水器流量呈波动式变化并且呈现逐渐增强的变化特征,在相同运行时间,加速运行方式下灌水器波动强度明显低于正常运行。从图 3.9 和图 3.10 可以看出,随着系统累计运行时间增加,不同运行方式灌水器流量变化随机性均呈现稳定增加的趋势，ISA 和 NI 条件下灌水器流量变化随机性表现出极显著的相关关系（$R^2>0.91$）；同时还表现出随着运行时间越长随机性越大，ISA 处理表现出的灌水器流量变化随机性更为保守，ΔF_Q^t均小于 NI 处理，也就是说，加速运行处理低估了实际运行情况下灌水器流量变化随机性，比 $NI_{1/4}$、$NI_{1/7}$ 分别偏低 12%～31%、30%～80%。

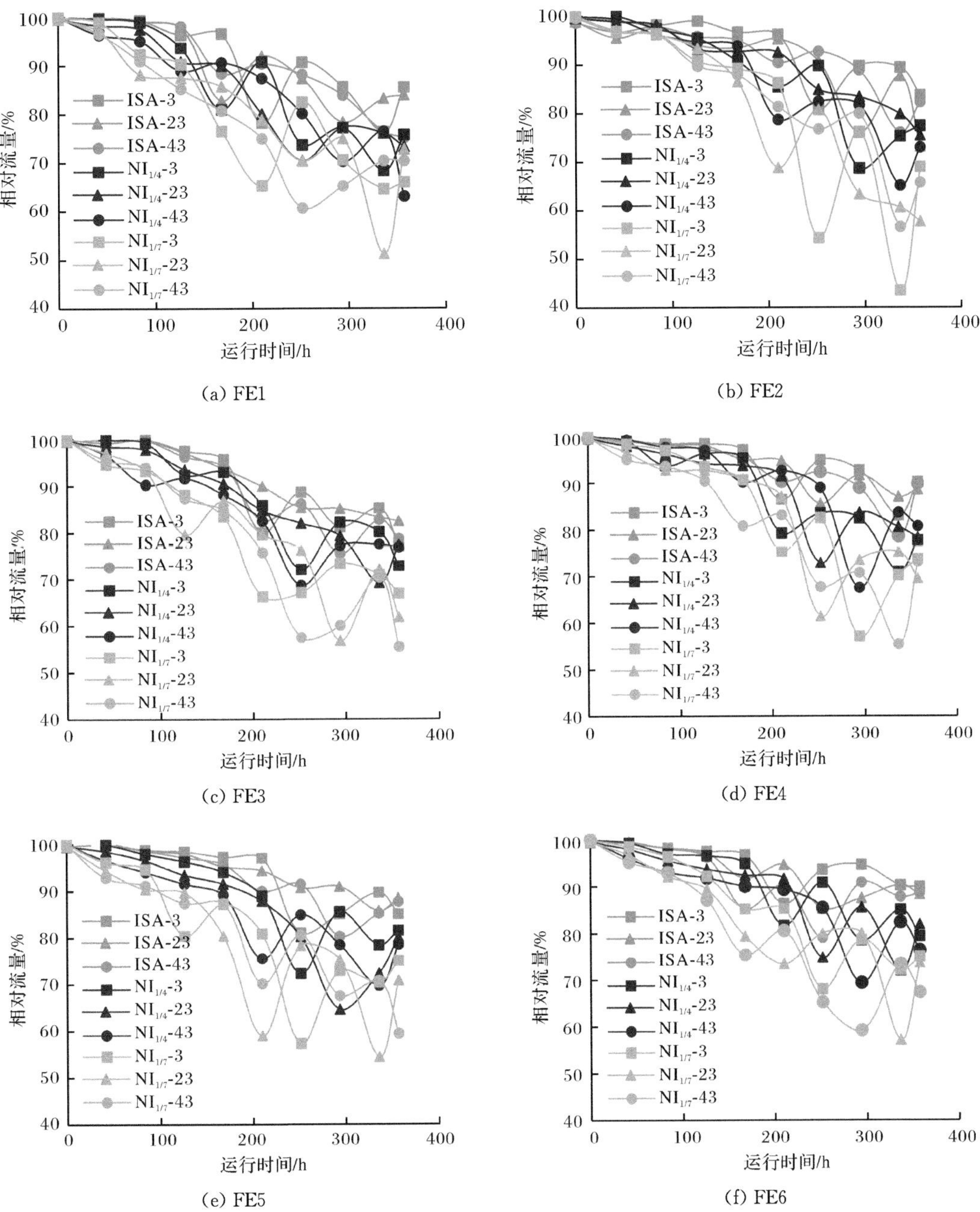

图 3.7　单个灌水器不同运行方式相对流量动态变化（黄河水）

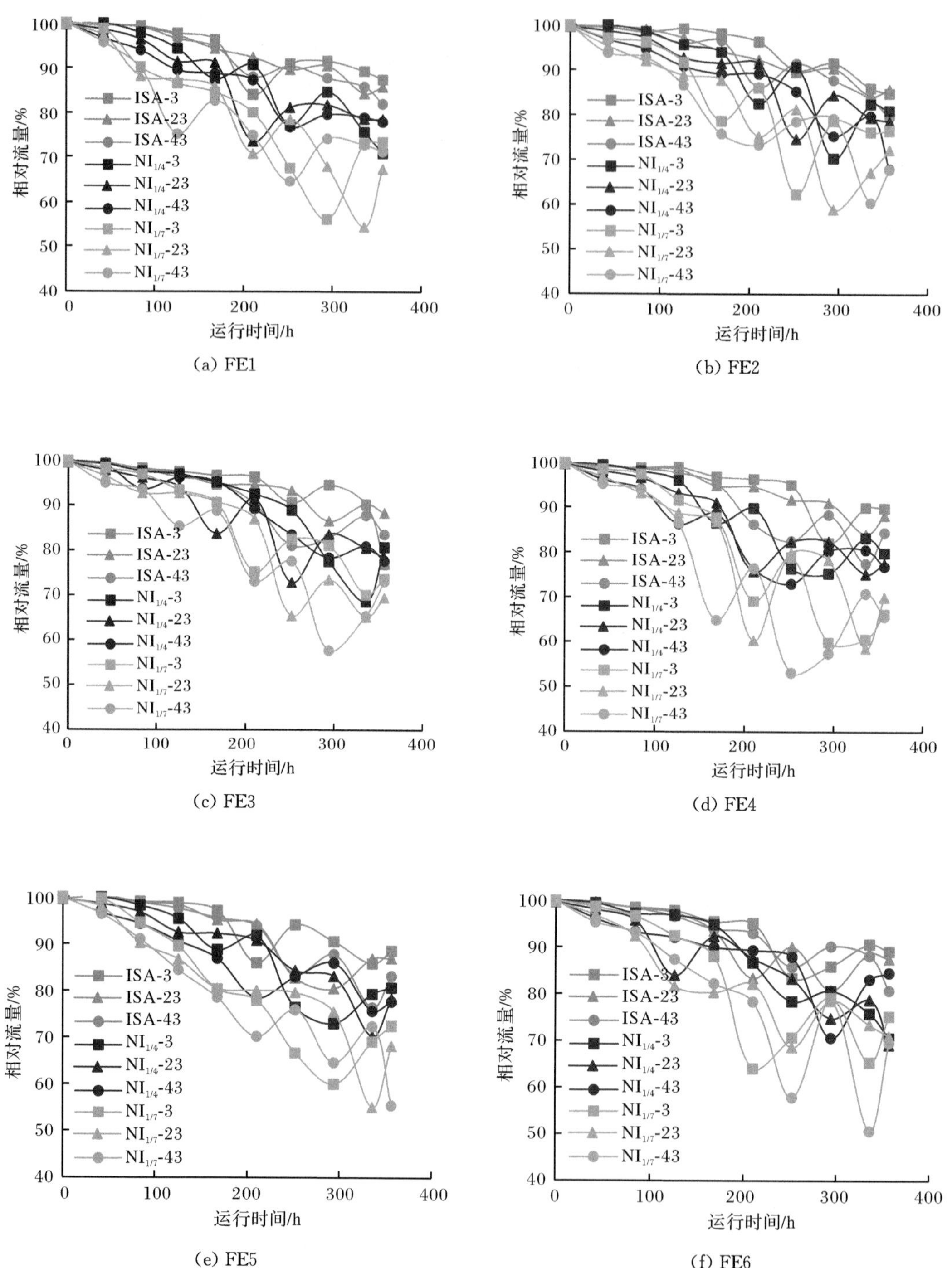

(a) FE1　(b) FE2　(c) FE3　(d) FE4　(e) FE5　(f) FE6

图 3.8　单个灌水器不同运行方式相对流量动态变化(微咸水)

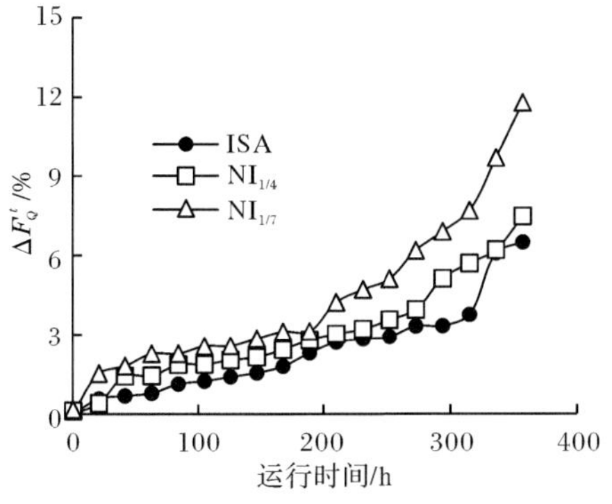

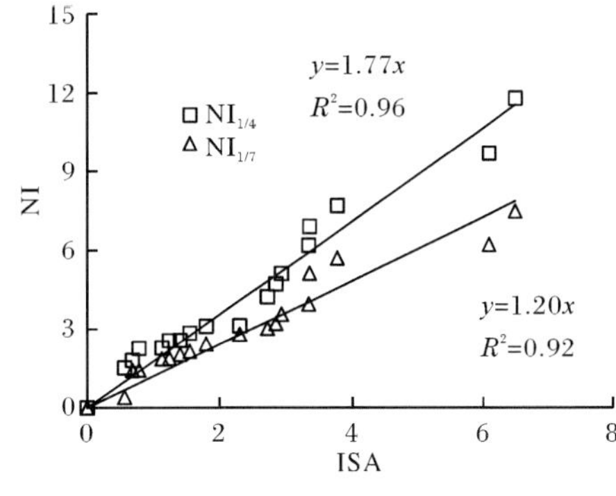

(a) FE1

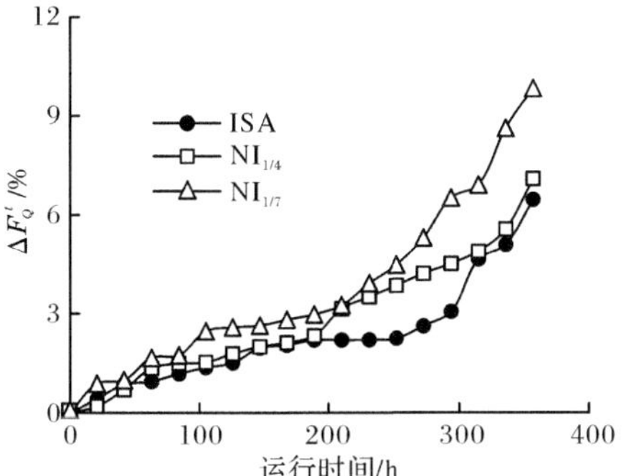

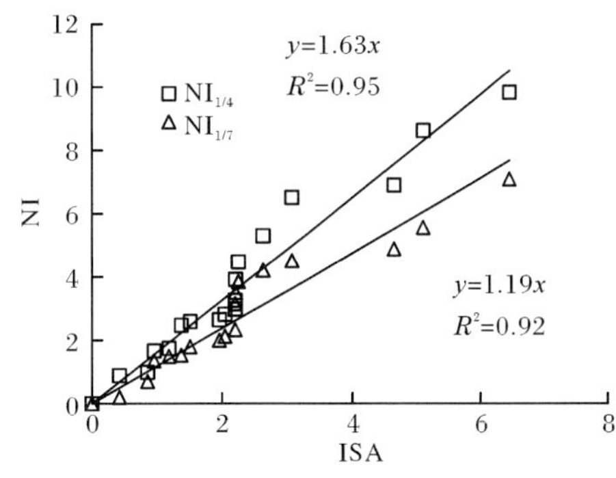

(b) FE2

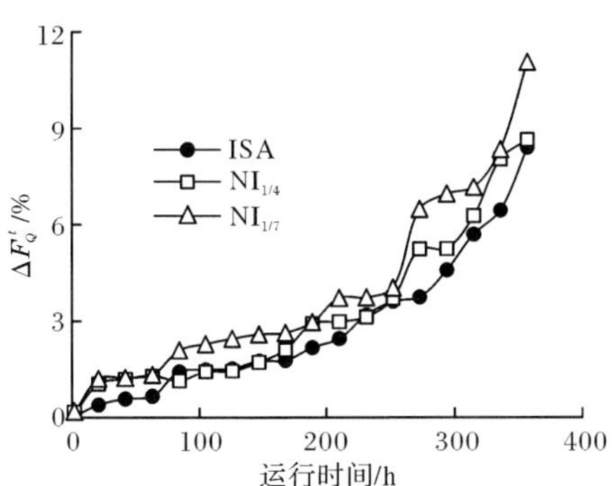

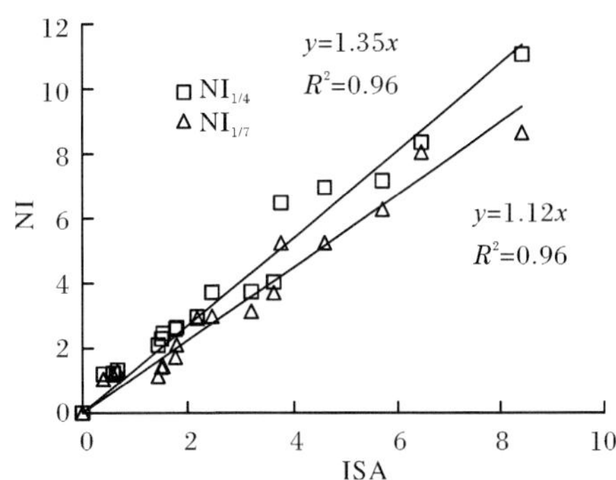

(c) FE3

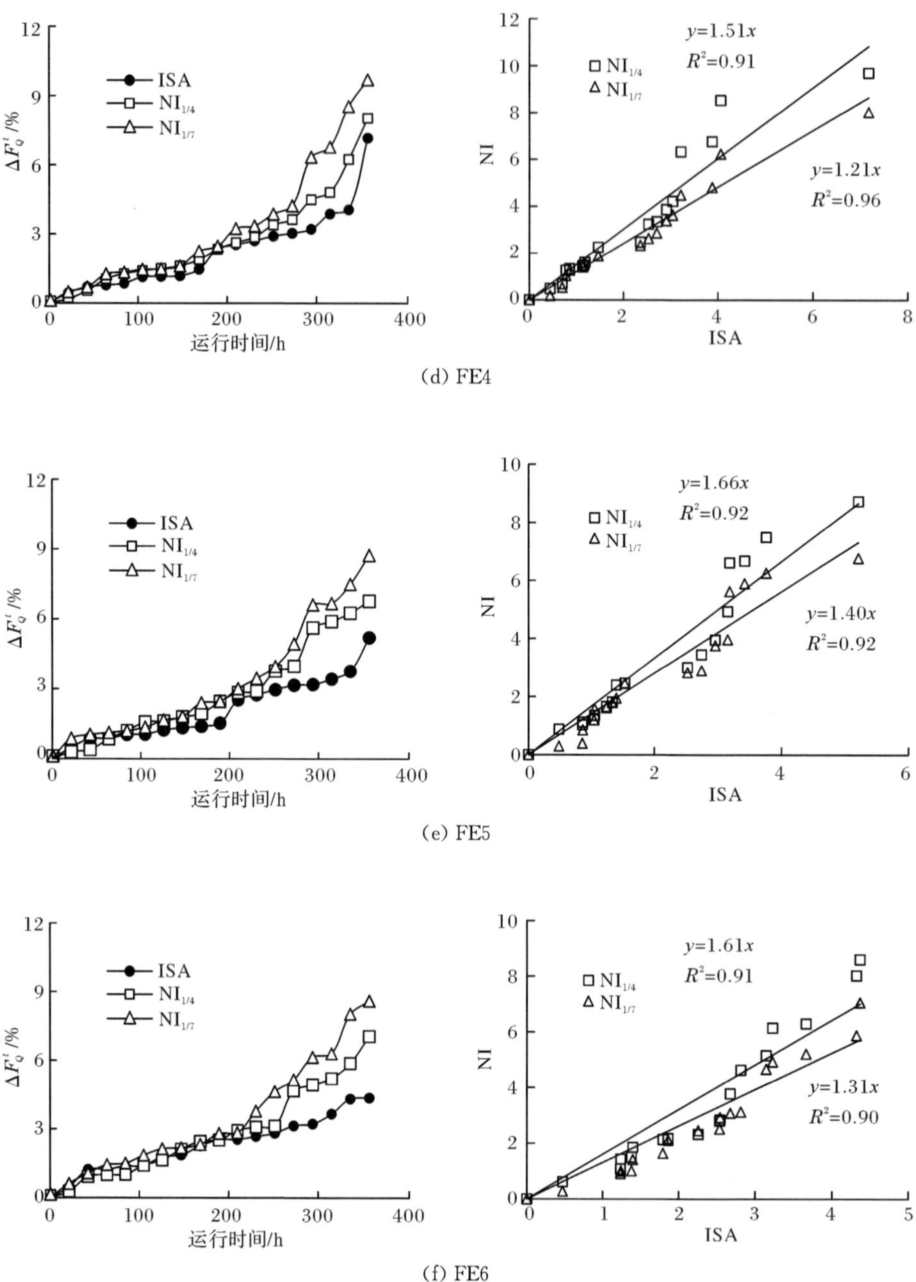

图 3.9　加速运行与正常运行条件下灌水器堵塞随机性及两者相关关系(黄河水)

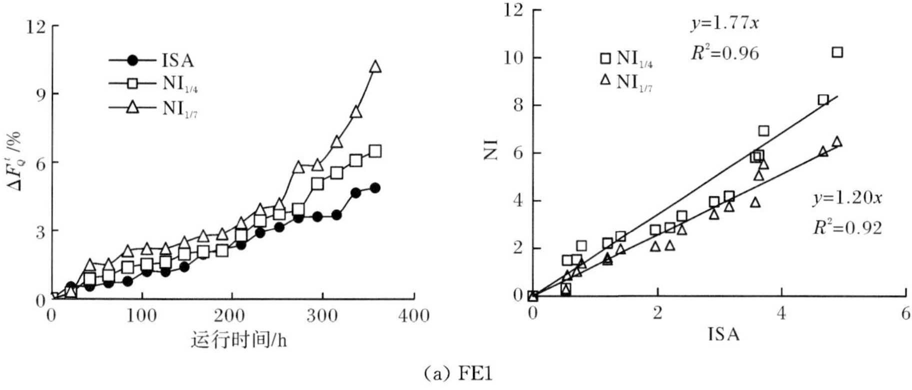

(a) FE1

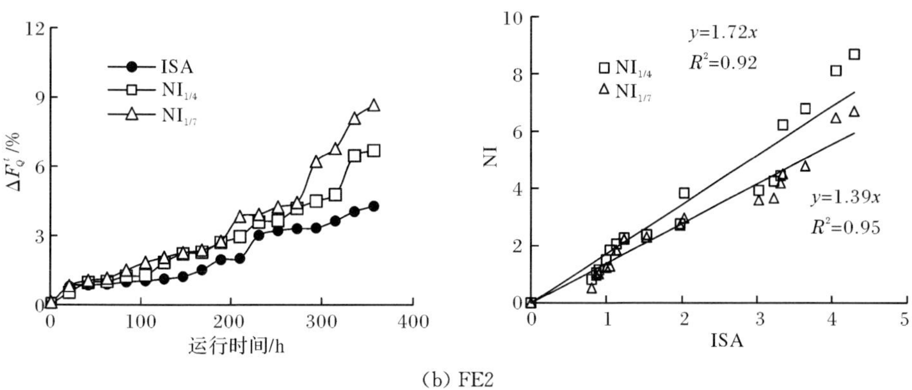

(b) FE2

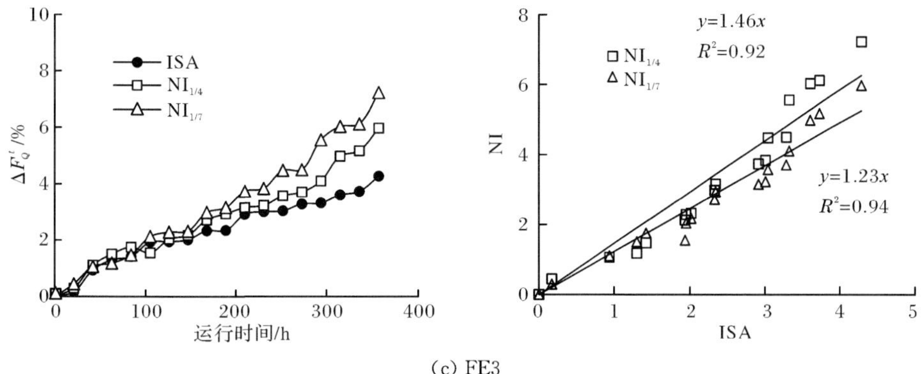

(c) FE3

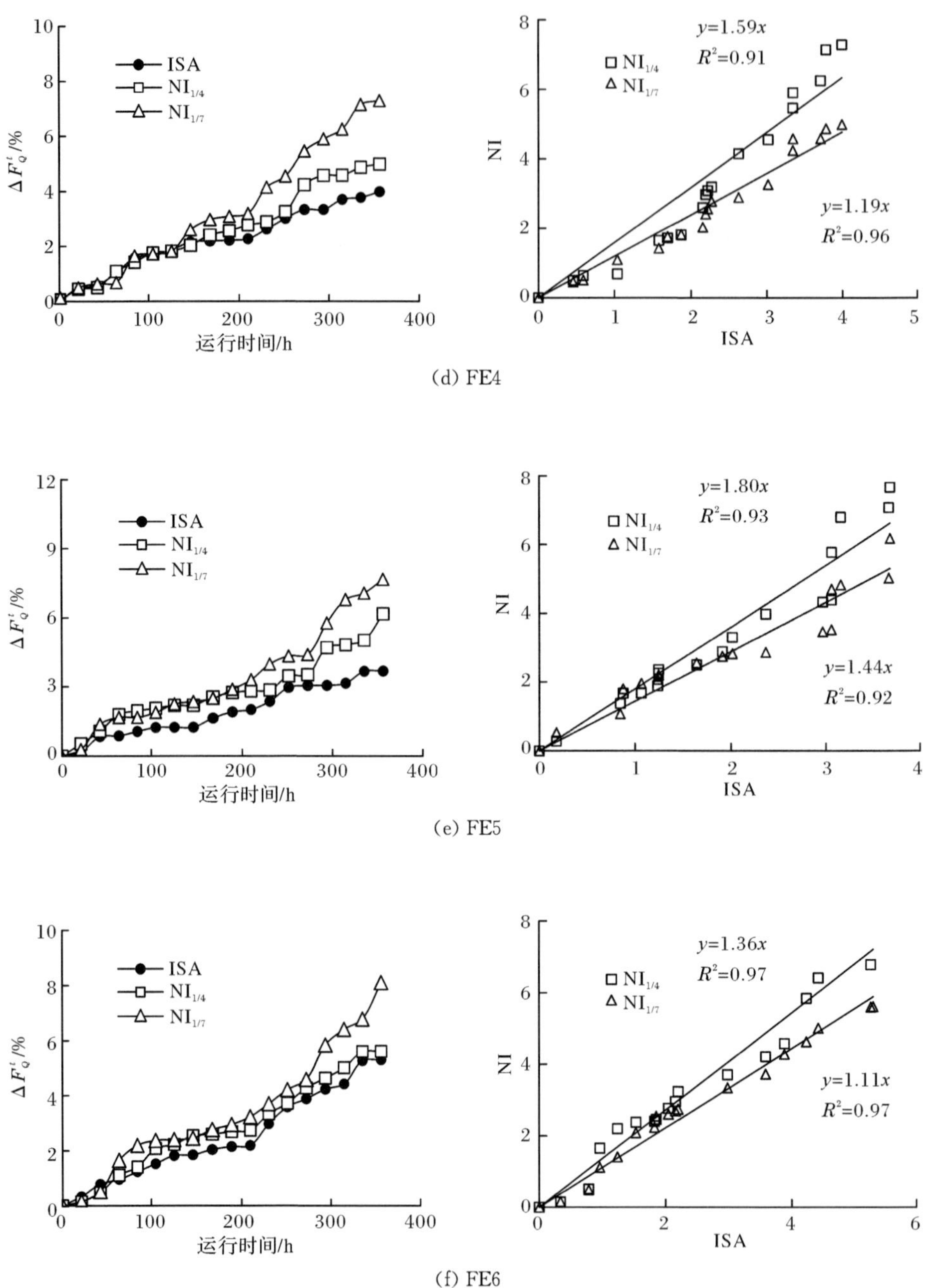

图 3.10 加速运行与正常运行条件下灌水器堵塞随机性及两者相关关系(微咸水)

2. 原位加速运行对滴灌系统堵塞特性的影响

滴灌系统加速运行与正常运行条件下系统平均相对流量 Dra 的动态变化以及两者线

性相关关系如图 3.11 和图 3.12 所示；克里斯琴森均匀系数(CU)的动态变化以及两者线性相关关系如图 3.13 和图 3.14 所示。由图可知，不同运行方式对滴灌系统堵塞的持续性影响差异明显，截至系统运行结束，ISA、$NI_{1/4}$、$NI_{1/7}$处理系统 Dra 分别达到 82.9%～91.0%、69.9%～84.7%、60.7%～71.2%，CU 分别达到 81.7%～89.9%、76.2%～82.6%、67.1%～80.0%。随着系统累计运行时间的增加，滴灌系统 ISA 的 Dra 和 CU 都高于 $NI_{1/4}$、$NI_{1/7}$。对于黄河水滴灌系统，系统运行至结束，$NI_{1/4}$、$NI_{1/7}$处理 Dra、CU 最低分别比 ISA 低 5.4%～19.5%、11.6%～37.5%和 4.5%～14.9%、11.8%～25.6%。对于微咸水滴灌系统，系统运行至结束，$NI_{1/4}$、$NI_{1/7}$处理 Dra、CU 最低分别比 ISA 低 6.7%～18.6%、13.2%～30.2%和5.9%～12.4%、13.2%～23.3%。从 ISA 和 NI 的相关关系中可以看出，ISA 与 NI 条件下滴灌系统堵塞程度表现出极显著的相关关系($0.90<R^2\leqslant 0.99$)，加速运行处理高估了实际运行情况下滴灌系统的 Dra、CU，ISA 条件下的 Dra 分别比 $NI_{1/4}$、$NI_{1/7}$ 偏高 7.6%～15.3%、13.1%～22.2%；CU 分别比 $NI_{1/4}$、$NI_{1/7}$ 高 5.4%～10.2%、10.4%～21.1%。

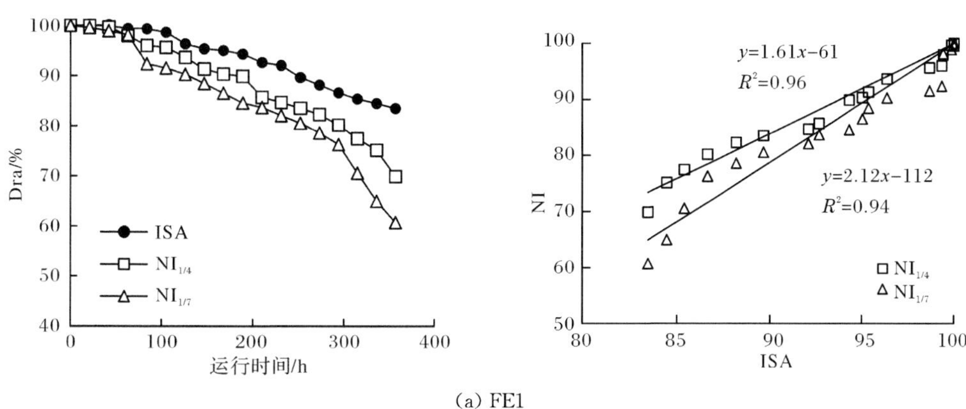

(a) FE1

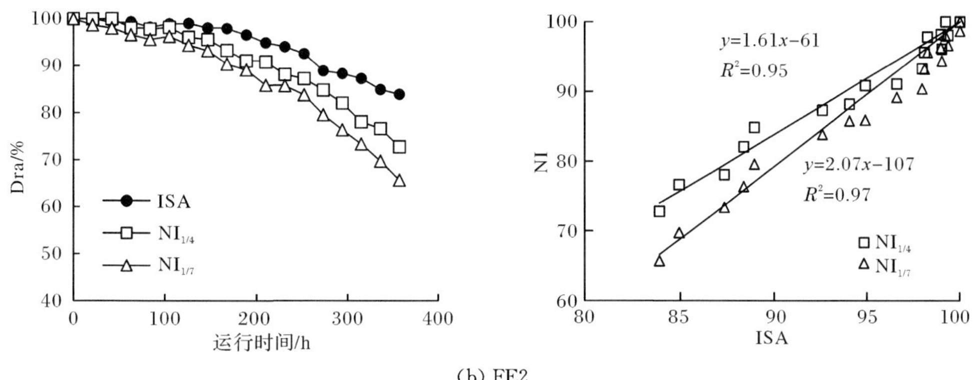

(b) FE2

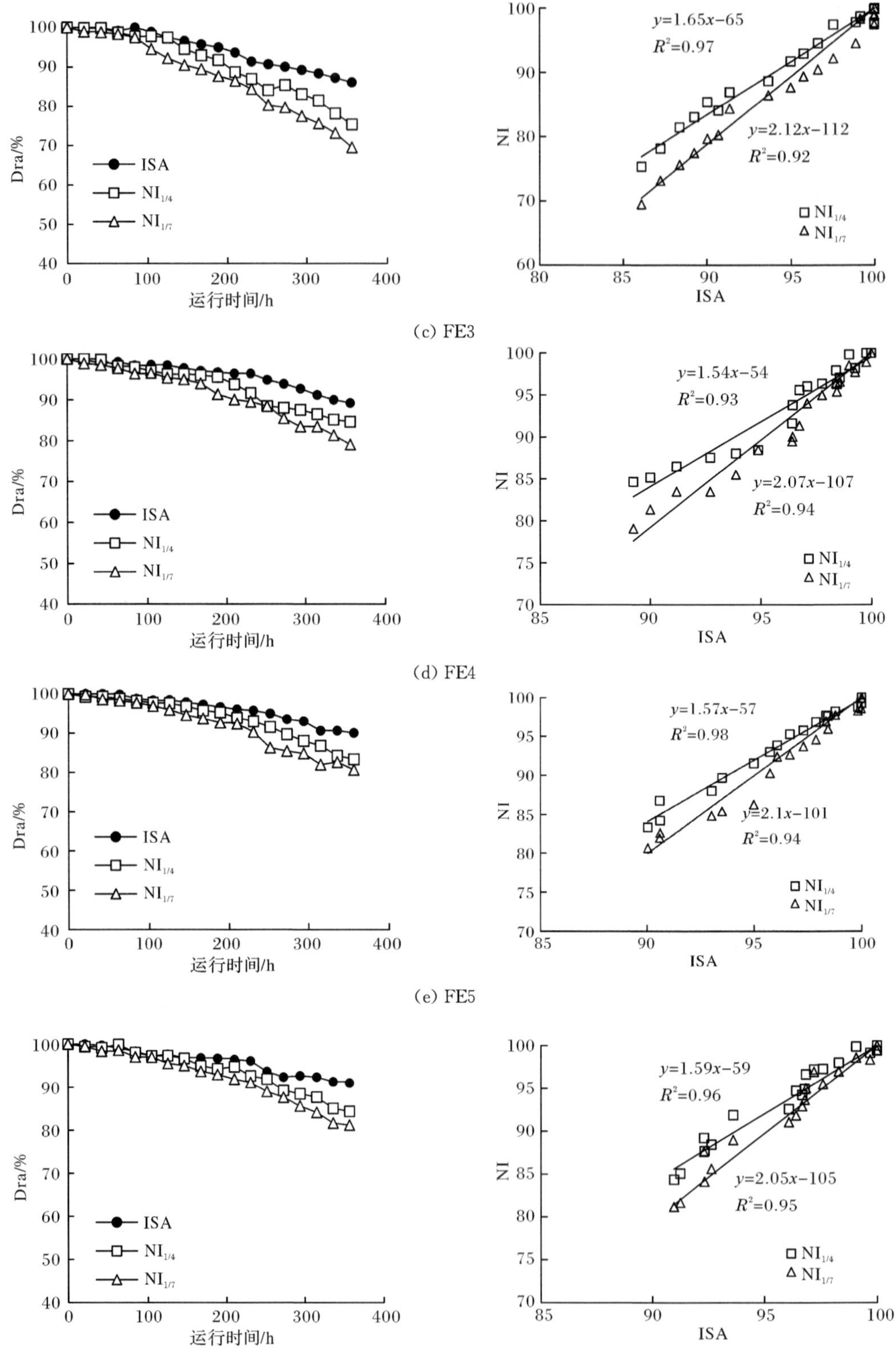

图 3.11　加速运行与正常运行条件下滴灌系统 Dra 动态变化特征及两者相关关系(黄河水)

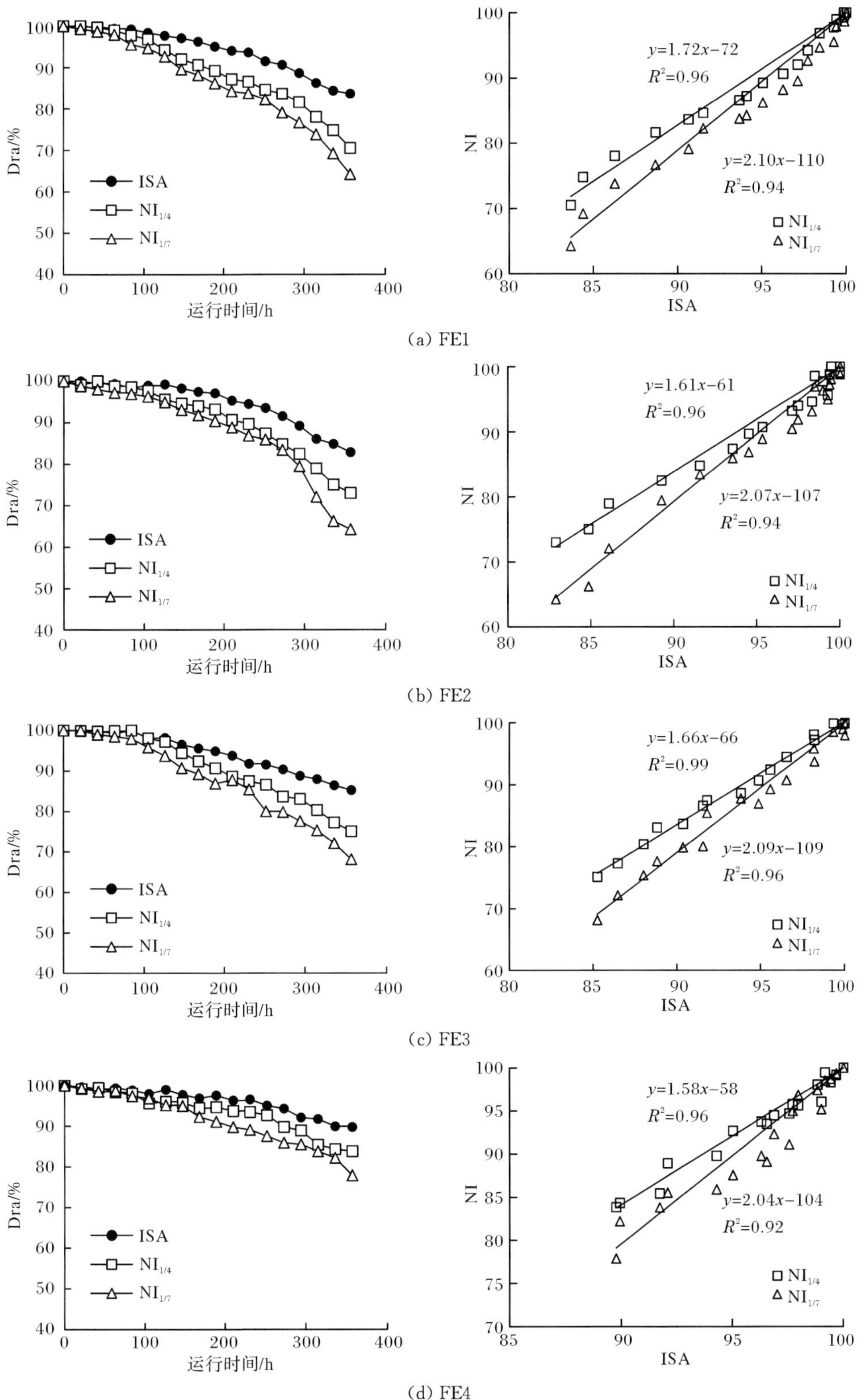

(a) FE1

(b) FE2

(c) FE3

(d) FE4

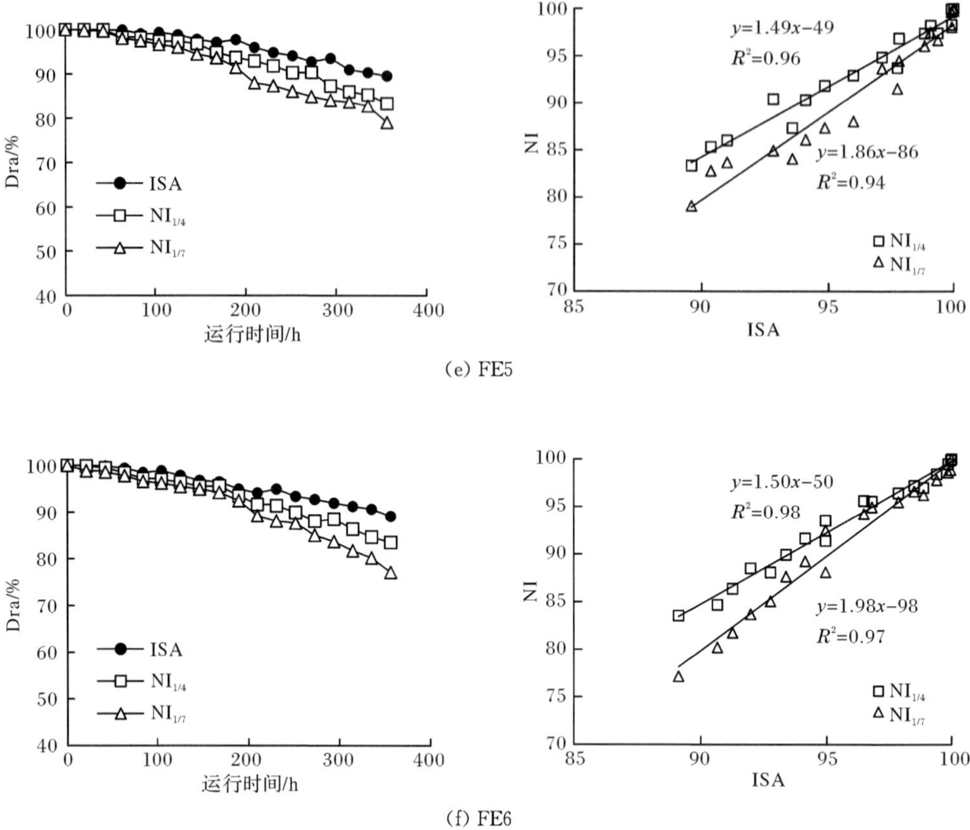

(e) FE5

(f) FE6

图 3.12 加速运行与正常运行条件下滴灌系统 Dra 动态变化特征及两者相关关系(微咸水)

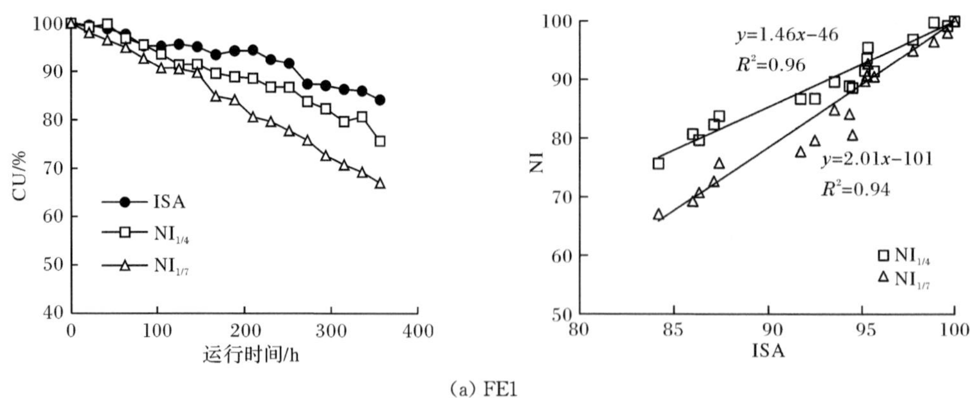

(a) FE1

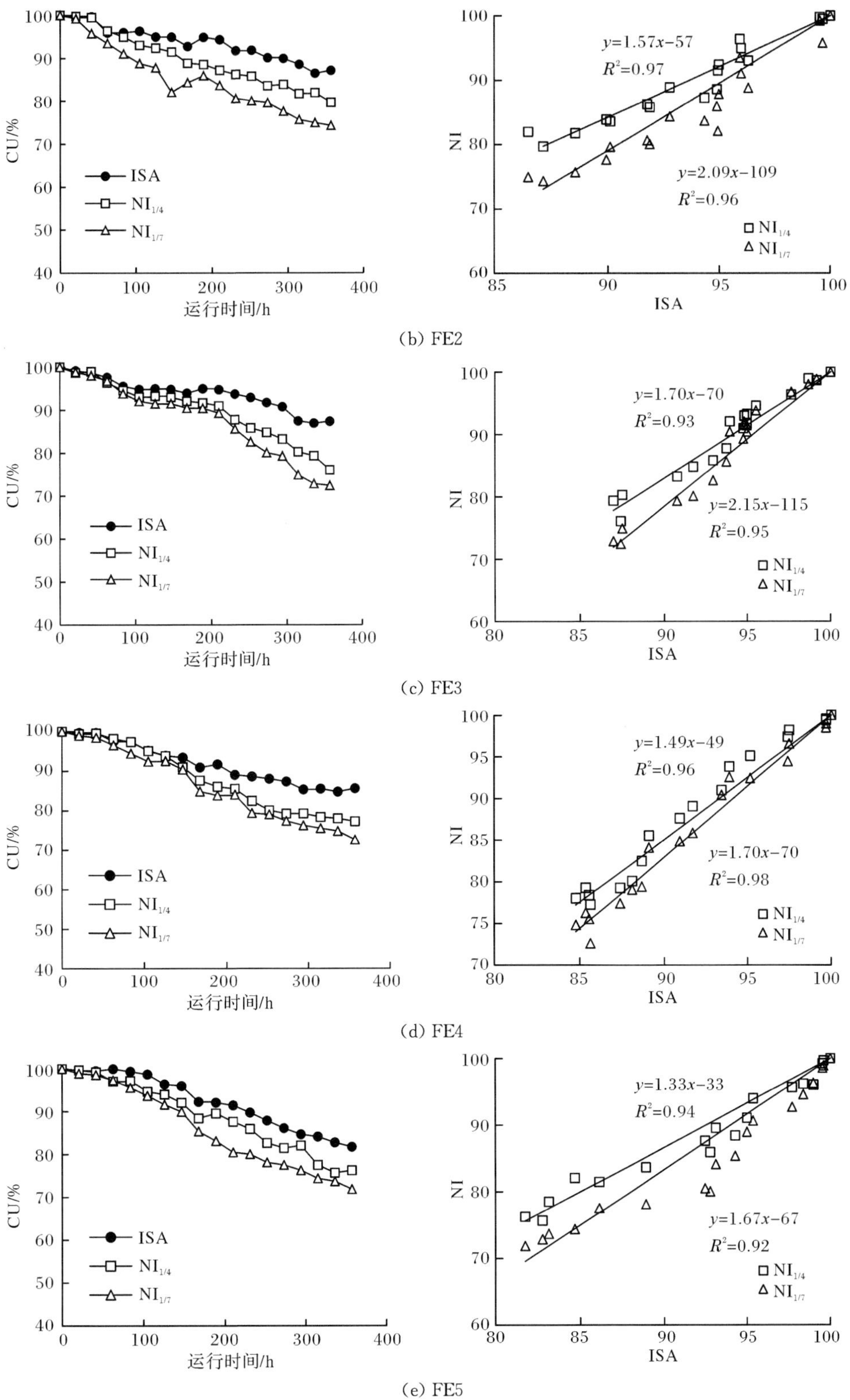

(b) FE2

(c) FE3

(d) FE4

(e) FE5

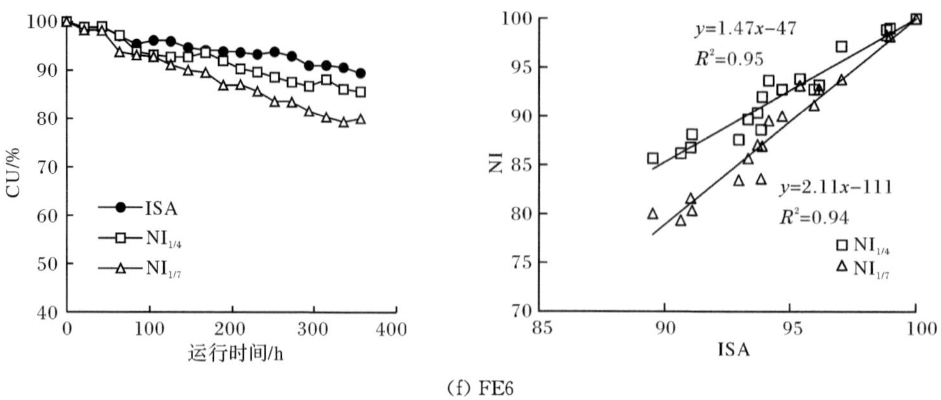

(f) FE6

图 3.13 加速运行与正常运行条件下滴灌系统 CU 动态变化特征及两者相关关系(黄河水)

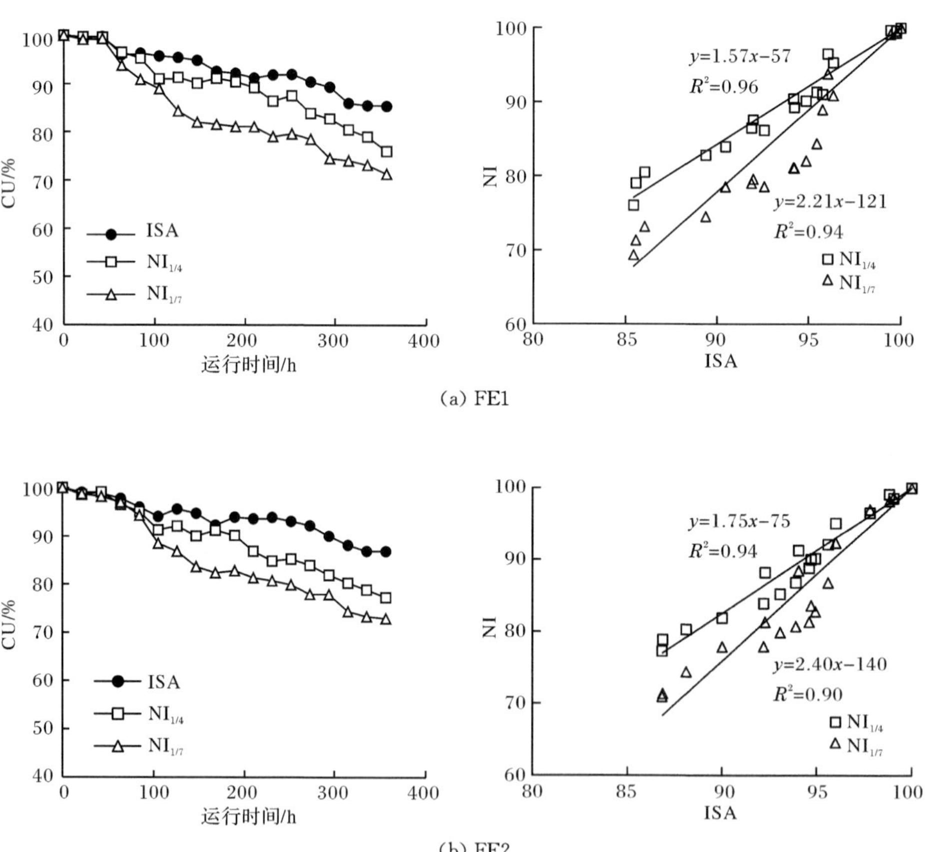

(a) FE1

(b) FE2

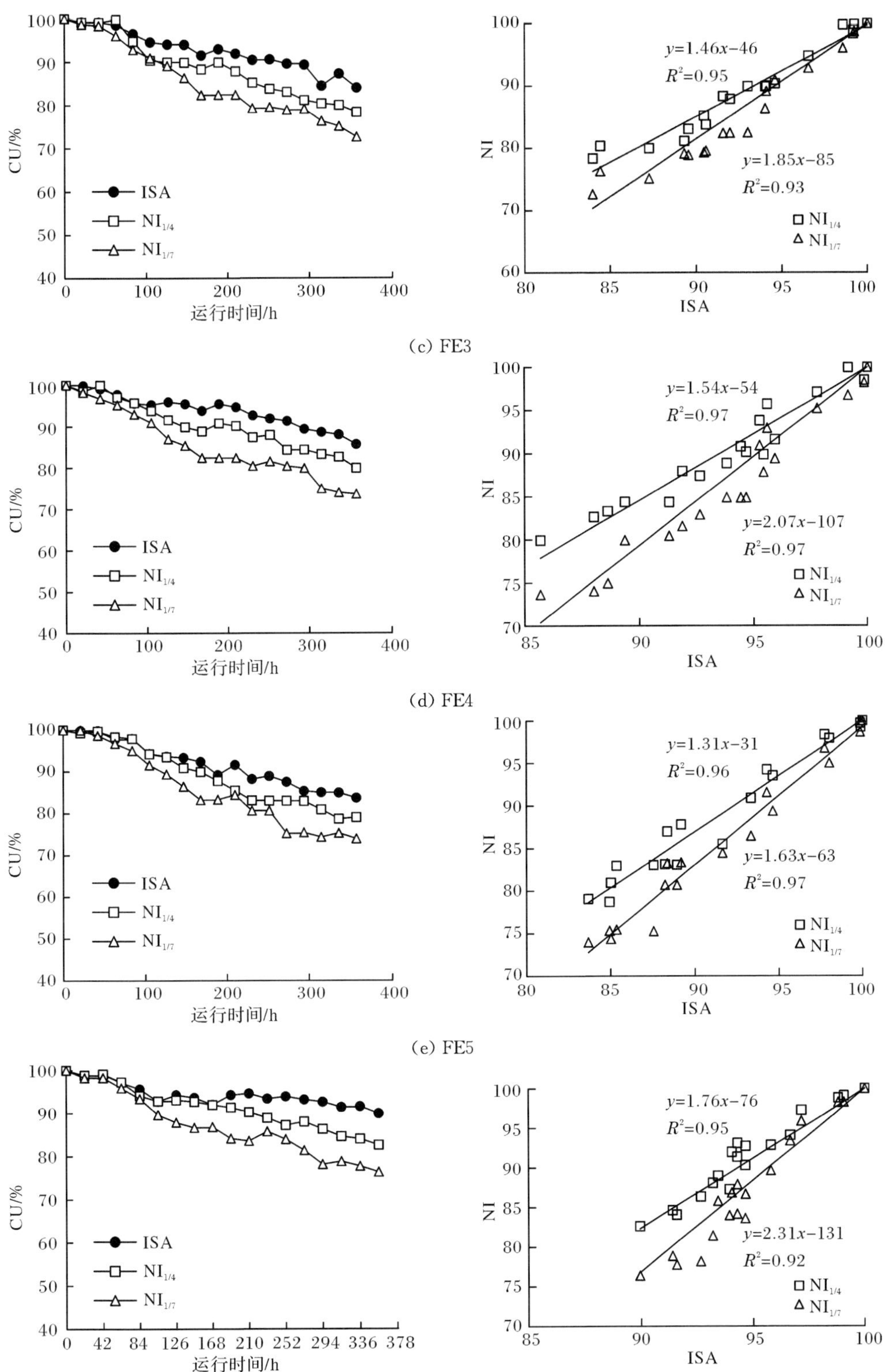

图 3.14　加速运行与正常运行条件下滴灌系统 CU 动态变化特征及两者相关关系(微咸水)

表 3.6 为 $NI_{1/4}$、$NI_{1/7}$ 和 ISA 条件下滴灌系统 Dra 和 CU 的显著性分析，通过表 3.6 可以发现，$NI_{1/4}$ 与 ISA 处理的 Dra、CU 大部分表现出显著差异，$NI_{1/7}$ 与 ISA 处理的 Dra、CU 大部分表现出极显著差异。

表 3.6 不同处理组灌水器堵塞参数差异显著性分析

灌水器类型				FE1		FE2		FE3		FE4		FE5		FE6	
处理				$NI_{1/4}$	$NI_{1/7}$	$NI_{1/4}$	$NI_{1/7}$	$NI_{1/4}$	$NI_{1/7}$	$NI_{1/4}$	$NI_{1/7}$	$NI_{1/4}$	$NI_{1/7}$	$NI_{1/4}$	$NI_{1/7}$
YRW	ISA	Dra	*F*	19.1**	14.8*	5.24*	14.00*	4.16*	8.86**	2.59	7.66**	1.90	6.81*	3.93	4.81*
		CU	*F*	4.19*	15.8*	3.80	14.2**	3.3	10.2**	3.15	7.08*	2.11	5.62*	3.97	4.77*
SLW		Dra	*F*	6.4*	16.5*	6.43*	15.0**	4.38*	13.9**	3.05	10.2**	2.53	6.44**	4.2*	4.2*
		CU	*F*	6.7*	15.2**	4.7*	15.1**	4.3*	14.7**	4.15*	14.5**	2.87	9.03**	4.28*	5.24*

* 表示显著（$p<0.05$），** 表示极显著（$p<0.01$）。

3. 原位加速运行对毛管管壁堵塞物质形成的影响

滴灌系统加速运行与正常运行条件下，毛管管壁堵塞物质含量（单位面积堵塞物质的干重）的均值及两者相关关系如图 3.15 所示。从图中可以看出，不同运行方式下毛管管壁堵塞物质含量差异明显。随着系统累计运行时间增加，$NI_{1/4}$、$NI_{1/7}$ 毛管管壁堵塞物质含量高于 ISA。ISA 与 NI 条件下堵塞物质表现出极好的相关关系（$R^2\geqslant0.98$）。对于黄河水滴灌系统，截至系统运行结束，ISA、$NI_{1/4}$、$NI_{1/7}$ 处理下毛管管壁的堵塞物质含量分别为 3.08mg/cm²、4.66mg/cm²、6.02mg/cm²；对于微咸水滴灌系统，截至系统运行结束，ISA、$NI_{1/4}$、$NI_{1/7}$ 处理下毛管管壁的堵塞物质含量分别为 3.96mg/cm²、5.18mg/cm²、6.93mg/cm²。加速运行处理低估了实际运行情况下毛管管壁堵塞物质总量，ISA 条件下毛管管壁堵塞物质含量比 $NI_{1/4}$、$NI_{1/7}$ 处理分别偏低 26%～44%、76%～88%。

4. 原位加速运行对灌水器内部堵塞物质的影响效应

滴灌系统加速运行与正常运行条件下不同灌水器堵塞物质总量动态变化及两者相关关系如图 3.16 和图 3.17 所示。从图中可以看出，不同运行方式下灌水器物质总量差异同样明显，6 种滴灌带均表现出较好的一致性。随着系统累计运行时间延长，$NI_{1/4}$、$NI_{1/7}$

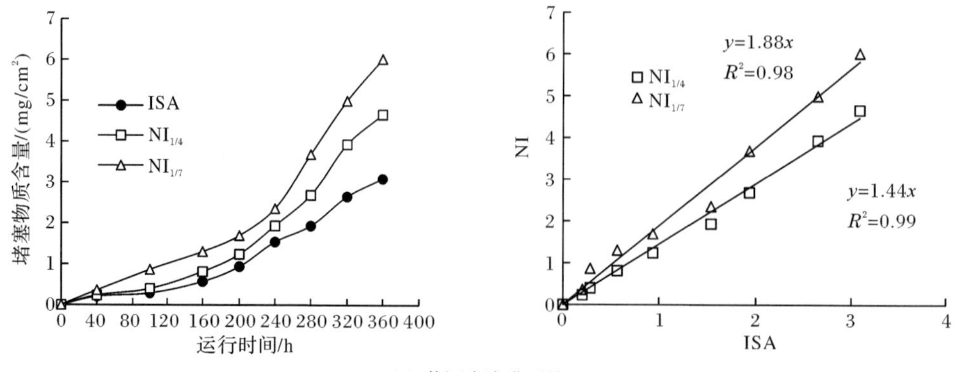

(a) 黄河水滴灌系统

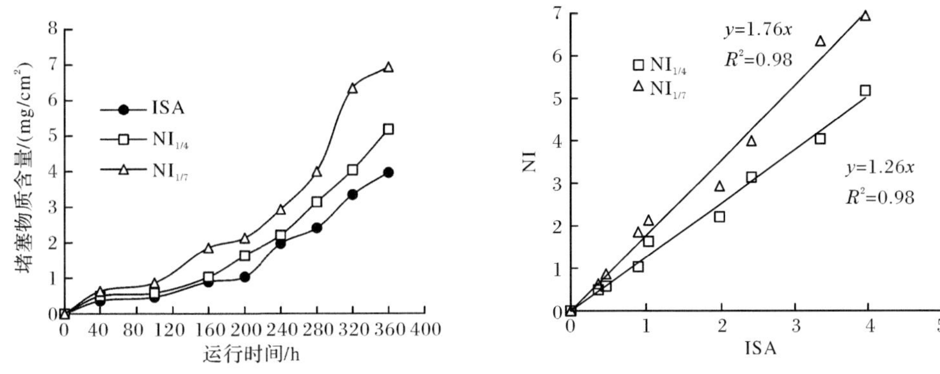

(b) 微咸水滴灌系统

图 3.15　加速运行与正常运行条件下毛管管壁堵塞物质含量及两者相关关系

灌水器堵塞物质干重高于 ISA。ISA 与 NI 条件下堵塞物质表现出极好的相关关系(R^2>0.92)。对于黄河水系统，截至系统运行结束，ISA、$NI_{1/4}$、$NI_{1/7}$处理下灌水器内部堵塞物质干重分别为 13.5～46.3mg、16.86～51.9mg、19.34～57.31mg；对于微咸水滴灌系统，截至系统运行结束，ISA、$NI_{1/4}$、$NI_{1/7}$处理下灌水器内部堵塞物质干重分别为13.0～55.3mg、15.93～60.4mg、17～63.31mg。加速运行处理低估了实际运行情况下灌水器内部堵塞物质干重，ISA 条件下灌水器内部堵塞物质比 $NI_{1/4}$、$NI_{1/7}$处理分别偏低 13%～19%、29%～45%。

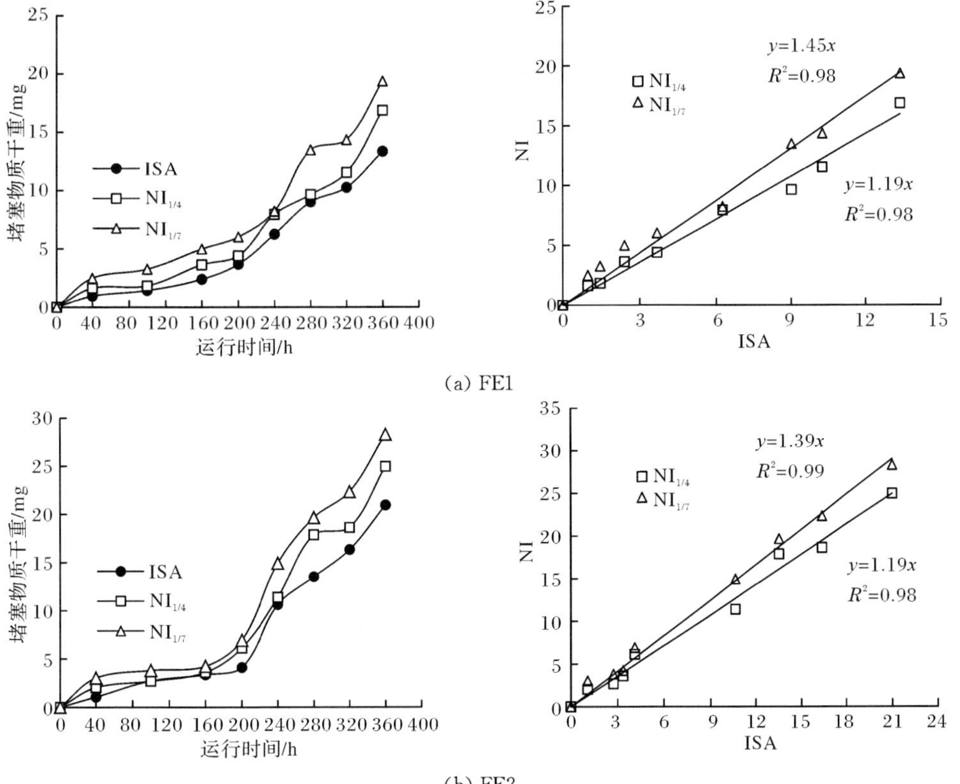

(a) FE1

(b) FE2

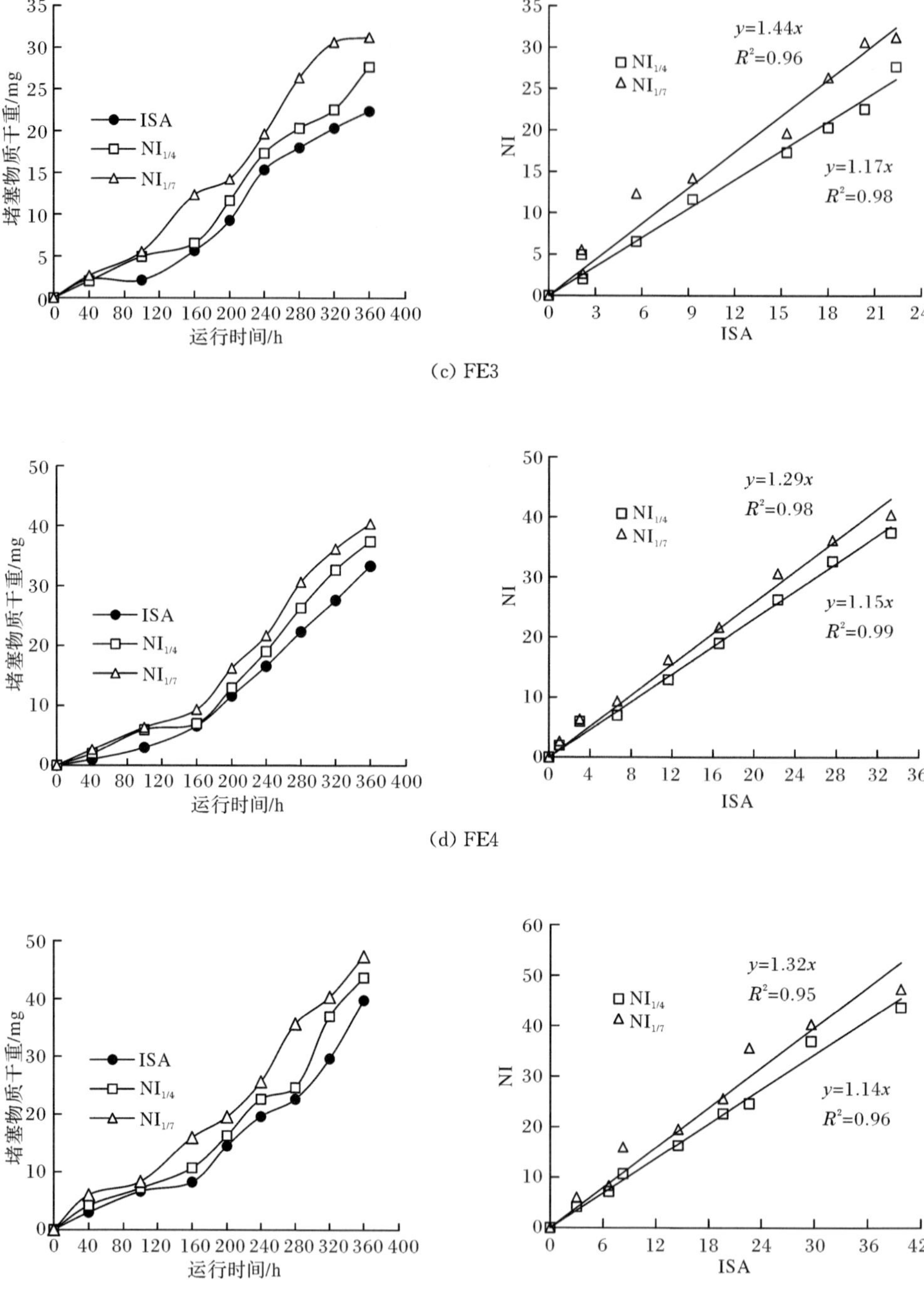

(c) FE3

(d) FE4

(e) FE5

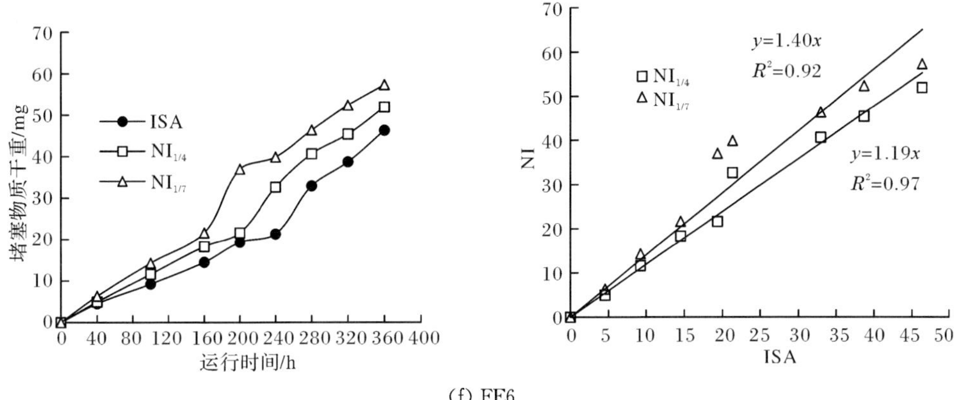

(f) FE6

图 3.16　加速运行与正常运行条件下灌水器堵塞物质干重及两者相关关系(黄河水)

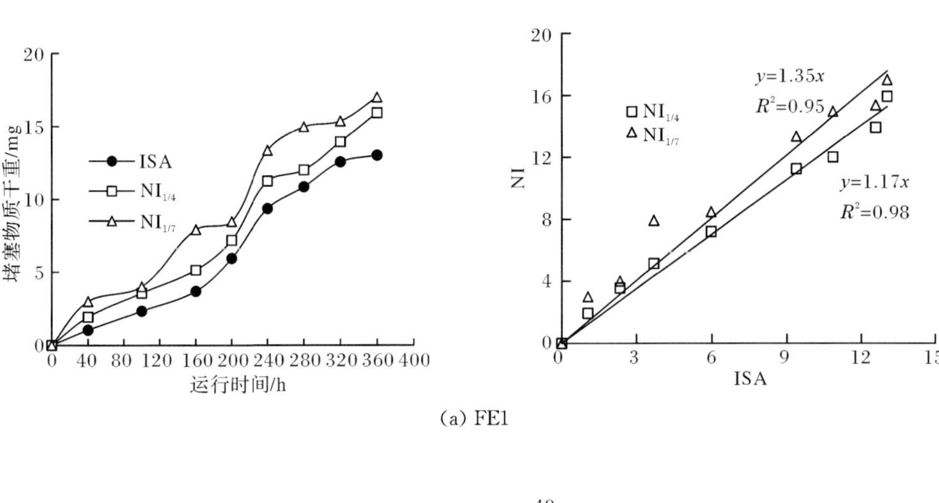

(a) FE1

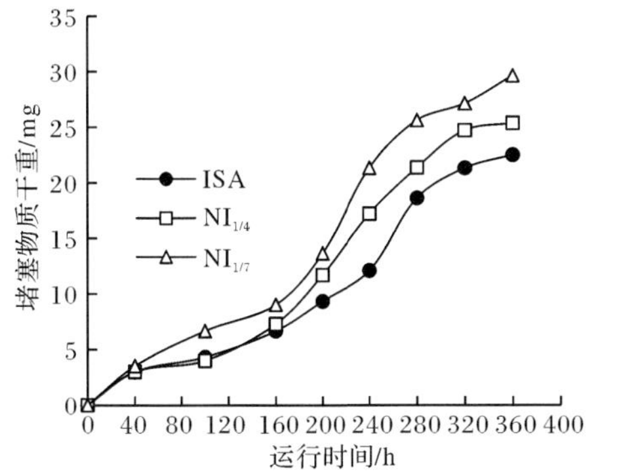

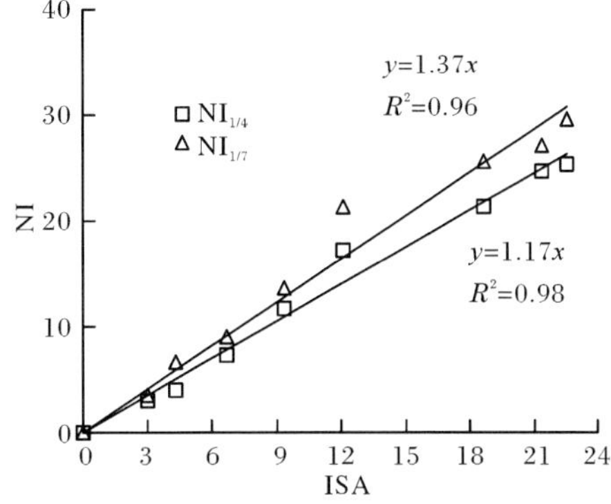

(b) FE2

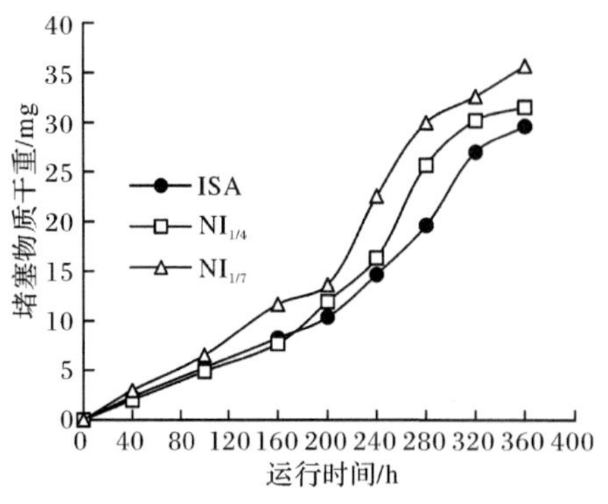

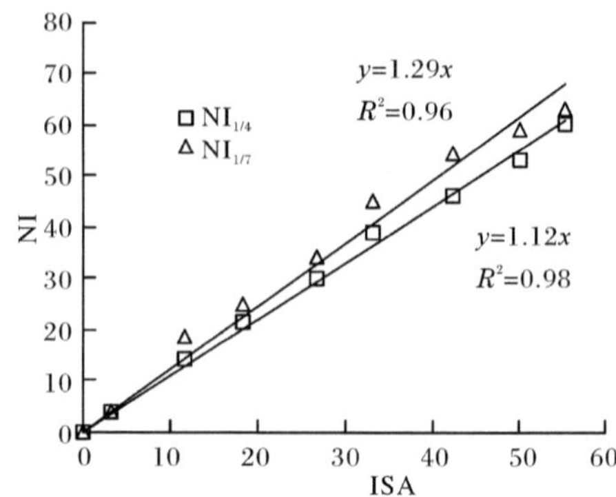

(c) FE3

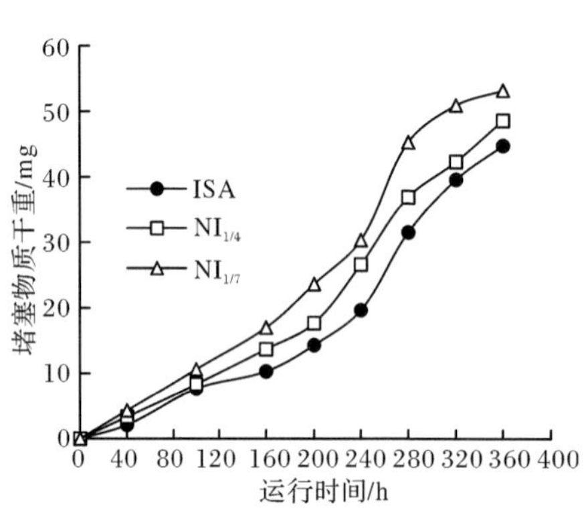

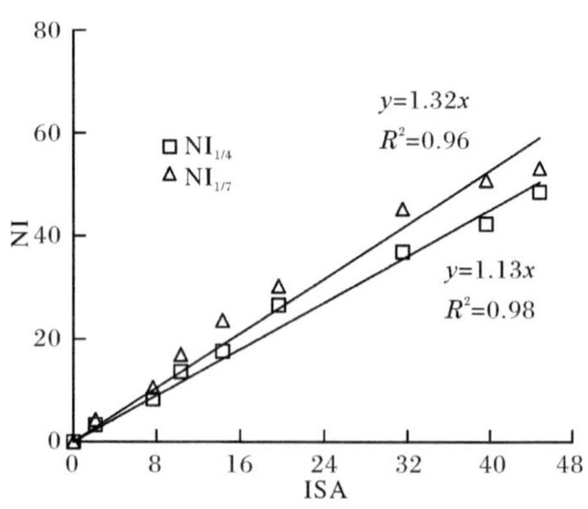

(d) FE4

堵塞物质干重/mg

运行时间/h

ISA NI1/4 NI1/7

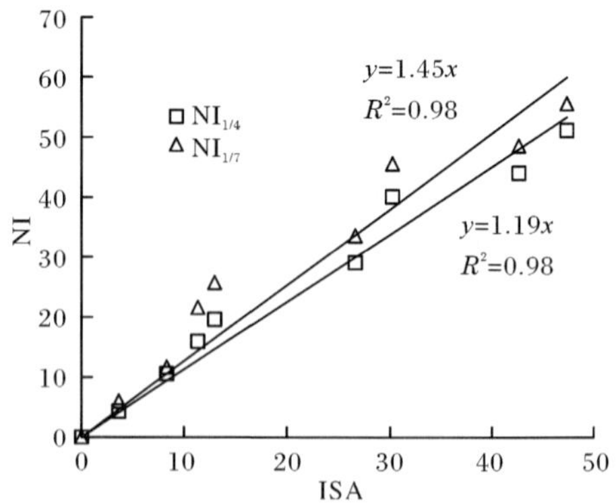

(e) FE5

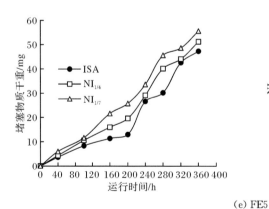

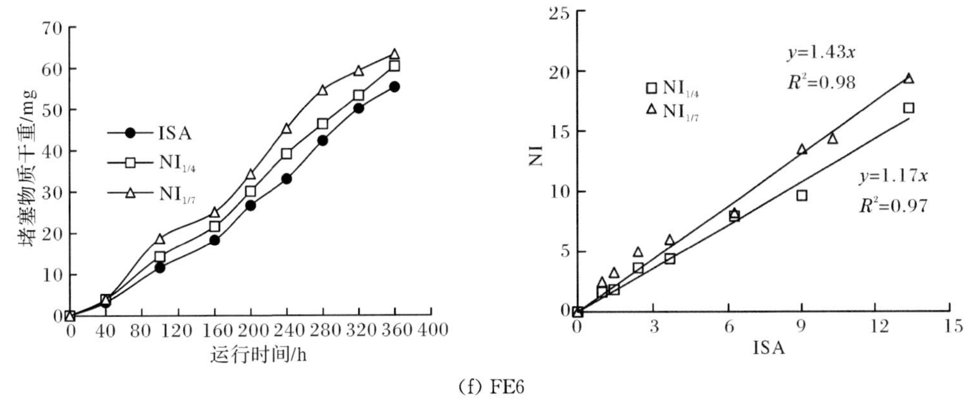

(f) FE6

图 3.17 加速运行与正常运行条件下灌水器堵塞物质干重及两者相关关系(微咸水)

3.4 灌溉水温对灌水器流量的影响及校正

3.4.1 试验概况

1. 灌水器压力-流量关系

本节试验在中国农业大学北京通州实验站连栋温室内完成，在满足《农业灌溉设备 滴头和滴灌管技术规范和试验方法》(GB/T 17187—2009)要求的基础上在作者研究团队自行研制的温控型滴灌系统水力性能测试平台进行测试(Li et al.,2006)，温度控制由测试平台上的温控装置实现，如图 3.18 所示。水源为当地地下水，参考美国农业工程师学会提供的灌水器水温范围，选取 15℃、20℃、25℃、30℃、35℃、40℃、45℃作为恒温测试温度。对于非压力补偿式灌水器，在 7 种恒温条件下测试了 0.01MPa、0.03MPa、0.05MPa、0.07MPa、0.09MPa、0.10MPa、0.11MPa、0.13MPa、0.15MPa 压力条件下的灌水器流量；对于压力补偿式灌水器，选取压力测试点为 0.02MPa、0.03MPa、0.05MPa、0.08MPa、0.12MPa、0.15MPa、0.16MPa、0.18MPa、0.20MPa、0.23MPa、0.25MPa、0.28MPa、0.30MPa、0.35MPa 共 14 个工作压力进行测试。每次试验时间为 6min。观测水量 3 次，2 次测得的水量之差小于 2%，取其平均值得该压力条件下各灌水器的流量。为排除灌水器测试后带来的物理偏差，一轮试验结束后，更换新管继续试验。试验测试的主要参数与方法如下。①入口工作压力：压力表，精度 0.4 级；②称重仪：采用称重法，称重仪最小刻度 0.01g；③水温：采用即热型热水器，最高温度可达 60℃；④时间：秒表，最小指示 0.01s；⑤停止供水控制：推动试验架，在 0.1s 内断开灌水器与量水器之间的联系。对于每一种灌水器产品，随机截取 5.0m×1.6m，包含 25 个灌水器(5×5 排列)测试，所测灌水器流量按照由小到大排列编号，取 3 号、12 号、13 号、23 号试样进行分析。

在一定压力范围内，灌水器压力-流量关系可用式(3.9)进行描述：

$$q=K_d h^x \tag{3.9}$$

式中，q 为灌水器流量，L/h；h 为灌水器工作压力，m；K_d 为灌水器流量系数；x 为灌水器流态指数。

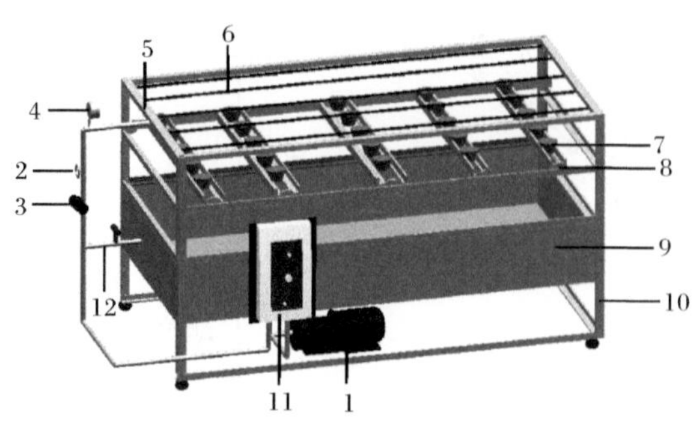

图 3.18　温控型滴灌系统水力性能测试平台

1. 水泵；2. 蝶阀；3. 过滤器；4. 压力表；5. 供水管；6. 滴灌带(管)；7. 集水装置；8. 同步转轮；9. 集水槽；10. 测试架；11. 温控装置；12. 分流管

压力补偿式灌水器作为压力可调节设备，其通过调节弹性膜片在不同压力条件下的变形以实现对流量的调控作用，其理想压力-流量关系曲线如图 3.19 所示，出现非流量调节阶段与流量调节阶段。其中，b 流量为额定流量，c 流量为最大流量，并且将流量趋于稳定时即 b 处的压力定义为灌水器的起调压力 h_1，之后阶段定义为压力补偿区间。

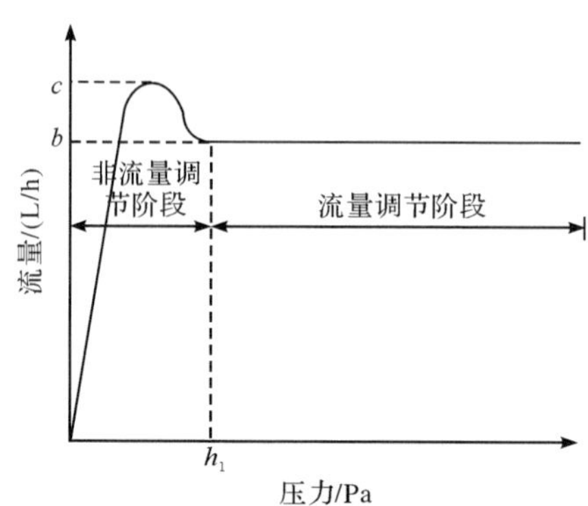

图 3.19　灌水器理想压力-流量关系曲线

灌水器变异系数的计算公式为

$$C_v = \frac{S}{q_{ave}} \tag{3.10}$$

式中，q_{ave} 为灌水器流量的均值，L/h；S 为灌水器流量的标准偏差，L/h；C_v 为灌水器流量的变异系数。

2. 灌水器结构及主要参数

非压力补偿式灌水器流道几何参数主要测定了流道宽度 W、流道深度 D、流道长度 L(定义流道长度为水流通过路径中心线的长度)3 个指标，用 JC-10 读数显微镜(测量精度 ±0.01mm，量程 4mm)测定，随机挑选 3 个灌水器测量流道几何参数的最小值作为测量值。流道几何参数测量方法如下：将灌水器纵向剖开，流道深度、流道宽度用裸露的灌水器片测量，利用游标卡尺测量灌水器流道深度。观测结果见表 3.7。

表 3.7　非压力补偿式灌水器主要参数

灌水器	额定流量/(L/h)	流道几何参数/mm			灌水器结构简图
		长	宽	深	
FE1	0.80	0.45	0.50	21.5	
FE2	1.20	0.52	0.63	23.0	
FE3	1.00	0.52	0.50	23.0	
FE4	1.60	0.52	0.63	29.7	
FE5	1.40	0.52	0.63	25.0	
FE6	1.05	0.59	0.45	60.0	
FE7	1.60	0.64	0.66	45.0	
FE8	1.30	0.59	0.64	43.0	
FE9	3.00	0.56	1.20	42.1	
FE10	2.70	0.51	0.98	43.3	
FE11	3.20	1.60	1.88	750	
FE12	3.10	1.28	1.70	600	

压力补偿式灌水器可分为管上式、内镶贴片式、圆柱式 3 种。本试验选取较为典型的 6 种压力补偿式灌水器(图 3.20，其中 E1、E2 为管上式，E3、E4 为内镶贴片式，E5、E6 为圆柱式)，其流道类型均为齿形流道，流道结构参数见表 3.8。流道结构参数的测量采用上海光学仪器厂生产的 JC-10 读数显微镜(测量精度 0.01mm，量程 4mm)与游标卡尺(测量精度 0.02mm)，随机挑选 3 个灌水器测量流道几何参数，取最小值。

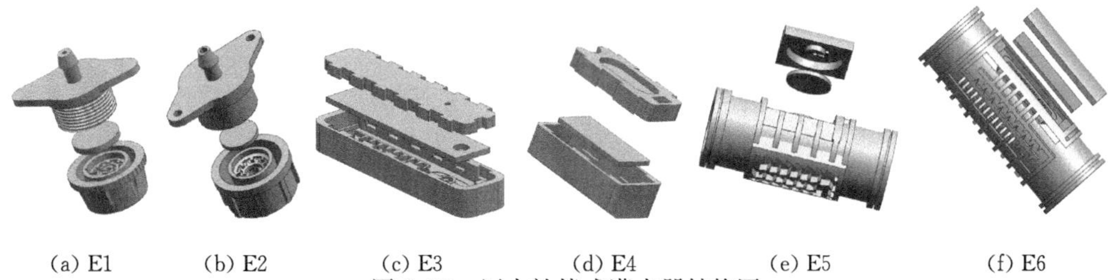

(a) E1　(b) E2　(c) E3　(d) E4　(e) E5　(f) E6

图 3.20　压力补偿式灌水器结构图

表 3.8 压力补偿式灌水器主要参数

灌水器	流道宽度 W/mm	流道深度 D/mm	垫片厚度 d/mm	齿间距 S/mm	槽底宽 GW/mm	流道长度 L/mm
E1	0.89	1.07	0.96	2.97	2.40	28.74
E2	0.93	0.86	1.27	2.97	2.20	23.26
E3	1.36	0.99	1.21	2.62	1.43	96.27
E4	1.21	0.93	0.98	1.44	0.99	12.45
E5	1.41	0.87	0.88	2.34	1.78	93.27
E6	0.82	0.74	0.79	1.47	0.86	124.79

3. 滴灌灌水器水温影响评估参数

综合考虑 ISO《灌水器堵塞测试标准》和《农业灌溉设备滴头技术规范和试验方法》(GB/T 17187—1997)对测试水温的要求，以水温 20℃作为参考值，通过对各种灌水器在相同测试压力条件下水温 15～45℃的出流流量与恒温于 20℃的出流流量进行分析，评估灌水器受水温的影响程度。

(1) 水温流量比 TDR。

$$\mathrm{TDR}_T=\frac{q_T}{q_{20}} \tag{3.11}$$

式中，TDR_T 为灌水器的水温流量比，%；q_T 为测量时刻实际水温条件下灌水器的出流流量，L/h；q_{20} 为 20℃水温条件下灌水器的出流流量，L/h。

(2) 水温敏感系数 K_T。

$$K_T=\frac{(q_T-q_{20})/q_{20}}{(T_i-20)/20}\times 100\% \tag{3.12}$$

式中，q_T 为测量时刻实际水温条件下灌水器的出流流量，L/h；q_{20} 为 20℃水温条件下灌水器的出流流量，L/h；T_i 为测试时刻的实际水温，℃。

3.4.2 灌溉水温对非压力补偿式灌水器流量的影响及校正

1. 灌溉水温对非压力补偿式灌水器流量的影响

12 种灌水器在恒定水温下各压力测试点的出流流量与其相对应的 20℃水温条件下出流流量的水温流量比 TDR_T 如图 3.21 所示。

从图 3.21 和表 3.9 中可以看出，灌溉水温对 12 种非压力补偿式灌水器 TDR_T 值的影响较一致，均呈现随着水温的增加，灌水器的 TDR_T 不断增加，这亦表明随着温度的上升，灌水器的出流流量不断增加。表 3.9 显示的是各灌水器 TDR_T 随水温上升其增长率的变化程度。结合图 3.21 与表 3.9 可以看出，随着水温的升高，灌水器出流流量的增长程度不同，其中 FE11 的流量增长幅度最大，温度从 15℃增至 45℃时，其增长率由 0.96 增加至 1.19，增长了近 24%。增幅最小的灌水器产品为 FE1，增幅也有 3%。

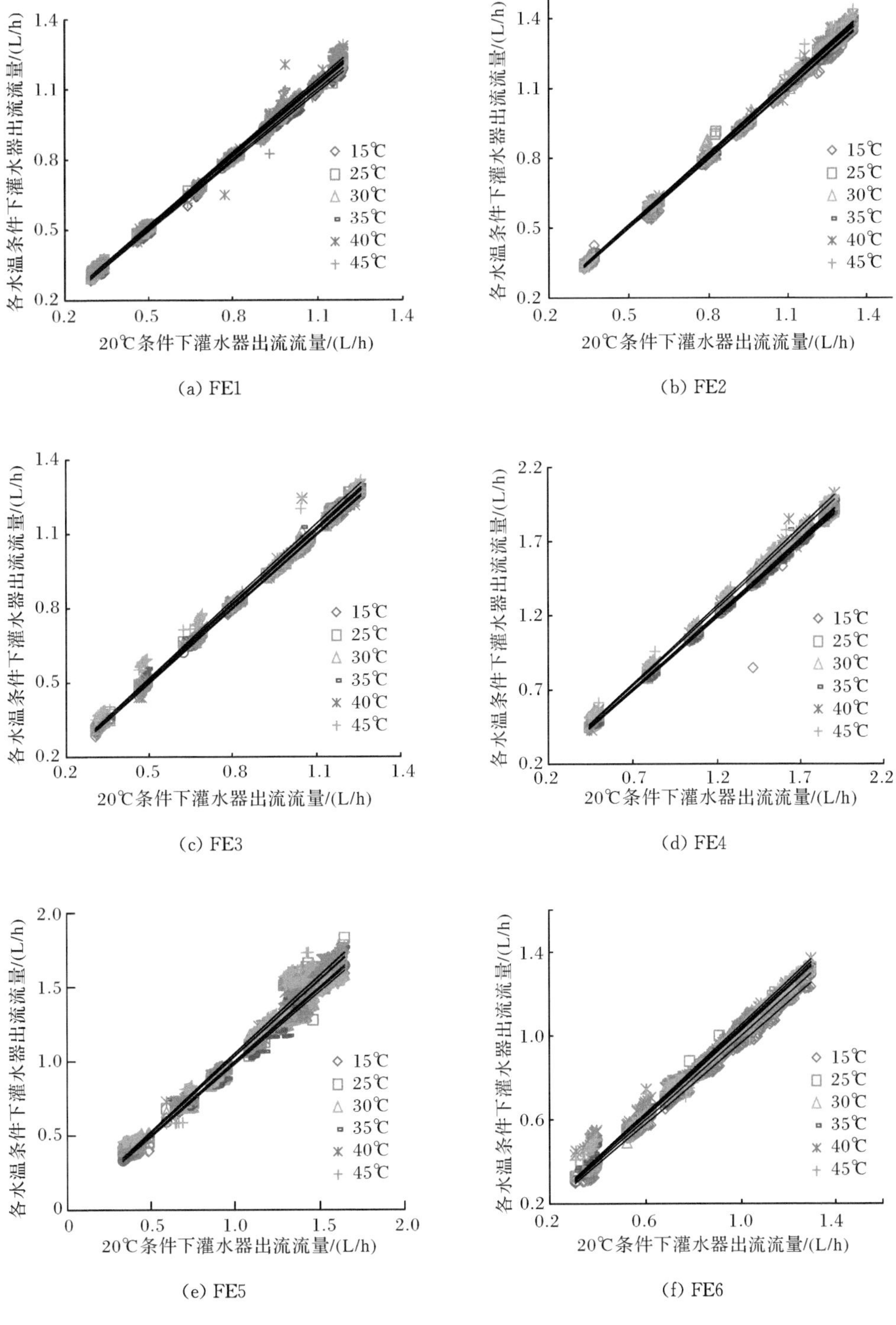

(a) FE1

(b) FE2

(c) FE3

(d) FE4

(e) FE5

(f) FE6

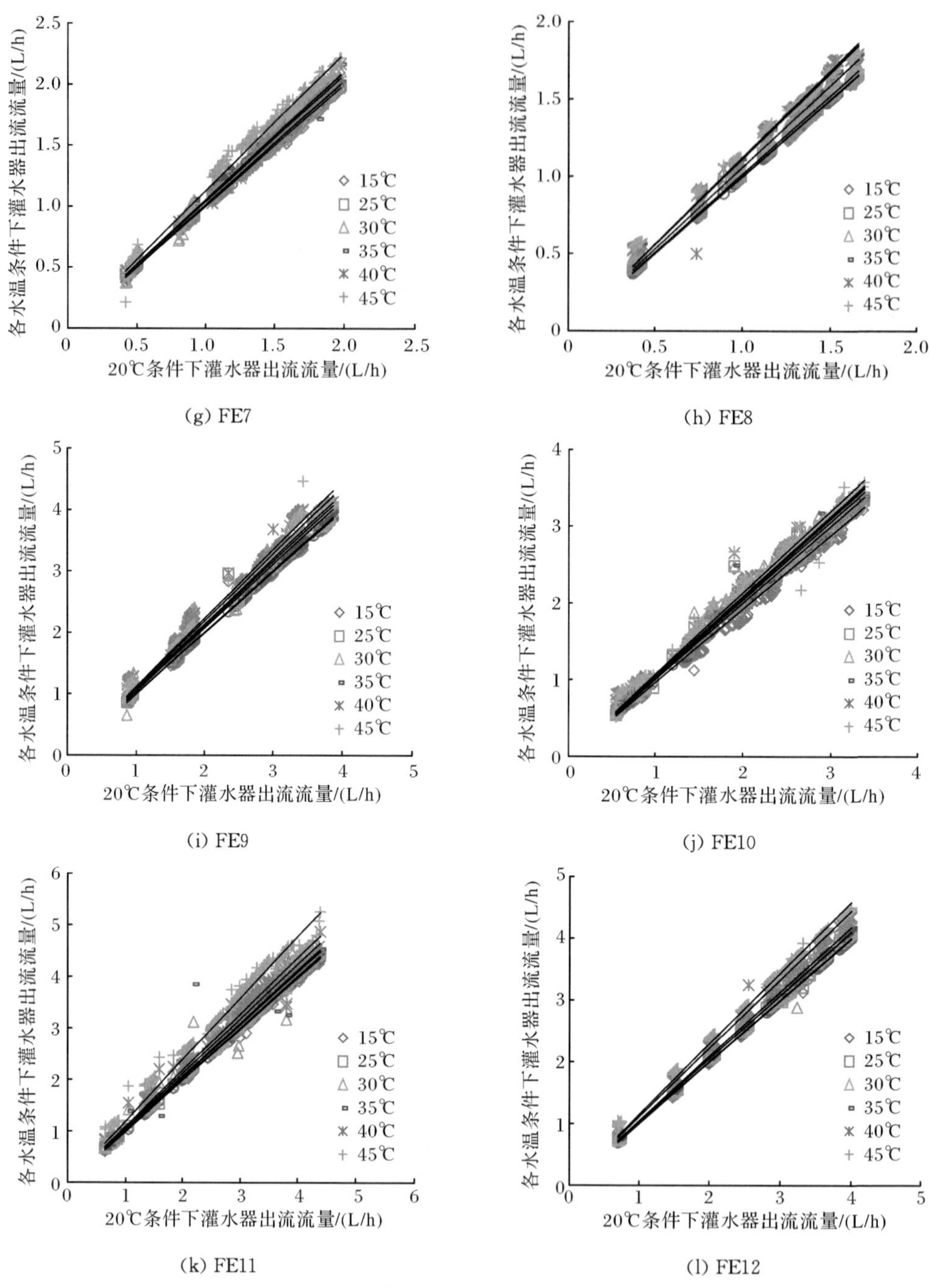

图 3.21　12 种非压力补偿式灌水器不同水温条件下水温流量比

表 3.9　12 种非压力补偿式灌水器不同水温条件下 TDR_T 增长率

灌水器	$TDR_{15℃}$	$TDR_{20℃}$	$TDR_{25℃}$	$TDR_{30℃}$	$TDR_{35℃}$	$TDR_{40℃}$	$TDR_{45℃}$
FE1	0.99	1.00	1.01	1.02	1.03	1.04	1.02
FE2	0.99	1.00	1.01	1.02	1.02	1.03	1.03

续表

灌水器	$TDR_{15℃}$	$TDR_{20℃}$	$TDR_{25℃}$	$TDR_{30℃}$	$TDR_{35℃}$	$TDR_{40℃}$	$TDR_{45℃}$
FE3	0.99	1.00	1.01	1.02	1.02	1.01	1.04
FE4	0.99	1.00	1.01	1.01	0.99	1.04	1.06
FE5	0.98	1.00	1.03	0.99	1.03	1.05	1.06
FE6	0.97	1.00	1.03	1.03	1.05	1.04	1.04
FE7	0.98	1.00	1.02	1.05	1.05	1.04	1.13
FE8	0.99	1.00	1.02	1.06	1.11	1.13	1.14
FE9	0.99	1.00	1.05	1.07	1.04	1.11	1.12
FE10	0.98	1.00	1.02	1.04	1.09	1.14	1.18
FE11	0.96	1.00	1.02	1.03	1.06	1.09	1.19
FE12	0.99	1.00	1.02	1.06	1.04	1.11	1.16

2. 滴灌灌水器流量对水温变化的敏感性

12 种灌水器在恒定水温下各压力测试点的出流流量与其相对应的 20℃水温条件下出流流量的水温敏感系数 K_T 如图 3.22 所示。

从图 3.22 可以看出，各灌水器在不同水温条件下的水温敏感系数为一个相近范围内的值，综合考虑到使用了大量流量数据且其误差较小，利用 SPSS 软件对 12 种灌水器水温敏感系数 K_T 进行回归分析，可以认为灌水器的水温敏感系数在各温度下是一个恒定值。结果表明，在 20℃条件下具有相同流态指数的灌水器，其水温敏感系数在一个相近的范围，FE1～FE3 的 K_T 值在 0.18～0.19 范围内，FE4～FE7 的 K_T 值在 1.7～1.9 范围内，FE8～FE10 的 K_T 值在 3.4～5.1 范围内，FE11～FE12 在 20.24～21.99 范围内。而具有不同流态指数的灌水器水温敏感系数差异显著，流态指数与水温敏感系数有显著关系（$p<0.01$），由此说明不同的流态指数对水温的敏感程度影响很大。

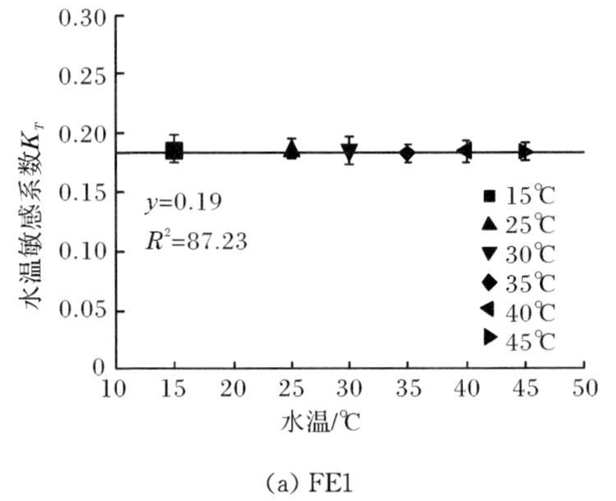

(a) FE1

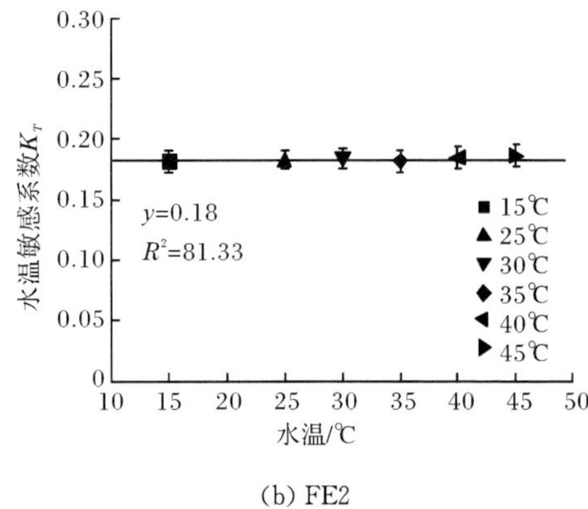

(b) FE2

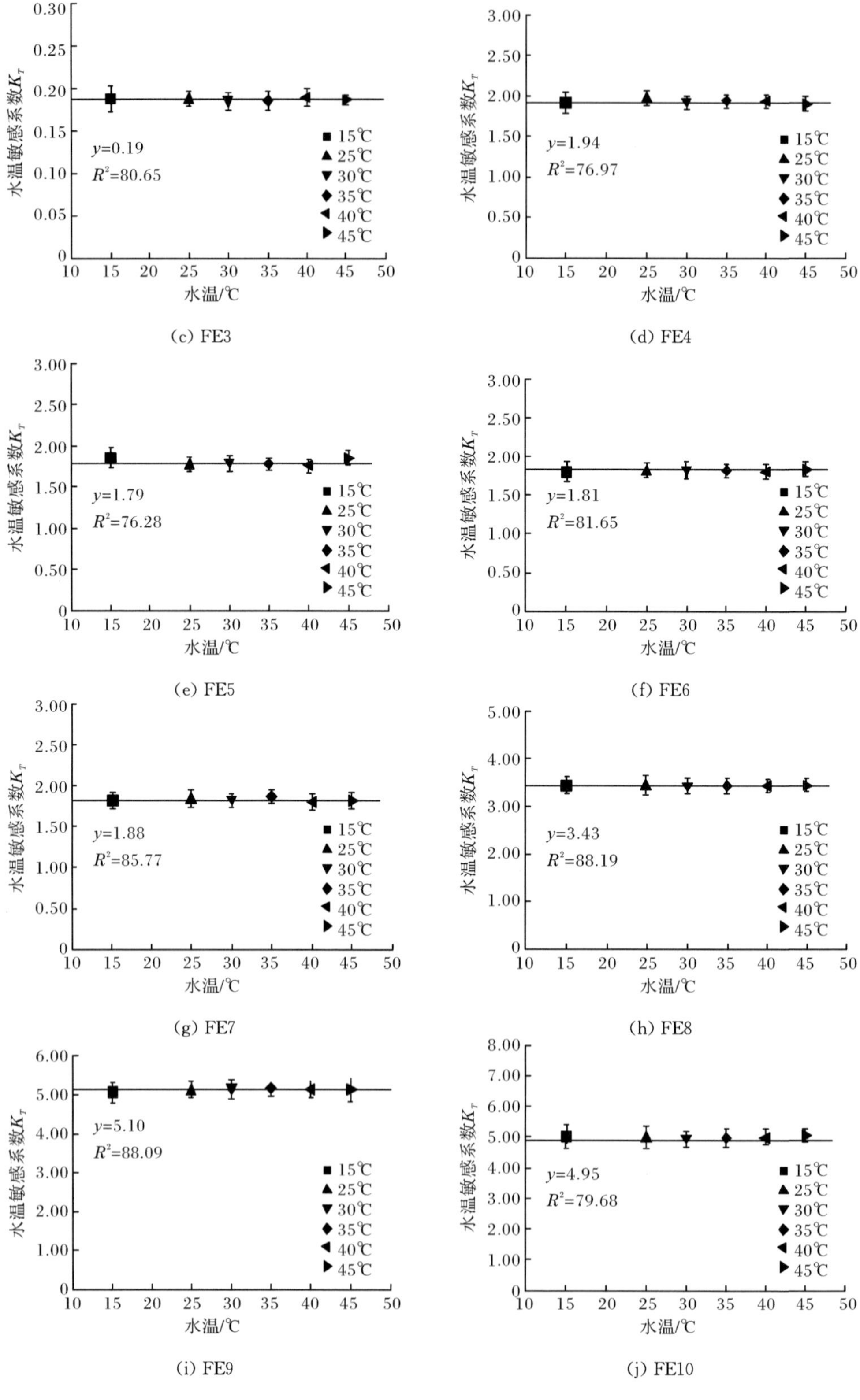

(c) FE3

(d) FE4

(e) FE5

(f) FE6

(g) FE7

(h) FE8

(i) FE9

(j) FE10

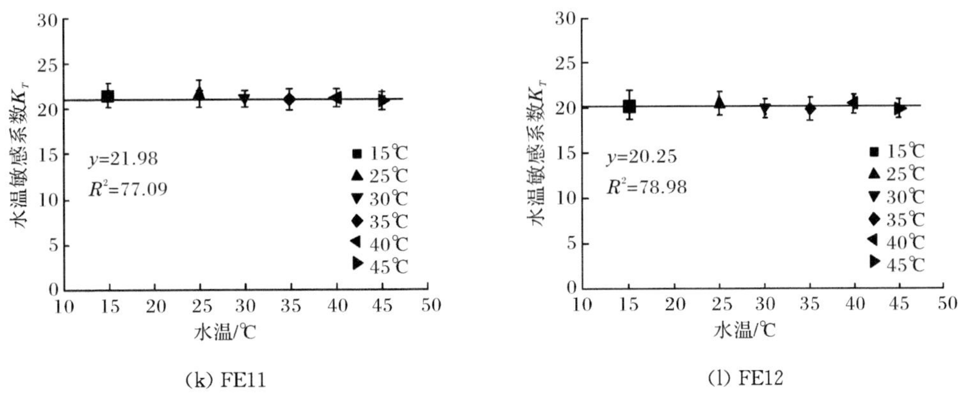

(k) FE11　　　　(l) FE12

图 3.22　12 种非压力补偿式灌水器不同水温条件下水温敏感系数及回归参数

3. 水温对滴灌灌水器水力性能参数的影响

压力-流量关系曲线是灌水器的重要性能曲线，图 3.23 所示为 12 种非压力补偿式灌水器在不同水温条件下的水力特征曲线。表 3.10 所示为在不同水温条件下的灌水器流量系数和流态指数，其相关关系见表 3.11。

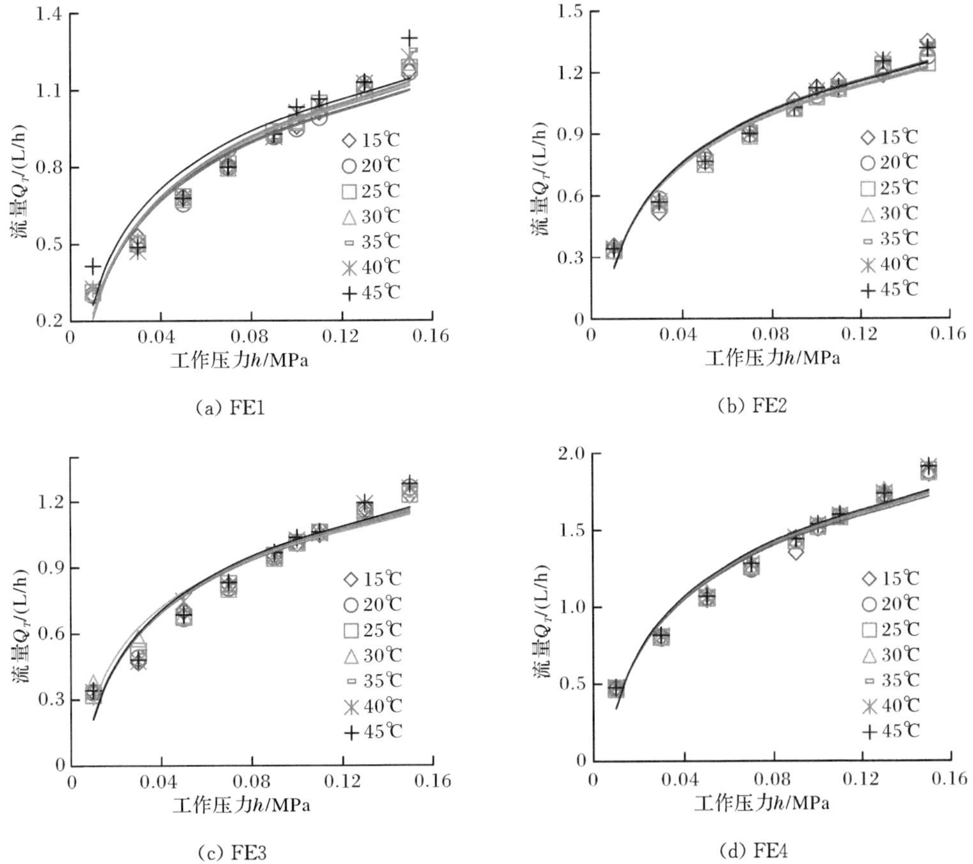

(a) FE1　　　　(b) FE2

(c) FE3　　　　(d) FE4

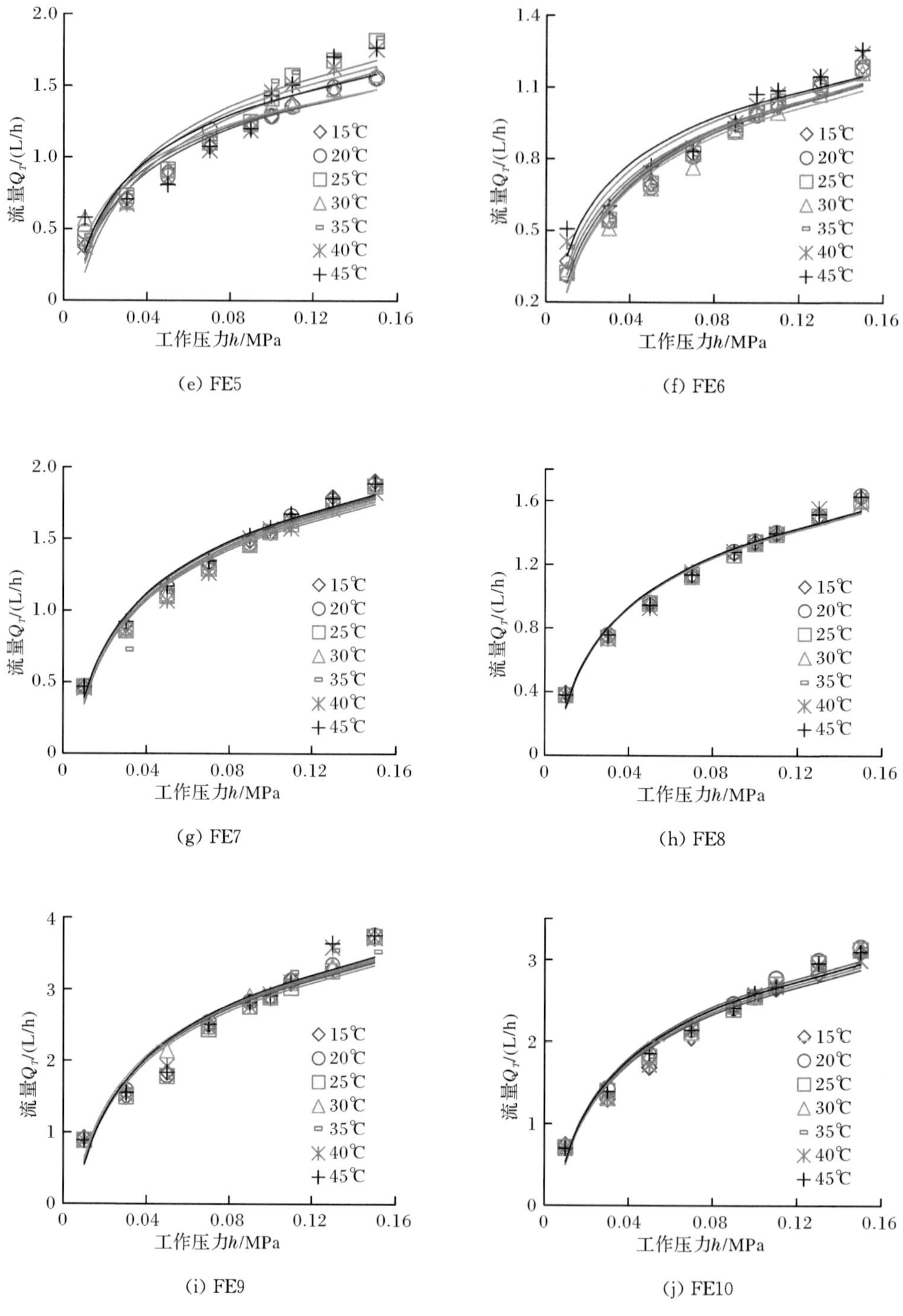

(e) FE5

(f) FE6

(g) FE7

(h) FE8

(i) FE9

(j) FE10

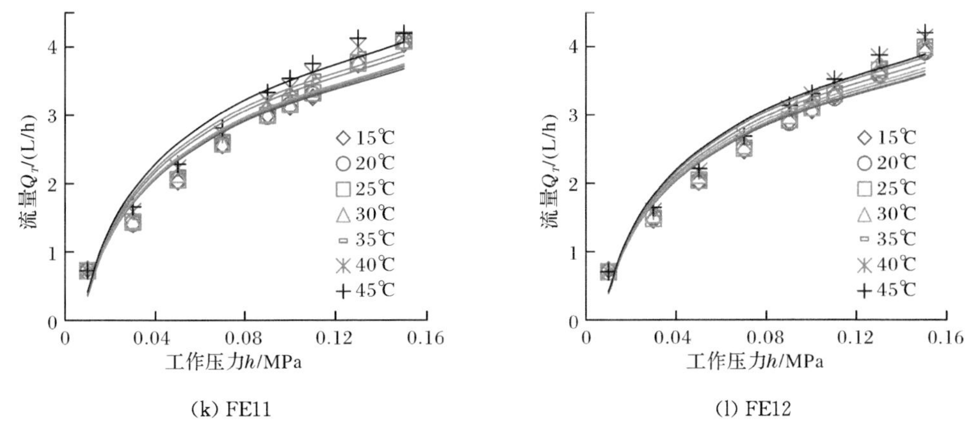

(k) FE11　　(l) FE12

图 3.23　12 种非压力补偿式灌水器在不同水温条件下的水力特征曲线

表 3.10　12 种非压力补偿式灌水器在不同水温条件下的水力性能参数

灌水器	参数	水温 T/℃						
		15	20	25	30	35	40	45
FE1	x	0.51	0.50	0.50	0.51	0.50	0.51	0.50
	K_d	3.02	3.06	3.10	3.13	3.15	3.16	3.27
FE2	x	0.51	0.50	0.50	0.50	0.50	0.51	0.51
	K_d	3.51	3.54	3.57	3.59	3.59	3.60	3.64
FE3	x	0.51	0.50	0.51	0.51	0.50	0.51	0.51
	K_d	3.12	3.19	3.20	3.22	3.22	3.26	3.27
FE4	x	0.51	0.51	0.51	0.50	0.51	0.51	0.51
	K_d	4.82	4.86	4.88	4.91	4.93	4.93	4.96
FE5	x	0.51	0.51	0.50	0.51	0.51	0.51	0.51
	K_d	4.23	4.32	4.35	4.37	4.38	4.43	4.46
FE6	x	0.51	0.51	0.51	0.51	0.51	0.51	0.51
	K_d	3.16	3.23	3.38	3.39	3.43	3.51	3.61
FE7	x	0.51	0.51	0.52	0.52	0.51	0.52	0.51
	K_d	4.91	4.93	4.95	4.98	5.01	5.07	5.11
FE8	x	0.53	0.52	0.53	0.54	0.54	0.53	0.54
	K_d	4.42	4.43	4.55	4.58	4.62	4.64	4.70
FE9	x	0.52	0.53	0.52	0.53	0.52	0.54	0.52
	K_d	9.62	9.63	9.62	9.74	9.75	9.82	9.97
FE10	x	0.52	0.53	0.52	0.53	0.52	0.52	0.54
	K_d	5.28	5.33	5.34	5.36	5.37	5.42	5.41
FE11	x	0.62	0.62	0.62	0.61	0.62	0.61	0.61
	K_d	13.27	13.36	13.50	13.67	14.12	14.25	14.41

续表

灌水器	参数	水温 T/℃						
		15	20	25	30	35	40	45
FE12	x	0.63	0.64	0.63	0.64	0.63	0.63	0.62
	K_d	12.78	12.81	12.89	12.99	13.29	13.29	13.45

注：K_d为灌水器流量系数；x 为灌水器流态指数。

表 3.11　水温与灌水器水力性能参数间相关性分析

参数	FE1	FE2	FE3	FE4	FE5	FE6	FE7	FE8	FE9	FE10	FE11	FE12
K_d	0.93**	0.97**	0.94**	0.98**	0.96**	0.98**	0.78*	0.97**	0.79*	0.80*	0.97**	0.97**
x	0.61	0.28	0.16	0.23	0.20	0.03	0.32	0.61	0.20	0.39	0.72	0.56

* 表示相关性显著($p<0.05$)，** 表示相关性极显著($p<0.01$)。

由图 3.23 和表 3.10 可以看出，测试的 12 种灌水器产品在恒定水温为 15～45℃条件下，流态指数为 0.50～0.64，并未出现流态指数小于 0.50 的情况。其中，内镶贴片式灌水器(FE1～FE10)流态指数均位于 0.50～0.54，单翼迷宫式灌水器(FE11、FE12)流态指数在 0.62～0.64 范围内，根据流态指数判断，12 种灌水器均属于紊流灌水器。FE1～FE5 这 5 种分形流道灌水器较其他类型灌水器而言，紊动程度更加剧烈。12 种灌水器流态指数随温度变化不明显，波动幅度在 0.1%左右，基本可以忽略不计。随着水温的上升，灌水器的流量系数均呈现一定程度的增加，其中增幅最大的是 FE6，相对增加了 14.24%，增幅最小的灌水器为 FE10，相对增加了 2.46%，经过对水力性能参数(K_d、x)与水温进行统计分析(表 3.11)，水温对于流量系数 K_d有极显著影响($p<0.01$)，而水温与灌水器流态指数的相关性分析则表明，水温的变化对流态指数影响不大，水温的变化并不足以对灌水器内部流态产生影响。

4. 灌水器水温-流量校正模型

综上所述，水温对灌水器的出流流量和流量系数会产生显著影响。更为关心的是，如何消除在实际的水力性能评价过程中由水温变化带来的不利影响和试验偏差。分析灌水器流态指数与水温敏感系数之间的相关性，对 12 种灌水器流态指数 x 与水温敏感系数 K_T之间建立了线性回归关系，如式(3.13)、图 3.24 所示，并最终得到了基于水温 20℃的水温-流量校正模型。

由图 3.24 可得

$$K_T=165.56x-82.56,\quad R^2=0.96^{**} \tag{3.13}$$

又

$$K_T=\frac{(q_T-q_{20})/q_{20}}{(T_i-20)/20}\times 100\%$$

将式(3.13)代入式(3.12)后，整理可得

$$q_T=\left(1+\frac{165.56x-82.56}{100}\times\frac{T_i-20}{20}\right)\times q_{20} \tag{3.14}$$

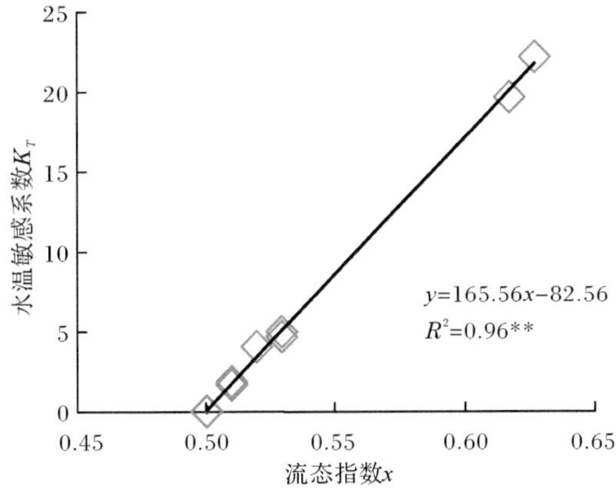

图3.24　灌水器流态指数与水温敏感系数之间的相关性

式中，q_T为测量时刻实际水温条件下灌水器的出流流量，L/h；q_{20}为 20℃水温条件下灌水器的出流流量，L/h；x 为在水温为 20℃时该灌水器的流态指数；T_i为测试时刻的实际水温，℃。

通常情况下，压力-流量关系曲线测试过程中水温常会发生变化，利用式(3.14)可以对多情景下的模拟进行分析。因此，选取 FE1 灌水器作为研究对象，分别开展三种在变温条件下的水力性能评价模拟情景过程[S-a(Simulation-a)至 S-c(Simulation-c)]，并将结果与其在 20℃恒温条件下的水力性能参数进行对比(图 3.25)。假设每进行一个工作压力点的测试，重复三次并取平均值，耗时 1h，具体模拟情景如下所示。

(1) S-a：测试工作从上午 10 点开始进行，起始点水温较低为 15℃，其后随着系统测试过程的进行，水温缓慢升高并于下午 2 点左右测试 0.09MPa 时达到最大值 45℃，随后在 0.10～0.13MPa 的测试过程中，水温开始下降，并于 0.13MPa 测试完毕时结束一天的测试工作。第二天上午清晨，完成最后一个压力点 0.15MPa 的测试。

(2) S-b：测试工作从中午 12 点开始，起始点水温为 30℃，随后水温快速上升，到下午

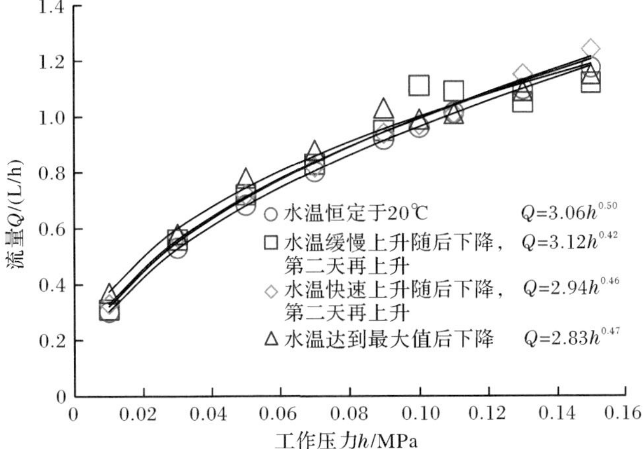

图 3.25　模拟情景条件下的灌水器水力特征曲线

2 点水温达到最大值 45℃，此时的压力为 0.05MPa，其后随着测试压力的增大，水温逐渐缓慢下降，并在压力 0.11MPa、水温为 20℃时结束当天的测试工作。第二天上午 8 点，测试点 0.13MPa 时水温达到 25℃，水温缓慢上升，在 0.15MPa 测试完毕后水温达到 30℃。

(3) S-c：测试工作从下午 2 点开始进行，起始点水温为 35℃，并在一个压力点测试结束后快速达到最高水温 45℃，其后随着测试压力的增大，水温开始逐渐缓慢下降，并在一天内完成测试试验，水温降低至最小值 15℃。

三种变温条件下的评价模拟情景过程均导致在测定结果中出现流态指数小于 0.5 的情况，其中模拟情景 S-a 导致流态指数下降最大，低至 0.42，该模拟情景很好地证明了由于水温的变化，试验结果出现流态指数小于 0.5 的情况。这表明在进行灌水器水力性能测试时不能将水温的影响忽略不计。

3.4.3　灌溉水温对压力补偿式灌水器流量的影响因素分析

1. 水温对灌水器水温流量比 TDR_T 的影响

6 种灌水器在恒定水温下各压力测试点的出流流量与其相对应的 20℃水温条件下出流流量的水温流量比 TDR_T 如图 3.26、表 3.12 所示。

从图 3.26 可以看出，灌溉水温对于 6 种压力补偿式灌水器的出流流量、TDR_T 值的影响较为一致，均呈现随着水温的增加，灌水器的出流流量不断下降的趋势，这也表明随着温度的上升，灌水器的 TDR_T 下降。结合图 3.26 与表 3.12 可以看出，E2 随着温度变化，灌水器流量均呈现先上升后下降的趋势，20℃时达到流量最大值，并且从 20℃增至 40℃时，TDR_T 减幅达到 46.1%。对于除 E2 外的其他 5 种灌水器，15℃与 20℃时的出流流量基本相同，20℃以后，随着温度的上升，灌水器流量均呈现下降的趋势，但下降幅度较小，流量下降幅度为 0.79%～13.84%。表 3.12 显示的是各灌水器 TDR_T 值随水温的上升，其增长率的变化程度。总体来看，6 种灌水器流量平均下降 14.12%，并且经过显著性分析，TDR_T 与水温变化有显著关系($p<0.01$)，由此说明温度变化对出流流量影响很大，并且表现出随着温度的增加，灌水器流量呈先平缓后下降的趋势。

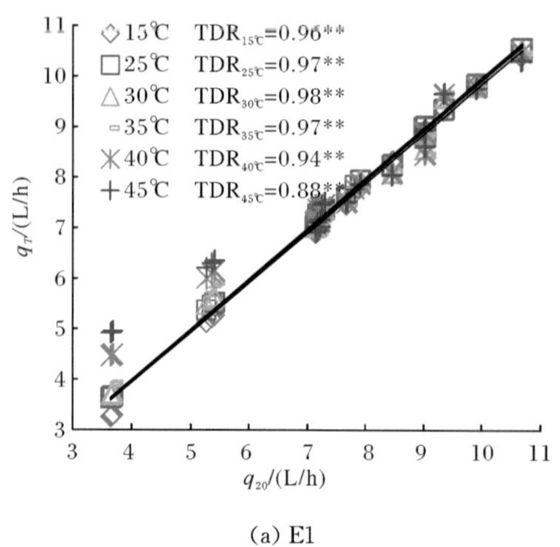

(a) E1

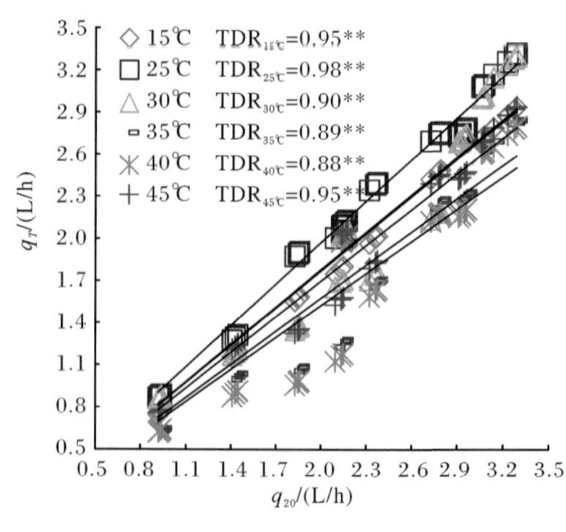

(b) E2

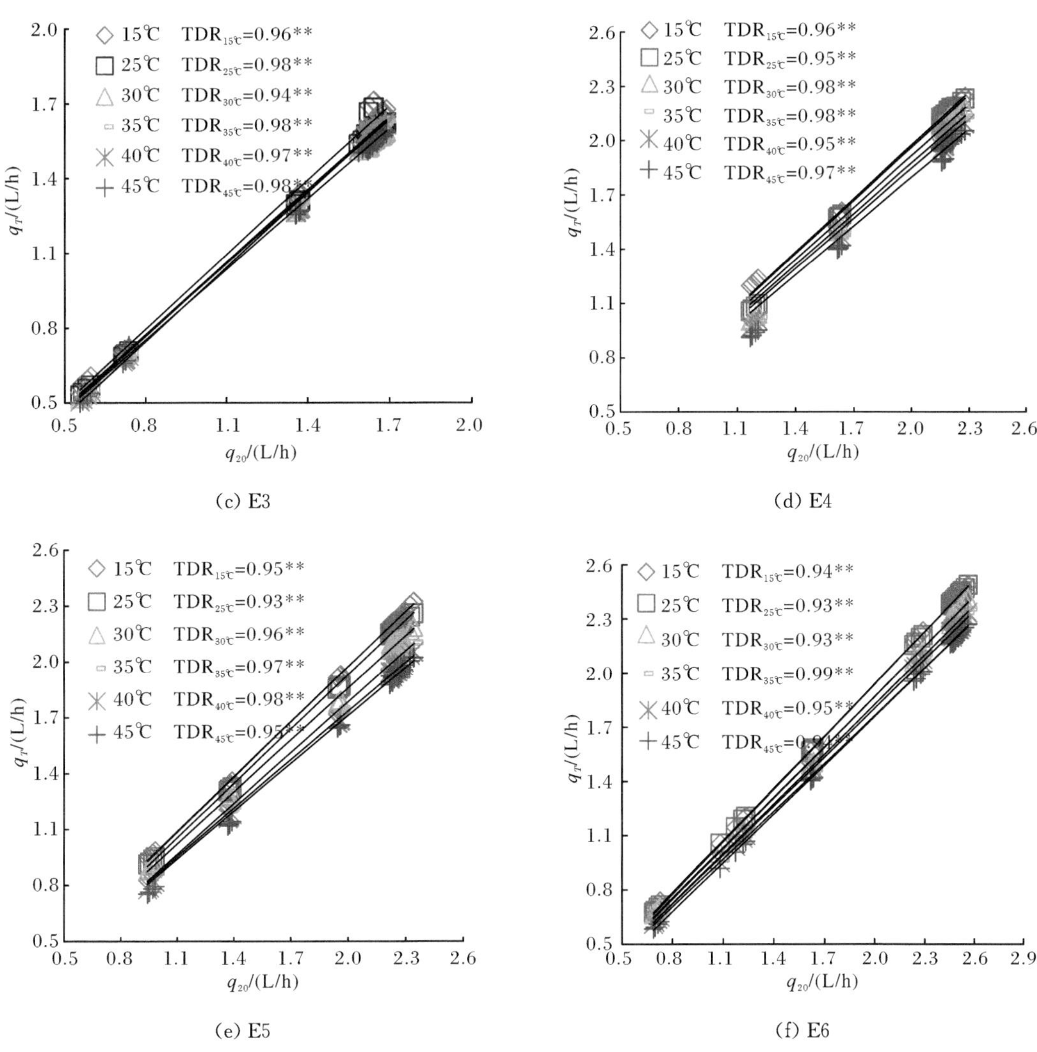

图 3.26　6 种压力补偿式灌水器不同水温条件下灌水器的流量关系

表 3.12　水温与 6 种压力补偿式灌水器 TDR_T 关系

灌水器	水温/℃							R^2
	15	20	25	30	35	40	45	
E1	1.00	1.00	1.00	1.00	0.99	0.99	0.99	0.95**
E2	0.84	1.00	0.96	0.79	0.59	0.54	0.54	0.75*
E3	0.99	1.00	0.98	0.97	0.97	0.96	0.95	0.89**
E4	1.00	1.00	0.99	0.97	0.94	0.93	0.91	0.94**
E5	0.98	1.00	0.96	0.92	0.90	0.87	0.86	0.94**
E6	0.99	1.00	0.99	0.94	0.93	0.91	0.90	0.92**

*表示相关性显著($p<0.05$)，**表示相关性极显著($p<0.01$)。

2. 水温对水力性能的影响

对 6 种压力补偿式灌水器进行不同温度、不同压力下的水力性能测试，并绘制压力-流量关系曲线，如图 3.27 所示，并通过对上述 6 种灌水器压力-流量曲线中的压力补偿区间进行幂函数拟合得到水力性能参数(K_d、x)、起调压力 h_1，见表 3.13。

从图 3.27 与表 3.13 中可以看出，对 6 种灌水器而言，在达到起调压力后，灌水器出流流量逐渐稳定在各自的流量范围内，其起调压力随着温度的升高均呈现逐渐降低的趋势。以 E1 为例，在 15℃时起调压力为 0.09MPa，45℃时其起调压力降低到 0.05MPa。E2 水力性能较差，故不对其进行分析。对于 E3，其起调压力由 15℃的 0.10MPa 降低至 45℃的 0.07MPa，对于 E4、E5、E6，也存在起调压力随着温度的升高而逐渐降低的趋势，压力下降值均处于 0.02～0.04MPa。总而言之，对于压力式补偿灌水器，起调压力随着温度的上升呈现逐渐减小的趋势。

关于水温对水力性能的影响，首先对管上式、内镶贴片式、圆柱式三种类型灌水器的流态指数进行分析，20℃条件下，管上式灌水器 E1、E2 流态指数分别为 0.04、－0.14，均劣于其他四种灌水器，由此可认为，内镶贴片式、圆柱式灌水器水力性能优于管上式灌水器。而对比圆柱式灌水器 E3、E4 与内镶贴片式灌水器 E5、E6 的流态指数，并无显著差异。在 15～45℃条件下探究温度对不同类型的灌水器影响，并无太大差异。就单个灌水器进行分析，对于 E2，水力性能较差，故不对其进行分析。但对其他灌水器而言，水温升

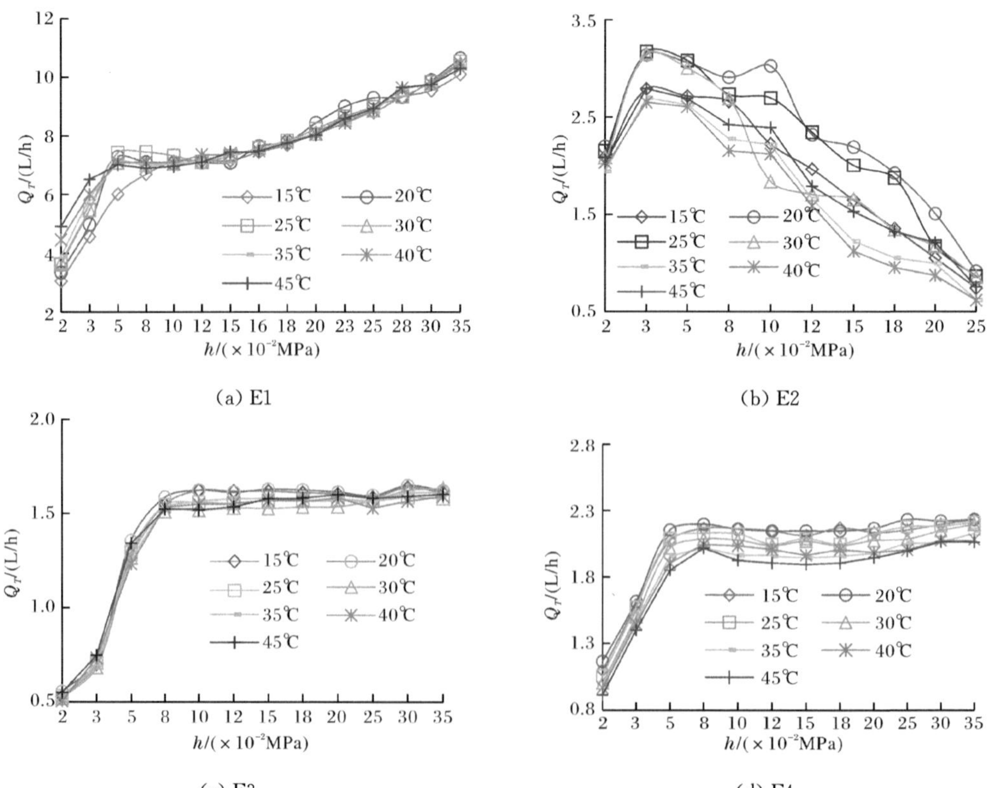

(a) E1　　(b) E2

(c) E3　　(d) E4

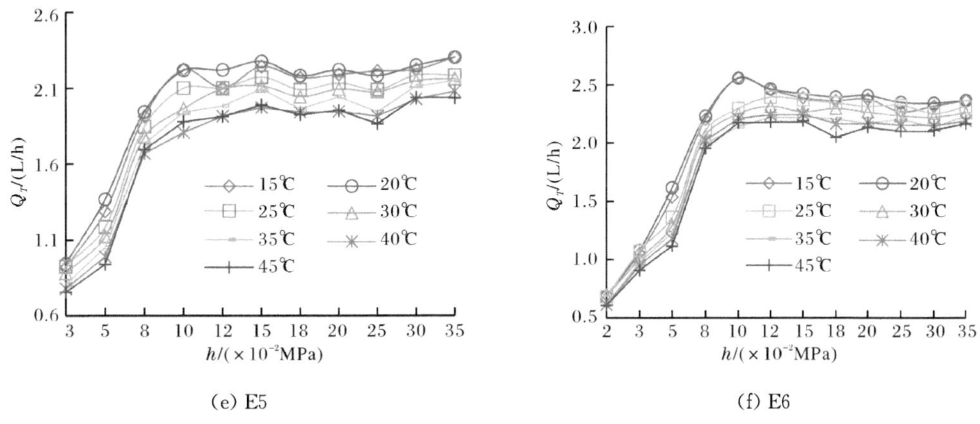

图 3.27　6 种压力补偿式灌水器在不同水温条件下的压力-流量关系曲线

高对于流态指数的影响不大，但是会导致其流量系数 K_d 下降。以 E4 为例，其水温为 20℃、25℃时，流态指数为 0.001，流量系数达到最大值 2.10，当其水温达到 45℃时，流态指数为 0.01，流量系数下降到 1.96。经过对水力性能参数与水温进行统计分析(表 3.13)，水温对流量系数 K_d 有显著影响，表现为随着温度的上升，流量系数呈现下降的趋势。而水温与灌水器流态指数的相关性分析则表明，水温的变化对流态指数影响不大，水温的变化并不足以对灌水器内部流态产生影响。

表 3.13　6 种压力补偿式灌水器在不同水温条件下的水力性能参数

灌水器	参数	水温 T/℃							R^2
		15	20	25	30	35	40	45	
E1	x	0.04	0.04	0.03	0.04	0.04	0.03	0.03	0.33
	K_d	6.43	6.41	6.43	6.39	6.37	6.35	6.32	0.90**
	h_1/MPa	0.09	0.08	0.08	0.07	0.07	0.06	0.05	0.95**
	R^2	0.97	0.95	0.91	0.96	0.92	0.92	0.94	—
E2	x	−0.18	−0.14	−0.15	−0.16	−0.18	−0.19	−0.19	0.38
	K_d	4.20	4.33	4.39	3.93	3.81	3.75	3.50	0.80*
	h_1/MPa	0.04	0.04	0.04	0.03	0.03	0.03	0.02	0.83*
	R^2	0.93	0.83	0.87	0.97	0.95	0.96	0.93	—
E3	x	0.00	0.00	0.00	0.00	0.00	0.01	0.01	0.63
	K_d	1.60	1.56	1.49	1.48	1.45	1.44	1.43	0.91**
	h_1/MPa	0.10	0.09	0.09	0.08	0.08	0.07	0.07	0.94**
	R^2	0.90	0.97	0.91	0.92	0.90	0.87	0.90	—
E4	x	0.00	0.00	0.01	0.01	0.01	0.01	0.01	0.61
	K_d	2.10	2.14	2.06	2.01	1.93	1.87	1.88	0.95**
	h_1/MPa	0.11	0.11	0.10	0.09	0.09	0.08	0.08	0.94**
	R^2	0.86	0.93	0.89	0.95	0.90	0.86	0.93	—

续表

灌水器	参数	水温 T/℃							R^2
		15	20	25	30	35	40	45	
E5	x	0.00	0.00	0.00	0.01	0.01	0.01	0.01	0.70
	K_d	2.26	2.21	2.09	2.00	1.94	1.83	1.88	0.94**
	h_1/MPa	0.10	0.10	0.19	0.09	0.09	0.08	0.08	0.89**
	R^2	0.91	0.91	0.90	0.93	0.88	0.88	0.96	—
E6	x	0.00	0.01	0.00	0.00	0.00	−0.01	−0.01	0.61
	K_d	2.58	2.53	2.37	2.30	2.20	2.24	2.17	0.91**
	h_1/MPa	0.07	0.07	0.06	0.06	0.05	0.05	0.05	0.89**
	R^2	0.93	0.89	0.96	0.88	0.91	0.97	0.92	—

注：K_d为灌水器流量系数；x 为灌水器流态指数；R^2为决定系数；* 表示相关性显著（$p<0.05$），** 表示相关性极显著（$p<0.01$）。

3. 水温对灌水器变异系数的影响

对所测的 7 个温度下 6 种滴灌灌水器流量变异系数采用式(3.10)进行计算，结果见表 3.14。20℃条件下，E2 灌水器变异系数为 0.33，而对于其他 5 种灌水器变异系数均在 0.10 以内，对于其他温度梯度而言，均表现出相同规律，说明 E2 灌水器生产工艺较其他 5 种均差。对灌水器 E1～E6 而言，变异系数随着温度的变化均表现出波动的趋势。通过对水温与变异系数进行相关性分析，发现灌水器 E1～E6 决定系数均处于 0.10～0.45。研究表明，6 种灌水器变异系数并未随着水温的上升表现出明显规律。

表 3.14　水温与灌水器变异系数之间的关系

灌水器	水温/℃							R^2
	15	20	25	30	35	40	45	
E1	0.06	0.05	0.05	0.06	0.05	0.06	0.06	0.10
E2	0.34	0.33	0.30	0.32	0.36	0.36	0.34	0.18
E3	0.03	0.03	0.04	0.03	0.03	0.04	0.04	0.33
E4	0.03	0.03	0.03	0.03	0.03	0.03	0.04	0.38
E5	0.03	0.02	0.03	0.03	0.03	0.03	0.04	0.45
E6	0.04	0.06	0.04	0.04	0.04	0.04	0.04	0.16

3.5 小　　结

(1) 建立的原位滴灌和室内智能式滴灌系统灌水器抗堵塞性能测试系统可以实现不同工况下灌水器流量的准确、长期、快速测试，智能化程度高、测试精度高。

(2) 原位加速运行测试方法对于滴灌系统灌水器堵塞行为的测试结果更偏保守，它高估了实际运行条件下滴灌灌水器的堵塞特性。但加速运行与正常运行条件下的测试结果均表现出良好的相关性($R^2>0.91$)，通过简单线性模型可以对加速运行条件下滴灌系统灌水器堵塞行为测试结果进行校正，加速运行对于灌水器 ΔF_Q^i、CL、DWP、DWE 的测试结果较正常运行方式分别低 24%～57%、64%～110%、16%～38%、14%～32%，对于滴灌系统 Dra、CU 的测试结果比正常运行方式分别高 7%～13%、15%～23%，因此这种原位加速运行方式可以对灌水器堵塞行为进行准确、高效的测试。

(3) 水温能够显著影响灌水器的水力性能以及出流流量，水温的升高会导致非压力补偿式灌水器出流流量增加，但对压力补偿式灌水器却存在相反的趋势。通过对 12 种非压力补偿式灌水器流量进行回归分析，建立了基于水温在 20℃条件下压力-流量校正模型，并利用模型分析解释了测试过程中水温变化是引起部分压力-流量关系测试中出现流态指数小于 0.5 的主要原因。

参考文献

陈渠昌，郑耀泉. 1994. 灌水器局部损失水头的估算[J]. 内蒙古水利，4：52-54.

葛令行，魏正英，曹蒙，等. 2010. 微小迷宫流道中的沙粒沉积规律[J]. 农业工程学，26(3)：20-24.

李光永，龚时宏，王建东，等. 2004. 微灌灌水器抗堵塞和水力性能综合测试装置[P]. 国家发明专利，专利号：03149903. 1.

李云开，杨培岭，任树梅，等. 2005. 重力滴灌灌水器水力性能及其流道内流体流动机理[J]. 农业机械学报，36(10)：54-57.

李治勤，陈刚，杨晓池，等. 2009. 迷宫灌水器中泥沙淤积特性研究[J]. 西北农林科技大学学报，37(1)：229-234.

牛文全，刘璐. 2012. 浑水特性与水温对滴头抗堵塞性能的影响[J]. 农业机械学报，43(3)：39-45.

王冬梅. 2007. 迷宫滴头流道结构形式和尺寸对水力及抗堵塞性能的影响[D]. 北京：中国农业大学.

王福军，王文娥. 2006. 滴头流道 CFD 分析的研究进展与问题[J]. 农业工程学报，22(7)：188-192.

王建东. 2004. 滴头水力性能与抗堵塞性能试验研究[D]. 北京：中国农业大学.

魏青松，史玉升，芦刚，等. 2009. 一种微灌实验室多功能强化堵塞实验装置：中国，200810246361. 9[P].

吴显斌. 2006. 再生水灌溉下滴灌系统抗堵塞性能试验研究[D]. 北京：中国农业大学.

吴显斌，吴文勇，刘洪禄，等. 2008. 再生水滴灌系统滴头抗堵塞性能试验研究[J]. 农业工程学报，24(5)：61-64.

吴泽广，牛文全，喻黎明. 2014. 泥沙粒径与含沙量对迷宫流道滴头堵塞的影响[J]. 农业工程学报，30(7)：99-108.

仵峰，宰松梅，瞿国亮，等. 2008. 高含沙水滴灌技术研究[J]. 节水灌溉，12：57-60.

喻黎明，谭红，邹小燕，等. 2016. 基于 CFD-DEM 耦合的迷宫流道水沙运动数值模拟[J]. 农业机械学报，47(8)：66-71.

中华人民共和国水利部. 1994. SL/T 67. 1—1994 微灌灌水器-滴头[S]. 北京：中国标准出版社.

中华人民共和国住房和城乡建设部. 2009. GB/T 50485—2009　微灌工程技术规范[S]. 北京：中国计划出版社.

Li J S，Chen L，Li Y F. 2009. Comparison of clogging in drip emitters during application of sewage effluent and groundwater[J]. Transactions of the ASABE, 52(4): 1203-1211.

Li Y K, Yang P L, Ren S M, et al. 2006. Hydraulic characterizations of tortuous labyrinth path drip irrigation emitter[J]. Journal of Hydrodynamics Series B, 18(4): 449-457.

Niu W Q, Liu L. 2013. Influence of fine particle size and concentration on the clogging of labyrinth emitters[J]. Irrigation Science, 31(4): 6-7.

Pei Y T, Li Y K, Liu Y Z, et al. 2014. Eight emitters clogging characteristics and its suitability evaluation under on-site reclaimed water drip irrigation[J]. Irrigation Science, 32(2): 141-157.

Pitts D J, Harman D Z, Smajstrla A G, et al. 1990. Causes and prevention of emitter plugging in microirrigation systems[J]. Bulletin-Florida Cooperative Extension Service, 40(1-2): 201-218.

Puig-Bargués J, Arbat G, Barragán J, et al. 2005. Hydraulic performance of drip irrigation subunits using WWTP effluents[J]. Agricultural Water Management, 77(1-3): 249-262.

Ravina E P, Sofer Z A, Marcu A S, et al. 1992. Control of emitter clogging in drip irrigation with reclaimed wastewater[J]. Irrigation Science, 13(3): 129-139.

Ravina E P, Sofer Z A, Marcu A S, et al. 1997. Control of clogging in drip irrigation with stored treated municipal sewage effluent[J]. Agricultural Water Management, 33(2): 127-137.

第 4 章　滴灌系统灌水器堵塞行为及主要特征

准确、快速地测试滴灌系统灌水器出流特征是评价灌水器堵塞过程的基础，而通过原位滴灌试验进行测试是精度较高的一种直接有效的方法(Pei et al.，2014；Li et al.，2009；吴显斌等，2008；王冬梅，2007；王建东，2004)，但这种测试方法成本高，设备加工标准不同。室内试验条件虽然精确可控，但无法还原真实的工作环境。目前灌水器流量测试以室内长周期和短周期测试法为主。整体来看，流量测试周期较短、次数有限，试验结果大多只能定性反映灌水器堵塞发生的趋势，并不能定量表征灌水器堵塞发生过程，也没有反映由堵塞发生过程中温度、灌水器实际工作压力变化等因素影响而产生的灌水器流量偏差，因此并不能准确反映灌水器堵塞情况。

基于此，本章在阐述滴灌系统灌水器堵塞测试方法和装置的基础上，建立室内外长期滴灌系统灌水器堵塞性能测试平台，系统研究滴灌系统灌水器物理堵塞、化学堵塞、生物堵塞及复合堵塞特征。

4.1　滴灌系统灌水器生物堵塞行为与特性

4.1.1　试验概况

滴灌灌水器生物堵塞原位试验于 2010～2011 年在北京市昌平区北七家镇污水处理厂内，借助滴灌系统抗堵塞性能原位测试平台进行。该污水处理厂处理工艺为周期循环式活性污泥法(cyclic activated sludge system，CASS)，是在间歇式活性污泥法(sequencing batch reactor activated sludge，SBR)的基础上演变而来的。CASS 工艺流程如图 4.1 所示。试验期出流水质通过污水处理厂在线监测系统每天定时进行测试，结果如图 4.2 所示。

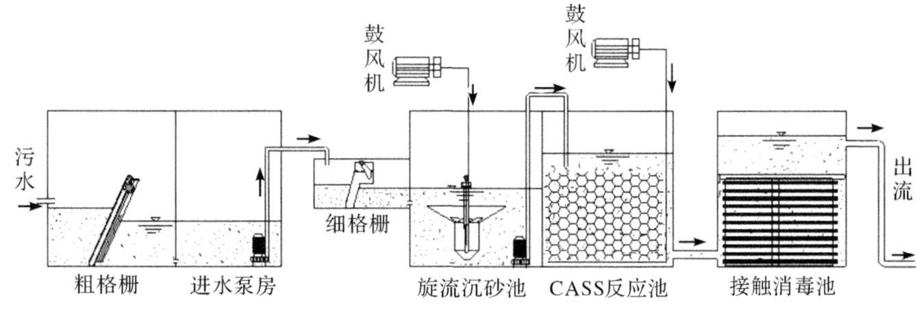

图 4.1　CASS 工艺流程

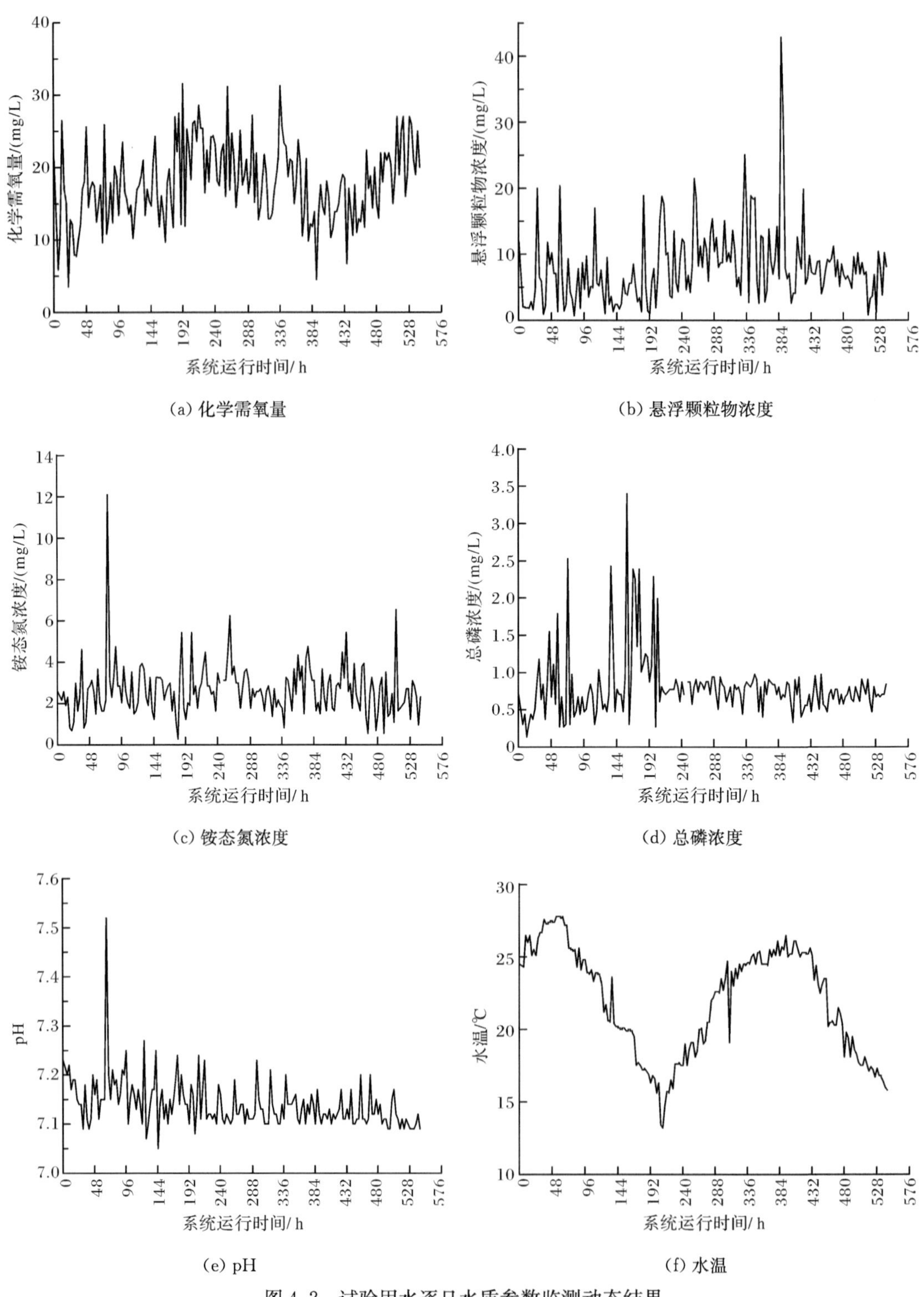

图 4.2　试验用水逐日水质参数监测动态结果

试验选取 4 种压力补偿式滴灌管(带)和 4 种非压力补偿式滴灌管(带),不同类型灌水器特征参数见表 4.1。每个试验处理设置两根滴灌管(带)作为重复,每根滴灌管(带)长 18m,灌水器间隔 0.3m,则每个重复包括 60 个灌水器,从毛管入口开始对灌水器进行编号(1～60 号)。正式试验前先测试试验用水水质特征,通过预试验证实该厂二级出流不需要砂石过滤器,使用 120 目叠片过滤器后即可达到《农田灌溉水质标准》(GB 5084—2021),因此试验系统首部过滤装置选用 120 目叠片过滤器。

该试验系统自 2010 年 7 月 5 日起运行,至 2010 年 11 月 14 日天气寒冷暂停,试验用滴灌管(带)拆掉后置于室内保存,不做处理。2011 年 4 月 9 日重新启动,至 2011 年 11 月 20 日结束。试验期间,每两天运行一次,每次运行时分别于当天 9:00、15:00、21:00 开始各持续运行 1h,共计 3h。系统压力设为 0.1MPa。系统运行前 492h 每 12h 对滴灌管(带)所有灌水器进行流量测试,运行至 492h 后每运行 24h 对系统进行流量测试。每次流量测试前,对系统重新进行压力调整,保证测试时系统压力稳定在设计压力 0.1MPa,每次测试时间为 3min。

表 4.1　不同类型灌水器特征参数

序号	类型	灌水器类型/流道类型	流道几何参数(长×宽×深)/(mm×mm×mm)	额定流量 q/(L/h)	产地	流态指数 x	流量系数 K_d	灌水器示意图
E1	压力补偿式	ADI 柱状压力补偿式	—	3.8	以色列	0.13	2.85	
E2		VARDIT 扁平压力补偿式	—	1.2	以色列	0.24	0.71	
E3		NETAFIM 压力补偿片式	—	1.0	以色列	0.23	0.59	
E4		绿源管上补偿式	—	2.9	中国	0.26	1.60	
E5	非压力补偿式	贴片式滴灌带/锯齿尖角形	50.23×0.57×0.67	1.0	以色列	0.51	0.31	
E6		单翼边缝式滴灌带/直齿直角形	450.04×1.68×0.78	3.1	中国	0.57	0.83	
E7		圆柱型滴灌管/锯齿圆弧形	142.35×1.27×0.99	2.9	中国	0.52	0.89	
E8		圆柱型滴灌管/直齿弧角形	152.23×2.40×0.83	1.8	中国	0.51	0.56	

4.1.2 灌水器平均相对流量动态变化特征

8 种不同类型灌水器的 Dra 随系统运行时间的变化曲线如图 4.3 所示，各灌水器 Dra 线性拟合及差异显著性分析结果见表 4.2。可以看出，整个系统运行期间，8 种灌水器 Dra 均表现出明显的三个阶段，即波动平衡阶段、启动线性变化阶段、加速线性变化阶段，但每个阶段范围内每种灌水器 Dra 都存在一定的差异。

在系统启动初期，各灌水器处于波动平衡阶段，该阶段各类型灌水器出流波动变化，但幅度较小，一般在 3.47%以内，灌水器堵塞对 Dra 的总体状况影响较小，各种灌水器平均相对流量之间的差异不显著。此后，灌水器 Dra 进入启动线性变化阶段，灌水器堵塞开始对 Dra 产生影响，到第一年结束时 Dra 下降了 4.1%～13.1%，但各灌水器开始发生线性变化的启动时间并不一致，压力补偿式灌水器会在系统运行 72～108h 后发生，而非压力补偿式灌水器则会在 60～72h 后开始发生。该阶段灌水器 Dra 呈线性下降趋势，4 种压力补偿式灌水器仅 E1 达到显著水平，而 4 种非压力补偿式灌水器均达到显著水平，斜率 k_1 为－0.073～－0.047。各灌水器间差异较大，除了 E1 和 E2 及 E3 和 E4 两个灌水器之间的差异未达显著水平，其他灌水器之间的差异均达到极显著（$p<0.01$）；4 种非压力补偿式灌水器中 E5 与 E7、E5 与 E8、E6 与 E8 灌水器之间差异仍未达到显著水平，其他灌水器之间的差异均达到显著水平（$p<0.05$），该阶段一直维持到第一年结束。系统次年重新启动后，部分灌水器平均相对流量出现大幅下降，最大降幅约 9.6%，随后均进入加速线性变化阶段，各灌水器出流呈现显著的线性降低趋势（$R^2\geqslant0.94$），压力补偿式灌水器 Dra 变化斜率 k_2 在－0.173～－0.115；而非压力补偿式灌水器 Dra 变化斜率由启动线性变化阶段的－0.073～－0.047 降低到－0.159～－0.147，这也说明次年重新启动后，4 种非压力补偿式灌水器出流和堵塞发生动态具有良好的一致性，差异较小，Dra 变化率相差很小（<7.5%）。总体而言，各灌水器之间 Dra 差异明显，绝大多数均达到极显著水平（$p<0.01$），仅有 E1 与 E2、E7 与 E8 两种灌水器之间的差异未达到显著水平，但并未与启动线性变化阶段结果呈现出良好的一致性。到该阶段末期，4 种压力补偿式灌水器的 Dra 已降至 37.5%～67.3%，4 种非压力补偿式灌水器 Dra 已降到 29.3%～41.9%。

总体来说，4 种压力补偿式灌水器的 Dra 要比非压力补偿式灌水器大，即压力补偿式灌水器对再生水滴灌具有更强的适宜性和抗堵塞能力。

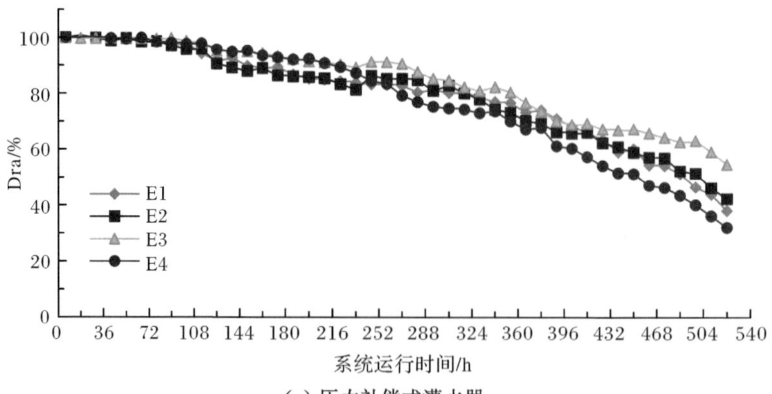

(a) 压力补偿式灌水器

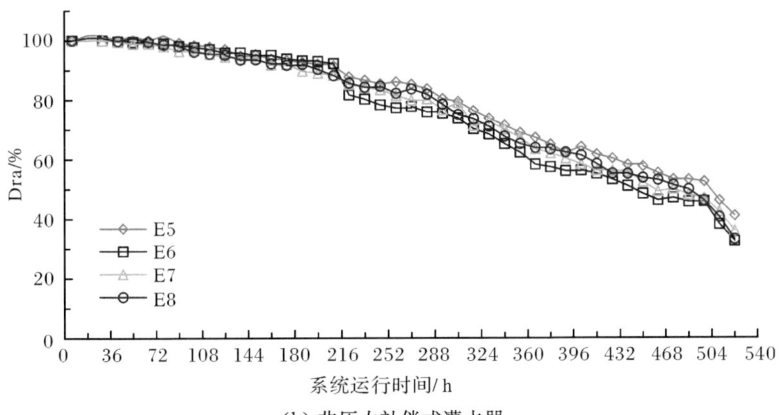

(b) 非压力补偿式灌水器

图 4.3　不同类型灌水器 Dra 随系统运行时间的变化曲线

表 4.2　不同类型灌水器 Dra 线性拟合及差异显著性分析结果

序号	波动平衡阶段/h	第一年(0～204h)										第二年(204～540h)									
		启动线性变化阶段										加速线性变化阶段									
		线性拟合		显著性 t 检验								线性拟合		显著性 t 检验							
		k_1	R^2	E1	E2	E3	E4	E5	E6	E7	E8	k_2	R^2	E1	E2	E3	E4	E5	E6	E7	E8
E1	0～96	−0.038	0.92	—	—	—	—	—	—	—	—	−0.145	0.99	—	—	—	—	—	—	—	—
E2	0～72	−0.046	0.60	* *	—	—	—	—	—	—	—	−0.138	0.97	N	—	—	—	—	—	—	—
E3	0～84	−0.010	0.25	* *	* *	—	—	—	—	—	—	−0.115	0.94	* *	* *	—	—	—	—	—	—
E4	0～108	−0.005	0.10	* *	* *	N	—	—	—	—	—	−0.173	0.99	* *	* *	* *	—	—	—	—	—
E5	0～72	−0.047	0.91	—	—	—	—	—	—	—	—	−0.147	0.99	—	—	—	—	—	—	—	—
E6	0～60	−0.056	0.97	—	—	—	—	* *	—	—	—	−0.151	0.98	—	—	—	—	* *	—	—	—
E7	0～60	−0.074	0.97	—	—	—	—	* *	* *	—	—	−0.155	0.99	—	—	—	—	* *	* *	—	—
E8	0～72	−0.073	0.98	—	—	—	—	* *	*	* *	—	−0.159	0.99	—	—	—	—	* *	* *	N	—

注：Dra＝k_it+c，i＝1，2，其中，t 为系统累计运行时间，k_1 和 k_2 分别为启动线性变化阶段与加速线性变化阶段 Dra 变化线性拟合斜率，c 为 Dra 线性拟合截距。因为线性拟合截距对灌水器 Dra 变化无分析意义，故不进行统计分析。表中以 N 表示不显著，* 表示显著($p<0.05$)，* * 表示极显著($p<0.01$)。

4.1.3　灌水器灌水均匀度动态变化特征

8 种不同类型灌水器 CU 随系统运行时间的变化曲线如图 4.4 所示，其线性拟合及差异显著性分析结果见表 4.3。可以看出，各种灌水器 CU 的变化同 Dra 一样表现为三个阶段。在系统启动初期的波动平衡阶段，各种类型灌水器 CU 呈现波动变化，降幅在 4.97%以内，此时系统堵塞轻微，对 CU 的影响较小，各种类型灌水器 CU 之间未见显著性差异。之后 CU 开始进入启动线性变化阶段，这说明灌水器堵塞已经对 CU 产生一定程度的影响，但各种类型灌水器进入的时间与 Dra 相同；总体来说，各处理 CU 呈现显著的下降趋势，但各种类型灌水器之间的变化率并不一致，压力补偿式灌水器 CU 变化斜率总体要高于非压力补偿式灌水器，4 种压力补偿式和 4 种非压力补偿式灌水器 CU 变化斜率 k_3 分别为－0.112～－0.051、－0.094～－0.042。该阶段，已有部分灌水器 CU 之间开始呈现显著差异，其中 E5、E7、E8 三者之间的差异已达显著水平。次年系统重新启动后，各灌水器 CU 迅速降低，到累计系统运行时间达 540h 时，4 种压力补偿式和 4 种非压力补偿式灌水器 CU 已分别降至 15.8%～41.5%、12.7%～32.0%，比较而言，非压力补偿式灌水器具有更好的保持灌水均匀度的能力；同时各处理均呈现出显著的线性变化趋势，4 种压力补偿式和 4 种非压力补偿式灌水器 CU 变化直线拟合的斜率分别为－0.198～－0.117、－0.200～－0.159，均比第一年 CU 变化的斜率有大幅降低。总体而言，该阶段各灌水器 CU 差异均已达显著水平（$p<0.01$），但并未与启动线性变化阶段结果呈现良好的一致性。

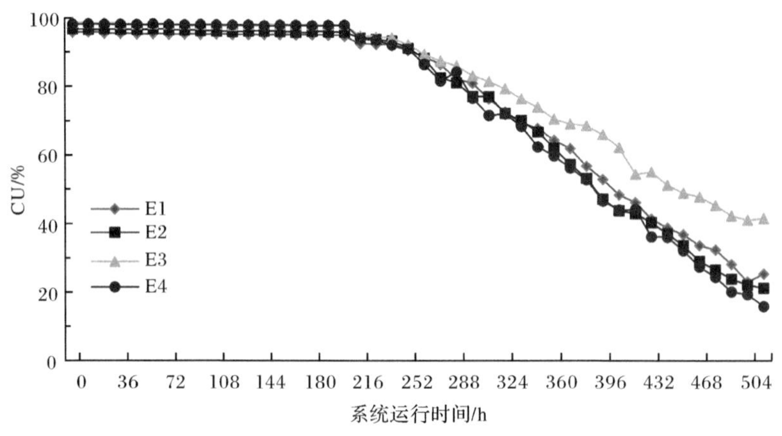

(a) 压力补偿式灌水器

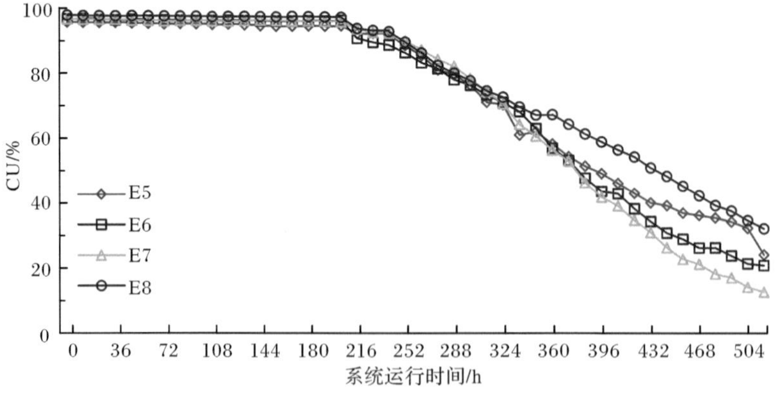

(b) 非压力补偿式灌水器

图 4.4 不同类型灌水器 CU 随系统运行时间的变化曲线

表 4.3　不同类型灌水器 CU 线性拟合及差异显著性分析结果

序号	波动平衡阶段/h	第一年(0～204h) 启动线性变化阶段										第二年(204～540h) 加速线性变化阶段									
		线性拟合		显著性 t 检验								线性拟合		显著性 t 检验							
		k_3	R^2	E1	E2	E3	E4	E5	E6	E7	E8	k_4	R^2	E1	E2	E3	E4	E5	E6	E7	E8
E1	0～96	−0.051	0.79	—	—	—	—	—	—	—	—	−0.150	0.91	—	—	—	—	—	—	—	—
E2	0～72	−0.083	0.94	*	—	—	—	—	—	—	—	−0.162	0.94	* *	—	—	—	—	—	—	—
E3	0～84	−0.100	0.93	* *	* *	—	—	—	—	—	—	−0.117	0.92	* *	* *	—	—	—	—	—	—
E4	0～108	−0.112	0.95	N	N	N	—	—	—	—	—	−0.198	0.99	* *	* *	* *	—	—	—	—	—
E5	0～72	−0.094	0.98	—	—	—	—	—	—	—	—	−0.186	0.98	—	—	—	—	—	—	—	—
E6	0～60	−0.042	0.97	—	—	—	—	*	—	—	—	−0.200	0.98	—	—	—	—	* *	—	—	—
E7	0～60	−0.079	0.94	—	—	—	—	N	* *	—	—	−0.216	0.98	—	—	—	—	* *	* *	—	—
E8	0～72	−0.076	0.96	—	—	—	—	N	* *	N	—	−0.159	0.98	—	—	—	—	* *	* *	* *	—

注：$CU=k_it+c$，$i=3,4$，其中，t 为系统累计运行时间，k_3 和 k_4 分别为启动线性变化阶段与加速线性变化阶段灌水均匀度变化线性拟合斜率，c 为 CU 线性拟合截距。表中以 N 表示不显著，* 表示显著($p<0.05$)，* * 表示极显著($p<0.01$)。

如图 4.5 所示，灌水器 Dra 与 CU 间表现出良好的线性关系。压力补偿式灌水器 Dra 与 CU 相关关系集中，CU 在 Dra 降至 95%左右时突然下降，随后与 Dra 呈线性相关。与非压力补偿式灌水器相比，压力补偿式灌水器波动阶段相对较长，且决定系数 R^2 较小，说明压力补偿式灌水器 CU 对 Dra 变化的敏感度较小。

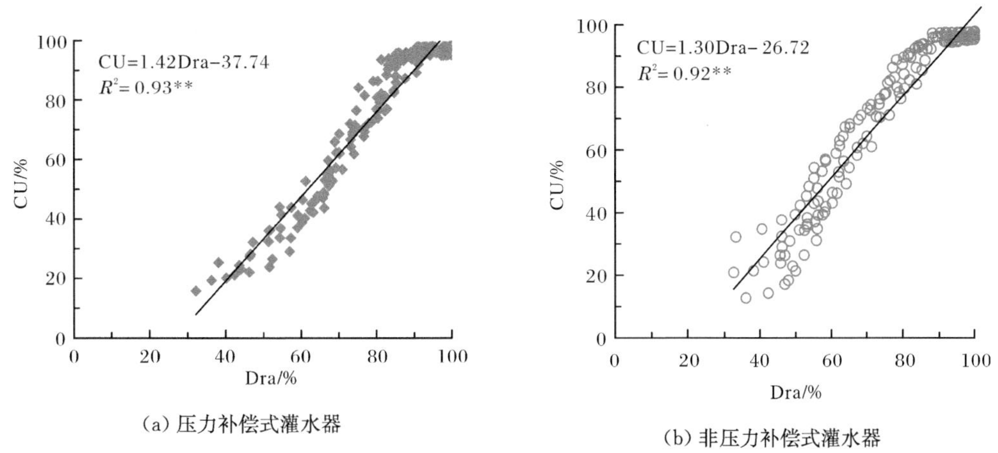

(a) 压力补偿式灌水器　　(b) 非压力补偿式灌水器

图 4.5　灌水器 Dra-CU 相关关系

* * 表示极显著($p<0.01$)

4.1.4　灌水器堵塞率沿毛管分布特征

8 种灌水器在毛管首部、中部和尾部的堵塞率分布特征如图 4.6 所示。从图中可以看出，系统运行 36～48h 后就会发生灌水器堵塞。但系统运行的第一年内，通常只会发生一些轻微堵塞，在毛管的中部和尾部会出现少量一般堵塞的灌水器(<4.16%)，第一年试验结束时压力补偿式灌水器和非压力补偿式灌水器中未堵塞灌水器分别占 61.4%和 58.9%。系统次年重新启动后，灌水器堵塞程度急速增加，分别在系统运行 216～252h、252～264h 左右开始出现严重堵塞和完全堵塞的灌水器，整体呈现波动性增加趋势，且次年重新启动完全堵塞灌水器出现的时间显著提前。

试验结束时，8 种灌水器堵塞率分布见表 4.4。此时压力补偿式灌水器的严重堵塞灌水器比例平均值为 11.7%，完全堵塞灌水器为 50.7%，未堵塞灌水器为 14.4%，非压力补偿式灌水器严重堵塞、完全堵塞、未堵塞比例平均值则分别为 20.7%、59.5%、6.5%。相比之下，4 种非压力补偿式灌水器的严重堵塞与完全堵塞灌水器数量增长速率较高，未堵塞灌水器数量远少于 4 种压力补偿式灌水器。

整体来看，灌水器堵塞通常会在尾部发生，然后逐渐过渡到中部、首部，并且尾部灌水器堵塞程度要明显高于中部和首部。到试验结束时，首部完全堵塞灌水器仅占 18.9%～

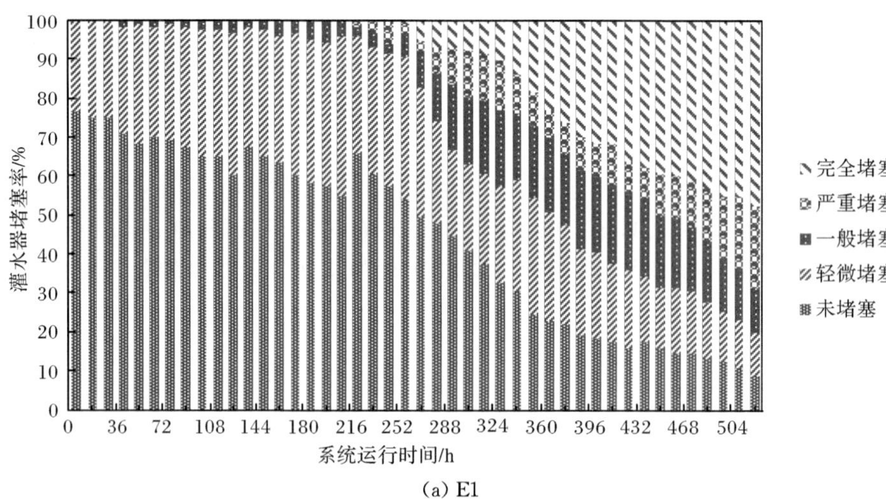

(a) E1

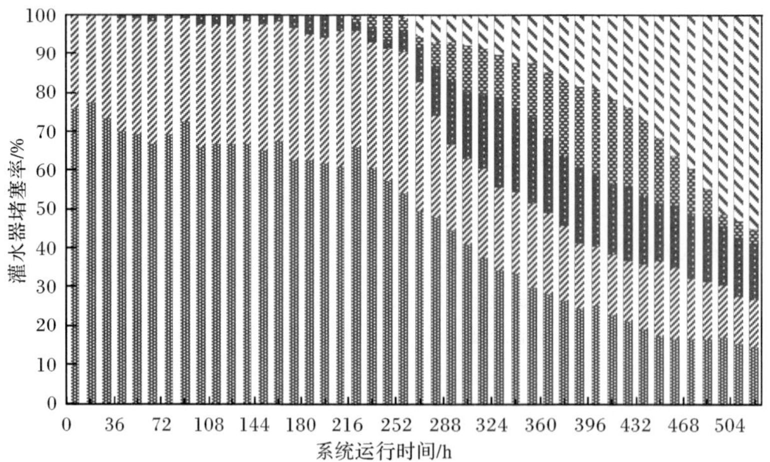

(b) E2

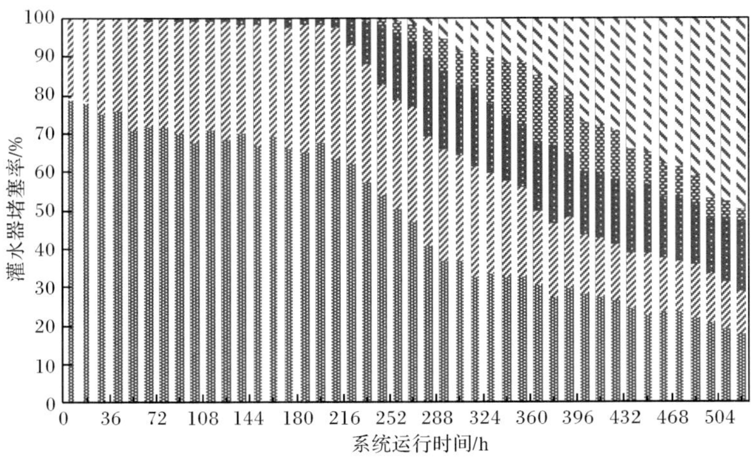
100
90
80
70
60
50
40
30
20
10
0
灌水器堵塞率/%
0
36
72
108
144
180
216
252
288
324
360
396
432
468
504
系统运行时间/h
完全堵塞
严重堵塞
一般堵塞
轻微堵塞
未堵塞

(c) E3

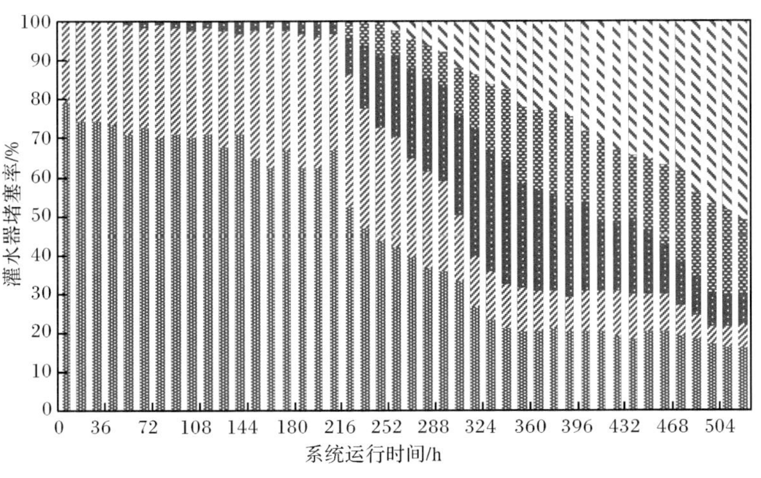
100
90
80
70
60
50
40
30
20
10
0
灌水器堵塞率/%
0
36
72
108
144
180
216
252
288
324
360
396
432
468
504
系统运行时间/h
完全堵塞
严重堵塞
一般堵塞
轻微堵塞
未堵塞

(d) E4

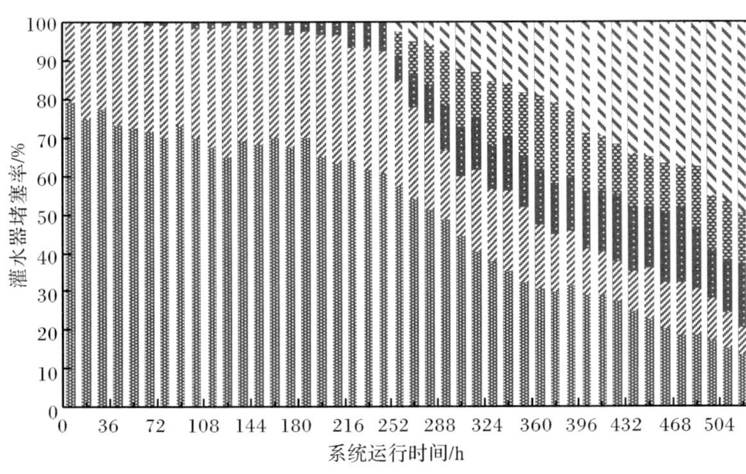
100
90
80
70
60
50
40
30
20
10
0
灌水器堵塞率/%
0
36
72
108
144
180
216
252
288
324
360
396
432
468
504
系统运行时间/h
完全堵塞
严重堵塞
一般堵塞
轻微堵塞
未堵塞

(e) E5

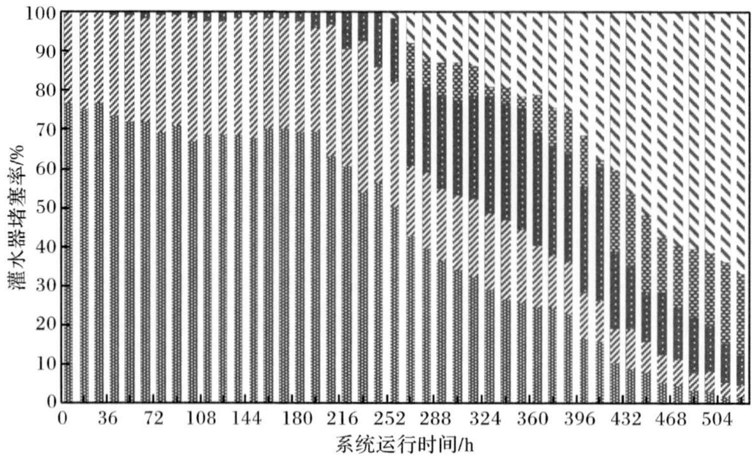

(f) E6

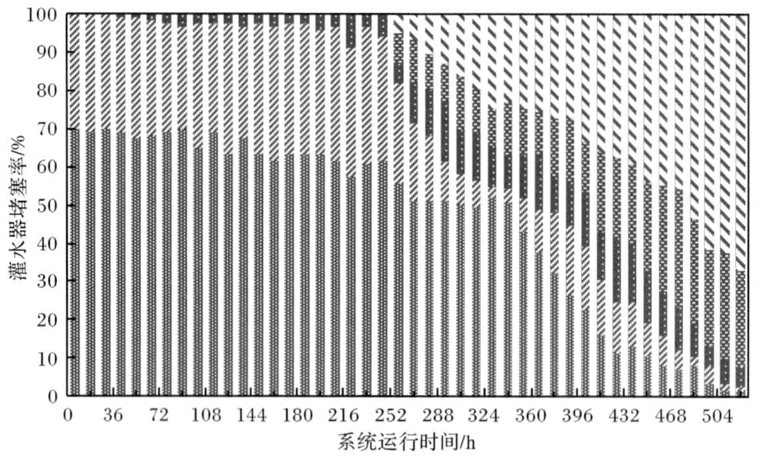

(g) E7

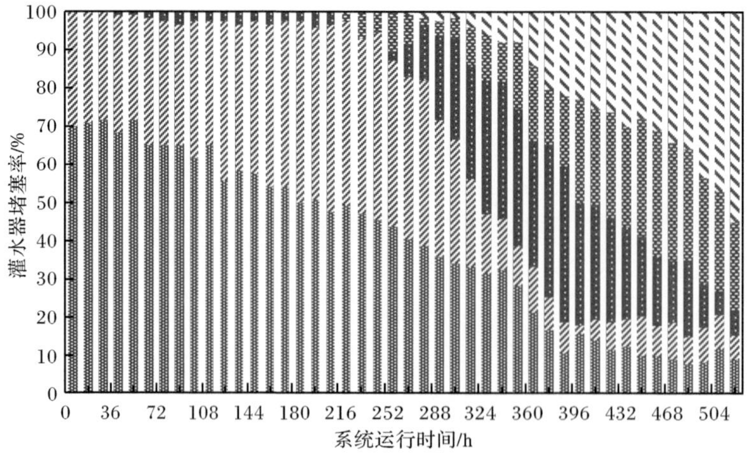

(h) E8

图 4.6　不同类型灌水器堵塞率分布特征

40.5%，而在尾部则高达73.0%以上。这是因为当毛管长度足够时，由于管线中营养物质的输送与速度分布原因，滴灌系统毛管在首部、中部、尾部的灌水器堵塞率分布情况往往有一定差异。这与Ravina等(1997，1992)的试验结果相似。

表4.4　系统运行结束时不同堵塞程度灌水器比例　(单位：%)

灌水器	灌水器堵塞程度				
	未堵塞	轻微堵塞	一般堵塞	严重堵塞	完全堵塞
E1	9.0	10.8	11.7	20.7	47.7
E2	14.4	12.6	14.4	3.6	55.0
E3	18.0	10.8	18.0	3.6	49.5
E4	16.2	5.4	8.1	18.9	50.5
E5	13.5	7.2	16.2	13.5	49.5
E6	1.8	2.7	8.1	20.7	66.7
E7	1.8	0.9	5.4	25.2	66.7
E8	9.0	6.3	6.3	23.4	55.0

4.2　滴灌系统灌水器化学堵塞行为与特征

4.2.1　试验概况

试验在内蒙古自治区巴彦淖尔市磴口县北乌兰布和沙区灌溉实验站进行，试验水源来自该地区周边微咸水，选用矿化度为1g/L、2g/L、3g/L、5g/L、7g/L、9g/L微咸水共6个处理，试验期间微咸水水质参数见表4.5。试验用磷肥为磷酸二氢钾(MPK)，施肥浓度为0.2g/L(以P_2O_5纯养分浓度计)。试验期间系统每层8根滴灌带每天灌水量为3m^3，施肥量为0.2kg，采用微咸水-施肥水-微咸水交替运行。

表4.5　试验期间微咸水水质参数

矿化度/(g/L)	离子浓度/(mg/L)						
	Ca^{2+}	Mg^{2+}	Na^+和K^+	HCO_3^-	CO_3^{2-}	Cl^-	SO_4^{2-}
1	41.4～52.7	29.1～33.4	147.5～154.8	321.2～324.6	0	271.2～276.4	516.3～519.2
2	56.4～62.5	51.1～54.8	311.2～323.6	380.6～384.1	0	314.8～318.2	592.4～597.9
3	91.7～99.4	83.4～85.1	513.2～517.6	483.6～487.2	0	442.2～447.6	641.3～646.1
5	153.6～157.2	122.4～129.5	1351.8～1354.4	532.5～536.1	0	711.3～715.8	772.1～776.4
7	269.1～273.8	162.6～169.1	2183.1～2186.2	691.8～695.2	0	881.4～885.9	901.4～940.8
9	491.1～498.5	231.5～238.4	2891.1～2895.6	757.1～762.4	0	1285.1～1289.4	1321.2～1336.3

试验选用8种内镶贴片式灌水器，灌水器间距为30cm，灌水器结构参数见表4.6。系统运行后，每隔14天进行流量测试，沿着毛管在灌水器下方放置流量桶，每次测流时间为5min，设置3个重复。由于试验期间温差较大，参考3.4节介绍的方法对实测流量进行校正，以消除水温以及灌水器堵塞对邻近灌水器工作压力的影响。当滴灌系统运行到

42h、126h 时进行灌水器取样。每次取样分别在滴灌管(带)的首部、中部和尾部分别截取 3 个灌水器及其前后各 5cm 长的一段毛管，取样后立即用自封袋密封，截取部分用新的灌水器替换。灌水器的平均相对流量(Dra)与克里斯琴森均匀系数(CU)和堵塞率分布特征计算方法参见 3.1 节，堵塞物质干重及化学矿物组分的测试方法参见第 5 章。

表 4.6　灌水器结构参数

灌水器	额定流量/(L/h)	流道几何参数			流量系数	流态指数
		长/mm	宽/mm	深/mm		
FE1	2.00	24.5	0.61	0.60	6.5	0.61
FE2	1.90	73.0	0.62	0.65	6.3	0.50
FE3	1.75	51.0	0.64	0.58	5.7	0.51
FE4	1.60	27.1	0.56	0.50	5.4	0.52
FE5	1.60	19.0	0.55	0.49	5.2	0.51
FE6	1.40	47.0	0.56	0.55	4.9	0.51
FE7	1.20	52.5	0.55	0.63	3.6	0.51
FE8	0.95	85.0	0.55	0.51	3.1	0.51

4.2.2　单个灌水器堵塞发生的随机性评价

不同矿化度处理对单个灌水器堵塞随机性指数的影响效应及相关关系如图 4.7 和

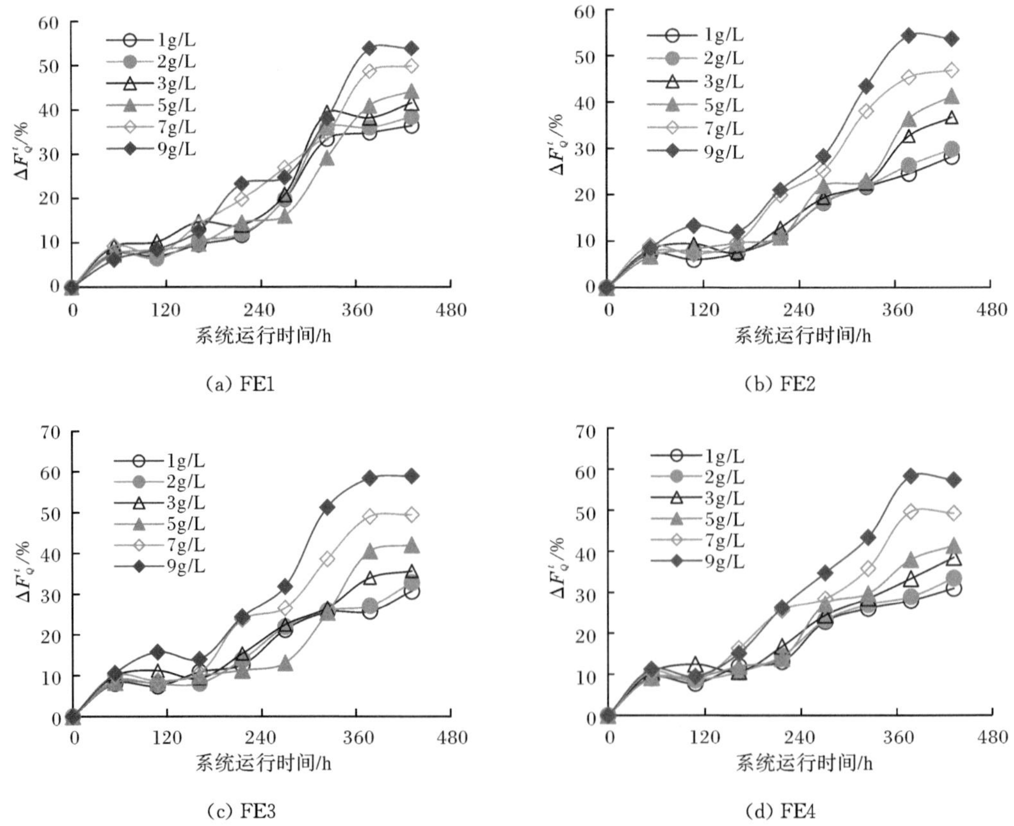

(a) FE1　(b) FE2　(c) FE3　(d) FE4

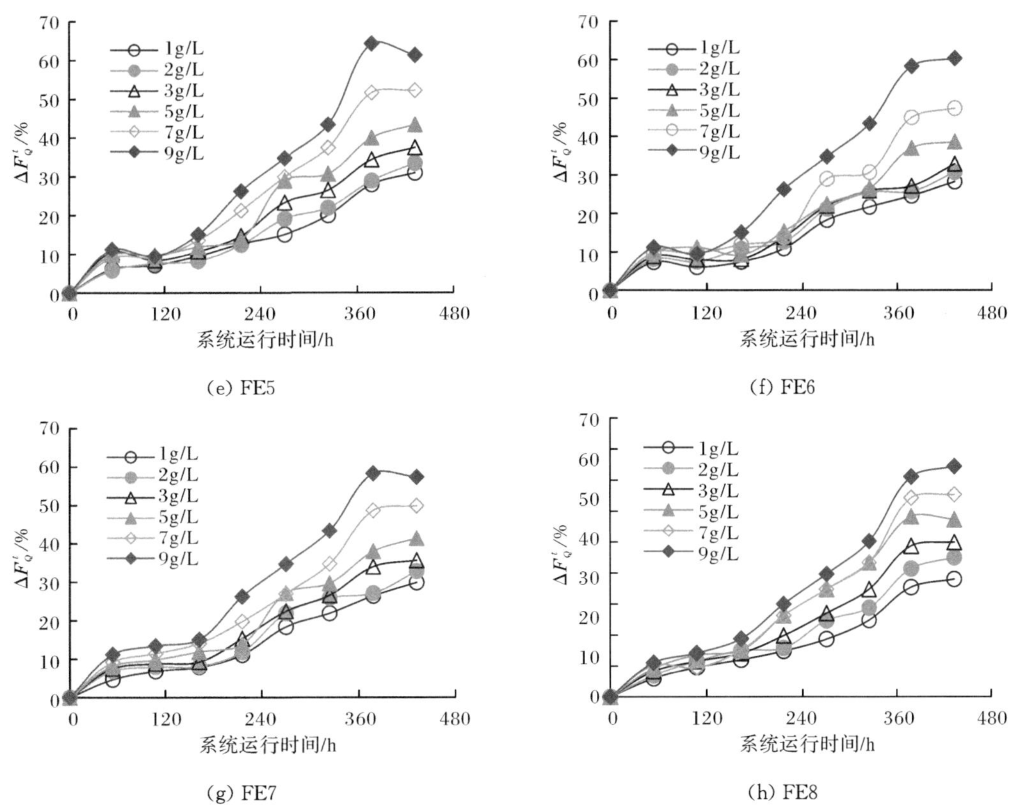

图 4.7　不同矿化度处理下单个灌水器堵塞随机性指数的动态变化特性

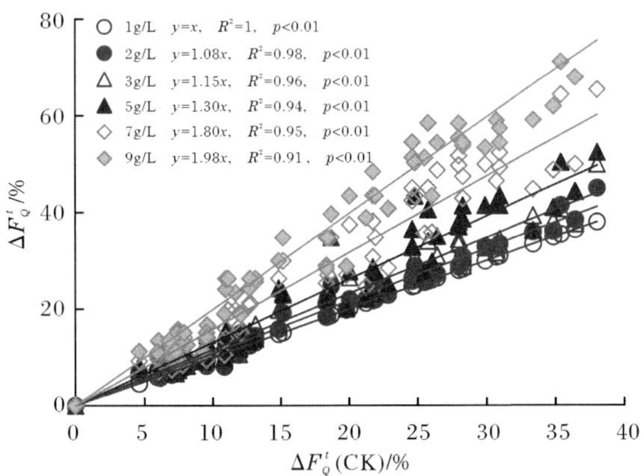

图 4.8　不同矿化度处理下灌水器堵塞随机性指数的相关关系

图 4.8所示，不同矿化度处理下随机性指数的显著性分析见表 4.7。可以发现，截至系统运行结束，矿化度为 1g/L、2g/L、3g/L、5g/L、7g/L、9g/L 处理下灌水器的堵塞随机性指数分别为 26.4%～34.7%、28.3%～37.9%、28.9%～37.1%、31.4%～39.4%、41.8%～49.7%、57.1%～66.8%，表现出随着矿化度的增加，灌水器堵塞随机性指数呈现增大的趋势。同时从图 4.8 中可以发现，随着矿化度的增加，ΔF_Q^t呈现出先增加到急剧增加的变

化规律，与矿化度1g/L相比，矿化度 2g/L、3g/L、5g/L 处理下 ΔF_Q^t提升了 3.9%～11.5%，而矿化度 7g/L、9g/L 处理下 ΔF_Q^t提升了 25.3%～43.5%，且 8 种滴灌管（带）的规律均表现出较好的一致性。

不同矿化度处理下单个灌水器堵塞发生均具有一定的随机性，且随着矿化度的增加，堵塞的随机性指数呈变大的趋势，其主要原因是：随着矿化度的增加，发生反应形成的化学污垢随之增加，沉积黏附在灌水器流道壁面的堵塞物质的数量不断增加，使灌水器流道过流断面面积减小，增强了灌水器流道内部的水力剪切力，相较于低矿化度处理下堵塞物质更容易发生脱落，流量恢复幅度更大，而脱落后的堵塞物质在流道紊流状态下随水流运动，并随机地被截止或黏附至流道内任意位置再次造成堵塞，灌水器流量随即减小。与低矿化度处理相比，高矿化度处理下灌水器流量的变化较大，因而灌水器堵塞的随机性相应较大。

表 4.7 不同矿化度处理下灌水器堵塞随机性指数的显著性分析

处理组	ΔF_Q^t					
	1g/L	2g/L	3g/L	5g/L	7g/L	9g/L
1g/L	—	—	—	—	—	—
2g/L	3.40*	—	—	—	—	—
3g/L	4.53*	2.63*	—	—	—	—
5g/L	5.98**	4.53**	3.16*	—	—	—
7g/L	10.30**	8.72**	7.01**	5.54*	—	—
9g/L	11.51**	9.64**	8.51**	7.13**	6.14**	—

*表示显著($p<0.05$)，**表示极显著($p<0.01$)。

4.2.3 毛管上灌水器堵塞的持续性

图 4.9～图 4.11 为不同矿化度处理对滴灌系统 Dra、CU 的影响效应及相关关系，灌水器 Dra 和 CU 拟合曲线参数见表 4.8，不同矿化度处理下 Dra 和 CU 的显著性分析见表 4.9。可以看出，不同矿化度处理之间差异显著(表 4.9)，截至系统运行结束，与矿化度 1g/L 相比，矿化度 2g/L、3g/L、5g/L、7g/L、9g/L 处理下滴灌系统 Dra 分别下降 5.3%～6.5%、9.6%～11.8%、17.6%～22.8%、34.2%～38.4%、56.7%～65.4%，CU 分别下降 7.2%～8.5%、11.1%～13.7%、20.4%～26.8%、39.4%～46.2%、66.8%～73.1%。表现为随着矿化度的增加，堵塞呈增长趋势，但并未呈现出线性递增的趋势，而是呈现出一种从增长到急剧增长的过程。从图中可以发现，与矿化度 1g/L 相比，矿化度 2g/L、3g/L、5g/L 处理下 Dra、CU 分别下降了 8.2%～33.4%、10.7%～27.2%，而 7g/L、9g/L 处理下 Dra、CU 分别下降了 59.8%～98.1%、67.2%～112.4%。相应 8 种滴灌管(带)的规律均表现出较好的一致性。

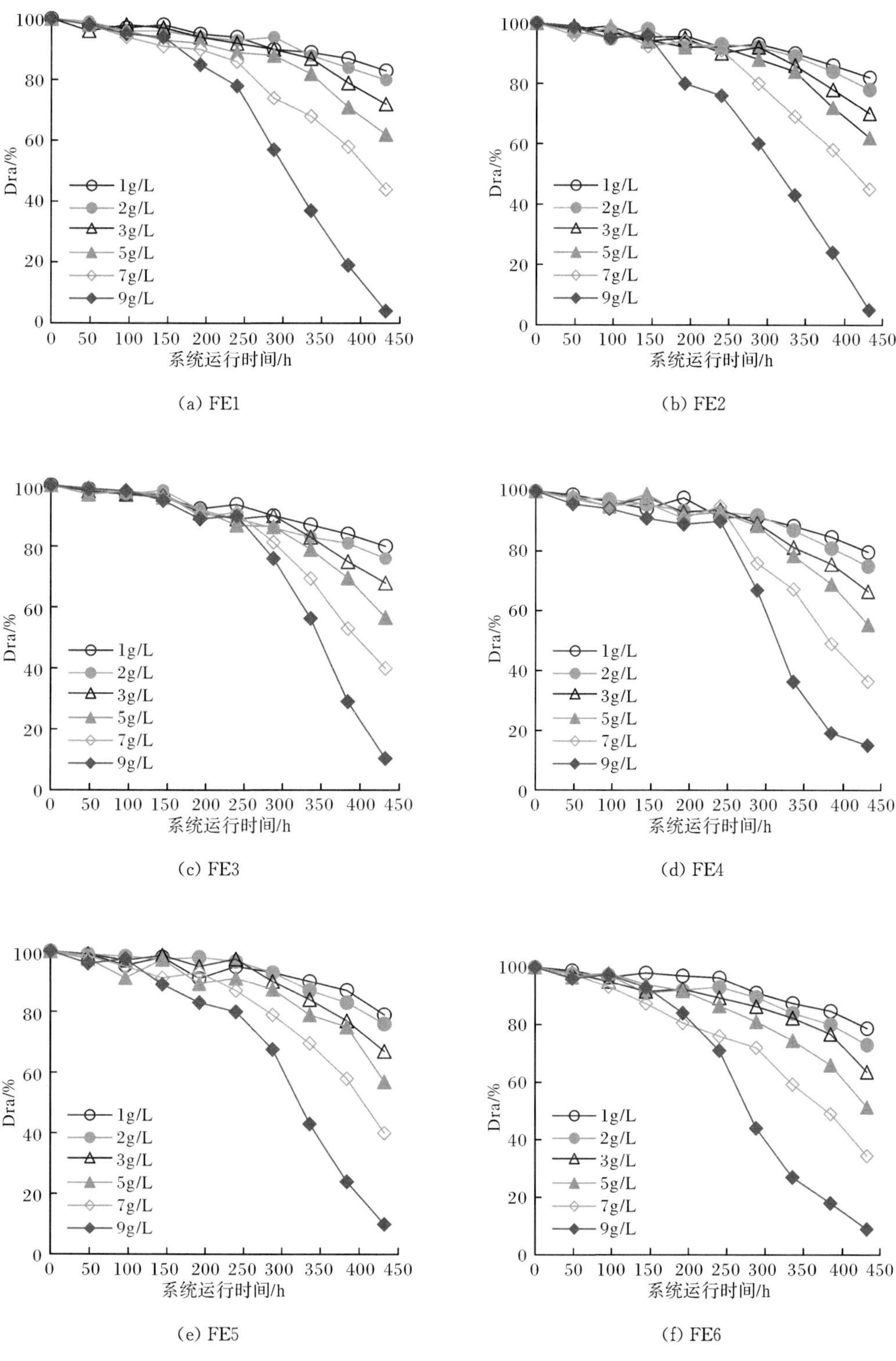

(a) FE1　(b) FE2

(c) FE3　(d) FE4

(e) FE5　(f) FE6

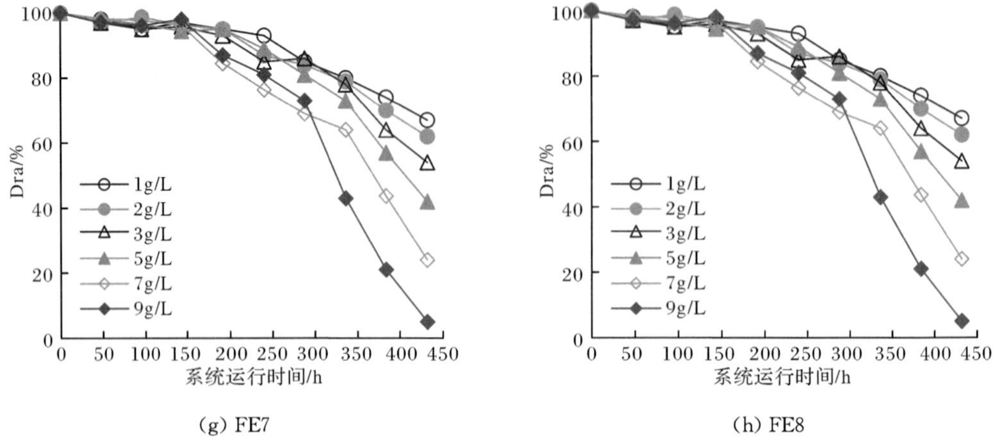

(g) FE7　　(h) FE8

图 4.9　不同矿化度处理下滴灌系统 Dra 动态变化特征

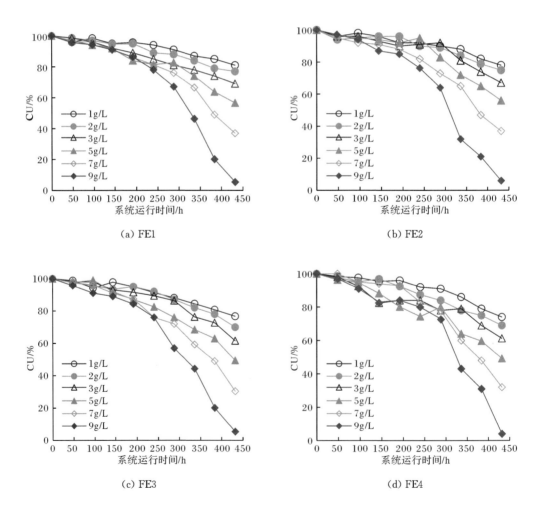

(a) FE1　　(b) FE2

(c) FE3　　(d) FE4

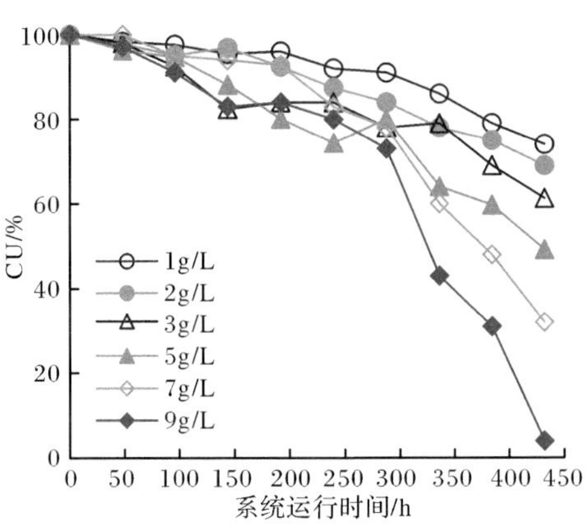

(e) FE5

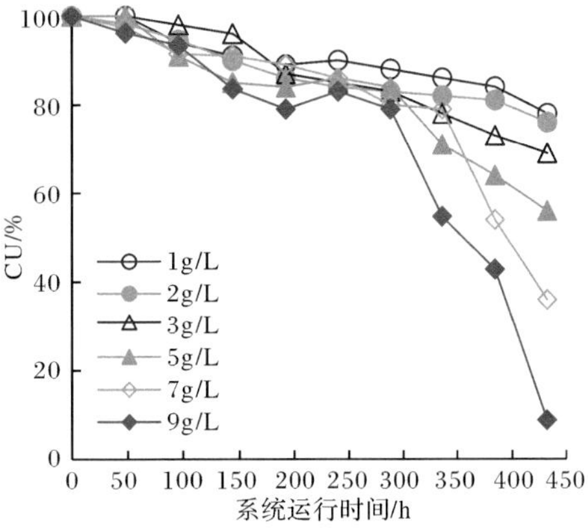

(f) FE6

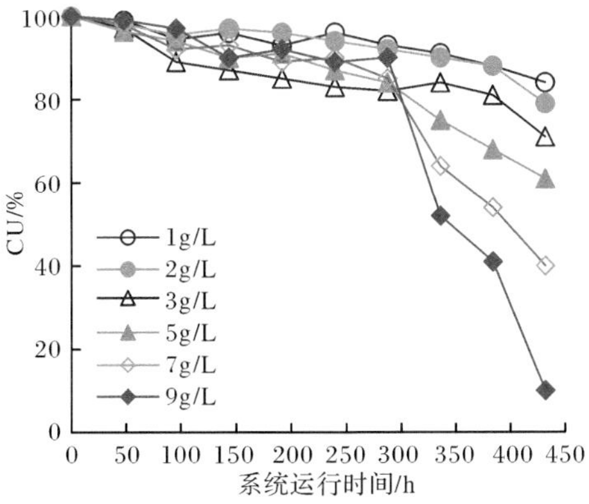

(g) FE7

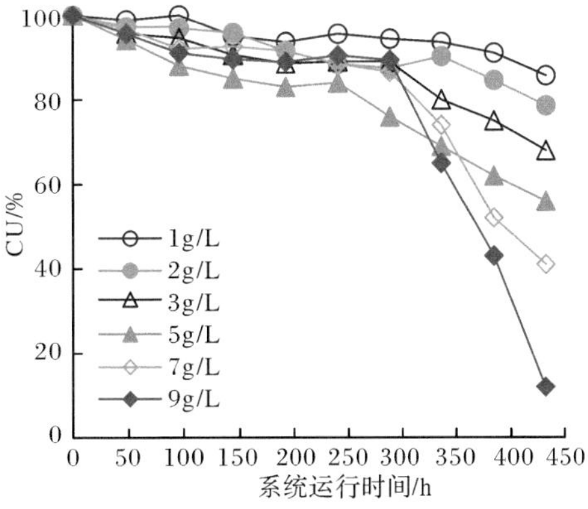

(h) FE8

图 4.10　不同矿化度处理下滴灌系统 CU 动态变化特征

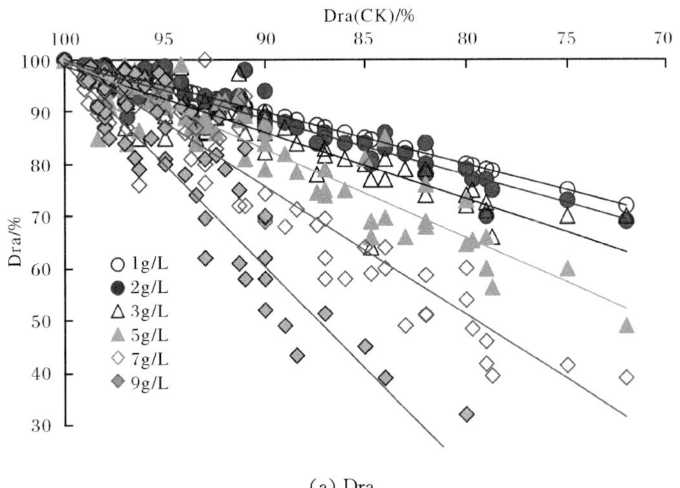

(a) Dra

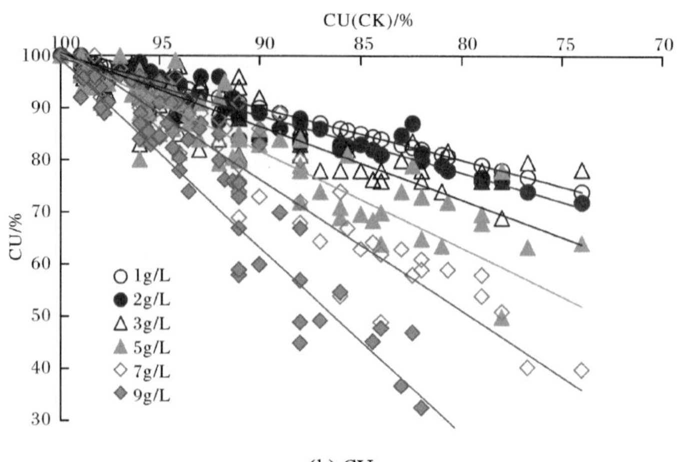

(b) CU

图 4.11 不同矿化度处理下 Dra、CU 相关关系

表 4.8 灌水器 Dra 和 CU 特征曲线拟合

特征参数	拟合曲线参数	矿化度					
		1g/L	2g/L	3g/L	5g/L	7g/L	9g/L
Dra	k	1.00	1.14	1.30	1.88	2.49	3.52
	R^2	1.00	0.91	0.90	0.85	0.86	0.84
CU	k	1.00	1.11	1.40	1.77	2.51	4.04
	R^2	1.00	0.91	0.93	0.84	0.84	0.85

表 4.9 不同矿化度处理下 Dra 和 CU 的显著性分析

处理组	Dra						CU					
	1g/L	2g/L	3g/L	5g/L	7g/L	9g/L	1g/L	2g/L	3g/L	5g/L	7g/L	9g/L
1g/L	—	—	—	—	—	—	—	—	—	—	—	—
2g/L	2.40*	—	—	—	—	—	1.30*	—	—	—	—	—
3g/L	3.53*	2.63	—	—	—	—	3.83*	2.21*	—	—	—	—
5g/L	4.98**	3.43*	2.16*	—	—	—	5.18**	4.03*	2.84*	—	—	—
7g/L	9.30**	8.12**	7.01**	6.54**	—	—	8.37**	7.22**	6.47**	5.61*	—	—
9g/L	10.01**	9.94**	8.63*	7.14	—	—	11.03**	10.14**	9.47**	8.54**	7.15**	—

* 表示显著($p<0.05$)，* * 表示极显著($p<0.01$)。

4.2.4 不同类型灌水器堵塞率沿毛管分布特征

不同矿化度微咸水滴灌系统灌水器堵塞率分布如图 4.12 所示。从图中可以看出，截至系统运行结束，矿化度 1g/L、2g/L、3g/L、5g/L、7g/L、9g/L 处理下完全堵塞灌水器比例分别为 2.5%～16.1%、8.1%～18.6%、10.5%～21.4%、15.4%～28.7%、28.7%～47.4%、40.8%～69.4%，表现出完全堵塞占比随矿化度的增加逐渐增大的过程，且随着矿化度的增加，一般堵塞、严重堵塞占比均呈加剧的趋势，并且表现出增加到急剧增加的过程，与 1g/L 矿化度处理完全堵塞占比相比，2g/L、3g/L、5g/L 矿化度处理下完全堵塞占比分别增加2.2%～5.6%、5.8%～8.1%、7.8%～12.9%，7g/L、9g/L 矿化度处理下完全堵塞占比分别增加 26.2%～31.3%、38.3%～53.6%，完全堵塞占比随矿化度的增加呈现增长到急剧增加的趋势，一般堵塞、严重堵塞也呈现与完全堵塞一致的变化规律。不同时期堵塞率分布表现具有一致性。

结果发现，随着矿化度的增加，严重堵塞、完全堵塞的灌水器占比呈增加趋势，未堵塞和轻微堵塞占比呈减少趋势，总体呈现随着矿化度的增加，灌水器堵塞增加的趋势，其原

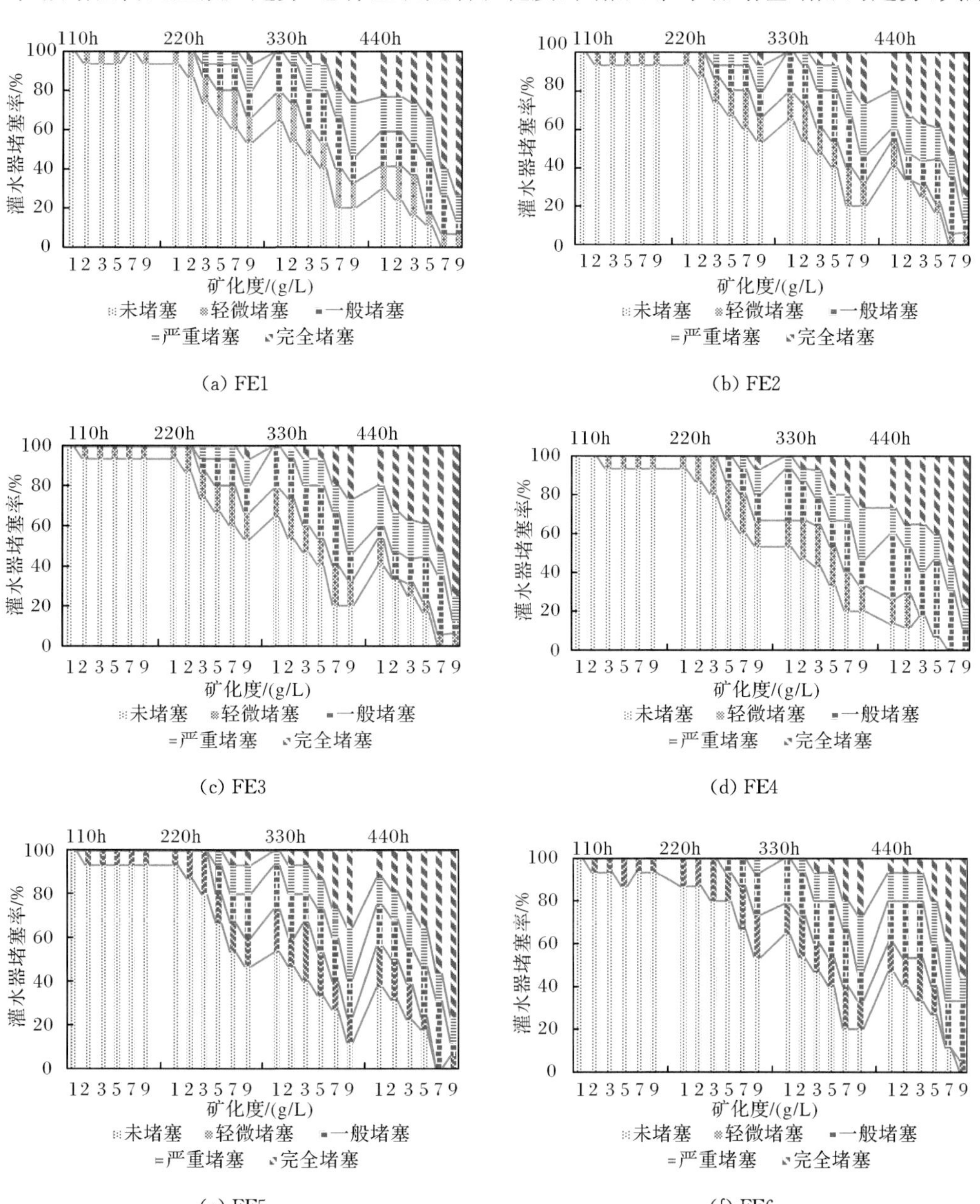

(a) FE1　(b) FE2

(c) FE3　(d) FE4

(e) FE5　(f) FE6

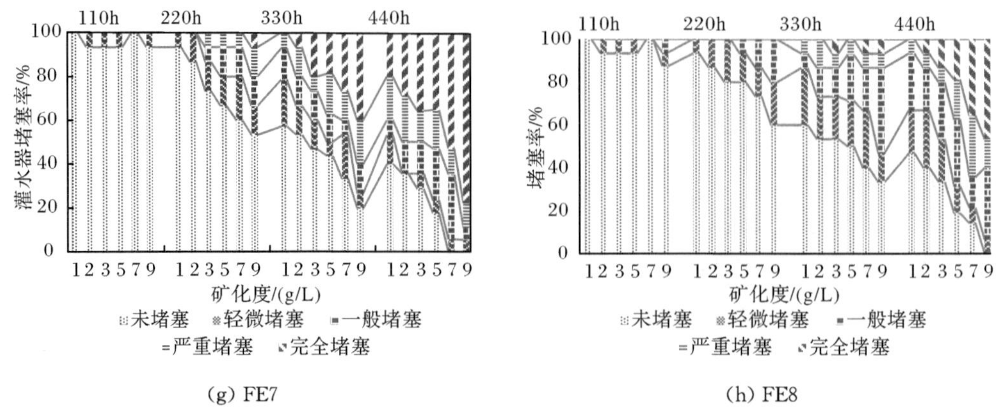

(g) FE7　　(h) FE8

图 4.12　不同矿化度微咸水滴灌系统灌水器堵塞率分布

因是单个灌水器流量变化具有一定的随机性，但堵塞物质与壁面的黏附作用，灌水器的堵塞处于持续增加状态。因而单个灌水器堵塞发生的随机性并不会改变毛管上灌水器整体堵塞的发生特性。

4.2.5　不同矿化度下毛管堵塞率分布对水力性能的影响

灌水器堵塞率(P)与平均相对流量(Dra)的相关关系如图 4.13～图 4.15 所示。从图中可以看出，Dra 与 P 的二次多项式拟合度较好，在未堵塞、严重堵塞和完全堵塞灌水器 P 与 Dra 之间均呈现显著的二次非线性关系，R^2 为 0.71～0.90，$p<0.01$。进一步对不同堵塞程度和不同矿化度处理下堵塞特征参数的拟合结果进行分析。在未堵塞和严重

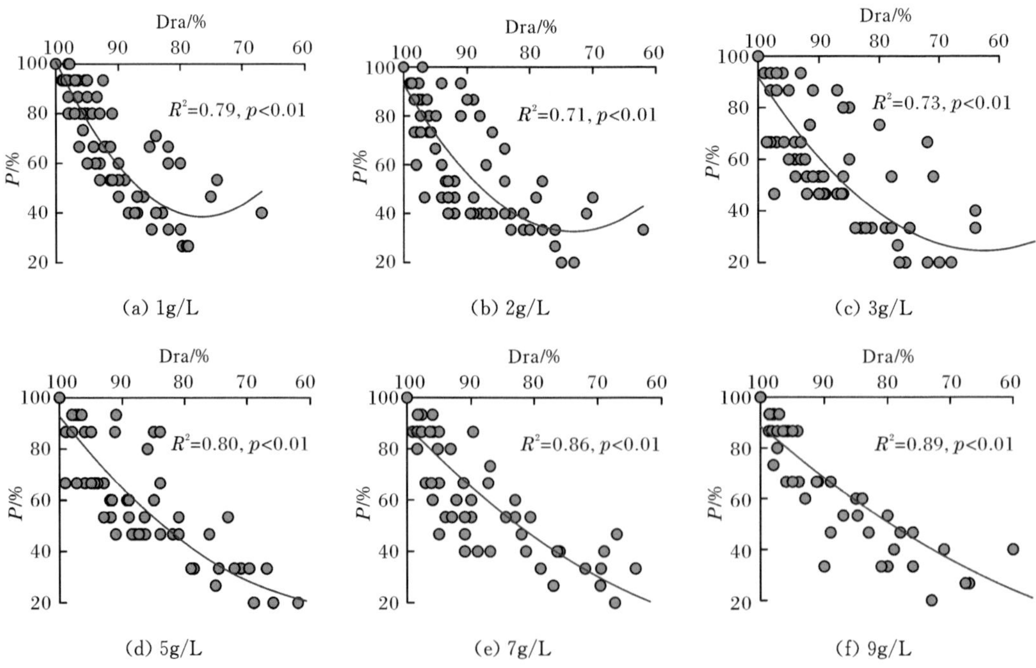

(a) 1g/L　　(b) 2g/L　　(c) 3g/L

(d) 5g/L　　(e) 7g/L　　(f) 9g/L

图 4.13　未堵塞灌水器 P 与 Dra 的相关关系

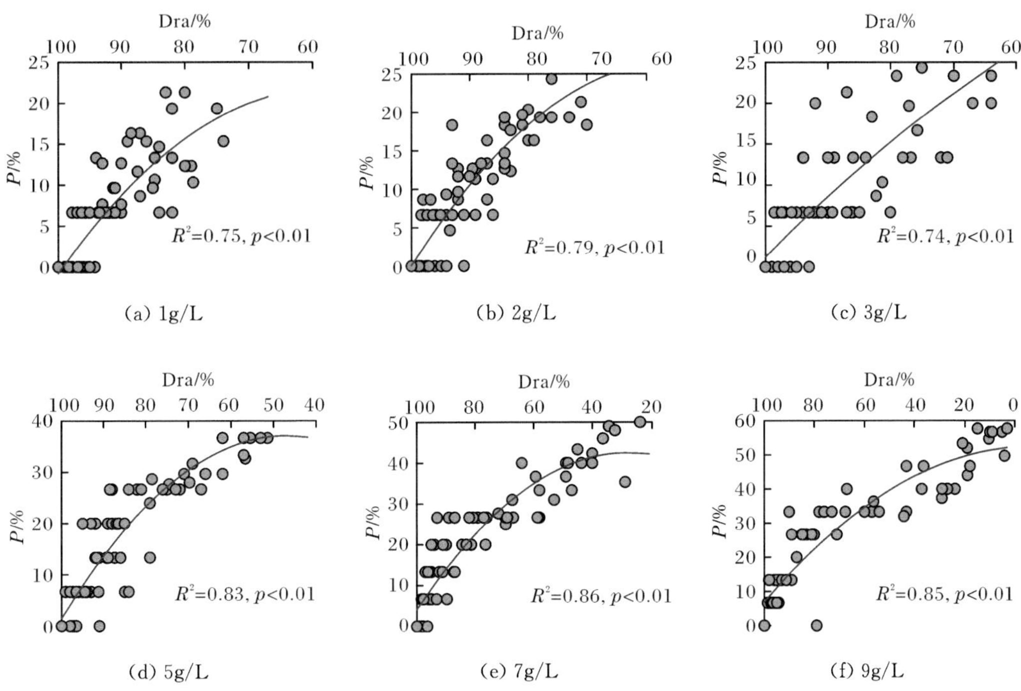

图 4.14 严重堵塞灌水器 P 与 Dra 的相关关系

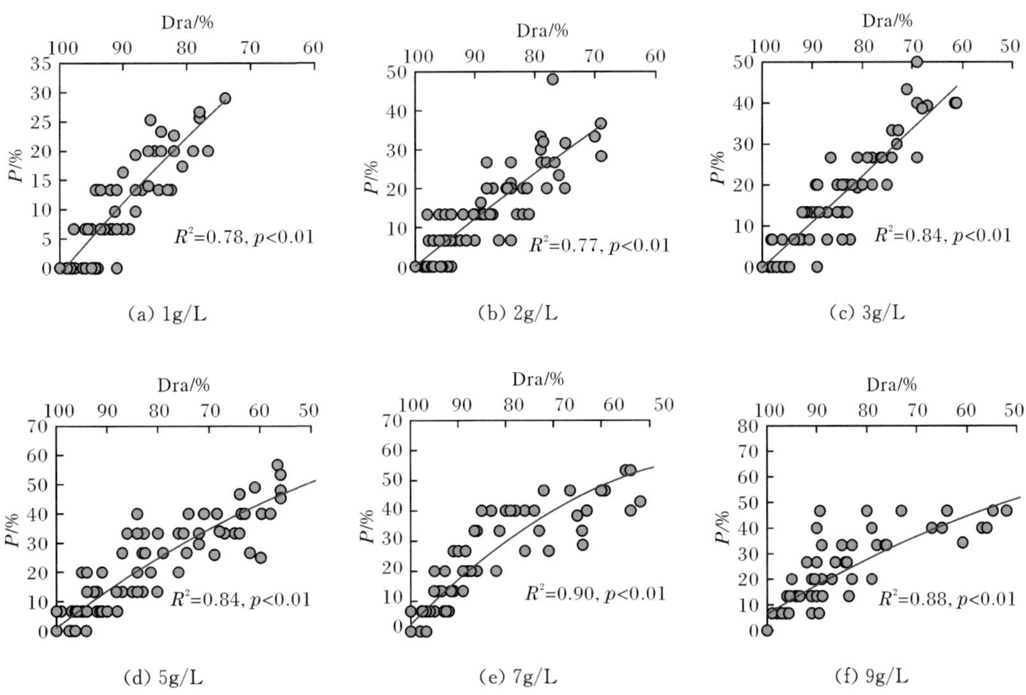

图 4.15 完全堵塞灌水器 P 与 Dra 的相关关系

堵塞情况下堵塞特征参数的拟合结果分析图中，不同矿化度处理下 P 与 Dra 呈显著二次非线性关系，堵塞分布的拟合度由高矿化度至低矿化度处理依次降低。而不同矿化度处理下轻微堵塞、一般堵塞灌水器 P 与 Dra 的拟合结果相对较差(0.44～0.76)，不再展示拟合结果图。

4.3 滴灌系统灌水器复合堵塞行为与特征

4.3.1 试验概况

滴灌系统灌水器复合堵塞原位试验在内蒙古自治区巴彦淖尔市磴口县北乌兰布和沙区灌溉实验站进行。试验水源选自引黄灌区典型的灌溉水源，包括乌审干渠内黄河水(标记为 YRW)、灌区内特有的因黄河水反渗而形成的地表微咸水(标记为 SLW)及两者混配比例 1∶1 的混配水(标记为 MXW)，试验期间水质参数见表 4.10。

表 4.10 三种灌溉水源水质参数

水源	pH	悬浮物浓度/(mg/L)	电导率/(μS/cm)	矿化度/(mg/L)	COD_{Cr}/(mg/L)	BOD_5/(mg/L)	总磷浓度/(mg/L)	总氮浓度/(mg/L)	Ca^{2+}浓度/(mg/L)	Mg^{2+}浓度/(mg/L)
YRW	7.5～7.9	38.1～42.5	766.2～772.9	443.1～497.7	6.3～6.9	1.5～1.9	0.04～0.07	1.2～1.5	52.7～53.9	23.7～26.1
MXW	8.3～8.5	26.1～27.8	6004.7～6013.9	2436.0～2441.1	23.8～25.0	3.7～4.2	0.12～0.17	2.0～2.1	240.7～248.9	94.4～96.9
SLW	8.9～9.2	<5.0	9453.5～9464.9	4757.2～4761.9	15.1～17.5	2.6～2.9	0.09～0.12	1.6～1.8	320.5～323.7	121.5～125.8

测试平台设置为 4 层，通过分流调压的方式实现每层工作压力恒定为 0.1MPa，每天运行前需进行压力校准。滴灌系统首部过滤采用两级过滤模式：一级过滤采用 4 寸[①]砂石过滤器，均质滤料平均粒径为 1.3～2.75mm；二级过滤采用 150 目的叠片过滤器。滴灌系统每运行 60h 对砂石过滤器进行一次反冲洗，并对叠片过滤器进行手动清洗。定期对毛管进行冲洗处理，冲洗频率为 1 次/60h，冲洗流速为 0.45m/s，冲洗时间为 6min。

选择国内外 16 种具有代表性厂家生产的灌水器产品进行测试，包括 8 种内镶贴片式灌水器、3 种圆柱式灌水器、3 种单翼迷宫式灌水器和 2 种贴条式灌水器，特征参数见表 4.11。每种类型灌水器设置 8 个重复，每条滴灌管(带)布设 15m，滴头间距为 0.33m，共计 45 个滴头。从毛管入口开始对灌水器进行编号。系统运行期间采用称重法，每 60h 测试一次灌水器流量，测试时间为 5min。

试验自 2015 年 7 月 1 日起运行，至 2015 年 10 月 5 日结束，试验期间系统每天累计运行 9h(7:00～12:00，14:00～18:00)。整个系统运行过程中，由于试验站停电和沙尘暴原因，系统运行中断过 3 次，每次小于 1 天。

① 1 寸=2.54cm，下同。

表 4.11　试验用灌水器特征参数

灌水器类型	编号	额定流量/(L/h)	流道几何参数			灌水器结构简图	产地
			长/mm	深/mm	宽/mm		
内镶贴片式灌水器	FE1	1.60	19.78	0.70	0.61		以色列
	FE2	2.11	38.76	0.90	0.91		中国
	FE3	2.75	30.30	0.69	0.73		中国
	FE4	1.38	23.70	0.69	0.63		中国
	FE5	1.75	29.70	0.90	0.68		中国
	FE6	1.97	20.30	0.74	0.74		中国
	FE7	1.40	32.16	0.63	0.62		中国
	FE8	2.80	41.13	0.95	0.67		中国
圆柱式灌水器	CE1	2.74	186.88	0.95	0.90		中国
	CE2	1.85	382.72	0.97	0.84		中国
	CE3	2.23	195.84	0.94	0.91		中国
单翼迷宫式灌水器	SL1	1.14	364.50	0.73	0.68		中国
	SL2	2.73	600.00	1.21	0.97		中国
	SL3	2.94	750.00	1.19	0.96		中国
贴条式灌水器	PS1	1.08	68.47	0.74	0.49		美国
	PS2	0.91	66.04	0.72	0.67		美国

4.3.2　单个灌水器堵塞发生随机性评价

由于滴灌管(带)产品种类与灌水器数量较多，本节以滴灌管(带)中部第 23 号灌水器为代表对流量随系统运行时间变化特征进行分析。不同水源条件下单个灌水器流量变化曲线如图 4.16～图 4.18 所示。基于此计算的堵塞随机性指数变化曲线如图 4.19～图 4.21 所示。

整体而言，单个灌水器流量随时间延长呈现不规律的波动变化状态，波动强度呈现出“弱—强—弱”的变化特征，波动强度在各自系统运行时间的 51.3%～67.8%达到最大，此时堵塞随机性指数 ΔF_Q^t 为 25.7%～67.9%。不同灌水器类型间单个灌水器流量随系统运行波动强弱相差明显。总体而言，表现为贴条式灌水器最强、内镶贴片式灌水器最弱、单翼迷宫式灌水器和圆柱式灌水器居中的变化规律。内镶贴片式灌水器、圆柱式灌水器、单翼迷宫式灌水器、贴条式灌水器流量最小值分别可降低至初始流量的 13.8%～28.2%、6.7%～24.5%、7.1%～15.3%、3.4%～13.2%，ΔF_Q^t 最大值分别为 25.7%～53.3%、41.8%～55.4%、42.6%～63.6%、52.4%～68.8%。贴条式灌水器、单翼迷宫式灌水器、圆柱式灌水器流量的最小值分别较内镶贴片式灌水器低 53.2%～75.1%、45.9%～48.5%、13.2%～51.8%，且三者的 ΔF_Q^t 最大值分别较内镶贴片式灌水器高 28.3%～100.1%、18.9%～68.4%、3.8%～64.7%。

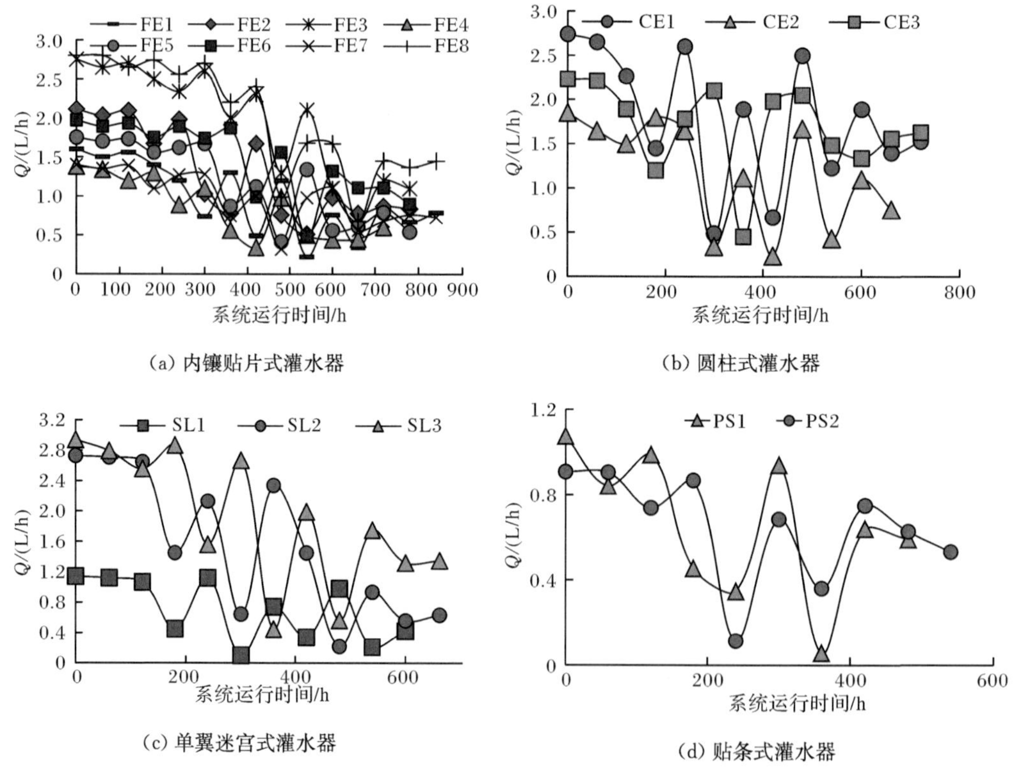

图 4.16　黄河水条件下单个灌水器流量变化特性

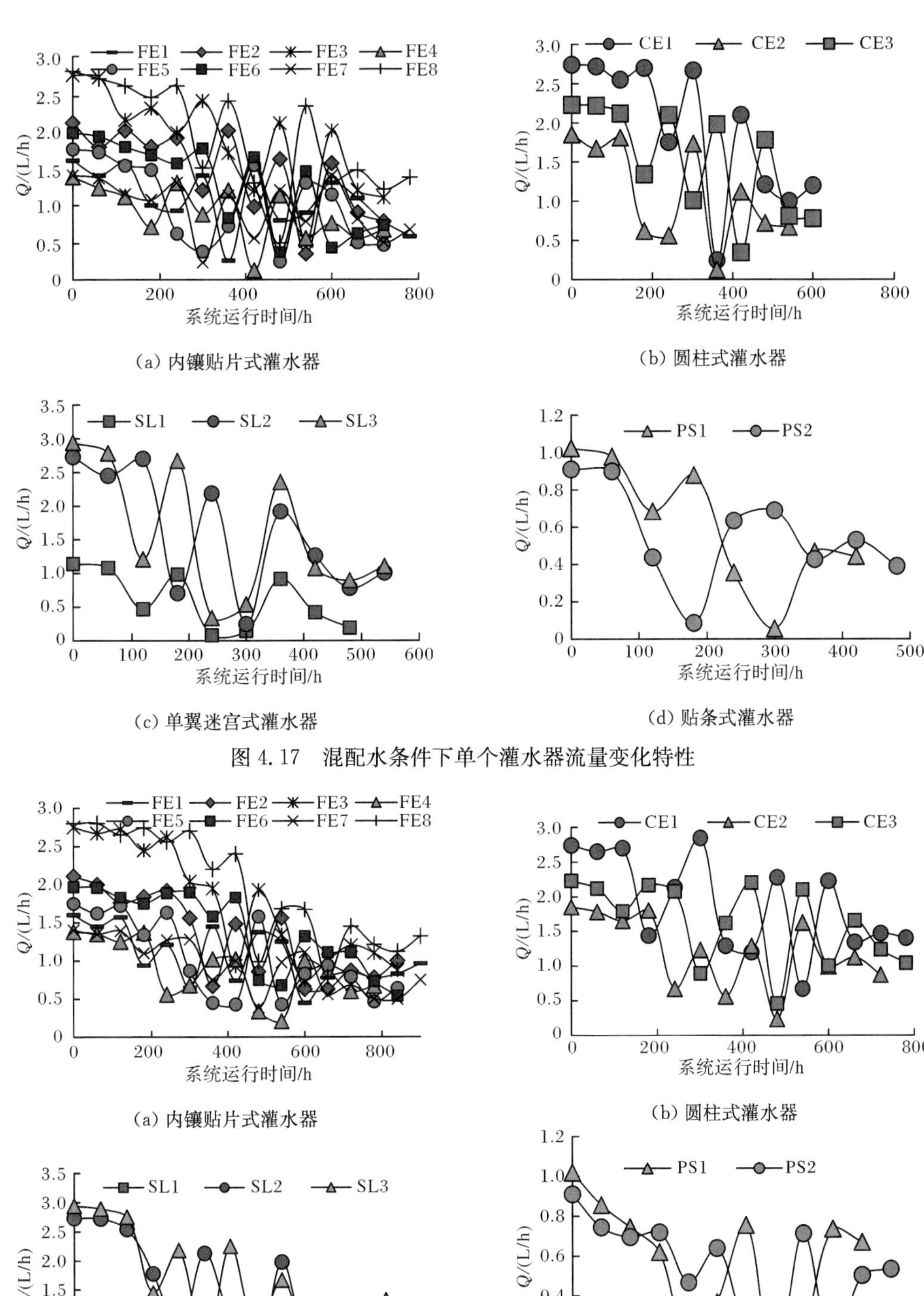

(a) 内镶贴片式灌水器

(b) 圆柱式灌水器

(c) 单翼迷宫式灌水器

(d) 贴条式灌水器

图 4.17 混配水条件下单个灌水器流量变化特性

(a) 内镶贴片式灌水器

(b) 圆柱式灌水器

(c) 单翼迷宫式灌水器

(d) 贴条式灌水器

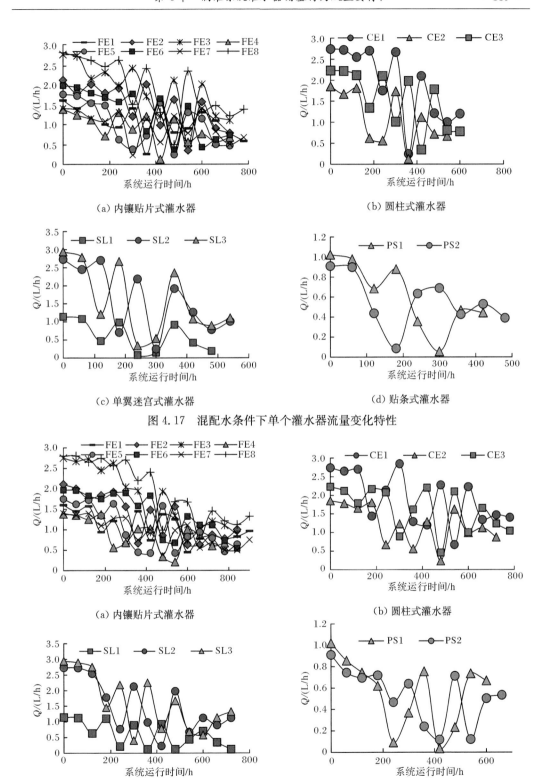

图 4.18 地表微咸水条件下单个灌水器流量变化特性

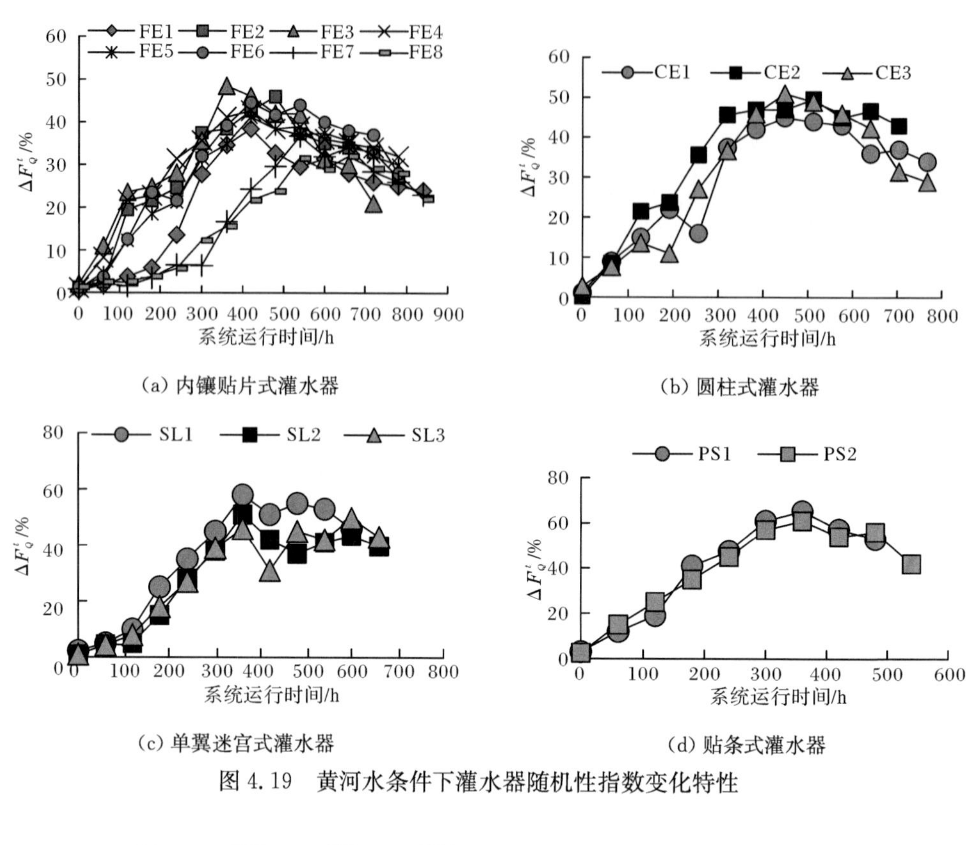

(a) 内镶贴片式灌水器　(b) 圆柱式灌水器

(c) 单翼迷宫式灌水器　(d) 贴条式灌水器

图 4.19　黄河水条件下灌水器随机性指数变化特性

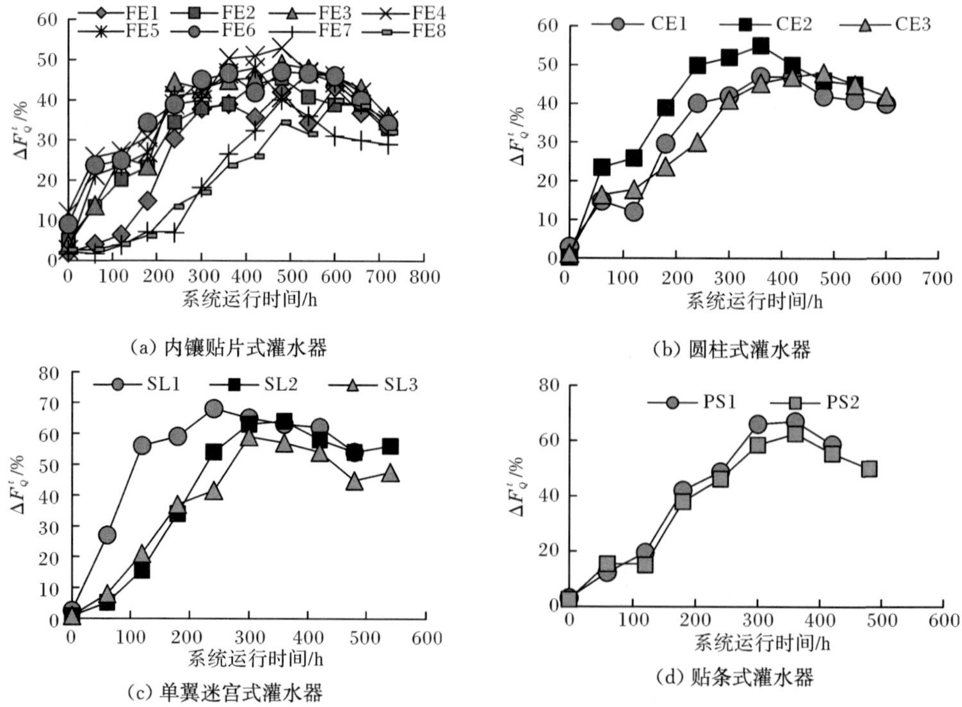

(a) 内镶贴片式灌水器　(b) 圆柱式灌水器

(c) 单翼迷宫式灌水器　(d) 贴条式灌水器

图 4.20　混配水条件下灌水器随机性指数变化特性

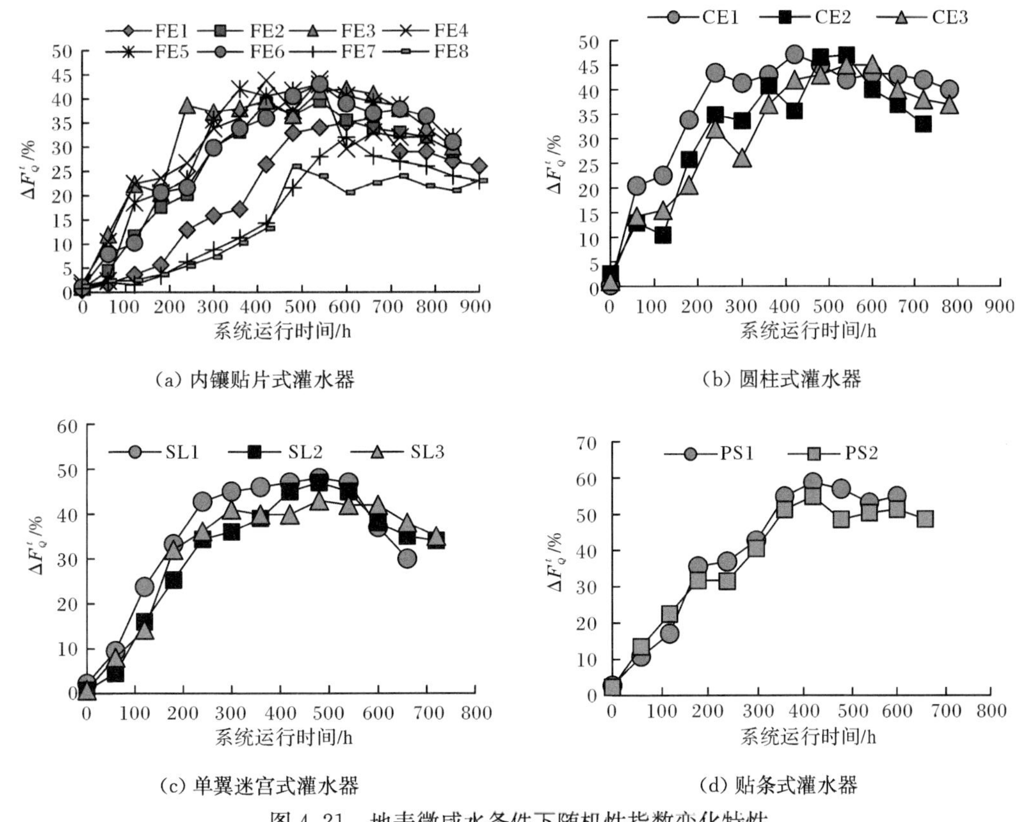

(a) 内镶贴片式灌水器　(b) 圆柱式灌水器

(c) 单翼迷宫式灌水器　(d) 贴条式灌水器

图 4.21　地表微咸水条件下随机性指数变化特性

不同水质之间单个灌水器流量随系统运行波动强弱差别也较明显，黄河水和地表微咸水混配后使得单个灌水器流量波动相对更强。黄河水、地表微咸水与混配水条件下，单个灌水器流量最小值分别为初始流量的 5.9%～24.4%、6.4%～28.2%、3.5%～18.8%，ΔF_Q^t 最大值分别为 27.4%～68.8%、25.7%～59.6%、34.8%～65.5%。混配水较黄河水和地表微咸水的流量最小值分别低 29.9%～71.1%、50.1%～84.5%，且 ΔF_Q^t 最大值分别高 4.6%～20.6%、5.0%～28.6%。

单个灌水器堵塞随机性的发生，即流量变化具有波动性的本质原因是：随着灌水器的不间断出流，沉积在灌水器内部造成灌水器不同程度堵塞的堵塞物质，持续受到流道内紊流的扰动，且水流携带的颗粒物等会对沉积的堵塞物质产生持续碰撞，使得沉积的堵塞物质处于持续颤动状态，其与壁面间的相对位置也发生着持续变动，并发生不定时的脱落，使得流量产生不同程度恢复。脱落后的堵塞物质在流道紊流状态下随水流运动，并随机地被截止或黏附至流道内任意位置再次对灌水器造成不同程度的堵塞，灌水器流量随即减小。随着灌水器流道内部堵塞物质的脱落—沉积整个过程随机反复的发生，灌水器流量的变化也处于持续且强度不同的波动状态，因而灌水器堵塞的发生具有一定的随机性。

4.3.3　单个灌水器堵塞发生可恢复性评价

不同水源、不同类型灌水器在不同堵塞程度 CD 下灌水器堵塞可恢复性指数 R_Q^{CD} 变化曲线如图 4.22～图 4.24 所示。从图中可以看出，不同水源和不同类型灌水器条件下，R_Q^{CD} 均随灌水器堵塞程度的增加而减小，且减小速率逐渐减小。当堵塞程度达到 60%～75%之后，R_Q^{CD} 均小于 5%，灌水器失去可恢复性。

不同类型灌水器随灌水器堵塞程度不同，R_Q^{CD} 差别较大。整体表现为内镶贴片式灌水器最高、圆柱式灌水器次之、单翼迷宫式灌水器再次、贴条式灌水器最低的变化规律。不同堵塞程度条件下，内镶贴片式灌水器、圆柱式灌水器、单翼迷宫式灌水器和贴条式灌

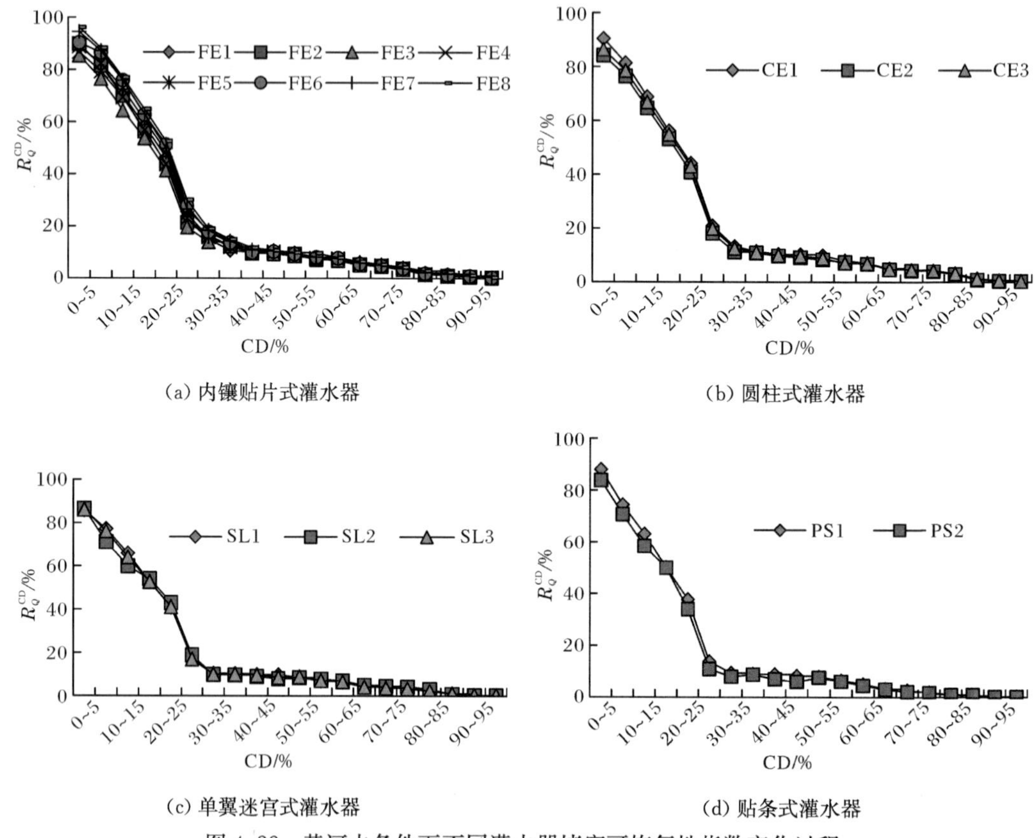

(a) 内镶贴片式灌水器　　(b) 圆柱式灌水器

(c) 单翼迷宫式灌水器　　(d) 贴条式灌水器

图 4.22　黄河水条件下不同灌水器堵塞可恢复性指数变化过程

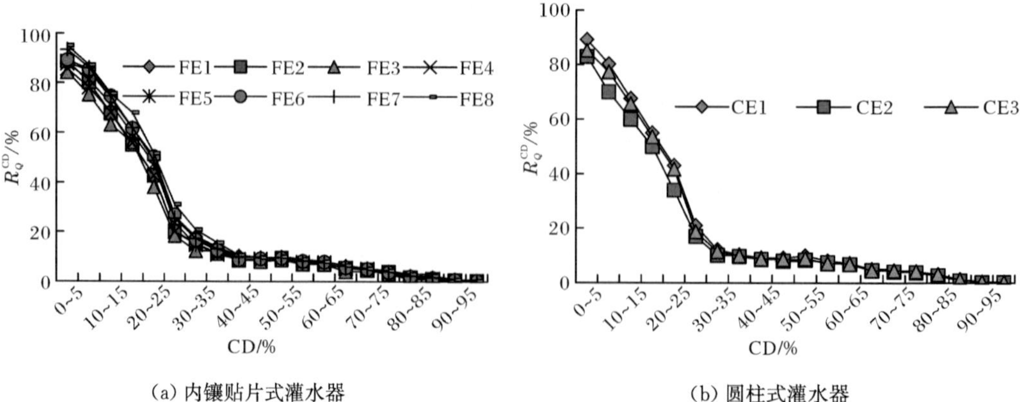

(a) 内镶贴片式灌水器　　(b) 圆柱式灌水器

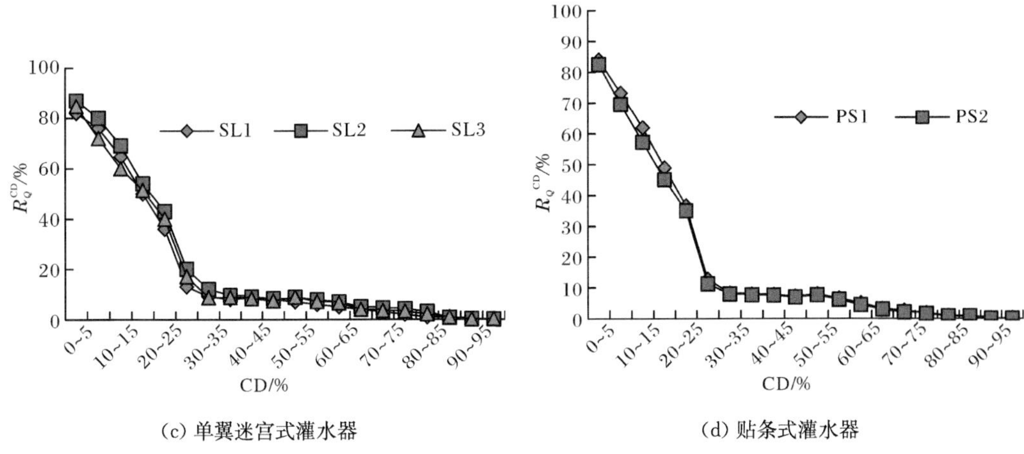

(c) 单翼迷宫式灌水器　　(d) 贴条式灌水器

图 4.23　混配水条件下不同灌水器堵塞可恢复性指数变化过程

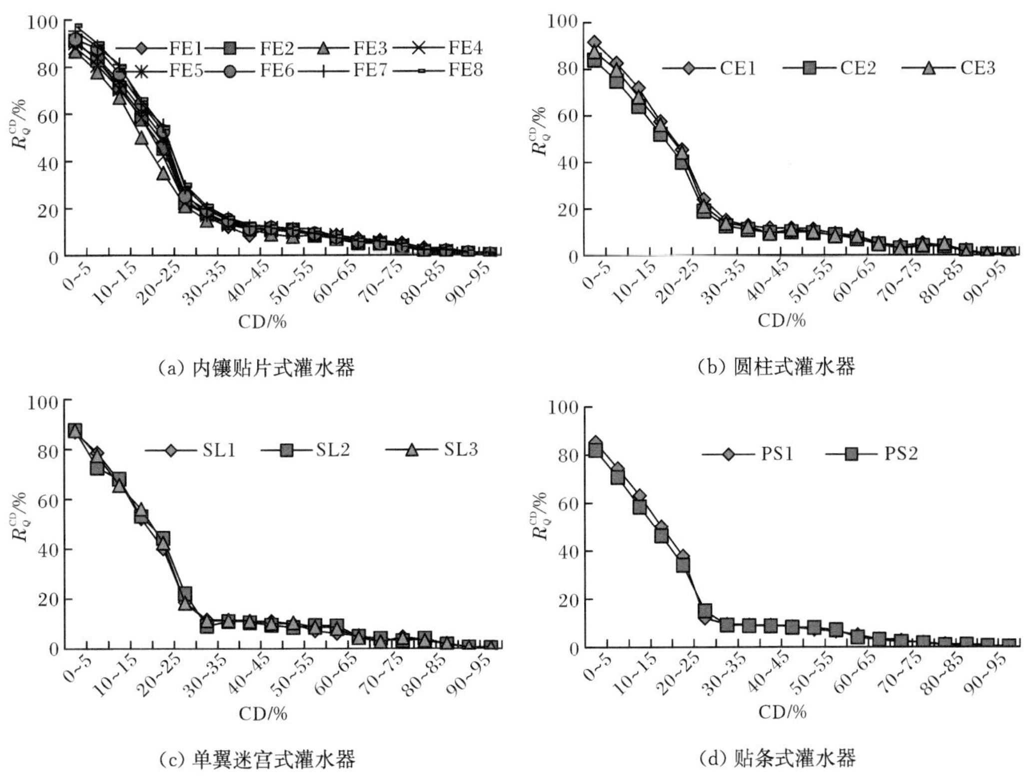

(a) 内镶贴片式灌水器　　(b) 圆柱式灌水器

(c) 单翼迷宫式灌水器　　(d) 贴条式灌水器

图 4.24　地表微咸水条件下不同灌水器堵塞可恢复性指数变化过程

水器的 R_Q^{CD} 分别为 0.2%～97.6%、0.2%～91.6%、0～87.6%、0～85.3%，内镶贴片式灌水器的 R_Q^{CD} 分别较圆柱式灌水器、单翼迷宫式灌水器、贴条式灌水器高 4.2%～26.3%、5.2%～37.9%、7.2%～54.9%。

不同水源之间灌水器 R_Q^{CD} 差异也较为明显，表现为黄河水和地表微咸水混配后使得灌水器流量自恢复能力变弱。黄河水、地表微咸水与混配水条件下 R_Q^{CD} 值分别为 0.1%～96.2%、0.1%～97.6%、0%～95.1%，混配水 R_Q^{CD} 值较黄河水和地表微咸水分别低 2.5%～9.0%、20.2%～32.9%。

由 4.3.2 节灌水器堵塞发生随机性特征可知，随着堵塞随机性的发生，沉积在灌水器流道内部的堵塞物质由于流道内水流的紊动作用和水流中携带颗粒物等的碰撞作用，会发生不定时的脱落，因而流量会随之产生一定程度的恢复，即在系统持续运行且无附加额外控制堵塞措施的前提下，灌水器流量具有一定的自恢复能力。在本研究中发现，灌水器的堵塞程度约为 25%时是流量是否具有可恢复性的转折点，当灌水器堵塞程度大于 25%，其流量将发生锐减，并失去可恢复性。原因是随着流道内部堵塞物质脱落—沉积动态过程的反复发生，导致灌水器的流量会呈现不定时且程度不同的恢复，但是由于水源中存在大量且丰富的微生物与颗粒物(泥沙和化学沉淀)，微生物会附着在水源中的颗粒物表面，并分泌黏性的胞外聚合物，使得颗粒物表面具有黏性。当具有黏性表面的颗粒物与流道壁面接触时会发生黏附作用。虽然水流的冲刷和水流中颗粒物的碰撞作用会使黏附在流道表面的堵塞物质发生脱落，造成流量的波动和恢复，但是由于堵塞物质并不会发生完全脱落，部分堵塞物质依旧会持续黏附于流道内壁。当灌水器堵塞程度小于 25%时，微生物的生长还处于对灌水器内部新环境的适应阶段，其分泌的黏性胞外聚合物相对较少，导致堵塞物质与壁面的黏附力相对较小，堵塞物质脱落后剩余的黏附在壁面上的堵塞物质相对较少，因而流量具有可恢复性。但是随着堵塞程度的增加，堵塞物质一直处于持续积累的过程，且在这个过程中微生物也逐渐适应了灌水器内部的新环境，导致堵塞物质与壁面的黏附力增强。当堵塞程度大于 25%以后，此时堵塞物质与壁面的黏附力已经大于水流的剪切力和水流中颗粒物的碰撞作用力，因而堵塞物质只能发生少量脱落或不脱落，流量将骤然失去可恢复性。

4.3.4 滴灌系统堵塞发生的持续性

如图 4.25～图 4.28 所示，Dra 和 CU 变化特征较为一致，均表现出系统运行前期缓慢波动变化，后期迅速降低的变化趋势。前期波动平衡段时间一般持续 128～660h，后期下降段 Dra 和 CU 变化曲线斜率分别为 0.09～0.12 和 0.13～0.21。

不同类型灌水器 Dra 和 CU 整体下降速率差异较大，表现为内镶贴片式灌水器最慢、圆柱式灌水器稍快、单翼迷宫式灌水器更快、贴条式灌水器最快的变化趋势。内镶贴片式灌水器、圆柱式灌水器、单翼迷宫式灌水器和贴条式灌水器 Dra 下降至 50%时，系统运行时间分别为 783.6～900.1h、723.2～845.6h、603.7～721.7h、546.8～662.9h，当 CU 降低至 75%时，系统运行时间分别为 410.5～760.5h、294.7～583.8h、276.9～529.4h、232.4～437.8h。内镶贴片式灌水器的系统运行时间分别比圆柱式灌水器、单翼迷宫式灌水器和贴条式灌水器长 7.7%～9.1%、27.3%～33.3%、43.0%～51.2%和 23.2%～28.2%、30.4%～32.5%、42.3%～43.4%。

不同水源条件下 Dra 和 CU 随着系统运行时间的变化特征差异也较为明显，表现为混配水条件下系统 Dra 和 CU 下降速率最快，性能最差。整体而言，黄河水和地表微咸水条件下，Dra 下降至 50%时的系统运行时间较混配水条件下(492.5～780.0h)长 22.6%～

35.7%、42.0%～51.3%，CU 降低至 75%时的系统运行时间较混配水条件下（289.6～592.4h）长 22.6%～29.8%、36.3%～47.3%。

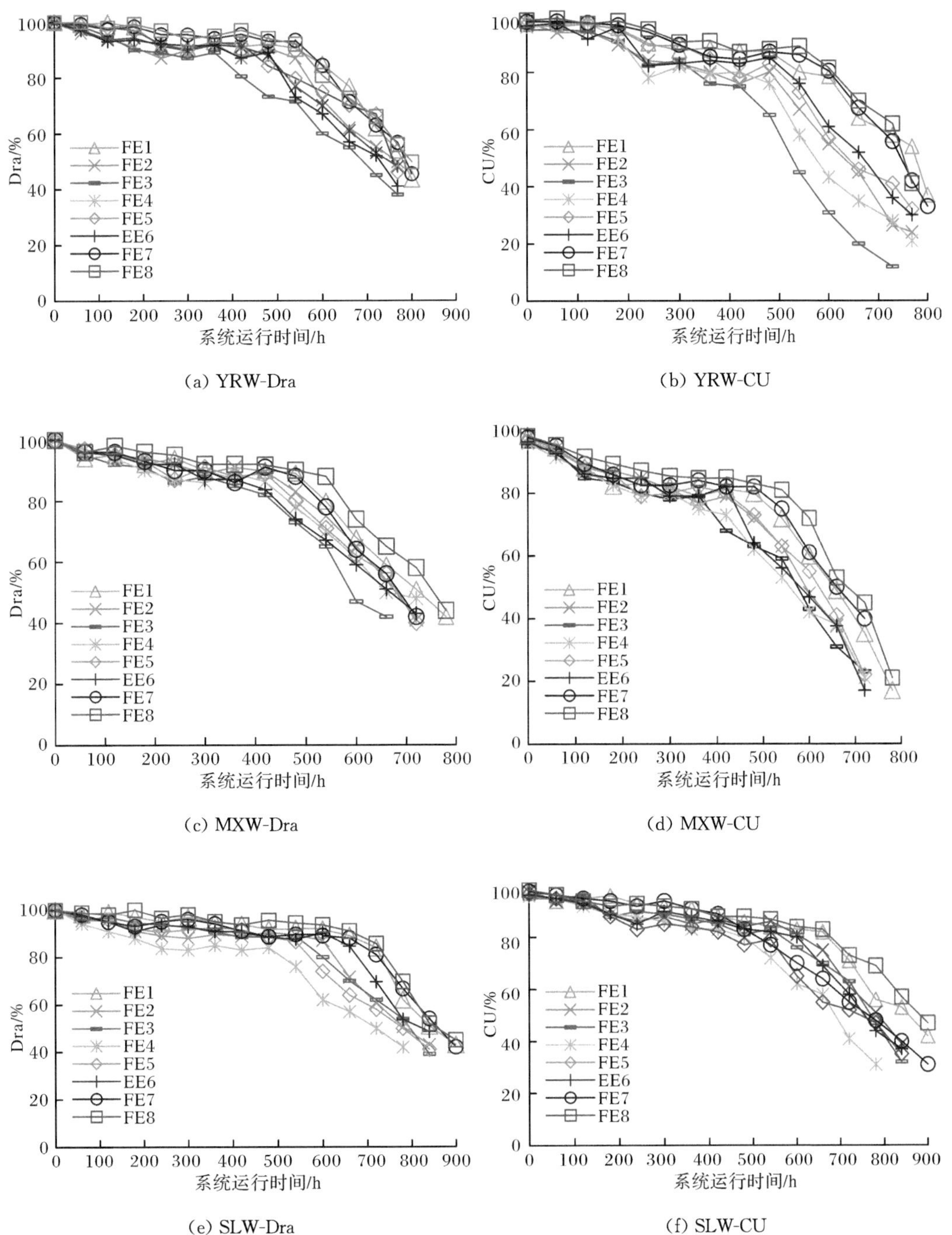

(a) YRW-Dra　　(b) YRW-CU

(c) MXW-Dra　　(d) MXW-CU

(e) SLW-Dra　　(f) SLW-CU

图 4.25　三种水源条件下内镶贴片式灌水器 Dra 和 CU 随系统运行时间的变化特征

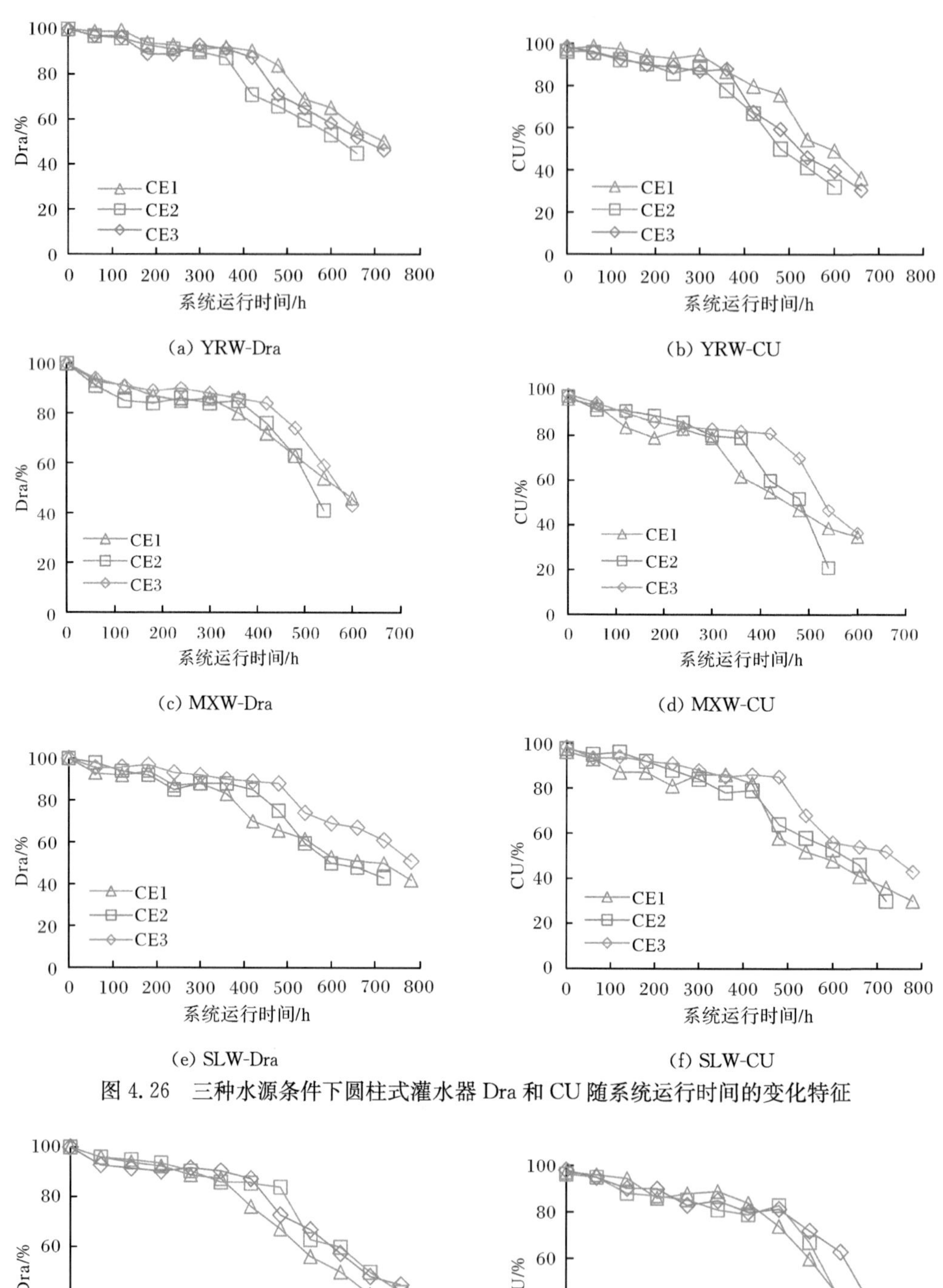

图 4.26 三种水源条件下圆柱式灌水器 Dra 和 CU 随系统运行时间的变化特征

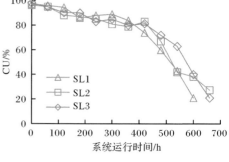

Dra/%
CU/%
SL1
SL2
SL3
系统运行时间/h

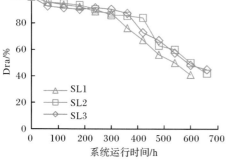

(a) YRW-Dra

(b) YRW-CU

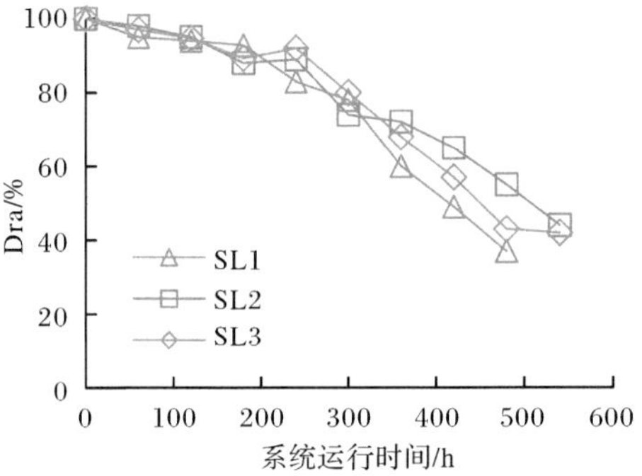

(c) MXW-Dra 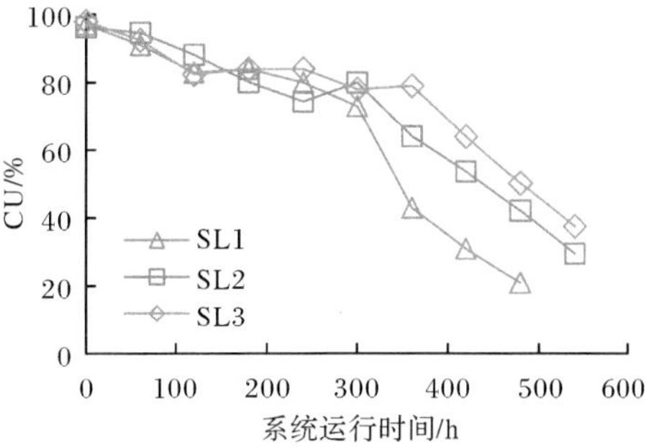　　(d) MXW-CU

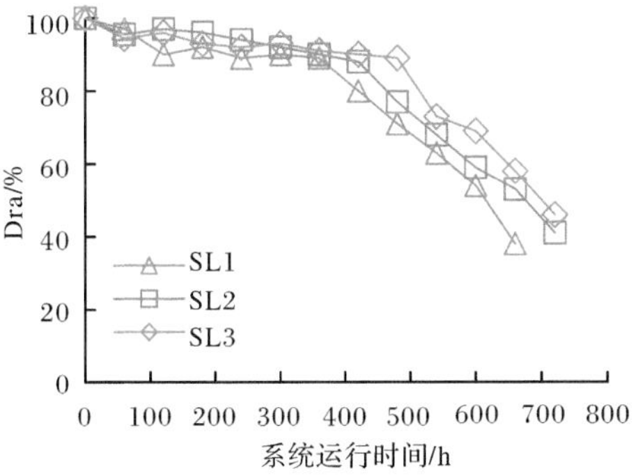

(e) SLW-Dra 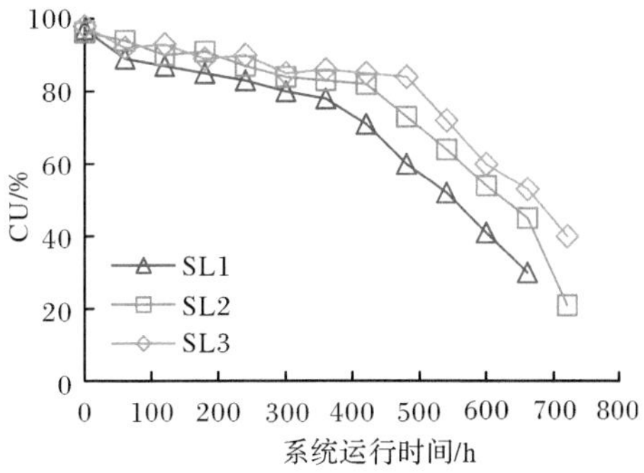　　(f) SLW-CU

图 4.27　三种水源条件下单翼迷宫式灌水器 Dra 和 CU 随系统运行时间的变化特征

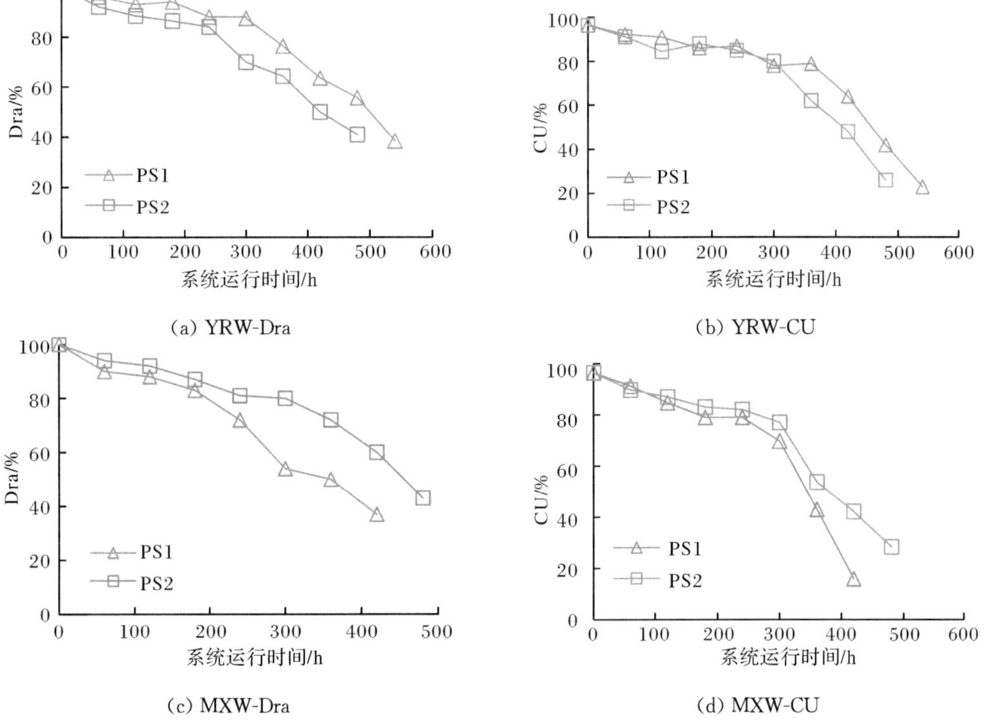

(a) YRW-Dra　　(b) YRW-CU

(c) MXW-Dra　　(d) MXW-CU

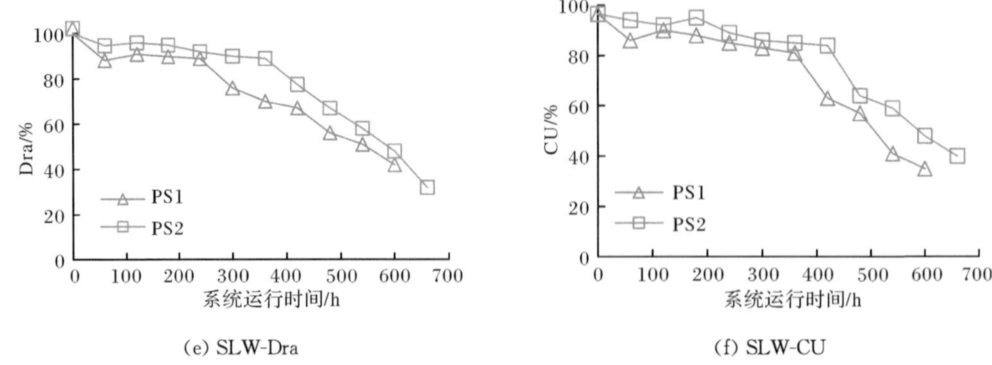

(e) SLW-Dra (f) SLW-CU

图 4.28 三种水源条件下贴条式灌水器 Dra 和 CU 随系统运行时间的变化特征

4.3.5 不同堵塞类型下灌水器堵塞发生特性的差异

不同堵塞类型条件下灌水器堵塞随机性指数最大值和堵塞可恢复性指数的值见表 4.12。从表 4.12 可以看出，灌水器堵塞随机性指数表现为复合堵塞最高、物理堵塞稍低、化学堵塞再低、生物堵塞最低的变化规律，而流量可恢复性指数的变化规律则相反。复合堵塞 ΔF_Q^t 最大值分别较物理堵塞、化学堵塞、生物堵塞高 19.5%～20.8%、20.5%～22.4%、25.9%～28.2%，复合堵塞 R_Q^{CD} 则分别较物理堵塞、化学堵塞、生物堵塞低 4.3%～77.2%、6.3%～80.6%、12.3%～105.4%。

不同堵塞类型条件下灌水器 Dra 与 CU 的相关关系如图 4.29 所示，从图中可以看出，不同堵塞类型条件下，灌水器 Dra 与 CU 之间均表现出显著的线性正相关关系（$R^2 \geq 0.91$）。说明系统堵塞程度的高低直接影响系统性能的好坏，系统堵塞程度越高，系统性能越低。在 Dra 相同的条件下，滴灌系统性能也呈现复合堵塞最低、物理堵塞稍高、化学堵塞再高、生物堵塞最高的变化规律。

表 4.12 不同堵塞类型条件下单个灌水器堵塞发生随机性和可恢复性对比

（单位：%）

参数	灌水器类型	复合堵塞			物理堵塞（周博等，2014）	化学堵塞（Zhang et al.，2016）	生物堵塞（Pei et al.，2014）
		黄河水	混配水	地表微咸水	常规高含沙水（干净沙）	自行配置微咸水	再生水
ΔF_Q^t	内镶贴片式灌水器	32.5～46.7	37.9～53.2	28.1～44.3	—	29.4～41.3	27.2～39.4
	圆柱式灌水器	44.0～50.5	42.7～67.8	37.9～47.5	41.6～53.7	—	33.6～40.7
R_Q^{CD}	内镶贴片式灌水器	0.8～15.0	0.4～14.5	0.7～15.3	—	1.3～14.8	1.9～15.9
	圆柱式灌水器	0.5～13.6	0.3～13.4	0.5～13.9	1.5～13.8	—	1.8～14.9

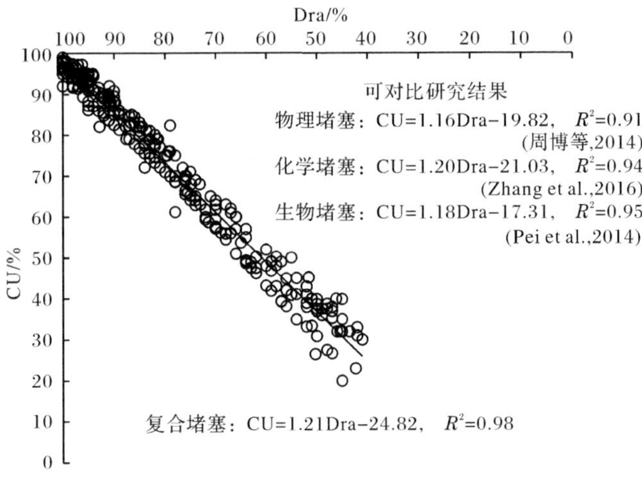

图 4.29　不同堵塞类型条件下灌水器 Dra 与 CU 的相关关系

4.4　灌水器堵塞特性评估指标之间的定量关系

4.4.1　水质对灌水器堵塞特性评估指标之间关系的影响

4.3 节研究表明，不同堵塞类型会影响滴灌系统的随机性和持续性，本节以平均相对流量 Dra 为基本参数，评估了不同水质条件下平均相对流量 Dra 与变异系数 C_v、统计均匀度 U_s、克里斯琴森均匀系数 CU、分布均匀度 DU、流量偏差 q_{var}、设计均匀度 EU 之间的相关关系。本节主要考虑了 7 种水质类型，分别是黄河水、黄河水＋磷肥、微咸水/咸水＋氮肥、微咸水/咸水＋磷肥、再生水、高盐地下水、淡水，结果如图 4.30 所示。从图中可以发现，各水质条件下 Dra 与 C_v、U_s、CU、DU 之间均呈现显著($p<0.01$)的线性相关关系，而各水质条件下 Dra 与 q_{var}、EU 之间则存在显著($p<0.01$)的二次函数相关关系。Dra 与 C_v 的相关性拟合系数 k 为－0.0135～－0.0087，表现为再生水最高、微咸水和淡水处理次之、两种黄河水处理稍低、高盐地下水最低的变化趋势，这表明在相同 Dra 条件下，高盐地下水的 C_v 最高而再生水的最低。Dra 与 U_s、CU、DU 之间的相关性拟合系数 k 分别为 0.8668～1.3545、0.7352～1.1564、1.0851～1.3809，均表现为高盐地下水最高，而淡水、再生水以及微咸水配施磷肥条件下较低的趋势，这意味着相同 Dra 条件下高盐地下水的 U_s、CU、DU 较低。这可能是由于高盐地下水中盐分离子浓度高，堵塞的随机性高，不同灌水器之间的 C_v 较大，从而导致在相同 Dra 条件下灌水均匀度较低。而淡水、再生水中堵塞的随机性相对较低，随着堵塞的发生，不同灌水器间堵塞差异较小。Dra 和 q_{var}之间相关关系的二次项系数 a 为－0.0639～－0.0216，而 Dra 与 EU 则处于 0.0234～0.0676，q_{var}中 a 表现为淡水最低、高盐地下水最高的趋势，而 EU 则恰好相反，这也与不同水质间堵塞的随机性有关。

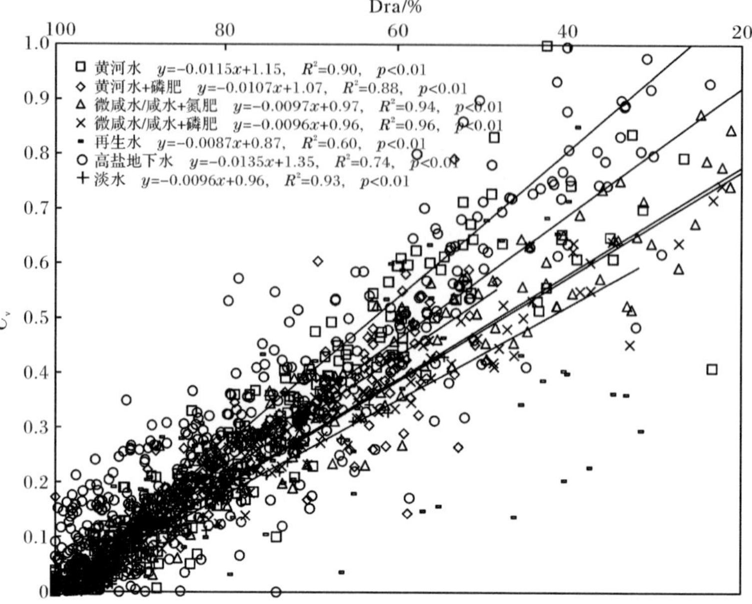

(a) Dra 与 C_v 的相关关系

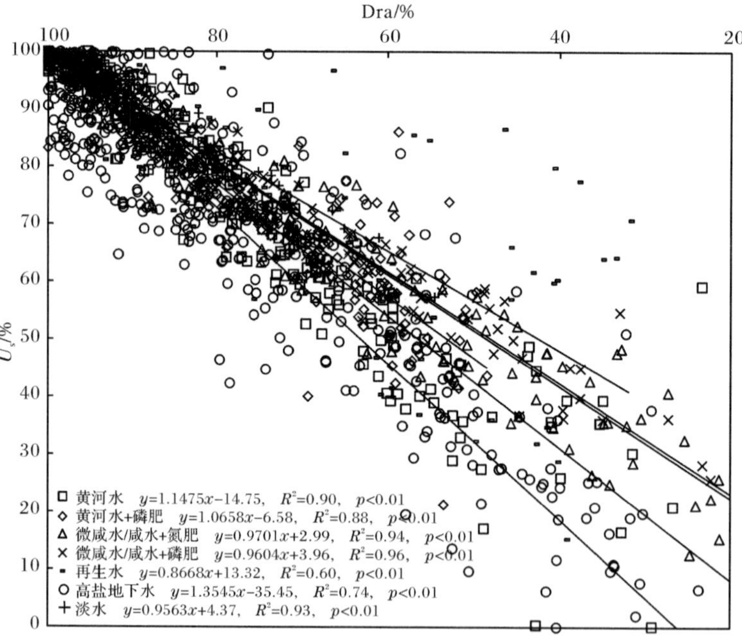

(b) Dra 与 U_s 的相关关系

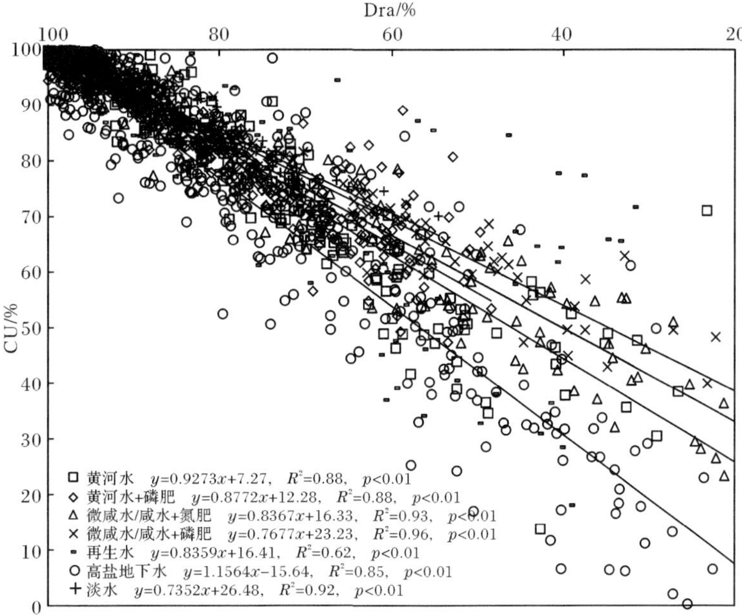

(c) Dra 与 CU 的相关关系

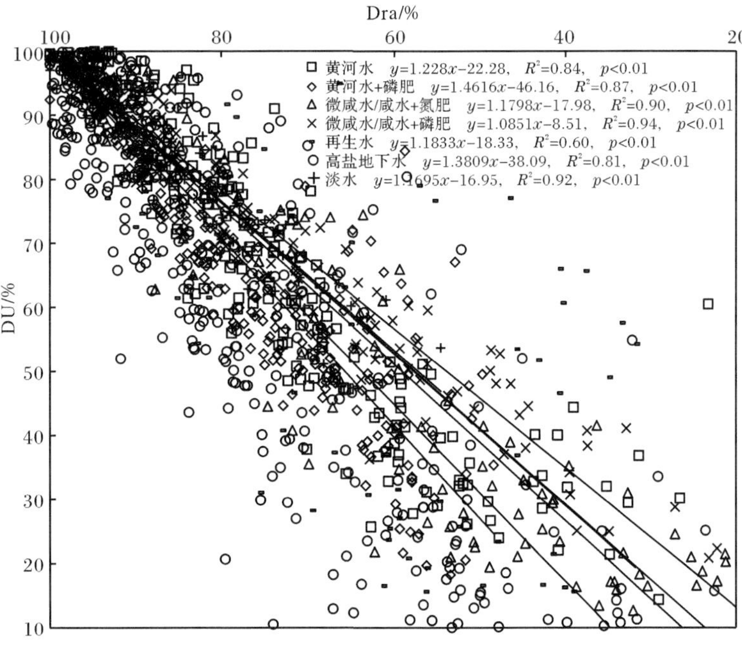

(d) Dra 与 DU 的相关关系

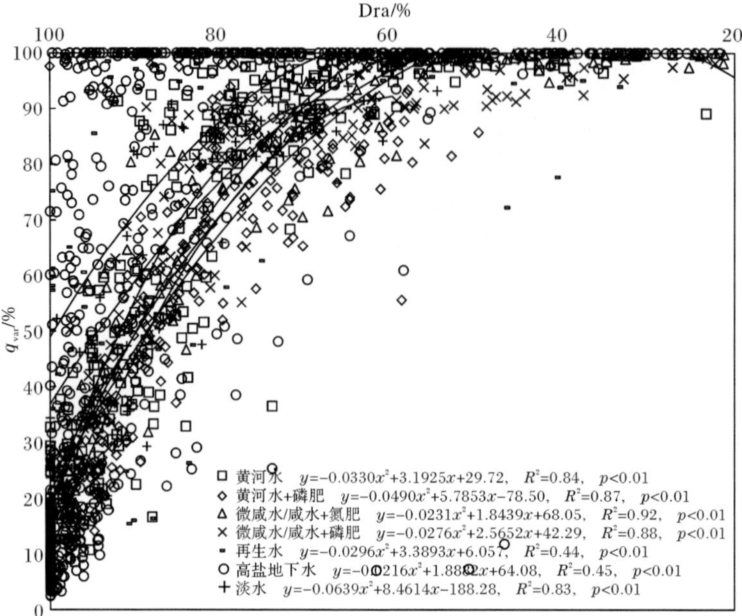

(e) Dra 与 q_{var}的相关关系

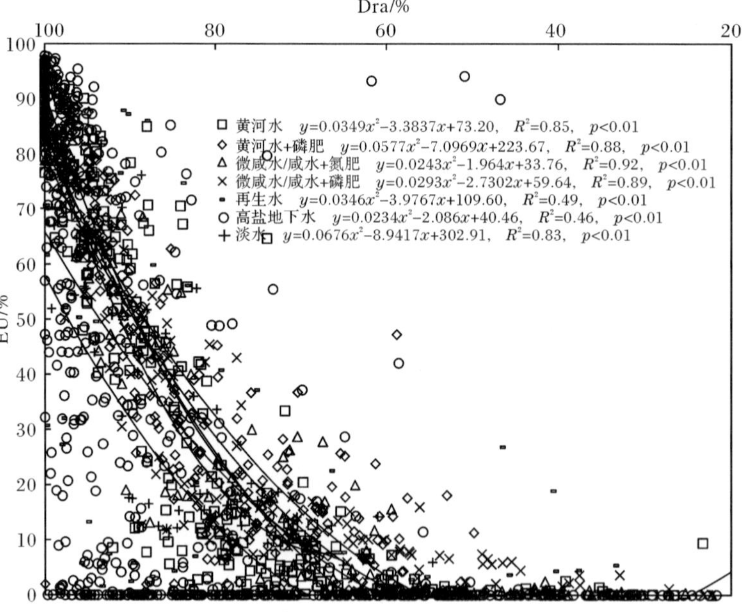

(f) Dra 与 EU 的相关关系

图 4.30　不同水质条件下灌水器堵塞特性评估指标之间的相关关系

4.4.2　不同类型灌水器对灌水器堵塞特性评估指标之间关系的影响

不同类型灌水器的堵塞行为常存在较大差异，对不同参数间的相关关系会产生较大影响。本节对四种断面平均流速下(0～0.5m/s、0.5～1.0m/s、1.0～1.5m/s 和 1.5～2.0m/s)Dra 与 C_v、U_s、CU、DU、q_{var}、EU 的相关关系进行了研究，结果如图 4.31 所示。可以发现与各水质条件下类似，不同灌水器类型下 Dra 与 C_v、U_s、CU、DU 之间也呈现显著($p<0.01$)的线性相关关系，而 Dra 与 q_{var}、EU 之间存在显著($p<0.01$)的二次函数相关关系。平均流速 0～0.5m/s 时 Dra 与 C_v 的相关性拟合系数 k 为－0.0076，而当平均流速大于 0.5m/s 时，三种流速下的 k 较为接近，为－0.012～－0.011，表明在相同 Dra 条件下，平均流速 0～0.5m/s 时 C_v 较低。Dra 与 U_s、CU、DU 之间的相关性拟合系数 k 分别为 0.7615～1.1958、0.5986～0.9832、0.9436～1.2874，均表现为 0～0.5m/s 时最低，而平均流速大于 0.5m/s 后极为相似的特点，这意味着在相同 Dra 条件下，当平均流速 0～0.5m/s 时的灌水均匀度较高，而一旦大于 0.5m/s 时，各流速下灌水均匀度相对较低且极为接近。Dra 与 q_{var}之间相关关系的二次项系数 a 为－0.0088～－0.0320，而 Dra 与 EU 则为 0.0115～0.0336，平均流速 0～0.5m/s 时 Dra 与 q_{var}、EU 下的 a 分别呈现为最低和最高的趋势。上述不同平均流速间灌水器堵塞特性评估参数的关系可能也与灌水器堵塞的随机性有关，平均流速 0～0.5m/s 时灌水器堵塞的随机性低，不同灌水器间的 C_v 较小，表现出在相同堵塞程度下灌水均匀度较高的现象，而平均流速较高时灌水器内部堵塞物质积累-脱落行为随机性较大，致使堵塞的随机性较高。

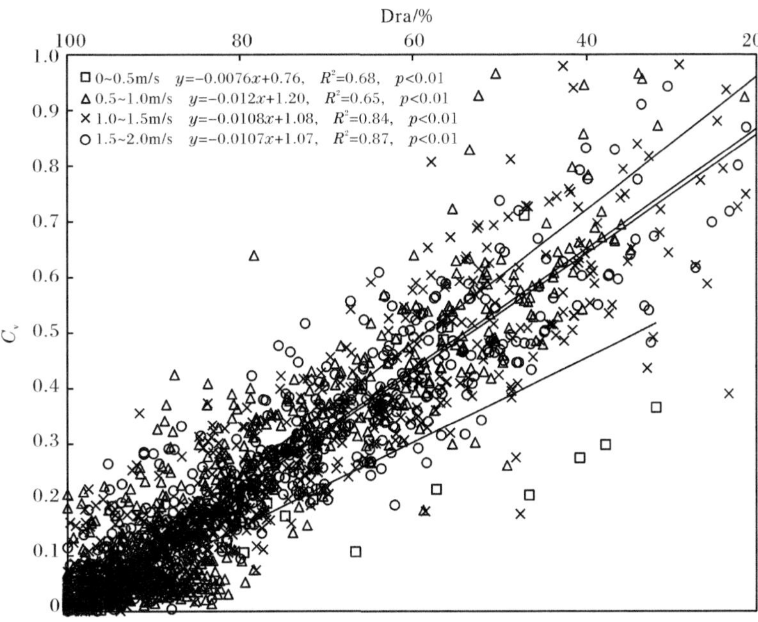

(a) Dra 与 C_v 的相关关系

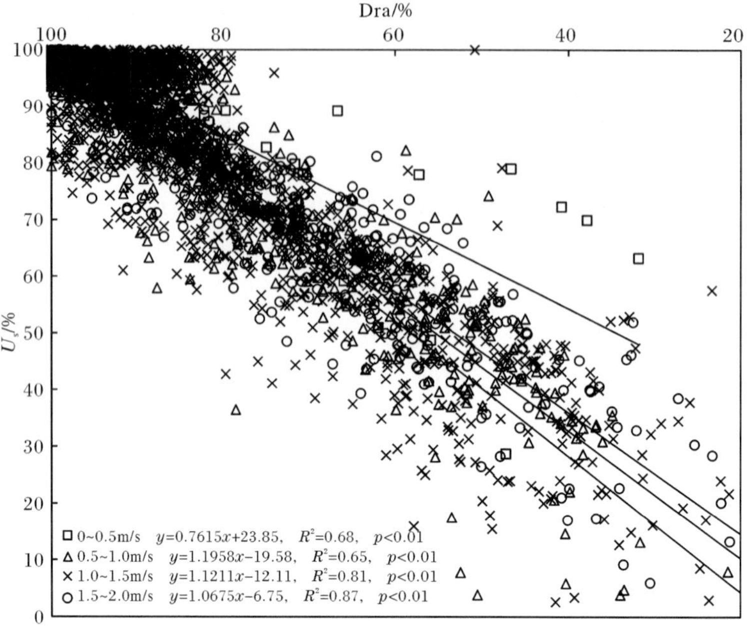

(b) Dra 与 U_s 的相关关系

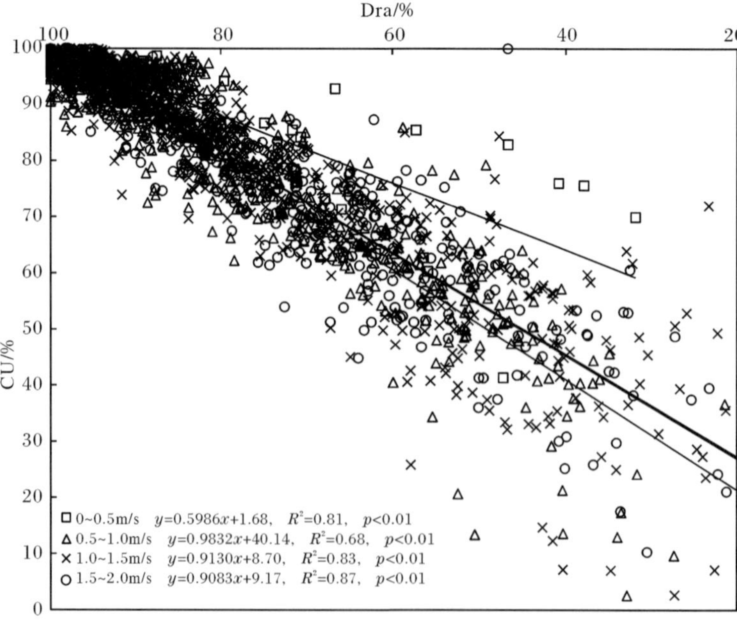

(c) Dra 与 CU 的相关关系

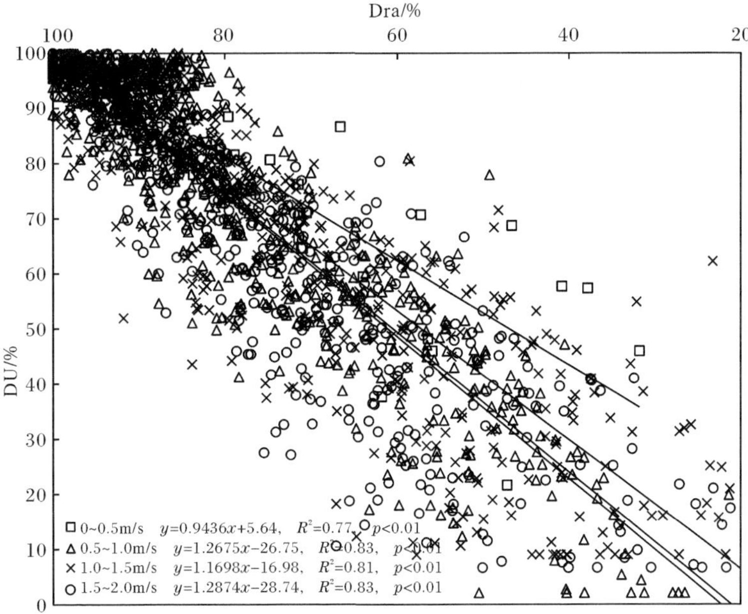

(d) Dra 与 DU 的相关关系

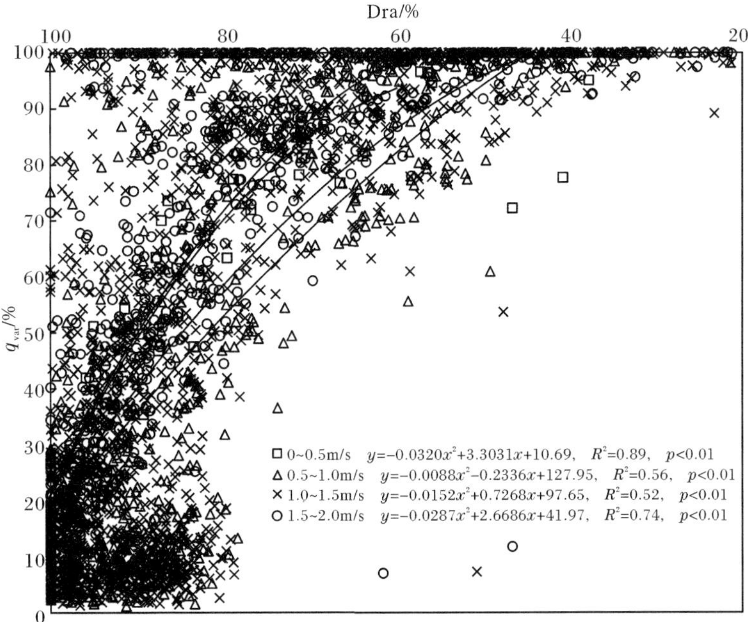

(e) Dra 与 q_{var}的相关关系

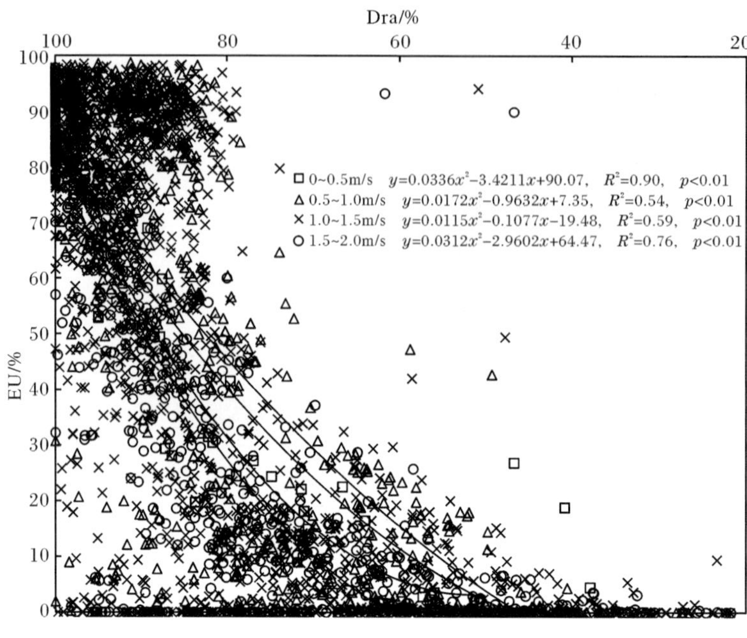

(f) Dra 与 EU 的相关关系

图 4.31　不同类型灌水器下灌水器堵塞特性评估指标之间的相关关系

4.5　小　　结

(1) 滴灌系统生物堵塞灌水器(两年)平均相对流量与克里斯琴森均匀系数可分为波动平衡阶段、启动线性变化阶段、加速线性变化阶段,其中,启动线性变化阶段表现出线性下降,在加速线性变化阶段以较大斜率加速下降,此时必须采取毛管冲洗、加氯处理等控制堵塞措施。再生水滴灌条件下的灌水器抗风险能力要明显低于地下水滴灌,其中内镶贴片式灌水器抗堵塞能力要明显优于圆柱式灌水器。从对再生水滴灌的适应性、灌水器的水力性能以及经济性综合考虑,建议采用压力补偿片式灌水器或短流道锯齿尖角形非压力补偿式灌水器。

(2) 滴灌系统灌水器化学堵塞与生物堵塞趋势整体一致,均表现出前期缓慢下降、中后期快速下降的趋势。但不同矿化度条件下灌水器的化学堵塞差异显著。与矿化度 1g/L 处理相比,2～5g/L 处理下 Dra、CU 分别降低了 8.1%～33.4%、10.4%～27.5%,灌水器的 ΔF_Q^t提高了 8.2%～30.4%,而 7～9g/L 处理下,Dra、CU 分别降至 59.9%～98.7%、67.4%～112.5%,ΔF_Q^t提高 68.2%～98.7%。总体表现为矿化度 1～5g/L 处理下灌水器的堵塞呈增长趋势,在 7～9g/L 处理下堵塞呈急剧增长趋势。建议微咸水滴灌系统适宜水质矿化度应低于 5g/L。

(3) 滴灌系统复合堵塞单个灌水器堵塞发生随机性随着系统运行呈现弱—强—弱的动态变化特征。当堵塞程度达 60%～75%后,灌水器失去可恢复性。这种随机性和可恢复性主要是由于流道内部堵塞物质的脱落—沉积整个过程随机反复的发生导致的。但是堵塞物质与壁面的黏附作用不会发生完全脱落，灌水器堵塞会持续加剧，因而单个灌水器堵塞发生的随机性和可恢复性并不会改变滴灌系统整体堵塞发生的变化特征，Dra 和 CU 的整体变化一致，仍表现为先波动、平衡后线性下降的动态变化特征。

(4) Dra 和 C_v、U_s、CU、DU 间呈现显著($p<0.01$)的线性相关关系，Dra 和 q_{var}及 EU 间则存在显著($p<0.01$)的二次函数相关关系。水质和灌水器断面平均流速影响了堵塞特性评估参数间的定量关系。Dra 和 C_v 的相关性系数 k 表现为再生水最高，微咸水和淡水处理次之、两种黄河水处理稍低、高盐地下水最低的趋势；而 Dra 和 U_s、CU、DU 间的相关系数 k 均表现为高盐地下水最高，而淡水、再生水条件下较低的趋势；q_{var}中二次项系数 a 表现为淡水最低、高盐地下水最高的趋势，而 EU 则恰好相反。灌水器断面平均流速 <0.05m/s时，Dra 和 C_v 的相关系数 k 以及 Dra 和 EU 二次相关系数 a 较高，Dra 与其余评估参数间的相关性系数 k/a 则最低，而当断面平均流速>0.05m/s 时，各流速间相关性系数较为接近。

参考文献

李云开，杨培岭，任树梅，等. 2005. 重力滴灌灌水器水力性能及其流道内流体流动机理[J]. 农业机械学报，36(10)：54-57.

王冬梅. 2007. 迷宫滴头流道结构形式和尺寸对水力及抗堵塞性能的影响[D]. 北京：中国农业大学.

王建东. 2004. 滴头水力性能与抗堵塞性能试验研究[D]. 北京：中国农业大学.

吴显斌，吴文勇，刘洪禄，等. 2008. 再生水滴灌系统滴头抗堵塞性能试验研究[J]. 农业工程学报，24(5)：61-64.

周博，李云开，宋鹏，等. 2014. 引黄滴灌系统灌水器堵塞的动态变化特征及诱发机制研究[J]. 灌溉排水学报，33(4/5)：123-128.

Li J S, Chen L, Li Y F. 2009. Comparison of clogging in drip emitters during application of sewage effluent and groundwater[J]. Transactions of the ASABE, 52(4)：1203-1211.

Pei Y T, Li Y K, Liu Y Z, et al. 2014. Eight emitters clogging characteristics and its suitability evaluation under on-site reclaimed water drip irrigation[J]. Irrigation Science, 32(2)：141-157.

Pitts D J, Harman D Z, Smajstrla A G, et al. 1990. Causes and prevention of emitter plugging in microirrigation systems[J]. Bulletin-Florida Cooperative Extension Service, 40(1-2)：201-218.

Ravina E P, Sofer Z A, Marcu A S, et al. 1992. Control of emitter clogging in drip irrigation with reclaimed wastewater[J]. Irrigation Science, 13(3)：129-139.

Ravina E P, Sofer Z A, Marcu A S, et al. 1997. Control of clogging in drip irrigation with stored treated municipal sewage effluent[J]. Agricultural Water Management, 33(2)：127-137.

Zhang Z U, Yang P L, Ren S M, et al. 2016. Chemical clogging of emitters and evaluation of their suitability for saline water drip irrigation[J]. Irrigation and Drainage, 65：439-450.

第 5 章　滴灌系统灌水器堵塞物质提取及分析方法

滴灌系统灌水器内部堵塞物质是由微生物群体(细菌、原生动物、真菌等)及其分泌的胞外多聚物、固体颗粒物等多种物质构成的三维异质结构和功能整体(Li et al. ,2012),而摸清灌水器堵塞物质特征组分与分布特征是精细、系统研究灌水器堵塞诱发机理的前提和基础。虽然对灌水器内部堵塞物质及其成分的研究从 1980 年就开始了(Picologlou et al. ,1980),但由于测试方法的限制,2013 年才开始有灌水器内部堵塞物质精细组分测试的相关研究(Olivera et al. ,2014;Souha et al. ,2014;Tarchitzky et al. ,2013;Zhou et al. ,2013)。但至今未见标准的滴灌系统灌水器堵塞物质提取及分析方法的相关报道。基于此,本章将系统研究滴灌系统灌水器内部堵塞物质提取及其表面形貌、空间分布特征和特征组分现代测试标准化方法。

5.1　灌水器堵塞物质提取方法

1. 机械剥落

通过尖嘴钳、剪刀等机械方法剥开滴灌灌水器样品,使用毛刷等工具轻刮灌水器流道壁面和毛管管壁,获取灌水器堵塞物质固态样品。该方法更适用于形状规则、表面光滑的载体,因此对灌水器内部堵塞物质的提取效果偏差、测试误差也较大。

2. 超声波+机械剥落

对于灌水器这种形状不规则的载体,通常结合超声波法剥落其中的堵塞物质,即将通过机械方法剥开的灌水器样品加入 20mL 去离子水后置于自封袋中,然后将自封袋置于超声波清洗仪(600kW)中处理 1h 至堵塞物质脱落。对于其中少量难以脱落的堵塞物质再用毛刷等工具剥落,最终得到堵塞物质液态样品。

3. 超声波+化学剥落

堵塞物质与灌水器壁面及毛管内壁间通常由微生物及其分泌的黏性胞外聚合物交联在一起,对于堵塞物质较多的灌水器样品,若只采用超声波剥落,则需要超声波清洗仪的功率较高,处理时间较长。此时可先将剥开后的灌水器样品置于 1mol/L 的碱液中,并在温度为 60～80℃条件下处理 30min,接着加入 20mL 去离子水后置于自封袋中,然后将自封袋置于超声波清洗仪中处理至堵塞物质脱落,最终得到堵塞物质液态样品。

5.2　堵塞物质物理组分分析方法

5.2.1　颗粒物干重分析方法

使用高精度电子天平(精度:10^{-4}g)称量初始灌水器样品的重量,然后使用超声波+机械剥落法或超声波+化学剥落法获得堵塞物质液态样品,将处理后的灌水器样品置于恒温箱中,在温度 110℃条件下烘干,再使用高精度电子天平称量烘干后灌水器样品的重量,两次称重的差值即为灌水器内部堵塞物质颗粒物的干重。

5.2.2　颗粒物粒径组成分析方法

激光粒度分析仪的工作原理是利用颗粒物或团聚体衍射或散射光的散射谱分析颗粒物粒径。由激光器发出的一束激光,经滤波、扩束、准直后变成一束平行光,在该平行光束没有照射到颗粒的情况下,光束穿过透镜后在焦平面上汇聚形成一个小而亮的焦点。当通过特定方式把颗粒均匀地放置到平行光束中时,激光将发生散射现象,一部分光向与光轴呈一定的角度向外扩散,这些不同角度的散射光通过透镜后将在焦平面上形成一系列光环。颗粒越小,散射光的散射角越大,散射光环半径越大,而大颗粒散射光的散射角和散射光环半径反而越小。不同半径光环上光能的相对大小包含了对应粒径颗粒的含量信息,通过焦平面上的电接收器,可以将这些光信号转换成电信号传输到计算机,再通过计算机处理得出颗粒物或团聚体的粒径分布特征。

推荐使用 Horiba LA-950 激光粒度分析仪对灌水器堵塞物质中颗粒物的粒径分布进行测试,主要原因如下:

(1) 获取的灌水器堵塞物质大多为液态样品,其中颗粒物粒径分布特征更适合通过湿法测试,而该仪器可以进行干法和湿法测试,且两种模式之间的转换比较方便。

(2) 灌水器堵塞物质中各团聚体之间的作用机制比较复杂,粒径差异也比较大。该仪器动态粒度检测范围达到了世界上领先的 10nm~3mm,可以满足不同工况下的测试需求。

(3) 该仪器分散剂的注入、稀释和清洗都是自动操作,减少了人为操作带来的误差。

(4) 该仪器准确度在±0.6%以内,重现性精度在±0.1%以内。

使用激光粒度分析仪测试灌水器堵塞物质中颗粒物粒径分布特征的具体方法如下:取一4℃恒温保存的灌水器堵塞物质液态样品 15mL,置于 Horiba LA-950 激光粒度分析仪测试槽内。测试条件为室温,循环速度和搅拌速度设定为 4,按体积大小分布。由此测得颗粒物粒径分布频率图和累积分布曲线,并通过该仪器配套的 Windows Wet(ver. 5.10)进行分析,得到平均粒径和数量中值粒径等特征参数。

5.3　堵塞物质化学组分分析方法

5.3.1　元素组成的 SEM-EDS 联合应用分析方法

扫描电子显微镜(scanning electron microscopy,SEM)是把光源发出的光波汇聚到透明物体上，然后经过物镜等一系列透镜形成放大的图像。利用二次电子成像，信号经光电倍增管放大后，输送到前置放大器放大，进入调制显像管或其他成像系统。样品各部位的质量厚度不同会引起不同的散射，在荧光屏上形成的终端像中就对应地产生明暗反差的电子显微图像。放大倍数一般为 50～10000 倍，分辨率为 6～10μm，对样品的破坏程度较小，随放大倍数不同检测深度为 1μm（放大 10000 倍时）～10mm（放大 10 倍时），并且能够和能谱仪（energy dispersive spectroscopy，EDS）联用来测试堵塞物质的元素组成。

能谱仪是电子显微镜（扫描电子显微镜、透射电子显微镜）的重要附属配套仪器。结合电子显微镜，能够在 1～3min 内对材料微观区域的元素分布进行定量分析。它能在同一时间对分析点内所有元素 X 射线光子的能量进行测定和计数，利用不同元素的 X 射线光子特征能量不同进行成分分析。该装置不必聚焦，对样品表面无特殊要求，适于粗糙表面分析。但是分辨率低、只能分析原子序数大于 11 的元素，且能谱仪的硅（锂）探头必须保持在低温态，因此必须用液氮冷却。

由于灌水器内部以及毛管管壁堵塞物质导电性差，在使用 SEM 观测前需要进行喷金或喷碳处理以增加其导电性。若使用带有 X 射线能谱仪的 SEM 测试堵塞物质的化学元素组成，喷金会对其结果产生不良影响，因此用碳进行前处理。具体操作步骤如下。

（1）过滤。利用 0.45μm 有机纤维滤膜将－4℃恒温保存的灌水器堵塞物质液态样品过滤后取固体组分。

（2）固定。先用 2.5%戊二醛固定 24h，然后用 0.1mol/L 磷酸钠缓冲液（pH＝7.2）漂洗 3 次，每次漂洗 15min，接着用 1%锇酸（$H_2[OsO_4(OH)_2]$）固定 3h，最后用 0.1mol/L 磷酸钠缓冲液（pH＝7.2）漂洗 3 次，每次 15min。

（3）脱水。利用 30%、50%、70%、85%、95%系列浓度乙醇脱水各 1 次，利用 100%乙醇脱水 3 次，时间间隔均为 15min。

（4）干燥。用 BAL-TEC CPD 030 进行二氧化碳临界点干燥。

（5）喷碳。将选好的样品固定在载玻片上，放入喷碳仪中喷碳。将碳棒或碳绳连接在两个电极上，为避免碳在空气中加热燃烧，在高真空中通入交流电或在低真空 1Pa 时用氩气保护。碳棒或碳绳温度达到 3000°C 以上时，大量的碳原子向任意方向发射。将待测样品放在附近，在样品表面可以形成致密的碳膜。

（6）分析。将样品放入 SEM 工作台内，利用 SEM 对灌水器堵塞物质进行表面形貌观察，通过能谱仪测试元素组成。

5.3.2 矿物组分的 X 射线衍射仪分析方法

X 射线衍射仪（X-ray diffractometer，XRD）是利用 X 射线衍射的原理研究物质内部微观结构的一种大型分析仪器，能够精确测定物质的晶体结构、织构及应力，并进行物相分析、定性分析和定量分析。特征 X 射线及其衍射 X 射线是一种波长很短（0.06～20nm）的电磁波，能穿透一定厚度的物质，并能使荧光物质发光、照相机乳胶感光、气体电离。用高能电子束轰击金属靶产生 X 射线，它具有靶中元素相对应的特定波长，称为特征 X 射线。例如，铜靶对应的 X 射线波长为 0.154056nm。X 射线衍射仪的形式多种多样、用途各异，但其基本构成相似，主要包括以下四部分：

(1) 高稳定度 X 射线源。提供测量所需的 X 射线，改变 X 射线管阳极靶材质可改变 X 射线的波长，调节阳极电压可控制 X 射线源的强度。

(2) 样品位置取向的调整机构。样品必须是单晶、粉末、多晶或微晶的固体块。

(3) 射线检测器。检测衍射强度或同时检测衍射方向，通过仪器测量记录系统或计算机处理系统可以得到多晶衍射图谱数据。

(4) 衍射图的处理分析系统。附带安装的专用衍射图处理分析软件的计算机系统。

灌水器内部堵塞物质矿物组分测试方法具体如下：利用 0.45μm 有机纤维滤膜将 -4℃恒温保存的灌水器堵塞物质液态样品过滤后取固体组分，烘干后研磨均匀。放在 X 射线衍射仪的操作平台上进行扫描，得到多晶衍射图谱。扫描过程基本试验条件为电压 40kV，电流 40mA，铜靶，波长 $\lambda=1.5406$Å。将所得图谱用 X 射线衍射仪配套的 TOPAS 软件进行分析，确定堵塞物质矿物组分含量及比例。

5.4　堵塞物质生物组分分析方法

5.4.1　黏性胞外聚合物分析方法

胞外聚合物是在一定环境条件下，由微生物(主要是细菌)分泌的黏液和荚膜、微生物的排泄物、代谢和水解产物以及吸附水体中的一些有机物等多种物质组成。主要包括蛋白质、多糖、核酸、糖醛酸、脂类、腐殖酸、氨基酸等，其中蛋白质和多糖是主要成分，占总量的 70%～80%(刘美和王湛，2007)。测试灌水器堵塞物质中胞外聚合物时主要考虑胞外多糖和胞外蛋白，胞外多糖的测定采用苯酚-硫酸法(Nocker et al.，2007)，胞外蛋白的测定采用 Lowry 等(1951)使用的方法，具体测试方法如下。

(1) 脱膜离心。分别将滴灌管(带)首部、中部和尾部所取的灌水器样品用小刀小心剥开，将 3 个不同位置的灌水器分别装入自封袋中，各加入 15mL 去离子水后置于超声波清洗仪中脱膜处理 1h，然后取出灌水器，将所得含有不溶物的液体各取 15mL，混合均匀，12000r/min 离心处理 15min 后将悬浮物收集到 1.5mL 离心管中，用无菌水重悬。

(2) 制作多糖标准曲线。在 0.1mL 的悬浮物中加入 1mL 6%的苯酚和 5mL 浓硫酸溶液，室温静置 30min，采用分光光度计 UV-1100 于 490nm 波长测定光密度，使用牛血清白蛋白(bovine serum albumin，BSA)标准品以葡萄糖制作多糖标准曲线。

(3) 制作蛋白标准曲线。配置试剂 A(143mmol/L NaOH 和 270mmol/L Na_2CO_3 混合液)、试剂 B(将试剂 A 与 57mmol/L $CuSO_4$ 溶液、124mmol/L Na-tartrate 按照体积比 100∶1∶1 混合)，然后在 0.5mL 样品中依次加入 0.7mL 试剂 B、0.1mL 福林溶液(采用无菌水稀释，体积比 5∶6)后，混合后室温振荡 45min，采用分光光度计 UV-1100 于 750nm 波长处测定光密度，使用 BSA 标准品制作蛋白标准曲线。

(4) 数值计算。根据标准品制作标准曲线，计算回归线及相关系数，决定系数 $R^2>0.99$ 时才可进行样品测定，根据标准曲线推导的回归方程进行计算。

5.4.2　微生物群落结构的 PLFAs 生物标记分析方法

PLFAs 是几乎所有活体细胞膜的主要成分，周转速率极快，并且随细胞死亡而迅速降解。其结构与种类多样，对环境因素敏感，分析结果重复性较好(Bossio et al.，1998)，既可用简单试剂和设备测定由 PLFAs 转化的磷酸盐以确定微生物总量，也可以根据不同菌群的特定脂肪酸碳链长度、饱和度及羟基等取代基位置差异研究特殊功能菌群(Hill et al.，1993)。由于 PLFAs 在自然生理条件下含量相对恒定，且在细胞死亡后迅速分解，可以代表有活性的那部分细胞，适合作为微生物数量和群落结构变化的生物标记分子(Sun and Liu，2004)。

灌水器内部堵塞物质 PLFAs 测试方法参考 Pennanen 等(1999)使用的方法，具体如下：

(1) 微生物 PLFAs 的提取。取堵塞物质液态样品 15mL 与氯仿、甲醇和磷酸缓冲液的混合液(体积比 1∶2∶0.8)35mL 混合，避光振荡 2～4h 后提取，在离心机中以 7000r/min 的转速离心 15min，取上清液，转移到分液漏斗中，再加入 10mL 磷酸缓冲液和 10mL 氯仿，室温下避光分离 2～4h，收集下层的氯仿相，氮气吹干。

(2) 纯化。将硅胶在烘箱中 100℃活化 1h，分别用 15mL 氯仿、30mL 丙酮和 15mL 甲醇溶剂在硅胶柱中洗脱，收集甲醇洗液，氮气吹干。

(3) 甲酯化。加入 1mL 的甲醇和甲苯(体积比 1∶1)及 1mL 0.56%氢氧化钾的干甲醇，置于 35℃条件下反应 30min，冷却至室温，然后加入乙酸中和，再加入有机溶剂氯仿与正己烷(体积比 1∶4)2mL 及适量超纯水后静置分层，最后取上清液(正己烷相)，氮气吹干，在−20℃条件下储存或直接进行检测。

(4) 质谱测定。采用气相色谱-质谱联用仪(gas chromatography-mass spectrometry，GC-MS)进行质谱测定。将上述提取物溶解在含有 33μg/mL 的十九烷脂肪酸甲酯内标物的氯仿和正己烷(体积比 1∶4)溶剂中。本试验使用 HP6890 气相色谱-HP5973 质谱联用仪，气相色谱与质谱之间的连接温度是 280℃，用高纯氦气(1mL/min)作为载气，该 GC-MS 采用电子电离(electron ionization，EI)方式，电子能量为 70eV。

(5) 生物量评估。指示特定微生物的 PLFAs 生物标记物见表 5.1。

表 5.1　指示特定微生物的 PLFAs 生物标记物

微生物类型	PLFAs 标记
细菌	含有以醚链与甘油相连的饱和或单不饱和脂肪酸[可以通过 15∶0、a15∶0、i15∶0、i16∶0、16∶1ω7t、16∶1ω9t、17∶0、i17∶0、a17∶0、cy17∶0、18∶1ω5、18∶1ω7 和 cy19∶0 的含量进行估算(Chinalia and Killham，2006；Frostegard et al.，1993)]
好氧细菌	15∶0、a15∶0、i15∶0、16∶0、i16∶0、16∶1ω7t、16∶1ω9t、17∶0、i17∶0、a17∶0、18∶0、18∶1ω7t、19∶0
厌氧细菌	18∶1ω7c、cy19∶0、cy17∶0
革兰氏阳性细菌	iso-，anteiso-支链脂肪酸[可以通过 16∶0(Me)、17∶0(Me)、18∶0(Me)、15∶0、a15∶0、i15∶0、i16∶0、i17∶0 和 a17∶0 的含量进行估算(Oleary and Wilkinson，1988)]
革兰氏阴性细菌	单烯脂肪酸，环丙基脂肪酸[可以通过 16∶1ω7t、16∶1ω9t、cy17∶0、18∶1ω5、18∶1ω7 和 cy19∶0 的含量进行估算(Wilkinson，1988)]

续表

微生物类型	PLFAs 标记
真菌	含有特有的磷脂脂肪酸[可以通过 18:2ω6,9 的含量进行估算(Frostegard et al.,1993)]
原生动物	20:3ω6、20:4ω6
硫酸盐还原细菌	10Me16:0、i17:1ω7、17:1ω6
甲烷氧化菌	16:1ω8c、16:1ω8t、16:1ω5c、18:1ω8c、18:1ω8t、18:1ω6c、16:1ω6c
嗜压/嗜冷细菌	20:5、22:6
黄杆菌	i17:1ω7
芽孢杆菌	各种支链脂肪酸
放线菌	10Me16:0、10Me17:0、10Me18:0 等
蓝细菌	含有多不饱和磷脂脂肪酸(如 18:2ω6)
微藻类	16:3ω3
脱硫细菌	cy18:0ω(7,8)
硫细菌	10Me18:1ω6、i17:1ω5、11Me18:1ω6
脱硫弧菌	i17:1ω7c、i15:1ω7c、i19:1ω7c
脱硫叶菌	17:1ω6、15:1

5.4.3　微生物群落结构的 PCR-DGGE 测试方法

PCR-DGGE 是测试微生物群落结构的常用方法。可以直接从灌水器堵塞物质液态样品中提取 PCR-DGGE 测试所需的 DNA。

1. 微生物基因组 DNA 提取

采用改进后的化学裂解法，直接从所收集的菌体沉淀样品中提取基因组 DNA (Sandhu et al.,2007)，具体如下：

(1) 提取缓冲液。配比为 0.1mol/L 的乙二胺四乙酸(EDTA)、0.1mol/L 的磷酸盐(pH=8.0)、0.1mol/L 的三羟甲基氨基甲烷(Tris base，pH 8.0)、1.0%的十六烷基三甲基溴化铵(CTAB)、1.5mol/L 的 NaCl。

(2) 样品处理。向不同样品的菌体沉淀中加入 5mL 的提取缓冲液和 10μL 的溶菌酶(50mg/L)，在 37℃条件下，以 225r/min 的转速振荡 30min 后加入质量分数 20%的十二烷基硫酸钠(SDS)，使其终质量分数变为 2%，60℃水浴加热 2h，最后加入 50μL 的蛋白酶 K(10mg/L)，在 37℃的条件下反应 30min。

(3) 抽提基因组 DNA。在上述处理液中按照 1∶1 加入氯仿，抽提其上清液，在离心机中以 9000r/min 的转速离心 5min 后，在上清液中加入体积分数为 60%的异丙醇过夜沉淀 DNA，然后在离心机中以 12000r/min 的转速离心 20min，最后用双蒸水或 TE 缓冲液溶解沉淀，即为所得的基因组 DNA 粗提液。

2. 基因组DNA纯化

采用生工生物工程(上海)股份有限公司的玻璃珠DNA胶回收试剂盒(产品号:SK111)对DNA粗提液进行纯化。

3. 基因组DNA扩增

(1) 16S rRNA基因V3区的扩增。把纯化后的DNA作为聚合酶链式反应(PCR)的模板,然后采用对大多数细菌和古细菌16S rRNA基因的V3区具有特异性的引物对:R518和F338GC(Øvreås et al.,1997),扩增产物的片段长约为230bp。

(2) PCR反应体系。50μL的PCR反应体系组成包括50ng模板、15pmol的每种引物、100μmol/L的dNTPs(每种10mmol/L)、5μL 10×PCR缓冲剂(不包括氯化镁)、1.5mmol/L的氯化镁、2U的DNA聚合酶,以及适量的双蒸水补足50μL。

(3) PCR反应条件。PCR反应采用降落PCR策略,即预变性条件是95℃条件下5min,前20个循环是95℃条件下1min、55～65℃条件下1min和72℃条件下3min(其中每个循环后复性温度下降0.5℃),后10个循环为95℃条件下1min、55℃条件下1min和72℃条件下3min,最后在72℃条件下延伸7min。PCR反应的产物用1.7%的琼脂糖凝胶电泳进行检测。

4. PCR反应产物的变性梯度凝胶电泳分析

采用Bio-Rad公司的基因突变检测系统,将PCR反应产物进行电泳分离,然后制备含有变性剂(即尿素和甲酰胺的混合物)的聚丙烯酰胺凝胶,其中的变性剂质量分数为30%～60%(质量分数100%的变性剂是7mol/L尿素和质量分数30%去离子甲酰胺的混合液),在每一个加样孔中加入PCR产物浓缩样品40μL。在电压100V、温度60℃条件下电泳12h,电泳完毕后,把凝胶用EB染色15min,然后放入纯水中,在脱色摇床转速为50r/min的条件下脱色10min。将脱色后的凝胶放置在YLN-2000凝胶影像分析系统下进行观察并拍照,得到变性梯度凝胶电泳(DGGE)分析图谱。

5. 条带的回收和测序

1) DGGE条带的回收

把所得到的DGGE图谱中比较特殊的条带进行切胶回收,重新进行PCR后再做DGGE分离,直至在DGGE图谱中出现单一条带,然后重新切胶回收DNA,用不带气相色谱发卡的R518和F338扩增得出目的片段,然后用PCR产物回收试剂盒(OMEGA)回收得到PCR产物。

2) T-载体连接

用Promega公司生产的pGEM-T载体来连接回收产物。采用10μL标准的连接反应体系(表5.2),加入后在4℃恒温放置过夜。16S rDNA的分子克隆连接反应体系见表5.2。

表 5.2　16S rDNA 的分子克隆连接反应体系

试剂	体积/μL
PCR 产物	3
pGEM-T 载体	1
10×连接缓冲液	5
T4 DNA 连接酶	1
总体积	10

3) 感受态细胞制备

(1) 挑选一大肠杆菌 DH5α 单菌，接种于 5mL 的溶菌肉汤(Luria-Bertani，LB)液体培养基中，在 37℃条件下振荡培养 12h 左右，进入对数生长期。将该菌落的悬浮液按照体积比 1∶100～1∶50 接种于 100mL 的 LB 液体培养基中，在 37℃的条件下振荡扩大培养，当培养基开始出现浑浊时，每隔 20～30min 测一次 A600，至 A600≤0.4 时停止培养。

(2) 将培养液放置在冰盒中冷却 20min 后，转入离心管中，在温度 0～4℃、转速 4000r/min 条件下离心 10min。

(3) 倒出上清液，用 600μL 冰和 0.1mol/L 氯化钙溶液轻轻悬浮细胞，然后在冰上放置 15～30min。

(4) 在温度 0～4℃、转速 4000r/min 条件下离心 10min。

(5) 弃去上清液，然后加入 200μL 冰冷的 0.1mol/L 氯化钙溶液，小心操作悬浮细胞，在冰上放置片刻后，即制成感受态细胞悬液。

4) 转化大肠杆菌 DH5α 细胞

(1) 取 100μL 感受态细胞，放置于冰上，待完全解冻后轻轻将细胞均匀悬浮。

(2) 加入 5μL 的连接液，轻轻混匀，在冰上放置 30min。

(3) 在 42℃水浴中热激 90s。

(4) 在冰上放置 2min。

(5) 加入 400μL LB 液体培养基，在温度 37℃、转速 200～250r/min 条件下振荡培养 1h。

(6) 在室温条件下，以 4000r/min 的转速离心 5min，然后吸掉400μL上清液，剩余培养基悬浮细胞。

(7) 将细菌涂布在预先用 20μL 100mmol/L IPTG 和 100μL 20mg/mL X-gal 涂布的氨苄青霉素平板上。

(8) 平板在 37℃条件下正向放置 1h，然后倒置过夜培养。

5) 转化子蓝白斑筛选

(1) 过夜培养后可出现菌落，然后在 4℃条件下将平板放置 2h，使蓝色充分显现；然后选择在 IPTG/X-gal 平板上生长的白色菌落，用牙签调至含氨苄青霉素的 LB 液体培养基中，在 37℃条件下过夜培养。

(2) 将 T7 和 SP6 作为引物，以少许菌体为模板，通过原位 PCR 扩增验证插入片断的大小，筛选阳性克隆。把筛选好的阳性克隆接种于含 100μg/mL 氨苄青霉素的 LB 液体培养基中，在温度 37℃、转速 200～250r/min 的条件下振荡培养 12h 后，进行测序。

6. 系统发育分析

将所得到的序列输入美国国家生物技术信息中心 NCBI 网站，用 BLAST 程序和 GeneBank 数据库中已有的序列进行比对，下载同源性最高的序列与同源性较高的已知种的序列为参考。采用软件 ClustalX 1.81 和 MEGA 3 以邻近归并(neighbor-joining，N-J)法进行系统发育分析(采样 1000 次)，最后构建系统发育树(Kumar et al.，2004)。

5.4.4 微生物群落结构的高通量测序分析方法

随着现代分子生物技术的快速发展，基于 16S rDNA/18S rDNA 基因，目前可以利用第二代高通量测序(next generation sequencing，NGS)技术获得庞大的微生物群落信息。因此可以借助该技术研究滴灌系统灌水器内部堵塞物质中微生物群落演变特征，具体测试方法如下。

1. 基因组 DNA 提取

量取 50mL 灌水器堵塞物质混合液，用 DNA 提取试剂盒提取样品中的总 DNA。具体操作步骤详见对应试剂盒说明书，DNA 浓度和纯度利用 NanoDrop 2000 进行检测，利用 1%琼脂糖凝胶电泳检测 DNA 提取质量，所得 DNA 置于−20℃保存。

2. PCR 扩增

454 测序样品扩增采用 16S rRNA 基因的细菌引物 124f/515r，扩增 V3 区片段 400bp。

PCR 反应条件为：94℃预变性 5min、94℃变性 1min、68℃退火 45s(−1℃/循环)，14 个循环后 72℃延伸 45s、94℃变性 1min、56℃退火 1min，10 个循环后 72℃延伸 45s、72℃延伸 5min、10℃反应 10min。

反应体系为 25μL，含 12.5μL 2×PCR 反应混合液(100mmol/L 的 KCl、20mmol/L 的 Tris-HCl、3mmol/L 的 $MgCl_2$ 和 400μmol/L 的 dNTP 混合物)，20pmol 引物各 1μL，0.4μL Taq 酶(2.5U/μL)，50ng/μL DNA 模板。扩增产物经 1.5%(质量与体积之比)琼脂糖凝胶电泳检验后，用 2%琼脂糖凝胶做回收胶，用回收试剂盒(Axygen)回收，使得最终送测序的 DNA 的浓度最低达到 100ng/μL，回收后样品−20℃下保存。

为保证后续数据分析的准确性和可靠性，PCR 扩增需注意：①尽可能使用低循环数扩增；②保证每个样品扩增的循环数一致。随机选取具有代表性的样品进行预实验，确保在最低循环数中使绝大多数样品能够扩增出浓度合适的产物。

3. 荧光定量

参照电泳初步定量结果，将 PCR 产物用 Promega 公司的 QuantiFluor™-ST 蓝色荧光定量系统进行检测定量，之后按照每个样品的测序量要求，进行相应比例的混合。

4. 上机测序

将回收后的样品冷藏,采用第二代高通量测序仪进行测序。

5. 测序后网络分析方法

(1) 数据处理。

① 通过 barcode 区分样品序列,并对各样品序列做质量评估。

② 去除非靶区域序列及嵌合体。

(2) 基于操作分类单元(operational taxonomic units,OTU)聚类分析,将多条序列根据其序列之间的距离来对它们进行聚类,后根据序列之间的相似性作为阈值分为 OTU。

① 在 OTU 聚类结果的基础上,获取每一个 OTU 聚类中的代表性序列,分别是最长的序列和丰度最高的序列,所有序列形成三份结果,对结果进行数据库物种比对。

② Alpha 多样性分析。计算五种多样性指数,衡量样品物种多样性,五种指数分别为 Chao 指数、Simpson 指数、ACE 指数、Shannon 指数、Coverage 指数。

③ Beta 多样性分析。Beta 多样性指标用来比较多组样本之间的差别,将代表性序列比对核心 16S rRNA 序列,根据多序列队列构建代表性序列为节点的进化树,利用 Unifrac 算法计算样本距离、样本聚类、样品 PCA 等。

(3) 基于物种分类分析,采用 RDP classifier 软件对序列进行物种分类,对每个样本和每个物种分类单元进行序列丰度计算,从而构建样本和物种分类单元序列丰度矩阵。

① 样本之间菌群丰度差异分析。根据物种分类单元和样本丰度矩阵,利用统计检验筛选样本组间的差异物种分类单元。

② MEGAN 分析。该分析反应的是在每一个层级上各样本菌群丰度。除了计算单样本菌群分度图,也会根据客户的分组,计算组内样本菌群分析比较图。

③ 物种丰度图。基于物种分类分析,绘制物种分类条形图、物种丰度饼图、物种丰度热图、Classifier 分类图、单样本菌群丰度柱状图、样本聚类与柱状分析图。

(4) 基于 OTU 聚类和 RDP 分类的共有分析

① 典型相关分析(canonical correlation analysis,CCA)。该分析可以检测环境因子、样品、菌群三者之间的关系或两两之间的关系,同时也进行非度量多维尺度(non-metric multidimensional scaling,NMDS)分析。

② 进化树分析。绘制菌群之间的进化树图。

(5) 网络构建与分析。

根据测序结果,采用系统发育分子生态网络分析方法,通过基于随机矩阵理论的分子生态学方法构建网络,进行分子生态网络分析(molecular ecological network analysis,MENA)。在得到 Spearman 秩相关矩阵之前,对半数以上样本的 OTUs 进行保留,不取对数。最合适的阈值用于构建网络(所有网络使用相同的阈值)。可视化网络图采用 Cytoscape 3.3.0 实现。

5.5 堵塞物质表面形貌与空间分布测试方法

5.5.1 堵塞物质表面特征的环境扫描电子显微镜测试方法

环境扫描电子显微镜(environmental scanning electron microscope，ESEM)与 SEM 的成像原理基本相同，不同之处在于 ESEM 利用压差光栏、真空阀和真空泵将 SEM 的真空系统分隔成真空度呈梯度分布的区域。这样经过压差光栏的分隔，真空度逐渐下降，在样品室达到最低(最高气压可分别达到 266Pa 和 2660Pa)。ESEM 主要有以下优点：①可以直接检测绝缘样品，而不必在样品表面喷涂导电层，因而可直接观察到样品表面更真实的信息，分析简便迅速，不破坏原始形貌；②可以检测含油、含水、易挥发、会放气的样品，检测潮湿、新鲜的活样品，能够观察液体在样品表面的蒸发和凝结以及化学腐蚀行为，广泛应用于农业、林业、生物、医学、环境保护等方面；③可以对处于高温(最高温度可达 1500℃)、低温(最低温度可达－185℃)和发光的样品进行形貌观察和成分分析；④利用配套的高温、低温、拉伸、变形、脆断、温差制冷台等附件对样品进行动态检测，通过微量注射器或微量控制器改变样品室内的气氛，观察样品在不同气氛下的变化，这就为观察样品脆断、变形、熔化、溶解、冷冻、结晶、腐蚀、水解以及生物样品的生长发育等方面的应用奠定了基础。

利用 ESEM 观测滴灌系统灌水器内部堵塞物质表面形貌特征的具体操作步骤如下：

(1) 过滤。利用 0.45μm 有机纤维滤膜将－4℃恒温保存的灌水器堵塞物质液态样品过滤后取固体组分。

(2) 固定。先用 2.5%戊二醛固定 24h，然后用 0.1mol/L 磷酸钠缓冲液(pH＝7.2)漂洗 3 次，每次漂洗 15min，接着用 1%锇酸(OsO_4)固定 3h，最后用 0.1mol/L 磷酸钠缓冲液(pH＝7.2)漂洗 3 次，每次 15min。

(3) 观察。利用 ESEM 对灌水器堵塞物质表面形貌进行观测。

5.5.2 堵塞物质表面三维形貌的白光干涉形貌仪测试方法

三维白光干涉形貌仪(3D white-light scanning interferometer，3D WLSI)采用白光干涉原理，可以测量样品表面微细形状分布，是综合运用光电子技术、微弱信号检测技术、精密机械设计和加工技术、数字信号处理技术、光学技术、精密控制技术、计算机高速数据采集和控制技术、高分辨图像处理技术等现代科技的一体化产品，可以快速测量表面形貌、表面粗糙度及关键尺寸(至纳米级别)。其主要原理是照明光束经半反半透分光镜分成两束光，分别投射到样品表面和参考镜表面。从两个表面反射的两束光再次通过分光镜后合成一束光，并由成像系统在电荷耦合器件(charge-coupled device，CCD)相机感光面形成两个叠加的像。由于两束光相互干涉，在 CCD 相机感光面会观察到明暗相间的干涉条纹。干涉条纹的亮度取决于两束光的光程差，根据干涉条纹明暗度解析出被测样品的相对高度，从而可以测量颗粒物的三维形貌特征。

滴灌系统灌水器内部堵塞物质表面形貌分析建议采用美国 ADE 有限公司生产的三维白光干涉形貌仪(型号：Micro-XPM)，样品大小为 0.3cm×0.3cm，物镜选用 50 倍，测试范围大概为 128μm×173μm 的矩形区域。

利用 SPIP 软件对三维白光干涉形貌仪采集的图像进行分析，除了堵塞物质厚度 S_d，在堵塞物质表面三维形貌中主要考虑粗糙度 S_q、峰值高度 S_y、比表面积 S_{dr} 三个参数，参数的计算方法如下。

1）粗糙度

粗糙度是指轮廓偏距平均高度的均方根值。

$$S_q = \sqrt{\frac{1}{MN}\sum_{k=0}^{M-1}\sum_{l=0}^{N-1}\left[Z(x_k,y_l)-\mu\right]^2} \tag{5.1}$$

式中，M 为采用区域内横向的第 M 个单元；N 为采用区域内纵向的第 N 个单元；x_k 为采用区域内横向的第 k 个单元；y_l 为采用区域内纵向的第 l 个单元；$Z(x_k,y_l)$ 为采用区域内横向的第 k 个单元和纵向的第 l 个单元所对应点的高度；μ 为平均高度，其可用式(5.2)进行计算：

$$\mu = \frac{1}{MN}\sum_{k=0}^{M-1}\sum_{l=0}^{N-1} z(x_k,y_l) \tag{5.2}$$

2）峰值高度

峰值高度是指堵塞物质厚度最大值与最小值的差值。

$$S_y = Z_{max} - Z_{min} \tag{5.3}$$

式中，Z_{max}、Z_{min} 分别表示采样区域内堵塞物质厚度的最大值和最小值。

3）比表面积

比表面积为表面展开面与投影面的面积比。

$$S_{dr} = \frac{\sum_{k=0}^{M-2}\sum_{l=0}^{N-2} A_{kl} - (M-1)(N-1)\delta_x\delta_y}{(M-1)(N-1)\delta_x\delta_y} \times 100\% \tag{5.4}$$

$$A_{kl} = \frac{1}{4}\left[\sqrt{\delta_x^2 + [z(x_k,y_l)-z(x_k,y_{l+1})]^2} + \sqrt{\delta_y^2 + [z(x_{k+1},y_l)-z(x_{k+1},y_{l+1})]^2}\right] \tag{5.5}$$

式中，δ_x 、δ_y 分别为 x 和 y 方向像素点的间距。

5.5.3　堵塞物质空间分布的高精度计算机断层扫描无损测试方法

1. 计算机断层扫描测试原理

计算机断层扫描(computer tomography，CT)技术是现代核物理学和图像处理等学科结合产生的，近年来已发展为无损检测的一个重要研究领域(朱铮涛和黎绍发，2004)。该技术是在射线检测的基础上发展起来的，基本原理是当能量为 I_0 的射线束穿过被检测物体时，根据各个透射方向上各体积元衰减系数 μ_i 的不同，透射能量 I 也不同。按照一定的图像重建算法，即可获得被检测物体薄层无影像重叠的断层扫描图像，重复上述过程又可以获得一个新的断层扫描图像，当测得足够多的二维断层扫描图像时就可以重建三维图像(增勇等，2010)，工作原理如图 5.1 所示。

经过 CT 重构后的数字图像处理软件 VGStudio MAX 将 CT 设备变成坐标测量系

统,该系统可以从厚度、体积、表面积等参数分析灌水器内部结构单元局域、各单元间、多段间、不同类型灌水器间等多尺度堵塞物质空间分布特征,为微观角度原位观察灌水器流道内堵塞物质空间分布提供条件。

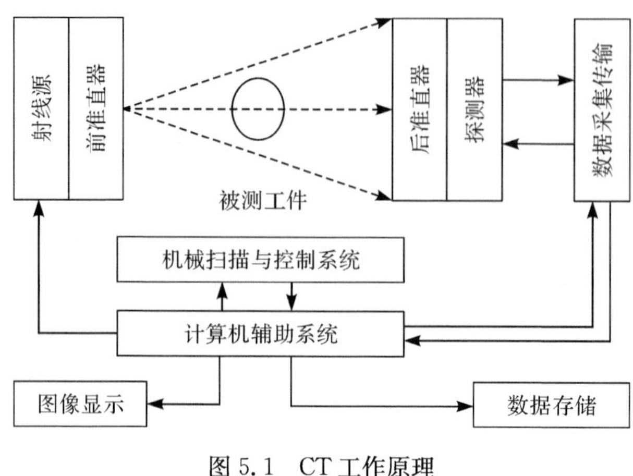

图 5.1 CT 工作原理

当单能射线束穿过非均匀物质后,其衰减遵从比尔定律(中国机械工程学会无损检测分会,1997):

$$I = I_0 \mathrm{e}^{-\left(\sum_{i=1}^{n}\mu_i\right)x} \tag{5.6}$$

即

$$\frac{\ln(I_0/I)}{x} = \mu_1 + \mu_2 + \cdots + \mu_i \tag{5.7}$$

式中,I 和 I_0 为已知量,μ_i 为未知量。一幅 $M\times N$ 个像素组成的图像必须有 $M\times N$ 个独立的方程才能解出衰减系数矩阵中每一点的 μ_i 值。当射线从各个方向透射被检测物体时,通过扫描探测器可得到 $M\times N$ 个射线计数和 I 值,按照一定的图像重建算法,即可重建出 $M\times N$ 个 μ 值组成的二维 CT 断层灰度图像。将一系列 CT 扫描后的二维图像经过一定的算法即可重构出三维模型,最后在计算机上显示出来。

因此,计算机断层扫描技术为灌水器内部堵塞物质的三维无扰精确测试提供了可能。利用德国菲尼克斯公司生产的微焦点工业 CT 设备,射线源最大电压 225kV,射线源最小焦点尺寸 3μm,探测器像素尺寸为 0.127mm,探测器像素为 1500×1900。

2. 测试分析过程

1) 样品染色

CT 是射线透射被测物体后根据产生衰减能量的不同而成像的,由于灌水器流道壁面材质与流道内堵塞物质对 X 射线具有相似的吸收特性,因此要获得不同层相之间的对比,必须对流道内堵塞物质进行染色以便显影。使用 $BaSO_4$ 悬浊液和 KI 溶液等比例混合进行染色,其中,KI 溶液为传统显影剂,易于扩散于堵塞物质中,而 $BaSO_4$ 悬浊液不溶于水,且在组织中不扩散,在 $BaSO_4$ 悬浊液中添加 KI 溶液,扫描时可以使灌水器样品流道内的堵塞物质、流道壁面与空气明显区分开,得到高质量的成像效果。配置浓度为

0.3g/mL 的 $BaSO_4$ 悬浊液、浓度为 0.1g/mL 的 KI 溶液，将两种溶液等比例混合后，对灌水器样品进行染色。

染色通过染色架进行(图 5.2)，染色架包括 2 个水箱、2 个水泵、1 个 120 目过滤器和 1 个压力表。两水箱中分别装有染色液和清水，每个水箱中均设置 1 个水泵；两水箱的出口分别通过阀门连接过滤器一端，过滤器的另一端通过压力表连接灌水器样品一端，灌水器样品通过阀门分别连接水箱；使用时，打开染色液水箱水泵开关，加压将染色液通入灌水器样品中染色 30s；染色完毕打开清水箱水泵开关，通清水将残留的染色物质冲洗干净，取下灌水器样品。冲洗完毕后将灌水器样品放在通风处晾干 24h，使灌水器流道充分干燥，然后进行 CT 测试。

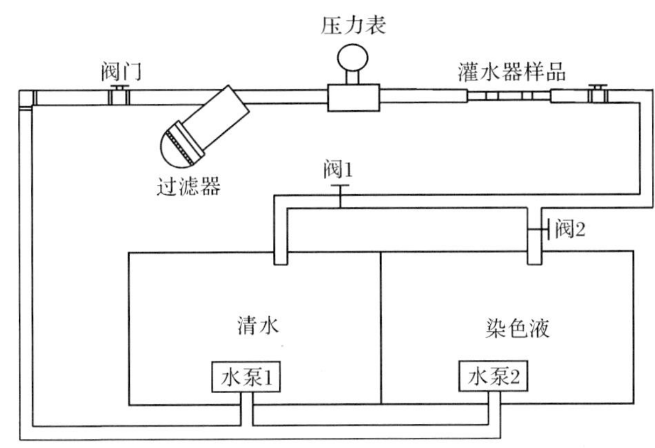

图 5.2　染色架示意图

2) 扫描与图像处理

利用 CT 设备对灌水器样品进行扫描的过程如下：①启动 CT 设备；②将灌水器样品放置于转台旋转中心，标记样品的位置坐标；③由微型计算机控制 X 射线 CT 设备开机；④将 CT 设备的旋转台做 360°旋转，保持射线发射状态，从 CT 设备控制软件操作界面中观察旋转过程中待扫描标准试件轮廓是否超出该界面的窗口范围，若超过，重新调整试件，调整完成后，设定 CT 设备参数，得到最佳成像效果。灌水器样品 CT 参数设置为电压 100kV，电流 80mA。

利用 CT 设备得到样品的二维断层扫描图像，将断层图像输入计算机进行三维重建，得到灌水器样品的三维模型，三维重建后的模型可以提供更丰富的信息，得到分析计算所需要的单元。VGStudio MAX(图 5.3)是一款世界范围内用于工业 CT 数据分析和可视化的最先进软件平台，支持对 CT 三维像素数据进行材料和几何结构相关的处理，精度较高。

重构后的三维图像需要基于阈值进行分割，确定堵塞物质与灌水器流道壁面的分割边界。由于堵塞物质进行过染色处理，其灰度与灌水器流道壁面灰度差异明显。在软件中可显示扫描体素的灰度直方图，通过表面测定功能调整灰度阈值，表面灰度值由红色线标记，鼠标拖动此线可调整阈值，较亮区为堵塞物质，较暗区为灌水器流道壁面。将图像调整为一个合适的阈值后，分隔堵塞物质边界。将图像信息保存，然后对其进行测量与分析。

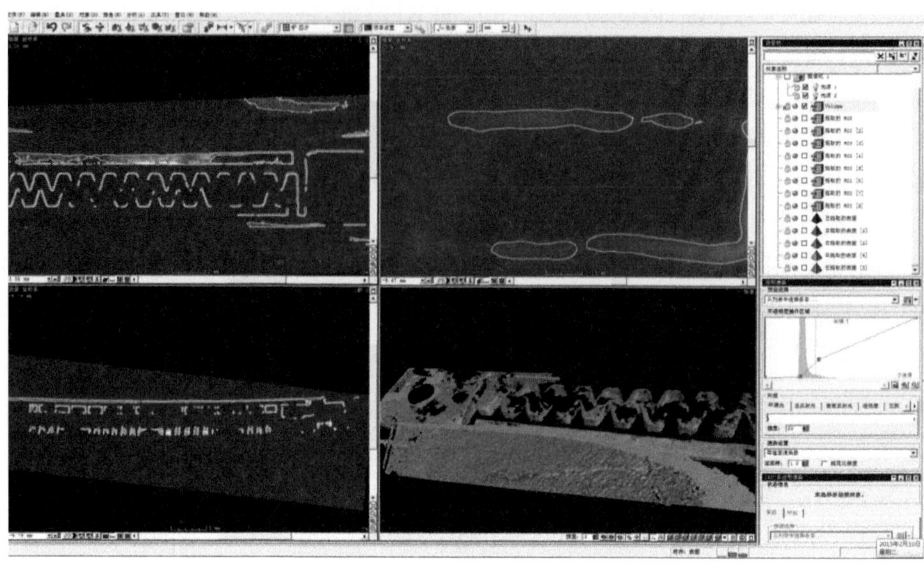

图 5.3 VGStudio MAX 2.2 操作界面

3) 评价方法

VGStudio MAX 2.2 在对灌水器流道内堵塞物质平面、空间尺寸进行测量的同时还可以进行属性分析，包括查看选定区域内的体积、表面积等信息，得到高精度的测量结果。根据堵塞物质的分布特性，提取堵塞物质的基本参数，通过参数结果直观、定量地反映灌水器堵塞物质的分布特征。

提取分割后灌水器样品三维模型中堵塞物质的基本参数，包括点位堵塞物质厚度 d、区域堵塞物质体积 V 和区域堵塞物质表面积 C。其中，d 直接反映不同点位堵塞物质平均厚度，表征堵塞物质沿流道壁面的分布特征；V 为某一区域内堵塞物质的总体积；C 用于显示堵塞物质的表面积信息。流道整体结构与结构单元区域的划分如图 5.4 所示。从流道入口处开始对流道结构单元进行编号，每个结构单元根据面的分布划分为 5 个区域。

根据提取的灌水器样品三维模型中堵塞物质的基本参数，结合灌水器样品流道的结构特性，对灌水器样品中的堵塞物质空间分布进行定量评价。

(1) 堵塞物质面平均厚度。

以某个结构单元外壁面为例，堵塞物质面平均厚度为

$$D_{o_j} = \frac{v_{o_j}}{S_{o_j}} \tag{5.8}$$

在整个流道，某一壁面的厚度采用各个壁面厚度的加权平均值来进行评价：

$$D_o = \frac{D_{o_1} S_{o_1} + D_{o_2} S_{o_2} + \cdots + D_{o_l} S_{o_l}}{S_{o_1} + S_{o_2} + \cdots + S_{o_l}} \tag{5.9}$$

式中，v_{o_j} 为沿水流方向灌水器样品的第 j 个流道结构单元外表面区域堵塞物质体积 ($j=1,2,3,\cdots$)；S_{o_j} 为第 j 个流道单元上底面面积；D_{o_j} 为第 j 个结构单元堵塞物质在外

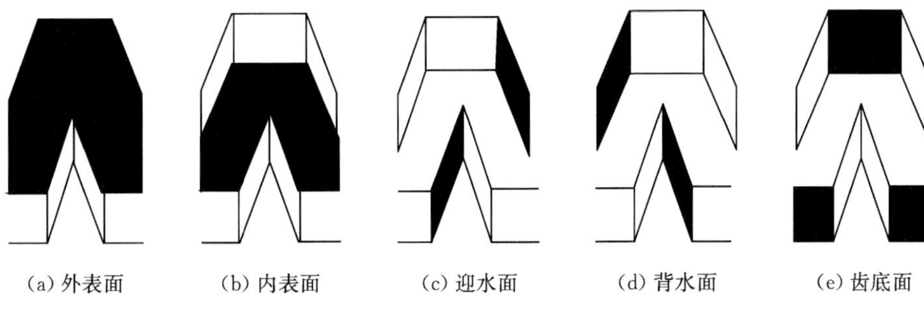

图 5.4　流道整体结构与结构单元区域的划分示意图

表面的平均厚度；D_o 为外表面堵塞物质的加权平均厚度；D_{o_1}、D_{o_2}、D_{o_l} 和 S_{o_1}、S_{o_2}、S_{o_l} 分别为第 1 个、第 2 个和第 l 个结构单元堵塞物质在外表面的平均厚度和上底面面积。

(2) 结构单元内堵塞物质体积分数。

单个结构单元的体积分数为

$$\Phi_{V_j} = \frac{V'_j}{V_j} \times 100\% \tag{5.10}$$

多个结构单元堵塞物质的体积分数由各个结构单元体积分数的加权平均值求得

$$\Phi_V = \frac{\Phi_{V_1}V_1 + \Phi_{V_2}V_2 + \cdots + \Phi_{V_l}V_l}{V_1 + V_2 + \cdots + V_l} \tag{5.11}$$

式中，V'_j 和 V_j 为沿水流方向灌水器样品的第 j 个流道结构单元堵塞物质和结构单元体积；Φ_{V_j} 为第 j 个结构单元堵塞物质的体积分数，即第 j 个流道结构单元内堵塞物质占流道结构单元体积的百分比；Φ_V 为多个结构单元堵塞物质的体积分数；Φ_{V_1}、Φ_{V_2}、Φ_{V_l} 和 V_1、V_2、V_l 分别为计算结构单元内第 1 个、第 2 个和第 l 个结构单元堵塞物质体积分数和体积。

(3) 不同表面堵塞物质权重。

表面堵塞物质权重代表不同表面堵塞物质体积占整个流道内堵塞物质的百分比，以外表面为例，权重为该外表面上全部结构单元内堵塞物质体积与流道内堵塞物质总体积 V' 的比值：

$$W_{V_O} = \frac{V_O}{V'} \times 100\% \tag{5.12}$$

式中，V_O、V'分别为流道内部外表面上堵塞物质体积和流道内部堵塞物质总体积；W_{V_O} 为外表面上堵塞物质权重。

参 考 文 献

刘美，王湛. 2007. 胞外聚合物对膜污染的影响[J]. 水处理技术，33(10)：7-13.

增勇，汤光平，李建文，等. 2010. 工业 CT 技术进展及应用[J]. 无损检测，32(7)：504-508.

朱铮涛，黎绍发. 2004. 视觉测量技术及其在现代制造业中的应用[J]. 现代制造工程，4：59-61.

中国机械工程学会无损检测分会. 1997. 射线检测[M]. 北京：机械工业出版社.

Bossio D A, Scow K M, Gunapala N, et al. 1998. Determinants of soil microbial communities: Effects of agricultural management, season, and soil type on phospholipid fatty acid profiles[J]. Microbial Ecology,36(1):1-12.

Chinalia F A,Killham K S. 2006. 2,4-Dichlorophenoxyacetic acid (2,4-D) biodegradation in river sediments of Northeast-Scotland and its effect on the microbial communities(PLFA and DGGE)[J]. Chemosphere,64:1675-1683.

Frostegard A,Tunlid A,Baath E. 1993. Phospholipid fatty acid composition,biomass and activity of microbial communities from two soil types experimentally exposed to different heavy metals[J]. Applied Environmental Microbiology,59(11):3605-3617.

Hill T C J,Mcpherson E F,Harris J A,et al. 1993. Microbial biomass estimated by phospholipid phosphate in soils with diverse microbial communities[J]. Soil Biology and Biochemistry, 25(12): 1779-1786.

Kumar S, Tamura K, Nei M. 2004. MEGA3: Integrated software for molecular evolutionary genetics analysis and sequence alignment[J]. Briefings in Bioinformatics,5(2):150-163.

Li Y K,Liu Y Z,Li G B,et al. 2012. Surface topographic characteristics of suspending sediment in two reclaimed wastewater and its effects on the clogging in labyrinth drip irrigation emitters[J]. Irrigation Science,30(1):43-56.

Lowry O H, Rosebrough N J, Farr A L, et al. 1951. Protein measurement with the Folin phenol reagent[J]. Journal of Biological Chemistry,193(1):265-275.

Nocker A, Lepo J E, Martin L L, et al. 2007. Response of estuarine biofilm microbial community development to changes in dissolved oxygen and nutrient concentrations[J]. Microbial Ecology,54(3): 532-542.

Oleary W M,Wilkinson S G. 1988. Gram-positive bacteria//Ratledge C,Wilkinson S G. Microbial Lipids [M]. London: Academic Press.

Olivera M M H,Hewaa G A,Pezzanitia D. 2014. Bio-fouling of subsurface type drip emitters applying reclaimed water under medium soil thermal variation[J]. Agricultural Water Management,133(2):12-23.

Pennanen T,Liski J,Bååth E,et al. 1999. Structure of the microbial communities in coniferous forest soils in relation to site fertility and stand development stage[J]. Microbial Ecology,38(2):168-179.

Picologlou B F,Zelver N,Characklis W G. 1980. Biofilm growth and hydraulic performance[J]. ASCE Journal of the Hydraulics Division,106(5):733-746.

Sandhu A, Halverson L J, Beattie G A. 2007. Bacterial degradation of airborne phenol in the phyllosphere[J]. Environmental Microbiology,9(1):383-392.

Souha G, Audrey S, Séverine T, et al. 2014. Biofilm development in micro-irrigation emitters for wastewater reuse[J]. Irrigation Science,32(1):77-85.

Sun H X,Liu X L. 2004. Microbes studies of tea rhizosphere[J]. Acta Ecologica Sinica,24(7):1353-1357.

Tarchitzky J,Rimon A,Kenig E,et al. 2013. Biological and chemical fouling in drip irrigation system sutilizing treated wastewater[J]. Irrigation Science,31(6):1277-1288.

Wilkinson S G. 1988. Gram-negative bacteria//Ratledge C,Wilkinson S G. Microbial Lipids[M]. London: Academic Press.

Zhou B,Li Y K,Pei Y T,et al. 2013. Quantitative relationship between biofilms components and emitter clogging under reclaimed water drip irrigation[J]. Irrigation Science,31(6):1251-1263.

Øvreås L, Forney L, Daae F L, et al. 1997. Distribution of bacterioplankton in meromictic Lake Sealenvannet,as determined by denaturing gradient gel electrophoresis of PCR-amplified gene fragments coding for 16S rRNA[J]. Applied Environmental Microbiology,63(9):3367-3373.

第 6 章　滴灌系统灌水器内部堵塞物质多尺度分布特征

目前针对堵塞物质的测试，一方面需要破坏灌水器对流道内部堵塞物质取样，取样过程中会对堵塞物质产生扰动，影响堵塞物质分布；另一方面，无法实现同一灌水器内部堵塞物质的动态跟踪监测，只能通过设置多组重复进行不同时期取样来表征堵塞物质变化过程，无法排除环境、位置等因素对堵塞物质分布的影响。总体而言，目前有关灌水器内部堵塞物质结构及其组分动态变化的研究仅有较少报道，对于堵塞物质在灌水器内部的多尺度分布特征的研究更是匮乏。因此亟须借助三维白光干涉形貌仪、高分辨率 CT 技术以及三维重构方法，深入研究滴灌系统灌水器内部堵塞物质的多尺度分布特性。

6.1　滴灌系统灌水器内部生物堵塞物质元素组成及二维形貌特征

6.1.1　灌水器流道主体以及进出口生物堵塞物质元素组成分析

根据滴灌灌水器生物堵塞原位试验(4.1 节)，选取三种常见的不同类型的滴灌灌水器，用带 X 射线能谱仪的扫描电子显微镜(SEM-EDS)测试其流道主体、流道入口、流道出口处生物堵塞物质的元素含量。三种流道结构及测试点位如图 6.1 所示。灌水器结构单元分成 5 个点位进行监测，具体为 1 号点位(齿尖迎水区)、2 号点位(齿尖背水区)、3 号点位(主流变形区)、4 号点位(齿跟迎水区)、5 号点位(齿跟背水区)五个部分。对于单元段和多段间的差异(如 6 号、7 号和 8 号点位)，也均以 1 号点位作为参考。

1. 流道结构单元生物堵塞物质组成元素分析

三种流道结构单元内生物堵塞物质 X 射线能谱仪测试结果如图 6.2～图 6.4 所示，流道结构单元内各点位元素摩尔分数见表 6.1。

对三种流道类型的灌水器，各点位 O 元素的含量(摩尔分数)均最大(都在 37%以上)，Si、Al 元素的含量也均较大。对于锯齿尖角形流道类型的灌水器，都含有 O、Si、Fe、Al、Ca、Na、S、K、P、Cl、Mg 元素；Fe 元素由于含量太少，在再生水中未检测出，但每个位置均检测出 Fe 元素，说明水中微量的 Fe 元素也容易形成沉淀物；对于锯齿尖角形流道结构单元内的 1～5 号点位，3 号点位处的 Si 元素含量为 9.5%，明显少于其他 4 个点位处的 Si 元素含量，这是由于 3 号点位处的水流冲刷较大，不利于 SiO_2 等固体颗粒的沉积造成的。对于锯齿圆弧形流道类型的灌水器，都含有 O、Si、Fe、Al、P、Ca、K 元素，元素种类较锯齿尖角形流道类型灌水器少；对于锯齿圆弧形流道结构单元内的 1～5 号点位，3 号点位处的 Si 元素含量为 12.4%，明显少于其他 4 个点位处的 Si 元素含量，这也是由于 3 号点位的水流冲刷较大，不利于 SiO_2 等固体颗粒的沉积。直齿弧角形流道类型的滴灌灌水器，都含有 O、Si、Fe、Al、P、Ca、S、K、Mg 元素。

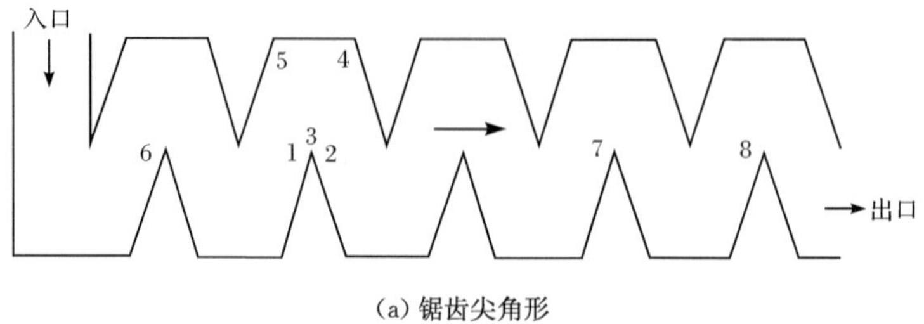

(a) 锯齿尖角形

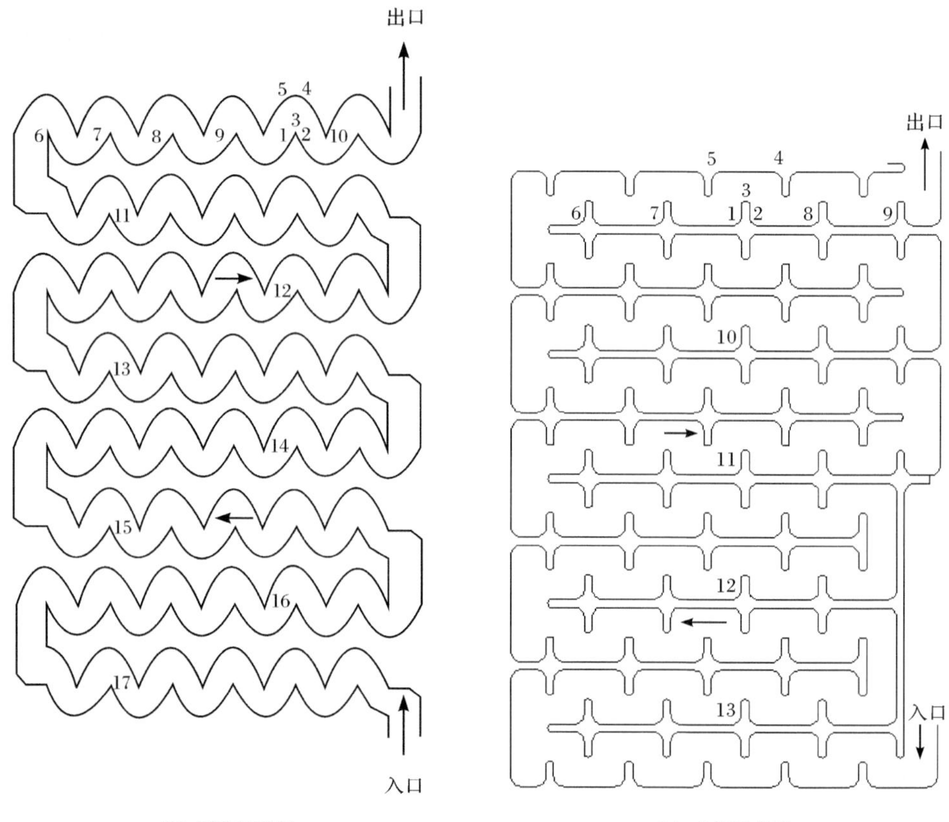

(b) 锯齿圆弧形　　(c) 直齿弧角形

图 6.1　三种流道结构及测试点位示意图

不同类型流道结构单元内生物堵塞物质含有大量(>5.0%)的 O、Si、Al、Fe、Na、P、Cl 元素，以及少量(<5.0%)的 Mg、S、Ca、K、Ti、Mn 元素，且各处理间含量差异显著。

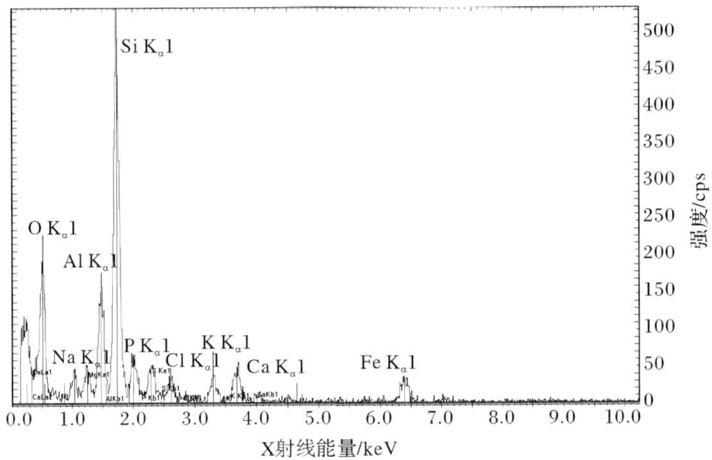

(a) 1 号点位

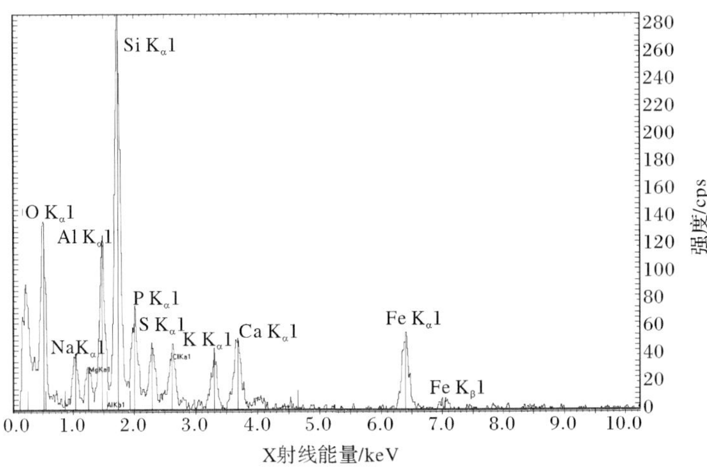

(b) 2 号点位

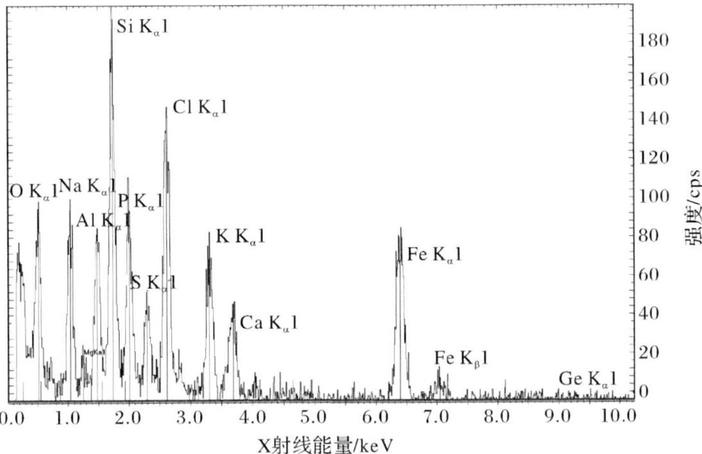

(c) 3 号点位

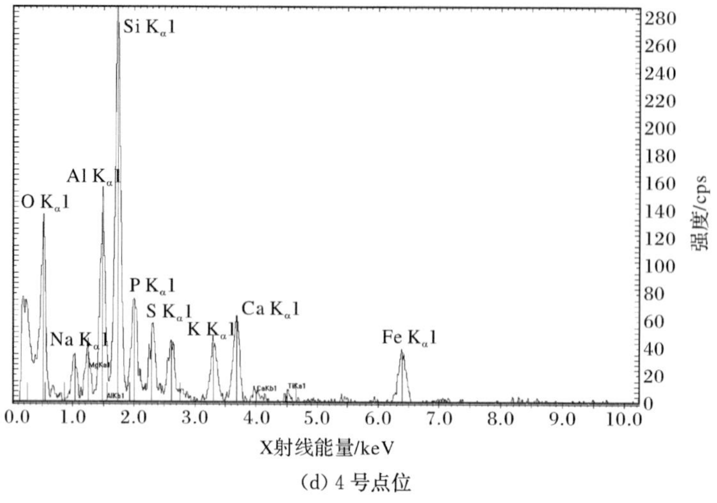

(d) 4 号点位

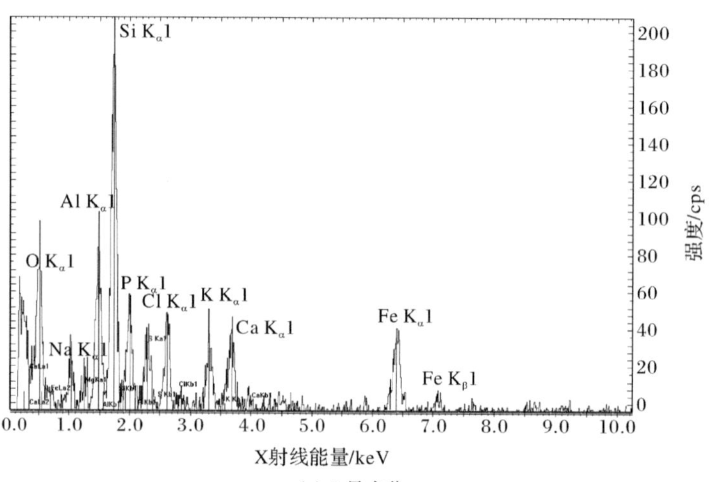

(e) 5 号点位

图 6.2　锯齿尖角形流道结构单元内生物堵塞物质 X 射线能谱仪测试点能谱图

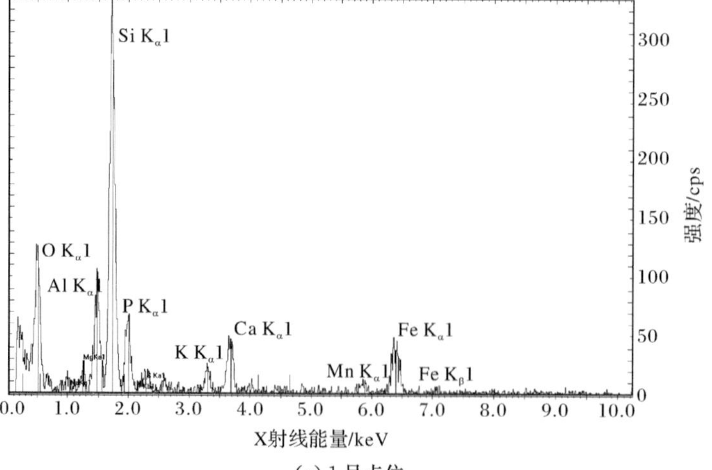

(a) 1 号点位

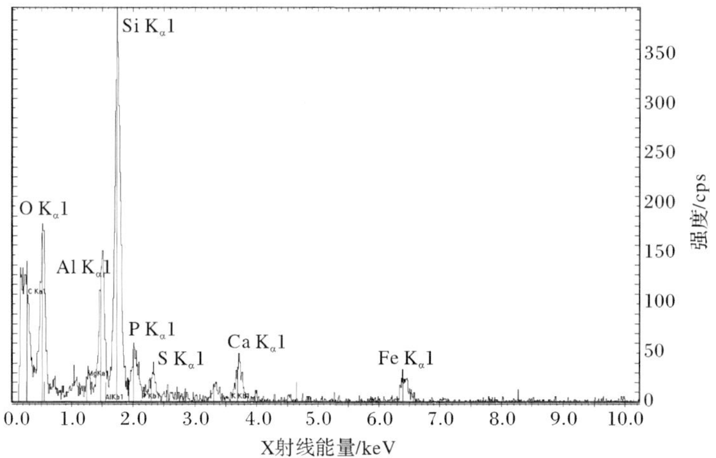

(b) 2 号点位

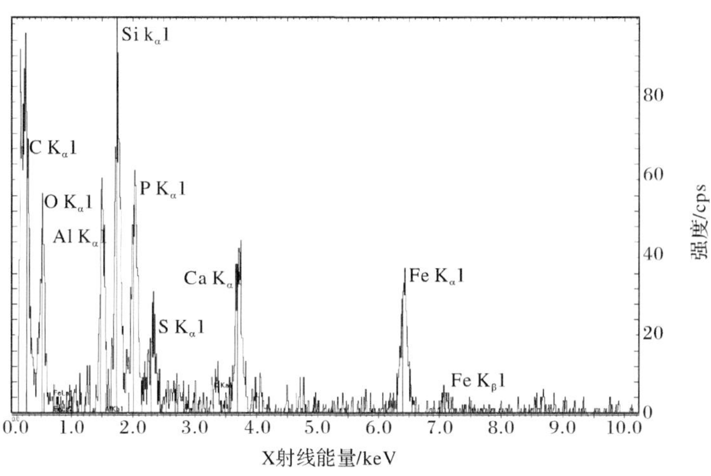

(c) 3 号点位

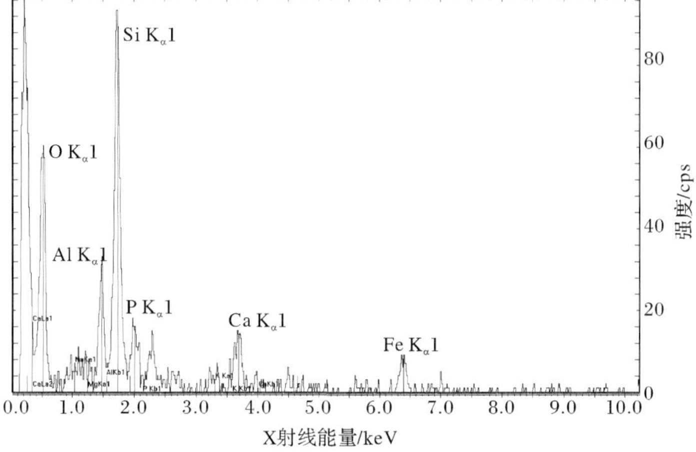

(d) 4 号点位

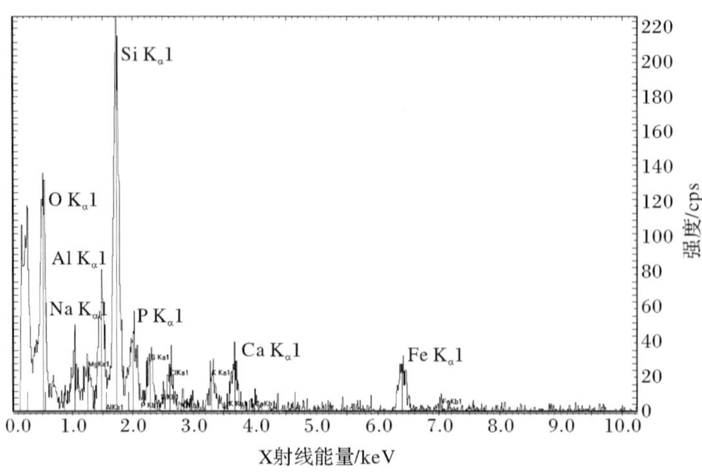

(e) 5号点位

图 6.3　锯齿圆弧形流道结构单元内生物堵塞物质X射线能谱仪测试点能谱图

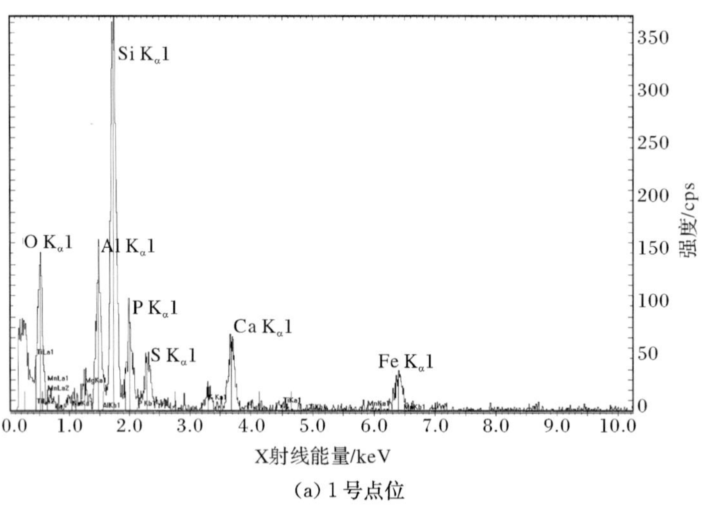

(a) 1号点位

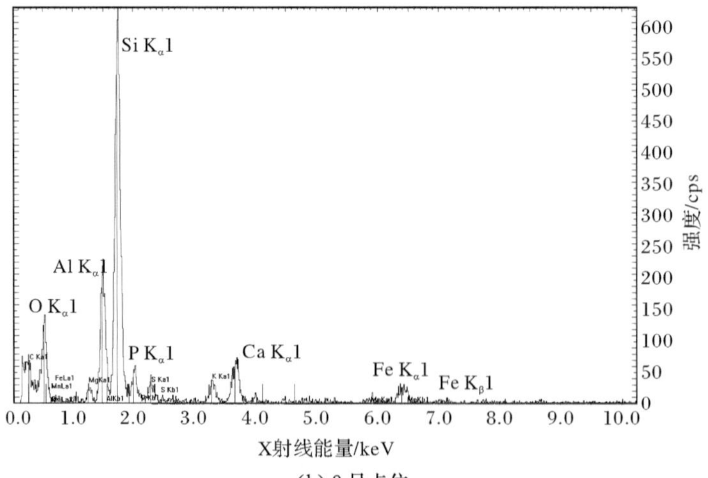

(b) 2号点位

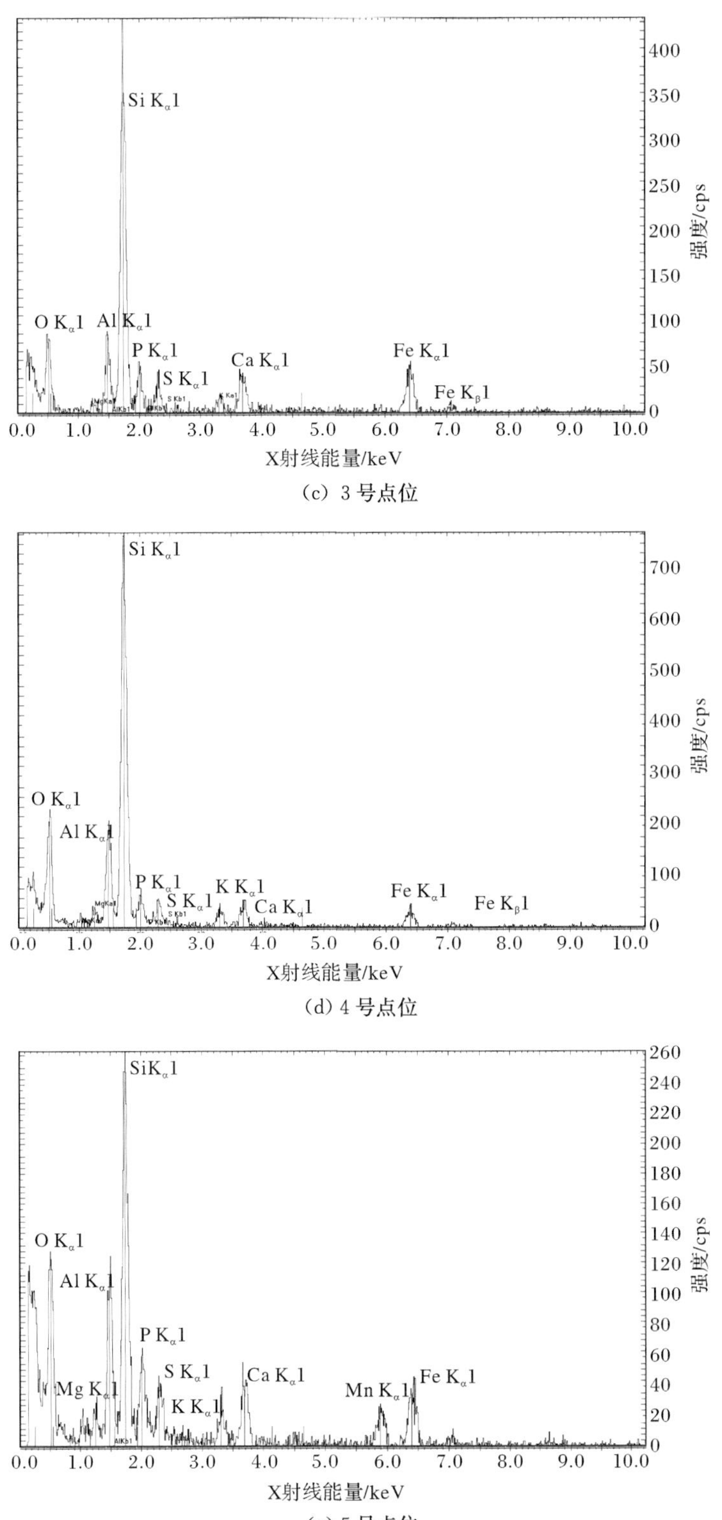

图 6.4　直齿弧角形流道结构单元内生物堵塞物质 X 射线能谱仪测试点能谱图

表 6.1 流道结构单元内各点位元素摩尔分数

序号	流道类型	点位	元素摩尔分数/%												
			O	Si	Al	Fe	Na	P	Mg	S	Ca	K	Cl	Ti	Mn
1	锯齿尖角形	1	51.1	19.9	7.2	3.7	3.6	3.5	2.8	2.6	2.3	1.8	1.6	—	—
		2	46.9	13.5	7.1	7.7	4.6	5.5	3.0	3.5	3.6	2.0	2.6	—	—
		3	37.5	9.5	5.3	12.2	10.2	5.6	1.6	2.8	2.8	4.5	8.0	—	—
		4	44.7	15.6	8.5	5.6	3.7	5.3	2.9	3.4	4.1	3.1	3.0	0.3	—
		5	44.6	14.7	7.4	8.9	4.5	4.7	1.7	3.0	3.5	3.3	3.8	—	—
2	锯齿圆弧形	1	51.7	20.6	6.7	6.4	1.6	4.6	1.4	1.2	3.4	1.3	—	—	1.3
		2	53.9	19.0	8.4	3.7	3.0	3.9	2.1	1.7	2.5	1.1	0.5	0.3	—
		3	45.4	12.4	7.2	12.8	—	9.6	—	3.5	7.6	1.4	—	—	—
		4	58.4	17.1	6.2	4.1	3.3	4.2	2.1	—	3.6	1.0	—	—	—
		5	53.4	17.9	8.4	3.5	2.2	4.3	3.0	2.4	2.3	1.6	1.0	—	—
3	直齿弧角形	1	49.5	19.3	8.0	5.2	1.9	5.3	2.1	3.1	4.2	1.2	—	0.4	—
		2	44.5	28.2	10.1	4.0	0.6	3.2	1.2	1.7	4.0	1.9	0.3	—	0.3
		3	50.5	26.5	7.7	3.4	1.4	3.1	1.7	2.2	2.1	1.5	—	—	—
		4	43.3	27.0	5.7	0.6	—	4.2	1.0	2.7	4.2	1.4	—	—	—
		5	49.5	16.0	8.1	5.7	2.0	4.8	2.3	2.9	3.5	1.9	—	—	3.5

2. 流道单元段内部生物堵塞物质元素分析

对锯齿尖角形、直齿弧角形两种齿形流道单元段内生物堵塞物质 X 射线能谱仪测试结果如图 6.5 和图 6.6 所示，元素含量(摩尔分数)见表 6.2。不同类型流道单元段内生物堵塞物质含有大量(≥5.0%)的 O、Si、Al、Fe、Na、P 元素，以及少量的 Cl、Mg、S、Ca、K、Ti 元素，且各处理间含量差异显著。各点位处 O 元素的含量最大，Si、Al 元素的含量均较大。

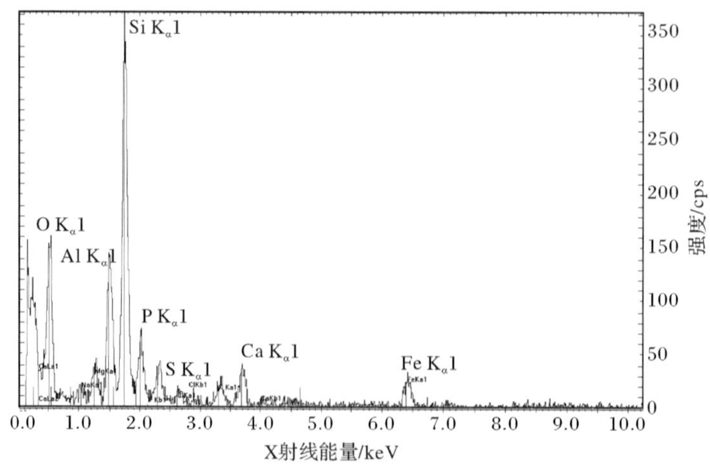

(a) 6 号点位

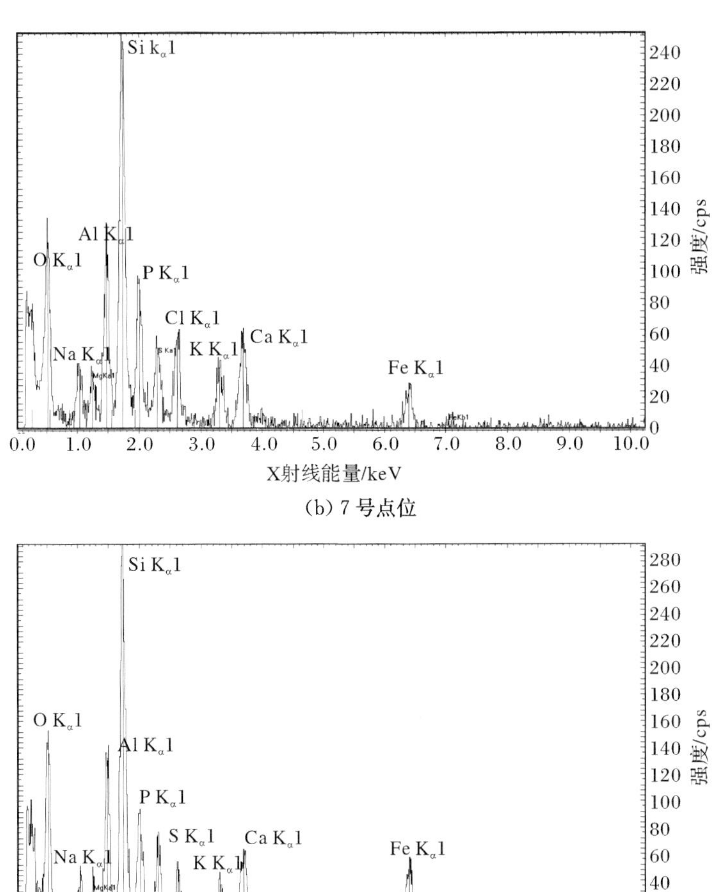

(c) 8号点位

图6.5　锯齿尖角形流道单元段内生物堵塞物质X射线能谱仪测试点能谱图

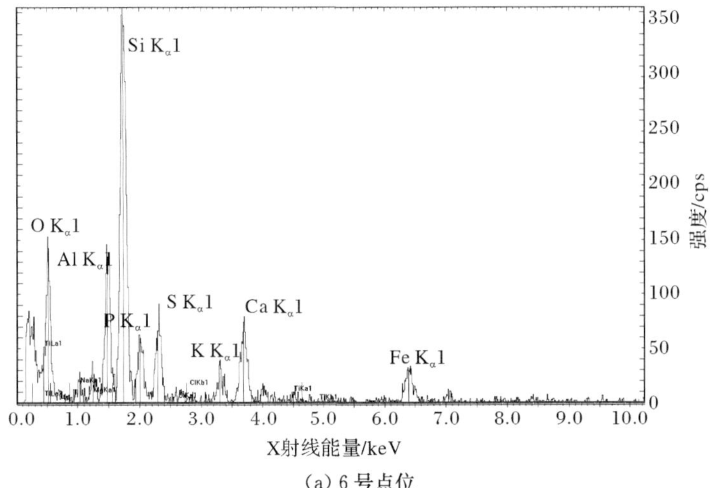

(a) 6号点位

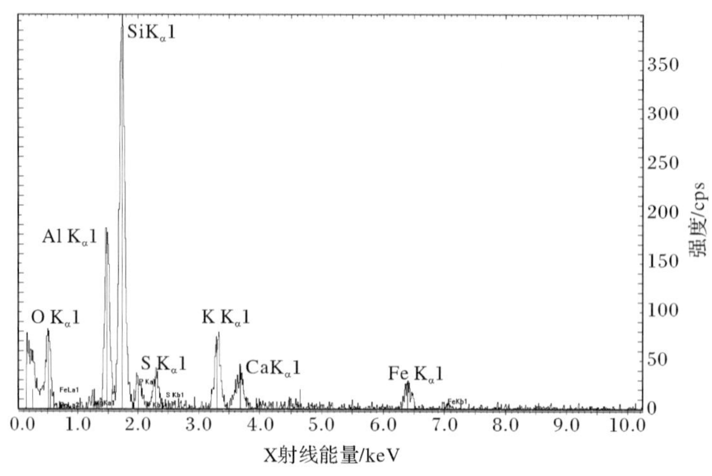

(b) 7号点位

图 6.6　直齿弧角形流道单元段内生物堵塞物质 X 射线能谱仪测试点能谱图

对于锯齿尖角形流道，含有 O、Si、Fe、Al、Ca、Na、S、K、Cl、Mg 元素；在 1、6、7、8 这四个同一单元排沿流道长度方向的点位上，Si 元素摩尔分数都在 14.9%以上，说明此处容易形成 SiO_2等固体沉积物。

对于直齿弧角形流道，含有 O、Si、Fe、Al、P、Mg、S、Ca、K 元素；在 1、6、7 这三个同一单元排沿流道长度方向上的点位上，Si 元素摩尔分数都在 19.3%以上，且越靠近流道出口 Si 元素摩尔分数越大。

表 6.2　流道单元段内各点位元素摩尔分数

序号	流道类型	点位	元素摩尔分数/%											
			O	Si	Al	Fe	Na	P	Mg	S	Ca	K	Cl	Ti
1	锯齿尖角形	1	51.1	19.9	7.2	3.7	3.6	3.5	2.8	2.6	2.3	1.8	1.6	—
		6	53.5	15.0	6.1	4.8	5.1	4.4	3.1	2.3	2.1	1.8	1.9	—
		7	51.0	15.0	7.6	3.7	5.2	—	2.8	3.7	4.5	2.8	3.8	—
		8	47.4	15.0	7.1	7.2	4.7	4.7	2.6	2.8	3.6	2.3	2.7	—
2	直齿弧角形	1	49.5	19.3	8.0	5.2	1.9	5.3	2.1	3.1	4.2	1.2	—	0.4
		6	48.5	20.1	7.7	4.4	2.0	3.9	1.7	4.2	4.8	1.8	0.5	0.4
		7	43.0	26.2	11.5	4.3	—	2.7	0.7	2.5	4.0	4.8	—	—

3. 流道入口与出口生物堵塞物质元素分析

三种齿形流道的入口、出口生物堵塞物质 X 射线能谱仪测试结果如图 6.7～图 6.9 所示，元素含量(摩尔分数)见表 6.3。对于锯齿尖角形流道类型灌水器，在流道入口、出口处的观测点上，出口的 Si 元素含量明显少于入口；对于锯齿圆弧形流道类型灌水器，在流道入口、出口处的点上，出口的 Si 元素含量明显少于入口；对于直齿弧角形流道类型灌水器，在 8、9 两个流道入口、出口处的点上，出口的 Si 元素含量明显少于入口，说明流道入

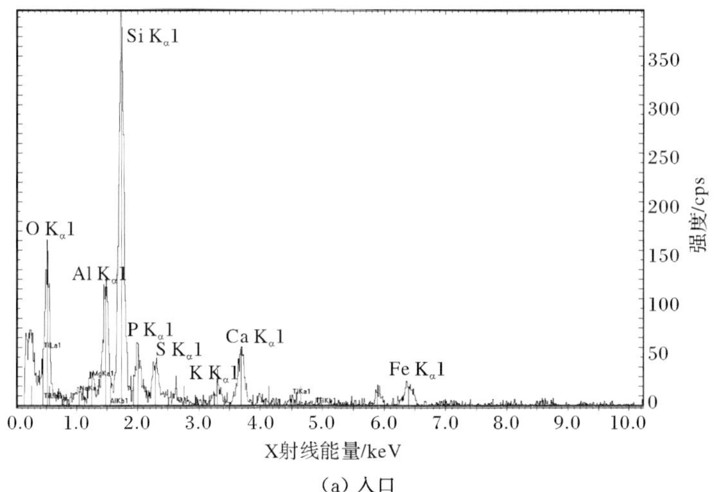

(a) 入口

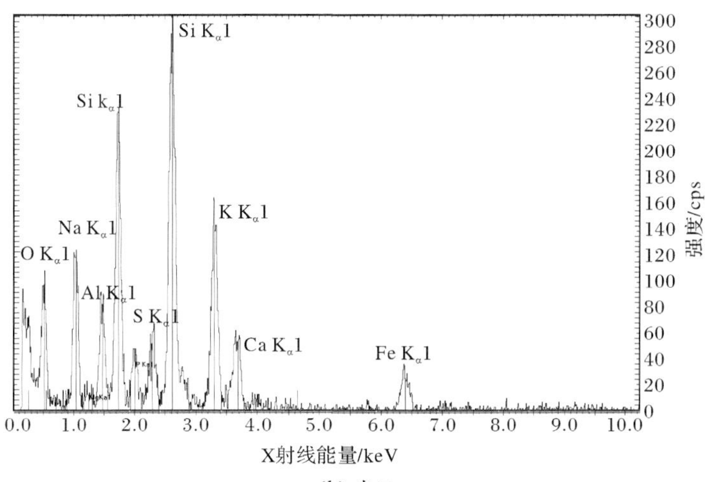

(b) 出口

图 6.7　锯齿尖角形流道入口与出口生物堵塞物质 X 射线能谱仪测试点能谱图

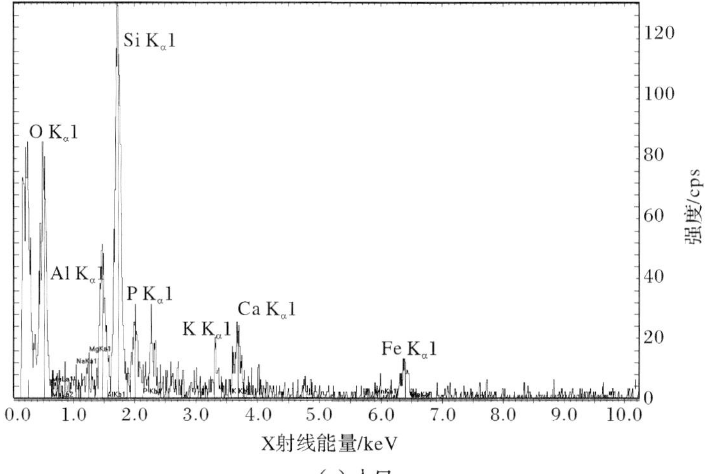

(a) 入口

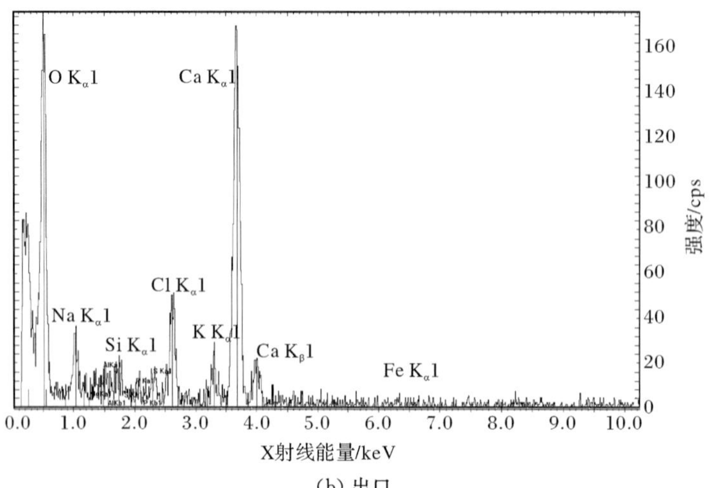

(b) 出口

图 6.8　锯齿圆弧形流道入口与出口生物堵塞物质 X 射线能谱仪测试点能谱图

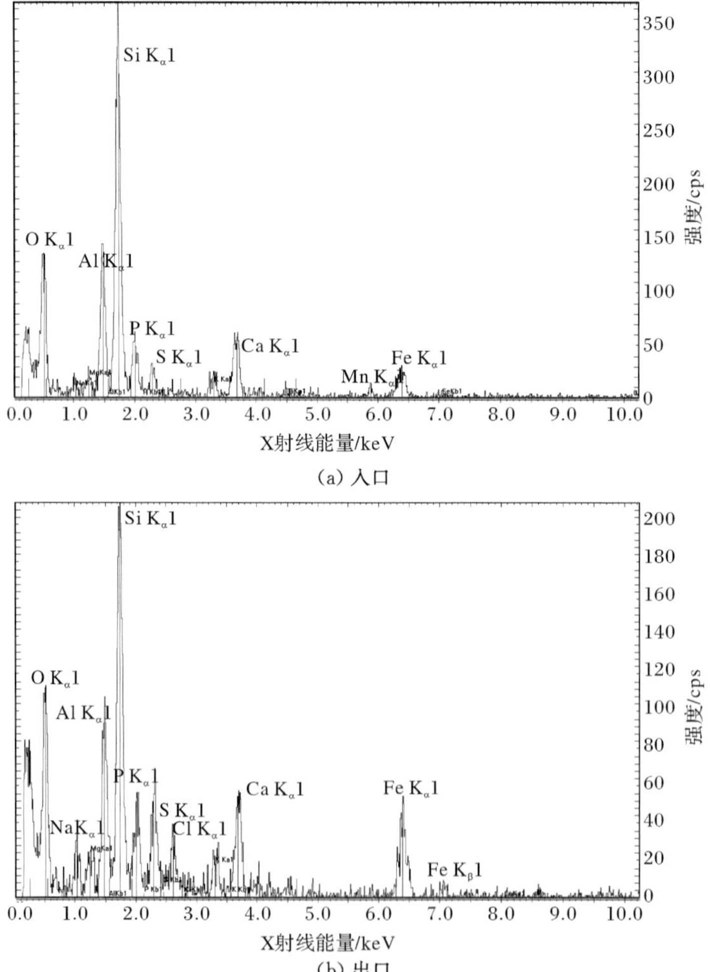

(b) 出口

图 6.9　直齿弧角形流道入口与出口生物堵塞物质 X 射线能谱仪测试点能谱图

口处比流道出口处更容易形成 SiO_2 等固体颗粒的沉积物。不同类型流道入口、出口中生物堵塞物质含有大量(≥5.0%)的 O、Si、Al、Fe、Na、Cl、K、Ca 元素，以及少量(<5.0%)的 P、Mg、S、Ti、Mn 元素。

表 6.3　流道入口与出口处点位元素摩尔分数

序号	流道类型	点位	元素摩尔分数/%												
			O	Si	Al	Fe	Na	P	Mg	S	Ca	K	Cl	Ti	Mn
1	锯齿尖角形	入口	50.5	19.4	7.5	—	2.1	4.0	2.7	2.9	4.0	1.4	0.8	0.3	1.4
		出口	39.1	9.7	4.5	3.8	11.1	2.3	1.0	2.6	3.2	8.4	14.2	—	—
2	锯齿圆弧形	入口	59.1	17.5	7.1	3.4	2.3	4.1	2.1	—	3.1	1.5	—	—	—
		出口	72.5	1.3	1.2	—	5.4	0.6	0.9	1.0	13.1	1.2	2.9	—	—
3	直齿弧角形	入口	50.6	20.4	8.5	4.1	1.8	4.3	1.6	1.9	4.4	1.4	—	0.4	0.8
		出口	48.4	14.4	7.3	7.8	3.8	3.9	2.4	4.0	4.3	—	2.1	—	1.6

6.1.2　基于 ESEM 的灌水器生物堵塞物质二维形貌

三种流道内不同点位处的生物堵塞物质表面形貌测试结果如图 6.10～图 6.12(1500 倍)所示。从图中可以看出，灌水器内部生物堵塞物质是由固体微粒、微生物及其分泌的黏性聚合物等构成的聚合体。流道相同位置处生物堵塞物质表面形貌无明显差别；流道入口、出口处也无明显差异；点位 4、点位 5 的附着物较多。在图 6.10 中，点位 3 的附着物较少；由于点位 2 为背水流面，附着物多于其对称位置被水流冲刷影响较大的点位 1。在图 6.11 中，可以明显看出，水流冲刷最严重的点位 3 处的附着物最少；点位 1 和点位 2 处附着物差别不明显，这是由于不同类型流道水流冲刷的效果不同。在图 6.12 中，点位 3 的附着物较少；由于点位 2 为背水流面，附着物多于其对称位置被水流冲刷影响较大的点位 1。

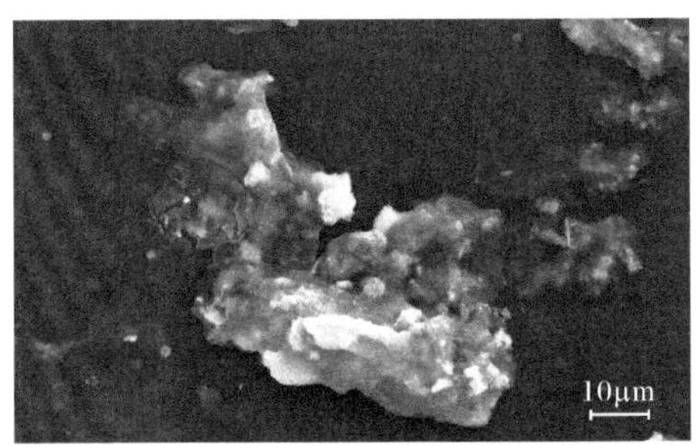

(a) 1 号点位

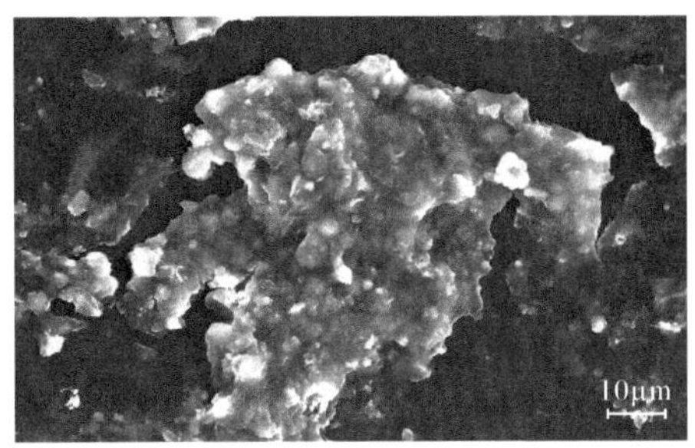

(b) 2 号点位

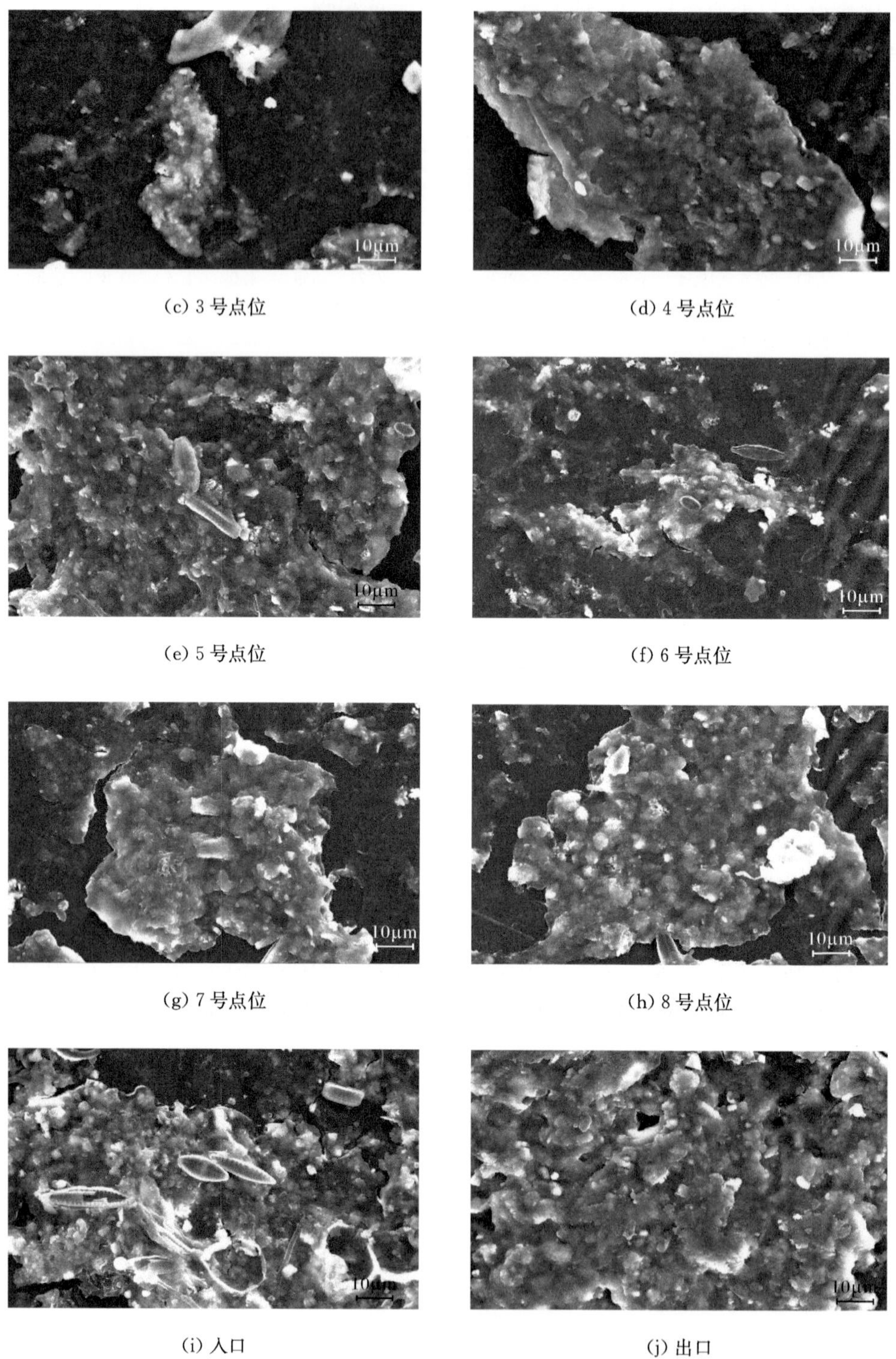

(c) 3 号点位　(d) 4 号点位

(e) 5 号点位　(f) 6 号点位

(g) 7 号点位　(h) 8 号点位

(i) 入口　(j) 出口

图 6.10　锯齿尖角形流道内部不同点位处的生物堵塞物质 ESEM 测试结果(1500×)

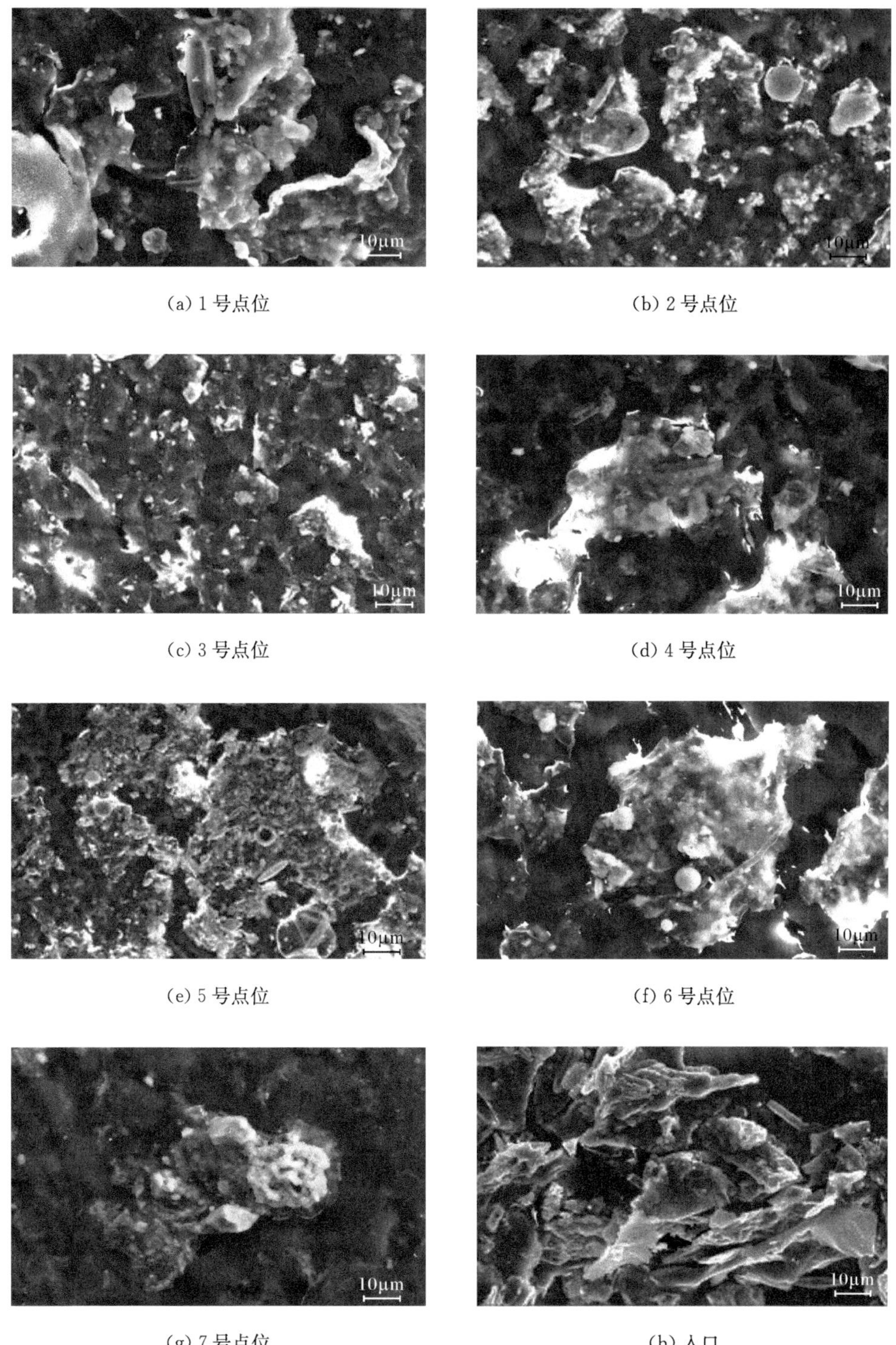

(a) 1 号点位　(b) 2 号点位

(c) 3 号点位　(d) 4 号点位

(e) 5 号点位　(f) 6 号点位

(g) 7 号点位　(h) 入口

(i) 出口

图 6.11　锯齿圆弧形流道内部不同点位处的生物堵塞物质 ESEM 测试结果(1500×)

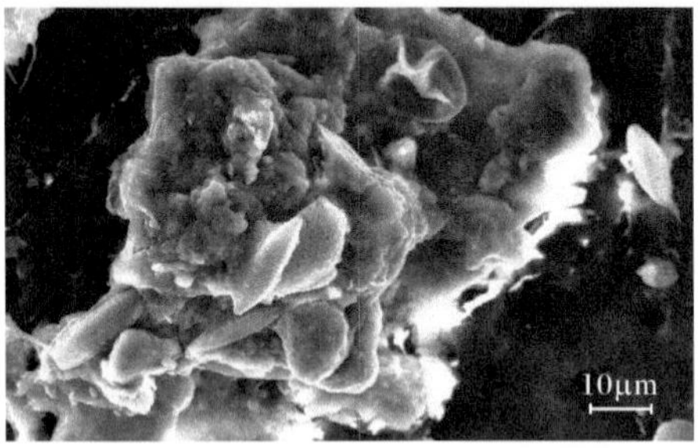

10μm

(a) 1 号点位

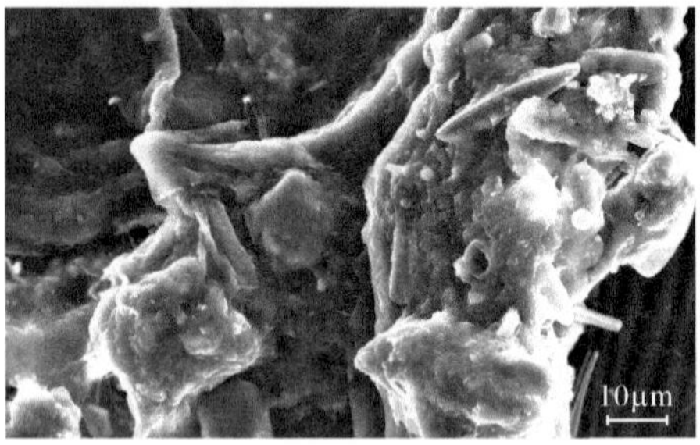

10μm

(b) 2 号点位

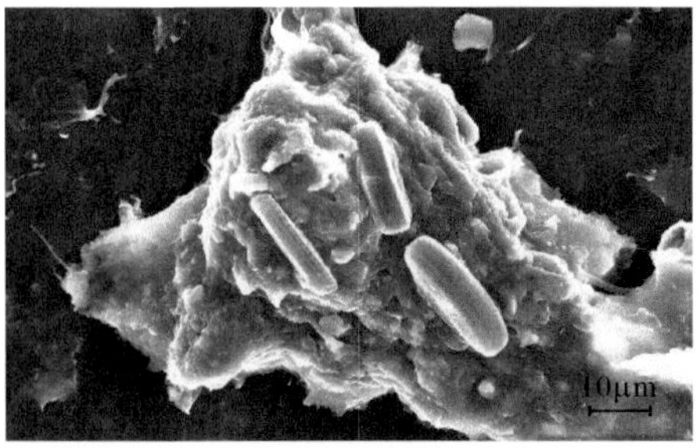

10μm

(c) 3 号点位

10μm

(d) 4 号点位

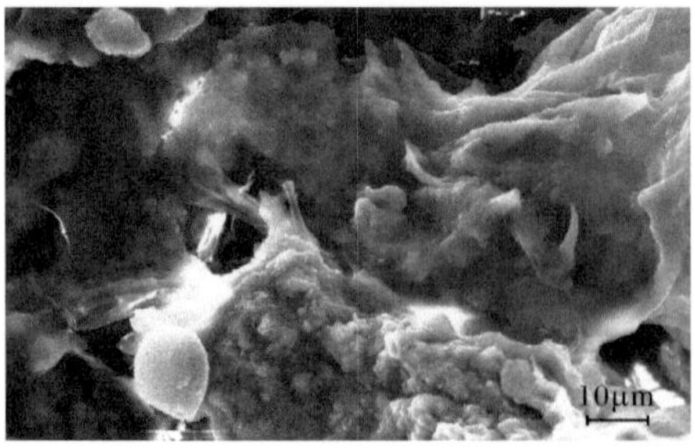

10μm

(e) 5 号点位

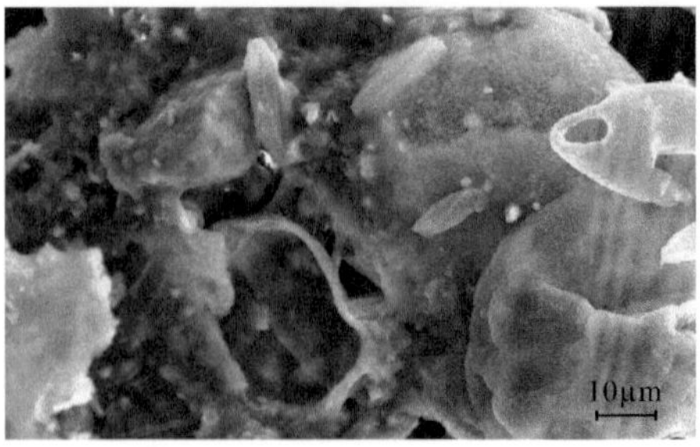

10μm

(f) 6 号点位

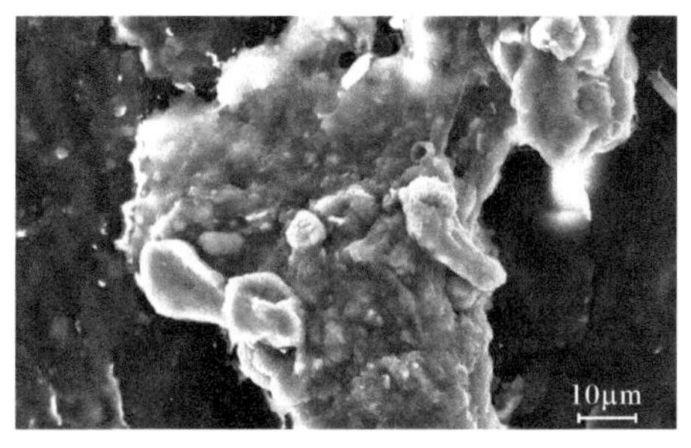

(g) 7 号点位

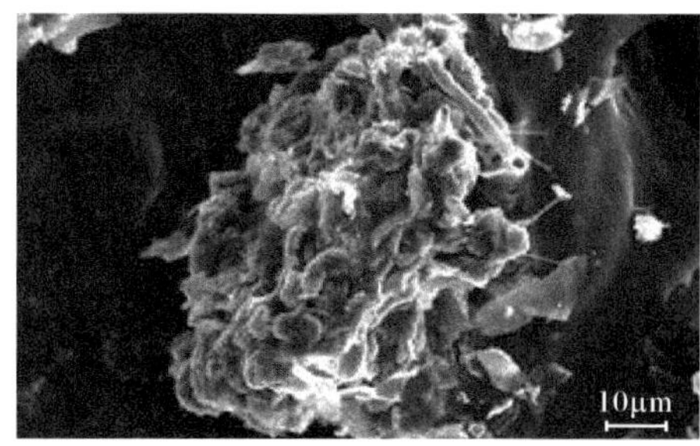

(h) 入口

(i) 出口

图 6.12　直齿弧角形流道内部不同点位处的生物堵塞物质 ESEM 测试结果(1500×)

6.2　滴灌系统灌水器内部生物堵塞物质表面三维形貌特征

6.2.1　取样方法与监测点位

根据滴灌灌水器生物堵塞原位试验(4.1 节),重点考虑灌水器结构单元、单元段内部以及各单元段之间生物堵塞物质表面形貌,也将在三个层次上进行动态监测。直齿直角形流道内壁生物堵塞物质监测点位分布如图 6.13 所示,锯齿尖角形、锯齿圆弧形、直齿弧角形流道内壁生物堵塞物质监测点位分布如图 6.1 所示。灌水器结构单元分为 5 个点位进行监测,具体为 1 号点位(齿尖迎水区)、2 号点位(齿尖背水区)、3 号点位(主流变形区)、4 号点位(齿跟迎水区)、5 号点位(齿跟背水区)五个部分。对于单元段和多段间的差异(如 6 号、7 号和 8 号点位),也均以 1 号点位作为参考。

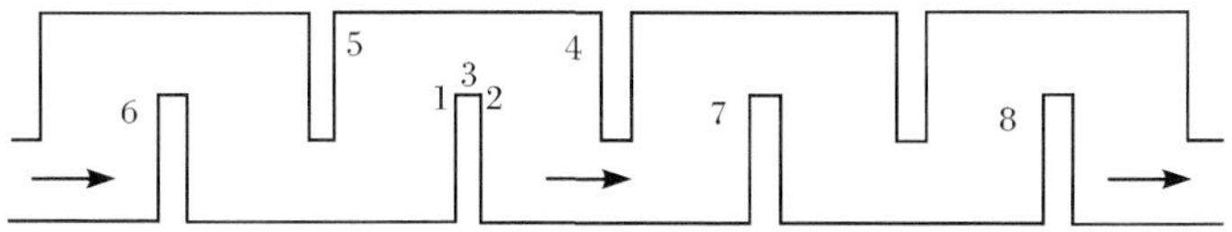

图 6.13　直齿直角形流道内壁生物堵塞物质监测点位分布示意图

系统正常运行后,当灌水器平均相对流量分别降低到额定流量的 95%(系统运行后第 77 天)和 85%(系统运行后第 133 天)左右时取样。每次分别在毛管首部、中部、尾部截取一段毛管管壁和一个灌水器,取样后用新毛管替换。两次取样的样品分别为每个处理滴灌管中 1 号、29 号、58 号和 2 号、30 号、59 号灌水器,取样时灌水器平均相对流量分别为 97.4%、96.4%、94.8%以及 91.4%、92.2%、88.2%,同额定流量相对水平较为一致。利用三维白光干涉形貌仪采集灌水器图像,并利用 SPIP 软件对图像进行分析。

6.2.2 流道结构单元局部微域生物堵塞物质表面形貌特征

四种流道结构单元局部微域生物堵塞物质表面形貌的测试结果如图 6.14～图 6.17 所示,三维形貌参数见表 6.4。

从图中可以看出,锯齿尖角形、锯齿圆弧形、直齿直角形、直齿弧角形四种类型流道结构单元内生物堵塞物质厚度分别为 7.7～29.6μm、4.5～23.2μm、5.3～21.0μm、4.5～28.9μm,各监测点差异显著。四种灌水器流道均显示出 4 号点位齿跟迎水区的生物堵塞物质厚度最大(>20μm),明显大于其他区域的生物堵塞物质厚度,主要原因是该区域处于低流速区,水力剪切力较小,同时微生物、营养物质、固体颗粒物等物质随水流运移过程中,在惯性的作用下脱离主流区,随水流发生偏离而进入低流速区,因此该区域物质供给充分,生物堵塞物质生长最快;另外,该区域主流已发生偏转,因而流动剪切力对生物堵塞物质脱落的影响最小,不容易发生脱落,从而使该区域生物堵塞物质平均粗糙度、峰值高度和表面展开面与投影面的面积比均为最大,这也使得在进行灌水器结构单元堵塞沉积物监测时应该将该区域作为生物堵塞物质生长的重要监测点,这也是灌水器结构单元内部优化设计需要重点考虑的区域。

齿跟背水区的生物堵塞物质厚度仅次于齿跟迎水区,这也是微生物容易附着、生长、成膜的区域,也容易导致灌水器流道堵塞,主要原因是该区域属于灌水器内部偏离主流的二次流漩涡区域,而微生物、固体微粒等容易沉积,流速及流动剪切力都较小而生物堵塞物质不容易脱落,同时该区域比较接近主流的漩涡起点,使得营养物质相对供应充足。另外,齿尖迎水区的生物堵塞物质厚度均大于齿尖背水区,这是由于两个点位处于相似的两个漩涡,但漩涡中的颗粒物通常会先经过齿跟背水区,使得该区域颗粒物接触概率及营养物质输送方面都明显较高。而齿尖迎水区,虽然营养物质和悬浮颗粒物供给较充分,但该区域的流动剪切力也较大,生物堵塞物质容易脱落,该区域为生物堵塞物质的频繁生长与脱落控制区。而对于同一单元段和多级单元段上的同一位置,均表现出随着水流运动方向生物堵塞物质厚度明显降低的趋势,主要原因在于同一位置的流动相似,随着水流运动物质接触概率显著降低。

对于锯齿尖角形、锯齿圆弧形和直齿直角形三种流道都表现出 3 号点位的生物堵塞物质厚度最小,而对于直齿弧角形流道并未表现出相同的现象,主要是由于直齿弧角形齿尖完整的圆弧设计,有效降低了齿尖附近微域流动剪切力,该区域的生物堵塞物质脱落速率相对其他三种齿形流道要小。5 号点位齿跟背水区生物堵塞物质厚度大于 2 号点位齿尖背水区;而 1 号点位齿尖迎水区生物堵塞物质厚度处于 3 号点位主流变形区和 4 号点位齿跟迎水区之间。对于锯齿尖角形、锯齿圆弧形和直齿直角形三种流道主流变形区生物堵塞物质厚度明显最小,而直齿弧角形流道生物堵塞物质厚度相对较大。

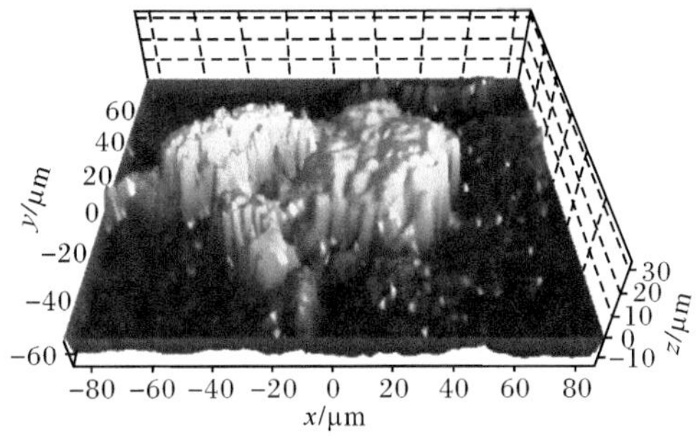

(a) 1 号点位

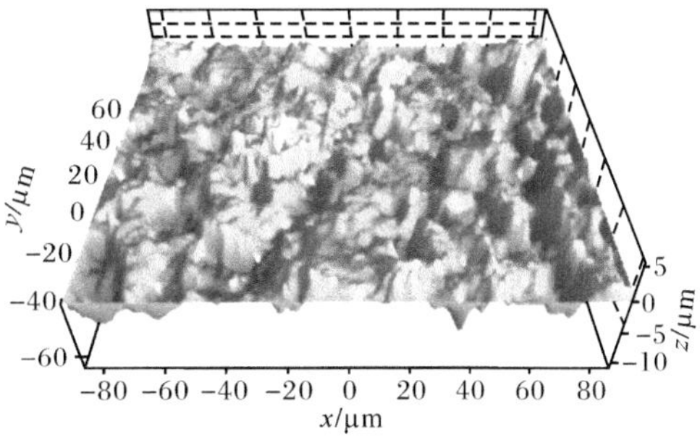

(b) 2 号点位

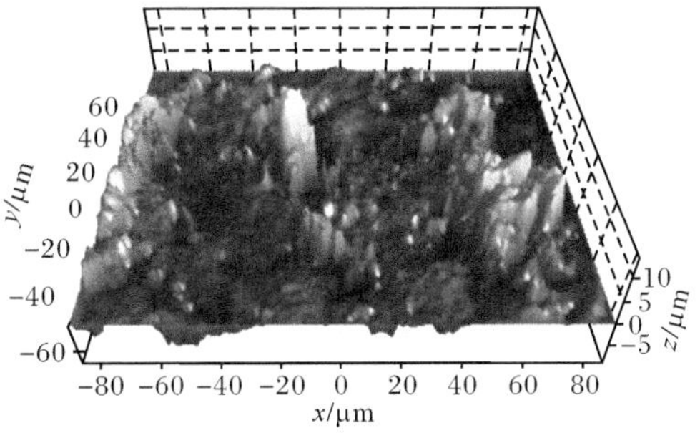

(c) 3 号点位

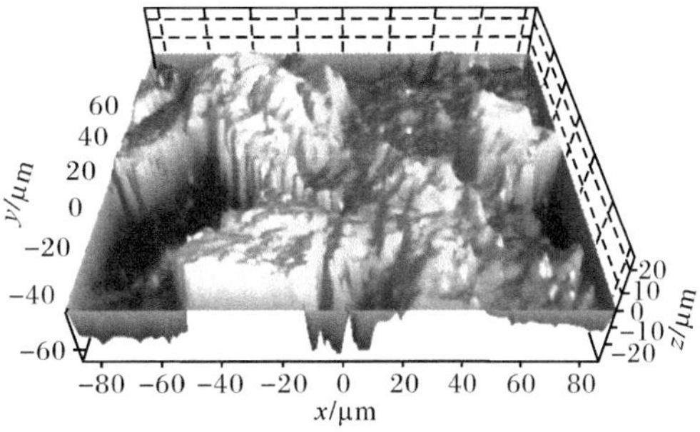

(d) 4 号点位

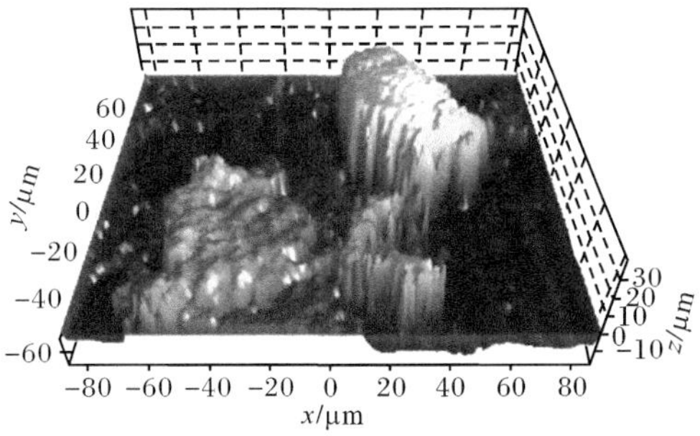

(e) 5 号点位

图 6.14　锯齿尖角形流道结构单元局部微域生物堵塞物质表面形貌

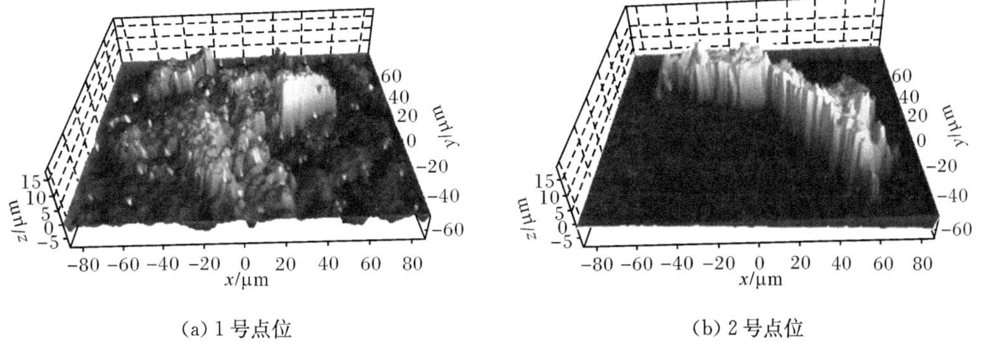

(a) 1 号点位

(b) 2 号点位

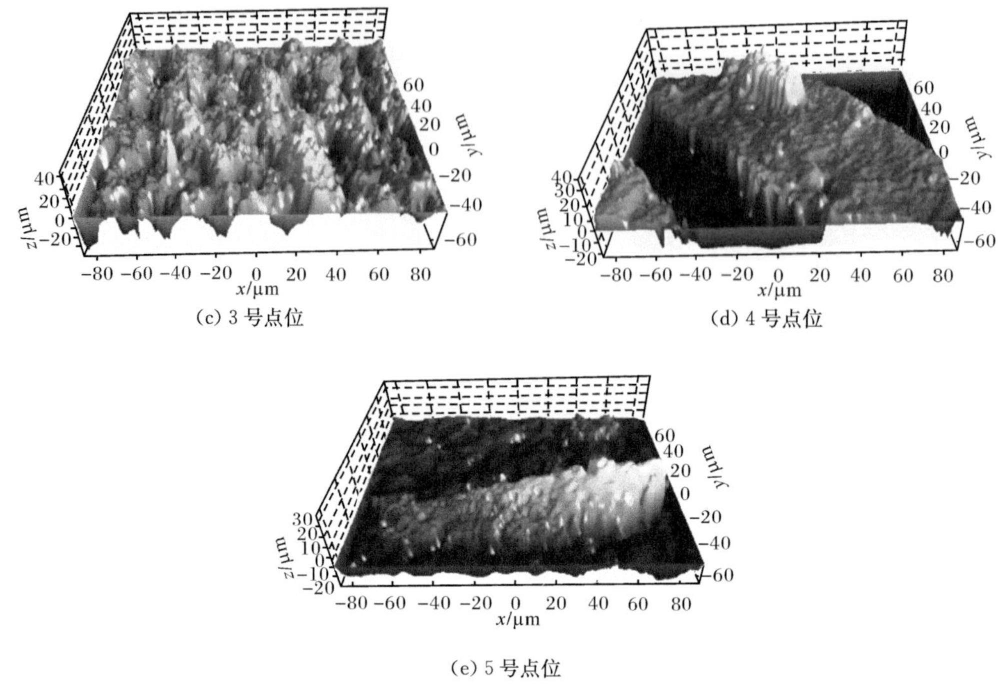

(c) 3 号点位　　(d) 4 号点位

(e) 5 号点位

图 6.15　锯齿圆弧形流道结构单元局部微域生物堵塞物质表面形貌

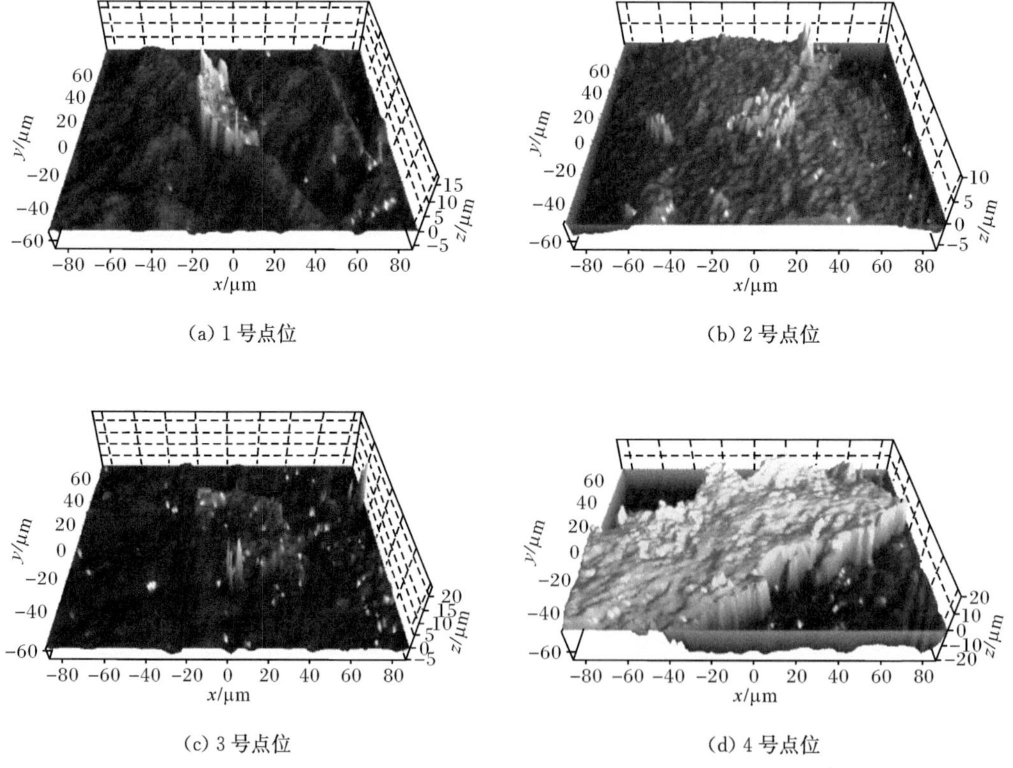

(a) 1 号点位　　(b) 2 号点位

(c) 3 号点位　　(d) 4 号点位

(e) 5 号点位

图 6.16　直齿直角形流道结构单元局部微域生物堵塞物质表面形貌

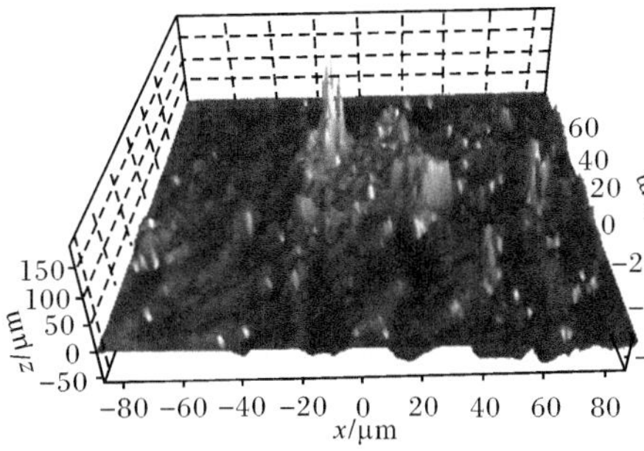

(a) 1 号点位

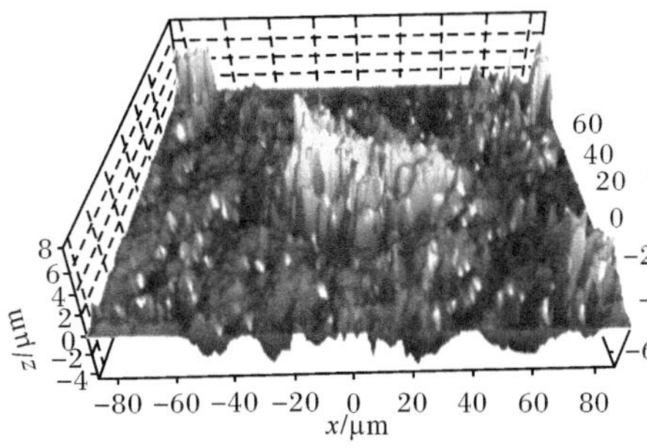

(b) 2 号点位

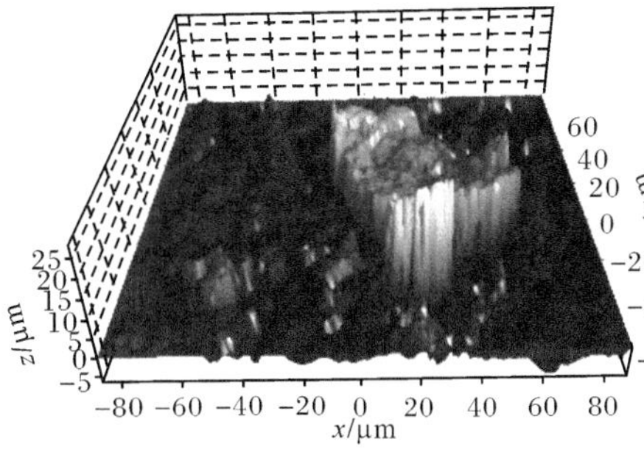

(c) 3 号点位

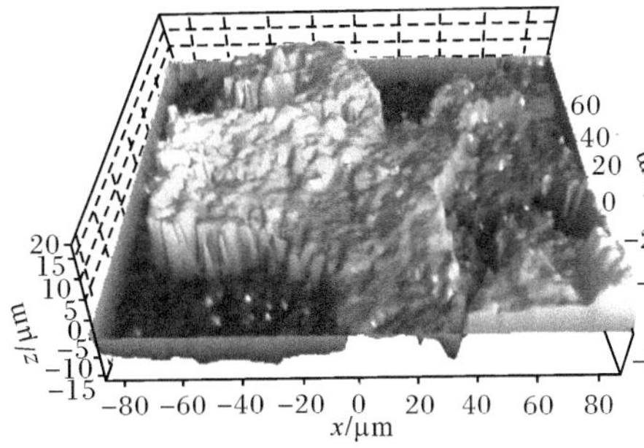

(d) 4 号点位

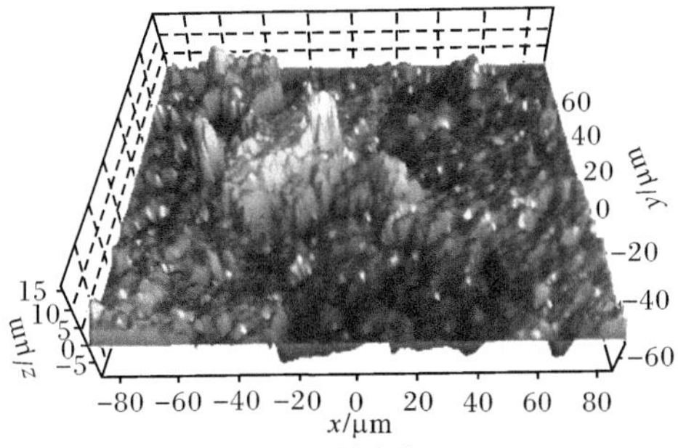

(e) 5 号点位

图 6.17　直齿弧角形流道结构单元局部微域生物堵塞物质表面形貌

表 6.4　不同类型流道结构单元内不同点位生物堵塞物质的三维形貌参数

序号	流道类型	点位	三维形貌参数			
			S_d/μm	S_q/nm	S_y/nm	S_{dr}/%
1	锯齿尖角形	1	13.6	10651	46560	462.0
		2	10.9	1539	16331	28.5
		3	7.7	2489	22351	74.2
		4	29.6	12668	55993	582.0
		5	17.8	11275	52709	520.0
2	锯齿圆弧形	1	5.5	6098	32758	124.0
		2	9.3	3406	27432	106.0
		3	4.5	1189	9130	14.7
		4	23.2	14323	63605	362.0
		5	10.0	5032	34892	96.3
3	直齿直角形	1	6.3	2066	23545	29.0
		2	6.6	1795	16850	17.3
		3	5.3	1827	28612	53.0
		4	21.0	11269	41747	276.0
		5	6.7	2666	25640	48.9
4	直齿弧角形	1	4.9	2271	25755	70.5
		2	4.5	1736	12792	46.2
		3	7.1	4879	34913	159.0
		4	28.9	11971	58119	667.1
		5	10.0	3150	25819	111.2

注：S_d 为生物堵塞物质厚度；S_q 为生物堵塞物质平均粗糙度；S_y 为峰值高度；S_{dr} 为表面展开面与投影面的面积比。

6.2.3　流道单元段内部生物堵塞物质表面形貌变化规律

对四种齿形流道单元段内部沿流道长度方向与齿尖迎水区（1 号点位）相同位置处生物堵塞物质形貌的测试结果如图 6.18～图 6.21 所示。图中所示的单元排为最靠近流道出口的单元排，单元段内部沿流道长度方向生物堵塞物质的三维形貌参数见表 6.5。对于锯齿尖角形、锯齿圆弧形、直齿直角形、直齿弧角形四种灌水器类型迷宫流道单元段，生物堵塞物质厚度 S_d 分别为 9.7～13.6μm、5.5～16.8μm、5.8～11.9μm 和 4.7～9.6μm，同时均显示出从单元段入口到流道出口方向上生物堵塞物质厚度呈逐渐减小的趋势，趋势十分明显，生物堵塞物质厚度分别降低了 28.6%、66.3%、51.3%和 50.5%，而生物堵塞物质平均粗糙度 S_q、峰值高度 S_y、表面展开面与投影面的面积比 S_{dr} 三个参数并未呈现规律性变化。

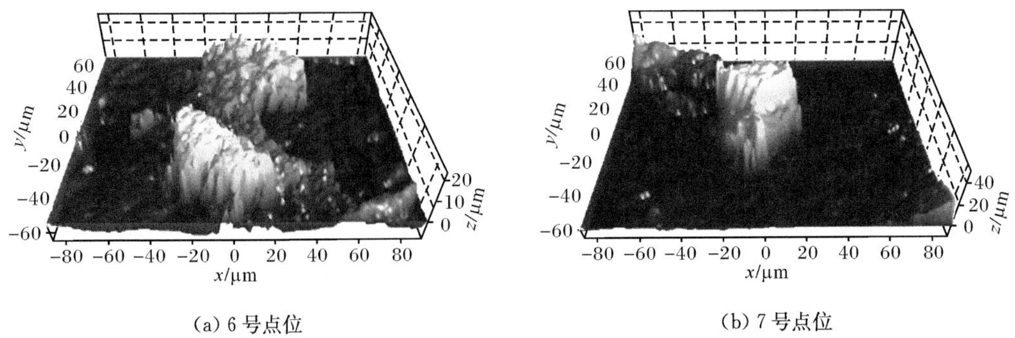

(a) 6 号点位　　　　(b) 7 号点位

图 6.18　锯齿尖角形流道单元段内部沿流道长度方向生物堵塞物质形貌特征

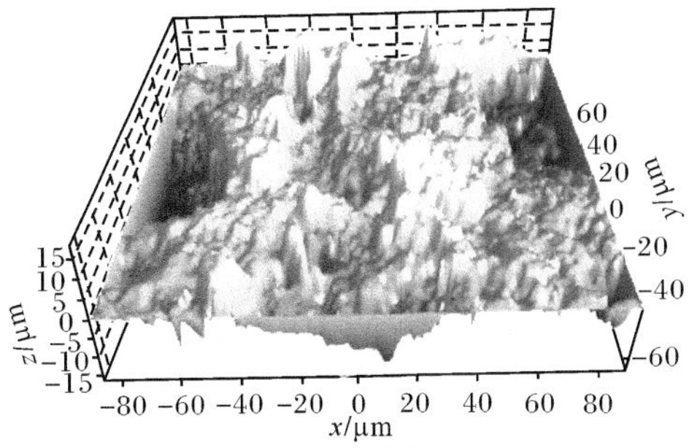

(a) 6 号点位 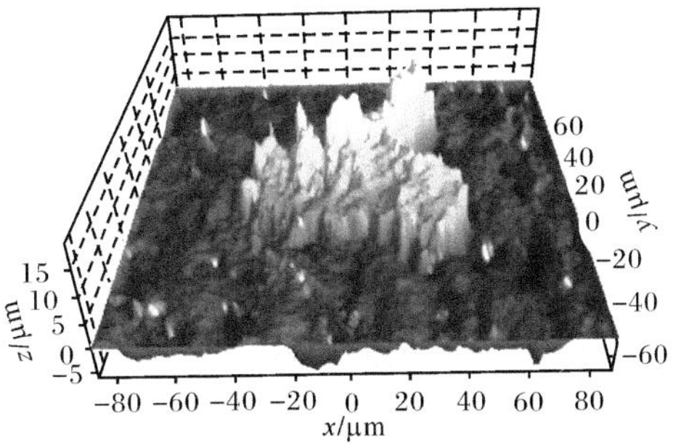　　　　(b) 7 号点位

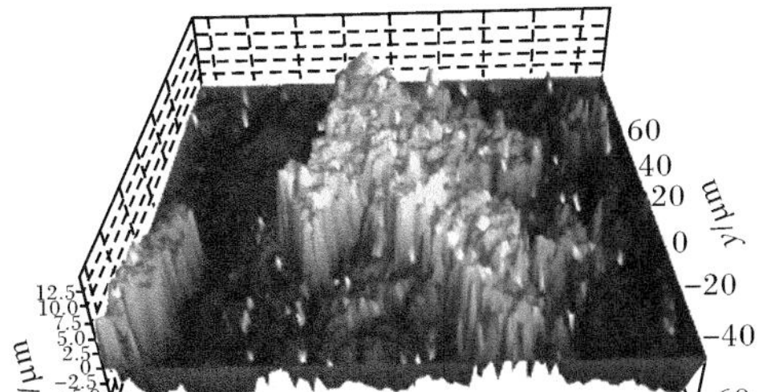

(c) 8 号点位 　　　　(d) 9 号点位

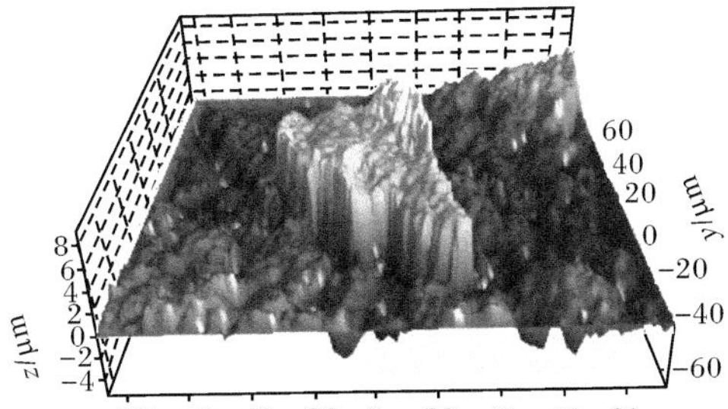

(e) 10 号点位

图 6.19　锯齿圆弧形流道单元段内部沿流道长度方向生物堵塞物质形貌特征

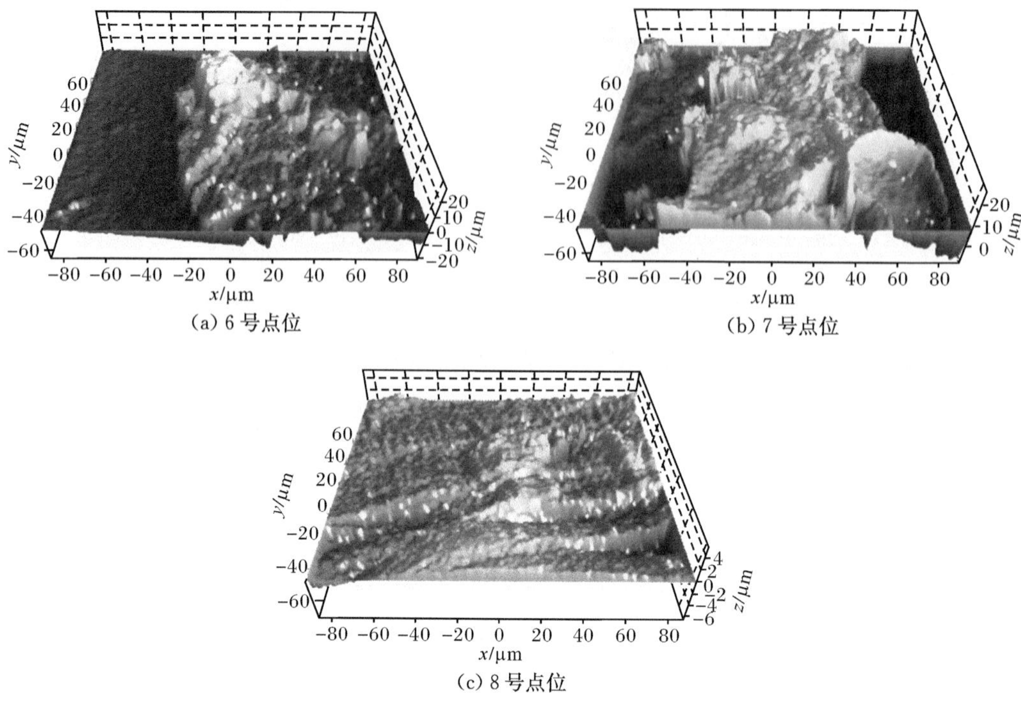

(a) 6 号点位　　(b) 7 号点位

(c) 8 号点位

图 6.20　直齿直角形流道单元段内部沿流道长度方向生物堵塞物质形貌特征

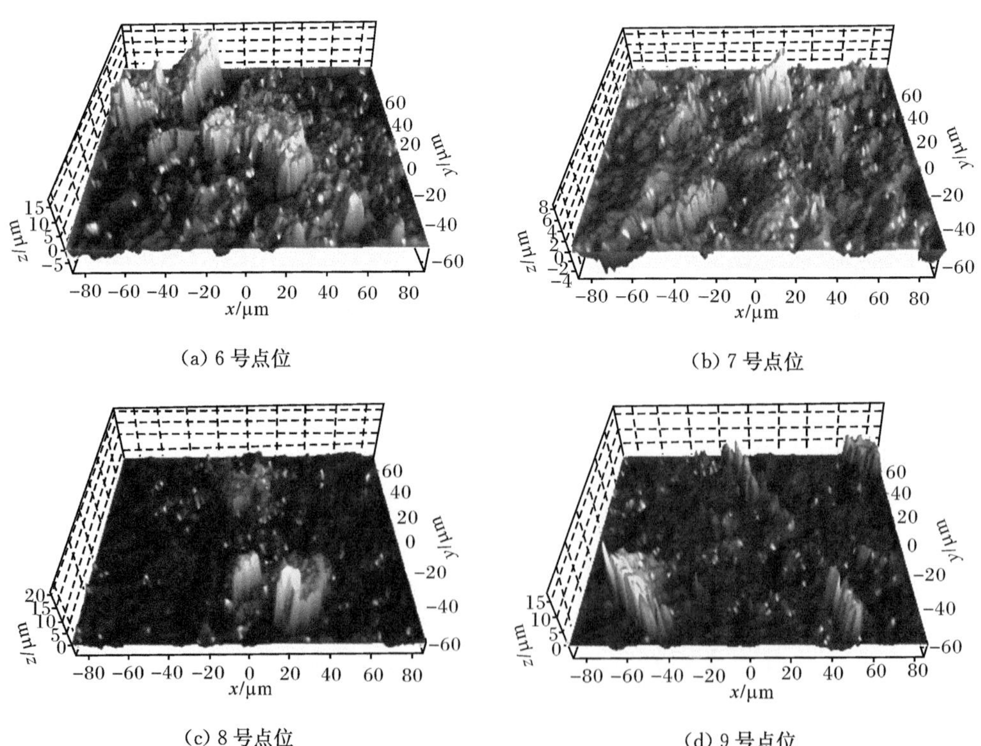

(a) 6 号点位　　(b) 7 号点位

(c) 8 号点位　　(d) 9 号点位

图 6.21　直齿弧角形流道单元段内部沿流道长度方向生物堵塞物质形貌特征

表 6.5　不同类型流道同一单元排单元段内部沿流道长度方向生物堵塞物质的三维形貌参数

序号	流道类型	点位	三维形貌参数			
			$S_d/\mu m$	S_q/nm	S_y/nm	$S_{dr}/\%$
1	锯齿尖角形	6	13.6	6229	33103	175.0
		1	13.6	10651	46560	462.0
		7	9.7	11552	60344	369.0
2	锯齿圆弧形	6	16.8	5354	31016	129.0
		7	10.9	3432	23957	66.2
		8	10.3	4689	23724	154.0
		9	8.6	2736	22662	70.8
		1	5.5	6098	32758	124.0
		10	5.6	2364	14689	33.1
3	直齿直角形	6	11.9	7262	31083	168.0
		1	6.3	2066	23545	29.0
		7	6.3	9305	21868	300.0
		8	5.8	1284	12287	12.5
4	直齿弧角形	6	9.6	3817	27173	115.0
		7	6.3	1484	14745	36.1
		1	4.9	2271	25755	70.5
		8	4.8	2339	25682	83.6
		9	4.7	2251	22252	71.2

6.2.4　流道多级单元段内部生物堵塞物质表面形貌变化规律

锯齿圆弧形、直齿弧角形两种流道形式灌水器的多级单元段内部与齿尖迎水区(1 号点位)生物堵塞物质表观形貌的测试结果如图 6.22 和图 6.23 所示，流道多级单元段内部生物堵塞物质的三维形貌参数见表 6.6。从中可以看出，对于锯齿圆弧形、直齿弧角形这两种流道，各单元段生物堵塞物质厚度 S_d 分别为 3.6～11.8μm、4.9～8.6μm，同时也显示出从靠近流道入口单元段开始到靠近流道出口单元段，不同排的生物堵塞物质厚度呈明显逐渐减小的趋势，生物堵塞物质厚度也分别降低了 69.4%和 43.8%。而生物堵塞物质平均粗糙度 S_q、峰值高度 S_y、表面展开面与投影面的面积比 S_{dr} 三个参数并未呈现规律性变化。

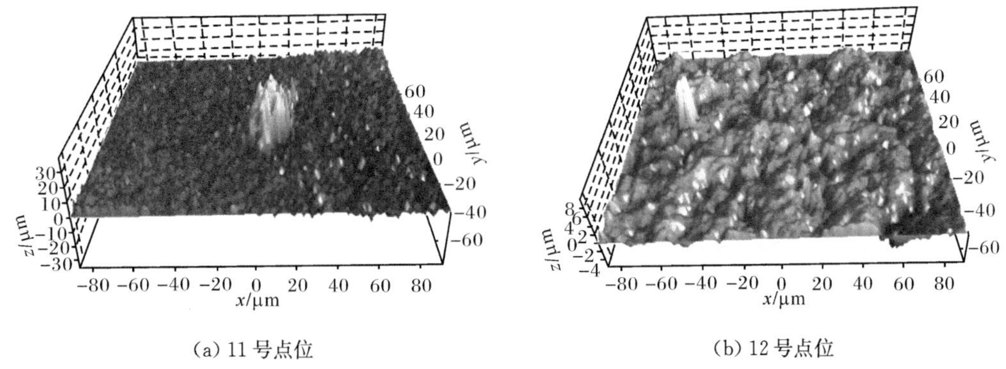

(a) 11 号点位　　(b) 12 号点位

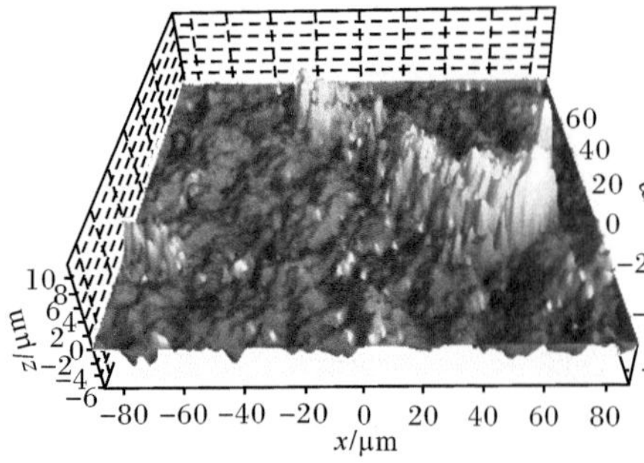

(c) 13 号点位 　　(d) 14 号点位

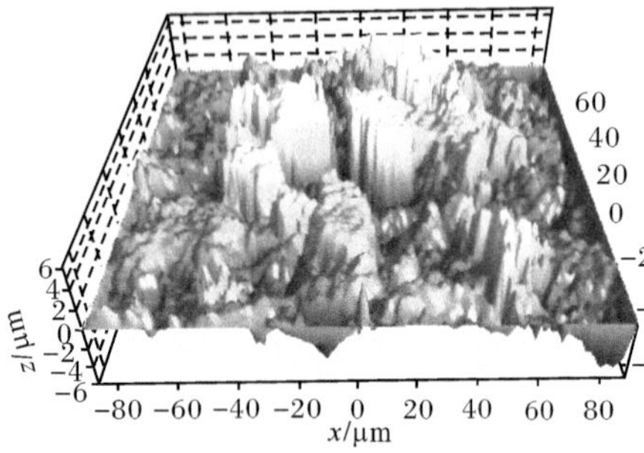

(e) 15 号点位 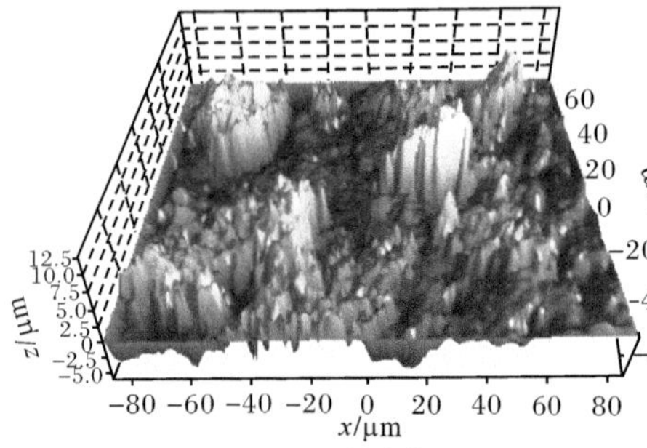　　(f) 16 号点位

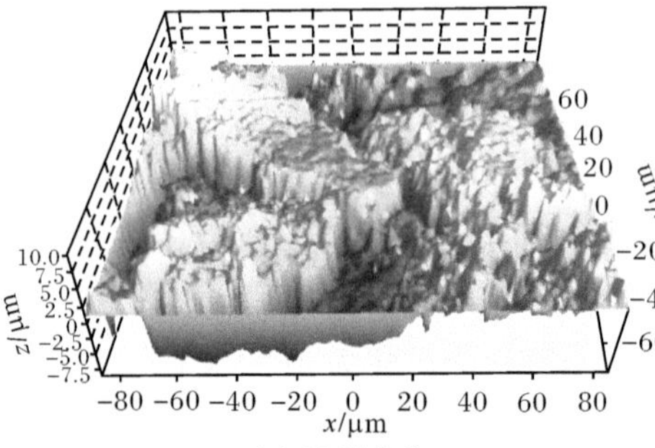

(g) 17 号点位

图 6.22　锯齿圆弧形流道多级单元段内部生物堵塞物质形貌特征

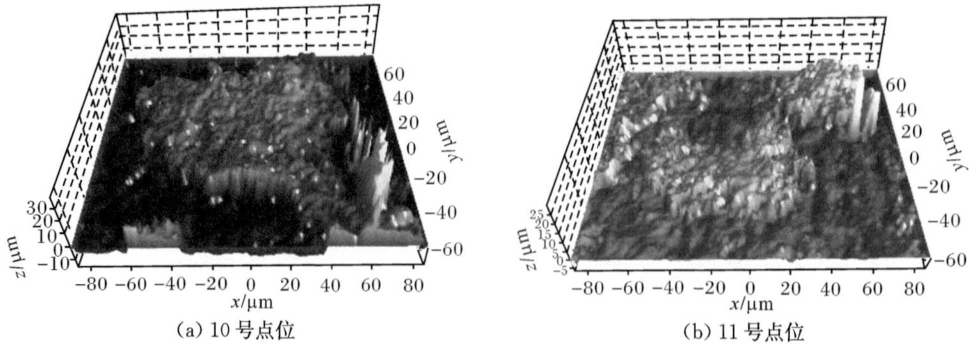

(a) 10 号点位　　(b) 11 号点位

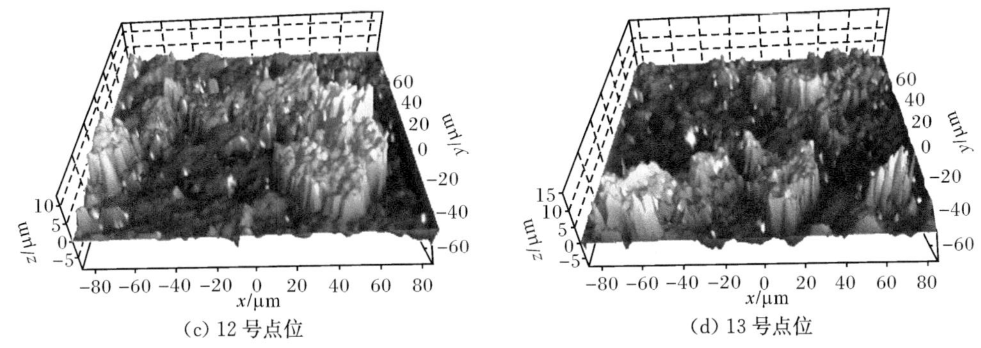

(c) 12 号点位　　(d) 13 号点位

图 6.23　直齿弧角形流道多级单元段内部生物堵塞物质形貌特征

表 6.6　流道多级单元段内部生物堵塞物质的三维形貌参数

序号	流道类型	位置	三维形貌参数			
			S_d/μm	S_q/nm	S_y/nm	S_{dr}/%
1	锯齿圆弧形	1	5.5	6098	32758	124.0
		11	3.6	447	7411	7.7
		12	5.6	1293	15600	21.4
		13	6.3	2000	17959	41.3
		14	5.7	6591	34234	279.0
		15	6.1	2260	12886	52.1
		16	6.3	2606	18957	89.6
		17	11.8	3892	22171	112.0
2	直齿弧角形	1	4.9	2271	25755	70.5
		10	5.1	1889	17832	42.8
		11	6.6	3190	35250	113.0
		12	8.6	3304	22460	89.1
		13	7.8	3053	23590	108.0

6.2.5　流道入口与出口生物堵塞物质表面形貌特征及动态变化规律

不同流道类型滴灌灌水器流道入口、出口生物堵塞物质的三维形貌参数见表 6.7。从表中可以看出，当灌水器平均相对流量降至 95%额定流量时，对于锯齿尖角形、锯齿圆弧形、直齿直角形、直齿弧角形四种灌水器流道入口处生物堵塞物质厚度 S_d 分别为6.7～9.1μm、5.3～9.3μm、6.5～10.0μm 和 4.7～8.5μm，而出口处分别为 4.1～7.4μm、2.3～7.1μm、5.2～7.7μm 和 3.1～7.3μm，流道入口处生物堵塞物质厚度均大于其流道出口处，出口处分别较入口处生物堵塞物质厚度降低 28.6%、34.5%、23.2%和 20.6%，同时还表现出首、中、尾三个位置灌水器出口生物堵塞物质厚度降幅逐渐减小(而直齿直角形变化不大)；两次取样的首、中、尾三个位置灌水器流道入口、出口处生物堵塞物质厚度的关系为首<中<尾，四种灌水器尾部位置较首部位置灌水器入口生物堵塞物质厚度分别增加了 27.1%、43.3%、34.9%和 44.3%，而出口处分别增加了 44.2%、66.9%、33.5%和 57.4%。对于生物堵塞物质平均粗糙度 S_q、峰值高度 S_y、表面展开面与投影面的面积比 S_{dr} 三个参数均表现出入口小于出口的趋势，但首、中、尾三个位置并未表现出明显的特征。而对于灌水器平均相对流量降至 85%额定流量的第二次取样，四种灌水器流道内生物堵塞物质厚度较第一次分别增加了 1.4%～10.7%、2.3%～14.0%、3.2%～12.0%、2.5%～16.0%，同时还表现出出口增加趋势要高于入口，而对于首、中、尾三个位置以及入口、出口各部位之间生物堵塞物质间的变化特征也呈现出与第一次取样类似的规律。

表 6.7　不同流道类型滴灌灌水器流道入口、出口生物堵塞物质的三维形貌参数

流道类型	毛管位置	流道位置	第一次取样(95%额定流量)				第二次取样(85%额定流量)			
			S_d/μm	S_q/nm	S_y/nm	S_{dr}/%	S_d/μm	S_q/nm	S_y/nm	S_{dr}/%
锯齿尖角形	首	入口	6.7	3290	26319	58.6	7.3	1629	17085	39.5
		出口	4.1	6006	30732	149.0	4.6	10803	43377	358.0
	中	入口	8.4	7825	39052	250.0	8.5	2790	21621	28.6
		出口	5.8	12386	45579	610.0	6.1	1107	11188	24.8
	尾	入口	9.1	1553	13579	46.3	10.0	2130	20877	43.0
		出口	7.4	3136	37670	155.0	7.7	1190	10829	26.4
锯齿圆弧形	首	入口	5.3	5205	32395	75.6	5.7	7821	43677	282.0
		出口	2.3	1386	17588	13.4	2.5	4699	32205	121.0
	中	入口	6.6	1347	17292	24.6	6.8	12156	52668	124.0
		出口	4.4	3358	19558	132.0	4.5	9394	45196	215.0
	尾	入口	9.3	2997	21426	48.3	10.0	6256	34829	229.0
		出口	7.1	4250	34051	147.0	8.1	5733	31745	165.0
直齿直角形	首	入口	6.5	13713	68987	613.0	7.3	4043	31454	95.7
		出口	5.2	1623	9307	13.3	5.6	5360	28380	100.0
	中	入口	8.7	6008	43149	368.0	9.0	8726	63340	321.0
		出口	6.5	3053	17164	98.0	6.7	13124	50651	393.0
	尾	入口	10.0	5200	28510	185.0	10.6	2849	23945	99.8
		出口	7.7	3566	23801	126.0	8.5	5670	28425	180.0
直齿弧角形	首	入口	4.7	6245	33874	101.0	4.8	8648	38900	122.0
		出口	3.1	5463	30214	119.0	3.2	2540	20030	52.5
	中	入口	6.3	4947	30654	106.0	6.8	4831	30959	191.0
		出口	5.2	7458	40315	274.0	6.0	4308	27906	65.8
	尾	入口	8.5	10612	55232	233.0	8.9	3454	30273	129.0
		出口	7.3	5343	28700	201.0	7.8	7258	40001	137.0

6.3　再生水滴灌系统灌水器内部生物堵塞物质多尺度分布

6.3.1　材料与方法

根据滴灌灌水器生物堵塞原位试验(4.1 节),在灌水器堵塞水平达到一定程度时进行高精度 CT 无损检测。利用德国菲尼克斯公司(Phoenix|X-ray)生产的微焦点工业 CT 机对灌水器进行断层扫描。

试验采用 7 种管径 16mm 的非压力补偿式灌水器,包括 3 种内镶贴片式和 4 种圆柱式灌水器,灌水器间距均为 30cm,各个灌水器的特征参数见表 6.8。分三个阶段进行灌水器取样,取样信息见表 6.9。流量分别达到额定流量的 95%、80%、50%,即堵塞程度分别为 5%、20%、50%时截取灌水器样品。

表 6.8　试验用灌水器特征参数

序号	灌水器类型	流道尺寸(长×宽×深)/(mm×mm×mm)	流量/(L/h)
E1	内镶贴片式灌水器	42.6×0.57×0.67	1.50
E2	内镶贴片式灌水器	36.4×0.50×0.64	1.84
E3	内镶贴片式灌水器	35.2×0.54×0.65	1.37
E4	圆柱式灌水器	198.0×1.30×1.15	3.32
E5	圆柱式灌水器	214.0×1.20×0.95	3.02
E6	圆柱式灌水器	307.0×1.10×1.16	1.92
E7	圆柱式灌水器	184.0×0.72×1.21	1.81

表 6.9　不同堵塞程度灌水器取样位置

序号	灌水器类型	堵塞程度				
		5%		20%		50%
E1	内镶贴片式灌水器	—	—	—	—	中
E2		中	首	中	尾	中
E3		—	—	—	—	中
E4	圆柱式灌水器	中	首	中	尾	中
E5		—	—	—	—	中
E6		—	—	—	—	中
E7		—	—	—	—	中

6.3.2　灌水器内部生物堵塞物质空间分布的整体表现

1. 不同堵塞程度灌水器内部生物堵塞物质空间分布的整体表现

E2 灌水器内部生物堵塞物质分布的三维结构如图 6.24 所示,灌水器横剖面图(剖切位置均为流道 1/2 深度处)和三个断面的纵剖面如图 6.25 所示。从图中可以看出,E2 灌水器流道壁面被生物堵塞物质附着，且随着堵塞程度加大，更多壁面区域被堵塞物质附着，堵塞物质越来越多，且均表现出流道入口生物堵塞物质量多于流道出口。系统运行初期(堵塞程度 5%)，迎水面上最先出现生物堵塞物质；当运行一段时间后(堵塞程度 20%)，背水面上堵塞物质明显增多，而迎水面上的生物堵塞物质并未明显增多，个别部位还出现减少现象；随着堵塞程度继续增大，背水面上生物堵塞物质持续增多；当堵塞程度达到 50%时，整个流道壁面大部分区域基本上全部被一层生物堵塞物质覆盖。

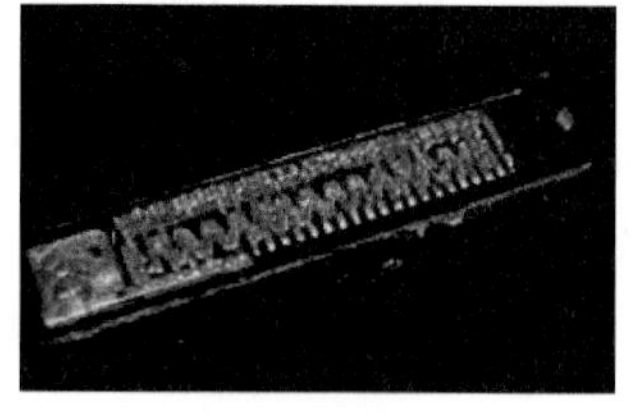

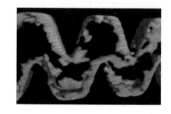

(a) 整体图

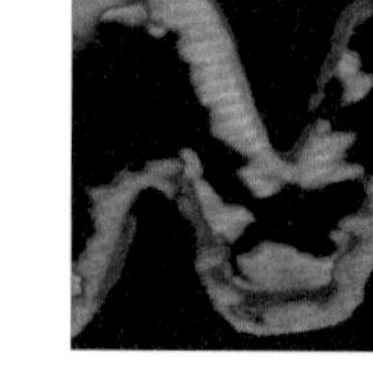

(b) 细部图(堵塞程度 5%)

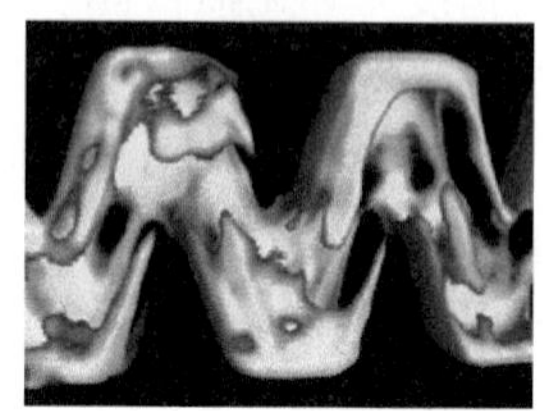

(c) 细部图(堵塞程度 20%)

图 6.24　E2 灌水器内部生物堵塞物质 CT 图

E4 灌水器生物堵塞物质直观形貌和流道单元段横剖面图分别如图 6.26 和图 6.27 所示。从图中可以看出，当堵塞程度为 5%时，生物堵塞物质主要分布在流道的前端，尤其是第 1 个结构单元内，堵塞程度 20%时生物堵塞物质在第 1、5、6、10 个单元段内积累较多，而当堵塞程度达到 50%时，各个单元段内均有较多的生物堵塞物质，但生物堵塞物质在第 1 个单元段内分布较多，且不同堵塞时期均表现出明显的主流道冲刷痕迹。Percival

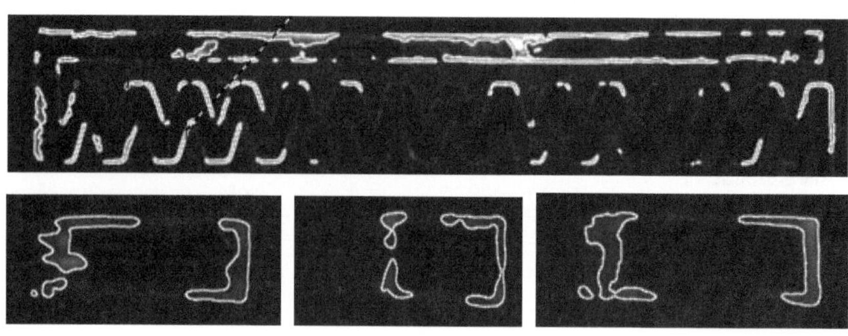

(a) 堵塞程度 5%

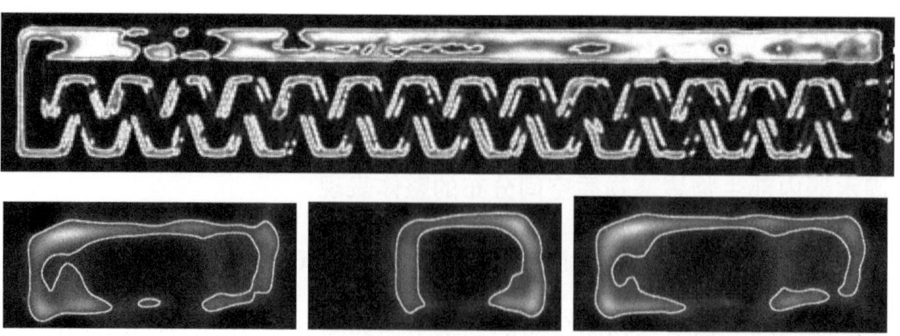

(b) 堵塞程度 20%

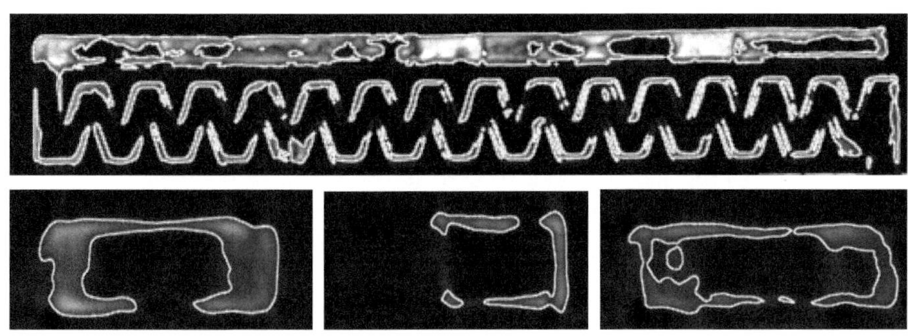

(c) 堵塞程度 50%

图 6.25　不同堵塞程度下 E2 灌水器横剖面和纵剖面生物堵塞物质分布

等(2001)研究表明，管道水流速为 1.75m/s 时的生物堵塞物质厚度比流速为 0.32m/s 和 0.96m/s 时薄；Nicolella 等(1996)、Chang 等(1991)研究表明，水流的上升流速会显著影响生物堵塞物质的脱落，同时还发现生物堵塞物质脱落速率随着湍流度增加而增加；Horn 等(2003)认为生物堵塞物质的脱落是流体流动剪切力与生物堵塞物质内聚力共同作用的结果。这些都表明水流流速可以通过影响流动剪切力、湍流度及营养物质输运等来影响生物堵塞物质系统的生长，因此本试验中内外壁面主流道内堵塞物质较少主要是由于该处的近壁面剪切力较大。

(a) 堵塞程度 5%

(b) 堵塞程度 20%

(c) 堵塞程度 50%

图 6.26　不同堵塞程度下 E4 灌水器生物堵塞物质分布

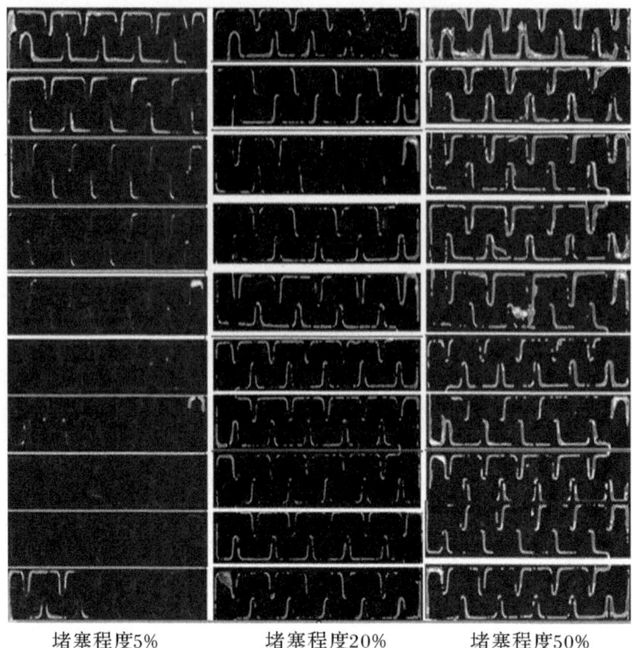

图 6.27　不同堵塞程度下 E4 灌水器生物堵塞物质横剖面图

E2 和 E4 灌水器在堵塞程度 5%、20%和 50%下流道内堵塞物质总体积如图 6.28 所示，均表现为随着堵塞程度的增加堵塞物质体积增幅明显，其中 E2 灌水器在堵塞程度 5%～50%下堵塞物质总体积为 1.5～7.2mm^3，E4 灌水器则为 16.6～57.4mm^3；由于圆柱式灌水器流道较长，其在相同堵塞程度下内部堵塞物质明显多于内镶贴片式灌水器。

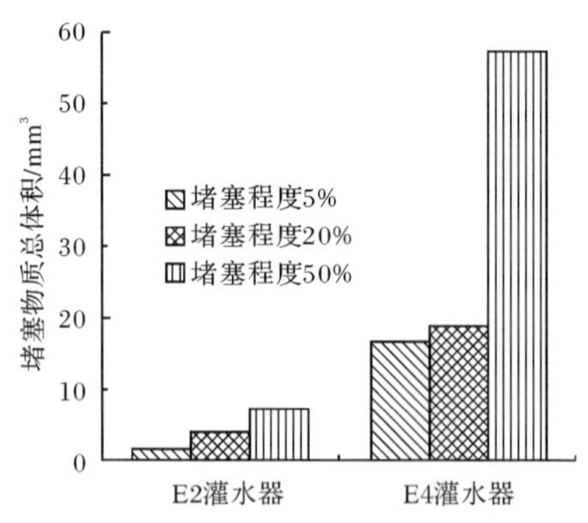

图 6.28　不同堵塞程度下灌水器堵塞物质总体积

2. 不同类型灌水器生物堵塞物质空间分布的整体表现

不同灌水器在堵塞程度 50%下堵塞物质表观形貌如图 6.29 所示。从图中可以明显看出，当堵塞程度达到 50%时，除 E7 灌水器整个流道内生物堵塞物质相对较少之外，不同灌水器表面均被堵塞物质所覆盖。圆柱式灌水器在第 1 单元段内堵塞物质积累相对较多，后续单元段内可以看出一定的主流道冲刷痕迹，尤其是 E7 灌水器，这表明随着流道长度增加堵塞物质有一定的减少趋势；而内镶贴片式灌水器生物堵塞物质则在各个结构单元内部更为均匀。不同灌水器堵塞物质总体积如图 6.30 所示。由图可知，圆柱式灌水器中堵塞物质总体积远远大于内镶贴片式灌水器中堵塞物质总体积，圆柱式灌水器堵塞物质总体积为 36～72mm^3，内镶贴片式灌水器堵塞物质总体积为 7～10mm^3。

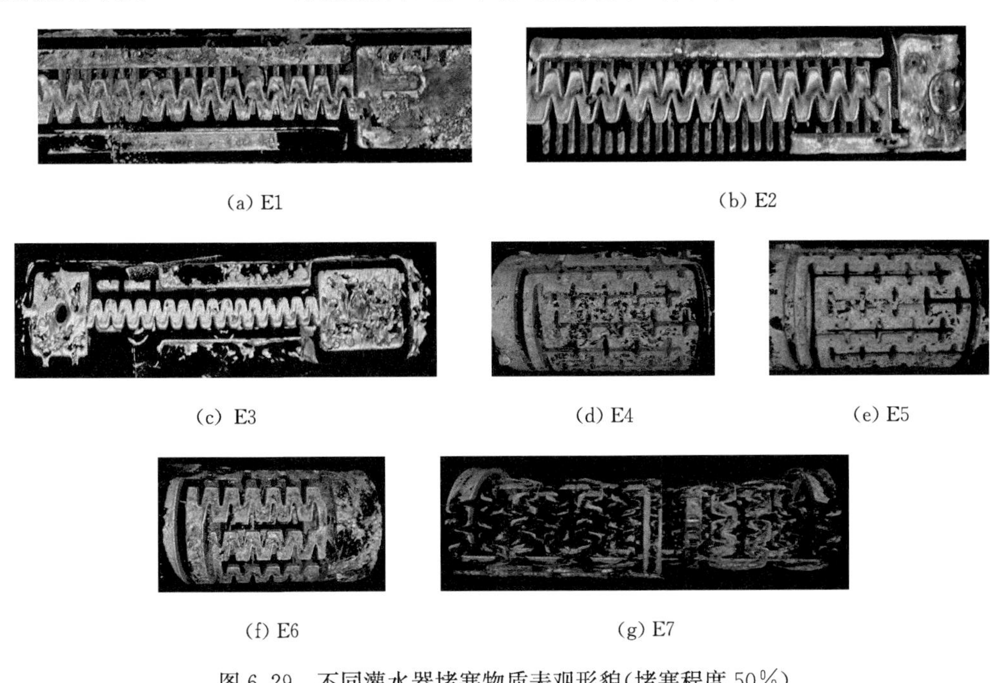

(a) E1　(b) E2

(c) E3　(d) E4　(e) E5

(f) E6　(g) E7

图 6.29　不同灌水器堵塞物质表观形貌(堵塞程度 50%)

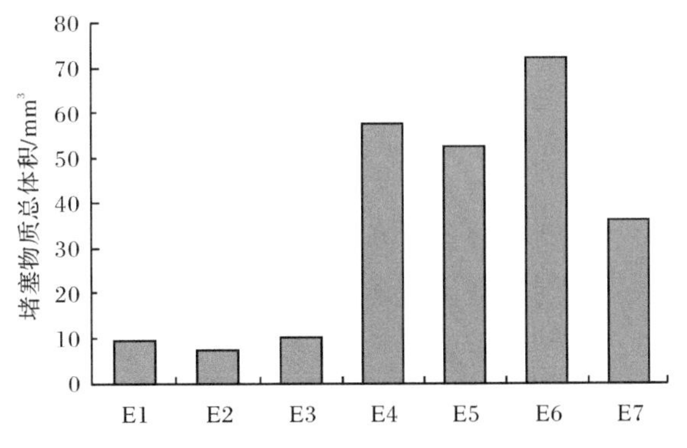

图 6.30　不同类型灌水器堵塞物质总体积(堵塞程度 50%)

6.3.3　不同堵塞程度下灌水器流道内部生物堵塞物质空间分布

1. 圆柱式灌水器迷宫式流道单元段内部生物堵塞物质的分布

由于内镶贴片式灌水器 E2 流道为单段型，本节仅对圆柱式灌水器 E4 不同单元段内生物堵塞物质分布进行阐述。E4 灌水器流道不同单元段内生物堵塞物质的体积分数如图 6.31 所示。从图 6.31 中可以看出，5%、20%和 50%堵塞程度下单元段内生物堵塞物质体积分数分别为 1%～24%、5%～22%和 14%～43%，随着堵塞程度的增加，生物堵塞物质明显增加，平均体积分数分别为 6.3%、12.1%和 21.5%；生物堵塞物质均在第 1 个单元段内分布最多，初期和后期顺水流方向生物堵塞物质体积呈下降趋势，首尾差异较为显著，中期则表现为波动性变化，且在第 1、5、6、10 个单元段内分布较多；不同单元段内生物堵塞物质生长速率并不一致，初期和后期首部单元段内生物堵塞物质生长较快，而中期流道首部单元段内生物堵塞物质体积未见明显变化，中部和尾部生物堵塞物质反而生长较快。

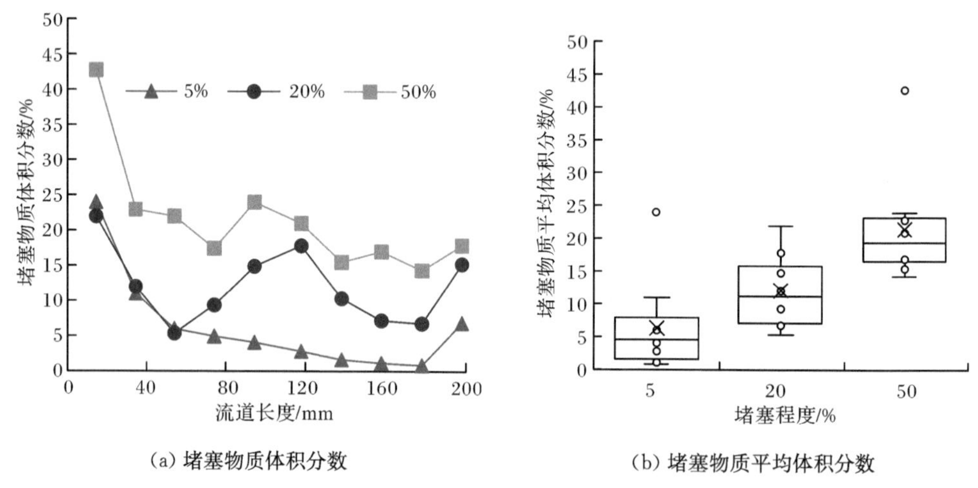

(a) 堵塞物质体积分数　　(b) 堵塞物质平均体积分数

图 6.31　E4 灌水器流道不同单元段内生物堵塞物质分布

2. 灌水器迷宫流道结构单元内生物堵塞物质的分布

流道不同结构单元内生物堵塞物质的体积分数如图 6.32 所示。从图中可以看出，E2 和 E4 灌水器结构单元内生物堵塞物质平均体积分数分别为 8.4%～37.2%和 6.4%～20.9%。整体来看，顺水流方向生物堵塞物质体积呈下降趋势，但不同时期生物堵塞物质的分布并不一致，初期生物堵塞物质主要集中在流道首部结构单元内，到中部时呈快速下降趋势；中期流道首部、中部和尾部内生物堵塞物质体积差异相对较小；后期流道首部结构单元内生物堵塞物质体积分数比尾部分别高 21.1%和 72.3%，而中部和尾部差异较小。不同结构单元内生物堵塞物质的生长速率差异显著，初期和后期流道首部生物堵塞物质生长较快，且流道首部结构单元内生物堵塞物质体积分数波动性较大，而中期时首部生物堵塞物质生长速率最低。

3. 不同壁面生物堵塞物质分布

E2 和 E4 灌水器不同堵塞程度下不同壁面生物堵塞物质平均厚度和权重如图 6.33 所示。流道结构单元内不同壁面生物堵塞物质的平均厚度如图 6.34 所示。由此可以看

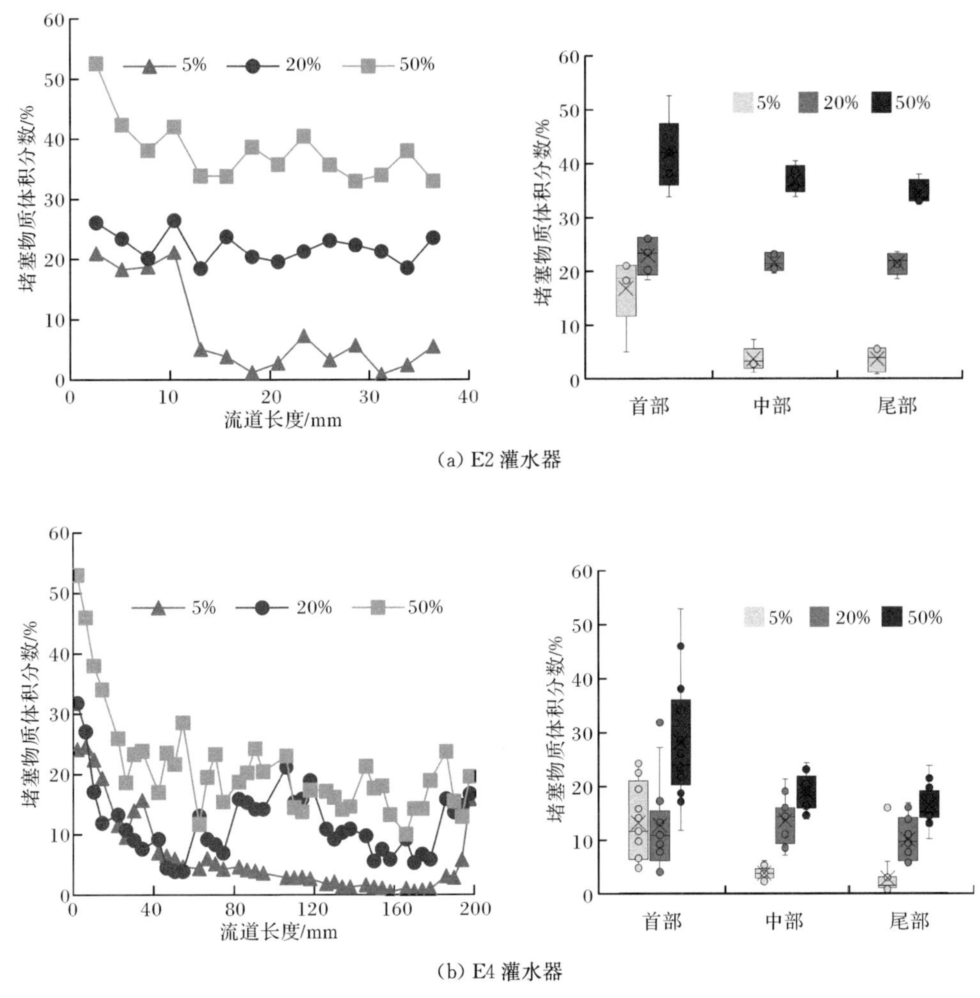

图 6.32　流道不同结构单元内生物堵塞物质的体积分数

出，E2 和 E4 灌水器不同壁面生物堵塞物质平均厚度分别为 7.1～61.4μm、12.9～112.0μm，随着堵塞程度增加，生物堵塞物质的平均厚度均呈显著增加趋势，50%堵塞程度较 5%堵塞程度 E2 和 E4 灌水器生物堵塞物质平均厚度分别增加了 182.1%～677.5%和 211.0%～318.5%；各壁面上生物堵塞物质的生长速率差异显著，迎水面上生物堵塞物质 5%堵塞程度下的生长速率较高，但 20%和 50%堵塞程度下生长速率较低，E2 和 E4 灌水器 5%～50%堵塞程度时生物堵塞物质平均厚度增加了 182.1%和 212.5%，背水面则与迎水面完全相反，生物堵塞物质平均厚度增加了 677.5%和 327.6%，且后期背水面的生物堵塞物质平均厚度最高；随着流道长度的增加，不同壁面上生物堵塞物质平均厚度均呈现剧烈波动，整体呈现一定的下降趋势；对于 E2 灌水器不同壁面的生物堵塞物质权重，E2 和 E4 灌水器 5%～50%堵塞程度时迎水面生物堵塞物质权重分别减少 11.0%和 1.5%，而背水面上分别增加 9.1%和 4.4%，其余壁面未见显著性变化。

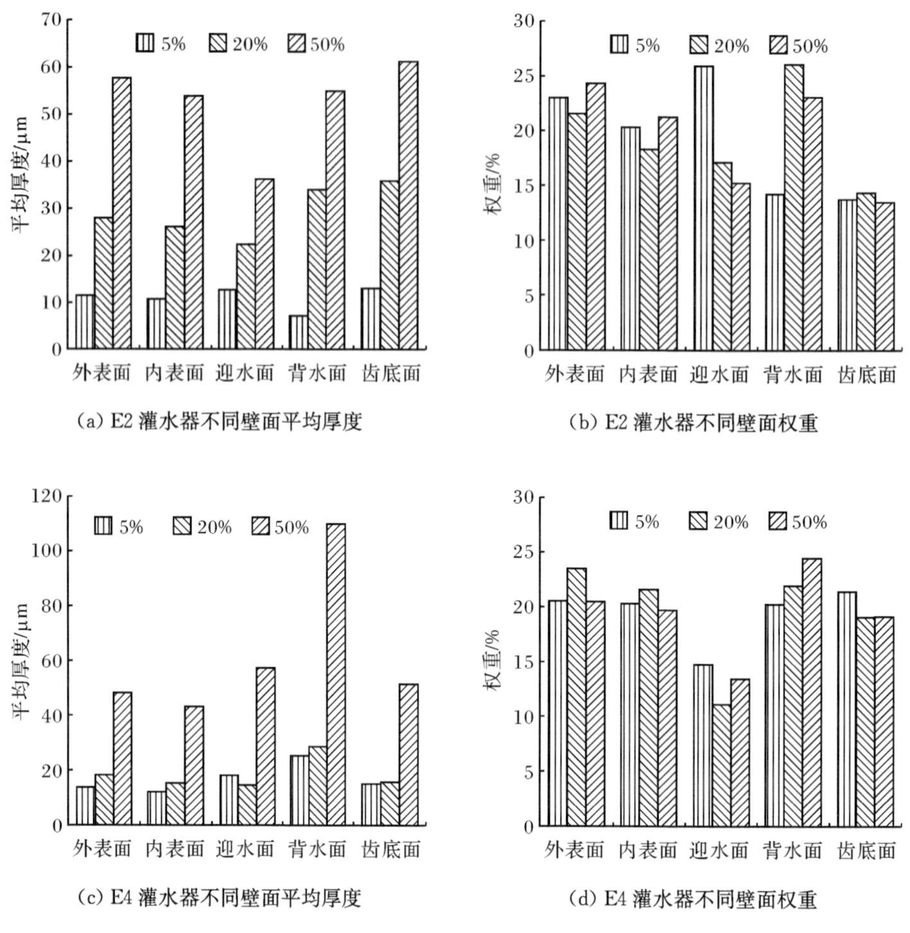

(a) E2 灌水器不同壁面平均厚度

(b) E2 灌水器不同壁面权重

(c) E4 灌水器不同壁面平均厚度

(d) E4 灌水器不同壁面权重

图 6.33　E2 和 E4 灌水器不同堵塞程度下不同壁面生物堵塞物质平均厚度和权重

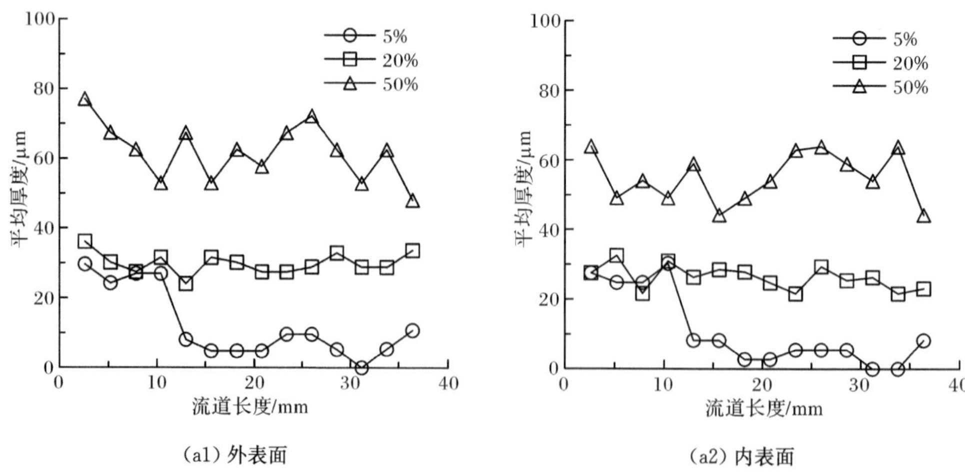

(a1) 外表面

(a2) 内表面

(a3) 迎水面

(a4) 背水面

(a5)齿底面

(a) E2 灌水器

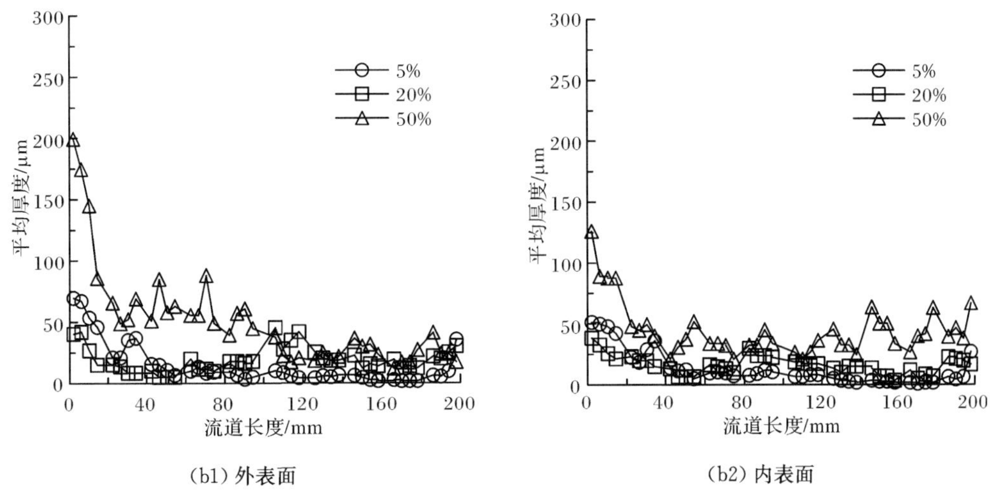

(b1) 外表面

(b2) 内表面

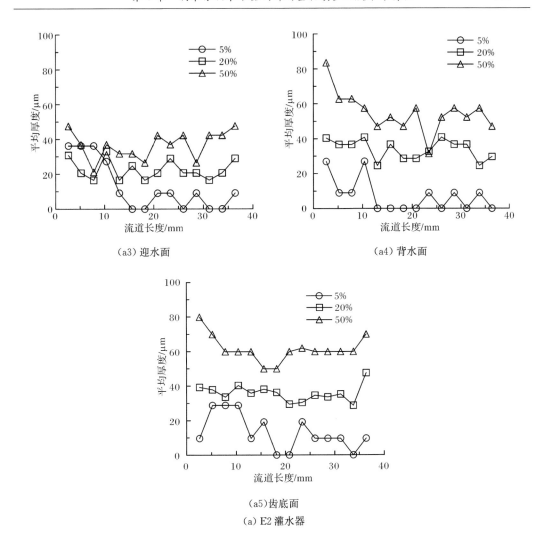

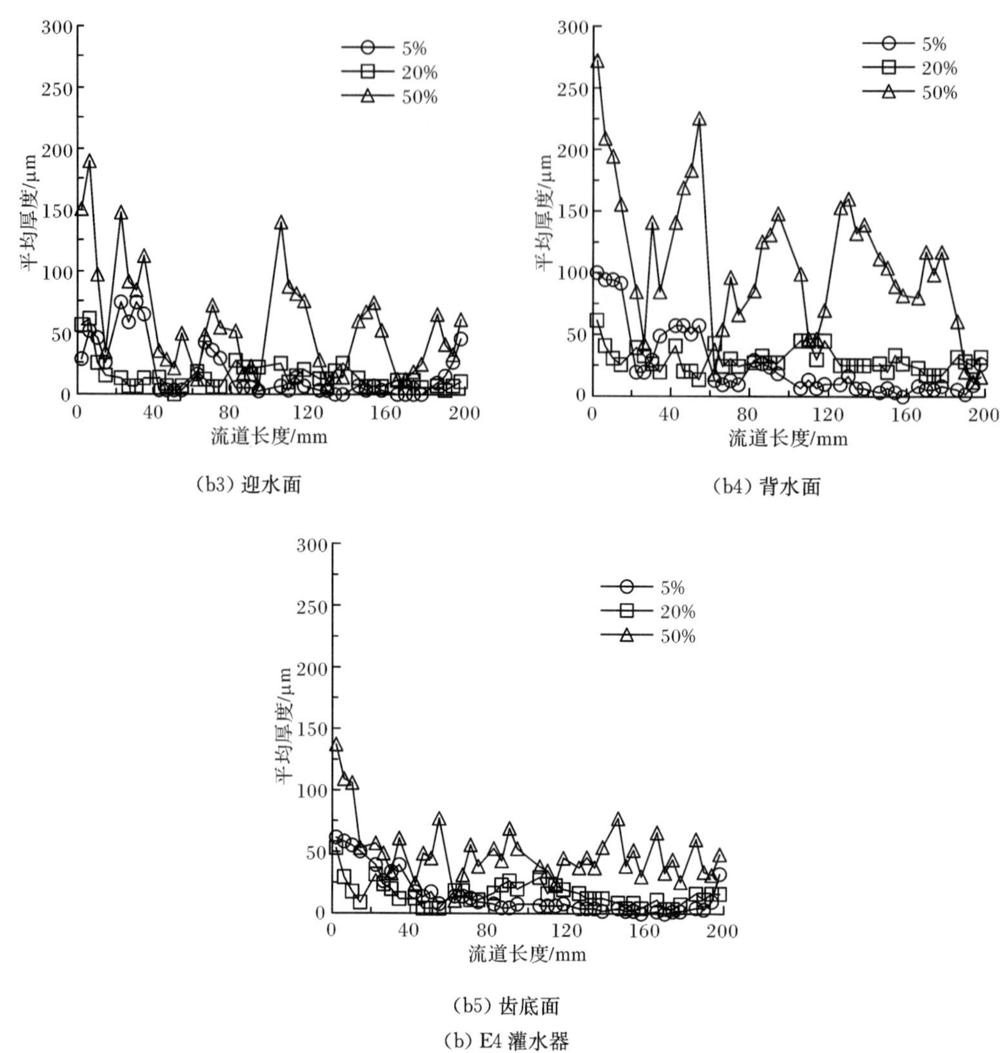

(b3) 迎水面　　(b4) 背水面

(b5) 齿底面

(b) E4 灌水器

图 6.34　E2 和 E4 灌水器流道结构单元内不同壁面生物堵塞物质的平均厚度

6.3.4　不同类型灌水器流道内部生物堵塞物质空间分布

1. 结构单元段生物堵塞物质体积分数

不同类型灌水器结构单元段生物堵塞物质体积分数如图 6.35 所示。对于内镶贴片式灌水器，E1、E2、E3 灌水器流道内部生物堵塞物质体积分数分别为 49%、40%和 54%，在流道的首部、中部和尾部(将灌水器第 1～5 个单元段、第 6～10 个单元段和余下的结构单元段划分为流道的首部、中部和尾部)的体积分数分别为 53%、48%、46%，43%、39%、31%和 57%、55%、51%，均表现为流道首部最高而尾部最低，首部生物堵塞物质体积分数分别高出尾部 15.2%、38.7%和 11.8%；生物堵塞物质体积分数最大值均出现在第 1 个单元段，分别为 58%、53%和 59%，最小值则分别出现在第 14、6、15 个单元段，分别为

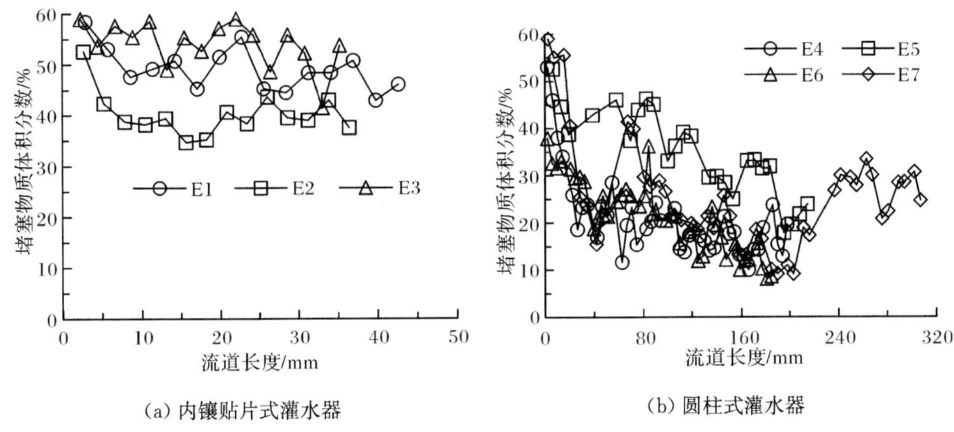

(a) 内镶贴片式灌水器　　(b) 圆柱式灌水器

图 6.35　不同类型灌水器结构单元段生物堵塞物质体积分数

43%、34%和 41%。对于圆柱式灌水器，E4、E5、E6、E7 灌水器流道内部生物堵塞物质体积分数分别为 21%、35%、21%、26%，其在流道的首部、中部和尾部的体积分数分别为 30%、19%、16%，44%、34%、26%，29%、23%、14%和 37%、20%、23%，除 E4 灌水器外，均表现为在流道首部最高而尾部最低；四种圆柱式灌水器堵塞物质体积分数最大值均出现在第 1 个单元段，分别为 53%、53%、38%、61%。随着流道长度的增加生物堵塞物质在首部迅速降低，后续则不断波动。

结合上述分析可以发现，滴灌灌水器流道入口内生物堵塞物质均具有较高的体积分数，90%以上的灌水器生物堵塞物质体积分数的最大值出现在前两个单元段内。滴灌灌水器流道内最小的过流尺寸在很大程度上制约着灌水器的出流能力，因此灌水器流道首部的生物堵塞物质，尤其是流道首部结构单元段内的生物堵塞物质对灌水器的出流起到极为重要的作用，如何避免生物堵塞物质在该处沉积则更为关键。李治勤等(2009)在研究泥沙淤积特性时通过概率分析也得到了类似的结果，发现泥沙颗粒在矩形迷宫式灌水器进口段相较于中间段发生堵塞的概率更高。刘耀泽(2011)研究结果也表明利用再生水滴灌时流道的入口处更容易积累堵塞物质。门永南(2015)利用 CFD 分析方法对矩形迷宫灌水器流道内漩涡区进行了分析。研究表明，进口处漩涡区最大，之后结构单元段内漩涡区面积均减小。灌水器内部的生物堵塞物质的形成会受营养物质输送和低速区的影响，因此利用再生水进行滴灌时流道首部的生物堵塞物质体积分数较高，主要是由于流道入口处营养物质、固体颗粒物等输送充足，生物堵塞物质容易在此处生长，从而黏附水流中的不溶性物质，形成更多的生物堵塞物质，并且在流道进口处固体颗粒物等跟随速度较大，从而更容易进入流道边壁的漩涡区，然后沉积下来，而随后生物堵塞物质体积分数的减少是由于水流运动与物质接触概率显著降低。

2. 不同壁面生物堵塞物质分布

不同类型灌水器流道内部不同壁面生物堵塞物质的平均厚度和权重如图 6.36 所示。E1、E2 和 E3 灌水器在外表面、内表面和齿底面上生物堵塞物质的权重较为一致，均处于

24%、23%和14%左右，在迎水面和背水面上表现出一定的差异，生物堵塞物质权重分别为19.5%、15.4%、23.4%和18.8%、23.3%、17.8%。E1、E2和E3灌水器各个壁面的生物堵塞物质平均厚度均为E3最大、E1最小，分别处于71.2～88.5μm、36.2～61.4μm、79.9～140.0μm，最大值和最小值分别出现在迎水面和内表面、齿底面和迎水面、迎水面和内表面。整体说来，E1灌水器各个壁面的差异较小，E2灌水器表现为在迎水面上厚度较小而其余四个壁面相对较为接近；E3灌水器则在迎水面和背水面上堵塞物质厚度较大，在内外表面和齿底面上较为一致。对于圆柱式灌水器，E5灌水器各个壁面的堵塞物质平均厚度均较大，为90.4μm，分别比E4、E6、E7灌水器的生物堵塞物质多42.5%、24.4%、84.0%。所有圆柱式灌水器均表现出背水面生物堵塞物质平均厚度最大，但生物堵塞物质比例较低，均表现为在外表面和内表面生物堵塞物质权重较大。

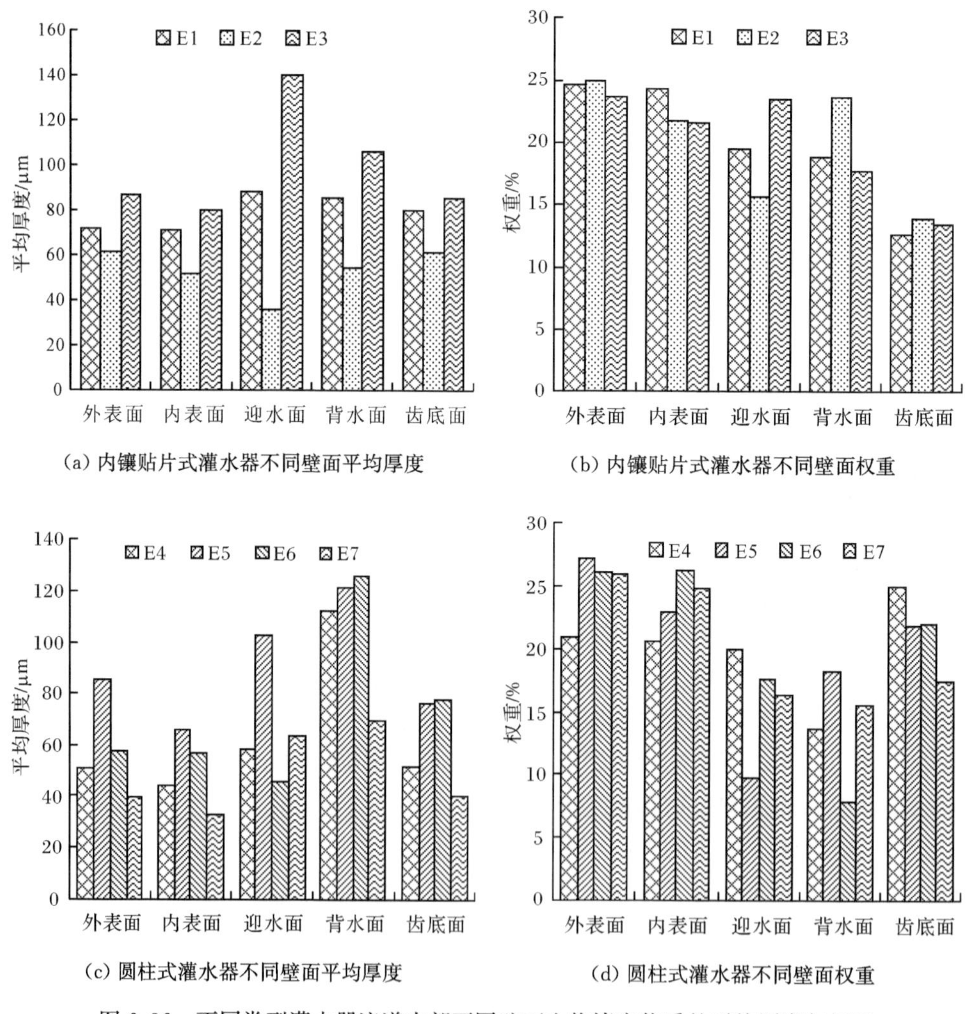

(a) 内镶贴片式灌水器不同壁面平均厚度　　(b) 内镶贴片式灌水器不同壁面权重

(c) 圆柱式灌水器不同壁面平均厚度　　(d) 圆柱式灌水器不同壁面权重

图6.36　不同类型灌水器流道内部不同壁面生物堵塞物质的平均厚度与权重

3. 不同壁面生物堵塞物质变化

内镶贴片式灌水器和圆柱式灌水器沿着流道长度方向上各个结构单元不同壁面的生物堵塞物质平均厚度如图 6.37和图 6.38 所示。从图中可以看出，对于内镶贴片式灌水器，随着流道长度的增加，三种灌水器各个壁面堵塞物质厚度均不断波动，并未呈现出明显的规律，三者在外表面、内表面和齿底面上堵塞物质厚度差异相对较小，而在迎水面和背水面上差异较大，且三种灌水器堵塞物质厚度在迎水面和背水面上的离散程度均较大，标准差分别为 8.0～19.6μm 和 11.1～25.0μm，而在内外表面上的波动相对较小，标准差为6.0～11.0μm。对于圆柱式灌水器，E5 灌水器堵塞物质的厚度在各个壁面均较高，其次是 E4、E7、E6 灌水器。而在外表面、内表面和齿底面上，E4、E6、E7 堵塞物质厚度差异相对较小，而在迎水面和背水面上差异较大。对于不同类型灌水器，本试验中内镶贴片式灌水器和圆柱式灌水器在外表面和内表面上均具有较高的权重，而在齿底面、迎水面和背水面上的权重较小。这主要是由于目前流道内各结构参数在一定程度上具有相似性。不同类型灌水器内部生物堵塞物质在内表面、外表面和齿底面上的权重差异相对较小，迎水面和背水面上的差异较大。例如，对于不同内镶贴片式灌水器，E1 灌水器在迎水面和背水面上堵塞物质分布较为接近，E2 灌水器背水面生物堵塞物质权重明显高于迎水面，而 E3 灌水器迎水面的权重更高。这是由于 E1 灌水器在迎水面和背水面上受到的水动力学作用较为一致，而 E2 和 E3 灌水器则分别在迎水面和背水面上的水动力学条件处于不利于生物堵塞物质生长的水平。另外，研究发现灌水器堵塞物质平均厚度在内表面、外表面和齿底面上的波动较小，而在迎水面和背水面上的波动程度较大，这主要是由于内表面和外表面上堵塞物质的分布主要在主流区以外，而随着时间的变化主流区的位置变化较小，而齿底面上面积较小，堵塞物质较为稳定，但在迎水面和背水面上水流与壁面碰撞更为剧烈，生物堵塞物质的生长和脱落具有更大的不确定性。而利用滴灌进行灌溉，不同毛管位置的灌水器出流是否均一直接影响灌水均匀度，由于在迎水面和背水面上堵塞物质的形成具有更大的随机性，这对于滴灌系统灌水均匀度会产生负面影响，这也是灌水器流道设计过程中需要重点关注的壁面。

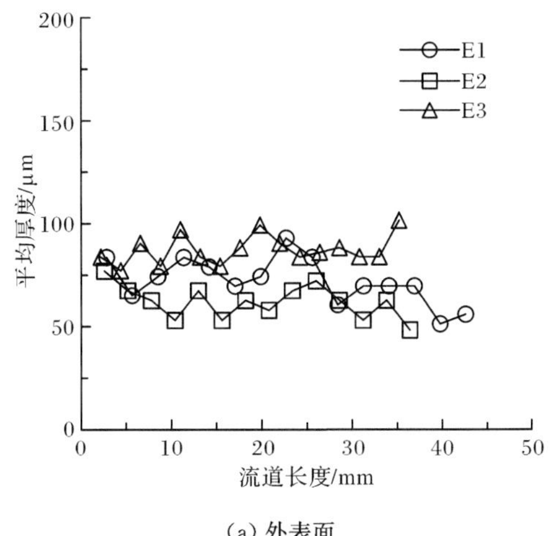

(a) 外表面

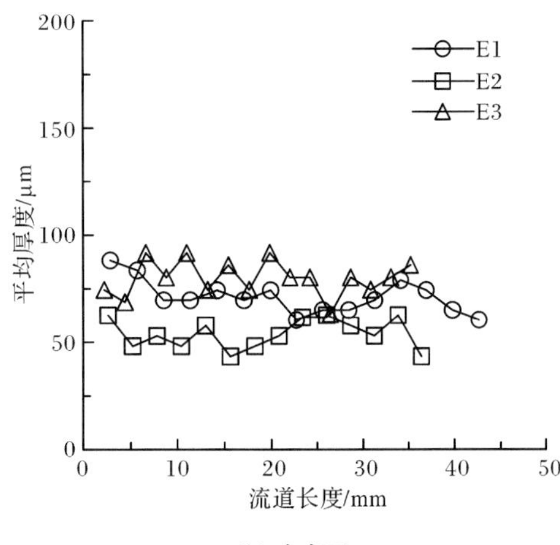

(b) 内表面

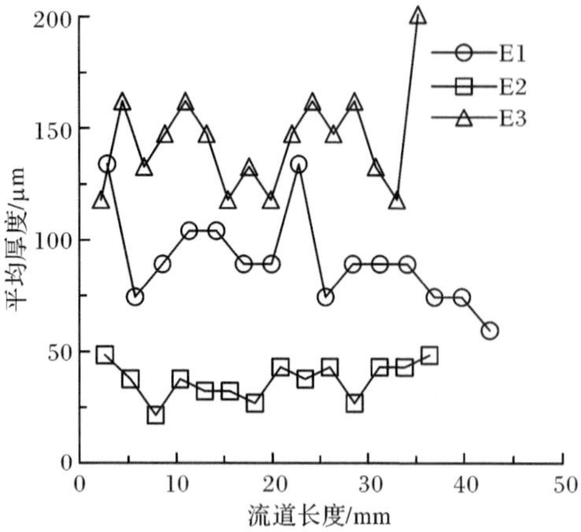

(c) 迎水面

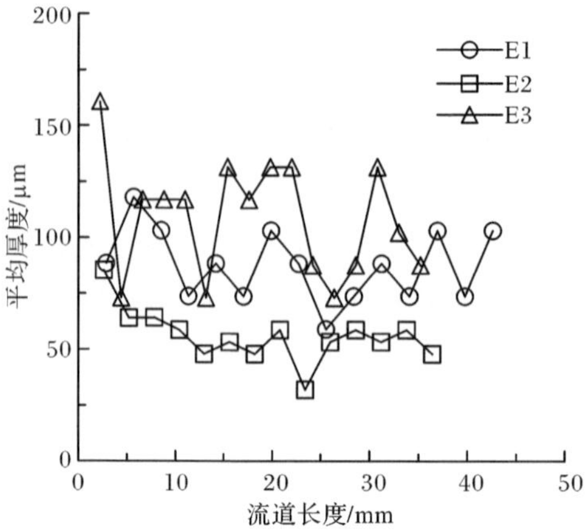

(d) 背水面

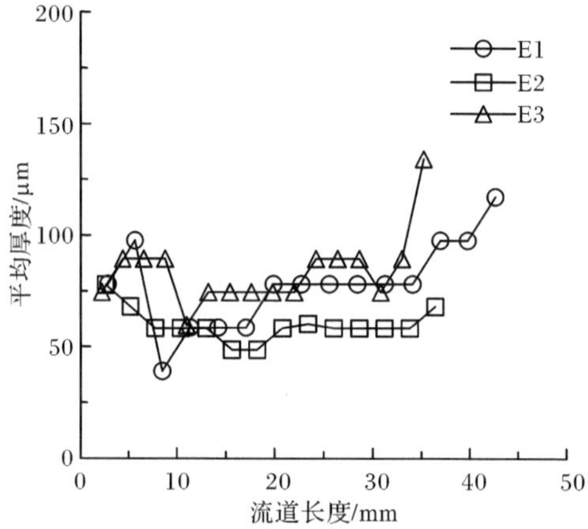

(e) 齿底面

图 6.37 不同类型内镶贴片式灌水器不同壁面生物堵塞物质平均厚度

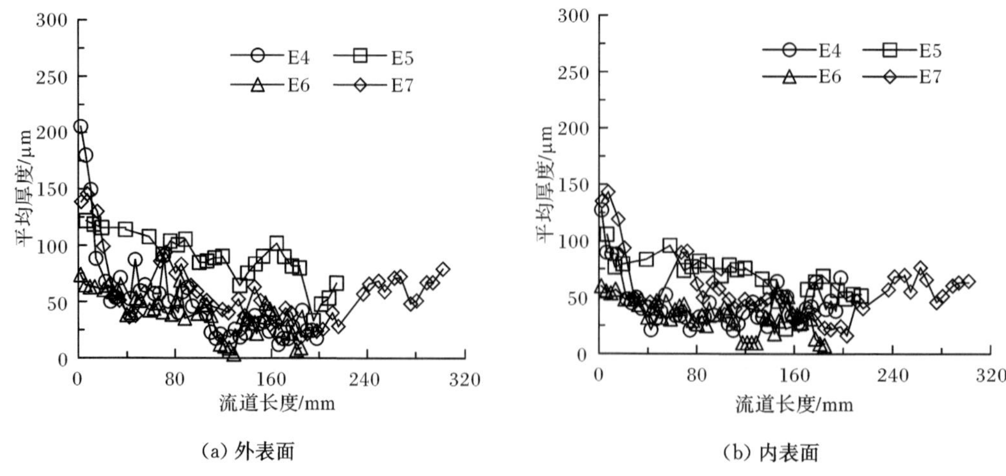

(a) 外表面

(b) 内表面

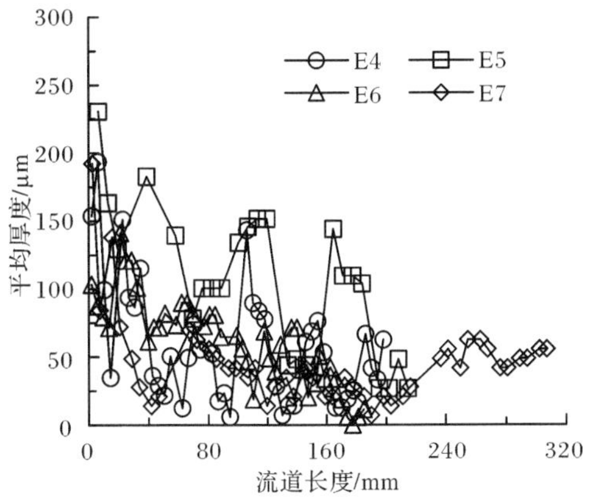

(c) 迎水面

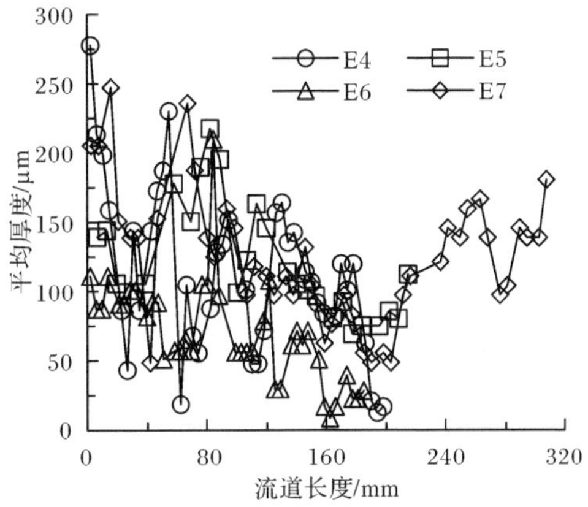

(d) 背水面

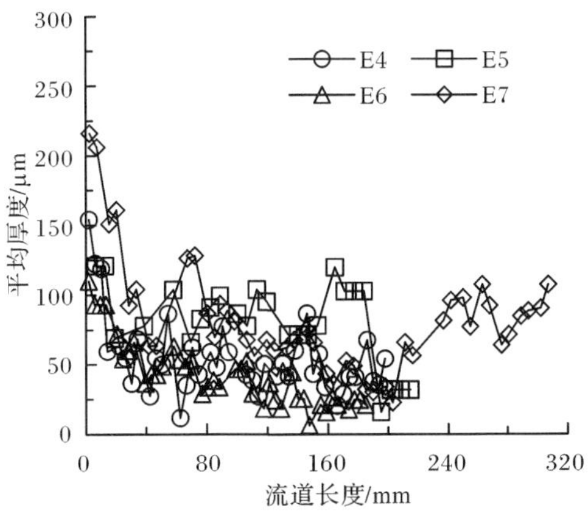

(e) 齿底面

图 6.38　不同类型圆柱式灌水器不同壁面生物堵塞物质平均厚度

E7 灌水器在第 9、10 个和第 34、35 个结构单元内各个壁面生物堵塞物质体积突然增大，且相邻单元段连接区域生物堵塞物质表面覆盖率较大，这主要是由直线段连接区缺陷导致的，该区域不能对水流实现持续扰动消能，生物堵塞物质更容易沉积，如图 6.39 所示。

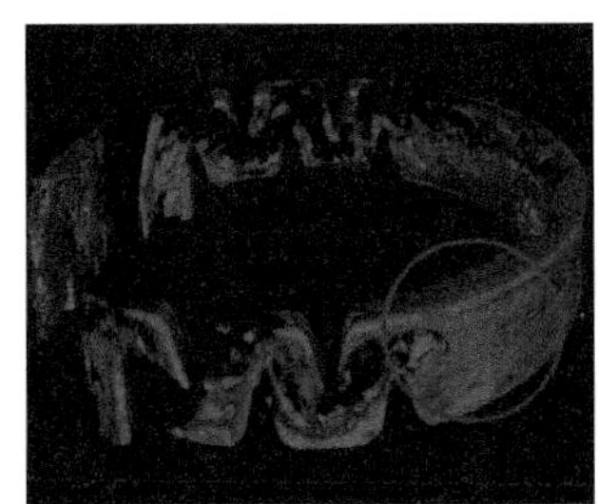
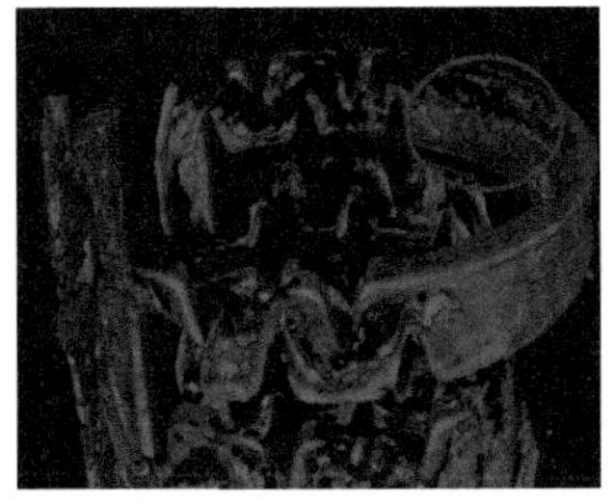

图 6.39　E7 灌水器堵塞物质局部图

6.4 多水源滴灌灌水器内部堵塞物质三维空间分布

6.4.1 不同堵塞程度灌水器堵塞物质空间分布

1. 流道内堵塞物质直观形貌

试验选用 NETAFIM 公司生产的流量为 1.6L/h 的灌水器，试验材料与方法见 6.3.1 节。微咸水（SLW）、黄河水（YRW）、混配水（MXW）毛管中部灌水器内部 5%、20%和 50%堵塞程度下堵塞物质表观形貌分别如图 6.40～图 6.42 所示。从图中可明显看出，随着堵塞程度的增加，灌水器内部堵塞物质的总体积都有明显增幅；5%和 20%堵塞程度下，堵塞物质主要集中在流道的齿底面和迎水面，而在 50%堵塞程度下，堵塞物质主要集中在背水面和齿底面，可以看出在 20%～50%堵塞程度过程中，背水面上堵塞物质的增加更为迅速；随着流道长度的增加，微咸水和混配水中结构单元内堵塞物质的体积分数在前部较大，而黄河水则未表现出明显规律。

三种水源不同堵塞程度下毛管中部单个灌水器的堵塞物质总体积如图 6.43 所示。其中微咸水、黄河水和混配水在 5%、20%和 50%堵塞程度下灌水器流道内部堵塞物质总体积分别为 1.35mm^3、2.29mm^3、4.78mm^3，1.77mm^3、3.17mm^3、4.19mm^3 和 1.06mm^3、2.97mm^3、4.82mm^3，流道内体积分数分别为 12%、20%、42%，16%、28%、37%和 9%、

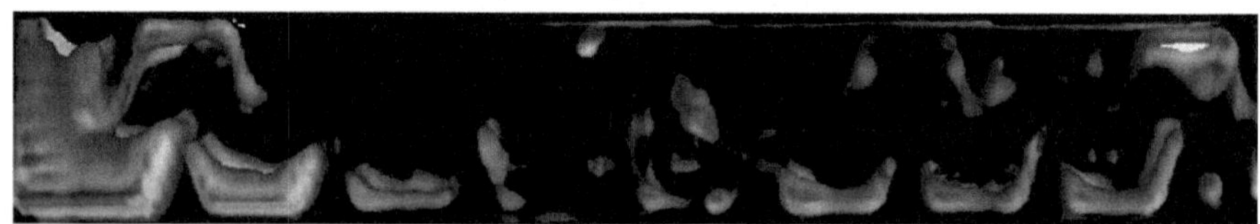

(a) SLW，5%，中部

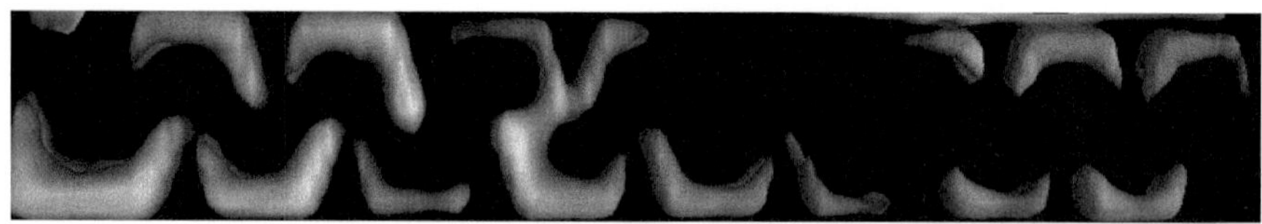

(b) SLW，20%，中部

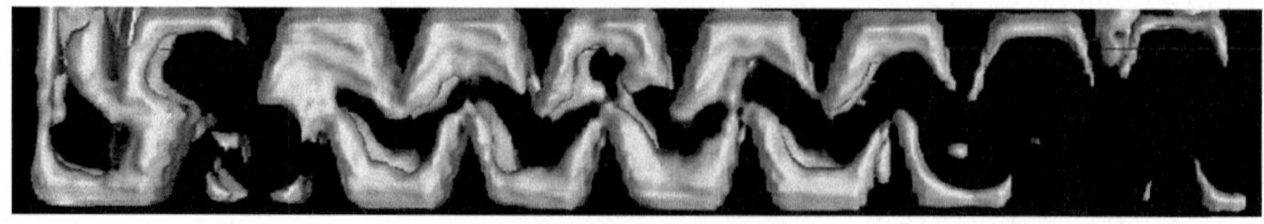

(c) SLW，50%，中部

图 6.40 微咸水毛管中部不同堵塞程度灌水器内部堵塞物质表观形貌

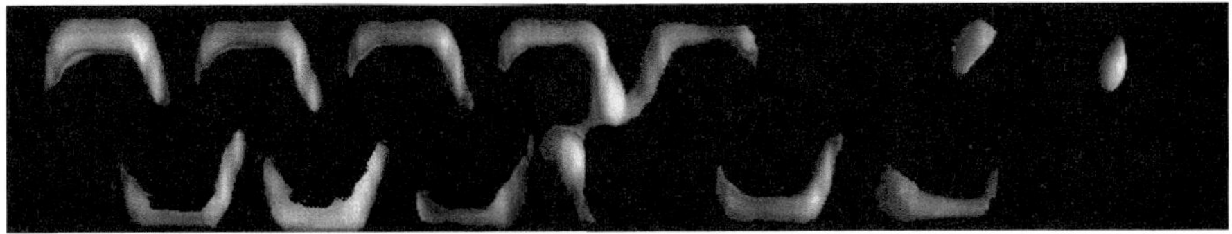

(a) YRW,5%,中部

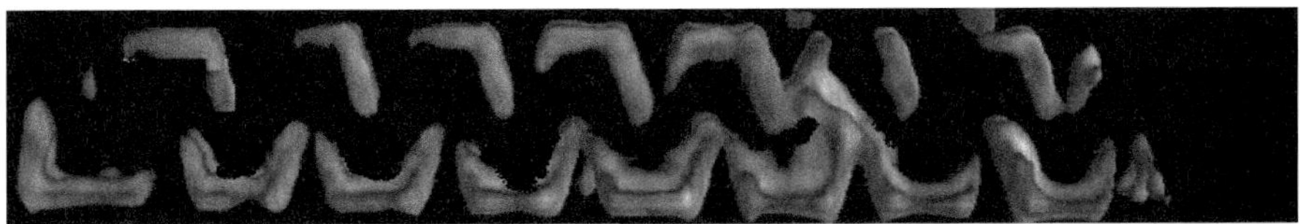

(b) YRW,20%,中部

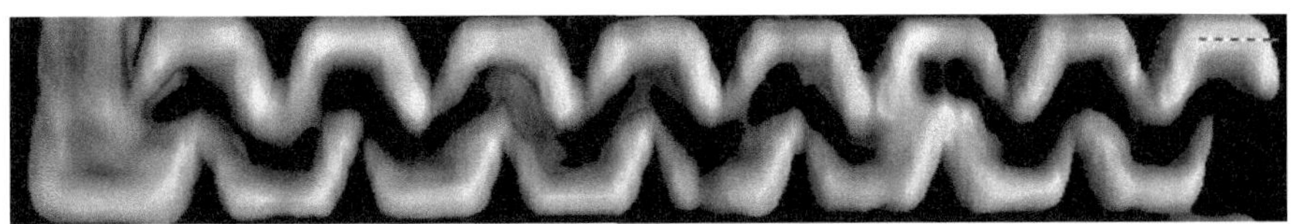

(c) YRW,50%,中部

图 6.41　黄河水毛管中部不同堵塞程度灌水器内部堵塞物质表观形貌

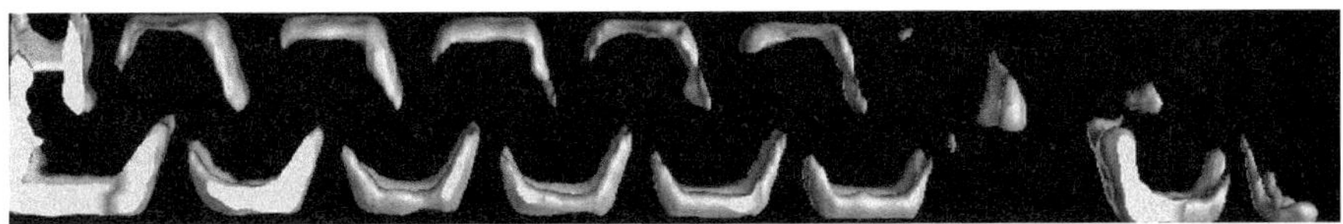

(a) MXW,5%,中部

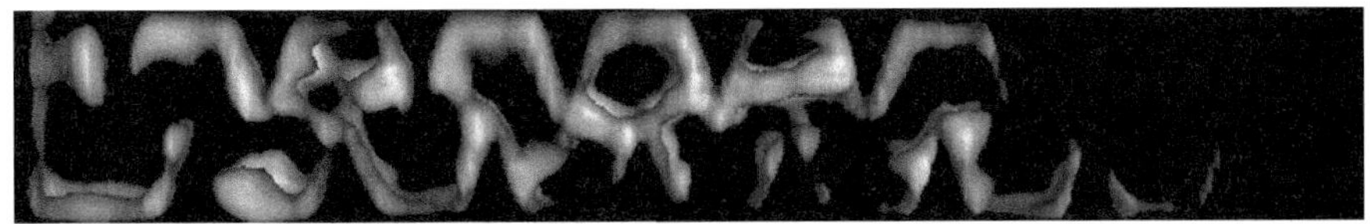

(b) MXW,20%,中部

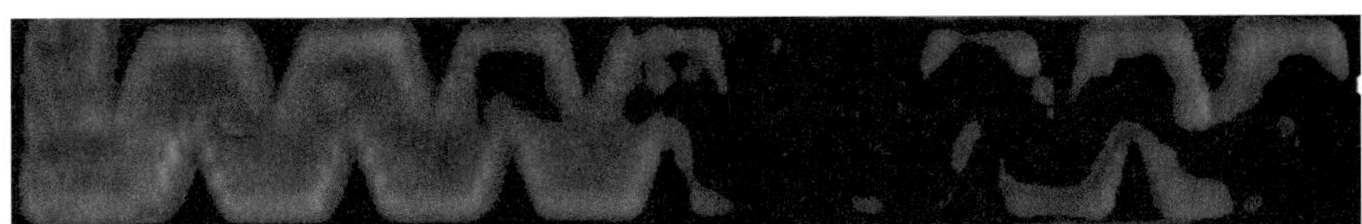

(c) MXW,50%,中部

图 6.42　混配水毛管中部不同堵塞程度灌水器内部堵塞物质表观形貌

26%、43%。在 50%堵塞程度下流道内的堵塞物质体积均较大，5%和 20%堵塞程度下流道内部堵塞物质体积比 50%堵塞程度下分别低 57%～79%和 24%～53%。

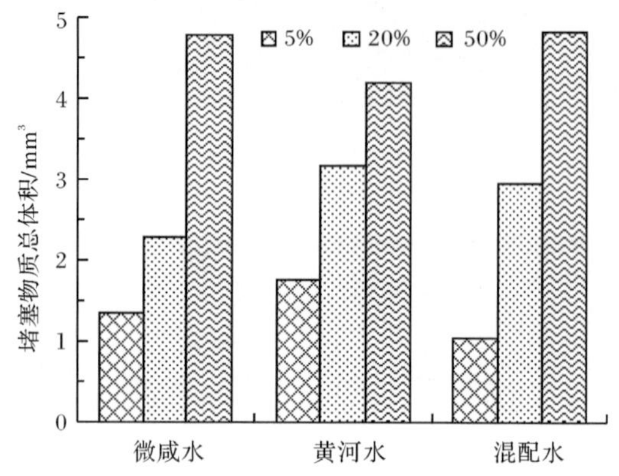

图 6.43　三种水源不同堵塞程度下毛管中部单个灌水器的堵塞物质总体积

2. 不同壁面堵塞物质分布

微咸水、黄河水和混配水流道结构单元内在不同堵塞程度下不同壁面堵塞物质平均厚度和权重如图 6.44 所示。对于堵塞物质平均厚度，总体说来微咸水、黄河水和混配水表现出较为一致的规律，随着堵塞程度的增加，各个壁面堵塞物质的厚度都有一定的增幅，尤其是背水面上的增幅更为明显，堵塞物质在各堵塞程度下主要分布在迎水面和齿底面，20%和 50%堵塞程度下背水面上堵塞物质增长较快，而整个周期内外表面和内表面的厚度均较小。5%堵塞程度下三种水源都在迎水面和齿底面上的堵塞物质厚度较大，分别为 43μm、56μm，54μm、61μm 和 42μm、36μm，其中微咸水和黄河水在齿底面上堵塞物质厚度最大，混配水则在迎水面上最大，而三者在外表面和内表面上堵塞物质厚度均较小，均处于 20μm 以下；20%堵塞程度下三种水源都表现为迎水面、背水面和齿底面上的厚度较大，分别为 63μm、65μm、77μm，93μm、78μm、95μm 和 96μm、84μm、75μm。最大值分别出现在齿底面、迎水面和迎水面，而在内表面、外表面上分布较少，均在 35μm 以下；

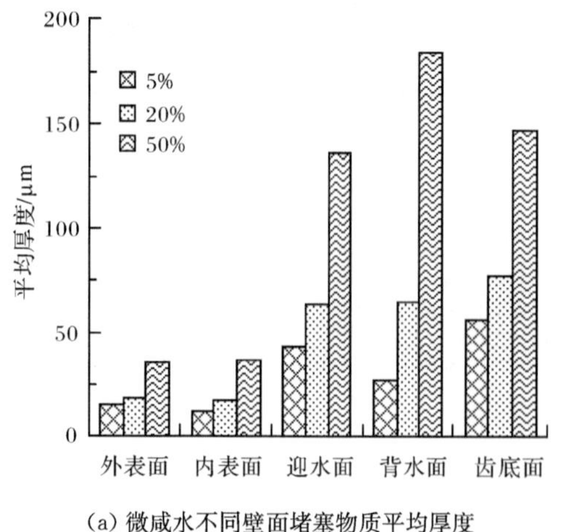

(a) 微咸水不同壁面堵塞物质平均厚度

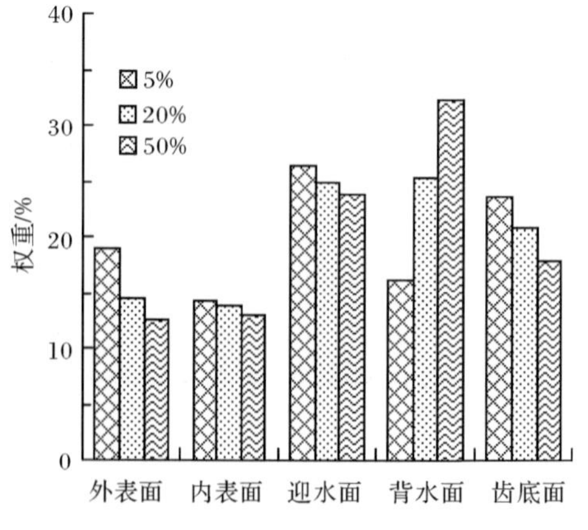

(b) 微咸水不同壁面堵塞物质权重

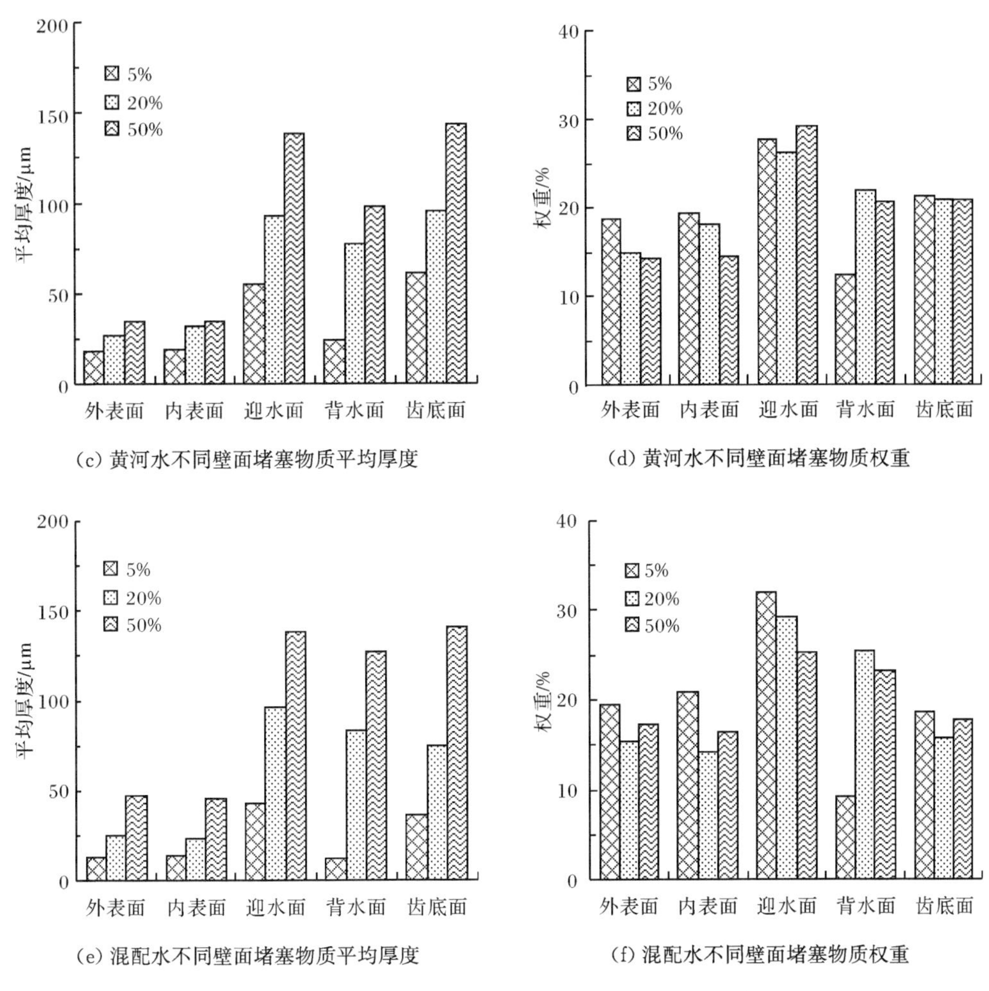

(c) 黄河水不同壁面堵塞物质平均厚度　(d) 黄河水不同壁面堵塞物质权重

(e) 混配水不同壁面堵塞物质平均厚度　(f) 混配水不同壁面堵塞物质权重

图 6.44　流道结构单元内不同堵塞程度下不同壁面堵塞物质平均厚度和权重

50%堵塞程度下三种水源仍表现为迎水面、背水面和齿底面上的厚度较大，分别为 136μm、184μm、147μm，138μm、98μm、143μm 和 138μm、127μm、141μm，最大值分别出现在背水面、迎水面和齿底面上，而在内表面、外表面上分布较少，均在 50μm 以下。

对不同壁面堵塞物质的权重而言，总体说来微咸水、黄河水和混配水在外表面、内表面、齿底面和迎水面上变动的幅度相对较小，而在背水面上的变动幅度相对较大。三种水源在 5%堵塞程度时灌水器内部堵塞物质在迎水面和齿底面上权重较大，分别为 27%、24%，28%、21%和 32%、19%，在背水面上的权重都较小，分别为 16%、12%和 9%，微咸水外表面和内表面权重分别为 19%和 14%，黄河水和混配水内表面、外表面权重较为一致，均处于 20%左右；20%堵塞程度下灌水器内部堵塞物质则在迎水面和背水面上的权重较高，分别为 25%、26%，26%、22%和 29%、25%，在齿底面上分别为 21%、19%和 16%，在内表面、外表面较为一致，都处于 15%左右；50%堵塞程度下灌水器内部堵塞物质仍在迎水面和背水面上权重值较大，分别为 24%、33%，29%、21%和 25%、23%，齿底面分别为 18%、21%和 18%，内表面、外表面较为一致，分别处于 13%、14%和 16%左右。

3. 结构单元内堵塞物质变化

随着流道长度的增加,微咸水、黄河水和混配水流道结构单元内不同堵塞程度下堵塞物质体积分数如图 6.45 所示。从图中可以明显看出,随着堵塞程度的增加,微咸水、黄河水和混配水中部结构单元内堵塞物质体积都有明显的增幅。

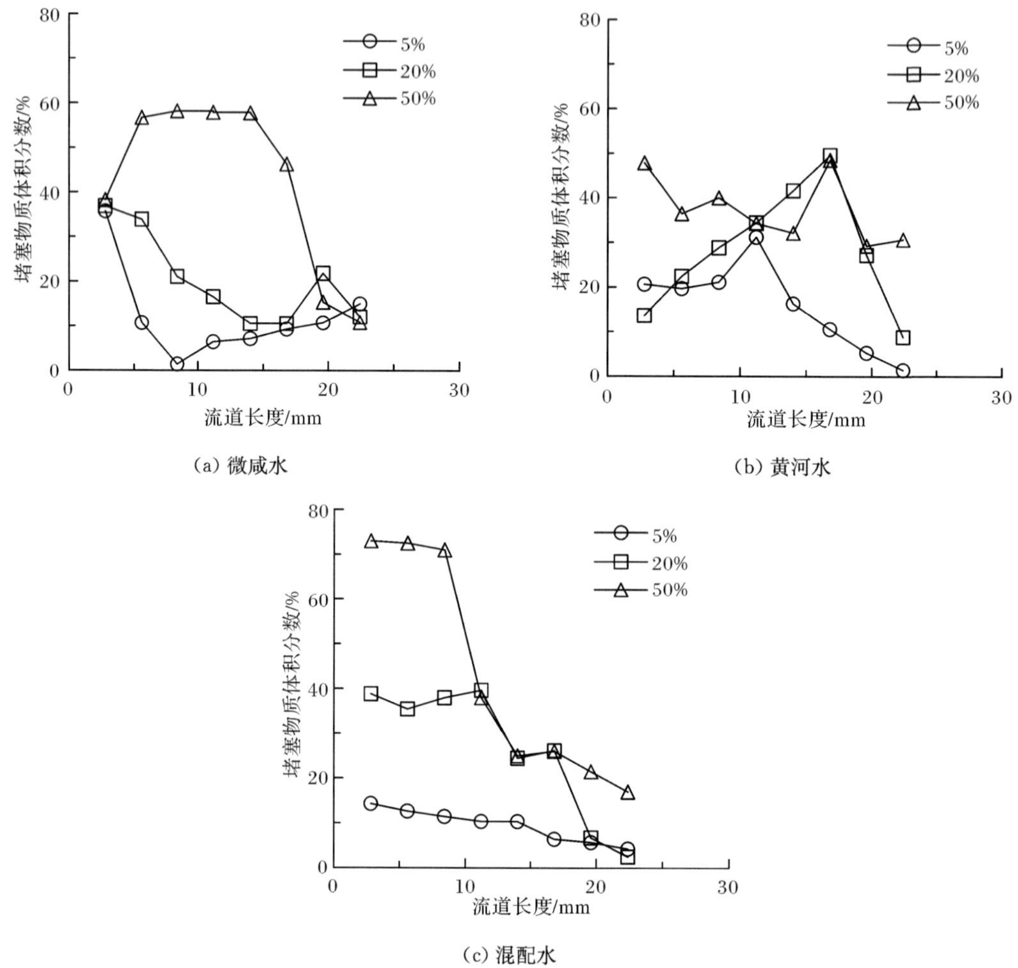

图 6.45 流道结构单元内不同堵塞程度下堵塞物质体积分数

对于微咸水,5%、20%和 50%堵塞程度下堵塞物质体积分数最大值分别出现在第 1 个、第 1 个和第 3 个结构单元,分别为 36%、37%和 58%,随着流道长度的增加三者都有一定的下降趋势,极差值分别为 34%、26%和 47%。其中,5%堵塞程度表现为在前 3 个结构单元内堵塞物质体积分数迅速下降之后略有回升,20%堵塞程度表现为在前 6 个结构单元内逐渐下降,在第 7 个结构单元有所升高后续下降的过程,50%堵塞程度表现为前 2 个结构单元内迅速增大,在第 2 个到第 5 个结构单元内比较稳定,之后迅速下降。对于黄河水,5%、20%和 50%堵塞程度下堵塞物质体积分数最大值分别出现在第 4 个、第 6 个和第 6 个结构单元,分别为 31%、50%和 49%,随着流道长度的增加三者并未表现出统一的规律，极差值分别为 30%、41%和 17%。其中，5%堵塞程度表现为在前 3 个结构单元内堵塞物质体积分数在 20%左右，之后在第 4 个结构单元升到 31%后逐渐降低 1%、20%堵塞程度表现为有明显的单峰形，50%堵塞程度表现为在第 1 个和第 6 个结构单元堵塞物质体积分数较大，分别为 48%和 49%，其余结构单元内较为一致，多处为 30%左右；对于混配水，5%、20%和 50%堵塞程度下堵塞物质体积分数最大值分别出现在第 1 个、第 4 个和第 1 个结构单元，分别为 14%、40%和 73%，随着流道长度的增加三者都有下降的趋势，极差值分别为 10%、37%和 56%。其中 5%堵塞程度表现为平稳下降的趋势，20%堵塞程度下堵塞物质在前 4 个结构单元内较为均一，后续有所下降，50%堵塞程度表现为前 3 个结构单元内体积分数较为均一，均处于 78%左右，之后在第 4 个结构单元内体积分数大幅度降低，之后持续降低。

4. 不同壁面堵塞物质变化

微咸水、黄河水和混配水流道结构单元内不同堵塞程度下不同壁面堵塞物质平均厚度变化曲线分别如图 6.46～图 6.48 所示，与不同毛管位置不同壁面堵塞物质平均厚度

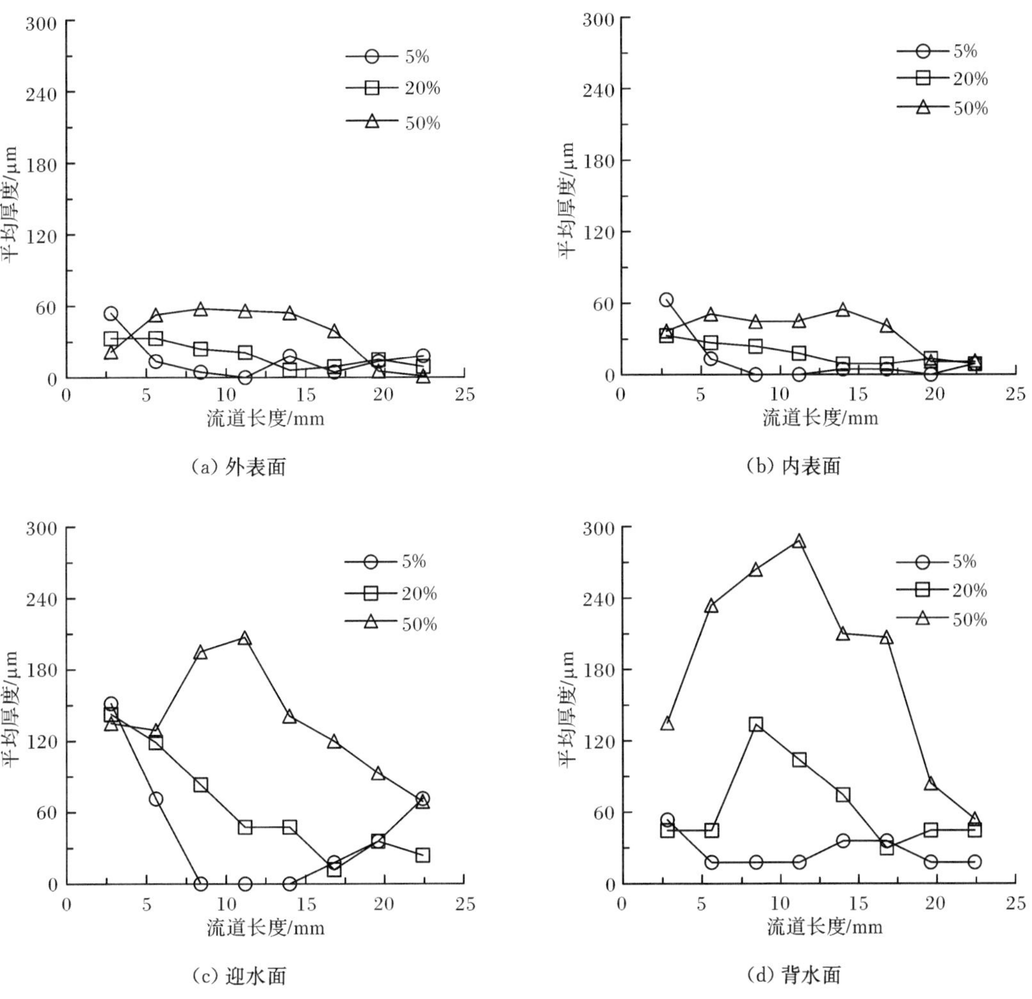

(a) 外表面　(b) 内表面

(c) 迎水面　(d) 背水面

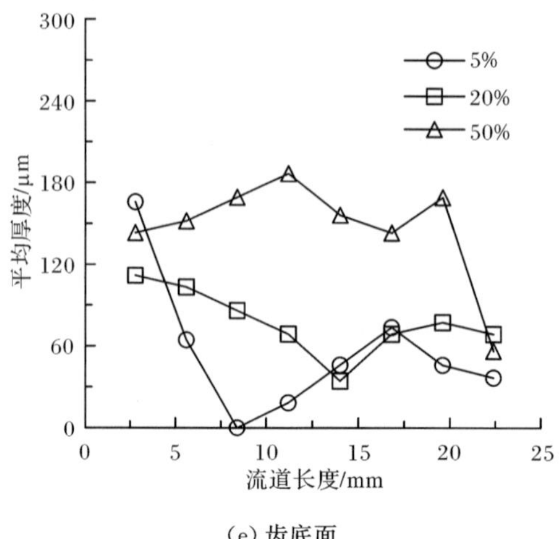

(e) 齿底面

图 6.46　微咸水流道结构单元内不同堵塞程度下不同壁面堵塞物质平均厚度变化曲线

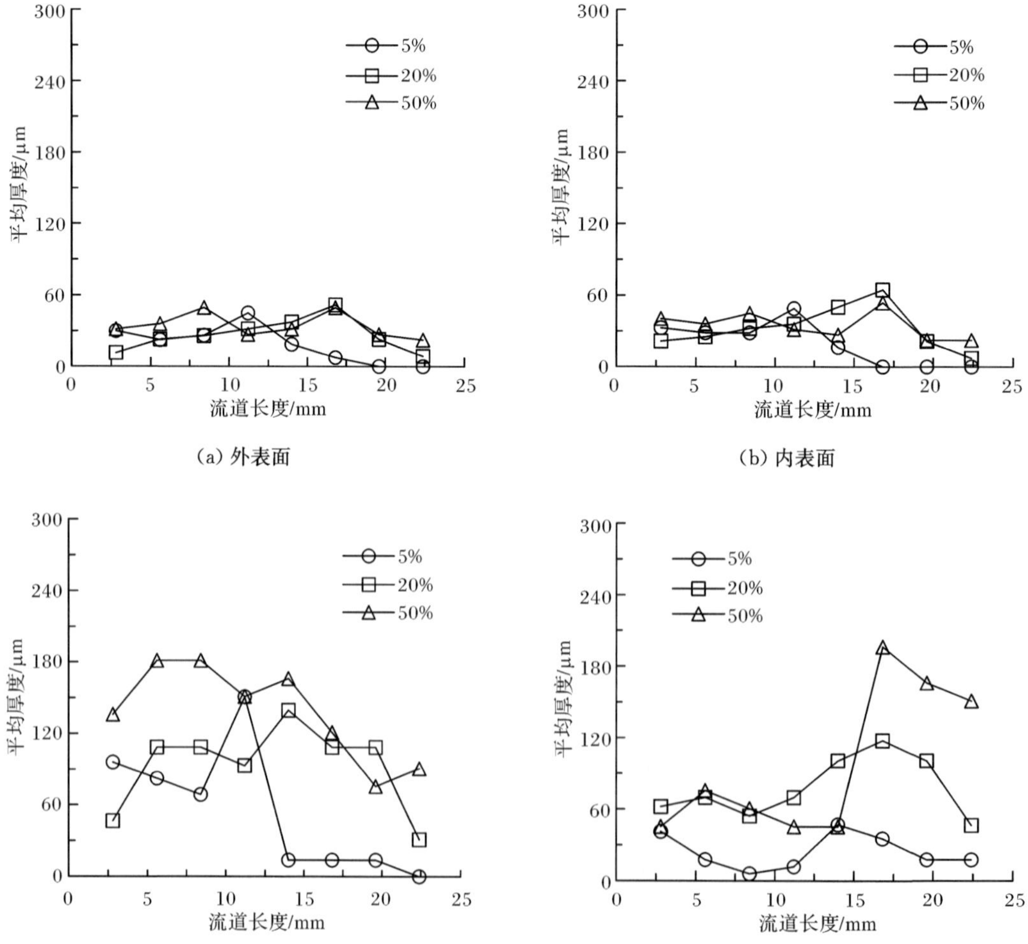

(a) 外表面

(b) 内表面

(c) 迎水面

(d) 背水面

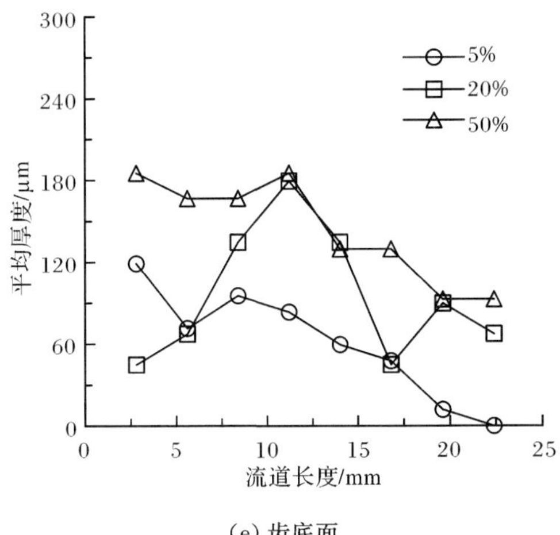

(e) 齿底面

图 6.47　黄河水流道结构单元内不同堵塞程度下不同壁面堵塞物质平均厚度变化曲线

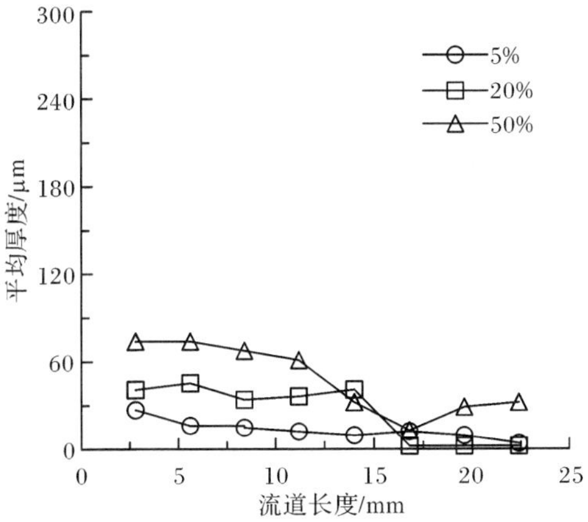

(a) 外表面

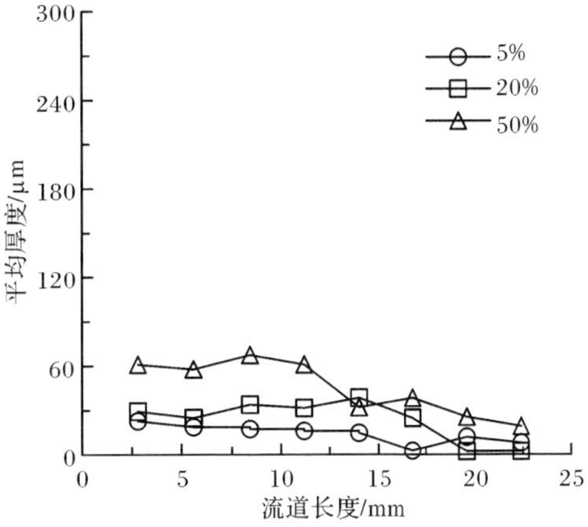

(b) 内表面

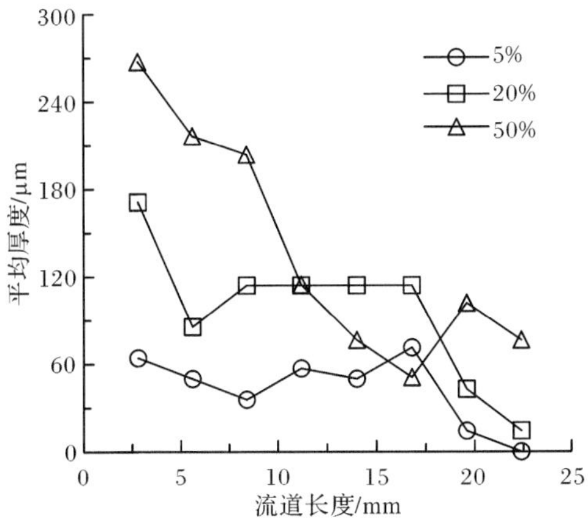

(c) 迎水面

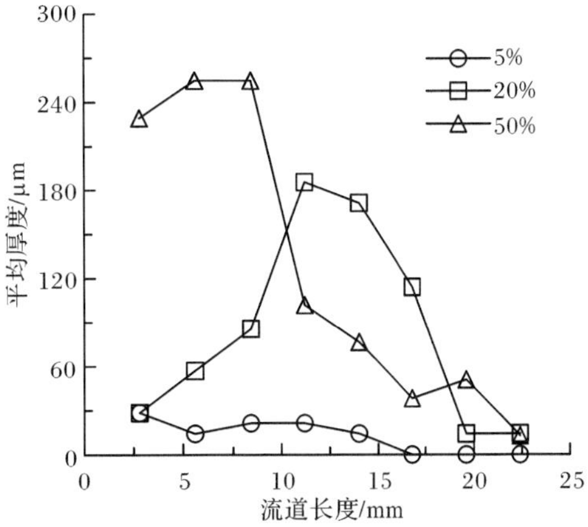

(d) 背水面

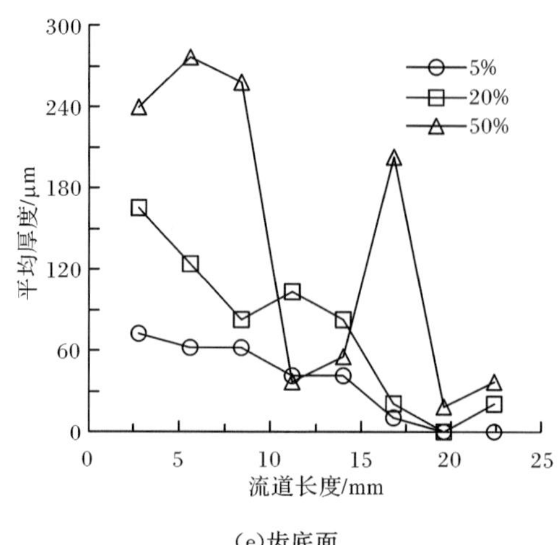

(e)齿底面

图 6.48 混配水流道结构单元内不同堵塞程度下不同壁面堵塞物质平均厚度变化曲线

变化规律相似，三种水源均表现出在迎水面、背水面和齿底面上堵塞物质的厚度较大且浮动剧烈，而在内表面和外表面上，堵塞物质的体积一直处于相对较低的水平，因此数据的浮动性相对较小；5%堵塞程度下各个壁面上堵塞物质平均厚度的起伏明显小于 20%和 50%堵塞程度；各个壁面上堵塞物质平均厚度的变化与结构单元内体积分数的变化都有一定的相似性，表明灌水器流道结构单元内部堵塞各个壁面上的比例在一定程度上也具有相似性。

6.4.2 不同毛管位置灌水器堵塞物质空间分布

1. 流道内堵塞物质直观形貌

微咸水、黄河水和混配水滴灌毛管首部、中部和尾部灌水器内堵塞物质表观形貌(堵塞程度 20%)分别如图 6.49～图 6.51 所示。可以看出，随着距离毛管首部距离的增加，三种水源灌水器流道内部堵塞物质有明显的增幅，且整体上表现为在流道的前端堵塞物质较多，但各个结构单元内部堵塞物质又存在一定的随机性。例如，在微咸水中部灌水器第 5 个结构单元、尾部第 3 个结构单元及黄河水第 1 个结构单元内，堵塞物质均较少，且可以明显看出微咸水毛管首部、中部和尾部灌水器流道内堵塞物质差异相对较小，而黄河水和混配水首部、中部和尾部差异相对较大，但总体看来三种水源首部、中部和尾部灌水器内部堵塞物质的总量差异并不显著；而随着流道长度的增加，微咸水在流道内部随流道长度的增加堵塞物质体积的波动性相对较小、分布更为均匀，而黄河水和混配水结构单元内堵塞体积具有一定的不确定性，如图 6.50(b)、(c)所示，黄河水中结构单元内堵塞物质最大值分别出现在第 6 个和第 3 个结构单元，表现出一定的随机性。整体来看，毛管首部灌水器流道内堵塞物质在各个结构单元内部的分布更为均一，而尾部堵塞物质各个结构单元内部堵塞物质差异相对较大，且堵塞物质主要集中在流道的前端，尤其是对混配水尾部的灌水器而言，堵塞物质主要集中在前两个结构单元。

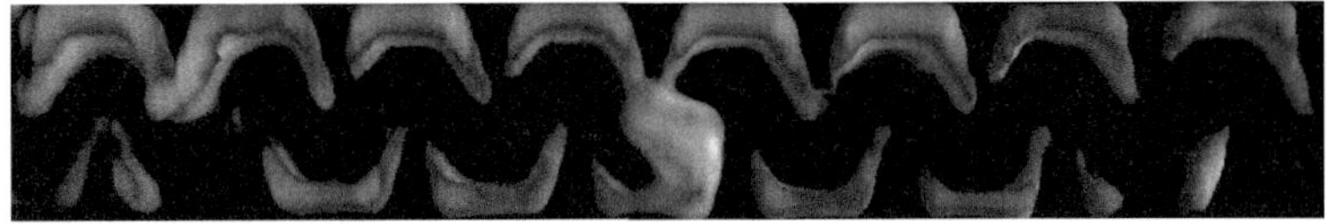

(a) SLW,20%,首部

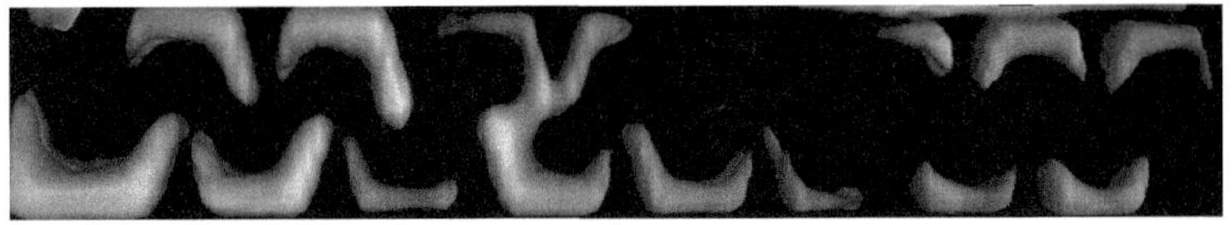

(b) SLW,20%,中部

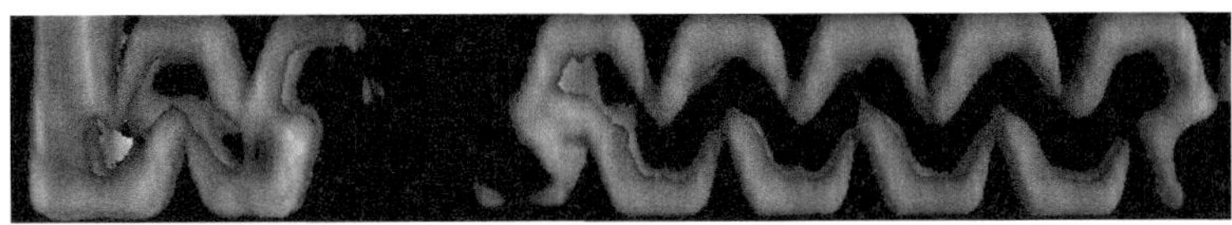

(c) SLW,20%,尾部

图 6.49　微咸水不同毛管位置灌水器内部堵塞物质表观形貌

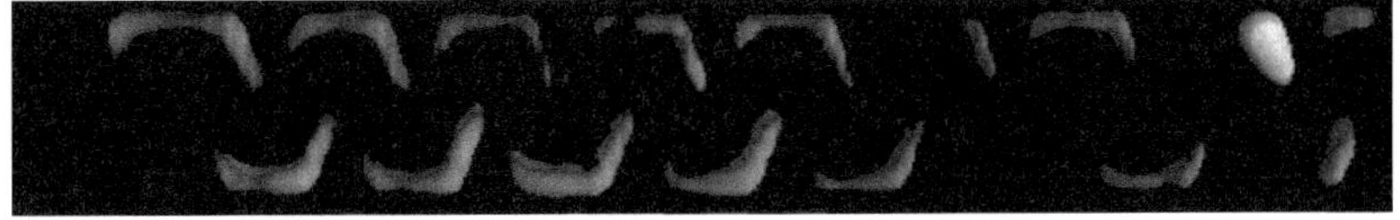

(a) YRW,20%,首部

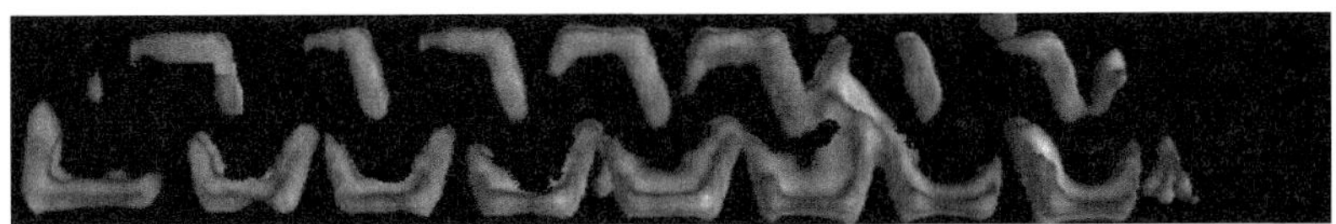

(b) YRW,20%,中部

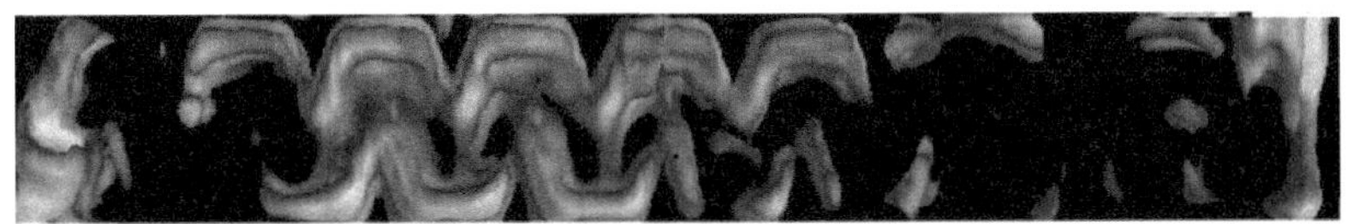

(c) YRW,20%,尾部

图 6.50　黄河水不同毛管位置灌水器内部堵塞物质表观形貌

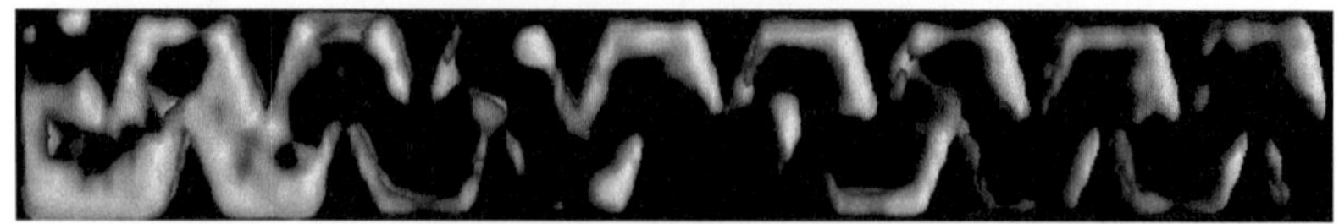

(a) MXW,20%,首部

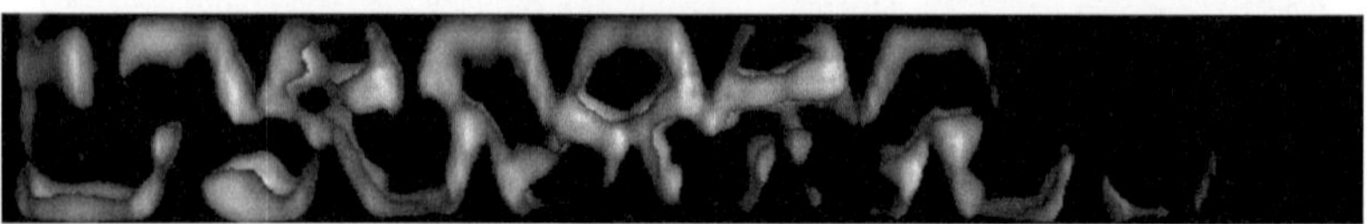

(b) MXW,20%,中部

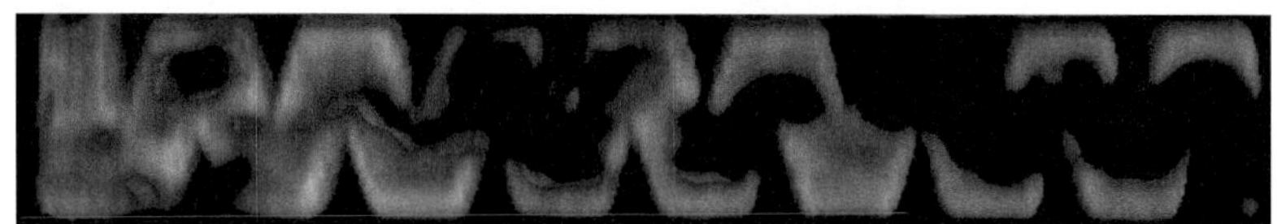

(c) MXW,20%,尾部

图 6.51　混配水不同毛管位置灌水器内部堵塞物质表观形貌

当滴灌灌水器整个毛管平均相对流量降低到额定流量的 80%时,微咸水、黄河水和混配水毛管首部、中部和尾部的单个灌水器的堵塞物质总体积如图 6.52 所示,其中微咸水、黄河水和混配水首部、中部和尾部的灌水器流道内部堵塞物质总体积分别为 1.59mm^3、2.29mm^3、3.25mm^3,1.27mm^3、3.17mm^3、4.01mm^3 和 1.92mm^3、2.97mm^3、4.37mm^3,流道内体积分数分别为 14%、20%、27%,11%、28%、36%和 17%、26%、39%。三种水源都呈现出毛管尾部流道内的堵塞物质体积较大,体积分数分别比首部高 13%、25%和 22%,其中微咸水首部、中部、尾部的差异相对较小,这主要是由于黄河水和混配水在毛管尾部悬浮颗粒物含量较大,更容易进入灌水器,从而造成灌水器堵塞,而毛管首部的悬浮颗粒物含量处于较低水平,使得首部和尾部的差异较为明显,而微咸水滴灌毛管首部、中部和尾部的悬浮颗粒物含量与离子浓度更为均一,这使得其首部、中部和尾部的差异较小,且黄河水和混配水流道内堵塞物质总体积略大于微咸水。

2. 不同壁面堵塞物质分布

微咸水、黄河水和混配水流道结构单元内不同壁面堵塞物质平均厚度和权重如图 6.53 所示。对于堵塞物质平均厚度,总体来说微咸水、黄河水和混配水表现出较为一致的规律,首部、中部和尾部堵塞物质的厚度都有一定的增幅,随着距离毛管首部长度的增加,内表面、外表面和迎水面上的增幅相对较小,而在齿底面上有一定增幅,尤其是在背水面上增幅最为明显。首部灌水器均表现为在迎水面和齿底面上堵塞物质厚度较大,分别为 49～78μm 和 38～61μm,其中微咸水在齿底面上堵塞物质厚度最大,黄河水和混配水则

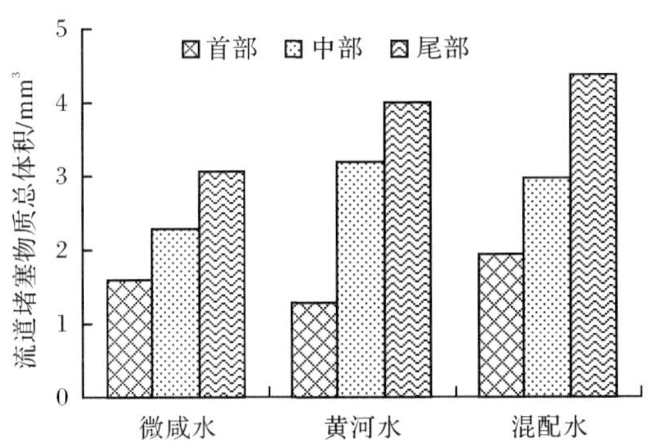

图 6.52　微咸水、黄河水和混配水毛管首部、中部和尾部的单个灌水器的堵塞物质总体积

在迎水面上最大，而三者堵塞物质厚度在内表面、外表面以及背水面上均较小，尤其是在内表面、外表面上；三种水源毛管中部都表现为在迎水面、背水面和齿底面上的堵塞物质厚度较大，且较为均一，分别为 65μm、80μm 和 85μm 左右，而在内表面、外表面上分布较少；尾部表现为在背水面和齿底面上的堵塞物质厚度较大，分别为 107μm、113μm，129μm、139μm 和 148μm、116μm，而在迎水面上厚度相对较小，内表面、外表面远小于其他各壁面。

对不同壁面堵塞物质的权重而言，总体来说微咸水、黄河水和混配水也表现出较为一致的规律，随着毛管长度的增加，外表面、内表面和齿底面上变动的幅度相对较小，并未呈现明显的规律，而在迎水面和背水面上的变动较大，均表现出迎水面上的权重不断减少，而背水面上的权重逐渐增加的趋势。三种水源的首部灌水器均在迎水面有最大的权重，分别为 30%、31%和 38%，在背水面上的权重都较小，分别为 12%、13%和 14%，其中微咸水在齿底面上的权重也较高，为 24%，内表面、外表面的权重较为接近，分别处于 17%、20%和 18%左右；中部则在迎水面和背水面上的权重较高，分别为 25%、26%，26%、22%和 29%、25%，在齿底面上分别为 21%、19%和 16%，在内表面、外表面较为均一，分别处于 15%、16%和 15%左右；尾部则都在背水面上权重最大，分别为 29%、29%和 30%，分别比外表面、内表面、迎水面和齿底面高 80%、100%、47%、37%，105%、97%、41%、35%和 121%、101%、28%、85%。

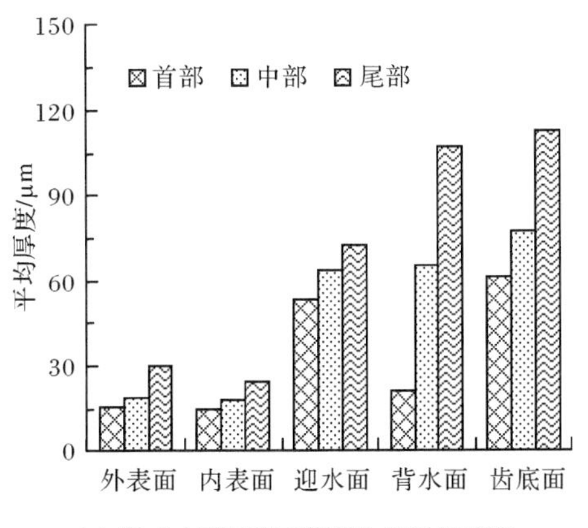

(a) 微咸水不同壁面堵塞物质平均厚度

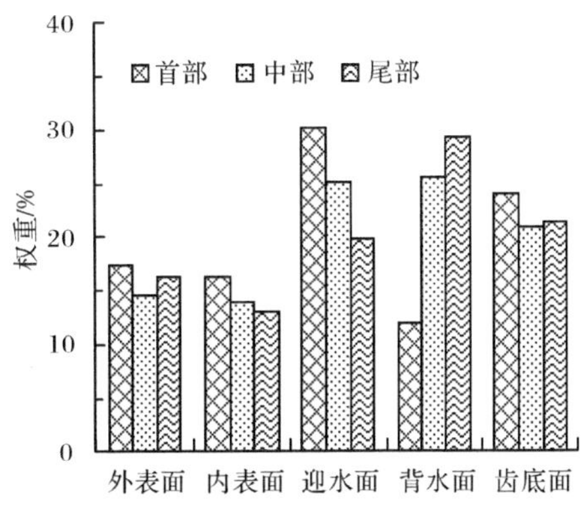

(b) 微咸水不同壁面堵塞物质权重

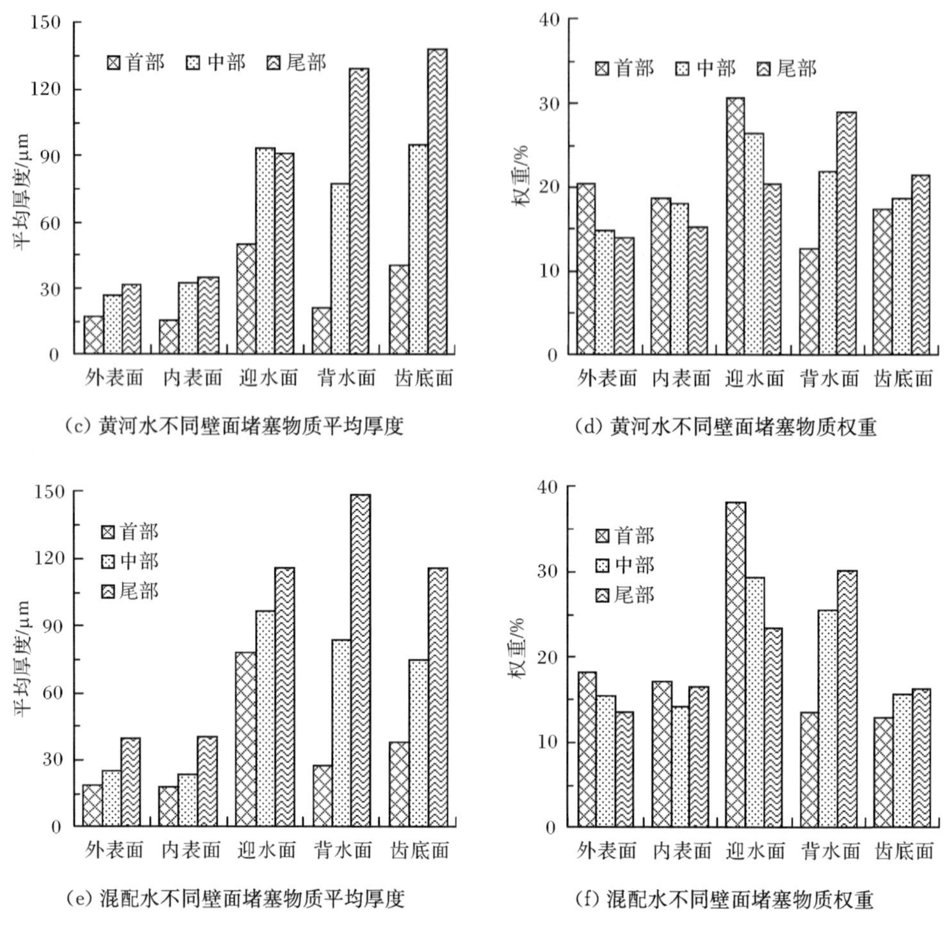

(c) 黄河水不同壁面堵塞物质平均厚度

(d) 黄河水不同壁面堵塞物质权重

(e) 混配水不同壁面堵塞物质平均厚度

(f) 混配水不同壁面堵塞物质权重

图 6.53 微咸水、黄河水和混配水流道结构单元内不同壁面堵塞物质平均厚度和权重

3. 结构单元内堵塞物质变化

随着流道长度的增加,微咸水、黄河水和混配水毛管首部、中部和尾部流道结构单元内堵塞物质体积分数如图 6.54 所示。可以明显看出,随着流道长度的增加,三种水源首部、中部和尾部结构单元内体积分数都有一定的波动。整体来说,微咸水首部、中部和尾部的差异相比黄河水和混配水较小,微咸水首部、中部、尾部堵塞物质体积分数最大值分别出现在第 1 个、第 2 个和第 4 个结构单元,分别为 25%、37%和 40%,随着流道长度增加首部和中部堵塞物质体积分数有较为明显的下降趋势,末端结构单元体积分数在 10%左右,而尾部体积分数在第 2 个和第 3 个结构单元内较低,第 1 个和第 4 个结构单元较高,从第 4 个结构单元之后有小幅度下降;黄河水首部、中部和尾部堵塞物质体积分数最大值分别出现在第 5 个、第 6 个和第 3 个结构单元,分别为 18%、50%和 69%,表现出极大的随机性,随着流道长度增加,首部、中部和尾部体积分数有一定的下降趋势,下降幅度尾部最大,首部最小,其中在首部各个结构单元内体积分数相对较为均一,而在中部表现为明显的单峰形,尾部体积分数的极差最大,达到 62%;混配水首部、中部和尾部堵塞物

质体积分数最大值分别出现在第 2 个、第 4 个和第 2 个结构单元，分别为 26%、40%和 68%，与黄河水相同，也表现出随流道长度的增加，灌水器首部、中部和尾部堵塞物质体积分数有一定的下降趋势，下降幅度尾部最大，首部最小，首部、中部和尾部的体积分数极差值分别为 15%、37%和 48%。研究发现，微咸水在流道整体分布相对均一，黄河水和混配水则表现出更大的随机性，这是由于黄河水和混配水中悬浮颗粒物较多，在毛管尾部堵塞物质更容易聚集在流道的前端，而在毛管首部和中部，堵塞物质生长和脱落更为频繁，使得各个结构单元内堵塞物质体积呈现出更大的随机性。

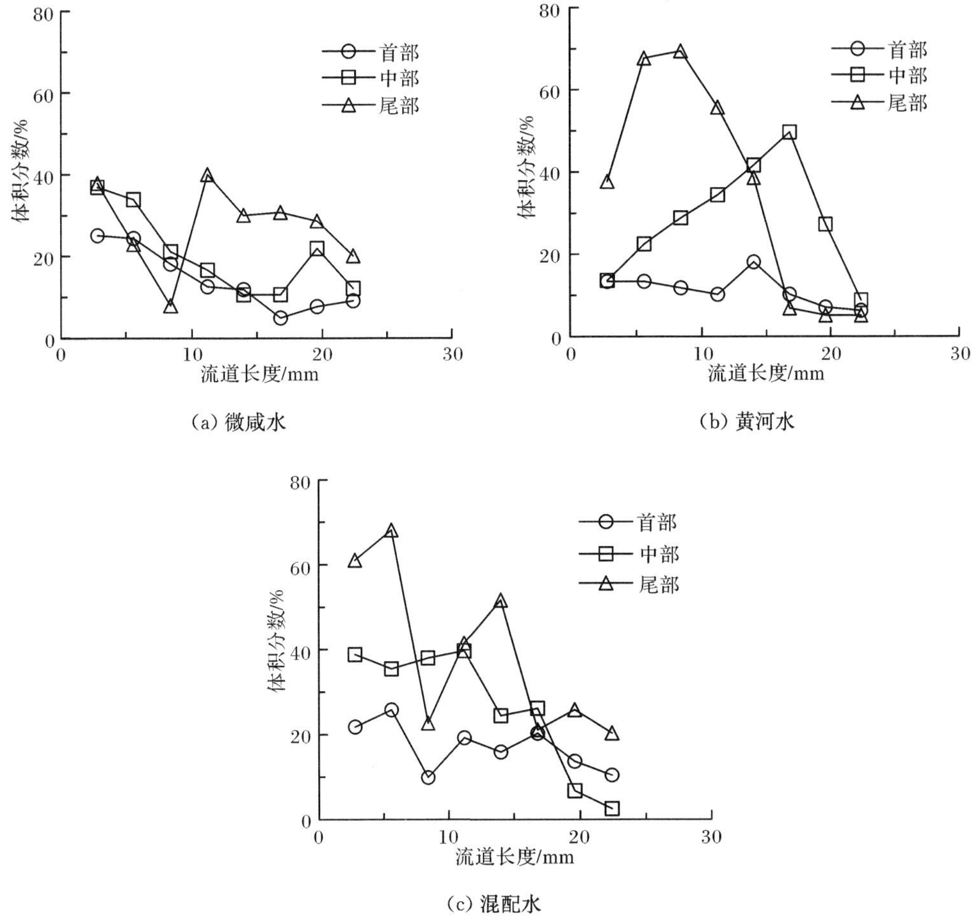

图 6.54　不同位置灌水器流道结构单元内堵塞物质体积分数

4. 不同壁面堵塞物质变化

微咸水、黄河水和混配水流道结构单元内不同壁面堵塞物质厚度变化曲线分别如图 6.55～图 6.57 所示。从图中可以看出，三种水源均表现出在迎水面、背水面和齿底面上堵塞物质的厚度较大且浮动剧烈，而在内表面和外表面上，由于堵塞物质的体积一直处于相对较低的水平，因此数据的浮动性相对较小；毛管首部灌水器各个壁面堵塞物质厚度的起伏明显小于中部，小于尾部；各个壁面上堵塞物质平均厚度的变化与结构单元内体积分数的变化都有一定的相似性，表明灌水器流道结构单元内部堵塞各个壁面上的比例在一定程度上也具有自相似性。

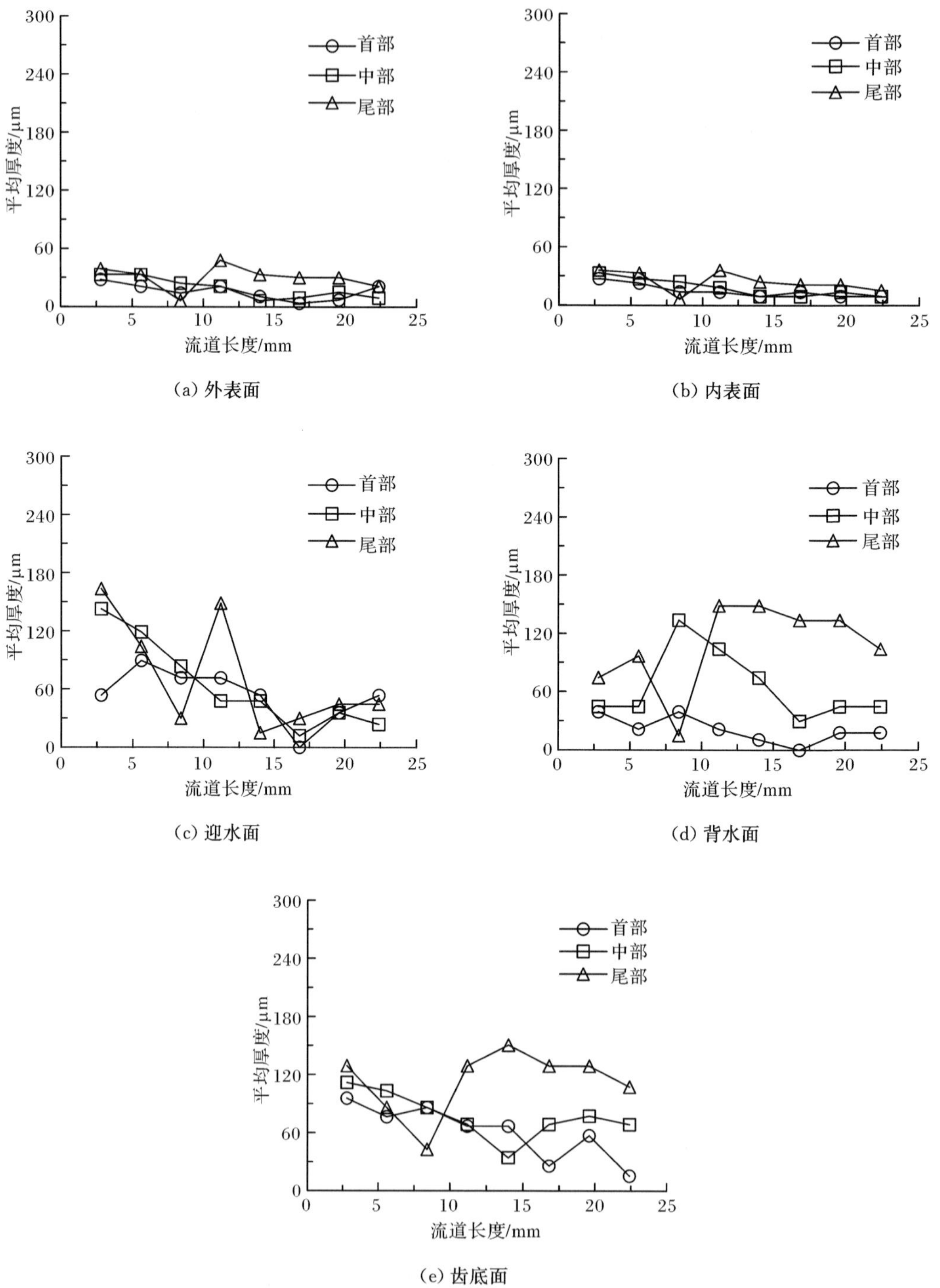

图 6.55 微咸水流道结构单元内不同壁面堵塞物质厚度变化曲线

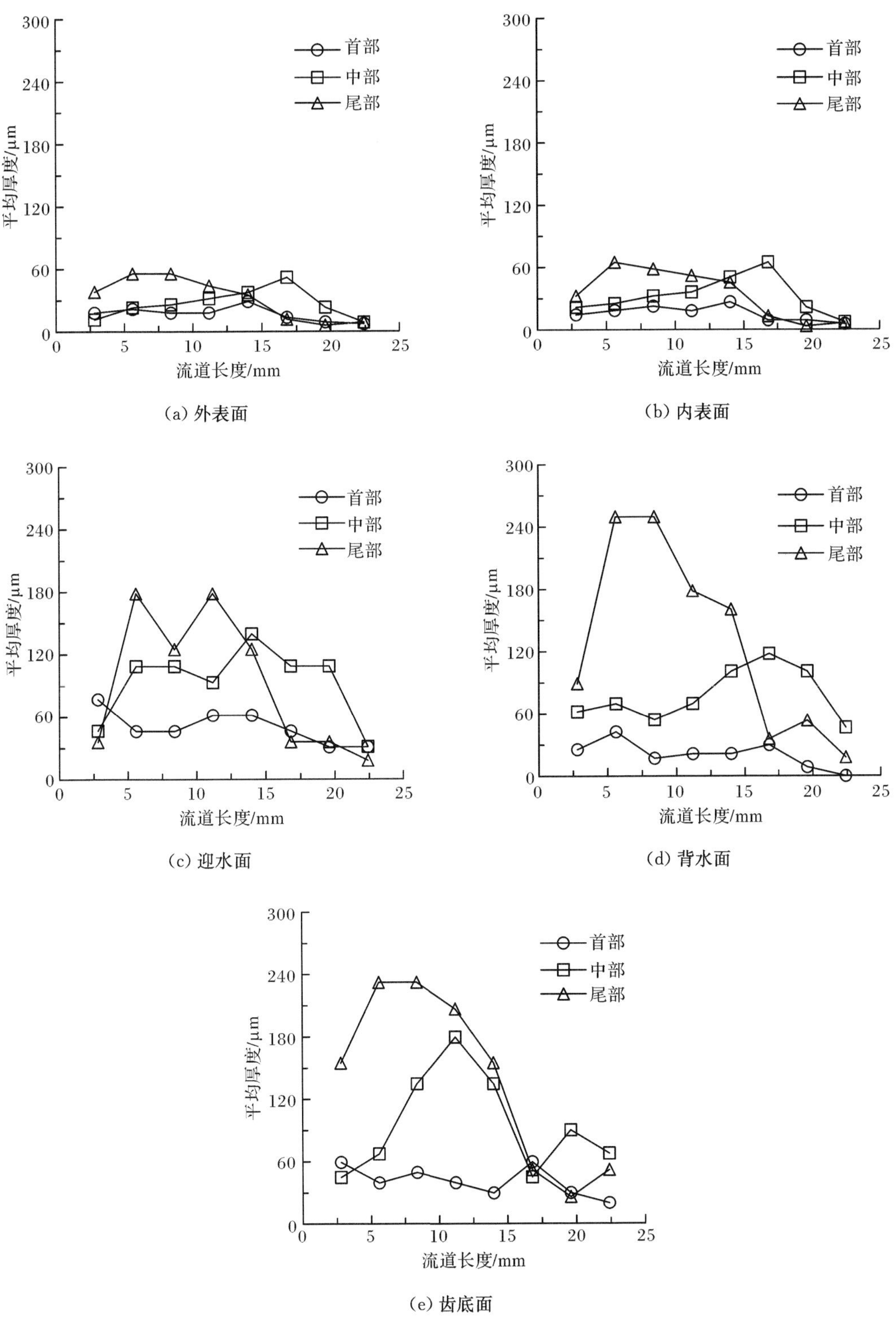

图 6.56　黄河水流道结构单元内不同壁面堵塞物质厚度变化曲线

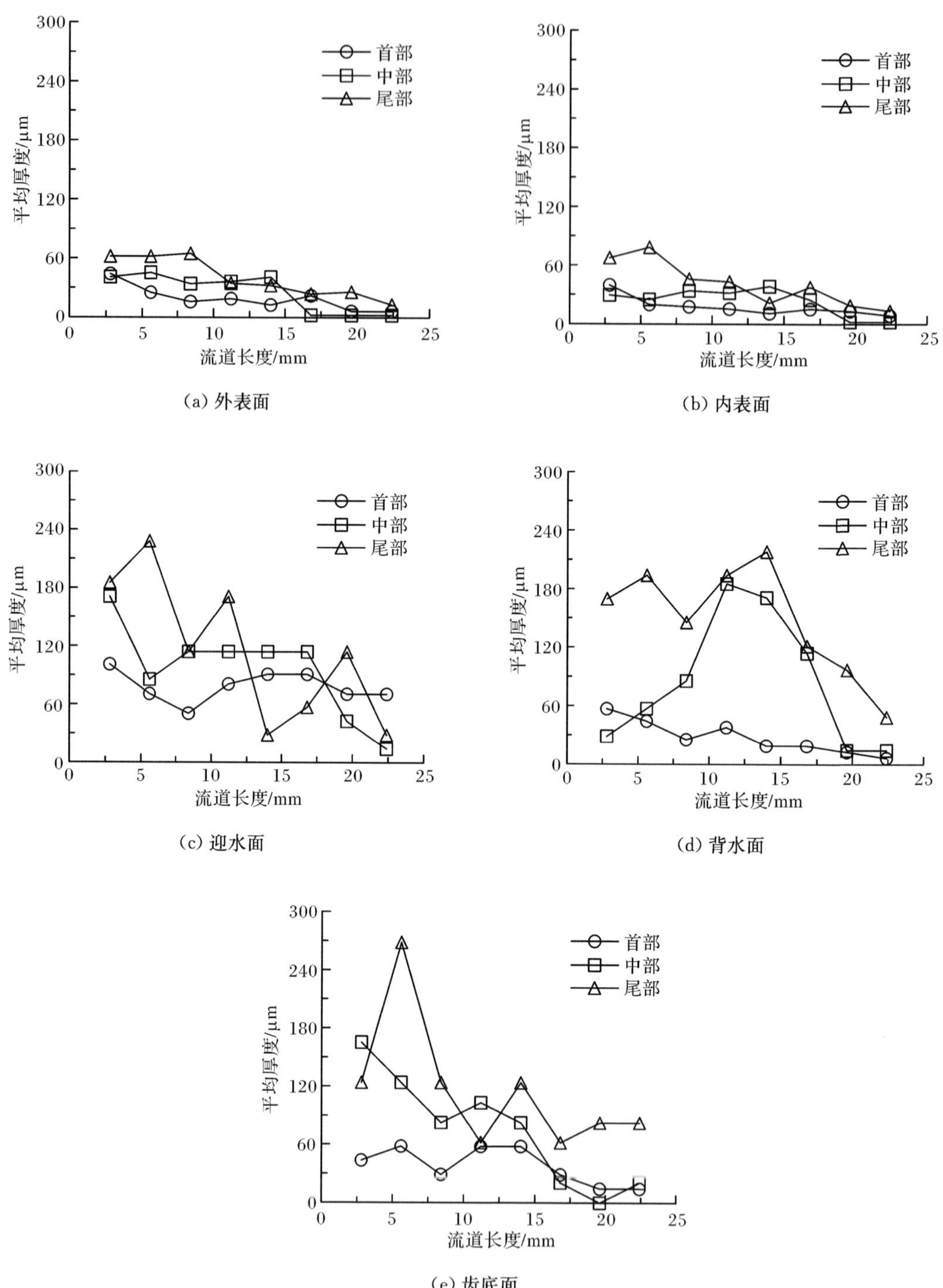

图 6.57　混配水流道结构单元内不同壁面堵塞物质厚度变化曲线

6.5　滴灌系统灌水器流道局域水动力-生物堵塞物质耦合作用机制

6.5.1　试验概况

流道内部堵塞物质原位监测与取样方法见 6.3.1 节，灌水器选用 E2 灌水器。为了真实反映灌水器壁面生物堵塞物质的分布及粗糙度，利用计算机断层 CT 扫描并结合逆向工程建模技术，还原运行一段时间后流道中附着有生物堵塞物质壁面边界。原型生物堵塞物质壁面几何模型的构建与验证方法以堵塞程度 0%、5%、20%和 50%条件下附着生物堵塞物质的流道逆建模结构为原型，采用 RNG k-ε 湍流模型计算得到 0.1MPa 下的灌水器流量，其中流量相对误差分别为 1.9%、3.8%、3.2%和 3.7%，见表 6.10，不同堵塞程度下生物堵塞物质平均厚度分别为 6.51～11.56μm、20.10～33.41μm、32.90～56.99μm，见表 6.11，与 CT 扫描结果相比，平均厚度相对误差绝对值在 12.1%以内，可以准确表征不同堵塞程度下流道生物堵塞物质附着后的状态。

表 6.10　不同堵塞程度下灌水器流道结构单元模拟流量、测试流量及相对误差

堵塞程度/%	模拟流量 Q_s/(L/h)	测试流量 Q_t/(L/h)	相对误差/%
0	1.05	1.07	1.9
5	1.00	1.04	3.8
20	0.90	0.93	3.2
50	0.52	0.54	3.7

表 6.11　逆建模后流道不同壁面上生物堵塞物质平均厚度及相对误差

堵塞程度/%	平均厚度/μm					相对误差/%				
	外表面	内表面	迎水面	背水面	齿底面	外表面	内表面	迎水面	背水面	齿底面
5	11.34±9.92	9.91±8.38	9.93±3.11	6.51±1.17	11.56±6.34	−7.2	−11.1	−11.0	−11.1	−11.3
20	27.55±4.26	23.31±3.36	20.10±1.91	30.26±1.63	33.41±0.81	−8.0	−9.5	−9.8	−10.6	−6.7
50	54.91±3.65	47.58±1.32	32.90±0.68	56.99±2.00	54.44±6.99	−11.2	−11.8	−9.0	−12.1	−11.4

壁面逆建模操作步骤如下。

(1) 面片构建。将 CT 扫描数据构建的三维点云数据生成 STL 文件，导入 Geomagic Design X 中，通过片体构建模块进行点云数据的实体化，首先通过数据编辑进行杂点群集内最大单元点、面数量的设置(设置为 100)，并进行噪声群组的优化，然后，进行面片的构建，在构建过程中应多次重复进行杂点的检查与删除，直到完成面片的构建。

(2) 质量优化。面片构建过程存在面片不闭合以及悬浮的小面片等问题，所以需要进行多边形优化，对悬浮小面片进行删除以及面片的连接，在进行修复时误差精度为 0.02mm，最后进行外形、棱边的加强，以及整体的顺滑修复等。

(3) 实体构建。将生成的面体文件导入 UG 中，根据构建的上下面片边界为基准进行面体的拉伸、求差、求和等操作，并在原始流道基础上进行求差处理，最后构成一个封闭的流道壁面模型。

6.5.2 流道局域水动力学特征对生物堵塞物质生长时空分布的影响

灌水器流道局域水动力学特征及不同运行时期(以三种堵塞程度5%、20%和50%表征)流道各壁面生物堵塞物质空间分布特征如图6.58所示。可以看出,流道内部主要分为流速较高的主流区和流速较低的漩涡区。虽然不同的结构单元间水力学特征表现出一定的相似性,但局域水动力学的差异导致了生物堵塞物质空间分布的非均匀性。运行初期(堵塞程度5%)生物堵塞物质主要分布在流道前段,且沿着水流方向生物堵塞物质量减少。随着堵塞程度的增加,生物堵塞物质累积量逐渐增加,且堵塞程度20%和50%下生物堵塞物质分布趋于均匀。

生物堵塞物质随堵塞程度增加的累积趋势也表现在局域结构单元,但不同壁面上生物堵塞物质的生长差异显著。流道不同壁面生物堵塞物质平均厚度及其差异显著性结果见表6.12。可以看出,外表面、内表面、迎水面、背水面和齿底面等五个壁面上生物堵塞物质平均厚度分别为12.22~61.91μm、11.17~53.93μm、12.82~36.17μm、7.68~54.82μm和13.03~61.43μm(最大差异达24.2%)。其中,背水面生物堵塞物质平均厚度增长最快(613.8%),迎水面相对最慢(182.1%),而其余三个面的增长速率基本一致(371.5%~406.6%)。5%、20%、50%三种堵塞程度下生物堵塞物质平均厚度分别为7.68~13.03μm、22.28~35.76μm和36.17~61.91μm,堵塞程度50%下生物堵塞物质累积量分别是堵塞程度5%和20%下的5倍和2倍左右。其中,堵塞程度5%下由于生物堵塞物质随机性和波动性较强,各壁面间差异性并不显著;堵塞程度20%和50%下,迎水面生物堵塞物质累积量显著低于其他壁面($p<0.05$)。

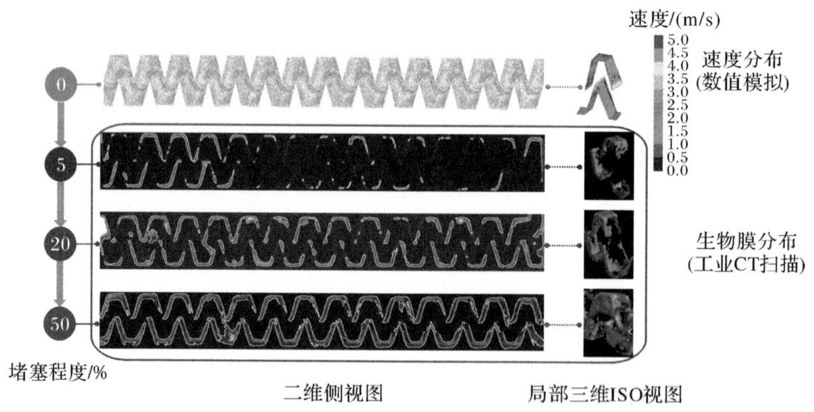

图6.58 迷宫流道内部生物堵塞物质分布特征

表6.12 流道不同壁面生物堵塞物质平均厚度及其差异显著性结果

堵塞程度/%	平均厚度/μm				
	外表面	内表面	迎水面	背水面	齿底面
5	12.22±9.73f	11.17±9.98f	12.82±13.87f	7.68±8.88f	13.03±10.01f

续表

堵塞程度/%	平均厚度/μm				
	外表面	内表面	迎水面	背水面	齿底面
20	29.96±2.97cd	25.75±3.28d	22.28±5.47e	33.84±5.55c	35.76±4.70c
50	61.91±7.90a	53.93±6.77b	36.17±7.76c	54.82±11.13b	61.43±7.40a

注：表中小写字母表示双因素（壁面位置、堵塞程度）方差分析结果，包含同一小写字母的表示两者间差异不显著，反之则表示两者间差异显著（$p<0.05$）。

6.5.3　壁面附着生物堵塞物质生长对复杂流道局域水动力学特征的影响

图 6.59 为工作压力 100kPa 条件下不同堵塞程度流道壁面附着生物堵塞物质后内部速度矢量分布图。可以看出，流道壁面没有生物堵塞物质附着时，其断面平均流速为 1.30～1.34m/s，相对差异<3.1%。随着堵塞程度的增加，生物堵塞物质累积量的增加导致流道断面过流量降低，流道内部流速整体表现出减小的趋势。不同平均厚度生物堵塞物质附着条件下（5%、20%和 50%三种堵塞程度）流道典型断面平均流速分别为 1.01～1.14m/s（相对差异<12.9%）、0.88～0.94m/s（相对差异<6.8%）和 0.59～0.68m/s（相对差异<15.3%），各断面间的差异性表现出先减小后增加的趋势。

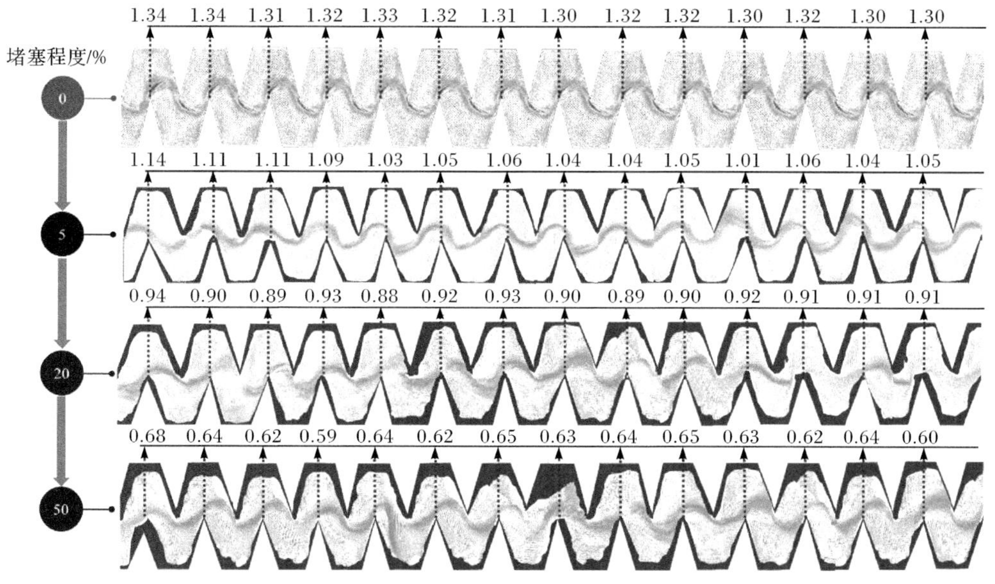

图 6.59　壁面附着生物堵塞物质条件下迷宫流道内部速度矢量分布图（单位：m/s）

另外，壁面附着生物堵塞物质后流道不同结构单元断面平均流速也表现出一定的差异性。图 6.60 显示了壁面附着生物堵塞物质平均厚度与典型断面平均流速之间的相关关系。由图可见，三种堵塞程度下，生物堵塞物质平均厚度均与断面平均流速表现出显著的线性正相关关系（$p<0.05$）。

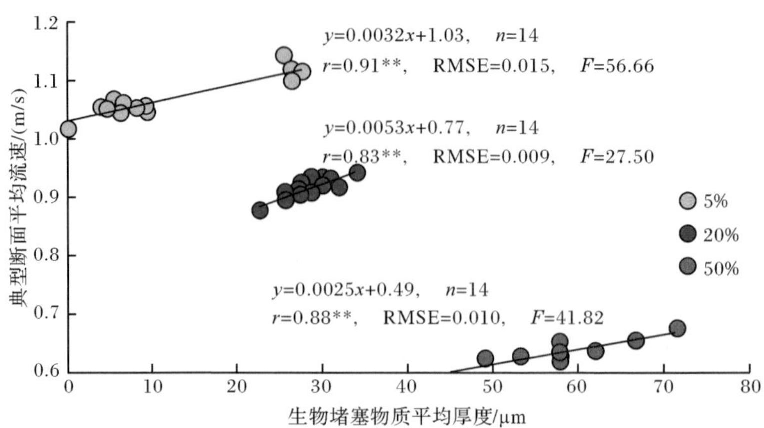

图 6.60　不同堵塞程度下壁面附着生物堵塞物质平均厚度与典型断面平均流速之间的相关关系

6.5.4　流道近壁面水力剪切力与生物堵塞物质局域厚度的相关关系及流道优化方法

流道近壁面水力剪切力与生物堵塞物质局域厚度之间存在显著的二次函数相关关系($p<0.05$)，如图 6.61 所示。生物堵塞物质局域厚度随着近壁面剪切力增加都表现出先增加后减小的趋势，在 5%、20%、50%三种堵塞程度下，生物堵塞物质累积量峰值对应的近壁面剪切力分别为 0.45Pa、0.42Pa、0.36Pa，即 0.36～0.45Pa 的近壁面剪切力条件下有利于生物堵塞物质的形成和累积生长。因此，通过流道优化控制近壁面剪切力以有效控制生物堵塞物质的形成和生长，从而提高流道自清洗能力。通过分析齿形、锯齿形、锯齿圆弧形三种类型流道结构进一步研究其初始的近壁面剪切力分布特征，采用漩涡洗壁的方法对图 6.62 中近壁面剪切力 0.36～0.45Pa 间的位置进行圆弧优化，即将其边界之

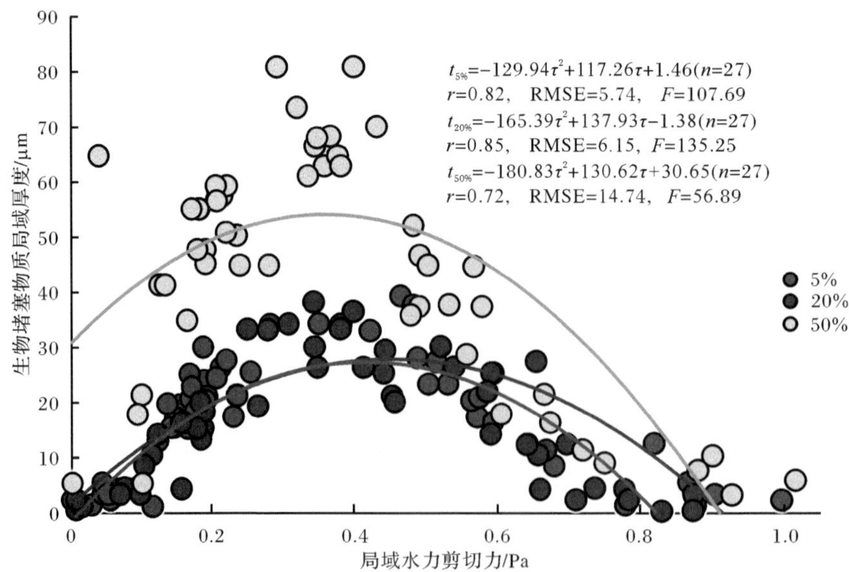

图 6.61　近壁面水力剪切力与生物堵塞物质局域厚度的相关关系

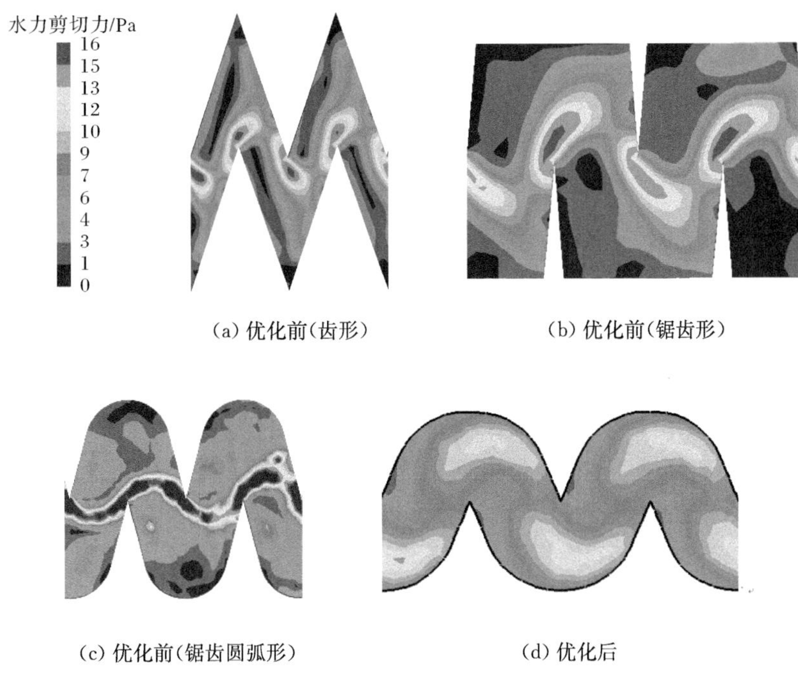

(a) 优化前(齿形)　(b) 优化前(锯齿形)

(c) 优化前(锯齿圆弧形)　(d) 优化后

图 6.62　流道优化前后近壁面水力剪切力分布特征

间采用圆弧的方式连接以控制附生生物膜的累积。考虑到漩涡发展的对称性,故对流道单元的对称区域采取对称优化,如齿尖迎水区与齿根背水区、齿尖背水区与齿根迎水区。具体优化方法为:首先对齿尖迎水区与齿根背水区(齿尖背水区与齿根迎水区)分别采用半径为流道宽度的 1/3 和 1/2 等的圆弧优化流道边界,对比不同的优化形式,结果发现采用半径为流道宽度 1/2 的圆弧优化时效果最为合适。

6.6　小　　结

(1) 再生水滴灌灌水器内部堵塞物质是由固体微粒、微生物及其分泌的黏性聚合物等构成的聚合体,表现为复杂的生物堵塞物质结构。生物堵塞物质中含有大量(≥5.0%)O、Si、Al、Fe、Na、P、Cl、K、Ca 元素、少量(<5.0%)Mg、S、Ti、Mn 元素。

(2) 不同类型流道结构单元内,齿跟迎水区生物堵塞物质的厚度最大,即在此位置处最容易发生堵塞,是灌水器优化设计重点考虑的部位。对于流道单元段内部以及多级单元段上的每个结构单元同一监测点而言,沿水流方向上生物堵塞物质厚度都呈现逐渐减小的趋势。另外,流道入口处生物堵塞物质厚度均大于其流道出口处的生物堵塞物质厚度,毛管首部、中部、尾部三个位置处滴灌灌水器流道入口、出口及毛管管壁处生物堵塞物质厚度的关系均为毛管首部最小,而毛管尾部最大。整体来看,尾部灌水器入口第一单元段首个结构单元中的齿跟迎水区可以作为再生水滴灌系统灌水器生物堵塞物质表面形貌特征监测部位,厚度可以作为表面形貌的评价指标。

(3) 堵塞物质率先在流道壁面的夹角处形成,并逐渐向近壁面的低速区扩展,主流区内生物堵塞物质分布较少；流道首部生物堵塞物质明显比中部、尾部附生较多，顺水流方向堵塞物质体积呈显著降低趋势，但生长速率并不一致，初期（堵塞程度 5%）、后期（堵塞程度 50%）堵塞物质生长速率从首部向尾部逐渐降低，而中期（堵塞程度 20%）时首部生物堵塞物质生长速率最低；流道各壁面上生物堵塞物质的生长速率差异显著，迎水面上生物堵塞物质初期的形成速率较高，但中后期生长速率最低，背水面则与迎水面完全相反。

（4）灌水器流道局域水动力学特征显著影响生物堵塞物质累积生长量（各壁面最大差异可达 24.2%）。整体来看，流道近壁面水力剪切力与生物堵塞物质局域厚度间存在显著的二次函数相关关系（$r>0.72$，$p<0.05$）。壁面附着生物堵塞物质后会影响复杂流道局域水动力学特征，不同厚度生物堵塞物质附着后流道典型断面平均流速分别为 1.01～1.14m/s（相对差异＜12.9%），0.88～0.94m/s（相对差异＜6.8%）和 0.59～0.68m/s（相对差异＜15.3%），各断面间的差异性表现出先减小后增加的趋势。流道近壁面剪切力为 0.36～0.45Pa 时生物堵塞物质累积量出现峰值，可以通过圆弧优化流道边界保持适宜的近壁面剪切力范围，通过流道局域漩涡充分发展提高流道自清洗能力，从而控制生物堵塞物质的形成和生长过程。

参考文献

李治勤，陈刚，杨晓池，等. 2009. 迷宫灌水器中泥沙淤积特性研究[J]. 西北农林科技大学学报（自然科学版），37(1)：229-234.

刘耀泽. 2011. 再生水滴灌毛管附生生物膜分析方法及动态变化规律研究[D]. 北京：中国农业大学.

门永南. 2015. 迷宫灌水器旋涡区特性及其影响因素分析[D]. 太原：太原理工大学.

Chang H T, Rittmann B E, Amar D R, et al. 1991. Biofilm detachment mechanisms in a liquid fluidized bed [J]. Biotechnology and Bioengineering, 38(5): 499-506.

Horn H, Rciff H, Morgenroth E. 2003. Simulation of growth and detachment in biofilm systems under defined hydrodynamic conditions[J]. Biotechnology and Bioengineering, 81(5): 607-617.

Li Y K, Liu Y Z, Li G B, et al. 2012. Surface topographic characteristics of suspended particulates in reclaimed wastewater and effects on clogging in labyrinth drip irrigation emitters[J]. Irrigation Science, 30(1): 43-56.

Nicolella C, Felice R, Rovatti M. 1996. An experimental method of biofilm detachment in liquid bed biological reactors[J]. Biotechnology and Bioengineering, 51(6): 713-719.

Percival S L, Knapp J S, Wales D S, et al. 2001. Metal and inorganic ion accumulation in biofilms exposed to flowing and stagnant water[J]. British Corrosion Journal, 36: 105-110.

第 7 章 滴灌系统灌水器生物堵塞物质形成动力学与诱发机制

滴灌系统灌水器生物堵塞与生物堵塞物质的形成和生长密切相关(Zhou et al.,2013),研究生物堵塞物质形成和生长过程是揭示灌水器生物堵塞诱发机制的前提。实际上,生物堵塞物质生长过程是在灌溉水质等环境因素(Capra and Scicolone,2007;Nakayama and Bucks,1991),灌水器类型、流道几何参数等结构特征(Pei et al.,2014;Zhou et al.,2014),毛管内流速、近壁面水力剪切力等水力学特征以及工作压力、滴灌频率等系统运行模式(Dogan and Kirnak,2010)等多因素共同作用下的综合表征。然而,目前有关灌水器内部生物堵塞物质的研究结果主要是通过有限的取样测试结果来反映不同处理组间的差异性(Souha et al.,2014;Tarchitzky et al.,2013)。有关灌水器内部生物堵塞物质生长动力学过程及其关键影响因素的研究仍未见系统报道。

本章在研究滴灌系统灌水器生物堵塞物质形成过程关键影响因素及响应机制的基础上,建立其特征组分生长动力学过程,探究生物堵塞物质生长过程与灌水器堵塞程度之间的定量关系,深入揭示生物堵塞诱发机制。

7.1 滴灌水源颗粒物表面形貌及其对生物堵塞物质的影响

7.1.1 再生水水源及其分形特征

1. 再生水水源情况

试验使用曝气生物滤池(biological aerated filter,BAF)、流化床反应器(fluidized bed reactor,FBR)两种处理工艺条件下的二级出流。曝气生物滤池集生物氧化和截留悬浮固体于一体,主要依靠填料上附着的生物膜去除污染物,突出优点是节省了后续沉淀池。流化床反应器工艺是把亲水性的高性能丙烯酸树脂纤维作为半软性生物载体(填料),利用生物载体随水流产生的泳动效应,提高生物膜与污水的接触频率,从而提高污水处理能力与稳定性。具体的工艺流程如图 7.1 所示。

2. 分形几何理论及参数计算方法

分形维数定量描述分形的复杂程度,是描述分形的特征量。对悬浮颗粒物表面形貌的分形维数进行分析,采用小岛法进行(Mandelbrot et al.,1984):

$$\alpha_D(\varepsilon) = \frac{L^{\frac{1}{D}}(\varepsilon)}{A^{\frac{1}{2}}(\varepsilon)} \tag{7.1}$$

式中,L 为孔隙周长;A 为孔隙面积;D 为分形维数;ε 为单边长度,$\varepsilon=\eta/L_0$,其中,η 为绝对测量尺度,L_0 为初始图形的周长;在固定尺度 η 的情况下,$\alpha_D(\varepsilon)$ 为常数,其只与选择的

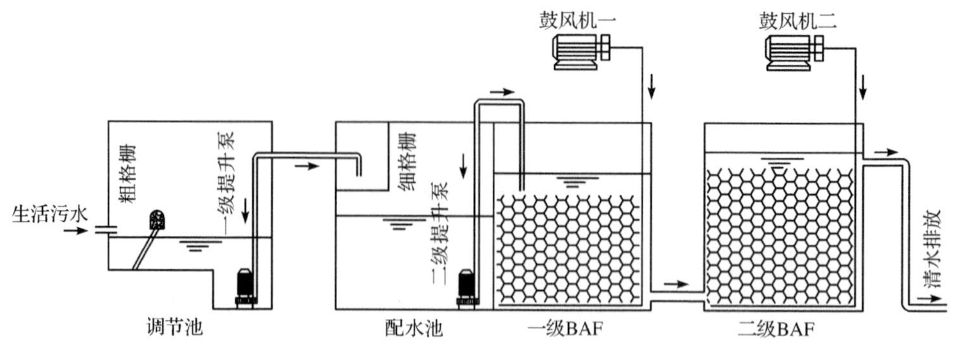

(a) 曝气生物滤池

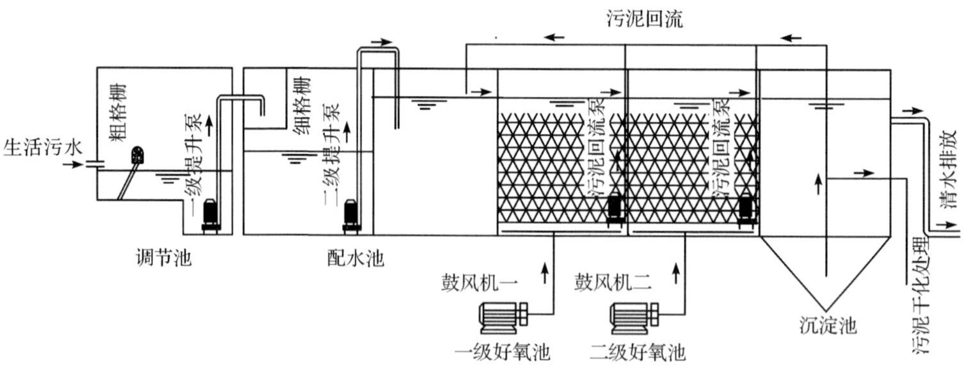

(b) 流化床反应器

图 7.1　污水处理工艺流程

尺度有关，而与图形的大小无关。

式(7.1)两边取对数得

$$\lg L(\varepsilon) = D\lg \alpha_D(\varepsilon) + \frac{D}{2}\lg A(\varepsilon) = C + \frac{D}{2}\lg A(\varepsilon) \tag{7.2}$$

式中，C 为常数；其余参数同式(7.1)。在悬浮颗粒物表面形貌 SEM 图中分别测量每个孔隙的周长和面积，面积和周长的双对数绘图所得斜率的两倍即为分形维数 D。

多重分形所描述的是定义在某一面积或体积的一种度量，通过这种度量或数值的奇异性可将所定义的区域分解成一系列空间上镶嵌的子区域，每一个子区域均构成单个分形。多重分形除具有分形维数外，还具有各自度量的奇异性。由于多重分形的这种非均匀性，用一个参数不足以描述它，多重分形谱是定量描述多重分形非均匀性的主要参数，可用 $\alpha\text{-}f(\alpha)$ 和 $q\text{-}D(q)$ 两种语言进行表达，由 Legendre 变换可以得到广义维数 $D(q)$ 与 $\alpha\text{-}f(\alpha)$ 的关系。

设用尺度为 ε 的盒子去覆盖所研究的多重分形集，所需盒子的总数为 $N(\varepsilon)$，设第 i 个盒子中的测度为 $N_i(\varepsilon)$，分形集测度的总和为 N_t，则第 i 个盒子中的概率测度可以表示为

$$\mu_i(\varepsilon)=\frac{N_i(\varepsilon)}{N_t} \tag{7.3}$$

引入统计物理中的配分函数 $\chi_q(\varepsilon)$，即为概率测度 $\mu_i(\varepsilon)$ 的 q 阶矩 $\sum_{i=1}^{N(\varepsilon)}\mu_i(\varepsilon)^q$，在无标度区域内 $\chi_q(\varepsilon)$ 存在如下标度关系：

$$\chi_q(\varepsilon)\propto\varepsilon^{\tau(q)} \tag{7.4}$$

式中，$\tau(q)$ 为标度指数，可通过 $\ln[\chi_q(\varepsilon)\text{-}\ln\varepsilon]$ 拟合直线斜率来估算一系列的 $\tau(q)$ 值。

固体悬浮物颗粒表面的广义分形维数 $D(q)$ 为

$$D(q)=\frac{\tau(q)}{q-1}=\lim_{\varepsilon\to 0}\frac{1}{q-1}\frac{\ln\left[\sum_{i=1}^{N(\varepsilon)}\mu_i(\varepsilon)^q\right]}{\ln\varepsilon},\quad q\neq 1 \tag{7.5}$$

$$D_1=\lim_{\varepsilon\to 0}\frac{\sum_{i=1}^{N(\varepsilon)}\mu_i(\varepsilon)\ln\mu_i(\varepsilon)}{\ln\varepsilon},\quad q=1 \tag{7.6}$$

当 $q=0$、1 或 2 时，$D(q)$ 分别为相应的容量维数、信息维数、关联维数(Mandelbrot et al.，1984)。$q\text{-}D(q)$ 曲线越陡，$D(q)$ 值域范围越大，表明不同奇异强度分形结构分布范围越宽，反映所测物理量的不均匀性和复杂性增加。

通过 Legendre 变化得 $\alpha(q)$ 、$f(\alpha)$ 、$\tau(q)$ 关系如下：

$$\alpha(q)=\frac{\partial}{\partial q}\tau(q) \tag{7.7}$$

$$f[\alpha(q)]=q\alpha(q)-\tau(q)$$

由此可见，$q\text{-}D(q)$ 和 $\alpha\text{-}f(\alpha)$ 对多重分形描述互相等价，且具有不同标度指数的子集通过迭代阶数 q 的改变可以区分开来，因此利用 $\alpha\text{-}f(\alpha)$ 多重分形谱对悬浮颗粒物表面结构的非均匀性进行表征。

7.1.2　再生水水源颗粒物表面形貌及其分布特征

1. 再生水颗粒物表面形貌特征

曝气生物滤池、流化床反应器两种工艺条件下再生水中 4 个粒径颗粒物的 SEM 扫描结果如图 7.2 所示。可以看出，两种再生水中颗粒物并不是以单颗粒的形式存在，而是表现为大量絮凝体的形式；絮凝体内部排列疏松、絮状多孔，由大量大小不一的球状、片状、不规则形状颗粒物(主要为黏粒)组成。除连接颗粒内外的缝隙状通道外，颗粒间大部分区域被微生物群落填充，其中主要为球菌、杆菌、丝状菌等多种形态的细菌，呈细丝状的物质主要为细菌的鞭毛，在微生物群落之间也填充着网状结构的胞外多聚物。也正是因为这些丝状或网状的胞外多聚物将细菌与细菌、微生物群落与生物微群落连接在一起，胞外多聚物在悬浮颗粒物内部发挥了很好的粘连细菌与黏粒等颗粒物、包裹微生物群落的作用，使细菌易于附着在悬浮颗粒物表面。从 SEM 分析结果来看，两种处理工艺再生水中悬浮微粒物表面形貌特征差异不显著。

2. 再生水悬浮颗粒物表面形貌的单分形特征

使用 Image-Pro 软件对各个二值化处理后的 SEM 照片进行分析，计算样品表面各孔隙的面积和周长。对两种工艺条件下再生水中 4 个粒径的悬浮颗粒物进行 lg$A$-lg$L$ 双对数相关关系分析，结果如图 7.3 所示。可以看出，在双对数坐标系中，各颗粒孔隙面积-周长均具有极好的线性相关关系(R^2>0.83)，表明两种工艺再生水中悬浮颗粒物表面形貌

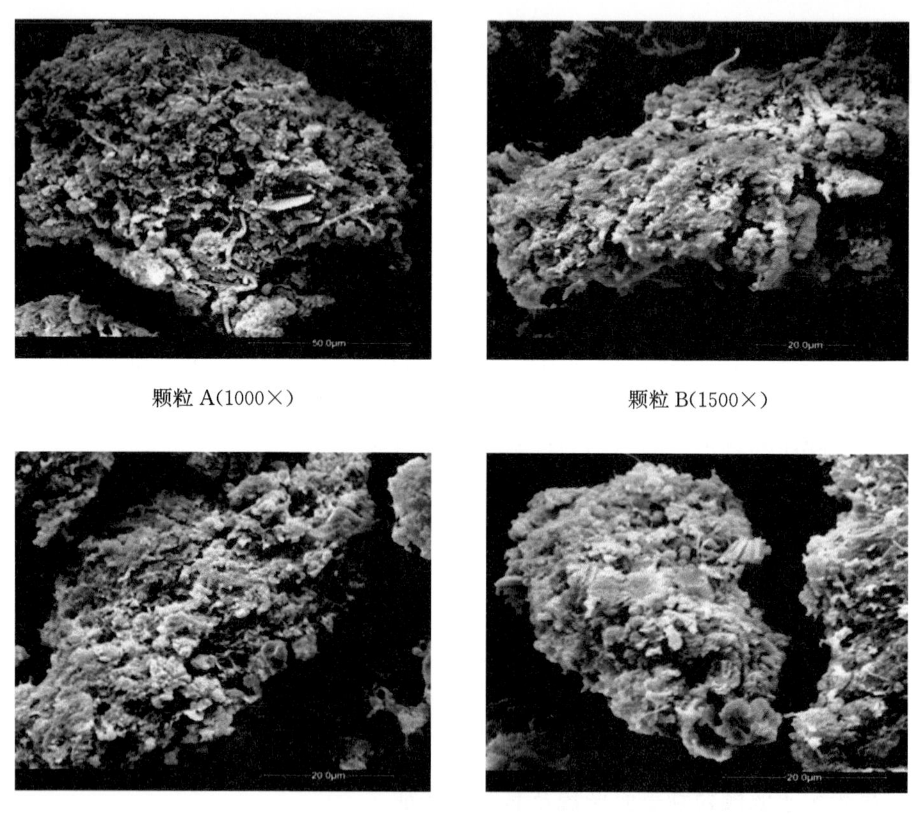

颗粒 A(1000×)　　颗粒 B(1500×)

颗粒 C(2000×)　　颗粒 D(2500×)

(a) 曝气生物滤池

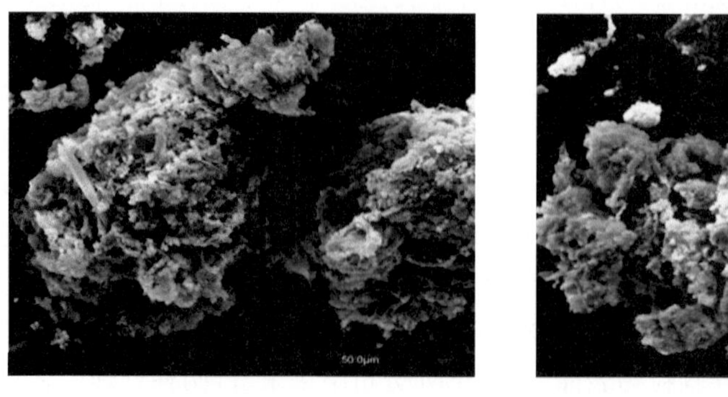

颗粒 A(1000×)　　颗粒 B(1500×)

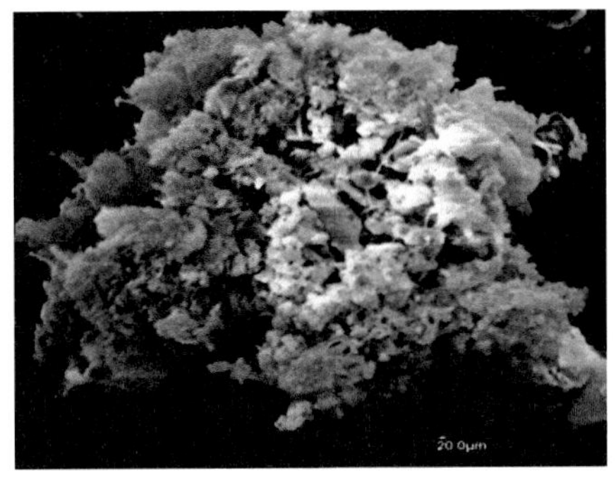

颗粒 C(2000×)

颗粒 D(2500×)

(b) 流化床反应器

图 7.2　两种工艺条件下再生水中悬浮颗粒物 SEM 图

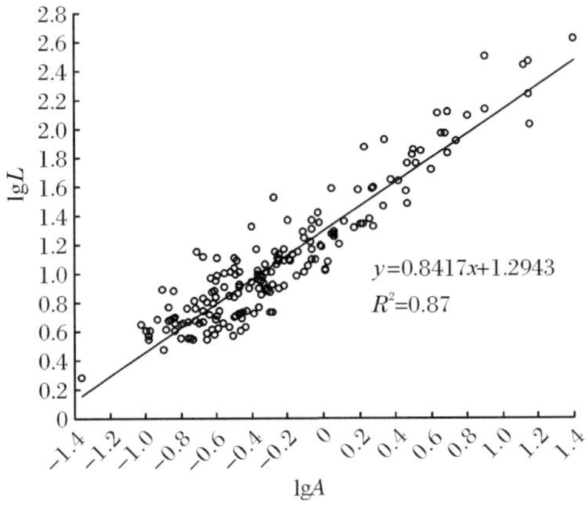

$y=0.8417x+1.2943$
$R^2=0.87$

(a1) 颗粒 A

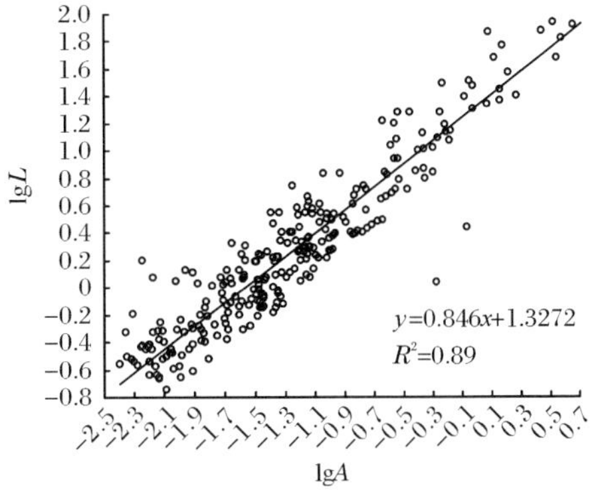

$y=0.846x+1.3272$
$R^2=0.89$

(a2) 颗粒 B

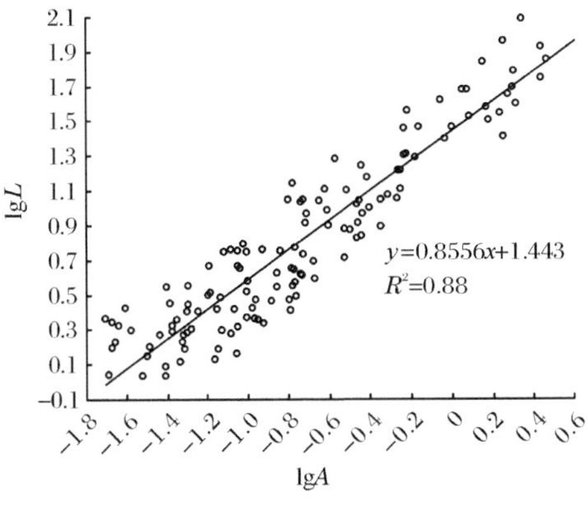

$y=0.8556x+1.443$
$R^2=0.88$

(a3) 颗粒 C

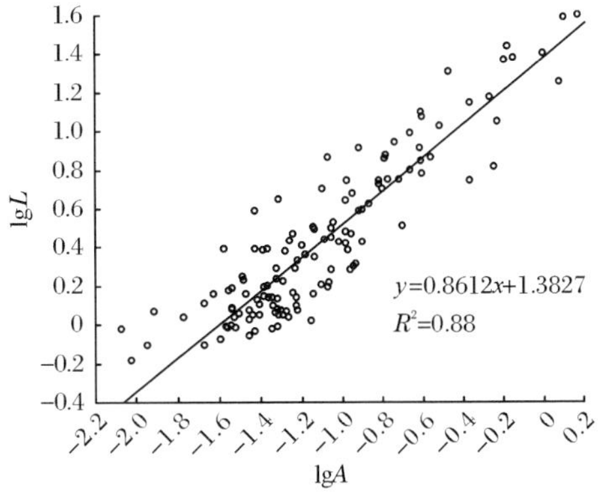

$y=0.8612x+1.3827$
$R^2=0.88$

(a4) 颗粒 D

(a) 曝气生物滤池

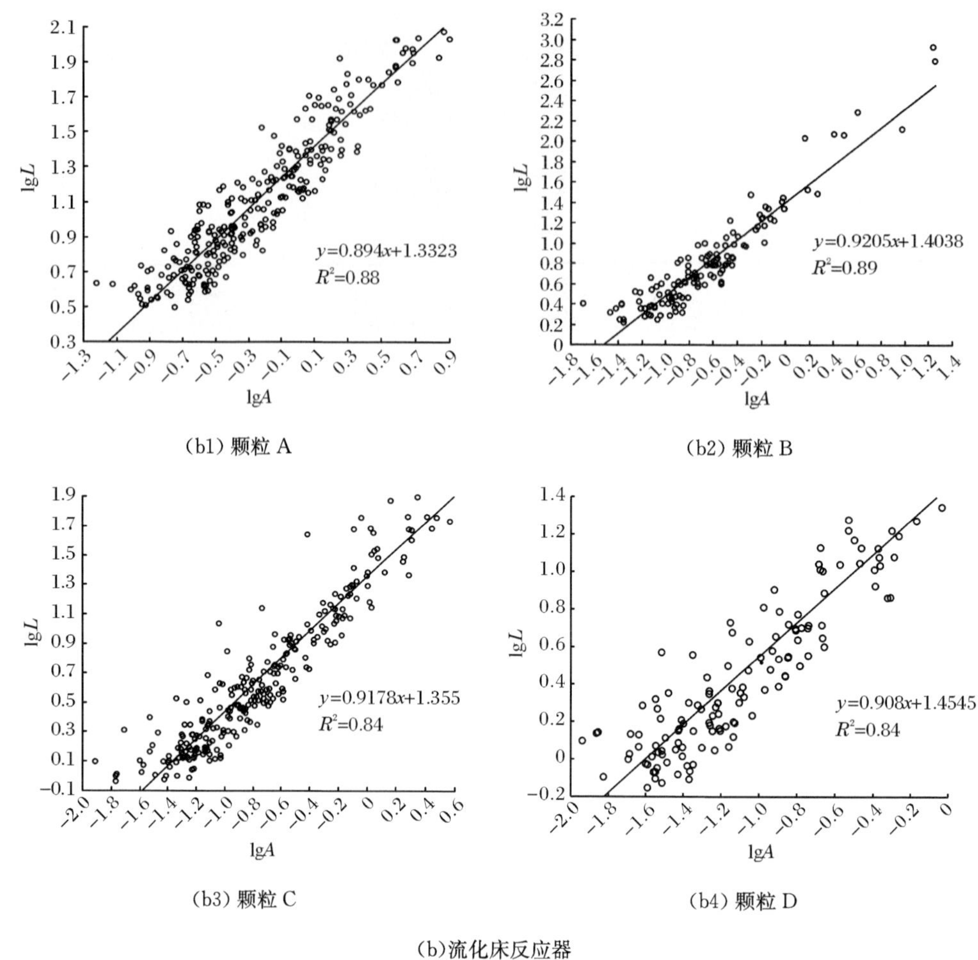

(b1) 颗粒 A

(b2) 颗粒 B

(b3) 颗粒 C

(b4) 颗粒 D

(b)流化床反应器

图 7.3　两种工艺条件下再生水中悬浮颗粒物 lg*A*-lg*L* 双对数相关关系

存在明显的单分形特征。曝气生物滤池工艺再生水中 4 个悬浮颗粒物表面形貌的分形维数分别为 1.6834、1.6812、1.7112、1.7224，而流化床反应器工艺再生水中则分别为 1.7884、1.8410、1.8356、1.8160。两种工艺再生水中悬浮颗粒物分形维数均值分别为 1.6996、1.8203，两者差异在 7.1%以内。说明仅利用单分形维数并不能表征两种工艺条件下颗粒表面形貌特征的差异性。

3. 再生水悬浮颗粒物表面形貌的多重分形特征

悬浮颗粒物表面形貌多重分形谱的形状与悬浮颗粒物表面孔隙的特征密切相关，而颗粒表面孔隙又从根本上决定了概率分布，因此不同状态的颗粒物形貌多重分形谱的形状反映各自的孔隙概率分布特征。利用前述多重分形算法获取 $\ln\chi_q(\varepsilon)$-$\ln\varepsilon$ 关系曲线(图 7.4，以颗粒 C 为例)。可以看出，配分函数 $\chi_q(\varepsilon)$ 与 ε 在双对数坐标下具有良好的线性关系，直线的斜率即为该 q 值条件下的 $f(\alpha)$；同时不同的 q 值对应的直线斜率不同，这表明两种工艺再生水中悬浮颗粒物表面形貌具有明显的多重分形特征。

两种处理工艺条件下再生水中悬浮颗粒物表面形貌的多重分形谱如图 7.5 所示，其重要参数见表 7.1。从图 7.5 中可以看出，所选择的再生水中悬浮颗粒物表面多重分形谱均为不对称的上凸曲线，呈现典型的右偏多重分形，说明细小孔隙多而大孔隙少。$\alpha(q)_{\min}$和$\alpha(q)_{\max}$分别为最大孔隙分布概率、最小孔隙分布概率随 ε 变化时的奇异性指数，$\alpha(q)_{\min}$越小，$\mu_i(\varepsilon)_{\max}$ 越大；$\alpha(q)_{\max}$越大，$\mu_i(\varepsilon)_{\min}$ 越小，因此奇异性指数的跨度 $\Delta\alpha=\alpha(q)_{\max}-\alpha(q)_{\min}$能够定量描述悬浮颗粒物表面孔隙分布概率的不均匀程度。从表 7.1 中可以看出，两种工艺再生水中悬浮颗粒物均呈现出 $\Delta\alpha_{\mathrm{A}}<\Delta\alpha_{\mathrm{B}}<\Delta\alpha_{\mathrm{C}}<\Delta\alpha_{\mathrm{D}}$，说明随着颗粒粒径的增大，孔隙分布的不均匀度增高；相比较而言，流化床反应器工艺再生水中悬浮颗粒物表面的 $\Delta\alpha$ 高于曝气生物滤池，则说明流化床反应器工艺再生水中悬浮颗粒物表面的不均匀程度更高。$f(\alpha_{\min})$和 $f(\alpha_{\max})$分别表示最大孔隙分布概率、最小孔隙分布概率子集所包含的孔隙数目，则 $\Delta f=f(\alpha_{\min})-f(\alpha_{\max})$ 表示最大概率子集、最小概率子集的

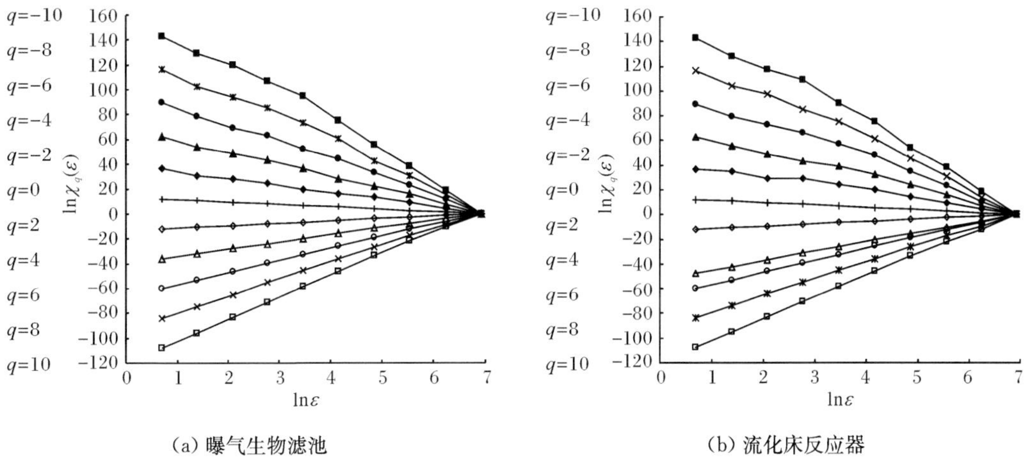

图 7.4　两种处理工艺条件下再生水中悬浮颗粒物 $\ln\chi_q(\varepsilon)$-$\ln\varepsilon$ 关系曲线

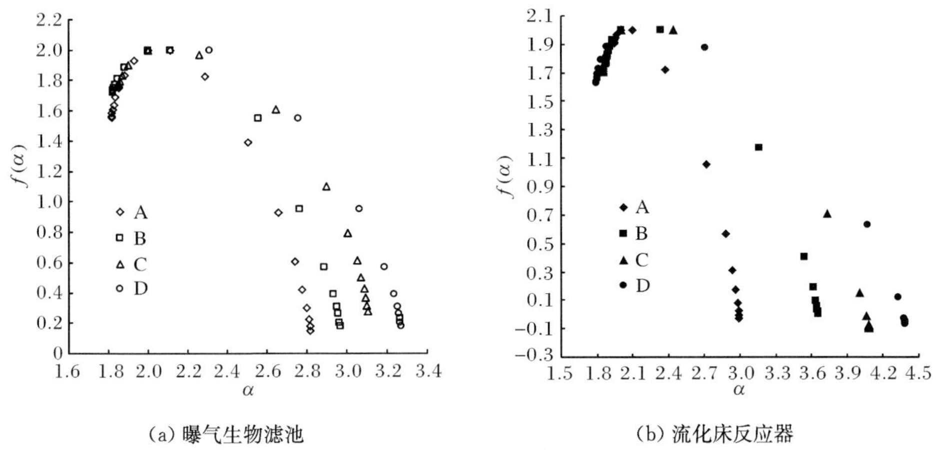

图 7.5　两种处理工艺条件下再生水中悬浮颗粒物表面形貌的多重分形谱

数目差，当小概率子集占主要地位时，$\Delta f<0$；反之，当大概率子集占主要地位时，$\Delta f>0$。从表 7.1中发现，所有 Δf 均大于 0，说明悬浮颗粒物表面孔隙概率分布最大的子集数目大于孔隙概率分布最小的子集数目。

表 7.1　两种处理工艺条件下再生水中悬浮颗粒物表面形貌多重分形谱的重要参数

处理工艺	颗粒物	$\alpha(q)_{min}$	$\alpha(q)_{max}$	$f[\alpha(q)_{min}]$	$f[\alpha(q)_{max}]$	$\Delta\alpha=\alpha(q)_{max}-\alpha(q)_{min}$	$\Delta f=f[\alpha(q)_{min}]-f[\alpha(q)_{max}]$
BAF	A	1.815	2.818	1.553	0.151	1.003	1.402
	B	1.824	2.969	1.724	0.180	1.145	1.544
	C	1.849	3.105	1.768	0.279	1.256	1.489
	D	1.824	3.268	1.724	0.180	1.444	1.544
FBR	A	1.945	2.994	1.909	−0.030	1.049	1.939
	B	1.881	3.653	1.771	0.003	1.772	1.768
	C	1.848	4.085	1.705	−0.097	2.237	1.802
	D	1.796	4.387	1.626	−0.071	2.591	1.697

7.1.3　再生水颗粒物与生物堵塞物质组分的相似性

1. 再生水水源取样及水质特征

选取周期循环式活性污泥法(cyclic activated sludge system，CASS)、膜生物反应器＋反渗滤法(membrane bio-reactor＋reverse osmosis，MBR＋RO)、传统活性污泥法(conventional activated sludge，CAS)、厌氧-缺氧-好氧技术(anaerobic-anoxic-oxic，A^2/O)共 4 种工艺处理再生水水源，水源水质特征结果见表 7.2。

由于实际条件的限制，在同一地点同时进行不同处理工艺再生水滴灌灌水器堵塞现场试验难以实现，所以仅在北京市昌平区北七家镇污水处理厂内空地进行 CASS 处理工艺的再生水滴灌灌水器堵塞试验。试验选用 4 种非压力补偿式灌水器，每种滴灌管(带)设置 2 个重复，每个重复包括 60 个灌水器，灌水器间距 30cm，灌水器类型及流道参数、滴灌系统首部及系统运行模式详见 4.1.1 节。在系统累计运行 540h 结束时分别在不同类型滴灌管(带)的首部、中部和尾部各截取 1 个灌水器，进行生物堵塞物质特征组分测试。取样的灌水器用自封袋密封，并置于冰箱中 4℃恒温保存，截取部分用新的灌水器替换。

测试水源颗粒物和生物堵塞物质干重、矿物组分、微生物群落特征，同时测试水源颗粒物粒径分布。具体测试方法见 5.2 节～5.5 节。

表 7.2　再生水水源取样情况及水质特征

处理工艺	取样地点	编号	水质指标							
			TN /(mg/L)	NH_4^+-N /(mg/L)	NO_3^--N /(mg/L)	TP /(mg/L)	BOD_5 /(mg/L)	COD_{cr} /(mg/L)	TSS /(mg/L)	pH
CASS	北京市昌平区北七家镇污水处理厂出水口	BQJ	13.2	0.23	9.86	0.38	2.8	14.0	3.6	7.6

续表

处理工艺	取样地点	编号	水质指标							
			TN /(mg/L)	NH_4^+-N /(mg/L)	NO_3^--N /(mg/L)	TP /(mg/L)	BOD_5 /(mg/L)	COD_{cr} /(mg/L)	TSS /(mg/L)	pH
MBR+RO	北京市朝阳区北小河公园入水口	BXH	6.1	0.24	5.82	0.05	6.6	32.1	8.0	8.1
CAS	北京市朝阳区高碑店污水处理厂出水口	GBD	15.2	0.29	9.48	0.54	2.4	12.6	3.5	7.5
A^2/O	北京城市排水集团清河污水处理厂出水口	QH	12.0	0.13	9.35	0.06	4.8	23.2	3.8	7.4

2. *矿物组分*

固体颗粒物矿物组分含量(质量分数)测试结果见表 7.3。从表中可以看出，灌水器内部和颗粒物表面附生生物膜的主要无机组分石英、长石和伊利石的质量分数均达到10%以上。对于灌水器内部和颗粒物表面附生生物膜中超过 10%的矿物组分总量分别为 88.3%、88.8%、90.3%、88.2%和 88.6%、85.6%、83.0%、98.2%。4 种灌水器与CASS 水源间的差异仅为 0.48%～1.12%，表现出极高的相似性。另外，不同处理工艺再生水颗粒物矿物组分含量差异较大，为 0.2%～1.7%。超过 10%的矿物组分总量表现为$MC_{A^2/O}>MC_{CASS}>MC_{MBR+RO}>MC_{CAS}$。

表 7.3　固体颗粒物矿物组分质量分数测试结果　(单位:%)

样品	石英	石灰石	白云石	长石	伊利石	其他	超过 10%的矿物组分总量
E_1	50.2	8.5	2.3	26.6	11.5	1.0	88.3
E_2	47.2	6.5	3.6	29.0	12.6	1.1	88.8
E_3	48.3	4.9	2.4	27.4	14.6	2.6	90.3
E_4	42.9	6.2	3.3	34.9	10.4	2.4	88.2
CASS	48.6	6.4	2.8	29.4	10.6	2.2	88.6
MBR+RO	31.7	8.4	6.0	23.8	30.1	—	85.6
CAS	34.0	8.4	7.8	28.8	20.2	0.9	83.0
A^2/O	41.7	10.9	1.8	26.6	19.0	—	98.2

3. *微生物群落 PLFAs 标记多样性*

4 种再生水滴灌灌水器生物堵塞物质中 PLFAs 浓度均为 0.76‰～0.80‰，差异较小，在 5.3%以内；而 CASS 水源颗粒物表面附生生物膜中 PLFAs 浓度为 0.70‰，与 4 种灌水器之间的差异为 8.6%～14.3%，这说明 4 种灌水器与水源颗粒物表面附生生物膜中 PLFAs 浓度具有很高的一致性。而 4 种不同处理工艺再生水颗粒物 PLFAs 浓度差异较大，差异为 57.9%～253.3%，并且表现为 $PLFAs_{MBR+RO}>PLFAs_{CAS}>PLFAs_{CASS}>PLFAs_{A^2/O}$的趋势。

PLFAs 分布特征如图 7.6 所示。可以看出，灌水器内部生物堵塞物质及再生水颗粒物表面附生生物膜中 PLFAs 主要包括：12:0、i15:0、16:0、18:0、18:1ω，11t、18:2ω3，9t 和 18:2ω6，9t。4 种灌水器内部生物堵塞物质中微生物主要优势菌群与 CASS 再生水颗粒物相一致，其 PLFAs 种类为 12:0、i15:0、16:0 和 18:0。但不同工艺再生水中颗粒物表面附生生物膜中主要优势菌群差异显著，MBR＋RO 和 A^2/O 工艺再生水中颗粒物表面附生生物膜中主要优势菌群的 PLFAs 为 i15:0、16:0、18:0、18:1ω，11t、18:2ω3，9t 和 18:2ω6，9t，而 CAS 工艺再生水中颗粒物表面附生生物膜中主要优势菌群的 PLFAs 为 i15:0、16:0、18:0、18:2ω3，9t 和 18:2ω6，9t，且 PLFAs 组分差异较大。

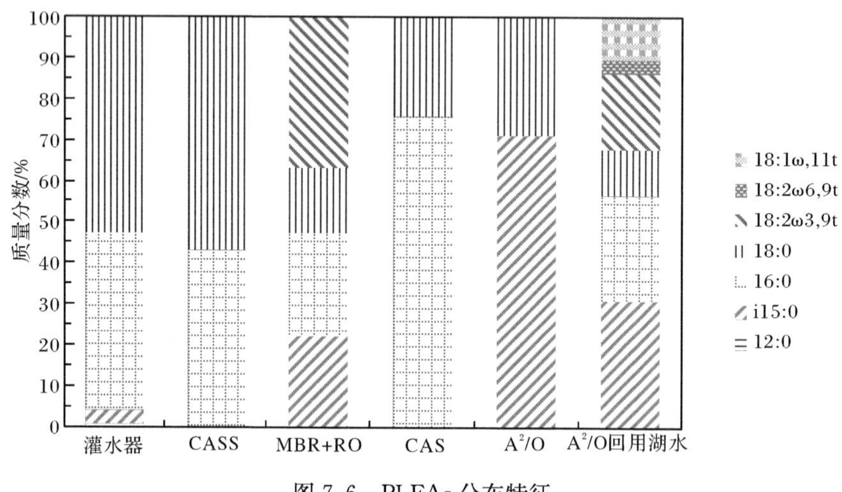

图 7.6 PLFAs 分布特征

4. *微生物群落结构的 PCR-DGGE 图谱分析*

对 4 种类型灌水器内部生物堵塞物质和 4 种水源颗粒物表面附生生物膜中微生物 DNA 进行变性梯度凝胶电泳分析，DNA 提取和扩增结果如图 7.7 所示，不同样品中优势菌的系统发育树如图 7.8 所示。

从图 7.7 可以看出，灌水器堵塞物质与 CASS 工艺再生水中颗粒物表面附生生物膜优势菌主要包括拟杆菌 Bacterium clone l41 16S ribosomal、杆菌 Bacterium SCGC AAA018-D18 small subunit ribosomal 和纤维弧菌 *Cellvibrio* sp. OA-2007 gene，CASS 工艺再生水中仅增加了一种黄杆菌 *Flavobacterium* sp. TM2R3 16S ribosomal，表现出极高的相似性。而不同工艺再生水颗粒物表面附生生物膜中优势菌明显不同，MBR＋RO 工艺再生水颗粒物表面附生生物膜中优势菌包括紫杆菌 *Porphyrobacter* sp.、不动杆菌 *Acinetobacter* sp. N22 16S ribosomal 和香味菌 *Myroides* sp. 12.2 KSS partial 16S ribosomal；CAS 工艺再生水颗粒物表面附生生物膜的优势菌包括噬纤维菌 *Arcicella rosea* sp. THWCSN48 16S ribosomal、Bacterium clone l41 16S ribosomal 和紫杆菌 *Porphyrobacter* sp.；而 A^2/O 工艺再生水颗粒物表面附生生物膜的优势菌包括噬纤维菌 *Arcicella rosea* sp. THWCSN48 16S ribosomal、Bacterium clone l41 16S ribosomal 和黄杆菌 *Flavobacterium* sp. TM2R3 16S ribosomal。

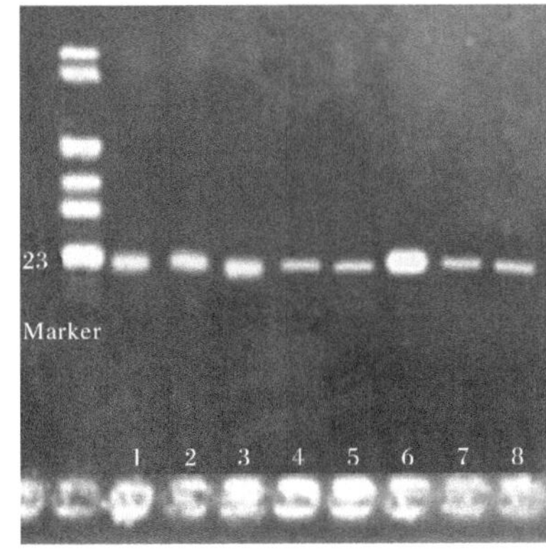

(a) 基因组 DNA 提取

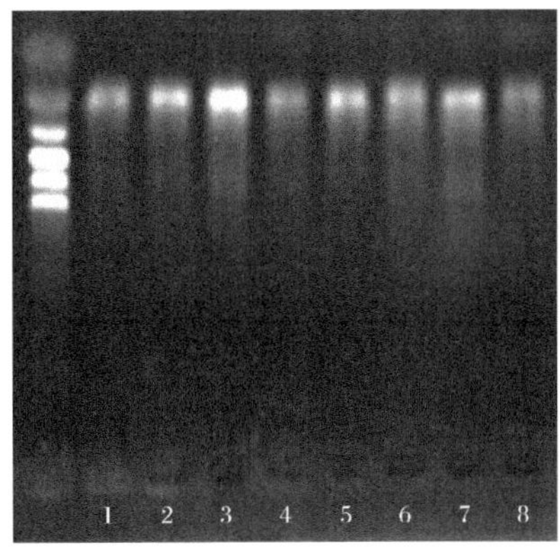

(b) 16S rDNA 基因 V3 区扩增

图 7.7　基因组 DNA 提取和扩增结果

泳道 1～4 分别对应灌水器 E1～E4；泳道 5 对应 CASS；泳道 6 对应 MBR+RO；泳道 7 对应 CAS；泳道 8 对应 A^2/O

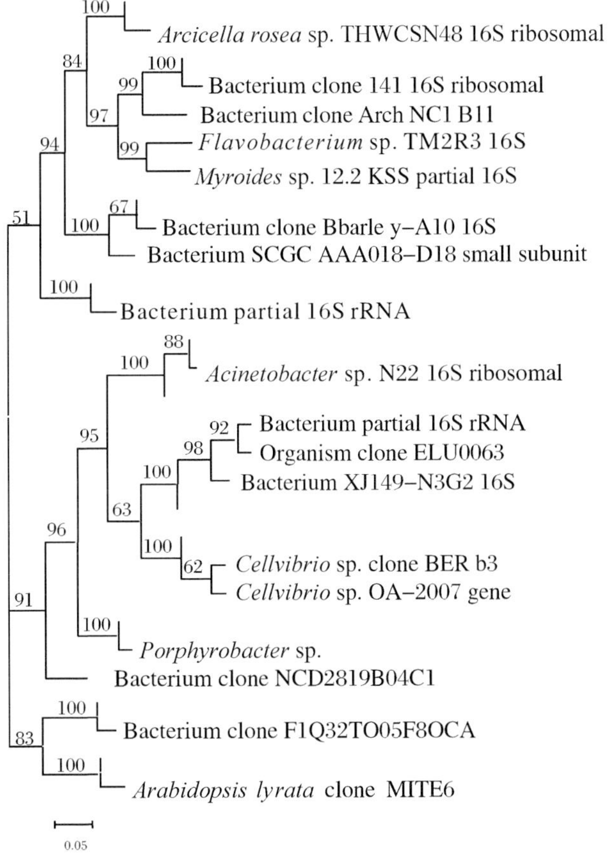

图 7.8　不同样品中优势菌的系统发育树

7.2 滴灌系统灌水器类型对生物堵塞物质形成过程的影响

7.2.1 试验概况

试验于2010～2011年在北京市昌平区北七家镇污水处理厂内进行，水质特征及系统运行情况参见4.1.1节。

试验过程中在累计运行108h、204h、336h和540h共进行4次生物堵塞物质取样，每次取样分别在滴灌管(带)的首部(1～3号)、中部(29～31号)和尾部(58～60号)截取1个灌水器及其前后各长5cm的一段毛管，取样后立即用自封袋密封，并置于冰箱中4℃恒温保存；截取部分用新的灌水器替换。压力补偿式灌水器(E4)因本身纽扣状结构的限制，难以获取灌水器内部生物堵塞物质，所以没有进行相关测试。堵塞物质特征组分测试方法参见第5章。

7.2.2 灌水器类型对固体颗粒物形成过程的影响

不同类型灌水器内部生物堵塞物质固体颗粒物(solid particle，SP)累积量变化特征见表7.4，差异显著性检验结果见表7.5，不同时期灌水器内部生物堵塞物质固体颗粒物增长速率变化特征见表7.6。

从表7.4和表7.6可以看出，随着再生水滴灌系统运行，灌水器内部生物堵塞物质固体颗粒物逐渐增加。系统运行1年后压力补偿式灌水器和非压力补偿式灌水器内部固体颗粒物质量平均值分别为4.67×10^{-2}g和4.46×10^{-2}g；而运行2年后分别达到8.94×10^{-2}g和1.17×10^{-1}g，分别较第1年增加69.2%～111.2%、102.0%～262.9%。另外，不同时期生物堵塞物质固体颗粒物增长速率表现出“快—慢—快—慢”的趋势，系统运行初期为0.37mg/h，而次年重新启动后为0.22mg/h，在第1年运行后期速度最慢，为0.06mg/h。总体来看，非压力补偿式灌水器内部固体颗粒物生长量明显高于压力补偿式灌水器，其中3种压力补偿式灌水器表现为$SP_1>SP_2>SP_3$，且SP_1比SP_3高出13.6%，而4种非压力补偿式灌水器表现为$SP_6>SP_8>SP_7>SP_5$，且SP_6比SP_5高出34.1%。

经过配对样本t检验($p<0.01$，表7.5)可以发现，E1压力补偿式灌水器内部生物堵塞物质固体颗粒物与E2、E3灌水器差异性显著；而非压力补偿式灌水器间差异性只有E7和E8表现为不显著，其余不同类型灌水器之间的差异性都极显著。毛管不同位置处灌水器内部生物堵塞物质的固体颗粒物及其差异显著性也呈现一定的差异性，总体表现为首部<中部<尾部；但固体颗粒物变化速率有一定区别，系统运行初期表现为首部<中部<尾部，而系统运行末期则表现为首部>中部>尾部，固体颗粒物的增长随系统运行从尾部逐渐过渡到首部。

表7.4　不同类型灌水器内部生物堵塞物质固体颗粒物累积量变化特征(单位：10^{-3}g)

灌水器	第1次取样				第2次取样				第3次取样				第4次取样			
	首部	中部	尾部	平均值	首部	中部	尾部	平均值	首部	中部	尾部	平均值	首部	中部	尾部	平均值
E1	30.5	42.0	73.7	48.7	35.3	56.1	76.2	55.9	42.5	68.4	96.5	69.1	78.9	98.8	105.8	94.5

续表

灌水器	第 1 次取样				第 2 次取样				第 3 次取样				第 4 次取样			
	首部	中部	尾部	平均值	首部	中部	尾部	平均值	首部	中部	尾部	平均值	首部	中部	尾部	平均值
E2	22.5	33.2	54.4	36.7	25.8	42.0	60.9	42.9	42.0	64.5	86.9	64.5	76.5	93.3	102.0	90.6
E3	23.8	37.8	52.8	38.1	28.7	40.3	55.3	41.4	40.3	55.9	69.9	55.4	70.6	84.8	94.1	83.2
E5	18.7	25.1	31.3	25.0	23.2	26.2	41.2	30.2	52.9	70.1	76.3	66.4	89.9	103.6	104.9	99.5
E6	20.9	44.4	66.5	43.9	24.5	56.1	77.1	52.6	78.5	95.5	115.3	96.4	113.4	131.8	155.1	133.4
E7	33.4	41.4	72.0	48.9	35.9	46.0	85.3	55.7	66.2	89.8	104.6	86.9	98.6	110.5	128.7	112.6
E8	26.3	35.0	48.3	36.5	28.5	40.3	51.4	40.1	55.3	83.4	108.5	82.4	100.4	126.8	145.3	124.2

表 7.5　不同类型灌水器内部生物堵塞物质固体颗粒物差异显著性检验结果

灌水器	整体						
	E1	E2	E3	E5	E6	E7	E8
E1	—	—	—	—	—	—	—
E2	*	—	—	—	—	—	—
E3	* *	N	—	—	—	—	—
E5	—	—	—	—	—	—	—
E6	—	—	—	* *	—	—	—
E7	—	—	—	* *	*	—	—
E8	—	—	—	* *	*	N	—

灌水器	首部						
	E1	E2	E3	E5	E6	E7	E8
E1	—	—	—	—	—	—	—
E2	N	—	—	—	—	—	—
E3	*	N	—	—	—	—	—
E5	—	—	—	—	—	—	—
E6	—	—	—	N	—	—	—
E7	—	—	—	* *	N	—	—
E8	—	—	—	*	N	N	—

灌水器	中部						
	E1	E2	E3	E5	E6	E7	E8
E1	—	—	—	—	—	—	—
E2	*	—	—	—	—	—	—
E3	*	N	—	—	—	—	—
E5	—	—	—	—	—	—	—
E6	—	—	—	* *	—	—	—
E7	—	—	—	*	*	—	—
E8	—	—	—	*	*	N	—

灌水器	尾部						
	E1	E2	E3	E5	E6	E7	E8
E1	—	—	—	—	—	—	—
E2	*	—	—	—	—	—	—
E3	* *	N	—	—	—	—	—
E5	—	—	—	—	—	—	—
E6	—	—	—	* *	—	—	—
E7	—	—	—	* *	*	—	—
E8	—	—	—	*	*	N	—

注:表中显著性检验结果以 N 表示不显著,* 表示显著($p<0.05$),* * 表示极显著($p<0.01$)。

表 7.6　不同类型灌水器内部生物堵塞物质固体颗粒物增长速率变化特征　(单位:mg/h)

灌水器	第 1 次取样前				第 1 次和第 2 次取样间				第 2 次和第 3 次取样间				第 3 次和第 4 次取样间			
	首部	中部	尾部	平均值	首部	中部	尾部	平均值	首部	中部	尾部	平均值	首部	中部	尾部	平均值
E1	0.28	0.39	0.68	0.45	0.05	0.15	0.03	0.08	0.05	0.09	0.15	0.10	0.18	0.15	0.05	0.13
E2	0.21	0.31	0.50	0.34	0.03	0.09	0.07	0.06	0.12	0.17	0.20	0.16	0.17	0.14	0.07	0.13
E3	0.22	0.35	0.49	0.35	0.05	0.03	0.03	0.03	0.09	0.12	0.11	0.11	0.15	0.14	0.12	0.14
E5	0.17	0.23	0.29	0.23	0.05	0.01	0.10	0.05	0.23	0.33	0.27	0.28	0.18	0.16	0.14	0.16
E6	0.19	0.41	0.62	0.41	0.04	0.12	0.11	0.09	0.41	0.30	0.29	0.33	0.17	0.18	0.20	0.18
E7	0.31	0.38	0.67	0.45	0.03	0.05	0.14	0.07	0.23	0.33	0.15	0.24	0.16	0.10	0.12	0.13
E8	0.24	0.32	0.45	0.34	0.02	0.06	0.03	0.04	0.20	0.33	0.43	0.32	0.22	0.21	0.18	0.20
平均值	0.23	0.34	0.53	0.37	0.04	0.07	0.07	0.06	0.19	0.24	0.23	0.22	0.18	0.15	0.13	0.15

7.2.3　灌水器类型对胞外聚合物形成过程的影响

不同类型灌水器内部生物堵塞物质中胞外聚合物质量的变化特征见表 7.7,差异显著性检验结果见表 7.8。

从表 7.7 中可以看出,随着再生水滴灌系统的运行,灌水器内部生物堵塞物质中胞外聚合物总量均呈现逐渐增加的变化趋势。系统运行 1 年后，3 种压力补偿式灌水器胞外多糖、胞外蛋白、胞外聚合物总量平均值分别为 153.59μg、185.22μg 和 338.81μg，而 4 种非压力补偿式灌水器胞外多糖、胞外蛋白、胞外聚合物总量平均值分别为 162.88μg、179.28μg 和 342.16μg。系统次年重新启动后胞外聚合物含量增长率显著提升，系统运行 2 年后，压力补偿式灌水器内部胞外多糖、胞外蛋白、胞外聚合物总量平均值分别达到 588.39μg、588.55μg 和 1176.94μg，而非压力补偿式灌水器胞外多糖、胞外蛋白、胞外聚合物总量平均值则分别为 730.83μg、724.49μg 和 1455.32μg，分别比第 1 年增加 197.0%～440.5%、72.2%～1183.7%和 117.1%～614.5%。另外，4 个取样时间段内生物堵塞物质胞外多糖的平均增长速率分别为 0.82μg/h、0.73μg/h、2.39μg/h 和 0.96μg/h，胞外蛋白的平均增长速率分别为 0.96μg/h、0.81μg/h、2.05μg/h 和 1.05μg/h，而胞外聚合物的平均增长速率分别为 1.78μg/h、1.55μg/h、4.43μg/h 和 2.01μg/h，三者均表现出"快—慢—快—慢"的生长趋势。总体来看，非压力补偿式灌水器内部胞外聚合物总量高于压力补偿式灌水器。其中，灌水器 E1 中三者质量分别比灌水器 E3 高出 13.8%、13.5%和 13.6%，灌水器 E6 则分别比灌水器 E5 高出 26.8%、32.0%和 29.3%。经过配对样本 t 检验（$p<0.01$，表 7.8）可以发现，不同压力补偿式灌水器生物堵塞物质中胞外多糖、胞外蛋白以及胞外聚合物总量间的差异性不显著，而非压力补偿式灌水器间的差异性相对显著，且胞外聚合物总量的显著性明显优于胞外多糖和胞外蛋白。

表 7.7 不同类型灌水器内部生物堵塞物质中胞外聚合物质量的变化特征

胞外聚合物	灌水器	质量/μg				平均增长速率/(μg/h)			
		第 1 次取样	第 2 次取样	第 3 次取样	第 4 次取样	第 1 次取样前	第 1 次和第 2 次取样间	第 2 次和第 3 次取样间	第 3 次和第 4 次取样间
胞外多糖	E1	72.25	126.31	411.48	628.60	0.67	0.56	2.16	1.06
	E2	35.67	196.72	393.53	584.23	0.33	1.68	1.49	0.93
	E3	80.58	137.77	346.47	552.35	0.75	0.60	1.58	1.01
	E5	58.77	122.95	440.00	664.54	0.54	0.67	2.40	1.10
	E6	126.72	243.65	550.59	842.65	1.17	1.22	2.33	1.43
	E7	93.56	112.68	581.18	705.01	0.87	0.20	3.55	0.61
	E8	151.72	172.25	595.01	711.10	1.40	0.21	3.20	0.57
	平均值	88.47	158.90	474.04	669.78	0.82	0.73	2.39	0.96
胞外蛋白	E1	34.63	48.13	403.80	617.83	0.32	0.14	2.69	1.05
	E2	91.97	350.25	504.80	603.26	0.85	2.69	1.17	0.48
	E3	63.53	157.28	481.80	544.57	0.59	0.98	2.46	0.31
	E5	31.41	106.19	391.80	608.04	0.29	0.78	2.16	1.06
	E6	313.53	326.97	593.80	802.39	2.90	0.14	2.02	1.02
	E7	57.28	111.03	387.80	739.14	0.53	0.56	2.10	1.72
	E8	133.53	172.91	399.80	748.70	1.24	0.41	1.72	1.71
	平均值	103.70	181.82	451.94	666.28	0.96	0.81	2.05	1.05

续表

胞外聚合物	灌水器	质量/μg				平均增长速率/(μg/h)			
		第 1 次取样	第 2 次取样	第 3 次取样	第 4 次取样	第 1 次取样前	第 1 次和第 2 次取样间	第 2 次和第 3 次取样间	第 3 次和第 4 次取样间
胞外聚合物	E1	106.88	174.44	815.28	1246.43	0.99	0.70	4.85	2.11
	E2	127.64	546.97	898.33	1187.49	1.18	4.37	2.66	1.42
	E3	144.11	295.05	828.27	1096.92	1.33	1.57	4.04	1.32
	E5	90.18	229.14	831.80	1272.58	0.84	1.45	4.57	2.16
	E6	440.25	570.62	1144.39	1645.04	4.08	1.36	4.35	2.45
	E7	150.84	223.71	968.98	1444.15	1.40	0.76	5.65	2.33
	E8	285.25	345.16	994.81	1459.80	2.64	0.62	4.92	2.28
	平均值	192.16	340.73	925.98	1336.06	1.78	1.55	4.43	2.01

表 7.8　不同类型灌水器内部生物堵塞物质中胞外聚合物质量差异显著性检验结果

灌水器	胞外多糖							胞外蛋白							胞外聚合物						
	E1	E2	E3	E5	E6	E7	E8	E1	E2	E3	E5	E6	E7	E8	E1	E2	E3	E5	E6	E7	E8
E1	—	—	—	—	—	—	—	—	—	—	—	—	—	—	—	—	—	—	—	—	—
E2	N	—	—	—	—	—	—	N	—	—	—	—	—	—	N	—	—	—	—	—	—
E3	N	N	—	—	—	—	—	N	N	—	—	—	—	—	N	N	—	—	—	—	—
E5	—	—	—	—	—	—	—	—	—	—	—	—	—	—	—	—	—	—	—	—	—
E6	—	—	—	*	—	—	—	—	—	—	**	—	—	—	—	—	—	**	—	—	—
E7	—	—	—	N	N	—	—	—	—	—	N	*	—	—	—	—	—	**	**	—	—
E8	—	—	—	*	N	N	—	—	—	—	N	*	N	—	—	—	—	**	**	N	—

注：表中显著性检验结果以 N 表示不显著，* 表示显著($p<0.05$)，* * 表示极显著($p<0.01$)。

7.2.4　灌水器类型对 PLFAs 形成过程的影响

不同类型灌水器内部生物堵塞物质 PLFAs 质量及其增长速率的变化特征见表 7.9，差异显著性检验结果见表 7.10。

从表 7.9 中可以看出，随着滴灌系统的运行，不同类型灌水器内部生物堵塞物质 PLFAs 质量都呈现逐渐增加的趋势。系统运行 1 年后压力补偿式灌水器和非压力补偿式灌水器内部生物堵塞物质 PLFAs 质量平均值分别为 19.84μg 和 19.77μg；次年系统重新启动后 PLFAs 质量呈现显著增长的趋势，系统运行两年后，压力补偿式灌水器和非压力补偿式灌水器内部生物堵塞物质 PLFAs 质量平均值分别达到 64.81μg 和 91.40μg，分别比第 1 年增加 216.4%～248.3%、249.2%～485.3%。另外，不同时期灌水器内部生物堵塞物质 PLFAs 质量平均增长速率分别为 0.16μg/h、0.03μg/h、0.27μg/h 和 0.12μg/h，整体表现出“快—慢—快—慢”的生长趋势，与固体颗粒物累积量变化规律整体一致。总体来说，非压力补偿式灌水器 PLFAs 质量明显高于压力补偿式灌水器，但非压力补偿式灌水器与压力补偿式灌水器之间 PLFAs 质量增长速率并没有表现出明显规律。经过配对样本的 t 检验($p<0.01$,表 7.10)可以发现,对于不同压力补偿式灌水器内部生物堵塞物质 PLFAs 质量,E2 和 E3 之间表现为不显著,其余表现为显著;非压力补偿式灌水器间 E5 和 E6、E7、E8 间表现为差异性显著,而其他的灌水器间表现为不显著。

表 7.9　不同类型灌水器内部生物堵塞物质 PLFAs 质量及其增长速率的变化特征

灌水器	PLFAs 质量/μg				PLFAs 质量增长速率/(μg/h)			
	第 1 次取样	第 2 次取样	第 3 次取样	第 4 次取样	第 1 次取样前	第 1 次和第 2 次取样间	第 2 次和第 3 次取样间	第 3 次和第 4 次取样间
E1	21.42	23.09	48.76	73.07	0.20	0.02	0.19	0.12
E2	16.21	18.97	43.48	66.10	0.15	0.03	0.19	0.11
E3	15.79	17.46	39.49	55.25	0.15	0.02	0.17	0.08
E5	10.01	13.68	57.20	79.51	0.09	0.04	0.33	0.11
E6	19.48	23.33	67.60	100.83	0.18	0.04	0.34	0.16
E7	20.96	25.54	69.67	89.17	0.19	0.05	0.33	0.10
E8	14.57	16.41	65.60	96.07	0.13	0.02	0.37	0.15
平均值	16.92	19.78	55.97	80.00	0.16	0.03	0.27	0.12

表 7.10　不同类型灌水器内部生物堵塞物质 PLFAs 质量差异显著性检验结果

灌水器	E1	E2	E3	E5	E6	E7	E8
E1	—	—	—	—	—	—	—
E2	*	—	—	—	—	—	—
E3	*	N	—	—	—	—	—
E5	—	—	—	—	—	—	—
E6	—	—	—	* *	—	—	—
E7	—	—	—	*	N	—	—
E8	—	—	—	*	N	N	—

注:表中显著性检验结果以 N 表示不显著,* 表示显著($p<0.05$),* * 表示极显著($p<0.01$)。

由此可见,灌水器内部生物堵塞物质特征组分(固体颗粒物、磷脂脂肪酸和胞外聚合物)随着系统运行不断生长,整个过程表现出"快—慢—快—慢"的生长趋势。系统运行初期,微生物快速增殖、分泌的黏性物质快速增加,容易吸附在流道壁面,并不断吸附或捕捉固体颗粒,微生物团体快速累积和生长;此后天气渐冷,微生物活性受到抑制,微生物分泌的黏性物质减少,生物堵塞物质吸附能力降低,导致生长速率下降。滴灌管(带)移至室内保存后,微生物没有营养物质的供给,活力严重受限甚至部分死亡,分泌的黏性物质减少,导致其黏结力和黏附力大大降低,生长速率降低甚至部分发生脱落;次年重新启动初期,微生物基数较大、营养供给充足,微生物进入快速增殖阶段,且堵塞物质表面结构疏松多孔隙,内层微生物能获得较多的营养物质,新陈代谢活跃,黏絮状代谢物多,黏附力稳定、不易脱落，因此可以快速、稳定地生长；直至堵塞物质生长达到极限厚度后，微生物再继续增长所需的营养物质增加，竞争加剧，同时由于堵塞物质厚度增加，营养物质在其内部传递更困难，导致堵塞物质内侧营养物质浓度降低，从而引起内部微生物代谢降低甚至死亡，微生物分泌的黏性物质减少，堵塞物质在水力剪切力等外力作用下容易脱落，然后发生再生长过程，即堵塞物质"生长—脱落—再生长"过程逐渐趋于动态平衡。

另外，压力补偿式灌水器内部生物堵塞物质生长情况明显低于非压力补偿式灌水器，这是因为压力补偿式灌水器内部堵塞物质的生长将造成毛管内部压力变大，压力作用在弹性硅胶片上，进而改变了出水口断面以实现自适应调控，导致灌水器流道内部流速不断变化，水流情况不稳定，不利于堵塞物质生长，压力增大时造成灌水器内部流速增大，同时会导致部分堵塞物质发生脱落。

7.3　滴灌系统灌水器流道深度对生物堵塞物质形成过程的影响

7.3.1　试验概况

试验选择类型一致、流道深度分别为 0.75mm、0.83mm、1.01mm 和 1.08mm 的 4 种非压力补偿式灌水器产品，见表 7.11。该试验于 2010～2011 年在北京市昌平区北七家镇污水处理厂内进行，水质特征及系统运行情况参见 4.1.1 节。

系统运行过程中，在灌水器平均流量分别降低到额定流量的 95%和 90%左右时取样，取样后立即用自封袋密封，并置于冰箱中保存。在滴灌管首部(1～3 号)、中部(29～31 号)和尾部(58～60 号)三个相邻灌水器的堵塞规律比较一致，可以作为重复，因此每次取样分别在三个位置截取一个灌水器和一段毛管，取样后用新的灌水器替换。试验中两次取样时分别取每个处理组中的 1 号、29 号、58 号和 2 号、30 号、59 号灌水器，实际取样时不同处理组灌水器的平均相对流量分别为 99.16%、95.41%、98.55%、97.97%以及 90.52%、88.12%、90.76%、91.27%，同相对额定流量的水平较为一致。

生物堵塞物质表面形貌分析采用美国 ADE 有限公司生产的三维白光干涉形貌仪(Micro XPM)进行，获得堵塞物质平均厚度；定义相对厚度＝平均厚度/流道深度。具体测试方法和特征组分测试步骤参见第 5 章。

表 7.11　试验处理组

灌水器	灌水器类型	额定流量/(L/h)	流道几何参数 长×宽×深/(mm×mm×mm)	流量系数 K_d	流态指数 x	灌水频率/(d/次)
$ED_{0.75}$	非压力补偿式	1.2	152.23×2.40×0.75	0.33	0.56	2
$ED_{0.83}$		1.8	152.23×2.40×0.83	0.51	0.56	2
$ED_{1.01}$		2.6	152.23×2.40×1.01	0.75	0.54	2
$ED_{1.08}$		3.2	152.23×2.40×1.08	0.94	0.53	2

7.3.2　灌水器流道深度对固体颗粒物形成过程的影响

4 种流道深度的灌水器内部堵塞物质固体颗粒物质量变化特征和增长速率见

表 7.12,差异显著性检验结果见表 7.13。

从表 7.12 可以看出,不同流道深度灌水器内部堵塞物质固体颗粒物质量随着滴灌系统运行都逐渐增多,系统运行 1 年后 4 种流道深度灌水器堵塞物质固体颗粒物质量分别为 0.023g、0.040g、0.042g 和 0.045g,系统运行 2 年后分别达到 0.099g、0.124g、0.117g 和 0.121g,分别比第 1 年增加324.5%、209.7%、180.7%和 166.1%。表 7.13 中的显著性分析结果也表明,流道深度 0.75mm 的灌水器堵塞物质固体颗粒物质量与其他 3 种流道深度灌水器间差异达到显著性水平,而这 3 种流道深度灌水器间差异不显著。另外,4 种流道深度灌水器堵塞物质固体颗粒物增长速率都表现出"快—慢—快—慢"的趋势(表 7.12),初期平均速率为0.32mg/h,在运行 1 年后减慢到 0.03mg/h,次年重新启动后上升到 0.29mg/h,然后又降低到 0.19mg/h。总体来看,固体颗粒物质量表现为 $SP_{0.83mm}>SP_{1.08mm}>SP_{1.01mm}>SP_{0.75mm}$,且 $SP_{0.83mm}$ 比 $SP_{0.75mm}$ 高出 38.3%。

表 7.12　不同流道深度灌水器内部堵塞物质固体颗粒物质量的变化特征

灌水器	质量/(10^{-3}g)				增长速率/(10^{-3}g/h)			
	第 1 次取样	第 2 次取样	第 3 次取样	第 4 次取样	第 1 次取样前	第 1 次和第 2 次取样间	第 2 次和第 3 次取样间	第 3 次和第 4 次取样间
$ED_{0.75}$	22.0	23.3	60.6	98.9	0.20	0.01	0.28	0.19
$ED_{0.83}$	36.5	40.1	82.4	124.2	0.34	0.04	0.32	0.20
$ED_{1.01}$	38.4	41.5	78.7	116.5	0.36	0.03	0.28	0.19
$ED_{1.08}$	41.7	45.4	83.5	120.8	0.39	0.04	0.29	0.18

表 7.13　不同流道深度灌水器内部堵塞物质固体颗粒物质量差异显著性检验结果

灌水器	$ED_{0.75}$	$ED_{0.83}$	$ED_{1.01}$	$ED_{1.08}$
$ED_{0.75}$	—	—	—	—
$ED_{0.83}$	−8.029**	—	—	—
$ED_{1.01}$	−42.042**	0.894^{N}	—	—
$ED_{1.08}$	−31.935**	−0.972^{N}	−13.015**	—

注:表中显著性检验结果以 N 表示不显著,* 表示显著($p<0.05$),** 表示极显著($p<0.01$)。

7.3.3　灌水器流道深度对胞外聚合物形成过程的影响

4 种流道深度灌水器内部堵塞物质胞外聚合物质量的变化特征见表 7.14,差异显著性检验结果见表 7.15。

从表 7.14 可以看出,不同流道深度灌水器内部堵塞物质胞外聚合物质量随着滴灌系统运行都逐渐增长,系统运行 1 年后 4 种流道深度灌水器堵塞物质胞外聚合物质量分别为 226.12μg、345.16μg、397.30μg 和 581.35μg,系统运行 2 年后则分别为 1075.48μg、1459.80μg、1234.22μg 和 1400.97μg,分别较第 1 年增加了 375.6%、322.9%、210.7%和 141.0%。另外,4 种流道深度灌水器堵塞物质胞外聚合物增长速率都表现出"快—慢—快—慢"的趋势,初期平均速度为 2.29μg/h,在第 1 年运行后期速度减慢到 1.46μg/h,次年重新启动后上升到 3.92μg/h,而此后又降低到 1.90μg/h。总体来看,4 种流道深度灌水器堵塞物质胞外聚合物质量表现为 $EPS_{0.83mm} > EPS_{1.08mm} > EPS_{1.01mm} > EPS_{0.75mm}$，且 $EPS_{0.83mm}$ 比 $EPS_{0.75mm}$ 平均值高出 43.7%，与堵塞物质固体颗粒物的变化特征表现出高度的一致性。表 7.15 中的显著性分析结果也表明，流道深度 0.75mm 的灌水器与其他 3 种流道深度灌水器堵塞物质胞外聚合物质量差异显著($p<0.05$)，而这 3 种流道深度灌水器堵塞物质胞外聚合物质量差异并不显著。

表 7.14 不同流道深度灌水器内部堵塞物质胞外聚合物质量的变化特征

灌水器	质量/μg				增长速率/(μg/h)			
	第 1 次取样	第 2 次取样	第 3 次取样	第 4 次取样	第 1 次取样前	第 1 次和第 2 次取样间	第 2 次和第 3 次取样间	第 3 次和第 4 次取样间
$ED_{0.75}$	58.24	226.12	786.45	1075.48	0.54	1.75	4.24	1.42
$ED_{0.83}$	285.25	345.16	994.81	1459.80	2.64	0.62	4.92	2.28
$ED_{1.01}$	315.27	397.30	886.43	1234.22	2.92	0.85	3.71	1.70
$ED_{1.08}$	329.70	581.35	950.12	1400.97	3.05	2.62	2.79	2.21

表 7.15 不同流道深度灌水器内部堵塞物质胞外聚合物质量差异显著性检验结果

灌水器	$ED_{0.75}$	$ED_{0.83}$	$ED_{1.01}$	$ED_{1.08}$
$ED_{0.75}$	—	—	—	—
$ED_{0.83}$	−4.254*	—	—	—
$ED_{1.01}$	−5.301*	0.971^N	—	—
$ED_{1.08}$	−6.617**	−0.652^N	−2.630^N	—

注：表中显著性检验结果以 N 表示不显著，* 表示显著($p<0.05$)，* * 表示极显著($p<0.01$)。

7.3.4 灌水器流道深度对 PLFAs 形成过程的影响

4 种流道深度灌水器内部堵塞物质 PLFAs 质量变化特征和增长速率见表 7.16，差异显著性检验结果见表 7.17。

从表 7.16 可以看出，4 种流道深度灌水器堵塞物质 PLFAs 随着滴灌系统运行逐渐增多，系统运行 1 年后 PLFAs 质量分别为 9.74μg、16.41μg、16.48μg 和 16.30μg，2 年后分别达到 73.34μg、96.07μg、80.85μg 和 84.41μg。同样，4 种流道深度灌水器堵塞物质 PLFAs 增长速率都表现出“快—慢—快—慢”的趋势，初期平均增长速率为 0.12μg/h，运行 1 年后减慢到 0.03μg/h，次年重新启动后上升到 0.32μg/h，此后又降低到 0.13μg/h。系统第 2 年运行结束时 4 种流道深度灌水器堵塞物质 PLFAs 质量分别比第 1 年增加了 652.97%、485.44%、390.59% 和 417.85%，且表现为 $PLFAs_{0.83mm} > PLFAs_{1.08mm} > PLFAs_{1.01mm} > PLFAs_{0.75mm}$，与固体颗粒物质量变化特征表现出高度一致性。表 7.17 中的显著性分析结果也表明，流道深度为 0.75mm 的灌水器与其他 3 种流道深度灌水器堵塞物质 PLFAs 质量差异显著($p<0.05$)，而这 3 种流道深度灌水器堵塞物质PLFAs质量差异不显著。

表 7.16　不同流道深度灌水器内部堵塞物质 PLFAs 质量的变化特征

灌水器	质量/μg				增长速率/(μg/h)			
	第 1 次取样	第 2 次取样	第 3 次取样	第 4 次取样	第 1 次取样前	第 1 次和第 2 次取样间	第 2 次和第 3 次取样间	第 3 次和第 4 次取样间
$ED_{0.75}$	7.39	9.74	43.92	73.34	0.07	0.02	0.26	0.14
$ED_{0.83}$	14.57	16.41	65.60	96.07	0.13	0.02	0.37	0.15
$ED_{1.01}$	13.66	16.48	56.74	80.85	0.13	0.03	0.30	0.12
$ED_{1.08}$	13.75	16.30	60.19	84.41	0.13	0.03	0.33	0.12

表 7.17　不同流道深度灌水器内部堵塞物质 PLFAs 质量差异显著性检验结果

灌水器	$ED_{0.75}$	$ED_{0.83}$	$ED_{1.01}$	$ED_{1.08}$
$ED_{0.75}$	—	—	—	—
$ED_{0.83}$	−3.297*	—	—	—
$ED_{1.01}$	−5.494*	1.729^{N}	—	—
$ED_{1.08}$	−4.307*	1.692^{N}	-1.685^{N}	—

注：表中显著性检验结果以 N 表示不显著，* 表示显著($p<0.05$)，** 表示极显著($p<0.01$)。

7.3.5　灌水器流道深度对表面形貌的影响

三维形貌特征综合反映了环境因素对堵塞物质生长及形态的影响效应，试验两次取样测试的堵塞物质表面形貌特征较为相似，以第 2 次取样(90%左右额定流量)的结果为例，灌水器流道入口和出口处堵塞物质表面形貌特征如图 7.9 所示。从图中可以看出，4 种流道深度灌水器入口和出口处的生物堵塞物质并不是平坦的，均呈高低起伏的山丘分布状。随着流道深度增加，同一位置生物堵塞物质的表面形貌呈现先趋于光滑后变粗糙的过程。流道入口处生物膜与出口处相比，入口处出现更多的大面积凸起或单峰凸起，而出口处生物膜表面特征整体来看较为一致，分散的小凸起明显较多；而从首部到中部再到尾部，生物膜表面越来越粗糙，大面积的凸起也更多。

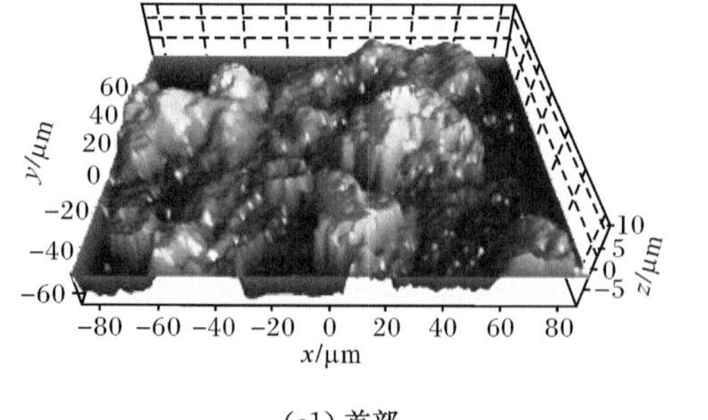

(a1) 首部

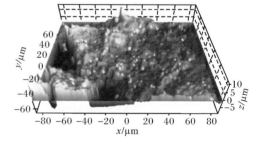

(a2) 中部

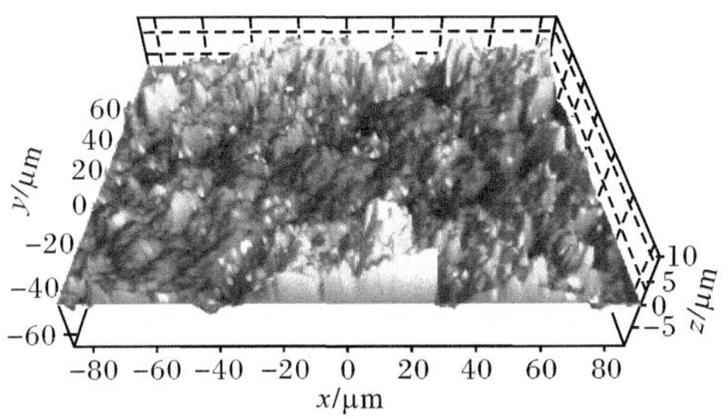

(a3) 尾部

(a) $ED_{0.75}$入口

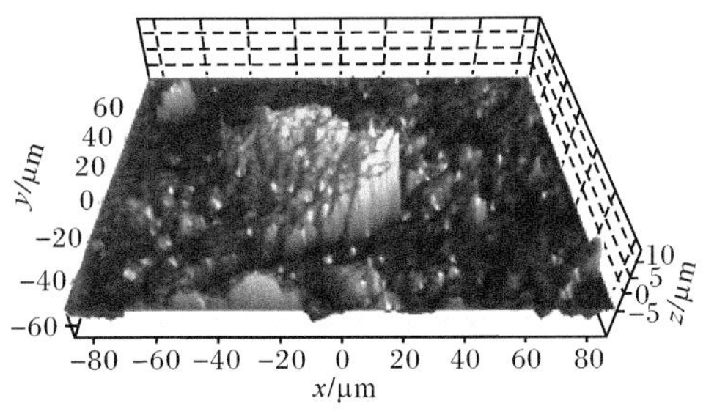

(b1) 首部

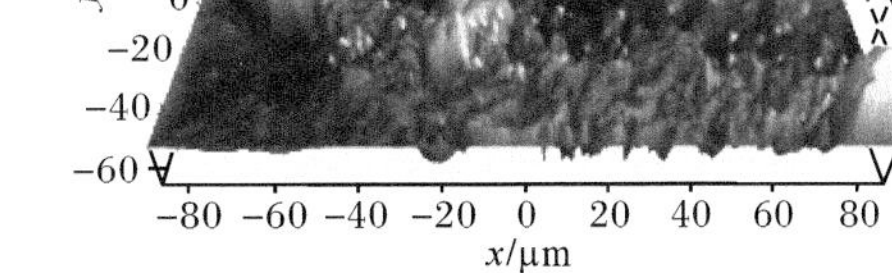
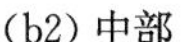

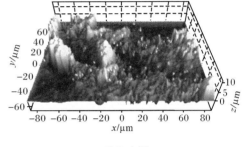

(b2) 中部

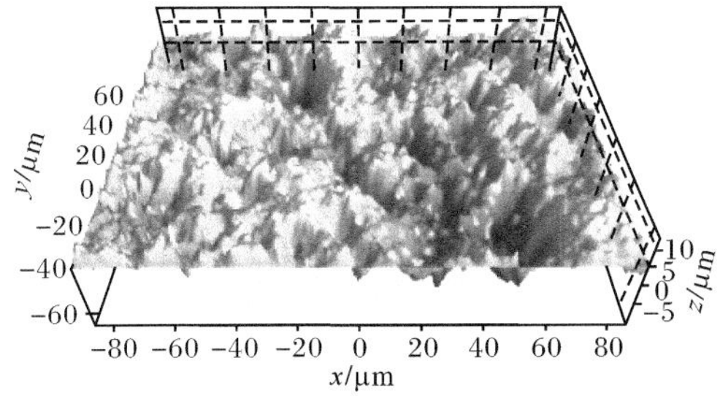

(b3) 尾部

(b) $ED_{0.75}$出口

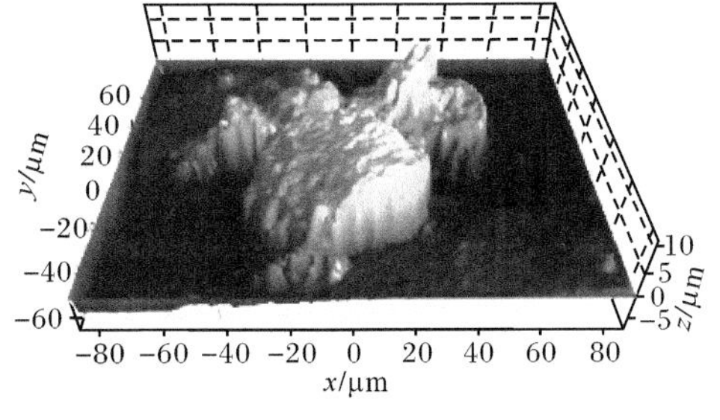

(c1) 首部

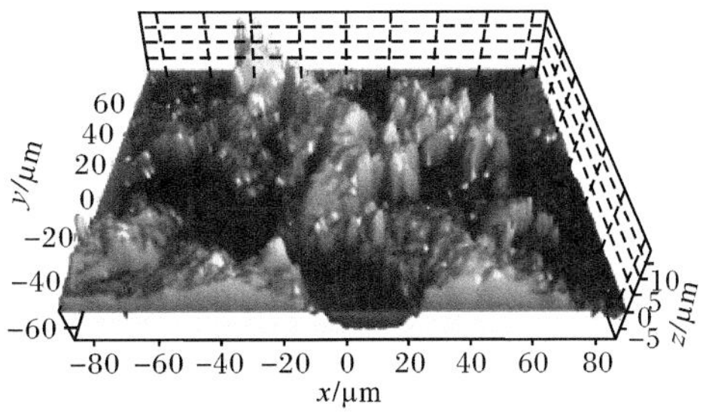

(c2) 中部

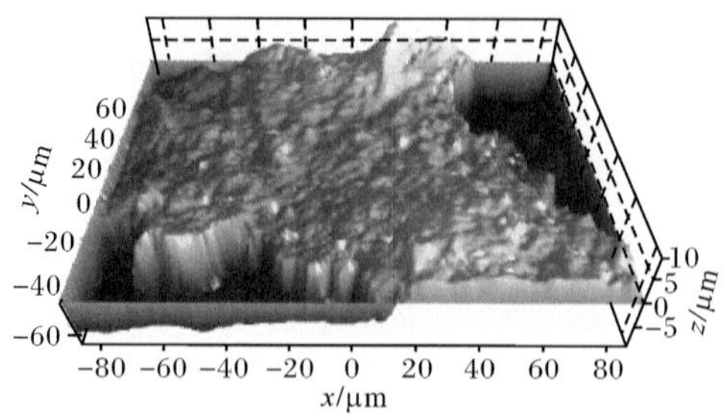

(c3) 尾部

(c) $ED_{0.83}$入口

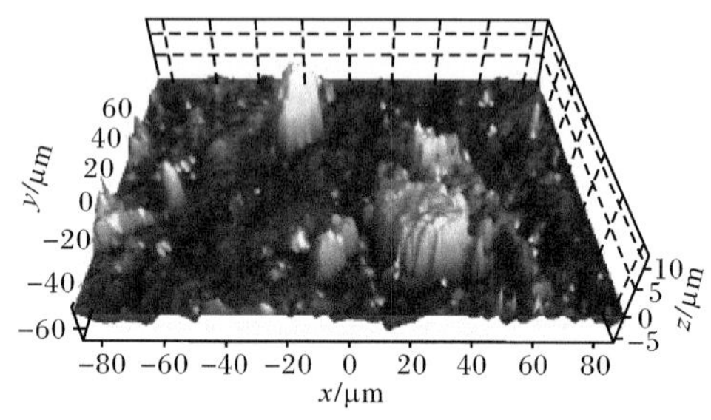

(d1) 首部

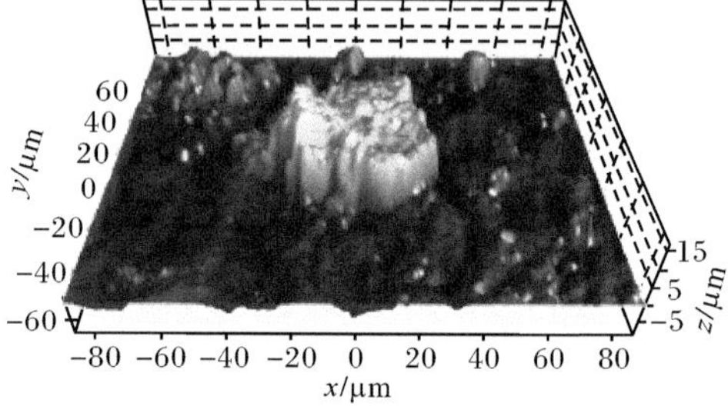

(d2) 中部

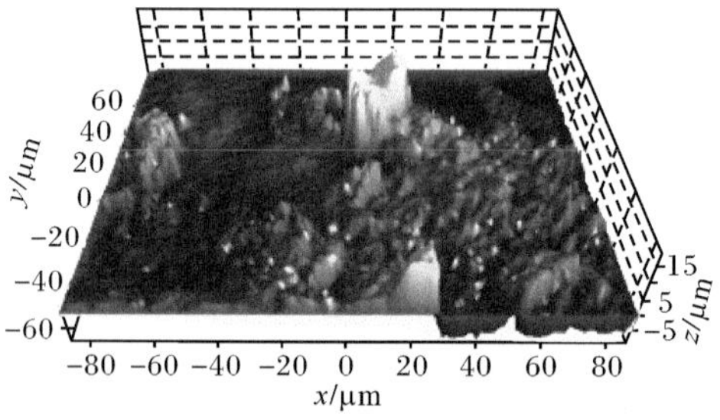

(d3) 尾部

(d) $ED_{0.83}$出口

(e1) 首部

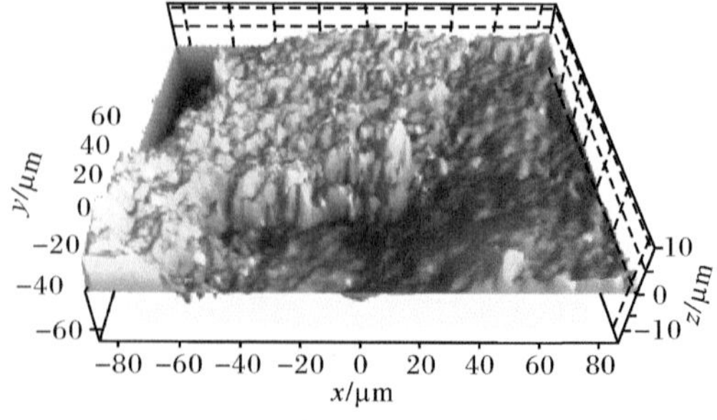

(e2) 中部

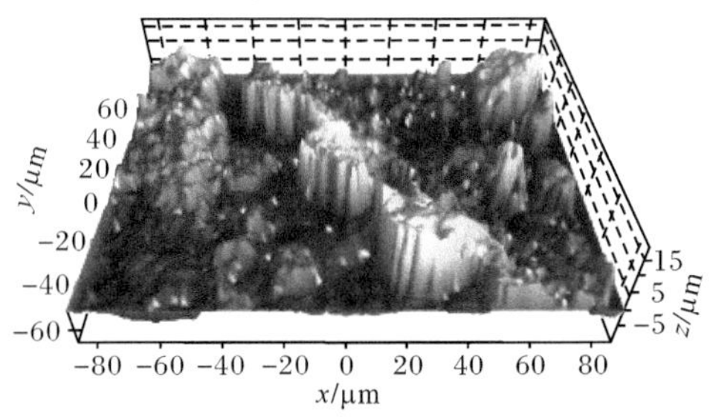

(e3) 尾部

(e) $ED_{1.01}$入口

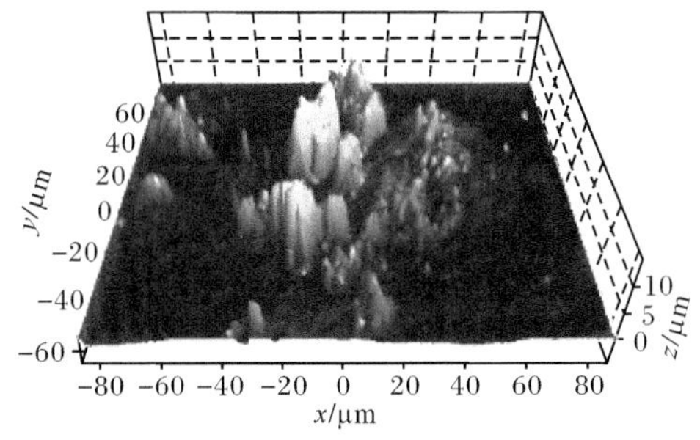

(f1) 首部

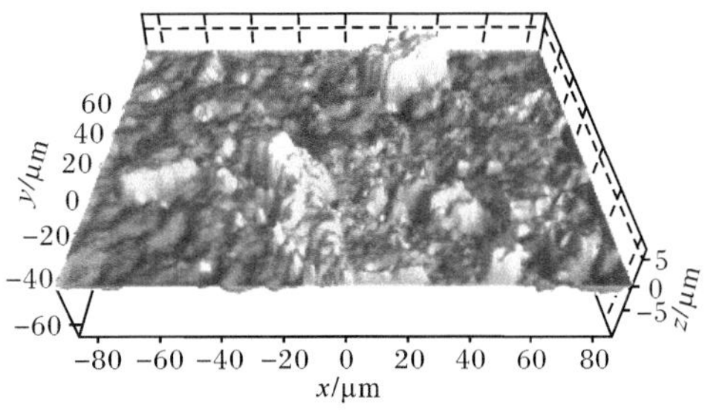

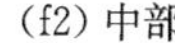

(f2) 中部

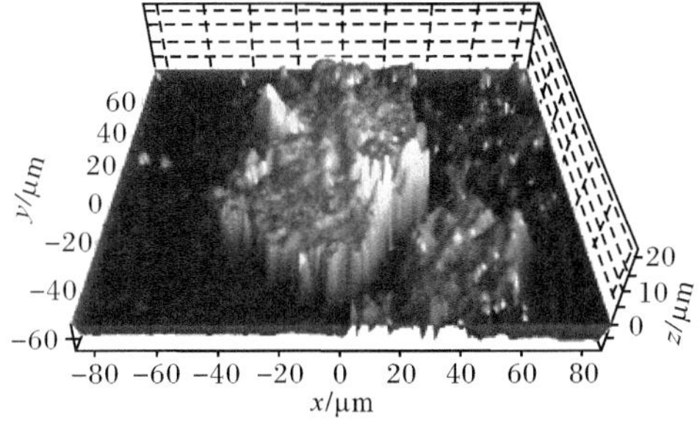

(f3) 尾部

(f) $ED_{1.01}$出口

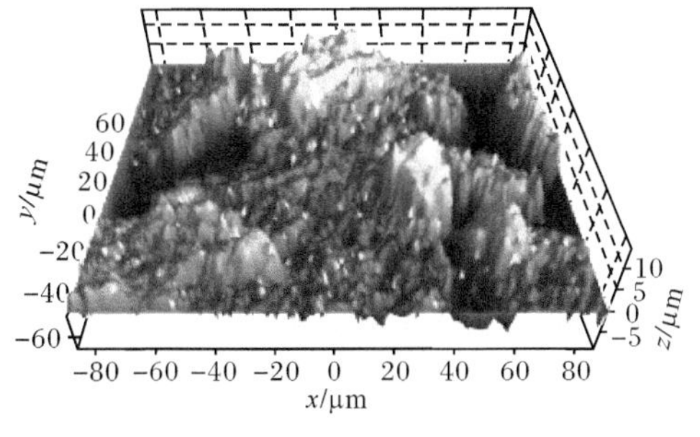

(g1) 首部

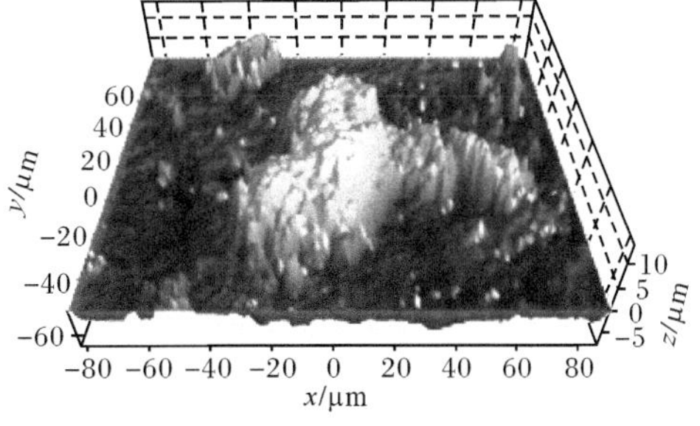

(g2) 中部

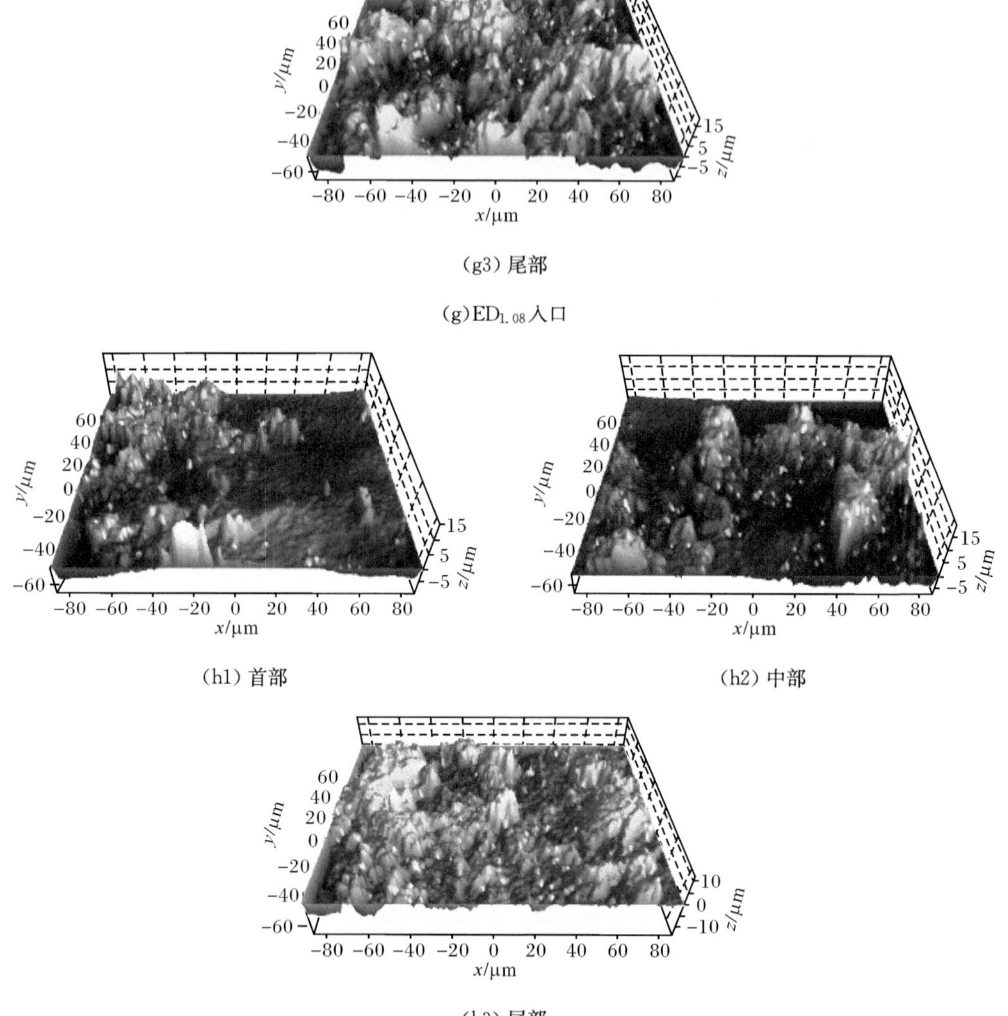

(g3) 尾部

(g) $ED_{1.08}$入口

(h1) 首部

(h2) 中部

(h3) 尾部

(h) $ED_{1.08}$出口

图 7.9　不同流道深度灌水器入口和出口处生物堵塞物质表面形貌特征

利用 SPIP 软件分析灌水器流道入口和出口生物堵塞物质平均厚度和相对厚度，结果见表 7.18，差异显著性结果见表 7.19。

表 7.18　不同流道深度灌水器流道入口和出口生物堵塞物质平均厚度和相对厚度

灌水器	毛管位置	流道位置	第 1 次取样（95%额定流量）		第 2 次取样（90%额定流量）	
			平均厚度/μm	相对厚度/‰	平均厚度/μm	相对厚度/‰
$ED_{0.75}$	首部	入口	3.26	4.35	3.30	4.40
		出口	1.87	2.49	2.15	2.87
	中部	入口	4.35	5.80	4.99	6.65
		出口	4.30	5.73	4.70	6.27
	尾部	入口	6.71	8.95	6.92	9.23
		出口	5.01	6.68	5.21	6.95

续表

灌水器	毛管位置	流道位置	第 1 次取样（95%额定流量）		第 2 次取样（90%额定流量）	
			平均厚度/μm	相对厚度/‰	平均厚度/μm	相对厚度/‰
$ED_{0.83}$	首部	入口	4.71	5.67	4.83	5.82
		出口	3.09	3.72	3.18	3.83
	中部	入口	6.31	7.60	6.78	8.17
		出口	5.18	6.24	6.01	7.24
	尾部	入口	8.53	10.28	8.90	10.72
		出口	7.25	8.73	7.84	9.45
$ED_{1.01}$	首部	入口	5.25	5.20	5.64	5.58
		出口	3.51	3.48	3.62	3.58
	中部	入口	7.86	7.78	8.37	8.29
		出口	6.82	6.75	7.21	7.14
	尾部	入口	9.50	9.41	9.78	9.68
		出口	7.35	7.28	8.20	8.12
$ED_{1.08}$	首部	入口	6.62	6.13	6.76	6.26
		出口	4.35	4.03	4.41	4.08
	中部	入口	9.01	8.34	9.91	9.18
		出口	7.64	7.07	8.45	7.82
	尾部	入口	11.15	10.32	11.79	10.92
		出口	8.06	7.46	9.10	8.43

表 7.19　不同流道深度灌水器流道入口和出口生物堵塞物质厚度差异显著性检验结果

编号	$ED_{0.75}$	$ED_{0.83}$	$ED_{1.01}$	$ED_{1.08}$
$ED_{0.75}$	—	—	—	—
$ED_{0.83}$	11.166**	—	—	—
$ED_{1.01}$	13.926**	5.761**		
$ED_{1.08}$	14.478**	9.032**	10.147**	

注：表中显著性检验结果 * * 表示极显著（$p<0.01$）。

从表 7.18 中可以看出，第 2 次取样的生物堵塞物质平均厚度和相对厚度要高于第 1 次取样，表明在这段时间内生物堵塞物质处于生长阶段；当灌水器的平均相对流量降至约 95%额定流量时，流道深度 0.75mm、0.83mm、1.01mm 和 1.08mm 的灌水器在流道入口处生物堵塞物质厚度分别为 3.26～6.71μm、4.71～8.53μm、5.25～9.50μm 和 6.62～11.15μm，而出口处分别为 1.87～5.01μm、3.09～7.25μm、3.51～7.35μm 和 4.35～8.06μm，即流道入口处生物堵塞物质厚度均大于其流道出口处，出口处较入口处生物堵塞物质厚度平均值分别降低 23.0%、22.4%、23.0%和 25.7%。两次取样的首部、中部、尾部 3 个位置滴灌灌水器流道入口和出口处生物堵塞物质厚度的关系为首部<中部<尾部，4 种流道深度灌水器尾部位置较首部位置灌水器入口生物堵塞物质厚度分别增加 105.8%、81.1%、81.0%和 68.4%，而出口处分别增加 167.9%、134.6%、109.4%和 85.3%。另外，流道入口和出口的生物堵塞物质相对厚度也随着流道深度增加而增加，同样表现出入口大于出口的变化趋势，且从首部到中部再到尾部 3 个位置表现出明显增加的趋势。灌水器的平均相对流量降至约 90%额定流量时，4 种流道深度灌水器流道内生物堵塞物质平均厚度较第 1 次取样时分别增加 1.2%～14.0%、2.6%～8.1%、7.4%～11.6%、2.1%～12.9%，而对于首部、中部、尾部 3 个位置以及入口、出口各部位之间，生

物堵塞物质之间的变化特征也呈现出与第1次取样类似的规律。从表7.19可以看出，不同流道深度灌水器流道入口、出口生物堵塞物质厚度间差异极显著（$p<0.01$）。

7.4　堵塞物质微生物群落对灌水器堵塞的影响效应与机理

7.4.1　试验概况

1. 试验设置

试验于2013年在北京市昌平区北七家镇污水处理厂进行，滴灌系统首部使用1个120目叠片过滤器+1个120目网式过滤器串联作为水源过滤系统，过滤器每3天清洗一次。试验期间每天累计运行8h，每天运行前校准首部压力为0.1MPa。试验期间再生水水源水质情况每天固定时间由污水处理厂在线监测系统取样测试，结果如图7.10所示。

试验选取9种常用的滴灌管（带），包括4种内镶贴片式灌水器（FE1～FE4）和5种圆柱式灌水器（CE1～CE5）。每种滴灌管（带）10根作为10个重复处理组，每根滴灌管（带）

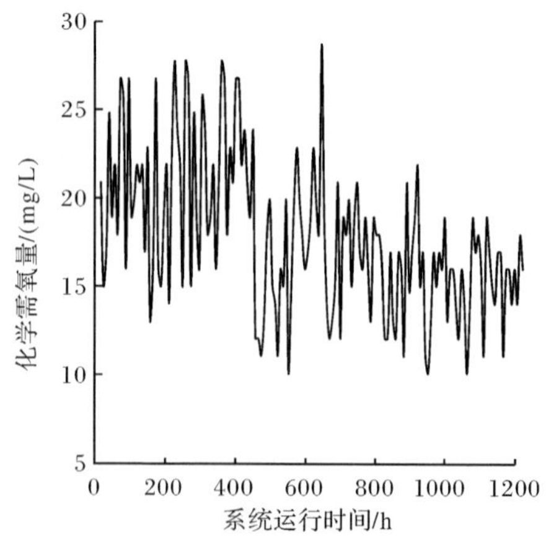

(a) 化学需氧量(COD_{Cr})

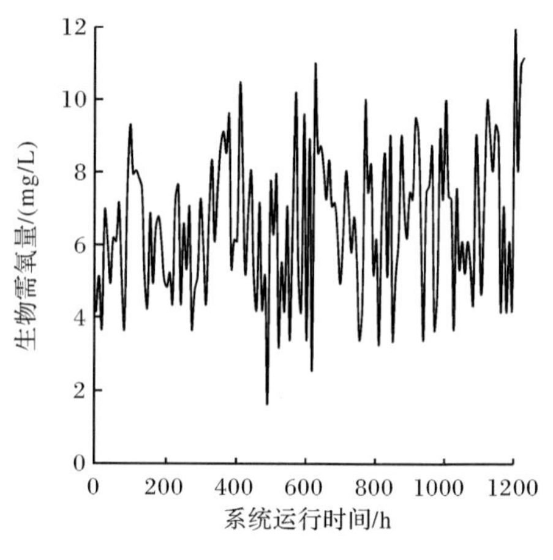

(b) 生物需氧量(BOD_5)

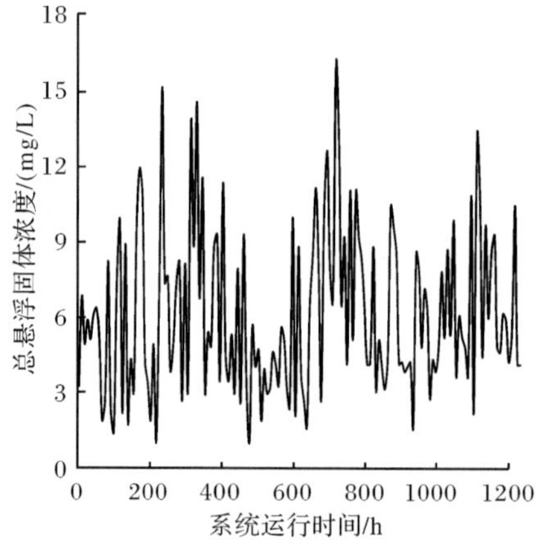

(c) 总悬浮固体浓度(TSS)

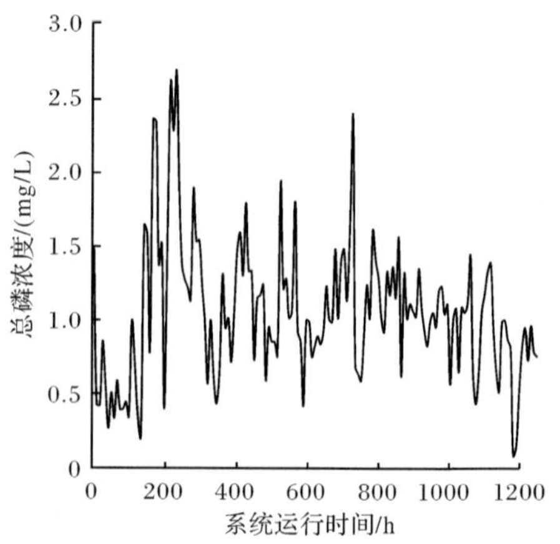

(d) 总磷浓度(TP)

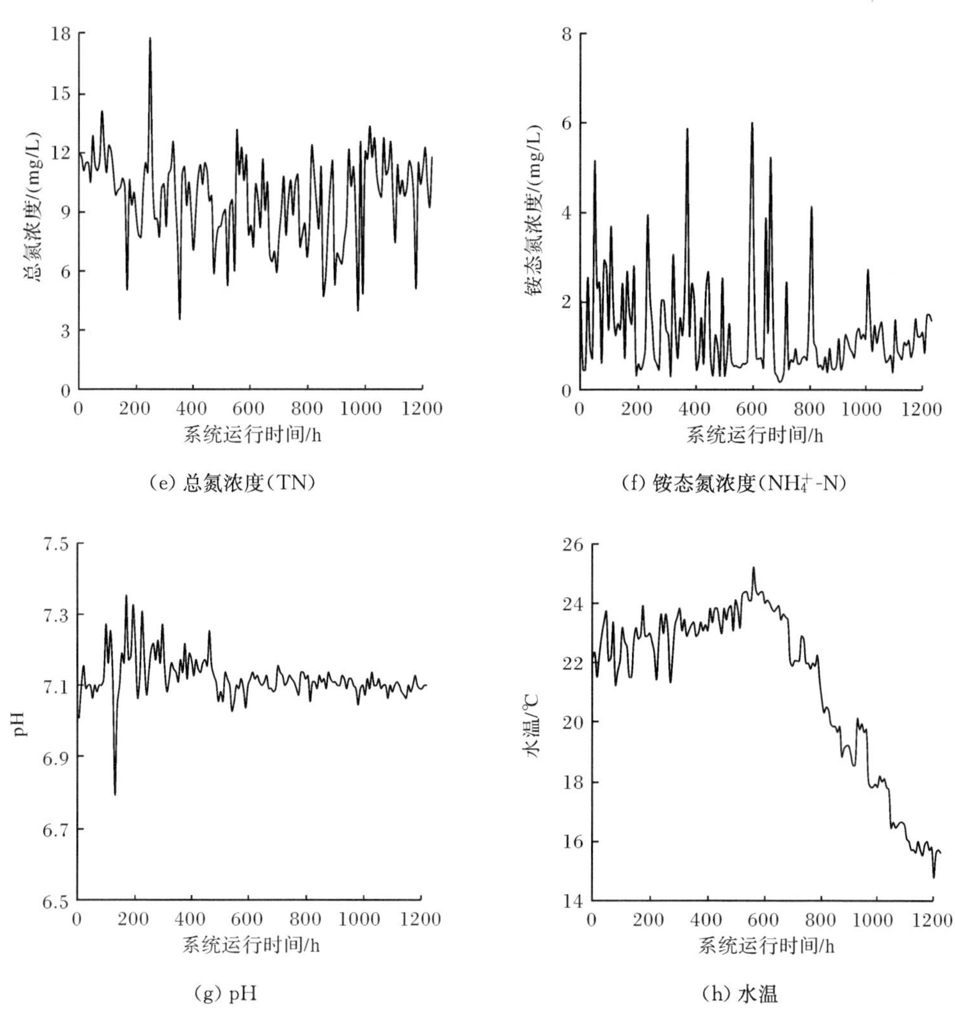

图 7.10　试验期间再生水水源水质特征

长 12m，灌水器间隔 0.3m。灌水器特征参数见表 7.20。

表 7.20　灌水器特征参数

灌水器	额定流量/(L/h)	流道几何参数(长×宽×深)/(mm×mm×mm)	流量系数	流态指数	灌水器结构
FE1	1.27	50.23×0.57×0.67	0.39	0.51	
FE2	1.01	48.20×0.50×0.64	0.57	0.83	
FE3	0.87	50.04×1.68×0.48	0.49	0.49	

续表

灌水器	额定流量/(L/h)	流道几何参数(长×宽×深)/(mm×mm×mm)	流量系数	流态指数	灌水器结构
FE4	1.51	50.15×1.10×0.78	0.67	0.47	
CE1	1.81	142.35×1.27×0.99	1.55	0.32	
CE2	1.76	148.02×1.07×1.21	0.99	0.55	
CE3	1.93	352.39×1.30×1.02	0.55	0.52	
CE4	3.02	152.23×2.40×0.75	0.86	0.47	
CE5	3.32	152.23×2.40×1.01	0.97	0.51	

2. 灌水器生物堵塞物质取样及组分测试方法

试验期间对不同类型灌水器内部生物堵塞物质进行10次取样，分别在系统累计运行240h、408h、600h、736h、832h、920h、1016h、1088h、1160h和1224h，即灌水器堵塞程度分别达到10%、20%、30%、40%、50%、60%、70%、80%、90%和100%时进行。每次取样时，每种类型灌水器破坏性取一根滴灌管(带)，分别测试滴灌管(带)的首部、中部和尾部各8个灌水器的流量，并测试当时水温，根据测试的灌水器流量和水温进行温度校正，得到灌水器堵塞程度，计算方法参见第3章，然后从首部、中部、尾部灌水器中分别选取5个接近预计堵塞程度且差异相对较小的灌水器样品待测。参考Zhou等(2013)使用的测试方法，首部、中部和尾部测试结果的平均值作为该类型灌水器最终测试结果。

使用S型曲线CD=a/(lnPLFAs−b)拟合灌水器堵塞程度与堵塞物质组分间的相关关系，其中，CD为灌水器堵塞程度；PLFAs为微生物磷脂脂肪酸；a和b为拟合参数。

3. 微生物群落生态学参数及其与灌水器堵塞之间的相关关系

将微生物磷脂脂肪酸(PLFAs)的测试结果作为数量测度，引入Shannon-Wiener多样性指数(Ge，2002；Mavrodi，1998)、Pielou均匀度指数(Zhang et al.，2007)和Simpson优势度指数(Dong et al.，2005)作为表征生物堵塞物质微生物群落的生态学参数，各参数物理意义及具体计算方法如下。

1) Shannon-Wiener多样性指数

Shannon-Wiener多样性指数(H)又称为信息多样性指数，综合反映群落的种类多少、个体在群落中所占比例及比例的均匀程度。由于微生物中生物种类增多代表了群落的复杂程度增高，即多样性指数越大，群落所含的信息量越大。

$$H = -\sum_{i=1}^{S} (N_i/N) \times \ln(N_i/N) \tag{7.8}$$

式中，S 为 PLFAs 的种类数；N_i/N 为每种 PLFA 的含量比例。

2) Pielou 均匀度指数

由式(7.8)可知，多样性指数决定于种类数(S)、总个体数(N)和每种的个体数(N_i)。每种的个体数越接近，即 $N_1 \approx N_2 \approx \cdots \approx N_S$时，各种个体分布的均匀度就越高，反之则越低。因此，Pielou 提出的均匀度指数(J)的计算公式为

$$J = \frac{H}{\ln S} \tag{7.9}$$

式中，H 为 Shannon-Wiener 指数；S 为 PLFAs 的种类数。

3) Simpson 优势度指数

Simpson 优势度指数(D)表示群落内各种类处于何种优势或劣势状态的群落测定度。优势度指数越大，表示优势物种地位越突出。其计算公式为

$$D = 1 - \sum_{i=1}^{S} (N_i/N)^2 \tag{7.10}$$

式中，S 为 PLFAs 的种类数；N_i/N 为每种 PLFA 的含量比例。

本节分别将内镶贴片式灌水器和圆柱式灌水器附生生物膜 PLFAs 计算的微生物群落生态学参数的平均值作为内镶贴片式灌水器和圆柱式灌水器微生物群落生态学参数的最终结果，并进一步拟合上述微生物群落生态学参数与灌水器堵塞程度之间的相关关系。

7.4.2　灌水器堵塞物质 PLFAs 动态变化特征

不同类型灌水器流道单位面积堵塞物质 PLFAs 动态生长过程与灌水器堵塞程度之间的关系如图 7.11 所示。

从图 7.11 可以看出，灌水器流道单位面积堵塞物质 PLFAs 的动态生长过程直接影响灌水器堵塞发生过程。整体来看，内镶贴片式灌水器和圆柱式灌水器单位面积堵塞物质 PLFAs 和灌水器堵塞程度之间存在显著的 S 型曲线相关关系($R^2 > 0.95^{**}$，$p < 0.01$)。在系统运行初期，灌水器堵塞程度在 20%以下时，单位面积堵塞物质PLFAs的生长对灌水器堵塞程度影响显著，此时灌水器堵塞加剧速度相对较快。之后，当灌水器堵塞程度在 20%～40%时，单位面积堵塞物质 PLFAs 的生长对灌水器堵塞进程的影响相对减弱，灌水器堵塞程度增长相对较慢。此后，当灌水器堵塞程度超过 40%时，灌水器堵塞物质 PLFAs 的生长对灌水器堵塞的影响极为显著，且影响效应逐渐增强，单位面积堵塞物质 PLFAs 稍有增长就会引起 CD 快速增加。

另外，圆柱式灌水器内部单位面积堵塞物质 PLFAs 整体低于内镶贴片式灌水器，在完全堵塞的内镶贴片式灌水器和圆柱式灌水器内部单位面积堵塞物质 PLFAs 质量分别为 0.97～1.91g/m^2 和 0.30～0.51g/m^2，且其相对大小分别表现为 $\mathrm{PLFAs_{FE4}} > \mathrm{PLFAs_{FE3}} > \mathrm{PLFAs_{FE2}} > \mathrm{PLFAs_{FE1}}$ 和 $\mathrm{PLFAs_{CE3}} > \mathrm{PLFAs_{CE4}} > \mathrm{PLFAs_{CE5}} > \mathrm{PLFAs_{CE1}} > \mathrm{PLFAs_{CE2}}$。

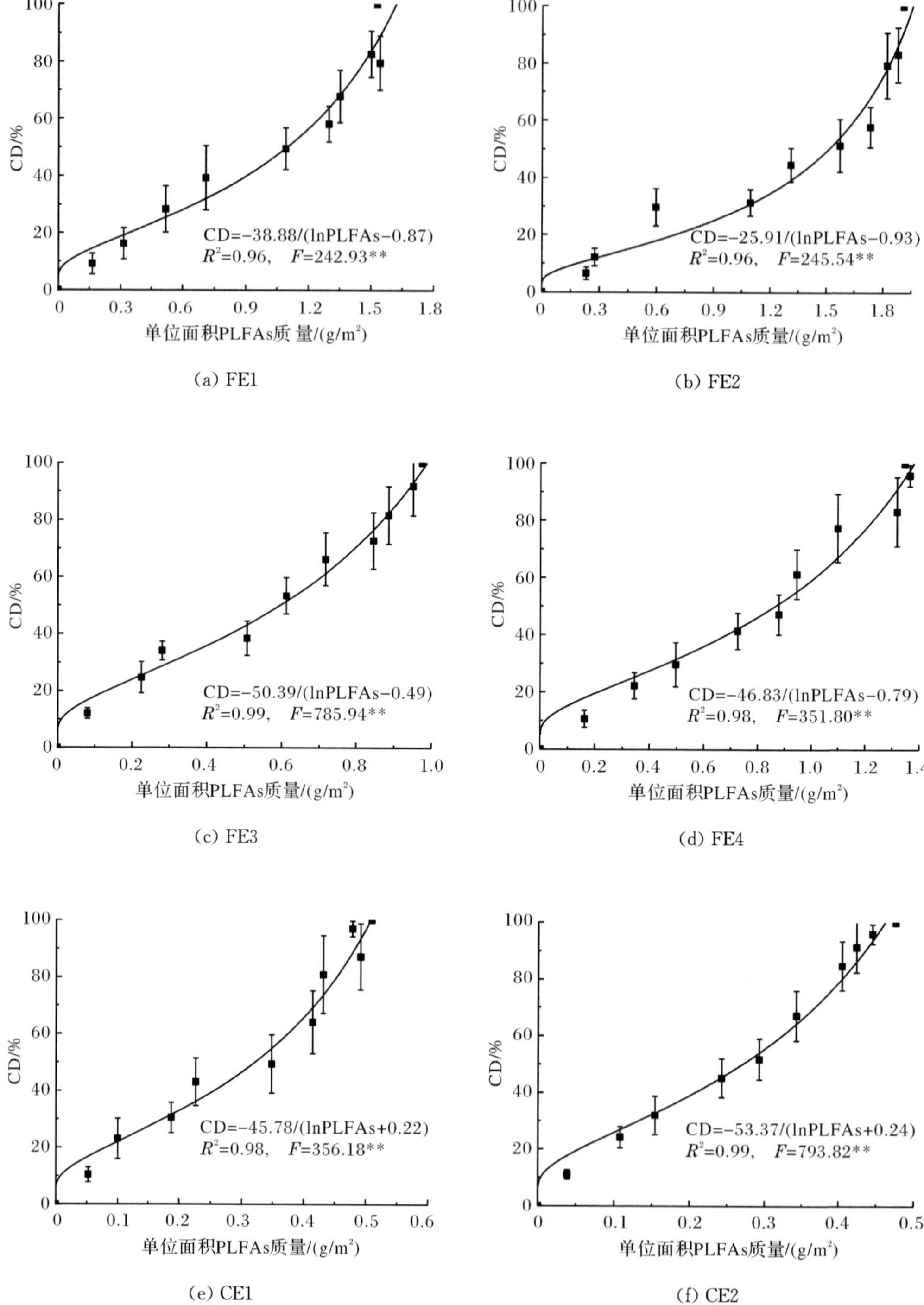

(a) FE1　(b) FE2

(c) FE3　(d) FE4

(e) CE1　(f) CE2

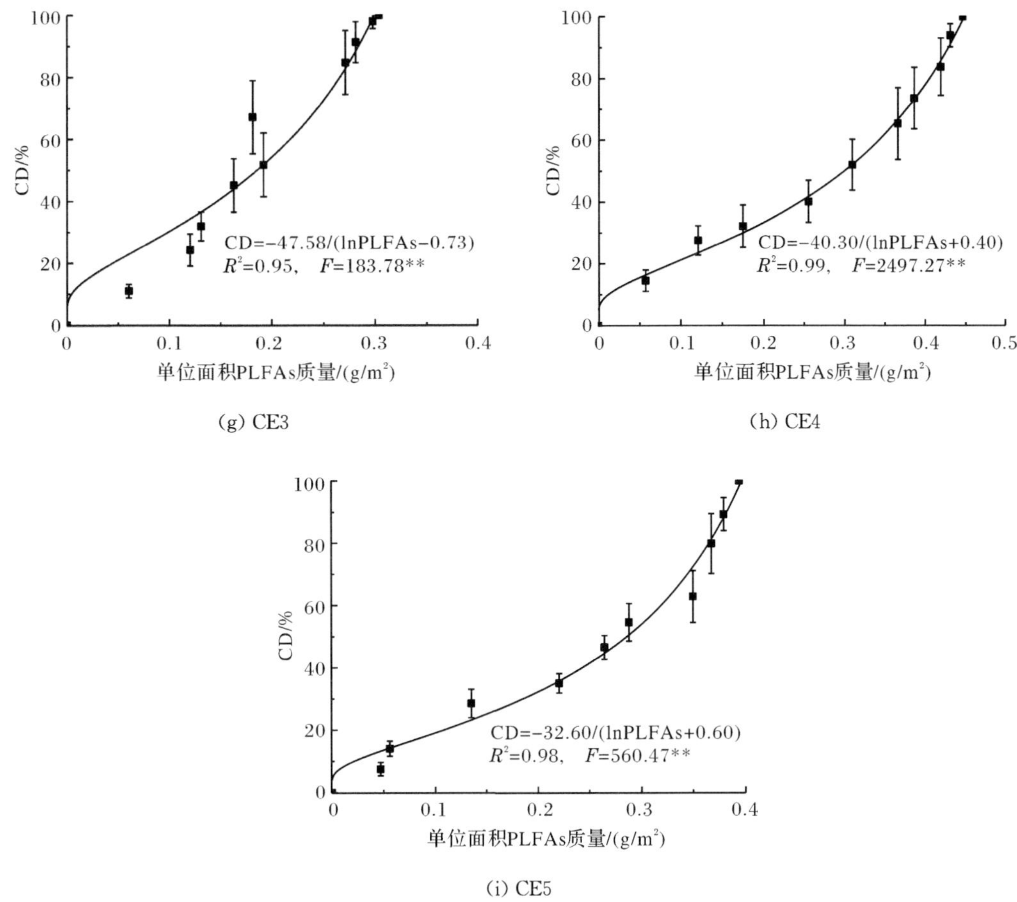

(g) CE3　(h) CE4

(i) CE5

图 7.11　不同类型灌水器 PLFAs 动态生长过程与灌水器堵塞程度的关系

7.4.3　灌水器堵塞物质微生物种类及优势菌

不同类型灌水器内部堵塞物质磷脂脂肪酸(PLFAs)种类及其所占比例的动态变化特征如图 7.12 所示,3 种革兰氏阳性菌在微生物群落中所占比例与灌水器堵塞程度的关系如图 7.13 所示。

从图 7.12 可以看出,内镶贴片式灌水器和圆柱式灌水器堵塞物质的 PLFAs 共有 8 种,其中包括革兰氏阳性菌 i15:0、16:0(假单胞杆菌)、18:0(嗜热解氢杆菌);革兰氏阴性菌18:1ω9t;真菌 18:1ω9c、18:2ω3,9t、18:2ω6,9c 和 18:2ω6,9t。不同类型灌水器堵塞物质 PLFAs 种类一般为 3～7 种。其中,圆柱式灌水器堵塞物质中 PLFAs 的种类更丰富,一般为 3～7 种,而内镶贴片式灌水器一般为 3～6 种。其中,革兰氏阳性菌 i15:0、16:0、18:0 在不同堵塞程度的 9 种灌水器堵塞物质中的分布表现为完全分布,是微生物群落中的优势菌群,且 3 种菌的质量分数整体来看比较接近,分别为 24.4%～34.2%、24.8%～37.2%、24.2%～39.0%,三者质量分数之和在不同的灌水器样品中都保持在 76.3%以上。然而,上述 3 种优势菌均在堵塞初期含量较高,并随着灌水器堵塞程度的加大表现为

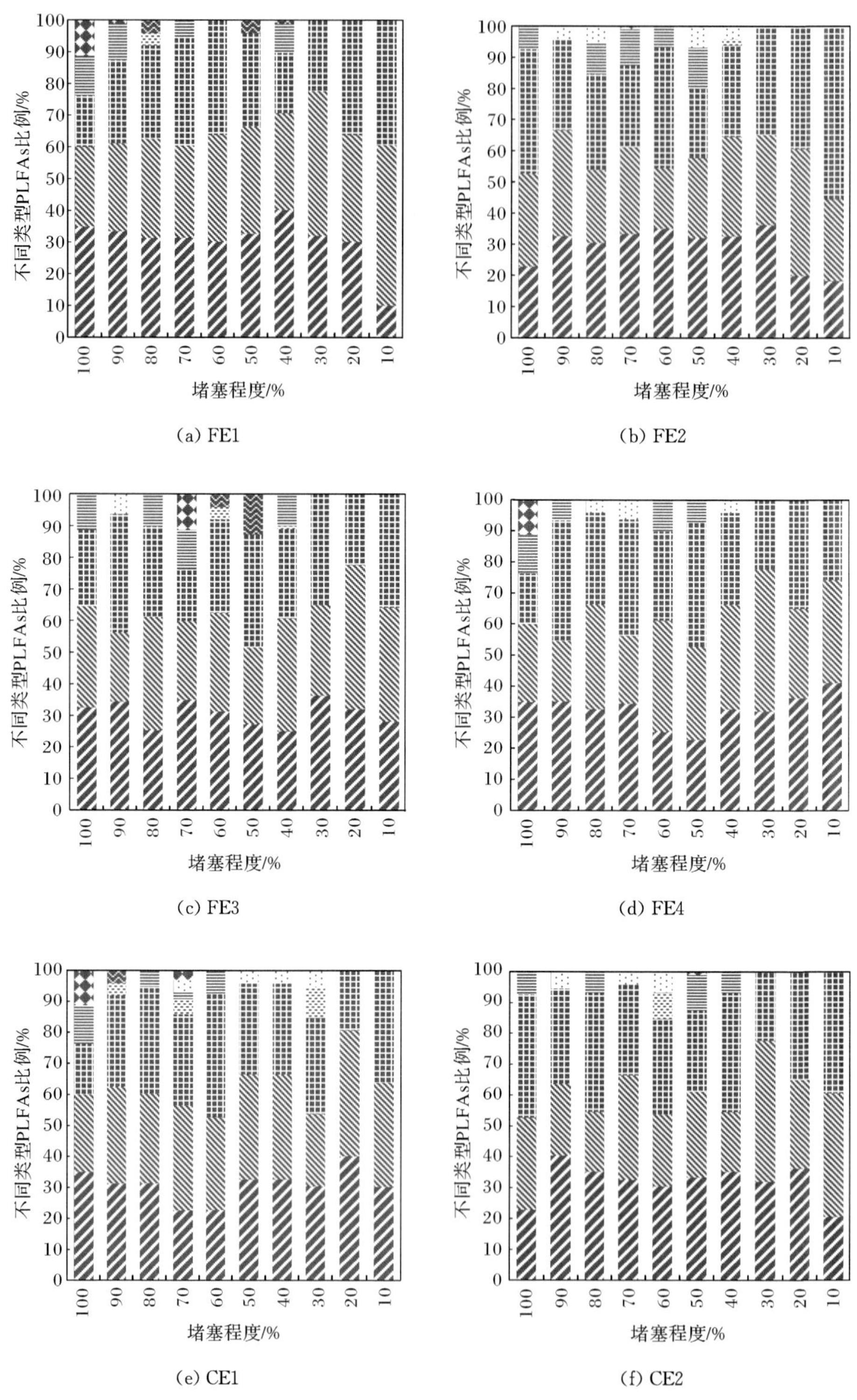

(a) FE1　　(b) FE2

(c) FE3　　(d) FE4

(e) CE1　　(f) CE2

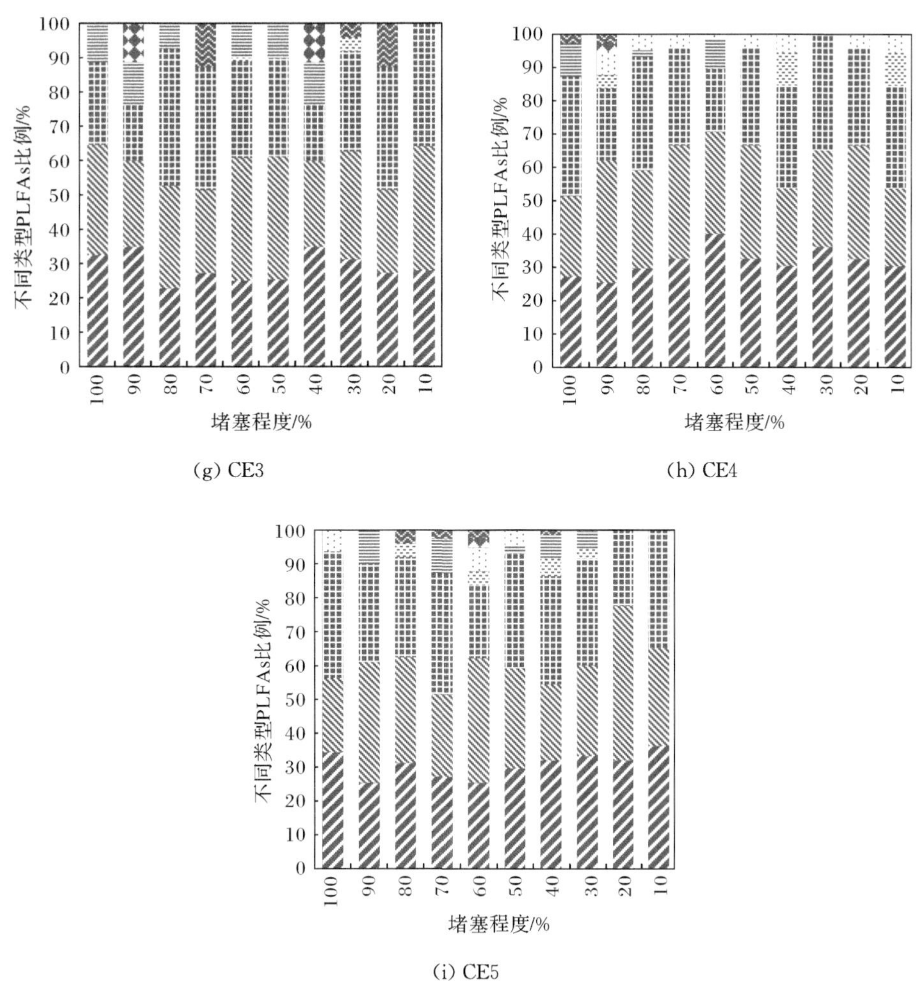

18:2ω6,9t　18:2ω6,9c　18:2ω3,9t　18:1ω9c　18:1ω9t　18:0　16:0　i15:0

图 7.12　不同类型灌水器 PLFAs 种类及其所占比例的动态变化特征

减少的趋势。对于内镶贴片式灌水器，优势菌的含量(质量分数)随着堵塞程度的变化规律为：当堵塞程度由 10%增加到 30%时，革兰氏阳性菌 i15:0 和假单胞杆菌 16:0 的含量分别增加 9.8%、0.6%，嗜热解氢杆菌 18:0 的含量降低 10.4%；堵塞程度由 30%增加到 50%时，革兰氏阳性菌 i15:0 和假单胞杆菌 16:0 的含量分别降低 5.5%、8.8%，嗜热解氢杆菌 18:0 的含量增加 3.2%；当堵塞程度由 50%增加到 70%时，革兰氏阳性菌 i15:0 的含量增加 4.9%；当堵塞程度由 70%增加到 100%时，灌水器生物膜中革兰氏阳性菌 i15:0、假单胞杆菌 16:0、嗜热解氢杆菌 18:0 和真菌的含量均处于稳定状态或轻微波动。对圆柱式灌水器而言，当堵塞程度由 10%增加到 40%时，革兰氏阳性菌 i15:0 的含量增加 4.0%，嗜热解氢杆菌 18:0 的含量降低 5.9%；当堵塞程度由 40%增加到 80%时，革兰氏阳性菌 i15:0 的含量降低 3.0%，嗜热解氢杆菌 18:0 的含量增加 5.8%；当堵塞程度由 70%增加到 100%时，灌水器堵塞物质中革兰氏阳性菌 i15:0、嗜热解氢杆菌 18:0 和真菌的含量均处于稳定状态或轻微波动；在灌水器堵塞的整个过程中，真菌的含量随着堵塞程度的增加表现出波动增加的趋势。

另外，从图 7.13 可以看出，3 种革兰氏阳性菌与灌水器堵塞程度之间存在相关关系，其中，假单胞杆菌 16:0 表现出的相关性相对强于革兰氏阳性菌 i15:0 和嗜热解氢杆菌 18:0，而假单胞杆菌 16:0 与灌水器堵塞程度之间表现出显著的线性负相关关系（内镶贴片式和圆柱式灌水器对应的 R^2 分别为 0.70 和 0.54，$p<0.01$），即假单胞杆菌 16:0 在微生物群落中所占的比例随着灌水器堵塞程度的增大而减小。因此，假单胞杆菌16:0是与灌水器堵塞程度关系最密切的菌群。

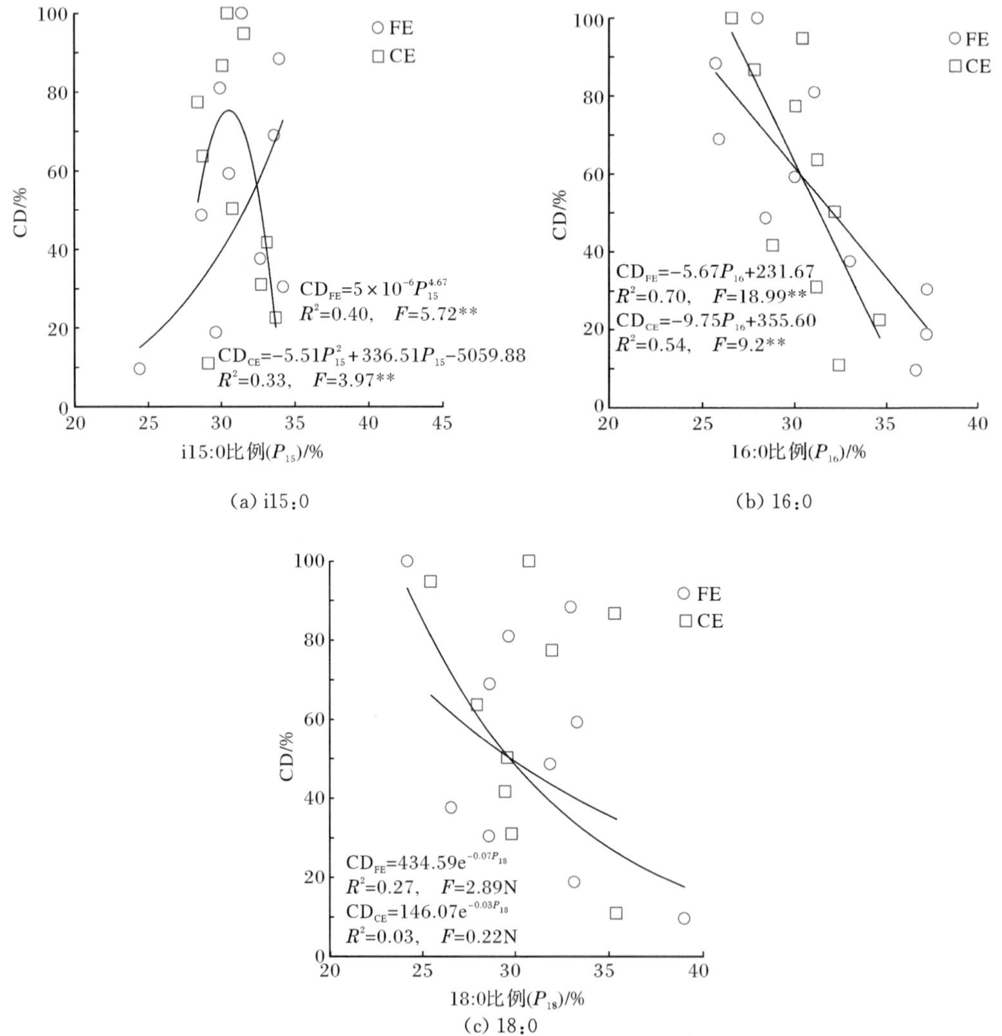

图 7.13　三种革兰氏阳性菌在微生物群落中所占比例与灌水器堵塞程度的关系

7.4.4　堵塞物质微生物多样性与灌水器堵塞的关系

灌水器堵塞物质微生物群落生态学参数（包括 Shannon-Wiener 多样性指数 H、Pielou 均匀度指数 J 和 Simpson 优势度指数 D）与灌水器堵塞程度（CD）之间的关系如

图 7.14 所示。

从图 7.14 可以看出，灌水器堵塞物质微生物群落的 Shannon-Wiener 多样性指数 H、Pielou 均匀度指数 J 和 Simpson 优势度指数 D 分别为 1.08～1.53、0.75～1.11、0.65～0.75；其中圆柱式灌水器堵塞物质微生物群落的 Shannon-Wiener 多样性指数高于内镶贴片式灌水器，圆柱式灌水器堵塞物质微生物群落的 Shannon-Wiener 多样性指数为 1.22～1.53，片式灌水器堵塞物质微生物群落的 Shannon-Wiener 多样性指数为 1.08～1.45；圆柱式灌水器和内镶贴片式灌水器堵塞物质微生物群落的 Pielou 均匀度指数、Simpson 优势度指数均相近。此外，对内镶贴片式灌水器而言，微生物群落生态学参数随堵塞程度的变化规律为：随着灌水器堵塞程度增加，H 与 D 表现出递减的趋势，分别由 1.45、0.75 减小到 1.08、0.65；J 随着灌水器堵塞程度的增加表现出先减小后增大的趋势，当堵塞程度为 60%时，J 最小，为 0.90。对于圆柱式灌水器，微生物群落生态学参数随堵塞程度的变化规律为：随着灌水器堵塞程度增加，H 与 D 也表现出递减的趋势，分别由 1.45、0.73 减小到 1.22、0.68；J 随着灌水器堵塞程度增加呈现出在 0.75～1.11 范围为波动状态，当堵塞程度分别为 50%、80%时，J 较小，分别为 0.77、0.75。

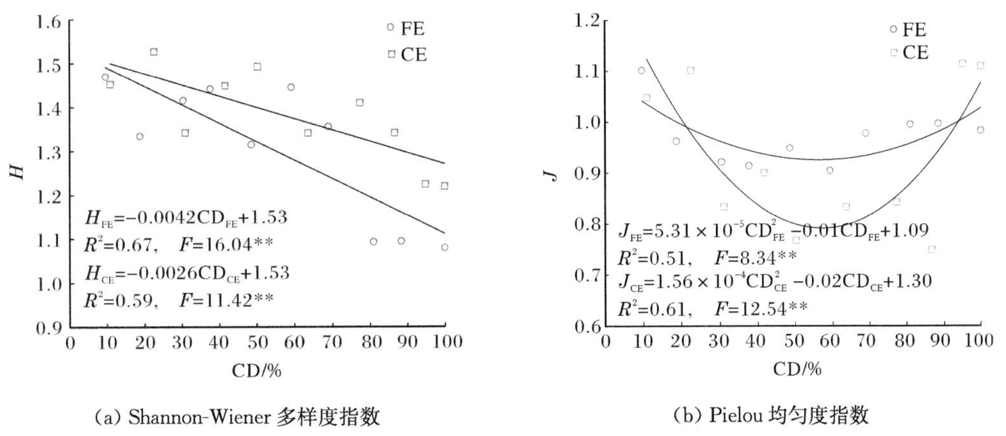

(a) Shannon-Wiener 多样度指数　　(b) Pielou 均匀度指数

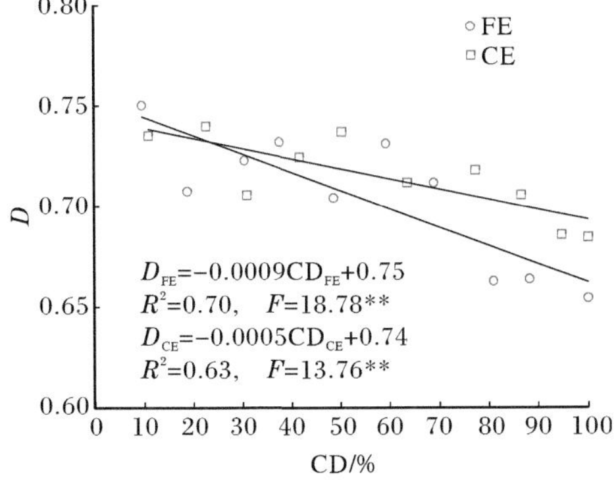

(c) Simpson 优势度指数

图 7.14　灌水器堵塞物质微生物群落生态学参数与灌水器堵塞程度的关系

7.5 滴灌系统灌水器生物堵塞物质特征组分形成动力学过程与模拟

7.5.1 特征组分形成动力学模型假设与构建

试验设置如 7.4 节所述，使用高精度电子天平（精度：10^{-4}g）分别测试超声波清洗仪（功率：600kW）脱膜前及脱膜、烘干后各灌水器样品质量，所得差值即为灌水器生物堵塞物质固体颗粒物质量。同时受到试验经费、场地等因素限制，提取、测试的灌水器样本数目有限，为了尽可能消除生物堵塞物质生长的随机性给试验结果带来的影响，即尽可能准确地表征生物堵塞物质特征组分的动态变化过程，每次取样测试时将同类型灌水器毛管首部、中部和尾部所取的 5 个灌水器样品脱膜处理后的液体样品混合均匀用于胞外聚合物和磷脂脂肪酸的测试。生物堵塞物质特征组分（固体颗粒物、胞外聚合物、磷脂脂肪酸）具体测试方法参见第 5 章。

以 Logistic 生长模型为原型，综合考虑灌水器结构类型、流道几何参数和毛管位置等因素，忽略滴灌水质等因素的影响，建立再生水滴灌系统灌水器流道单位面积生物堵塞物质组分生长动力学模型，模型假设如下。

（1）灌水器流道单位面积生物堵塞物质组分增长量等于其净生长量与脱落量之差。

（2）将整个灌水器流道看作弯曲管道，各结构单元段内营养供给、流动特性等生长环境一致，生物堵塞物质在灌水器流道上、下底面和左、右壁面的生长量与流道宽深比 $R_{W/D}$ 成正比（$R_{W/D}=W/D$，其中 W 和 D 分别为灌水器流道宽度和深度，定义$\frac{1}{R_{W/D}+1}$为灌水器结构特征量）。

（3）生物堵塞物质净生长量与系统运行时间满足 Logistic 生长模型（Richards，1959），并与断面平均流速 v 及灌水器结构特征量成正比，毛管不同位置间的差异通过 Logistic 生长模型中的最大环境容纳量 $\mathrm{BIO_{max}}$进行表征。

（4）生物堵塞物质脱落量与净生长量成正比，脱落率与流道近壁面平均剪切力 τ 成正比。

根据假设（2）、（3）可以得到生物堵塞物质净生长量 $\mathrm{BIO_{生}}$：

$$\mathrm{BIO_{生}}=\frac{\mathrm{BIO_{max}}}{1+a_1\mathrm{e}^{-a_2T}}\cdot a_3\cdot\frac{v}{1+R_{W/D}} \tag{7.11}$$

根据假设（4）可以得到生物堵塞物质脱落量 $\mathrm{BIO_{脱}}$：

$$\mathrm{BIO_{脱}}=K_{脱}\cdot\mathrm{BIO_{生}}=a_4\tau\mathrm{BIO_{生}}=a_4\rho Av^2\mathrm{BIO_{生}} \tag{7.12}$$

根据假设（1）生物堵塞物质生长量 BIO 为净生长量和脱落量的差值：

$$\begin{aligned}\mathrm{BIO}&=\mathrm{BIO_{生}}-\mathrm{BIO_{脱}}=\frac{\mathrm{BIO_{max}}}{1+a_1\mathrm{e}^{-a_2T}}\cdot a_3\cdot\frac{v}{1+R_{W/D}}(1-a_4\rho Av^2)\\&=\frac{a_3-a_5\rho Av^2}{1+a_1\mathrm{e}^{-a_2T}}\cdot\frac{v}{1+R_{W/D}}\mathrm{BIO_{max}}\\&=\frac{b_1v-b_2\rho Av^3}{1+R_{W/D}}\times\frac{\mathrm{BIO_{max}}}{1+b_3\,\mathrm{e}^{-b_4T}}\end{aligned} \tag{7.13}$$

式中，BIO、$BIO_{生}$、$BIO_{脱}$、BIO_{max}分别为灌水器流道单位面积生物堵塞物质生长量、净生长量、脱落量和最大环境容纳量，g/m^2；T 为系统累计运行时间，h；$K_{脱}$为脱落率；τ 为灌水器流道近壁面平均剪切力，N，根据动量方程近似计算可得 $\tau=\rho A v^2$，其中，ρ 为水源密度，g/m^3，A 为灌水器流道横截面积，m^2，v 为 10m 水头工作压力下的断面平均流速，m/s；$R_{W/D}$为灌水器宽深比；$a_1 \sim a_5$ 以及 $b_1 \sim b_4$ 为模型拟合参数。

7.5.2　灌水器生物堵塞物质固体颗粒物形成动力学过程模拟

不同类型灌水器毛管首部、中部和尾部单位面积生物堵塞物质固体颗粒物质量（SP）动态变化特征如图 7.15 所示，通过建立的生长模型进行拟合，结果见表 7.21。

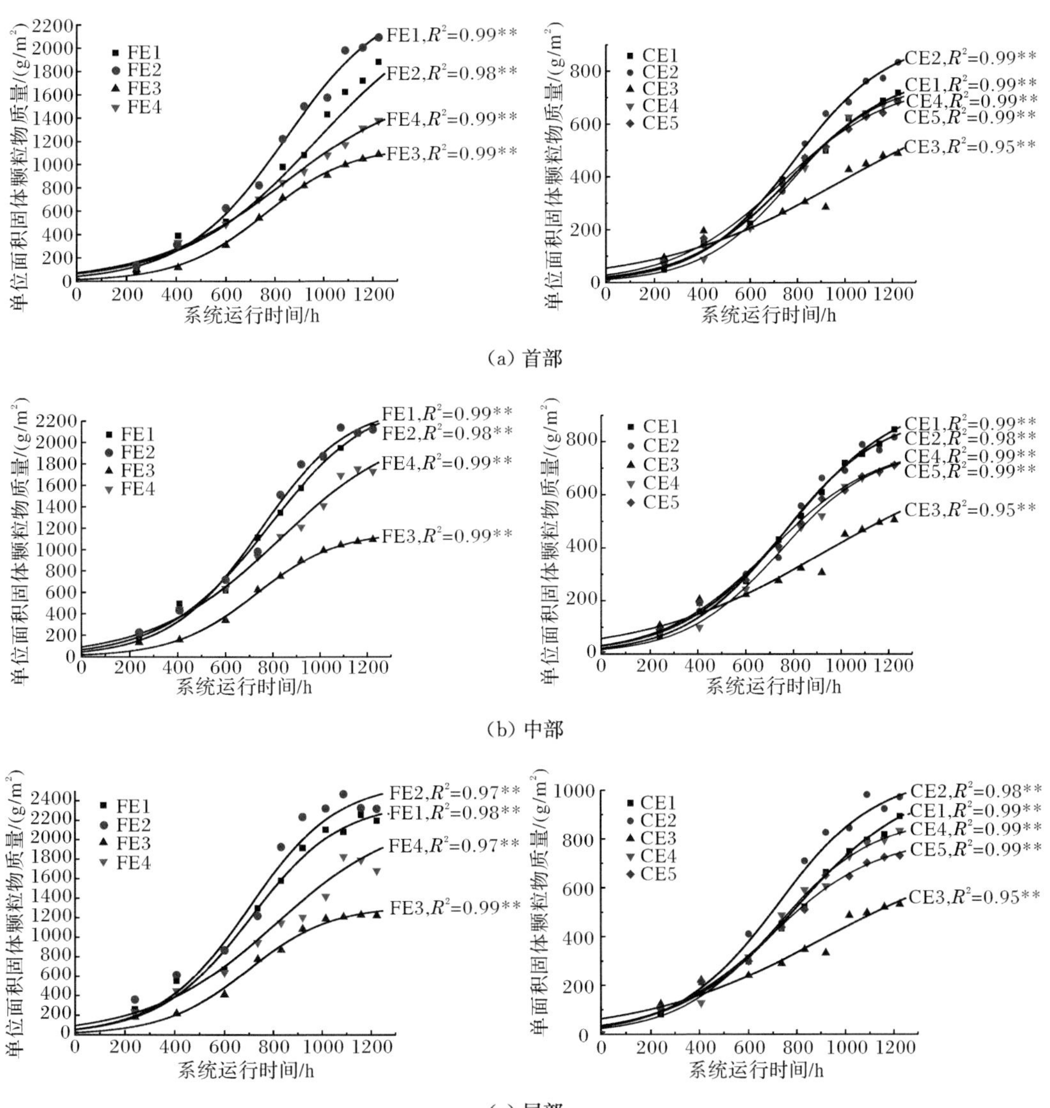

图 7.15　灌水器流道单位面积生物堵塞物质固体颗粒物质量动态变化过程

* * 表示模型拟合过程中在 $p<0.01$ 条件下显著

表 7.21　灌水器流道单位面积生物堵塞物质固体颗粒物生长动力学模型拟合参数结果

毛管位置	灌水器	b_1	b_2	b_3	b_4	R^2
首部	FE1	3.431	0.477	36.407	0.0037	0.99**
	FE2	3.014	0.637	57.534	0.0048	0.98**
	FE3	3.093	0.162	75.509	0.0057	0.99**
	FE4	5.808	−1.189	22.318	0.0037	0.99**
	CE1	5.182	−1.194	35.677	0.0042	0.99**
	CE2	6.196	−0.343	51.118	0.0048	0.99**
	CE3	8.553	−1.115	12.858	0.0026	0.95**
	CE4	7.708	−3.190	59.339	0.0050	0.99**
	CE5	7.737	−2.565	25.050	0.0044	0.99**
中部	FE1	2.729	0.072	36.302	0.0046	0.99**
	FE2	2.709	0.101	51.690	0.0053	0.98**
	FE3	3.124	0.256	67.404	0.0058	0.99**
	FE4	5.761	−1.684	22.746	0.0038	0.99**
	CE1	5.472	−0.467	31.268	0.0044	0.99**
	CE2	6.027	−1.119	40.122	0.0049	0.98**
	CE3	7.434	−4.621	11.970	0.0027	0.95**
	CE4	7.505	−3.554	43.768	0.0051	0.99**
	CE5	8.212	−1.103	23.556	0.0045	0.99**
尾部	FE1	2.304	−0.675	34.896	0.0054	0.98**
	FE2	3.083	2.154	46.537	0.0056	0.97**
	FE3	4.048	4.276	59.603	0.0059	0.99**
	FE4	6.210	0.572	21.067	0.0039	0.97**
	CE1	5.490	−0.874	28.530	0.0046	0.99**
	CE2	5.783	−2.002	33.994	0.0049	0.98**
	CE3	8.154	−0.046	11.287	0.0027	0.95**
	CE4	7.972	−1.196	36.173	0.0053	0.99**
	CE5	8.610	0.030	22.294	0.0045	0.99**

**表示模型拟合过程中在 $p<0.01$ 的条件下显著。

从图 7.15 和表 7.21 可以看出，建立的模型可以很好地表征不同类型灌水器生物堵塞物质固体颗粒物动态变化过程（$p<0.01$）。整体来看，不同类型灌水器固体颗粒物质量随系统运行都表现出 S 型增长趋势，可以依次分为生长适应期、快速增长期和动态稳定期三个阶段，且对不同类型的灌水器而言，各阶段的分界点是一致的。在系统运行的前 408h 均处于生长适应期，固体颗粒物整体增长缓慢，但内镶贴片式灌水器固体颗粒物增长速度整体大于圆柱式灌水器，此阶段结束时内镶贴片式灌水器和圆柱式灌水器固体颗粒物质量分别达到 117.67～613.56g/m² 和 88.78～220.70g/m²，其中最大值分别出现在

FE2 和 CE2 灌水器中。之后进入快速增长期，至系统累计运行 1088h 时，内镶贴片式灌水器和圆柱式灌水器固体颗粒物质量分别增长到 997.66～2467.95g/m^2 和 449.22～981.87g/m^2，固体颗粒物质量的最大值仍然是出现在 FE2 和 CE2 灌水器中。此后固体颗粒物质量趋于动态稳定，增长非常缓慢，甚至略有降低。直至滴灌系统累计运行 1224h 至试验结束时，内镶贴片式灌水器和圆柱式灌水器固体颗粒物质量分别为 1088.11～2318.03g/m^2 和 488.79～972.42g/m^2。FE2 和 CE2 灌水器固体颗粒物质量始终最高，而 FE3 和 CE3 灌水器固体颗粒物质量相对较低。虽然毛管首部、中部和尾部灌水器固体颗粒物质量的动态变化过程都符合上述动力学过程描述的整体趋势，不同阶段灌水器固体颗粒物质量的变化特征和持续时间也一致。但是，毛管不同位置处固体颗粒物质量相对大小表现出 $SP_{首}<SP_{中}<SP_{尾}$ 的趋势。从表 7.21 的模型拟合参数来看，b_1 和 b_2 的相对大小与毛管位置并没有表现出明显的规律性，而 b_3 表现出从首部到中部再到尾部逐渐减小，同时 b_4 表现出从首部到中部再到尾部逐渐增大的趋势。

7.5.3　灌水器生物堵塞物质胞外聚合物形成动力学过程模拟

不同类型滴灌毛管首部、中部和尾部灌水器流道单位面积生物堵塞物质胞外聚合物质量(EPS)动态变化特征如图 7.16 所示，生长动力学模型拟合结果见表 7.22。

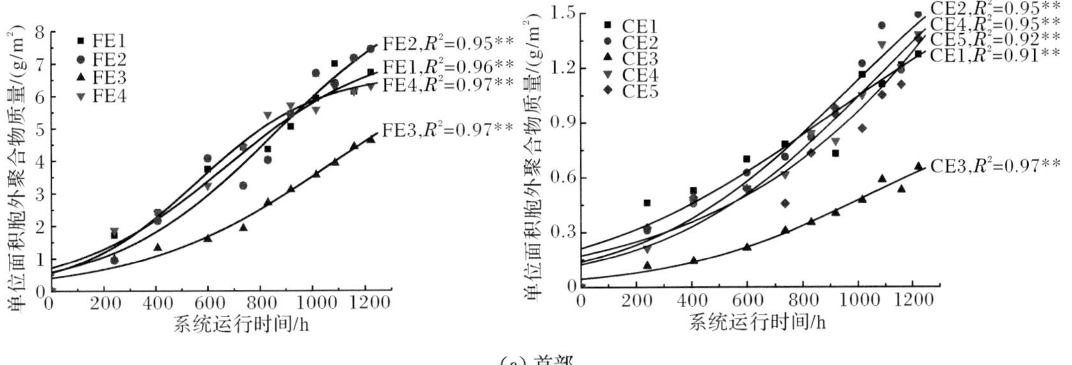

(a) 首部

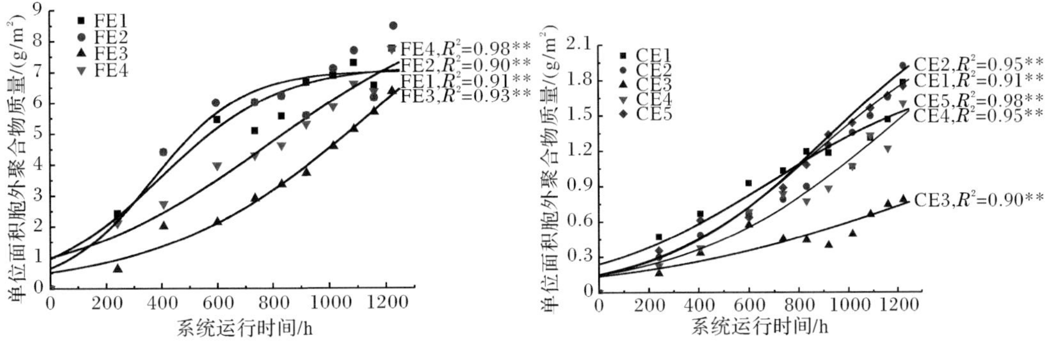

(b) 中部

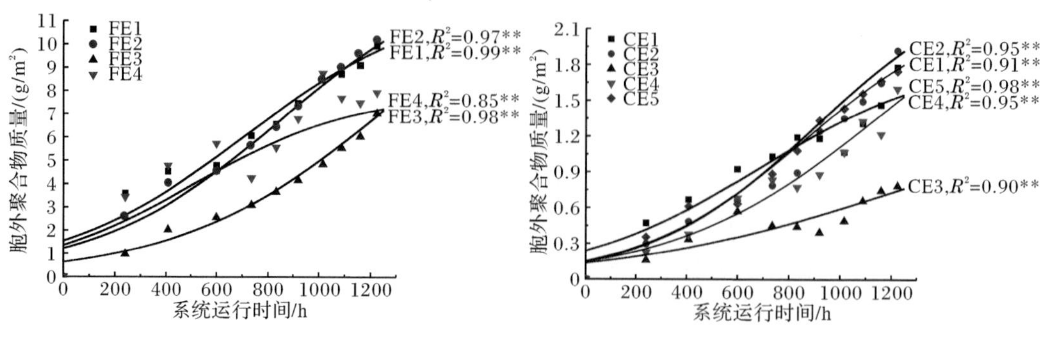

(c) 尾部

图 7.16　灌水器流道单位面积生物堵塞物质胞外聚合物质量动态变化过程

* * 表示模型拟合过程中在 $p<0.01$ 条件下显著

表 7.22　灌水器流道单位面积生物堵塞物质胞外聚合物生长动力学模型拟合参数结果

毛管位置	灌水器	b_1	b_2	b_3	b_4	R^2
首部	FE1	2.825	−1.461	9.759	0.0034	0.96**
	FE2	3.279	0.324	15.767	0.0032	0.95**
	FE3	8.661	0.509	19.113	0.0027	0.97**
	FE4	2.238	−0.837	11.096	0.0043	0.97**
	CE1	6.775	−1.286	7.625	0.0023	0.91**
	CE2	7.710	−1.429	14.195	0.0028	0.95**
	CE3	8.631	1.832	20.275	0.0030	0.97**
	CE4	12.215	−1.104	16.940	0.0027	0.95**
	CE5	27.022	−0.168	26.265	0.0019	0.92**
中部	FE1	2.761	0.412	6.465	0.0047	0.91**
	FE2	1.894	−0.460	9.833	0.0062	0.90**
	FE3	8.958	−1.764	22.327	0.0026	0.93**
	FE4	2.810	−0.185	8.508	0.0027	0.98**
	CE1	4.947	−0.867	6.854	0.0028	0.91**
	CE2	7.594	0.202	16.472	0.0031	0.95**
	CE3	10.395	−0.216	9.722	0.0019	0.90**
	CE4	13.267	−0.001	17.714	0.0025	0.95**
	CE5	10.449	0.108	14.351	0.0031	0.98**
尾部	FE1	3.553	0.122	6.848	0.0027	0.99**
	FE2	2.728	−2.221	10.189	0.0027	0.97**
	FE3	10.442	−1.632	23.021	0.0024	0.98**
	FE4	2.295	−0.199	4.837	0.0031	0.85**
	CE1	8.649	−1.733	37.990	0.0031	0.91**
	CE2	11.513	−0.359	32.373	0.0028	0.95**

续表

毛管位置	灌水器	b_1	b_2	b_3	b_4	R^2
尾部	CE3	7.980	−1.496	14.753	0.0029	0.90**
	CE4	8.995	−1.560	32.733	0.0042	0.95**
	CE5	17.228	−4.893	32.270	0.0026	0.98**

**表示模型拟合过程中在 $p<0.01$ 条件下显著。

从图 7.16 和表 7.22 来看，采用生长动力学模型拟合灌水器生物堵塞物质胞外聚合物质量的动态变化过程的整体效果相对固体颗粒物较差（$p<0.01$），但是整体变化趋势仍然与固体颗粒物类似，依次可以分为生长适应期、快速增长期、动态稳定期三个阶段。灌水器生物堵塞物质胞外聚合物质量在系统开始运行最初的 408h 增长缓慢，且内镶贴片式灌水器胞外聚合物质量增长速率仍高于圆柱式灌水器，此阶段结束时胞外聚合物质量分别达到 1.33～4.77g/m^2 和 0.14～0.72g/m^2，此阶段最大的胞外聚合物质量出现在 FE4 和 CE2 灌水器。此后胞外聚合物质量开始快速增长，但与固体颗粒物略有不同的是，系统运行后期（1088～1224h）胞外聚合物质量增长的态势仍然比较明显，动态稳定的趋势相对较弱。在系统累计运行 1224h 至试验结束时，内镶贴片式灌水器和圆柱式灌水器胞外聚合物质量分别增长到 4.62～10.20g/m^2 和 0.65～3.19g/m^2。此时，不同类型内镶贴片式灌水器胞外聚合物质量相对大小表现为 $EPS_{FE2}>EPS_{FE1}>EPS_{FE4}>EPS_{FE3}$，与固体颗粒物相一致；对圆柱式灌水器而言，$EPS_{CE2}$ 相对最大，EPS_{CE3} 相对最小，但毛管不同位置处 EPS_{CE1}、EPS_{CE4} 和 EPS_{CE5} 的相对大小并不完全一致，但差异不大。整体来看，胞外聚合物质量仍然表现出从毛管首部到中部再到尾部灌水器逐渐增长的趋势，但是拟合参数 b_1～b_4 的相对大小与毛管位置并没有表现出明显的规律性。

7.5.4 灌水器生物堵塞物质磷脂脂肪酸形成动力学过程模拟

不同类型灌水器毛管首部、中部和尾部流道单位面积生物堵塞物质磷脂脂肪酸质量（PLFAs）动态变化特征如图 7.17 所示，生长动力学模型拟合结果见表 7.23。

从图 7.17 可以看出，灌水器生物堵塞物质磷脂脂肪酸质量的动态变化过程与固体颗粒物相似，也分为生长适应期、快速增长期和动态稳定期三个阶段，且各阶段持续时间也与固体颗粒物一致。系统最初运行的 408h，内镶贴片式灌水器和圆柱式灌水器生物堵塞

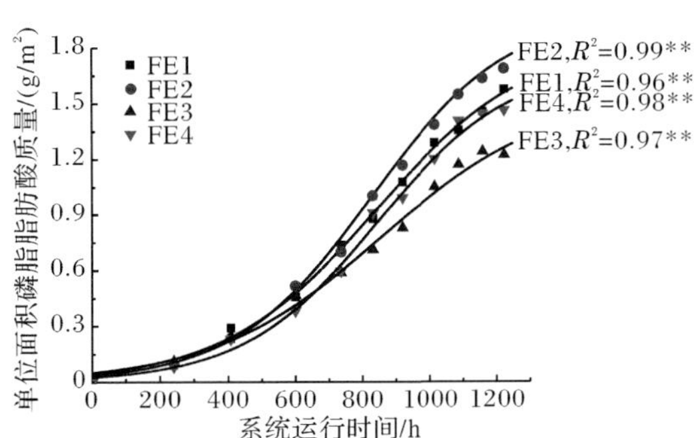

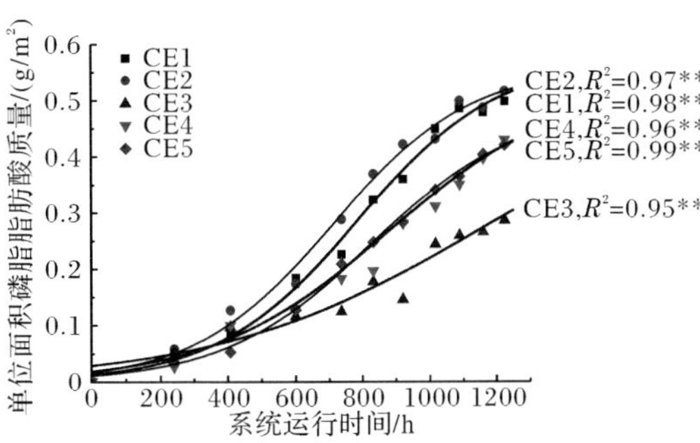

(a) 首部

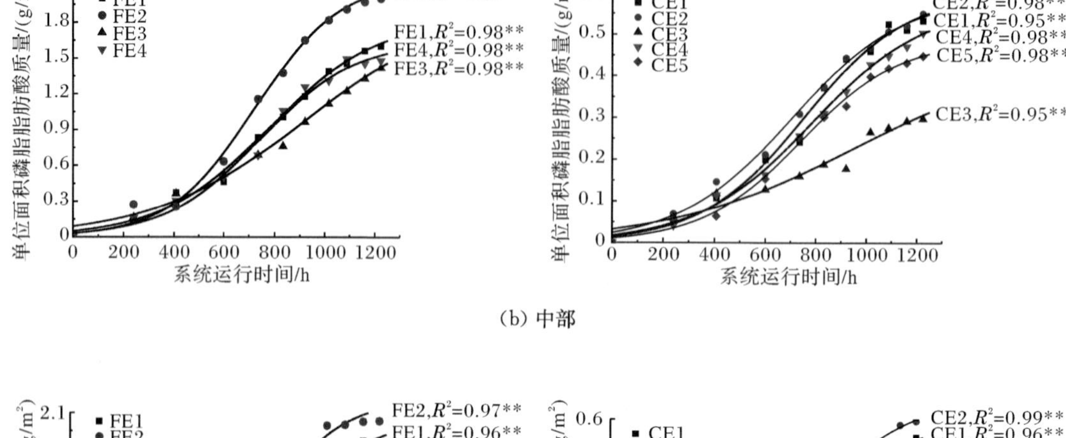

(b) 中部

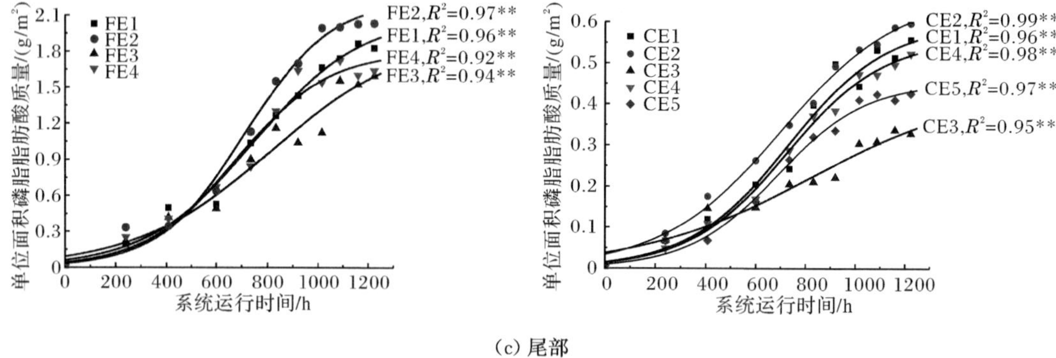

(c) 尾部

图 7.17　灌水器流道单位面积生物堵塞物质磷脂脂肪酸质量动态变化过程

＊＊表示模型拟合过程中在 $p<0.01$ 条件下显著

物质磷脂脂肪酸质量的平均增长速率分别只有$(8.1\pm1.7)\times10^{-4}$ g/(m^2·h)和$(2.7\pm0.3)\times10^{-4}$ g/(m^2·h)，直至磷脂脂肪酸质量分别增长到 0.23～0.50g/m^2 和 0.05～0.18g/m^2。进入快速增长期后，毛管不同位置内镶贴片式灌水器和圆柱式灌水器生物堵塞物质磷脂脂肪酸质量迅速增加，平均增长速率分别提高到$(17.9\pm1.3)\times10^{-4}$ g/(m^2·h)和$(4.4\pm0.2)\times10^{-4}$ g/(m^2·h)，直至系统累计运行 1088h 此阶段结束时，内镶贴片式灌水器和圆柱式灌水器生物堵塞物质磷脂脂肪酸质量已经增长到 1.17～2.01g/m^2 和 0.26～0.55g/m^2。此后磷脂脂肪酸质量也表现出趋于动态平衡的特征，内镶贴片式灌水器和圆柱式灌水器生物堵塞物质磷脂脂肪酸质量平均增长速率分别迅速降低为$(7.9\pm1.4)\times10^{-4}$ g/(m^2·h)和$(2.8\pm0.6)\times10^{-4}$ g/(m^2·h)，系统运行结束时磷脂脂肪酸质量分别增长到 1.22～2.03g/m^2 和 0.29～0.60g/m^2，且相对大小分别为 $PLFAs_{FE2}>PLFAs_{FE1}>PLFAs_{FE4}>PLFAs_{FE3}$ 和 $PLFAs_{CE2}>PLFAs_{CE1}>PLFAs_{CE4}>PLFAs_{CE5}>PLFAs_{CE3}$。与固体颗粒物类似，磷脂脂肪酸质量的最大值也出现在 FE2 和 CE2 灌水器中。整体来看，灌水器生物堵塞物质磷脂脂肪酸质量的动态变化过程模型拟合效果也很好($p<0.01$)。毛管不同位置处灌水器生物堵塞物质磷脂脂肪酸质量的整体变化趋势以及不同类型灌水器之间的相对大小都与固体颗粒物一致，每种类型灌水器模型拟合参数 b_3 和 b_4 整体表现出从首部到中部再到尾部分别减小和增大的趋势，而 b_1 和 b_2 的相对大小

未受到毛管位置的影响。

表 7.23　灌水器流道单位面积生物堵塞物质磷脂脂肪酸生长动力学模型拟合参数结果

毛管位置	灌水器	b_1	b_2	b_3	b_4	R^2
首部	FE1	3.372	0.027	40.083	0.0044	0.96**
	FE2	2.932	0.233	72.447	0.0049	0.99**
	FE3	6.046	−0.916	30.254	0.0030	0.97**
	FE4	2.801	0.127	68.104	0.0050	0.98**
	CE1	5.330	−1.228	42.941	0.0048	0.99**
	CE2	7.411	−0.352	40.571	0.0036	0.97**
	CE3	10.857	0.529	18.045	0.0025	0.95**
	CE4	8.575	0.699	32.369	0.0042	0.96**
	CE5	8.951	−0.009	46.569	0.0046	0.99**
中部	FE1	3.004	−1.362	36.392	0.0046	0.98**
	FE2	2.609	−0.056	70.622	0.0059	0.99**
	FE3	6.850	0.358	20.882	0.0033	0.98**
	FE4	4.004	4.327	51.734	0.0053	0.98**
	CE1	5.485	0.322	39.943	0.0049	0.95**
	CE2	6.274	−0.876	31.406	0.0044	0.98**
	CE3	8.562	−0.003	12.956	0.0027	0.95**
	CE4	8.678	0.455	23.653	0.0045	0.98**
	CE5	8.407	−0.111	43.502	0.0051	0.98**
尾部	FE1	3.699	1.741	33.740	0.0047	0.96**
	FE2	2.714	0.139	67.061	0.0059	0.97**
	FE3	5.762	−1.182	20.364	0.0037	0.94**
	FE4	3.520	3.240	41.968	0.0055	0.92**
	CE1	6.109	3.733	38.294	0.0050	0.96**
	CE2	5.708	−1.750	27.035	0.0051	0.99**
	CE3	7.413	−0.639	10.667	0.0029	0.95**
	CE4	8.312	−1.386	18.933	0.0049	0.98**
	CE5	8.377	0.286	43.641	0.0056	0.97**

* * 表示模型拟合过程中在 $p<0.01$ 条件下显著。

7.6 灌水器内部生物堵塞诱发机制与路径分析

7.6.1 试验概况

1. 试验设置

试验于2010～2011年在北京市昌平区北七家镇污水处理厂进行，水质特征及系统运行参见4.1.1节。试验设置8种灌水器类型，试验过程中在累计运行108h、204h、336h和540h时对生物堵塞物质进行取样，具体取样时间、取样时系统累计运行时间以及滴灌管(带)灌水器的堵塞参数见表7.24。堵塞物质特征组分测试方法参见5.2节～5.4节。

2. 灌水器堵塞评价参数

滴灌系统灌水器生物堵塞特性试验中，系统累计运行540h结束时，测试3种类型滴灌管(E5、E7和E8，表7.24)未进行生物堵塞物质取样的每个灌水器的流量和即时水温，测试时间为3min。使用第3章介绍的方法进行流量校正，校正后的灌水器流量用于计算单个灌水器堵塞程度(CD)，取3种类型灌水器堵塞程度的平均值作为最终结果。

$$CD=\left(1-\frac{q_{tm}}{q_{0m}}\right)\times 100\% \tag{7.14}$$

式中，q_{tm}为进行校正后的流量，m^3/s；q_{0m}为灌水器20℃时的额定流量，m^3/s，试验系统刚启动时通过测试获得。

表7.24 不同类型灌水器生物堵塞物质取样时系统运行时间及灌水器堵塞参数

灌水器	流道几何参数(长×宽×深)/(mm×mm×mm)	第1次取样(108h)		第2次取样(204h)		第3次取样(336h)		第4次取样(540h)	
		Dra/%	CU/%	Dra/%	CU/%	Dra/%	CU/%	Dra/%	CU/%
E1	—	94.2	90.1	84.9	85.7	76.8	71.1	46.4	27.6
E2	—	95.9	92.4	85.4	85.7	74.1	68.7	49.7	20.7
E3	—	98.0	94.1	91.1	86.4	82.2	80.4	61.3	41.5
E5	50.23×0.57×0.67	97.8	96.6	91.4	86.7	71.3	67.2	43.9	22.0
E6	450.04×1.68×0.78	97.0	96.0	92.2	91.9	65.1	58.2	31.3	18.2
E7	142.35×1.27×0.99	95.4	94.5	88.2	85.9	70.0	56.0	35.3	12.7
E8	152.23×2.40×0.83	95.4	95.1	88.1	85.8	67.6	70.1	33.0	32.0

3. 生物堵塞物质组分测试

选择堵塞程度分别为0、20%、35%、50%、65%、80%和100%左右的灌水器，共同表征灌水器堵塞发生过程，对3种类型灌水器进行取样测试，每种堵塞程度设置3个重复。各重复组灌水器样品脱膜处理后混合均匀，测试生物堵塞物质SP、PLFAs和EPS。与灌水器堵塞程度相似，取同种堵塞程度的3种类型灌水器生物堵塞物质组分测试结果的平均值作为该堵塞程度下灌水器堵塞物质组分的最终结果。

4. 灌水器堵塞程度与堵塞物质组分相关关系拟合模型

微生物生长通常分为迟缓期、对数期、稳定期、衰亡期四个时期，一般可用S型曲线来描述。国内外已有研究显示，介质表面堵塞物质会按照该曲线的趋势生长，只是形式会存在一定的差异(陈黎明，2005)。Li等(2012)的研究结果表明，毛管内堵塞物质的生长符合S型曲线变化规律：

$$y = e^{a_1 + a_2/t} \tag{7.15}$$

式中，y为堵塞物质平均厚度，μm；t为系统运行时间，h；a_1和a_2为拟合参数。

Liu和Huang(2009)发现灌水器堵塞程度与系统运行时间表现出分段式线性变化特征：

$$\mathrm{CD} = k_i t + b_i \tag{7.16}$$

式中，CD为灌水器堵塞程度，%；t为系统运行时间，h；k_i为灌水器堵塞程度随时间递减速率，%/h；b_i为拟合参数。

由此可以得到

$$\mathrm{CD} = \frac{k_i a_2}{\ln \mathrm{BC} - a_1} + b_i \tag{7.17}$$

式中，BC为堵塞物质组分质量，g；a_1、a_2和b_i为拟合参数。

进而可以近似假设

$$\mathrm{CD} = \frac{c_1}{\ln \mathrm{BC} - c_2} \tag{7.18}$$

式中，c_1和c_2为拟合参数；BC与CD之间也符合S型曲线变化规律。

利用上述S型曲线$\mathrm{CD}=c_1/(\ln\mathrm{BC}-c_2)$拟合灌水器堵塞程度与堵塞物质组分质量间的相关关系，那么，对应的函数$y=c_1/(\ln x-c_2)$可以用来描述CD随BC的变化，该函数的二阶导数y''即CD随BC增长速率的变化率，据此可以界定灌水器CD对BC增长的敏感性。然而，目前现有的可查资料无法为界定合理的y''提供依据。通过反复核算发现，二阶导数$y''=0.01$时分段结果比较理想。因此，定义函数$y=c_1/(\ln x-c_2)$的二阶导数$y''=0.01$的点(即曲线斜率变化率为1%的点)为曲线的拐点。

7.6.2 灌水器内部固体颗粒物形成与堵塞程度之间的定量关系

滴灌灌水器堵塞程度(CD)随生物堵塞物质固体颗粒物质量增长的动态变化如图7.18所示。从图中可以看出，CD随着固体颗粒物质量的增加而加大，当固体颗粒物质量分别达到(41.53±5.15)mg、(94.97±7.41)mg、(125.73±11.27)mg和(136.73±10.82)mg时，灌水器分别达到轻微堵塞、一般堵塞、严重堵塞和完全堵塞水平。但是，灌水器堵塞程度加大对生物堵塞物质颗粒物含量的增加表现为“敏感—微敏感—极度敏感”的动态变化特征。利用S型曲线对两者的关系进行拟合，发现固体颗粒物质量与CD间存在显著的相关关系($p<0.01$)。根据$y=\mathrm{CD}=c_1/(\ln\mathrm{SP}-c_2)$的二阶导数$y''=0.01$，可求得$\mathrm{CD}_1=10.13\%$(以10%计)和$\mathrm{CD}_2=36.24\%$(以36%计)。因此，当CD在10%以内时，SP质量

增长会引起 CD 明显加大，属于 CD 变化敏感期；当 CD 为 10%～36%时，CD 随固体颗粒物质量增长的敏感性明显降低；而 CD 超过 36%以后，进入极度敏感阶段，且敏感性逐渐增强，固体颗粒物质量稍有增长就会引起 CD 急剧增加。

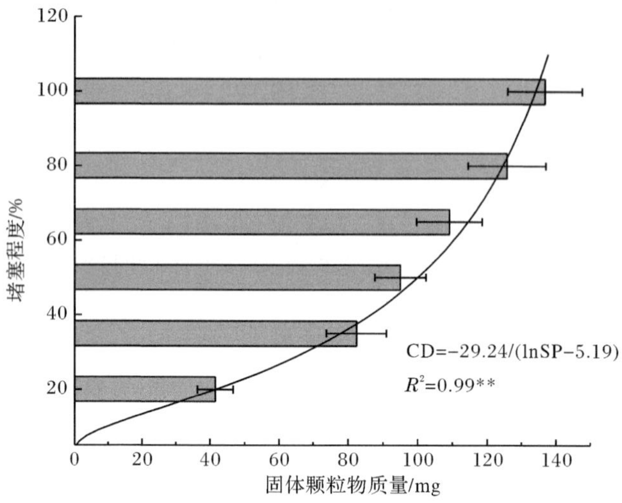

图 7.18 灌水器堵塞程度随固体颗粒物质量的动态变化

* * 表示模型拟合过程中在 $p<0.01$ 条件下显著

7.6.3 灌水器内部胞外聚合物形成与堵塞程度之间的定量关系

滴灌灌水器堵塞程度(CD)随生物堵塞物质胞外多糖(EPO)、胞外蛋白(EPR)和胞外聚合物(EPS)质量的动态变化如图 7.19 所示。可以看出，不同堵塞程度灌水器内部生物堵塞物质中 EPO、EPR、EPS 质量差异明显，总体呈现随着三者质量逐渐增加 CD 逐渐严重的趋势。不同运行时段 CD 随生物堵塞物质 EPS、EPO、EPR 质量变化的敏感性同样

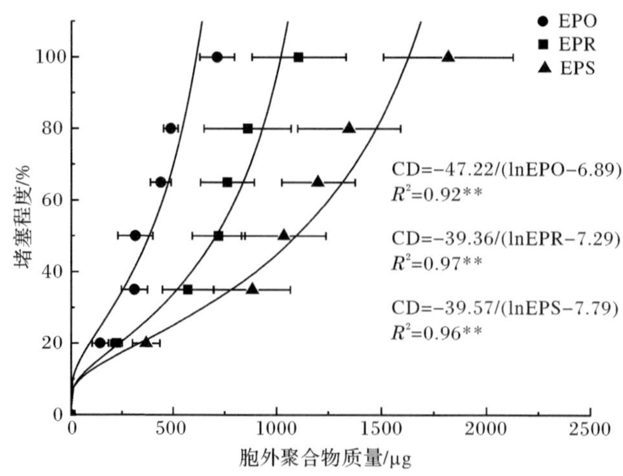

图 7.19 灌水器堵塞程度随胞外聚合物质量的变化

* * 表示模型拟合过程中在 $p<0.01$ 条件下显著

表现出“敏感一微敏感一极度敏感”的变化特征。利用S型曲线拟合可以发现显著的相关关系($p<0.01$)，且相关程度表现为$R^2_{EPO}<R^2_{EPS}<R^2_{EPR}$。同样，通过二阶导数求解得到拐点对应的CD分别为12.89%(以13%计)和36.63%(以37%计)，且CD随EPS质量变化的规律与SP和PLFAs相似。

7.6.4　灌水器内部磷脂脂肪酸形成与堵塞程度之间的定量关系

再生水滴灌灌水器堵塞程度(CD)随生物堵塞物质磷脂脂肪酸质量的动态变化如图7.20所示。可以看出，不同堵塞程度灌水器内部生物堵塞物质磷脂脂肪酸质量差异明显，但总体表现出CD随着磷脂脂肪酸含量增加而逐渐加大的趋势，当磷脂脂肪酸质量分别达到(19.80±2.93)μg、(70.36±5.23)μg、(100.88±6.56)μg和(111.85±7.82)μg时，灌水器分别达到轻微堵塞、一般堵塞、严重堵塞和完全堵塞水平。但在不同时段，CD随磷脂脂肪酸质量变化的敏感性仍然表现出“敏感—微敏感—极度敏感”的趋势，两者存在显著的S型曲线相关关系($p<0.01$)。同样通过二阶导数为0.01求得拐点对应的CD分别为14.84%(以15%计)和39.66%(以40%计)，即CD在15%以下时，磷脂脂肪酸质量对CD增长的影响比较明显，但影响效果逐渐减小；CD在15%～40%时，磷脂脂肪酸质量快速增加并不会明显加快灌水器堵塞过程；而当CD超过40%时，CD对磷脂脂肪酸质量增加的敏感性明显加强，磷脂脂肪酸质量稍有增加就会引起CD急剧增加。

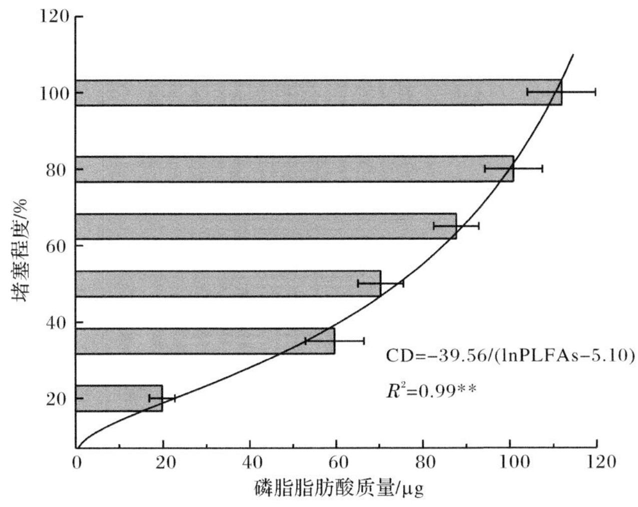

图7.20　灌水器堵塞程度随磷脂脂肪酸质量的动态变化

* * 表示模型拟合过程中在$p<0.01$条件下显著

综上所述，灌水器堵塞程度随着生物堵塞物质特征组分的增长而不断加大，呈显著的S型曲线相关关系($p<0.01$)，滴灌系统不同运行时段堵塞程度对生物堵塞物质组分增长的敏感性表现为“敏感—微敏感—极度敏感”的趋势。

当CD在15%以下时，属于敏感期，堵塞物质固体颗粒物、磷脂脂肪酸和胞外聚合物质量的增长都会导致CD快速增加，这主要是因为再生水中粒径较小的颗粒物和微生物等通过过滤器进入滴灌系统后，会在流道内壁附着成膜，此时堵塞物质在流道壁面不同微区域的附着分布不均匀(Li et al.,2013),但是堵塞物质附着会改变流道壁面特性,使得粗糙度和比表面积显著增加,且表现为复杂的多孔介质结构(Li et al.,2012),这些均会使流道内壁对水流运动的阻力以及对微生物和固相颗粒物的吸附能力增加。这一阶段堵塞物质的形成和生长主要受微生物及其分泌的黏性胞外聚合物在流道内壁的附着能力控制,堵塞物质随机附着在流道壁面直至逐渐覆盖整个流道。

当CD为15%～36%时,属于微敏感期,固体颗粒物、磷脂脂肪酸和胞外聚合物质量对CD的影响相对降低。这是由于流道内部流动滞止区流速较低,堵塞物质会先在该区域继续生长,但灌水器内部流速主要受主流区控制,因而近壁面流动滞止区内堵塞物质的生长对灌水器出流的影响较小;与此同时,随着堵塞物质进一步生长,其厚度增加逐渐对过流断面面积产生影响,由于流道内水流为紊流,受到较高流动剪切力的影响,堵塞物质脱落速率也会增加,所以主流区堵塞物质频繁的生长和脱落,最终导致生物堵塞物质密度增加,表面也趋于光滑(Rittmann,1982),从而对灌水器内部水流运动与堵塞程度的影响较小。

当CD超过36%以后,进入极度敏感期,堵塞物质组分增长对CD的影响明显增强。这主要是由于流道过流断面面积随着堵塞物质生长进一步减小,流速相应增大,堵塞物质脱落速率增大,并随水流运移沉积到后面的流道结构单元处。这种再分布过程加剧了局部堵塞物质厚度增加,造成堵塞物质对灌水器堵塞的影响急剧增加。与此同时,流道内微生物也逐渐适应高流速、高剪切力的生长环境,堵塞物质处于累积生长的旺盛态势,磷脂脂肪酸和胞外聚合物质量继续增加。正是脱落的堵塞物质的再生长以及微生物适应环境后激励性生长共同作用产生的堵塞物质生长,造成该阶段灌水器堵塞程度显著增加,且影响程度逐渐增强。

7.6.5　灌水器生物堵塞诱发因素的路径分析

灌水器生物堵塞物质各组分(固体颗粒物、磷脂脂肪酸和胞外聚合物)之间相互影响,存在明显的线性关系,如图7.21所示。其中,EPS与SP和PLFAs的线性相关决定系数分别为0.912和0.962,SP与PLFAs之间则为0.943。那么生物堵塞物质的哪种组分是影响灌水器堵塞程度的主要因素,上述各组分又分别是通过什么途径影响CD的?进一步借助通径分析方法(Han et al.,2003)进行研究(表7.25)。通过多重共线性分析发现,EPS与SP和PLFAs间存在明显的多重共线性,即EPS是由SP和PLFAs共同决定的。同时从表7.25中可以发现,SP和PLFAs对CD的直接作用显著,分别达到1.274和0.279,对CD的直接作用表现为$|b_{SP}|>|b_{PLFAs}|$,而胞外聚合物对CD的直接作用并没有通过显著性检验,这与式(7.19)～式(7.21)证实的多重共线性有关,因此可以忽略胞外聚合物对CD的直接作用。然而,胞外聚合物对CD的间接作用达到1.469,明显高于SP(0.671)和PLFAs(0.694),且通过影响固体颗粒物产生的间接作用(1.201)要远远高于通过影响磷脂脂肪酸产生的间接作用(0.268)。由此可见,SP作为堵塞物质干物质质量的表征,直接反映了生物堵塞物质的整体生长情况,其相对大小将直接影响CD;而胞外聚合物作为微生物分泌的黏性物质,不能直接对CD产生显著影响,其主要作用是通过其黏性吸附水源中的颗粒物、微生物、有机物等物质并维系生物堵塞物质结构稳定,进而通

过影响固体颗粒物来影响 CD,并同时对微生物群落产生一定的反馈影响。而磷脂脂肪酸的作用机制比较复杂,它表征了生物堵塞物质中微生物的数量,既能直接影响 CD,又可以通过分泌胞外聚合物来影响生物堵塞物质的整体生长情况,进而影响 CD。整体来看,SP、EPS 和 PLFAs 对 CD 的直接作用和间接作用复杂,且三者对 CD 的决定系数相对大小表现为 $R^2_{SP}>R^2_{PLFAs}>R^2_{EPS}$(表 7.25),因此,固体颗粒物质量是 CD 的主要决策变量。

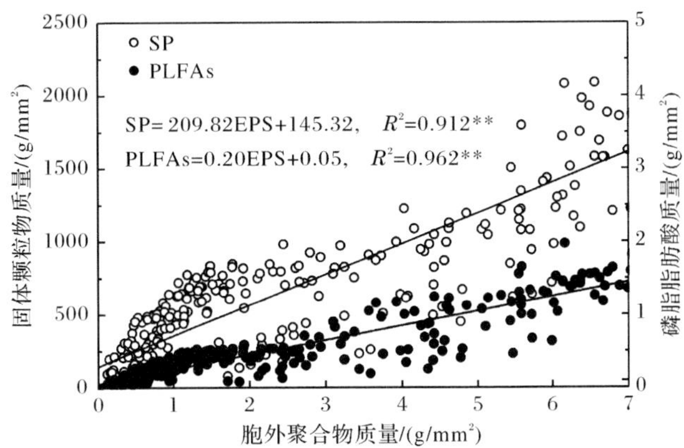

图 7.21　灌水器生物堵塞物质各组分之间的相关关系

表 7.25　灌水器生物堵塞物质组分对灌水器堵塞影响的路径分析

生物膜组分的影响	R^2	直接影响$\|b_i\|$ 偏相关系数 b_i	间接影响$\|r_{iy}\|$	$r_{ij}b_i$		R_i^2
SP(x_1)-CD(y)	0.647	1.274**	PLFAs(x_2)	0.254	−0.671	0.025
			EPS(x_3)	−0.925		
PLFAs(x_2)-CD(y)	0.579	0.279**	SP(x_1)	0.250	−0.694	−0.567
			EPS(x_3)	−0.944		
EPS(x_3)-CD(y)	0.443	−0.981N	SP(x_1)	1.201	1.469	−1.831
			PLFAs(x_2)	0.268		

注:表中显著性检验结果以 N 表示不显著,* * 表示极显著($p<0.01$)。

综上所述,SP、PLFAs 和 EPS 都是灌水器堵塞程度的主要影响因素,SP 对 CD 的直接影响最大,EPS 主要通过影响 SP 和 PLFAs 间接影响 CD,PLFAs 同时通过直接作用以及组分间的相互作用间接影响 CD,其中 SP 是 CD 的主要决策变量。

$$SP=0.824PLFAs+0.034EPS+0.141,\quad F=3674.03^{**},\quad VIF=6.98 \tag{7.19}$$

$$EPS=0.067SP+0.913PLFAs+0.019,\quad F=2385.19^{**},\quad VIF=10.46 \tag{7.20}$$

$$PLFAs=0.679SP+0.381EPS-0.059,\quad F=5774.51^{**},\quad VIF=4.81 \tag{7.21}$$

式中,VIF 为方差膨胀因子。

7.7 小　　结

(1) 随着再生水滴灌系统运行，灌水器内部堵塞物质固体颗粒物、磷脂脂肪酸和胞外聚合物质量均呈现不断增加的趋势，增长速率表现为“快—慢—快—慢”的变化。生物堵塞物质 SP 在毛管各位置上的变化表现为首部<中部<尾部的变化趋势，非压力补偿式灌水器固体颗粒物、磷脂脂肪酸和胞外聚合物质量明显高于压力补偿式灌水器，这可以利用毛管(含管壁和灌水器)内部水流运动变化产生的流动剪切力和营养物质输移特性差异来进行解释。

(2) 四种流道深度灌水器入口处堵塞物质厚度和相对厚度均大于出口处，流道入口、出口、毛管管壁堵塞物质的平均厚度和相对厚度都随着流道深度的增加而增加，流道深度为 0.75mm 的灌水器与其他深度的灌水器差异显著，而其他三种深度间差异不显著。可将选取距尾部最近的第 1 个灌水器流道入口作为滴灌灌水器堵塞情况和堵塞物质生长特征的监测点，此处的堵塞物质平均厚度可以作为滴灌系统堵塞程度的评价指标之一。

(3) 灌水器堵塞物质 PLFAs。PLFAs 共包括 3 种革兰氏阳性菌、1 种革兰氏阴性菌和 4 种真菌，革兰氏阳性菌的分布为完全分布，在不同堵塞程度的灌水器中均占 76.3%以上；此外，假单胞杆菌 16:0 是影响灌水器堵塞进程的核心菌群。堵塞物质中微生物群落 Shannon-Wiener 多样性指数(H)和 Simpson 优势度指数(D)随着灌水器堵塞程度(CD)加大都表现出减小的趋势，而微生物群落的 Pielou 均匀度指数(J)表现出先减少后增长的趋势，这使得在堵塞物质中发挥作用的微生物种类和含量均增加，加快了灌水器堵塞速率。

(4) 再生水滴灌条件下，不同类型灌水器流道生物堵塞物质生长过程均分为生长适应期、快速增长期、动态稳定期三个阶段。以 Logistic 生长模型为原型，综合考虑灌水器结构类型、流道几何参数以及灌水器在毛管中位置等因素对堵塞物质的影响，建立的灌水器生物堵塞物质生长动力学模型可以很好地描述堵塞物质特征组分(固体颗粒物、磷脂脂肪酸和胞外聚合物)的生长过程($p<0.01$)。

(5) 灌水器堵塞程度随着生物堵塞物质特征组分的增长而加剧，呈显著的 S 型曲线相关关系($p<0.01$)，但不同运行时段堵塞程度对生物堵塞物质组分增长的敏感性表现为“敏感—微敏感—极度敏感”的趋势：灌水器堵塞程度在 15%以下时处于敏感期，在 15%～36%时处于微敏感期，超过 36%以后进入极度敏感期。灌水器生物堵塞物质 SP 对 CD 的直接影响最大，EPS 主要通过影响 SP 和 PLFAs 间接影响 CD，PLFAs 同时通过直接作用以及组分间的相互作用间接影响 CD，其中 SP 是 CD 的主要决策变量。

参考文献

陈黎明. 2005. 生物膜非线性动力学特性及分形结构[D]. 天津：天津大学.

Capra A, Scicolone B. 2007. Recycling of poor quality urban wastewater by drip irrigation systems[J]. Journal of Cleaner Production, 15(16): 1529-1534.

Dogan E, Kirnak H. 2010. Water temperature and system pressure effect on drip lateral properties[J].

Irrigation Science, 28(5): 407-419.

Dong D M, Yang F, Li Y, et al. 2005. Adsorption of Pb, Cd to Fe, Mn oxides in natural freshwater surface coatings developed in different seasons[J]. Journal of Environmental Sciences, 17(1): 30-36.

Ge F. 2002. Modern Ecology[M]. Beijing: Science Press.

Han L, Jia Z K, Han Q F, et al. 2003. Path analysis of correlation traits affecting yield of single alfalfa plant[J]. Acta Agriculturae Boreali-Occidentalis Sinica, 12(1): 15-20.

Li Y K, Liu Y Z, Li G B, et al. 2012. Surface topographic characteristics of suspending sediment in two reclaimed wastewater and its effects on the clogging in labyrinth drip irrigation emitters[J]. Irrigation Science, 30(1): 43-56.

Li Y K, Zhou B, Liu Y Z, et al. 2013. Preliminary surface topographical characteristics of biofilms attached on drip irrigation emitters using reclaimed water[J]. Irrigation Science, 31(4): 557-574.

Liu H J, Huang G H. 2009. Laboratory experiment on drip emitter clogging with fresh water and treated sewage effluent[J]. Agricultural Water Management, 96(5): 745-756.

Mandelbrot B B, Passoja D E, Paullay A J. 1984. Fractal character of fracture surface of metals[J]. Nature, 308(19): 721-723.

Mavrodi D V, Ksenzenko V N, Bonsall R F, et al. 1998. A seven-gene locus for synthesis of phenazine-1-carboxylic acid by pseudomonas fluorescens 2-79[J]. Journal of Bacteriology, 180(9): 2541-2548.

Nakayama F S, Bucks D A. 1991. Water quality in drip/trickle irrigation: A review[J]. Irrigation Science, 12(4): 187-192.

Pei Y T, Li Y K, Liu Y Z, et al. 2014. Eight emitters clogging characteristics and its suitability evaluation under on-site reclaimed water drip irrigation[J]. Irrigation Science, 32(2): 141-157.

Richards F J. 1959. A flexible growth function for empirical use[J]. Journal of Experimental Botany, 10(2): 290-301.

Rittmann B E. 1982. The effect of shear stress on biofilm loss rate[J]. Biotechnology and Bioengineering, 24(2): 501-506.

Souha G, Audrey S, Se'verine T, et al. 2014. Biofilm development in micro-irrigation emitters for wastewater reuse[J]. Irrigation Science, 32(7): 77-85.

Tarchitzky J, Rimon A, Kenig E, et al. 2013. Biological and chemical fouling in drip irrigation systems utilizing treated wastewater[J]. Irrigation Science, 31(6): 1277-1288.

Zhang Y B, Wang X L, Fan M Z, et al. 2007. Diversity of entomogenous fungi and their hosts and population dynamics of the fungi in a Masson pine plantation ecosystem[J]. Journal of Anhui Agricultural University, 34(3): 342-347.

Zhou B, Li Y K, Liu Y Z, et al. 2014. Effects of flow path depth on emitter clogging and surface topographical characteristics of biofilms[J]. Irrigation and Drainage, 63(1): 46-58.

Zhou B, Li Y K, Pei Y T, et al. 2013. Quantitative relationship between biofilms components and emitter clogging under reclaimed water drip irrigation[J]. Irrigation Science, 31(6): 1251-1263.

第 8 章　滴灌系统灌水器化学堵塞形成动力学与诱发机制

探索灌水器内部化学堵塞物质形成和生长过程是揭示灌水器化学堵塞诱发机理及控制方法的前提和基础。对于微咸水滴灌系统，即使有效地配置过滤器，水源中含有的大量盐分离子、细小颗粒物等物质仍可以通过过滤器进入滴灌系统内部，并在毛管和灌水器内部附着、生长与脱落，进而形成堵塞物质。目前有关化学堵塞物质的研究大多集中于换热供水设备的污垢预测，关于微咸水滴灌系统灌水器化学堵塞物质形成和生长的动力学过程及其关键影响因素的研究鲜见报道。

基于此，本章主要研究微咸水滴灌系统灌水器内部化学堵塞物质的组分特征，并进一步建立其特征组分的生长动力学过程，为揭示灌水器化学堵塞诱发机理及控制方法提供参考。

8.1　化学堵塞关键组分及其动态变化

8.1.1　试验概况

滴灌系统首部过滤器选用砂石(4 寸砂石过滤器，滤料粒径 1.3～2.75mm)＋叠片(150 目)组合式过滤。取常见的 4 种不同类型片式灌水器进行原位滴灌试验，灌水器具体参数见表 8.1。滴灌带长度为 30m，灌水器间距为 0.3m。滴灌系统运行压力为 0.1MPa。该系统共包含 2 组运行装置，每组装置分 4 层布置，每层布置同种滴灌管(带)8 条，毛管铺设长度为 15m，并利用指针-字轮式水表监测和控制进入滴灌带中的水量。试验场地和布置参考 3.2.4 节。

表 8.1　灌水器结构参数

灌水器	额定流量/(L/h)	流道几何参数/mm			流量系数	流态指数
		长	宽	深		
E1	2.00	24.5	0.61	0.60	6.5	0.61
E2	1.90	73.0	0.62	0.65	6.3	0.50
E3	1.75	51.0	0.64	0.58	5.7	0.51
E4	1.60	27.1	0.56	0.50	5.4	0.52

滴灌系统运行后，每隔 14d 进行流量测试，沿着毛管在灌水器下方放置流量桶，每次测流时间为 5min，设置 3 个重复。由于试验期间温差较大，参考 3.4.2 节介绍的方法对实测流量进行校正，以消除水温以及灌水器堵塞对邻近灌水器工作压力的影响。

8.1.2　不同矿化度水质变化

水质特征直接影响化学污垢的形成和生长环境，不同矿化度下水质参数变化曲线如图 8.1 所示。从图中可以看出，随着矿化度的升高，微咸水中 Ca^{2+}、Mg^{2+}、Cl^{-}、SO_4^{2-}、

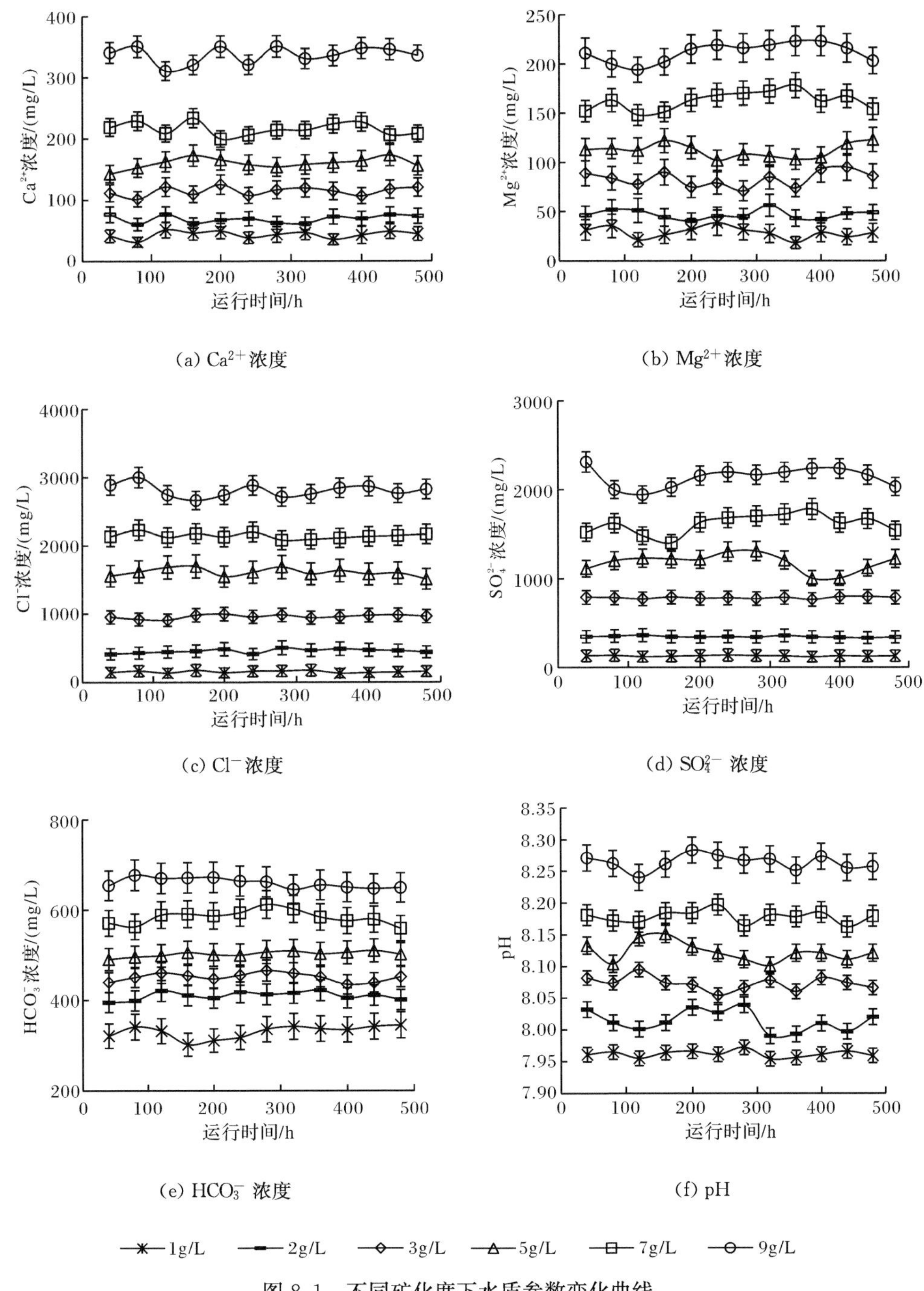

图 8.1　不同矿化度下水质参数变化曲线

HCO_3^- 离子浓度呈现增加的趋势，与对照组(1g/L)相比，矿化度 2～9g/L 处理下 Ca^{2+} 浓度增加了 15.3～319.6mg/L，Mg^{2+} 浓度增加了 6.8～204.7mg/L，Cl^- 浓度增加了 249.5～2832.5mg/L，SO_4^{2-} 浓度增加了 205.7～2180.6mg/L，HCO_3^- 浓度增加了 56.7～369.7mg/L。同时 pH 也随矿化度的升高而升高，与对照组(1g/L)相比，矿化度 2～9g/L 处理下 pH 升高了 0.023～0.34。

8.1.3　灌水器化学堵塞物质主要矿物组分动态变化特征

不同矿化度条件下滴灌系统灌水器内部矿物组分占比如图 8.2 所示。从图中可以看出，灌水器主要的矿物成分为方解石、文石、羟基磷灰石、白云石、石英、白云母、碱性长石、绿泥石、石膏、铝镁水滑石以及微量的氯化钠。根据主要化学元素将样品检测出的矿物成分分为碳酸盐、硫酸盐、磷酸盐、硅酸盐和石英五类，占比分别为 32.1%～79.2%、3.4%～13.2%、2.1%～14.3%、15.4%～67.2%、7.2%～14.7%。随着矿化度的升高，

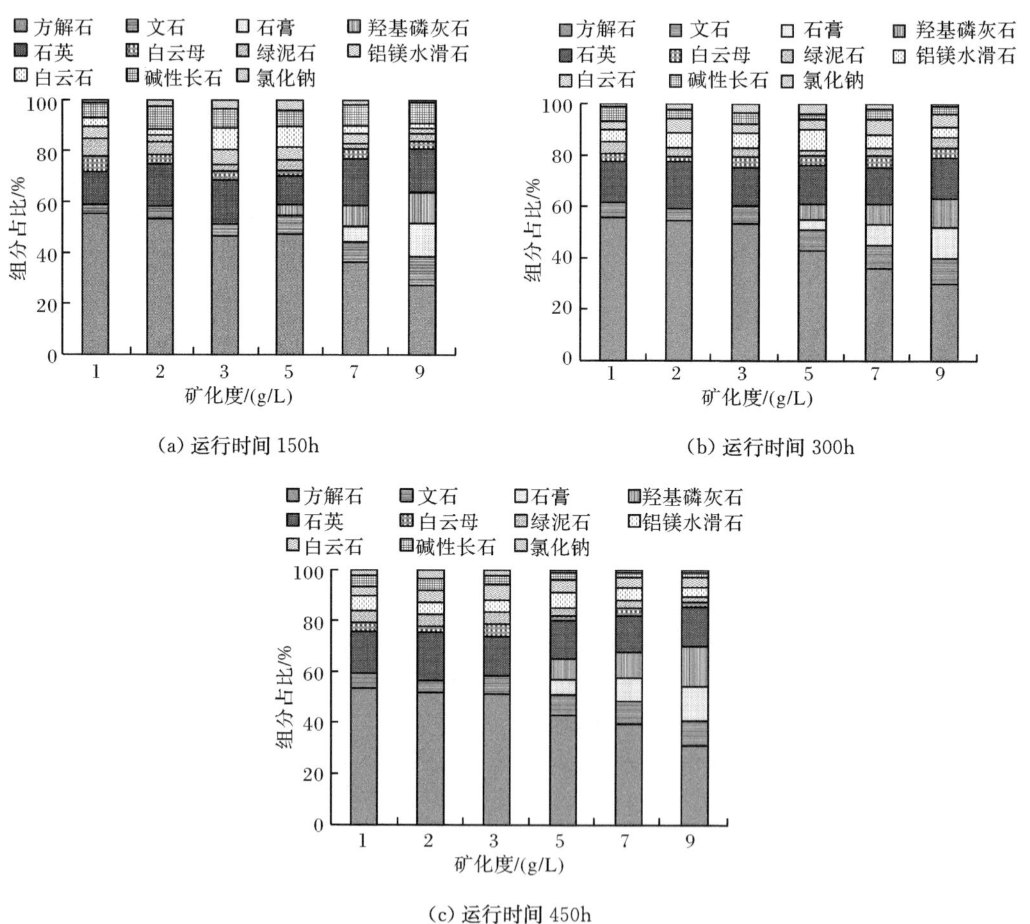

(a) 运行时间 150h

(b) 运行时间 300h

(c) 运行时间 450h

图 8.2　不同矿化度条件下滴灌系统灌水器内部化学堵塞物质主要矿物组分占比

化学堵塞物质各组分的占比会发生变化。其中，碳酸盐、硫酸盐、磷酸盐呈现增加的趋势，与对照组相比，矿化度 2～9g/L 处理下占比分别提升了 7.9%～52.3%、2.3%～9.8%、1.2%～7.4%。而硫酸盐、石英的占比呈现降低的趋势，与对照组相比，矿化度 2～9g/L 处理下占比分别降低了 6.2%～45.2%、5.2%～24.3%。

8.1.4　灌水器化学堵塞物质总量动态变化特征

不同矿化度处理下灌水器化学堵塞物质总量动态变化和相关关系如图 8.3 所示，可以发现，不同矿化度处理下化学堵塞物质总量差异显著，截至系统运行至结束，矿化度处理为 1g/L、2g/L、3g/L、5g/L、7g/L、9g/L 条件下灌水器的化学堵塞物质总量分别为 16.1～17.1mg/cm²、17.5～17.9mg/cm²、19.8～21.2mg/cm²、22.1～24.3mg/cm²、28.1～29.8mg/cm²、37.3～38.9mg/cm²，表现出随着矿化度的升高灌水器的随机性呈现增大的趋势。同时从图中可以发现，与对照组相比，2～5g/L 处理下化学堵塞物质总量提高了 0.4～8.2mg/cm²，而 7～9g/L 处理下化学堵塞物质总量提高了 11.0～22.8mg/cm²，总体表现出随着矿化度的升高，化学堵塞物质总量呈现增加到急剧增加的变化规律。

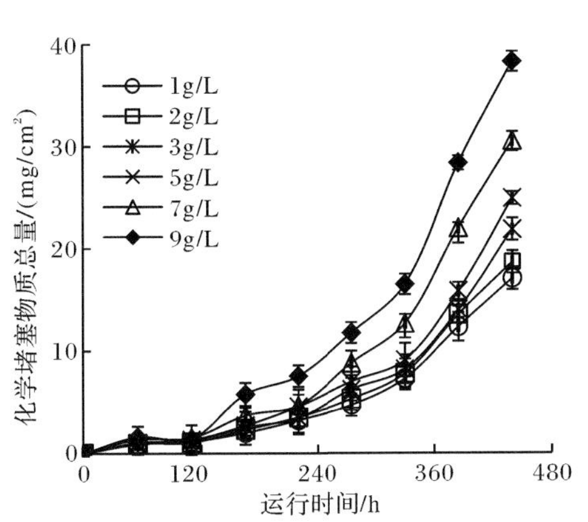

(a) 不同矿化度处理下化学堵塞物质总量动态变化

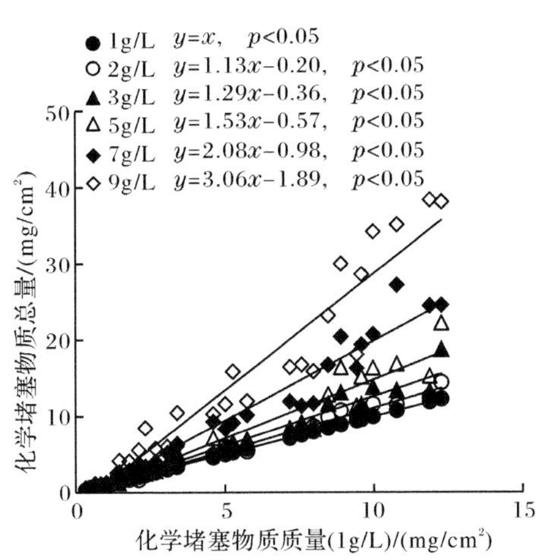

(b) 不同矿化度处理下化学堵塞物质相关关系

图 8.3　不同矿化度处理下灌水器化学堵塞物质总量动态变化和相关关系

8.1.5　不同矿化度下灌水器内部堵塞物质组分的动态变化

灌水器内部矿物组分碳酸盐、硅酸盐、石英、磷酸盐在不同矿化度条件下的动态变化及相关关系如图 8.4～图 8.7 所示。从图中可以看出，不同矿化度条件下碳酸盐、磷酸盐、硅酸盐含量差异显著，截至系统运行结束，矿化度 1g/L、2g/L、3g/L、5g/L、7g/L、9g/L 处理下碳酸盐的含量分别为 7.7～8.4mg/cm²、8.2～8.9mg/cm²、9.4～10.1mg/cm²、9.9～11.4mg/cm²、12.5～13.2mg/cm²、14.7～15.9mg/cm²，石英含量分别为 1.2～1.4mg/cm²、1.3～1.5mg/cm²、1.5～1.6mg/cm²、1.7～1.8mg/cm²、2.0～2.1mg/cm²、2.3～2.4mg/cm²，硅酸盐含量分别为 2.0～2.1mg/cm²、2.1～2.2mg/cm²、2.5～2.6mg/cm²、2.9～3.0mg/cm²、3.3～3.4mg/cm²、3.7～3.9mg/cm²，碳酸盐、石英、硅酸盐含量随矿化

度的升高均呈现持续增长的趋势。随着矿化度的升高，碳酸盐、石英、硅酸盐含量呈线性递增的趋势。原因是随着矿化度的升高，灌溉水中的离子浓度增加，尤其是 Ca^{2+}、Mg^{2+}、HCO_3^- 等容易发生反应形成堵塞的离子，较高的离子浓度促进碳酸盐沉淀的形成，进而使灌水器堵塞物质中碳酸盐沉淀随矿化度的升高呈递增的趋势，同时由于化学沉淀的微晶粒表面自由能高，在表面张力的作用下，可以在晶体颗粒与泥沙颗粒发生相互碰撞时产生凝并作用，使泥沙颗粒不断靠近，最后紧密聚集在一起。而随着矿化度的增加，碳酸盐等化学沉淀的黏附力越强，从而促进泥沙颗粒的沉积。

矿化度 1g/L、2g/L、3g/L、5g/L、7g/L、9g/L 处理下磷酸盐含量分别为 0.01～0.02mg/cm²、0.02～0.04mg/cm²、0.12～0.14mg/cm²、0.9～1.1mg/cm²、5.3～5.6mg/cm²、7.2～7.4mg/cm²，硫酸盐的含量分别为 0.02～0.03mg/cm²、0.03～0.04mg/cm²、0.16～0.17mg/cm²、0.59～0.62mg/cm²、1.9～2.1mg/cm²、3.5～3.6mg/cm²。表现为 1～5g/L 处理下磷酸盐、硫酸盐含量极少，可以忽略不计，而矿化度 7g/L、9g/L 处理下磷酸盐、硫酸盐含量急剧增加。因为在微咸水（1～5g/L）中，Ca^{2+}、Mg^{2+} 浓度相对较低，而 HCO_3^-、SO_4^{2-} 以及施入磷肥电解出的 PO_4^{3-} 浓度较高，在阴离子、阳离子发生化学反应形成沉淀时，溶解度低或反应过程中易产生沉淀的首先析出，而微咸水/咸水中易于形成的 $CaCO_3$、$Ca_3(PO_4)_2$、$CaSO_4$ 沉淀的溶度积（K_{sp}）分别是 2.8×10^{-9}、4.7×10^{-8}、6.1×10^{-6}，因此 Ca^{2+}、Mg^{2+} 优先与 HCO_3^- 结合形成 $Ca(HCO_3)_2$ 和 $Mg(HCO_3)_2$，并进一步迅速脱水沉淀出 $CaCO_3$、$MgCO_3$，在低矿化度水中 HCO_3^- 足够多，而 Ca^{2+}、Mg^{2+} 含量相对较少，HCO_3^- 将反应消耗掉大部分 Ca^{2+}、Mg^{2+}，使其不足以和磷肥电解出的 PO_4^{3-} 以及 SO_4^{2-} 发生反应，因此堵塞物质主要为 $CaCO_3$ 沉淀。而在高矿化度咸水（7～9g/L）中，Ca^{2+}、Mg^{2+} 浓度大幅提升，HCO_3^- 浓度小幅提升，Ca^{2+}、Mg^{2+} 与水中 HCO_3^- 反应形成 $CaCO_3$ 后，仍有剩余 Ca^{2+} 可以和磷肥电解出的 PO_4^{3-} 以及 SO_4^{2-} 发生反应，生成 $Ca_3(PO_4)_2$、$CaSO_4$ 沉淀。

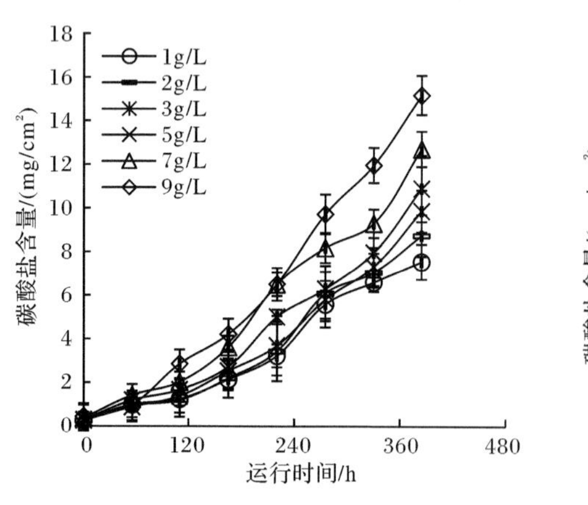

(a) 不同矿化度处理碳酸盐含量动态变化

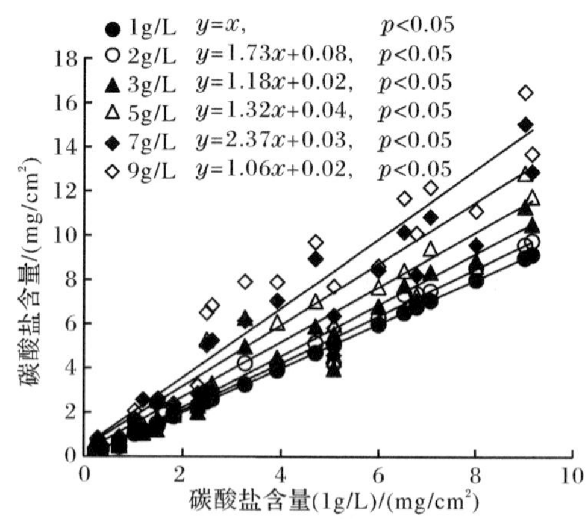

(b) 不同矿化度处理碳酸盐含量相关关系

图 8.4　碳酸盐沉淀含量动态变化和相关关系

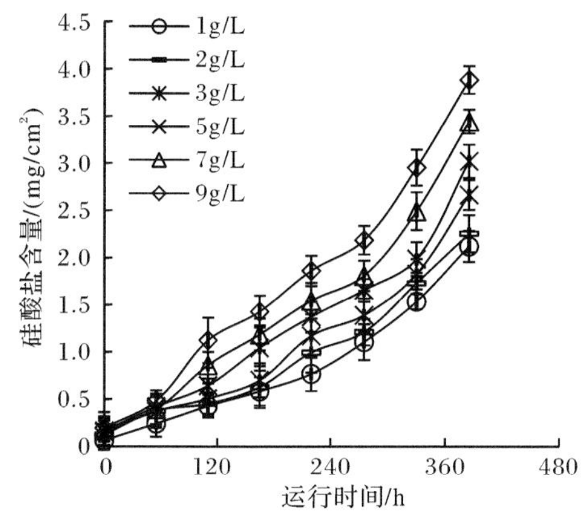

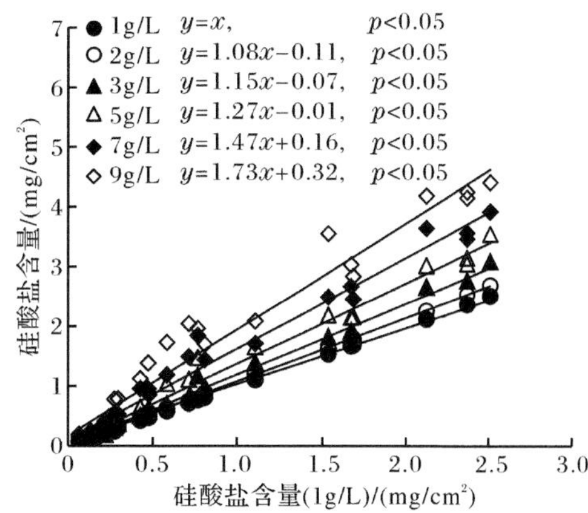

(a) 不同矿化度处理硅酸盐含量动态变化　　(b) 不同矿化度处理硅酸盐含量相关关系

图 8.5　硅酸盐沉淀含量动态变化和相关关系

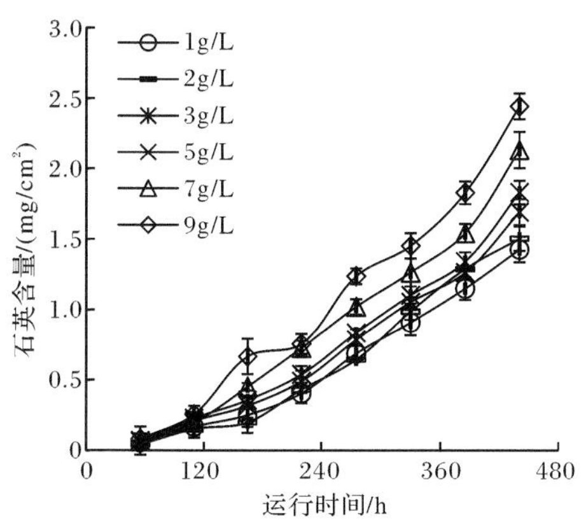

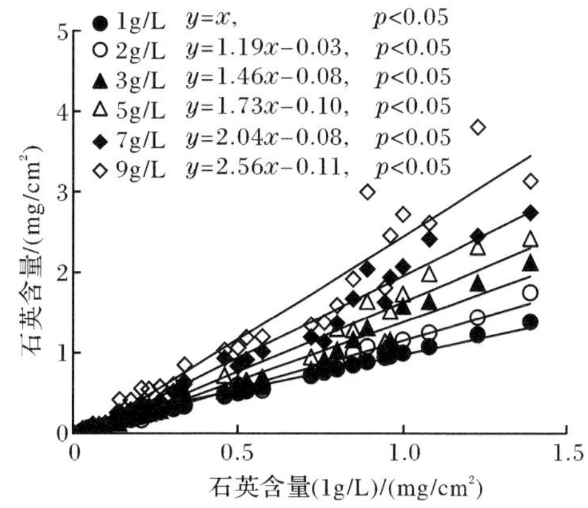

(a) 不同矿化度处理石英含量动态变化　　(b) 不同矿化度处理石英含量相关关系

图 8.6　石英沉淀含量动态变化和相关关系

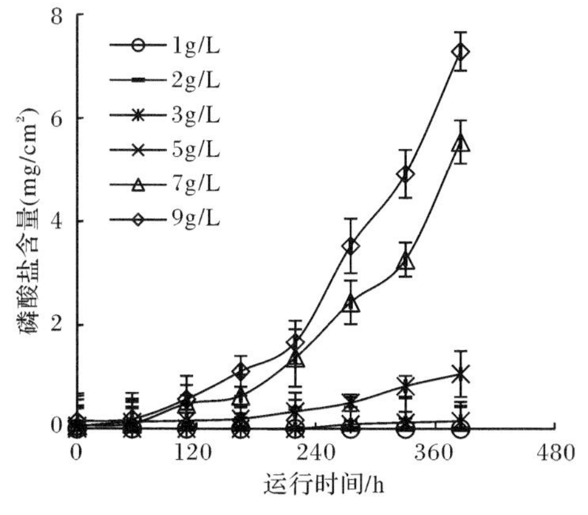

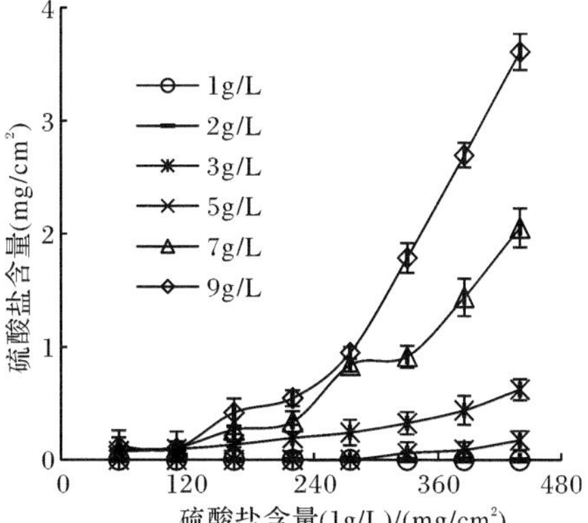

(a) 不同矿化度处理磷酸盐含量动态变化　　(b) 不同矿化度处理硫酸盐含量相关关系

图 8.7　磷酸盐和硫酸盐沉淀含量动态变化和相关关系

8.1.6　不同矿化度下灌水器内部主要矿物组分与灌水器堵塞程度的相关关系分析

不同矿化度处理下灌水器主要矿物组分与灌水器堵塞程度的相关关系如图 8.8 所示。从图中可以看出，碳酸盐、石英、硅酸盐、磷酸盐、硫酸盐 5 种主要矿物组分的含量均与堵塞程度呈线性变化规律，均达到显著水平。同时从图 8.8 中也可以看出，在这 5 种矿物组分中，矿化度 1g/L、3g/L、5g/L 下碳酸盐、石英、硅酸盐三种矿物组分与堵塞程度的线性斜率参数 K 均处于较低值($1.97<K<15.35$)，且堵塞程度越高，含量越高。可见这 3 种矿物组分对堵塞程度的影响占主要地位。矿化度 9g/L 下碳酸盐、石英、硅酸盐、磷酸盐、硫酸盐 5 种矿物组分与堵塞程度的线性斜率参数 K 均处于较高值($17.60<K<40$)，且堵塞程度越高，含量越高，5 种矿物组分对堵塞程度的影响占主要位置。同时，不同矿化度处理下4 种灌水器矿物组分含量差异明显，4 种灌水器各个运行时段均呈现出随着矿化度的升高而增加的趋势，并表现出较好的一致性。

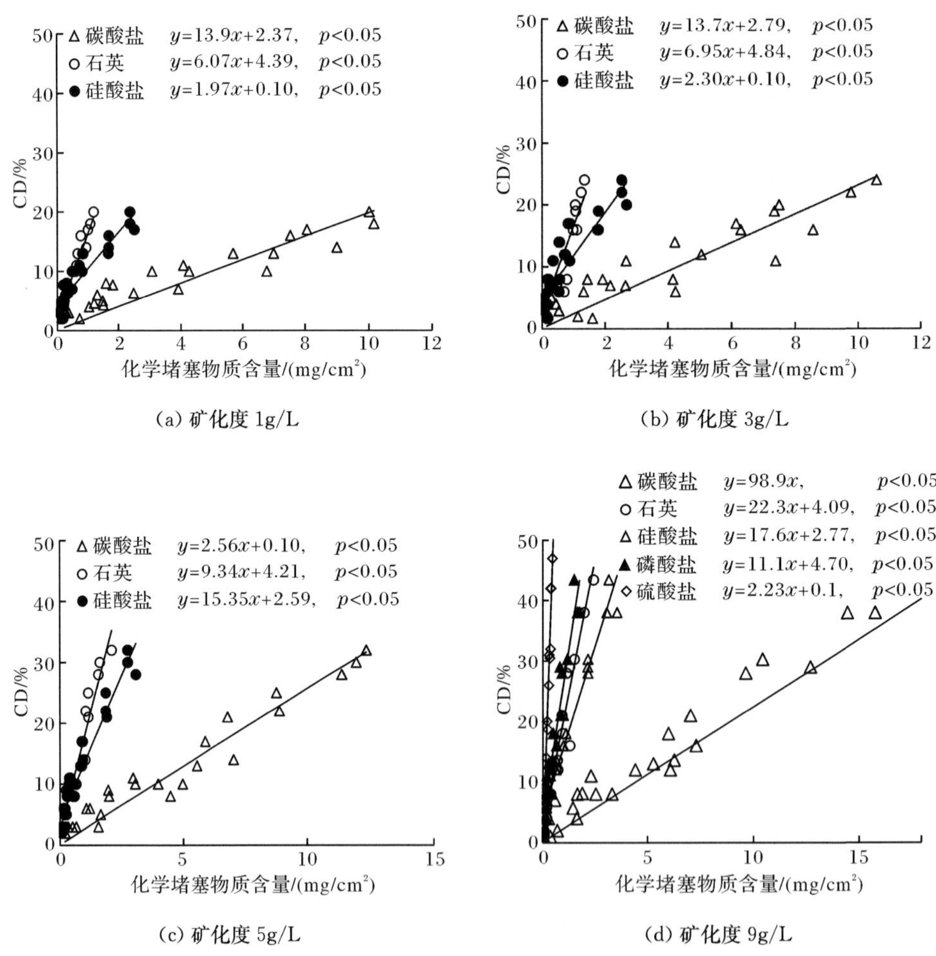

图 8.8　不同矿化度处理下灌水器主要矿物组分与灌水器堵塞程度的相关关系

8.1.7　不同矿化度下灌水器内部主要矿物组分累积量变化的相关关系分析

石英的物理性质和化学性质十分稳定，本试验在常温常压条件下进行，石英不易形成，因此石英的主要来源为水源中的细泥沙颗粒沉积物，以 4 种灌水器的测试样品内石英含量为横坐标、石英、碳酸盐和硅酸盐含量为纵坐标绘得图 8.9，以研究不同矿化度处理下灌水器堵塞物质中主要矿物组分间的相关关系。由图中可以看出，硅酸盐含量和石英含量均呈较为显著的线性关系，即随着系统运行，硅酸盐含量变化速率与石英含量变化速率的比值稳定。由此可见，硅酸盐基本与石英同源，即硅酸盐主要来自水源中的硅酸盐不溶物，后期在灌水器中由化学反应生成的硅酸盐较少或很难生成。随着系统运行，碳酸盐和石英含量均呈较为显著的指数增长关系，即碳酸盐含量变化速率与石英含量变化速率的比值逐渐增大。由此可见，碳酸盐除与石英同源的部分外，还有在灌水器中因化学反应而生成的部分。通过比较各组分含量相关关系中增长斜率得出，随着矿化度的升高，灌水器内部碳酸盐、石英、硅酸盐、磷酸盐、硫酸盐含量呈现递增的趋势。

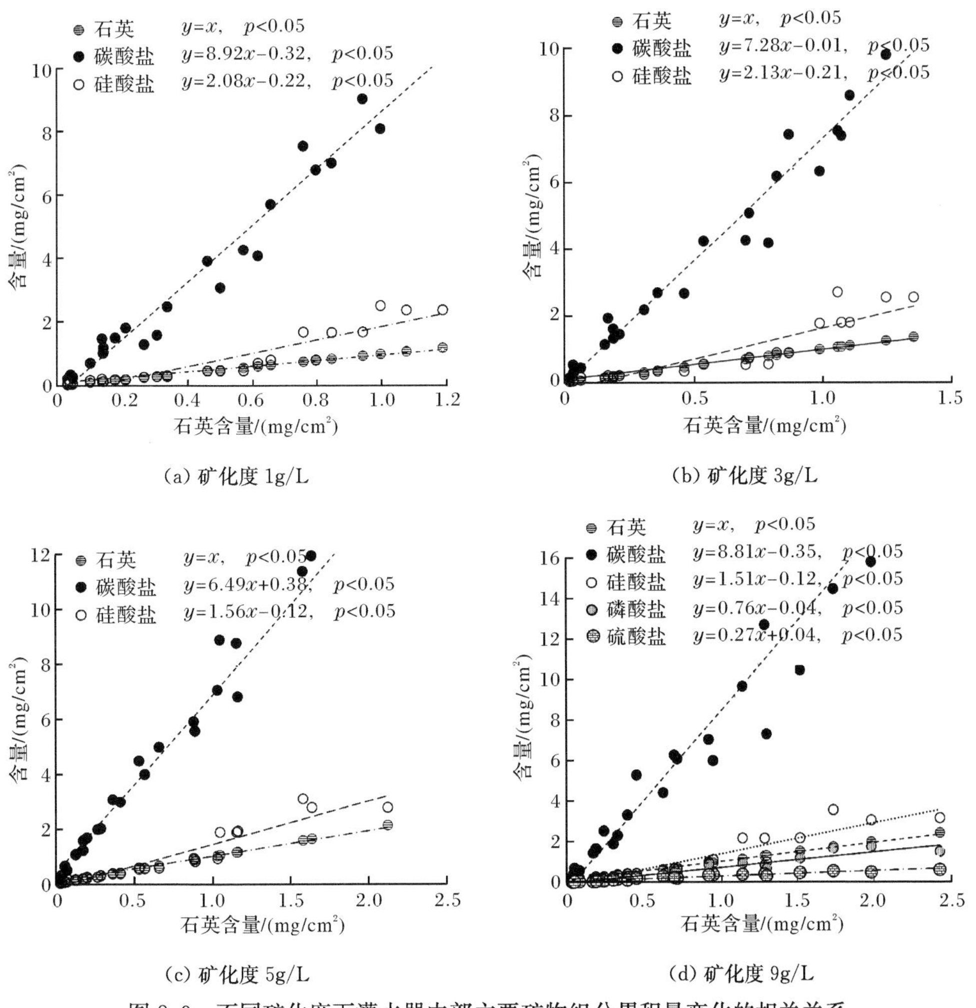

图 8.9　不同矿化度下灌水器内部主要矿物组分累积量变化的相关关系

8.1.8　不同矿化度下灌水器堵塞物质的表观形貌及粒径分析

不同矿化度处理下灌水器流道中堵塞物质的表观形貌及粒径分布如图 8.10 所示。SEM 结果表明，堵塞物质表面均较为复杂，不同粒径及形状的堵塞物质颗粒相互吸附，呈现复合状形貌。不同矿化度处理下堵塞物质粒径分布总体介于 1～50μm，且随着矿化度的升高，堵塞物质粒径逐渐增大。与对照组相比，矿化度 2g/L、3g/L、5g/L、7g/L、9g/L 处理组的粒径增加了 21%～78%。同时不同矿化度下堵塞物质的表观形貌也存在差异，从图中可以看出，矿化度 1g/L 处理组堵塞物质颗粒间分布较为松散，分布较为均匀，颗粒间黏附现象较少。而随着矿化度的升高，骨架颗粒变大，且骨架颗粒分布不均匀，大颗粒堆积，小颗粒黏附在大颗粒表面。

(a) 矿化度为 1g/L 下堵塞物质表观形貌

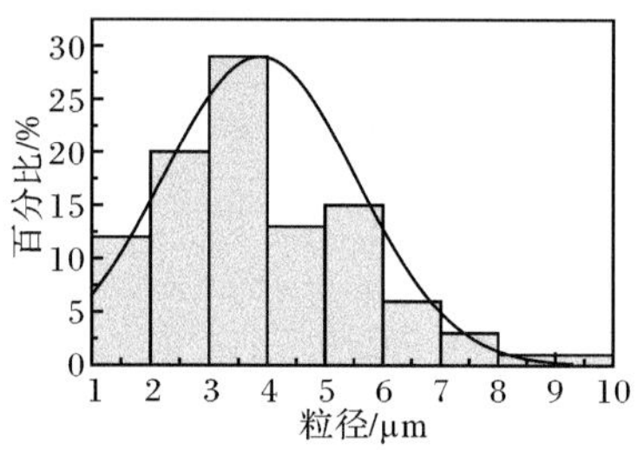

(b) 矿化度为 1g/L 下堵塞物质粒径分布

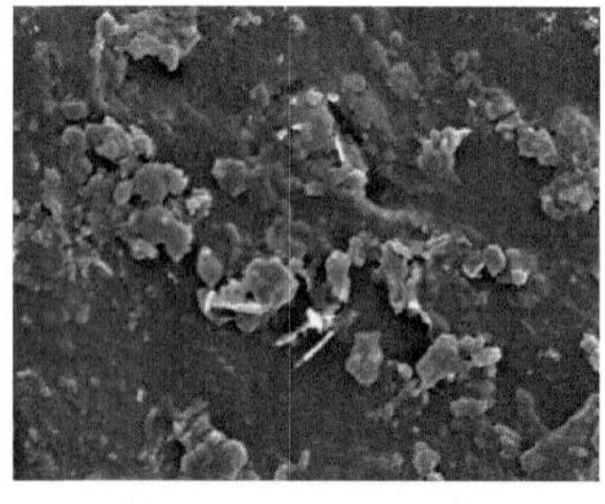

(c) 矿化度为 2g/L 下堵塞物质表观形貌

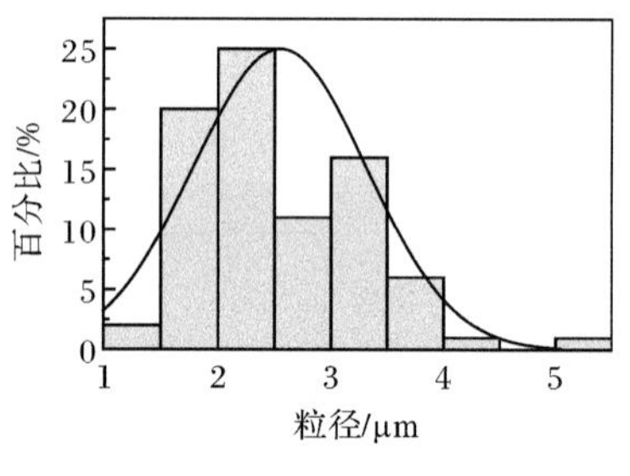

(d) 矿化度为 2g/L 下堵塞物质粒径分布

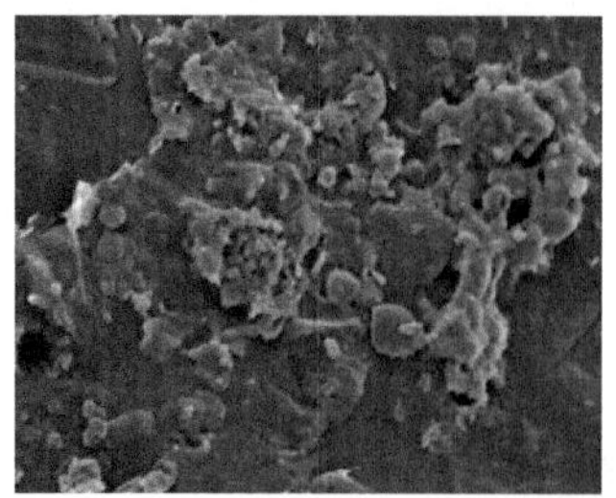

(e) 矿化度为 3g/L 下堵塞物质表观形貌

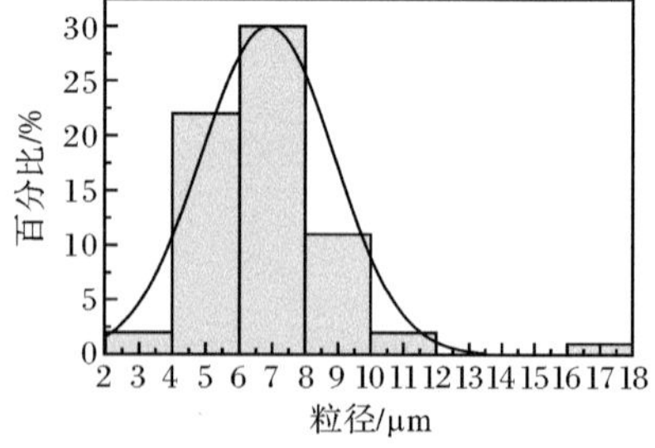

(f) 矿化度为 3g/L 下堵塞物质粒径分布

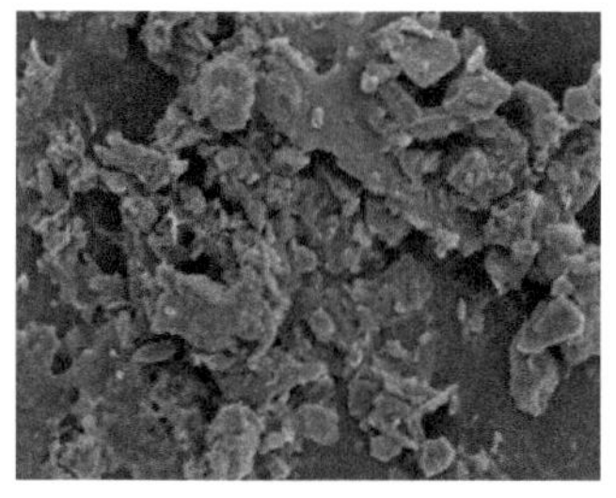

(g) 矿化度为 5g/L 下堵塞物质表观形貌

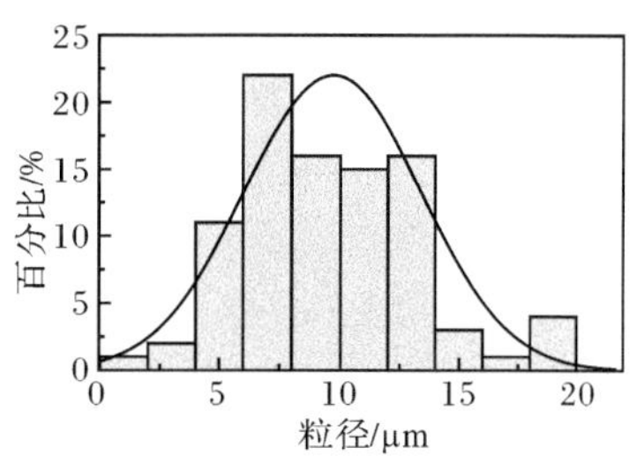

(h) 矿化度为 5g/L 下堵塞物质粒径分布

(i) 矿化度为 7g/L 下堵塞物质表观形貌

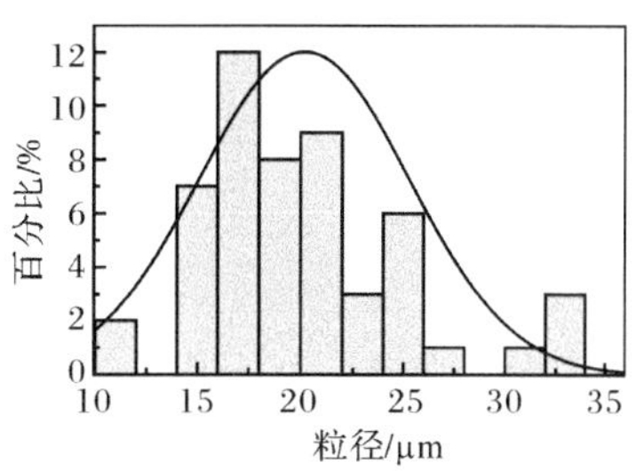

(j) 矿化度为 7g/L 下堵塞物质粒径分布

(k) 矿化度为 9g/L 下堵塞物质表观形貌

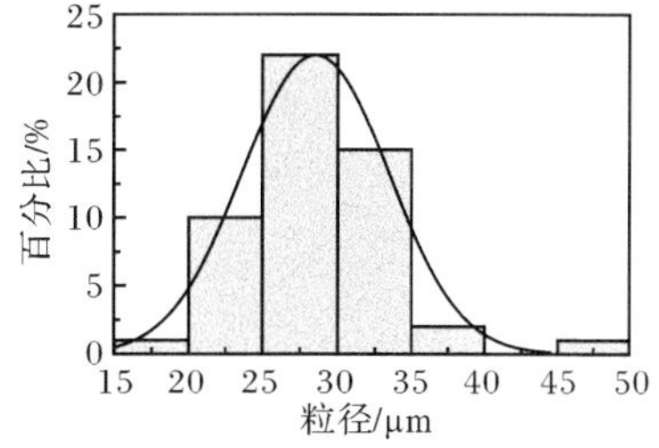

(l) 矿化度为 9g/L 下堵塞物质粒径分布

图 8.10　堵塞物质表观形貌及粒径分布

8.1.9　不同灌水器类型对化学堵塞物质的影响机理

表 8.2 显示了不同矿化度水源条件下灌水器堵塞物质中主要矿物组分变化与灌水器流道结构特征之间的关系，发现灌水器内部堵塞物质中主要矿物组分与流道深度 D、相对半径 $A^{1/2}/L$、宽深比 W/D、流量 Q、断面平均流速 v 呈负相关关系，与流道宽度 W、流道长度 L 呈正相关关系，且 $A^{1/2}/L$ 和 W/D 均通过了显著性检验，表现出良好的线性关系，这说明灌水器流道的长度、宽度、深度共同决定了灌水器的其他外特性参数，进而影响灌水器内部主要堵塞物质的形成，单一的几何参数并不能较好地反映灌水器结构特征对堵塞物质的影响。

表 8.2 不同矿化度水源条件下灌水器堵塞物质中主要矿物组分变化与灌水器流道结构特征之间的关系

组分	矿化度/(g/L)	D	W	L	$A^{1/2}/L$	W/D	Q	v
碳酸盐	1	−0.67*	0.84*	0.64	−0.86**	−0.74*	−0.73*	−0.87**
	2	−0.72*	0.23	0.70*	−0.78*	−0.80*	−0.61	−0.76*
	3	−0.74*	0.33	0.49	−0.73*	−0.77*	−0.44	−0.68*
	5	−0.62	0.44	0.44	−0.81*	−0.72*	−0.33*	−0.87*
	7	−0.68	0.32	0.53	−0.75*	−0.78*	−0.47*	−0.81*
	9	−0.79*	0.51	0.71*	−0.86*	−0.83*	−0.52*	−0.78*
硅酸盐	1	−0.94**	0.87**	0.63	−0.79*	−0.76*	0.75*	−0.86**
	2	−0.75*	0.78*	0.88**	−0.96**	−0.87**	−0.79*	−0.95**
	3	−0.76*	0.56	0.83*	−0.58	−0.84*	−0.66	−0.68
	5	−0.81*	0.62	0.64	−0.71*	−0.74*	−0.78*	−0.71*
	7	−0.62	0.43	0.71*	−0.73*	−0.94**	−0.82*	−0.85*
	9	−0.52	0.48	0.76*	−0.82*	−0.84*	−0.63	−0.71*
石英	1	−0.47	0.43	0.73	−0.64*	−0.76*	0.75*	−0.86**
	2	−0.67	0.68	0.88	−0.82**	−0.87**	−0.79*	−0.95**
	3	−0.74*	0.73*	0.53	−0.63	−0.84*	−0.66	−0.68
	5	−0.64	0.74	0.64	−0.68	−0.74*	−0.78*	−0.71*
	7	−0.54	0.81*	0.71*	−0.83*	−0.94**	−0.82*	−0.85*
	9	−0.64	0.76*	0.86*	−0.82*	−0.84*	−0.63	−0.71*
磷酸盐	5	−0.52	0.52	0.62	−0.64	−0.86*	−0.62*	−0.83*
	7	−0.61	0.62	0.72	−0.87*	−0.92**	−0.92*	−0.87*
	9	−0.47	0.54	0.66	−0.84*	−0.72*	−0.93*	−0.88*
硫酸盐	5	−0.61	0.61	0.57	−0.73	−0.74*	−0.71*	−0.86*
	7	−0.77*	0.73	0.81	−0.91*	−0.86*	−0.88*	−0.83*
	9	−0.64	0.62	0.72	−0.76*	−0.81*	−0.84*	−0.82*

*表示显著($p<0.05$)，**表示极显著($p<0.01$)。

8.2 水源中多离子共存对碳酸钙析晶污垢形成的影响

8.2.1 试验概况

试验配置水源时，称取 $KCl+FeCl_3$、$FeCl_3+KNO_3$、$MgCl_2+KCl$、$MgCl_2+KNO_3$、$KCl+NaCl$、$NaCl+K_2SO_4$、$NaCl+KH_2PO_4$、$MgCl_2+FeCl_3$ 试剂各 0.2g，分别倒入已含有 3.00g $CaCO_3$ 的 10L 超纯水中，置于水桶内，并向其中不断通入 CO_2 气体至溶液澄清，使其达到 $Ca(HCO_3)_2 \rightleftharpoons CaCO_3\downarrow + CO_2\uparrow + H_2O$ 平衡，然后使用真空抽滤装置抽滤过 0.22μm 的滤膜，将水中残留的碳酸钙晶体过滤，制备成只含有 Ca^{2+}、CO_3^{2-}、HCO_3^- 和某

种杂质离子的亚稳态硬水溶液体系，为考虑杂质离子的影响，同时制得只含有 Ca^{2+}、CO_3^{2-}、HCO_3^- 的亚稳态溶液体系，加入外源离子后分别得到含有 Ca^{2+}、$Fe^{3+}+K^+$、$Fe^{3+}+K^++NO_3^-$、$Mg^{2+}+K^+$、$Mg^{2+}+K^++NO_3^-$、Na^++K^+、$Na^++K^++SO_4^{2-}$、$Na^++K^++PO_4^{3-}$、$Mg^{2+}+Fe^{3+}$ 的硬水溶液体系。试验装置采用 AR 反应装置。

试验设置 1 个水力剪切力，为 0.4Pa。设置 8 组多种离子，分别为 $Fe^{3+}+K^+$、$Fe^{3+}+K^++NO_3^-$、$Mg^{2+}+K^+$、$Mg^{2+}+K^++NO_3^-$、Na^++K^+、$Na^++K^++SO_4^{2-}$、$Na^++K^++PO_4^{3-}$、$Mg^{2+}+Fe^{3+}$。为避免光照以及考虑温度对碳酸钙析晶污垢的影响，反应系统在恒温培养箱中，温度设置为 30℃，试验共进行 300h。试验编号以 $Mg^{2+}+Fe^{3+}$ 为例，取每个元素符号首字母大写，则编号为 MF，各处理编号以此类推，试验处理编号见表 8.3。试验测试指标为碳酸钙析晶污垢的干重、XRD、SEM，测试方法详见 5.3 节。

表 8.3　多离子作用下碳酸钙析晶污垢的试验处理及编号

溶液体系	水温/℃	剪切力/Pa	编号
$CaCO_3$ 硬水溶液体系	30	0.4	CK30_0.4
$CaCO_3+KCl+FeCl_3$ 硬水溶液体系	30	0.4	KF
$CaCO_3+FeCl_3+KNO_3$ 硬水溶液体系	30	0.4	KFN
$CaCO_3+MgCl_2+KCl$ 硬水溶液体系	30	0.4	KM
$CaCO_3+MgCl_2+KNO_3$ 硬水溶液体系	30	0.4	KMN
$CaCO_3+KCl+NaCl$ 硬水溶液体系	30	0.4	KNa
$CaCO_3+NaCl+K_2SO_4$ 硬水溶液体系	30	0.4	KSNa
$CaCO_3+NaCl+KH_2PO_4$ 硬水溶液体系	30	0.4	KPNa
$CaCO_3+MgCl_2+FeCl_3$ 硬水溶液体系	30	0.4	MF

8.2.2　多离子共存对碳酸钙析晶污垢干重的影响

不同杂质离子和水力剪切力作用下滴灌系统管壁单位面积附着碳酸钙析晶污垢随运行时间的动态变化特征如图 8.11 所示。

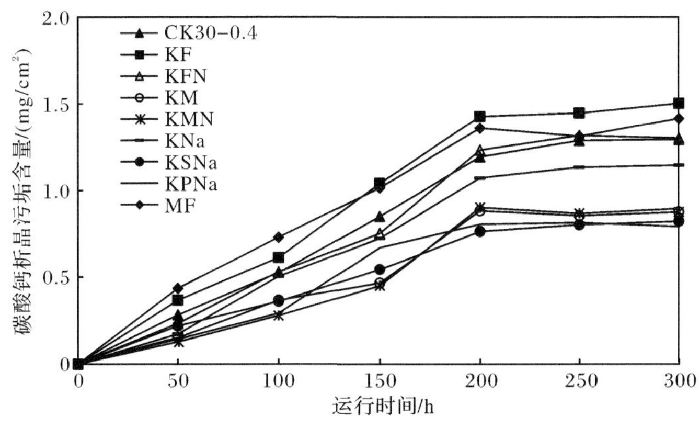

(a) 多种离子作用下碳酸钙析晶污垢的动态变化

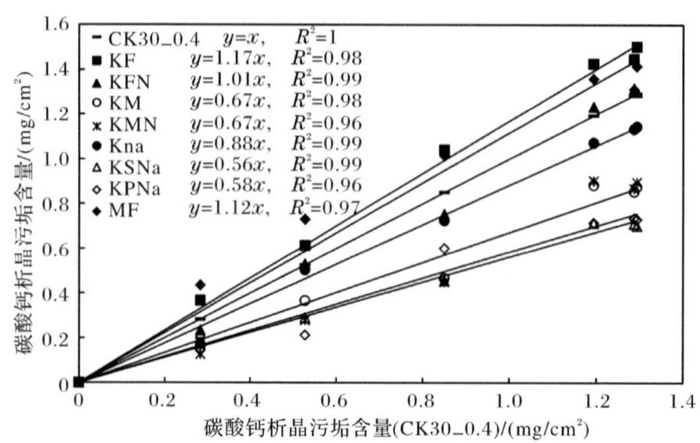

(b) 多种离子作用下碳酸钙析晶污垢的相关性

图 8.11　多种离子作用下碳酸钙析晶污垢变化特征

整体来看，在不同温度条件下 PE 载片表面单位面积附着污垢累积量随系统累积运行时间都表现出 S 型增长的趋势，按时间可以依次分为生长适应期(0～50h)、快速增长期(50～200h)和动态稳定期(200～300h)三个阶段。

不同离子耦合作用对碳酸钙析晶污垢形成有抑制作用的组合强弱顺序为 KSNa>KPNa>KMN>KM>KNa，其中 KSNa 处理降低了 36.3%；对污垢形成有促进作用的组合强弱顺序为：KF>MF>KFN，其中 KF 处理增加了 17.2%。

8.2.3　多离子共存对碳酸钙污垢晶相和大小的影响

1. 多离子共存对碳酸钙污垢晶相的影响

多种离子耦合作用下所形成的碳酸钙析晶污垢主要以方解石为主(质量分数>95%，图 8.12)，还含有少量的文石(图 8.13)。系统运行至 300h，方解石含量主要处于 0.390～1.409mg/cm^2，多种离子组合间有明显差异，KM、KMN、KSNa、KPNa 组合抑制了方解石的形成，相对于 CK30_0.4 分别减少了 41.9%、66.9%、30.0%、40.9%，KF、KFN、MF 促进了方解石生成，增加了 9.3%～19.8%。

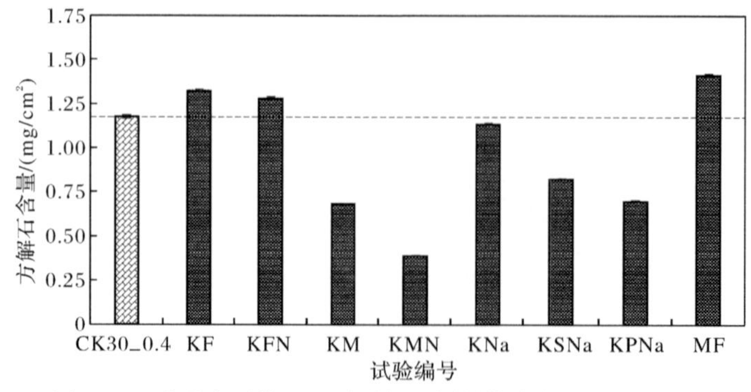

图 8.12　多种离子作用下碳酸钙污垢晶体中方解石含量对比

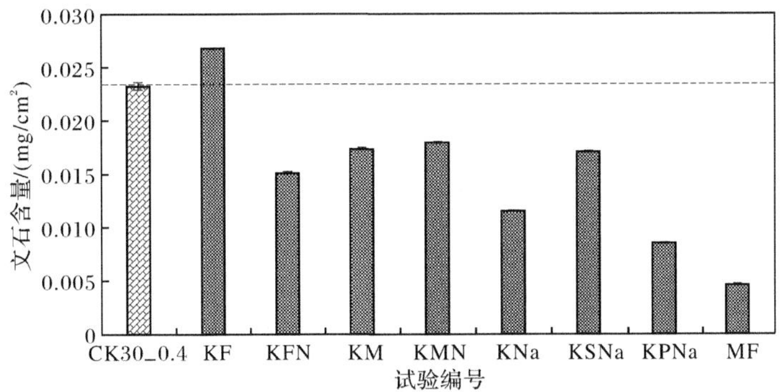

图 8.13　多种离子作用下碳酸钙污垢晶体中文石含量对比

2. 多离子共存对碳酸钙污垢晶体大小的影响

多种离子耦合作用下所形成的碳酸钙污垢晶体大小如图 8.14 所示。由图 8.14 可以看出,不同的离子组合对碳酸钙污垢晶体大小的影响存在差异。其中,KF、KFN 促进了方解石晶体的生长,大小分别为 7091nm、8633nm;而 KM、KMN、KNa、KSNa、KPNa、MF 则可以抑制方解石晶体的生长,晶体的大小分别为 883.6nm、597.1nm、1569.6nm、1903.8nm、4019.2nm、1277.5nm。

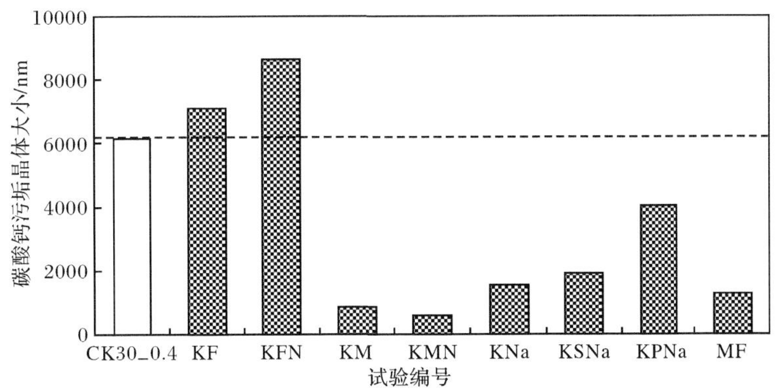

图 8.14　多种离子作用下碳酸钙污垢晶体大小对比

8.2.4　多离子共存对碳酸钙污垢晶体表观形貌的影响

图 8.15(a)～(h)分别为 KF、KFN、KM、KMN、KNa、KSNa、KPNa、MF 组合所形成的碳酸钙污垢晶体的表观形貌。可以看出,水溶液中方解石型碳酸钙晶体的形状一般为立方体结构,不同离子作用下对碳酸钙晶体表观形貌产生较大影响。其中,在 KF、KFN、KNa、MF 作用下对碳酸钙污垢晶体表观形貌影响并不明显,仍可以看出立方体结构;KM、KMN 作用下在较大的方解石晶体表面形成较小、较密的碳酸钙晶体结构,也可以看出方解石的立方体结构;在 KSNa、KPNa 作用下碳酸钙晶体发生较大的改变,产生细小的碳酸钙晶体团聚体。

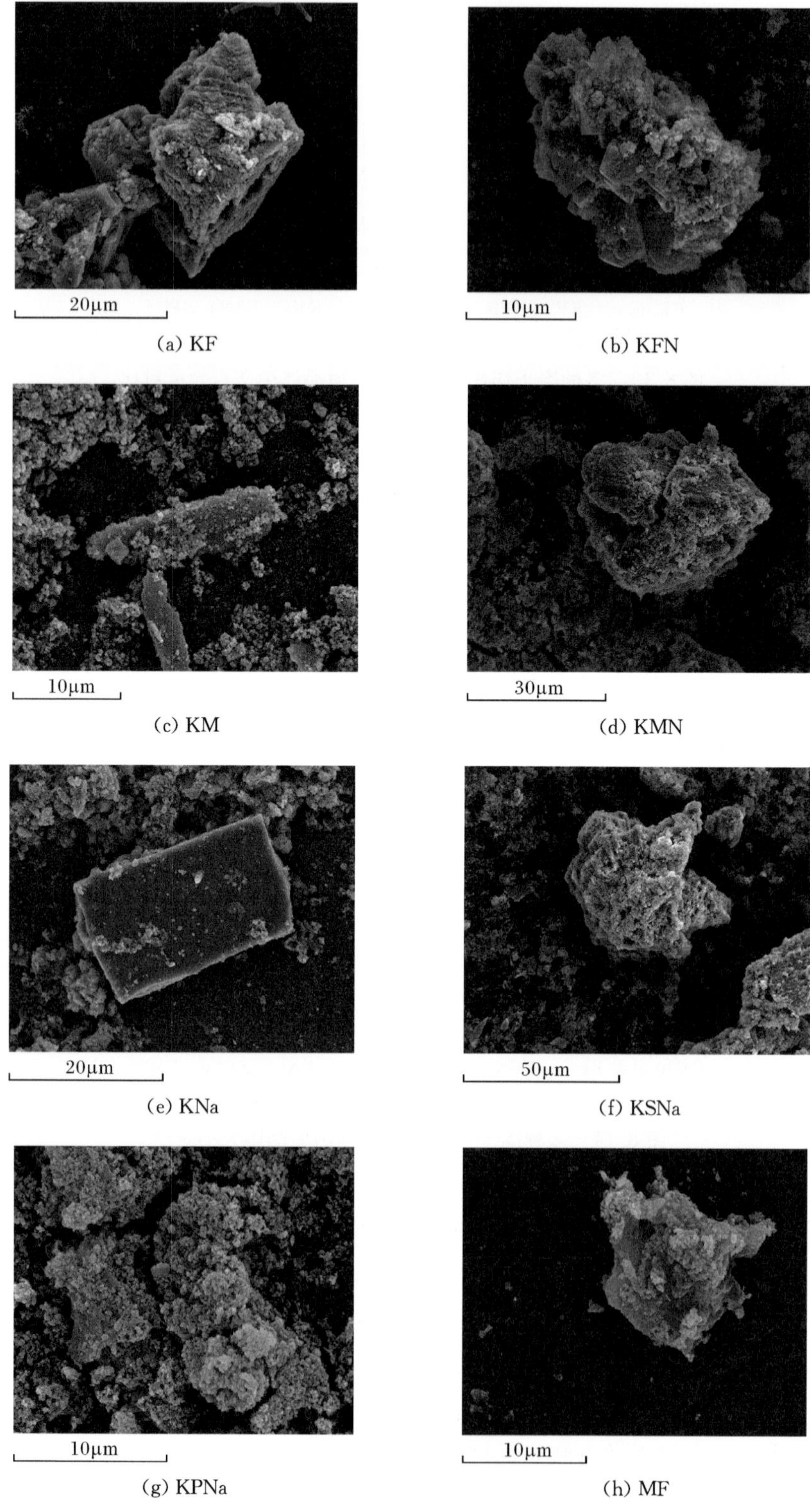

(a) KF　(b) KFN

(c) KM　(d) KMN

(e) KNa　(f) KSNa

(g) KPNa　(h) MF

图 8.15　多离子耦合作用下碳酸钙污垢晶体表观形貌

8.3 水源中杂质离子对碳酸钙析晶污垢形成的影响

8.3.1 试验概况

试验配置水源时，称取 KCl、NaCl、$MgCl_2$、$MnCl_2$、$ZnCl_2$、$AlCl_3$、$FeCl_3$、KNO_3、K_2SO_4、KH_2PO_4各 0.2g，分别倒入已含有 3.00g $CaCO_3$ 的 10L 超纯水中，置于水桶内，并向其中不断通入 CO_2气体至溶液澄清，使其达到 $Ca(HCO_3)_2 \rightleftharpoons CaCO_3\downarrow + CO_2\uparrow + H_2O$ 平衡，然后使用真空抽滤装置抽滤过 0.22μm 的滤膜，将水中残留的碳酸钙晶体过滤，制备成只含有 Ca^{2+}、CO_3^{2-}、HCO_3^- 和某种杂质离子的亚稳态硬水溶液体系，为考虑杂质离子的影响，同时制得只含有 Ca^{2+}、CO_3^{2-}、HCO_3^- 的亚稳态溶液体系，分别得到含有 Ca^{2+}、K^+、Na^+、Mg^{2+}、Mn^{2+}、Zn^{2+}、Al^{3+}、Fe^{3+}、NO_3^-、SO_4^{2-}、PO_4^{3-} 的硬水溶液体系。试验装置采用 AR 反应装置。

试验根据式(2-4)设置模拟系统模拟位点的水力参数，设置 4 个水平的水力剪切力，分别为 0Pa、0.2Pa、0.4Pa、0.6Pa。为避免光照并考虑温度对碳酸钙析晶污垢的影响，反应系统在恒温培养箱中，温度设置为 30℃，试验共进行 300h。试验处理见表 8.4。以 $CaCO_3$+KCl 硬水溶液体系、0.4Pa 条件为例，编号为 K_0.4，各试验处理编号以此类推。试验测试碳酸钙析晶污垢的干重、XRD、SEM，测试方法详见 5.3。

表 8.4 不同杂质离子作用下碳酸钙析晶污垢的试验处理及编号

溶液体系	水温/℃	剪切力/Pa
$CaCO_3$+KCl 硬水溶液体系(K)	30	0、0.2、0.4、0.6
$CaCO_3$+NaCl 硬水溶液体系(Na)	30	0、0.2、0.4、0.6
$CaCO_3$+$MgCl_2$硬水溶液体系(Mg)	30	0、0.2、0.4、0.6
$CaCO_3$+$MnCl_2$硬水溶液体系(Mn)	30	0、0.2、0.4、0.6
$CaCO_3$+$ZnCl_2$硬水溶液体系(Zn)	30	0、0.2、0.4、0.6
$CaCO_3$+$AlCl_3$硬水溶液体系(Al)	30	0、0.2、0.4、0.6
$CaCO_3$+$FeCl_3$硬水溶液体系(Fe)	30	0、0.2、0.4、0.6
$CaCO_3$+KNO_3硬水溶液体系(NO)	30	0、0.2、0.4、0.6
$CaCO_3$+K_2SO_4硬水溶液体系(SO)	30	0、0.2、0.4、0.6
$CaCO_3$+KH_2PO_4硬水溶液体系(PO)	30	0、0.2、0.4、0.6

8.3.2 杂质离子对碳酸钙析晶污垢干重的影响

不同杂质离子和水力剪切力作用下滴灌系统管壁单位面积附着碳酸钙析晶污垢随运行时间的动态变化特征如图 8.16 所示。

整体来看，在不同温度条件下 PE 载片表面单位面积附着污垢累积量随系统累计运行都表现出 S 形增长的趋势，与 8.2 节结果相似，按时间可以依次分为生长适应期(0～50h)、快速增长期(50～200h)和动态稳定期(200～300h)三个阶段。添加杂质离子后不同水力剪切力作用下所形成的碳酸钙析晶污垢总量差异显著($p<0.01$)，污垢总量随着水力剪切力的增大呈现先升高后降低的趋势。水力剪切力在 0.4Pa 时，载片表面的污垢附着量最大。不同离子间存在显著差异($p<0.01$)，Fe^{3+} 对碳酸钙析晶污垢具有促进作用，污垢总量增加了 10.3%～120.6%；然而，对碳酸钙析晶污垢形成具有抑制作用的杂质离子从强到弱的顺序为：$SO_4^{2-}>PO_4^{3-}>NO_3^{-}>Al^{3+}>Mn^{2+}>Mg^{2+}$，使得污垢总量降低了 4.8%～66.9%。单位面积碳酸钙析晶污垢相对增长速率 k 和决定系数 R^2 见表 8.5。

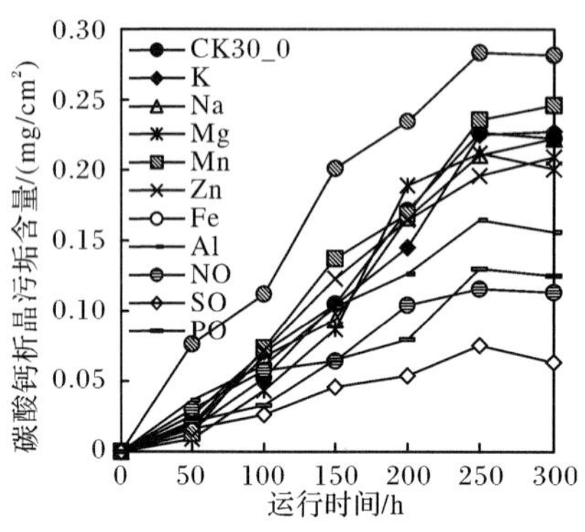

(a) 0Pa 碳酸钙析晶污垢的动态变化

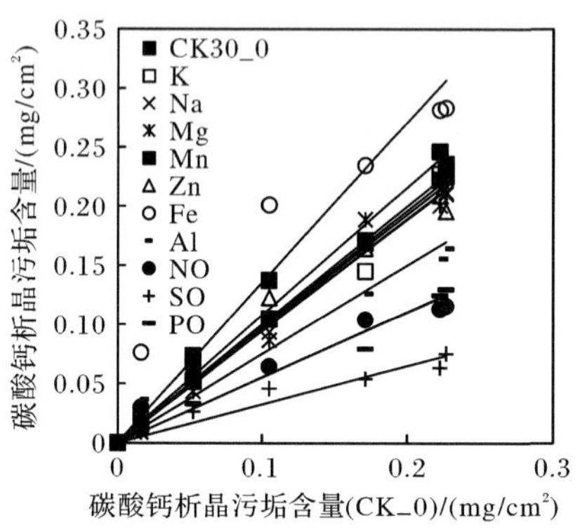

(b) 0Pa 碳酸钙析晶污垢的相关关系

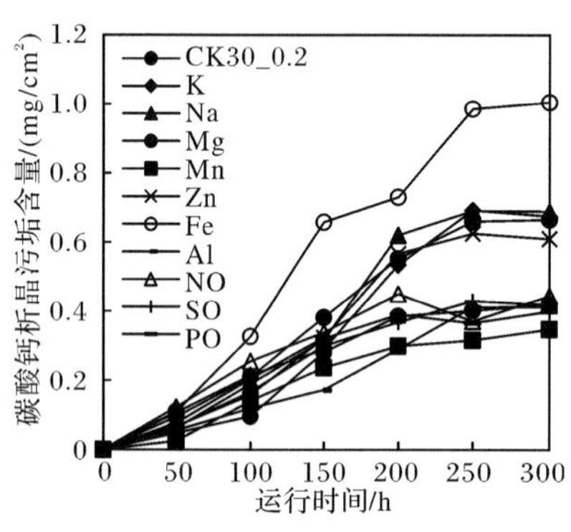

(c) 0.2Pa 碳酸钙析晶污垢的动态变化

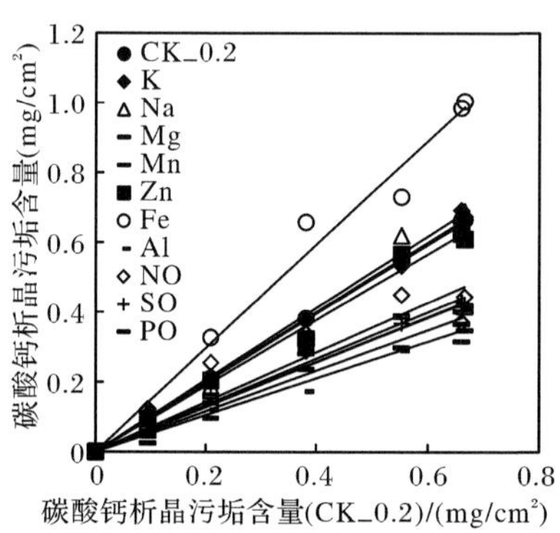

(d) 0.2Pa 碳酸钙析晶污垢的相关关系

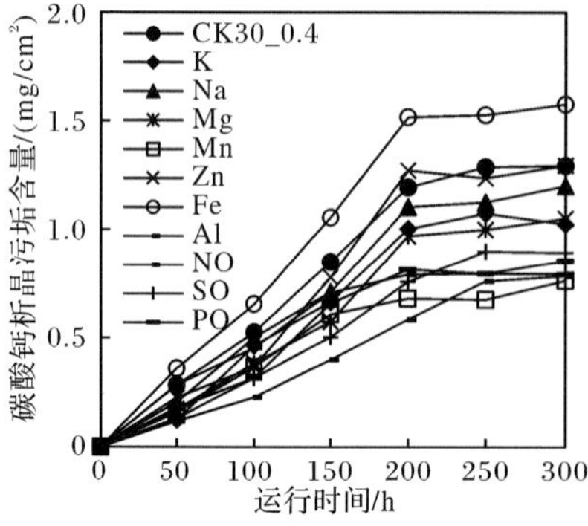

(e) 0.4Pa 碳酸钙析晶污垢的动态变化

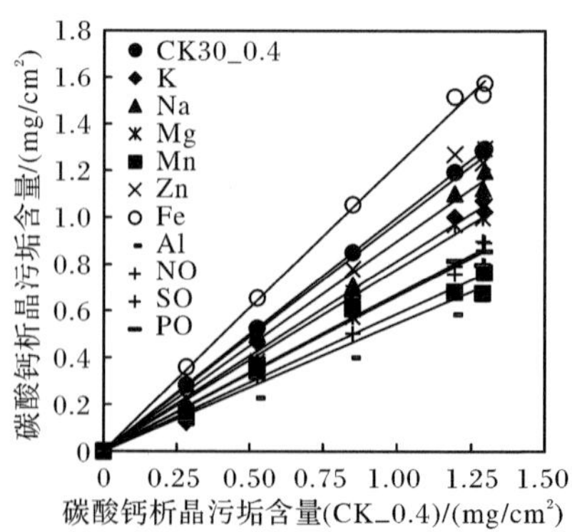

(f) 0.4Pa 碳酸钙析晶污垢的相关关系

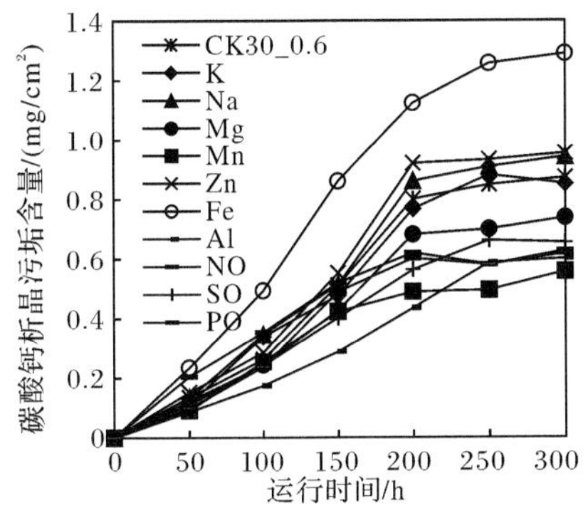

(g) 0.6Pa 碳酸钙析晶污垢的动态变化

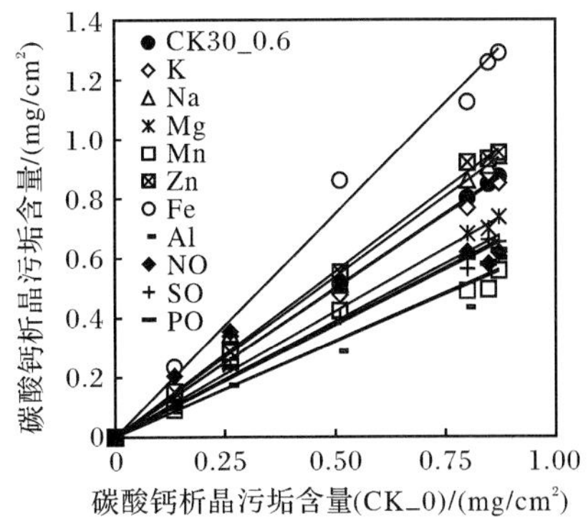

(h) 0.6Pa 碳酸钙析晶污垢的相关关系

图 8.16 不同杂质离子和水力剪切力作用对碳酸钙析晶污垢的影响

表 8.5 单位面积碳酸钙析晶污垢相对增长速率 *k* 和决定系数 R^2

杂质离子	参数	剪切力/Pa			
		0	0.2	0.4	0.6
CK	k	1	1	1	1
	R^2	1	1	1	1
K^+	k	0.98	0.99	0.81	0.99
	R^2	0.98**	0.98**	0.99**	0.99**
Na^+	k	0.97	1.03	0.90	1.07
	R^2	0.99**	0.98**	0.99**	0.99*
Mg^{2+}	k	0.95	0.64	0.78	0.84
	R^2	0.98**	0.98**	0.99**	0.99**
Mn^{2+}	k	1.08	0.53	0.59	0.65
	R^2	0.98**	0.97**	0.96**	0.93**
Zn^{2+}	k	0.94	0.94	0.98	1.11
	R^2	0.97**	0.99**	0.98**	0.99**
Fe^{3+}	k	1.35	1.48	1.23	1.49
	R^2	0.87**	0.98**	0.99**	0.98**
Al^{3+}	k	0.75	0.58	0.55	0.64
	R^2	0.92**	0.97**	0.96**	0.97**
NO_3^-	k	0.55	0.71	0.67	0.78
	R^2	0.87**	0.98**	0.92**	0.83*
SO_4^{2-}	k	0.33	0.67	0.66	0.76
	R^2	0.90**	0.81*	0.99**	0.99**
PO_4^{3-}	k	0.55	0.64	0.66	0.75
	R^2	0.97**	0.93**	0.98**	0.96**

*表示显著($p<0.05$)，**表示极显著($p<0.01$)。

8.3.3　杂质离子对碳酸钙污垢晶相和大小的影响

1. 杂质离子对碳酸钙污垢晶相的影响

杂质离子和水力剪切力作用下形成的碳酸钙析晶污垢主要以方解石(图 8.17)和文石(图 8.18)为主。不同水力剪切力间差异显著($p<0.01$),随水力剪切力增大呈现先升高后降低的趋势,0.4Pa 时最高;不同离子间差异显著($p<0.01$),Fe^{3+}促进了方解石的形成,增加了 31.0%～54.9%;Zn^{2+}、Al^{3+}、SO_4^{2-}抑制方解石的形成,分别降低了 89.6%～99.5%、18.1%～53.2%、26.0%～80.3%,与此同时还促进了文石的生成,分别增加了 160.8%～543.9%、24.5%～63.8%、0%～21.3%。

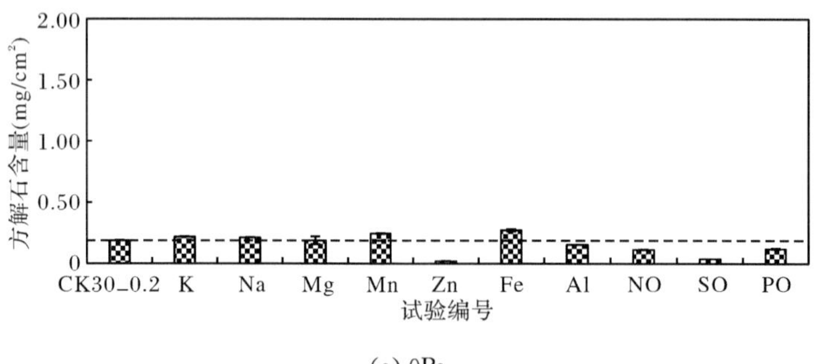

(a) 0Pa

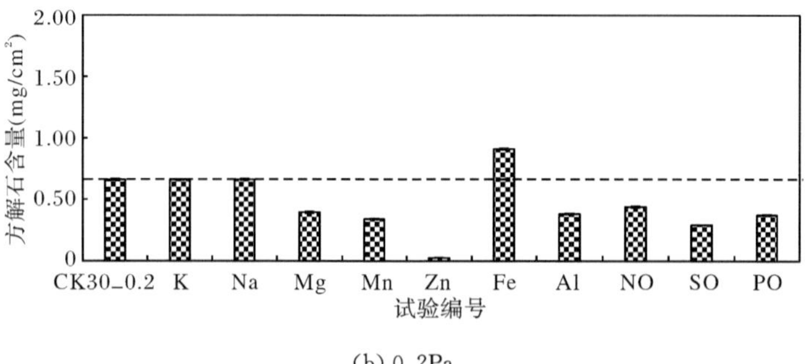

(b) 0.2Pa

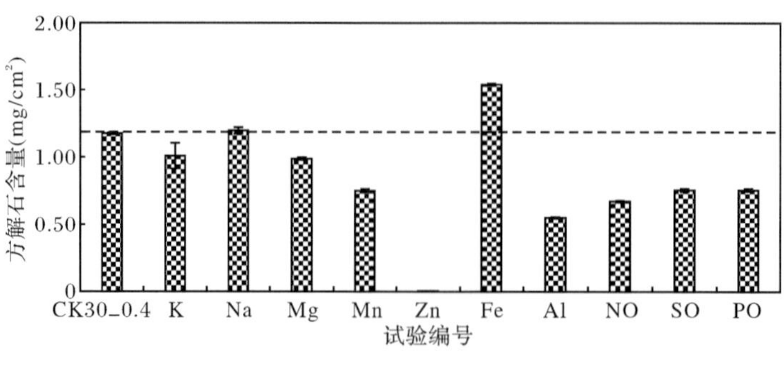

(c) 0.4Pa

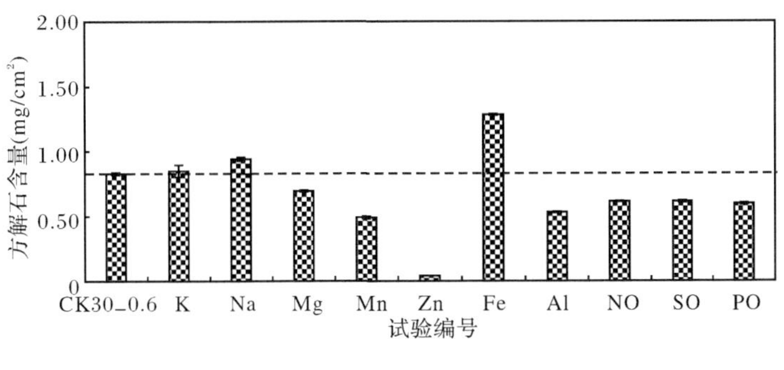

(d) 0.6Pa

图 8.17 不同杂质离子作用下碳酸钙析晶污垢中方解石的含量

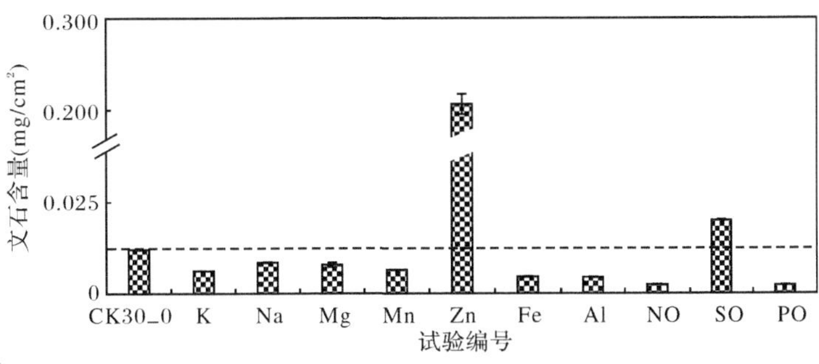

(a) 0Pa

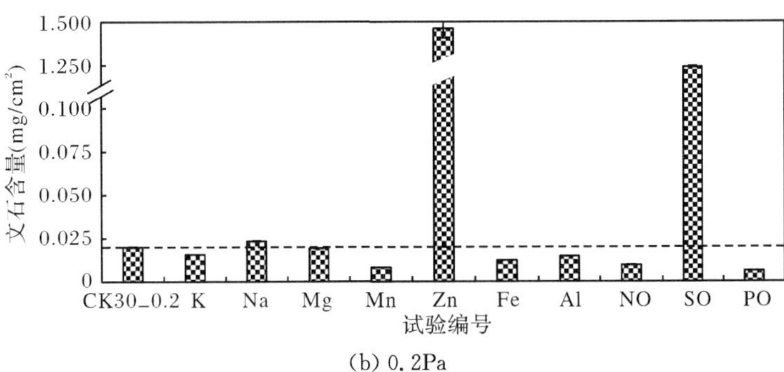

(b) 0.2Pa

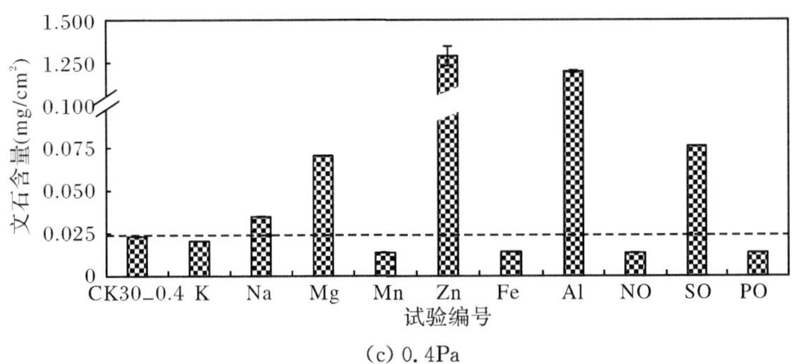

(c) 0.4Pa

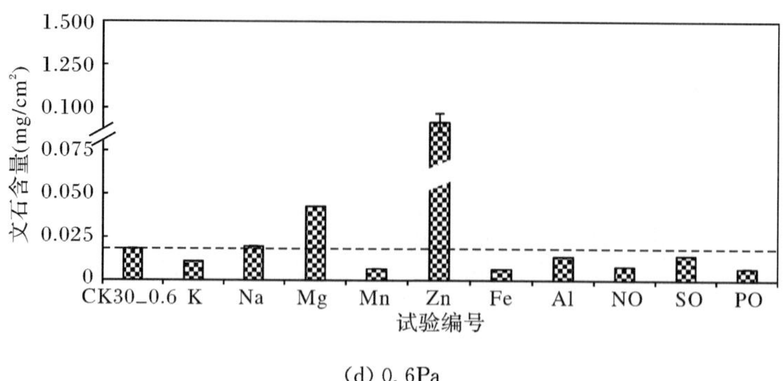

(d) 0.6Pa

图 8.18　不同杂质离子作用下碳酸钙析晶污垢中文石的含量

2. 杂质离子对碳酸钙污垢晶体大小的影响

不同杂质离子条件下滴灌系统管壁碳酸钙析晶污垢晶体大小如图 8.19 和图 8.20 所示。由图可以发现，不同杂质离子对碳酸钙污垢晶体大小的作用并不相同。不同杂质离子作用下所形成的方解石晶体大小随着水力剪切力的升高呈现先升高后降低的趋势；在 K^+、Na^+、Mg^{2+}、Mn^{2+}、Fe^{3+}、Al^{3+}、PO_4^{3-} 作用下可以抑制方解石晶体的生长，且随着水力剪切力的升高抑制效果逐渐减弱，在 0～0.4Pa 范围内，所形成的方解石大小为 CK30 处理的 2.0%～77.0%。在 NO_3^- 和 SO_4^{2-} 作用下则表现出可以促进晶体的生长，方解石晶体大小为 CK30 处理的 112.1%～190.8%。Zn^{2+} 和 SO_4^{2-} 可以促进文石晶体的生长。

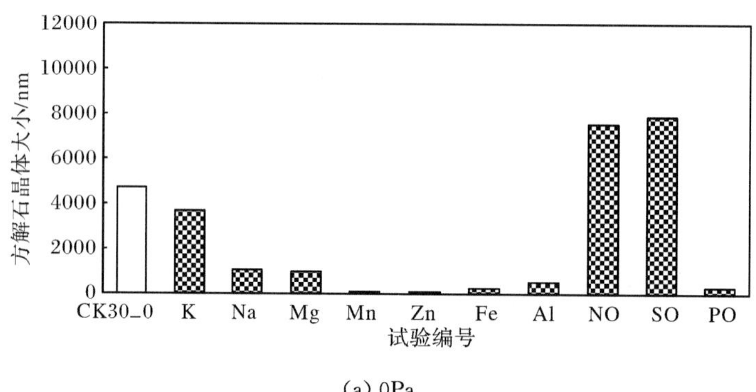

(a) 0Pa

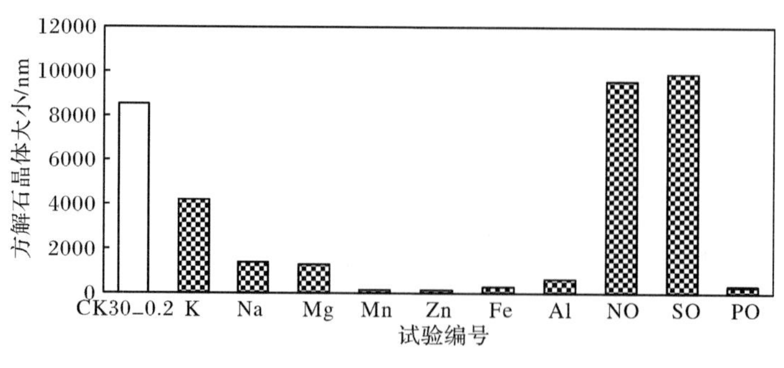

(b) 0.2Pa

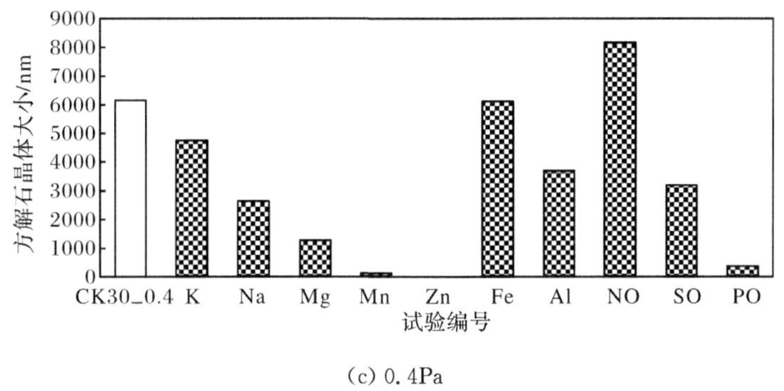

(c) 0.4Pa

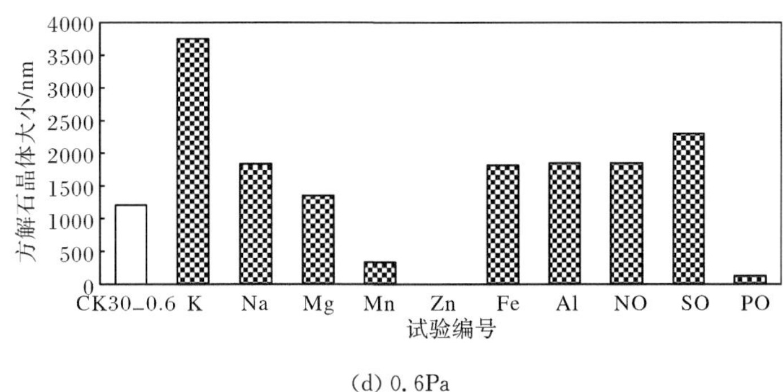

(d) 0.6Pa

图 8.19　不同杂质离子条件下滴灌系统管壁碳酸钙析晶污垢方解石晶体大小

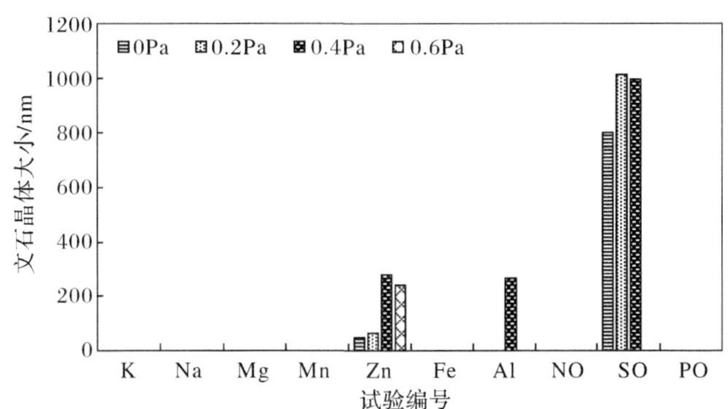

图 8.20　不同杂质离子条件下滴灌系统管壁碳酸钙析晶污垢文石晶体大小

8.3.4　杂质离子对碳酸钙污垢晶体表观形貌的影响

图 8.21(a)～(j)分别为在 K^+、Na^+、Mg^{2+}、Mn^{2+}、Zn^{2+}、Fe^{3+}、Al^{3+}、NO_3^-、SO_4^{2-}、PO_4^{3-}条件下所形成的碳酸钙污垢晶体的表观形貌。从图中可以看出，水溶液中方解石晶体的形状一般为立方体结构，不同杂质离子作用下对碳酸钙晶体表观形貌会产生较大的影响。其中，K^+、Na^+、Fe^{3+}、NO_3^-对碳酸钙污垢晶体表观形貌的影响并不明显，仍可以看出是立方体结构；在 Mg^{2+}的抑制作用下形成较小的层状生

长结构，但仍保留了方解石晶体的立方体结构；在 Mn^{2+} 作用下可以看出方解石晶体生长的层状结构，并在晶体表面附着大量细小新成核的晶体；在 PO_4^{3-} 作用下碳酸钙晶体发生较大的改变，产生细小的碳酸钙晶体团聚体；而 Zn^{2+} 促进形成了针状的文石晶体结构，Al^{3+}、SO_4^{2-} 条件下同时出现了方解石晶体，并在其晶体表面生长了大量文石晶体。

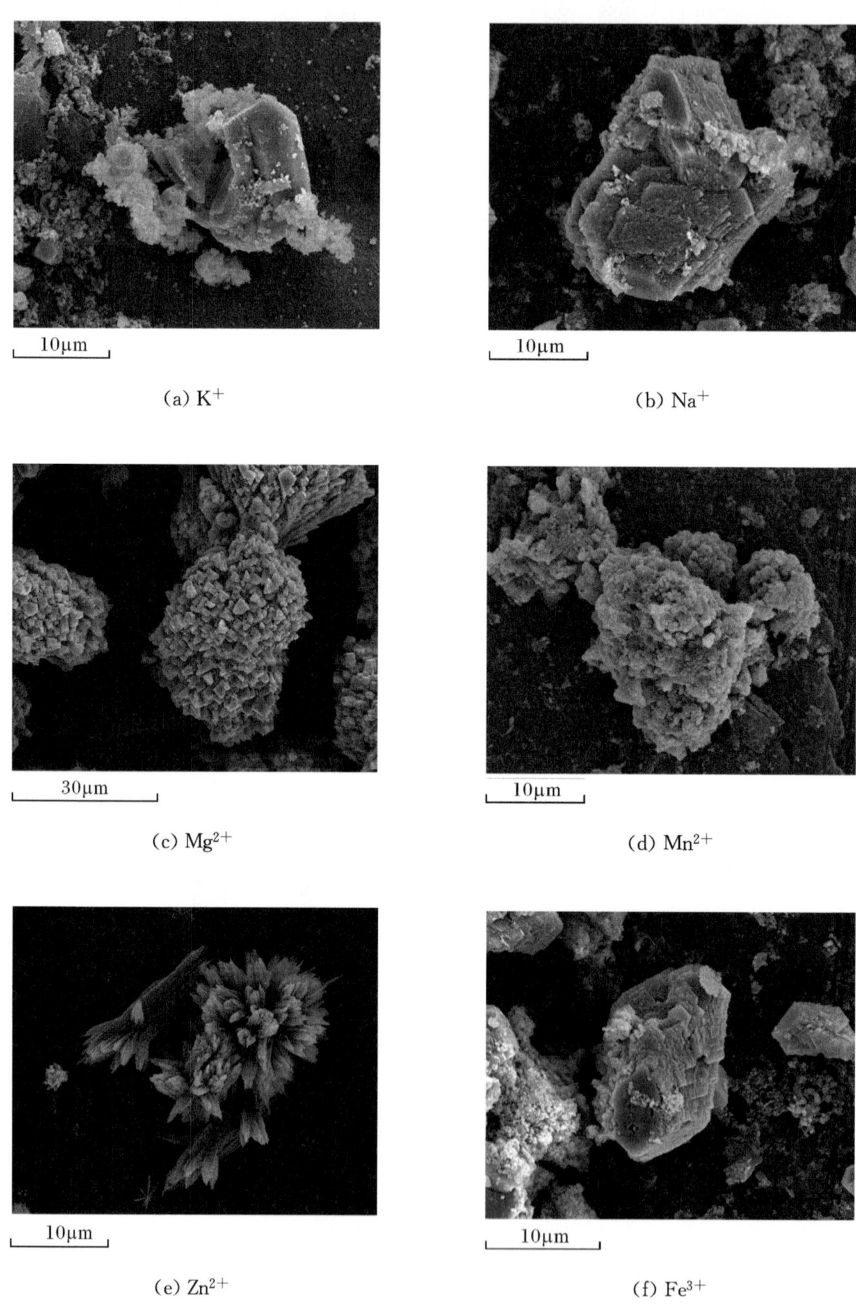

(a) K^+　　(b) Na^+

(c) Mg^{2+}　　(d) Mn^{2+}

(e) Zn^{2+}　　(f) Fe^{3+}

(g) Al^{3+}　(h) NO_3^-

(i) SO_4^{2-}　(j) PO_4^{3-}

图 8.21　不同杂质离子作用下碳酸钙污垢晶体的表观形貌

8.4　滴灌系统灌水器化学堵塞物质特征组分形成动力学过程与模型

8.4.1　特征组分形成动力学模型假设与构建

以 Kern-Seaton 污垢预测模型为原型，综合考虑灌水器的结构类型、流道几何参数和水源特征等因素，建立微咸水滴灌系统灌水器流道单位面积堵塞物质（固体颗粒物和钙镁碳酸盐）生长动力学模型，模型假设如下。

(1) 灌水器流道内堵塞物质层诸特性参数在各方向上保持均一性，在堵塞物质形成过程中灌溉水物理特性的变化忽略不计。

(2) 忽略诱导期，灌水器内部化学堵塞物质的生长过程存在沉积和剥蚀两个过程。

(3) 化学堵塞物质的沉积速率 α_s 与灌溉水离子浓度 C、断面平均流速 v 成正比。

(4) 化学堵塞物质的剥蚀是在灌水器内物质层面-流体界面处的剪切力 τ 作用下形成的，剥蚀速率 α_r 与灌水器壁面剪切力 τ 成正比，与堵塞物质生长厚度 h_c 成正比。

根据定义得到沉积速率 α_s 和剥蚀速率 α_r 的计算方法：

$$\alpha_s = \frac{m_s}{\rho_c t} \tag{8.1}$$

$$\alpha_r=\frac{m_r}{\rho_c t} \tag{8.2}$$

根据假设(1)和(2)可以得到堵塞物质生长量的计算方法：

$$\frac{dh_c}{dt}=\alpha_s-\alpha_r \tag{8.3}$$

根据假设(3)和(4)可以得到堵塞物质沉积速率 α_s和剥蚀速率 α_r分别为

$$\alpha_s=a_1 C v \tag{8.4}$$

$$\alpha_r=a_2 \tau h_c=a_2 v^2 h_c \tag{8.5}$$

将式(8.4)和式(8.5)进行无量纲化处理，则有

$$Re(\alpha_s)=(a_3+a_1 a_2 t^{a_2-1})\frac{D}{W}\cdot\frac{L}{\sqrt{A}}\cdot\frac{\mu}{R} \tag{8.6}$$

$$Re(\alpha_r)=a_2 Re(v)\frac{h_c}{D} \tag{8.7}$$

式中，$Re(\alpha_s)$为沉积速率雷诺数，$Re(\alpha_s)=\frac{\alpha_s R}{\mu}$；$Re(\alpha_r)$为剥蚀速率雷诺数，$Re(\alpha_r)=\frac{\alpha_r R}{\mu}$；$Re(v)$为流速雷诺数，$Re(v)=\frac{vR}{\mu}$。将式(8.4)和式(8.5)代入式(8.1)和式(8.2)，整理后可得

$$m=\rho_c h_c=\frac{a_1 C D \mu \rho_c}{a_2 v R}\left[1-\exp\left(-\frac{a_2 v^2 R^2 g^{\frac{2}{3}} t}{\mu^{\frac{7}{3}}}\right)\right] \tag{8.8}$$

式中，m 为灌水器流道单位面积堵塞物质生长量，g/m^2；C 为灌溉水离子浓度，g/L；R 为灌水器流道的水力半径，m；D 为灌水器流道深度，m；v 为 10m 水头工作压力下的断面平均流速，m/s；μ 为水的黏滞系数，m^2/s，取 $0.894\times10^{-6}m^2/s$；ρ_c为堵塞物质密度，g/m^3；g 为重力加速度，取 $9.8m/s^2$；t 为系统累计运行时间，h；a_1和 a_2为模型拟合参数。

8.4.2 灌水器化学堵塞物质固体颗粒物形成动力学过程模拟

试验在内蒙古河套灌区临河曙光试验站进行，参考内蒙古河套灌区的微咸水水质情况，配置 4 个等级电导率的微咸水处理分别为 W1(EC=1.0dS/m)、W2(EC=2.0dS/m)、W3(EC=4.0dS/m)和 W4(EC=6.0dS/m)。

不同电导率微咸水下灌水器流道单位面积化学堵塞物质固体颗粒物(SP)动态变化特征如图 8.22 所示，通过建立的生长模型进行拟合，结果见表 8.6。

从中可以看出，灌水器化学堵塞物质 SP 随系统累计运行都表现出渐进型增长的趋势，可依次分为快速增长期和渐进增长期两个阶段。对于不同类型的灌水器，各阶段的分界点相近，但堵塞物质含量不同，在不同时刻均为灌水器 E1 内单位面积的堵塞物质含量最大，E3 相对最小。但对于不同电导率的灌溉水源，阶段临界点发生改变，且堵塞物质含量随着灌溉水电导率的增加而增大，生长速率增加。建立的模型可以很好地表征不同电导率水源下不同类型灌水器堵塞物质 SP 的动态变化过程($R^2>0.96$，$p<0.01$)。

在 W1 和 W2 水源条件下，在系统运行的前 224h 不同类型灌水器堵塞物质都处于快速生长阶段，SP 整体快速生长，此阶段结束时不同水源处理组堵塞物质含量分别达到

0.096～0.390g/cm²和0.109～0.403g/cm²。此后，灌水器堵塞物质SP逐渐趋于稳定，增长变缓慢，直至滴灌系统累计运行448h试验结束时，堵塞物质含量分别达到0.141～0.484g/cm²和0.157～0.560g/cm²。

在W3和W4水源条件下，在系统运行的前336h不同类型灌水器堵塞物质都处于快速生长阶段，SP整体快速生长，此阶段结束时堵塞物质含量分别达到0.176～0.637g/cm²和0.204～0.810g/cm²，此后，灌水器堵塞物质SP逐渐趋于稳定，增长变缓慢，直至滴灌系统累计运行448h试验结束时，堵塞物质含量分别达到0.225～0.762g/cm²和0.290～0.880g/cm²。

从表8.6的模型拟合参数来看，a_1和a_2随着灌溉水电导率的增加逐渐变小。不同灌水器之间并没有表现出明显的规律性。

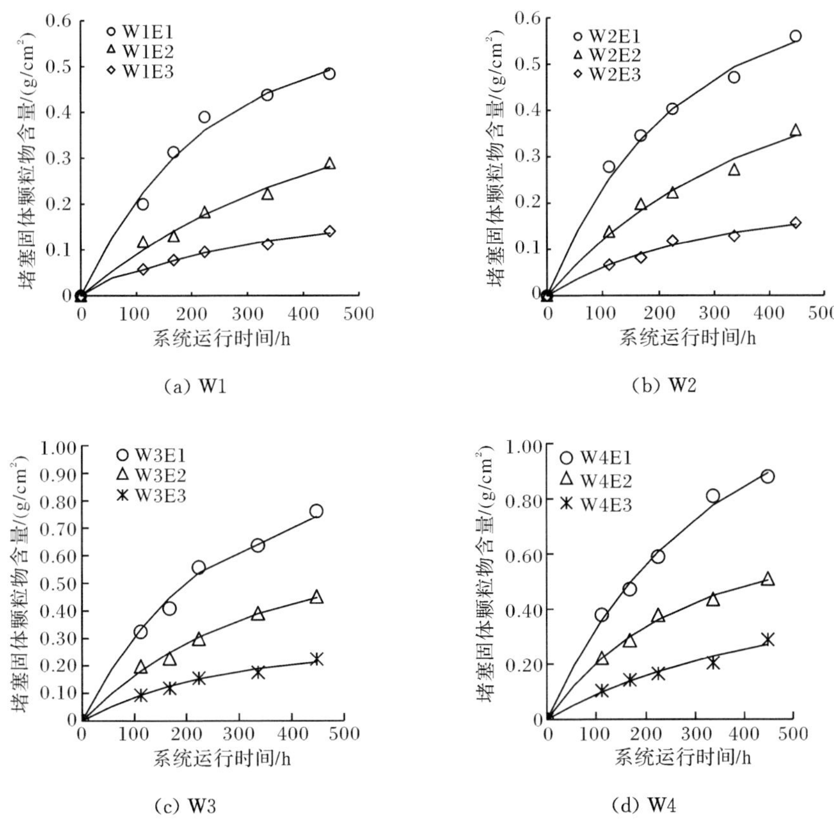

图8.22　灌水器流道化学堵塞物质固体颗粒物动态变化特征

表8.6　灌水器流道化学堵塞物质固体颗粒物生长动力学模型拟合参数

灌水处理	灌水器	a_1	a_2/($\times10^{-12}$)	R^2	RMSE
W1	E1	4.677	27.960	0.99**	0.016
	E2	1.595	4.659	0.98**	0.010
	E3	0.660	6.537	0.99**	0.003

续表

灌水处理	灌水器	a_1	a_2/(×10^{-12})	R^2	RMSE
W2	E1	2.620	28.171	0.98**	0.019
	E2	1.083	5.785	0.98**	0.012
	E3	0.399	7.373	0.99**	0.062
W3	E1	1.714	56.840	0.98**	0.061
	E2	0.760	6.658	0.99**	0.013
	E3	0.283	7.634	0.97**	0.011
W4	E1	1.171	20.700	0.99**	0.018
	E2	0.615	8.128	0.99**	0.010
	E3	0.184	4.701	0.96**	0.016

**表示在 $p<0.01$ 条件下拟合关系相关性极显著，RMSE 为均方根误差。

8.4.3　灌水器化学堵塞物质主要矿物组分形成动力学过程模拟

不同电导率微咸水下灌水器流道钙镁碳酸盐动态变化特征如图 8.23 所示，通过建立的生长模型进行拟合，结果见表 8.7。

从图 8.23 和表 8.7 可以看出，建立的模型可以很好地表征不同电导率水源下不同类型灌水器内钙镁碳酸盐的动态变化过程($R^2>0.97$，$p<0.01$)。整体来看，不同电导率水源下不同类型灌水器内钙镁碳酸盐整体变化趋势仍然与堵塞物质 SP 的生长趋势一致，依次分为快速增长期和渐进增长期两个阶段。对于不同类型的灌水器，在不同时刻均为灌水器 E1 内单位面积的钙镁碳酸盐含量最大，灌水器 E3 最小。对于不同电导率的灌溉水源，阶段临界点发生改变，且随着灌溉水电导率的增加，钙镁碳酸盐含量增大，生长速率增加。从表 8.7 的模型拟合参数来看，a_1 随着灌溉水电导率的增加逐渐变小。不同灌水器之间并没有表现出明显的规律性。

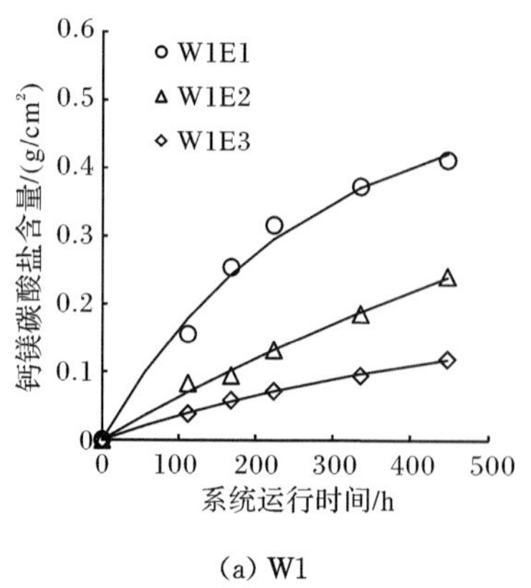

(a) W1

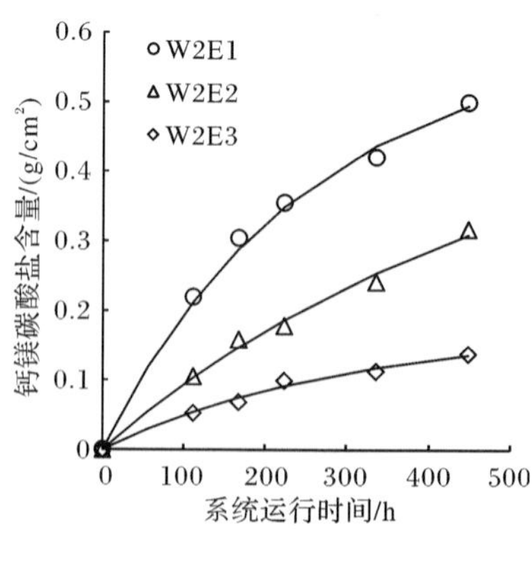

(b) W2

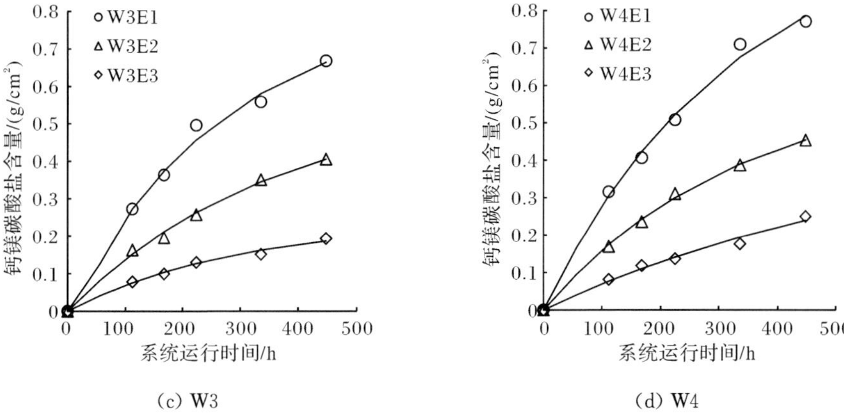

(c) W3　　(d) W4

图 8.23　灌水器流道钙镁碳酸盐动态变化特征

表 8.7　灌水器流道钙镁碳酸盐生长动力学模型拟合参数

灌水处理	灌水器	a_1	$a_2/(\times 10^{-12})$	R^2	RMSE
W1	E1	3.595	23.754	0.99**	0.014
	E2	1.033	1.947	0.99**	0.006
	E3	0.430	3.645	0.99**	0.001
W2	E1	2.135	24.139	0.99**	0.016
	E2	0.798	3.686	0.99**	0.008
	E3	0.311	5.953	0.98**	0.005
W3	E1	1.346	21.777	0.99**	0.197
	E2	0.617	5.438	0.99**	0.010
	E3	0.220	6.268	0.98**	0.006
W4	E1	0.978	18.821	0.99**	0.017
	E2	0.477	5.824	0.99**	0.006
	E3	0.134	2.881	0.98**	0.009

** 表示在 $p<0.01$ 条件下拟合关系相关性极显著。

8.5　小　　结

(1) 灌水器内部化学堵塞物质各组分含量随时间的增长速率表现为“快—慢—快—慢”的变化。且不同矿化度之间灌水器化学堵塞增长速率也呈现出差异性，表现为随着矿化度的升高，灌水器内部化学堵塞物质总量增长速率表现为增加到急剧增加的变化，而化学堵塞物质各组分生长速率随着系统运行总体呈现出递增的趋势。

(2) 微咸水滴灌下灌水器内化学堵塞物质表面形貌粗糙，由排列不一的晶体颗粒组成，接触型式多为镶嵌接触，颗粒间连接致密。具体构成为方解石、文石、羟基磷灰石、白云石、石英、白云母、碱性长石、绿泥石、石膏、铝镁水滑石以及微量的氯化钠，其中最主要的物质为钙镁碳酸盐类。

(3) K^+、Na^+、Mg^{2+}、NO_3^-、SO_4^{2-}、PO_4^{3-}等离子的组合存在时会对碳酸钙析晶污垢的形成产生抑制作用。K^+、Na^+、NO_3^-的存在会促使Mg^{2+}、SO_4^{2-}、PO_4^{3-}吸附在碳酸钙污垢晶体表面的活性生长点上,使得晶体结构扭折畸形,抑制方解石晶体的生长,使污垢的总量降低 33.1%~37.2%。

(4) 微咸水滴灌条件下,不同类型灌水器化学堵塞物质生长过程为渐进型,分为快速增长期和渐进增长期两个阶段。基于灌水器堵塞物质沉积与剥蚀过程,以 Kern-Seaton 污垢预测模型为原型,综合考虑灌水器的结构类型、流道几何参数和水源特征等因素,建立的灌水器化学堵塞物质生长动力学模型可以很好地描述灌水器内堵塞物质及特征组分(钙镁碳酸盐)的生长过程。

第9章　滴灌灌水器复合堵塞物质形成动力学与诱发机制

目前，水环境污染严重，水资源紧缺，常见灌溉水源水质特征极为复杂，使用这些水源进行滴灌时灌水器堵塞多表现为物理、化学、生物耦合作用导致的复合堵塞(Yan et al.，2009；Nakayama and Bucks，1991)。但是，有关滴灌系统灌水器堵塞的研究仍然集中于单一的物理(葛令行等，2010；Taylor et al.，1995)、化学(Shatanawi and Fayyad，1996)、生物(Charbel，2009；Trooien et al.，2000；Ravina et al.，1992)堵塞类型。然而，目前还鲜见关于灌水器复合堵塞物质特征组分生长动力学过程及诱发堵塞机理的报道。与此同时，流道结构几何参数是影响灌水器堵塞发生最直接的因素(Markku et al.，2006；Percival et al.，2001；Taylor et al.，1995；Ravina et al.，1992；Adin and Sacks，1991)，但是目前关于灌水器流道结构几何参数对灌水器堵塞过程影响路径的报道较少。

基于此，本章分别从堵塞物质中泥沙颗粒、矿物组分和微生物群落对灌水器堵塞的影响效应与机理入手，以内蒙古自治区引黄灌区内黄河水、微咸水以及两者混配水等3种水源滴灌条件下灌水器复合堵塞现场试验为基础，系统研究16种不同类型灌水器物理、化学、生物复合堵塞物质组分，综合考虑灌水器结构参数、外特性参数等因素，建立灌水器复合堵塞物质组分生长动力学模型。借助通径分析法分析流道几何参数对堵塞发生及堵塞物质的影响，明确灌水器流道几何参数诱发灌水器堵塞路径。

9.1　堵塞物质泥沙颗粒对灌水器堵塞的影响效应与机理

9.1.1　试验概况

本试验于内蒙古自治区巴彦淖尔市磴口县北乌兰布和沙区灌溉实验站进行，黄河水水源取自乌审干渠，黄河水的泥沙含量较高，为了降低灌溉水的泥沙含量，将黄河水经过沉淀池24h静置后再引入水源池中供滴灌堵塞试验使用。灌溉水水质参数见表9.1。

表9.1　灌溉水水质参数

参数	测量值	参数	测量值
pH	7.7	TP/(mg/L)	0.06
TSS/(mg/L)	41	TN/(mg/L)	1.48
EC/(μS/cm)	796	Fe^{3+}浓度/(mg/L)	2.24
矿化度/(mg/L)	483	Ca^{2+}浓度/(mg/L)	54.7
COD_{Cr}/(mg/L)	6.8	Mg^{2+}浓度/(mg/L)	25.7
BOD_5/(mg/L)	1.7		

试验期间，每日分别采用水温表和电导仪（德国 STEPS）监测水温和电导率（EC）。试验过程中水温为 19.4～29.6℃，平均水温为 27.3℃。

测试平台每天 7：00～12：00、14：00～18：00 运行，累计运行 9h/d，工作压力为 100kPa；每 60h 进行一次滴灌系统的毛管冲洗，毛管末端冲洗流速设置为 0.45m/s。

选取 6 种流道尺寸各异的非补偿式内镶贴片式灌水器（FE），灌水器的流道参数和流道结构见表 9.2。

表 9.2　灌水器的流道参数和流道结构

灌水器编号	额定流量/(L/h)	流道几何参数(长×宽×深)/(mm×mm×mm)	生产地	流道结构图
FE1	1.60	17.71×0.61×0.56	以色列	
FE2	1.38	29.16×0.63×0.77	中国	
FE3	1.75	26.41×0.68×0.71	中国	
FE4	1.97	33.79×0.74×0.82	中国	
FE5	1.40	24.15×0.52×0.51	中国	
FE6	2.80	26.45×0.67×0.56	中国	

灌水器堵塞程度通过平均相对流量（Dra）和克里斯琴森均匀系数（CU）表征，灌水器流量校正和上述参数计算方法参见第 3 章。

通过超声波＋机械剥落获取堵塞物质，其干重测试方法参见第 5 章。粒径采用英国马尔文公司的 Mastersizer 2000 型激光粒度仪进行分析，测试水源以及两种过滤处理下 6 种灌水器内部以及毛管管壁泥沙粒径中黏粒（$d \leqslant 2\mu m$）、粉粒（$2\mu m < d < 50\mu m$）和砂粒（$d \geqslant 50\mu m$）占比以及质量。颗粒物粒径分布体积分形维数的计算方法参考管孝艳等（2011）的研究。

9.1.2　灌水器内部泥沙输移特性

6 种片式灌水器泥沙颗粒粒径参数(泥沙颗粒质量分数、泥沙颗粒质量、分形维数)分布动态变化特征如图 9.1 和表 9.3 所示。

从图中可以看出,随着系统累计运行时间延长,堵塞程度加剧,灌水器内部沉积的不同粒径泥沙颗粒呈正态分布,曲线峰值不断后移,即随着灌水器堵塞程度加剧,内部沉积泥沙的中值粒径逐渐增大;随着堵塞程度增加,灌水器内部沉积黏粒、粉粒、砂粒的质量逐渐升高,但灌水器内部沉积泥沙颗粒中黏粒、粉粒的比例下降,而砂粒的比例逐渐升高。以 FE1 灌水器为例,随着堵塞程度增加,砂粒所占比例逐渐增加,黏粒和粉粒的占比呈降低趋势,砂粒所占比例由 23.87%增长到 30.80%,黏粒和粉粒所占比例分别由 6.63%和 69.51%下降到 5.57%和 63.63%。从表中还可以看出,随着堵塞程度的增加,黏粒、粉粒和砂粒的总量都在增加,其中粉粒增加得最多,其次是砂粒,最后是黏粒。例如,对于 FE1 灌水器,粉粒由 1.03mg 增加到了 3.36mg,砂粒由 0.35mg 增加到 1.63mg,黏粒由 0.10mg 增加到 0.29mg;在堵塞过程中粉粒、砂粒的大量沉积,引起堵塞物质的中值粒径不断增大,由 17.83μm 增长至 22.44μm,这表明泥沙的累积是灌水器堵塞的原因之一。

分形维数可以反映灌水器内部沉积泥沙粒径分布的复杂程度。从表 9.3 中可以发现,不同堵塞程度下,6 种片式灌水器分形维数均未发生明显变化,且数值大小均在 2.50 左右,说明随着灌水器堵塞加剧,内部堵塞物质粒径分布的复杂程度并没有发生变化,表明泥沙颗粒的粒径分布不是灌水器堵塞的主要影响因素。

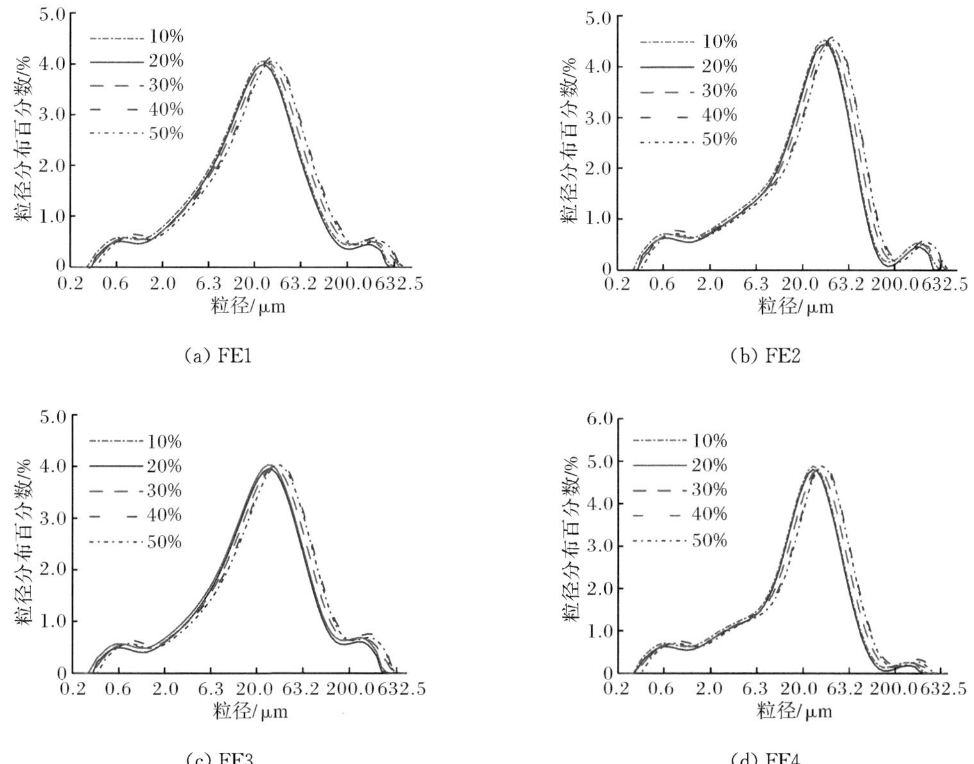

(a) FE1　(b) FE2

(c) FE3　(d) FE4

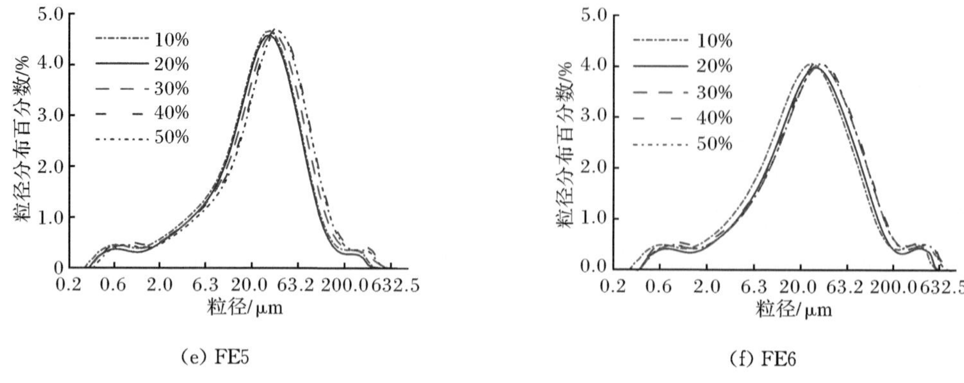

图 9.1　6 种片式灌水器不同堵塞程度下泥沙颗粒粒径分布百分数

表 9.3　泥沙颗粒粒径参数

灌水器编号	堵塞程度/%	泥沙颗粒质量分数/%			泥沙颗粒质量/mg			中值粒径/μm	分形维数
		黏粒	粉粒	砂粒	黏粒	粉粒	砂粒		
FE1	10	6.76	69.59	23.65	0.10	1.03	0.35	22.71	2.52
	20	5.93	68.77	25.30	0.15	1.74	0.64	23.14	2.48
	30	5.91	67.00	27.09	0.24	2.72	1.10	23.82	2.52
	40	6.06	66.67	27.27	0.26	2.86	1.17	24.16	2.52
	50	5.49	63.64	30.87	0.29	3.36	1.63	26.42	2.52
FE2	10	8.22	71.69	20.09	0.18	1.57	0.44	18.07	2.55
	20	8.00	71.37	20.63	0.38	3.39	0.98	19.26	2.55
	30	7.22	69.24	23.54	0.42	4.03	1.37	21.49	2.54
	40	7.37	68.93	23.70	0.51	4.77	1.64	21.79	2.55
	50	6.89	66.47	26.64	0.59	5.69	2.28	22.21	2.55
FE3	10	9.90	65.62	24.48	0.19	1.26	0.47	23.02	2.58
	20	9.03	62.15	28.82	0.26	1.79	0.83	22.42	2.57
	30	8.28	60.16	31.56	0.42	3.05	1.60	23.78	2.56
	40	8.50	59.83	31.67	0.51	3.59	1.90	24.03	2.53
	50	8.31	58.59	33.10	0.60	4.23	2.39	25.79	2.53
FE4	10	7.94	66.36	25.70	0.17	1.42	0.55	21.21	2.54
	20	6.97	64.88	28.15	0.26	2.42	1.05	21.71	2.52
	30	6.22	62.87	30.91	0.30	3.03	1.49	22.54	2.51
	40	6.50	62.54	30.96	0.43	4.14	2.05	22.92	2.48
	50	6.53	60.33	33.14	0.56	5.17	2.84	24.63	2.54

续表

灌水器编号	堵塞程度/%	泥沙颗粒所占比例/%			泥沙颗粒质量/mg			中值粒径/μm	分形维数
		黏粒	粉粒	砂粒	黏粒	粉粒	砂粒		
FE5	10	6.48	64.87	28.70	0.07	0.70	0.31	25.18	2.56
	20	6.09	62.94	30.97	0.12	1.24	0.61	24.07	2.58
	30	5.44	61.32	33.24	0.19	2.14	1.16	25.42	2.54
	40	5.63	61.12	33.25	0.22	2.39	1.30	25.94	2.52
	50	5.28	60.19	34.53	0.28	3.19	1.83	27.79	2.51
FE6	10	6.45	64.52	29.03	0.04	0.40	0.18	27.05	2.49
	20	6.13	62.58	31.29	0.10	1.02	0.51	27.22	2.51
	30	5.26	60.97	33.77	0.12	1.39	0.77	29.33	2.50
	40	5.28	60.87	33.85	0.17	1.96	1.09	29.64	2.47
	50	5.23	57.07	37.70	0.20	2.18	1.44	30.45	2.49

9.1.3　灌水器内部泥沙颗粒累积及自排沙行为

灌水器自排沙能力示意图如图 9.2 所示，6 种片式灌水器内部泥沙累积粒径分布曲线如图 9.3 所示，灌水器内部堵塞物质主要粒径范围见表 9.4。

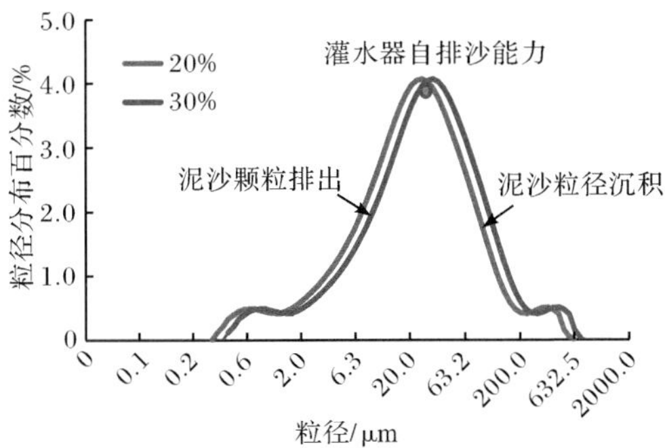

图 9.2　灌水器自排沙能力示意图

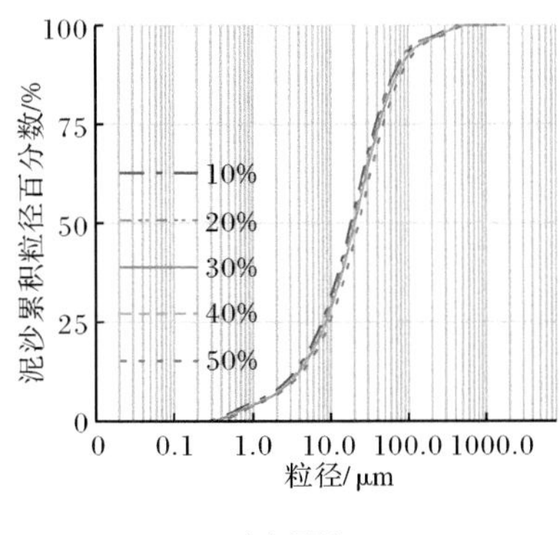

(a) FE1

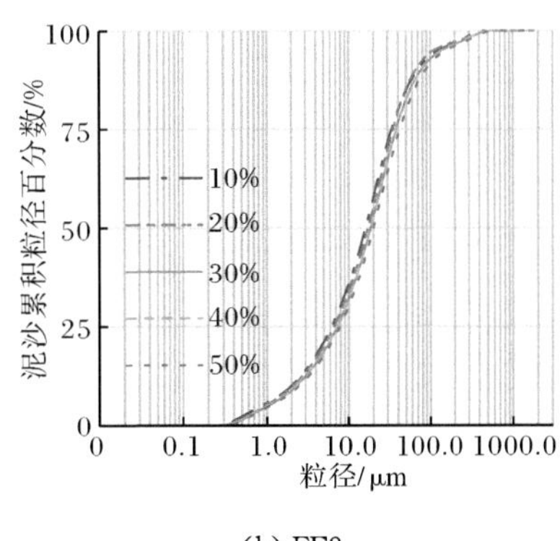

(b) FE2

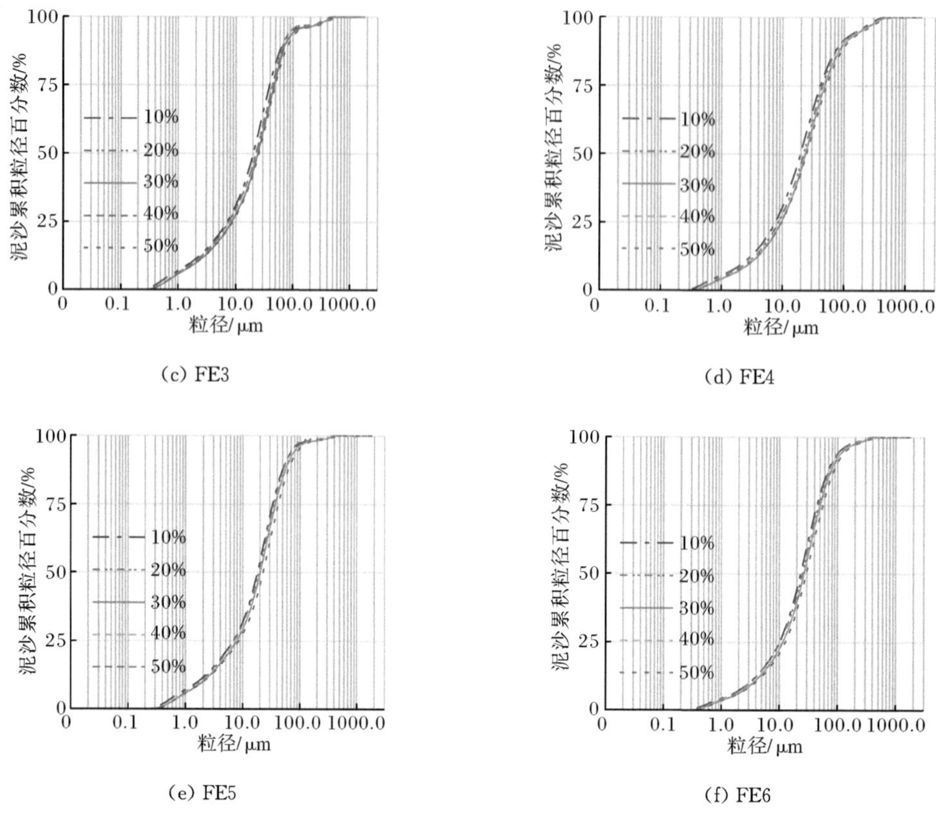

(c) FE3　　(d) FE4

(e) FE5　　(f) FE6

图 9.3　灌水器泥沙累积粒径百分数曲线

从图 9.3 可以看出，6 种片式灌水器内部泥沙累积粒径分布曲线均呈 S 型增长，其中沉积的细颗粒泥沙粒径主要集中在 D10 与 D90 所对应的粒径之间。以 FE1 为例，如图 9.3(a)和表 9.4 所示，在不同堵塞程度下，灌水器 FE1 的泥沙颗粒主要集中在流道最小尺寸的 1/215～1/7。同理，可以确定灌水器 FE2、FE3、FE4、FE5 和 FE6 的泥沙颗粒分别主要集中在流道最小尺寸的 1/300～1/9、1/316～1/9、1/293～1/10、1/184～1/7 和 1/207～1/7。综合考虑 6 种片式灌水器，灌水器内部泥沙颗粒主要集中在流道最小尺寸的1/242～1/8。

从灌水器流道内部沉积的细颗粒泥沙的累积粒径分布曲线可以发现，在曲线的第一个拐点前后，泥沙的累积速率突然加快，这表明小于该拐点所对应粒径的细颗粒泥沙被大量排出，而大于该粒径的细颗粒泥沙在灌水器内部大量沉积，因此灌水器可以大量排出小于该拐点所对应粒径的细颗粒泥沙，即为灌水器的自排沙能力(图 9.2)。

6 种片式灌水器自排沙能力见表 9.4，灌水器 FE1、FE2、FE3、FE4、FE5 和 FE6 的自排沙能力为流道最小尺寸的 1/15、1/19、1/19、1/22、1/17 和 1/15。综上所述，灌水器自排沙能力范围为流道最小尺寸的 1/23～1/17。

表 9.4　灌水器内部堵塞物质主要粒径范围和自排沙能力

灌水器编号	不同堵塞程度/%					自排沙能力
	10	20	30	40	50	
FE1	1/242～1/7	1/216～1/7	1/216～1/7	1/216～1/7	1/192～1/7	0～1/15
FE2	1/353～1/10	1/315～1/10	1/281～1/9	1/281～1/9	1/281～1/9	0～1/19
FE3	1/342～1/10	1/327～1/9	1/320～1/9	1/311～1/9	1/286～1/8	0～1/19
FE4	1/330～1/11	1/294～1/11	1/294～1/11	1/293～1/10	1/261～1/9	0～1/22
FE5	1/200～1/6	1/187～1/7	1/187～1/7	1/180～1/6	1/167～1/6	0～1/17
FE6	1/237～1/8	1/211～1/8	1/211～1/8	1/194～1/7	1/188～1/7	0～1/15

9.1.4　灌水器结构类型对堵塞的影响及调控路径

灌水器堵塞的主要粒径范围与自排沙能力受流道形式与尺寸的影响(Taylor et al.，1995)，灌水器内部泥沙颗粒集中在流道最小尺寸的 1/316～1/10，自排沙能力都集中在流道最小尺寸的 1/23～1/17。基于所考虑的影响因素，排除各因子间的相互影响，确定了灌水器自排沙能力的关键影响因素是断面平均流速 v、流道宽深比 W/D 以及无量纲参数 $A^{1/2}/L$，自排沙能力、D5、D95 以及 D50 与这三个参数均呈正相关关系，且达到显著水平，分析结果见表 9.5。其中，灌水器内部不同粒径泥沙含量与外特性参数 v、结构参数中的 W/D 和 $A^{1/2}/L$ 呈线性负相关关系，随着流道深度 D 增加而加快，表明灌水器自身的结构易引起泥沙颗粒在灌水器内部沉积，从而引起灌水器堵塞。灌水器自排沙能力与外特性参数 v、结构参数 W/D、$A^{1/2}/L$ 呈线性正相关关系，这表明泥沙颗粒在灌水器内部的流动受到灌水器结构的影响，可以通过灌水器结构优化设计提高灌水器的排沙能力，减小逐级过滤运行负荷。流道宽深比 W/D 越小，意味着流道相对较窄，流道主流区域较小，水流对流道壁面的冲刷面积较小，粒径较大的泥沙颗粒容易在流道的非主流区沉积；相反，流道宽深比 W/D 越大，细小的泥沙颗粒越易受到水流冲刷而脱落冲出，灌水器自排沙能力越强；无量纲参数 $A^{1/2}/L$ 反映了灌水器断面面积与流道长度的特性，也间接反映了灌水器抗堵塞性能与流道断面面积(A)、流道长度(L)之间的关系，无量纲参数 $A^{1/2}/L$ 越小，在灌水器流道后半段越容易引起灌水器内部泥沙沉积，进而加快灌水器的堵塞，研究结果与吴显斌(2006)和 Yan 等(2009)的研究结论具有一定的相似性。结构参数 W/D 和 $A^{1/2}/L$ 共同影响外特性参数 v，断面平均流速 v 越大，水流在流道内的水力剪切力越大，较大的水力剪切力能将更多沉积在流道内部的细小泥沙颗粒剥离冲出，使得灌水器自排沙能力提高，而颗粒较大的泥沙颗粒在灌水器内部残留，使得中值粒径变大。

表 9.5　泥沙粒径与灌水器结构参数及外特性参数的关系

堵塞程度/%	泥沙粒径	参数	W	D	L	W/D	$A^{1/2}/L$	A	Q	v
10	黏粒	k	0.38	0.42	0.01	−0.40	−9.62	0.39	−0.06	−0.12
		R^2	0.21	0.77*	0.23	0.79*	0.92**	0.60	0.23	0.88**

续表

堵塞程度/%	泥沙粒径	参数	W	D	L	W/D	$A^{1/2}/L$	A	Q	v
10	粉粒	k	2.27	2.95	0.04	−2.95	−67.69	2.67	−0.48	−0.91
		R^2	0.15	0.75*	0.18	0.85**	0.91**	0.55	0.32	0.96**
	砂粒	k	0.80	0.92	0.01	−0.89	−20.89	0.88	−0.14	−0.28
		R^2	0.19	0.78*	0.28	0.82*	0.91*	0.62	0.28	0.94**
	D10	k	−1.40	−2.39	−0.03	2.33	55.62	−2.02	0.42	0.74
		R^2	0.07	0.63	0.17	0.83*	0.78*	0.40	0.32	0.82*
	D90	k	−63.71	−70.05	−1.02	75.47	1522.70	−64.41	7.28	18.33
		R^2	0.22	0.83*	0.29	0.77*	0.90**	0.63	0.15	0.76*
	D50	k	−9.29	−18.42	−0.20	22.88	424.90	−15.35	3.57	5.88
		R^2	0.05	0.60	0.12	0.80*	0.73*	0.37	0.37	0.82*
20	黏粒	k	0.51	0.71	0.01	−0.71	−15.62	0.62	−0.09	−0.19
		R^2	0.13	0.76*	0.29	0.86**	0.84**	0.52	0.21	0.77*
	粉粒	k	3.84	5.33	0.07	−5.31	−118.42	4.68	−0.80	−1.51
		R^2	0.13	0.75*	0.23	0.85**	0.86**	0.52	0.24	0.82*
	砂粒	k	1.56	1.59	0.03	−1.43	−33.94	1.54	−0.15	−0.41
		R^2	0.29	0.92**	0.50	0.84*	0.96**	0.77*	0.14	0.81*
	D10	k	−1.21	−2.55	−0.03	2.57	60.70	−2.10	0.51	0.84
		R^2	0.04	0.54	0.15	0.79*	0.70*	0.32	0.35	0.78*
	D90	k	−20.07	−52.81	−0.87	73.78	1201.71	−43.19	10.24	16.46
		R^2	0.03	0.64	0.29	0.94**	0.76*	0.38	0.40	0.84**
	D50	k	−4.32	−14.95	−0.16	22.94	359.37	−11.90	3.66	5.30
		R^2	0.01	0.55	0.11	0.84**	0.73*	0.31	0.54	0.93**
30	黏粒	k	0.66	0.81	0.01	−0.81	−18.76	0.74	−0.12	−0.25
		R^2	0.15	0.70*	0.19	0.79*	0.76*	0.51	0.26	0.86**
	粉粒	k	3.74	6.02	0.07	−6.38	−138.97	5.24	−1.10	−1.91
		R^2	0.09	0.70*	0.17	0.89**	0.86**	0.48	0.38	0.94**
	砂粒	k	1.54	1.79	0.03	−1.76	−41.09	1.70	−0.28	−0.57
		R^2	0.18	0.73*	0.26	0.80*	0.88**	0.59	0.29	0.82*
	D10	k	−1.26	−2.19	−0.03	2.61	52.64	−1.84	0.44	0.73
		R^2	0.06	0.53	0.14	0.75**	0.70*	0.35	0.34	0.79*
	D90	k	−23.90	−48.94	−1.02	78.68	1062.63	−42.63	8.11	14.13
		R^2	0.05	0.66*	0.48	0.73*	0.71*	0.45	0.30	0.74
	D50	k	−4.98	−14.88	−0.13	24.35	367.58	−12.22	3.97	5.62
		R^2	0.02	0.50	0.07	0.72*	0.70*	0.30	0.58	0.96**

续表

堵塞程度/%	泥沙粒径	参数	W	D	L	W/D	$A^{1/2}/L$	A	Q	v
40	黏粒	k	0.93	1.01	0.01	−0.95	−22.68	0.94	−0.12	−0.52
		R^2	0.21	0.77*	0.27	0.77*	0.88**	0.59	0.18	0.92**
	粉粒	k	5.86	7.45	0.11	−7.27	−163.99	6.75	−0.97	−2.07
		R^2	0.17	0.83*	0.31	0.89**	0.92**	0.61	0.23	0.86**
	砂粒	k	2.90	2.90	0.05	−2.61	−63.27	2.81	−0.30	−0.78
		R^2	0.29	0.89	0.41	0.82*	0.97**	0.74	0.16	0.86**
	D10	k	−1.32	−2.66	−0.03	2.70	62.25	−2.24	0.61	0.94
		R^2	0.04	0.53	0.10	0.79*	0.74*	0.34	0.45	0.90**
	D90	k	−28.74	−55.94	−1.11	81.27	1222.21	−48.13	8.84	15.94
		R^2	0.06	0.71*	0.46	0.87**	0.78*	0.47	0.29	0.77*
	D50	k	−5.76	−15.19	−0.13	24.69	373.75	−12.58	3.91	5.66
		R^2	0.02	0.52	0.07	0.71*	0.72*	0.32	0.56	0.97**
50	黏粒	k	1.20	1.26	0.02	−1.17	−27.91	1.19	−0.14	−0.34
		R^2	0.24	0.82*	0.35	0.80*	0.92**	0.66	0.17	0.82*
	粉粒	k	6.15	8.97	0.14	−9.19	−198.71	8.01	−1.34	−2.59
		R^2	0.12	0.80*	0.34	0.95**	0.90**	0.57	0.29	0.90**
	砂粒	k	3.66	3.68	0.07	−3.32	−79.59	3.61	−0.39	−0.98
		R^2	0.27	0.86**	0.46	0.80*	0.92**	0.74*	0.16	0.83**
	D10	k	−1.23	−2.81	−0.04	2.89	67.04	−2.30	0.58	0.93
		R^2	0.03	0.54	0.15	0.81*	0.70*	0.32	0.37	0.79*
	D90	k	−20.29	−56.64	−0.70	86.63	1324.32	−45.26	12.05	18.63
		R^2	0.02	0.59	0.15	0.82*	0.74*	0.33	0.43	0.85**
	D50	k	−7.30	−16.75	−0.20	26.16	392.69	−13.85	3.55	5.58
		R^2	0.04	0.62	0.14	0.77*	0.77*	0.38	0.45	0.92**
灌水器自排沙能力		k	−10.99	−19.91	−0.15	20.62	456.98	−16.21	4.15	6.62
		R^2	0.06	0.56	0.06	0.76*	0.76*	0.38	0.44	0.93**

*表示显著($p<0.05$)，**表示极显著($p<0.01$)。

9.2 堵塞物质矿物组分对灌水器堵塞的影响效应与机理

9.2.1 试验概况

试验在内蒙古自治区巴彦淖尔市磴口县北乌兰布和沙区灌溉实验站进行，试验水源采用内蒙古河套灌区乌审干渠黄河水作为典型的高含沙水(HSW)、实验站当地湖泊微咸水(SSW)及两者1∶1混配水(MXW)，同时设计高含沙水滴灌配合毛管冲洗(HSW+F)

共 4 组运行模式。试验期间水质特征见表 9.6。

表 9.6　三种水源水质参数

水源	pH	悬浮物浓度 /(mg/L)	电导率 /(μS/cm)	矿化度 /(mg/L)	COD_{Cr} /(mg/L)	BOD_5 /(mg/L)	TP /(mg/L)	TN /(mg/L)	Ca^{2+}浓度 /(mg/L)	Mg^{2+}浓度 /(mg/L)
HSW	7.7	41	796	483	6.8	1.7	0.06	1.48	54.7	25.7
SSW	9.2	<5	9460	4760	24.8	4.2	0.16	2.04	321.0	127.0
MXW	8.4	27	6014	2440	16.1	2.8	0.11	1.68	147.0	66.4

滴灌系统共包含 2 组运行装置，每组装置分 4 层布置，利用分流原理实现工作压力和流量控制(每层入口压力为 0.1MPa，滴灌毛管末端流速为 0.40～0.60m/s)，每层布置同种滴灌管(带)8 条，每条长度设置为 15m。所选 8 种滴灌管(带)内径均为 16mm，灌水器均为片式，间距为 0.3m，其特征参数见表 9.7。试验自 2015 年 7 月 1 日起，至 2015 年 10 月3 日结束，试验系统每天运行时间为 7:00～12:00 和 14:00～18:00，累计运行 9h/d，试验期累计运行 810h。

表 9.7　灌水器特征参数

灌水器编号	生产地	深度 D /mm	宽度 W /mm	长度 L /mm	额定流量 /(L/h)	断面平均流速 /(m/s)	流道结构图
FE1	以色列	0.70	0.61	19.78	1.60	1.03	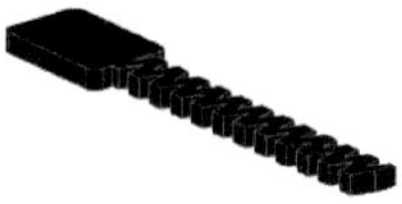
FE2	中国	0.90	0.91	38.76	2.11	0.72	
FE3	中国	0.69	0.73	30.30	2.75	1.53	
FE4	中国	0.69	0.63	23.70	1.38	0.89	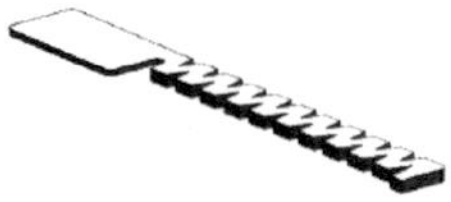
FE5	中国	0.90	0.68	29.70	1.75	0.80	
FE6	中国	0.74	0.74	20.30	1.97	0.99	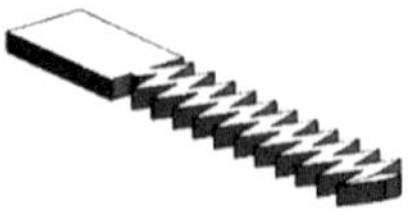
FE7	中国	0.63	0.52	32.16	1.40	1.19	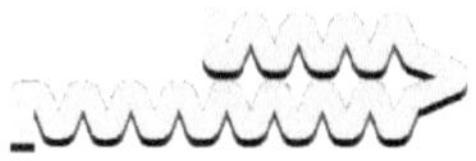
FE8	中国	0.95	0.67	41.13	2.80	1.22	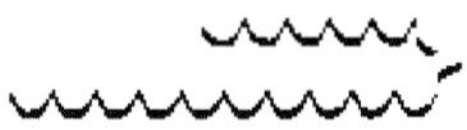

系统每运行 36h，采用称重法测定每个灌水器流量一次，然后计算每个处理灌水器的相对平均流量 Dra（Li et al.，2015）。在 Dra 降为初始流量的 95%、90%、85%、80%、75%、70%、60%、50%左右时，分别选取一条滴灌带，将其上灌水器从头至尾进行编号。在滴灌带首（1～10 号）、中（21～30 号）、尾（41～50 号）3 个位置上分别破坏性选取 5 个接近目标堵塞程度的灌水器样品，将样品剪碎后分别装入自封袋，并加入 20mL 去离子水，然后置于超声波清洗器中进行堵塞物质脱落处理后测试矿物组分，提取及测试方法参见第 5 章。

9.2.2　灌水器内部堵塞物质主要矿物组分

图 9.4 所示为不同运行模式条件下灌水器内部堵塞物质多晶衍射图谱（以 FE1 灌水器为例）。可以看出，灌水器内部堵塞物质的主要矿物成分为石英、白云母、碱性长石、绿泥石、文石、白云石、方解石以及微量的氯化钠和磁铁矿。

图 9.5、图 9.6 分别显示了 FE1 灌水器内各种矿物组分含量的动态变化过程及其与 FE1 灌水器堵塞程度间的线性关系，其线性拟合参数及决定系数见表 9.8。由图 9.5 可以看出，各矿物组分的累积量均随着堵塞程度的增加而不断增加，在 HSW 和 HSW＋F 运行模式下，石英、白云母的含量较多，分别达到各类物质总量的 52.5%、12.6%和 39.7%、17.6%。在 SSW 和 MXW 运行模式下，堵塞物质中矿物组分以文石、石英为主，分别达到各类物质总量的 56.3%、16.5%和 37.8%、32.8%。在四种运行模式下，氯化钠和磁铁矿的含量均不超过 1%，因此在后续讨论中不涉及两者对各因素的影响。

由表 9.8 可以看出，石英、白云母、碱性长石、绿泥石、文石、白云石、方解石等 7 种矿物组分的质量均与堵塞程度呈线性变化规律，前面 4 种均达到极显著水平，而后面 3 种部

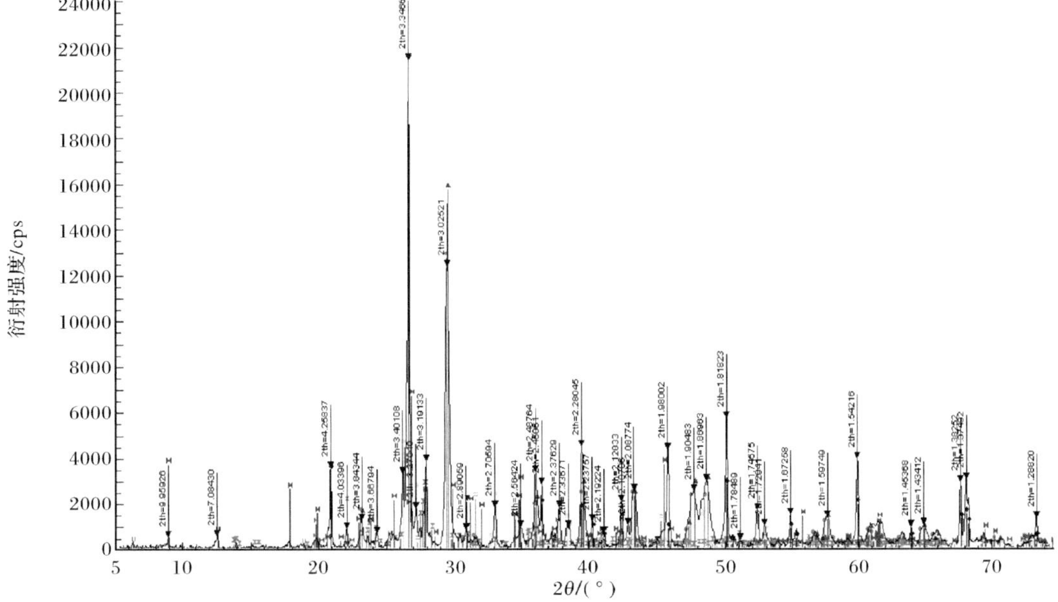

(a) HSW

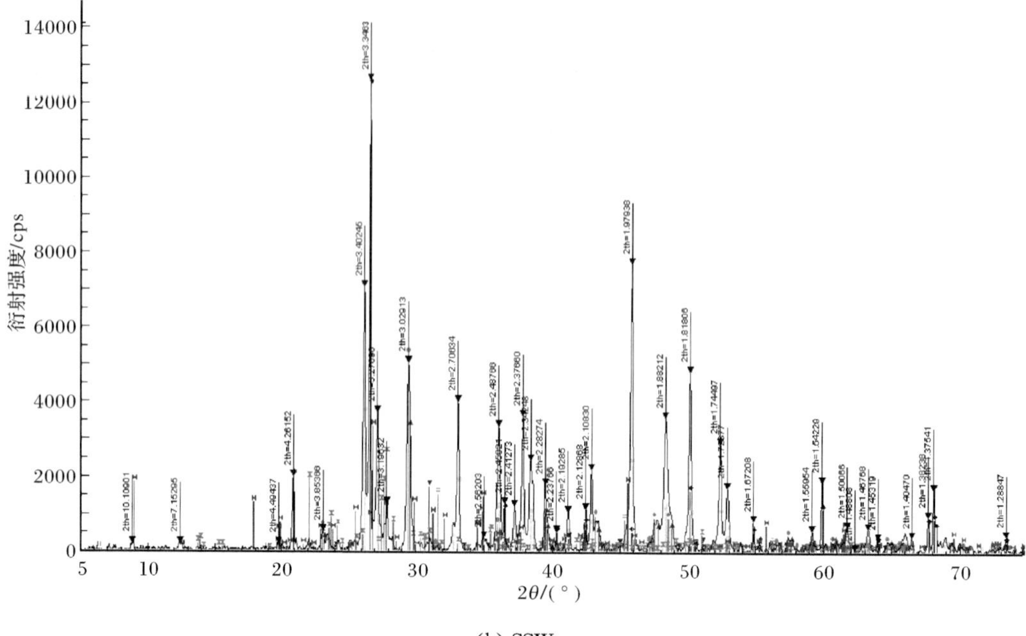
衍射强度/cps
14000
12000
10000
8000
6000
4000
2000
0
5
10
20
30
40
50
60
70
2θ/(°)

(b) SSW

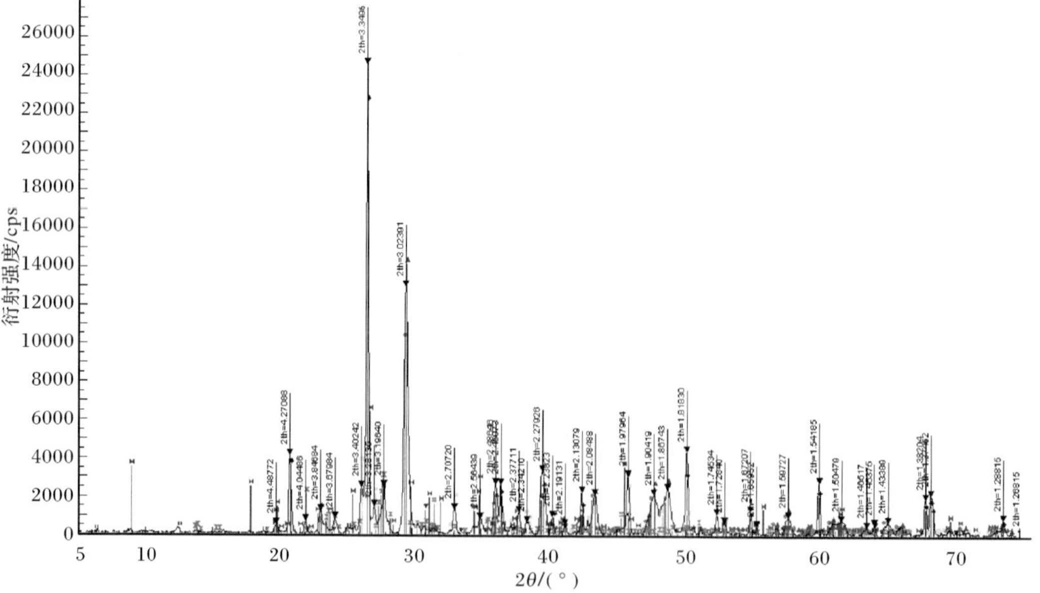
衍射强度/cps
26000
24000
22000
20000
18000
16000
14000
12000
10000
8000
6000
4000
2000
0
5
10
20
30
40
50
60
70
2θ/(°)

(c) MXW

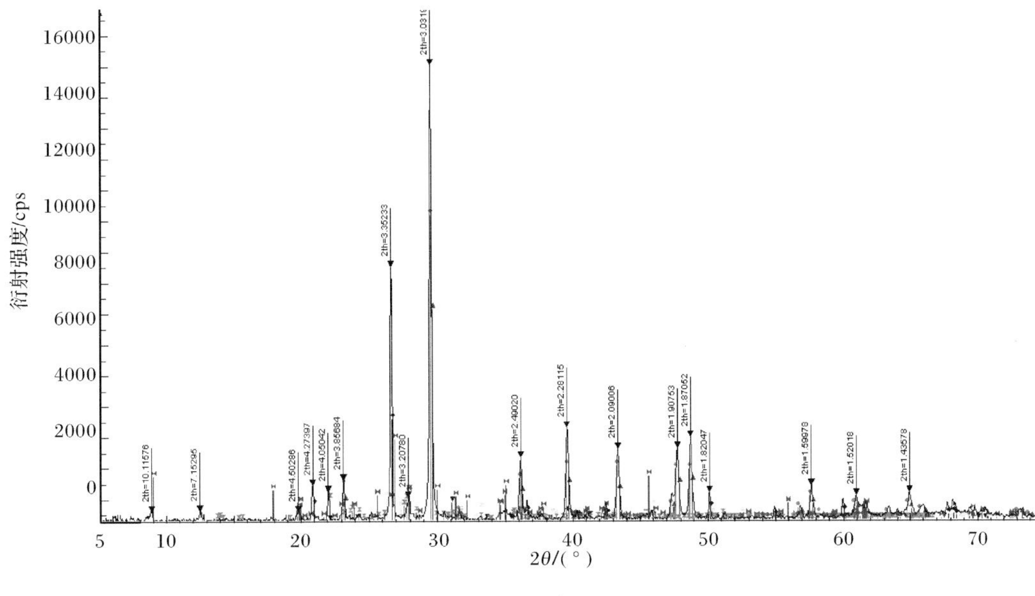

(d) HSW+F

图 9.4　四种运行模式下灌水器内部堵塞物质多晶衍射图谱(以 FE1 为例)

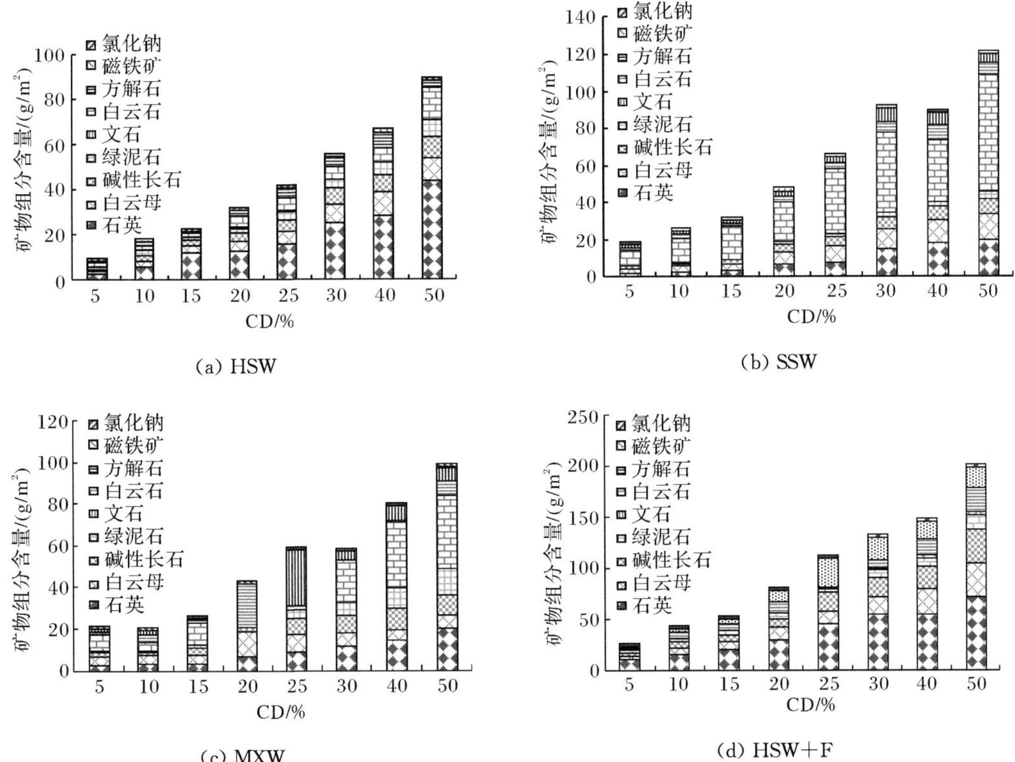

图 9.5　不同堵塞程度下 FE1 灌水器内各矿物组分含量的动态变化过程

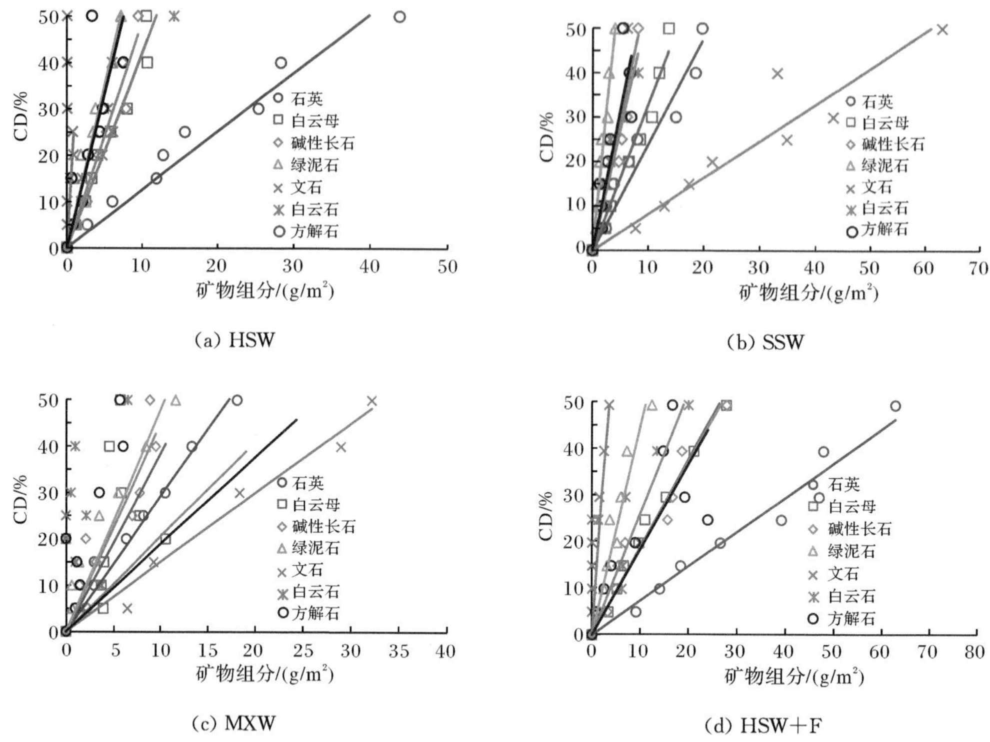

图 9.6　FE1 灌水器内各矿物组分含量与堵塞程度的关系

分达到极显著水平($p<0.01$)。由于灌水器堵塞物质矿物组分复杂，且现有测试方法进行精准区分的难度较大，同时物质之间还可能存在相互转化。例如，文石在自然条件下常会转变为方解石，两者成同质多象。为此，根据各矿物组分主要化学元素组成，将灌水器堵塞物质矿物组分分为石英、硅酸盐和钙镁碳酸盐三种类型进行整体分析，后面两种沉淀总量均达到极显著水平($p<0.01$)，且 $R^2>0.90$。

表 9.8　灌水器内部各矿物组分与堵塞程度的线性关系(以 FE1 为例)

运行模式	参数	石英	硅酸盐				钙镁碳酸盐			
			白云母	碱性长石	绿泥石	总量	文石	白云石	方解石	总量
HSW	k	1.14	3.89	4.75	6.87	1.74	—	4.88	4.11	2.77
	R^2	0.95**	0.95**	0.93**	0.92**	0.97**	—	0.90**	0.64	0.95**
SSW	k	1.93	4.20	6.80	15.83	1.79	0.79	5.79	5.69	0.67
	R^2	0.86**	0.93**	0.92**	0.92**	0.96**	0.90**	0.83*	0.75*	0.94**
MXW	k	1.58	4.28	6.31	6.85	1.67	0.74	4.45	1.21	1.03
	R^2	0.83*	0.91**	0.90**	0.80*	0.95**	0.57	0.80*	0.22	0.97**
HSW+F	k	0.73	1.77	1.70	4.33	0.67	16.21	2.74	1.90	1.01
	R^2	0.95**	0.98**	0.94**	0.94**	0.98**	0.77*	0.73	0.72	0.96**

*表示显著($p<0.05$)，**表示极显著($p<0.01$)。

9.2.3 灌水器堵塞物质主要矿物组分动态变化及其对灌水器堵塞的影响

图 9.7～图 9.9 分别显示石英、硅酸盐和钙镁碳酸盐 3 类主要矿物组分的动态变化过程。可以看出，各灌水器内部主要矿物组分总体呈现出随运行时间持续增长的趋势。根据增长速率可将整个过程分为平缓增长阶段（0～420h）和快速增长（420～800h）阶段，各阶段主要矿物组分平均增长速率见表 9.9。

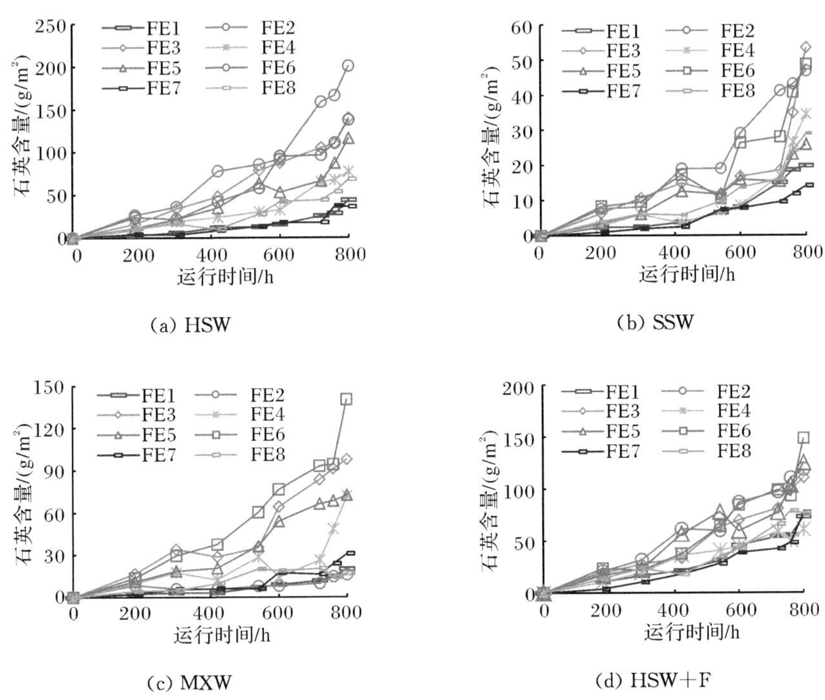

(a) HSW　(b) SSW

(c) MXW　(d) HSW+F

图 9.7 石英含量的动态变化过程

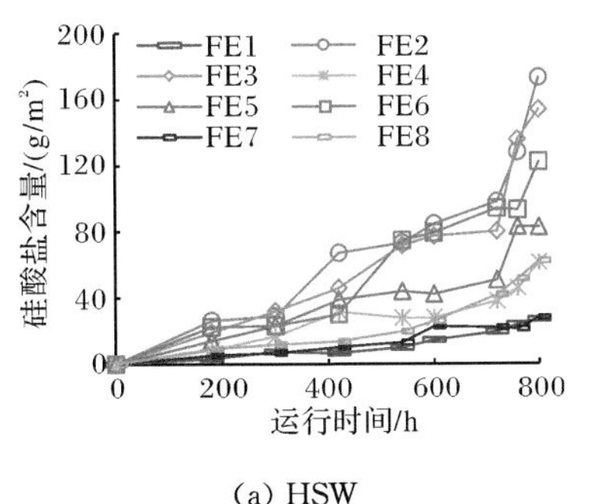

(a) HSW

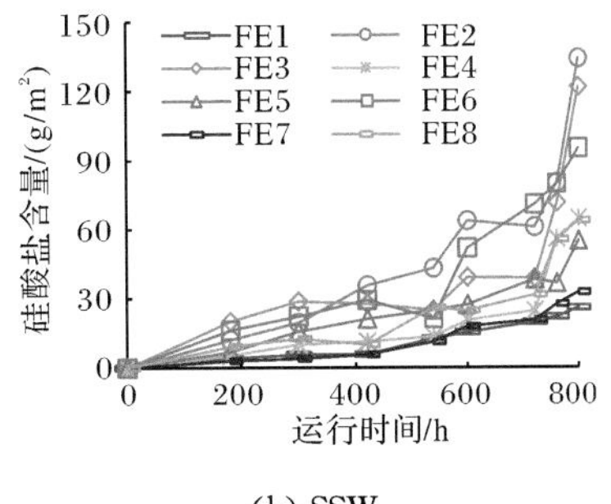

(b) SSW

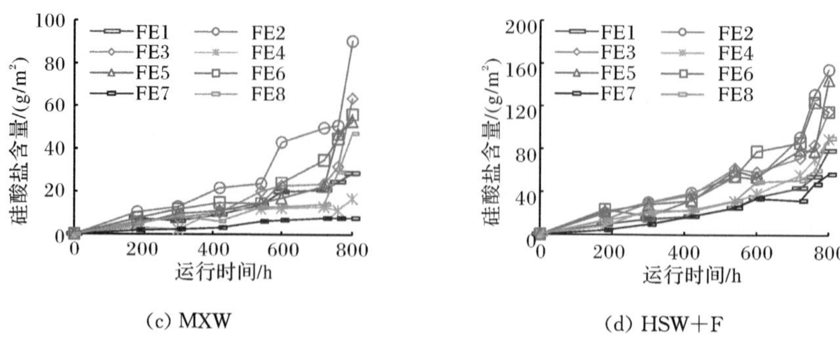

(c) MXW　　　　(d) HSW+F

图 9.8　硅酸盐含量的动态变化过程

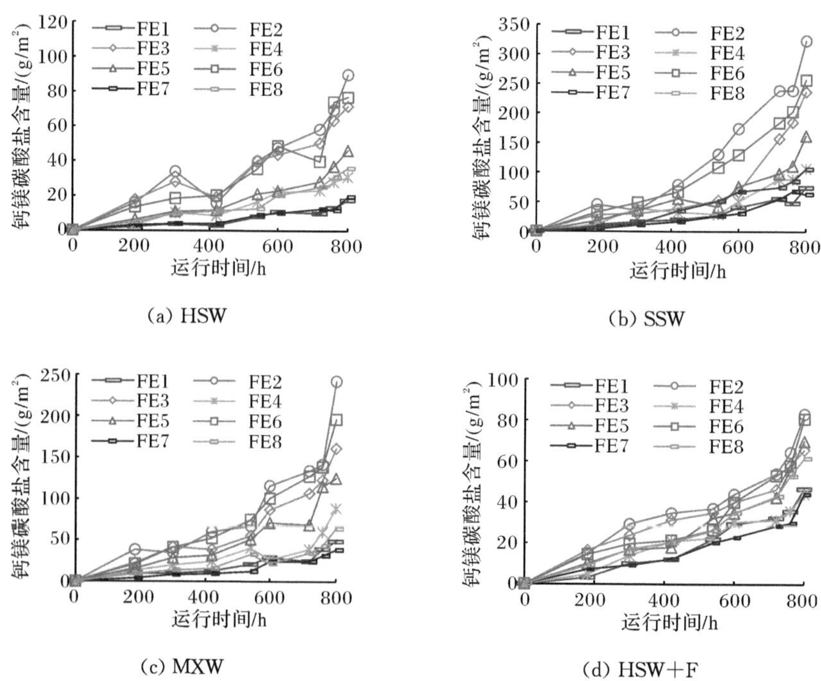

(a) HSW　　　　(b) SSW

(c) MXW　　　　(d) HSW+F

图 9.9　钙镁碳酸盐含量的动态变化过程

表 9.9　四种运行模式下主要矿物组分平均增长速率 [单位:g/(m² · h)]

运行模式	平缓增长阶段			快速增长阶段		
	石英	硅酸盐	钙镁碳酸盐	石英	硅酸盐	钙镁碳酸盐
HSW	0.08	0.07	0.05	0.18	0.15	0.10
SSW	0.02	0.04	0.10	0.06	0.15	0.32
MXW	0.04	0.03	0.07	0.11	0.12	0.24
HSW+F	0.02	0.04	0.03	0.07	0.17	0.11

HSW 运行模式下石英的最终累积量最大，为 36.0～200.4g/m^2，其平均增长速率分别比硅酸盐和钙镁碳酸盐的平均增长速率大 15.4%和 50.0%。SSW 运行模式下则是钙

镁碳酸盐的最终累积量最大，为 63.0～323.2g/m²，其平均增长速率分别比石英和硅酸盐的平均增长速率大 81.0%和 54.8%。其原因是高含沙水中泥沙含量高，堵塞物质以硅类矿物质为主。而微咸水中各类离子含量较高，易发生化学反应形成钙镁碳酸盐，其堵塞物质中则以钙镁类矿物质为主。MXW 运行模式下，钙镁碳酸盐的最终累积量最大，为 38.4～242.4g/m²，仅为 SSW 运行模式的 60.6%～83.9%，其平均增长速率仅为 SSW 运行模式的 38.1%；同时，石英和硅酸盐的最终累积量和平均增长速率明显低于 HSW 运行模式，分别为 HSW 运行模式的 7.9%～85.0%和 57.7%、27.6%～76.1%和 68.2%。这表明两种水混配后有效调和了水源中的含沙量和含盐量，从而造成灌水器内各矿物组分含量比例的改变。

HSW＋F 运行模式配合毛管冲洗，运行结束时各灌水器内部石英、硅酸盐、钙镁碳酸盐累积量的范围分别为 35.0～37.2g/m²、72.7～81.1mg/cm²、14.8～53.8mg/m²，分别是 HSW 模式下累积量的 25.4%～93.9%、51.0%～79.5%、59.9%～84.6%，其平均增长速率分别为 HSW 运行模式下平均增长速率的 34.6%、95.5%、93.3%。可见配合毛管冲洗，可减少灌水器内部矿物组分，尤其是石英的累积，从而延缓灌水器堵塞的发生。

图 9.10～图 9.12 分别为不同运行模式不同类型灌水器内部主要矿物组分含量与堵塞程度之间的相关关系，表 9.10 列出了其线性拟合参数与决定系数。由此可知，各灌水器内主要矿物组分均与堵塞程度呈线性正相关关系，决定系数 R^2 大部分在 0.85 以上，基本达到极显著水平($p<0.01$)。

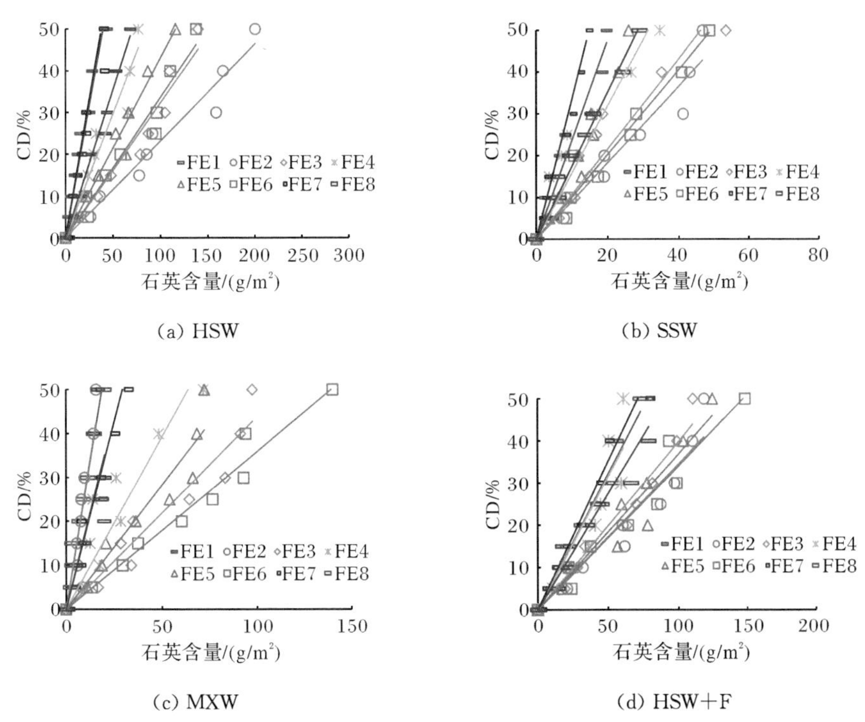

图 9.10　石英含量与灌水器堵塞程度的相关关系

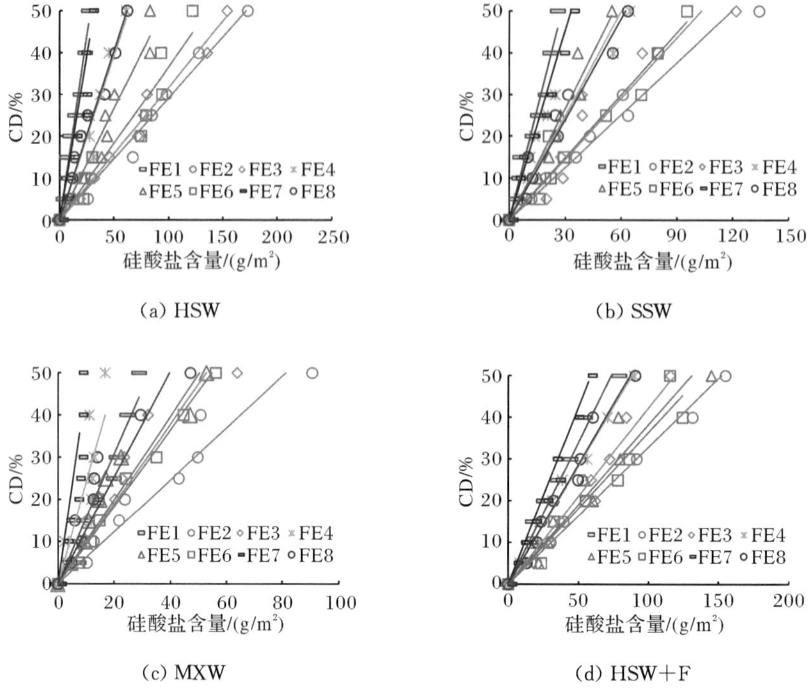

(a) HSW　(b) SSW

(c) MXW　(d) HSW+F

图 9.11　硅酸盐含量与灌水器堵塞程度的相关关系

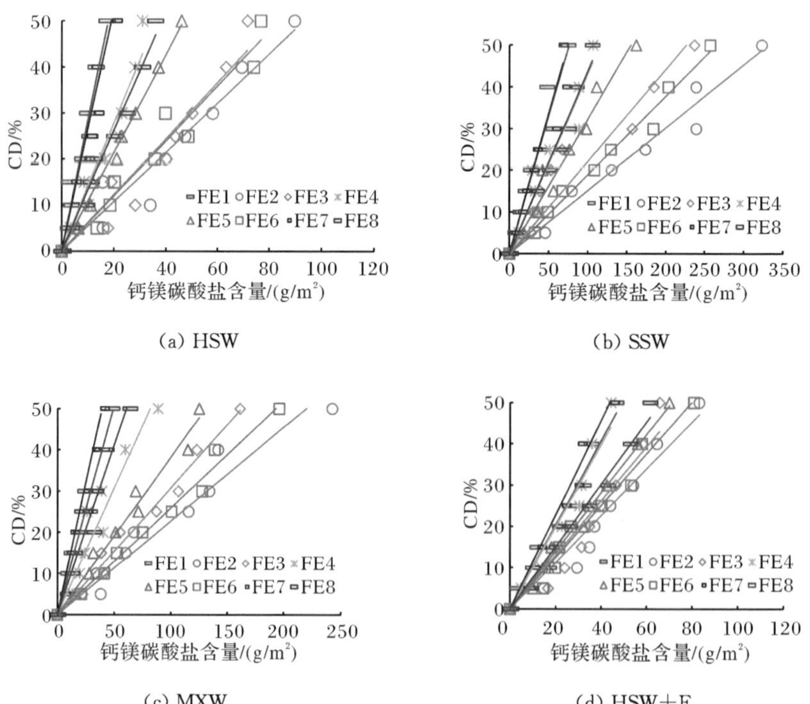

(a) HSW　(b) SSW

(c) MXW　(d) HSW+F

图 9.12　钙镁碳酸盐含量与灌水器堵塞程度的相关关系

表 9.10 灌水器内主要矿物组分与堵塞程度之间线性拟合参数及决定系数

运行模式	组分	参数	FE1	FE2	FE3	FE4	FE5	FE6	FE7	FE8
HSW	石英	k	1.15	0.23	0.34	0.58	0.43	0.34	1.17	0.70
		R^2	0.96**	0.95**	0.95**	0.93**	0.96**	0.95**	0.93**	0.95**
	硅酸盐	k	1.74	0.30	0.32	0.85	0.57	0.38	1.63	0.77
		R^2	0.97**	0.98**	0.98**	0.93**	0.94**	0.91**	0.88**	0.97**
	钙镁碳酸盐	k	2.77	0.56	0.69	1.46	1.10	0.60	2.61	1.35
		R^2	0.95**	0.94**	0.94**	0.95**	0.99**	0.95**	0.93**	0.98**
SSW	石英	k	2.14	0.93	0.96	1.33	1.88	0.99	3.17	1.69
		R^2	0.93**	0.93**	0.89**	0.90**	0.96**	0.94**	0.96**	0.98**
	硅酸盐	k	1.79	0.39	0.43	0.70	0.95	0.49	1.39	0.74
		R^2	0.96**	0.95**	0.83**	0.90**	0.95**	0.93**	0.97**	0.94**
	钙镁碳酸盐	k	0.67	0.15	0.19	0.42	0.32	0.19	0.62	0.43
		R^2	0.94**	0.96**	0.93**	0.91**	0.96**	0.98**	0.93**	0.97**
MXW	石英	k	2.49	3.14	0.45	0.68	0.57	0.36	1.52	1.60
		R^2	0.98**	0.79*	0.92**	0.83*	0.90**	0.97**	0.94**	0.49
	硅酸盐	k	1.67	0.23	0.81	2.44	0.87	0.87	4.96	1.05
		R^2	0.95**	0.93**	0.88**	0.70	0.92**	0.97**	0.81*	0.86**
	钙镁碳酸盐	k	1.03	0.22	0.31	0.59	0.38	0.26	1.23	0.81
		R^2	0.97**	0.94**	0.98**	0.92**	0.98**	0.99**	0.97**	0.94**
HSW+F	石英	k	1.33	0.89	1.06	1.64	1.05	0.93	1.38	1.06
		R^2	0.95**	0.92**	0.93**	0.96**	0.91**	0.95**	0.95**	0.92**
	硅酸盐	k	0.67	0.41	0.53	0.66	0.54	0.50	0.74	0.56
		R^2	0.98**	0.97**	0.92**	0.94**	0.98**	0.99**	0.94**	0.97**
	钙镁碳酸盐	k	1.01	0.64	0.79	1.10	0.73	0.64	1.19	0.80
		R^2	0.96**	0.97**	0.95**	0.94**	0.99**	0.96**	0.97**	0.98**

*表示显著($p<0.05$)，**表示极显著($p<0.01$)。

9.2.4 灌水器堵塞物质主要矿物组分动态变化及其相关关系

试验在常温常压条件下进行，石英不易形成，故石英的来源主要是滴灌水源。以各测试样品内石英含量为横坐标，硅酸盐、钙镁碳酸盐、石英含量为纵坐标得到图 9.13，以探索四种运行模式下灌水器堵塞物质中硅酸盐和钙镁碳酸盐的来源和形成过程。从图中可以看出，硅酸盐含量和石英含量均呈较为显著的线性关系，即随着系统运行，硅酸盐含量增长速率与石英增长速率的比值稳定。由此可见，硅酸盐基本与石英同源，即硅酸盐主要来自水源中的硅酸盐不溶物，后期在灌水器中由化学反应生成的硅酸盐较少或很难生成。随着系统运行，钙镁碳酸盐与石英含量在 HSW、SSW 和 MXW 运行模式下均呈较为显著的指数增长关系，即钙镁碳酸盐含量变化速率与石英含量变化速率的比值逐渐增大，由此可见，在这三种运行模式下，钙镁碳酸盐除与石英同源的部分外，还有在灌水器中因化学反应而生成的部分。

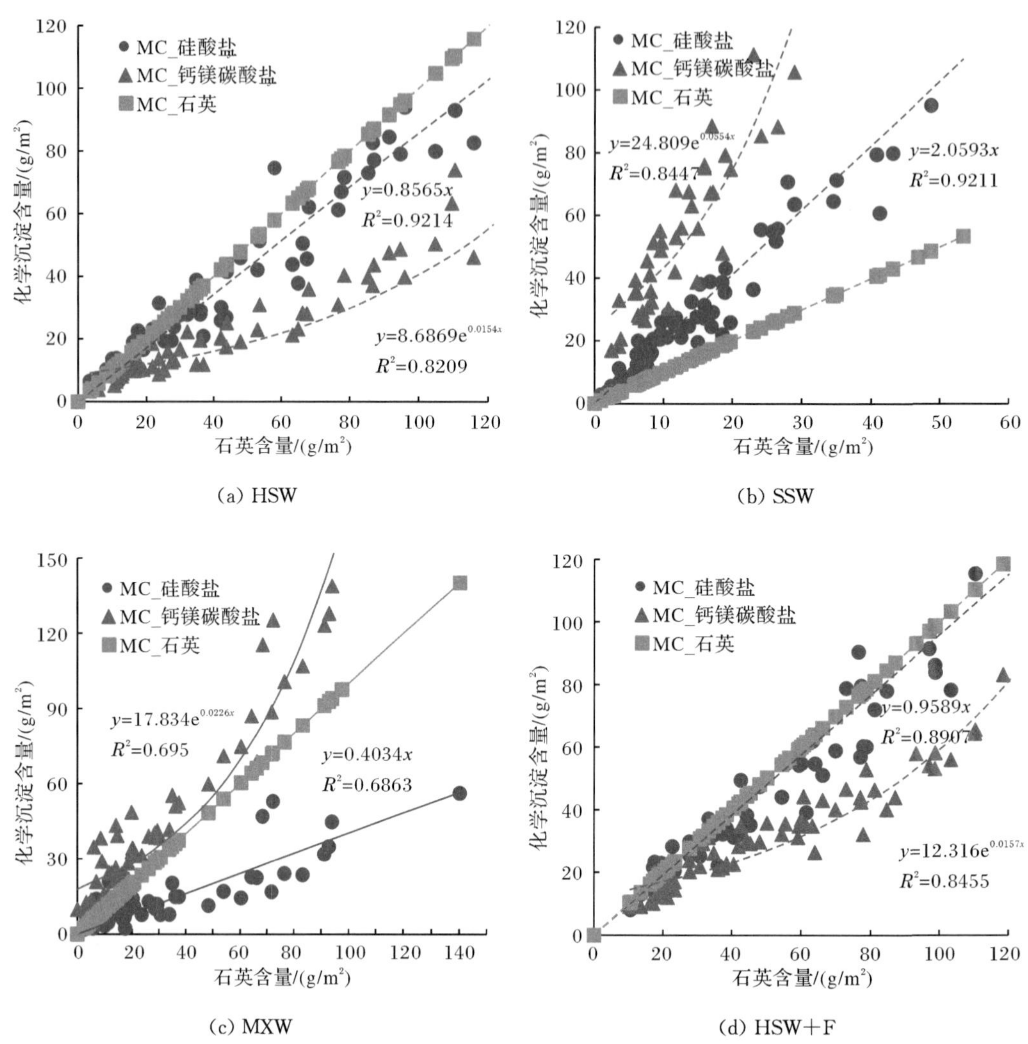

图 9.13 三类矿物组分累积量变化的相关关系分析

9.2.5 灌水器堵塞物质主要矿物组分与流道结构特征之间的相关关系

表 9.11 显示了三种水源条件下灌水器堵塞物质中主要矿物组分变化与灌水器流道结构特征之间的关系，发现灌水器内部堵塞物质中主要矿物组分与流道深度 D、外特性参数 $A^{1/2}/L$、宽深比 W/D、流量 Q、断面平均流速 v 呈负相关关系，与流道的宽度 W、长度 L 呈正相关关系，且 $A^{1/2}/L$ 和 W/D 均通过了显著性检验，表现出良好的线性关系，这说明灌水器流道的长度、宽度、深度共同决定了灌水器的其他外特性参数，进而影响灌水器内部主要堵塞物质的形成，单一的几何参数并不能较好地反映灌水器结构特征对堵塞物质的影响。

表 9.11　灌水器流道几何参数及外特性参数与主要矿物组分变化之间的关系

CD/%	矿物组分	水源	D	W	L	$A^{1/2}/L$	W/D	Q	v
5	石英	HSW	−0.87**	0.84*	0.64	−0.86**	−0.74*	−0.73*	−0.87**
		SSW	−0.68	0.13	0.70*	−0.78*	−0.80*	−0.61	−0.76*
		MXW	−0.37	0.33	0.49	−0.73*	−0.77*	−0.44	−0.68*
	硅酸盐	HSW	−0.94**	0.87**	0.63	−0.79*	−0.76*	0.75*	−0.86**
		SSW	−0.75*	0.78*	0.88**	−0.96**	−0.87**	−0.79*	−0.95**
		MXW	−0.76*	0.56	0.83*	−0.58	−0.84*	−0.40	−0.68
	钙镁碳酸盐	HSW	−0.47	0.43	0.17	−0.75*	−0.70*	−0.73*	−0.74*
		SSW	−0.67	0.47	0.28	−0.90**	−0.82*	−0.75*	−0.80*
		MXW	−0.74*	0.72*	0.70*	−0.76*	−0.74*	−0.64	−0.81*
10	石英	HSW	−0.73*	0.71*	0.61	−0.65*	−0.42	−0.47	−0.70*
		SSW	−0.76*	0.75*	0.57	−0.71*	−0.90**	−0.59	−0.72*
		MXW	−0.87**	0.76*	0.74*	−0.70*	−0.79*	−0.47	−0.70*
	硅酸盐	HSW	−0.82*	0.80*	0.72*	−0.89**	−0.79*	−0.73*	−0.89**
		SSW	−0.85**	0.75*	0.70	−0.74	−0.84*	−0.80*	−0.93**
		MXW	0.61	0.86**	0.68	−0.38	−0.57	−0.51	−0.56
	钙镁碳酸盐	HSW	−0.77*	0.76*	0.37	−0.83*	−0.81*	−0.62	−0.94**
		SSW	−0.82*	0.57	0.80*	−0.70*	−0.65	−0.49	−0.90**
		MXW	−0.48	0.43	0.72*	−0.81*	−0.70*	−0.77*	−0.79*
15	石英	HSW	−0.70*	0.69	0.71*	−0.85**	−0.77*	−0.48	−0.90**
		SSW	−0.48	0.11	0.48	−0.93**	−0.71*	−0.82*	−0.87**
		MXW	−0.64	0.63	0.70*	−0.80*	−0.83*	−0.74*	−0.83**
	硅酸盐	HSW	−0.86**	0.83*	0.76*	−0.91**	−0.89**	−0.90**	−0.87**
		SSW	−0.74	0.84*	0.69	−0.84*	−0.88**	−0.82*	−0.84*
		MXW	−0.51	0.81*	−0.55	−0.25	−0.44	−0.37	−0.45
	钙镁碳酸盐	HSW	−0.4	0.79*	0.23	−0.80*	−0.73*	−0.58	−0.69*
		SSW	−0.72*	0.70*	0.74*	−0.80*	−0.75*	−0.75*	−0.61*
		MXW	0.79*	0.77*	0.49	−0.89**	−0.82*	−0.75*	−0.85**
20	石英	HSW	−0.69	0.66	0.45	−0.76*	−0.88**	−0.75*	−0.74*
		SSW	−0.75*	0.75*	0.54	−0.79*	−0.77*	−0.58	−0.72*
		MXW	−0.75*	0.73*	0.45	−0.81*	−0.47	−0.63	−0.87**
	硅酸盐	HSW	−0.81*	0.72	0.87*	0.92**	−0.90**	−0.84*	−0.82*
		SSW	−0.32	0.34	0.73	0.78*	−0.66	−0.68	−0.64
		MXW	−0.52	0.81	0.56	0.26	−0.43	−0.35	−0.46

续表

CD/%	矿物组分	水源	D	W	L	$A^{1/2}/L$	W/D	Q	v
20	钙镁碳酸盐	HSW	−0.71*	0.59	0.74*	−0.84**	−0.89**	−0.72*	−0.89**
		SSW	−0.71*	0.70	0.91**	−0.81*	−0.80*	−0.62	−0.77*
		MXW	−0.83*	0.83*	0.70*	−0.80*	−0.79*	−0.43	−0.87**
25	石英	HSW	−0.66	0.73*	0.79*	−0.58*	−0.92**	0.71*	−0.89**
		SSW	−0.72*	0.69	0.81*	−0.67*	−0.79*	−0.75*	−0.86**
		MXW	−0.69	0.66	0.80*	−0.70*	−0.80*	−0.72	−0.77*
	硅酸盐	HSW	−0.73	0.72	0.88**	−0.91**	−0.84*	−0.77*	−0.86**
		SSW	−0.69	0.74	0.85*	−0.65	−0.86**	−0.75*	−0.77
		MXW	−0.49	0.51	0.40	−0.64	−0.39	−0.52	−0.72
	钙镁碳酸盐	HSW	−0.65	0.61	0.66	−0.77*	−0.85**	−0.74*	−0.71*
		SSW	−0.80*	0.80*	0.68	−0.88**	−0.90**	−0.84*	−0.89**
		MXW	−0.53	0.77*	0.24	−0.71*	−0.81*	−0.61	−0.92**
30	石英	HSW	−0.81*	0.78*	0.82*	−0.77*	−0.87**	−0.61	−0.90**
		SSW	−0.47	0.47	0.77*	−0.80*	−0.80*	−0.57	−0.92**
		MXW	−0.70*	0.69	0.38	−0.70*	−0.79*	−0.64	−0.86**
	硅酸盐	HSW	−0.76*	0.76*	0.82*	−0.79*	−0.81*	−0.69	−0.83*
		SSW	−0.72	0.84*	0.74	−0.91**	−0.85**	−0.77*	−0.80*
		MXW	−0.51	0.79*	0.56	−0.25	−0.43	−0.36	0.45
	钙镁碳酸盐	HSW	−0.82*	0.39	0.82*	−0.67*	−0.80*	−0.61	−0.90**
		SSW	−0.89**	0.77*	0.83*	−0.70*	−0.92**	−0.57	−0.80*
		MXW	−0. 76*	0.79*	0.80*	−0.87**	−0.91**	−0.72*	−0.79*
40	石英	HSW	−0.72*	0.68	0.42	−0.78*	−0.86**	−0.41	−0.81*
		SSW	−0.72*	0.71*	0.49	−0.86**	−0.70*	−0.71*	−0.79*
		MXW	−0.84*	0.28	−0.05	−0.86**	−0.40	−0.78*	−0.86**
	硅酸盐	HSW	−0.81*	0.77*	0.65	−0.83*	−0.94**	−0.88**	−0.85**
		SSW	−0.75*	0.78*	0.75*	−0.92**	−0.93**	−0.83*	−0.81*
		MXW	−0.66	0.90**	0.69	−0.39	−0.61	−0.53	−0.59
	钙镁碳酸盐	HSW	−0.73*	0.72*	0.74*	−0.92**	−0.86**	−0.75*	−0.87**
		SSW	−0.67	0.69	0.37	−0.83*	−0.73*	−0.58	−0.80*
		MXW	−0.45	0.83*	0.38	−0.79*	−0.88**	−0.67	−0.80*
50	石英	HSW	−0.88**	0.85**	0.58	−0.87**	−0.75*	−0.74*	−0.88**
		SSW	−0.32	0.64	0.58	−0.88**	−0.85**	−0.75*	−0.89**
		MXW	−0.63	0.33	0.49	−0.73*	−0.77*	−0.50	−0.85*

续表

CD/%	矿物组分	水源	D	W	L	$A^{1/2}/L$	W/D	Q	v
50	硅酸盐	HSW	−0.75*	0.76*	0.64	−0.86*	−0.87**	−0.76*	−0.93**
		SSW	−0.76*	0.80*	0.75*	−0.93**	−0.86*	−0.76*	−0.83**
		MXW	−0.56	0.85**	0.63	−0.32	−0.50	−0.44	0.52
	钙镁碳酸盐	HSW	−0.53	0.43	0.37	−0.75*	−0.70*	−0.74*	−0.75*
		SSW	−0.63	0.67	0.45	−0.91**	−0.83*	−0.76*	−0.81*
		MXW	−0.75*	0.73*	0.74*	−0.86*	−0.74*	−0.76	−0.77*

* 表示显著($p<0.05$)，* * 表示极显著($p<0.01$)；CD 表示堵塞程度；$A=WD$。

为进一步探索灌水器外特性参数 $A^{1/2}/L$ 和流道的断面平均流速 v 对主要矿物组分形成的影响，进一步借助通径分析方法(Bhatt，1973)对其进行研究，结果见表 9.12。分析可得，v 对硅类矿物和钙镁类矿物的直接作用显著，直接作用分别达到 0.81 和 0.82，对两类矿物的直接作用表现为 $|b_{Ca/Mg}|>|b_{Si}|$，而 $A^{1/2}/L$ 对硅沉淀和钙镁沉淀的直接作用并没有通过显著性检验，但 $A^{1/2}/L$ 对硅沉淀和钙镁沉淀的间接作用分别达到了 0.63、0.64，这说明 $A^{1/2}/L$ 主要通过影响 v 来间接影响主要矿物组分的形成。因此，可明确 v 直接决定了灌水器主要沉淀物质的形成，这也解释了流道外特性参数 $A^{1/2}/L$ 和 v 较大的 FE1、FE7 灌水器中硅类矿物和钙镁类矿物含量均较少的原因。

表 9.12 灌水器流道特性参数对堵塞物质中主要化学沉淀的影响途径

通径	直接作用 $\|b_i\|$	间接作用 $\|r_{ij}b_j\|$		总作用 $\|r_{iy}\|$	决定系数 $R^2_{(i)}$
$A^{1/2}/L(x_1)$-Si(y)	0.07	$v(x_2)$	0.63	0.70	0.09
$v(x_2)$-Si(y)	0.81	—	—	0.81	0.65
$A^{1/2}/L(x_1)$-Ca/Mg(y)	0.07	$v(x_2)$	0.64	0.71	0.10
$v(x_2)$-Ca/Mg(y)	0.82	—	—	0.82	0.68

9.3 堵塞物质微生物群落对灌水器堵塞的影响效应与机理

9.3.1 试验概况

试验设置与 9.2 节一致。在 Dra 降为初始流量的 95%、90%、85%、80%、75%、70%、60%、50%左右时，每种类型的灌水器分别选取一条滴灌管(带)，在首部(1～10号)、中部(21～30 号)、尾部(41～50 号)三个位置上分别选取 5 个接近目标堵塞程度的灌水器样品，脱膜处理后(参见第 5 章)获取堵塞物质液态样品，取处理后的悬浊液用于测试磷脂脂肪酸(PLFAs)含量，PLFAs 适于作为微生物数量和群落结构变化的生物标记分子(Sun and Liu，2004)，测试方法参见第 5 章。

将微生物 PLFAs 测试结果作为数量测度，引入多样性指数 H、均匀度指数 J 和优势度指数 D 作为表征各水源滴灌系统灌水器堵塞物质微生物群落演变特征的生态学参数，各参数物理意义及具体计算方法参考 Zhou 等(2013)，确定 H、J 和 D 与灌水器堵塞程度之间的定量关系。

采用 Pearson 相关法系统研究 H、J 和 D 与灌水器特征参数(包括流道长度 L、流道宽度 W、流道深度 D、额定流量 Q、断面平均流速 v 以及无量纲特征参数 $A^{1/2}/L$ 和 W/D)的相关性,确定其关键影响因素。

9.3.2 多种地表水源滴灌灌水器堵塞物质磷脂脂肪酸动态变化特征

灌水器生命周期内不同水源滴灌灌水器内部 PLFAs 质量动态变化特征及其与灌水器堵塞程度的相关关系分别如图 9.14 和图 9.15 所示。

从图 9.14 中可以看出,不同水源滴灌条件下各类型灌水器生命周期差异显著,HSW、SSW、MXW 和 HSO 水源滴灌灌水器生命周期平均值为(667.5±46.8)h、(747.5±51.9)h、(612.5±61.6)h 和(607.5±63.2)h。SSW 水源滴灌条件下灌水器生命周期比 HSW 水源高出 12.0%,两种水源混配后灌水器生命周期显著降低(8.9%~22.0%)。但三种水源冲洗条件下灌水器生命周期均高于不冲洗处理组 HSO,分别超出 9.9%、23.0%和 0.8%。在本试验使用的 8 种灌水器中,FE4 的抗堵塞能力相对最弱,生命周期平均值仅为 585h;FE3 和 FE5 稍好,均为 615h;而 FE8 的抗堵塞能力相对最强,可以达

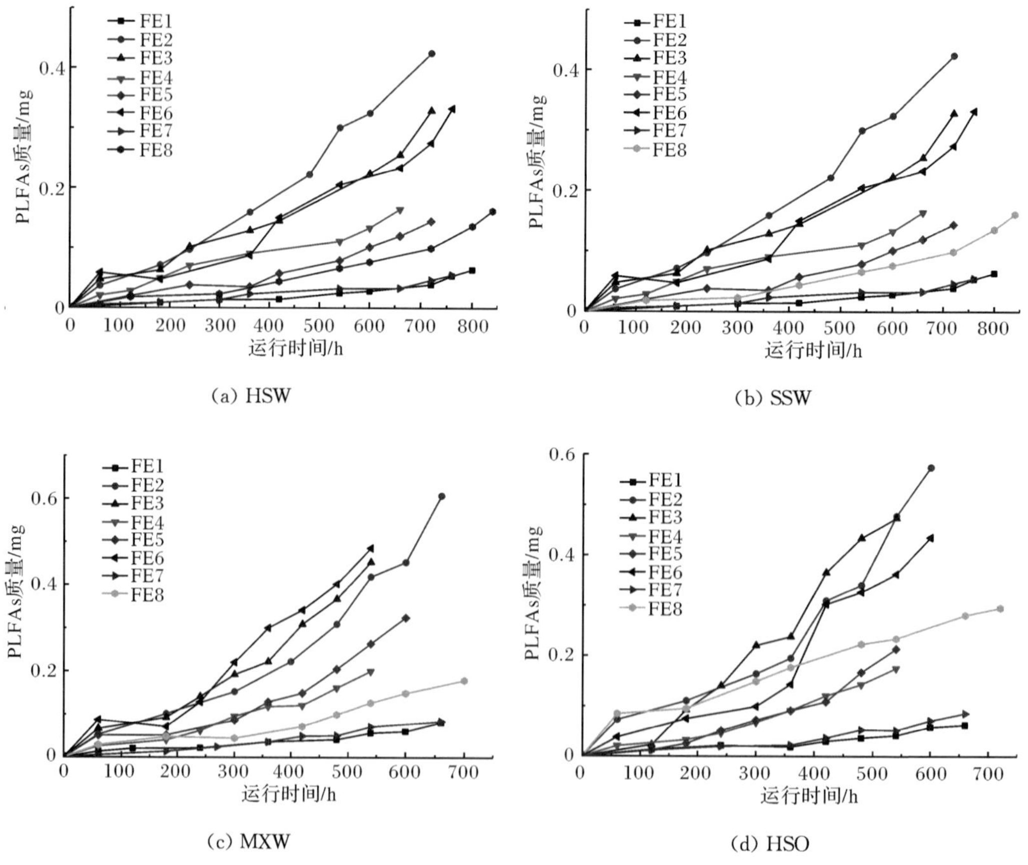

图 9.14　灌水器内部堵塞物质 PLFAs 质量动态变化特征

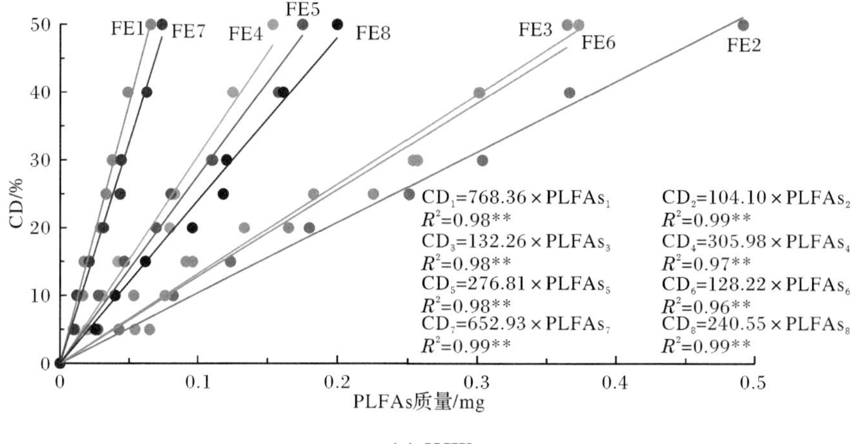

(a) HSW

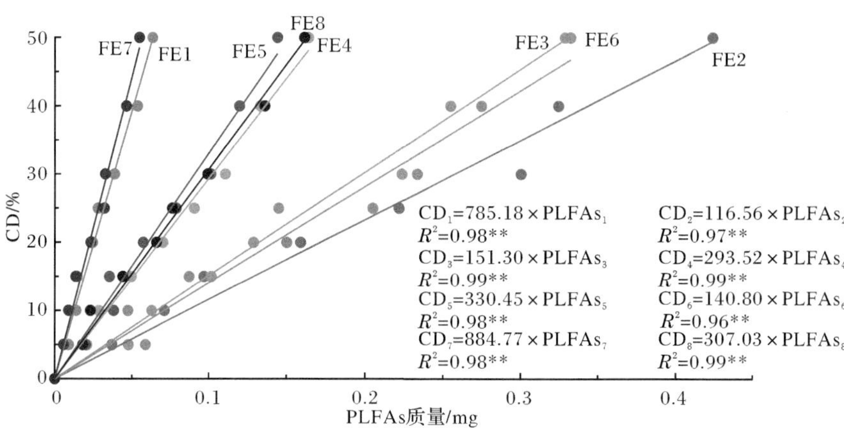

(b) SSW

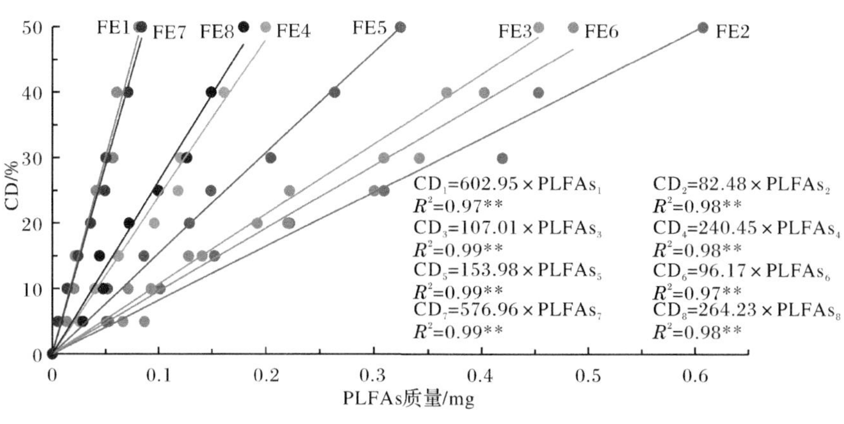

(c) MXW

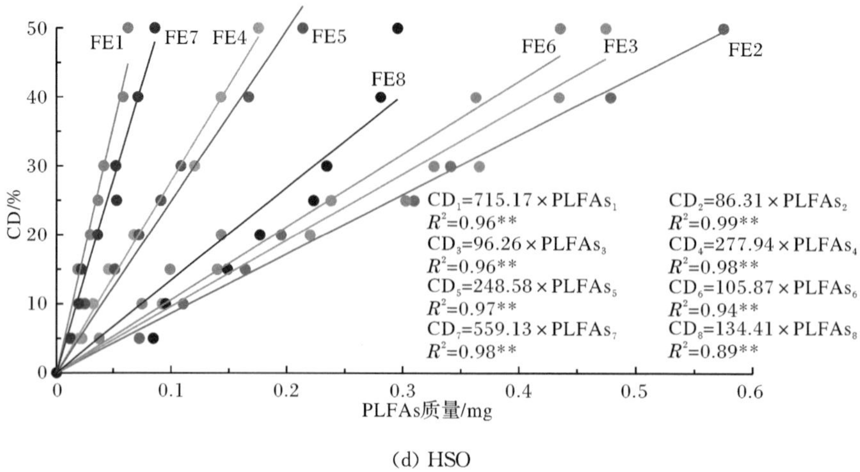

(d) HSO

图 9.15　灌水器内部堵塞物质 PLFAs 质量与堵塞程度的相关关系

＊＊表示极显著($p<0.01$)

到 745h;FE1(710h)和 FE7(700h)次之。在系统运行结束时,HSW、SSW、MXW 和 HSO 滴灌灌水器内部PLFAs质量分别达到 0.06～0.49mg、0.05～0.42mg、0.08～0.60mg 和 0.06～0.57mg,各水源、多类型灌水器条件下差异明显,但均与各自灌水器的堵塞程度之间存在显著的线性正相关关系(图 9.15,$R^2>0.89$,$p<0.01$),即灌水器内部 PLFAs 质量的增长与灌水器堵塞程度的加剧密切相关。

9.3.3　堵塞物质不同种类磷脂脂肪酸分布特征及灌水器堵塞物质优势

滴灌系统灌水器内部堵塞物质 PLFAs 种类及其所占比例的动态变化特征如图 9.16 所示(以 HSW 水源为例),而四种水源滴灌条件下,两种革兰氏阳性菌(16:0 和 18:0)在微生物群落中所占比例与灌水器堵塞程度之间的相关关系如图 9.17 所示。

HSW、SSW、MXW 和 HSO 水源滴灌灌水器堵塞物质 PLFAs 种类分别有 11 种、10 种、14 种和 11 种,其中 HSW 和 HSO 处理组 PLFAs 种类完全一致,且与 SSW 和 MXW 处理组 PLFAs 种类差异显著。HSW、SSW 水源等体积混合成 MXW 水源后,滴灌灌水器堵塞物质 PLFAs 种类明显增多。由此可见,PLFAs 种类主要受滴灌水源影响,而系统是否冲洗对其种类影响并不明显。在多种类型 PLFAs 中,革兰氏阳性菌 16:0(假单胞杆菌)和 18:0(嗜热解氢杆菌)以及一般细菌 14:0 和 20:0 为各滴灌处理组共有。各滴灌处理组灌水器堵塞物质 PLFAs 种类间的差异存在于革兰氏阳性菌 i16:0,革兰氏阴性菌 16:1ω7c、18:1ω7t,一般细菌 13:0、i14:0、a15:0,以及真菌 16:1w9t、i17:1w7 等。在四种模式滴灌系统中,只有革兰氏阳性菌——16:0(假单胞杆菌)和18:0(嗜热解氢杆菌)完整存在于灌水器整个生命周期,且不同类型灌水器中两者的含量之和平均占据 HSW、SSW、MXW 和 HSO 处理组中 PLFAs 总量的 75.8%～86.7%、72.6%～80.9%、66.0%～80.0%和 70.4%～87.0%,是灌水器堵塞诱发过程中的关键菌种。但是,假单胞杆菌 16:0 在微生物群落中所占比例在灌水器生命周期内表现出先略有降低后迅速增加的趋势，即在堵塞程度 10%～15%时降低到最小值 28.15%～40.4%，而在堵塞程度 40%～50%时上升到最大值 44.3%～56.0%；而嗜热解氢杆菌 18:0 的变化趋势与之相反，在堵塞程度 10%以内时为最大值 45.2%～52.9%，当堵塞程度增加到 40%～50%时出现最小值 22.7%～33.7%。由图 9.17 可见，在 HSW、SSW、MXW 和 HSO 四种模式下，假单胞杆菌 16:0 和嗜热解氢杆菌 18:0 的动态变化特征分别与灌水器堵塞程度之间存在显著的线性正相关关系（$R^2>0.73$，$p<0.01$）和线性负相关关系（$R^2>0.72$，$p<0.01$），两者与灌水器堵塞发生过程密切相关。

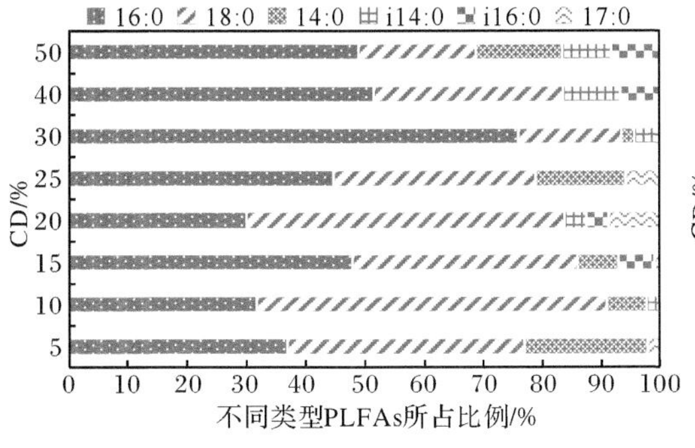

(a) FE1

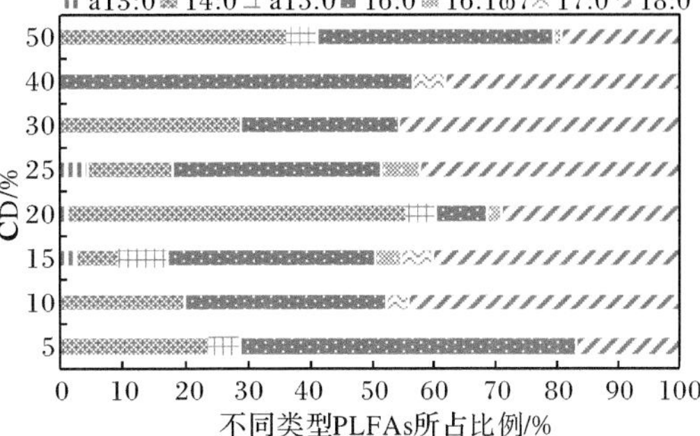

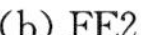
(b) FE2

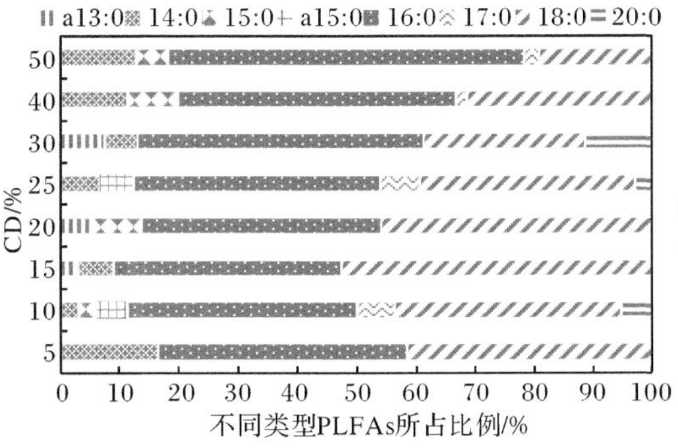

(c) FE3

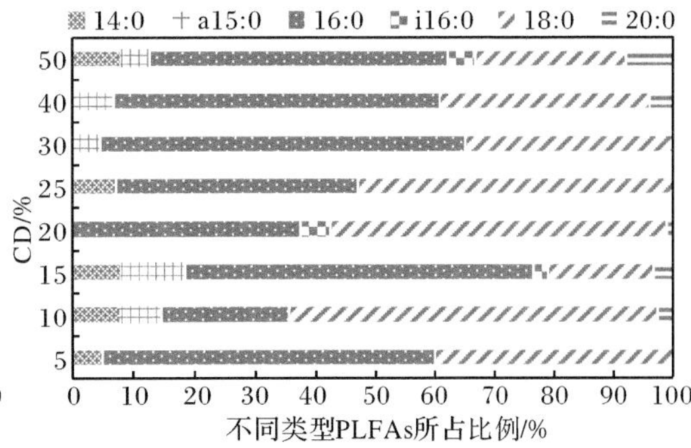

(d) FE4

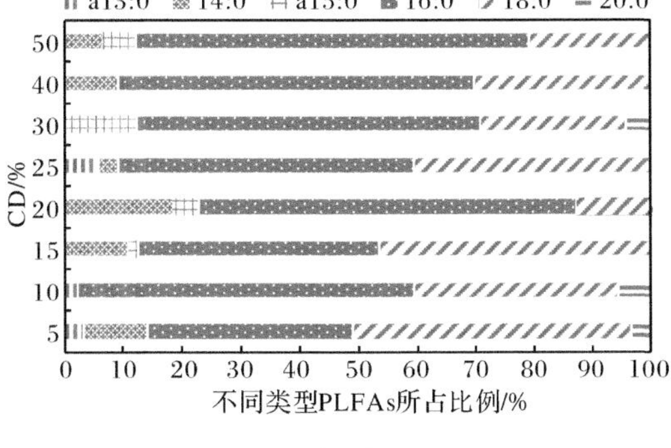

(e) FE5

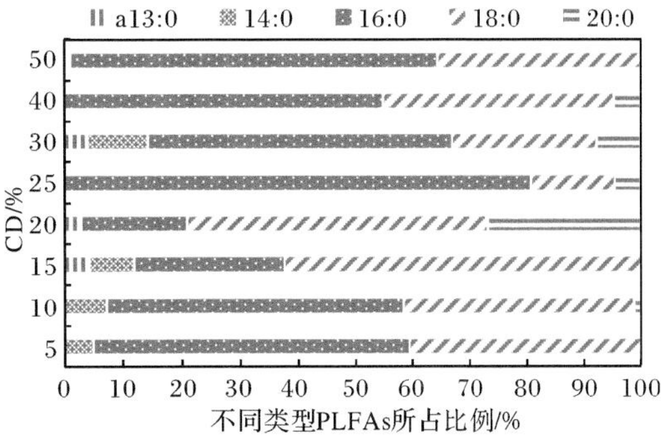

(f) FE6

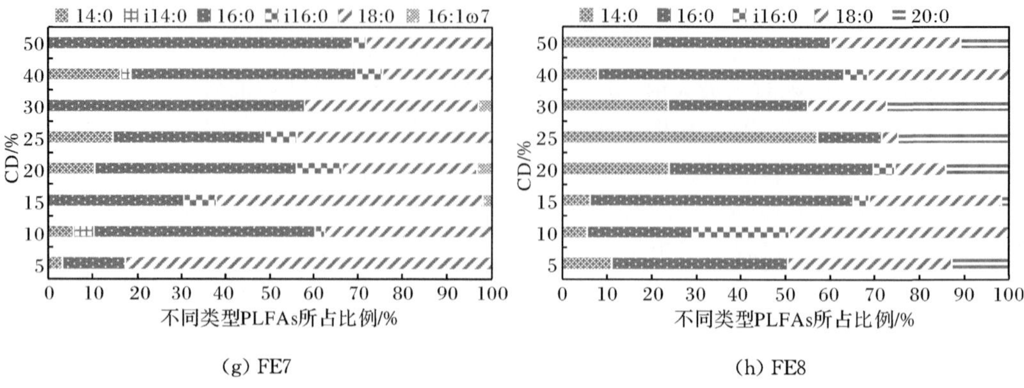

(g) FE7　　(h) FE8

图 9.16　灌水器内部不同类型 PLFAs 动态变化特征(以 HSW 水源为例)

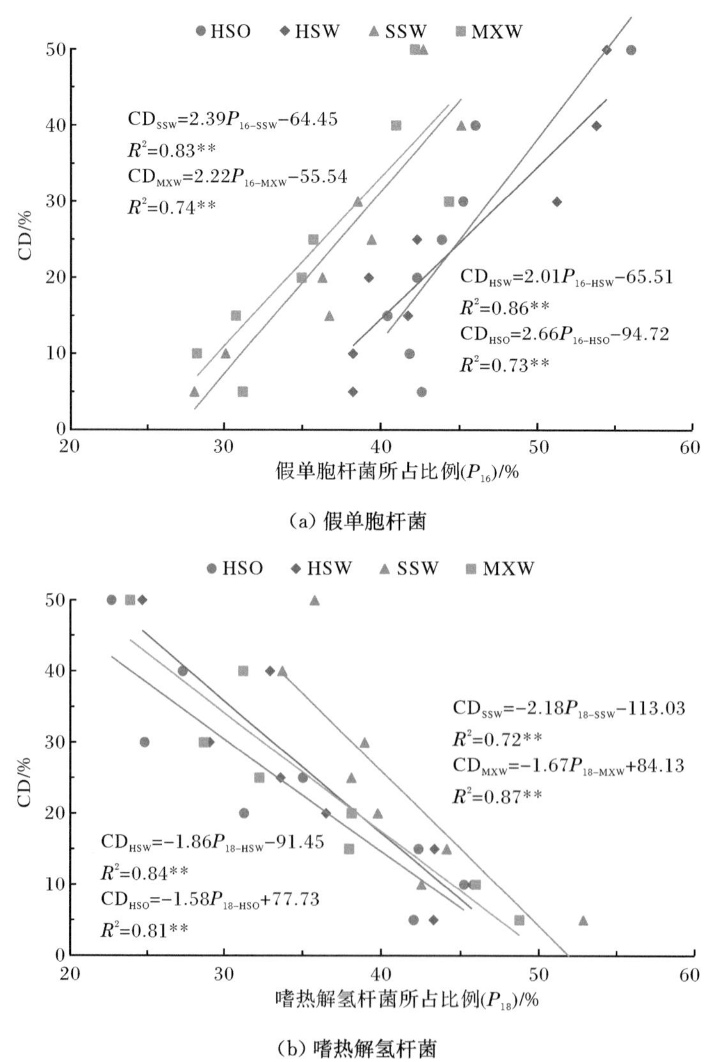

(a) 假单胞杆菌

(b) 嗜热解氢杆菌

图 9.17　两种革兰氏阳性菌(16:0 和 18:0)在微生物群落中所占比例与堵塞程度之间的相关关系

9.3.4　堵塞物质微生物群落生态学参数影响因素及其与灌水器堵塞之间的相关关系

滴灌系统灌水器堵塞物质微生物群落生态学参数(多样性指数 H、均匀度指数 J 和优势度指数 D)与灌水器堵塞程度(CD)之间的相关关系如图 9.18 所示,各生态学参数关键影响因素见表 9.13。

从图 9.18 可知,HSW、SSW、MXW 和 HSO 滴灌灌水器内部微生物群落多样性指数 H 及均匀度指数 J 随着灌水器堵塞程度加剧均表现出先减小后增加的趋势,而优势度指数 D 与之相反,表现出先增加后降低的特征。整体来看,H($R^2>0.67$,$p<0.01$)、J($R^2>0.56$,$p<0.05$)及 D($R^2>0.72$,$p<0.01$)均与 CD 存在显著的二次函数关系。在堵塞程度为 25%~30%时,H 及 J 分别达到最小值 0.81~1.07 和 0.65~0.73,而此时 D 达到最大值 0.54~0.64。当堵塞程度达到 50%,系统运行结束时灌水器微生物群落 H、J 及 D 分别为 1.00~1.23、0.72~0.81 和 0.52~0.61。

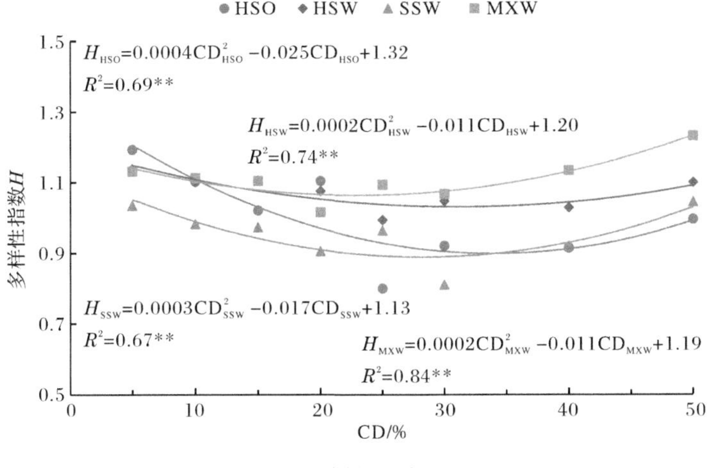

(a) 多样性指数

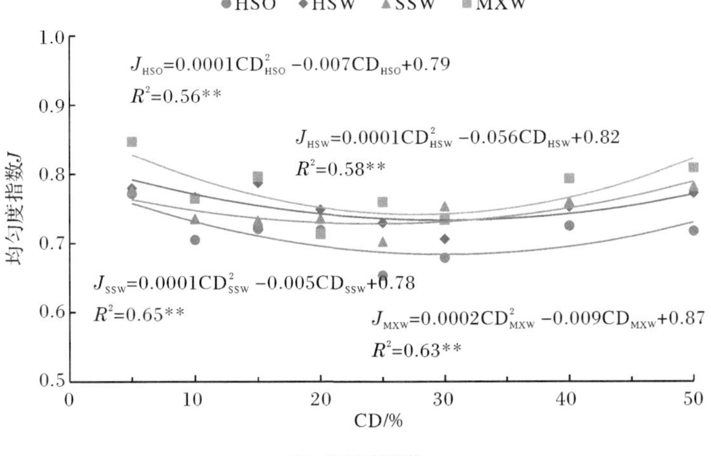

(b) 均匀度指数

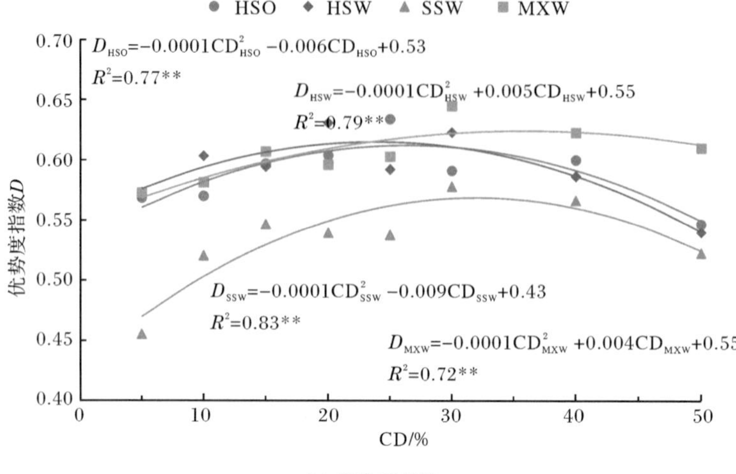

(c) 优势度指数

图 9.18　微生物群落生态学参数与堵塞程度之间的相关关系

滴灌水源和灌水器特征参数对微生物群落指数的影响显著，其中各水源处理组 H 均与灌水器额定流量 Q 成正相关，MXW 处理组 H 与流道断面平均流速 v 呈负相关关系；HSW 和 HSO 处理组 J 均与流道长度 L 成正相关，而 SSW 处理组 J 与流道深度 D 成正相关，MXW 处理组 J 仍然与流道断面平均流速 v 成负相关，不同水源条件下 J 的关键影响因素差异明显；但是，各处理组 D 都与额定流量 Q 呈显著正相关。

表 9.13　微生物群落生态学参数与灌水器流道特征参数之间的相关关系

生态学参数	处理组	流道特征参数						
		D	W	L	$A^{1/2}/L$	W/D	Q	v
H	HSW	0.39 (0.334)	0.40 (0.330)	0.63 (0.096)	−0.47 (0.236)	0.07 (0.871)	0.71 (0.048**)	0.34 (0.415)
	SSW	0.18 (0.678)	0.23 (0.581)	0.32 (0.437)	−0.18 (0.671)	0.16 (0.709)	0.70 (0.048*)	0.46 (0.250)
	MXW	0.18 (0.668)	0.11 (0.795)	0.11 (0.798)	−0.05 (0.900)	−0.12 (0.787)	0.75 (0.025*)	−0.69 (0.050*)
	HSO	0.39 (0.338)	0.45 (0.269)	0.70 (0.048*)	−0.54 (0.164)	0.05 (0.912)	0.74 (0.027*)	−0.18 (0.679)
J	HSW	−0.14 (0.747)	0.48 (0.229)	0.76 (0.030*)	−0.46 (0.250)	−0.10 (0.810)	0.79 (0.019*)	0.20 (0.641)
	SSW	0.72 (0.040*)	−0.21 (0.616)	−0.05 (0.912)	0.02 (0.962)	−0.07 (0.875)	0.03 (0.950)	0.12 (0.771)
	MXW	0.39 (0.345)	0.34 (0.410)	0.41 (0.320)	−0.24 (0.565)	−0.07 (0.870)	−0.20 (0.639)	−0.69 (0.050*)
	HSO	0.60 (0.115)	0.11 (0.798)	0.76 (0.030*)	−0.32 (0.448)	−0.51 (0.193)	0.22 (0.594)	−0.23 (0.590)
D	HSW	0.48 (0.227)	0.46 (0.254)	−0.37 (0.368)	−0.45 (0.259)	0.05 (0.914)	0.73 (0.038*)	0.28 (0.509)
	SSW	0.06 (0.891)	0.10 (0.813)	0.21 (0.621)	−0.12 (0.781)	0.10 (0.814)	0.70 (0.048*)	0.25 (0.555)

续表

生态学参数	处理组	流道特征参数						
		D	W	L	$A^{1/2}/L$	W/D	Q	v
D	MXW	−0.03 (0.951)	0.03 (0.943)	0.29 (0.489)	−0.34 (0.412)	0.01 (0.992)	0.69 (0.049*)	−0.38 (0.351)
	HSO	0.15 (0.720)	0.43 (0.284)	0.48 (0.225)	−0.42 (0.301)	0.37 (0.373)	0.69 (0.049*)	0.47 (0.241)

*表示显著($p<0.05$)。

9.4　滴灌系统灌水器复合堵塞物质特征组分形成动力学过程与模型

9.4.1　堵塞物质特征组分形成动力学模型构建

1. 试验概况

滴灌系统灌水器复合堵塞原位试验在内蒙古自治区巴彦淖尔市磴口县北乌兰布和沙区灌溉实验站进行。试验设置三种水源处理组，选用 16 种类型滴灌灌水器，试验处理信息和系统运行方式参见 4.3 节。试验期间定期测试滴灌管(带)流量，并采用第 3 章的方法对灌水器出流进行校正，并计算灌水器平均相对流量(Dra)。当灌水器 Dra 降为初始流量的 95%、90%、85%、80%、75%、70%、60%、50%左右时分别进行取样，每次取样时每种类型灌水器破坏性取一根滴灌管(带)，分别从首部、中部、尾部各 15 个灌水器中分别选取 5 个接近预计 Dra 且差异较小的灌水器样品放入同一自封袋密封，并置于冰箱中 4℃恒温保存，用于样品中堵塞物质测试。为了尽可能地消除堵塞物质生长随机性给试验结果带来的影响，即尽可能准确地表征堵塞物质特征组分的动态变化过程，每次对多个样品的混合样进行测试。本试验系统精确测试了堵塞物质中物理、化学和生物诱因下的组分，物理组分主要考虑固体颗粒物(SP)，化学组分主要考虑钙镁碳酸盐沉淀($CaCO_3$ 和 $MgCO_3$ 沉淀，C-MP)，生物组分主要考虑磷脂脂肪酸(PLFAs)及其分泌的胞外聚合物(EPS)，具体测试方法参见第 5 章。

2. 特征组分生长动力学模型假设与建立

以 Kern-Seaton 污垢预测模型为原型，综合考虑灌水器结构参数、外特性参数等因素，忽略滴灌水质等因素的影响，建立灌水器流道复合堵塞物质特征组分生长动力学模型，模型假设如下：

(1) 将整个灌水器流道看成弯曲管道，各结构单元段内颗粒物浓度、营养供给、流动特性等环境一致。

(2) 灌水器内堵塞物质的生长过程存在沉积和剥蚀两个过程，堵塞物质净生长率与堵塞物质生长厚度 h_c 成正比。

(3) 堵塞物质生长总量包括颗粒物累积，物理、化学、生物三因素协同作用增长量，协同作用增长量随时间 t 呈指数增长。

(4) 堵塞物质的沉积速率 α_s 与流道宽深比 W/D 成反比，与流道截面面积 1/2 次方和长度的比值 $A^{1/2}/L$ 成反比。

(5) 堵塞物质的剥蚀速率 α_r 与断面平均流速 v 成正比。

根据 Kern-Seaton 污垢预测模型定义得到堵塞物质沉积速率 α_s 和剥蚀速率 α_r 的表达式为

$$\alpha_s = \frac{m_s}{\rho t} \tag{9.1}$$

$$\alpha_r = \frac{m_r}{\rho t} \tag{9.2}$$

根据假设(1)和(2)可以得到理化堵塞物质组分净生长率的表达式为

$$\frac{\mathrm{d}h_c}{\mathrm{d}t} = \alpha_s - \alpha_r \tag{9.3}$$

根据假设(3)堵塞物质理化生协同作用增长量的表达式为

$$h_x = a_1 t^{a_2} \frac{D}{W} \cdot \frac{L}{\sqrt{A}} \tag{9.4}$$

堵塞物质理化生协同作用增长率的表达式为

$$\frac{\mathrm{d}h_x}{\mathrm{d}t} = a_1 a_2 t^{a_2 - 1} \frac{D}{W} \cdot \frac{L}{\sqrt{A}} \tag{9.5}$$

其中，根据假设(3)～(5)可以得到堵塞物质沉积速率 α_s 和剥蚀速率 α_r 的关系式为

$$\alpha_s = (a_3 + a_1 a_2 t^{a_2 - 1}) \frac{D}{W} \frac{L}{\sqrt{A}} \tag{9.6}$$

$$\alpha_r = a_4 vh \tag{9.7}$$

进行无量纲化处理，则有

$$Re(\alpha_s) = (a_3 + a_1 a_2 t^{a_2 - 1}) \frac{D}{W} \cdot \frac{L}{\sqrt{A}} \cdot \frac{\mu}{R} \tag{9.8}$$

$$Re(\alpha_r) = a_4 Re(v) \frac{h}{D} \tag{9.9}$$

式中，$Re(\alpha_s)$ 为沉积速率雷诺数，$Re(\alpha_s) = \frac{\alpha_s R}{\mu}$；$Re(\alpha_r)$ 为剥蚀速率雷诺数，$Re(\alpha_r) = \frac{\alpha_r R}{\mu}$；$Re(v)$ 为流速雷诺数，$Re(v) = \frac{vR}{\mu}$。

将式(9.9)代入式(9.1)～式(9.3)，整理后可以得到复合堵塞物质生长动力学模型(composite plugging material growth kinetics model，CM 模型)：

$$m = \rho h = \frac{\rho}{1 + \frac{a_4 v^2 R}{\mu D}} \frac{D}{W} \frac{L}{\sqrt{A}} \frac{\mu}{R} \exp\left(-\frac{a_4 vRt}{\mu D}\right)(a_3 t + a_2 t^{a_2}) \tag{9.10}$$

式中，m 为灌水器流道单位面积堵塞物质生长量，g/m^2；L、W 和 D 分别为灌水器流道的长度、宽度和深度，m；R 为灌水器流道的水力直径，m；A 为灌水器流道截面面积，m^2；v 为 10m 水头工作压力下的断面平均流速，m/s；μ 为水的黏滞系数，取 0.894×10^{-6} m^2/s；ρ 为堵塞物质密度(堵塞程度达到 50%时堵塞物质干重除流道体积的 1/2)，g/m^3；t 为系统

累计运行时间，h；a_1～a_4为模型拟合参数。

9.4.2　灌水器复合堵塞物质固体颗粒物形成动力学过程模拟

采用建立的CM模型对黄河水、地表微咸水以及两者混配水滴灌条件下堵塞物质固体颗粒物(SP)的动态变化过程进行拟合，如图9.19～图9.21所示。

可以看出，所有水源及灌水器处理组模型拟合R^2均大于0.9，且在$p<0.01$条件下显著，证明该模型可以较为精确地反映三种水源条件下SP组分生长动力学过程。各灌水器流道SP组分含量随系统累计运行均表现出“快—慢—快”的增长趋势，总体可分为三个生长阶段：第一阶段为快速增长阶段，持续时间非常短，一般为8.3～35.0h；第二阶段持续时间稍长，一般为137.2～438.4h，堵塞物质增长速率较慢，速率通常为0.18～2.59mg/(m^2·h)；进入第三阶段后，堵塞物质增长速率显著增加，速率增至0.47～13.62mg/(m^2·h)。

不同类型灌水器间堵塞物质SP含量与增长速率差异明显，总体而言表现出的变化规律为：单翼迷宫式灌水器最高，圆柱式灌水器次之，贴条式灌水器再次，片式灌水器最低。系统灌水器平均相对流量为50%时，单翼迷宫式、圆柱式、贴条式、片式灌水器内部堵塞物质含量分别为487.65～2662.68mg/m^2、441.51～1798.15mg/m^2、141.38～464.28mg/m^2、45.27～373.39mg/m^2，单翼迷宫式、圆柱式、贴条式灌水器堵塞物质含量

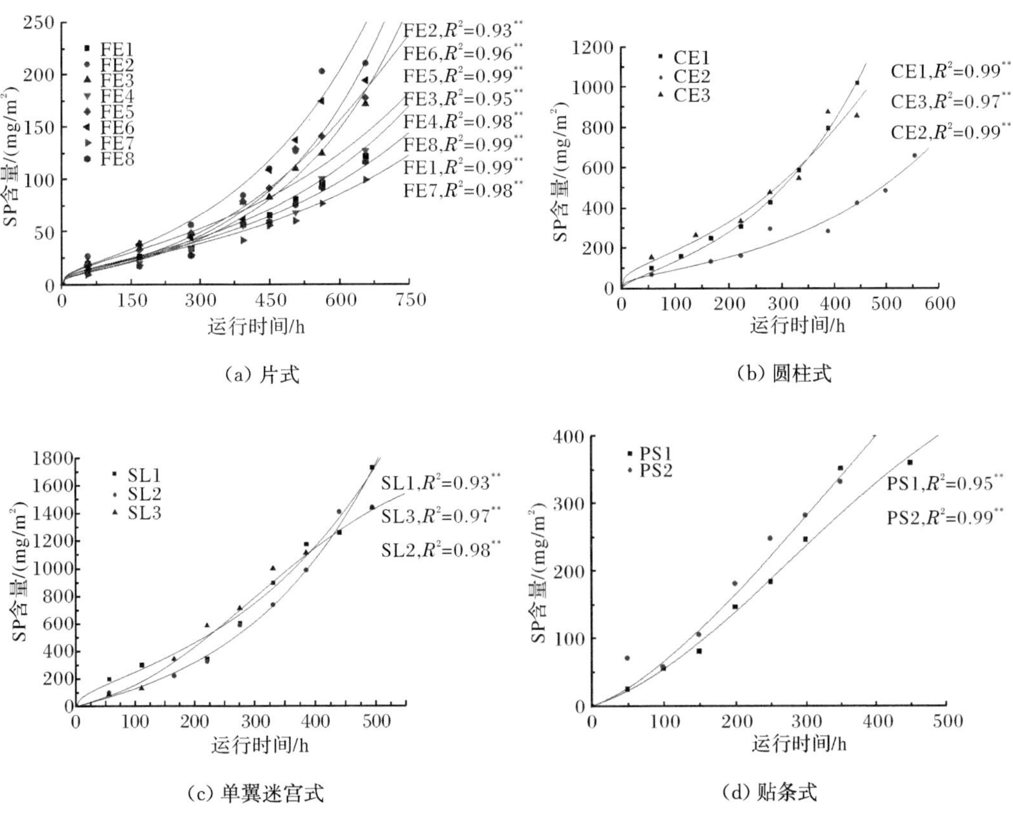

(a) 片式　(b) 圆柱式　(c) 单翼迷宫式　(d) 贴条式

图9.19　黄河水滴灌灌水器复合堵塞物质SP动态变化过程

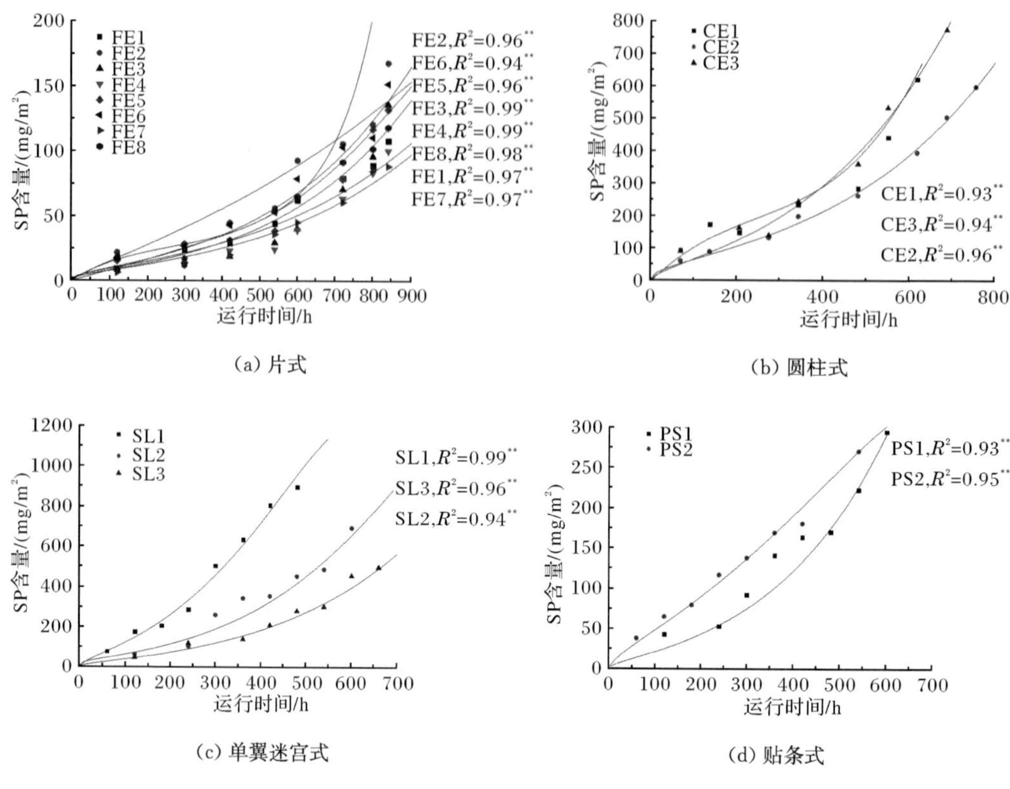

(a) 片式　(b) 圆柱式

(c) 单翼迷宫式　(d) 贴条式

图 9.20　地表微咸水滴灌灌水器复合堵塞物质 SP 动态变化过程

分别比片式灌水器高 614.7%～1532.2%、352.9%～1308.0%、24.1%～423.8%。

不同水质之间灌水器堵塞物质含量与增长速率差异也较为明显，表现出混配水滴灌条件下灌水器内部堵塞物质含量高于黄河水，再高于地表微咸水，并未表现出黄河水和地表微咸水混配后堵塞减轻的趋势。混配水滴灌条件下灌水器内部堵塞物质含量分别比黄河水、地表微咸水滴灌高 24.6%～57.2%、37.0%～125.9%。

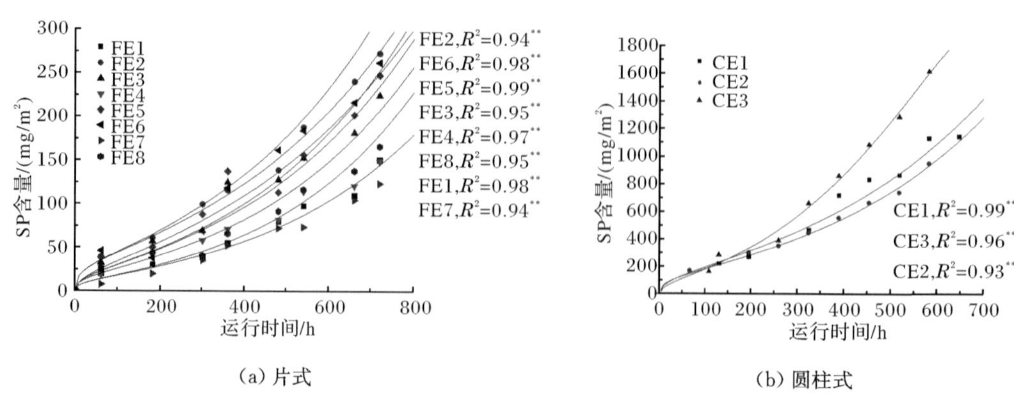

(a) 片式　(b) 圆柱式

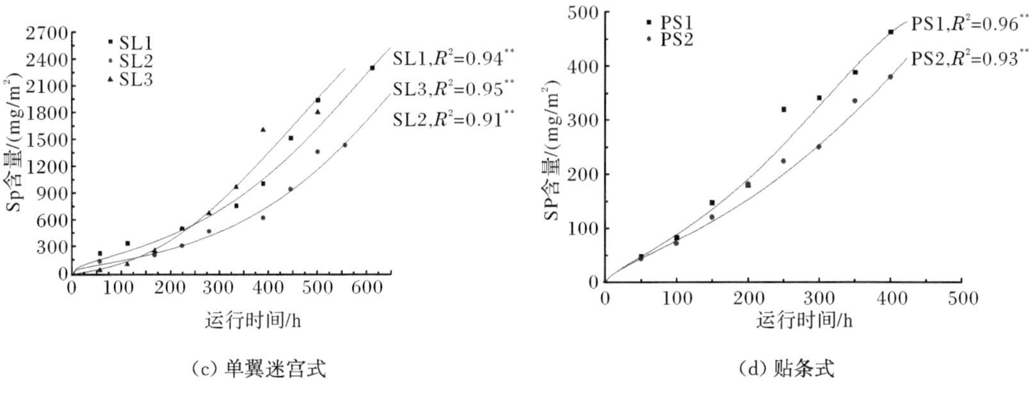

(c) 单翼迷宫式　　(d) 贴条式

图 9.21　混配水滴灌灌水器复合堵塞物质 SP 动态变化过程

9.4.3　灌水器复合堵塞物质钙镁碳酸盐沉淀形成动力学过程

同样对三种水源滴灌条件下复合堵塞物质钙镁碳酸盐沉淀(C-MP)形成的动态变化过程进行拟合,如图 9.22～图 9.24 所示。

从图中可以看出,该模型可以较为精确地反映三种水源条件下 C-MP 组分生长动力学过程($R^2>0.90$,$p<0.01$)。各灌水器流道 C-MP 含量随系统累计运行均表现出与 SP

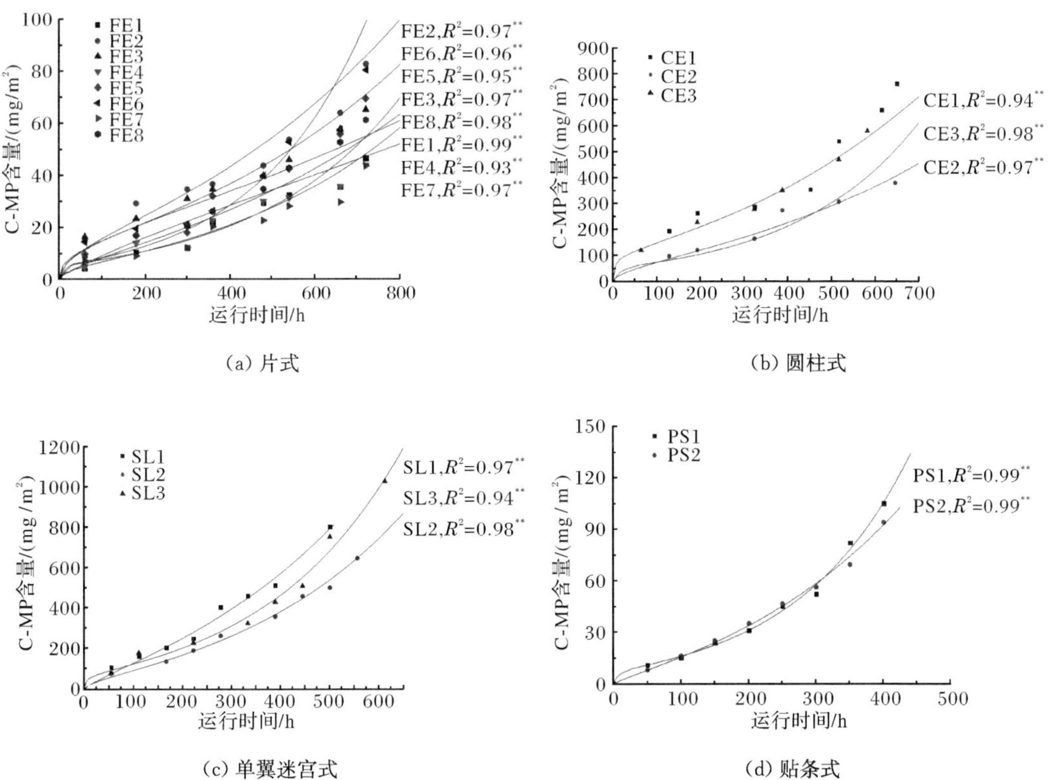

(c) 单翼迷宫式　　(d) 贴条式

图 9.22　黄河水滴灌灌水器复合堵塞物质 C-MP 动态变化过程

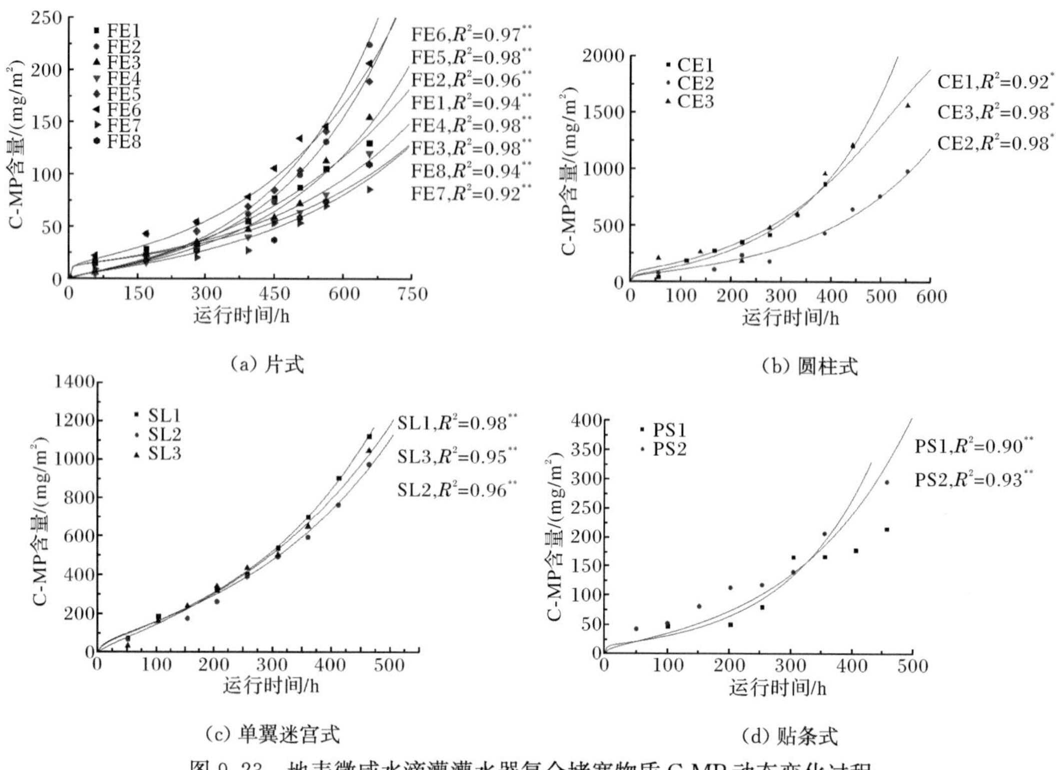

(a) 片式 (b) 圆柱式

(c) 单翼迷宫式 (d) 贴条式

图 9.23 地表微咸水滴灌灌水器复合堵塞物质 C-MP 动态变化过程

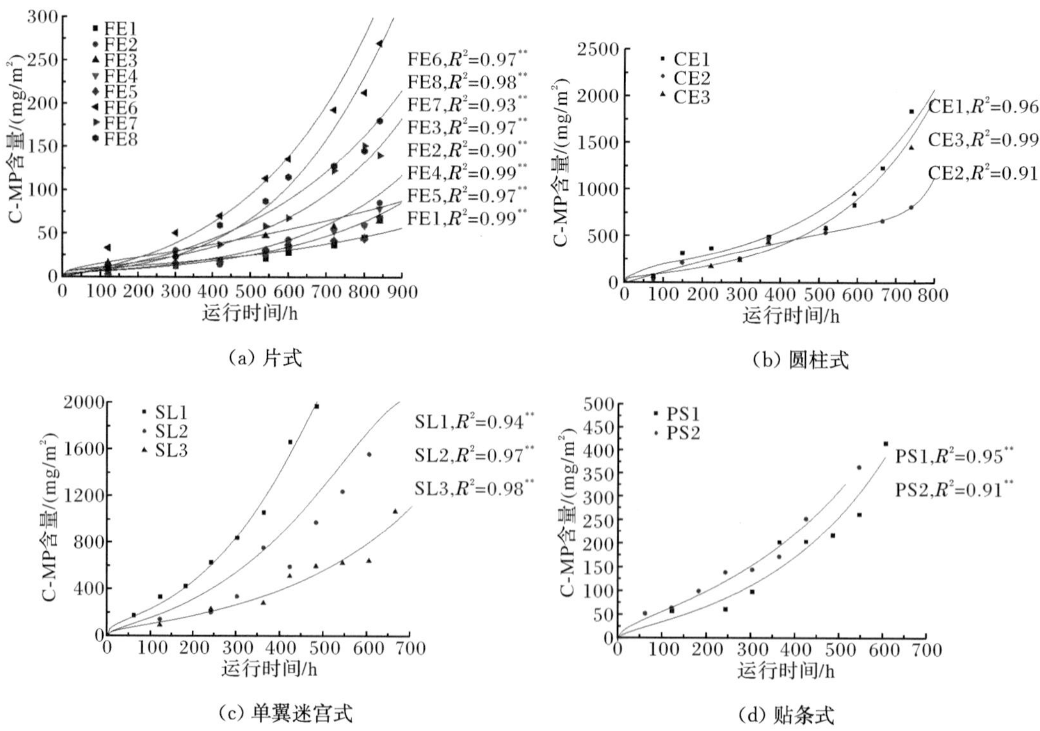

(a) 片式 (b) 圆柱式

(c) 单翼迷宫式 (d) 贴条式

图 9.24 混配水滴灌灌水器复合堵塞物质 C-MP 动态变化过程

一致的"快—慢—快"的增长趋势，总体可分为三个生长阶段：第一阶段为快速增长阶段，持续时间一般为 7.8～16.9h；第二阶段持续时间一般为 279.1～502.8h，堵塞物质 C-MP 增长速率通常为 0.08～1.34mg/(m^2 · h)；进入第三阶段后，堵塞物质 C-MP 增长速率增至 0.37～8.49mg/(m^2 · h)。

不同类型灌水器间堵塞物质含量与增长速率差异明显，与 SP 变化特征较为一致，总体而言表现出的变化规律为：单翼迷宫式灌水器最高，圆柱式灌水器次之，贴条灌水器再次，片式灌水器最低。系统灌水器平均相对流量为 50%时，单翼迷宫式、圆柱式、贴条式、片式灌水器内部堵塞物质含量分别为 329.58～2548.37mg/m^2、312.51～1884.15mg/m^2、141.36～349.99mg/m^2、17.27～323.18mg/m^2，片式、贴条式、圆柱式灌水器堵塞物质含量分别比单翼迷宫式灌水器低 689.4%～1816.5%、459.1%～1349.5%、8.3%～730.2%。

不同水质之间灌水器堵塞物质含量与增长速率差异也较为明显，也表现出与 SP 较为一致的变化特征，未表现出黄河水和地表微咸水混配后堵塞减轻的趋势。混配水滴灌条件下灌水器内部堵塞物质含量分别比黄河水、地表微咸水滴灌高 63.8%～231.3%、18.2%～165.1%。

9.4.4　灌水器复合堵塞物质磷脂脂肪酸形成动力学过程

采用建立的 CM 模型对生物组分磷脂脂肪酸(PLFAs)的动态变化过程进行拟合，如图 9.25～图 9.27 所示。

从图中可以看出，该模型可以较为精确地反映三种水源条件下 PLFAs 生长动力学过程($R^2>0.90$，$p<0.01$)。各灌水器流道 PLFAs 组分含量随系统累计运行均表现出与 SP、C-MP 组分动态变化特征一致的"快—慢—快"的增长趋势，总体可分为三个生长阶段：第一阶段为快速增长阶段，持续时间一般为 7.7～14.9h；第二阶段持续时间一般为 176.4～577.2h，堵塞物质 PLFAs 增长速率通常为 1.61×10^{-3}～0.28mg/(m^2 · h)；进入第三阶段后，堵塞物质 PLFAs 增长速率增至 2.48×10^{-3}～0.67mg/(m^2 · h)。

不同类型灌水器间堵塞物质含量与增长速率差异明显，与 SP、C-MP 组分变化特征较为一致，总体而言表现出的变化规律：单翼迷宫式灌水器最高，圆柱式灌水器次之，贴条式灌水器再次，片式灌水器最低。系统灌水器平均相对流量为 50%时，单翼迷宫式、圆柱

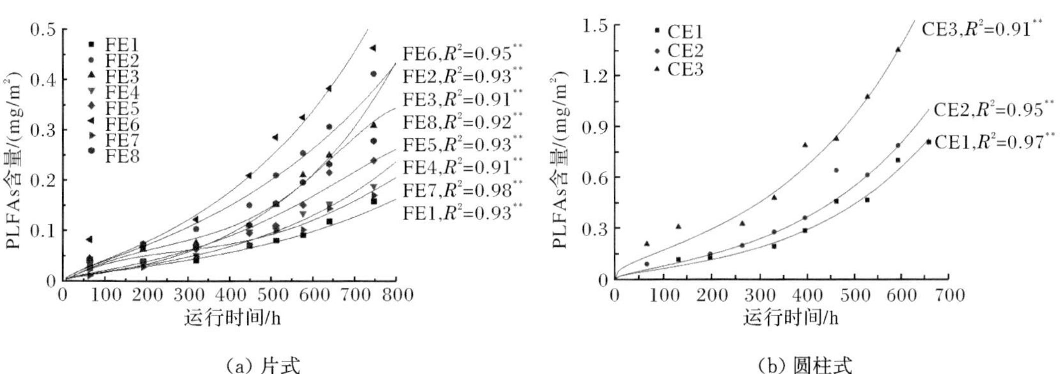

(a) 片式　　(b) 圆柱式

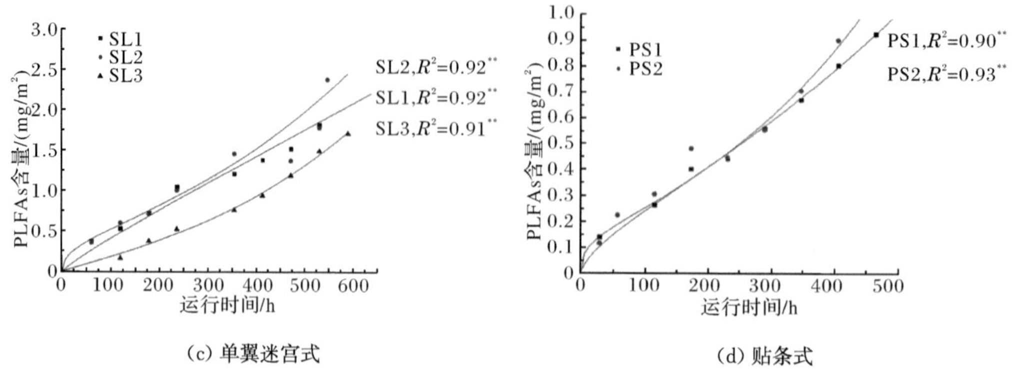

(c) 单翼迷宫式　　(d) 贴条式

图 9.25　黄河水滴灌灌水器复合堵塞物质 PLFAs 动态变化过程

式、贴条式、片式灌水器内部堵塞物质含量分别达 0.80～3.04mg/m²、0.71～2.76mg/m²、0.52～0.77mg/m²、0.06～0.61mg/m²，单翼迷宫式、圆柱式、贴条式灌水器堵塞物质含量分别比片式灌水器高 396.9%～1237.3%、352.2%～1081.7%、26.6%～781.4%。

不同水质之间灌水器堵塞物质含量与增长速率差异也较为明显，也表现出与 SP、C-MP组分较为一致的变化特征，未表现出黄河水和地表微咸水混配后堵塞减轻的趋势。混配水滴灌条件下灌水器内部堵塞物质含量分别较黄河水、地表微咸水滴灌高 41.03%～69.3%、16.4%～42.1%。

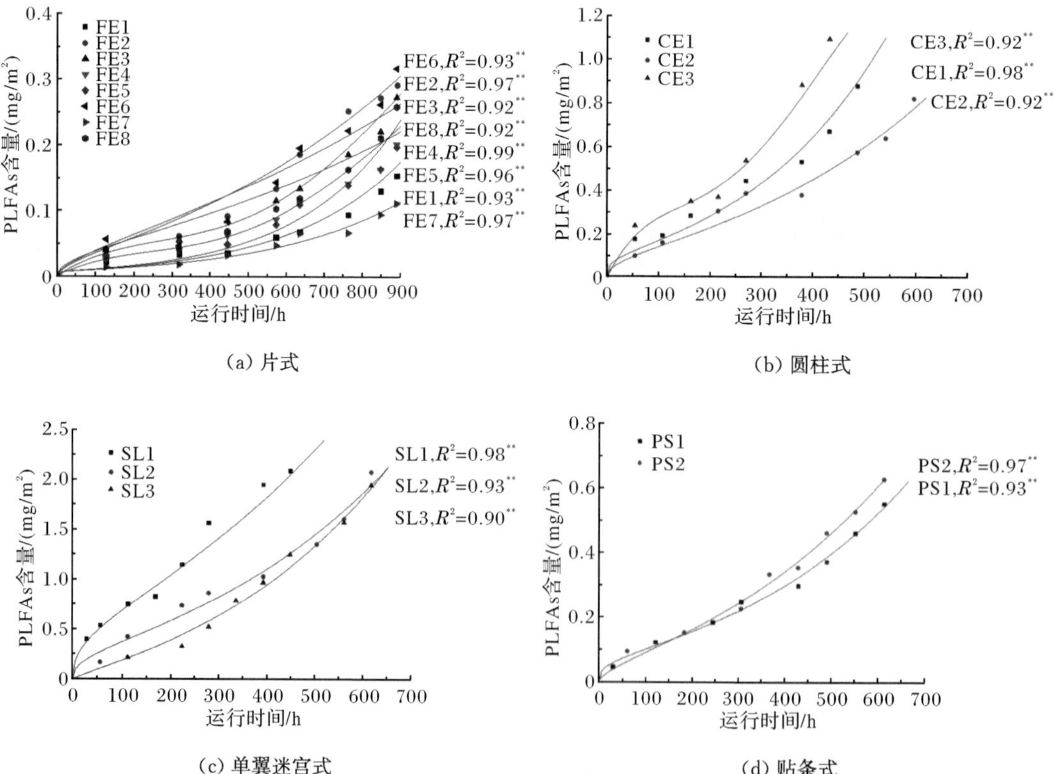

(a) 片式　　(b) 圆柱式

(c) 单翼迷宫式　　(d) 贴条式

图 9.26　地表微咸水滴灌灌水器复合堵塞物质 PLFAs 动态变化过程

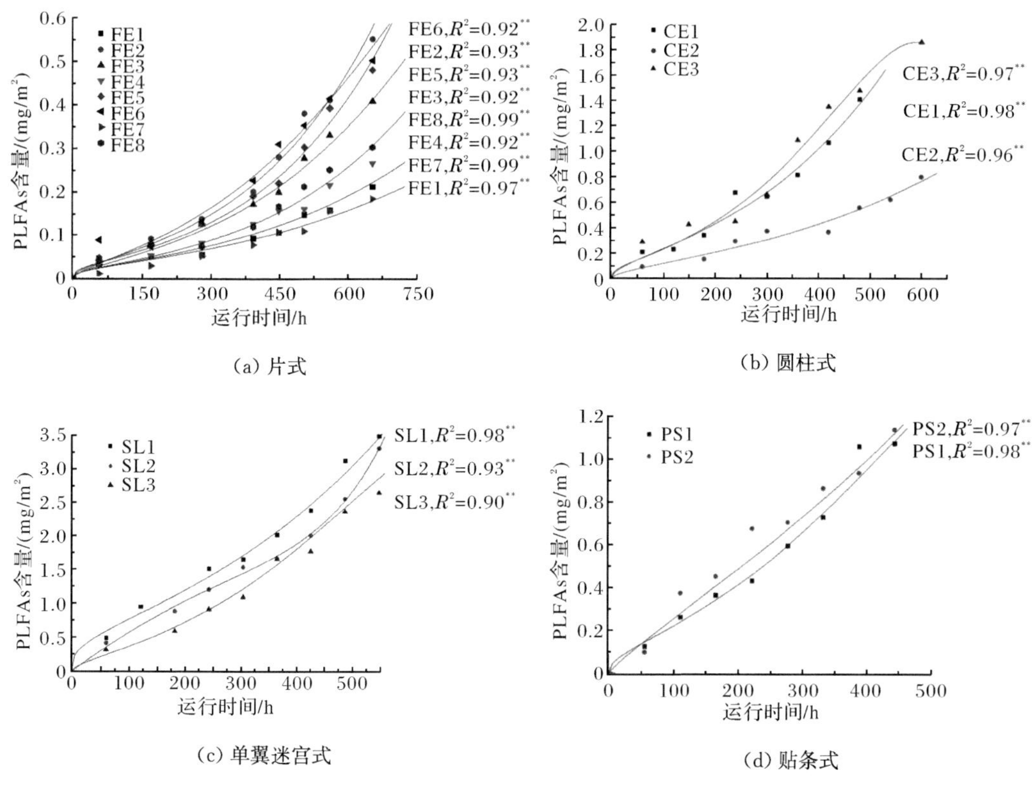

(a) 片式　(b) 圆柱式　(c) 单翼迷宫式　(d) 贴条式

图 9.27　混配水滴灌灌水器复合堵塞物质 PLFAs 动态变化过程

9.4.5　灌水器复合堵塞物质胞外聚合物形成动力学过程

采用本章建立的 CM 模型对黄河水、地表微咸水以及两者混配水滴灌条件下堵塞物质胞外聚合物(EPS)总量随时间的动态变化过程进行拟合,结果如图 9.28～图 9.30 所示。

与上述结果类似,该模型可以较为精确地反映三种水源条件下 EPS 生长动力学过程(R^2>0.90,p<0.01)。各灌水器流道 EPS 增长速率随系统累计运行也表现出“快—慢—快”的增长趋势:第一阶段为快速增长阶段,持续时间为 8.1～18.1h;第二阶段持续时间

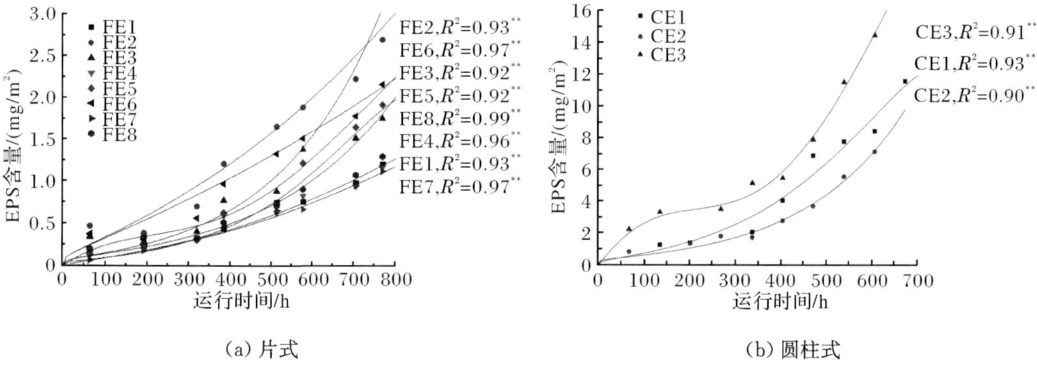

(a) 片式　(b) 圆柱式

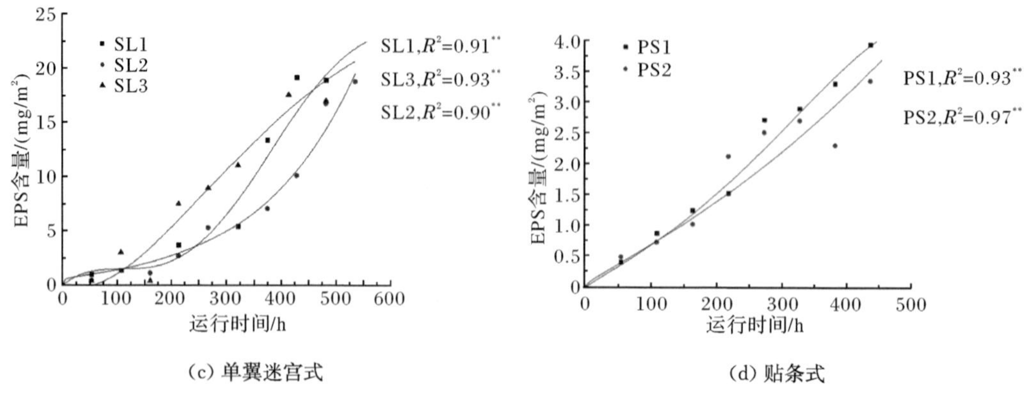

图 9.28 黄河水滴灌灌水器复合堵塞物质 EPS 动态变化过程

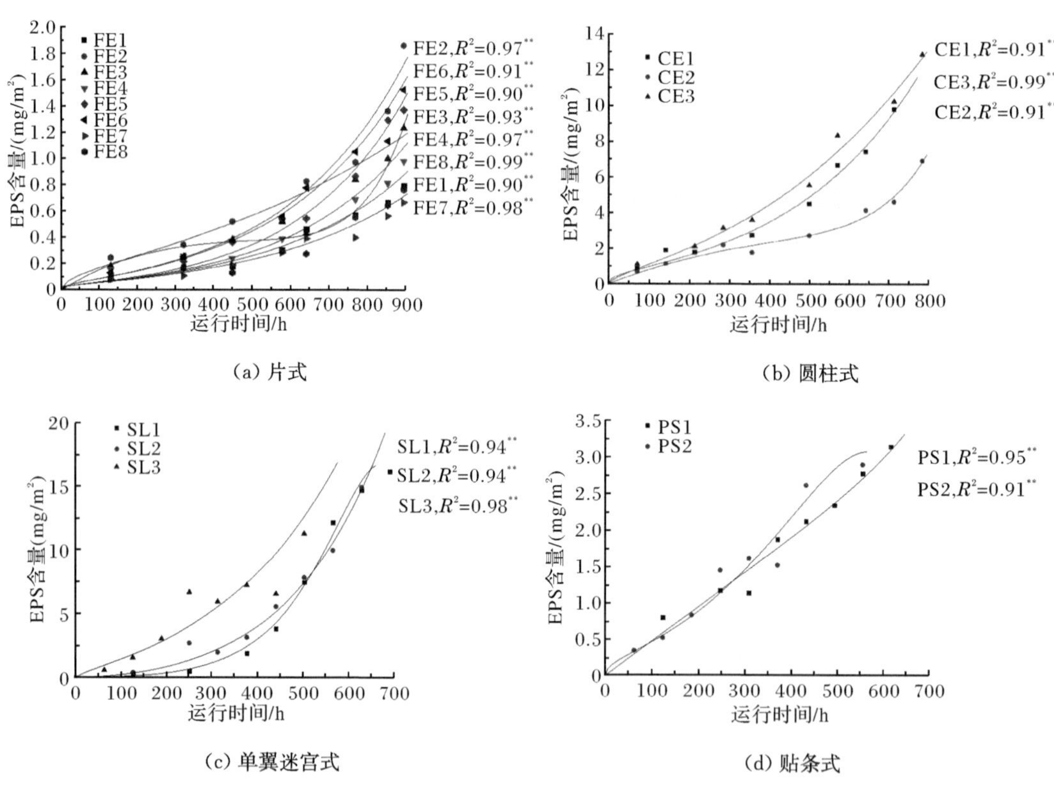

图 9.29 地表微咸水滴灌灌水器复合堵塞物质 EPS 动态变化过程

为213.0～462.8h，堵塞物质 EPS 增长速率通常为 2.42×10^{-2}～0.23mg/(m² · h)；进入第三阶段后，速率增至 0.11～0.50mg/(m² · h)。

不同类型灌水器间 EPS 含量和增长速率差异与 SP、C-MP、PLFAs 组分变化特征较为一致，总体而言，表现出的变化规律为单翼迷宫式灌水器堵塞物质增长速率最高，圆柱式灌水器次之，贴条式灌水器再次，片式灌水器最低。系统灌水器平均相对流量为 50%

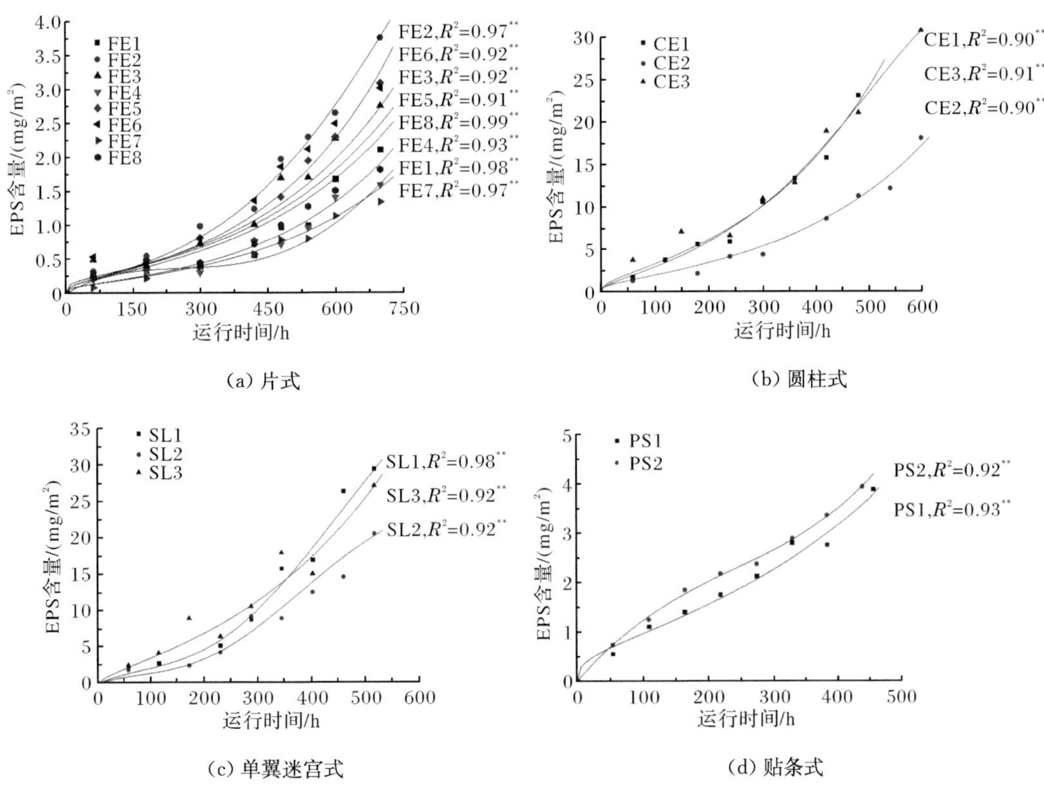

(a) 片式　(b) 圆柱式　(c) 单翼迷宫式　(d) 贴条式

图 9.30　混配水滴灌灌水器复合堵塞物质 EPS 动态变化过程

时,单翼迷宫式、圆柱式、贴条式、片式灌水器内部堵塞物质 EPS 含量分别达 7.95～32.79mg/m²、6.74～26.72mg/m²、3.08～4.94mg/m²、0.37～4.65mg/m²,单翼迷宫式、圆柱式、贴条式灌水器堵塞物质 EPS 含量分别比片式灌水器高 605.1%～2018.7%、452.5%～1606.3%、6.9%～736.0%。

不同水质处理组间的差异也较明显,也表现出与 SP、C-MP、PLFAs 组分较为一致的变化特征,未表现出黄河水和地表微咸水混配后堵塞减轻的趋势。混配水滴灌条件下灌水器内部堵塞物质 EPS 含量分别比黄河水、地表微咸水滴灌高 42.9%～64.2%、12.9%～35.6%。

9.5　灌水器复合堵塞诱发机理与形成途径

9.5.1　灌水器复合堵塞的发生过程特性与机理

1. 不同堵塞类型间堵塞物质组分差异

通过上述结果可知,灌水器复合堵塞物质中主要包括物理(固体颗粒物,SP)、化学(钙镁碳酸盐沉淀,C-MP)、生物(磷脂脂肪酸,PLFAs;胞外聚合物,EPS)四种特征组分,质量分数分别占堵塞物质的 44.21%～70.72%、28.29%～55.26%、0.078%～0.12%、0.44%～0.84%。现与提取已有研究中单一的物理、化学、生物堵塞物质的特征组分含量进行对比分析，见表9.14。从表中可以看出，单一的物理堵塞中堵塞物质主要为SP，其含量为87.51%～95.65%，单一化学堵塞中堵塞物质主要为C-MP，其含量超过88.12%。在所有堵塞类型中，单一生物堵塞中的PLFAs和EPS所占比例较其余堵塞类型均高，分别为0.73%～0.78%和1.24%～1.32%。复合堵塞中，SP和C-MP共同占主导地位，同时也伴随着一定含量的PLFAs和EPS。

表9.14　不同堵塞类型堵塞物质各组分质量分数对比　　(单位:%)

堵塞物质组分	复合堵塞			物理堵塞（周博等，2014）	化学堵塞（Zhang et al.，2016）	生物堵塞（Zhou et al.，2013）
	黄河水	混配水	地表微咸水	常规高含沙水（干净沙）	自行配置微咸水	再生水
SP	69.34～70.72	49.61～51.34	44.21～45.31	87.51～95.65	—	—
C-MP	28.29～31.54	48.76～50.27	48.90～55.26	—	>88.12	—
PLFAs	0.081～0.096	0.096～0.12	0.078～0.097	—	—	0.73～0.78
EPS	0.540～0.620	0.660～0.840	0.440～0.780	—	—	1.24～1.32

2. 堵塞物质特征组分与堵塞程度的相关关系

在三种水源条件下，所有灌水器各堵塞物质特征组分(SP、C-MP、PLFAs、EPS)与堵塞程度(CD)之间的相关关系，分别如图9.31～图9.33所示。从图中可以看出，灌水器各堵塞物质特征组分与堵塞程度均呈显著的线性正相关关系($R^2>0.75$，$p<0.01$)，说明堵塞物质的增长直接影响堵塞的发生，堵塞物质越多，堵塞程度越高。这也更加证明三种水源滴灌条件下的灌水器堵塞行为是典型的复合堵塞。

3. 滴灌水源与灌水器类型堵塞发生过程差异性机理

在本章的研究中发现，不同灌水器类型间堵塞物质生长动力学过程均具有显著差别。原因是：不同灌水器类型自身结构特征会显著影响堵塞发生特性及堵塞物质形成与生长过程(Zhou et al.，2015；牛文全等，2009；Li et al.，2006；李云开等，2006；吴显斌，2006)。

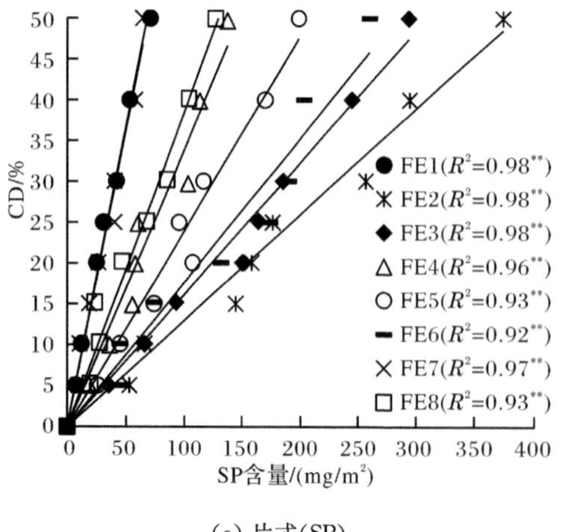

(a) 片式(SP)

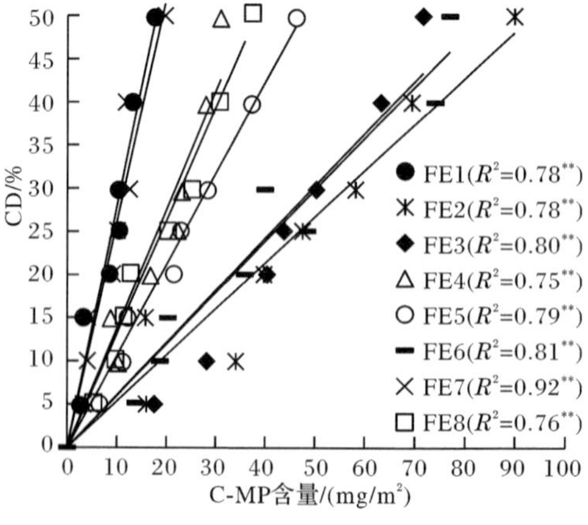

(b) 片式(C-MP)

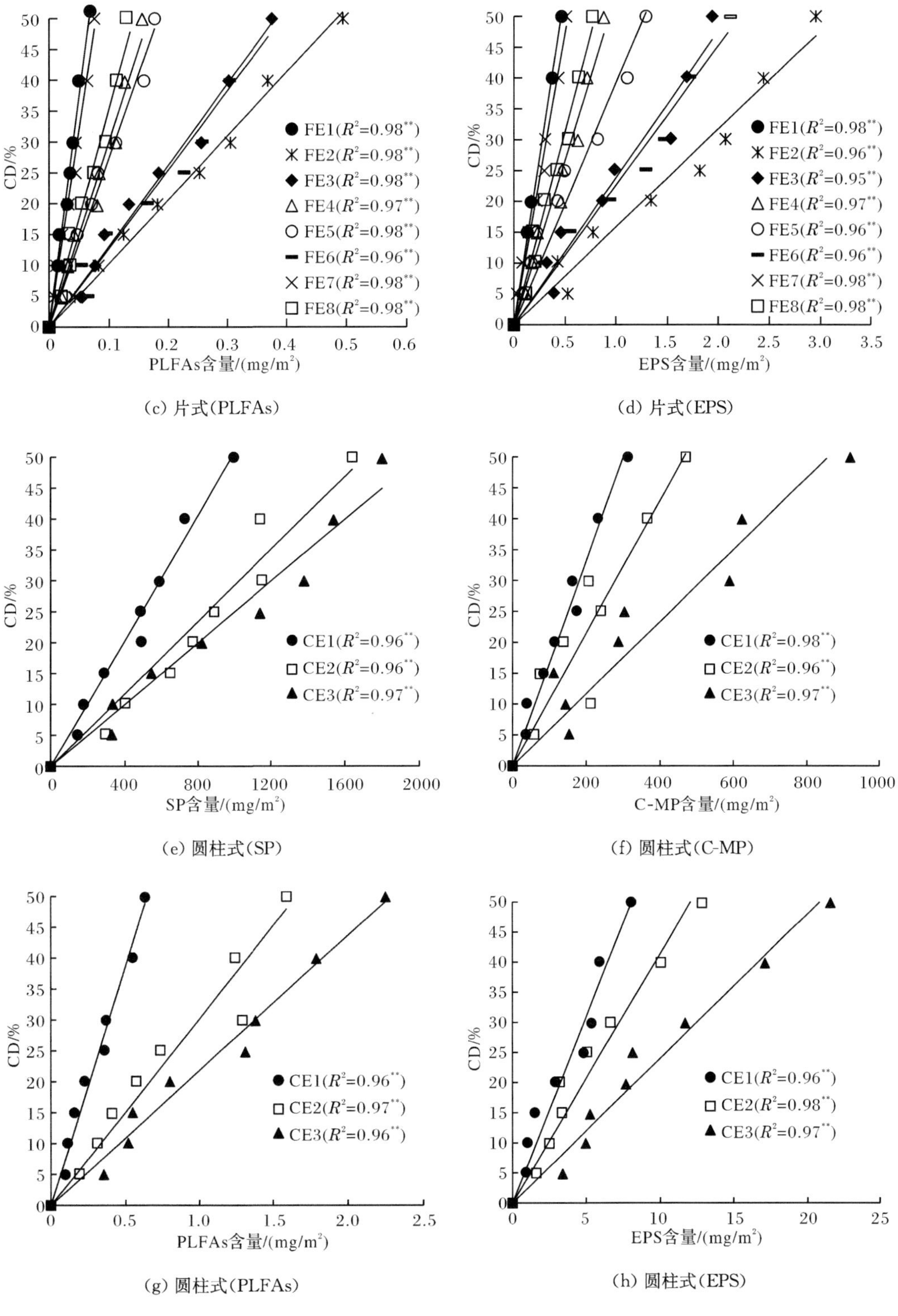

(c) 片式(PLFAs)　　(d) 片式(EPS)

(e) 圆柱式(SP)　　(f) 圆柱式(C-MP)

(g) 圆柱式(PLFAs)　　(h) 圆柱式(EPS)

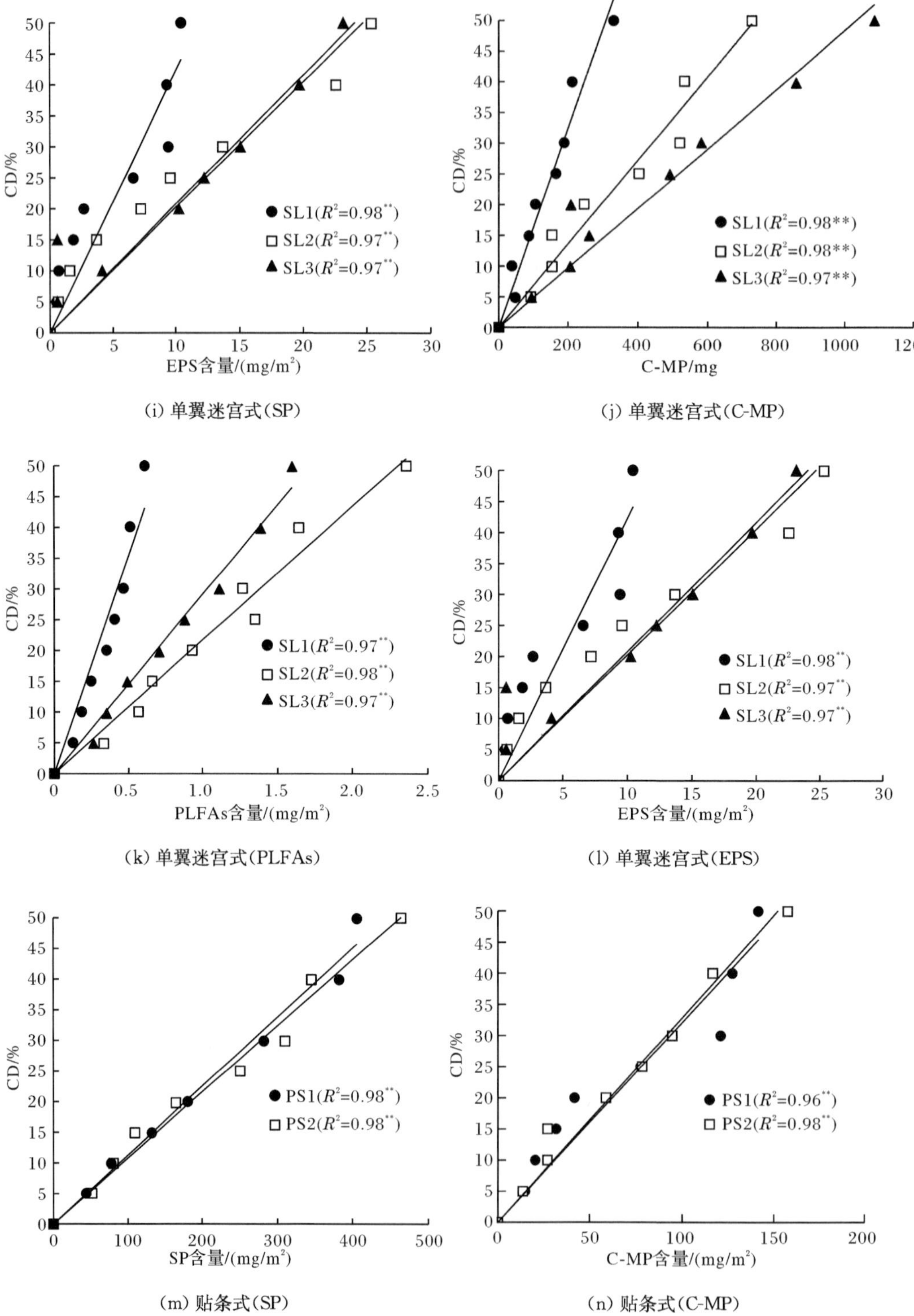

(i) 单翼迷宫式(SP)

(j) 单翼迷宫式(C-MP)

(k) 单翼迷宫式(PLFAs)

(l) 单翼迷宫式(EPS)

(m) 贴条式(SP)

(n) 贴条式(C-MP)

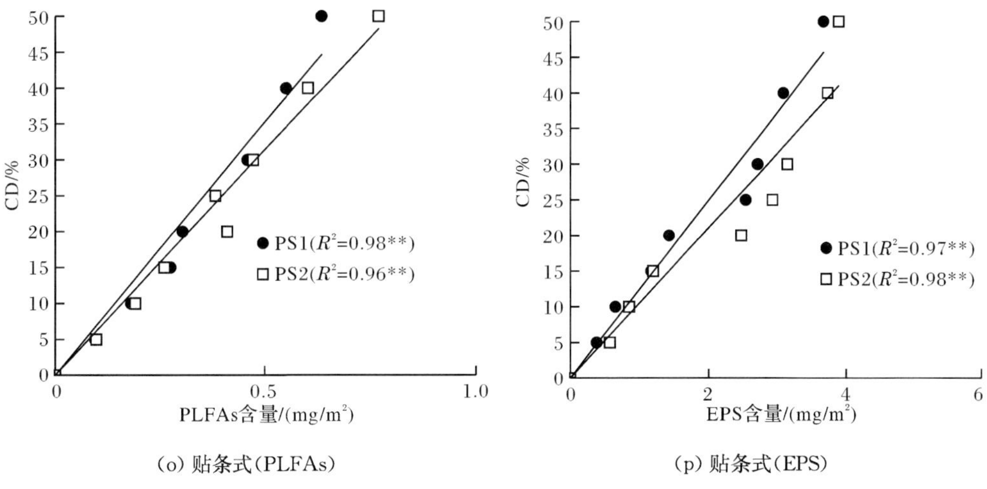

(o) 贴条式(PLFAs)　　(p) 贴条式(EPS)

图 9.31　黄河水滴灌灌水器复合堵塞物质特征组分对堵塞程度的影响

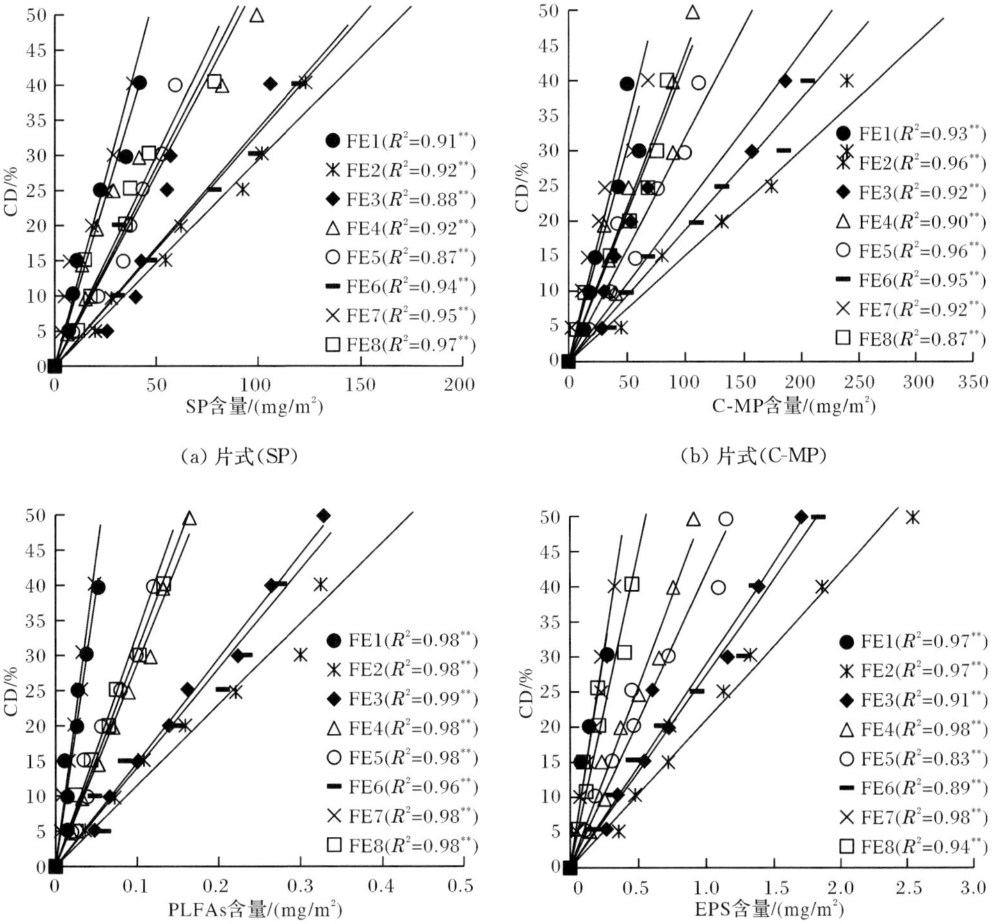

(a) 片式(SP)　　(b) 片式(C-MP)

(c) 片式(PLFAs)　　(d) 片式(EPS)

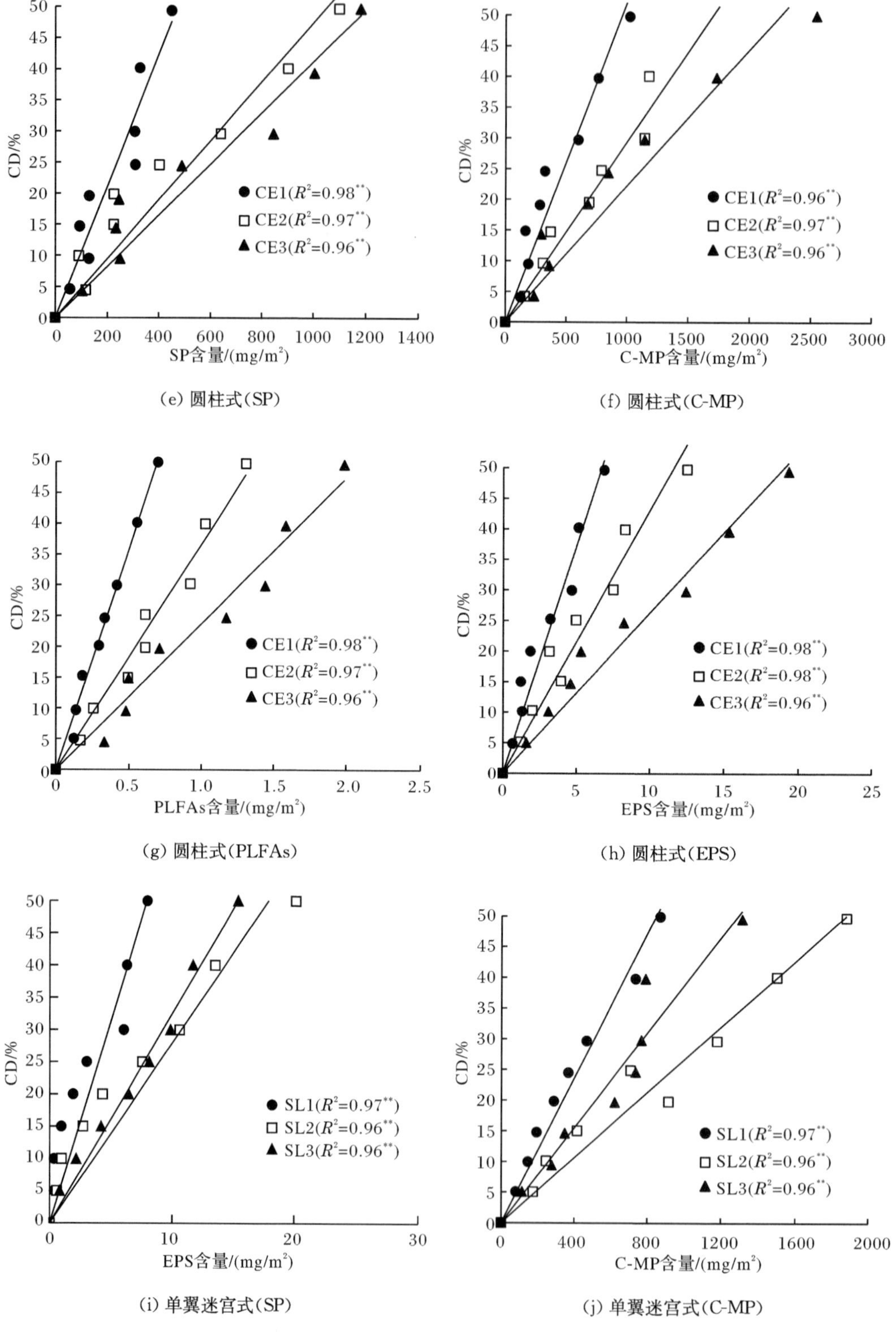

(e) 圆柱式(SP)　　(f) 圆柱式(C-MP)

(g) 圆柱式(PLFAs)　　(h) 圆柱式(EPS)

(i) 单翼迷宫式(SP)　　(j) 单翼迷宫式(C-MP)

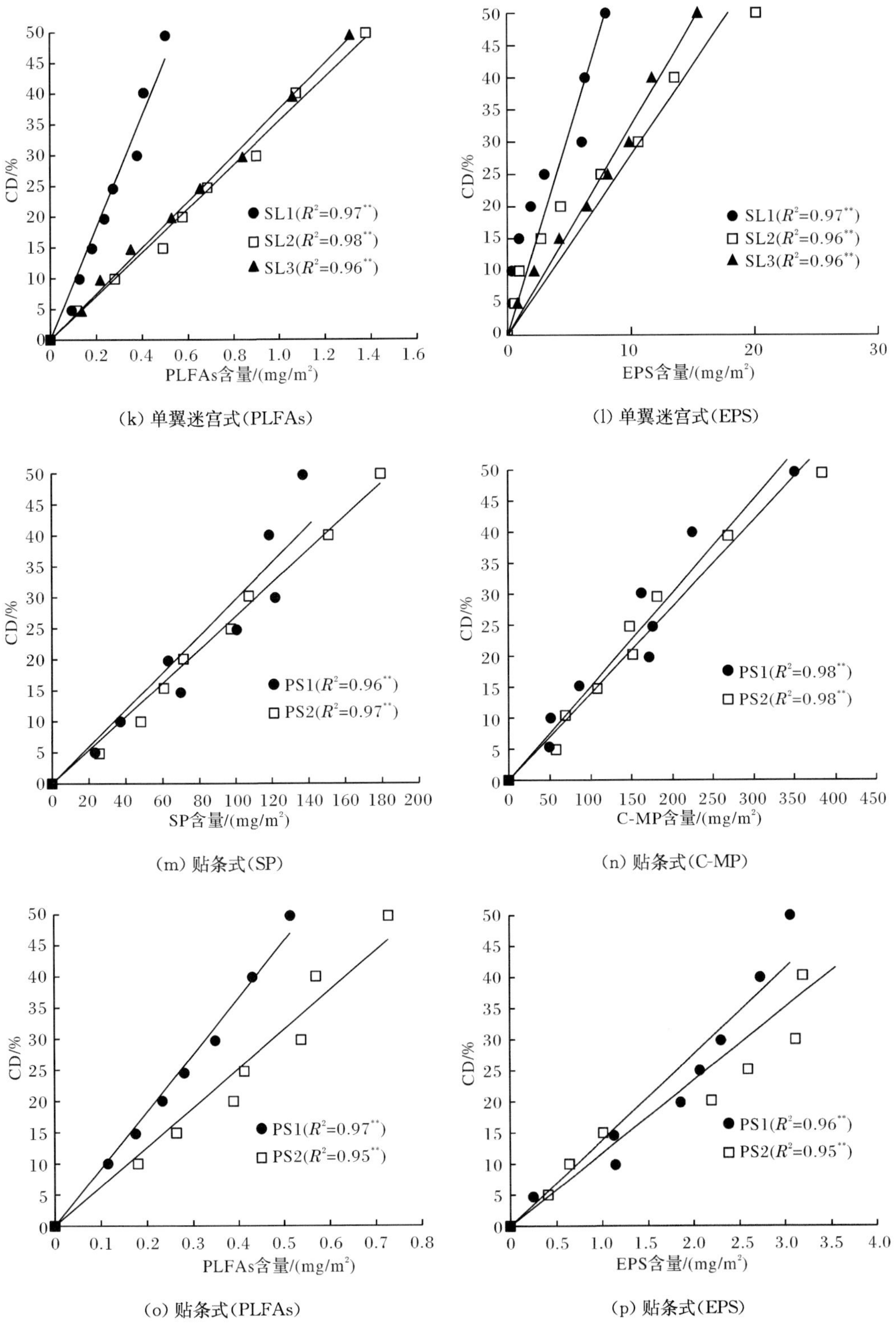

(k) 单翼迷宫式(PLFAs)　(l) 单翼迷宫式(EPS)

(m) 贴条式(SP)　(n) 贴条式(C-MP)

(o) 贴条式(PLFAs)　(p) 贴条式(EPS)

图 9.32　地表微咸水滴灌灌水器复合堵塞物质特征组分对堵塞程度的影响

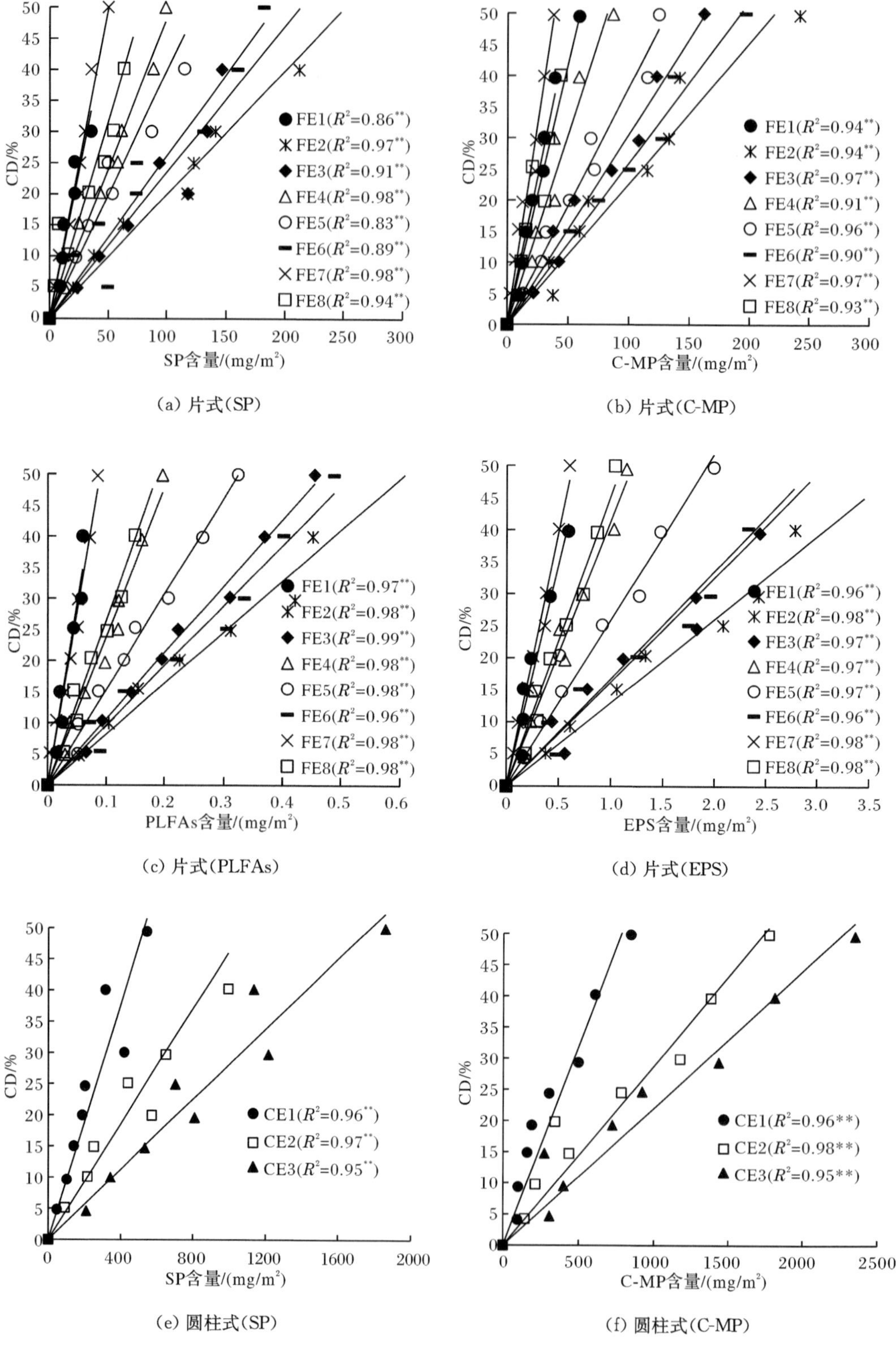

(a) 片式(SP)　　(b) 片式(C-MP)

(c) 片式(PLFAs)　　(d) 片式(EPS)

(e) 圆柱式(SP)　　(f) 圆柱式(C-MP)

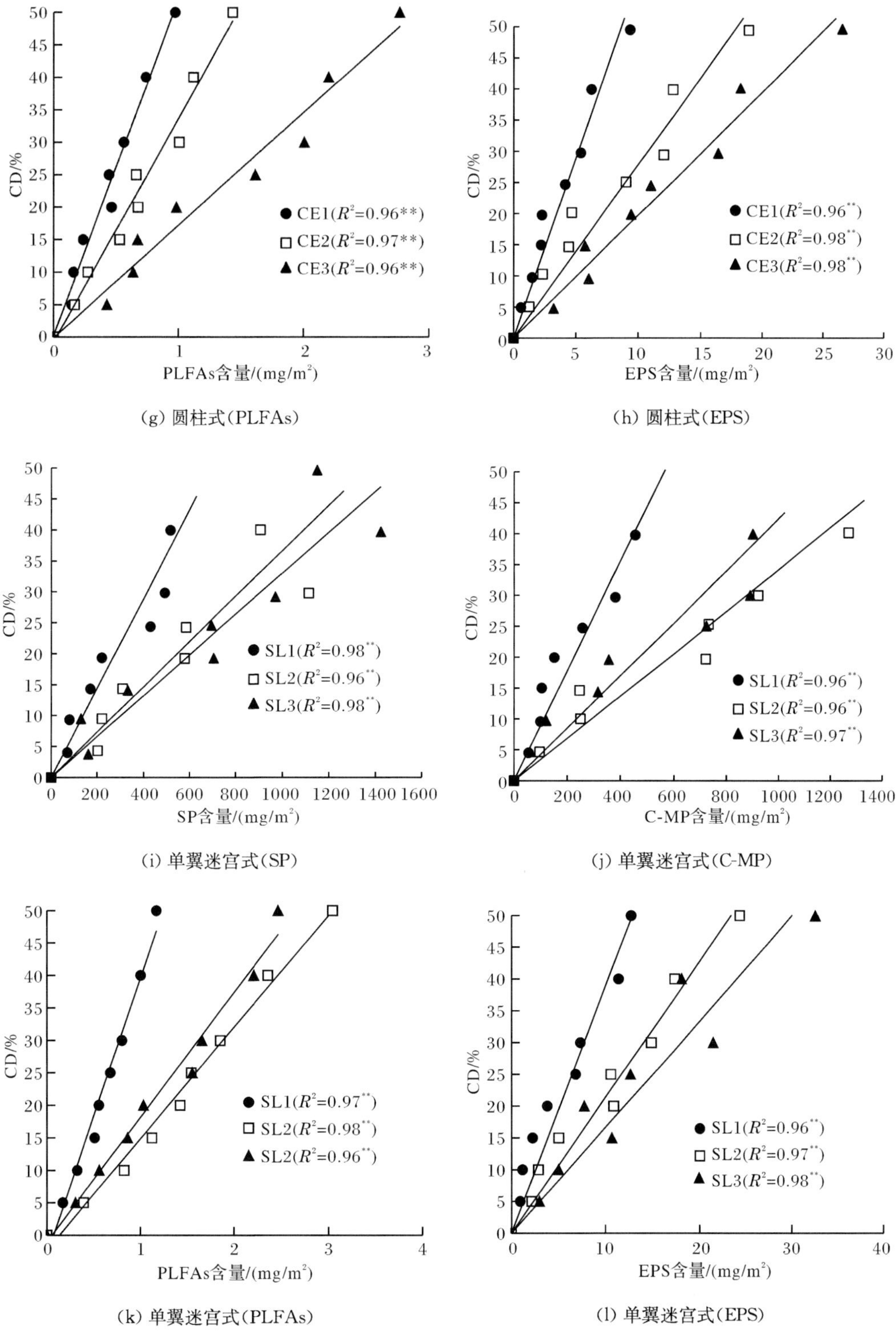

(g) 圆柱式(PLFAs)　(h) 圆柱式(EPS)

(i) 单翼迷宫式(SP)　(j) 单翼迷宫式(C-MP)

(k) 单翼迷宫式(PLFAs)　(l) 单翼迷宫式(EPS)

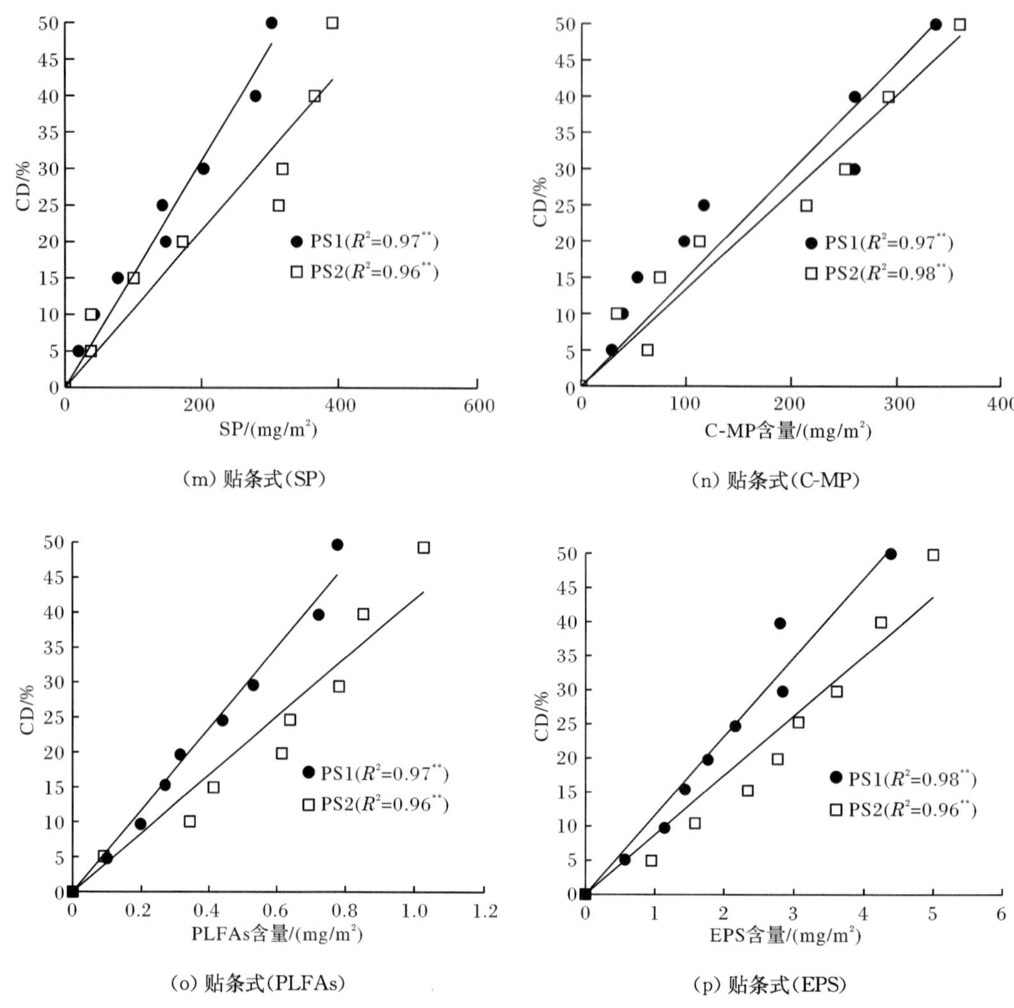

(m) 贴条式(SP)　(n) 贴条式(C-MP)

(o) 贴条式(PLFAs)　(p) 贴条式(EPS)

图 9.33　混配水滴灌灌水器复合堵塞物质特征组分对堵塞程度的影响

单翼迷宫式灌水器堵塞物质含量最高，主要是由于该种滴灌带是通过真空热压成型工艺，经过挤出、吹塑、成型、分割、冷却、卷绕制成的，这使得灌水器流道结构单元简单而消能效果差，主要依靠增加流道长度来增加消能效果和系统灌水均匀度，这使得流道长度一般是目前片式灌水器流道的 6～8 倍，因而形成堵塞物质的关键组分以及脱落的堵塞物质也更容易在流道内附着、生长，同时，这种简单的流道也使得流动湍流强度明显低于其他几种流道，进而使得堵塞物质脱落量显著减少；单翼迷宫式滴灌带主要适用于大田作物，为了降低成本，废旧料添加比例持续增加，导致其制造偏差较高，生产质量较低(李建梅，2008)；另外，由于单翼迷宫式灌水器流道与其余类型灌水器流道外毛管管壁的保护不同，其流道直接与外界环境相接触，且流道与毛管管壁为一体式结构，本身材质与毛管材质一致(马健翔，2010)，流道无固定尺寸与形状，其流道构型会随着天气、压力等变化而发生显著改变，导致堵塞发生较快。圆柱式灌水器流道截面积与片式灌水器相当，最初表现出与片式灌水器较为一致的堵塞发生速率，但是随着时间的推移，堵塞物质逐渐发生絮凝、附着、累积、脱落；但由于圆柱式灌水器流道长度（186.88～382.72mm）大于片式灌水器（19.78～41.13mm），堵塞物质输移并排出灌水器外的难度高于片式灌水器，堵塞物质更容易滞留于流道，最终导致灌水器堵塞（马健翔，2010）。而对于贴条式滴灌带，主要是通过由特殊工艺与软管热熔复合来形成流道和毛管，增加了灌水器结构设计的复杂程度和灌水均匀度，并降低了模具成本，但试验用产品灌水器入口尺寸（0.50mm）小于流道尺寸（0.49～0.74mm），且其各流道尺寸均小于其余三种灌水器（片式灌水器：0.63～0.95mm；圆柱式灌水器：0.90～1.09mm；单翼迷宫式灌水器：0.91～1.28mm），表面附着黏性堵塞物质（EPS）的颗粒物（SP、C-MP），直接进入进口处即发生堵塞（张海文等，2015），使堵塞发生较快，堵塞物质累积过程较少。而对于片式灌水器，流道结构更为复杂，也更为合理，湍流强度高，流道尺寸相对较大，使灌水器抗堵塞能力大幅提升，同时流道相对较短，更易于排出水流中脱落的堵塞物质，因此片式灌水器具有更强的抗堵塞能力，堵塞发生最慢。

另外，本研究选择了引黄灌区作为水源，其具有丰富的黄河水和典型地表微咸水。黄河水是典型的高含沙水源的代表。但是由于黄河水中含沙量较高（戴清等，2010），地表微咸水中矿化度较高（Karlberg et al.，2007；Sharma and Minhas，2005），用两者单独进行滴灌时极易引发灌水器堵塞问题，如果将两者进行混配有望可以相互缓解堵塞问题。但研究结果表明，混配水滴灌堵塞程度反而更为严重，堵塞物质含量与增长速率反而最高，并未表现出黄河水和地表微咸水混配后堵塞减轻的趋势，混配后灌水器堵塞物质中的 SP、C-MP、PLFAs、EPS 四种特征组分含量明显高于混配之前。这主要是由于地表微咸水受灌区农业面源污染等影响而使水源中含有大量的 N、P、有机物以及微生物，但长期受高盐分胁迫的影响而使微生物活性受到抑制，而黄河水为淡水，泥沙颗粒含量较高，两者进行混配后为微生物生长提供了附着生长条件、逆境胁迫也得到有效释放，大幅促进了地表微咸水中微生物的繁殖和生长，活性也大幅增加。因此，两者混配后堵塞物质生物组分 PLFAs 和 EPS 的含量与生长速率显著增加。随着生物组分的增加，由于 EPS 表面具有黏性，其在壁面和颗粒物（SP、C-MP）表面附着后，势必会黏附更多的颗粒物形成团聚体进而发生附着、沉积，因此 SP 和 C-MP 的含量和生长速率也随之增加，各组分的增加最终导致黄河水与地表微咸水混配后堵塞发生更为显著。

9.5.2　灌水器流道特性参数对复合堵塞的影响

1. 试验概况

在上述研究中选择 8 种内镶贴片式灌水器（FE1～FE8）进行复合堵塞形成路径与机理的研究。采用高精度测量显微镜（最小读数分辨率 1μm）对每个灌水器各几何参数进行测试，主要考虑灌水器流道长度（L）、宽度（W）、深度（D）及其组合形成的无量纲参数 W/D 与 $A^{1/2}/L$；主要考虑的外特性参数包括流道断面平均流速（v）和额定流量（Q）。具体各参数详细情况见表 9.15。

表 9.15 片式灌水器几何参数与外特性参数

灌水器编号	产地	几何参数及其组合的无量纲参数					外特性参数	
		D/mm	W/mm	L/mm	W/D	$A^{1/2}/L$	Q/(L/h)	v/(m/s)
FE1	以色列	0.70	0.61	26.78	0.87	0.024	1.60	1.03
FE2	中国	0.91	0.71	39.76	0.78	0.020	2.11	0.72
FE3	中国	0.68	0.73	24.30	1.08	0.029	2.75	1.53
FE4	中国	0.69	0.63	32.74	0.91	0.020	1.38	0.89
FE5	中国	0.90	0.68	33.71	0.76	0.023	1.75	0.80
FE6	中国	0.82	0.74	34.32	0.90	0.023	1.97	0.99
FE7	中国	0.51	0.52	21.16	1.03	0.024	1.40	1.00
FE8	中国	0.74	0.67	28.13	0.91	0.025	2.80	1.22

本研究采用定期取样的方式，每次取样的灌水器堵塞水平均不是精确的标准堵塞水平(5%、10%、15%、20%、25%、30%、40%、50%)。因此，假设相邻两次取样时间内堵塞程度、堵塞物质均随时间呈线性变化，换算得到不同灌水器达到各标准堵塞水平时所对应的系统运行时间和堵塞物质含量。

2. 灌水器流道几何参数对外特性参数的影响

灌水器流道几何参数(L、W、D)及其组合形成的无量纲参数(W/D 与 $A^{1/2}/L$)对灌水器外特性参数(v、Q)的影响如图 9.34 所示。

从图中可以看出，在灌水器所有的几何参数及其组成的无量纲参数中，只有综合表示灌水器结构特征、由几何参数组合形成的无量纲参数 W/D 和 $A^{1/2}/L$ 与外特性参数 v 呈良好的线性正相关关系，决定系数 R^2 分别为 0.80 和 0.82，且在 $p<0.01$ 条件下影响显著。W 对于 v 的影响最不明显，决定系数 R^2 为 0.001。结构参数对 v 的影响大小顺序为：$A^{1/2}/L>W/D>L>D>W$；几何参数及其组成的无量纲参数与 Q 均无明显的线性相关关系，决定系数 R^2 均低于 0.40，且影响均不显著。结构参数对 Q 的影响大小顺序为：$W>A^{1/2}/L>W/D>D>L$。

3. 灌水器流道几何参数及外特性参数对堵塞行为的影响

灌水器流道几何参数(L、W、D、W/D 与 $A^{1/2}/L$)及外特性参数(v、Q)对灌水器堵塞行为的影响如图 9.35～图 9.37 所示。

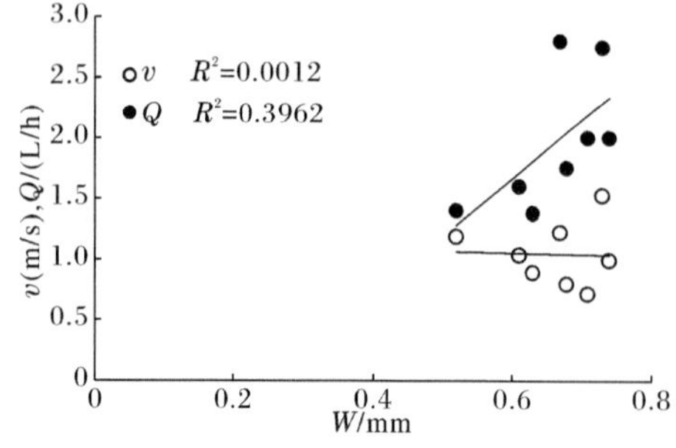

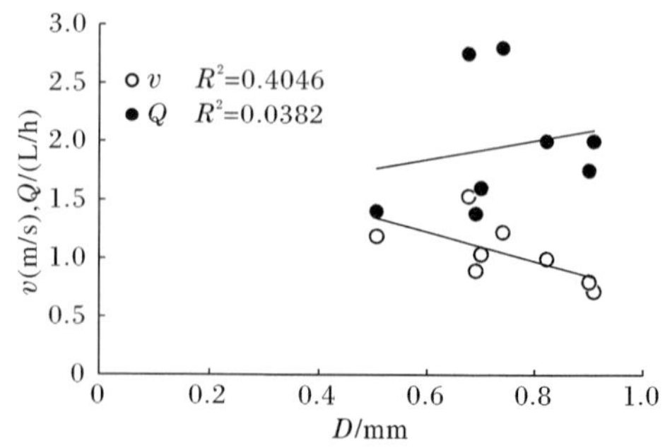

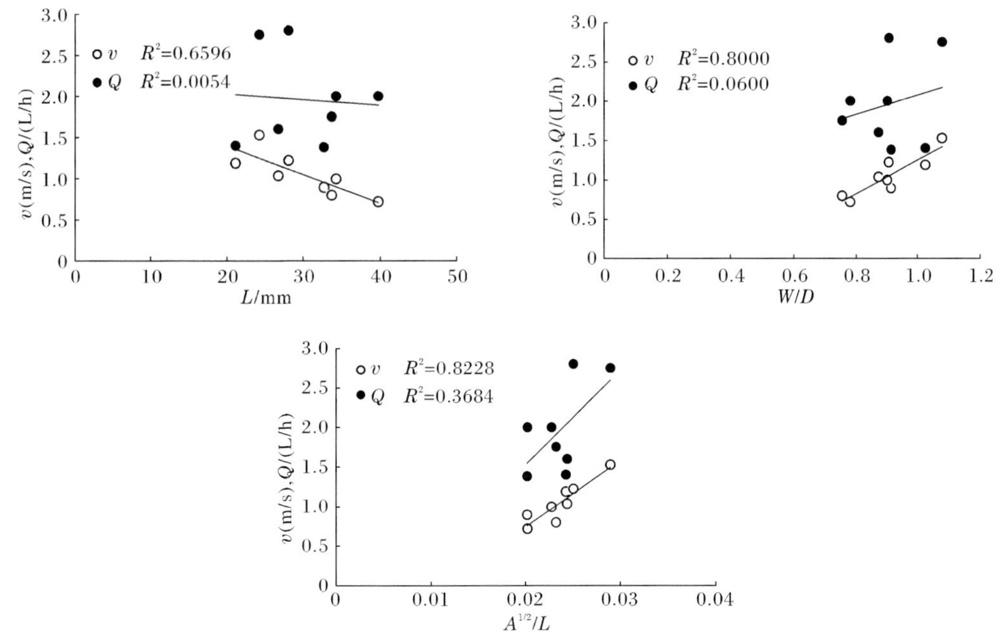

图 9.34　灌水器流道几何参数对外特性参数的影响

从图中可以看出，在三种水源条件下，灌水器堵塞发生的整体趋势呈现如下的动态变化特征：随着外特性参数 v、Q 的增加而减缓，随着结构参数中的 W/D、$A^{1/2}/L$ 增加而减缓，随着 L、D 增加而加快，基本不受 W 的影响。灌水器外特性参数对堵塞发生速率影响的大小顺序为 $v>Q$，几何参数对堵塞发生速率的影响大小的顺序为 $A^{1/2}/L>W/D>L>D>W$。

外特性参数 v 对堵塞发生速率的影响最为明显，呈现最为显著的线性负相关关系。在黄河水、混配水和地表微咸水条件下，决定系数 R^2 分别为 0.81～0.98、0.81～0.93、0.88～0.93，且均达到显著性水平。几何参数组合的无量纲参数 W/D、$A^{1/2}/L$ 对灌水器堵塞发生速率也呈现明显的线性负相关关系，但是其影响程度低于 v。在黄河水、混配水和地表微咸水条件下，W/D 的决定系数 R^2 分别为 0.83～0.94、0.79～0.93、0.79～0.94，$A^{1/2}/L$ 的决策系数 R^2 分别为 0.81～0.92、0.74～0.88、0.78～0.88，也均达到显著性水平。

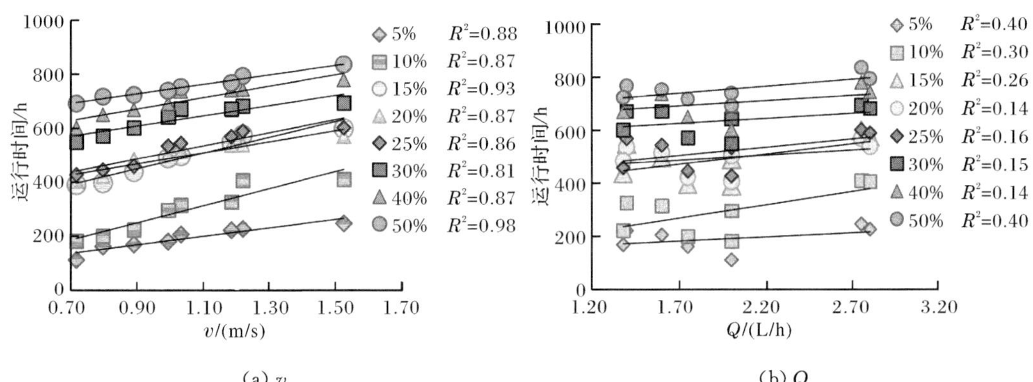

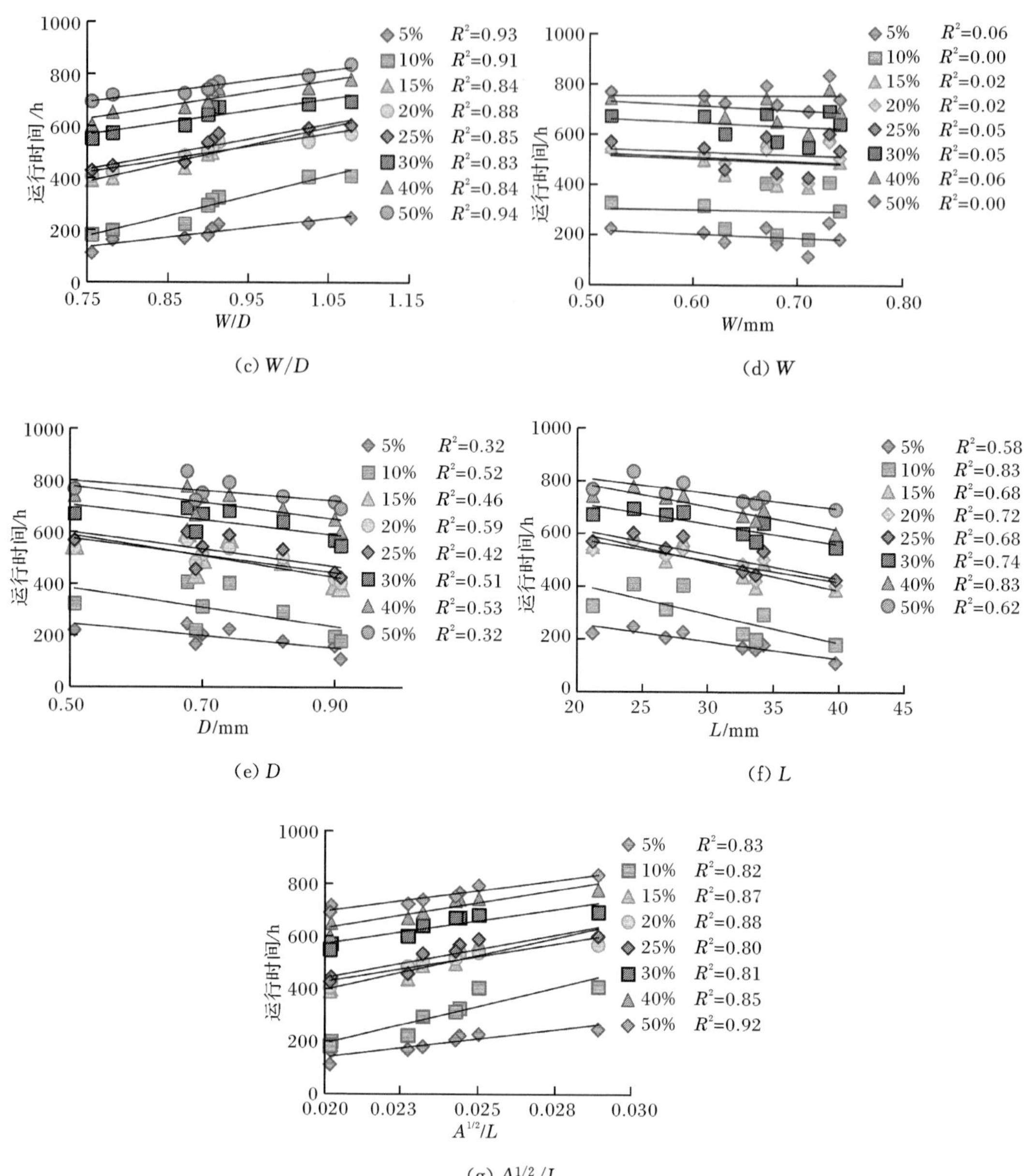

(c) W/D　　(d) W

(e) D　　(f) L

(g) $A^{1/2}/L$

图 9.35　黄河水滴灌灌水器流道几何参数及外特性参数对堵塞行为的影响

其余参数对于堵塞发生速率的影响均不显著，在三种水源条件下，W 的决定系数R^2<0.10。

4. 灌水器流道几何参数及外特性参数对堵塞物质形成的影响

灌水器流道几何参数(L、W、D、W/D 与 $A^{1/2}/L$)及外特性参数(v、Q)对灌水器堵塞物质形成的影响如图 9.38～图 9.40 所示。

从图中可以看出，在三种水源条件下，灌水器所有结构参数及外特性参数对于堵塞物质生长的影响与其对堵塞行为的影响较为一致，均呈现出以下动态变化特征：随着外特性参数 v、Q 的增加而减缓，随着结构参数中的 W/D、$A^{1/2}/L$ 增加而减缓，随着 L、D 增加而加快，基本不受 W 的影响。灌水器结构参数与外特性参数对于堵塞物质生长的影响顺序与其对堵塞行为的影响顺序也一致。

外特性参数 v 对堵塞发生速率的影响最为明显，呈现显著的线性负相关关系。在黄河水、混配水和地表微咸水条件下，决定系数 R^2 分别为 0.90～0.98、0.90～0.94、0.90～0.93，均达到显著性水平。几何参数组合的无量纲参数 W/D、$A^{1/2}/L$ 对灌水器

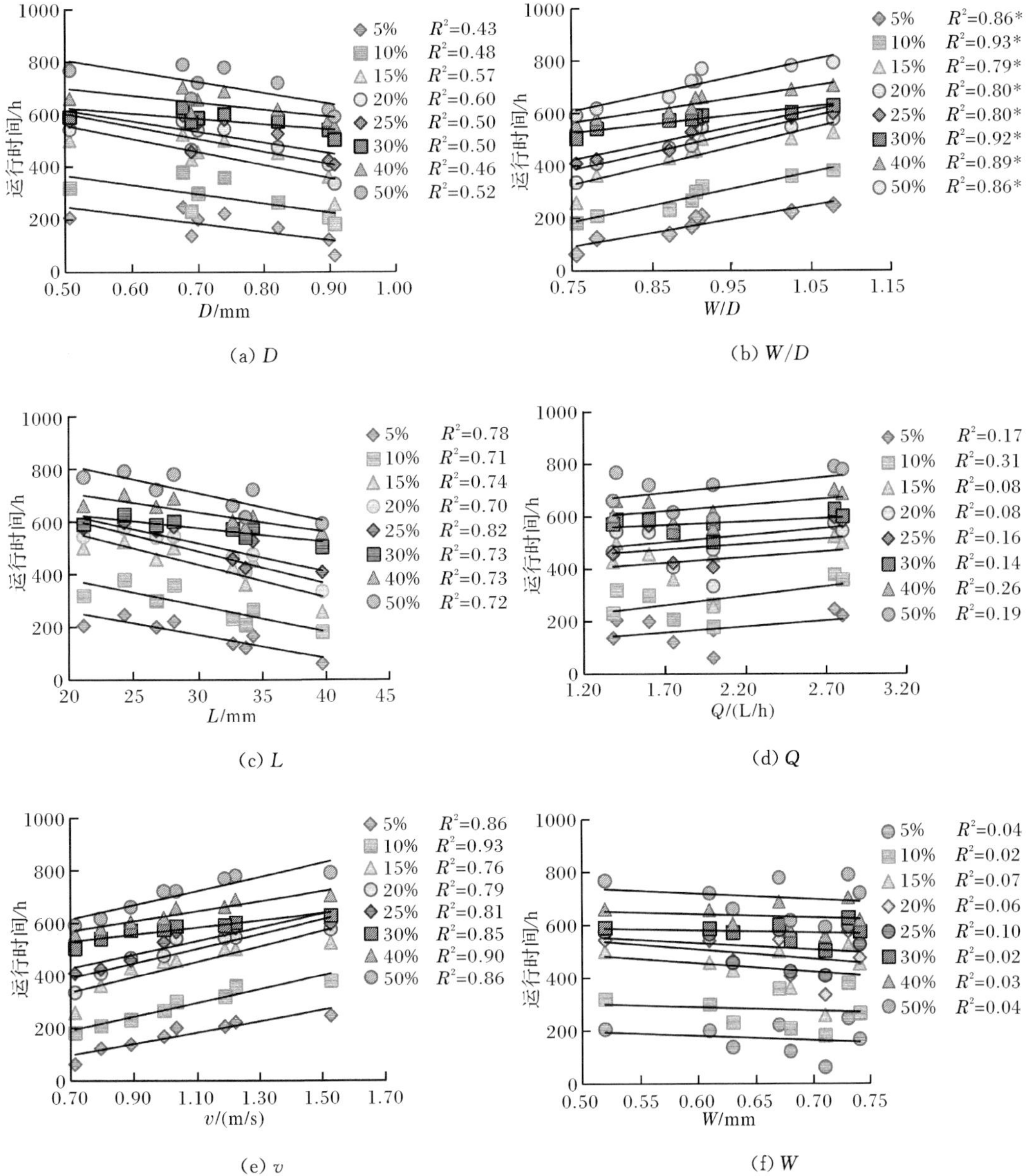

(a) D　　(b) W/D

(c) L　　(d) Q

(e) v　　(f) W

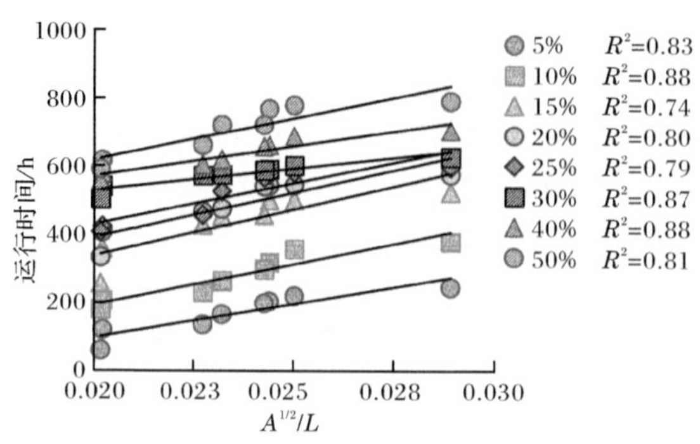

(g) $A^{1/2}/L$

图 9.36　混配水滴灌灌水器流道几何参数及外特性参数对堵塞行为的影响

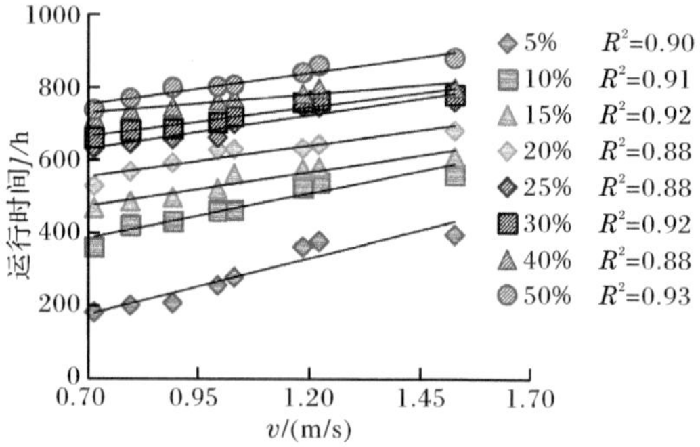

(a) v

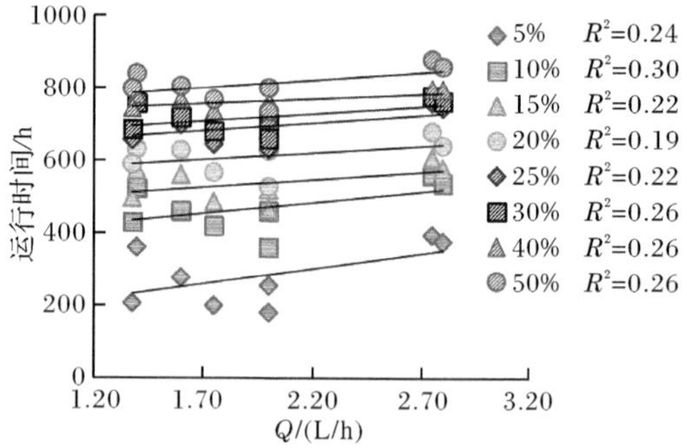

(b) Q

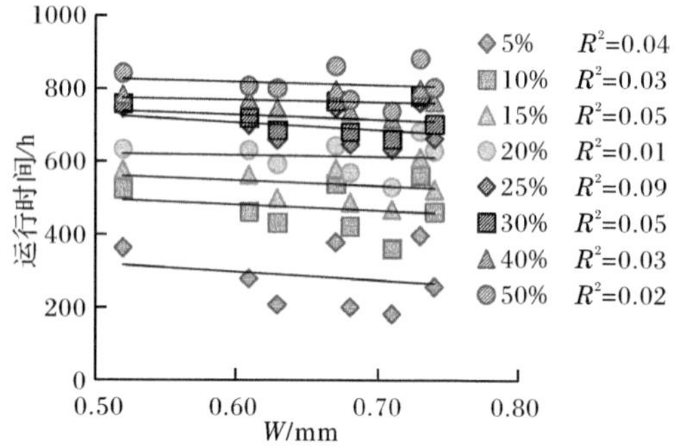

(c) W

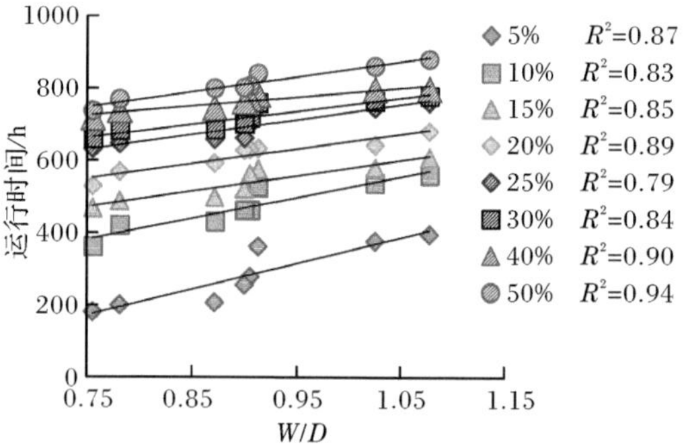

(d) W/D

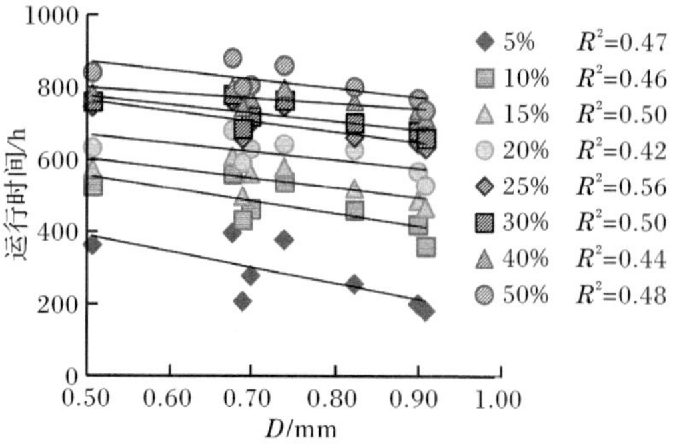

(e) D

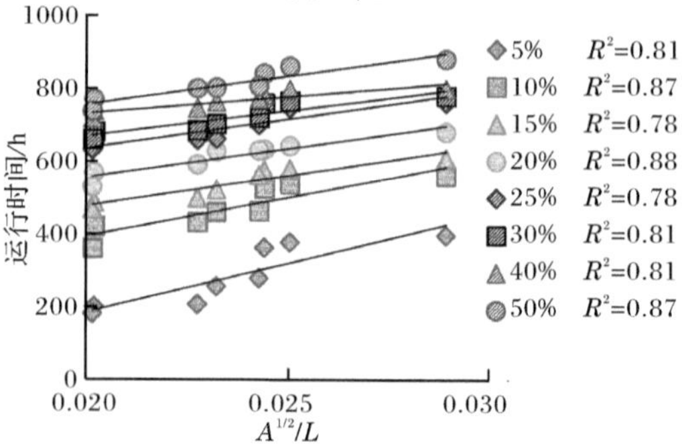

(f) $A^{1/2}/L$

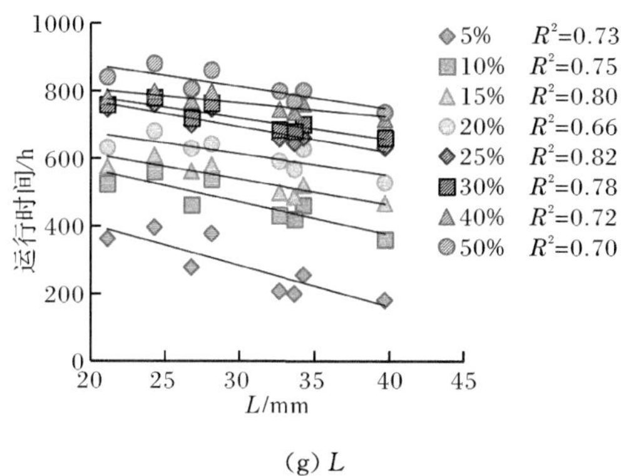

(g) L

图 9.37　地表微咸水滴灌灌水器流道几何参数及外特性参数对堵塞行为的影响

堵塞发生速率也呈明显的线性负相关关系，但是其影响程度低于 v。在黄河水、混配水和地表微咸水条件下，W/D 的决定系数 R^2 分别为 0.82～0.93、0.85～0.93、0.84～0.97，$A^{1/2}/L$ 的决定系数 R^2 分别为 0.81～0.93、0.83～0.92、0.84～0.89，也均达到显著性水平。其余参数对于堵塞发生速率的影响均不显著，在三种水源条件下，W 的决定系数 R^2 均小于 0.06。

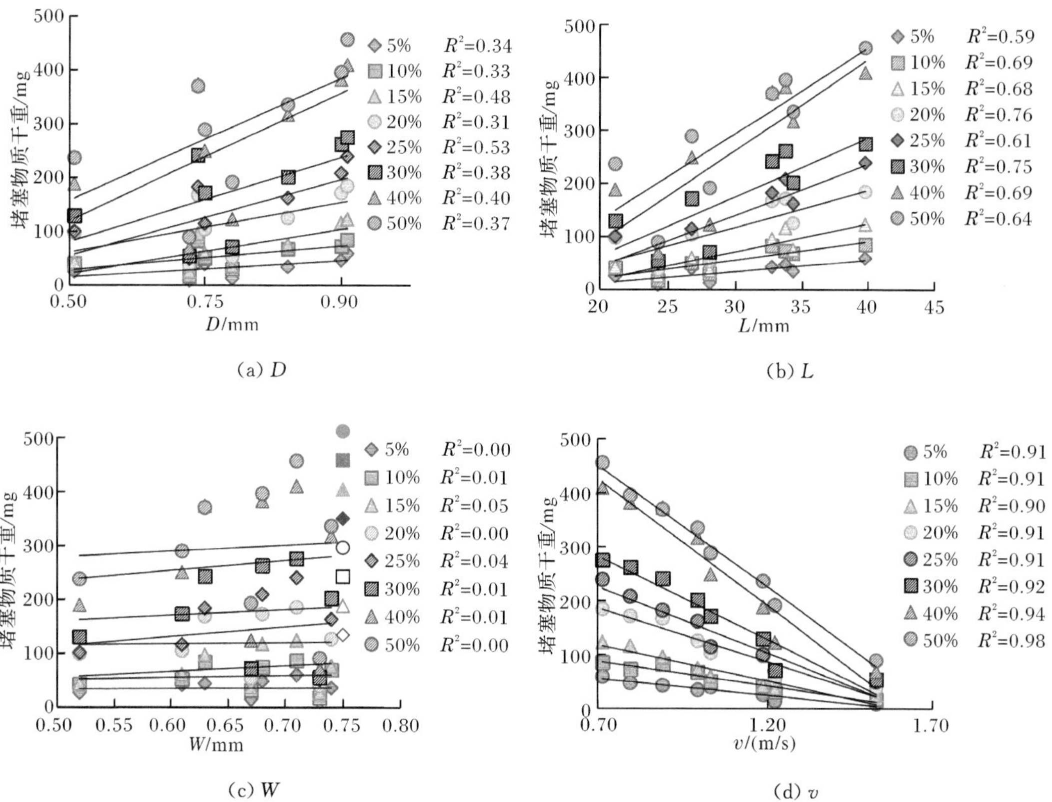

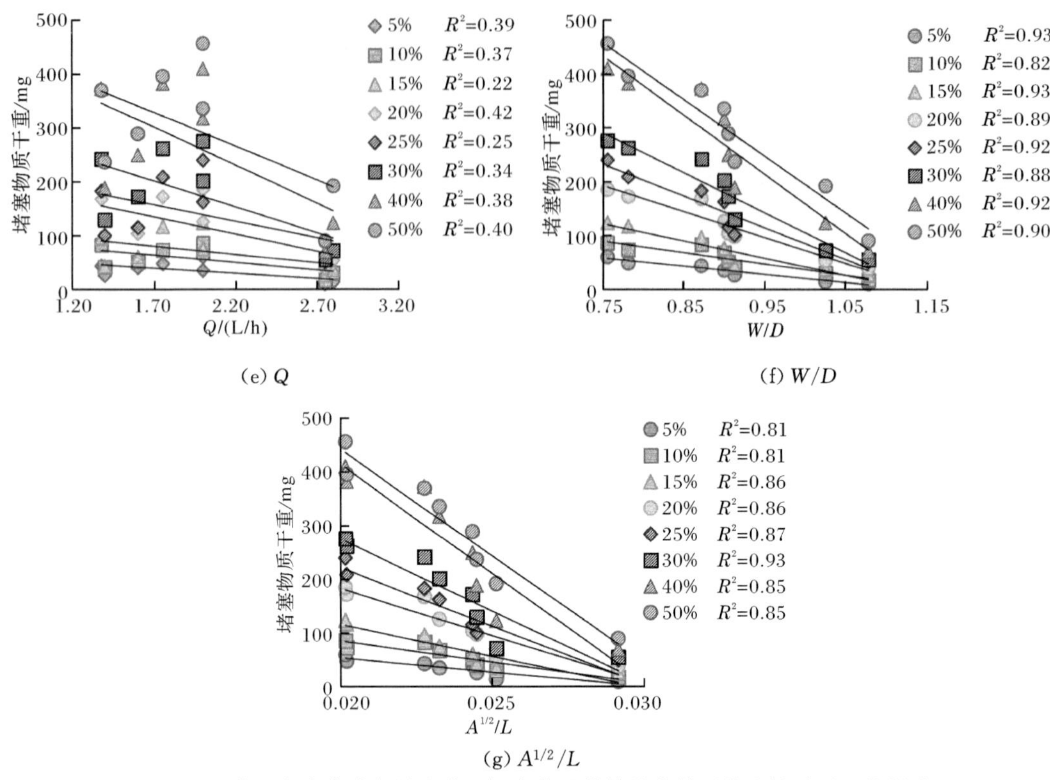

(e) Q　　(f) W/D

(g) $A^{1/2}/L$

图 9.38　黄河水滴灌灌水器流道几何参数及外特性参数对堵塞物质干重的影响

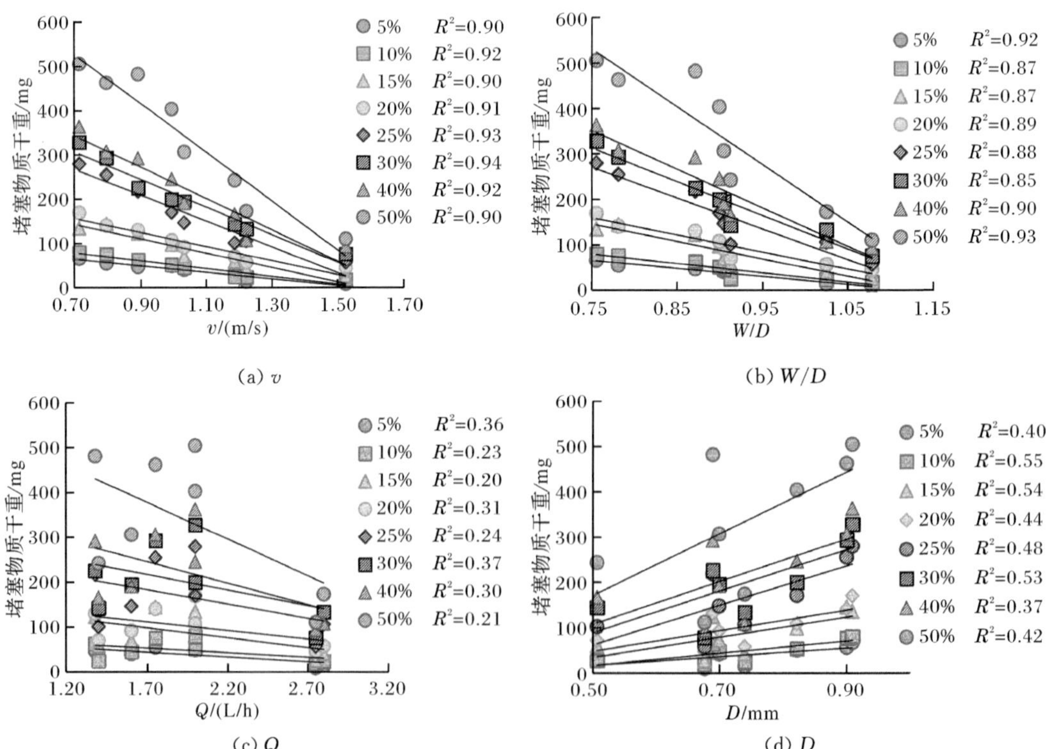

(a) v　　(b) W/D

(c) Q　　(d) D

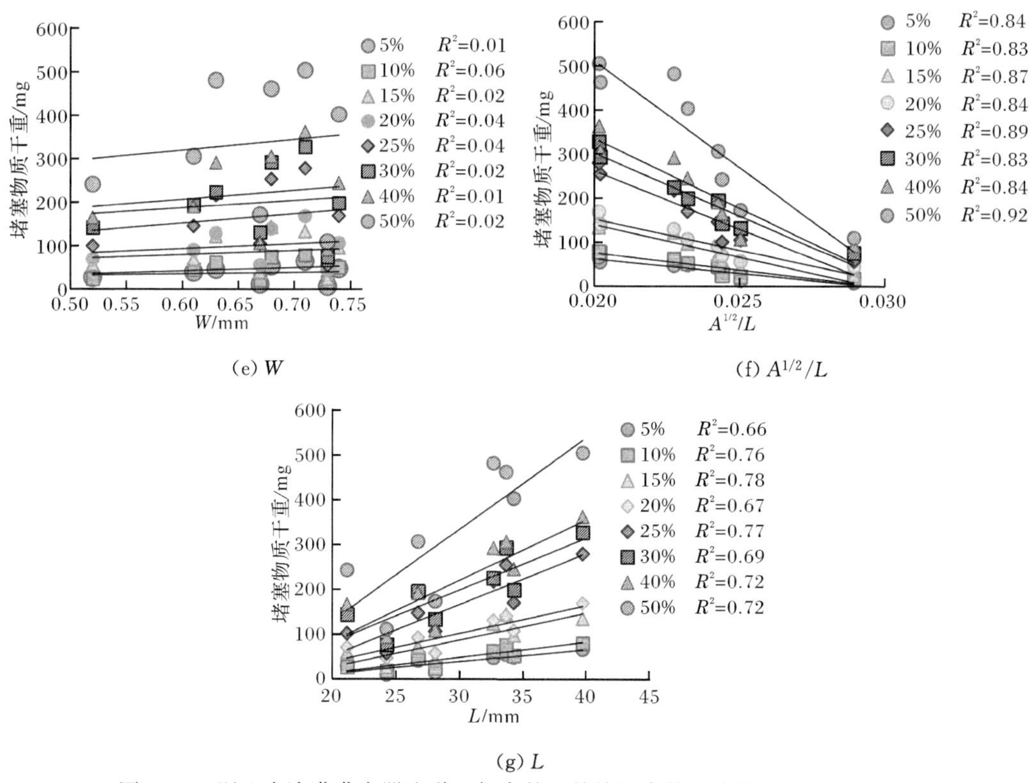

(e) W　　(f) $A^{1/2}/L$

(g) L

图 9.39　混配水滴灌灌水器流道几何参数及外特性参数对堵塞物质干重的影响

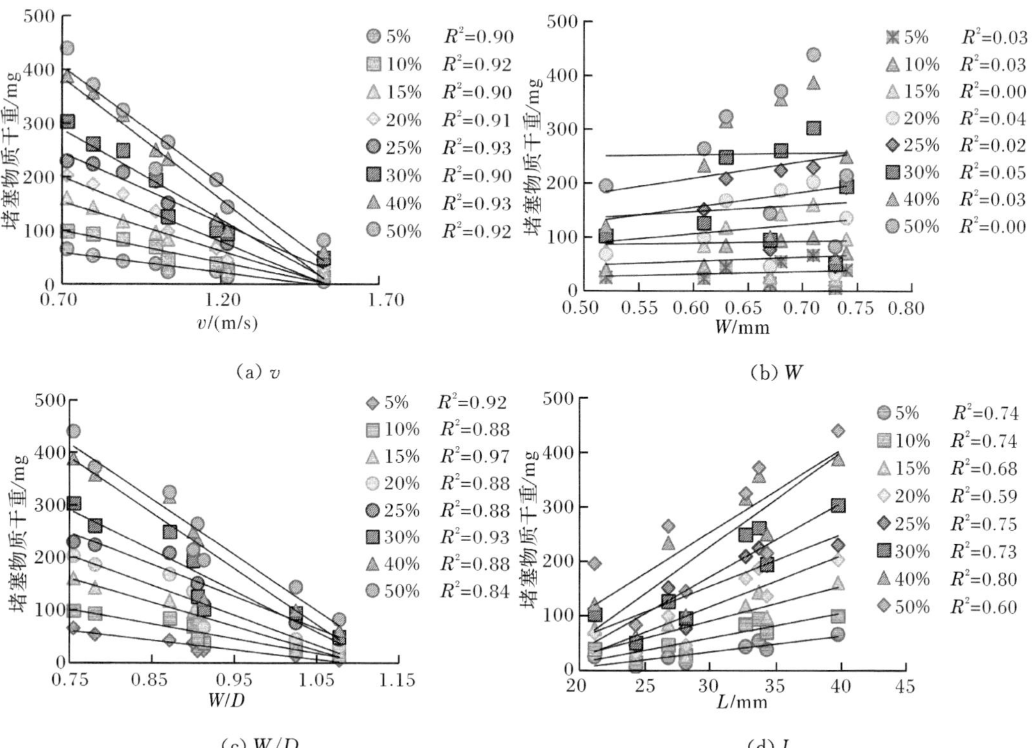

(a) v　　(b) W

(c) W/D　　(d) L

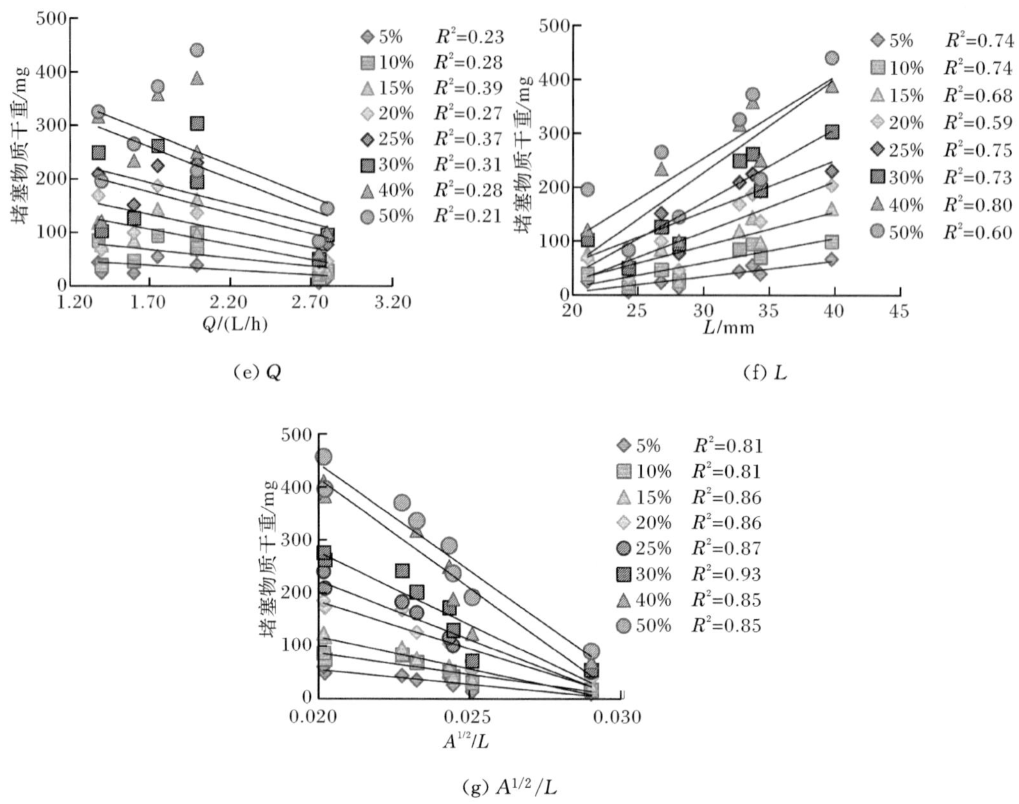

图 9.40 地表微咸水滴灌灌水器流道几何参数及外特性参数对堵塞物质干重的影响

9.5.3 灌水器复合堵塞形成路径

通过本章的分析可知，断面平均流速 v 对堵塞物质的形成影响最为显著，且 v 与 W/D、$A^{1/2}/L$ 均呈现良好的线性正相关关系（R^2分别为 0.80 和 0.83，$p<0.01$）。由此可知，W/D、$A^{1/2}/L$ 通过影响 v 对堵塞物质的形成产生影响，而 v 直接影响堵塞物质的形成，进而影响了堵塞的发生。因此，对 W/D、$A^{1/2}/L$ 与 v 进行相关分析，见表 9.16，对堵塞程度与堵塞物质特征组分进行相关分析，见表 9.17。各堵塞物质特征组分对堵塞程度的通径分析见表 9.18。

从表 9.18 可以看出，不同堵塞物质特征组分对堵塞发生的直接作用中，就各类堵塞物质特征组分对堵塞程度的直接作用而言，SP 与 C-MP 作用显著，而 PLFAs 和 EPS 的作用不显著。就各类堵塞物质特征组分对堵塞程度的间接作用而言，不同堵塞物质特征

表 9.16 灌水器流道无量纲参数与 v 的相关关系

无量纲参数	$A^{1/2}/L$	W/D
v	0.779*	0.717*

*表示显著（$p<0.05$）。

表 9.17　灌水器堵塞程度与堵塞物质特征组分的相关关系

水源	特征组分	堵塞程度							
		5%	10%	15%	20%	25%	30%	40%	50%
YRW	SP	−0.801**	−0.805*	−0.810**	−0.811*	−0.804*	−0.804**	−0.811*	−0.805*
	C-MP	−0.823*	−0.823**	−0.825	−0.814**	−0.818*	−0.836**	−0.828**	−0.815*
	PLFAs	−0.887**	−0.892**	−0.877**	−0.871**	−0.879**	−0.871**	−0.879**	−0.898**
	EPS	−0.856**	−0.867**	−0.866**	−0.857**	−0.858**	−0.859**	−0.862**	−0.868**
MXW	SP	−0.809*	−0.807**	−0.804**	−0.808**	−0.804**	−0.803**	−0.810*	−0.806*
	C-MP	−0.829*	−0.836**	−0.822**	−0.823**	−0.817*	−0.832*	−0.822*	−0.824**
	PLFAs	−0.884**	−0.878**	−0.879*	−0.886**	−0.883**	−0.886**	−0.877**	−0.895**
	EPS	−0.864**	−0.859**	−0.861*	−0.862**	−0.867**	−0.861**	−0.865**	−0.859**
SLW	SP	−0.807**	−0.813*	−0.807**	−0.808**	−0.803*	−0.806**	−0.812*	−0.805*
	C-MP	−0.831	−0.825*	−0.814**	−0.835*	−0.827*	−0.829**	−0.815*	−0.832**
	PLFAs	−0.894**	−0.839*	−0.878*	−0.898**	−0.878*	−0.882*	−0.877**	−0.898**
	EPS	−0.864**	−0.861*	−0.859*	−0.862**	−0.862*	−0.864*	−0.862**	−0.864**

* 表示显著($p<0.05$)，** 表示极显著($p<0.01$)。

组分间接作用大小表现为 $r_{ij}b_{j(\mathrm{PLFAs})}>r_{ij}b_{j(\mathrm{EPS})}>r_{ij}b_{j(\mathrm{C\text{-}MP})}>r_{ij}b_{j(\mathrm{SP})}$，其中 PLFAs、EPS、C-MP表现出明显的间接作用，PLFAs 的间接作用主要作用于 SP(0.232)和 C-MP(0.299)，EPS 的间接作用主要作用于 SP(0.269)和 C-MP(0.220)，C-MP 主要作用于 SP(0.236)并对 PLFAs(0.058)有较小的间接作用。就堵塞物质各特征组分对堵塞程度的决策作用而言，不同堵塞物质特征组分对堵塞发生的决定作用大小表现为 $R^2_{(i)(\mathrm{SP})}>R^2_{(i)(\mathrm{C\text{-}MP})}>R^2_{(i)(\mathrm{EPS})}>R^2_{(i)(\mathrm{PLFAs})}$，其中 SP 和 C-MP 对堵塞起主要决定作用。

表 9.18　灌水器堵塞物质特征组分对堵塞程度的通径分析

通径	直接作用 b_i	间接作用 $r_{ij}b_j$			总作用 r_{iy}	$R^2_{(i)}$
SP(x_1)-CD(y)	0.613	C-MP(x_2)	0.148	0.155	0.768	0.566
		PLFAs(x_3)	0.028			
		EPS(x_4)	−0.021			
C-MP(x_2)-CD(y)	0.385	SP(x_1)	0.236	0.293	0.678	0.374
		PLFAs(x_3)	0.058			
		EPS(x_4)	−0.001			
PLFAs(x_3)-CD(y)	0.028	SP(x_1)	0.232	0.527	0.552	0.027
		C-MP(x_2)	0.299			
		EPS(x_4)	−0.004			
EPS(x_4)-CD(y)	0.075	SP(x_1)	0.269	0.479	0.557	0.081
		C-MP(x_2)	0.220			
		PLFAs(x_3)	−0.010			

综上所述，灌水器结构参数影响灌水器堵塞发生的路径如图 9.41 所示。v 直接影响堵塞物质各特征组分的形成，是堵塞物质形成的决定因素。W/D、$A^{1/2}/L$ 主要通过影响 v 间接作用于堵塞物质的形成。灌水器的各类堵塞物质特征组分中，SP、C-MP 直接作用于堵塞的形成，PLFAs 与 EPS 主要通过影响理化成因的堵塞物质间接作用于灌水器而引发堵塞，C-MP 在一定程度上通过影响 SP 而间接影响堵塞。

因此，灌水器复合堵塞发生机理可以表述为：颗粒物（SP、C-MP）携带微生物（PLFAs）进入灌水器流道并发生沉积，PLFAs 在 SP 与 C-MP 之间继续生长并分泌出黏性的 EPS，进而吸附更多携带有 PLFAs 的 SP 与 C-MP 发生沉积，从而导致堵塞发生。在通常情况下，引发化学沉淀的离子（主要是 Ca^{2+} 和 Mg^{2+}）初步析出形成的微晶粒表面效应显著，表面自由能高，在表面张力的作用下，当晶体颗粒之间、晶体颗粒与 SP 之间相互碰撞时会发生凝并，固相颗粒不断靠近，最后紧密聚集在一起，残留在颗粒间的微量水会通过氢键将颗粒和颗粒紧密黏结在一起（Rittmann，1982）。在这一过程中，C-MP 与 SP 发生的一系列相互作用最终致使 C-MP 附着于 SP 表面，提高了 SP 表面粗糙度，这将使得 SP 在流道内运移难度增加，更易沉积引发灌水器堵塞。

由此可见，在灌水器结构设计时，可以通过灌水器两个由结构参数组合形成的无量纲参数 W/D 与 $A^{1/2}/L$ 的选择与设计来提升 v，进而影响堵塞物质的形成与堵塞的发生，最终提高灌水器的抗堵塞能力。

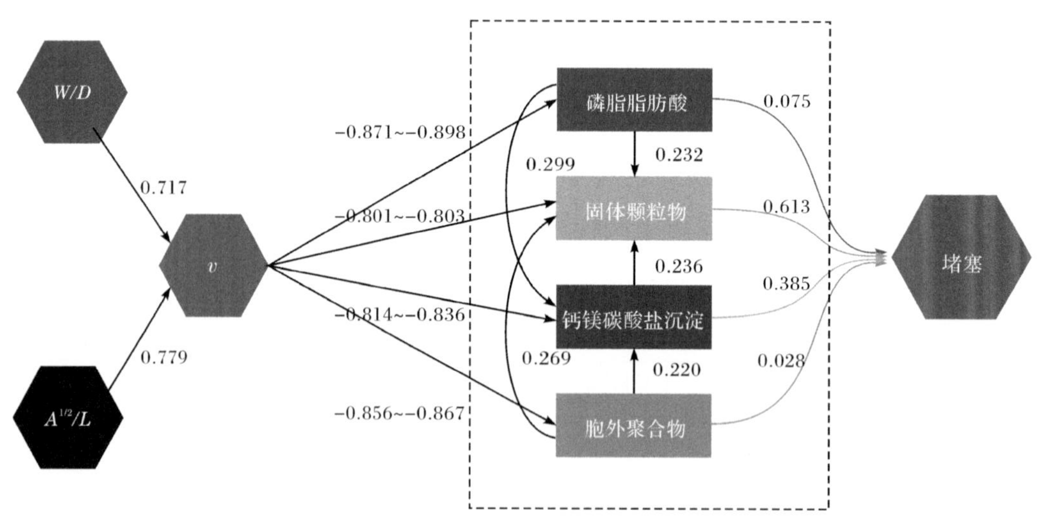

图 9.41　灌水器结构参数影响灌水器堵塞发生的路径

9.6　小　　结

(1) 复合堵塞物质主要包括物理（固体颗粒物，SP）、化学（钙镁碳酸盐，C-MP）、生物（磷脂脂肪酸，PLFAs；胞外聚合物，EPS）特征组分，分别占堵塞物质干重的 44.21%～70.72%、28.29%～55.26%、0.08%～0.12%、0.44%～0.84%。

(2) 堵塞物质的物理组分主要包括粉粒、砂粒，其沉积过程主要受断面平均流速 v、流

道宽深比 W/D 以及无量纲参数 $A^{1/2}/L$ 的影响，自排沙能力集中在流道最小尺寸的 1/23～1/17；化学组分主要包括石英、硅酸盐和钙镁碳酸盐，其中钙镁碳酸盐是导致灌水器堵塞逐渐加深的主要沉淀物，关键影响因素与物理组分一致；微生物群落结构中，假单胞杆菌 16:0 和嗜热解氢杆菌 18:0 的相对丰度与灌水器堵塞程度以及微生物群落生态学参数均存在显著相关关系（$R^2>0.56$，$p<0.05$），是导致堵塞加深的关键菌株。

(3) 复合堵塞各组分生长速率随着系统运行总体呈现"快—慢—快"的累积增长趋势。各堵塞物质特征组分与堵塞程度均呈现显著的线性正相关关系（$R^2>0.75$，$p<0.01$），堵塞物质的增长直接影响堵塞的发生；不同类型灌水器间堵塞物质含量与增长速率差异明显，呈现出的变化规律为单翼迷宫式灌水器最高，圆柱式灌水器次之，贴条式灌水器再次，片式灌水器最低；黄河水与地表微咸水进行混配后使得灌水器内部堵塞物质含量大幅提升。

参考文献

戴清，胡健，李春涛，等. 2010. 黄河位山灌区沉沙池通道输沙的应用[J]. 中国水利，658(16)：26-29.

葛令行，魏正英，曹蒙，等. 2010. 微小迷宫流道中的沙粒沉积规律[J]. 农业工程学报，26(3)：20-24.

管孝艳，杨培岭，吕烨. 2011. 基于多重分形的土壤粒径分布与土壤物理特性关系[J]. 农业机械学报，42(3)：44-50.

李建梅. 2008. 单翼迷宫式滴灌带外观质量异常的产生及其处理措施[J]. 现代农业，10：60-61.

李云开，杨培岭，任树梅，等. 2006. 圆柱型迷宫式流道滴灌灌水器平面模型试验研究[J]. 农业机械学报，37(4)：48-51.

马健翔. 2010. 单翼迷宫式滴灌带热合压痕边缘开裂原因分析[J]. 节水灌溉，6：52-53.

牛文全，喻黎明，吴普特，等. 2009. 迷宫流道转角对灌水器抗堵塞性能的影响[J]. 农业机械学报，40(9)：51-55.

吴显斌. 2006. 再生水灌溉下滴灌系统抗堵塞性能试验研究[D]. 北京：中国农业大学.

张海文，杨林林，韩敏琦，等. 2015. 不同类型滴头抗盐堵对比试验研究[J]. 节水灌溉，7：36-39.

周博，李云开，宋鹏，等. 2014. 引黄滴灌系统灌水器堵塞的动态变化特征及诱发机制研究[J]. 灌溉排水学报，33(4)：123-128.

Adin A, Sacks M. 1991. Dripper clogging factor in wastewater irrigation[J]. Journal of Irrigation and Drainage Engineering, 117(6): 813-826.

Bhatt G M. 1973. Significance of path coefficient analysis in association[J]. Euphytica, 22(2): 338-343.

Charbel M. 2009. Ruption of biofilms from sewage pipes under physical and chemical conditioning[J]. Environmental Sciences, 21(1): 120-126.

Deng N Y, Tian Y J. 2004. The New Method of Data Mining—Support Vector Machine[M]. Beijing: Science Press.

Karlberg L, Rockstrom J, Annandale J G, et al. 2007. Low-cost drip irrigation—A suitable technology for southern Africa? An example with tomatoes using saline irrigation water[J]. Agricultural Water Management, 89(1-2): 59-70.

Li G B, Li Y K, Xu T W, et al. 2012. Effects of average velocity on the growth and surface topography of biofilms attached on the reclaimed wastewater drip irrigation system laterals[J]. Irrigation Science,

30(2):103-113.

Li G Y, Wang J D, Alam M, et al. 2006. Influence of geometrical parameters of labyrinth flow path of drip emitters on hydraulic and anti-clogging performance[J]. Transactions of the ASABE, 49(3):637-643.

Li Y, Song P, Pei Y, et al. 2015. Effects of lateral flushing on emitter clogging and biofilm components in drip irrigation systems with reclaimed water[J]. Irrigation Science, 33(3):235-245.

Markku J L, Michaela L, Ilkka T, et al. 2006. The effects of changing water flow velocity on the formation of biofilms and water quality in pilot distribution system consisting of copper or polyethylene pipes[J]. Water Research, 40(11):2151-2160.

Nakayama F S, Bucks D A. 1991. Water quality in drip/trickle irrigation: A review[J]. Irrigation Science, 12(4):187-192.

Percival S L, Knapp J S, Wales D S, et al. 2001. Metal and inorganic ion accumulation in biofilms exposed to flowing and stagnant water[J]. British Corrosion Journal, 36(2):105-110.

Ravina E P, Sofer Z A, Marcu A S, et al. 1992. Control of emitter clogging in drip irrigation with reclaimed wastewater[J]. Irrigation Science, 13(3):129-139.

Rittmann B E. 1982. The effect of shear stress on biofilm loss rate[J]. Biotechnology and Bioengineering, 24(2):501-506.

Sharma B R, Minhas P S. 2005. Strategies for managing saline/alkali waters for sustainable agricultural production in South Asia[J]. Agricultural Water Management, 78(1-2):136-151.

Shatanawi M, Fayyad M. 1996. Effect of Khirbet As-Samra treated effluent on the quality of irrigation water in the Central Jordan Valley[J]. Water Research, 30(12):2915-2920.

Sun H X, Liu X L. 2004. Microbes studies of tea rhizosphere[J]. Acta Ecologica Sinica, 24(7): 1353-1357.

Taylor H D, Bastos R K X, Pearson H W, et al. 1995. Drip irrigation with waste stabilization pond effluents: Solving the problem of emitter fouling[J]. Water Science Technology, 31:417-424.

Trooien T P, Lamm F R, Stone L R, et al. 2000. Using subsurface drip irrigation with livestock wastewater[J]. Applied Engineering in Agriculture, 16(5):505-508.

Yan D Z, Bai Z H, Rowan M, et al. 2009. Biofilm structure and its influence on clogging in drip irrigation emitters distributing reclaimed wastewater[J]. Journal of Environmental Science, 21(6):834-841.

Zhang Z L L, Yang P, Ren S, et al. 2016. Chemical clogging of emitters and evaluation of their suitability for saline water drip irrigation[J]. Irrigation and Drainage, 65(4):439-450.

Zhou B, Li Y K, Pei Y T, et al. 2013. Quantitative relationship between biofilms components and emitter clogging under reclaimed water drip irrigation[J]. Irrigation Science, 31(6):1251-1263.

Zhou B, Li Y K, Liu Y Z, et al. 2015. Effect of drip irrigation frequency on emitter clogging using reclaimed water[J]. Irrigation Science, 33(3):221-234.

Zhou B, Wang T Z, Li Y K, et al. 2017. Effects of microbial community variation on bio-clogging in drip irrigation emitters using reclaimed water[J]. Agricultural Water Management, 194:139-149.

第 10 章　滴灌灌水器内部水流和颗粒物运动特性的 DPIV 测试方法

了解灌水器内部水流和颗粒物运动特性是对灌水器结构进行优化的前提和基础。众多专家学者利用齿形迷宫流道放大模型(王建东等,2005),将激光多普勒测速(LDV)技术(魏正英等,2005)、微观粒子图像测速(Micro-PIV)技术(金文,2010;王元等,2009)、数字粒子图像测速(DPIV)技术结合平面激光诱导荧光(PLIF)测速技术(Li et al.,2008)对灌水器内部水流运动进行了测试。与此同时,也有学者利用粒子图像测速(PIV)技术(喻黎明等,2009)、粒子跟踪测速(PTV)技术(葛令行等,2009)对灌水器内部颗粒物运移规律进行了测试,并初步开发了一种将单元段模型、DPIV、平面激光诱导荧光(PLIF)等技术相结合的准三维全场测试方法(李云开等,2007)。

本章首先介绍滴灌灌水器内部多相流动测试原理、技术与方法,并开发设计一种单元段透明模型,进而建立片式灌水器和圆柱式灌水器内部水流及颗粒物运动特性测试方法。

10.1　多相流动测试技术与方法

10.1.1　粒子图像测速技术

PIV 技术是光学测速技术中的一种,通过测量某时间间隔内示踪粒子的移动距离来测量粒子的平均速度。观测微尺度流体运动时,通常称为 Micro-PIV。应用 PIV 技术,可以进行全流场的瞬态速度测定,能够得到复杂空间内流动特性较准确和全面的信息,且该方法对流场干扰较小。尤其对于不稳定性高、随机性强的流动,PIV 技术具有突出的优势。PIV 技术的出现是 20 世纪流动显示技术的重大进展,它将传统的模拟流动显示技术推进到数字式流动显示技术,推动了多相流动测试的跨越式发展。

10.1.2　激光多普勒测速技术

LDV 技术起源于 20 世纪 60 年代,是利用激光作为光源,照射随流体一同运动的微粒,利用激光多普勒效应对测量物体运动速度进行实时测量。然而,激光多普勒测速技术只是单点测量技术,难以实现对流场的全场测量和瞬态测量。

10.1.3　粒子跟踪测速技术

PTV 技术是通过跟踪流场中单个示踪粒子的运动轨迹,得到流场信息的跟踪测速技术。采用 PTV 技术能够较真实地反映颗粒物在流道中的流动过程,但是该测速技术仅针对一个质点进行运移分析,不能反映流道内部颗粒物整体运动特性。

10.2　数字粒子图像测速测试原理与测试系统

10.2.1　测试原理

PIV 的原理(图 10.1)是基于最基本的流体速度测量方法,在已知时间间隔内,测量流体质点(粒子作为示踪粒子)的位移,确定该点速度的大小和方向:

$$u = \lim_{t_2 - t_1} \frac{x_2 - x_1}{t_2 - t_1} = \lim_{\Delta t \to 0} \frac{\Delta x}{\Delta t} \tag{10.1}$$

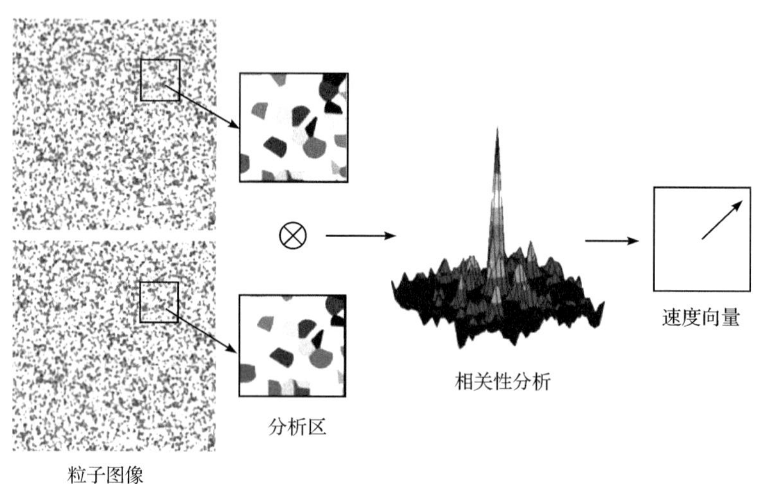

图 10.1　PIV 系统原理示意图

在流场中均匀布撒密度与跟随性接近流场媒介的示踪粒子,使每个最小分辨容积内含有 4～20 个粒子。用脉冲激光器的片光照明流场的测试段,通过两次或多次曝光,使用相机拍摄记录照明的流场测试段图像,用光学杨氏条纹法或图像相关法逐点计算每个判读小区内粒子的统计平均位移,从而根据激光器曝光时间间隔计算得到流场切面中的二维和三维速度场分布。

PIV 技术的两大核心要求是瞬态数据的采集和大量数据的处理,在满足上述要求的同时必须保证清晰度和分辨率,CCD 相机在流动显示和测量中的应用显著提高了采集速度和采样率。尤其是跨帧相机的出现,使超声速流场的测量成为可能,而且可以实时获得和显示测量结果,这就是目前逐渐发展成熟的 DPIV 技术。

DPIV 技术通过采用 CCD 图像采集设备获取序列数字图像,直接记录粒子图像,处理得到相继两帧数字图像(或与本帧相邻小区图像)的交叉(互)相关流体的运动矢量。其基本思想是采用拉格朗日“质点观点”研究流体运动,跟随一个选定的流体质点,观测它在运动过程中空间位置的变化情况,逐次改变选定的流体质点,就可以获得全流场内部的质点运动情况。DPIV 技术的应用显著提高了试验精度、时空分辨率和试验效率。

10.2.2　测试系统

DPIV 测试系统包括硬件和软件两部分(图 10.2)。硬件主要由双脉冲激光器、CCD 相机、同步控制器、图像采集板和计算机组成;软件主要包括图像采集、显示、速度计算处理以及速度场分析显示软件。

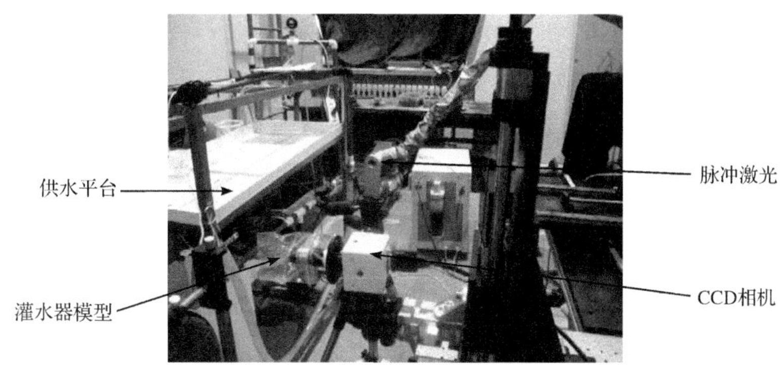

(a) 系统关键设备

1. 显微镜物镜; 2. 连接件; 3. CCD 相机机身

(b) CCD 相机改装

(c) 相机三维定位云台

图 10.2　DPIV 测试系统改进

图像拍摄选用 Nikon Flow Sense 2M CCD 相机(200 万像素,150ns 跨帧),并对其进行改装,将相机镜头换接成 Nikon D50 近摄镜头,镜头前连接国产 M42 螺口近摄皮腔,近摄比可达 1∶1 以上,皮腔和镜头之间连接一个 Nikon 原厂卡口近摄接圈 K2,使得相机和镜头成为一个精确可调节的整体。充分发挥常规 PIV 与 Micro-PIV 的优点，实现拍摄区域与数字图像分辨率的和谐统一(拍摄区域为 4mm×4mm)。

在 DPIV 系统采集数据的过程中，光路是影响图片质量的关键因素之一，因此试验过程中去噪措施是必不可少的。本试验采用大恒光电公司加工的 570nm 的 D50 圆形滤波片对光噪声进行控制，并使用内螺纹镜头卡口，将滤波片成功地与相机进行对接，如图 10.2(b)和(c)所示。

数据采集时间间隔是速度矢量计算中不可缺少的环节，本系统使用双脉冲激光器对时间进行控制。该激光器是由 Dantec 公司生产的 Solo XTG 激光器，主要包含激光光束传输系统(光导臂)、光学转换件、激光器电源。激光器的主要技术参数如下：工作频率 15Hz、波长 532nm、激光能量 200mJ。

选用的荧光粒子的化学成分是聚苯乙烯，密度约为 1050kg/m^3，平均粒径为 0.10mm 和 0.05mm 的两种粒子作为固体悬浮颗粒的代表，而水相示踪粒子的平均粒径为 0.01mm。该荧光粒子密度与水接近，在流道边界的扰动作用下能完全离底悬浮。该粒子具有很好的散射效果，利用绿色激光激发，激发荧光波段为 580～610nm。通过滤波片滤色，可以获取质量较高的图像。试验前，首先在集水器中加入适量的示踪粒子，使之与水充分混合。固体颗粒流动特征采集试验中粒子体积百分浓度均为 4%，而水流运动特征采集试验中粒子体积百分浓度为 1%。

10.3 灌水器流道单元段透明模型设计与加工方法

10.3.1 圆柱式灌水器结构简化与单元段模型构想

圆柱式灌水器流道通常由结构一致的多个结构单元排列在单元段上，然后在柱体表面布置多个单元段平行排列而组成的，如图 10.3(a)所示。

对于同一系列的灌水器产品，流量的不同主要通过改变单元段数目来实现，目前常见的包括 2 排、4 排、5 排、6 排、8 排等形式。研究表明，圆柱式灌水器每个单元段内部的流动特征和消能效果具有良好的一致性，灌水器总体消能能力就平均分到各单元段流道中，因此选取灌水器的一段单元段结构进行分析，可以反映灌水器整体的流动规律(刘海生，2010)。但是，选取任意单元段不能体现灌水器实现最终滴落出流的功能，只能选取灌水器末端单元，通过水力性能测试，测试滴落情况标准单元段消能效果的优劣，从而判断是否满足各工况的要求。因此，只需要对流道最末端单元段内部流动进行测试就可以反映圆柱式灌水器内部流体流动特征。

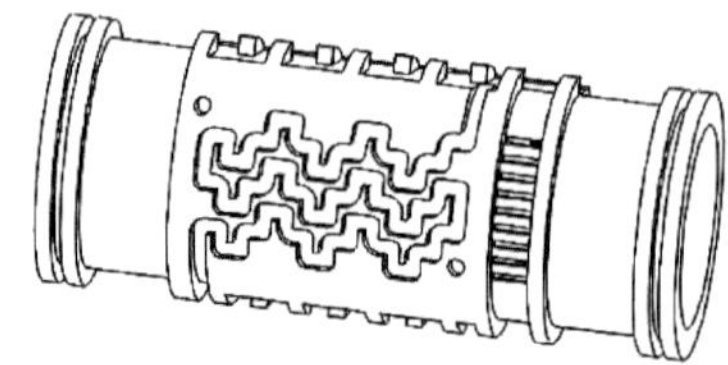

(a) 圆柱式灌水器流道

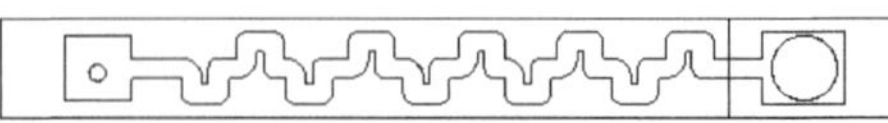

(b) 单元段

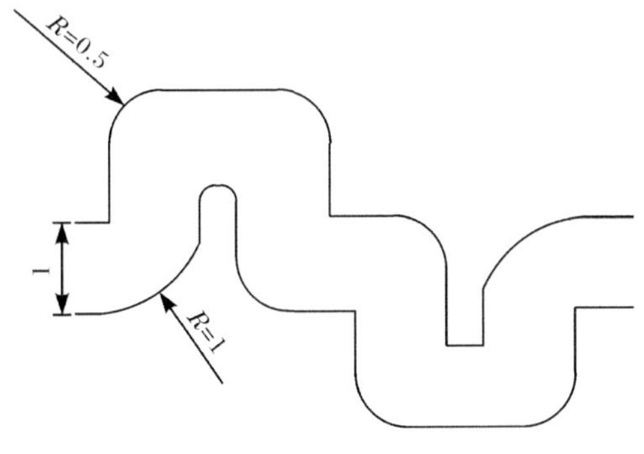

(c) 结构单元

图 10.3　M 型分形流道灌水器结构(单位:mm)

10.3.2　灌水器流道类型选择

本研究灌水器单元段结构形式选用李云开(2005)设计的 M 型分形流道结构,这种结构的灌水器有较高的紊流效果,自清洗能力很强,可以在充分消能的同时有效防止灌水器堵塞。模型流道单元段结构的边壁采用三条小半径弧线(半径等于流道宽度的 1/2)和一条大半径弧线进行优化(半径等于流道宽度),如图 10.3(c)所示。灌水器流道单元段包含 5 个结构单元,单元段长度为 46mm,流道宽度为 1mm,流道深度为 1mm。

10.3.3　灌水器流道单元段模型加工方法

模型采用亚克力材料制作。单元段加工采用北京精雕设备厂生产的嘉雕 80(JD80V)三维有机雕刻专业设备,雕刻最高速度为 3.6m/min。制作模型灌水器单元段时,主要分为凹槽底面加工、盖板加工、进水口加工、净面抛光和组装黏合成型,如图 10.4 所示。

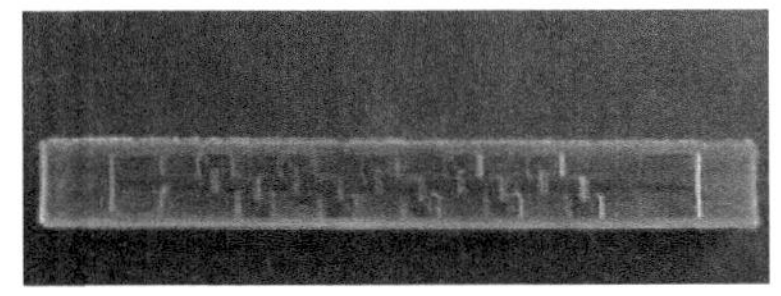

(a) 灌水器单元段

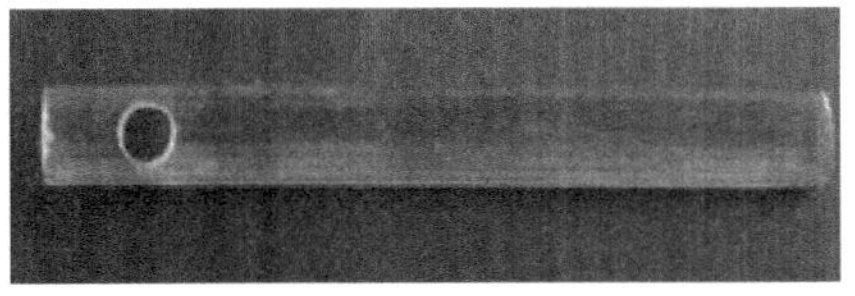

(b) 盖板

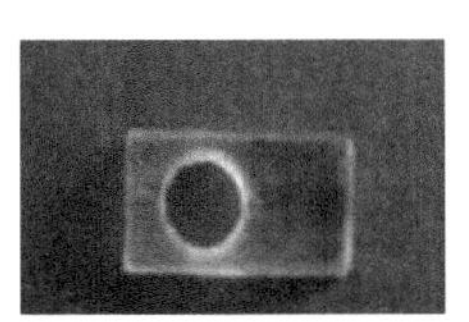

(c) 进水口

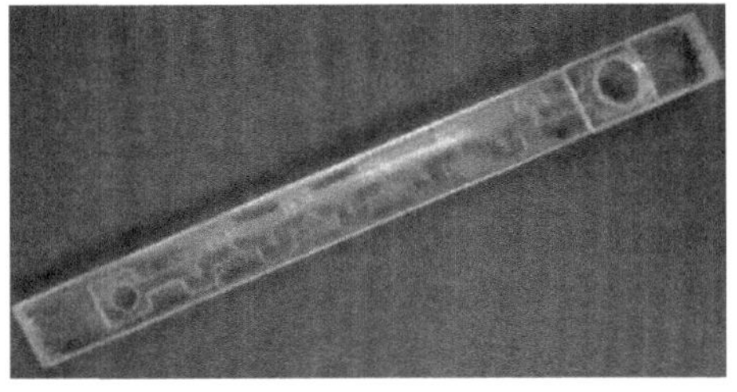

(d) 成型

图 10.4　灌水器流道单元段模型组合过程

(1) 凹槽底面加工。

底面板材选择厚度为 3.0mm 的亚克力透明板，用直径为 0.2mm 的锥形雕刻刀进行雕刻，加工时沿长度方向行进，雕刻的底面为弧形凹槽，弧度与圆柱式灌水器柱体弧度一致。弧面雕刻完毕后，在弧面一侧继续雕刻灌水器流道部分，改用直径为 0.5mm 的柱刀雕刻，此部分整体加工仍沿单元段长度方向行进，但在雕刻流道时，柱刀运动轨迹为横向往复；然后换用直径为 1.5mm 的柱刀雕刻出水口部分，底面出水口为边长 5mm 的正方形结构；最后将雕刻好的凹槽底面从透明板材中切出。

(2) 盖板加工。

盖板板材选择厚度为 1.0mm 的亚克力透明板，用直径为 0.2mm 的锥形雕刻刀加工弧面，刀头沿长度方向往复雕刻，加工的弧面弧度与凹槽底面弧度一致，然后采用直径为 1.0mm 的柱刀加工直径为 4mm 的圆形进水口，进水口要雕透盖板，最后将弧面盖板切割出来。

(3) 进水口加工。

进水口板材选择厚度为 1.5mm 的亚克力透明板，用直径为 1.0mm 的柱刀加工，进水口为直径 4mm 的圆孔。雕刻完毕后，将进水口段从板材中切出。

(4) 净面抛光。

选用手动抛光，用棉球或尼龙布蘸满专用抛光膏后，紧压抛光面沿长度方向缓慢地往复擦拭，如果抛光区表面较为干燥，可添加润滑料润滑；最后用清水洗净，擦干待用。

(5) 组装黏合成型。

将擦拭干净的凹槽底面、弧面盖板和进水口放置整齐，使用胶水黏合，黏合时宜选用较细毛刷工具，毛刷宽度刚好等于流道宽度最佳，将胶水均匀涂抹在需要黏合的位置，准确地将其黏在一起，静置待用。

10.4　灌水器内部水流运动特性

10.4.1　不同压力条件对灌水器内部流体运动特性的影响

借助 DPIV 系统对 M 型和 K 型两种分形流道内部流体流速分布进行测试，分别测试了两个典型分形流道在 10kPa、50kPa、100kPa、150kPa 四种压力条件下的流速分布，如图 10.5 和图 10.6 所示。

从图中可以看出，在四种压力条件下两种分形流道内部流体流动都呈复杂的紊流状，并未存在流态转捩，因而采用 CFD 数值模拟时都可以采用紊流模型。同时，随着压力的增加，分形流道内部流速增加，且随着压力的增加流速递增的幅度越来越小；两种分形流道在整个单元段内一定数量的漩涡，在四种压力条件下流速分布特征相似(个别高流速点除外)，按照流速分布的区别可以将流速分布分为主流与非主流流动两种形式，主流区在流道的两侧不断摆动，主流区与非主流区水流不断进行混掺，水流在主流区与非主流区不断进行着运动和能量的交换，从而达到消能的目的；主流区流速较高，非主流区流速较低(称为流动滞止区)，例如，M 型分形流道位于 A(齿跟迎水区)、B(齿跟背水区)、C(齿尖背水区)、D(齿尖迎水区)四个区域,而 K 型分形流道位于 E(尖角区)、F(非尖角区)两个区域。流动滞止区有时可以消耗一定能量,但水流中的微小杂质很容易在此沉淀下来,从而造成流道的堵塞,进而导致灌水器报废,因此在进行流道设计时应该消除流道滞止区,通过在流动滞止区进行圆弧连接,优化流道边界,增加流道的自清洗能力。随着压力的增加,低速区的比例不断减小,同时近壁面的流速不断增加,这就要求在进行灌水器设计时应针对不同的用户设计不同圆弧半径来优化流道边界。常规灌水器设计工作水头一般为 100kPa,因此可以按照 100kPa 条件下的流动情况进行优化;而对于微重力滴灌,则所用灌水器工作水头仅为 10kPa,就应该根据 10kPa 条件下的流动特征进行优化。

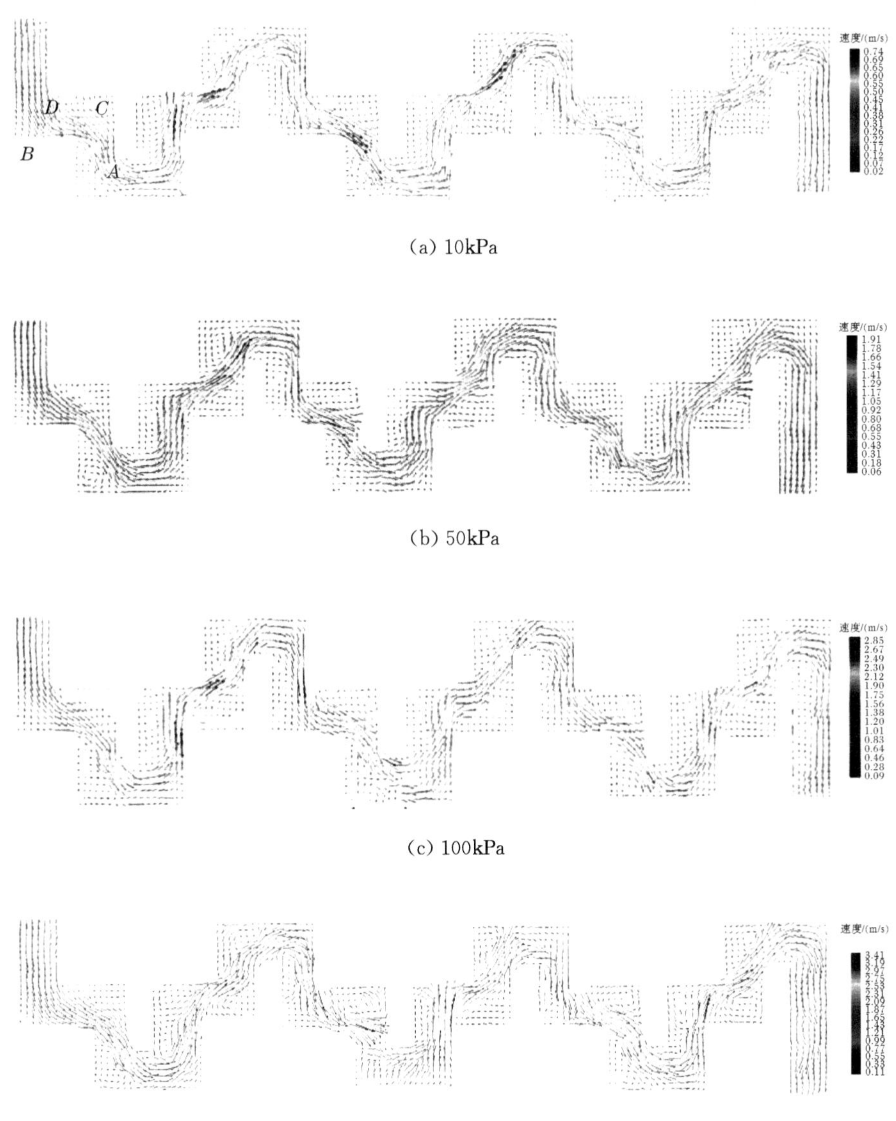

(a) 10kPa

(b) 50kPa

(c) 100kPa

(d) 150kPa

图 10.5　M 型分形流道单元段流速分布

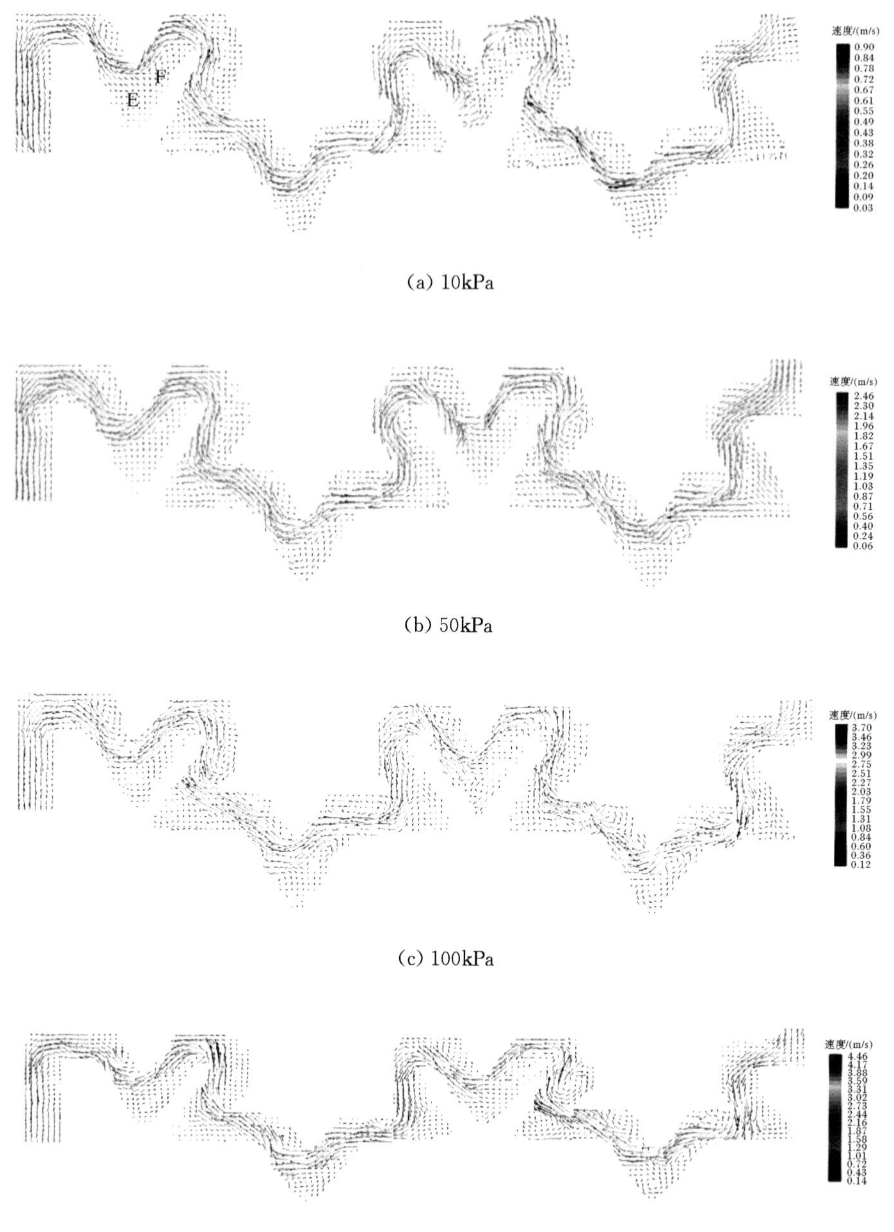

(a) 10kPa

(b) 50kPa

(c) 100kPa

(d) 150kPa

图 10.6　K 型分形流道单元段流速分布

10.4.2　灌水器流道单元段内流动特征

本节将借助 Tecplot 10.0 软件对上述测试结果进行后期处理，显示灌水器流道单元段内速度矢量特性，结果如图 10.7 和图 10.8 所示。

灌水器流道内部复杂的紊流按照流速大小可以明显地将流体流动划分为两个区域：一是流速相对较高的主流区，即靠近流道的中心区域；二是流速较低的非主流区，即靠近

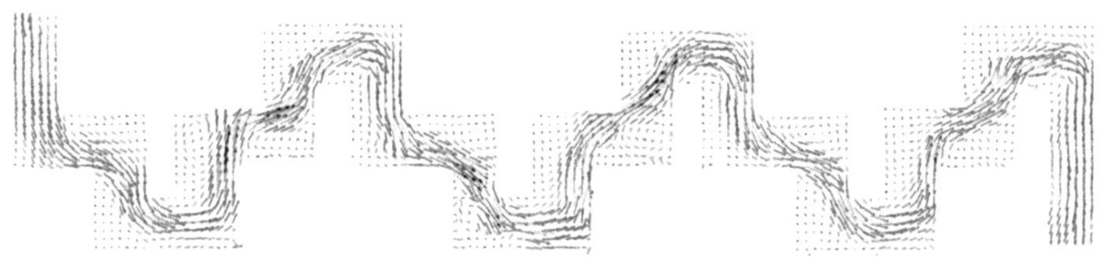

速度/(m/s)　0.02　0.06 0.10 0.14 0.17 0.21 0.25 0.29 0.33 0.37 0.41 0.44 0.48 0.52 0.56

(a) 10kPa

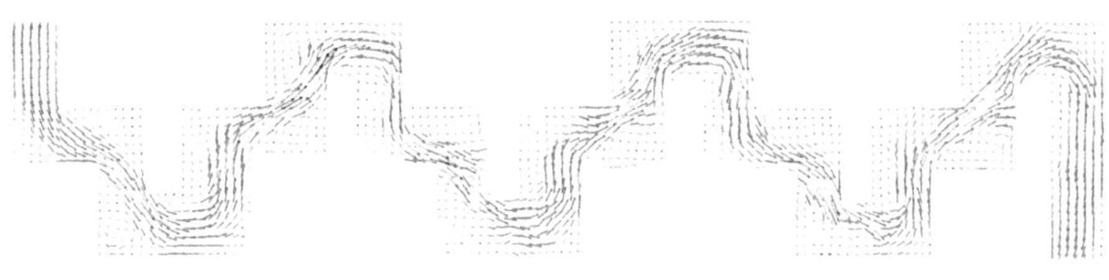

速度/(m/s)　0.05 0.16 0.28 0.39 0.51 0.62 0.73 0.85 0.96 1.07 1.19 1.30 1.42 1.53 1.64

(b) 50kPa

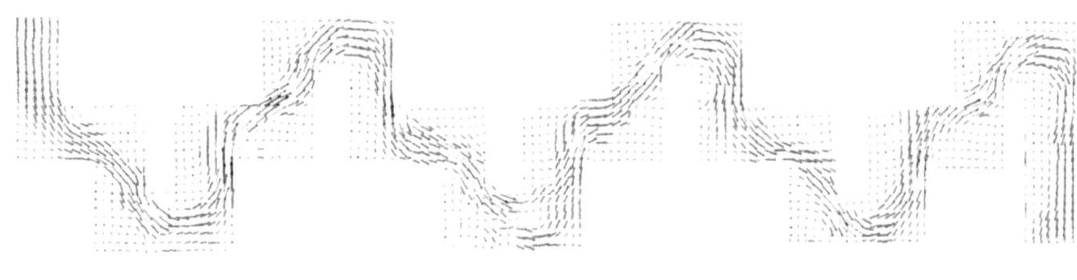

速度/(m/s)　0.10 0.30 0.50 0.70 0.90 1.10 1.30 1.50 1.70 1.90 2.10 2.30 2.50 2.70 2.90

(c) 100kPa

速度/(m/s)　0.10 0.36 0.62 0.89 1.15 1.41 1.67 1.93 2.20 2.46 2.72 2.98 3.24 3.51 3.77

(d) 150kPa

图 10.7　M 型分形流道在四种压力条件下单元段内速度矢量分布

流道边壁的区域。两个区域没有明显的界线，主流区内流体在流道两侧不断地摆动，并沿流道长度方向在两流动区域的交界部分发生混掺。这种现象出现的主要原因有两方面：一是液体本身存在黏滞性；二是流道边壁对流体产生的阻碍作用。随着压力的增加，流道内主流区的流体质点速度梯度变化明显，而非主流区的流速梯度并不显著，所以压力的改变对非主流区内质点流速的影响并不显著。

速度/(m/s) 0.02 0.05 0.09 0.12 0.16 0.19 0.23 0.26 0.30 0.33 0.36 0.40 0.43 0.47 0.50

(a) 10kPa

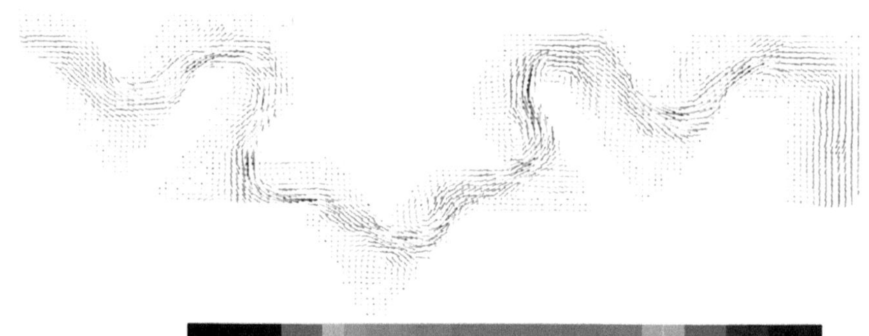

速度/(m/s) 0.10 0.26 0.42 0.58 0.73 0.89 1.05 1.21 1.37 1.53 1.69 1.84 2.00 2.16 2.32

(b) 50kPa

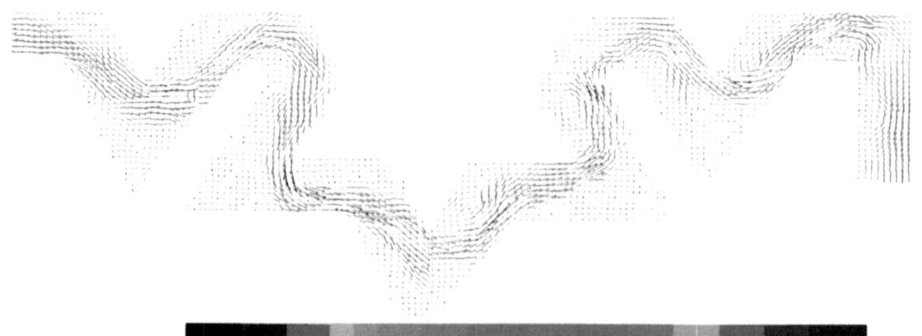

速度/(m/s) 0.10 0.36 0.62 0.89 1.15 1.41 1.67 1.93 2.20 2.46 2.72 2.98 3.24 3.51 3.77

(c) 100kPa

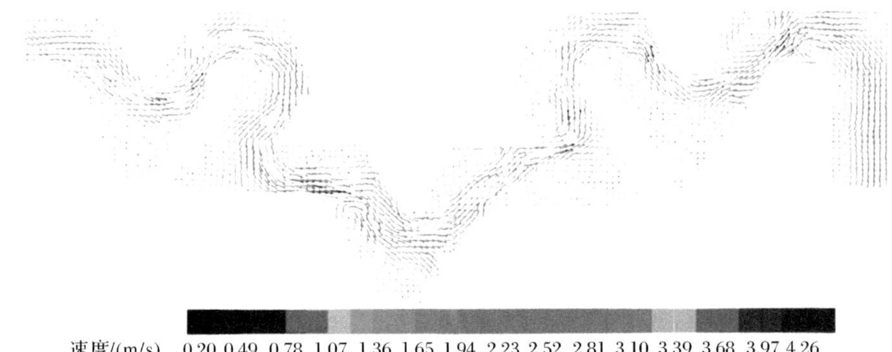

(d) 150kPa

图 10.8　K 型分形流道在四种压力条件下单元段内速度矢量分布

10.4.3　流道结构单元内流动特征

片式灌水器和圆柱式灌水器流道均由多个结构单元组成，细化流道单元结构内的流动特征有利于对流道全场流动特征的理解。K 型和 M 型流道结构单元内部的流速分布情况(以两种分形流道在 100kPa 压力条件下的测试结果为例)如图 10.9 所示，K 型和 M 型流道结构单元内的漩涡结构特征分别如图 10.10 和图 10.11 所示。

从图 10.9 中可以看出，两种流道的边壁尖角区质点流动均呈现漩涡状。对 K 型分形流道而言，漩涡主要集中在由线段 BC 和 CD 包围的三角区域，称为锐角漩涡区、由线段 $A'B'$ 和 $B'C'$ 包围的区域及由线段 $C'D'$ 和 $D'E'$ 包围的区域，按水流方向分别称为前钝角漩涡区和后钝角漩涡区；对 M 型分形流道而言，漩涡主要集中出现在三个直角区，沿水流方向分别为直角 $H'I'J'$ 区、直角 IJK 区和直角 $K'L'M'$ 区(水流方向如图中箭头所示)。

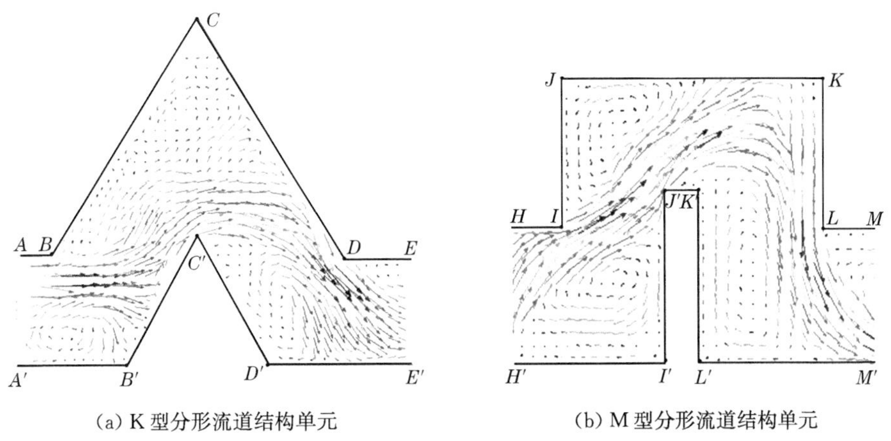

(a) K 型分形流道结构单元　　(b) M 型分形流道结构单元

图 10.9　K 型和 M 型流道结构单元速度分布(以 100kPa 为例)

水流进入流道后的流动过程会不断受到流道边界的阻挡而发生紊乱，图 10.12 和图 10.13 分别显示了 K 型和 M 型分形流道近壁面区域流线分布。结合图 10.10 和图 10.11

可以看出，K 型和 M 型分形流道内显示出的漩涡结构都是由两个阻力边壁和一个主流区的共同作用产生的，阻力边壁与主流区构成的三角区域使其内部的流体质点的流速方向改变一周，从而形成流动漩涡区，漩涡外侧的流体质点速度相对于漩涡中心的速度要高，这种流动状态可以有效避免出现流动滞止现象，同时加强了质点间的相对运动，实现了漩涡区的消能。比较图 10.12 和图 10.13 中显示的 60°、90°、120°处的漩涡，90°边壁处的漩涡发展最为充分，近壁面流速较高，从而增加了流道的自清洗能力。从这一角度来看，M 型分形流道比 K 型分形流道具有更高的抗堵塞能力。

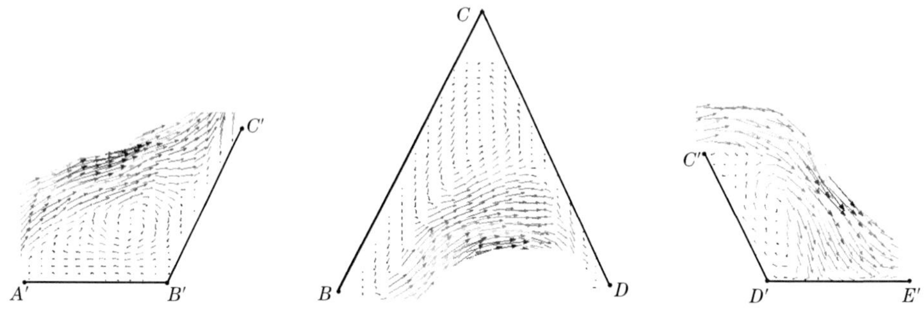

图 10.10　K 型分形流道内速度漩涡结构分布

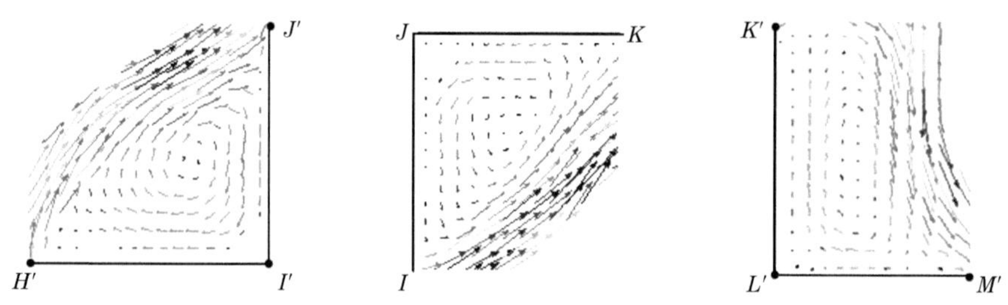

图 10.11　M 型分形流道内速度漩涡结构分布

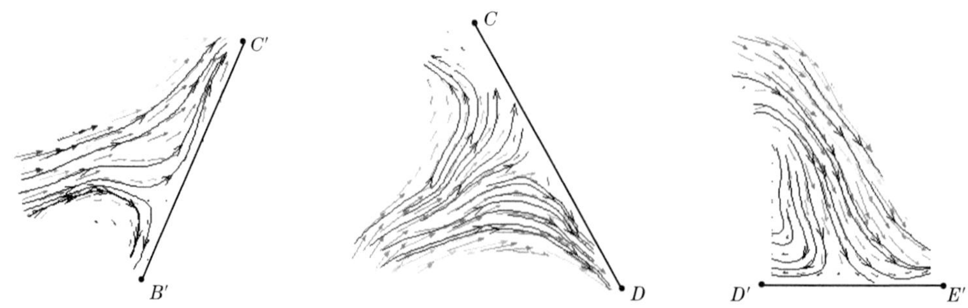

图 10.12　K 型分形流道内近壁面区域流线分布

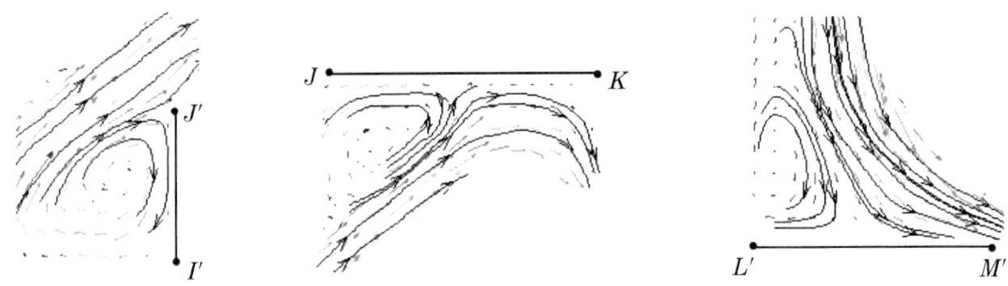

图 10.13　M 型分形流道内近壁面区域流线分布

10.4.4　灌水器流道齿尖临近区域流动特征

局部水头损失是迷宫流道的主要消能形式，齿形流道 90%水头损失都发生在流道的齿形结构处，K 型和 M 型分形流道齿尖临近区域流速分布分别如图 10.14 和图 10.15 所示。可以看出，齿尖对流道内流速分布有明显的扰动作用，齿尖临近区域流体质点的流动受阻过程是降速增压的过程，所以后续质点就要进行调整，将部分压能转化为动能(即不完全将动能转化为压能，调整后的质点速度逐渐增大)，改变原来流动的方向。也正是在齿尖干扰和持续来流的共同作用下，迫使流体质点间的内摩擦加剧，从而导致灌水器流道内压能和动能的相互转换过程中发生能量耗散，实现灌水器消能。

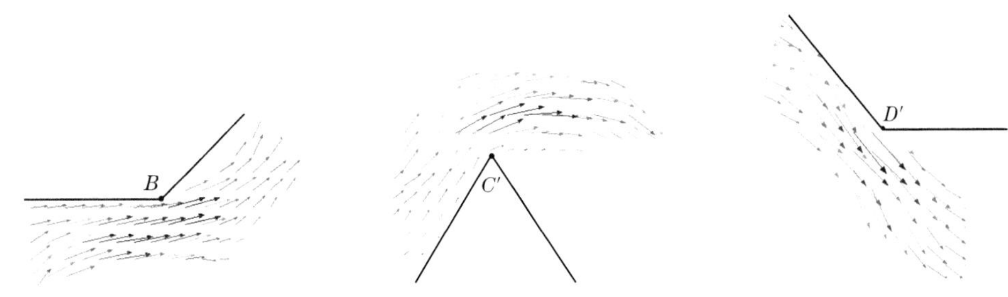

图 10.14　K 型分形流道内齿尖临近区域流速分布

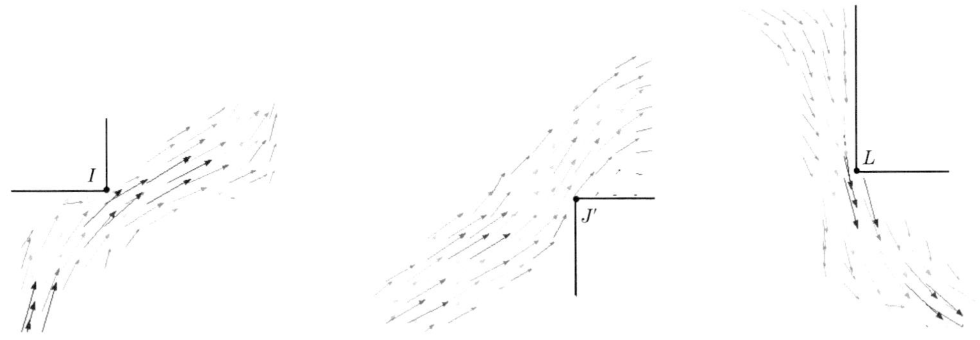

图 10.15　M 型分形流道内齿尖临近区域流速分布

10.5 灌水器内部颗粒物运动特性

10.5.1 模型与原型灌水器内部颗粒物运动特性相似性分析

1. 试验概况

(1) 测试模型制作与加工。

选择数控机床雕刻技术加工透明灌水器模型，主要包含三部分：流道下底面、流道上表面和进水口衔接处，如图 10.16 所示。整体流道模型加工过程主要包括零部件的雕刻、局部剖光和零件装配三个环节。

加工设备为三维有机数控雕刻机床，该设备床体为整体铝铸结构，X、Y 轴为独立运动机制，最大雕刻速度为 3.6m/min。为保证灌水器模型的高度透明性，加工材料选择亚克力透明板。流道下底面的加工板材为厚度 3.0mm 的压克力透明板，而流道上表面材料的厚度为 1.0mm，然后换用刀口直径 1.5mm 的柱刀雕刻出水口部分，底面出水口为边长 5mm 的正方形结构。加工过程中的雕刻刀具分别是锥形刀和柱形刀，各部分零件加工结果如图 10.16 所示。为了保证模型的高度透明度，灌水器零部件选用手工抛光处理。主要抛光部位是流道下底面各个方向的流道壁面。抛光处理主要是对加工刀痕的处理、局部表面的打磨和抛光面的反复擦拭。将零件黏结在一起，使流道凹槽形成一个封闭的空腔，保证水流只在流道内流动，最后加工模型结果如图 10.16(e)所示。

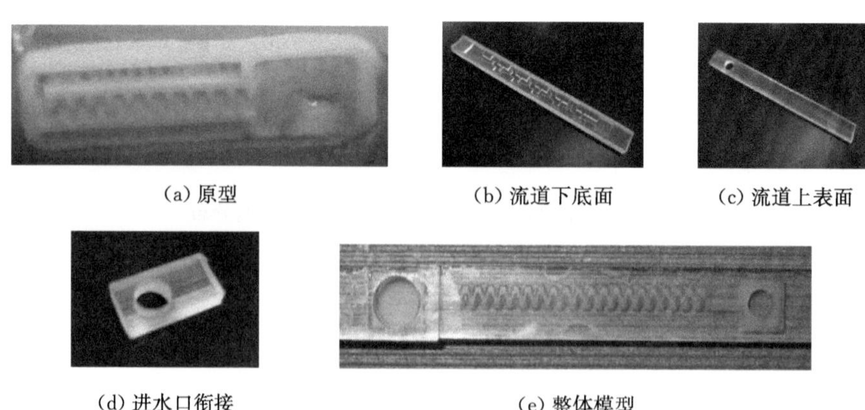

(a) 原型　(b) 流道下底面　(c) 流道上表面

(d) 进水口衔接　(e) 整体模型

图 10.16　片式灌水器模型加工过程(以色列 NETAFIM 公司 Streamline 60)

(2) 试验用灌水器选择及测试工况设计。

DPIV 测试用的片式灌水器选择以色列 NETAFIM 公司生产的型号为 Streamline 60 的内镶贴片式灌水器，样本原型及透明模型结构参数见表 10.1。测试期间，将灌水器模型与滴灌系统工作平台相连接，待整个系统运行稳定后开始采集数据。该灌水器流道结构均由相同结构单元组成，且根据刘海生(2010)的研究成果选择流道的结构单元进行流动特征的数据采集，数据采集区如图 10.17 所示。低能耗是未来农业发展的主线，因此在满足流体运动所需的前提下，选择低压条件进行测试(25kPa、30kPa 和 35kPa)，为低压灌水器研发提供基础。

表 10.1 NETAFIM 公司生产的内镶贴片式灌水器的技术参数

灌水器类型	工作参数		结构参数		水力特性参数	
	工作压力/kPa	流量/(L/h)	流道尺寸(宽×深×长)/(mm×mm×mm)	过滤面积/mm²	流量系数 K_d	流态指数 x
Streamline 60	101	1.10	0.51×0.42×13.0	15.0	0.382	0.45

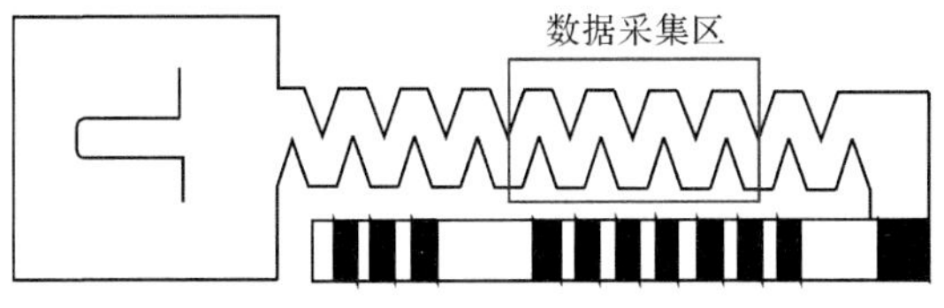

图 10.17 DPIV 测试数据采集区

(3) 分析方法。

利用灌水器原型及其模型的试验结果，对模型的加工质量进行定量分析验证。该片式灌水器流道是锯齿结构单元的重复，因此截取原型和模型中相同位置处的结构单元进行速度分布规律、涡量及流线的相似度对比分析。主要针对原型和模型结构单元内固定位置处的速度相关性进行定量分析，其中心区颗粒物运动速度矢量选取位置如图 10.18 所示。

采用颗粒运动的速度与流体速度的有限幅值比和相位差作为颗粒能跟随流体运动的判别标准，分别选择流道主流区及近壁区相同位置处流体运动的角频率，定量研究在原型和模型灌水器流道相同位置处，不同工作压力条件下颗粒跟随性与颗粒直径的相关关系。颗粒跟随性计算公式如下：

$$\eta = \sqrt{(1+f_1)^2 + f_2^2} \tag{10.2}$$

$$\beta = \arctan[f_2/(1+f_1)] \tag{10.3}$$

式中

$$f_1 = \frac{\left[1+\dfrac{9N_s}{\sqrt{2}(s+1/2)}\right]\dfrac{1-s}{s+1/2}}{\dfrac{81}{(s+1/2)^2}\left(2N_s^2+\dfrac{N_s}{\sqrt{2}}\right)^2+\left[1+\dfrac{9N_s}{\sqrt{2}(s+1/2)}\right]^2} \tag{10.4}$$

$$f_2 = \frac{\dfrac{9(1-s)}{(s+1/2)^2}\left(2N_s^2+\dfrac{N_s}{\sqrt{2}}\right)}{\dfrac{81}{(s+1/2)^2}\left(2N_s^2+\dfrac{N_s}{\sqrt{2}}\right)^2+\left[1+\dfrac{9N_s}{\sqrt{2}(s+1/2)}\right]^2} \tag{10.5}$$

$$N_s = \sqrt{\nu/\omega d_p^2} \tag{10.6}$$

$$s = \rho_p/\rho_f \tag{10.7}$$

式中，η 为速度幅值比；β 为速度相位差；N_s 为 Stokes 数；ν 为流体的运动黏滞系数；ω 为流体运动的角频率；d_p为颗粒粒径；s 为颗粒与流体的密度比；ρ_p为颗粒的密度；ρ_f为流体的密度。

$\eta=1$ 且 $\beta=0°$时，表示颗粒完全跟随流体运动；$\eta<1$ 且 $\beta<0°$时，表示颗粒滞后于流体运动；$\eta>1$ 且 $\beta>0°$时，表示颗粒超前于流体运动。

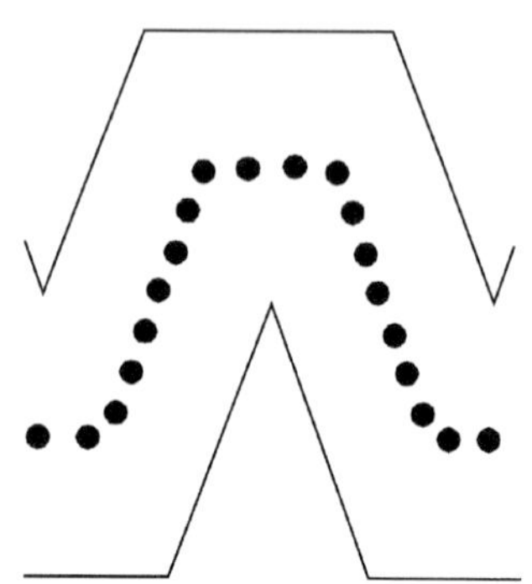

图 10.18　中心区颗粒物运动速度矢量选取位置

2. 灌水器流道内部颗粒物流动相似性的定性分析

三种压力条件下，灌水器原型和模型流道内三种粒径颗粒物运动的速度矢量分布如图 10.19～图 10.21 所示。可以看出，三种压力条件下灌水器模型和原型流道内流速分布具有很好的一致性，均呈复杂的紊流状，颗粒物在齿尖附近的流动区域速度较高，而靠近结构单元边壁转角区域的速度较低，其间存在一定数量的漩涡，整个流道范围内流速分布存在很大的不均匀性，根据流速分布的不同，可以将锯齿部位划分为迎水主流区和背水非主流区(靠近流道边壁齿根转角位置)两个区域，主流区域内的速度梯度变化明显、消能效率高，主流区和非主流区水流不断混掺，从而达到消能的目的；非主流区主要是因为流体流过齿尖时形成速度间断面，由于下游速度减慢而出现分离，从而在齿型背水部位出现回流漩涡而产生的，近壁面的逆流速度不断加大，这对于增加流道的抗堵塞能力是非常有效的。

另外，三种压力条件下灌水器模型和原型内颗粒物运动速度分布情况一致，这说明压力条件并不能显著改变非主流区、主流区的位置和大小，仅流体速度大小影响显著，而且随着压力的增加灌水器原型和模型之间的差距也越来越小。在 25kPa 压力条件下，灌水器原型流道内 10μm、50μm、100μm 三种粒径颗粒物在齿尖附近的速度可以高达 0.40m/s、0.34m/s、0.30m/s，而在灌水器模型内的速度则分别为 0.42m/s、0.36m/s、0.34m/s，两者间的误差为 5.0%～13.3%；在 30kPa 工作压力条件下，灌水器原型与模型中齿尖附近颗粒物运动之间的误差为 7.1%～12.0%；而在 35kPa 工作压力下误差已接近 0。同时，随着粒径增加颗粒物运动速度降低。与此同时，当系统压力小于 25kPa 时，灌水器流道内部不能形成全场流动，流体只在流道的主流区内进行运动，达不到灌水器在实际工作中的状态。

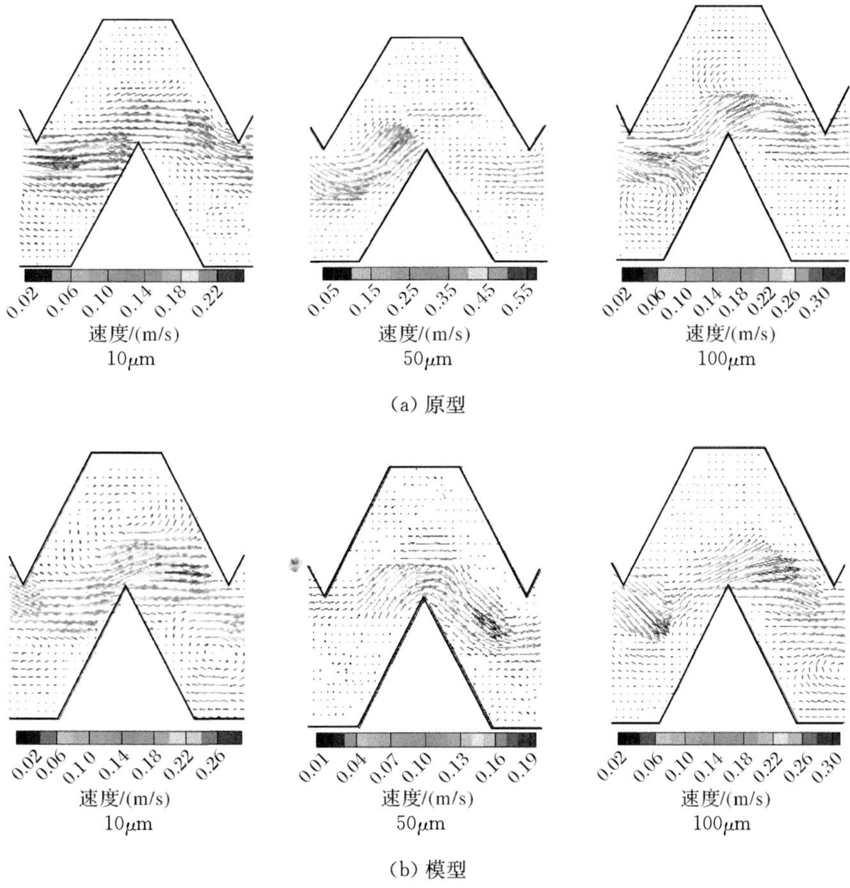

图 10.19　灌水器原型和模型流道内三种粒径颗粒物运动速度矢量分布比较(工作压力为 25kPa)

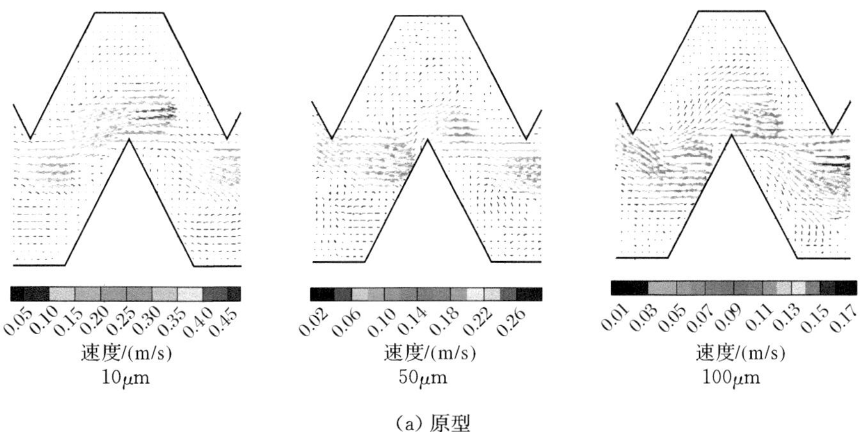

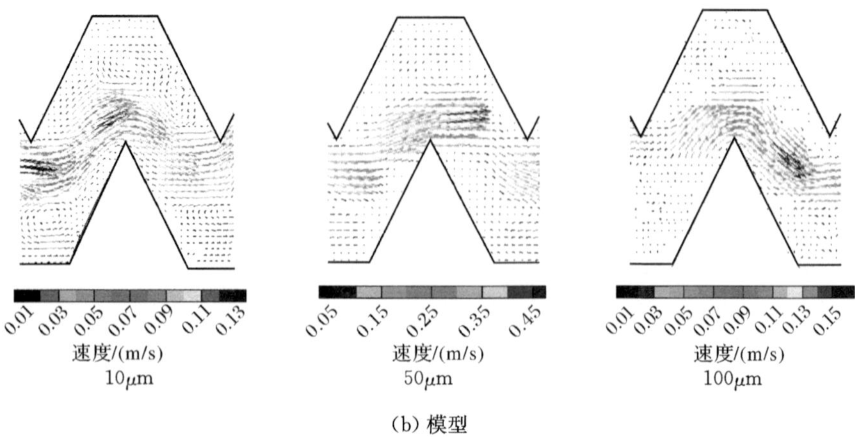

(b) 模型

图 10.20 灌水器原型和模型流道内三种粒径颗粒物运动速度矢量分布比较(工作压力为 30kPa)

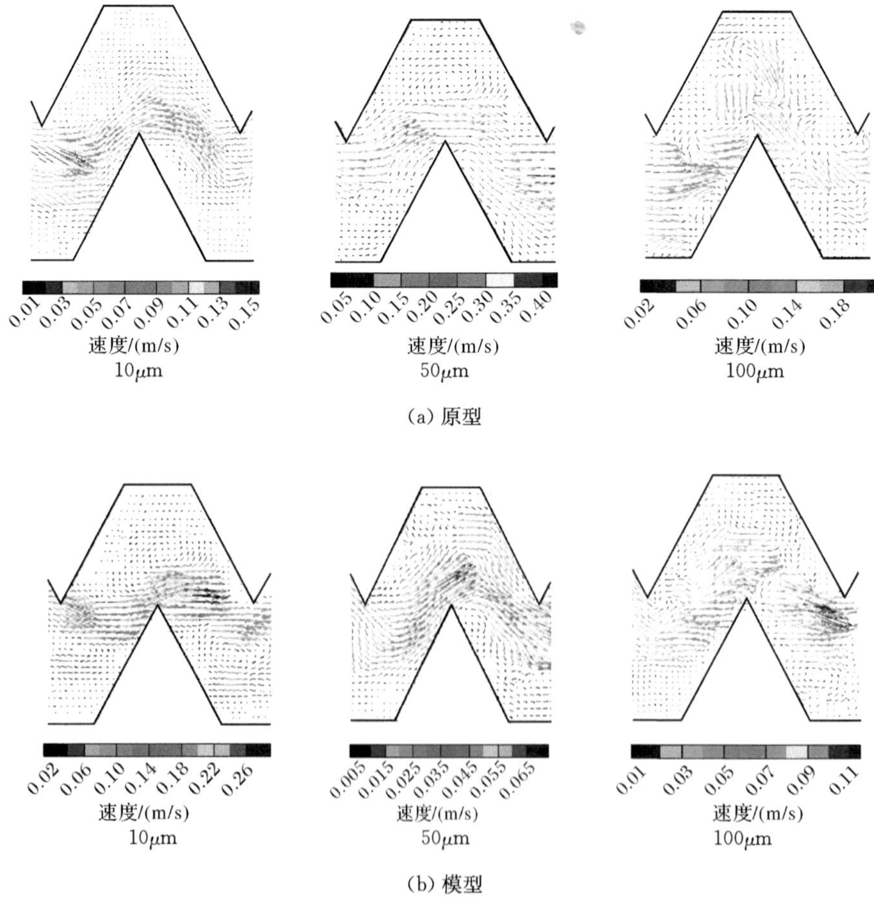

图 10.21 灌水器原型和模型流道内三种粒径颗粒物运动速度矢量分布比较(工作压力为 35kPa)

3. 灌水器流道中心区颗粒物运动速度相似性的定量分析

灌水器流道内能量发生强烈变化的位置均集中在流道中心区，因此选取灌水器原型和模型流道主流区相同单元结构位置内特征点的速度进行定量分析，结果如图 10.22～图 10.24 所示。从图中可以看出，三种压力条件下灌水器原型和模型流道内部三种粒径颗粒物运动在中心区呈现出一致性，发生突变的位置相同，整体吻合度较高，两者间的总体误差仅在 6.0%以内，能够满足测试要求，这充分说明数控机床雕刻技术在制作灌水器模型中的精度可靠，DPIV 测试方法和数控机床雕刻技术相结合完全可以实现灌水器流道内流动特征的显示。

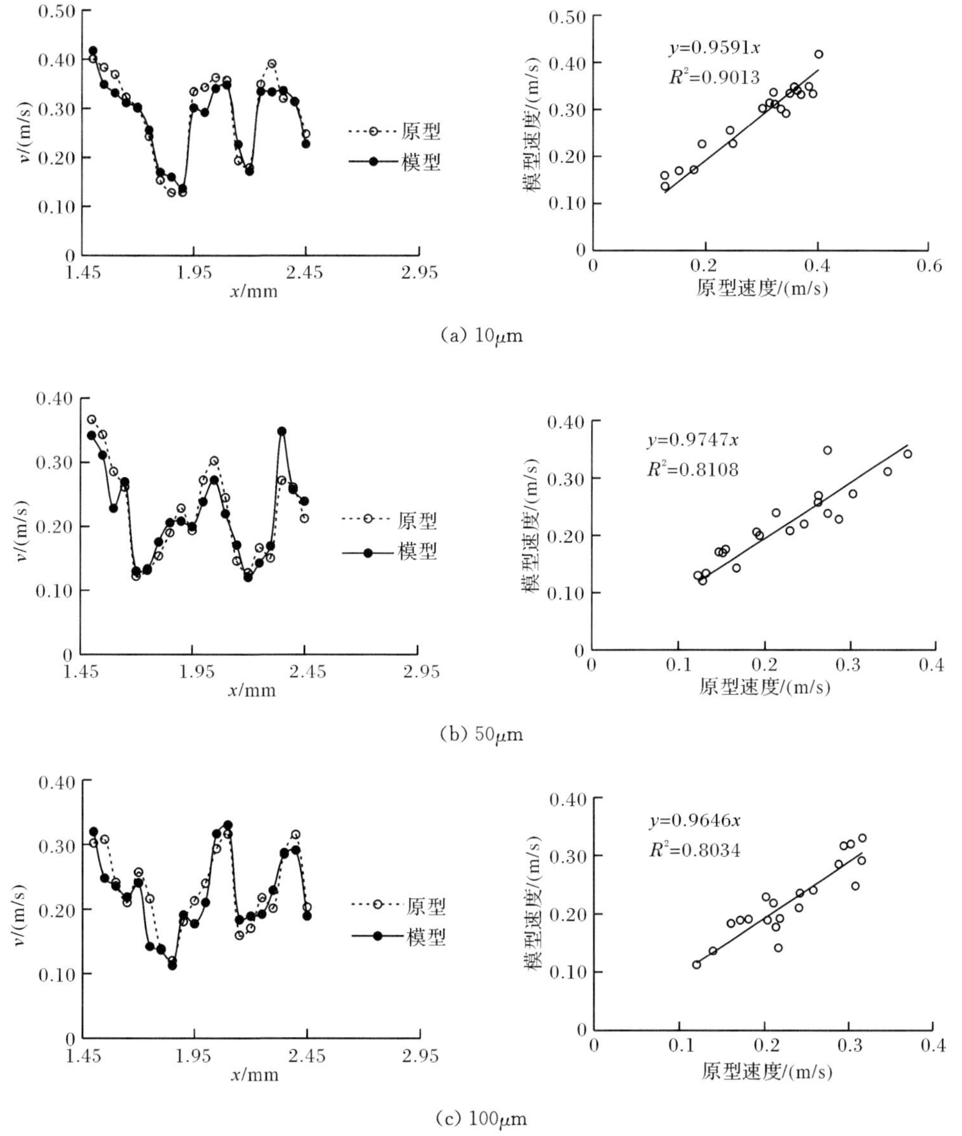

图 10.22　灌水器原型和模型流道主流区相同单元结构位置内特征点的速度比较(工作压力为 25kPa)

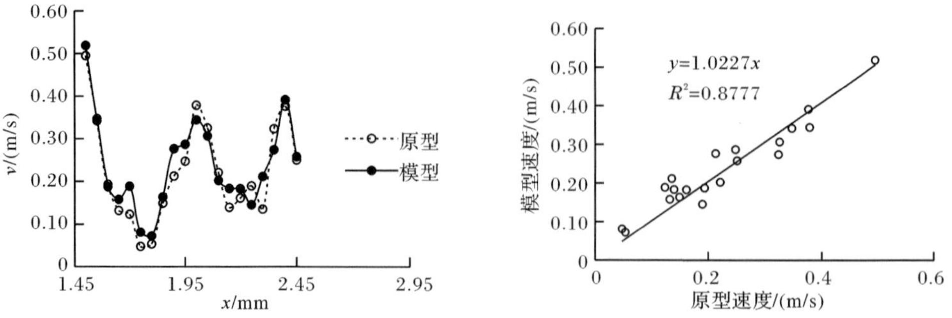

(a) 10μm

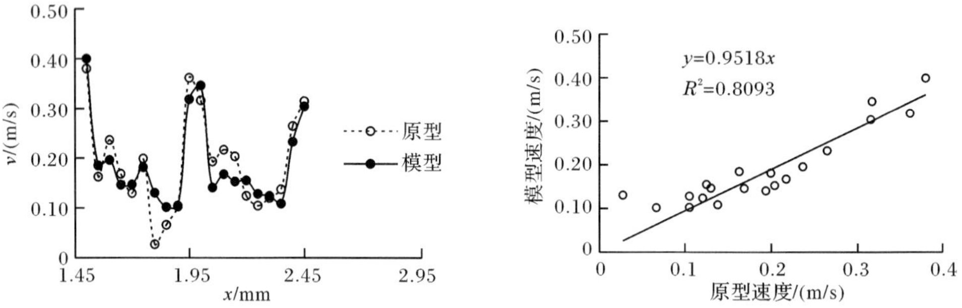

(b) 50μm

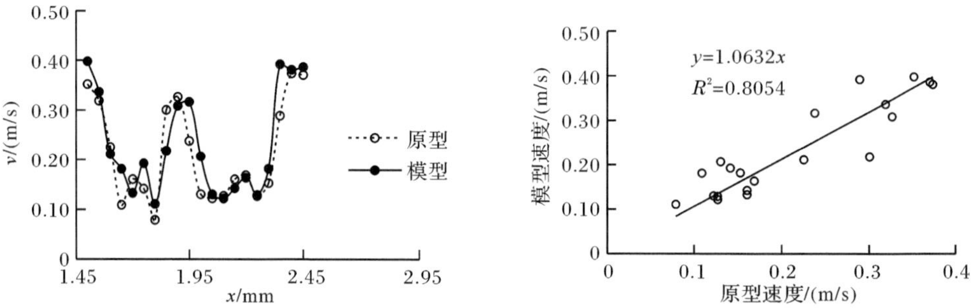

(c) 100μm

图 10.23　灌水器原型和模型流道主流区相同单元结构位置内特征点的速度比较(工作压力为 30kPa)

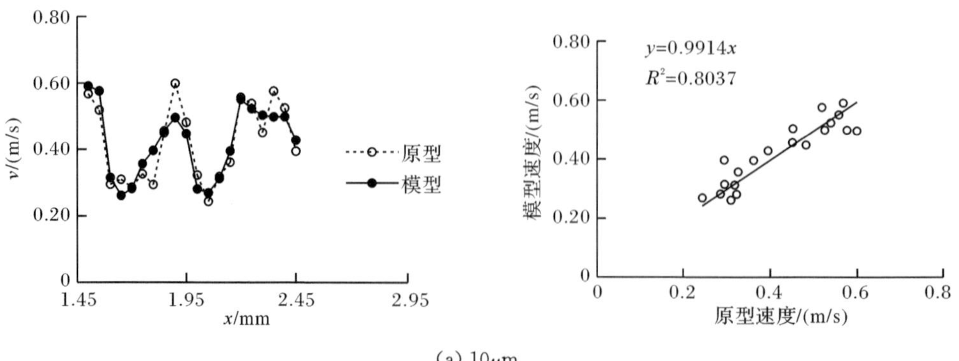

(a) 10μm

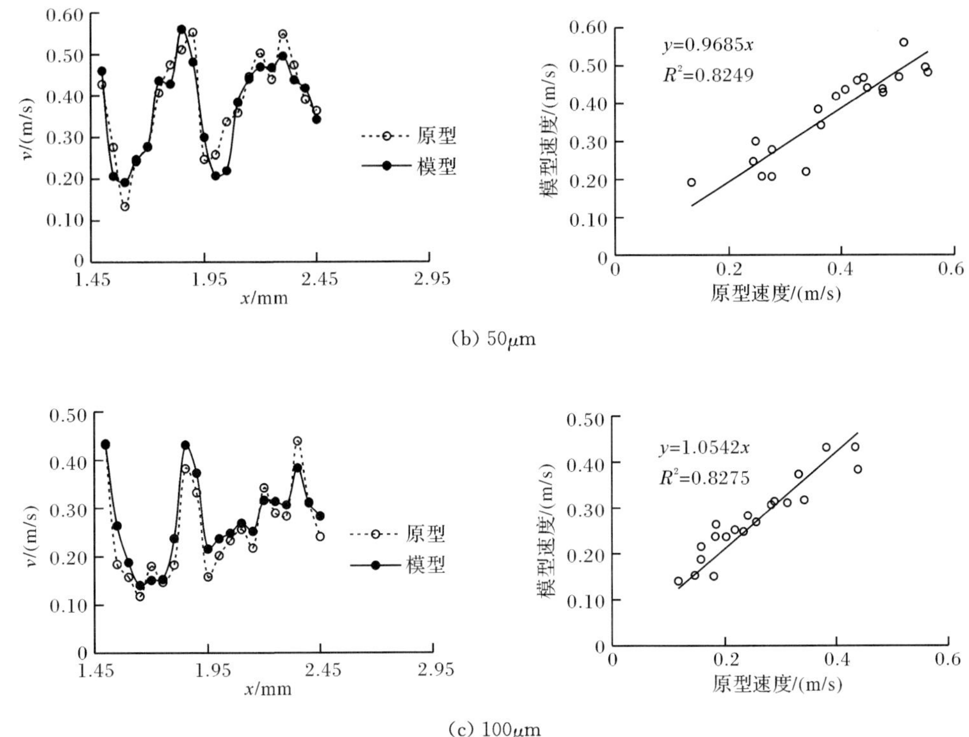

(b) 50μm

(c) 100μm

图 10.24　灌水器原型和模型流道主流区相同单元结构位置内特征点的速度比较(工作压力为 35kPa)

在 25kPa 工作压力条件下，颗粒物在模型灌水器中的运动速度明显低于原型，总体偏低 4.0%以内，但是存在个别点位的速度有所偏差，原型和模型流道内在齿尖附近的速度均表现出偏离迹象，例如，当 $x=2.05$mm 时，原型流道中 10μm 粒子在选定位置的速度为 0.36m/s，模型流道中相同粒子在相同位置的速度为 0.34m/s，两者相差 0.02m/s。相同位置处，直径为 50μm 和 100μm 的粒子也存在相同的现象，同样，在 30kPa、35kPa 工作压力条件下颗粒物的运动也表现出相同的运动特征。这主要是由于颗粒物在齿尖结构干扰下，能量发生突变后，其速度脉动性更强，速度变化梯度更大，而连续的齿尖扰动也增加了该现象断续发生的概率。

4. 片式灌水器流道中心区颗粒物运动的跟随性分析

颗粒物在灌水器流道内的跟随性是评价其堵塞发生可能性的重要因素，灌水器原型和模型内部粒径为 50μm、100μm 的两种颗粒物跟随性的速度幅值比、速度相位差两个指标动态变化特征分别如图 10.25 和图 10.26 所示。可以看出，速度幅值比一般为 0.88～1.00，而速度相位差为−0.30°～1.00°，两者均在良好的数值范围内，表明无论模型灌水器还是原型灌水器，虽然其颗粒的跟随性在中心区和近壁面区存在一定差异，但整体颗粒的跟随性依然良好，由于颗粒粒径变化引起的跟随性改变不足以影响灌水器的抗堵塞效果。比较速度幅值比、速度相位差，总体表现出粒径为 50μm 的颗粒物跟随性要优于 100μm，这说明随着颗粒物粒径的增加会降低其运动的跟随性，灌水器流道近壁面区颗粒物的跟随性要明显优于中心区，齿尖附近颗粒物的跟随性最差。然而，堵塞物质通常会在近壁面处形成，部分学者研究认为是颗粒物跟随性差而沉积引起的(王文娥等，2009；张俊等，2007)。而本章的发现却是近壁面处可跟随性优于中心区，主要原因是近壁面区流速变化较小、流动剪切力变化小，而中心区恰好相反。在近壁面区产生堵塞主要是由于该区域颗粒物浓度通常较高(闫大壮等，2007)，系统停止后颗粒物在此处沉积，而颗粒物通常在表面附有一层生物膜，生物膜的黏性使得颗粒物在流道近壁面附着。换言之，系统反复停止、启动过程中颗粒物在近壁面低速区沉积、附着，长期作用就会导致灌水器流道发生堵塞。

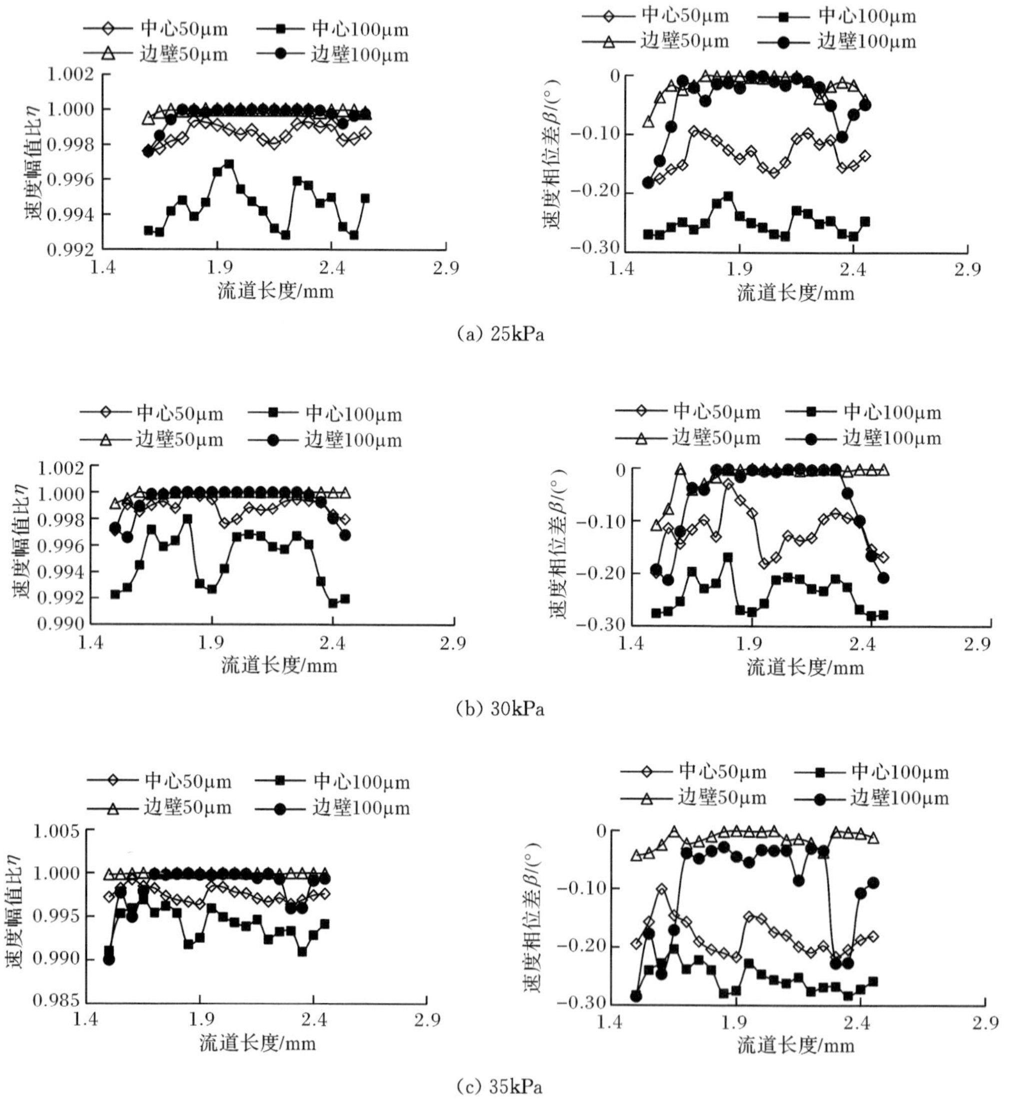

图 10.25　在不同工作压力条件下原型灌水器流道相同位置颗粒物跟随性对比

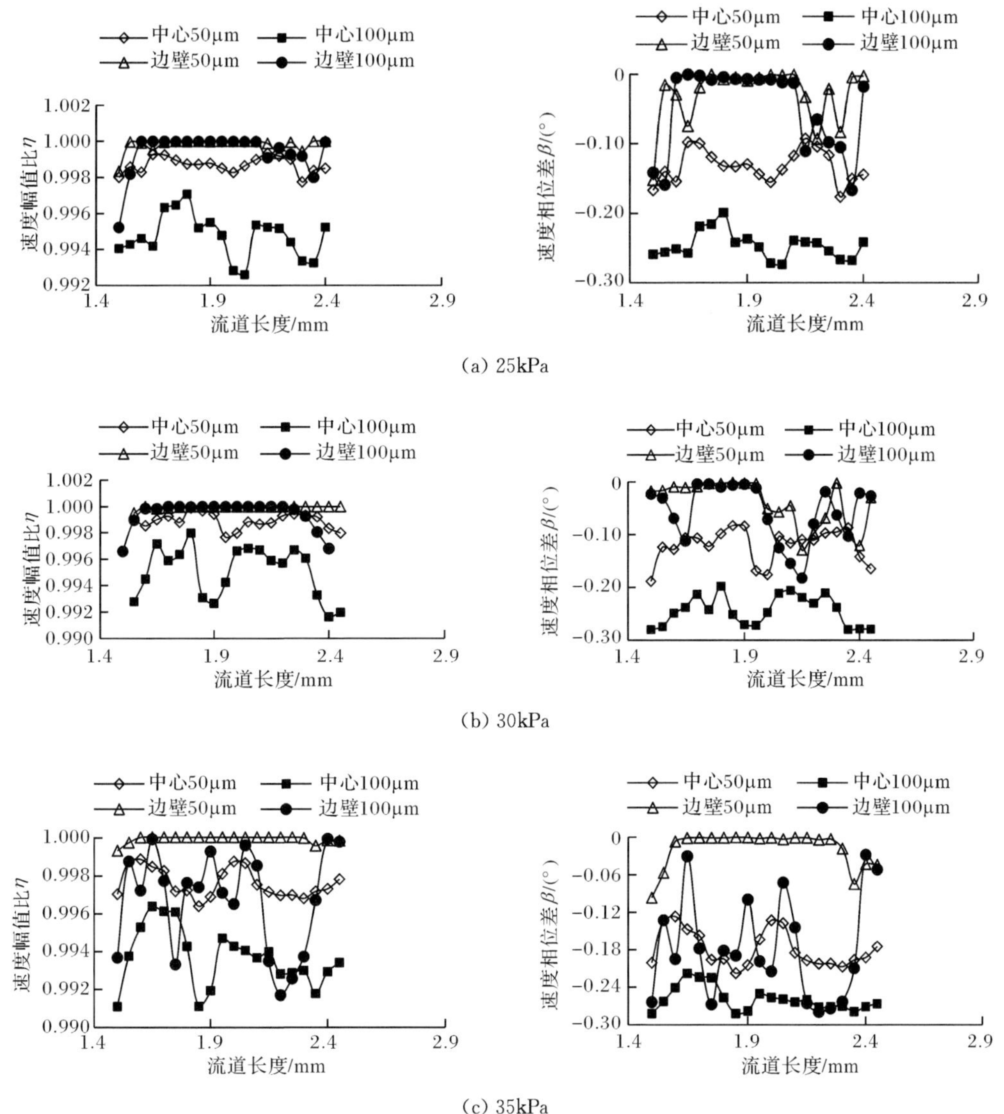

图 10.26　在不同工作压力条件下模型灌水器流道相同位置颗粒物跟随性对比

10.5.2　圆柱式灌水器内部颗粒物运动特性

1. 试验概况

试验用 DPIV 测试系统与刘海生(2010)研究所用系统一致。测试单元段全场流动特征时，由于单元段较长，拍摄需要分三次，从而可以得到单元段全部位置的流动情况。每次位置移动时需保证下次拍摄图像与上次有部分重叠，便于图像的后处理，同时选取每种工况的一个侧面进行拍摄，实现准三维 PIV 测试，每个采集区采集 80 幅图像，获得流动的时均流场，拍摄区域如图 10.27 所示。平面颗粒流速和涡量特征采集位置为 x 方向全流道范围，横断面颗粒流速和涡量特征采集区域为 14.5～17mm 结构单元部分。将 PIV

测试结果进行归类整理，使用 Tecplot 10 软件对测试数据进行后处理，将分段测试结果进行拼合，实现全场显示。

测试用的颗粒物平均粒径分别为 10μm(代表水相)、50μm 和 100μm，采用密度为 1050kg/m³ 的聚苯乙烯荧光颗粒示踪水相流动。

灌水器的工作压力一般为 10～150kPa，根据预试验，灌水器单元段的工作压力不能太高，超过 30kPa 会形成射流，即灌水器单元段最大的消能能力为 30kPa，但流速太低对实际应用没有意义，目前已有研究表明，灌水器工作压力不能低于 10kPa。考虑到灌水器可能在 10kPa、30kPa、50kPa、100kPa、150kPa 五种压力条件下工作，由于灌水器内部流动的自相似性及每排的消能效果一致，工作压力可以按照压力/排数设计，单元段工作压力计算见表 10.2。因此，确定单元段模型最终工作压力为 10kPa、15kPa、17kPa、18kPa、25kPa、30kPa 六个水平，以综合反映灌水器在五种工作压力下不同设计流量系列的灌水器内部流动特征。

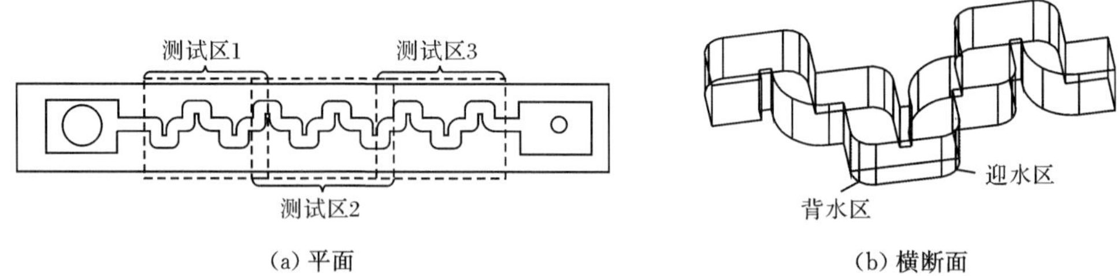

(a) 平面　　　　(b) 横断面

图 10.27　模型拍摄区域示意图

表 10.2　压力工况　　　　(单位:kPa)

压力/kPa	排数				
	2	4	5	6	8
10	—	—	—	—	—
30	15	—	—	—	—
50	25	13	10	—	—
100	—	—	20	17	13
150	—	—	30	25	18

主要从单元段、结构单元两个层次对流道内不同粒径颗粒物的运动特性(流速、涡量等)进行分析，并重点对结构单元对中心区、近壁面区域不同粒径颗粒物运动的跟随特性进行比较分析，取样点位置如图 10.28 所示。

2. 单元段内部不同粒径颗粒物流动速度分布特征

灌水器单元段模型在六种工作压力下三种粒径颗粒物流动速度分布分别如图 10.29～图 10.34 所示。可以看出，灌水器模型单元段内部流动呈紊流特征，且含有大小不等的数个涡流区域。按照速度的梯度大小可以分为主流区和非主流区两个部分，主流区流速较高，最高速度为 0.75～1.30m/s，非主流区流速较低，均不超过 0.2m/s，其中均含有漩涡，主流区和非主流区不断掺混而发生能量耗散，较大的速度变化区都出现在主流区中心线

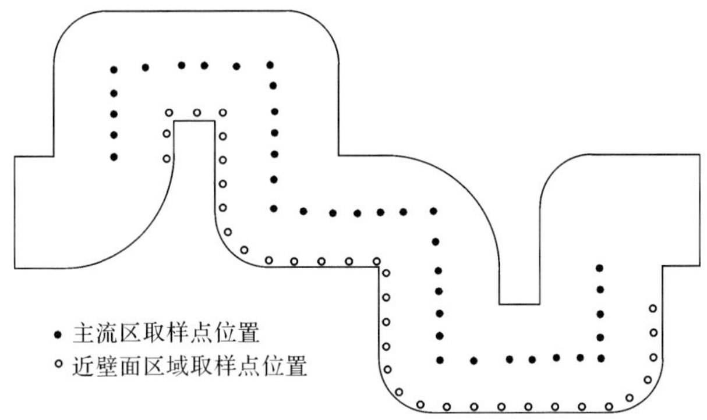

图 10.28　结构单元取样点位置图

与流道结构突变位置的交点附近。每个单元段内部的流动情况相似，单元段内的流动状态、漩涡分布都没有因为压力变化、不同粒径颗粒物的存在而发生改变。但是相同压力工况下，单元段主流区最大速度随着颗粒粒径的增大而有所降低。

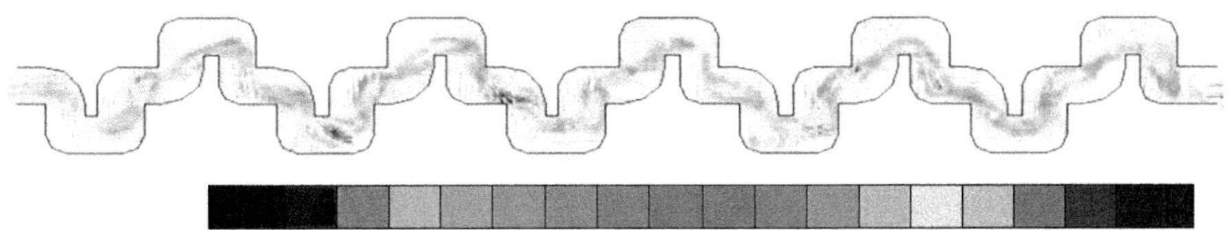

(a) 10μm

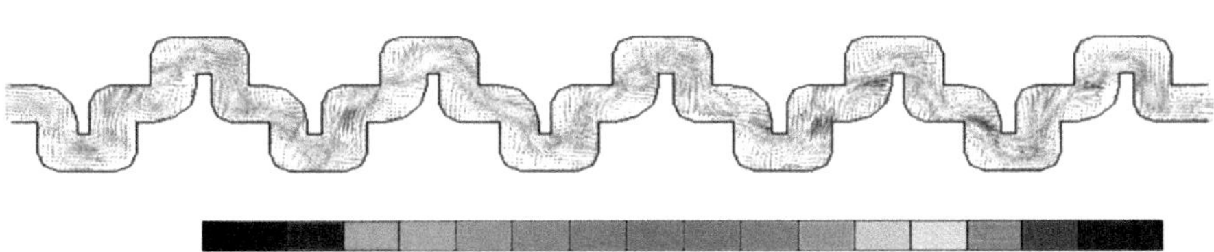

(b) 50μm

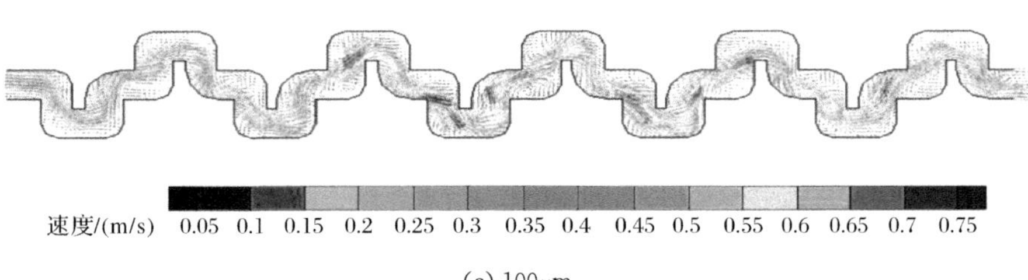

(c) 100μm

图 10.29　流道单元段内三种粒径颗粒物流动速度分布(10kPa)

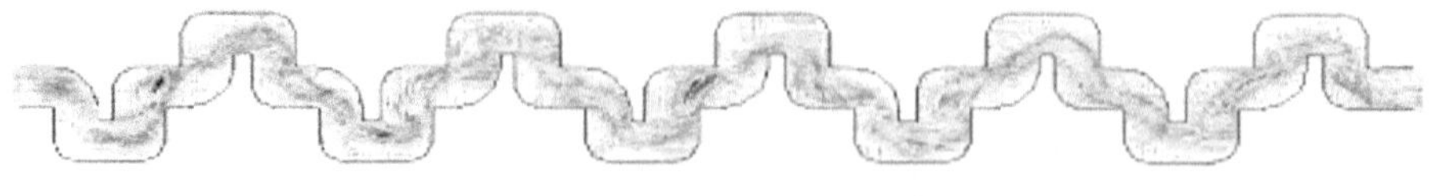

速度/(m/s)　0.1 0.15 0.2 0.25 0.3 0.35 0.4 0.45 0.5 0.55 0.6 0.65 0.7 0.75 0.8 0.85 0.9 0.95 1

(a) 10μm

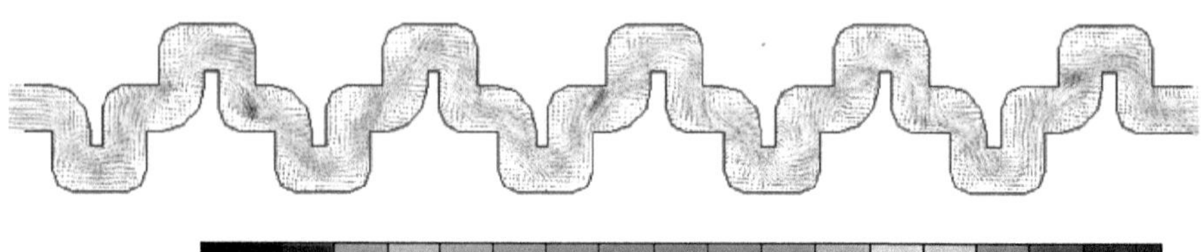

速度/(m/s)　0.05 0.1 0.15 0.2 0.25 0.3 0.35 0.4 0.45 0.5 0.55 0.6 0.65 0.7 0.75 0.8 0.85 0.9

(b) 50μm

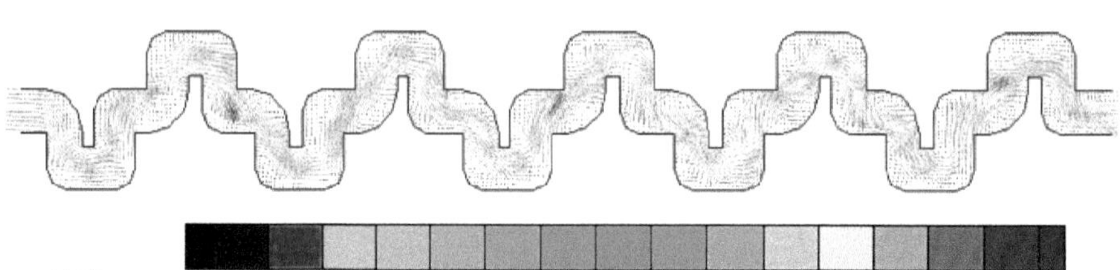

速度/(m/s)　0.05 0.1 0.15 0.2 0.25 0.3 0.35 0.4 0.45 0.5 0.55 0.6 0.65 0.7 0.75 0.8

(c) 100μm

图 10.30　流道单元段内三种粒径颗粒物流动速度分布(15kPa)

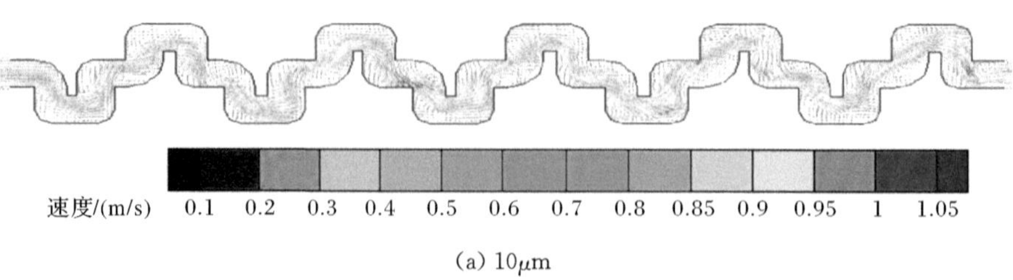

速度/(m/s)　0.1 0.2 0.3 0.4 0.5 0.6 0.7 0.8 0.85 0.9 0.95 1 1.05

(a) 10μm

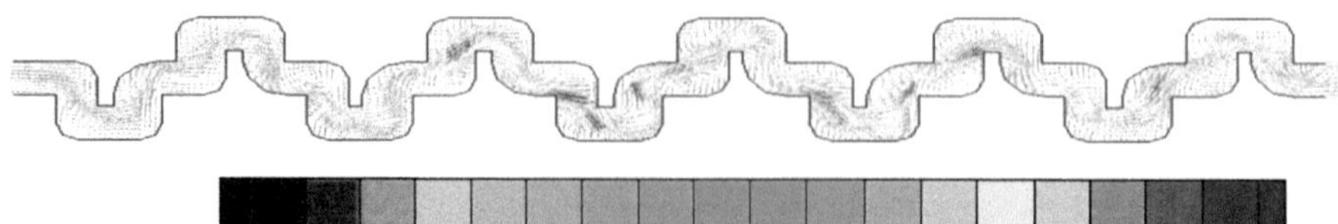

速度/(m/s)　0.1 0.15 0.2 0.25 0.3 0.35 0.4 0.45 0.5 0.55 0.6 0.65 0.7 0.75 0.8 0.85 0.9 0.95 1

(b) 50μm

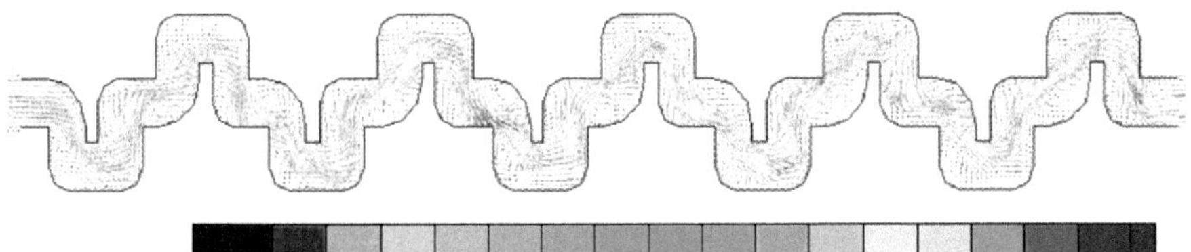

(c) 100μm

图 10.31　流道单元段内三种粒径颗粒物流动速度分布(17kPa)

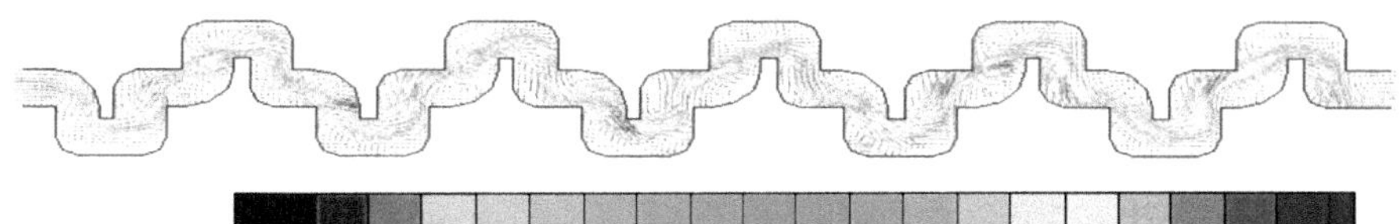

(a) 10μm

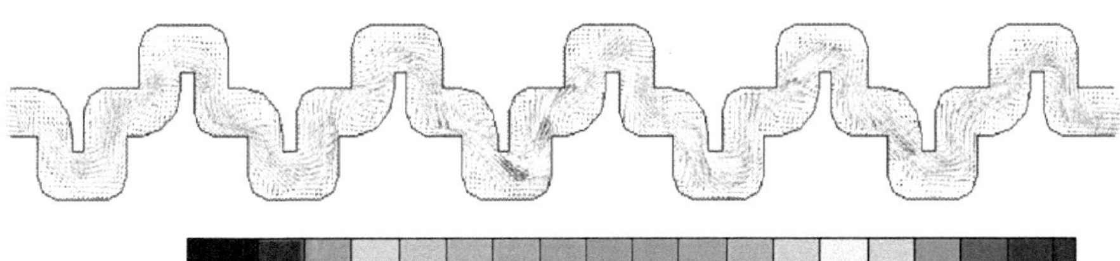

(b) 50μm

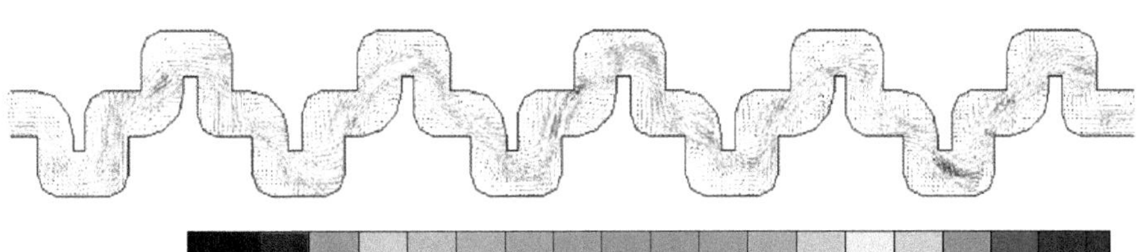

(c) 100μm

图 10.32　流道单元段内三种粒径颗粒物流动速度分布(18kPa)

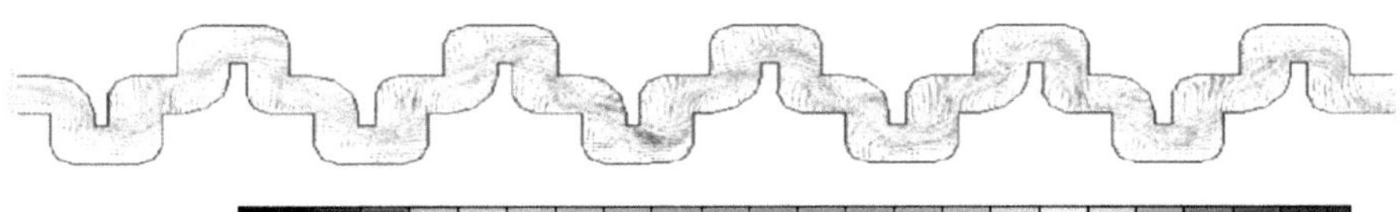

(a) 10μm

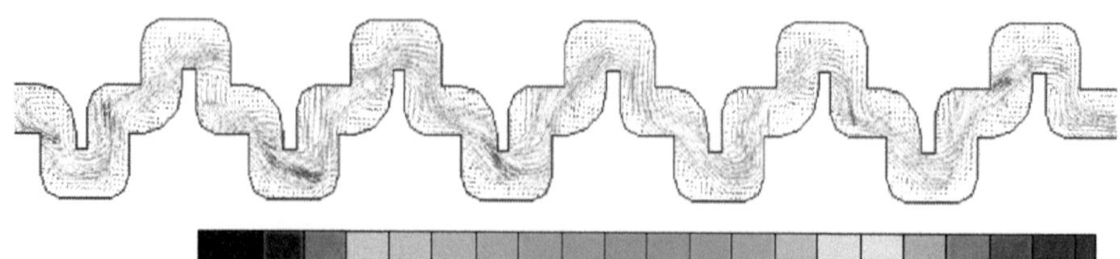

(b) 50μm

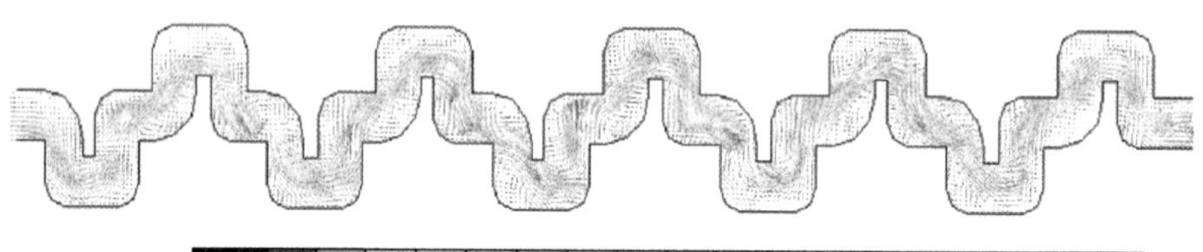

(c) 100μm

图 10.33　流道单元段内三种粒径颗粒物流动速度分布(25kPa)

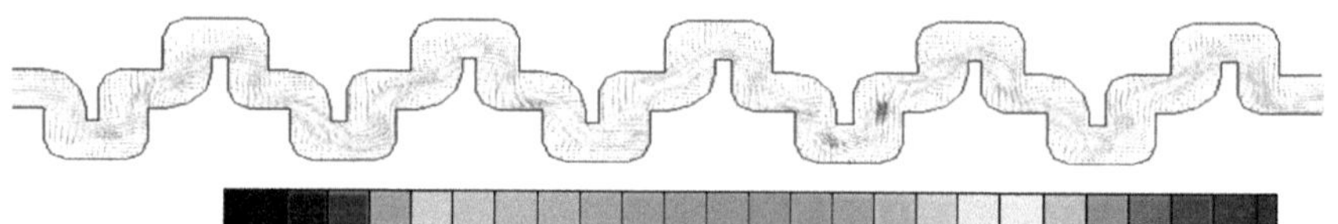

(a) 10μm

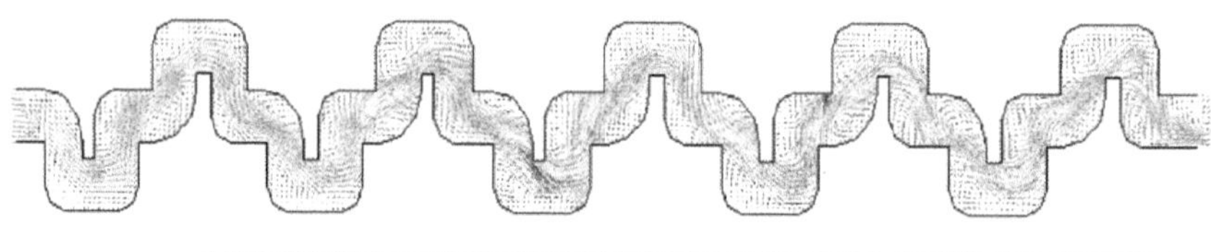

(b) 50μm

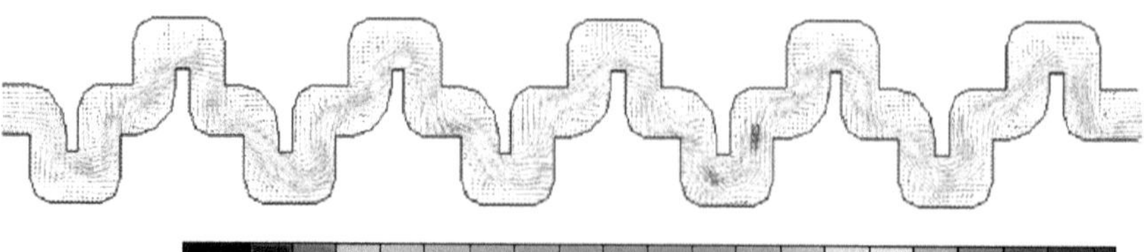

(c) 100μm

图 10.34　流道单元段内三种粒径颗粒物流动速度分布(30kPa)

3. 灌水器结构单元内部颗粒物的运动特性

三种粒径颗粒物在灌水器结构单元内部中心区、近壁面区流动特征的测试结果分别如图 10.35 和图 10.36 所示。从图 10.35 中可以看出，中心区三种颗粒流动速度表现总体趋势较为一致，部分位置尤其是结构突变处和结构突变位置后方，颗粒流动速度表现出随着粒径的增大而减小的现象，这一方面是由于颗粒物的重力与颗粒物的体积成正比，水流拖拽力、升力与投影面积成正比，随着粒径增加，颗粒惯性力增加的幅度大于其他各力，使得颗粒速度降低，颗粒的跟随性随着粒径的增大而减弱；另一方面，突变位置使得压力条件快速改变，而突变位置后方，压力迅速降低，转化给大颗粒的能量迅速减少，使得大颗

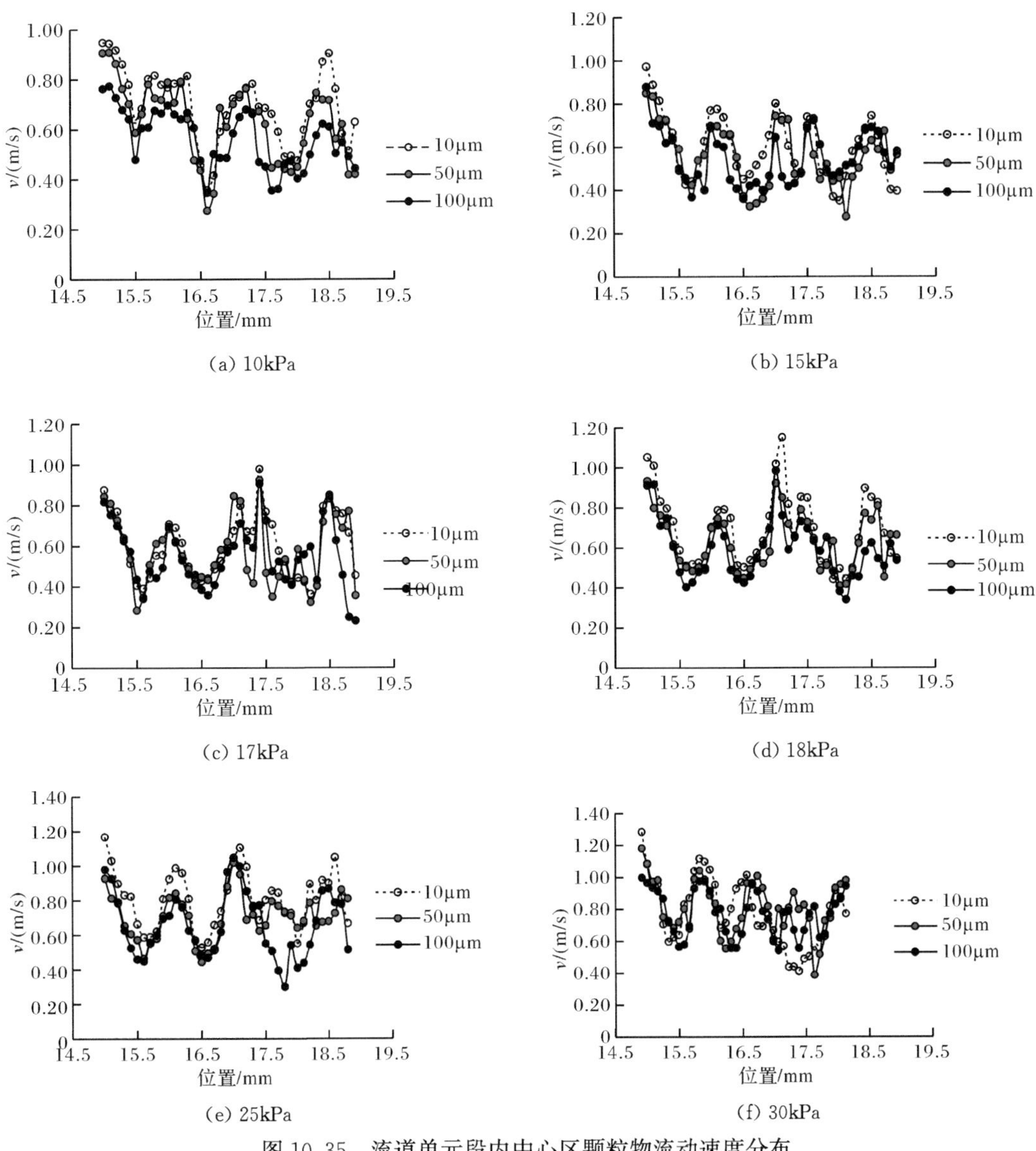

图 10.35 流道单元段内中心区颗粒物流动速度分布

粒速度减小幅度大于小颗粒。随着压力的增大,颗粒的紊乱程度会不断增加。从图 10.36 中可以看出,近壁面区颗粒流动速度较小,速度较为接近,并表现出随颗粒粒径的增大而减小的规律。

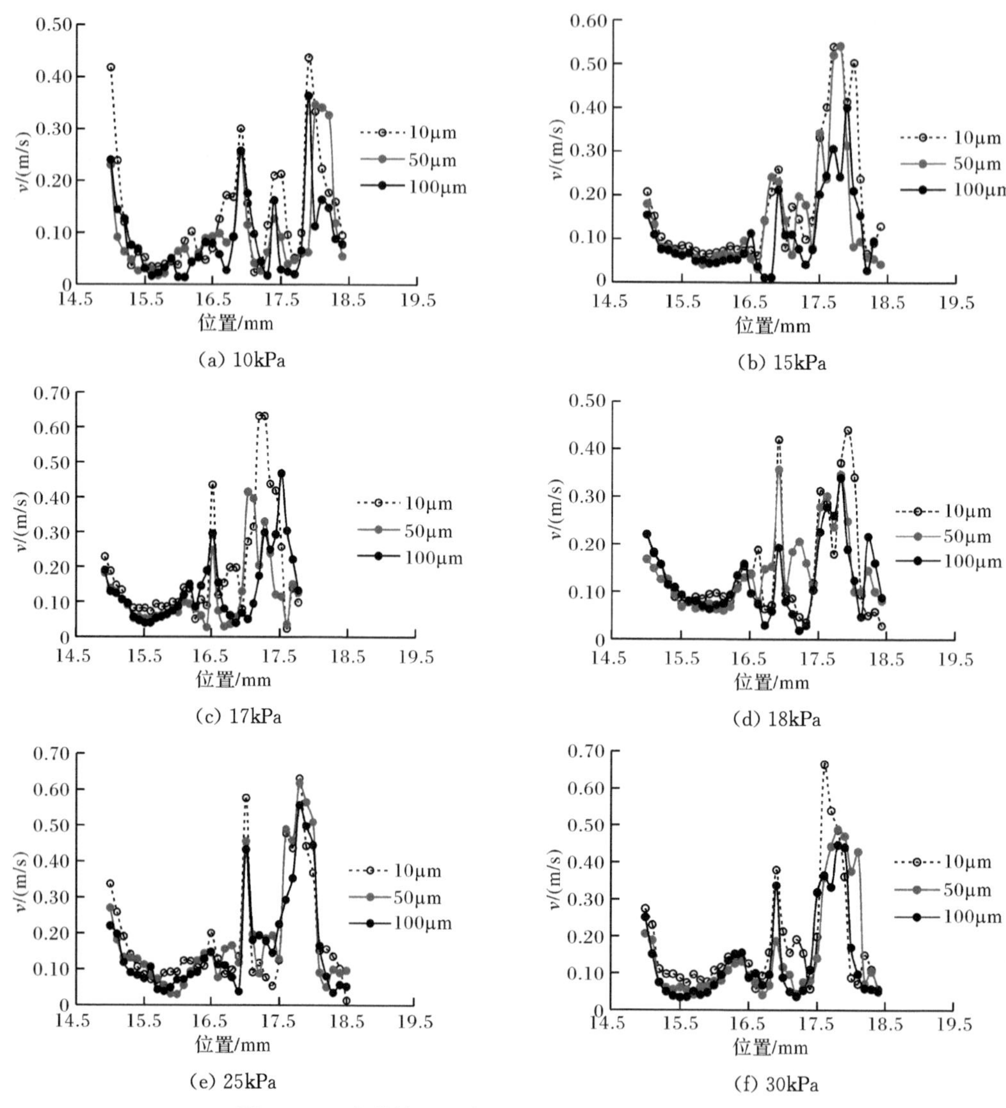

图 10.36　流道单元段内近壁面区颗粒物流动速度分布

4. 灌水器流道内沿深度方向断面的颗粒物运动特征

10μm 和 100μm 两种粒径颗粒物在灌水器流道内运动速度的横断面测试结果分别如图 10.37 和图 10.38 所示。可以看出,水流和颗粒物运动在横断面上也存在很高的非均匀性,侧面速度分布分为两部分,两者速度大小不同且方向相反,横断面内水流和颗粒物运动也存在非主流区,产生漩涡;同时,随着工作压力增加,主流区增加集中。侧向拍摄的 6 种压力作用下单元段流动速度最大值均低于正向拍摄的速度,这是由于颗粒在单元段内并不沿同一直线和平面流动,而是在空间上不断地进行掺混。横断面上表现出的速度矢量不规则地沿流道深度中轴线分布，这是由于受灌水器弧度的影响，水流贴近侧壁面运移，而颗粒会受离心力作用，具有向外壁背离的趋势，这会加速固液分离，增大固体颗粒堵塞灌水器的风险。比较图 10.37 和图 10.38 可以发现，横断面区域也表现出两相速度分离的现象，但在背水区和迎水区的运动规律不尽相同：在 25kPa 以上的较高工作压力下，横断面迎水区颗粒相速度明显低于水相速度，这是因为在较高压力下，水流速度较大，在结构改变区，大颗粒由于惯性与齿壁发生碰撞，速度降低，一部分颗粒随水流向出口输移，另一部分颗粒速度减小，进入非主流区，随着漩涡运动。背水区颗粒相在 25kPa 以下压力表现出与水相较大背离的现象，这是因为刚通过结构突变区域后，突变水流速度逐渐减小，颗粒相速度也随之减小，一部分大颗粒脱离主流区进入下面的非主流区。

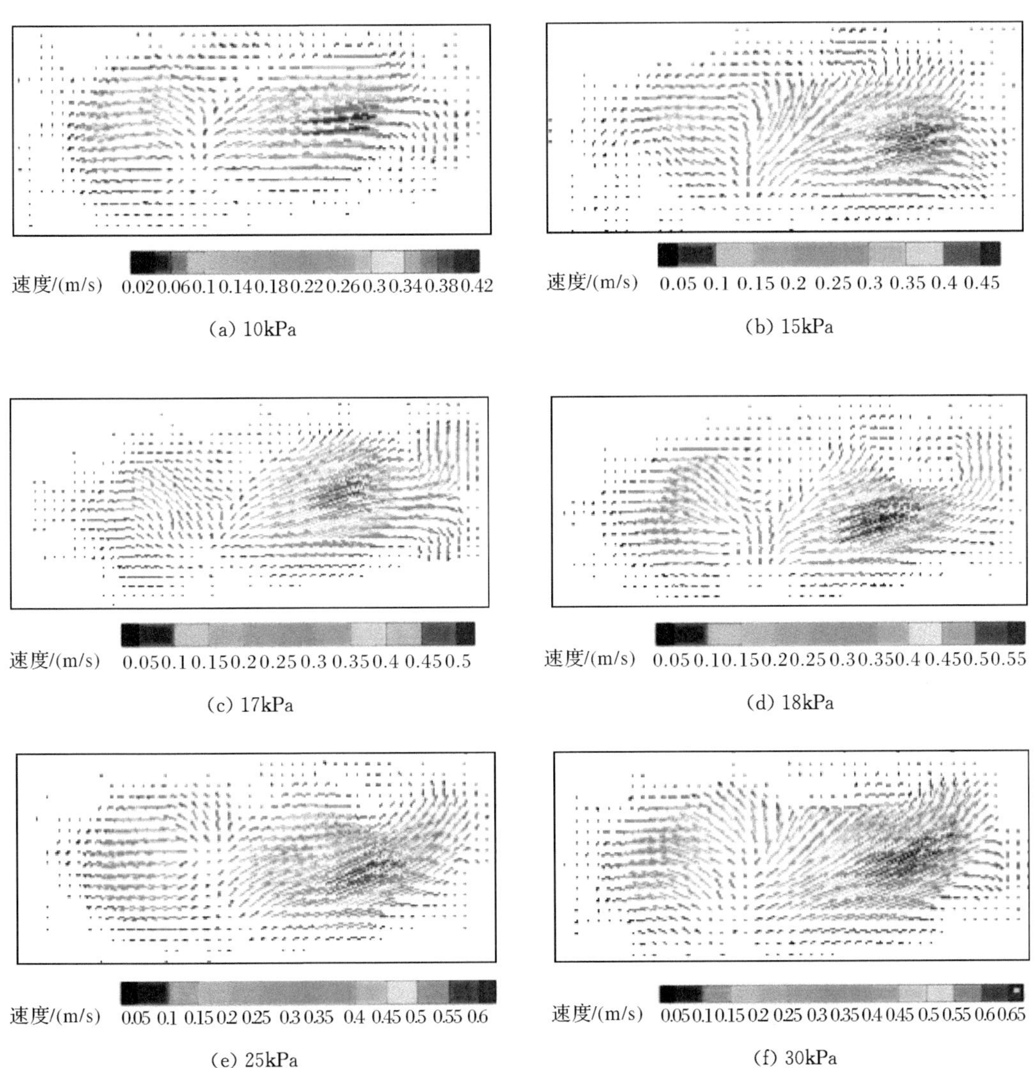

图 10.37　10μm 粒径颗粒物在灌水器流道单元段内运动速度的横断面测试结果

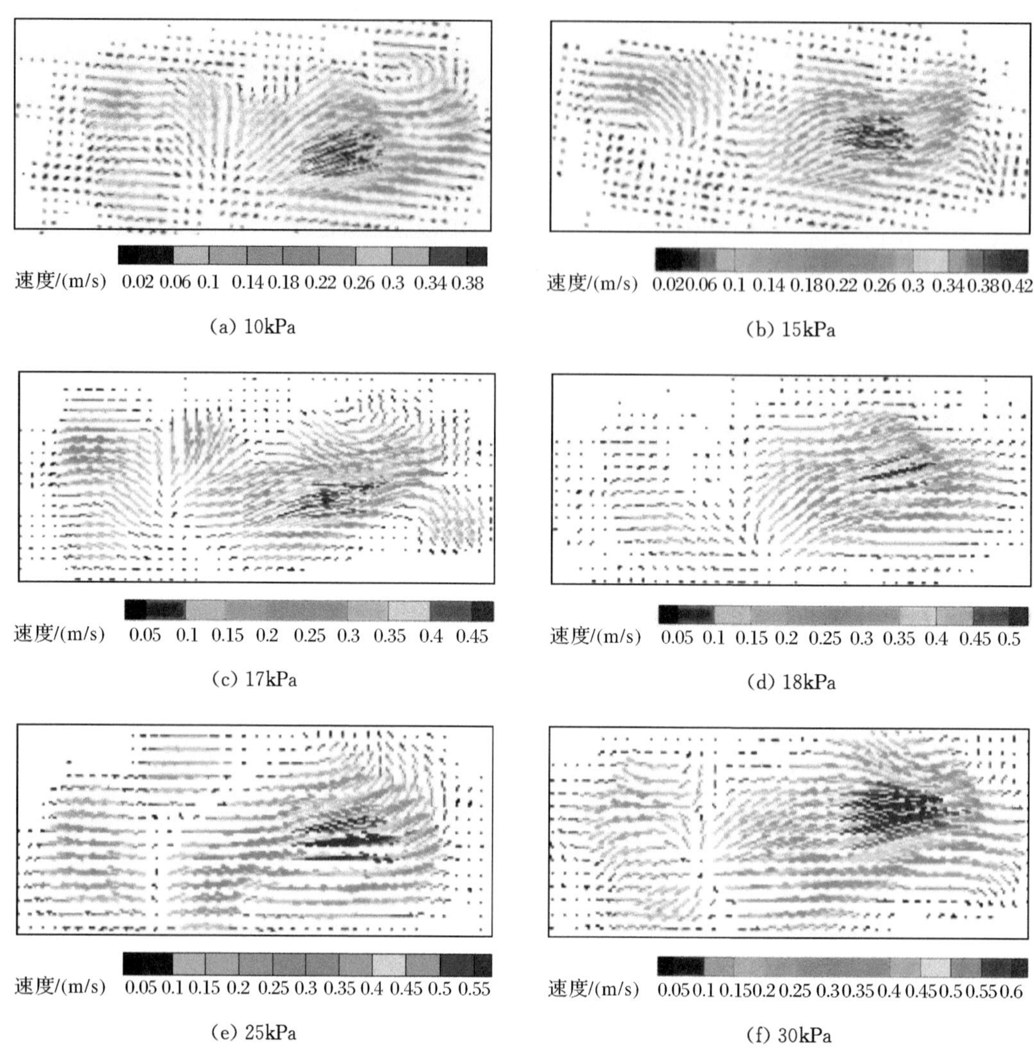

图 10.38　100μm 粒径颗粒物在灌水器流道单元段内运动速度的横断面测试结果

5. 灌水器流道单元段内部涡量分布特征

6 种工作压力下模型单元段内部流动的涡量(S)分布如图 10.39 所示。可以看出，主流区部分涡强较大，从入口一直延续到出口附近，涡强从入口到出口逐渐减弱，在主流区结构突变位置常出现涡量极值，在低速区达到最小值。这是因为在结构突变处，水流急速改变，产生漩涡，随着水流运动，能量逐渐减弱，在水流平顺的低速区漩涡能量耗散殆尽而逐渐消失。涡强也随工作压力的增加而表现出增强的现象。涡量分布也可以在一定程度上间接反映灌水器内部湍流强度的分布。由于紊流的脉动性质，颗粒物在灌水器内部的沉降速度降低，减小颗粒物沉降发生的可能，可将紊流强度作为流道边界优化的因素之一。在流道设计时可考虑较多地布置结构突变区域，增强流道内部的紊动程度，防止颗粒物沉积，或者适当增强灌水器的工作压力；另外，在灌水器设计时可以考虑在流道低速区设置立柱结构，使得水流在低速区产生绕流效果生成卡门涡街，增强水流紊动，以使低速区颗粒充分离底悬浮，同时在灌水器每一低速区均布置相同的立柱结构，能够使得灌水器内部水流产生周期性振动，促进边壁附着物质脱落，增强灌水器的抗堵塞能力。

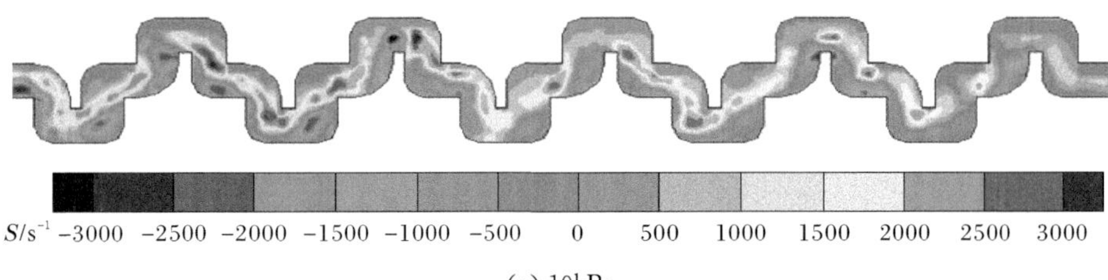

(a) 10kPa

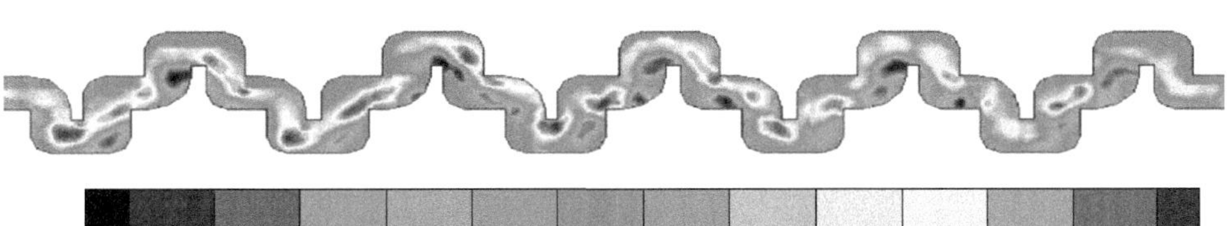

(b) 15kPa

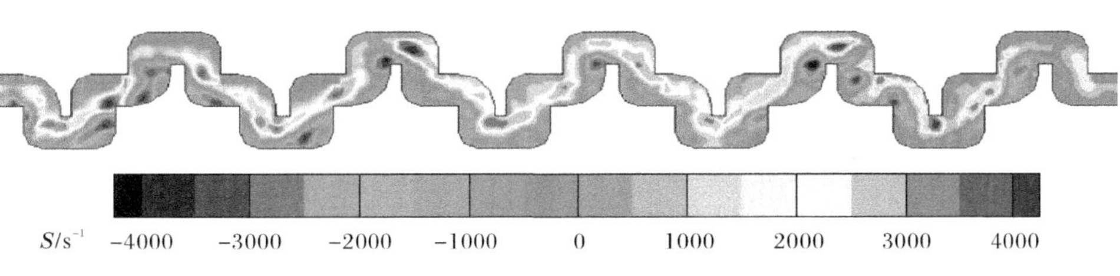

(c) 17kPa

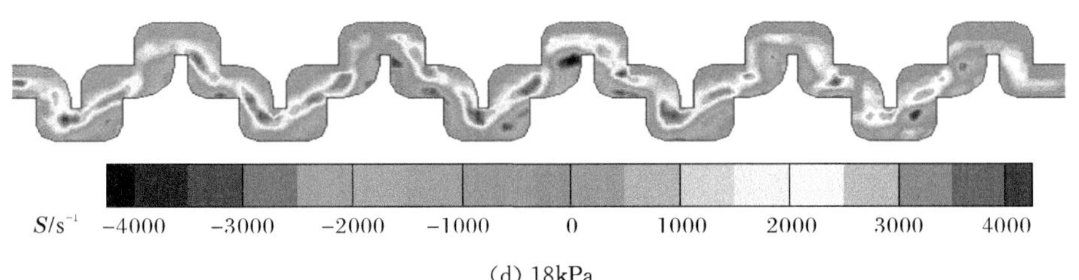

(d) 18kPa

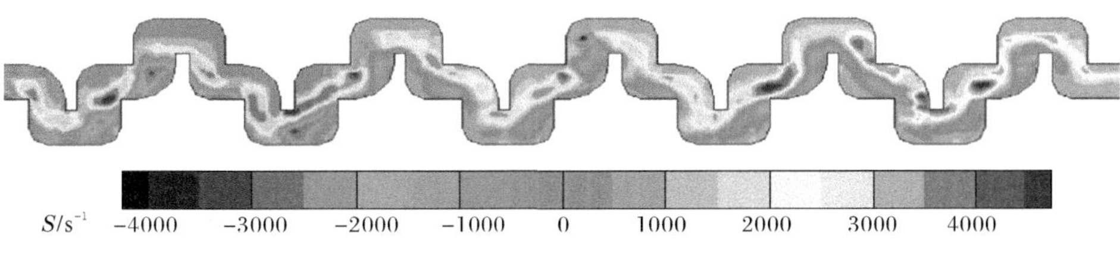

(e) 25kPa

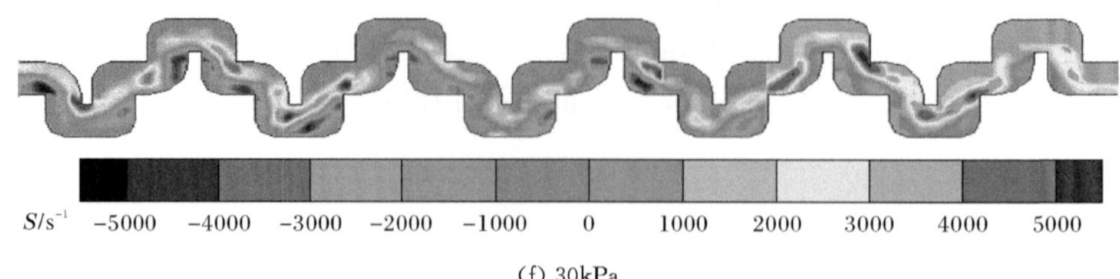

(f) 30kPa

图 10.39 6种工作压力下模型单元段内部流动的涡量分布

10.5.3 不同边界优化形式对颗粒物运动特性的影响

1. 试验概况

本节选取李云开(2005)设计的 M 型分形流道，经过灌水器内部流动的 CFD 分析发现，在流道结构单元的 A(齿跟迎水区)、B(齿跟背水区)、C(齿尖背水区)、D(齿尖迎水区)4 个区域存在流动低速区[图 10.40(a)]，需要进行边界优化。因此，采用不同的圆弧半径对其结构进行优化处理，设置三种边界优化形式：①流道边壁采用半径为 1/2 流道宽度的圆弧优化 A、C、D 三区，半径为流道宽度的圆弧优化 B 区，如图 10.40(b)所示；②流道边壁采用半径为 1/2 流道宽度的圆弧优化 D 区，半径为流道宽度的圆弧优化 A、B、C 三区，如图 10.40(c)所示；③流道边壁采用半径为 1/2 流道宽度的圆弧优化 A 区，半径为流道宽度的圆弧优化 B 区，用半径为 1.2 倍流道宽度的圆弧优化 C、D 两区，如图 10.40(d)所示。

测试用灌水器采用流道单元段结构模型(图 10.41)，并采用平均粒径为 10μm(代表水相)、50μm、100μm 的聚苯乙烯荧光颗粒，密度为 1050kg/m³。单元段工作压力设置 10kPa、25kPa 两个水平。

主要分析结构单元内部流速、涡量分布，并对中心区、近壁面区颗粒物的跟随特性进行分析，中心区和近壁面区取样点分布如图 10.42 所示。

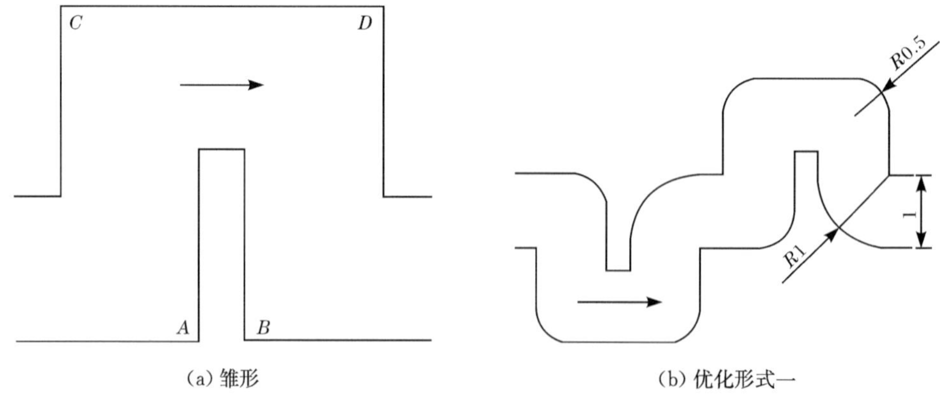

(a) 锥形　　(b) 优化形式一

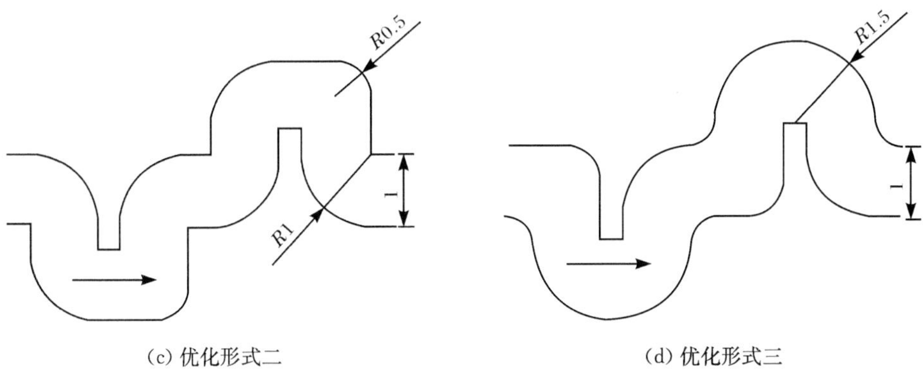

(c) 优化形式二　　(d) 优化形式三

图 10.40　灌水器流道边界优化处理(单位:mm)

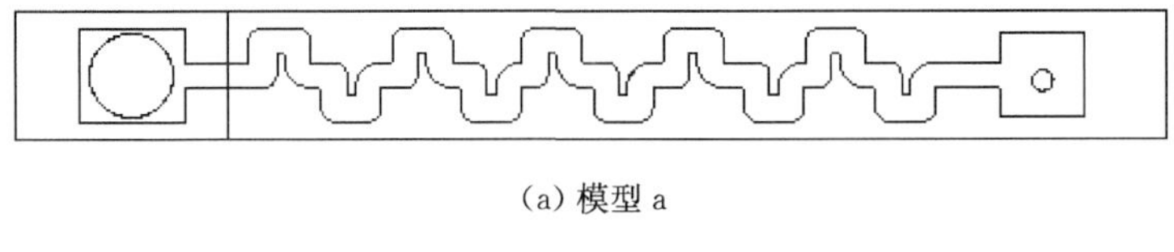

(a) 模型 a

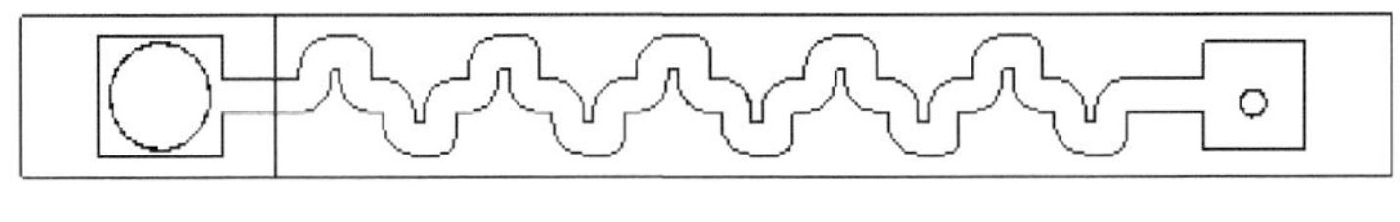

(b) 模型 b

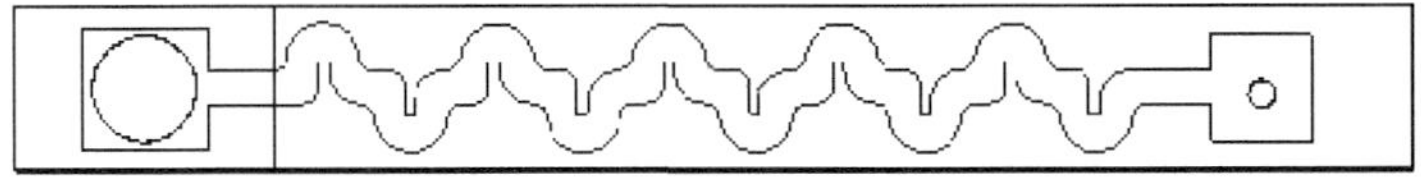

(c)模型 c

图 10.41　三种灌水器流道单元段结构模型

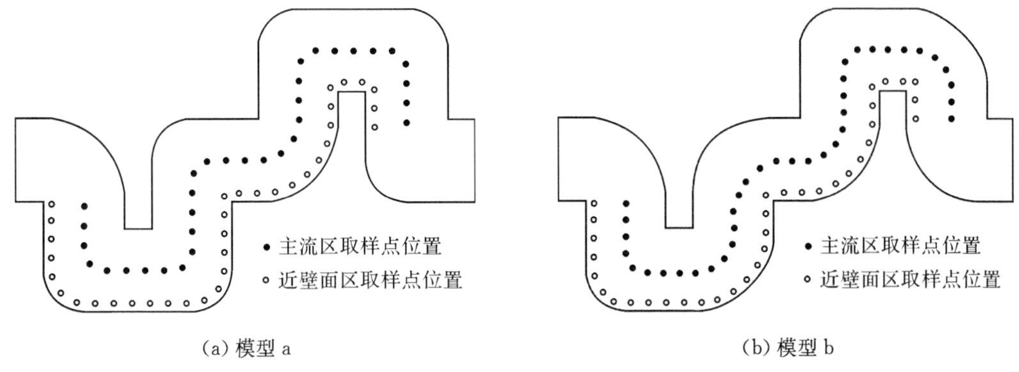

(a) 模型 a　　(b) 模型 b

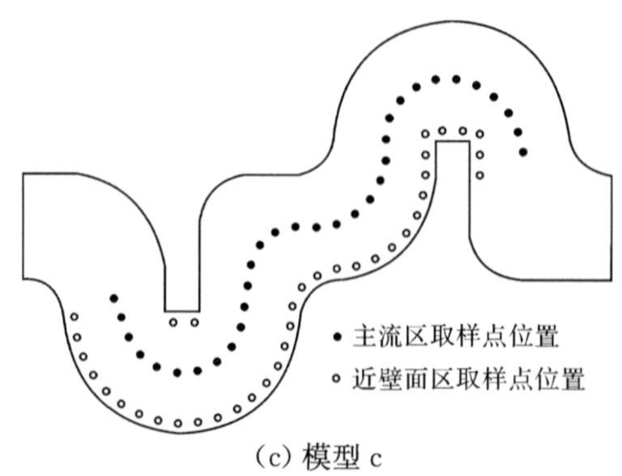

(c) 模型 c

图 10.42　三种灌水器流道单元段结构模型速度取样点位置图

2. 不同边界优化形式对流道内颗粒物流动速度分布的影响

工作压力 10kPa 和 25kPa 条件下三种颗粒物在灌水器流道单元段内的流动速度矢量分布分别如图 10.43 和图 10.44 所示。可以看出，各工况条件下灌水器流道单元段内部流动都具有强烈的非均匀性，呈现出主流区和非主流区的流动差异，主流区速度较高，非主流区速度较低且内部有漩涡存在。模型 a 和模型 b 内部颗粒物最大流动速度在 10kPa 和 25kPa 工作压力下均较为接近，而模型 c 的最大速度明显大于模型 a 和模型 b，而且模型 a 和模型 b 的主流区速度要比模型 c 的主流区速度更加集中。同时，对于基于前面两种优化模式的单元段结构模型 a 和模型 b 的漩涡发育充分，在结构单元的 A、B、D 3 个位置具有 3 个漩涡，而基于第三种优化模式的模型 c，仅在 A、B 两个位置具有 2 个漩涡，漩涡的位置相对固定，并不因为工作压力的改变而变化。三种灌水器流道单元段均表现出随着颗粒物粒径的增加，颗粒物最大流动速度呈现递减的趋势。

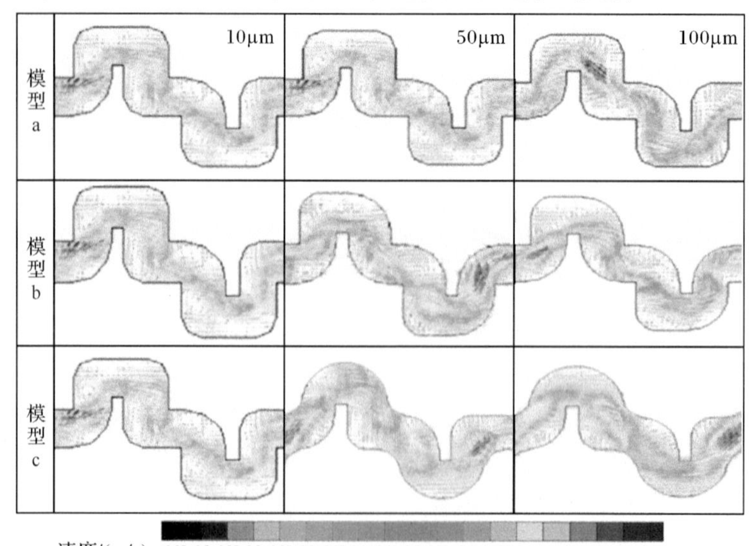

图 10.43　灌水器流道结构单元段内部颗粒物流动速度分布(工作压力 10kPa)

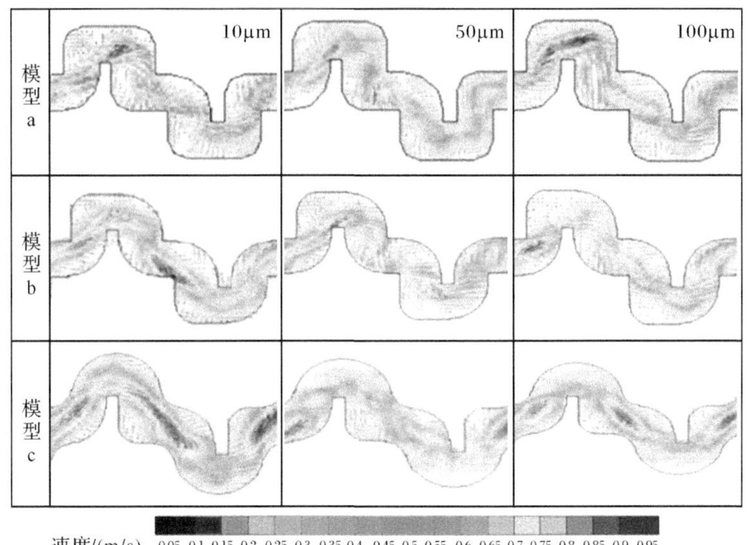

图 10.44　灌水器流道结构单元段内部颗粒物流动速度分布(工作压力 25kPa)

3. 不同边界优化形式对流道内中心区颗粒物运动特性的影响

工作压力 10kPa 和 25kPa 条件下灌水器流道结构单元内部中心区三种颗粒物流动速度分布状况分别如图 10.45 和图 10.46 所示。可以看出，在 10kPa 和 25kPa 的工作压力下，模型 a 和模型 b 中心区的流动速度较为接近，也就是说，两种优化模式显著改变灌水器流道的消能特性，这与 Li 等(2008)对于消除流动滞止区不会降低灌水器消能特性的研究结果较为一致；而对于模型 c，流速显著高于模型 a 和模型 b，主要是由于采用大圆弧结构优化而使得流道阻力、消能效果显著降低。模型 a、模型 b、模型 c 单元段内部水流(10μm 颗粒)运动速度要高于颗粒物(50μm 和 100μm)流动速度；但比较而言，模型 a 中水流运动速度和颗粒物流动速度最为接近，颗粒物流动跟随性较好；而模型 b 和模型 c 中水流和颗粒物流动速度差异较大，颗粒物流动跟随性较差；相对于模型 a 和模型 b，模型 c 颗粒相流动速度偏离水相更为明显，并出现固液速度错峰的现象。同时还发现，50μm 和 100μm 两种颗粒物在灌水器流道单元段内部的流动速度并未呈现规律性变化。

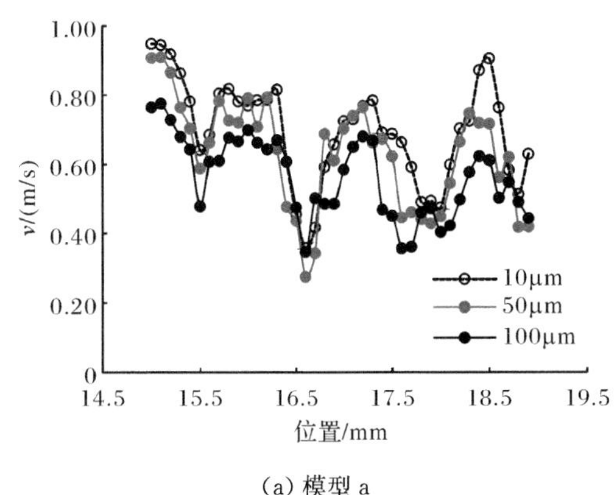

(a) 模型 a

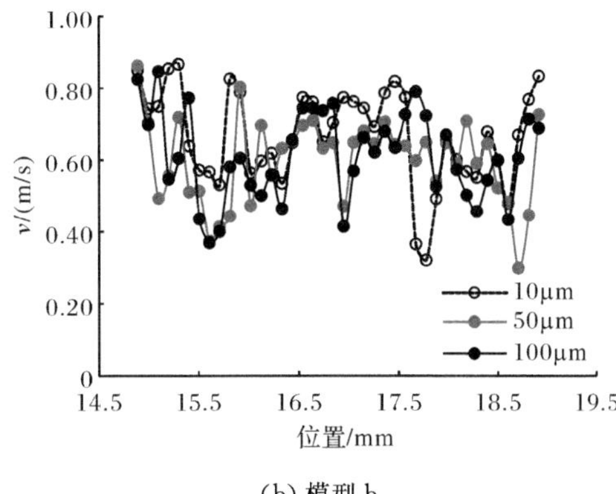

(b) 模型 b

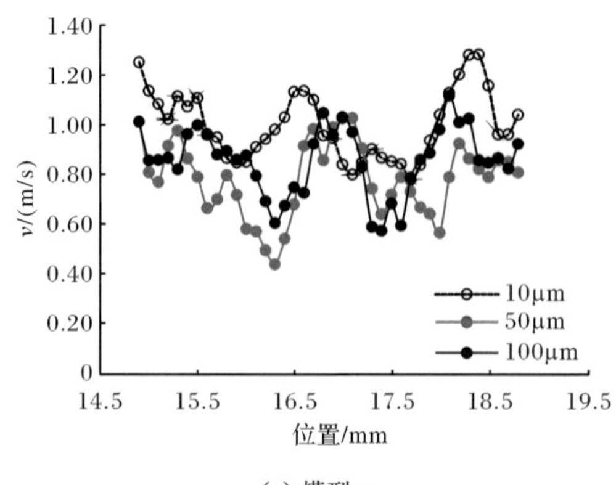

(c) 模型 c

图10.45 10kPa 工作压力下三种流道结构单元中心区颗粒物流动速度分布

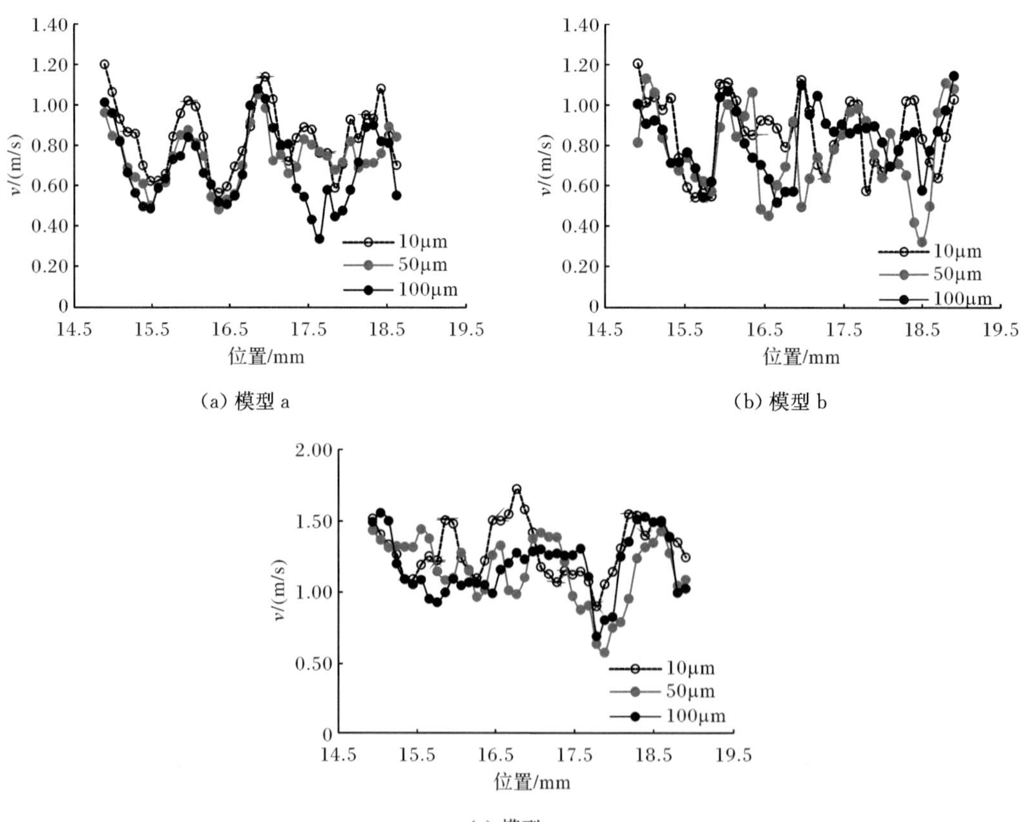

(a) 模型 a

(b) 模型 b

(c) 模型 c

图10.46 25kPa 工作压力下三种流道结构单元中心区颗粒物流动速度分布

4. 不同边界优化形式对流道内近壁面区颗粒物运动特性的影响

工作压力 10kPa 和 25kPa 条件下灌水器流道结构单元内部近壁面区颗粒物流动速度分布状况分别如图 10.47 和图 10.48 所示。可以发现,三种优化模式灌水器流道单元段内部近壁面区流速分布较为一致，在 10kPa 压力条件下差异较小，而在 25kPa 压力条件下差异逐渐增大而变得明显，总体表现为模型 a 低于模型 b，再低于模型 c。对于 B、C 和 D3 个区，近壁面区流速差异较小；而对于 A 区，模型 a 采用 1/2 流道宽度的小圆弧优化，使得该区漩涡得以充分发展，而近壁面区流速增加，使得流道近壁面自清洗能力提升，也就是说，在进行灌水器流道优化时并不是要消除全部的低速区，而需要考虑漩涡的发展态势。由此可见，三种边界优化方法对于近壁面区颗粒物运动的跟随特性影响较小，但当工作压力较低时，采用大圆弧优化会显著降低近壁面区的跟随特性。也就是说，从颗粒物流动速度分布规律来看，较小弧度的改变，如模型 a，并不显著改变流道内部颗粒的输移规律，也不改变流道内部漩涡的分布规律，但是能够在一定程度上起到增强低速区漩涡速度的作用，在灌水器流道结构设计时可考虑将部分结构区域进行弧形优化，使漩涡充分发展，增强流道抗堵塞能力。大圆弧结构优化(模型 b、模型 c)提高了低速漩涡区的平均速度，增强了灌水器内部颗粒物流动速度，但是大圆弧优化减少了漩涡区域，改变了中心区颗粒物输移规律，消能效果有所降低。

5. 灌水器流道结构单元内部流线及涡量分布

灌水器流道结构单元内部粒径为 10μm 的颗粒物流线和涡量分布状况分别如图 10.49 和图 10.50 所示。可以看出，三种灌水器流道结构单元内部颗粒物流线沿流道结构弯曲

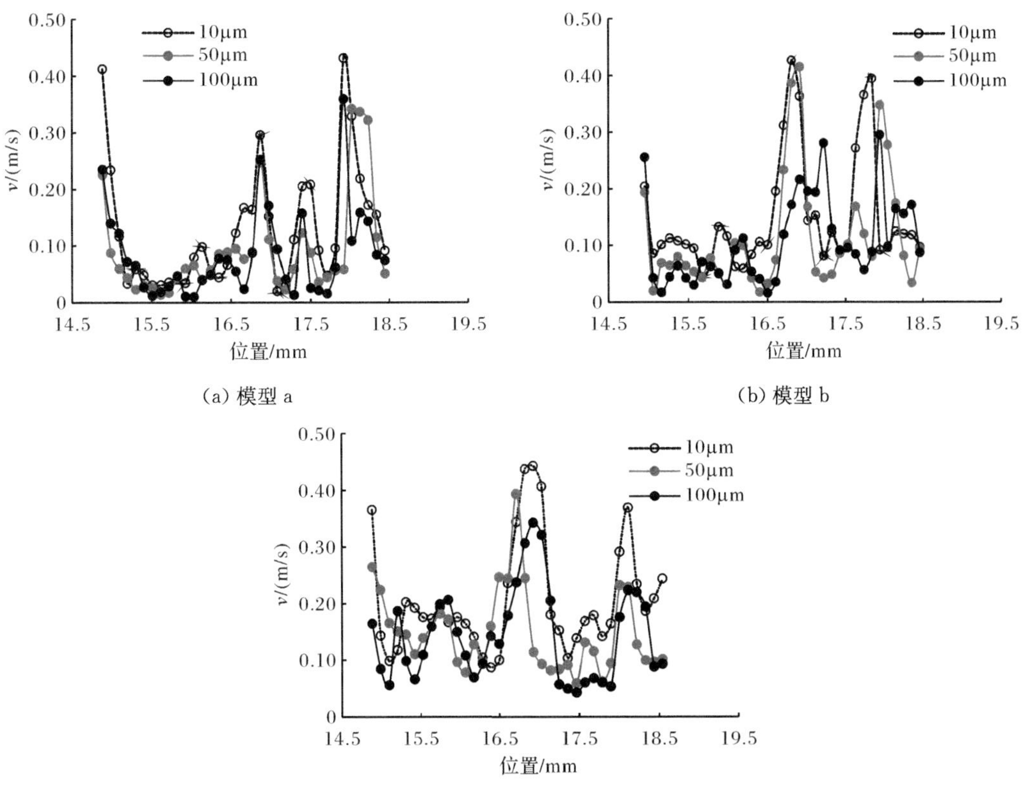

(a) 模型 a　(b) 模型 b

(c) 模型 c

图 10.47　10kPa 工作压力下三种流道结构单元近壁面区颗粒物流动速度分布

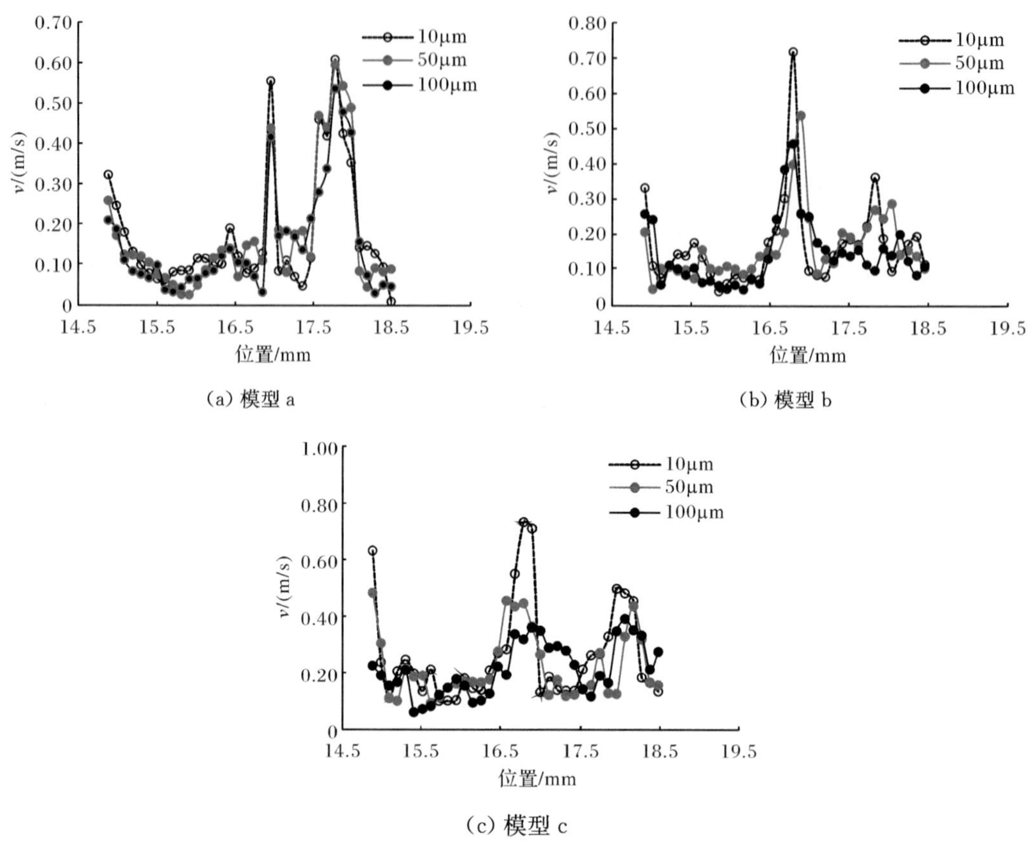

(a) 模型 a

(b) 模型 b

(c) 模型 c

图 10.48　25kPa 工作压力下三种流道结构单元近壁面区颗粒物流动速度分布

多变，主流区流线平滑密集，在非主流区自行封闭形成漩涡。对比发现，在边壁为直角小圆弧[图 10.49(a)]优化比大圆弧优化[图 10.49(b)和(c)]的流线密集，且漩涡较大，发展充分，加强了质点的相对运动，有利于流道消能和自清洗能力的提高。通常流道内转角齿尖处急剧转变，流线变窄，在通过转角后部分流线自闭合形成漩涡。流线经过小圆弧转角处流线发生改变，流线变窄的幅度较小，尖齿转角附近常出现涡量的极值，而圆弧转角附近处涡量变化小于尖齿，尖齿对于流道的扰动能力大于圆弧，因而在结构改变的局部位置和弧段衔接处应将圆弧结构改为尖齿结构以增强速度的突变和更多的能量消耗，并加强流道内部流动的紊乱程度，防止流道的堵塞。

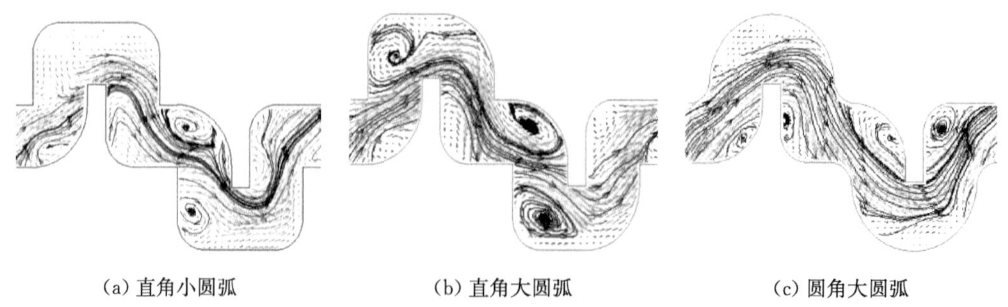

(a) 直角小圆弧　　(b) 直角大圆弧　　(c) 圆角大圆弧

图 10.49　灌水器流道结构单元内部颗粒物流线分布

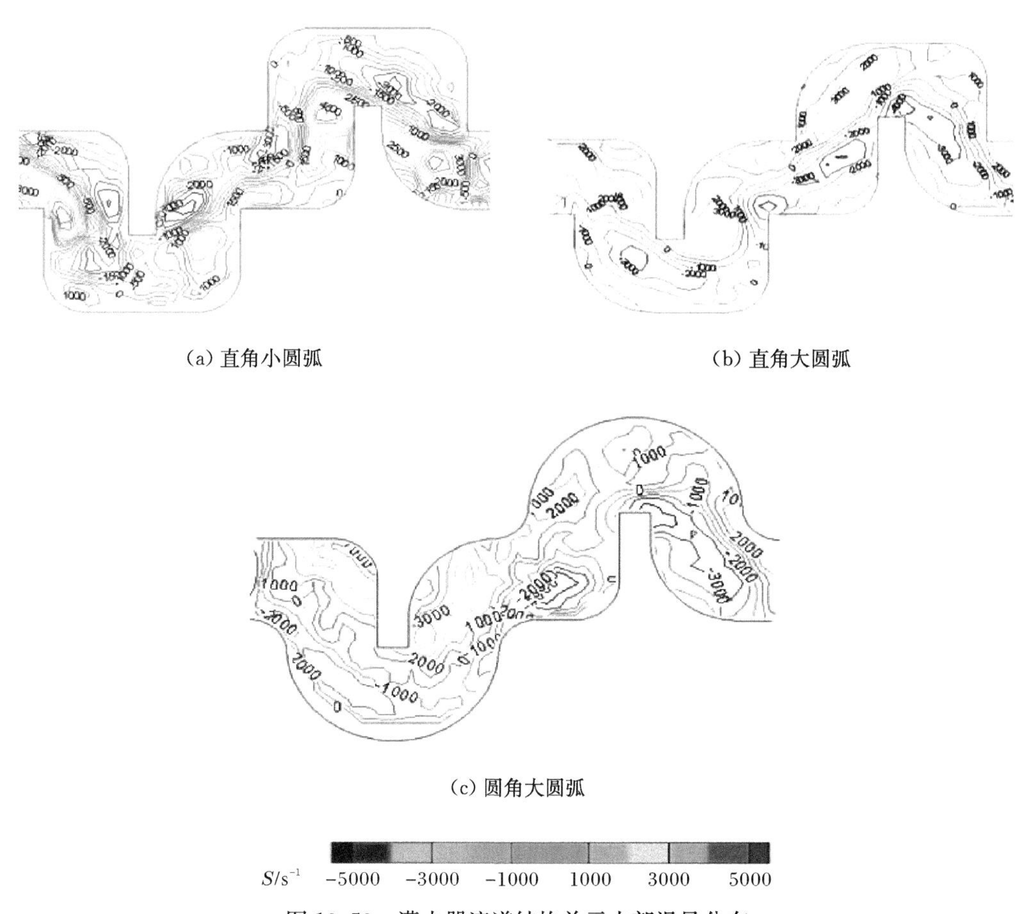

(a) 直角小圆弧

(b) 直角大圆弧

(c) 圆角大圆弧

图 10.50　灌水器流道结构单元内部涡量分布

10.6 小　　结

(1) 原型灌水器及模型灌水器流道内 10μm、50μm、100μm 三种粒径颗粒物的流速分布、跟随性、涡量与流线分布均呈现出一致性。随着压力的增加，原型灌水器和模型灌水器流道内颗粒物最大流动速度差异减小。流道中心区，三种压力条件下原型灌水器和模型灌水器间的总体误差仅在 6.0%以内，而 R^2 在 0.80 以上，能够满足测试要求。所提出的片式灌水器流道内部颗粒物运动特性测试方法是可行的。

(2) 提出的基于迷宫流道最末单元段模型的 DPIV 测试方法可以用于圆柱式灌水器内部流动测试。水流和颗粒物运动在横断面上也存在很高的非均匀性，水流和颗粒物运动也存在二次流动漩涡区，颗粒物和水流运动表现出明显的相分离现象。增加流道突变结构和增大工作压力有利于增强漩涡，在低速区增加圆柱绕流结构以增加低速区漩涡作用，从而提高流道紊流效果，有效控制灌水器堵塞沉积物的形成。

(3) 进行灌水器流道优化时并不是要消除全部的低速区，而是应该充分考虑漩涡的分布特征，使得该区漩涡得以充分发展，实现灌水器水力性能维持和抗堵塞能力提升的协调发展。综合考虑中心区、近壁面区流速、涡量、流线分布特征，对于灌水器 M 型分形流道而言，较为适宜的边界优化形式为：齿跟迎水区、齿尖背水区、齿尖迎水区拟采用半径为 1/2 流道宽度的小圆弧进行优化，齿跟背水区拟采用半径为流道宽度的大圆弧优化。

参考文献

葛令行，魏正英，唐一平，等. 2009. 迷宫流道内沙粒一壁面碰撞模拟与 PIV 实验[J]. 农业机械学报，40(9)：46-50.

金文. 2010. 微灌滴头微通道内流流场实验研究与数值模拟[D]. 西安：西安建筑科技大学.

李云开. 2005. 灌水器分形流道设计及其流动特性的试验研究与数值模拟[D]. 北京：中国农业大学.

李云开，刘世荣，杨培岭，等. 2007. 滴头锯齿型迷宫流道消能特性的流体动力学分析[J]. 农业机械学报，38(12)：59-62.

刘海生. 2010. 滴灌灌水器内流动特征的 DPIV 测试及大涡模拟[D]. 北京：中国农业大学.

王建东，李光永，邱象玉，等. 2005. 流道结构形式对滴头水力性能影响的试验研究[J]. 农业工程学报，2005：100-103.

王文娥，王福军，牛文全，等. 2009. 滴头流道结构对悬浮颗粒分布影响的数值分析[J]. 农业工程学报，25(5)：1-6.

王元，金文，何文博. 2009. 锯齿型微通道内流流场的微尺度粒子图像测量[J]. 西安交通大学学报，43(9)：109-113.

魏正英，赵万华，唐一平，等. 2005. 滴灌灌水器迷宫流道主航道抗堵设计方法研究[J]. 农业工程学报，21(6)：1-7.

闫大壮，杨培岭，任树梅. 2007. 滴头流道中颗粒物质运移动态分析与 CFD 模拟[J]. 农业机械学报，38(6)：71-81.

喻黎明，吴普特，牛文全，等. 2009. 迷宫流道转角对灌水器水力性能的影响[J]. 农业机械学报，2009，40(2)：63-67.

张俊，魏公际，赵万华，等. 2007. 灌水器内圆弧形流道的液固两相流场分析[J]. 中国机械工程，18(5)：589-593.

Li Y K，Yang P L，Xu T W，et al. 2008. CFD and digital particle tracking to assess flow characteristics in the labyrinth flow path of a drip irrigation emitter[J]. Irrigation Science，26(5)：427-438.

第 11 章　滴灌灌水器内部固-液-气多相耦合运动的 CFD 分析方法

CFD 分析方法在滴灌领域的成功应用，为快速、直观、深入研究灌水器性能提供了一种新的手段。目前，解决流体工程领域实际问题的流场模拟及分析软件层出不穷，如 ANSYS Fluent、NUMECA、CFX、STAR-CD 等，其中，在灌水器流道内流场分析中应用最多的商业软件是 Fluent。众多专家学者应用 Fluent（闫大壮等，2007；李云开，2005；李永欣等，2005），采用有限元方法（王尚锦等，2000）、壁面函数法（张俊等，2007；孟桂祥等，2004）、非定常数值计算模型等方法对灌水器内部水流及颗粒物进行了数字化模拟计算与分析。然而，目前 CFD 分析方法集中在固液两相流，有关灌水器内部固-液-气多相耦合运动的研究极为罕见。

基于此，本章在介绍滴灌灌水器三维造型方法的基础上，对常用的多相流动分析软件进行梳理，进而研究灌水器内部多相流动的模拟方法和流动特性，最后介绍灌水器内部气液耦合及水流运动非稳态模拟方法和压力补偿式灌水器内部流固耦合模拟方法。

11.1　固-液-气多相耦合流动分析方法

11.1.1　常见 CFD 分析软件

目前，国内市场常见的三维结构造型软件的产品主要包括 CATIA、Pro/E、UG NX、SolidWorks、Autodesk Inventor 等产品。每个产品都有自己的发展历史和特点，在设计功能、模块设置、操作方法以及外围产品等方面各有千秋。

CATIA（图 11.1）是法国达索公司的产品开发旗舰解决方案。作为产品生命周期管理协同解决方案的一个重要组成部分，它可以帮助制造厂商设计、制造他们未来的产品，并支持从项目前期阶段的设计、分析、模拟、组装到维护的所有工业设计流程。它具有统一的用户界面、数据管理和应用程序接口，在某些领域已经成为最先进的三维设计和模拟软件之一，广泛应用于汽车制造、航空航天、船舶制造、厂房设计、电力与电子、消费品和通用机械制造等领域，能够使企业重用产品设计知识，缩短开发周期，加快企业对市场需求的反应（刘宏新，2015）。1999 年以来，市场上广泛采用其数字样机流程，使该软件逐渐成为世界上最常用的产品开发系统。

Pro/Engineer（简称 Pro/E，图 11.2）操作软件是美国参数技术公司旗下 CAD/CAM/CAE 一体化的三维软件。Pro/E 软件以参数化著称，是参数化技术的最早应用者，在目前的三维造型软件领域中占有重要地位。但在市场应用中，不同的公司还在使用从 Pro/E 2001 到 WildFire 5.0 的各种版本，其中，WildFire 3.0 和 WildFire 5.0 是主流应用版本。Pro/E 操作软件是一套从设计到生产的机械自动化软件，是新一代的产品造型系统，是一个参数化、基于特征的实体造型系统，也是具有单一数据库功能的综合性

图 11.1 CATIA 启动界面

MCAD 软件(詹友刚,2009)。在目前的三维造型软件领域中占有重要地位,并作为当今世界机械 CAD/CAE/CAM 领域的新标准而得到业界的认可和推广。Pro/E 基于特征的方式,能够将设计至生产全过程集成到一起,实现并行工程设计。它不但可以应用于工作站,而且可以应用到单机上。

图 11.2 Pro/E 启动界面

Unigraphics NX(UG NX,图 11.3)由 SIEMENS PLM Software 公司出品,它为用户的产品设计及加工过程提供了数字化造型和验证手段。UG NX 是集 CAD/CAE/CAM 于一体的三维机械设计平台,可提供一个基于过程的产品设计环境,使产品开发从设计到加工真正实现了数据的无缝集成,从而优化企业的产品设计与制造。UG NX 面向过程驱动的技术是虚拟产品开发的关键技术,在面向过程驱动技术的环境中,用户的全部产品以及精确的数据模型能够在产品开发全过程的各个环节保持相关,从而有效实现了并行工程。该软件不仅具有强大的实体造型、曲面造型、虚拟装配和产生工程图等设计功能，而且可进行有限元分析、机构运动分析、动力学分析和仿真模拟，提高设计的可靠性。与此同时，可用建立的三维模型直接生成数控代码，从而用于产品的加工，其后处理程序支持多种类型数控机床(吴明友和宋长森，2015)。UG 提供的二次开发语言 UG/Open GRIP 和 UG/Open API 简单易学，实现功能多，便于用户开发专用 CAD 系统。

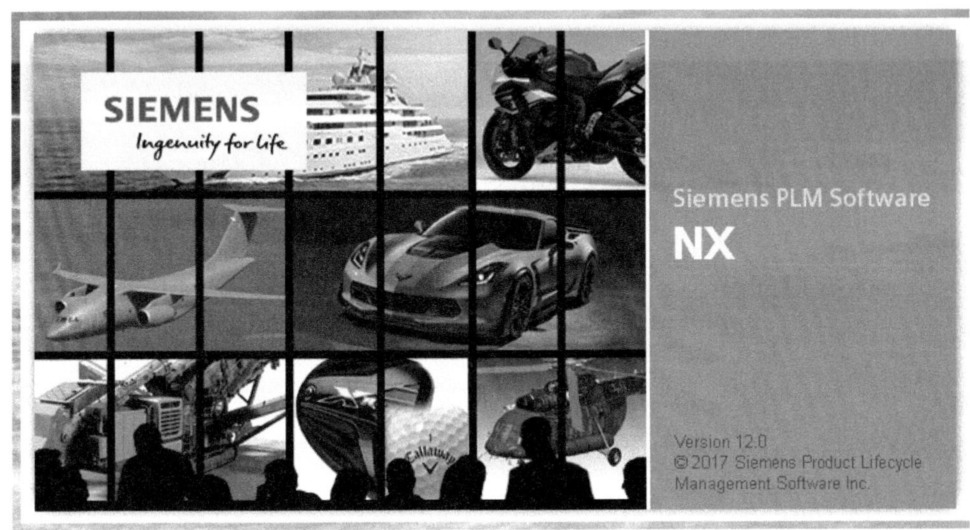

图 11.3 UGNX 启动界面

SolidWorks(图 11.4)是世界上第一个基于 Windows 开发的三维 CAD 系统，由达索系统下的子公司 SolidWorks 开发。由于使用了 Windows OLE 技术、直观式设计技术、先进的 Parasolid 内核(由剑桥大学提供)以及良好的与第三方软件的集成技术，SolidWorks 成为全球装机量大且好用的软件。SolidWorks 3D 实体建模是现代化产品开发的关键方面，为设计、仿真和制造各个行业、应用领域及产品的零件与装配体提供了基础。作为一款新型的三维造型软件，它有一个很好的本地化服务体系，在我国有研发中心，专门针对我国国情做产品研发。SolidWorks 具备功能强大、易学易用和技术创新三大特点，使它成为目前领先的、主流的三维 CAD 解决方案之一(王喜仓和于利民，2014)。SolidWorks 能够提供不同的设计方案、减少设计过程中的错误并提高产品质量。

Autodesk Inventor(图 11.5)是美国 Autodesk 公司于 1999 年底推出的三维可视化实体模拟软件，Autodesk Inventor 是 AutoCAD 用户的最佳选择。它包含三维设计，并且不会增加在二维设计数据和 AutoCAD 专业技术上的附加投资。Inventor 产品线提供了一组全面的设计工具，支持三维设计和各种文档、管路设计及验证设计。Inventor 不仅包含数据管理软件、AutoCAD Mechanical 的二维工程图和局部详图，还在此基础上加入真正的与 dwg 兼容的三维设计。Inventor 在用户界面简单化、三维运算速度和着色功能方面有突破性进展(北京兆迪科技有限公司，2013)。它建立在三维实体模拟核心之上，设计人员能够简单迅速地获得零件和装配体的真实感，这样就缩短了用户设计意图的产生与系统反应时间的距离，从而最小限度地影响设计人员的创意和发挥。

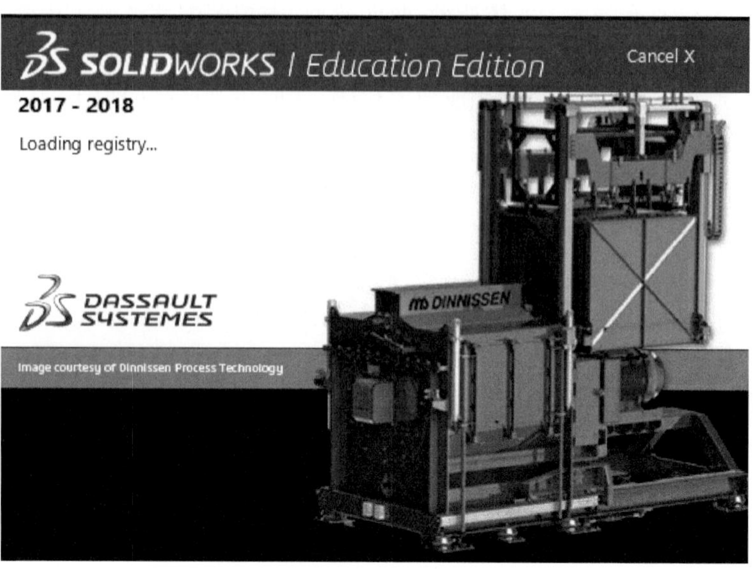

图 11.4　SolidWorks 启动界面

图 11.5　Autodesk Inventor 启动界面

11.1.2　灌水器三维造型方法

灌水器三维造型方法主要分为两部分:灌水器结构尺寸测量和基于测量结果的灌水器三维图绘制。

1. 灌水器结构尺寸测量

在运用软件进行三维造型之前,需要对灌水器尺寸进行测量。为了保证精度及准确性，对典型灌水器结构尺寸的测量主要采用读数显微镜(图 11.6)和游标卡尺(图 11.7)。

图 11.6　读数显微镜

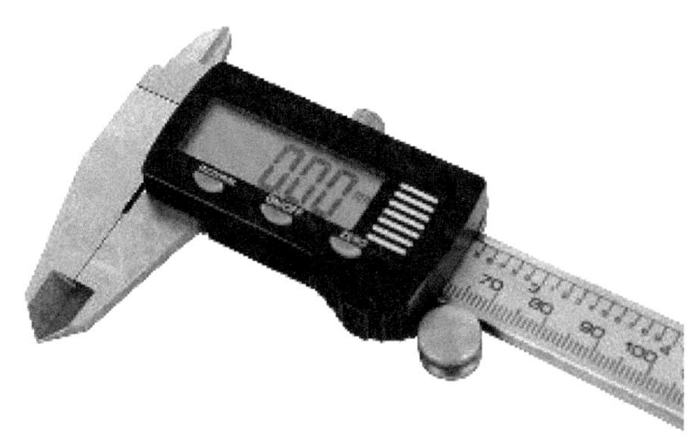

图 11.7　游标卡尺

2. 基于测量结果的灌水器三维图绘制

1) 绘制方法

(1) 新建。

运行软件，在新建中选择建立新零件命令。以 Pro/E 为例，确定后在新面板中选择“mmns-part-solid”项，这样创建出来的模型就是以 mm 为单位的标准件。

(2) 绘制主体部分。

根据已经测量出来的数据绘制主体结构。在窗口中任意选择一个参考平面，进入二维截面绘制状态。在草绘状态下，绘制主体的截面部分，完成后退出草绘模式，进行拉伸完成主体结构。根据结构的不同仍可以在已绘制的主体结构上选择截面继续进行绘制。

(3) 绘制流道。

灌水器的流道在设计时是按照平面设计的，因此要制作其模型，也要先画出其平面流道，然后通过拉伸工具将其投影到曲面上。测量的模型已经经过投影变形，因此在测量数据时需充分考虑这部分误差，尽量选择靠近中间、变形较小的流道进行测量，流道深度即为截面深度最小处的值。

首先新建参考平面，单击选中与灌水器中轴平行的参考面，然后在主体结构外建立一个新的参考平面，运用这个参考面绘制流道平面图。在草绘时系统承担了很大的计算量，建议把每一面流道分成几部分分别进行制作，以减小系统负担。同时，草绘图越复杂，其漏洞越多，最后能拉伸成功的概率也越小。因此，在绘制平面图时需合理地分块分步骤进行，然后通过挖去、拉伸等命令来制作流道。

(4) 绘制其他部分。

附属部分和进水栅格等，其制作比较简单，综合运用草绘工具、拉伸、挖去、陈列、移动等命令可以实现。

2) 注意事项

在运用软件进行三维造型时常常会遇到许多问题,在此列出较常见的需要注意的地方。

(1) 草绘后无法拉伸。

发生这种状况是因为草绘的图不是单线闭合图形。可能是某两条线没有完全连接好,或者是图中的线有部分伸出,没有擦除干净。当要拉伸至某曲面时,还有可能是草绘图形超过曲面范围。发生这些状况,系统并不会提示出现问题的部位,需要自己找出问题,进行改进。在此可用系统左侧模型树,使用"编辑定义"命令进行修改。

(2) 无法修改。

在发现错误后常常要修改部分数据、图形形状或拉伸条件。如果系统提示无法修改,这是因为要修改的这一步骤与其后面的某一步骤有约束关系,在后面步骤不发生改变的条件下,前面的步骤就不能改变与其相关联的部分。要解决这个问题,就要先从后面改起,找到使其不能变化的约束,将其改变或删除。发生这种状况,系统同样不会提示问题所在,所以要求在建模的每一个步骤都要有一个清晰的思路,以应对后续数据的修改。

11.1.3 网格划分软件简介

1. ICEM-CFD

ICEM-CFD 是一种专业的 CAE 前处理软件,为世界流行的 CAE 软件提供高效可靠的分析模型。它拥有强大的 CAD 模型修复能力、自动中面抽取、独特的网格"雕塑"技术、网格编辑技术以及广泛的求解器支持能力。同时作为 ANSYS 家族的一款专业分析软件,还可以集成于 ANSYS Workbench 平台,获得 Workbench 的所有优势。

2. Gridgen

Gridgen 是 Pointwise 公司下的旗舰产品,是专业的网格生成器。它可以生成高精度的网格以使分析结果更加准确。同时它还可以分析并不完美的 CAD 模型,且不需要人工清理模型。Gridgen 可以生成多块结构网格、非结构网格和混合网格,可以引进 CAD 的输出文件作为网格生成基础。生成的网格可以输出十几种常用商业流体软件的数据格式,可供商业流体软件直接使用。对于用户自编的 CFD 软件,可选用公开格式(deneric),如结构网格的 Plot3D 格式和结构网格数据格式。Gridgen 网格生成方法主要分为传统法和各种新网格生成方法。传统方法的思路是由线到面、由面到体的装配式生成方法。各种新网格生成法,如推进方式可以高速地由线推出面,由面推出体。Gridgen 是在工程实际应用中发展起来的,实用可靠是其特点之一。

3. Gambit

Gambit 是为了帮助分析者和设计者建立并网格化 CFD 模型和其他科学应用而设计的一个软件包。Gambit 通过它的用户界面(GUI)来接收用户的输入。Gambit GUI 简单而又直接地做出建立模型、网格化模型、指定模型区域大小等基本步骤,是面向

CFD分析高质量的前处理器，其主要功能包括几何建模和网格生成。由于Gambit本身的强大功能及其快速更新，目前在CFD前处理软件中稳居上游。

4. CFX-Build

CFX-Build是一种以结构分析软件MSC/PATRAN为基础的图形处理系统。CFX-Build将CAD过程和CFD分析的工作相结合，使得工程师在做产品的工程设计时(CAD阶段开发)即可对过程的特性进行分析。CFX-Build可以直接访问各种CAD软件，如CADDS 5、CATIA、Euclidea 3、Pro/E和Unigraphics；可以从任一CAD系统，如MSC/PATRAN和I-DEAS，以IGES格式直接读入CAD图形；具有很强的操作功能，例如，可以自动调整和组合各种曲面，从CAD数据读入高质量网格；具有出色的几何造型能力，例如，可向任意曲面扩展；带有很强的图形处理工具；具有高度自动的曲面和体网格划分能力，以保证可以生成高质量的网格。

11.1.4 模拟求解器软件简介

1. Fluent

Fluent是国际上比较流行的商用CFD软件包，用来模拟从不可压缩到高度可压缩范围内的复杂流动。在美国市场具有较高的占有率，凡是与流体、热传递和化学反应等有关的工业均可使用。它具有丰富的物理模型、先进的数值方法和强大的前后处理功能。Fluent采用多种求解方法和多重网格加速收敛技术，因此能达到最佳的收敛速度和求解精度。灵活的非结构化网格和基于解的自适应网格技术及成熟的物理模型，使Fluent在转换与湍流、传热与相变、化学反应与燃烧、多相流、旋转机械、动/变形网格、噪声、材料加工、燃料电池等方面有广泛应用。目前，与Fluent配合最好的标准网格软件是ICEM。

2. STAR-CD

STAR-CD是Computational Dynamics公司开发出来的全球第一个采用完全非结构化网格生成技术和有限体积方法来研究工业领域中复杂流动的流体分析商用软件包。STAR-CD能够对绝大部分典型物理现象进行建模分析，并且拥有较为高速的大规模并行计算能力。网格生成工具软件包PROAM软件利用"单元修整技术"这一核心技术，使得各种复杂形状几何体能够简单快速地生成网格，其可以应用到工业制造、化学反应、汽车动力、结构优化设计等其他许多领域的流体分析。此外STAR-CD可以同全部的CAE工具软件数据进行连接对口，从而便于各种工程开发与研究。

3. PHOENICS

PHOENICS是世界上第一套计算流体与计算传热学商业软件。它是国际计算流体与计算传热的主要创始人、英国皇家工程院院士Spalding及40多位博士20多年心血的典范之作。PHOENICS最大限度地向用户开放了程序，用户可以根据需要任意修改、添加用户程序和用户模型。PLANT和INFORM功能的引入使用户不再需要编写Fortran

源程序，GROUND 程序功能使用户更加任意和方便地修改添加模型。用户接口功能，完成用户数学表达式的输入，IF 判断等功能方便了用户控制自定义的边界条件、初始条件、材料物性等参数的输入。PHOENICS 可以读入任何 CAD 软件的图形文件，且具有 20 多种湍流模型及多种多相流模型等。

4. EURANUS

1992 年，NUMECA 国际公司在国际著名叶轮机械气体动力学及 CFD 专家、比利时皇家科学院院士、布鲁塞尔自由大学流体力学系主任 Charles 的倡导下成立。其核心软件是在该系 20 世纪八九十年代为欧洲宇航局编写的 CFD 软件——欧洲空气动力数值求解器(EURANUS)的基础上发展起来的。2002 年 EURANUS 进入中国，截至 2012 年已有来自航空航天、海洋船舶、能源动力、交通运输、兵器等行业的 1000 多家用户。EURANUS 求解器多级(10 级以上)求解性能良好，求解三维雷诺平均的 Navier-Stokes 方程。采用多重网格加速技术和全二阶精度的差分格式。基于 MPI 平台的并行处理，可求解二维、三维、定常/非定常、可压/不可压，单级或多级，或整个机器的黏性/无黏流动；也可以处理任何真实气体，有多中转/静子界面处理方法、自动冷却孔计算的模块、多级通流计算、自动初场计算、湿蒸汽计算、共轭传热计算、气固两相流计算等。

11.1.5　后处理软件简介

1. Tecplot

Tecplot 系列软件是由美国 Tecplot 公司推出的功能强大的数据分析和可视化处理软件。它包含数值模拟和 CFD 结果可视化软件 Tecplot 360、工程绘图软件 Tecplot Focus，以及数值模拟可视化分析软件 Tecplot RS。

Tecplot 360 是一款将工程绘图与先进的数据可视化功能结合为一体的数值模拟和 CFD 结果可视化软件。它能按照用户的设想迅速地根据数据绘图并生成动画，对复杂数据进行分析，进行多种布局安排，并将用户的结果与专业的图像和动画联系起来。它提供了丰富的绘图格式，包括 x-y 曲线图、多种格式的二维和三维面绘图以及三维体绘图格式，而且该软件易学易用，界面友好。另外，针对 Fluent 软件有专门的数据接口，可以直接读入 *.cas 和 *.dat 文件，也可以在 Fluent 软件中选择输出的面和变量，然后直接输出 Tecplot 格式文档。

2. CEI EnSight

EnSight 由美国 CEI 公司研发，是一款尖端的科学工程可视化与后处理软件，拥有比当今任何同类工具更多、更强大的功能。基于图标的用户接口易于掌握，并且能够很方便地移动到新增功能层中。EnSight 可以在所有主流计算机平台上运行，支持大多数主流 CAE 程序接口和数据格式。

CEI EnSight 提供了一些旨在满足后处理和可视化的 CAE 用户需求的产品范围。从一个人的小项目，到大型机构间的合作项目，工程师、学生和科学家都可以从 CEI

EnSight的软件中受益。免费版的 CFD EnSight 可以帮助学生或其他任何人可视化一些小型数据集，而 EnSight Gold 和 DR 通常使用在世界大型的超级计算机中，后处理超过成百亿元素的数据集。而在两者之间的全部范围，CEI 亦有完整的产品，以适应一般工程任务的需要。除了标准的后处理，CEI 还提供了许多强大的选择以便用户与他人分享：从美观地揭示图像和有趣的动画图形输出，到利用全功能免费的 3D 浏览器来分享模型和后处理结果，再到充分沉浸式虚拟现实演示。

3. FieldView

FieldView 是 CFD 中最受欢迎的后处理器之一，与其他 CFD 软件具有良好的结合性，还减少了使用者在转档上的麻烦，它不仅能提供套装软件，如 STAR-CD、CFX、Fluent 等可以直接读入 FieldView，而且使用者可自行编译程序，将网格以及后处理结果用 Plot3D 标准格式转入 FieldView 内，进而以图形或动画的方式来呈现研究成果。

FieldView 有丰富的图形和视觉包，可以在同一画面上表达多样的资料，如 Scalar data、Vector data、Streamline、Iso-surface、XYZplot 及暂态等资料，并可转成 .avi 文档，以动画的方式来表达数值结果，且 FieldView 支持 OpenGL 格式，所以呈现的画面非常华丽，在制作投影简报或书面资料时更能充分吸引聆听者的注意力并表达出研究人员的想法。

4. AVS/Express

AVS/Express 开发版是一个可以在各种操作系统下开发可视化应用程序的平台，通过该平台可以快速建立具有交互式可视化和图形功能的科学和商业应用程序。开发者可以使用其面向对象的可视化编程环境，在一个开放和可扩展的环境下快速建立应用程序原型。

AVS/Express 的可视化编程环境提供了一个易于使用的编程接口，这个环境增加了软件的可重用性，从而提高了软件开发的效率，是目前市场上功能较强的可视化开发工具。开发者除可以使用诸如二维和三维图形观察器之类的高级对象之外，还可以对高级对象进行重新定制。开发版对其支持的所有平台均是授权的，用户可将其应用程序生成各种平台下的标准执行程序，脱离 AVS/Express 单独执行。

11.2　灌水器内部水流运动的数值模拟方法与消能机理

11.2.1　稳态模拟方法

1. 基本控制方程

流体流动受物理守恒定律的支配，无论多么复杂的流动问题都服从物理学中的三大定律，即质量守恒定律、动量守恒定律和能量守恒定律。灌水器内部的水流运动可视为常温下黏性不可压缩流体运动，可以不考虑能量交换引起的温度场变化。因此基本控制方程由质量守恒方程和动量守恒方程（Navier-Stokes 方程）构成，其在笛卡儿坐标系下的基本控制方程如下。

质量守恒方程：

$$\frac{\partial\rho}{\partial t}+\frac{\partial(\rho u)}{\partial x}+\frac{\partial(\rho v)}{\partial y}+\frac{\partial(\rho w)}{\partial z}=0 \tag{11.1}$$

动量守恒方程(Navier-Stokes 方程)：

$$\frac{\partial(\rho u)}{\partial t}+\frac{\partial(\rho uu)}{\partial x}+\frac{\partial(\rho uv)}{\partial y}+\frac{\partial(\rho uw)}{\partial z}$$

$$=\frac{\partial}{\partial x}\left(\mu\frac{\partial u}{\partial x}\right)+\frac{\partial}{\partial y}\left(\mu\frac{\partial u}{\partial y}\right)+\frac{\partial}{\partial z}\left(\mu\frac{\partial u}{\partial z}\right)-\frac{\partial p}{\partial x}+S_u \tag{11.2a}$$

$$\frac{\partial(\rho v)}{\partial t}+\frac{\partial(\rho vu)}{\partial x}+\frac{\partial(\rho vv)}{\partial y}+\frac{\partial(\rho vw)}{\partial z}$$

$$=\frac{\partial}{\partial x}\left(\mu\frac{\partial v}{\partial x}\right)+\frac{\partial}{\partial y}\left(\mu\frac{\partial v}{\partial y}\right)+\frac{\partial}{\partial z}\left(\mu\frac{\partial v}{\partial z}\right)-\frac{\partial p}{\partial y}+S_v \tag{11.2b}$$

$$\frac{\partial(\rho w)}{\partial t}+\frac{\partial(\rho wu)}{\partial x}+\frac{\partial(\rho wv)}{\partial y}+\frac{\partial(\rho ww)}{\partial z}$$

$$=\frac{\partial}{\partial x}\left(\mu\frac{\partial w}{\partial x}\right)+\frac{\partial}{\partial y}\left(\mu\frac{\partial w}{\partial y}\right)+\frac{\partial}{\partial z}\left(\mu\frac{\partial w}{\partial z}\right)-\frac{\partial p}{\partial z}+S_w \tag{11.2c}$$

也可写成如下张量形式：

$$\frac{\partial\rho}{\partial t}+\frac{\partial u_j}{\partial x_j}=0 \tag{11.3}$$

$$\frac{\partial}{\partial t}(\rho u_i)+\frac{\partial}{\partial x_j}(\rho u_i u_j)=\frac{\partial}{\partial x_j}\left(\mu\frac{\partial u_i}{\partial x_j}\right)-\frac{\partial p}{\partial x_j}+S_i \tag{11.4}$$

式中，ρ 为流体密度，kg/m^3；t 为时间，s；u、v、w 分别为流速在 x、y、z 三个坐标轴方向的分量，m/s；p 为流体的压力，Pa；S_u、S_v、S_w为广义源项。

2. 湍流模型

灌水器流道结构复杂且弯曲多变，内部流动为复杂的湍流流动。湍流是一种非常复杂的三维非稳态、带旋转的不规则运动，湍流数值模拟方法可以分为直接数值模拟(direct numerical simulation，DNS)方法和非直接数值模拟方法。直接数值模拟方法是指直接求解瞬时湍流控制方程，该方法对计算机的要求非常高，还未广泛用于实际工程计算。非直接数值模拟方法是不直接计算湍流的脉动特性，而是设法对湍流进行近似和简化处理，根据采用的近似和简化方法不同，可将非直接数值模拟分为大涡模拟(large eddy simulation，LES)、雷诺平均法(Reynolds average numerical simulation，RANS)和统计平均法。其中雷诺平均法是最常用的一种方法，具体分类如图 11.8 所示。

1) 直接数值模拟方法

直接数值模拟是直接用瞬时 Navier-Stokes 方程对湍流进行计算。直接数值模拟最大的好处是无须对湍流流动做任何简化或近似，理论上可以得到相对正确的计算结果。

试验测试表明，在一个 0.1m×0.1m 大小的流动区域内，在高雷诺数的湍流中包含尺度为 10～100μm 的涡，要描述所有尺度的涡，则计算的网格节点数将高达 10^9～10^{12}。同时，湍流脉动的频率约为 10kHz。因此，必须将时间的离散步长取为 100μs 以下。在如

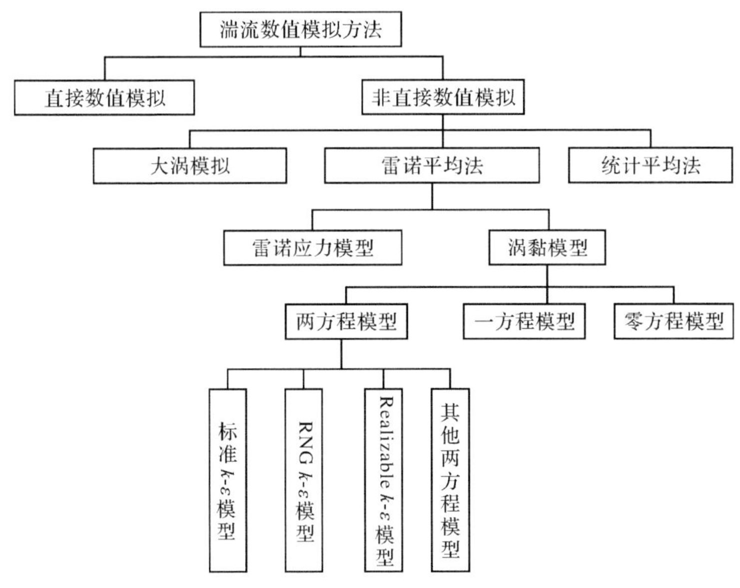

图 11.8　湍流三维数值模拟方法及相应湍流模型

此微小的空间和时间步长下，才能分辨出湍流中详细的空间结构及变化剧烈的时间特性。对于这样的计算要求，现有的计算机能力还是比较困难的。直接数值模拟对内存空间及计算速度的要求非常高，目前还无法用于真正意义上的工程计算，但大量的探索性工作正在进行中。随着计算机技术，特别是并行计算机技术的飞速发展，有可能在不远的将来，将这种方法用于实际工程计算。

2）大涡模拟

大涡模拟是介于直接数值模拟方法与雷诺平均法之间的湍流数值模拟方法，其基本思想为只求解比网格尺度大的湍流运动的瞬时 Navier-Stokes 方程，趋于各向同性的小尺度涡则通过 Navier-Stokes 方程中的亚格子尺度应力（subgrid-scale streese，SGS）模型来体现，已成为湍流研究中的热点和最有发展前景的一种湍流数值模拟方法。

连续性方程：

$$\frac{\partial \rho}{\partial t}+\frac{\partial}{\partial x_i}(\rho u_i)=0 \tag{11.5}$$

大涡的动量方程组：

$$\frac{\partial}{\partial t}(\rho \bar{u}_i)+\frac{\partial}{\partial x_j}(\rho \bar{u}_i \bar{u}_j)=-\frac{\partial \bar{p}}{\partial x_i}+\frac{\partial}{\partial x_j}\left|\mu \frac{\partial \bar{u}_i}{\partial x_j}\right|+\frac{\partial \tau_{ij}}{\partial x_j},\quad i,j=1,2,3 \tag{11.6}$$

目前使用最广泛的模型为

$$\tau_{ij}=-2\mu_t \bar{S}_{ij}+\frac{1}{3}\tau_{kk}\delta_{ij} \tag{11.7}$$

式中，$\bar{S}_{ij}$定义为

$$\bar{S}_{ij}=\frac{1}{2}\left|\frac{\partial \bar{u}_i}{\partial x_j}+\frac{\partial \bar{u}_j}{\partial x_i}\right| \tag{11.8}$$

对湍流黏度 μ_t使用 Samagorin-Lilly 模型，此模型方程为

$$\mu_t = \rho L_s^2 |\overline{S}| \tag{11.9}$$

式中

$$|\overline{S}| = \sqrt{2\,\overline{S}_{ij}\,\overline{S}_{ij}} \tag{11.10}$$

L_s使用的计算公式为

$$L_s = \min(k, C_s V^{1/3}), \quad C_s = 0.1, \quad k = 0.4187 \tag{11.11}$$

3) 雷诺平均法

雷诺平均法的核心是不直接求解瞬时的 Navier-Stokes 方程，而是先求解时均化的方程，这样可以避免直接数值模拟方法计算量大的问题，对于工程实际应用可以取得很好的效果。雷诺平均法是目前使用最为广泛的湍流数值模拟方法。

根据对雷诺应力做出的假定或处理方式不同，目前常用的湍流模型有两大类：雷诺应力模型和涡黏模型。

(1) 雷诺应力模型。

雷诺应力模型进行计算时，除求解控制流体运动的方程外，还需求解 k 方程[式(11.12)]、ε 方程[式(11.13)]和雷诺应力方程：

$$\frac{\partial(\rho k)}{\partial t} + \frac{\partial(\rho k u_i)}{\partial x_j} = \frac{\partial}{\partial x_j}\left[\left(\mu + \frac{\mu_i}{\sigma_k}\right)\frac{\partial k}{\partial x_j}\right] + \frac{1}{2}(P_{ii} + G_{ii}) - \rho\varepsilon \tag{11.12}$$

$$\frac{\partial(\rho\varepsilon)}{\partial t} + \frac{\partial(\rho\varepsilon u_i)}{\partial x_i} = \frac{\partial}{\partial x_j}\left[\left(\mu + \frac{\mu_t}{\sigma_\varepsilon}\right)\frac{\partial\varepsilon}{\partial x_j}\right] + C_{1\varepsilon}\frac{1}{2}(P_{ii} + C_{3\varepsilon}G_{ii}) - C_{2\varepsilon}\rho\frac{\varepsilon^2}{k} \tag{11.13}$$

$$\frac{\partial\rho u_i}{\partial t} + \frac{\partial(\rho u_i u_j)}{\partial x_j} = \frac{\partial}{\partial x_j}\left(\mu\frac{\partial u_i}{\partial x_j} - \rho(\overline{u_i' u_j'})\right) - \frac{\partial p}{\partial x_i} + S_i \tag{11.14}$$

式(11.14)即为雷诺应力方程，比较式(11.14)和瞬时 Navier-Stokes 方程[式(11.2)]可知，雷诺应力方程中包含了与脉动流速相关的二阶关联项$-\rho u_i u_j$，即雷诺应力项。

(2) 涡黏模型。

涡黏模型不直接处理雷诺应力项，而是引入湍流黏度 μ_t，然后把湍流应力表示成湍流黏度的函数，目前应用最广泛的是标准 k-ε 模型和 RNG k-ε 模型。标准 k-ε 模型是在关于湍动能 k 方程的基础上，再加入一个关于湍动能耗散率 ε 的方程，其输运方程分别如下：

$$\rho u_i\frac{\partial k}{\partial x_i} = \frac{\partial}{\partial x_j}\left[\left(\mu + \frac{\mu_t}{\sigma_k}\right)\frac{\partial k}{\partial x_j}\right] + \mu_t\frac{\partial u_i}{\partial x_j}\left(\frac{\partial u_i}{\partial x_j} + \frac{\partial u_j}{\partial x_i}\right) - \rho\varepsilon \tag{11.15}$$

$$\rho u_i\frac{\partial\varepsilon}{\partial x_i} = \frac{\partial}{\partial x_j}\left[\left(\mu + \frac{\mu_t}{\sigma_\varepsilon}\right)\frac{\partial\varepsilon}{\partial x_j}\right] + \frac{C_{1\varepsilon}}{k}\mu_t\frac{\partial u_i}{\partial x_j}\left(\frac{\partial u_i}{\partial x_j} + \frac{\partial u_j}{\partial x_i}\right) - C_{2\varepsilon}\rho\frac{\varepsilon^2}{k} \tag{11.16}$$

湍流黏度 μ_t可表示为 k 和 ε 的函数，即

$$\mu_t = \rho C_\mu\frac{k^2}{\varepsilon} \tag{11.17}$$

涡黏模型的优点是适用范围广、精度合理，但它是半经验公式，在计算如强旋流、弯曲壁面流动或弯曲流线等复杂流动时会有一定的失真。因此学者对它进行改造，提出 RNG k-ε 模型和 Realizable k-ε 模型。前者在 ε 方程中加入一个条件，考虑湍流漩涡，而且提供一个考虑低雷诺数流动黏性的解析公式，这些都改善了精度。后者为湍流黏性增加了一个公式，即为 ε 增加了新的传输方程，对于旋转流动、流动分离和二次流有很好的表现。

本章分别采用标准 k-ε 模型、RNG k-ε 模型以及大涡模拟模型对灌水器水力特性进行计算，并与试验值进行比较，从而选出最优模型。

3. 数值模型选择

在颗粒物运动的模拟中，连续相的准确模拟至关重要，为了确定合适的湍流模型，同时便于验证数值分析的准确性，本节使用不同的湍流模型来计算管道内的连续相流场，借助水力性能试验结果与刘海生(2010)DPIV 测试结果作为校验，构建最优计算模型。

1) 宏观水力特性验证

分别从宏观水力性能和流场内部特性两方面来验证模拟的准确性，首先按照《农业灌溉设备　滴头和滴灌管　技术规范和试验方法》(GB/T 17187—2009)的要求进行水力性能试验，获得灌水器水力特性曲线。分别采用三种数值模拟模型计算水力性能，计算流量系数和流态指数，见表 11.1，模拟和试验方法获得的水力特性曲线如图 11.9 所示。可以看出，三种模型所得到的流量-压力变化趋势相同，与实测流量值相比，标准 k-ε 模型、RNG k-ε 模型、大涡模拟模型计算得到的在额定工作压力下(0.1MPa)的误差分别为 18%、9%、6%，标准 k-ε 模型计算结果误差偏大，且均大于实测值，大涡模拟模型计算结果误差最小。

表 11.1　流量系数和流态指数的计算结果

指标	标准 k-ε 模型	RNG k-ε 模型	大涡模拟模型	实测结果
流量系数 K_d	4.95	4.60	4.20	4.29
流态指数 x	0.54	0.53	0.51	0.53

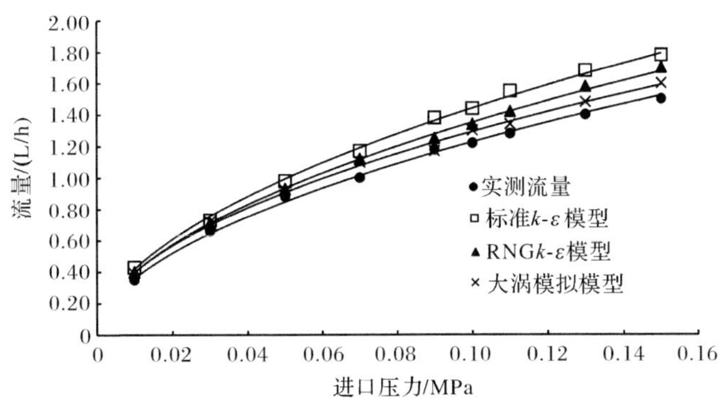

图 11.9　模拟和试验方法获得的水力特性曲线

2) 内部流动细节验证

灌水器内宏观水力特性在一定程度上可以反映内部流场分布，可作为验证的标准之一。但宏观水力特性难以反映内部流动细节，因此结合刘海生(2010)DPIV 试验结果对速度场分布进行校验(图 11.10)。

图 11.10(a)～(c)为 CFD 分析方法获得的在额定压力下灌水器流道内的流场分布情况，图 11.10(d)为在额定压力下 DPIV 的测试结果。可以看出，流道内部流场均表现出

靠近流道中心的区域流速较高，为主流区；靠近流道边壁的尖角位置流速较低，为非主流区；靠近流道边壁的尖角位置，即非主流区内可以明显看到存在漩涡的结构；主流区内相对于非主流区，速度梯度变化明显，湍流程度很高，消能效率高。CFD 模拟流场与试验测试的流场分布具有较高相似性。

RNG k-ε 模型与标准 k-ε 模型的主要区别在于 ε 方程中系数的修正，考虑了高应变率或大曲率过流面等因素的影响，在一定程度上计入了湍流各向异性效应，从而提高了模型在旋流和大曲率情况下的精度，更适合灌水器流道内流场复杂湍流的计算。而大涡模拟模型虽然计算精度高，但是大涡模拟对网格尺度要求高，网格必须加密到足够精细才能分辨出湍流结构，且大涡模拟模型是一种非稳态的计算方法，计算复杂，耗时长，因此大涡模拟模型在求解灌水器复杂湍流流场时，并不作为主要方法。综合考虑计算精度和计算效率两方面，对于灌水器内流场的模拟选择 RNG k-ε 模型最为适合。

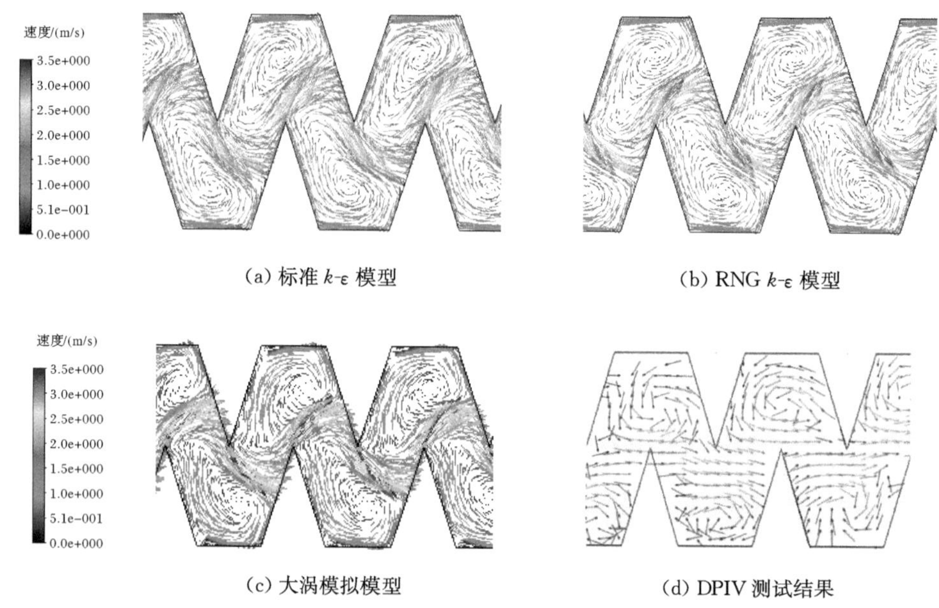

(a) 标准 k-ε 模型　(b) RNG k-ε 模型

(c) 大涡模拟模型　(d) DPIV 测试结果

图 11.10　额定压力下灌水器流道内的流场速度分布及 DPIV 的测试结果

11.2.2　非稳态模拟方法

1. 流体流态判别与模型求解

在流体运动过程中，各空间点上对应的物理量不随时间而改变，则称此流动为定常流，反之则为非定常流。在工作压力一定的条件下，灌水器内部各空间位置上水流的运动不随时间而改变，属于定常流，然而，在经过消能作用后水在灌水器的出口处以成滴的形式非连续流出，属于非定常流。

针对微小尺度流道数值模拟计算，为提高 CFD 模拟计算精度，采用标准 k-ε 模型、RNG k-ε 模型以及大涡模拟模型分别与 VOF 模型相结合的方法对灌水器内部流场进行非定常计算，从而选出较优的计算模型，然后对其结果进行分析，为灌水器结构优化提供可靠的理论依据。

一般黏性流体运动可分为层流和湍流两种状态，所有流体质点均做定向有规则的运动为层流，流体质点做无规则的混杂运动为湍流。流体的流态由雷诺数来判别，其定义如下：

$$Re=\frac{vl}{\nu} \tag{11.18}$$

式中，v 为断面平均速度，m/s；l 为特征长度，m；ν 为流体的运动黏滞系数，m^2/s。

当 $Re<2320$ 时，流动状态为层流，当 $Re>2320$ 时，流动状态为湍流。针对异型管道内的流动，其特征长度取水力当量直径 d 进行分析。水力当量直径 d 可采用以下公式计算：

$$d=4\times\frac{WD}{2(W+D)}\left[\frac{2}{3}+\frac{11}{24}\left(2-\frac{D}{W}\right)\right] \tag{11.19}$$

式中，W 为流道宽度，mm；D 为流道深度，mm。

本章采用模型的水力当量直径 $d=0.55$mm，雷诺数 $Re=7755>2320$，流动状态属于湍流。

采用 NETAFIM 公司的 Streamline 60 内部流体为计算模型，利用日本三丰数显卡尺(精度 0.01mm)测量流道尺寸，运用三维画图软件 UG NX 6.0 建立三维模型，计算域包括片式灌水器内部流体区域和灌水器外部的空气部分。考虑边界对计算精度的影响以及计算成本，灌水器外部流体区域大小取 15mm×15mm×20mm，计算域的入口及出口设置如图 11.11 所示。

利用 CFD 前处理软件 Gambit 对计算域进行网格划分，流道部分采用四面体网格，网格大小为 0.2mm，共约 3 万个网格；灌水器外部区域采用六面体网格划分，网格大小为 0.2mm，共约 65 万个网格，网格总数约为 68 万个，如图 11.12 所示。

采用有限体积法离散控制方程，考虑计算成本，瞬态项采用显示时间积分方案。对于瞬态问题，选用收敛性好且效率高的压力-隐式算子分裂(pressure-implicit with splitting of operators，PISO)算法进行速度与压力之间的耦合计算。

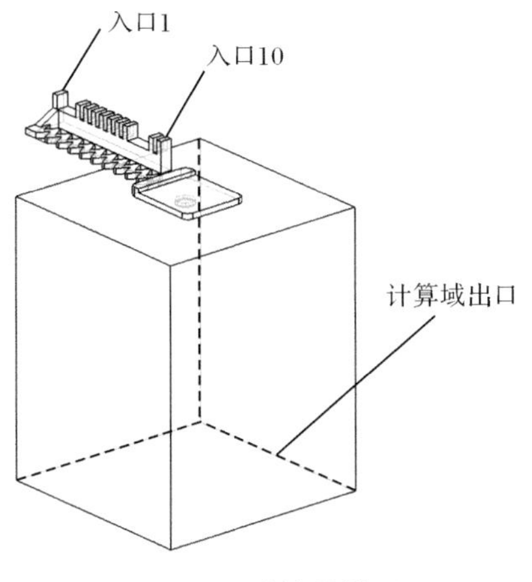

图 11.11　计算域模型

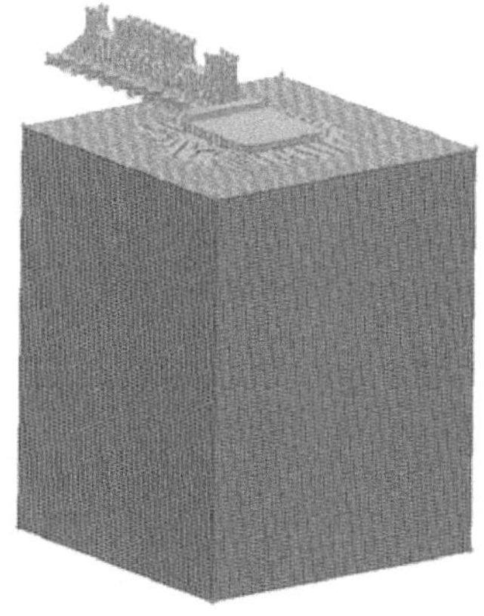

图 11.12　网格划分

近壁面区附近流体受边界层的影响，流速较低，为非充分发展的湍流运动，对此采用壁面函数的方法进行处理。

除了入口和出口处，其他边界处速度矢量均设置为 0，壁面为无滑移壁面边界条件。流道进口设置为压力进口，设置进口压力为 0.1MPa，共 10 个进水口。出口设置为大气压。

水与空气直接表面张力系数设置为 0.073N/m，接触角为 150°，计算时间步长为 10^{-4}s，在水滴即将滴落时，将时间步长调整到 10.5s。

2. 定常非定常计算验证

测量 NETAFIM 公司 Streamline 60 内镶贴片式灌水器在额定工作压力下(0.1MPa)的流量为 1.04L/h，模拟得到的非稳态条件下流量为 1.05L/h，稳态条件下为 1.07L/h，流量偏差分别为 1.0%和 2.9%，均有较高的计算精度，但非定常计算结果更接近实测值，模拟精度更高。因此，本章以非定常计算方法对灌水器内部水力特性进行计算。

非稳态条件下运用三种计算模型得出的速度矢量分布及 DPIV 试验结果如图 11.13 所示。可以看出，采用三种模型计算得到的速度分布规律基本相同，标准 k-ε 模型和 RNG k-ε 模型计算得到的速度矢量分布类似，采用大涡模拟模型流道内部出现明显的漩涡。

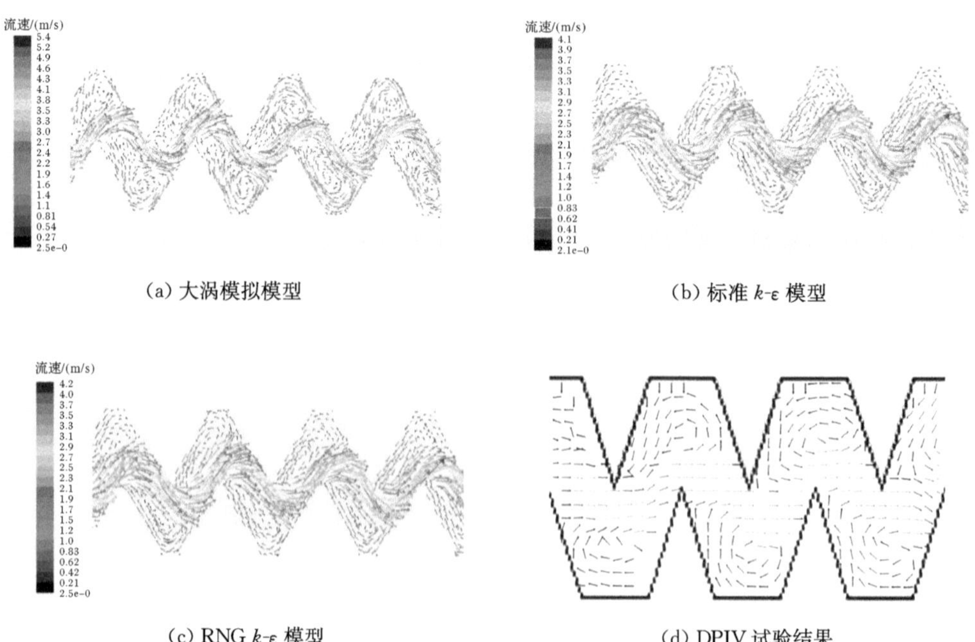

(a) 大涡模拟模型　(b) 标准 k-ε 模型

(c) RNG k-ε 模型　(d) DPIV 试验结果

图 11.13　非稳态条件下三种计算模型的速度矢量分布及 DPIV 试验结果

11.2.3　流动特性与消能机理

1. 速度场分布

灌水器内部流场速度矢量分布如图 11.14 所示，迷宫流道近壁面区速度分布曲线如图 11.15 所示。

从图 11.14 可以看出，水流经过曲折的迷宫流道后能量减小，经消能流道进入面积较大的缓水区，速度突然降低，水流由于惯性作用继续前进，在孔口处成漩涡状流出。速度在迷宫流道内流动规律为每刚刚经过齿间部位，速度会迅速增大，达到最高峰值后又会迅速下降(图 11.15)。这是由于高速水流绕过齿尖 A 后射向壁面 C 处，大部分水流沿着壁面 C 进入下一个消能单元结构，而另一部分水流则形成低速流 B 区。流体进入出口附近缓水区后速度会明显降低，可以理解为大部分水流入缓水区时，形成漩涡状态而流出灌水器，由于其内部黏滞力而发生能量耗散。此外，流体从断面小的流道进入断面较大的区间时，由于流体有惯性，不会沿着区间的形状而突然变大，而是在拐角与主流之间形成漩涡 E，主流带动漩涡旋转，漩涡将能量耗散在旋转运动中。在实际工程中 E 处速度较低而易发生粒子累积，因此可将缓水区边界处形状做特殊处理，使流体贴合壁面流动。

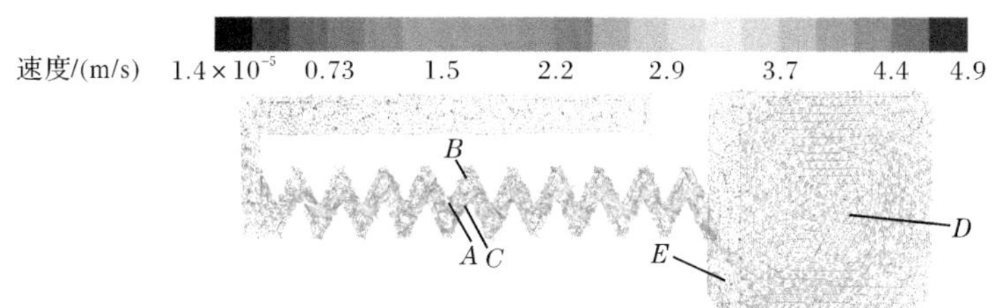

图 11.14　灌水器内部流场速度矢量分布

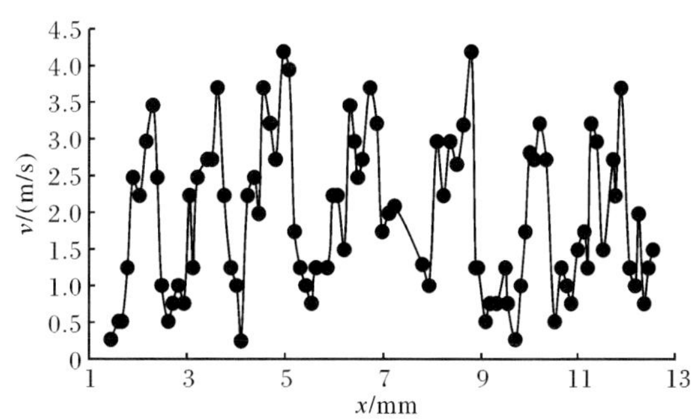

图 11.15　迷宫流道近壁面区速度分布曲线

2. 压力场分布

灌水器内部压力分布云图如图 11.16 所示。可以看出，每经过消能单元的齿尖部位，流道内部压力就会明显降低，到达最后一个消能单元时，压力降为 0，流道内外侧规律一致。压力降低发生在经过一个齿尖部位后而到达另一个齿尖之前。这是由于水流在经过前一个齿尖后由于惯性前进而冲击壁面，此刻流速方向发生改变，一部分水流在后来水流的推动下继续沿壁面前进，直至到达下一个齿尖，由于边界阻力及水的黏滞力影响，大部分动能转化为流体的内能，造成较大能量损失，另一部分水流因撞击壁面后反方向折回，在低速区形成漩涡而产生能量消耗。

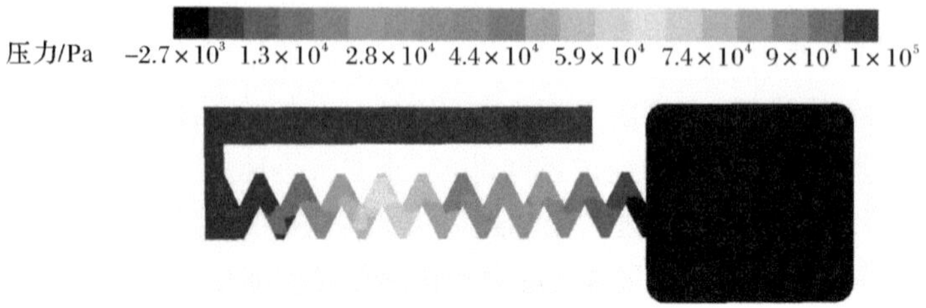

图 11.16　$Z=0.5D$ 截面压力分布云图

压力 0.1MPa 条件下灌水器流道缓水区附近的压力分布如图 11.17 所示（为了显示结果清晰，将压力范围缩小到 0～500Pa）。从图中可以看出，经过锯齿型流道消能后，缓水区压力较低，压力范围为 0～0.0002MPa，在水滴形成及滴落过程中，缓水区孔口处的压力也是不断变化的，水滴的形成阶段，孔口处压力不断降低，水滴与流出液体分离而下落的一刻，压力瞬间上升，随着下一个水滴的形成，压力又逐渐降低。

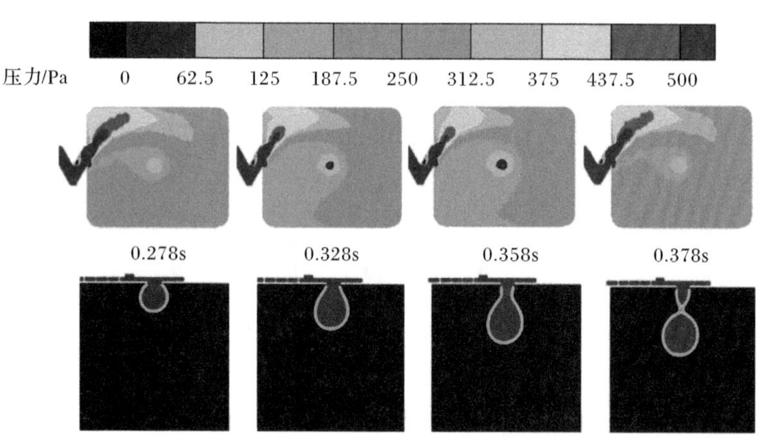

图 11.17　压力 0.1MPa 条件下灌水器流道缓水区附近的压力分布

3. 水滴下落过程分析

两个垂直截面上采用 VOF 模型与大涡模拟模型相结合计算模拟的水滴滴落过程，如图 11.18所示。可以看出，水流流出孔口后在表面张力的作用下表面形成球状，出水水流体积及重力不断增大，当重力大于其表面张力时，其内部发生断裂而使水滴滴落，模拟水滴形成周期为 0.705s。

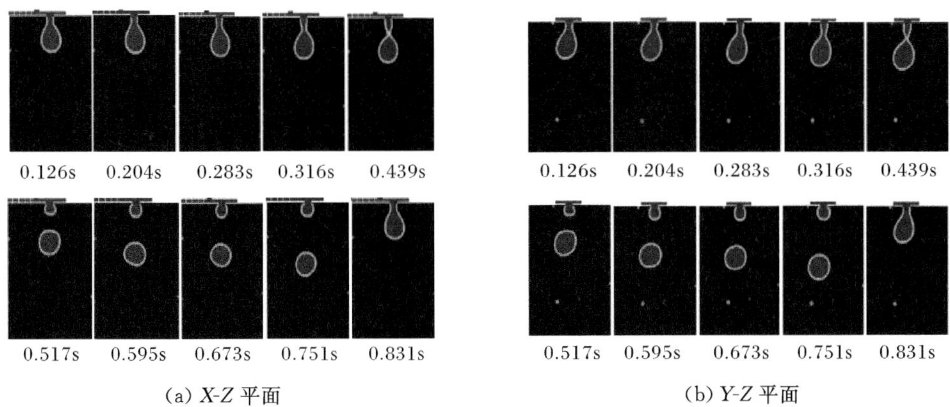

图 11.18　采用 VOF 模型与大涡模拟模型相结合计算模拟的水滴滴落过程

4. 外部流场速度及压力分布

灌水器外部流场速度矢量分布如图 11.19 所示。可以看出，水流呈漩涡状流出灌水器孔口，这与图中流体迹线分布一致。同其他时刻相比，在水滴即将脱离孔口的时刻灌水器外部流体速度较大，这是由于已经成形且聚集在出口处的水滴对水的流出会有阻碍作用，当旧的水滴滴落后，内部水流会快速流出，此刻速度较大，随着水滴的形成，速度又会慢慢降低。

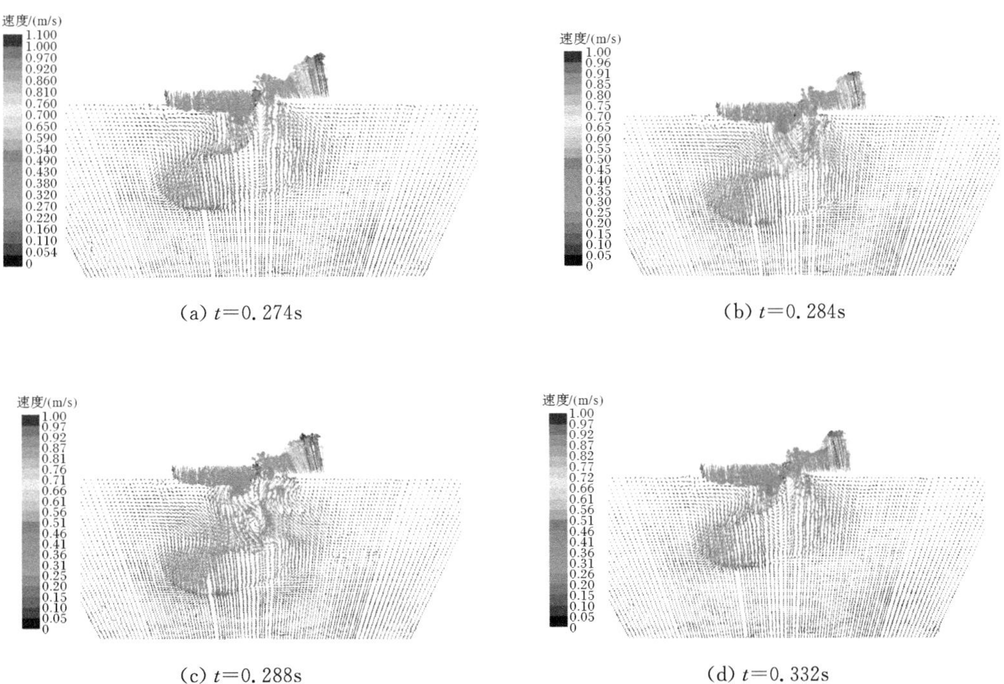

图 11.19　Y-Z 截面不同时刻灌水器外部流场速度矢量分布

Y-Z 截面不同时刻灌水器外部流场的压力分布如图 11.20 所示，空气部分参考压力为 0。水滴滴落过程中水流迹线如图 11.21 所示。可以看出，水流流出孔口后聚集过程中下部压力逐渐增大，当压力大于表面张力时水流内部发生断裂而使水滴滴落，而此时又是新的水滴形成的开始。由于新水滴较小，水滴滴落部分，即靠近孔口处，压力较大。水滴在形成过程中，孔口中心处的压强较低，而周围的压强较高，这是由于水流流出孔口时，沿着出水孔切线方向速度较大，中心速度较低，切线方向的一部分动能转化为压能，从而增加了流体内部压力。因此，改变出口形状和大小均能影响水滴出流状态。

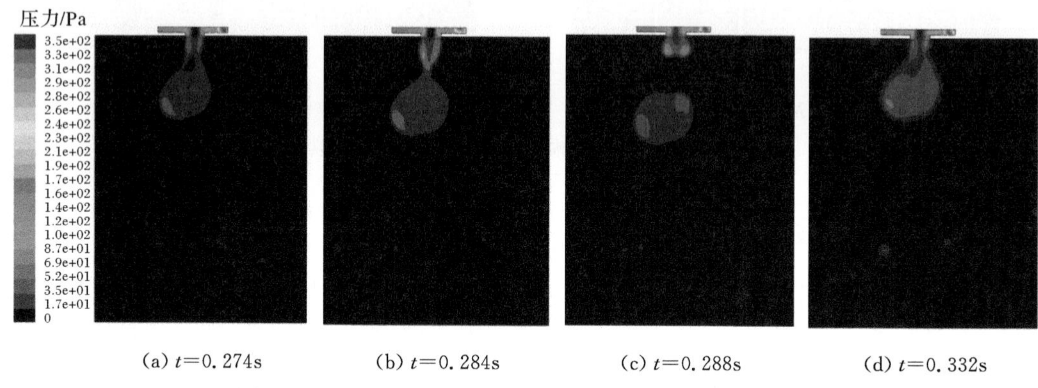

图 11.20　*Y-Z* 截面不同时刻灌水器外部流场的压力分布

进行灌水器设计时可根据灌溉区域地表土壤特点及气候条件合理设计灌水器出口的大小和形状。若灌溉区域土壤为容易受到侵蚀的土壤，水滴直径过大会对地面产生较大打击强度，从而破坏表层土壤的结构，这样不利于作物生长且在坡地条件下还易造成水土流失，可将滴灌灌水器出口设置为不规则形状，以增加流体在滴灌灌水器出口处的旋流阻力，降低其流速，在出口处形成较小的水滴；我国西北干旱地区空气较为干燥，若水滴过小会在空气滴落过程中产生较大的蒸发损失。因此，在不影响土壤结构的条件下，可适当加大灌水器出口直径，增加中心低速区，使水流在出口处形成较大水滴，从而减少水在滴落过程中的损失。

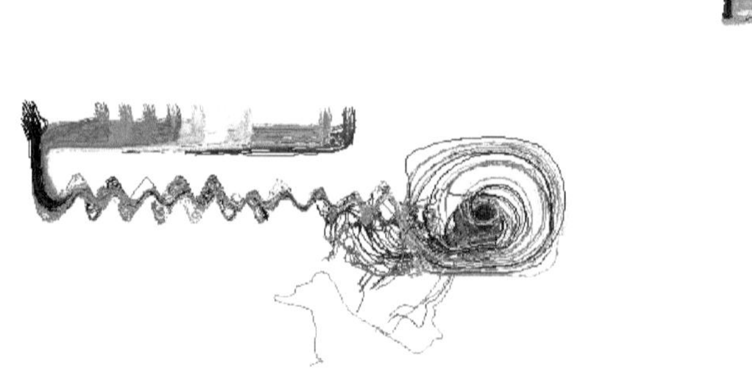

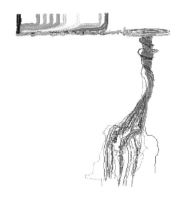

图 11.21　水滴滴落过程中水流迹线分布

11.3　灌水器内部水沙两相流动的数值模拟方法与输移特性

11.3.1　灌水器内部水沙两相流动模拟模型

Fluent 软件提供了三种多相流模型：VOF 模型、Mixture 模型和欧拉模型。

1. VOF 模型

VOF 模型通过求解单独的动量方程和处理穿过区域每一流体的容积比来模拟两种或三种不能混合的流体。典型的应用包括流体喷射、流体中的气泡运动、流体在大坝坝口的流动、气液界面的稳态和瞬态处理等。

2. Mixture 模型

Mixture 是一种简化的多相流模型，用于模拟各相有不同速度的多相流，但是假定在较短的空间尺度上局部平衡。多相之间耦合应当是很强的。该模型也可以用于模拟有强烈耦合的各向同性多相流和各相以相同速度运动的多相流。典型的应用包括沉降、气旋分离器、低荷载作用下的多粒子流动、气相容积率很低的泡状流。

3. 欧拉模型

欧拉模型可以模拟多向分离流及相互作用的相，相可以是液体、气体、固体。与在离散型模型中欧拉-拉格朗日方程只用于离散不同，在多相流模型中欧拉方程可用于模型中的每一相。

11.3.2　灌水器流道内连续相流速分布与离散相颗粒追踪

1. 试验概况

为研究不同粒径颗粒在流道内不均匀流场中的运动规律，分析连续相（水）的流场分布特点和颗粒相（砂粒）的运动轨迹特点。本节中颗粒相选用普遍沙粒，密度为 2500kg/m^3。颗粒浓度为 100mg/L，模拟过程中进口压力选用灌水器的额定压力（10m 水头）。试验设计的颗粒粒径分为两类：①颗粒物质粒径采用某水样中粒径分布（表 11.2），利用 Rosin-Ramler 模型确定悬浮颗粒的平均粒径为 0.065mm，颗粒最大粒径为0.1mm；②0.20mm、0.05mm 和 0.01mm 粒径均匀分布的颗粒。

表 11.2　颗粒粒径分布

颗粒粒径/mm	平均粒径/mm	质量分数/%
<0.001	0.0005	11.14
<0.005	0.0030	15.20
<0.010	0.0075	18.25

续表

颗粒粒径/mm	平均粒径/mm	质量分数/%
<0.050	0.0300	54.31
<0.075	0.0625	80.12
<0.080	0.0800	87.45
<0.100	0.0850	100.00

灌水器中颗粒在水中的运动可以看成固液两相流流场。一般灌溉用水的悬浮物浓度均小于10%，因此悬浮物可以看作稀释相处理。本节采用Realizable k-ε 模型计算液相背景流场，再用离散相模型(discrete phase models，DPM)计算颗粒物的运动。在拉格朗日坐标系下采用随机轨迹模型跟踪粒子在流场中的运动轨迹并研究其沿轨迹变化的规律。

在 DPM 中，颗粒物的形状假定为球形。颗粒物在液相场中运动，其阻力来源于水流，同时颗粒物也会施加一个反作用力给水流。这个反作用力出现在液相流场的 Navier-Stokes 方程中，表征为颗粒物对流场的反作用。本章中固相与液相之间的相互作用由 Stochastic 模型计算，颗粒物的轨迹跟踪由 DPM 完成。

在计算颗粒运动方程时，需考虑流道中颗粒的受力情况，主要包括曳力和重力，而其他附加力，如压力附加质量力、Saffman 升力、热泳力和 Basset 力等与前者相比数量级较小而不考虑。单个颗粒的运动方程可由牛顿第二定律得出：

$$m_{\mathrm{p}}\frac{\mathrm{d}u_{\mathrm{p}}}{\mathrm{d}t}=F_{\mathrm{D}}+F_{\mathrm{M}} \tag{11.20}$$

式中，u_{p}为颗粒速度，m/s；F_{D}为流体对颗粒的曳力，N；m_{p}为颗粒的质量。

$$m_{\mathrm{p}}=\pi\rho_{\mathrm{p}}d_{\mathrm{p}}^{3}/6 \tag{11.21}$$

$$F_{\mathrm{D}}=\frac{\pi\mu d_{\mathrm{p}}}{8}C_{\mathrm{D}}\,Re_{\mathrm{p}}(u_{\mathrm{f}}-u_{\mathrm{p}}) \tag{11.22}$$

$$C_{\mathrm{D}}=a_{1}+\frac{a_{2}}{Re_{\mathrm{p}}}+\frac{a_{3}}{Re_{\mathrm{p}}^{2}} \tag{11.23}$$

$$Re_{\mathrm{p}}=\frac{\rho_{\mathrm{p}}d_{\mathrm{p}}\left|u_{\mathrm{p}}-u_{\mathrm{f}}\right|}{\mu} \tag{11.24}$$

式中，u_{f} 为流体相速度，是流体的平均速度和湍流脉动速度之和；μ 为流体动力黏度，N·s/m^2；ρ_{p} 为颗粒密度，kg/m^3；d_{p} 为颗粒直径，m；Re_{p} 为颗粒雷诺数；C_{D}为曳力系数；a_1、a_2、a_3 为常数。

F_{M} 为颗粒所受的重力，包括浮力，N。

$$F_{\mathrm{M}}=\frac{\pi(\rho_{\mathrm{p}}-\rho)gd_{\mathrm{p}}^{3}}{6} \tag{11.25}$$

式中，ρ 为流体相密度，kg/m^3。

计算域的网格划分采用结构化网格，网格尺寸为0.1mm。采用 CFD 软件 Fluent 16.2 进行流场的数值模拟。方程求解采用二阶迎风格式，残差标准为10^{-4}。流道的进口和出口处均设定压力边界条件，进口处压力为灌水器的工作压力，出口处设置为0，其余位置设置为壁面，设为速度边界，初始流速为0。

计算方法采用定常的非耦合隐式算法，压力项采用二阶迎风格式，压力速度耦合采用 SIMPLEC 算法，考虑到流道边界的复杂性，对于边界处理采用标准壁面函数，壁面粗糙度为塑料成型工艺水平，设置为 0.01mm。颗粒与壁面碰撞模式为弹性反射。

2. 灌水器流道内连续相流速分布

灌水器流道内水流的速度矢量分布如图 11.22 所示，根据流速不同，流场中可清晰地分为沿流动方向的主流区和贴近壁面处的漩涡区。主流区流速分布基本一致，且流速保持在 3m/s 以上，当主流绕过齿尖时，流束发生明显的偏转，使得主流在进入下一单元流道空腔时偏转到一侧的壁面，在边界摩阻的作用下，与另一侧壁面之间形成回流漩涡，漩涡中心处流速为 0～0.5m/s，边界处流速为 1m/s 左右。

图 11.22　灌水器流道内水流的速度矢量分布

3. 灌水器流道内离散相颗粒追踪

在数值试验中，颗粒以平面喷射的方式由流道进口平面喷出，颗粒的初始速度与进口处的水流速度相同。通过不同级配的颗粒 CFD 模拟计算，悬浮颗粒运动轨迹如图 11.23 所示。由轨迹计算结果分析可以发现，悬浮颗粒在主流区中的运动速度与主流流速基本相同，只是在锯齿迎水面的根部速度较低，绝大部分颗粒可以很好地跟随主流运动，并最终流出灌水器。沙粒在流道中的运动轨迹表现出不同程度的紊乱，尤其是在每个流道单元锯齿背水面处，部分颗粒出现漩涡现象，且颗粒的流动速度较低，颗粒运动发生滞后，颗粒与壁面碰撞反射，如果颗粒的脉动速度与涡团脉动速度相当，那么颗粒在湍流脉动过程中始终不会穿出湍流涡，极有可能在涡团内进行无休止的圆周运动，而生物膜形成后，流道壁面黏性加大，摩阻增加，颗粒碰撞后能量削弱，逐渐沉降，时间一长，涡团处必将发生大范围的堵塞。

灌水器流道中颗粒轨迹的粒径分布如图 11.24 所示，主流区中颗粒粒径范围为 0.03～0.08mm，与 Stokes 数计算的颗粒随水流运动的粒径上限比较吻合。而跟随性较差的大颗粒(0.075～0.1mm)主要分布在流道中的锯齿背水面，这部分颗粒运动的主要影响力是惯性力，颗粒运动状态与该处的漩涡流速有直接关系，漩涡边界处流速较高时，不断冲刷边界，对于颗粒的沉积有抑制作用，但当流速较低时，颗粒穿透漩涡，不断与壁面碰

图 11.23　灌水器流道内离散相颗粒运动轨迹

图 11.24　灌水器流道内颗粒轨迹的粒径分布

撞，颗粒动能削弱，引发沉积。此外，粒径很小的颗粒(<0.03mm)也大量存在于边壁面漩涡区，该部分颗粒随漩涡运动，很难随水流流出，因此其也是堵塞的主要组成部分。

11.3.3　灌水器流道内部悬浮颗粒浓度对堵塞的影响

悬浮颗粒在灌水器水流中的运动情况是与水流的湍动分不开的，水流中各种形式的涡体对颗粒运动起显著作用。但由于灌水器边界的复杂性以及颗粒粒径分布的多样性，目前悬浮颗粒浓度状况对灌水器堵塞影响的研究仅有定性化描述。目前大多数专家接受的关于悬浮固体对堵塞的影响见表 11.3。

表 11.3　灌水器堵塞的水质分析

物理堵塞因素	堵塞程度		
	轻度堵塞	中度堵塞	严重堵塞
悬浮固体浓度/(mg/L)	<50	50～100	>100

颗粒在湍流中的运动跟随性，与颗粒的 Stokes 数有关：在相同的流场条件下，较大的颗粒(Stokes 数≫1)能够穿透湍流流场结构；中等尺寸的颗粒将偏离流场结构；较小的颗

粒(Stokes 数≪1)将随流体运动。也就是说,颗粒尺度较小时,随流体流动的能力较好;反之则较差。本章将液相作为背景流场与气相进行类比,认为液相在湍流结构上与气相有相似的特征。借用气固两相流的研究结论,认为 Stokes 数可作为灌水器中颗粒运动的描述因素。其中,Stokes 数定义为粒子响应时间与流场特征时间的比值,反映流场中颗粒惯性的大小。颗粒的 Stokes 数的主要影响因素有颗粒密度、粒径大小等。

试验中所采用颗粒跟随性(Stokes 数)的计算见表 11.4,其中颗粒平均粒径为连续两个分布范围粒径的算术平均值。从计算结果可以看出,至少 9.88%的颗粒物质(粒径>0.075mm 的颗粒)的 Stokes 数的数量级接近 10^0,这些颗粒物质不能很好地跟随水流运动,可以认为这部分颗粒是导致灌水器堵塞的重要组成部分。试验中颗粒粒径的颗粒跟随性(Stokes 数)计算结果:0.20mm 为 5.556,0.05mm 为 0.347,0.01mm 为0.0139。

表 11.4　不同粒径 Stokes 数的计算

颗粒粒径分布范围/mm	分布范围内的平均粒径/mm	Stokes 数
<0.001	0.0005	1.4×10^{-6}
<0.005	0.0030	0.0013
<0.010	0.0075	0.0078
<0.050	0.0300	0.1250
<0.075	0.0625	0.5425
<0.090	0.0825	0.9453
<0.100	0.0950	1.2535

灌水器流道内颗粒浓度分布如图 11.25 所示,灌水器流道锯齿迎水面根部始终存在颗粒的大量堆积现象,颗粒浓度高,结合颗粒粒径分布图,此处属于主流经过区域,且携带中等粒径的颗粒。此外,颗粒在流动过程中存在一定的富集,主流中颗粒浓度明显大于水样中颗粒浓度,个别区域甚至达到水流中颗粒浓度的 400 倍。

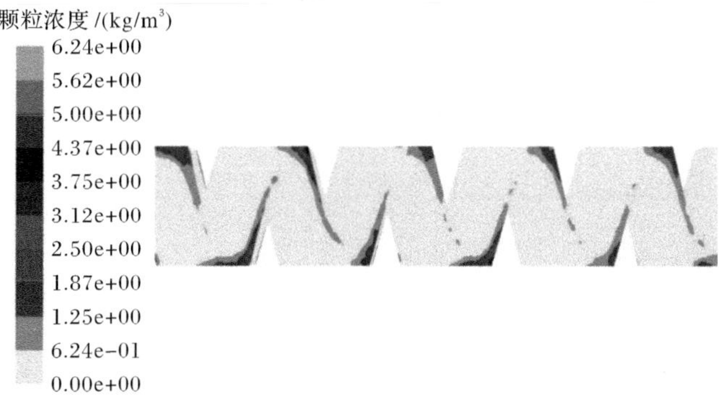

图 11.25　灌水器流道内颗粒浓度分布

11.3.4 灌水器流道内不同粒径颗粒运动轨迹追踪

三种粒径颗粒运动轨迹如图 11.26～图 11.28 所示，比较三种颗粒运动轨迹可以看出，0.05mm 颗粒跟随性最好，颗粒运动轨迹与主流运动一致，该粒径的颗粒对于试验流道的堵塞影响不大；0.20mm 的大颗粒跟随性最差，惯性力是大颗粒运动的主要作用力，在惯性力的作用下颗粒被甩离主流，出现紊乱的运动轨迹；最小的颗粒(0.01mm)并没有显示出很好的跟随性，在流道锯齿背水面存在大量的颗粒漩涡运动，在湍流扩散作用下，布朗运动为这部分细小颗粒的主要运动方式。流道锯齿背水面的漩涡区是小粒径颗粒的主要分布区域。对于进入漩涡区和低速区的颗粒，由于其所处区域水流速度很低，颗粒进入后很难被冲出，这一方面为生物膜在流道中的富集提供了传递介质；另一方面，生物膜吸附这些颗粒，体积逐渐增加，致使堵塞物质之间合并长大、沉降而堵塞流道。

无论颗粒大小如何，流道中的颗粒运动轨迹均表现出一定的紊乱。流道中颗粒粒径的分布存在很强的随机性，相似的流道结构单元中粒径分布存在很大差异，加上生物膜对颗粒的富集，堵塞的发生更加呈现出不规律性。采用常规试验方法描述该过程时有局限性，数字化模拟在某种意义上可以缓解这种局限。

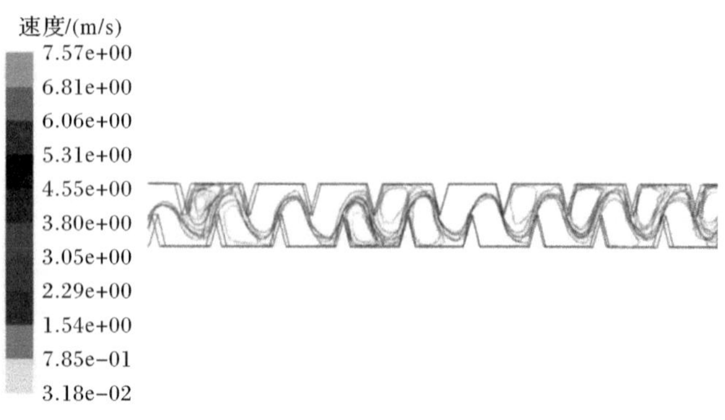

图 11.26 灌水器流道内 0.01mm 颗粒运动轨迹

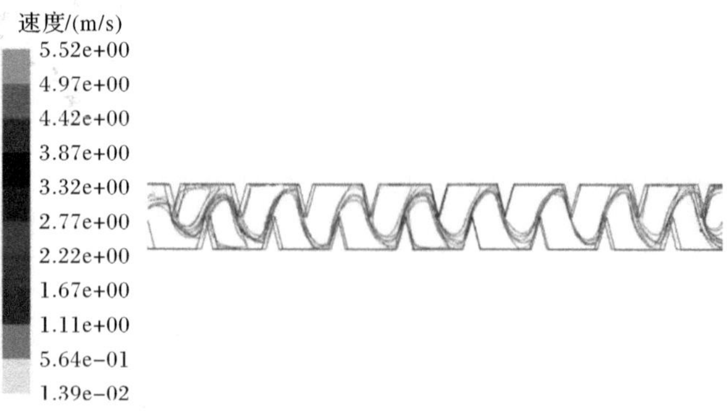

图 11.27 灌水器流道内 0.05mm 颗粒运动轨迹

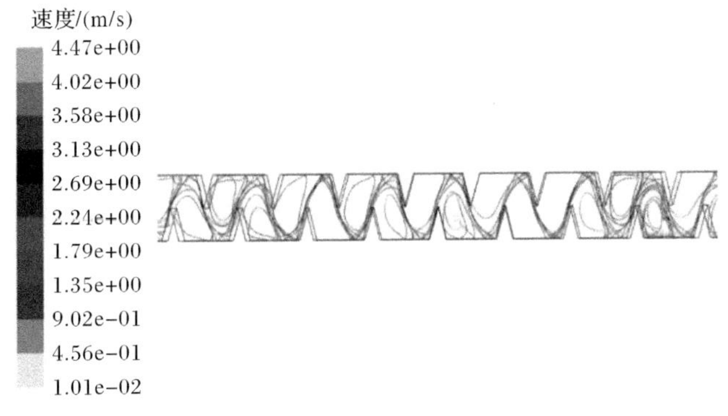

图 11.28　灌水器流道内 0.20mm 颗粒运动轨迹

11.4　考虑堵塞物质影响的灌水器内部多场耦合流动模拟

11.4.1　堵塞作用下灌水器内流场数值模拟模型

1. 数值模拟计算模型的构建

建立几何模型并网格化是数值模拟计算中最关键的一步，网格质量的好坏对于数值模拟的求解精度和计算速度有重要影响。几何模型的建立需要最大限度地还原真实模型，借助高精度 CT 扫描，实现对流道各部分结构尺寸的精确测量，得到灌水器原型的结构尺寸，测量精度达 0.001mm，可以确保测量尺寸与实际尺寸基本相同。测得流道深 0.70mm、齿高 0.84mm、齿间距 1.42mm、齿底宽 0.70mm。绘制计算区域物理模型，如图 11.29 所示，灌水器流道结构主要包括进水口、出水口和流道三个部位。

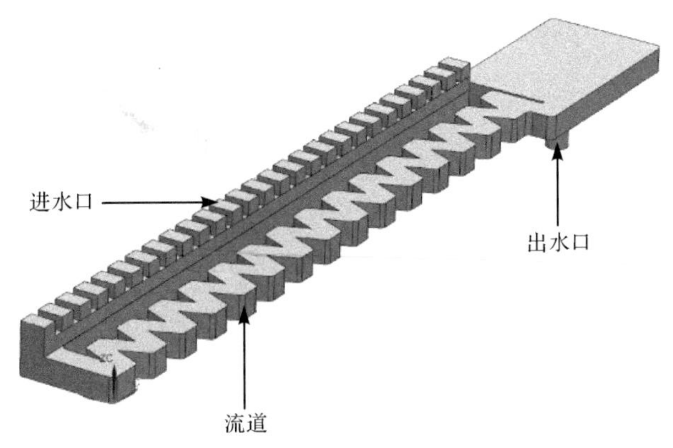

图 11.29　计算区域物理模型

采用 ANSYS ICEM 对网格进行划分，如图 11.30 所示，由于结构网格具有生成质量好、数据结构简单的优点，整体采用六面体的结构网格进行划分，在近壁面及齿尖转角处进行加密以更准确地模拟变化剧烈的流动。网格的疏密既需满足计算精度要求，又需尽量减少网格数目，以便提高计算效率。经网格无关性验证确定最终网格个数约为135万个。

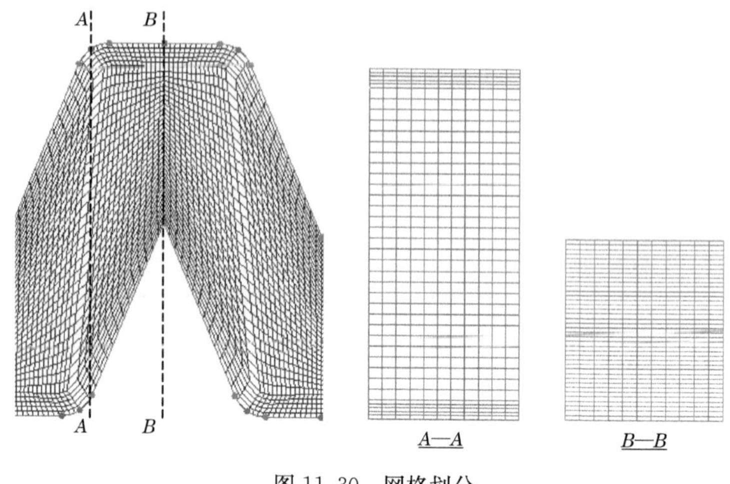

图 11.30　网格划分

1) 边界条件及求解方法

(1) 壁面条件。

灌水器流道内的数值模拟需要考虑壁面粗糙度的影响，灌水器在加工过程中由于加工工具及材料的振动在表面层发生塑形变形而产生不规则、重复性的不平度，即表面粗糙度，滴灌毛管与灌水器的生产工艺有所差别，因此本章借助三维白光干涉形貌仪分别对灌水器流道壁面和毛管壁面粗糙度进行测试。图 11.31 为毛管管壁和灌水器管壁的表面形貌，滴灌毛管壁面与灌水器表面粗糙度分别为 1150nm、869nm，两者在数量级上并无较大差异，毛管壁面粗糙度稍大于灌水器壁面，因此在 CFD 中设置粗糙度为 0.001mm。

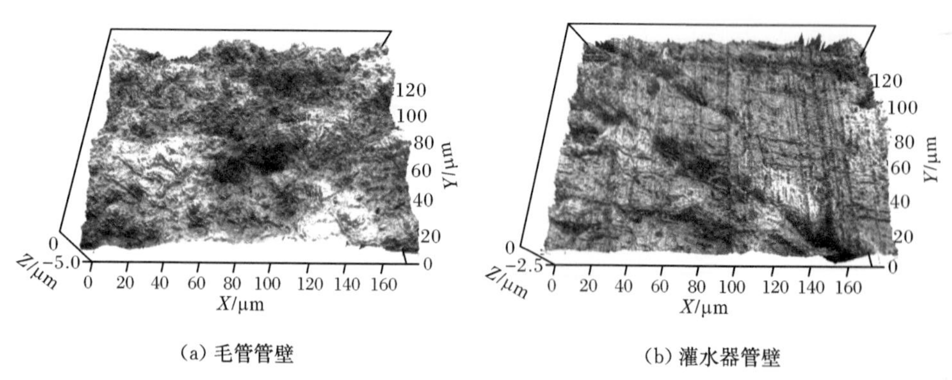

图 11.31　毛管管壁和灌水器管壁表面形貌

(2) 边界条件及求解方法。

灌水器内水流为黏性不可压缩流体，且运行环境温差变化不大，因此认为水流是常温水。在流场计算中，除了计算区域的进水口与出水口，其他所有的表面都是流体和固体接触的面，都是壁面类型边界。初始条件设置压力进口(0.01MPa、0.03MPa、0.05MPa、

0.07MPa、0.09MPa、0.1MPa、0.11MPa、0.13MPa、0.15MPa)、压力出口(0)。考虑流道壁面粗糙度的影响，壁面为无滑移边界，且通过标准壁面函数来近似求解近壁面区流动，以出口流量与残差值作为是否收敛的依据，当出口流量基本稳定且残差值低于 10^{-4}时，认为迭代计算达到收敛。

2) 颗粒相数学计算模型的构建

针对灌水器内部流场，需要考虑微生物作用下颗粒与颗粒之间以及颗粒与壁面之间的相互作用，因此选择欧拉-拉格朗日颗粒轨道模型。

在欧拉-拉格朗日颗粒轨道模型中，流体相视为连续介质，通过时均 Navier-Stokes 方程计算得到，而离散相的计算是相对独立的，在连续相计算的规定时间内同时完成离散相的计算，通过计算流场中大量粒子的运动而得到结果，因此采用拉格朗日方法处理颗粒相，可以给出颗粒运动更为详细的信息，而且该模型一般在离散相体积分数小于 10%的颗粒流计算中比较常用。将固体颗粒作为离散相，可以直接追踪颗粒每时刻的位置以及运动轨迹，对离散相的特性进行动态分析，同时两相之间相互作用的影响仍然可以充分耦合。当粒子处于悬浮状态时，颗粒在流体中所受的力相互平衡，粒子的运动方程可写为

$$m_i \frac{\mathrm{d}u_i}{\mathrm{d}t} = \left(\sum F\right)_i \tag{11.26}$$

式中，m_i 为颗粒 i 的质量，kg；u_i 为颗粒 i 的速度，m/s；$\left(\sum F\right)_i$ 为颗粒所受合力，N。

该方法由于充分考虑了颗粒物的受力情况，能够很好地符合试验结果。颗粒的受力包括以下几项。

(1) 附加质量力。

固体颗粒相对于流体做加速运动时，会带动其周围的一部分流体一起做加速运动，这种力一方面增加了固体颗粒的动能，另一方面也增加了流体的动能，因此这部分增加了质量的力称为附加质量力，其表达式如下：

$$F_{\mathrm{vm}} = -\frac{1}{12}\pi d^3 \rho \left(\frac{\mathrm{d}v_p}{\mathrm{d}t} - \frac{\mathrm{d}v}{\mathrm{d}t}\right) \tag{11.27}$$

(2) 惯性力。

$$F = -\frac{1}{6}\pi d^3 \rho_p \frac{\mathrm{d}u_p}{\mathrm{d}t} \tag{11.28}$$

(3) 重力。

$$G = \frac{1}{6}\pi d^3 \rho_p g \tag{11.29}$$

(4) 压力梯度力。

在流场中运动时，流场中会存在压力梯度，它会使固体颗粒受到一个作用力，即压力梯度力 F_p：

$$F_p = -\frac{1}{6}\pi d^3 \frac{\mathrm{d}p}{\mathrm{d}x} \tag{11.30}$$

(5) 曳力。

在两相流流动中，颗粒受到的曳力与温度、流体可压缩性、流体的湍流运动有关，同时还与颗粒的雷诺数、颗粒形状、颗粒群的浓度以及壁面的存在等因素有关。因

此，固体颗粒曳力很难用一个固定的方程式来表达，基于此，学者引入曳力系数的概念：

$$C_D=\frac{Fr}{\pi r^2\left[\frac{1}{2}\rho\,(v-v_p)^2\right]} \tag{11.31}$$

整理后，颗粒的曳力可描述为

$$F_D=\frac{1}{8}C_D\pi d^2\rho\,|v-v_p|\,(v-v_p) \tag{11.32}$$

(6) 浮力。

$$F_a=\frac{1}{6}\pi d^3\rho g \tag{11.33}$$

(7) Saffman 力。

颗粒在体系中运动时，由于流场有速度梯度，尽管粒子没有旋转，它也会受到一个附加的侧向力，这就是 Saffman 力。固体颗粒雷诺数不大时，可以将其定义为

$$F_s=1.61\,(\mu\rho)^{\frac{1}{2}}d^2(v-v_p)\left|\frac{\partial v}{\partial y}\right|^{\frac{1}{2}} \tag{11.34}$$

颗粒的平衡方程为：附加质量力＋惯性力＋重力＋压力梯度力＋曳力＋浮力＋Saffman 力＝0。

式(11.27)～式(11.34)中，u、v 分别为颗粒物在 x、y 两个坐标轴方向的速度分量，m/s；v_p 为速度 v 在 p 方向的分量，m/s；u_p 为速度 u 在 p 方向的分量，m/s；t 为时间，t；p 为总水头压力，Pa；ρ_p 为压力 p 下的水流密度，g/cm^3；Fr 为弗劳德数；d 为颗粒直径，mm；r 为颗粒半径，mm；ρ 为标准大气压下的液体密度，g/cm^3；g 为重力加速度，m/s^2；C_D 为曳力系数。

对于颗粒与壁面碰撞处理一般有以下几种情况。

(1) 颗粒发生弹性和非弹性碰撞。

(2) 颗粒穿过壁面而逃离。

(3) 颗粒在壁面处被捕获，颗粒在此处的计算终止。

(4) 颗粒穿过内部的诸如辐射或多孔介质间断面区域。

对于灌水器内部颗粒的运动，第一种情况较为符合，颗粒与壁面发生非弹性碰撞，动量发生变化，变化量由弹性系数确定。弹性系数又可分解为法向恢复系数和切向恢复系数。法向(切向)恢复系数等于 1.0 表示颗粒在碰撞前后没有动量损失，法向(切向)恢复系数等于 0 表示颗粒在碰撞后损失了所有的动量。图 11.32 为颗粒与壁面碰撞示意图。图中，θ_1 为碰撞前颗粒与壁面的入射角，θ_2 为颗粒与壁面反弹后所成的反射角，合理的颗粒-壁面碰撞应该考虑壁面粗糙度以及由此引起的随机性。

早期的研究大部分忽略了颗粒对流场的作用，仅研究已知流场中颗粒的受力及运动情况，称为单相耦合。两相流动力学的特点之一就是全面考察两相之间的质量、动量和能量的相互作用，即双向耦合。采用双向耦合计算方法，全面考虑颗粒与流场的相互作用，同时考虑颗粒与壁面间的相互作用。

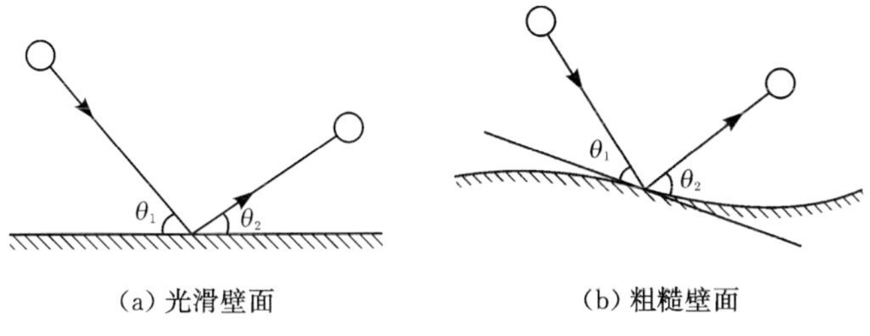

(a) 光滑壁面　　(b) 粗糙壁面

图 11.32　颗粒与壁面碰撞示意图

2. 数值模型校核与验证

在颗粒物运动的模拟中，连续相的准确模拟至关重要，借助水力性能试验结果与 DPIV 测试结果(刘海生，2010)作为校验，构建最优计算模型。相关内容参见 11.2.1 节中数值模型选择。

3. 颗粒运动计算模型的构建

目前对水沙两相流中有关颗粒运动的研究还很不完善，往往都将颗粒与壁面的碰撞设置为完全弹性碰撞，而实际上在宏观物体与壁面的碰撞中，物体尺寸远大于壁面粗糙度时，将壁面当作几何光滑的表面不会产生不符合实际的结果，但是在微小流道中，颗粒尺寸与壁面粗糙度为同一个数量级，由于壁面局部起伏与壁面之间的夹角，从整个壁面来看，入射颗粒的速度会在各方向上重新分配，从而影响颗粒的运动。另外，由于水流中微生物的作用，进入滴灌系统的固体颗粒及灌水器流道壁面都会有一定的黏性，同时流道结构复杂，这些黏性颗粒在流道中会产生复杂的运动行为。因此采用常规的固-液两相流分析方法描述颗粒物输移过程存在明显不足，本节选用不同碰撞反弹系数，将不同粒径的颗粒加入流场中，研究其运动规律，使用欧拉-拉格朗日颗粒轨道模型及双向耦合计算方法，全面考虑颗粒与流场之间的相互作用，跟踪颗粒在不同反弹系数下，不同粒径颗粒的运动规律，并结合 DPIV 结果验证，确定较为合适的反弹系数。

1) 数学模型与边界条件

利用颗粒随机轨道模型对灌水器内固-液两相流进行分析，滴灌系统前端的过滤装置可以滤除灌溉水中的大部分泥沙，因此进入灌水器流道中颗粒的体积比非常低，可以采用欧拉-朗格朗日颗粒轨道模型分析。颗粒相密度 $\rho_s=2500\text{kg/m}^3$，颗粒体积分数 1%，壁面设为粗糙，粗糙高度 1000nm。颗粒的喷射源位于流道进口平面上，颗粒的初始速度与进口处水流速度相同。壁面处采用标准壁面函数，选择 RNG k-ε 模型进行求解，双向耦合求解方式，按照颗粒与壁面发生弹性或非弹性碰撞而反射。

2) 单一粒径颗粒在不同反弹系数下的运动规律

由于颗粒运动的无规律性和随机性，其复杂的真实运动在现有计算机条件下难以实现误差较小的定量计算。本节首先选择单一粒径群作为计算对象，取运动稳定后不受进出口扰动的中间第 7、8 个结构单元，分析颗粒运动的主要特征。由表 11.5 可以看出，在同一反弹系数下，均表现出随着颗粒粒径的增大，运动也更加紊乱。在边界上，对于直径较大的颗粒，其运动主要受惯性及颗粒与壁面碰撞的影响，直径较小的颗粒主要受水流流动和湍流的影响。较小颗粒基本全部随主流方向运动，而随着粒径的增大，开始有少数颗粒运动到低速漩涡区，当颗粒运动至低速漩涡区后，流场不能提供给颗粒逃离漩涡区的能量，部分颗粒在不停地打转，同时颗粒与壁面、颗粒与颗粒的碰撞使得颗粒的动量不断减小，很可能在此处沉积下来，导致流道堵塞。三种粒径颗粒的运动规律与 DPIV 测试结果（刘海生，2010）中颗粒的运动规律较为相似，从 DPIV 测试结果中也可以看出，大粒径固体颗粒运动规律比小颗粒运动更加紊乱，且较大粒径的固体颗粒更容易与流道边界发生接触碰撞，相对小粒径固体颗粒惯性较大，不易被水流带走，且会在漩涡区外围打转，发生能量损耗。

表 11.5　不同粒径不同反弹系数下颗粒运动轨迹及 DPIV 测试结果对比

粒径/μm	反弹系数			DPIV
	0.1	0.5	1.0	
10	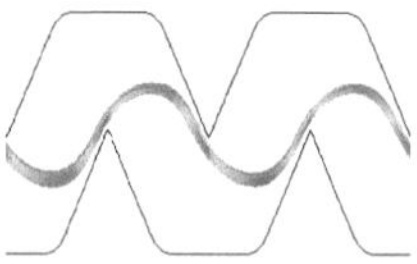	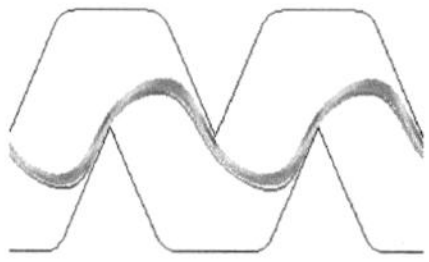	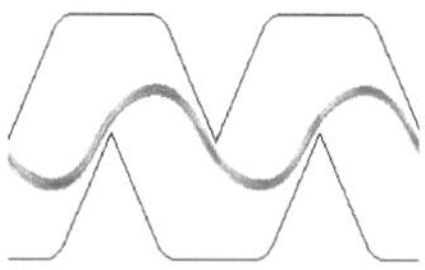	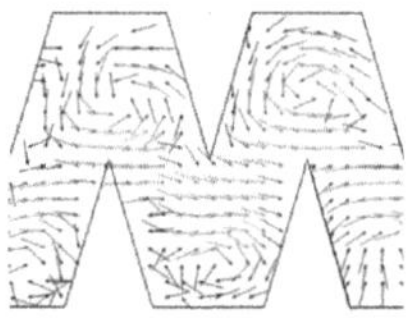
30		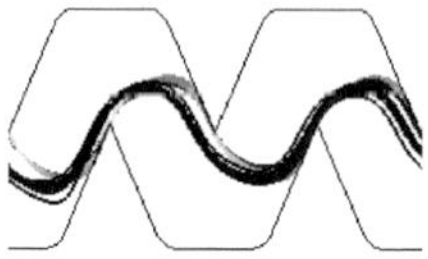	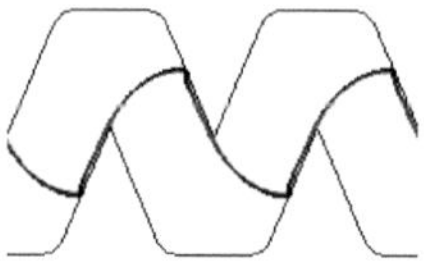	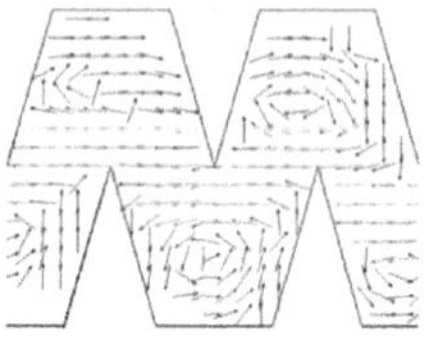
50			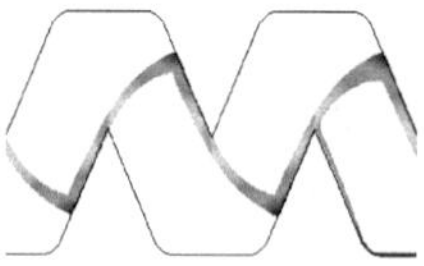	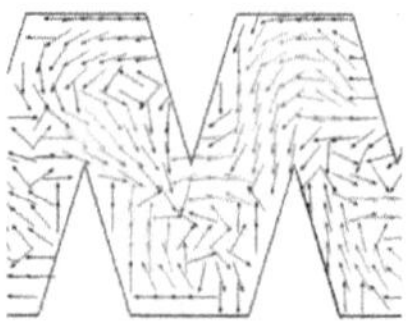

在三种反弹系数下，可以发现反弹系数大小对颗粒的运动有较大影响。反弹系数越大，颗粒越容易沿主流方向运动，而在较小的反弹系数下，大部分大颗粒会进入低速漩涡区。由于试验水平的限制，目前还不清楚在实际流道中颗粒与壁面的相互作用力情况，但是可以肯定的是，在灌水器流道中，颗粒与壁面的碰撞不是完全弹性碰撞，颗粒与壁面碰撞会发生能量损失，且能量损失越大，颗粒越靠近壁面运动，越容易贴近壁面在低速漩涡区运动，从而使沉降的概率增大。

分析单个颗粒在流道中的运动路程和运动时间（图 11.33），可以看出，大颗粒经常会偏离主流区运动到低速漩涡区，而小颗粒基本都在主流区跟随水流流出流道，因此大颗粒的运动时间与运动路程明显大于小颗粒。

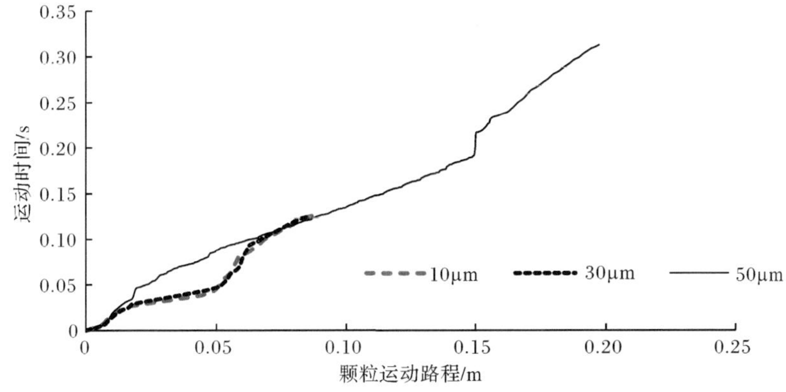

图 11.33　不同粒径颗粒运动路程-时间变化曲线

选择粒径为 30μm 颗粒，以第 7、8 个流道结构单元内的颗粒流速为研究对象，分析不同反弹系数下颗粒的运动，如图 11.34 所示。从图中可以看出，在反弹系数为 0.1 和 1.0 下，颗粒的速度梯度大，齿尖处速度更高，齿底处速度更低，而反弹系数 0.5 下的颗粒速度处于两者之间。

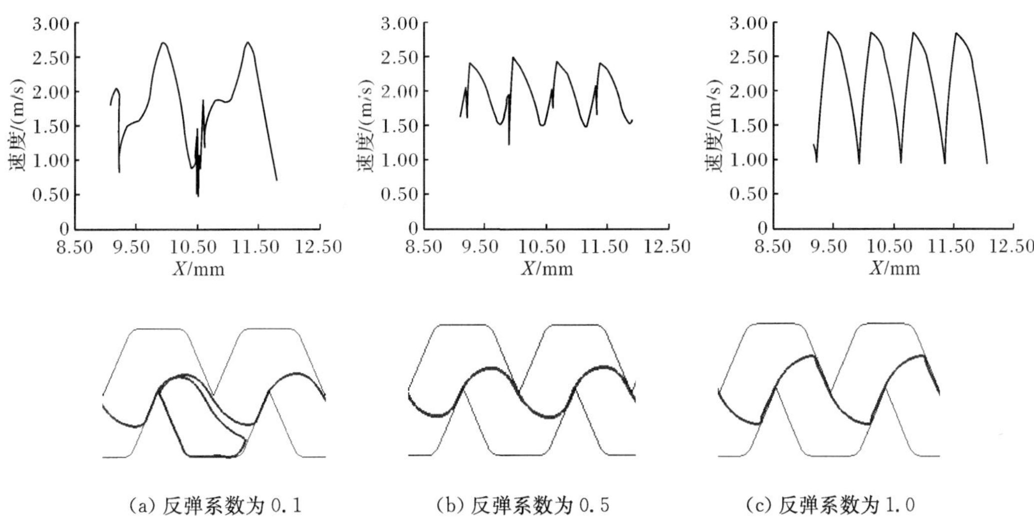

(a) 反弹系数为 0.1　(b) 反弹系数为 0.5　(c) 反弹系数为 1.0

图 11.34　不同反弹系数下单个颗粒运动轨迹及速度分布

从表 11.5 可以看出，在反弹系数 1.0 下，即完全弹性碰撞，颗粒运动较为规律，基本不会偏离主流区轨道；而在反弹系数 0.1 下，颗粒更偏向于壁面运动，在近壁面区有较低的运动速度，说明颗粒与壁面碰撞后，由于损失较大的能量，颗粒速度较低，沿壁面低速运动一段距离后才在水流的作用下被带入主流区继续随水流运动。在反弹系数 0.5 下颗粒的运动处于两者之间，即颗粒与壁面碰撞后有一定的能量损失，但剩余的能量使大部分颗粒脱离壁面继续跟随水流在主流区运动。有专家学者利用 PTV 试验(葛令行等，2009)测定了矩形流道内砂粒的碰撞反弹系数，研究发现在 60kPa 工作压力下，矩形流道灌水器的反弹系数(包括切向反弹系数和法向反弹系数)为 0.4～0.8，模拟结果也反映出相较于反弹系数 0.1 与 1.0，反弹系数 0.5 描述颗粒运动更为合适，因此采用反弹系数 0.5 来描述流道内特征粒子群的运动。

3) 级配粒径颗粒运动分布

实际进入灌水器流道中的颗粒粒径大小不一，具有一定的级配，因此选取有代表性的具有一定级配的颗粒群作为计算对象，分析在反弹系数 0.5 下颗粒群的运动特征。

(1) 颗粒级配设置。

通过激光粒度仪测定灌溉水中的颗粒级配曲线(图 11.35)，对颗粒直径进行统计分析，采用 Rosin-Rammler 粒径分布假定，即在颗粒直径 d 与小于此直径的颗粒的质量分数 Y_d 之间存在指数关系：

$$Y_{\mathrm{d}}=\mathrm{c}^{-(d/\bar{d})^{n}} \tag{11.35}$$

式中，$\bar{d}$ 为平均直径，mm；d 为直径，mm；n 为分布指数。

根据颗粒级配曲线可以得到颗粒粒径 d 与数据分布 Y_d。

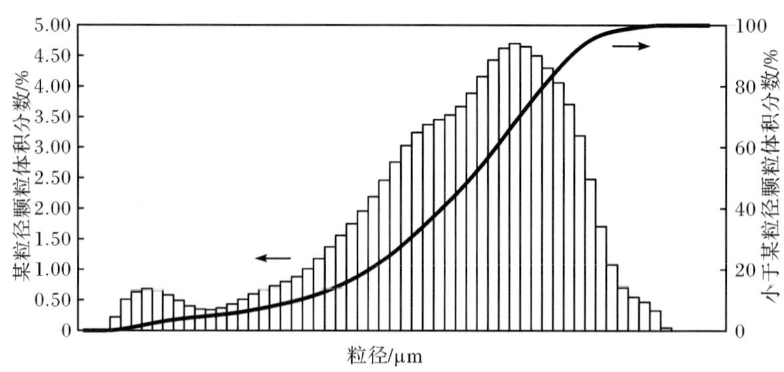

图 11.35　灌溉水中颗粒级配曲线

当 Y_d 为 0.368 时所对应的直径 d 为平均直径，通过计算 Rosin-Rammler 粒径分布曲线，$\bar{d}$ 约为 20μm，分布指数 n 可由式(11.36)计算。

$$n=\frac{\ln(-\ln Y_{\mathrm{d}})}{\ln(d/\bar{d})} \tag{11.36}$$

式中，$\bar{d}$ 为平均直径，mm；d 为直径，mm；Y_d 为质量分数。

将 Y_d 和 $d/\bar{d}$ 代入式(11.36)，并取平均值，得到 n 为 1.0732。

(2) 计算结果分析。

图 11.36 为颗粒运动轨迹图(显示 25 个颗粒)。可以看出，大粒径颗粒很容易偏离主流区进入低速漩涡区运动，在流道齿根部区域贴近壁面以较低速度运动。而小粒径颗粒在流道中部大部分跟随主流区运动。另外，可以发现，颗粒最容易在贴近流道上、下底面壁面处打转，这是由于近壁面区流速较低，颗粒与壁面碰撞后由于能量损失进入低速区，没有足够的能量跟随主流区运动，这也说明在微小流道内壁面对颗粒运动有很大影响。

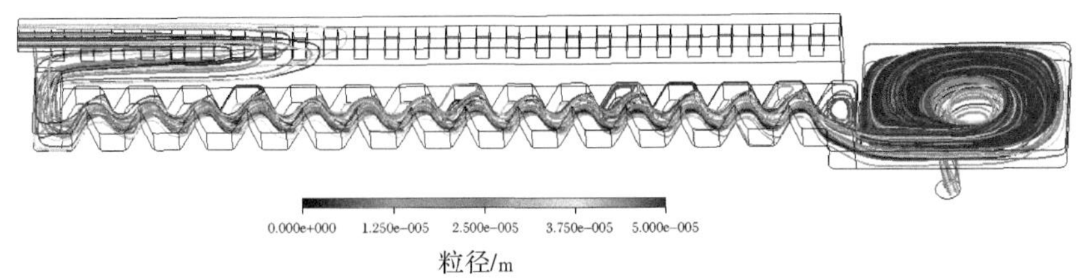

(a) 粒径

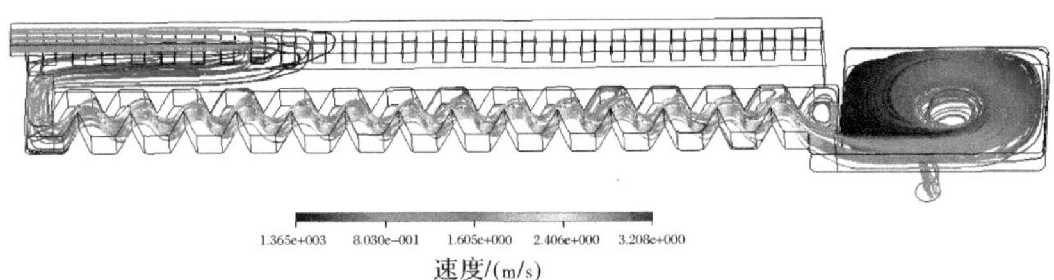

(b) 速度

图 11.36　颗粒运动轨迹图

11.4.2　灌水器流道生物膜壁面构建及简化模型

1. 几何模型构建

壁面粗糙度是一个比较复杂的问题,在实际中,壁面粗糙度具有各种各样的形状以及随机的排列,分布也不均匀,如果要全面描述壁面上的真实粗糙情况,就需要使用大量的参数,这是非常困难的。为了真实反映生物膜壁面的粗糙度,本节利用 CT 扫描并结合逆向工程建模技术,还原灌水器运行一段时间后流道中的生物膜壁面,并以此为计算模型进行模拟计算。

1) 原型生物膜壁面几何模型的构建

逆向工程建模技术是根据已有实物模型的坐标测量数据,重新建立实物的数字化模型,然后进行分析、加工等处理,可以解决常规测量方法难以测量复杂表面的问题。逆向工程建模技术与 CAD 和 CAM 相结合形成设计制造的闭环系统,将有效提高产品的快速响应能力,从而丰富几何造型的方法和产品设计的手段,如图 11.37 所示。在灌水器结构设计中,借助工业 CT 扫描与逆向工程建模技术,不仅可以实现对灌水器几何模型的三维重构,还可以实现对灌水器流道内壁面生物膜形貌的三维重构,真实还原流道内附着生物膜后的壁面情况,以此为原型借助 CFD 分析,可以了解在生物膜壁面条件下流道内部流场分布以及颗粒运动,作为流道设计的参考。

CT 扫描可获得几何模型表面三维数据(点云),如图 11.38 所示,它记录了有限体表面在离散点上的各种物理参量。但该测量数据一般是不可编辑的,无法直接在 CAD 系统中应用,需要利用软件进行数据分片和特征提取构造曲面。曲面可以直接利用三角化方法构成,也可以先构造特征线,再以特征线为基础生成曲面。针对灌水器流道壁面生物

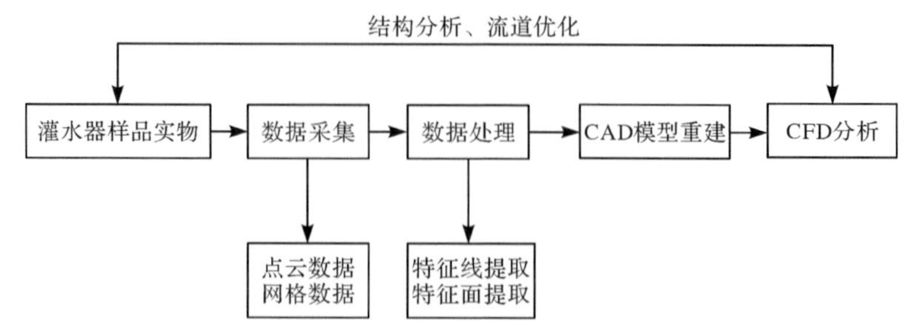

图 11.37 逆向工程设计思路

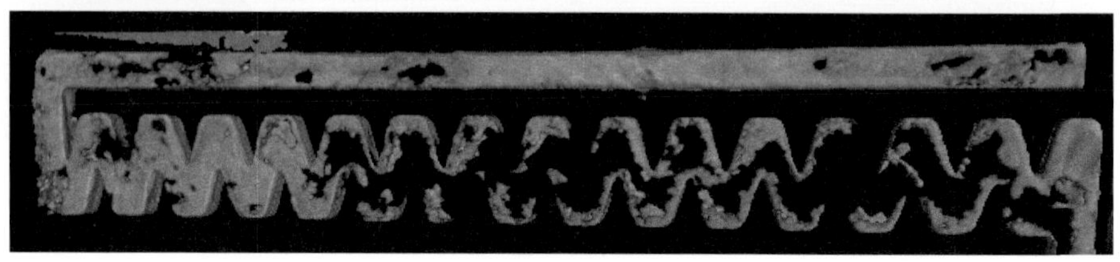

图 11.38 CT 扫描

膜模型的逆向工程处理流程如下。

(1) 利用 VGStudio MAX 2.2 将 CT 扫描数据生成三维内外表面网格数据，将该数据输出为.stl 文件，该类型文件可导入专业三维逆建模软件 Geomagic Studio 或 UG 中，图 11.39 为点云数据逆向建模软件中的视图，可以看到模型表面由一个个小三角构成。

(2) 利用 UG 软件中小平面建模功能，对流道几何模型进行反求，遵循点、线、面、体的构造原则。在模型表面提取点，然后构造线，再由线构造面，重构出流道壁面，如图 11.40 所示。

(3) 将重构平面导入 ICEM，对面进行修补合并操作，没有生物膜的区域补充原始几何模型壁面，最后构成一个封闭的流道壁面模型，如图 11.41 所示。

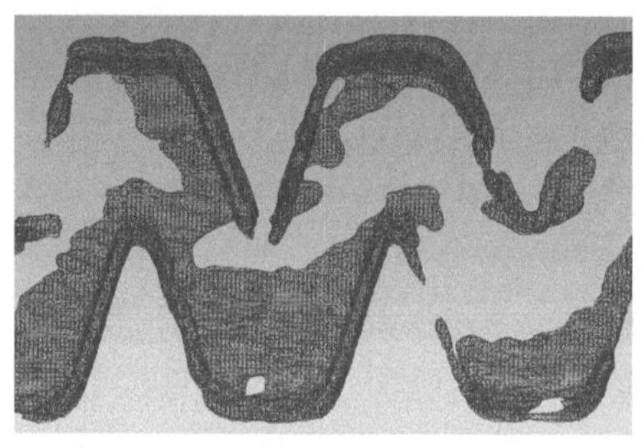

图 11.39 扫描点云

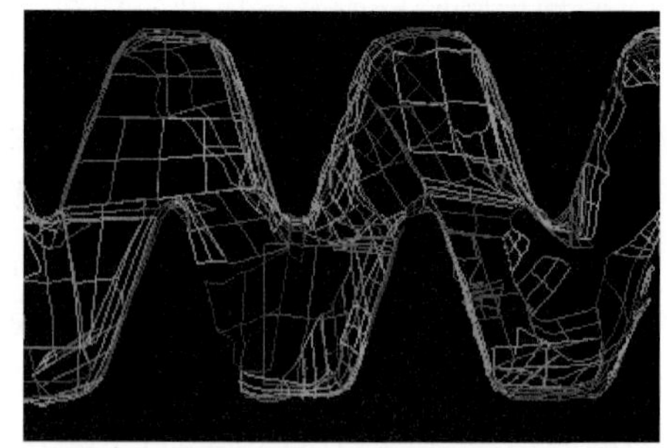

图 11.40 拟合曲面

2) 生物膜壁面简化模型

由于流道尺寸微小，相对表面粗糙度增加，从而对流动产生不可忽视的影响。不仅粗糙度单元的大小对流动有影响，单元的形状以及分布情况也对流动有一定的影响。但是粗糙表面形状复杂，无法严格从数学推导分析其对流动的影响，只能依靠必要的假设来估

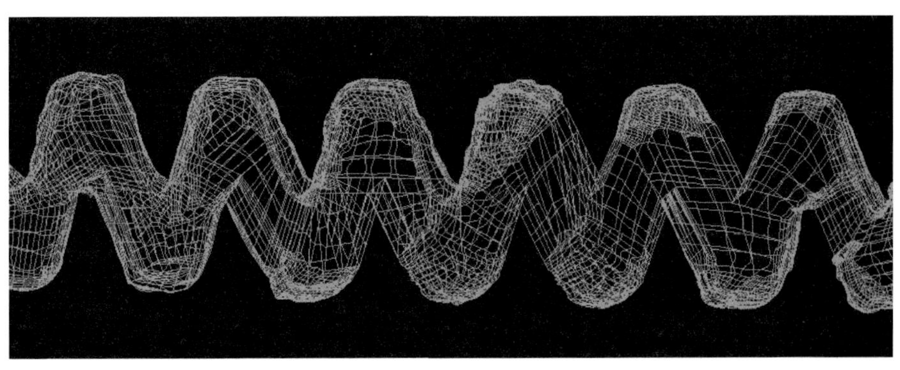

图 11.41　修补断面

计，因此本节以逆向工程建模技术重构的真实壁面模型为参考，首先按照常规思路构造规则梯形粗糙元、弧形粗糙元，以及参考 CT 扫描图中运行初期壁面堵塞物质厚度分布建立随机粗糙元模型，分析不同粗糙壁面对流动的影响，旨在寻找一种能够简化灌水器流道生物膜壁面的壁面粗糙度模型。

流道壁面生物膜具有高低不平的三维形貌，为了简化计算、节省资源，构造横向粗糙元，只考虑 X、Y 方向上的二维不平度。梯形与半弧形粗糙单元的高度为壁面生物膜的平均厚度，即模型一与模型二，如图 11.42 所示。模型三是以 CT 逆向建模模型中一个特征结构单元为原型，在原始壁面上使用样条曲线描绘简化处理后的生物膜形貌。

2. 边界条件与求解方法

对于 CT 逆向建模模型，由于壁面几何形状复杂不规则，难以采用结构网格，因此采用四面体非结构网格进行划分，划分网格个数约为 100 万个。三种简化模型均采用结构网格进行划分，壁面进行加密处理，如图 11.43 所示。

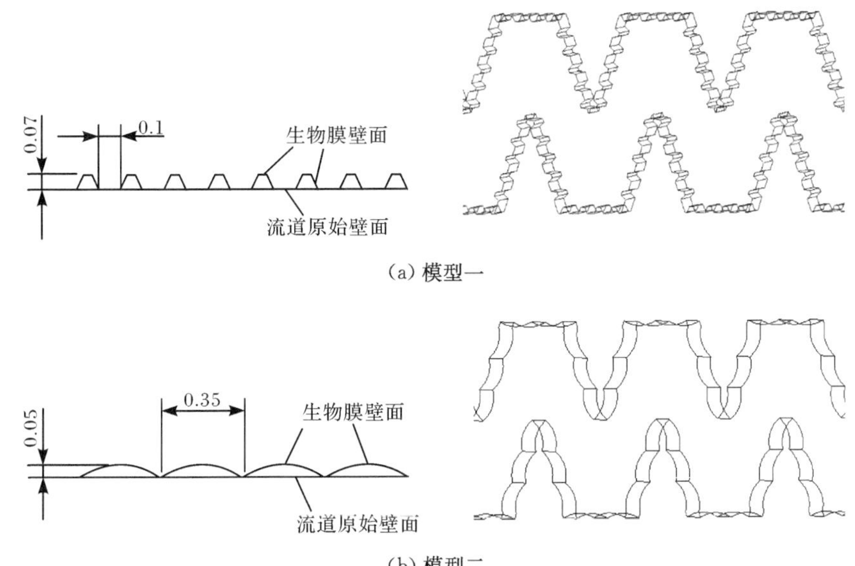

(a) 模型一

(b) 模型二

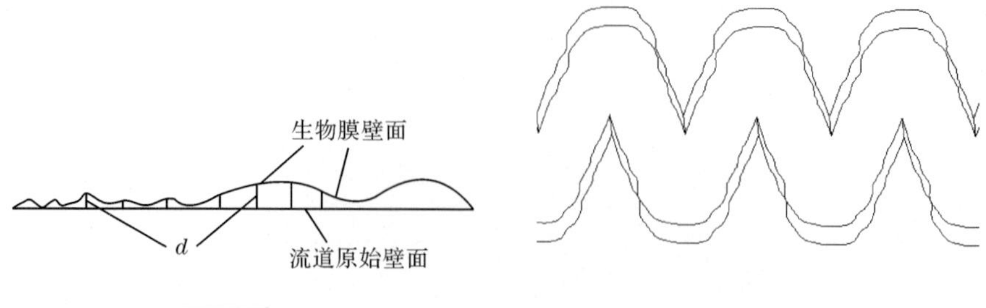

(c) 模型三

图 11.42 壁面简化模型(单位:mm)

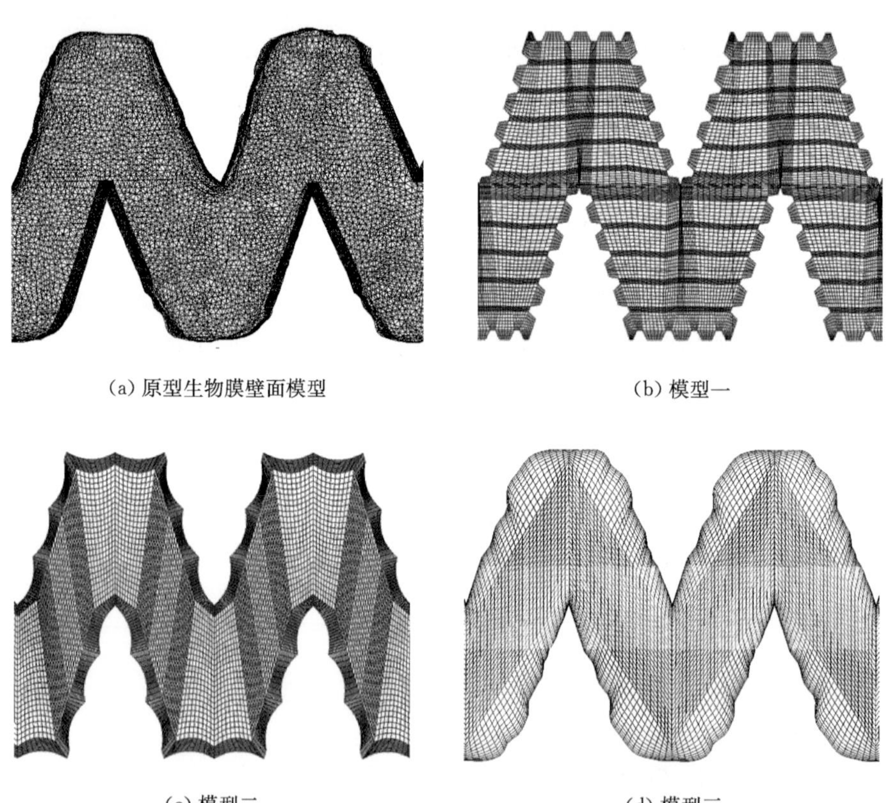

(a) 原型生物膜壁面模型　(b) 模型一

(c) 模型二　(d) 模型三

图 11.43 原型生物膜壁面模型及三种简化模型网格划分

灌水器液相采用 RNG k-ε 模型计算,颗粒相采用欧拉-拉格朗日颗粒轨道模型,级配设置为 Rosin-Rammler 分布,反弹系数设置为 0.5,采用双向耦合求解方式,边界条件为压力入口(额定工作压力 0.1MPa)、压力出口(0)。

3. 计算结果分析

1) 压力场分布

图 11.44 所示为灌水器额定工作压力下(0.1MPa)原型生物膜壁面模型流道以及三

种简化模型的全流道压力分布。可以看出,流道内沿水流方向压力均匀下降,在流道的齿尖或水流方向急剧变化的部位压力变化较大,这些地方存在较大的能量变化。

(a) 原型生物膜壁面模型

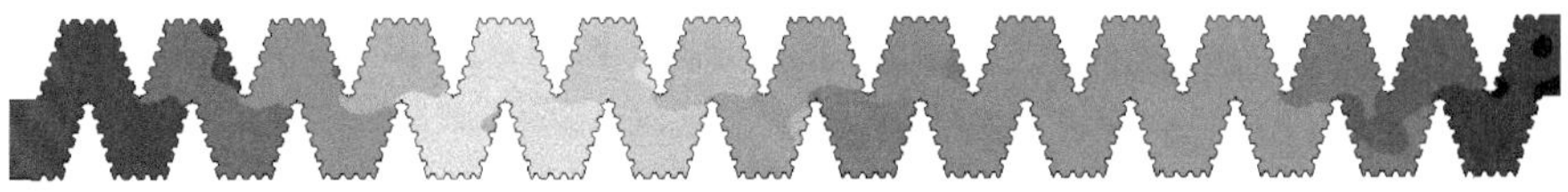

(b) 模型一

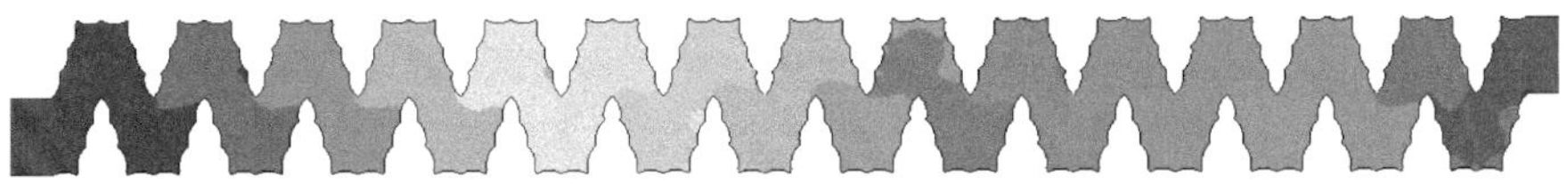

(c) 模型二

(d) 模型三

图 11.44　灌水器额定工作压力下(0.1MPa)原型生物膜壁面模型流道以及三种简化模型的全流道压力分布

图 11.45 更清楚地反映了流道内压力的变化规律,每个模型分别选取 1/2 流道深近壁面及流道中心两条线上的压力分布,整体上看,流道中的压力呈阶梯状下降,在齿尖、齿跟部压力急剧变化,特别是在流道近壁面处压力波动明显,生物膜壁面简化模型为规则粗

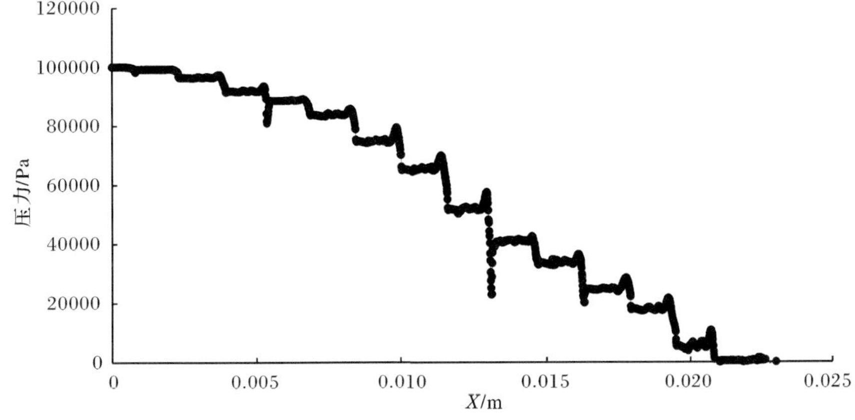

(a) 原型生物膜壁面模型

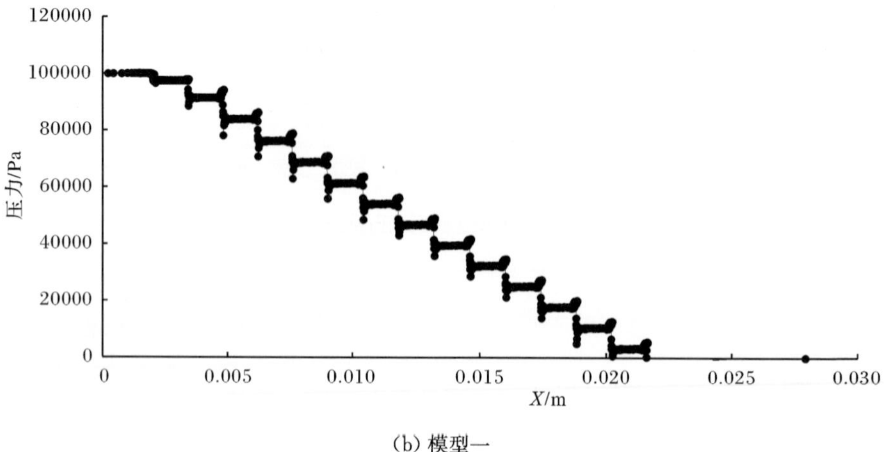

(b) 模型一

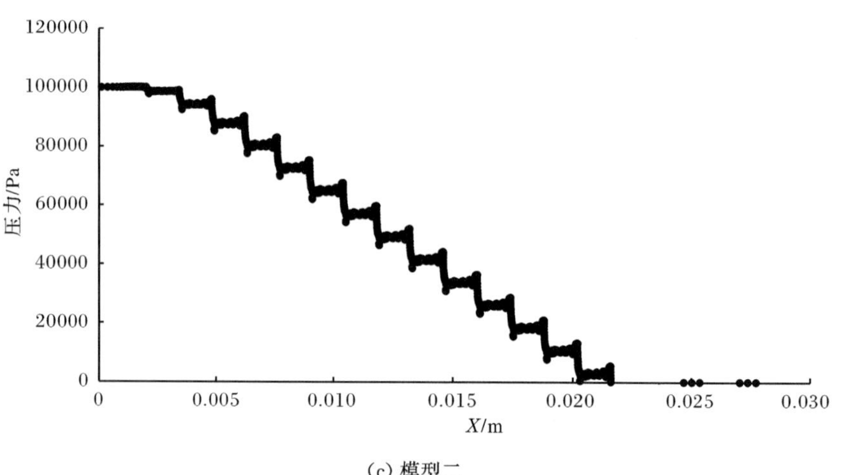

(c) 模型二

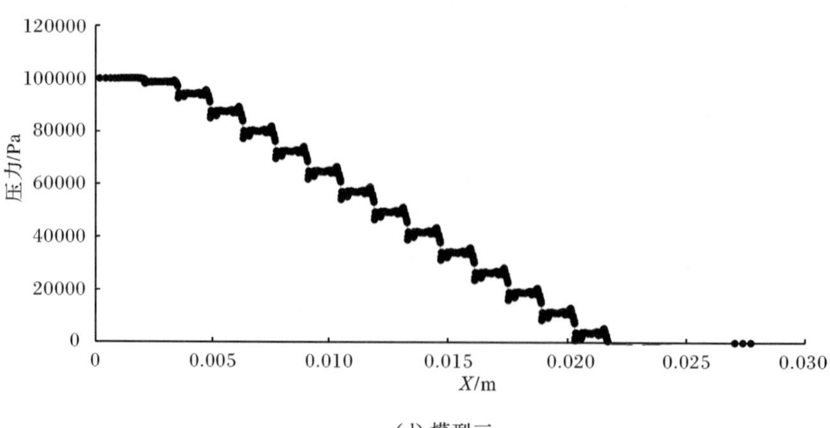

(d) 模型三

图 11.45　流道壁面与中心处沿流道方向压力分布

糙元，每个流道内的壁面形貌完全重复，因此每个流道内的压力变化也基本相同，呈规律性波动，原型生物膜壁面的形貌较为随机，压力变化也呈随机波动。由此可以看出，流道单元的消能效果总体上一致，但受壁面的影响，局部会有一定差异。

2) 流速场分布

图 11.46 所示为在额定压力下原型生物膜壁面流道以及三种简化壁面流道的速度矢量分布及速度云图。从图中可以看出，壁面对速度分布有较大影响，在近壁面粗糙元产生的摩擦阻力使壁面处的流速降低，由于流体内部黏滞力的作用，这种阻碍作用会向上传递且随着距离的增大而不断减小，逐步影响整个流场。从速度云图中也可以看出，壁面形貌变化较大的位置，速度也出现较大的波动，特别是模型一的梯形粗糙元，梯形结构使得壁面处流速极低，与原型生物膜壁面流速分布差异较大，模型三和原型生物膜壁面模型流速较为近似。

取样位置如图 11.47 所示，图 11.48 与图 11.49 分别为流道内垂直于流动方向上两条线上的速度分布。从图 11.48 中可以看出，由于壁面不同，不同模型同一位置处的流速也不同。可以看出，四种模型流速均呈现增大—减小—增大的波浪形变化，说明有流速漩涡区的存在；各模型均在流道中心区域附近出现流速最大值，①处原型生物膜壁面模型流速最大值为 2.72m/s，三种生物膜壁面简化模型最大流速分别为 2.67m/s、2.62m/s、

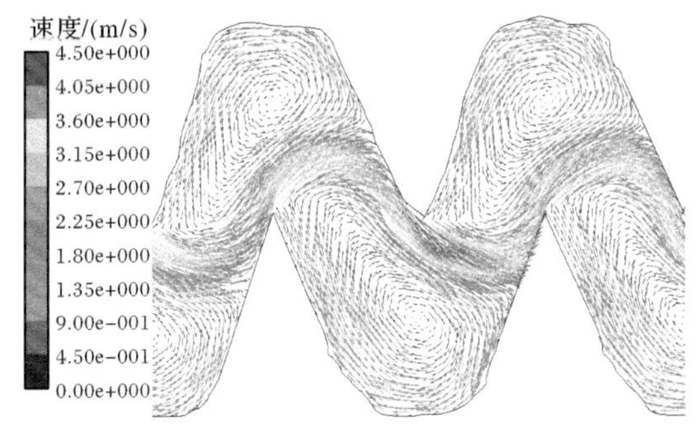

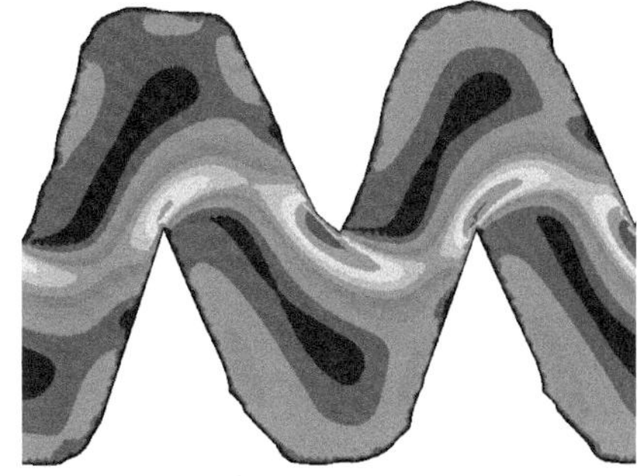

(a) 原型生物膜壁面模型

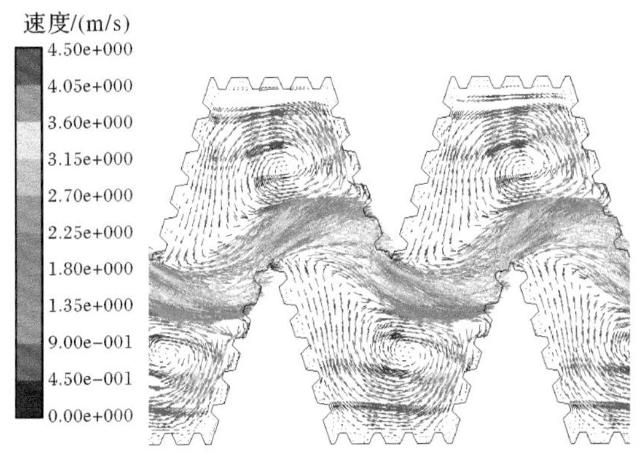

(b) 模型一

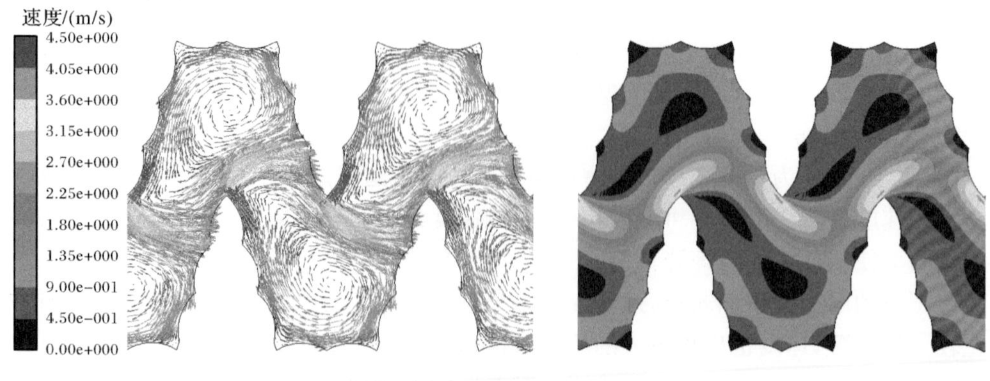

(c) 模型二

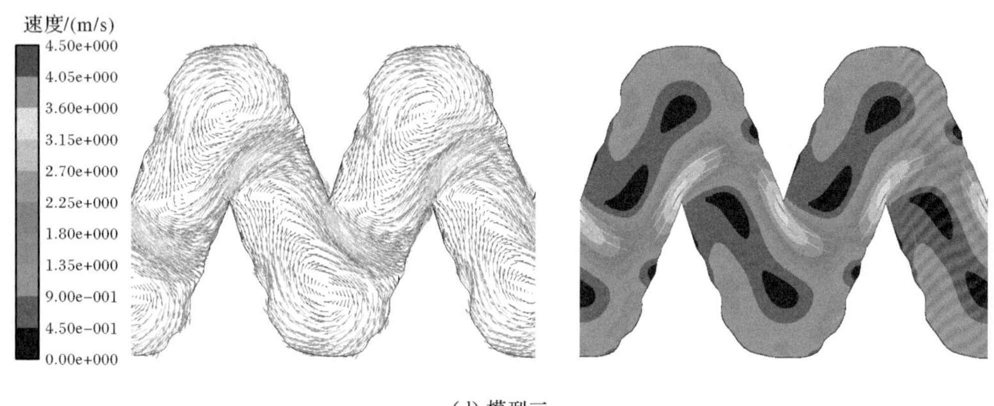

(d) 模型三

图 11.46　在额定压力下原型生物膜壁面流道以及三种简化壁面流道的速度矢量分布和速度云图

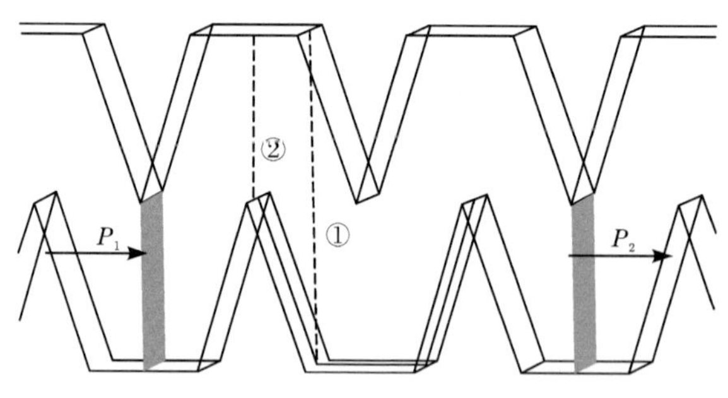

图 11.47　取样位置

1.92m/s。以原型生物膜壁面模型为对照，分析三种简化模型之间的差异可以看出，梯形粗糙元流道在壁面附近的速度很低，靠近流道中心受壁面的影响逐渐减小，速度开始增大，流速大于 1.0m/s 的区间仅有约 0.4mm。模型二粗糙元与原型生物膜壁面模型的流速分布拟合情况较模型一好，速度变化的转折点分别在 Y 值为－0.5mm、－0.2mm、0 左右，模型三速度变化转折点与原型生物膜壁面速度转折点更为接近。图 11.49 呈现出相似规律，在靠近齿尖位置为速度最大值。

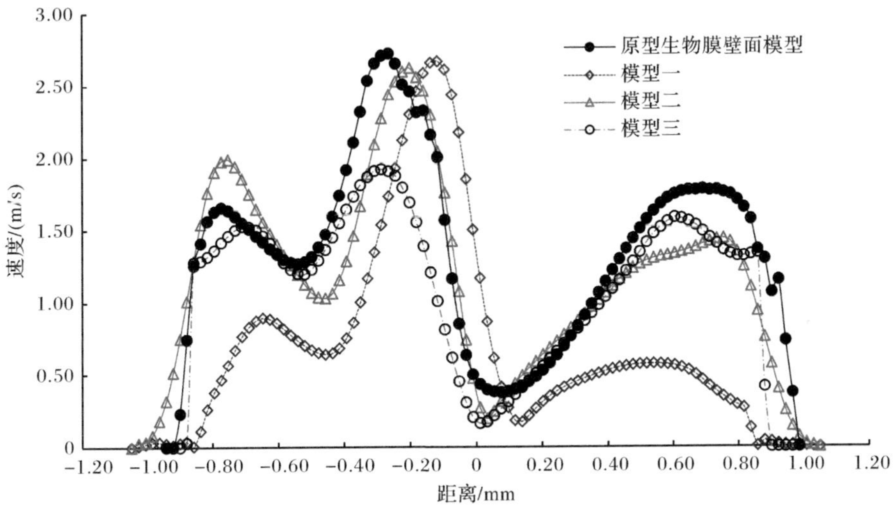

图 11.48　①处速度分布

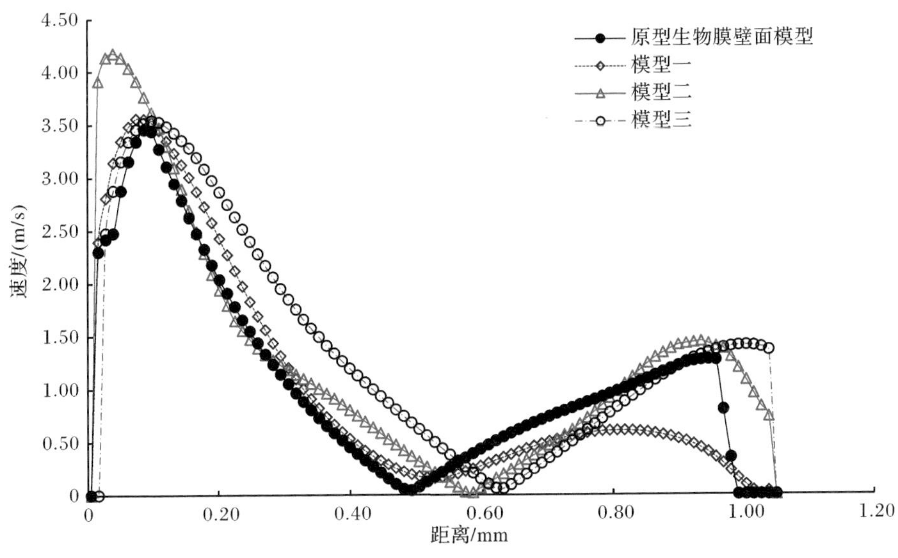

图 11.49　②处速度分布

3) 阻力特性

流动阻力是流道内几何形状、流速、压差等综合作用的表现,取两个流道单元计算其阻力系数,进口断面处压力为 P_1,出口断面处压力为 P_2,计算区间内速度如图 11.48 和图 11.49 所示,则阻力系数 λ 的计算方法如下:

$$\lambda=\frac{2\Delta PD_e}{\rho v^2 L} \tag{11.37}$$

式中,ΔP 为计算单元段压降,Pa;v 为入口界面平均流速,m/s;D_e 为当量直径;mm;L 为沿流道方向长度,m。

$$D_e=\frac{4A}{P} \tag{11.38}$$

式中，A 为入口截面面积，m^2；P 为湿周周长，m。

由表 11.6 可以看出，对于全流道，在相同的压力入口与压力出口条件下，梯形粗糙元模型(模型一)、半弧形粗糙元模型(模型二)、随机粗糙元模型(模型三)阻力系数与原型生物膜壁面模型的偏差分别为 38.8%、22.8%、4.6%。分析原因发现，梯形粗糙元模型壁面处速度接近 0，速度梯度变化大，壁面处的低流速使该模型阻力较低，进出口相同的压力梯度使得出口处流量增大；半弧形粗糙元流道壁面形貌变化较为平缓，速度分布较为均匀，壁面处流速较大，阻力系数增大；模型三与原型生物膜壁面结构最为接近，阻力系数也极为接近。

表 11.6 四种模型阻力系数计算

模型	计算流量/(L/h)	与实际流量偏差百分比/%	断面平均流速/(m/s)	压差/Pa	阻力系数
原型生物膜壁面模型	1.17	2.6	0.46	20522	54.4
模型一	1.36	19.2	0.51	14643	33.3
模型二	1.25	9.6	0.46	15112	42.0
模型三	1.12	−2.1	0.40	15331	51.9

关于粗糙表面对流动阻力特性的影响，许多学者对微尺度条件下的流动做了大量的试验，发现在微尺度条件下，流动阻力不同于常规尺度下的阻力特性，迄今已有不少学者就粗糙度对流动阻力的影响进行探讨，但均为圆管或平板内流动，而在灌水器流道内，由于流速较高、流动紊乱，流动阻力表现出复杂特性。滴灌灌水器在一定压力下工作，当壁面附着生物膜时，壁面粗糙度增大，过流断面面积减小，这时由于人为控制入口压力始终维持在额定工作压力，且进口大小不变，则灌水器出口流量的变化受流道内流动阻力的影响。从结果可以看出，模型一阻力最大，模型三与实际情况最接近。

4) 颗粒运动

颗粒级配按照 Rosin-Rammler 分布假定，颗粒与壁面反弹系数设置为 0.5，进行颗粒相流场的计算。图 11.50 所示为四种模型内颗粒的运动轨迹。图 11.51 所示为在四种模型中随机选取相同粒径颗粒的运动规律。原型生物膜壁面模型颗粒速度变化区间主要在 2～4m/s，梯形粗糙元模型速度在 0～4m/s 均有分布，半弧形粗糙元模型内颗粒速度为

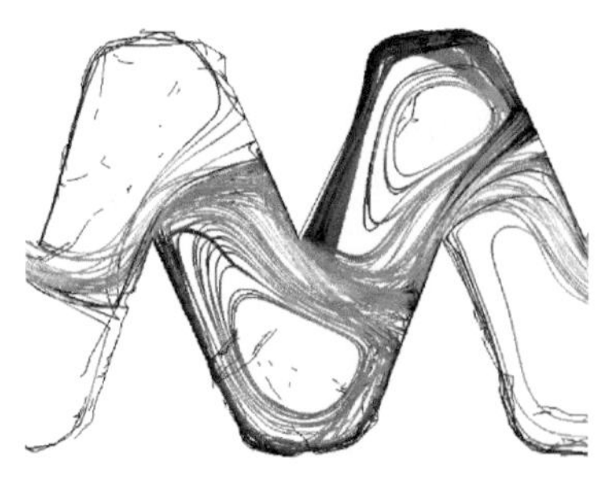

(a) 原型生物膜壁面模型

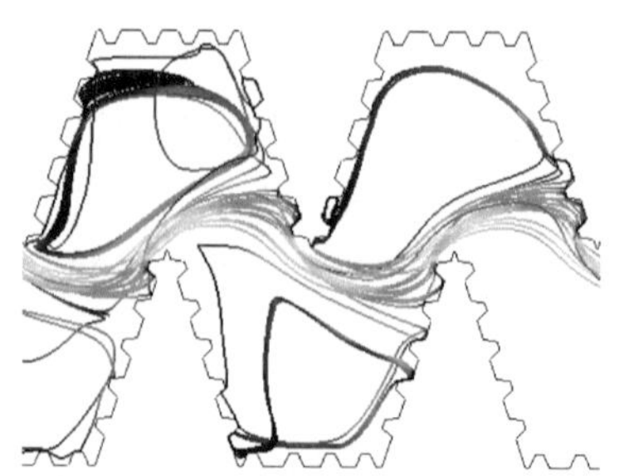

(b) 模型一

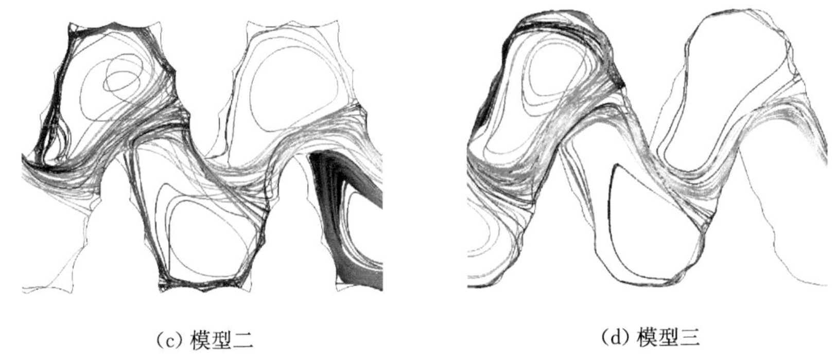

(c) 模型二　　(d) 模型三

图 11.50　四种模型内颗粒的运动轨迹

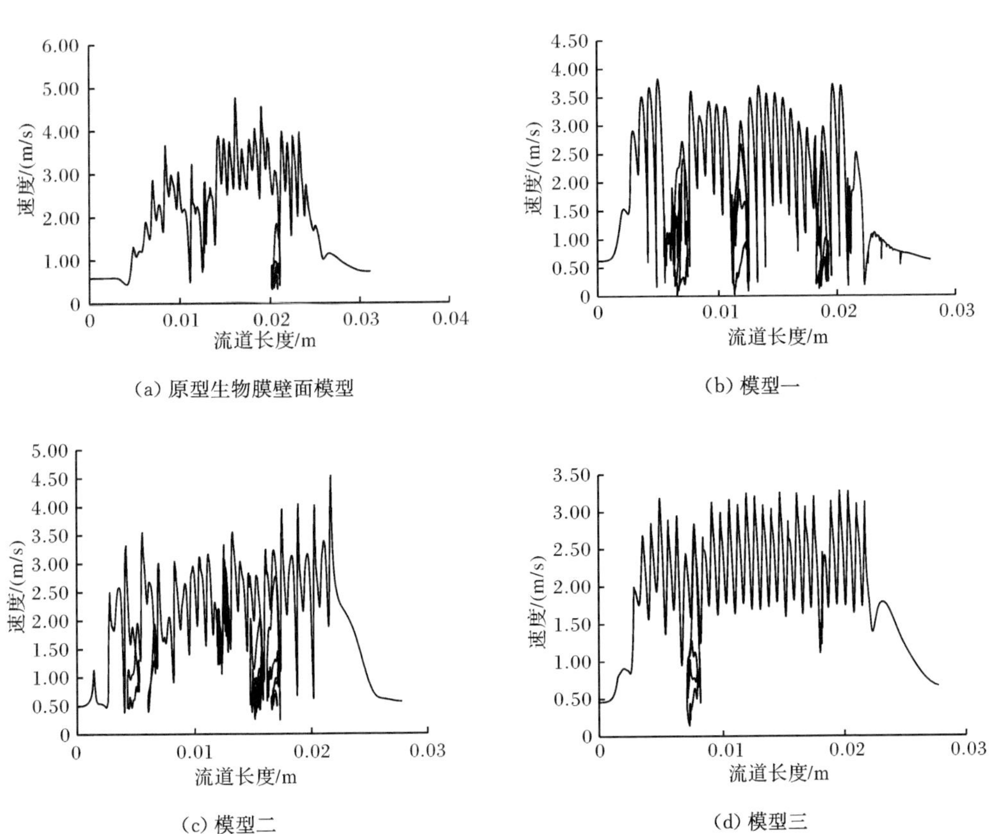

(a) 原型生物膜壁面模型　　(b) 模型一

(c) 模型二　　(d) 模型三

图 11.51　在四种模型中随机选取相同粒径颗粒沿流道方向的速度变化

1～4m/s,随机粗糙元模型颗粒速度变化较规律,均为 1.5～3.5m/s。

从结果可以看出,粗糙元使得颗粒运动更加紊乱,壁面粗糙元棱角越凸出,流道内颗粒运动越紊乱。流道内壁面附着的生物膜在宏观上表现为光滑的过渡曲面,且分布不规律,因此采用形状规则棱角分明的梯形粗糙元或半弧形粗糙元来模拟生物膜特征并不恰当。而根据平均厚度的变化采用不规则样条曲线绘制的粗糙元模型与原型生物膜壁面形貌较为接近,流场分布也更为接近。

11.4.3　灌水器堵塞形成过程的水动力学机制

1. 微生物作用下灌水器抗堵塞设计整体思路

灌水器内生物堵塞物质的形成过程是极为复杂的，是流道内物理、化学、微生物等多因素共同作用的结果，是悬浮颗粒(粒径、浓度、表面特征)、水环境条件(温度、pH、含盐量、有机物含量)和水动力条件(水力剪切力、流速)等多因素影响下的综合作用表现。其中，流道内部水动力学条件是影响堵塞物质形成最显著的因素；水动力条件包括流速、水力剪切力等，其直接影响堵塞物质的形成。借助高精度工业 CT 扫描等方法对不同时期流道内堵塞物质进行分析测试，可以看出，滴灌系统在不同运行时期，堵塞物质呈现出不同的空间分布，堵塞物质形成后，改变流道结构和壁面特性，从而反过来影响流道内水动力学特性，堵塞物质与流场水动力学条件为一个相互作用、相互影响的过程，在解决灌水器堵塞问题中，需要转变思路，综合考虑流道内水动力学特征参数与堵塞物质的动态响应关系，以抑制堵塞物质的生长和促进堵塞物质的脱落为控制目标，进行抗堵塞灌水器的设计。

如图 11.52 所示，以灌水器内生物膜厚度来替代原始流道可最为真实地还原流场特征，因此分别以原始壁面模型、5%堵塞程度流道几何模型进行数值模拟分析，得到流道内流速、剪切力等流场信息，定量描述由原始灌水器壁面发展到 5%堵塞程度过程与 5%堵塞程度基础上发展到 20%堵塞程度过程中，流场水动力学中流速、剪切力与堵塞物质厚度的相关关系，并建立剪切力-堵塞物质厚度关系模型。最终目标为建立以剪切力-堵塞物质厚度关系为基础的参数化建模平台，评价不同工况、流道形势下堵塞物质形成规律及水动力学参数特征，以此为基础进行流道结构优化，以堵塞物质生长动力学特征为抗堵塞

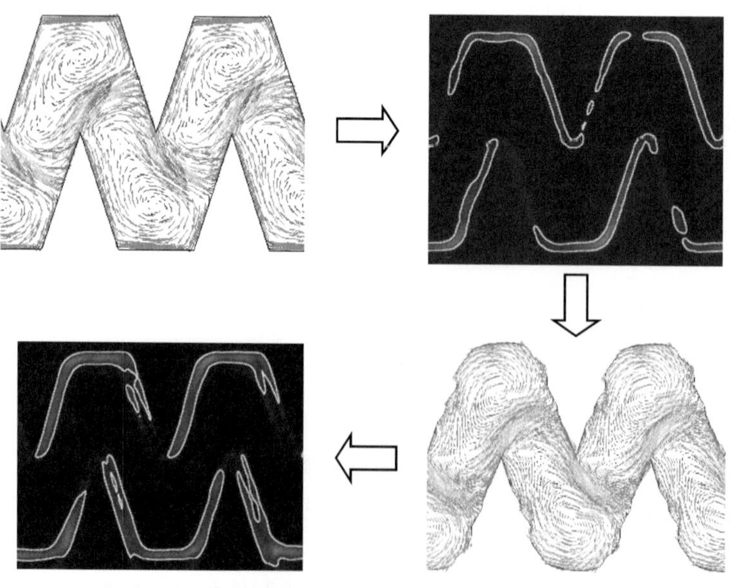

图 11.52　分析过程

灌水器的设计指标。例如，通过改变流道结构形式，将流道内水动力学环境控制在堵塞物质最不利生长水平，实现抗堵塞、自清洗灌水器的设计。研究整体思路如图 11.53 所示。

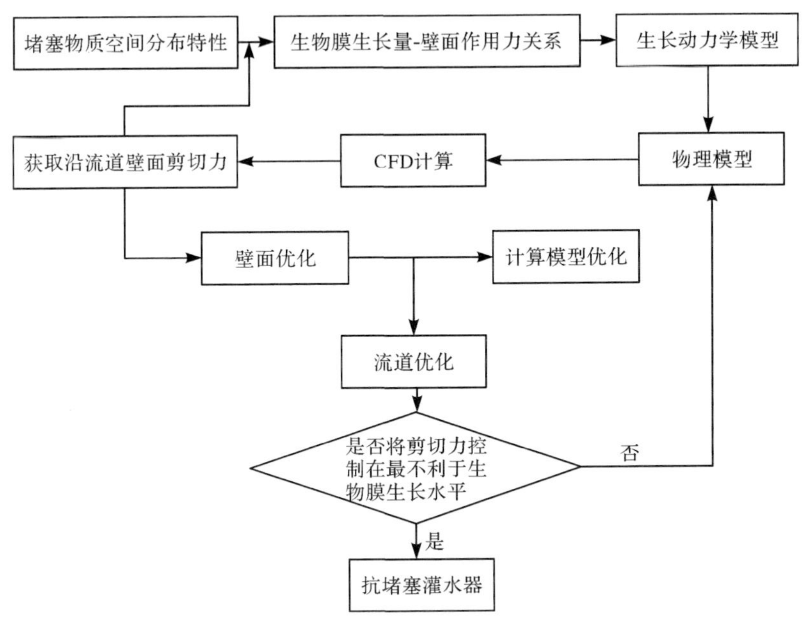

图 11.53　堵塞物质附着条件下抗堵塞灌水器设计研究整体思路

2. 近壁面流速与生物堵塞物质厚度变化的关系

通过计算流体分析方法可以获得流道内每个部位的流速信息，并借助高精度 CT 扫描可以获得每个部位的堵塞物质厚度信息。以一个流道结构单元为研究对象，分别在背水面、齿底面、迎水面近壁面上取点，从而得到结构单元内流速信息与生物堵塞物质厚度信息。图 11.54 显示了从原始灌水器到 5%堵塞程度过程中壁面生物堵塞物质厚度-速度关系，图 11.55 显示了 5%堵塞程度到 20%堵塞程度过程中生物堵塞物质厚度-速度关系。对两个阶段生物堵塞物质厚度-速度关系进行分析，通过采用不同的方式进行拟合，发现在堵塞初期生物堵塞物质厚度与速度呈明显的线性负相关关系，三个面上的 R^2 分别为 0.80、0.81、0.88，拟合较好。说明在滴灌系统运行初期，堵塞物质的形成与速度的大小有直接关系，齿跟部区域速度较低，堵塞物质也较多，而在齿尖迎水区域堵塞物质附着较少，低速度为堵塞物质的附着生长创造了良好的环境，是影响堵塞物质最直接的因素。

在 5%堵塞程度发展到 20%堵塞程度过程中，发现近壁面速度与生物堵塞物质厚度采用线性拟合关系较差，经尝试，发现使用二次曲线拟合较好，即生物堵塞物质厚度随速度的增大呈先增加后减少的趋势，除齿底面相关系数较低外，另外两个面上 R^2 分别是 0.81、0.74，拟合较好。从图 11.55 中可以看出，在背水面和迎水面，低速度下生物堵塞物质厚度随着速度的增大而增多，速度在 1.5m/s 附近时，堵塞物质最多，而随后堵塞物质随着速度的增大而减少。说明在初期堵塞物质形成后，堵塞物质的生长受更复杂因素的影响。

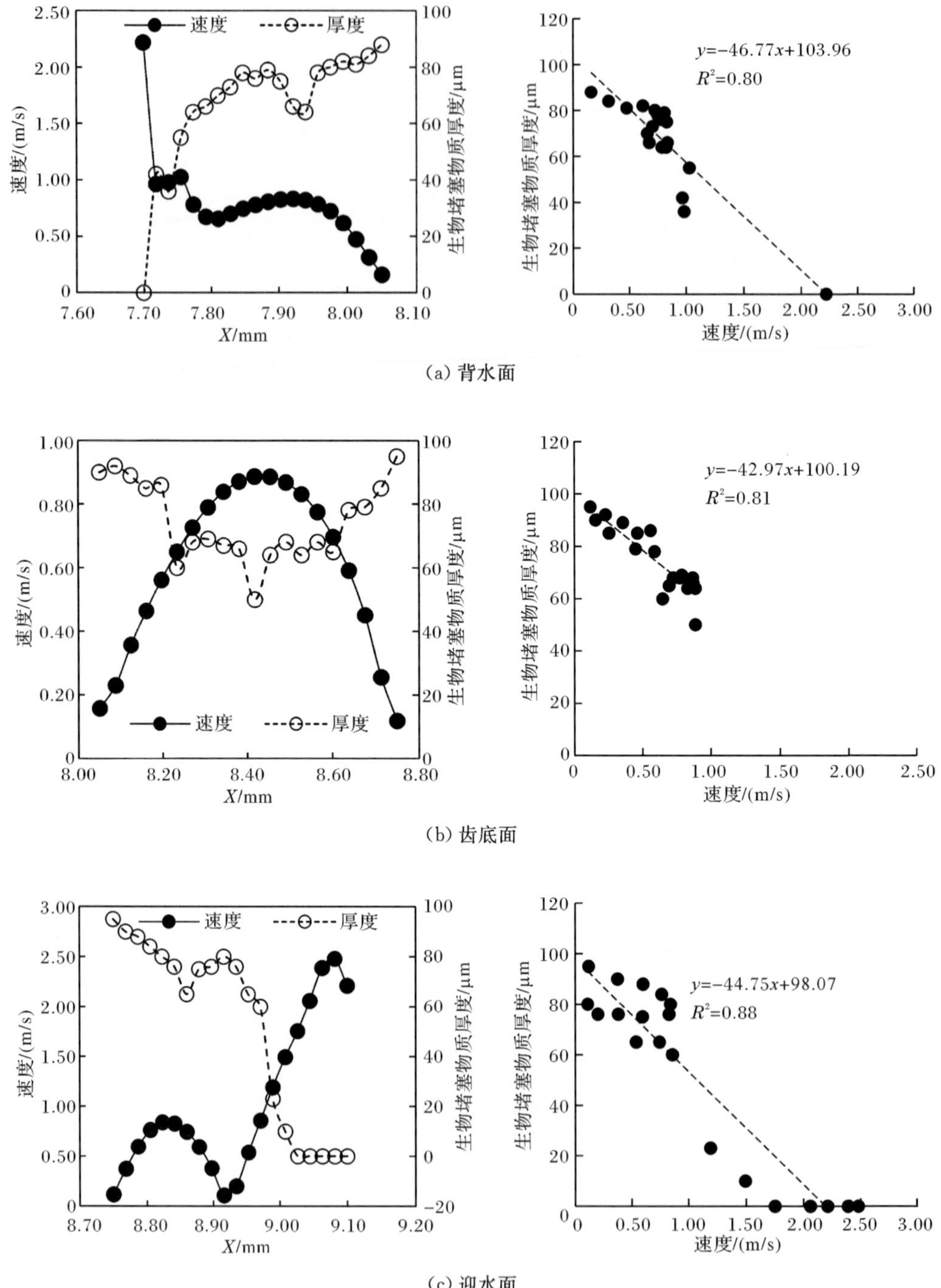

图 11.54　原始灌水器壁面到 5%堵塞程度生物堵塞物质厚度-速度关系

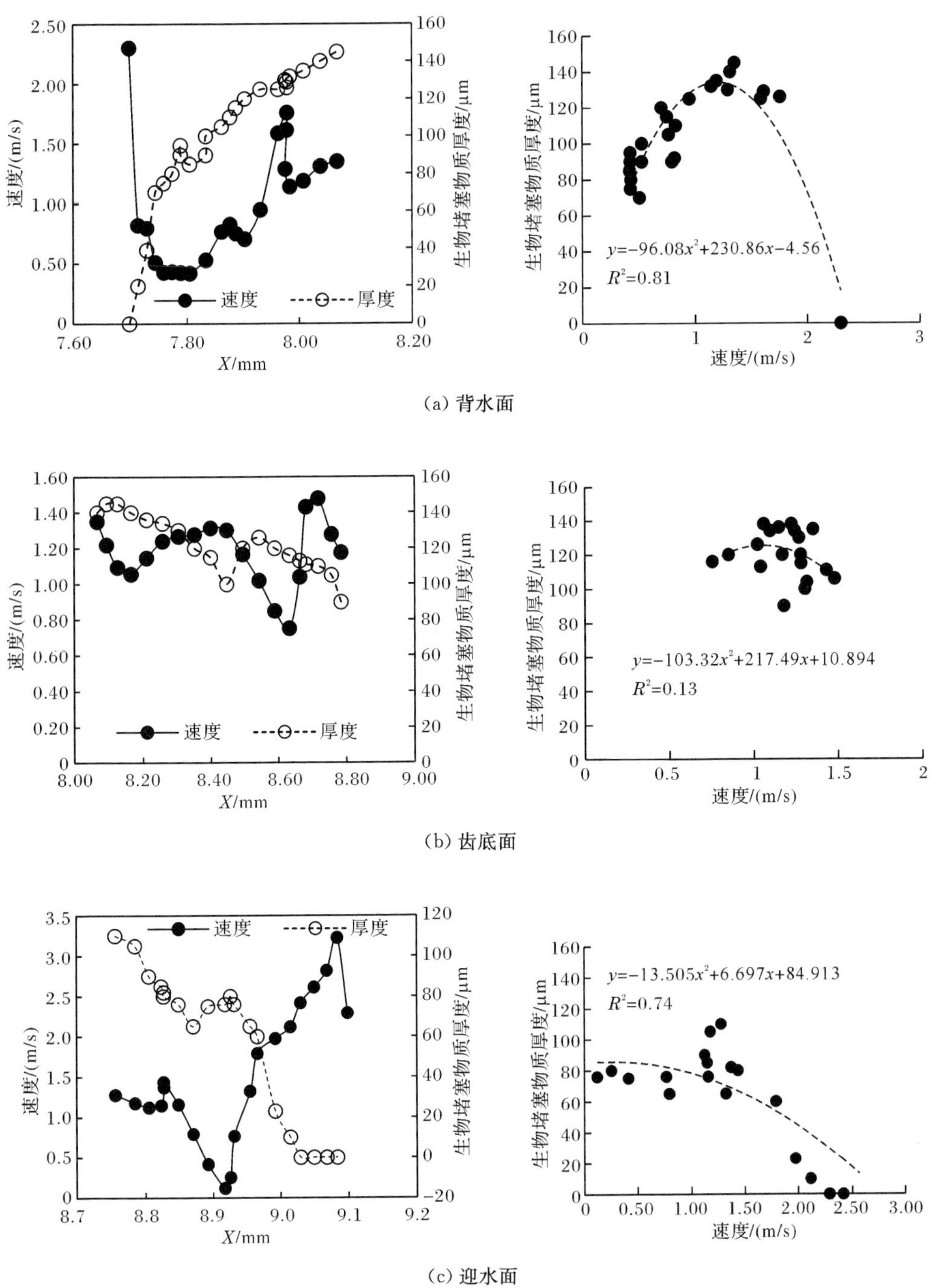

图 11.55　5%堵塞程度到 20%堵塞程度过程中生物堵塞物质厚度-速度关系

3. 壁面剪切力与生物膜形成的关系

对于黏性流体,一个重要的结论就是黏性把流动中流体的应力与变形速率联系起来,

流体在沿壁面法向方向上的速度梯度乘以相应的系数即壁面剪切力，牛顿剪应力的计算公式为

$$\tau=\mu\frac{\mathrm{d}u}{\mathrm{d}y} \tag{11.39}$$

式中，τ 为 y 方向上的剪应力，Pa 或 N/m^2；μ 为流体的黏性系数，Pa · s。

研究表明，壁面剪切力与生物膜的生长脱落有直接关系。在数值模拟结果中，可以获取流道壁面每个部位剪切力信息。在 CT 扫描结果中，可以获取每个部位的生物堵塞物质厚度信息，以及结构单元内壁面剪切力信息与生物堵塞物质厚度信息，对两者进行相关分析。图 11.56 显示了原始灌水器壁面到 5%堵塞程度过程中剪切力-生物堵塞物质厚度之间的关系，以原始壁面剪切力与生物堵塞物质厚度进行线性拟合，发现在运行初期近壁面流速与壁面生物堵塞物质厚度呈线性负相关关系，在三个面上 R^2 分别为 0.93、0.78、0.89，拟合结果较好。

图 11.57 显示了 5%堵塞程度到 20%堵塞程度过程中剪切力-生物堵塞物质厚度之间的关系，采用二次曲线拟合。可以看出，除齿底面无明显相关关系外，背水面与迎水面

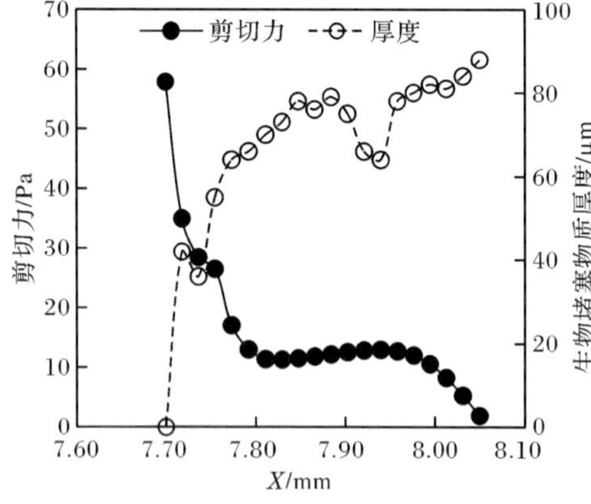

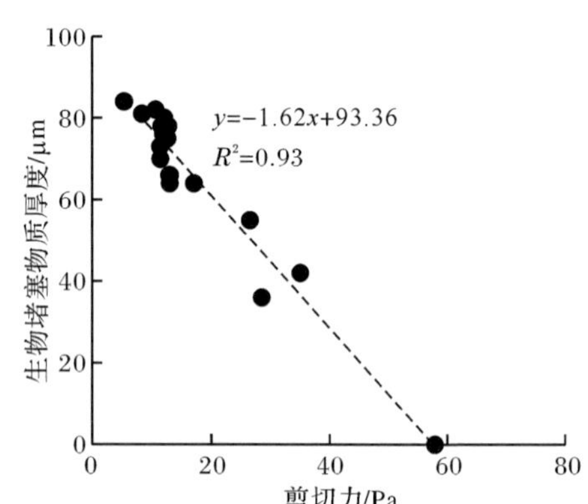

(a) 背水面

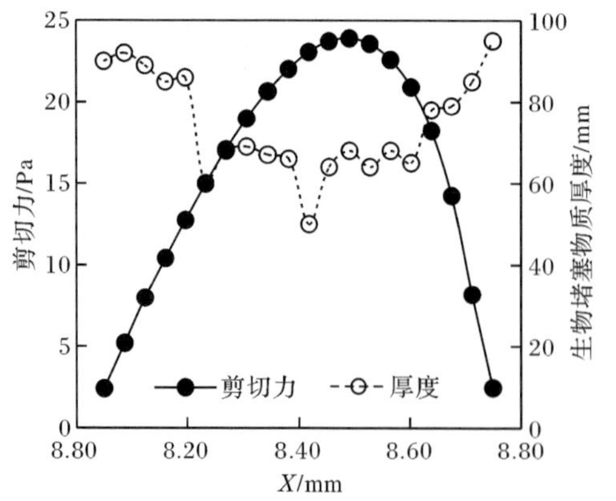

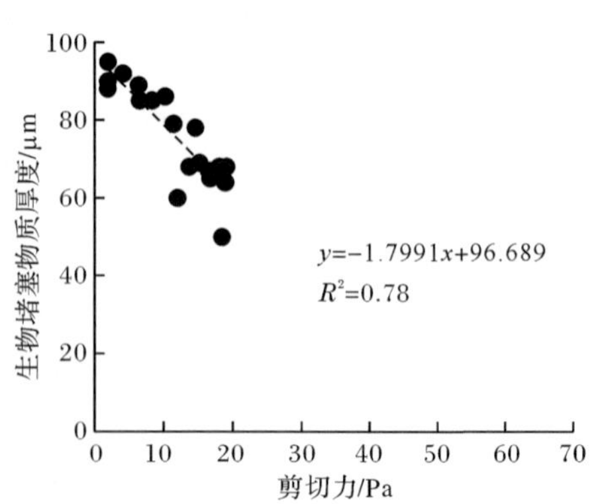

(b) 齿底面

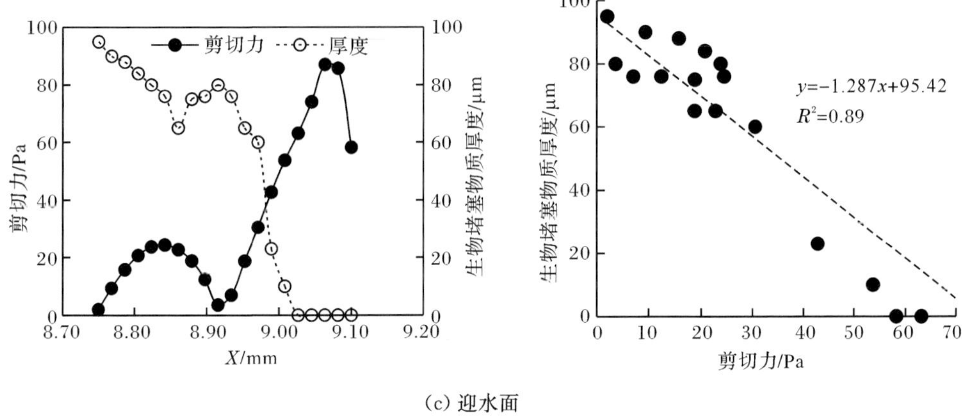

(c) 迎水面

图 11.56　原始灌水器壁面到 5%堵塞程度生物堵塞物质厚度-剪切力之间的关系

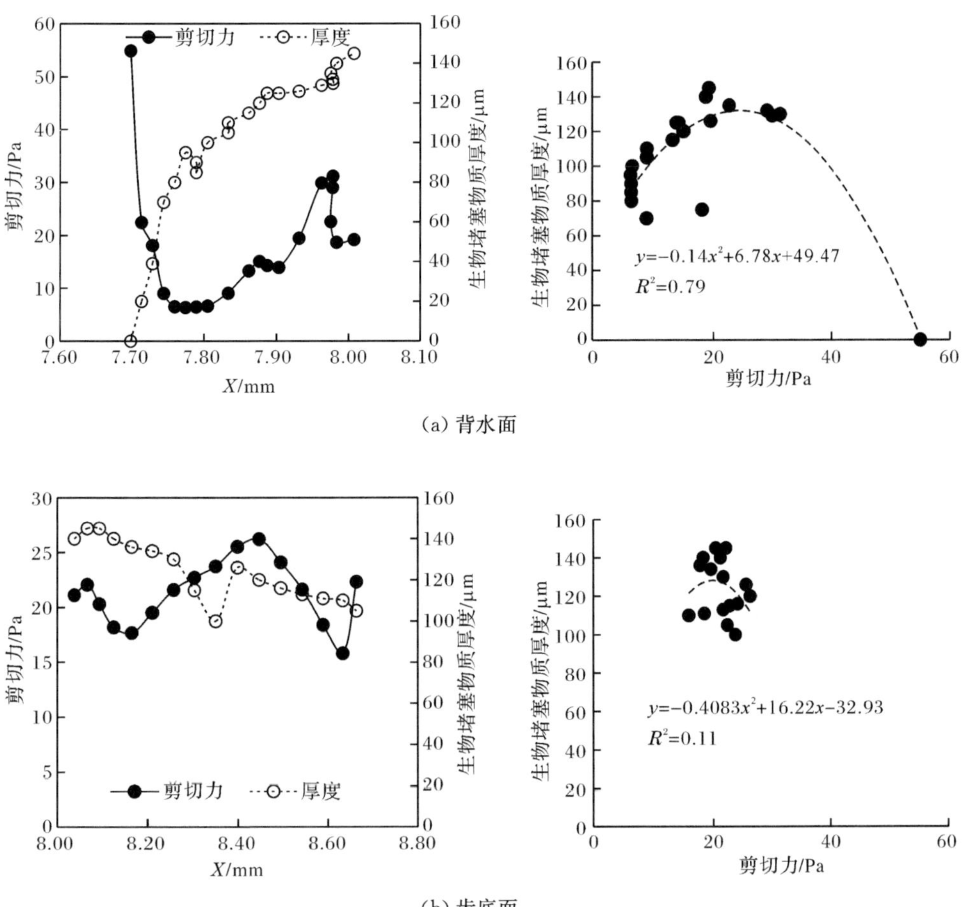

(b) 齿底面

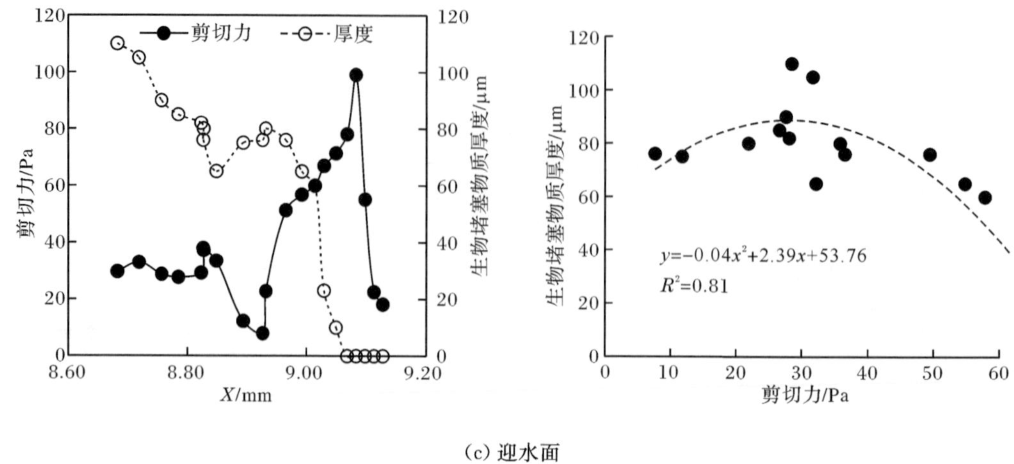

(c) 迎水面

图 11.57　5%堵塞程度到 20%堵塞程度生物堵塞物质厚度-剪切力之间的关系

上 R^2分别为 0.79、0.81，拟合结果较好，而齿底面上堵塞物质较多，集中在较大值范围内受剪切力的影响较小。由此得出，滴灌系统运行初期，堵塞物质随剪切力的增大而减少，而随着生物堵塞物质在壁面附着，在堵塞物质较多部位，壁面剪切力开始增大，相应部位的堵塞物质量增长速率减慢，部分区域还有降低趋势，堵塞物质随剪切力的增大呈先增大后减小的趋势。可见流道内壁面剪切力与生物堵塞物质厚度的关系除受流速、剪切力的直接影响外，还受更复杂因素的影响，如与堵塞物质的脱落和营养物质的输运等因素相关。

流道内水动力学特征是影响堵塞物质形成的最直接因素，在滴灌系统运行初期，堵塞物质容易在低速、低剪切力区域沉积，从而导致堵塞物质较多，而随着流速、剪切力增大，堵塞物质与两者并不是呈简单的线性关系，堵塞物质的形成，不仅与流道内的流速、剪切力直接相关，还与流道内微生物、营养物质的输送有关。Ollos(1998)认为随着管道内的流速增加，生物膜内的细菌数量增加；Percival 等(2001)研究表明，管道水流速为 1.75m/s 时的生物膜厚度比流速为 0.32m/s 和 0.96m/s 时薄；Rittmann(1982)在较早的研究中发现生物膜脱落速率与剪切力的 0.58 次方成比例；而 Bakke 和 Olsson(1986)研究发现生物膜脱落速率与剪切力之间存在线性关系；Horn 等(2003)认为生物膜的脱落是液体剪切力与生物膜强度共同作用的结果。由此可见，流速与剪切力不仅会作用于生物膜的生长，也会作用于生物膜的脱落。

灌水器运行一段时间后，壁面附着堵塞物质厚度随流速、剪切力的增大呈先增大后减小的趋势。综合分析原因有两方面：一方面水源中的微生物群落以及微生物生长所需的营养物质、悬浮颗粒物等通过过滤器进入滴灌系统，其是堵塞物质生长的原料，流道内流速越大，水源中营养物质与壁面接触的机会越大，但高流速不适宜堵塞物质的附着，因此堵塞物质的生长会随着流速的增大呈先增大后减小的趋势。另一方面，较大的流速会导致堵塞物质脱落，也是高流速下堵塞物质减少的一个原因。毛管内壁附生生物膜形成后，随着生物膜的生长，生物膜与壁面的黏附力降低，同时在灌水器内水力剪切力的作用条件下产生脱落，脱落后形成新的颗粒物会随水流进入下游的灌水器内部，可能会在流道内水流剪切力低的部位（主要为流道进口、出口）沉积，导致滴头流道的尺寸不断变小而最终被堵塞，这是产生灌水器生物堵塞的一个重要原因。

11.5　压力补偿式滴灌灌水器内部流固耦合模拟方法

11.5.1　流固耦合分析方法

1. 流固耦合理论

流固耦合运动过程为固体在流体载荷作用下产生变形或运动，固体的变形或运动又反过来影响流场形态，从而改变流体的流动状态及流体载荷的大小与分布。对于大多数耦合问题，计算域都被划分为流体域和固体域，流体模型和结构体模型将通过材料模型和边界条件分别定义，耦合作用发生在两计算域的交界面处。典型的流固耦合模型如图 11.58(a)所示。流体模型中定义流体计算域，边界条件为壁面边界条件，在入口处确定速度，出口处法向力为 0。固体模型在结构场定义，底端固定，上端为流固耦合界面。结构模型基于拉格朗日坐标系，其位移未知。对于流固耦合问题，流固耦合界面会发生变形，流体模型基于任意的拉格朗日-欧拉坐标系，因此求解变量既包括通常的流体模型求解变量（压力、速度等），也包括位移。在流体模型和结构模型中使用完全不同的单元和网格。这些单元完全由 ADINA 系统中固体模型和流体模型单独限制，因此在流固耦合界面上，两种模型的节点位置通常不一致。

流体节点位移通过对固体节点的位移进行差值计算得到。例如，流体节点 2[图 11.58(b)]处的位移是由固体节点 1 和固体节点 2 的位移进行差值计算得到的。同样，流体作用在固体节点上的力是对固体节点周围流体边界的单元应力求差值得到的。固体节点 2 上的流体作用力是对流体节点 2 和流体节点 3 上的流体应力求差值得到的，而固体节点 1 和固体节点 3 上的应力分别与流体节点 1 和流体节点 4 相等。

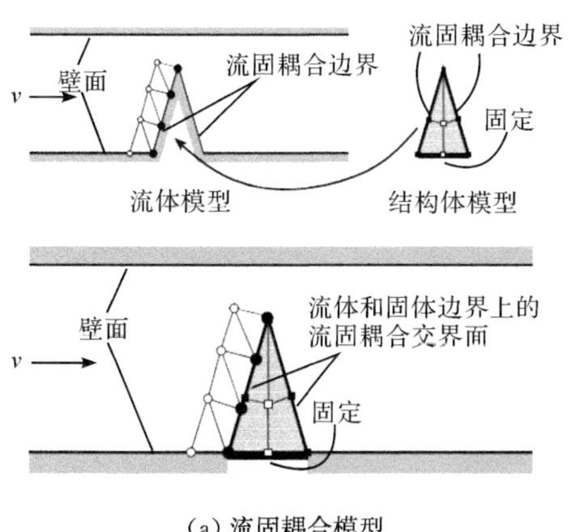

(a) 流固耦合模型

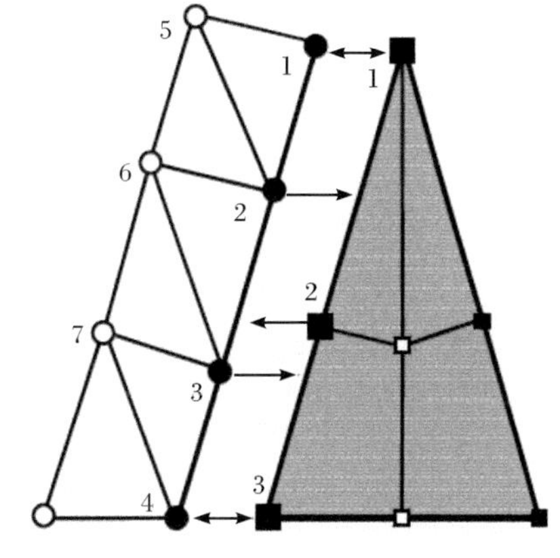

(b) 流体-固体节点耦合

图 11.58　流固耦合相互作用模型

ADINA 系统中流体域和固体域可使用不同的网格进行划分，因此在流固耦合界面上很可能出现两个网格不匹配的现象。因此，对于同一几何模型，两种模型离散化后的网格也可能会有所不同。然而，两种模型离散后边界之间的距离必须在小的距离之内。在流体流固耦合节点和固体流固耦合面之间定义一个相对距离(图 11.59)：

$$r_{\mathrm{f}} = \max\left\{\frac{d_{\mathrm{f}}}{D_{\mathrm{s}}}\right\} \tag{11.40}$$

式中，d_{f} 为流体节点到结构离散边界的距离；D_{s} 为离散固体边界单元的长度。

系统会自动检测相对距离，当 $r_{\mathrm{f}} \geqslant 1$ 时，程序报错，停止计算；当 $0.001 \leqslant r_{\mathrm{f}} < 1$ 时，程序出现警告，但会继续计算。

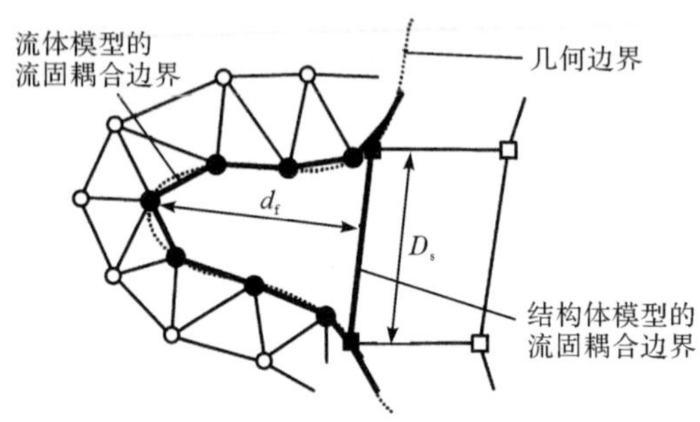

图 11.59　流固耦合边界相对距离的计算

2. 物理模型

以国产压力补偿式滴灌灌水器为研究原型，建立流道模型以及流道内部弹性膜片模型，结构尺寸参数见表 11.7，其计算域几何模型如图 11.60 所示。

表 11.7　压力补偿式滴灌灌水器基本结构参数

流道断面形状	流道几何参数(长×宽×深)/(mm×mm×mm)	入口直径/mm	出口直径/mm	稳流器流量 Q/(L/h)
T 形	6.36×1.88×1.30	2.86	2.76	50

(a) 压力补偿式滴灌灌水器结构　　(b) 计算域模型

图 11.60　原型压力补偿式滴灌灌水器计算域几何模型

3. 数学模型

1) 流体数学模型建立

压力补偿式滴灌灌水器的流态指数远小于 0.5,其内部可视为连续介质的湍流,因此计算模型采用大涡模拟湍流模型。

2) 弹性体数学模型建立

压力补偿式滴灌灌水器内部弹性体为橡胶材料,橡胶材料的应力-应变关系为非常复杂的非线性函数,根据 ADINA 理论手册,在 ADINA 中采用了如下应变能修正函数:

$$W_D = C_1(I_1 - 3) + C_2(I_2 - 3) \tag{11.41}$$

式中,I_1 和 I_2 分别为应力张量的第一、第二不变量;C_1 和 C_2 为材料常数,根据橡胶材料的应力-应变关系的应变能函数的 Mooney-Rivlin 模型中:

$$E = 6(C_1 + C_2) \tag{11.42}$$

根据经验公式可取

$$C_1 = 0.25C_2 \tag{11.43}$$

式中,E 为弹性模量,可根据实测的橡胶硬度(邵氏硬度)H_A求出:

$$E = \frac{15.75 + 2.15H_A}{100 - H_A} \tag{11.44}$$

弹性膜片参数在北京橡胶工业研究设计院物化检测实验室完成,橡胶硬度为 61(邵氏硬度),密度为 1.09kg/m^3。根据式(11.41)～式(11.44)计算得到材料特性,见表 11.8。

表 11.8　结构体(弹性膜片)基本结构参数

项目	邵氏硬度	密度/(kg/m^3)	弹性模量 E/MPa	泊松比	C_1	C_2
数值	61	1.09	3.77	0.49	0.13	0.5

4. 网格划分与求解方法

流体和结构体的网格划分分别在 ADINA-CFD 和 ADINA-Structure 模块中完成,采用 10 节点的单元网格,网格大小为 0.005mm,网格数量分别为 4763 和 805,如图 11.61 所示。

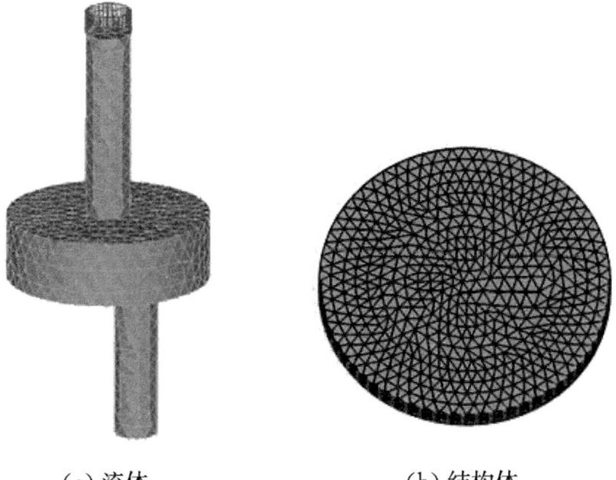

(a) 流体　　(b) 结构体

图 11.61　网格划分

边界条件:入口与出口采用压力边界,流体与结构体接触的面设置为流固耦合界面,考虑黏性边界层影响,对壁面采用标准壁面函数。

初始条件:出口压力分别设置为 0.1MPa、0.15MPa、0.2MPa、0.25MPa、0.3MPa 和 0.35MPa,共 6 个水平输入,出口压力为标准大气压,默认为 0。

在 ADINA-CFD 模块中选择稳态分析,设置时间步为 200,考虑计算精度以及计算量的影响,步长取为 0.1s。将设置好的流体及结构体分别保存为 .dat 文件,同时导入 ADINA-FSI 模块中进行计算。

5. 模型验证试验

采用室内水力特性试验对模拟模型进行验证。水力特性试验按照灌水器测试技术规范进行,水源为自来水,采用压力罐稳压供水,对不同压力下压力补偿式滴灌灌水器的流量进行测定,由于该压力补偿式滴灌灌水器流量较大,每次试验时间为 1min,观测两次,两次测得水量之差小于 2%,取平均值计算各调节器的流量。由压力表测量入口工作压力,采用量筒法测量流量,温度计测试水温和室温,用秒表测量时间。在 0.1～0.35MPa范围内测得流量值,采用流态指数 x 描述压力补偿式滴灌灌水器水力性能,对计算所得流量与工作压力采用回归法计算,得到不同工作水平下压力补偿式滴灌灌水器的流态指数 x。

为观察并验证压力补偿式滴灌灌水器内部弹性膜片在不同压力下的变形情况,本章采用亚克力材料对灌水器原型流道进行加工,为减少加工面,增加其透明度,灌水器外部表面采用非加工面,为长方体结构,内部流道尺寸微小,使用数控机床机械雕刻技术加工,设备采用嘉雕 60,加工过程主要有雕刻流道、局部抛光、零件黏结以及再抛光等环节,弹性膜片使用原型灌水器的弹性膜片。由于灌水器入口、出口处水压较大,设计时将模型的进水口及出水口处做延伸处理,增加其抗压强度。设计效果图以及加工实物模型如图 11.62 所示。

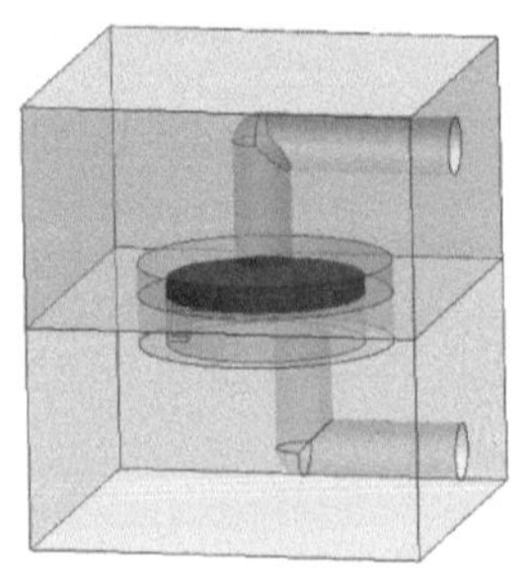

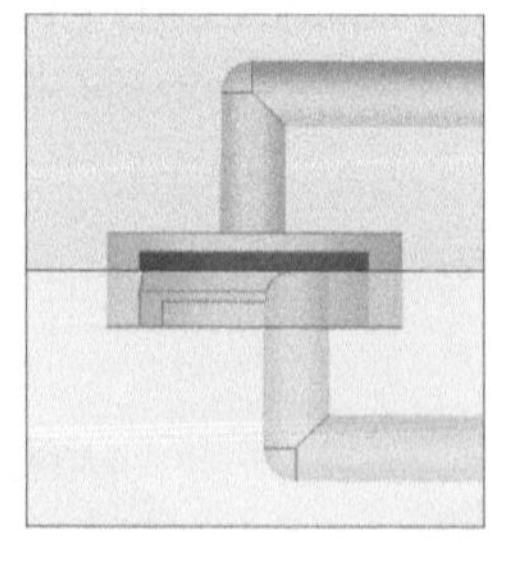

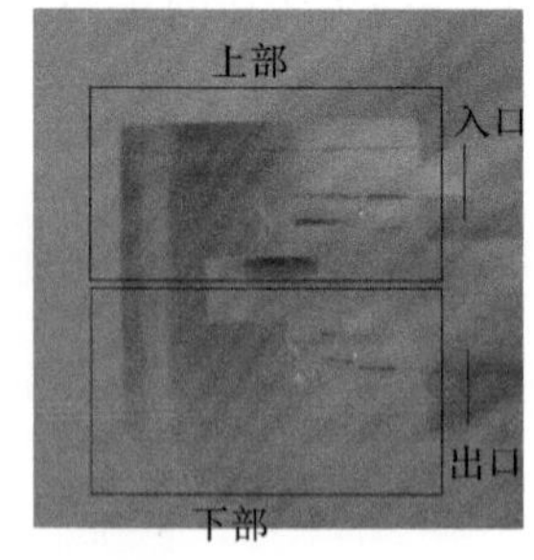

图 11.62　设计模型及实物模型

11.5.2　流固耦合模拟模型可行性验证

模拟的压力-流量关系曲线与实测值如图 11.63 所示,实测值与模拟值具有相同的变化趋势。未考虑结构体耦合作用下的纯流体流动模拟值比实测值偏大,两者之间最大相对误差为 28.89%；考虑内部流固耦合的模拟值比实测值偏小，两者之间最大相对误差为 14.99%。可以看出，当考虑压力补偿式滴灌灌水器内部流固耦合作用下的模拟值与实测值更为吻合，两者的误差在允许范围内，流固耦合模拟值能较好地反映灌水器内部真实的流动状态，因此可认为采用所构建的流固耦合模型进行模拟计算是可行的。

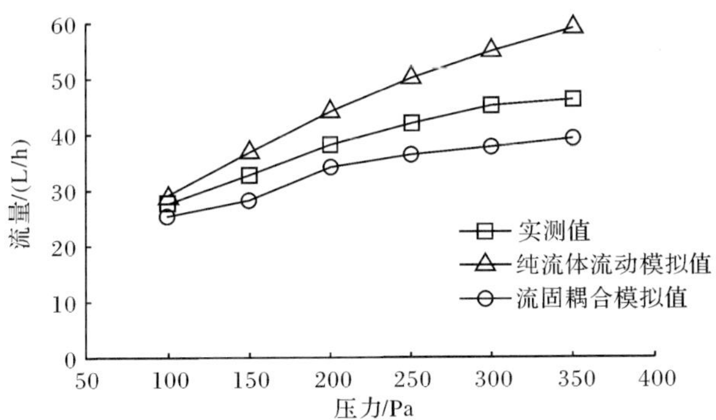

图 11.63　纯流体流动模拟值、流固耦合模拟值与实测值比较

实际观测的不同压力下弹性膜片变形如图 11.64 所示。弹性膜片变形量随压力的增加而增大，且最大位移发生在弹性膜片中心处，该结果与流固耦合模拟计算得到的弹性膜片变形结果一致。

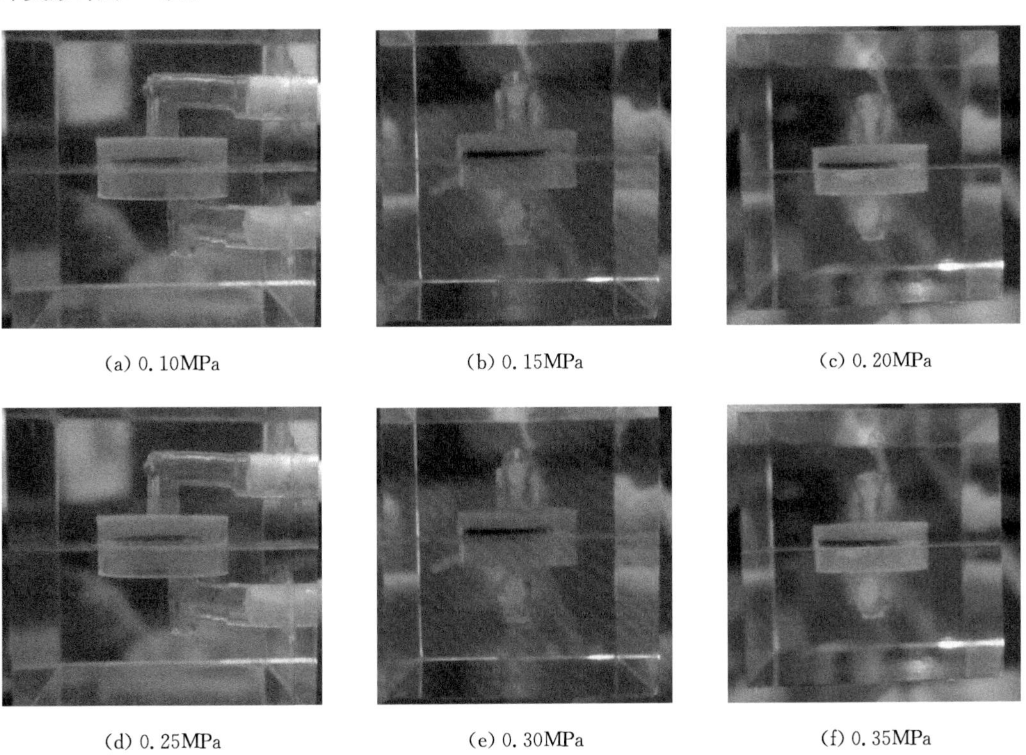

(a) 0.10MPa　(b) 0.15MPa　(c) 0.20MPa

(d) 0.25MPa　(e) 0.30MPa　(f) 0.35MPa

图 11.64　不同压力下弹性膜片变形

11.5.3 压力补偿式滴灌灌水器内部流动特性

1. 弹性膜片模拟结果

通过流固耦合模拟计算,将内部弹性体可视化。原型压力补偿式滴灌灌水器的弹性膜片应力分布如图 11.65 所示。可以看出,弹性膜片中心位置处所受应力较大,发生变形后,膜片边缘处受到固定约束,因此水流冲击膜片时,膜片中心受荷载作用发生弹性变形,且位移与变形量达到最大。弹性膜片的变形会对相邻上下部流体的流动有较大扰动作用,适当的变形可减小弹性膜片上下压差,从而适时调节过水断面面积,有效实现压力补偿功能。但可以看出,原型压力补偿式滴灌灌水器弹性膜片的弹性变形不明显,因此有必要进一步研究调节性能最好的弹性膜片。

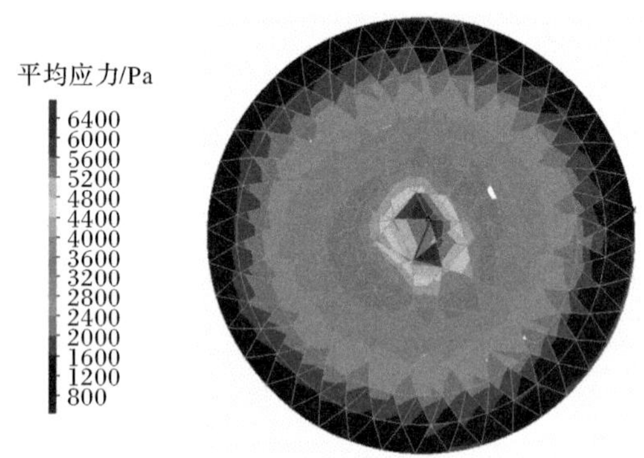

(a)弹性膜片平面应力分布

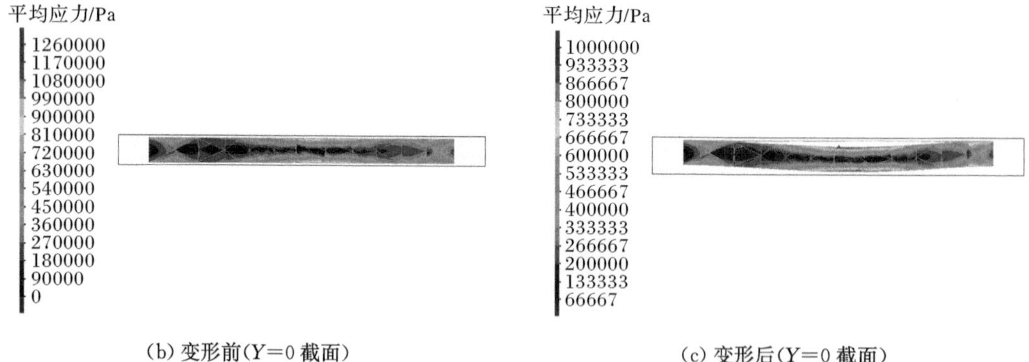

(b) 变形前($Y=0$ 截面)　　(c) 变形后($Y=0$ 截面)

图 11.65 原型压力补偿式滴灌灌水器弹性膜片应力分布

2. 流场模拟结果

原型压力补偿式滴灌灌水器内部流场的压力分布如图 11.66 所示。从图中可以明显看出,在弹性膜片上方缓冲区域及膜片下方核心流道区域出现压力骤降。在弹性膜片上方缓冲区域,水流进入压力补偿式滴灌灌水器内部垂直冲击在弹性膜片上,弹性膜片发生变形同时对来流产生反作用力，反射的水流与部分来流对冲混合，造成内部压能的降低。在核心流道区域，流道进出口的变化，形成局部水头损失。

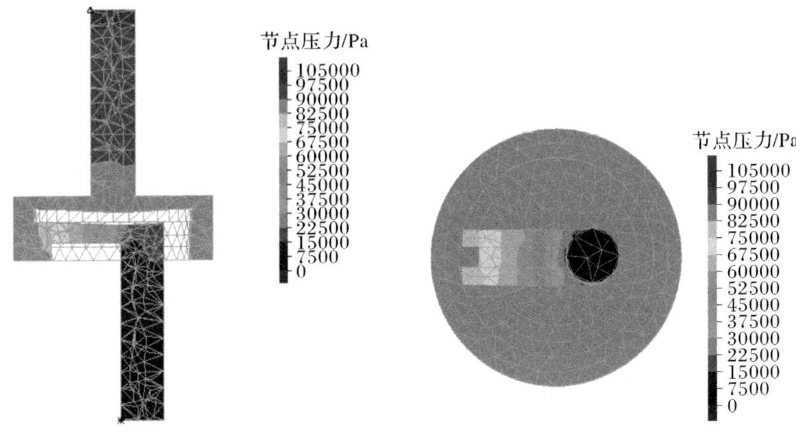

图 11.66　原型压力补偿式滴灌灌水器内部流场的压力分布

不同位置横纵截面的原型压力补偿式滴灌灌水器内部流场的速度矢量分布如图 11.67 所示。可以看出，水流由进水口进入之后到达补偿区，速度立即减小，经过弹性膜片补偿作用后缓慢流入膜片周围及下方缓水区域，继续前进到与缓水区域相连接的 T 形流道入口，此时由于断面减小，速度略有增加。总体来说，由于流道结构较为简单，流道中消能的部位主要集中在补偿区上方以及流道进出口处，因此有必要改进流道结构形式，增加有效消能区域。

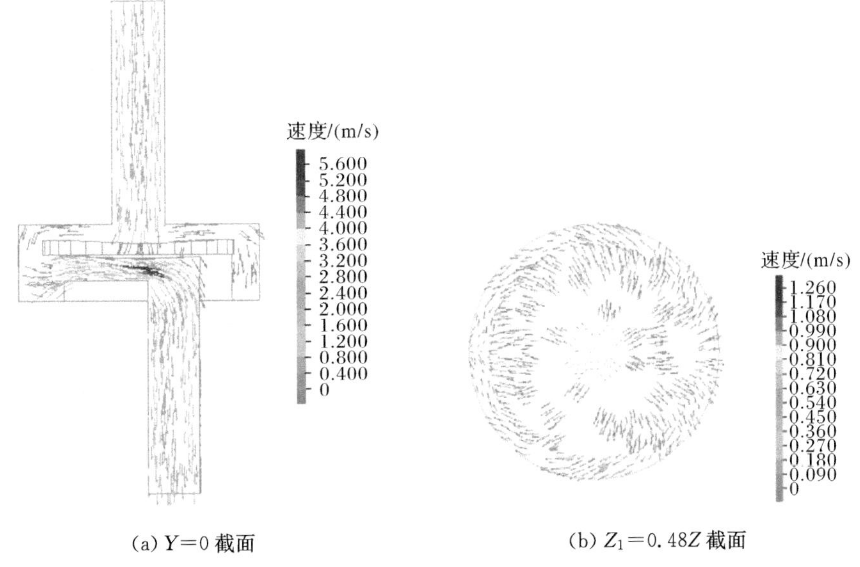

(a) $Y=0$ 截面　　(b) $Z_1=0.48Z$ 截面

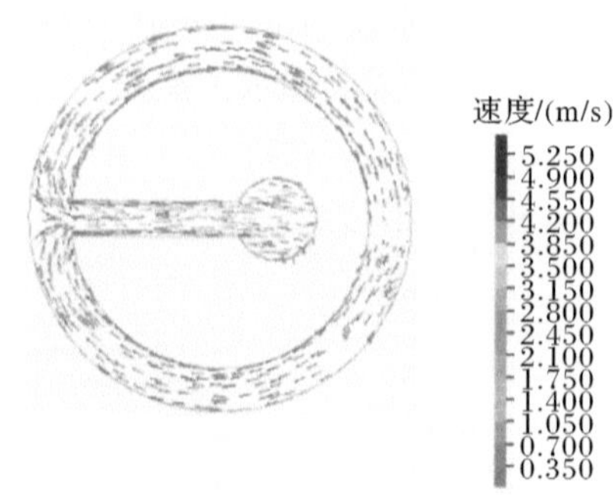

(c) $Z_2=0.55Z$ 截面

图 11.67　不同位置横纵截面的原型压力补偿式滴灌灌水器内部流场的速度矢量分布

11.5.4　新型压力补偿式滴灌灌水器优化设计

1. 弹性膜片优化选择

压力补偿式滴灌灌水器弹性膜片的弹性模量 E 和弹性膜片厚度 D 是影响其工作性能的主要因素，因此在对压力补偿式滴灌灌水器进行优化时，首先考虑不同弹性模量和厚度的弹性膜片对流量的影响，取流体在压力 0.1MPa、0.2MPa、0.3MPa、0.4MPa、0.5MPa 与弹性膜片弹性模量 3.0MPa、3.5MPa、4.0MPa、4.5MPa 下进行数字试验研究，见表 11.9。

表 11.9　弹性膜片优化因素水平表

水平	因素		
	压力 P/MPa	弹性模量 E/MPa	弹性膜片厚度 D/mm
1	0.1	3.0	0.3
2	0.2	3.5	0.4
3	0.3	4.0	0.5
4	0.4	4.5	0.6
5	0.5	—	0.7
6	—	—	0.8
7	—	—	0.9
8	—	—	1.0

弹性模量为 3.0MPa，工作压力为 0.1MPa 时，不同厚度弹性膜片在 $Y=0$ 截面的应力分布如图 11.68 所示。可以看出，弹性膜片发生变形后，最大应力出现在弹性膜片中心位置处，与最大应变出现位置相对应。在相同弹性模量与工作压力下，弹性膜片厚度与弹性变形成负相关，随着厚度的增加，弹性变形程度降低，其调节性能也降低。

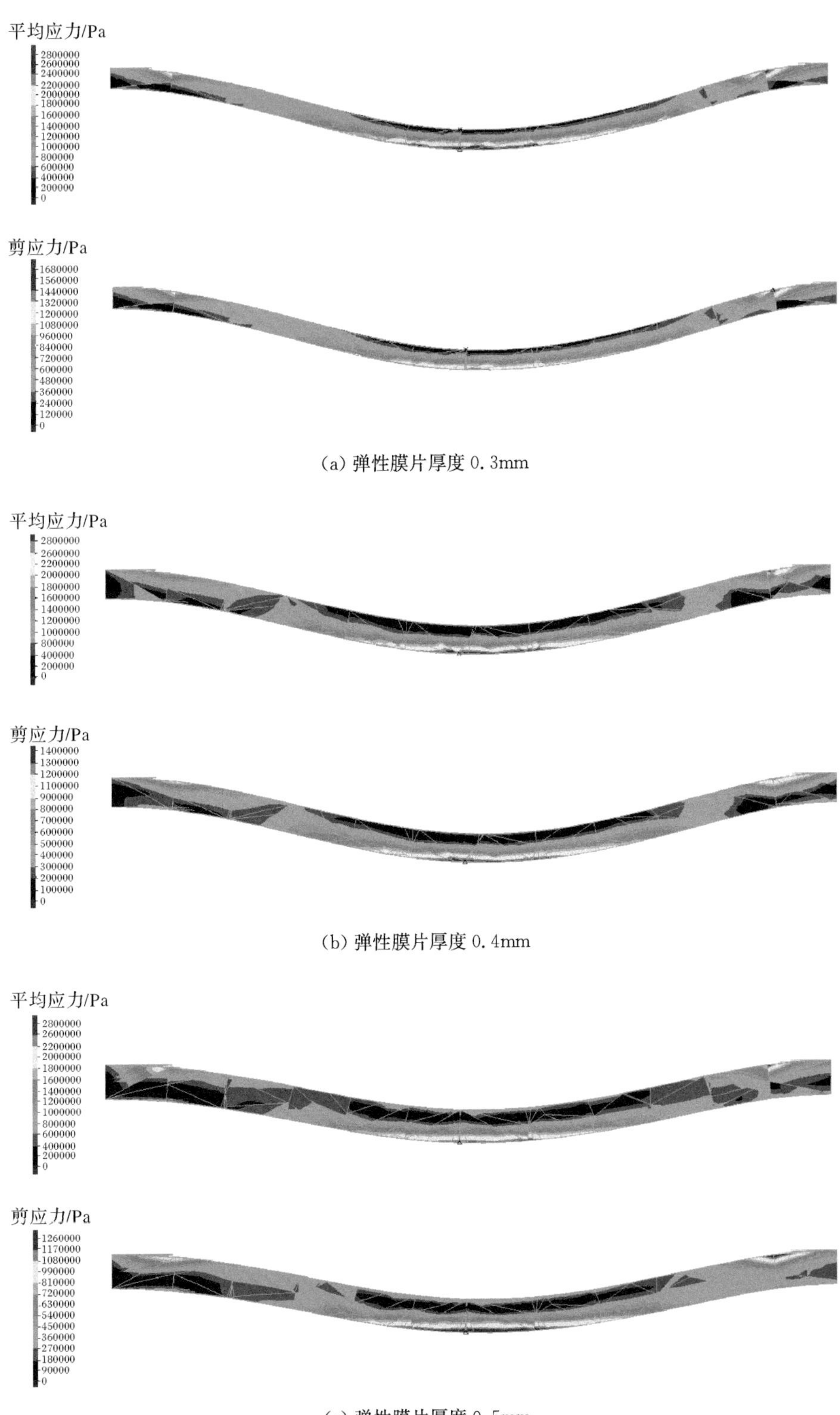

(a) 弹性膜片厚度 0.3mm

(b) 弹性膜片厚度 0.4mm

(c) 弹性膜片厚度 0.5mm

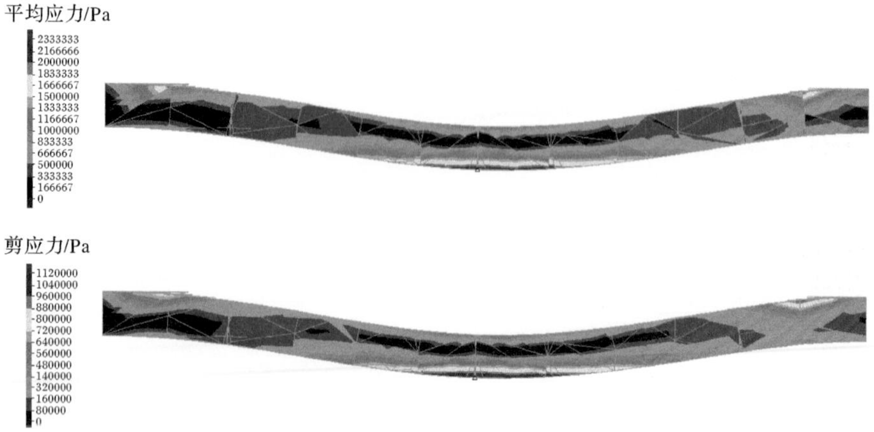

平均应力/Pa

剪应力/Pa

(d) 弹性膜片厚度 0.6mm

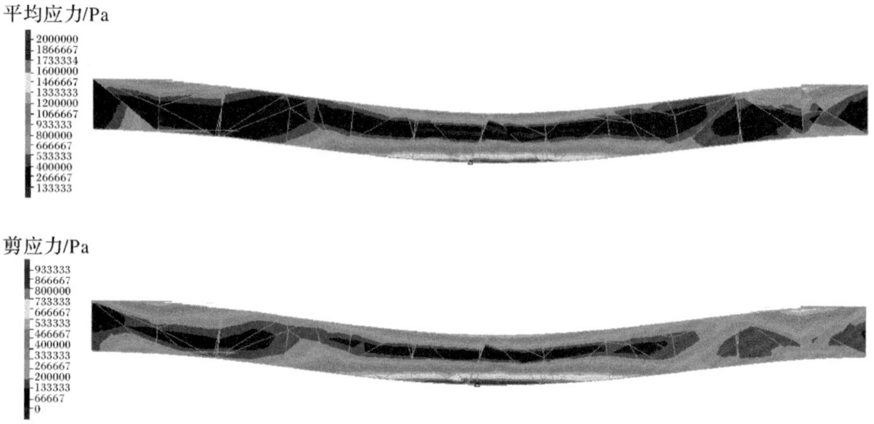

平均应力/Pa

剪应力/Pa

(e) 弹性膜片厚度 0.7mm

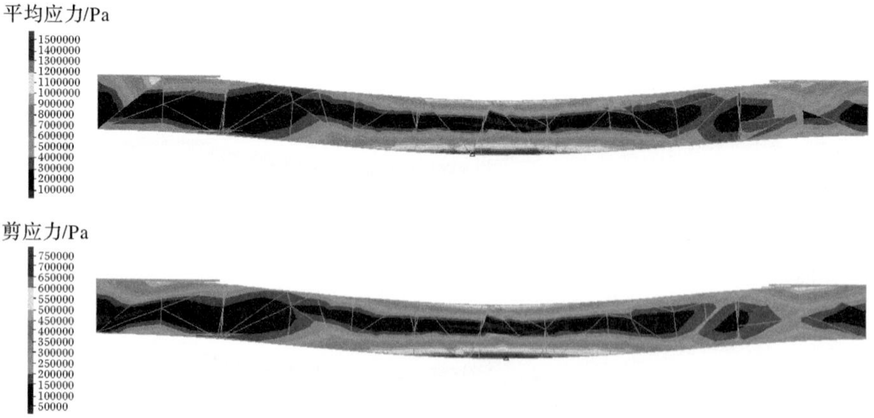

平均应力/Pa

剪应力/Pa

(f) 弹性膜片厚度 0.8mm

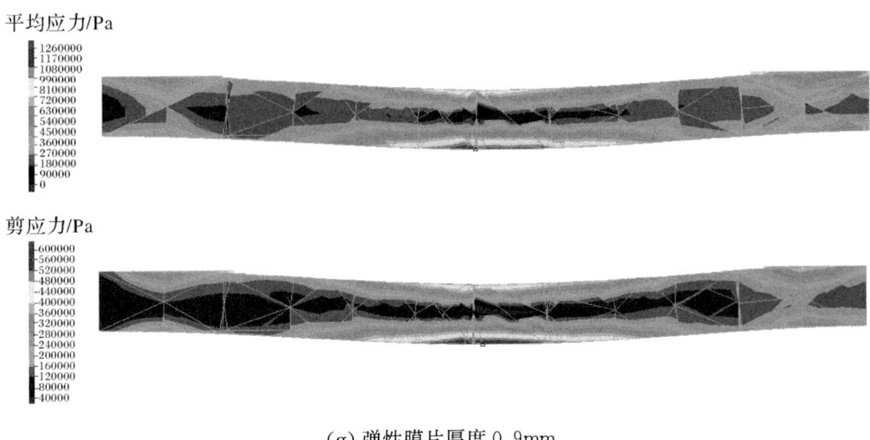

(g) 弹性膜片厚度 0.9mm

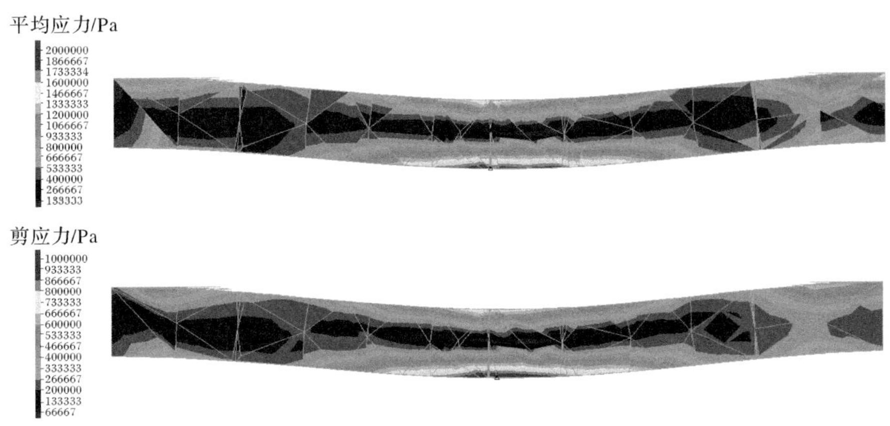

(h) 弹性膜片厚度 1.0mm

图 11.68　不同厚度弹性膜片在 $Y=0$ 截面的应力分布

根据优化设计数字试验模拟得到不同工况下的流量，如图 11.69 所示。可以看出，总体上随着弹性膜片弹性模量的增加，压力补偿式滴灌灌水器的流态指数有所增加，压力补偿性能下降；弹性膜片厚度越大，压力补偿式滴灌灌水器流态指数越大，压力补偿性能越低。相同进水压力下，弹性膜片厚度为 0.3mm 时，变形量最大，流量受压力变化影响最小。但当弹性膜片厚度最小(0.3mm)时，过小的弹性模量(3.0MPa)反而导致流态指数增大。

2. *核心流道结构优化设计*

分形流道可实现流道内部流场的全扰动，具有较好的消能效果。基于此用分形流道对压力补偿式滴灌灌水器的核心流道进行优化，分形流道尺寸参考原型流道，并设置不同齿间角度，具体参数见表 11.10，优化所采用的 K 型分形流道如图 11.70 所示，弹性膜片参数根据前面所得的优化结果，弹性模量取 3.5MPa，弹性膜片厚度为 0.3mm。

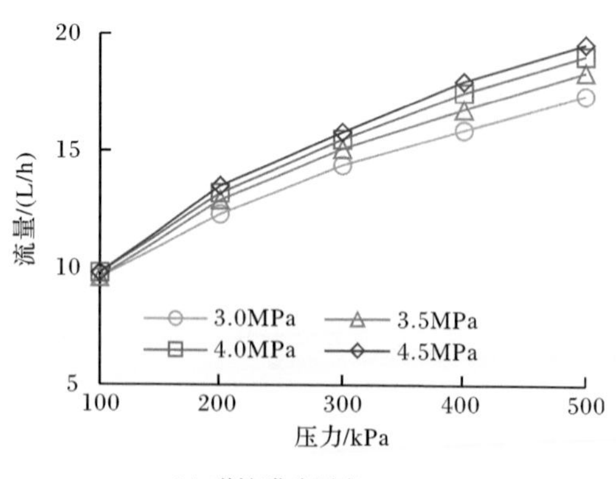

(a) 弹性膜片厚度 0.3mm

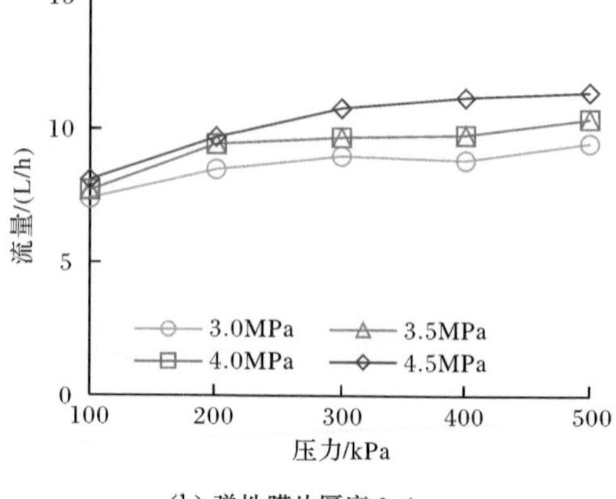

(b) 弹性膜片厚度 0.4mm

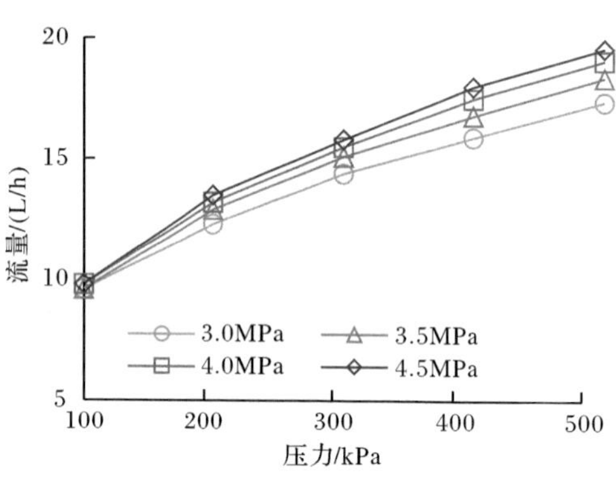

(c) 弹性膜片厚度 0.5mm

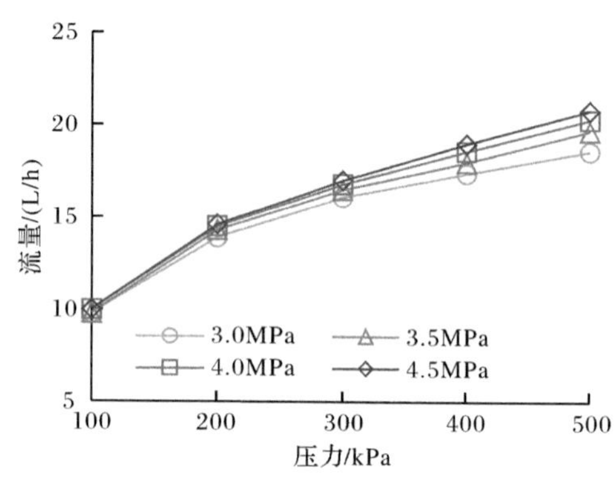

(d) 弹性膜片厚度 0.6mm

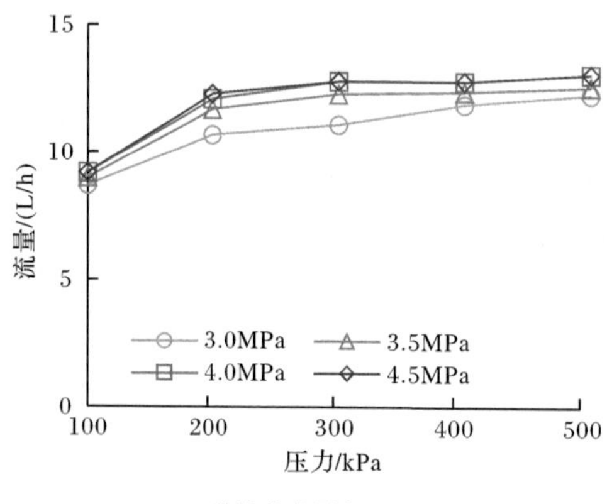

(e) 弹性膜片厚度 0.7mm

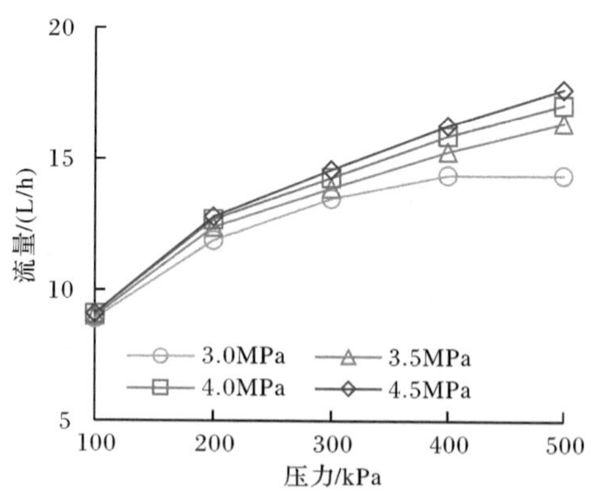

(f) 弹性膜片厚度 0.8mm

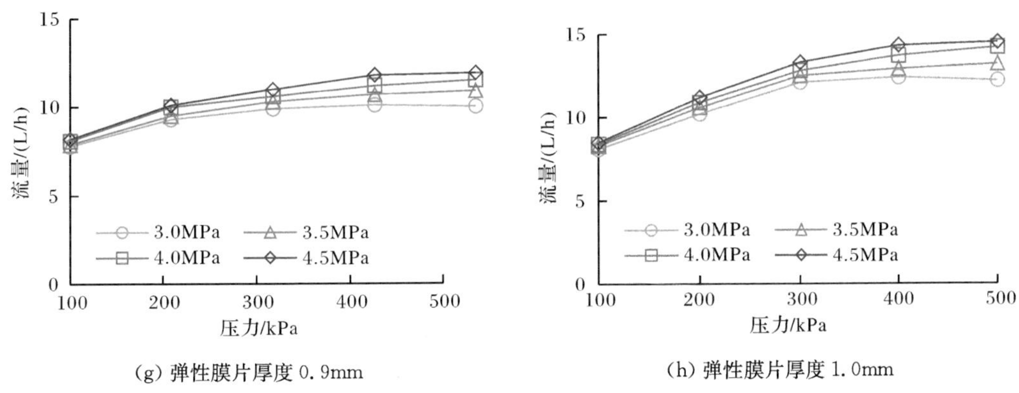

(g) 弹性膜片厚度 0.9mm　　(h) 弹性膜片厚度 1.0mm

图 11.69　不同弹性膜片厚度和弹性模量下流量-压力关系曲线

表 11.10　改进分形流道参数

流道类型	流道长×宽×深/(mm×mm×mm)	齿尖角/(°)	入口直径/mm	出口直径/mm
K 型分形流道	24.48×1.20×1.32	55　60　65　70　75	2.86	2.76

(a) 原型 K 型分形流道

(b) 修正 K 型分形流道

(c) 优化流量调节器中 K 型分形流道

图 11.70　优化设计流道模型

$Z=0.5D$ 截面不同齿尖角流道速度矢量分布如图 11.71 所示。可以看出，不同齿尖角流道结构的速度分布大致相同，均由高速主流区和非主流区组成。与原型流道相比，流道内速度质点之间的掺混程度加剧，流道内速度场值提升。齿尖角为 65°和 75°时，流道周围非主流区的速度比较大，导致主流区速度较大，消能效果相对于其他齿尖角度较差(图 11.72)。不同齿尖角分形流道断面的压力分布($Z=0.5D$ 截面)如图 11.73 所示。可以看出，不同齿尖角分形流道的压力分布具有相同的变化趋势，均沿水流前进方向在曲折的流道中逐渐衰减。与原型流道相比，流道内的压降剧烈程度明显提升。其中，齿尖角为 60°的分形流道末端的低压区面积最小，表明其水流经过流道后消能效果最好，综合考虑速度场与压力场分布，建议采用齿尖角为 60°的分形流道来改进压力补偿式滴灌灌水器的流动特性。

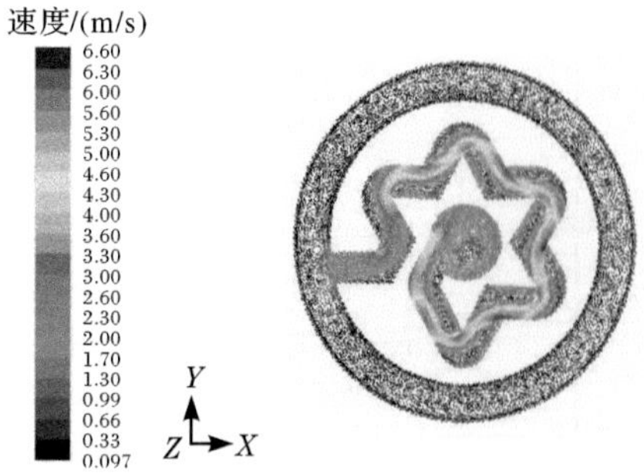

(a) 齿尖角 55°

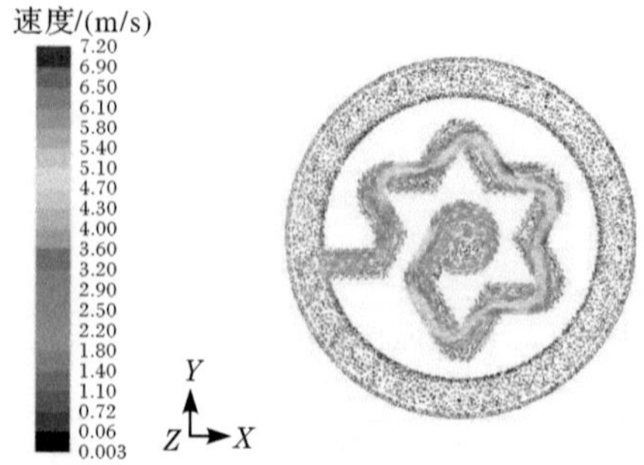

(b) 齿尖角 60°

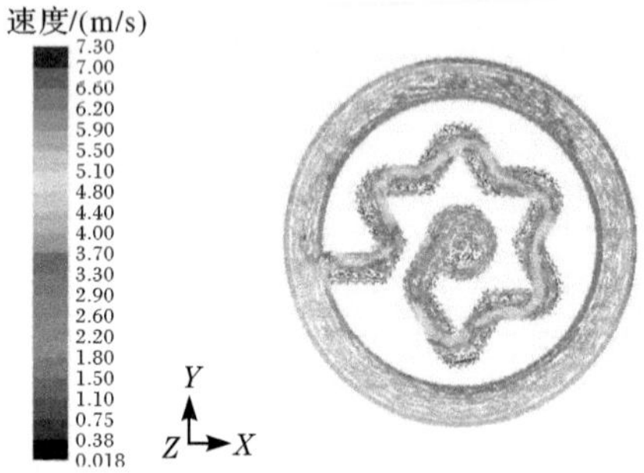

(c) 齿尖角 65°

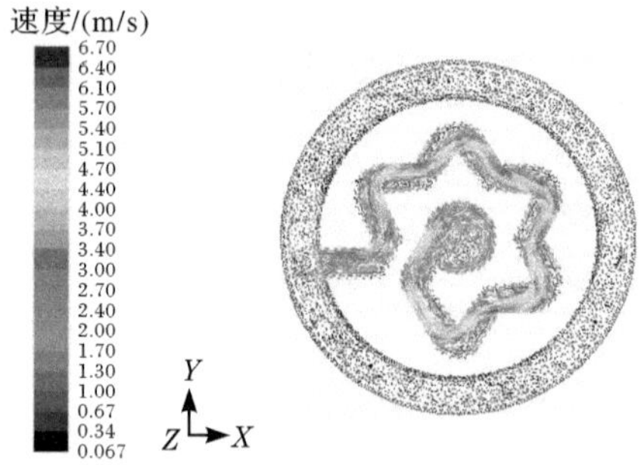

(d) 齿尖角 70°

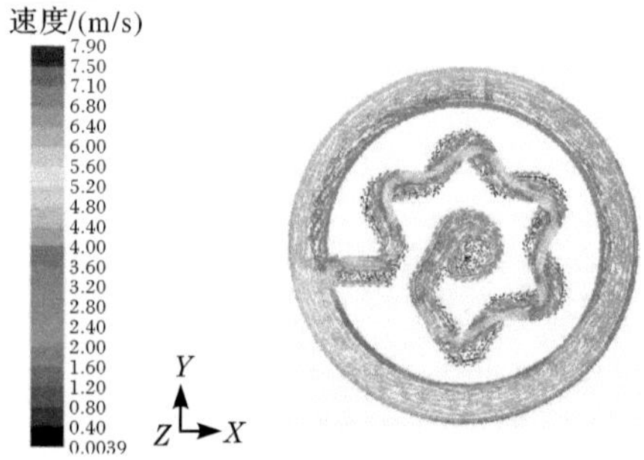

(e) 齿尖角 75°

图 11.71　$Z=0.5D$ 截面不同齿尖角流道速度矢量分布

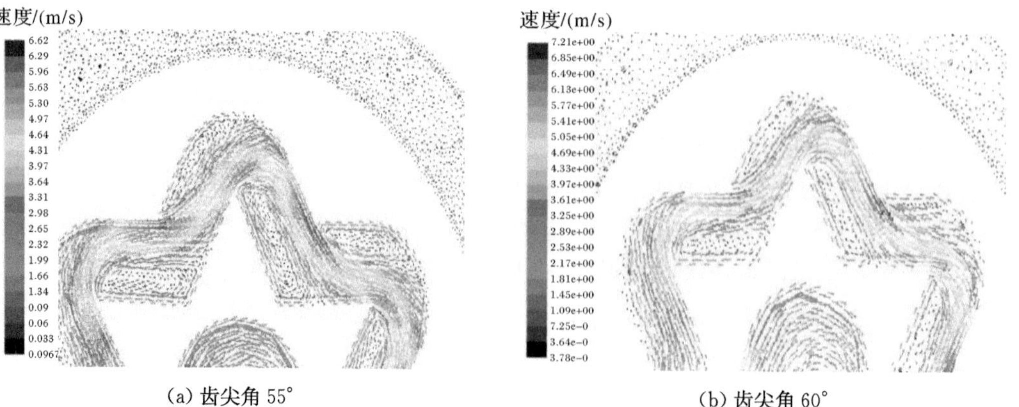

(a) 齿尖角 55°

(b) 齿尖角 60°

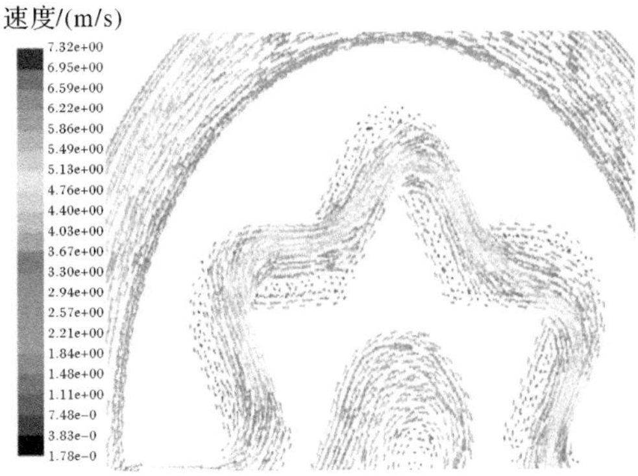

(c) 齿尖角 65°

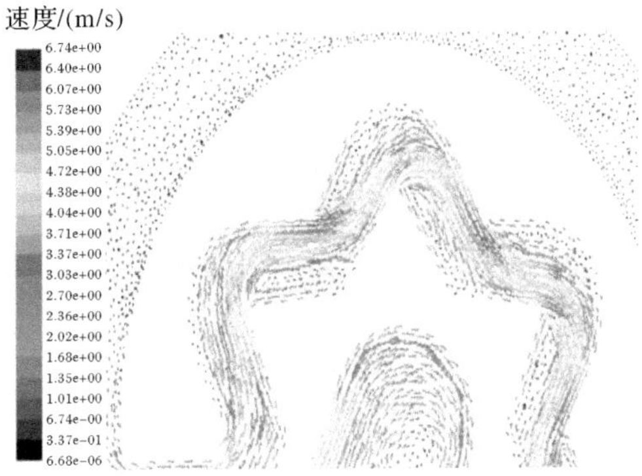

(d) 齿尖角 70°

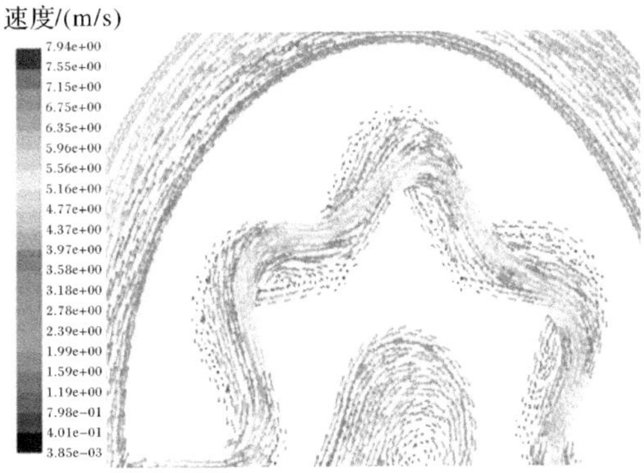

(e) 齿尖角 75°

图 11.72　$Z=0.5D$ 截面不同齿尖角流道局部速度矢量分布

3. 新型压力补偿式灌水器开发设计

针对以上对弹性膜片与流道的优化选择结论，采用最优组合：弹性膜片的弹性模量取 3.5MPa，厚度为 0.3mm，流道采用齿尖角为 60°的 K 型分形流道，对压力补偿式滴灌灌水器进行优化开发，优化后压力补偿式滴灌灌水器计算域内物理模型如图 11.74 所示。

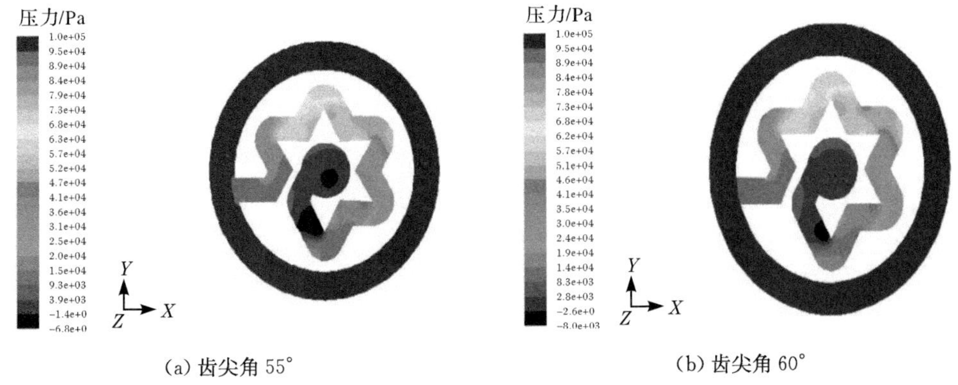

(a) 齿尖角 55°　　(b) 齿尖角 60°

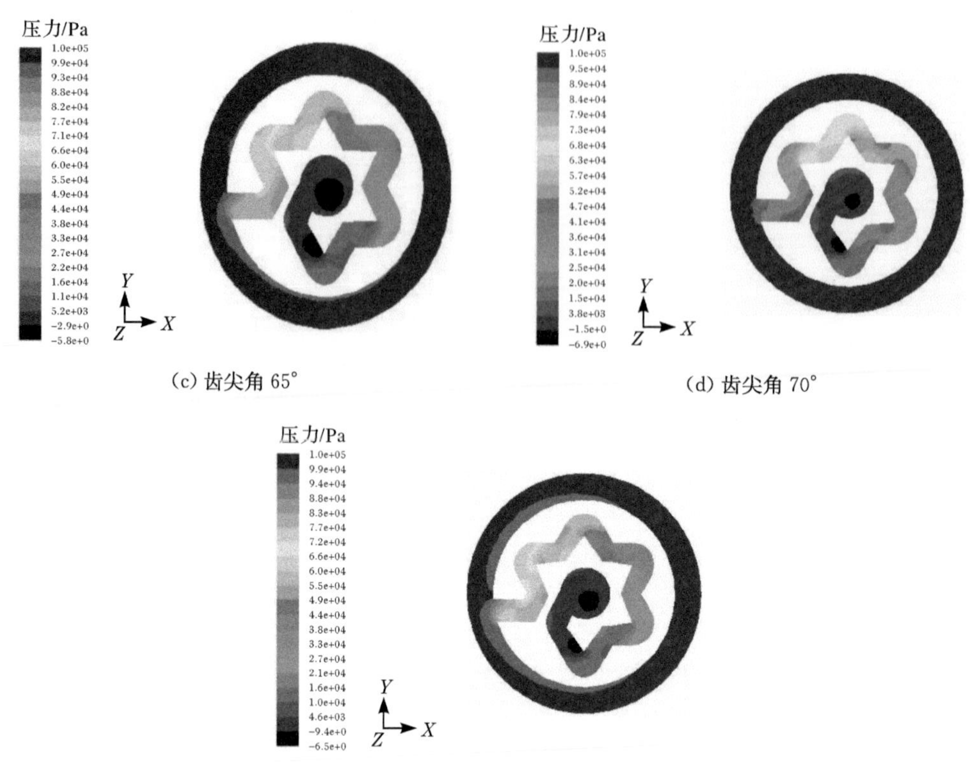

(c) 齿尖角 65°　　(d) 齿尖角 70°

(e) 齿尖角 75°

图 11.73　$Z=0.5D$ 截面不同齿尖角分形流道断面的压力分布

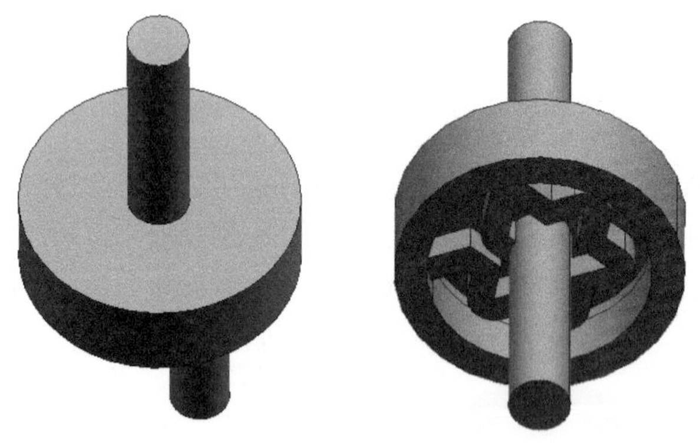

图 11.74　新型压力补偿式滴灌灌水器计算域内物理模型

新型压力补偿式滴灌灌水器计算结果与原型压力补偿式滴灌灌水器计算结果及试验值的对比如图 11.75 所示。可以看出，相对于原型压力补偿式滴灌灌水器，随着压力的增大，优化后的压力补偿式滴灌灌水器的流量几乎不产生变化，补偿性能好，流态指数由 0.37 降至 0.08。

新型压力补偿式滴灌灌水器内部流场的速度及压力分布分别如图 11.76 和图 11.77 所示。可以看出，新型压力补偿式滴灌灌水器消能的主要结构为分形流道，消能区域明显

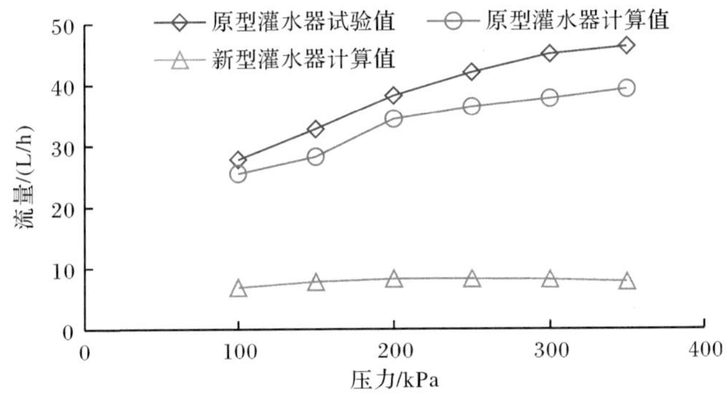

图 11.75　新型压力补偿式滴灌灌水器计算结果与原型压力补偿式滴灌灌水器计算结果及试验值对比

增多，流体在分形流道中有主流区的高速运动和低速区的旋转运动，其中漩涡区的存在可增强压力补偿式滴灌灌水器流道的消能效果及自清洗效果。从局部图中可以看出，每经过分形流道的齿尖部位，压力都会有明显降低，这是由于齿尖部位结构突变导致流体内部紊流程度加强，流道内部漩涡区增加，流体的大部分动能及压能均转化为内能而耗散在复杂的湍流运动中。因此，在进行压力补偿式滴灌灌水器水力结构设计时，应在结构单元中适当增加突变结构，加大漩涡区面积，实现好的消能效果并降低流道内部堵塞发生的可能性。

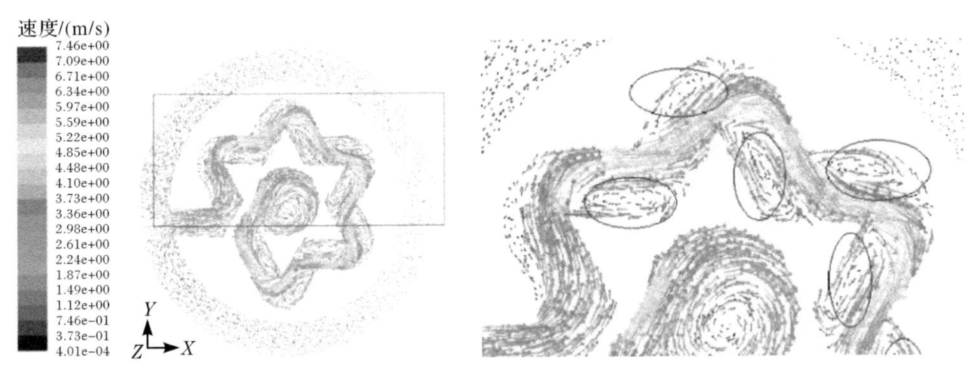

图 11.76　新型压力补偿式滴灌灌水器内部流场的速度分布

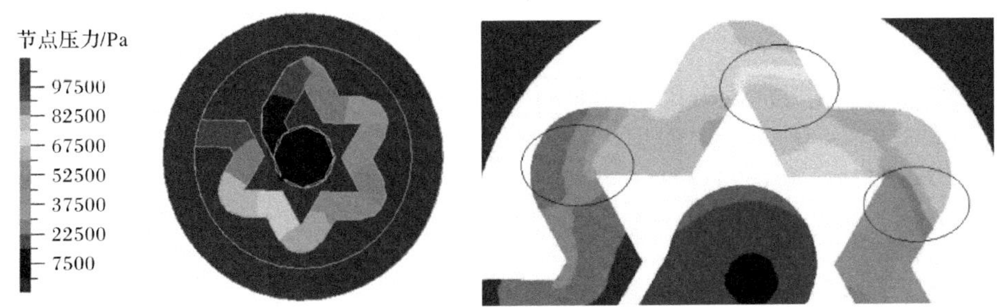

图 11.77　新型压力补偿式滴灌灌水器内部流场的压力分布

11.6 小 结

(1) 灌水器流道内主流区流速分布基本一致，当主流绕过齿尖时，流束发生明显的偏转。绝大部分颗粒可以很好地跟随主流运动，并最终流出灌水器。沙粒在流道中的运动轨迹表现出不同程度的紊乱，尤其是在每个流道单元锯齿背水面处，部分颗粒出现漩涡现象，且颗粒的速度较低，颗粒运动发生滞后。跟随性较差的大颗粒主要分布在流道中锯齿背水面，粒径很小的颗粒大量地存在于壁面漩涡区，是堵塞的主要组成部分。无论颗粒大小如何，流道中的运动轨迹均表现出一定的紊乱。

(2) 大涡模拟模型能够捕捉到更小的湍流结构，适用于灌水器微小流道内部流体计算研究。水流流出滴灌灌水器孔口时呈漩涡状，出口切向速度大，孔中心速度小，可根据土壤类型和外部环境改变灌水器出口大小及形状，调节出流水滴大小，防止水滴过大对地表土壤产生较大打击，破坏土壤结构，防止水滴过小而产生较大的蒸发损失。

(3) 采用双向流固耦合方法的计算结果与试验测试值具有相同的趋势，流固耦合计算得到的数值比实测值小一些，随着压力的增大差别增大，但最大误差为 14.99%，小于 15%，说明采用双向流固耦合计算误差较小。误差产生的原因可能是在实际测量稳流器流量时，稳流器进口与出口以及连接管道等部位有较大的局部水头损失；纯流体计算结果值大于试验测试值，可能是由于直接对稳流器内部流场进行模拟计算而未考虑进口和出口位置处的损失，导致纯流体模拟计算结果偏大。

(4) 弹性膜片最大位移发生在圆心处，且随着弹性膜片厚度增加，稳流器流态指数越大，稳流器紊流性能越差；随着弹性模量的增大，稳流器紊流性能变差。采用分形流道对稳流器流道进行改进，通过计算不同齿尖角，得出角度为 60°时稳流器消能效果最好，因此采用流道齿尖角 60°与膜片厚度 0.3mm 组合，设计出新型稳流器，其流态指数可降低至 0.08，具有较好的稳流性能。

参考文献

北京兆迪科技有限公司. 2013. Autodesk Inventor 产品设计实例精解[M]. 北京：中国水利水电出版社.

葛令行，魏正英，唐一平，等. 2009. 迷宫流道内沙粒-壁面碰撞模拟与 PTV 实验[J]. 农业机械学报，9(40)：46-50.

李永欣，李光永，邱象玉，等. 2005. 迷宫滴头水力特性的计算流体动力学模拟[J]. 农业工程学报，21(3)：12-15.

李云开. 2005. 滴头分形流道设计及其流动特性的试验研究与数值模拟[D]. 北京：中国农业大学.

刘海生. 2010. 滴灌灌水器内流动特性的 DPIV 测试及大涡模拟[D]. 北京：中国农业大学.

刘宏新. 2015. CATIA 工程结构分析(CAE)[M]. 北京：机械工业出版社.

孟桂祥，张鸣远，赵万华，等. 2004. 滴灌滴头内流场的数值模拟及流道优化设计[J]. 西安交通大学学报，38(9)：920-924.

王尚锦，刘小民，席光，等. 2000. 农灌用新型迷宫式滴头内流动特性分析[J]. 农业工程学报，16(6)：61-63.

王文娥，王福军. 2010. 迷宫式水力特性非定常数值模拟研究[J]. 水利学报，341(3)：332-337.

王喜仓，于利民. 2014. SolidWorks 2014 实用教程[M]. 北京：中国水利水电出版社.

吴明友，宋长森. 2015. UG NX 8. 0 中文版产品建模[M]. 北京：化学工业出版社.

闫大壮，杨培岭，任树梅，等. 2007. 滴头流道中颗粒物质运移动态分析与 CFD 模拟[J]. 农业机械学报，38(6)：71-74.

詹友刚. 2009. Pro/ENGINEER 中文野火版 4. 0 高级应用教程[M]. 北京：机械工业出版社.

张俊，魏公际，赵万华，等. 2007. 灌水器内圆弧形流道的液固两相流场分析[J]. 中国机械工程，18(5)：589-593.

Bakke R，Olsson Q. 1986. Biofilm thickness measurements by light microscopy[J]. Journal of Microbiological Methods，5(2)：93-98.

Earl H D，Kenneth C H. 2001. Modeling of fluid-structure interaction[J]. Annual Review of Fluid Mechanics，33(1)：445-489.

Hassan M A，Weaver D S，Dokainish M A. 2002. A simulation of the turbulence response of heat exchanger tubes in lattice-bar supports[J]. Journal of Fluids and Structures，16(8)：1145-1176.

Horn H，Rciff H，Morgenroth E. 2003. Simulation of growth and detachment in biofilm systems under defined hydrodynamic conditions[J]. Biotechnology and Bioengineering，81(5)：607-617.

Liu H S，Li Y K，Liu Y Z，et al. 2010. Flow characteristics in energy dissipation units of labyrinth path in the drip irrigation emitters with DPIV technology[J]. Journal of Hydrodynamics，22(1)：137-145.

Mittal S，Kumar V. 2001. Flow-induced oscillations of two cylinders in tandem and staggered arrangements[J]. Journal of Fluids and Structures，15(5)：717-736.

Ollos P J. 1998. Effects of drinking water biodegradability and disinfectant residual on bacterial regrowth[D]. Ontario：University of Waterloo.

Percival L，Knapp S，Wales S，et al. 2001. Metal and inorganic ion accumulation in biofilms exposed to flowing and stagnant water[J]. British Corrosion Journal，36(2)：105-110.

Rittmann E. 1982. The effect of shear stress on biofilm loss rate[J]. Biotechnology and Bioengineering，24(2)：501-506.

第 12 章　面向设计流量需求的滴灌灌水器流道构型及参数控制阈值

明确灌水器最优流道构型与适宜结构参数是设计水力性能与抗堵塞性能俱佳的滴灌灌水器的前提。国内外众多专家学者采用 CFD 数值模拟方法与试验方法相结合，对灌水器的流道构型与结构参数适宜取值范围进行了研究（穆乃君等，2007；张俊等，2006；陈瑾等，2005；王建东，2004）。然而，研究结果并不一致，目前也没有一个准确可参考的标准。基于此，本章在明确灌水器内部水流运动特征的基础上进行水沙两相流动分析，确定颗粒物在流道内的运动特性。对于灌水器产品的不同流道构型，从宏观角度进行水力性能评价，从微观角度进行抗堵塞性能评价，选择出最优的流道构型，进而研究不同流道结构单元的几何参数对灌水器水力性能和抗堵塞性能的影响，明确灌水器结构单元最优结构。综合考虑灌水器水力性能与抗堵塞能力，提出灌水器流道参数设计阈值。

12.1　不同流道构型对灌水器水力性能与抗堵塞性能的影响

12.1.1　灌水器流道构型选择

在对国内外代表性产品进行收集的基础上，选择现有灌水器产品的五种主流流道构型，如图 12.1 所示，对其水力性能与抗堵塞性能进行评价。

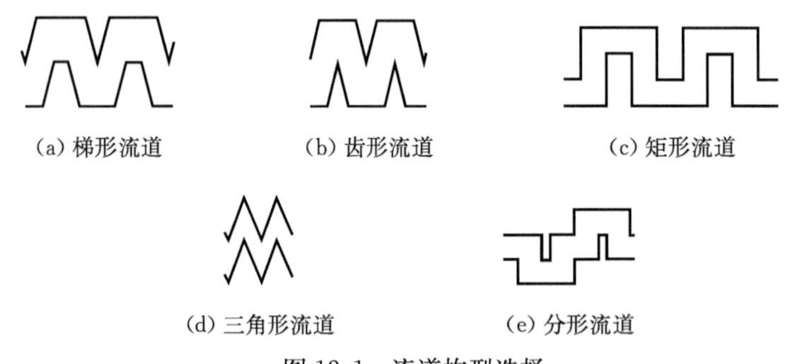

图 12.1　流道构型选择

12.1.2　不同流道构型水力性能评价

五种流道构型条件下灌水器水力性能特征曲线如图 12.2 所示。从图中可以看出，所有类型灌水器流态指数均大于 0.5，且不同类型流道呈现分形流道最低（0.4975），齿形流道稍高（0.4988），三角形流道再高（0.4995），梯形流道更高（0.5191），矩形流道最高（0.5202）的变化特征。因此分形流道和齿形流道水力性能最优。

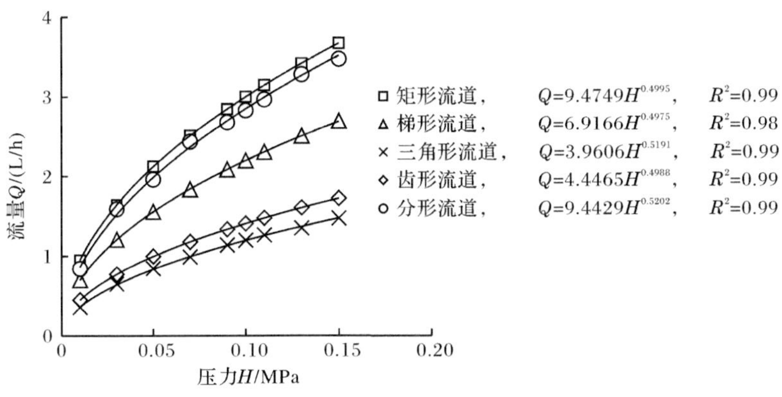

图 12.2　五种流道构型条件下灌水器水力性能特征曲线

12.1.3　不同流道构型抗堵塞性能评价

1. 湍流强度分布

不同流道构型湍流强度分布如图 12.3 所示。从图中可以看出，分形流道(湍流强度

(a) 梯形流道

湍流强度
0.75
0.70
0.65
0.60
0.55
0.50
0.45
0.40
0.35
0.30
0.25
0.20
0.15
0.00
−1.00

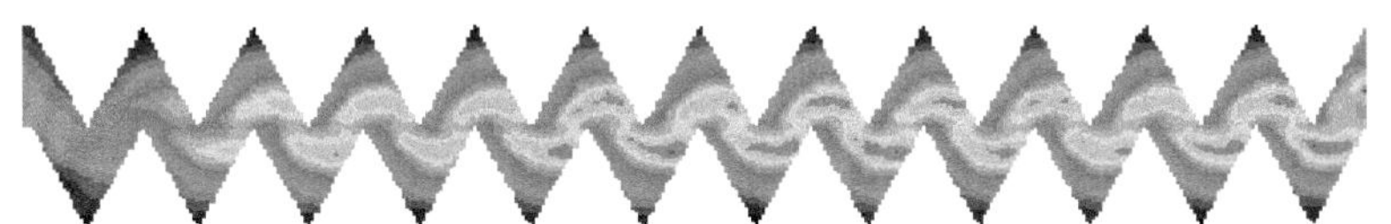

(b) 三角形流道

(c) 矩形流道

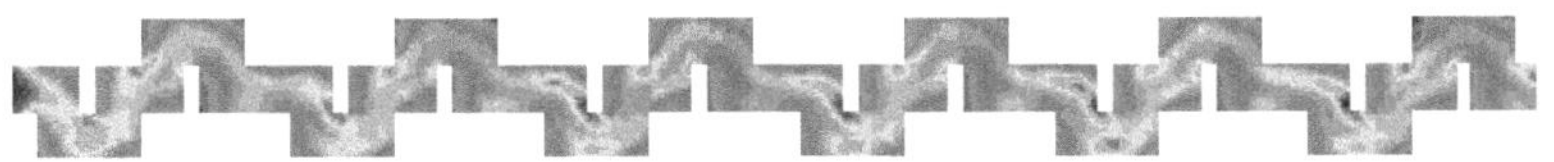

(d) 分形流道

(e) 齿形流道

图 12.3　不同流道构型湍流强度

为 0.14～0.74)和齿形流道(湍流强度为 0.12～0.69)湍流强度最高,且无湍流强度极地的边角区域。在梯形流道的 A 区域、三角形流道的齿尖角部位、矩形流道的各流道边壁拐角位置均存在明显的湍流强度较低区域,泥沙容易在这些位置沉积,从而引发灌水器堵塞。因此,上述流道构型中,分形流道和齿形流道抗堵塞能力较高。

2. 速度矢量分布

不同流道构型速度矢量分布如图 12.4 所示。可以看出,分形流道、齿形流道和梯形流道分别在非主流区内存在漩涡,可以对壁面进行冲刷,更不利于堵塞物质的沉积。同时,分形流道主流区流速最高,近壁面流速也最高,最易将冲刷下的颗粒物带出灌水器。因此,分形流道性能最优。

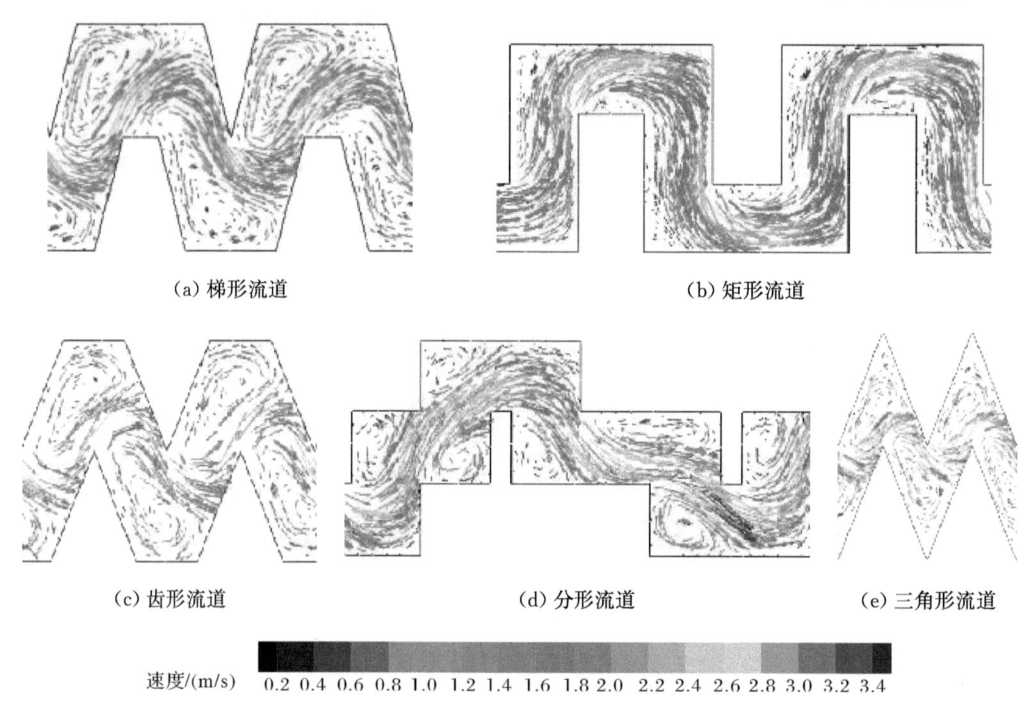

图 12.4 不同流道构型速度矢量分布

12.2 结构单元参数对灌水器水力性能与抗堵塞性能的影响

12.2.1 齿形流道选择与分析方法

1. 齿形流道选择

在灌水器流道结构中,对其水力性能和抗堵塞性能起主要作用的是边壁的扰动,因此边壁的形状及其所在的位置对流动特性的影响最为突出,即流道的结构单元参数对灌水器的性能起到至关重要的作用。因此,本章以目前国内外公认的灌水器最优生产厂家之一的 NETAFIM 公司 Dripline 系列片式灌水器产品为物理原型，额定流量为1. 38L/h(图 12. 5)，对其不同几何参数(图 12. 6)的水力性能与抗堵塞性能进行分析，具体参数设计见表 12. 1，从而研究齿形结构单元最优几何参数。

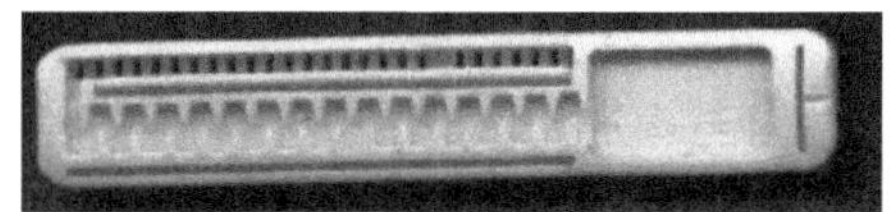

(a) Dripline 系列产品原型

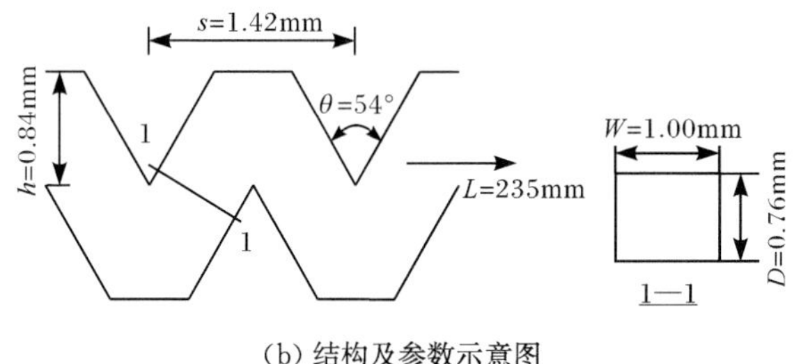

(b) 结构及参数示意图

图 12. 5　Dripline 系列灌水器产品结构及参数

h. 齿高；*θ*. 齿角；*s*. 齿间距；*W*. 流道宽度；*D*. 流道深度；*L*. 流道长度(流道中心线长度)

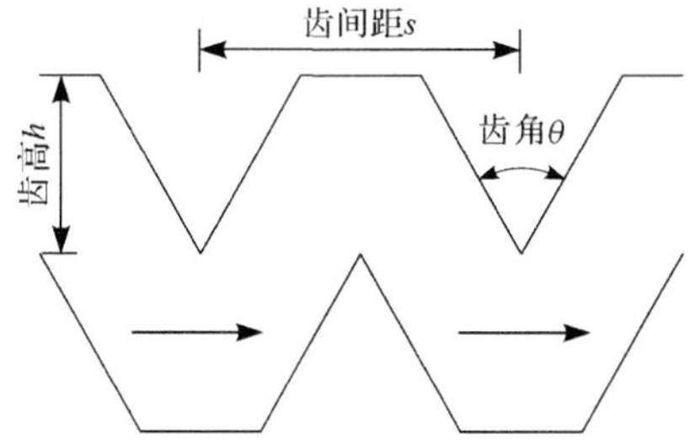

图 12. 6　流道结构几何参数示意图

流道中箭头方向为水流运动方向

表 12. 1　齿形流道几何参数设置

项目	齿高 h/mm	齿角 θ/(°)	齿间距 s/mm	流道宽度 W/mm	流道长度 L/mm	流道深度 D/mm
不同齿高	1. 0	60	1. 8	1. 0	235. 0	0. 8
	1. 3					
	1. 6					
	1. 9					
不同齿角	1. 3	40	1. 8	1. 0	235. 0	0. 8
		50				
		60				
		70				

续表

项目	齿高 h/mm	齿角 θ/(°)	齿间距 s/mm	流道宽度 W/mm	流道长度 L/mm	流道深度 D/mm
不同齿间距	1.3	60	1.5	1.0	235.0	0.8
			1.8			
			2.1			
			2.5			

2. 分析方法

通过模拟得到不同压力条件下灌水器的流量，得到灌水器水力性能特征曲线，通过幂函数拟合得到该结构单元的流态指数与流量系数，进而分析其水力性能。

通过模拟得到各结构单元的湍流强度和速度矢量分布，并在各结构单元近壁面区取点（图 12.7），计算其流速均值，进而分析该结构单元的抗堵塞性能。通过对不同结构参数对流态指数和近壁面区流速均值的影响进行单因素方差分析，用以评价不同结构参数对灌水器水力性能和抗堵塞性能的影响显著程度。

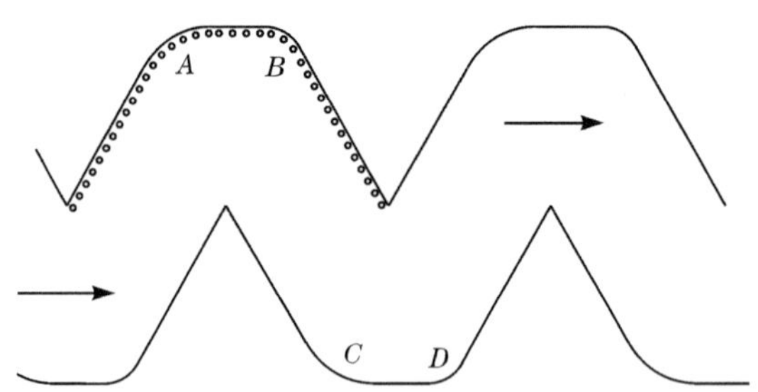

图 12.7　齿形流道近壁面区取点位置分布图

12.2.2　齿高对灌水器水力性能与抗堵塞性能的影响

1. 水力性能

不同齿高条件下灌水器的水力性能曲线如图 12.8 所示。可以看出，随着齿高的增加，流态指数呈先减小后增大的趋势。所有齿高条件下灌水器流态指数均大于 0.5。当齿高为 1.3mm 时，灌水器的流态指数最小，为 0.4988，其水力性能最优。当齿高分别为 1.5mm、2.1mm、2.5mm 时，其流态指数分别比齿高为 1.3mm 时高 0.04%、4.07%、4.29%。

2. 抗堵塞性能

1）不同齿高对湍流强度的影响

四种齿高流道内湍流强度分布的模拟结果如图 12.9 所示。四种齿高条件下，整体流道内表现的规律为主流区与非主流区并存，在主流区结构突变位置附近湍流强度均呈现最大值。四种齿高湍流强度分别为 0.18～0.76(h_1)、0.26～0.73(h_2)、0.11～0.74(h_3)、0.10～0.72(h_4)，虽然最大湍流强度出现在齿高 h_1＝1.0mm 时，但是当 h_2＝1.3mm 时湍

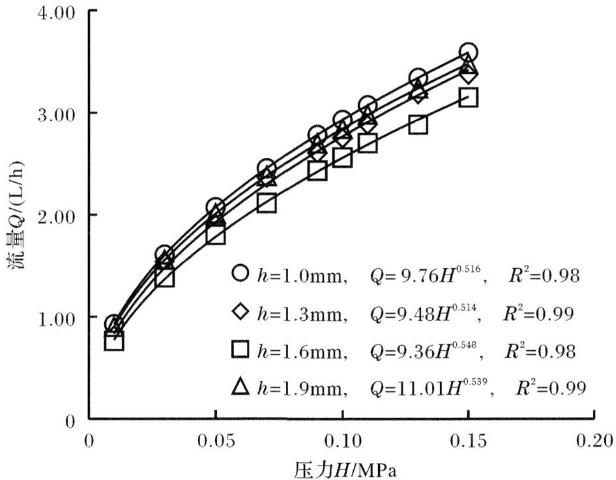

图 12.8　齿形流道不同齿高对灌水器水力性能的影响

流强度分布较为集中，且湍流强度较大的区域面积最大。从图中还可以明显看出，四种齿高条件下均在近壁面区不同位置出现湍流强度极低的区域，但 $h_3=1.6$mm 与 $h_4=1.9$mm 时，湍流强度极低区域面积明显大于其他两种齿高，这两种齿高在近壁面区极易产生颗粒物沉积，灌水器自清洗能力最弱。综合各项因素，$h_2=1.3$mm 为最佳齿高。

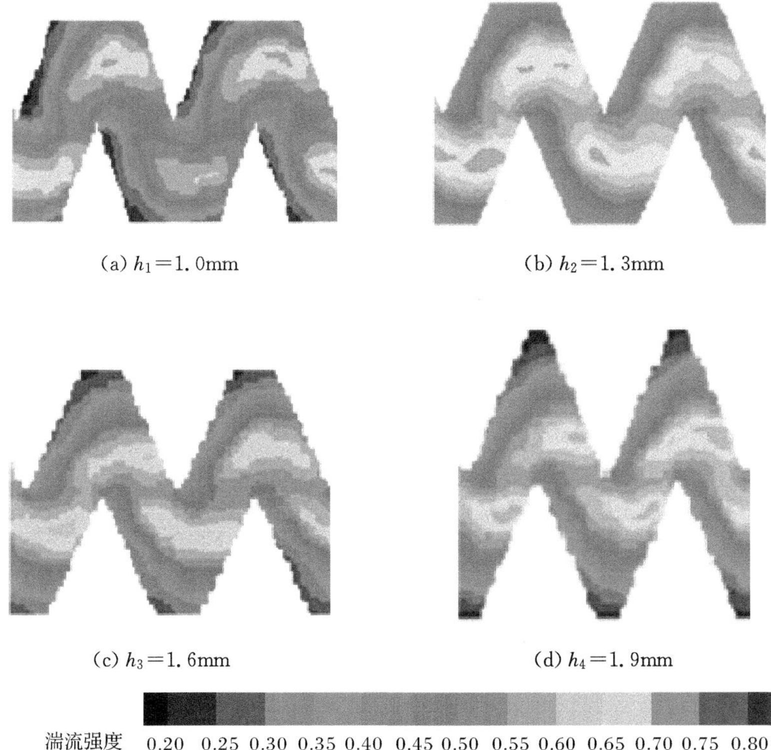

图 12.9　齿形流道不同齿高对湍流强度的影响

2) 不同齿高对速度矢量分布的影响

不同齿高条件下流道结构单元内速度矢量分布如图 12.10 所示。可以看出，除齿高为 1.9mm 外，其余三种齿高条件下，在结构单元拐角低速区内均有漩涡，且没有明显的速度极低区域。其中，当齿高为 1.3mm 时，漩涡发展最为充分，水流对近壁面的冲刷作用最为明显，堵塞物质最不易在该低速区内发生沉积。

不同齿高条件下近壁面区取样点流速平均值见表 12.2。可以看出，齿高为 1.3mm 时，近壁面区流速平均值最大为 0.57m/s，分别较齿高为 1.0mm、1.6mm、1.9mm 时高 15.68%、33.33%、47.06%。因此，当齿高为 1.3mm 时，水流对近壁面区的冲刷作用最为显著，抗堵塞能力最强。

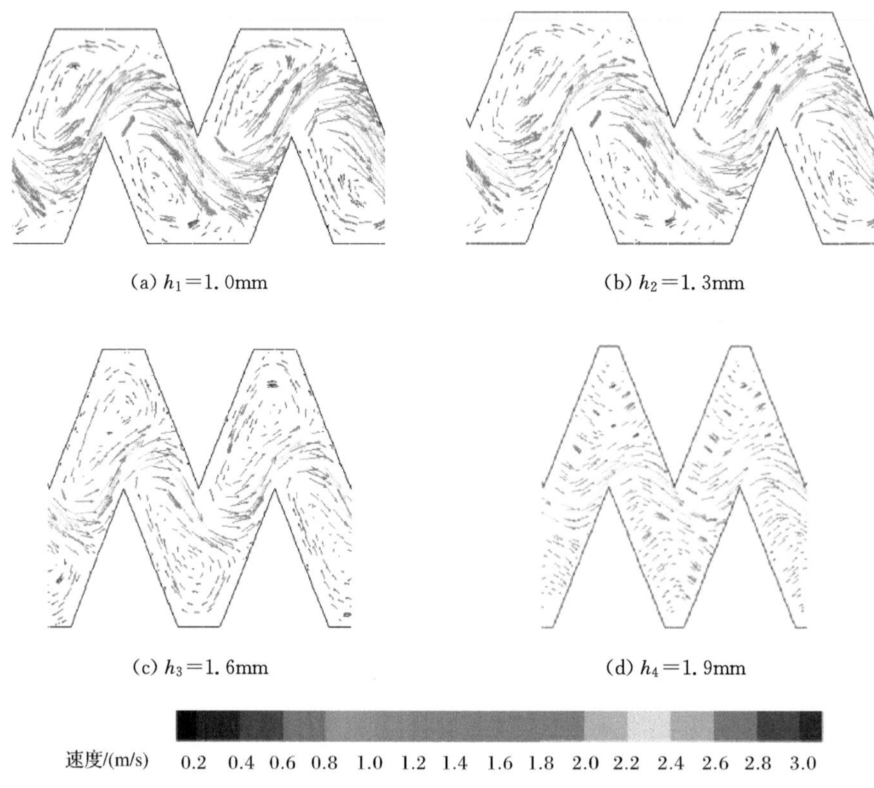

图 12.10　齿形流道不同齿高对速度矢量分布的影响

表 12.2　齿形流道近壁面区取样点流速平均值

齿高/mm	1.0	1.3	1.6	1.9
流速平均值/(m/s)	0.43	0.57	0.34	0.27

12.2.3　齿角对灌水器水力性能与抗堵塞性能的影响

1. 水力性能

不同齿角条件下灌水器的水力性能曲线如图 12.11 所示。可以看出，随着齿角的增加，流态指数呈先减小后增大的趋势。所有齿角条件下灌水器流态指数均大于 0.5。当齿角为 60°时，灌水器的流态指数最小(0.4988)，其水力性能最优。当齿角分别为 40°、50°、70°时，其流态指数分别为 0.524、0.516、0.513，比齿角为 60°时分别高 0.02%、1.2%、0.04%。

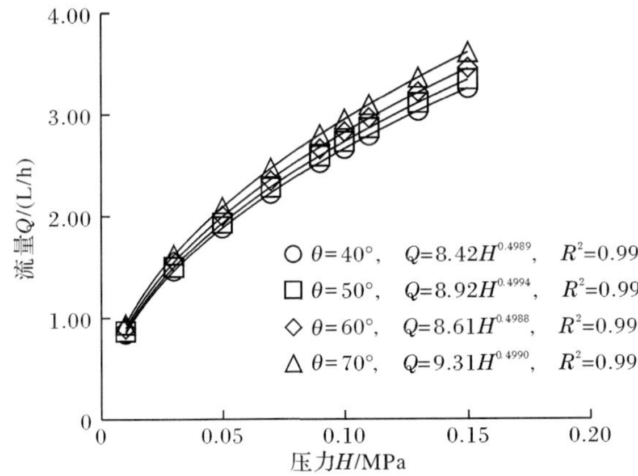

图 12.11　齿形流道不同齿角对灌水器水力性能的影响

2. 湍流强度

四种齿角流道内速度分布的模拟结果如图 12.12 所示。该图揭示了湍流强度在流道内的分布特征。四种齿角条件下，流道内主流区与非主流区并存，在主流区结构突变位置附近湍流强度均呈现最大值，分别为 0.12～0.69(θ_1)、0.08～0.76(θ_2)、0.24～0.72(θ_3)、0.16～0.74(θ_4)，虽然最大湍流强度出现在齿角为 $\theta_2=50°$时，但是当 $\theta_3=60°$时湍流强度分布较为集中，且湍流强度较大的区域面积最大。从图中还可以明显看出，当齿角分别为 40°、50°和 70°时，在边壁不同区域均出现湍流强度极低的位置，此区域内壁面剪切力最小，颗粒物最易沉积，从而使流道堵塞，自清洗能力最低。根据流道上下两水平边壁长度公式可知，齿角 60°时流道中的水平边壁长度最短，且水平边壁处的流动滞水作用最明显，对水流运动状态改变最为显著，消能效果最好。

3. 速度矢量分布

不同齿角条件下流道结构单元内速度矢量分布如图 12.13 所示。可以看出，四种齿

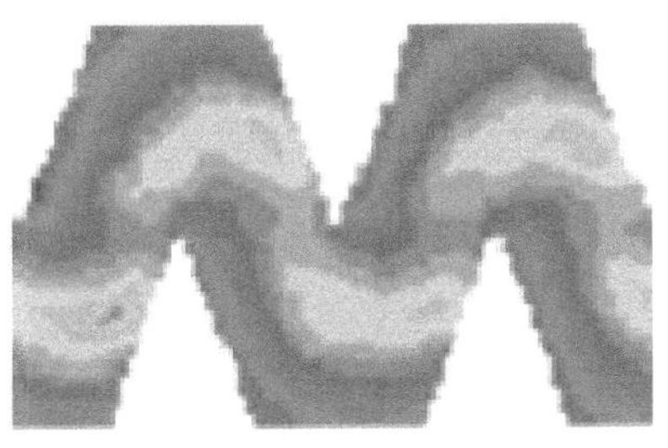

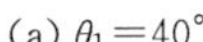

(a) $\theta_1=40°$

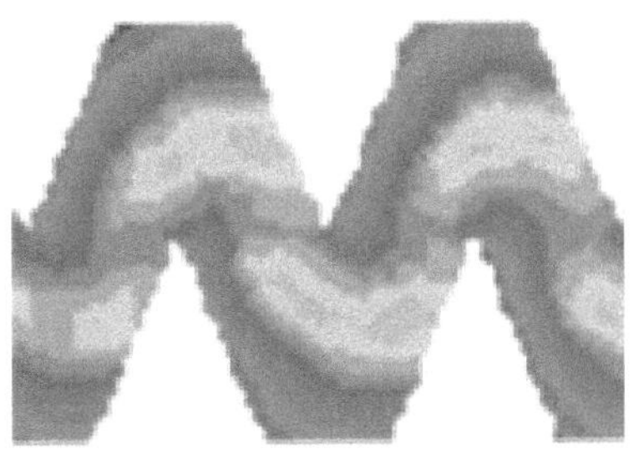

(b) $\theta_2=50°$

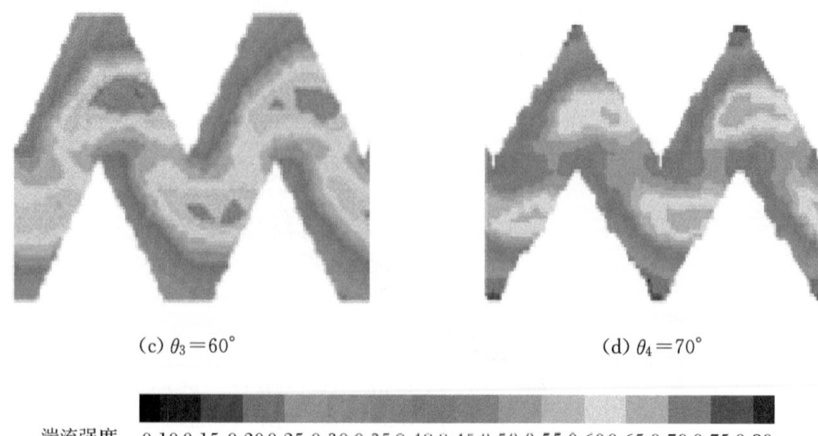

图 12.12　齿形流道不同齿角对结构单元湍流强度的影响

角条件下，漩涡发展均较为充分，说明齿角的变化并不显著影响结构单元内水流流动特性的改变，使得所有结构单元内水流均对低速区壁面有一定的冲刷作用。

不同齿角条件下近壁面区取样点流速平均值见表 12.3。可以看出，当齿角为 60°时近壁面区流速平均值最高，为 0.57m/s，分别比齿角为 40°、50°、70°时高 30.19%、15.09%、7.55%。因此，当齿角为 60°时，水流对近壁面区的冲刷作用最为显著，抗堵塞能力最强。

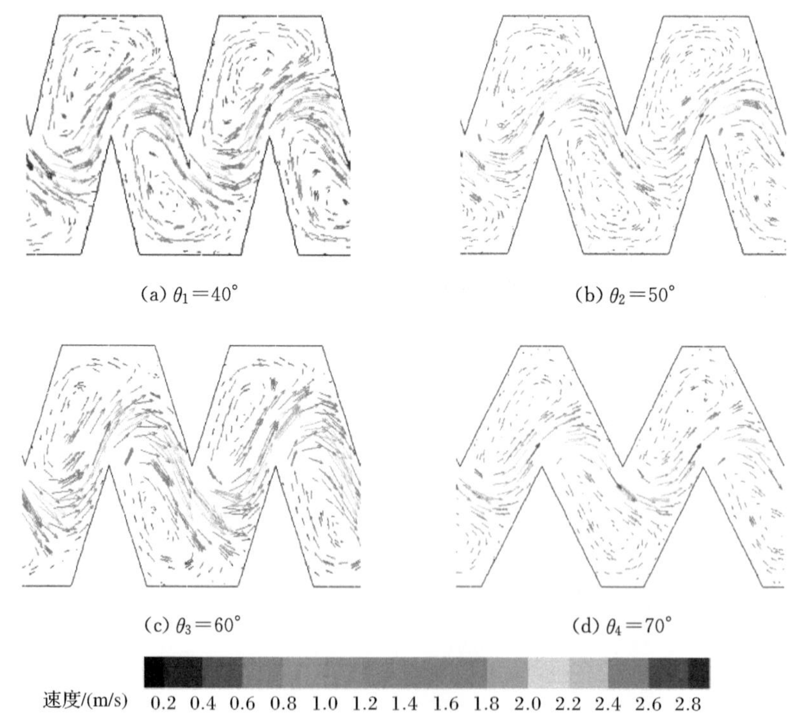

图 12.13　齿形流道不同齿角对速度矢量分布的影响

表 12.3　齿形流道不同齿角条件下近壁面区取样点流速平均值

齿角/(°)	40	50	60	70
流速平均值/(m/s)	0.37	0.45	0.57	0.49

12.2.4　齿间距对灌水器水力性能与抗堵塞性能的影响

1. 水力性能

不同齿间距条件下灌水器的水力性能曲线如图 12.14 所示。可以看出，随着齿间距的增加，流态指数呈先减小后增大的趋势。当齿间距为 1.8mm 时，灌水器的流态指数最小，为 0.4988，其水力性能最优。当齿间距分别为 1.5mm、2.1mm、2.5mm 时，其流态指数分别比齿间距为 1.8mm 时高0.14%、0.10%、0.84%。

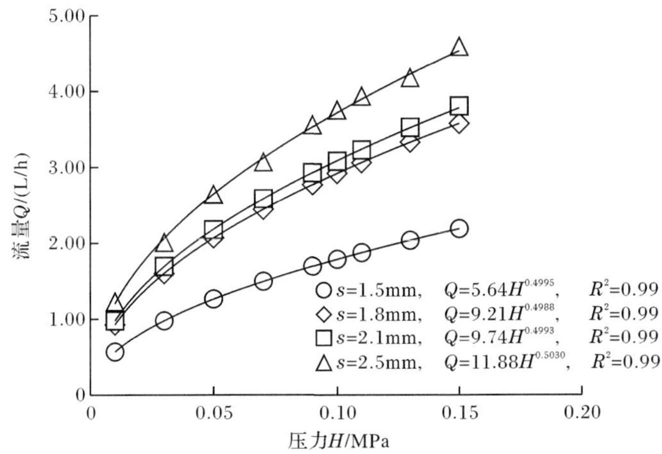

图 12.14　齿形流道不同齿间距对灌水器水力性能的影响

2. 抗堵塞性能

四种齿间距流道内湍流强度分布的模拟结果如图 12.15 所示。四种齿间距条件下，流道内主流区与非主流区并存，在主流区结构突变位置附近湍流强度均呈现最大值，分别为 0.14～0.77(s_1)、0.22～0.74(s_2)、0.13～0.73(s_3)、0.16～0.76(s_4)，虽然最大湍流强度出现在齿间距为 s_1=1.5mm 时，但是当 s_2=1.8mm 时湍流强度分布较为集中，且湍流强度较大的区域面积最大。从图中还可以明显看出，四种齿间距条件下，在近壁面区不同位置均出现湍流强度极低的位置，极低位置面积大小为 $s_3>s_4>s_1>s_2$。所以当齿间距为 1.8mm时壁面自清洗能力最强，抗堵塞能力最好。

不同齿间距条件下流道结构单元内速度矢量分布如图 12.16 所示。可以看出，齿间距的改变对于结构单元内水流的流动状态影响较小，四种齿间距条件下，在结构单元的拐角低速区内均存在漩涡，且均发展较为充分，水流对近壁面区有一定的冲刷作用，对堵塞物质在该区域的沉积起到一定的制约作用。

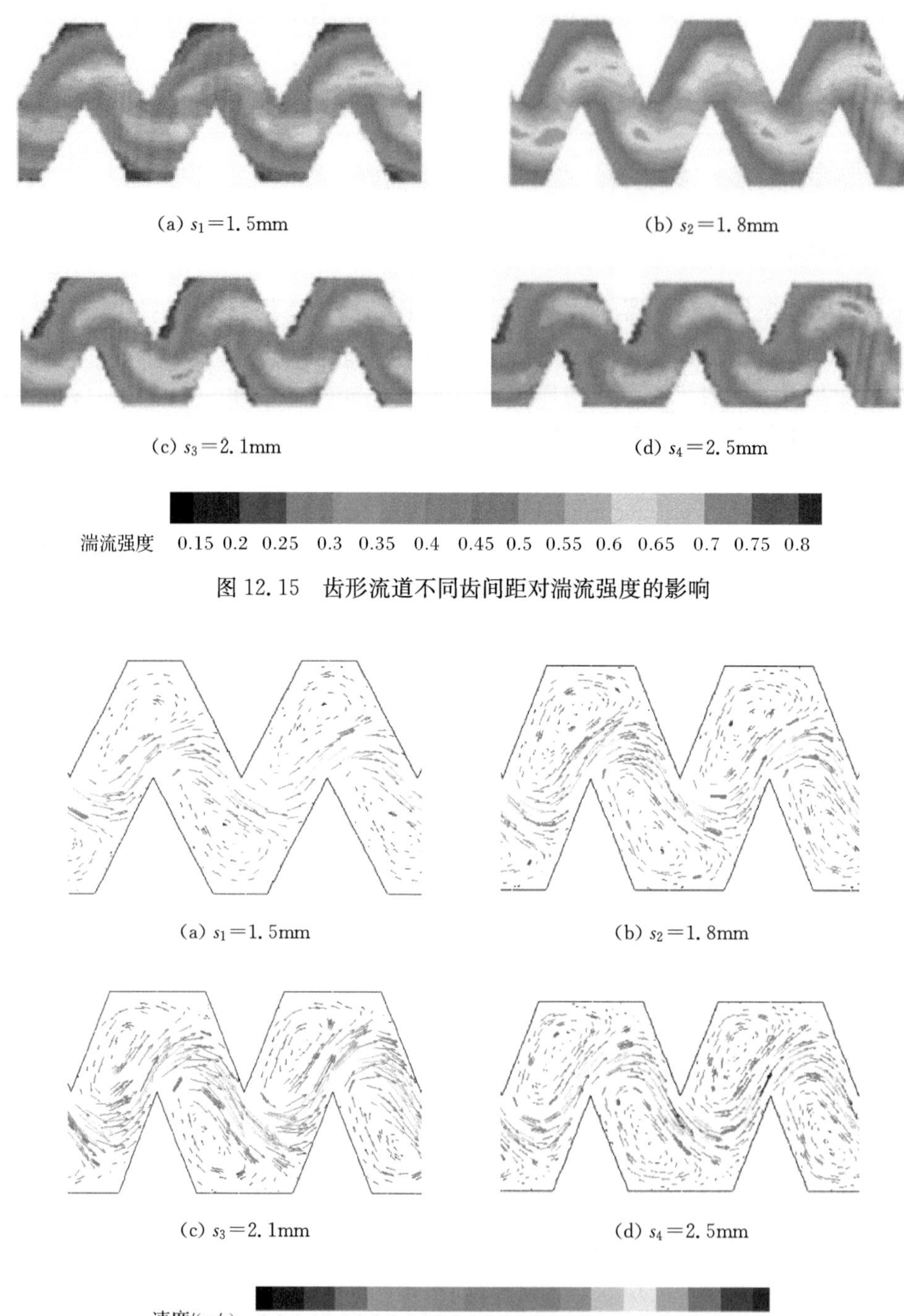

图 12.15　齿形流道不同齿间距对湍流强度的影响

图 12.16　齿形流道不同齿间距对速度矢量分布的影响

不同齿间距条件下近壁面区取样点流速平均值见表 12.4。可以看出，当齿间距为 1.8mm 时，近壁面区平均流速最高，为 0.57m/s，分别比齿间距为 1.5mm、2.1mm、2.5mm 时高 32.58%、52.63%、26.32%。因此，当齿间距为 1.8mm 时，水流对近壁面区的冲刷作用最为显著，抗堵塞能力最强。

表 12.4　齿形流道不同齿间距近壁面区取样点流速平均值

齿间距/mm	1.5	1.8	2.1	2.5
流速平均值/(m/s)	0.39	0.57	0.27	0.42

12.3　不同结构参数对灌水器水力性能和抗堵塞性能影响的评价

不同齿高、齿角、齿间距对流态指数的单因素方差检验($p<0.05$)见表 12.5。从表中可以看出，结构参数对流态指数的影响均较为显著，且各结构参数对流态指数的影响顺序为齿角>齿间距>齿高。

表 12.5　近壁面区取样点流态指数单因素方差检验

结构参数	差异源	SS	df	MS	F	P 值	F 显著性临界值
齿高	组间	1.695561	1	1.695561	22.564620	0.003158	5.987378
	组内	0.450855	6	0.075142			
	总计	2.146416	7				
齿角	组间	5922.529	1	5922.5290	71.068480	0.000152	5.987378
	组内	500.0131	6	83.335510			
	总计	6422.542	7				
齿间距	组间	3.948050	1	3.948050	42.758360	0.000611	5.987378
	组内	0.554004	6	0.092334			
	总计	4.502054	7				

不同齿高、齿角、齿间距对近壁面区平均流速的单因素方差检验($p<0.05$)见表 12.6。从表中可以看出，所有结构参数对近壁面区平均流速的影响均为显著，且各结构参数对近壁面区平均流速的影响大小顺序为齿角>齿间距>齿高。

表 12.6　近壁面区取样点流速平均值单因素方差检验

结构参数	差异源	SS	df	MS	F	P 值	F 显著性临界值
齿高	组间	2.194513	1	2.194513	26.31967	0.002156	5.987378
	组内	0.500275	6	0.083379			
	总计	2.694788	7				
齿角	组间	5947.0420	1	5947.0420	71.36153	0.000150	5.987378
	组内	500.0208	6	83.3368			
	总计	6447.0630	7				
齿间距	组间	4.882813	1	4.882813	49.38994	0.000414	5.987378
	组内	0.593175	6	0.098863			
	总计	5.475988	7				

12.4 灌水器流道结构几何参数控制阈值

12.4.1 试验概况

根据对国内外代表厂家生产的10种齿形流道片式灌水器产品进行尺寸参数测量，初步确定流道最主要的结构参数的取值范围如下：流道宽度0.4～1.2mm、流道深度0.4～1.2mm、流道长度20～50mm。各参数均选取5种水平，不同宽度处理分别标记为W0.4、W0.6、W0.8、W1.0、W1.2，不同深度处理标记为D0.4、D0.6、D0.8、D1.0、D1.2，不同长度处理标记为L20.0、L27.5、L35.0、L42.5、L50.0，其中有一组为重复(W0.8、D0.8、L35.0)，因此共有13种不同的结构几何参数流道，见表12.7。

表12.7 齿形流道不同结构几何参数试验设计

处理	流道宽度 W/mm	流道深度 D/mm	流道长度 L/mm
W0.4	0.4	0.8	35.0
W0.6	0.6	0.8	35.0
W1.0	1.0	0.8	35.0
W1.2	1.2	0.8	35.0
D0.4	0.8	0.4	35.0
D0.6	0.8	0.6	35.0
D1.0	0.8	1.0	35.0
D1.2	0.8	1.2	35.0
L20.0	0.8	0.8	20.0
L27.5	0.8	0.8	27.5
L42.5	0.8	0.8	42.5
L50.0	0.8	0.8	50.0
W0.8、D0.8、L35.0	0.8	0.8	35.0

分析不同结构参数流道结构单元内流体运动的速度矢量图和湍流强度图，并模拟不同压力(0.01MPa、0.03MPa、0.05MPa、0.07MPa、0.09MPa、0.10MPa、0.11MPa、0.13MPa、0.15MPa)条件下灌水器流量，拟合其水力特征曲线，分析其流态指数与流量系数。取近壁面区0.01mm处特征点，分析其速度大小动态变化特征，取样点位置如图12.17所示。

12.4.2 流道结构几何参数对流道速度场流动特征的影响

齿形流道不同几何参数结构单元内的速度矢量分布如图12.18所示，齿形流道不同几何参数结构单元内近壁面区特征点速度变化曲线如图12.19所示。

从图12.18可以看出，流道内速度呈周期性变化，高速液体质点带动低速液体质点，低速液体质点阻滞高速液体质点流动，相互掺混呈现出杂乱的湍流特性。根据速度大小

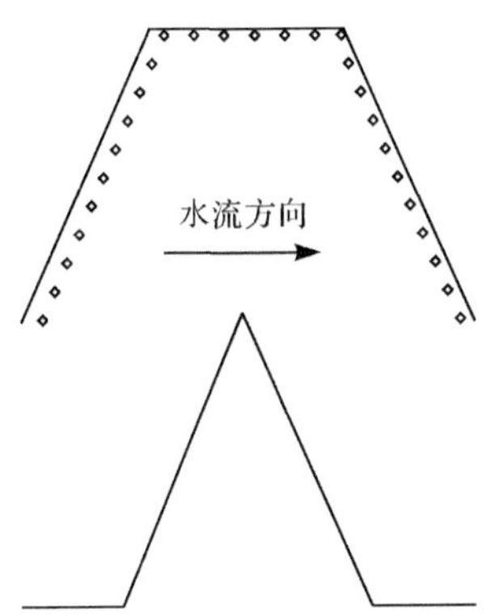

图 12.17　齿形流道近壁面区特征点位置

分布可分为流道中心区内的高速主流区及壁面和齿角附近的低速区，低速区内有速度质点做回转运动形成漩涡。近壁面区中 A、D 区域速度大于 B、C 区域，且分别在 D 和 B 区域达到最大值和最小值。

不同流道宽度结构单元内的速度场矢量图和近壁面区特征点速度大小分别如图 12.18(a)～(e)和图 12.19(a)所示。从图 12.18(a)～(e)可以看出，流道宽度为 0.4mm、0.6mm、0.8mm、1.0mm 和 1.2mm 时流道最大流速依次为 3.83m/s、4.03m/s、4.14m/s、4.22m/s 和 4.43m/s，呈逐渐增加的趋势，漩涡发展程度呈先增加后减小的趋势，W0.8 漩涡发展最为充分。从图 12.19(a)流道近壁面区特征点速度大小可以看出，随着流道宽度的增加，近壁面区流速大小呈先增大后减小的趋势。在结构单元速度最小值出现的区域，即泥沙最易淤积的 B 区域，五种流道宽度条件下速度最小值分别为 0.09m/s、0.14m/s、0.34m/s、0.27m/s 和 0.22m/s，W0.8 的流速分别比 W0.4、W0.6、W1.0、W1.2 高 74.78%、58.42%、18.33%、34.32%。因此，综合考虑漩涡发展程度及最小值差异大小，建议齿形流道宽度最优值为 0.8mm，取值适宜范围为 0.8～1.2mm。

不同流道深度结构单元内的速度场矢量图和近壁面区特征点速度大小如图 12.18(f)～(j)和图 12.19(b)所示。从图 12.18(f)～(j)中可以看出，流道深度为 0.4mm、0.6mm、0.8mm、1.0mm 和 1.2mm 时流道最大流速依次为 3.57m/s、3.41m/s、3.58m/s、3.72m/s 和 3.43m/s，呈先增加后减小的趋势。除 D1.2 处理下漩涡发展最不充分以外，其余处理流道漩涡发展均较为充分。从图 12.19(b)中可以看出，整体就近壁面区速度大小而言，D1.0(0.24～2.42m/s)处理最大，D1.2(0.13～1.75m/s)处理最小。D1.2 在泥沙最易淤积的 B 区域的最小值(0.13m/s)分别比 D0.4、D0.6、D0.8、D1.0 小 54.90%、47.14%、55.56%、59.66%，除D1.2处理以外，其余四种处理该速度最小值偏差基本均在 10%以内。因此建议在齿形流道设计时，流道深度应低于 1.0mm，在此范围内可通过调节流道深度来实现不同流量产品的设计。

不同流道长度结构单元内的速度场矢量图和近壁面区特征点速度大小分别如图 12.18(k)～(o)和图 12.19(c)所示。从图 12.18(k)～(o)可以看出，流道长度为 20.0cm、27.5cm、35.0cm、42.5cm 和 50.0cm 时流道最大流速依次为 4.43m/s、4.36m/s、3.64m/s、3.22m/s 和 2.83m/s，呈逐渐降低的趋势，漩涡发展程度呈先增加后减小的趋

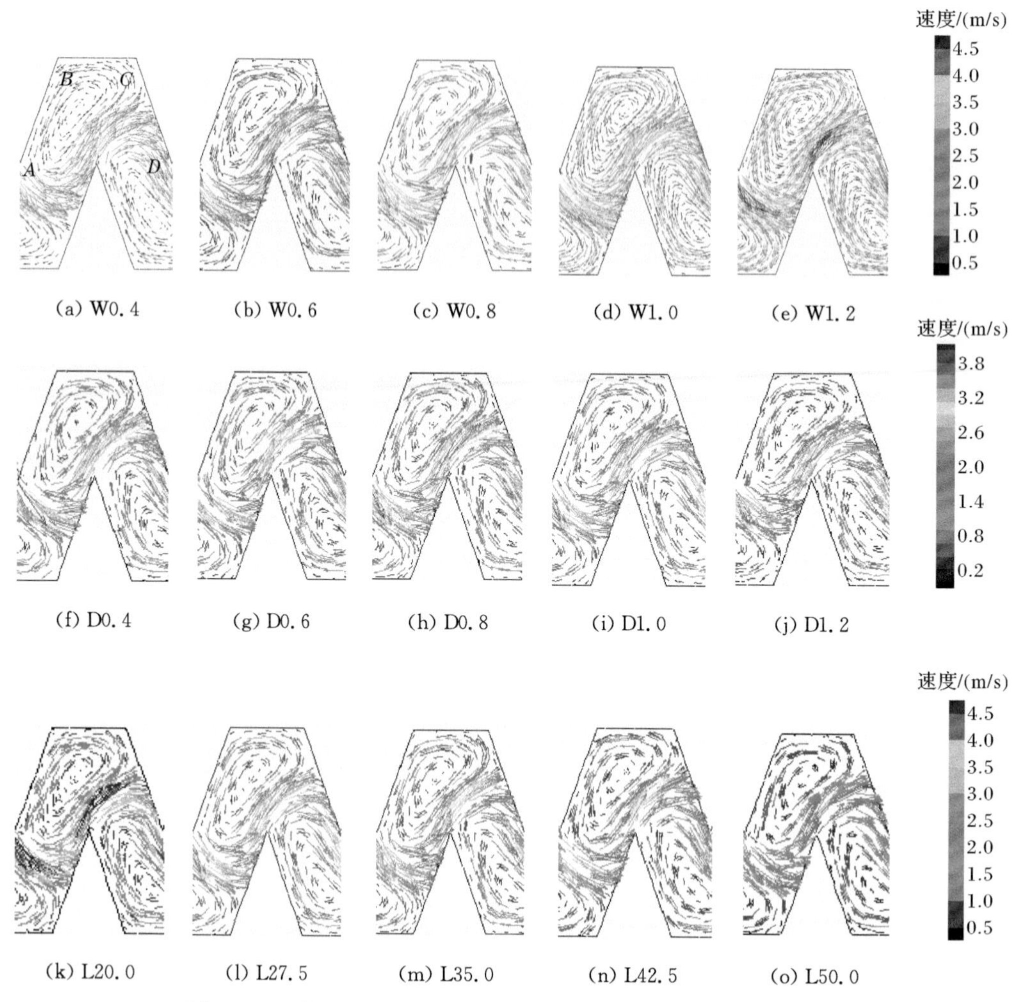

图 12.18 齿形流道不同几何参数对灌水器速度矢量分布的影响

势，在 L42.5 处理下发展最为充分。从图 12.19(c)中可以看出，随着流道长度的增加，近壁面区流速大小呈先增大后减小的趋势。在结构单元速度最低值出现区域，即泥沙最易淤积的 B 区域，流道长度为 20.0cm、27.5cm、35.0cm、42.5cm 和 50.0cm 时的速度最小值分别为 0.21m/s、0.38m/s、0.40m/s、0.49m/s 和 0.20m/s，L42.5 分别比 L20.0、L27.5、L35.0、L50.0 高 56.99%、23.30%、18.73%、59.22%。因此，综合考虑漩涡发展程度及最小值差异大小，建议齿形流道长度最优值为 42.5mm，取值适宜范围为 27.5～42.5mm。

12.4.3 流道结构几何参数对流道内部湍流强度的影响

齿形流道不同几何参数结构单元内的湍流强度分布如图 12.20 所示。可以看出，所有处理条件下，湍流强度大小有所差异，但湍流强度相对大小分布较为一致，均呈现为在 B 区域达到最小值，在 C 与 D 区域间达到最大值。由此也再一次证明，B 区域是泥沙最易

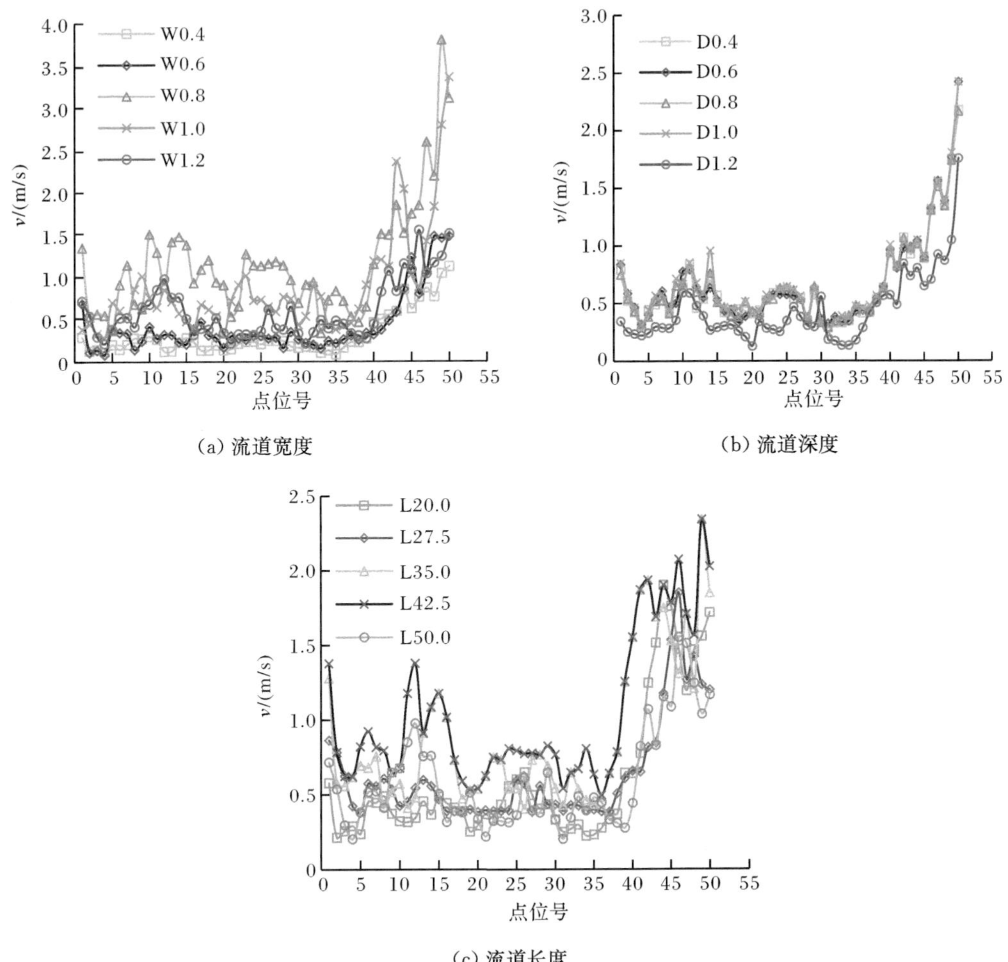

(a) 流道宽度　　(b) 流道深度

(c) 流道长度

图 12.19　不同几何参数齿形流道近壁面区特征点速度变化曲线

淤积的区域，最易引发灌水器堵塞。

不同流道宽度结构单元内的湍流强度分布如图 12.20(a)～(e)所示。可以看出，在流道宽度为 0.4mm、0.6mm、0.8mm、1.0mm 和 1.2mm 时，湍流强度最大值依次为0.57、0.69、0.78、0.79 和 0.79。在泥沙最易淤积的 *B* 区域，湍流强度最小值分别为0.14、0.18、0.26、0.27 和 0.29，这说明随着流道宽度的增加，湍流强度呈增大趋势。但是在 W0.8、W1.0、W1.2 处理下，湍流强度均较高且差值较小。因此建议齿形流道宽度取值适宜范围为 0.8～1.2mm。

不同流道深度结构单元内的湍流强度分布如图 12.20(f)～(j)所示。可以看出，流道深度为 0.4mm、0.6mm、0.8mm、1.0mm 和 1.2mm 时，湍流强度最大值分别为 0.52、0.76、0.79、0.81 和 0.83。在泥沙最易淤积的 *B* 区域，只有 D0.4 的湍流强度最小值低于 0.10(为 0.09)，其余四种处理湍流强度最小值均高于 0.20，且相差在 20%以内(D0.6 为 0.24、D0.8 为 0.26、D1.0 为 0.28、D1.2 为 0.29)。因此建议在齿形流道设计时，流道深度应大于 0.40mm，在此范围内可通过调节流道深度来实现不同流量产品的设计。

不同流道长度结构单元内的湍流强度分布如图 12.20(k)～(o)所示。可以看出，长度为 20.0mm、27.5mm、35.0mm、42.5mm 和 50.0mm 时流道最大湍流强度依次为 0.98、0.86、0.81、0.72 和 0.52，说明湍流强度随着流道长度的增加而降低，在 L50.0 处理条件下明显降低，L50.0 湍流强度最大值比 L20.0、L27.5、L35.0、L42.5 分别低 88.5%、65.4%、55.8%和 38.5%。在泥沙最易淤积的 B 区域，流道长度为 20.0mm、27.5mm、35.0mm、42.5mm 和 50.0mm 时湍流强度最小值分别为 0.32、0.29、0.27、0.24 和 0.15，在 L50.0 处理条件下明显降低，L50.0 的 B 区域湍流强度最小值比 L20.0、L27.5、L35.0、L42.5 分别低 113.3%、93.3%、80.0%和 60.0%。因此建议齿形流道长度取值适宜范围应小于 50.0mm。

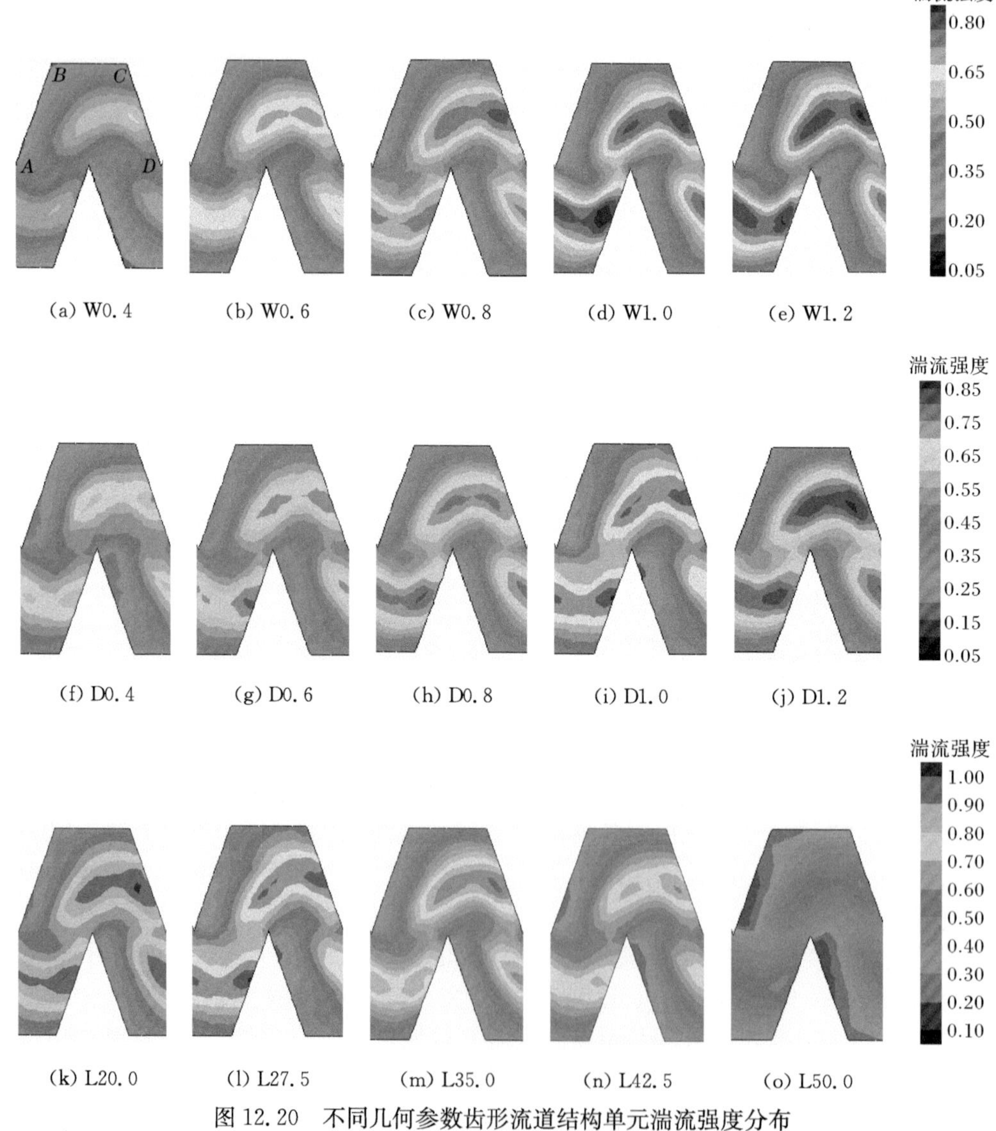

图 12.20　不同几何参数齿形流道结构单元湍流强度分布

12.4.4 流道结构几何参数对流道宏观水力性能的影响

齿形流道不同几何参数下灌水器水力性能及其与流量系数的关系如图 12.21 所示。

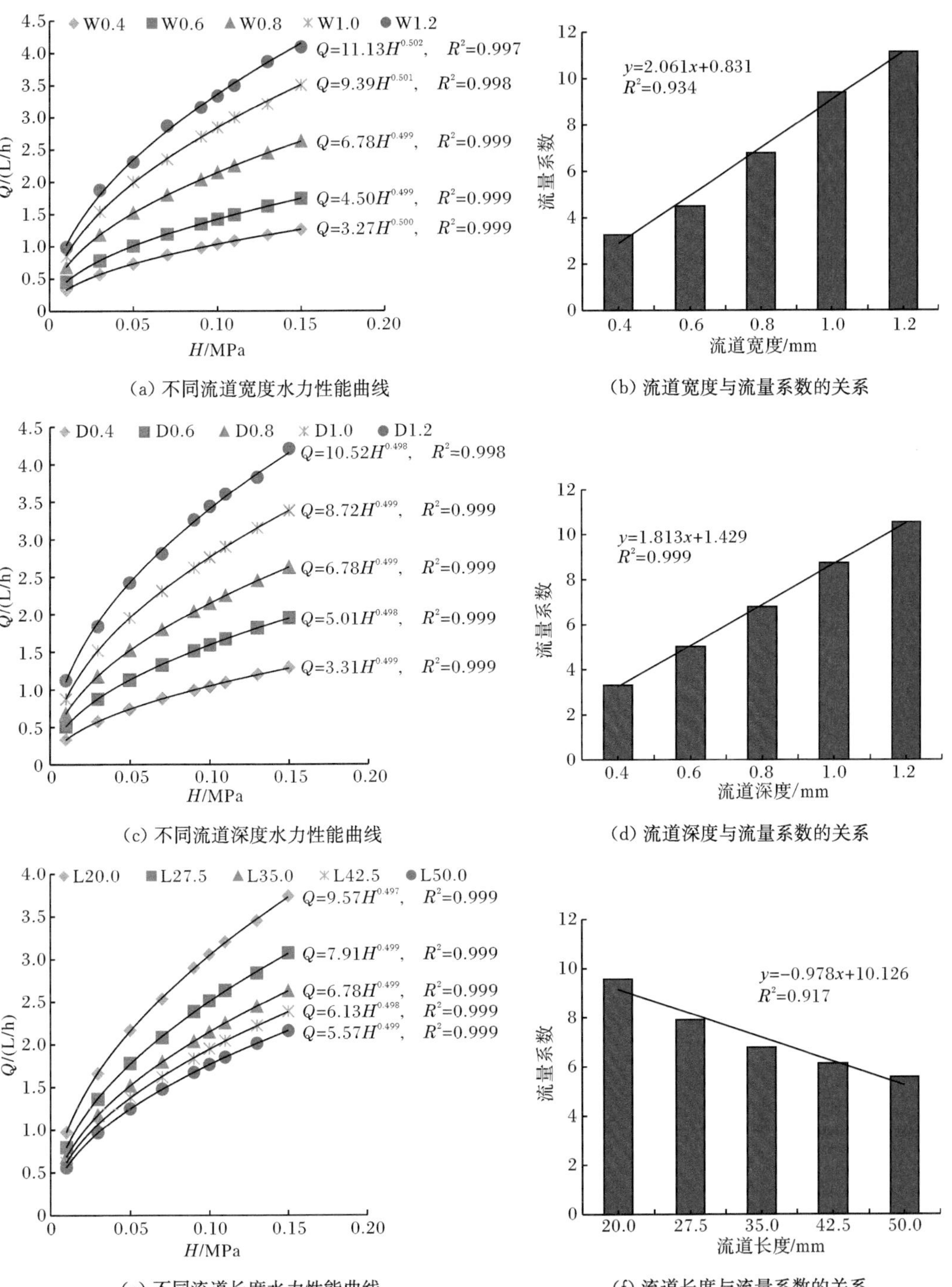

(a) 不同流道宽度水力性能曲线　(b) 流道宽度与流量系数的关系

(c) 不同流道深度水力性能曲线　(d) 流道深度与流量系数的关系

(e) 不同流道长度水力性能曲线　(f) 流道长度与流量系数的关系

图 12.21　齿形流道不同几何参数下灌水器水力性能及其与流量系数的关系

可以看出，灌水器不同几何参数对流态指数的影响较小。W0.4、W0.6、W0.8、W1.0、W1.2 处理下流态指数分别为 0.502、0.501、0.499、0.499、0.500，偏差均在 1%以内；D0.4、D0.6、D0.8、D1.0、D1.2 处理下流态指数分别为 0.498、0.499、0.499、0.498、0.499，偏差均在 0.3%以内；L20.0、L27.5、L35.0、L42.5、L50.0 处理下流态指数分别为 0.497、0.499、0.499、0.498、0.499，偏差均在 0.5%以内。

流量系数表征流量随压力变化的大小。从图中还可以看出，流道长度与流量系数呈线性负相关关系，而不同流道宽度与深度均与流量系数呈线性正相关关系，其中流道深度与流量系数的变化相关性最好（$R^2=0.999$）。因此，在灌水器结构设计时可以通过调节流道深度来实现对流量的精确调节，进而设计出不同流量的产品。

12.5 小　结

(1) 综合考虑灌水器宏观水力性能和微观抗堵塞能力，从计算精度和计算效率两方面进行分析，对于灌水器内流场的模拟选择 RNG k-ε 湍流模型最为适合。

(2) 沿着水流前进的方向，压力呈均匀降低的阶梯状变化规律，流体流动整体呈主流区与非主流区的分区运动特征，在流道结构突变处是流道消能最主要的部位。颗粒相速度稍低于水相。各截面近壁面速度较低，沿流道深度方向速度与沙相体积分布均较为不均匀，泥沙主要沉积于流道前半段。

(3) 不同流道构型中，分形流道和齿形流道水力性能和抗堵塞能力最优，所有流道构型流态指数均大于 0.5。齿形流道结构单元最优设计为：齿高 1.3mm，齿角 60°，齿间距 1.8mm，所有流道结构单元设计条件下流态指数均大于 0.5。

(4) 齿形流道结构参数控制阈值为：流道宽度 0.8～1.2mm，流道长度 27.5～42.5mm，流道深度应低于 1.0mm，在此范围内可通过调节流道深度来实现不同流量产品的设计。不同灌水器结构参数对流态指数的影响较小。

参考文献

陈瑾，张昕，李光永，等. 2005. 齿形迷宫流道结构参数对滴头流量影响的数字试验研究[C]//2005 北京都市农业工程科技创新与发展国际研讨会，北京.

穆乃君，张昕，李光永，等. 2007. 内镶片式齿型迷宫滴头抗堵塞试验研究[J]. 农业工程学报，23(8)：34-39.

王建东. 2004. 滴头水力性能与抗堵塞性能试验研究[D]. 北京：中国农业大学.

张俊，洪军，赵万华，等. 2006. 基于正交试验的迷宫流道灌水器参数化设计研究[J]. 西安交通大学学报，40(1)：31-35.

第 13 章　滴灌灌水器抗堵塞性能预测预估方法与产品选择

选择抗堵塞性能好的灌水器产品对于滴灌系统运行效益至关重要。然而，目前对于高抗堵塞性能灌水器的选择方法和依据并不一致，相关研究结果包括流量和流道尺寸较大的灌水器(Zheng，1993)、流道短而宽的灌水器(Camp，1998；Adin and Sacks，1991)、断面平均流速较大的灌水器(Li et al.，2015)等，且受灌溉水质特征影响(Zhou et al.，2016a；Liu and Huang，2009)。因此，急需建立一种准确、快速评估灌水器抗堵塞性能的方法。为了尽可能准确地评估灌水器抗堵塞性能，相关学者都通过开展滴灌原位试验，对不同类型灌水器出流进行长期动态测试(Han et al.，2018；Bounoua et al.，2016；Pei et al.，2014)，但该方法耗时耗力且属于一种后评估方法。目前仍未见一种可以适应多种水源、多种工况条件下(按灌水量、运行时间控制，不同工作压力和灌水频率等)灌水器抗堵塞性能的评估及预测方法。

基于此，本章提出一种相对评估指数，验证多种灌水器在多种水源、多工况条件下的适用性，并探索直接利用灌水器外特性和流道结构参数预估灌水器抗堵塞性能的方法，可以作为快速评估灌水器自身抗堵塞性能及选择适宜灌水器产品的标准。

13.1　滴灌灌水器抗堵塞性能综合相对指数及其物理意义

13.1.1　试验概况

本试验分别于 2015 年和 2017 年在内蒙古河套灌区磴口实验站进行滴灌系统灌水器堵塞现场测试，试验期间使用三种复杂水源，包括黄河水(YRW)、微咸水(SLW)、黄河水-微咸水等体积混配水(MXW)，试验期间水质特征见表 13.1。

表 13.1　试验期间水质特征

水源	试验年	pH	颗粒物浓度/(mg/L)	电导率/(μS/cm)	COD_{Cr}/(mg/L)	BOD_5/(mg/L)
YRW	2017	7.2～7.9	321.0～504.0	781.0～799.8	5.9～7.2	1.5～1.9
	2015	7.5～7.9	38.1～42.5	766.2～772.9	6.3～6.9	1.5～1.9
SLW	2015	8.9～9.2	<5.0	9453.5～9464.9	15.1～17.5	2.6～2.9
MXW	2015	8.3～8.5	26.1～27.8	6004.7～6013.9	6.3～6.9	1.5～1.9

水源	试验年	总磷/(mg/L)	总氮/(mg/L)	Ca^{2+}浓度/(mg/L)	Mg^{2+}浓度/(mg/L)
YRW	2017	0.04～0.08	1.2～1.7	53.6～55.4	24.2～27.6
	2015	0.04～0.07	1.2～1.5	52.7～53.9	23.7～26.1
SLW	2015	0.09～0.12	1.6～1.8	320.5～323.7	121.5～125.8
MXW	2015	0.04～0.07	1.2～1.5	52.7～53.9	23.7～26.1

试验期间 14 种工况包括基于运行时间(total operation time control,TOTC)和灌水量(total emitter discharge control,TEDC)两种控制方式。其中,按照运行时间控制条件主要是不同水源条件下滴灌系统灌水器堵塞原位试验,包括黄河水、微咸水和混配水滴灌条件下毛管冲洗处理以及黄河水滴灌条件下不冲洗处理;按照灌水定额控制条件主要是水肥一体化条件下滴灌系统灌水器堵塞原位试验,包括不同浓度的磷酸尿素(0.15g/L,UP0.15;0.30g/L,UP0.30)、磷酸二氢钾(0.15g/L,PPM0.15;0.30g/L,PPM0.30)、聚磷酸氨(0.15g/L,APP0.15;0.30g/L,APP0.30)及不施肥对照组,以及三种运行频率条件下的 PPM0.15 处理组(表 13.2)。

表 13.2　数据来源及对应工况条件

序号	水源	是否冲洗	追肥肥料	控制模式	运行工况
1	YRW	否	否	TOTC	YRW+ Non_Flus+Fert_0+TOTC
2	YRW	是	否	TOTC	YRW+Flus+Fert_0+TOTC
3	SLW	是	否	TOTC	SLW+Flus+Fert_0+TOTC
4	MXW	是	否	TOTC	MXW+Flus+Fert_0+TOTC
5	YRW	否	否	TEDC	YRW+Non_Flus+Fert_0+TEDC
6	YRW	否	UP 0.15g/L	TEDC	YRW+Non_Flus+Fert_UP0.15+TEDC
7	YRW	否	UP 0.30g/L	TEDC	YRW+Non_Flus+Fert_UP0.30+TEDC
8	YRW	否	PPM 0.15g/L	TEDC	YRW+Non_Flus+Fert_PPM0.15+TEDC
9	YRW	否	PPM 0.30g/L	TEDC	YRW+Non_Flus+Fert_PPM0.30+TEDC
10	YRW	否	APP 0.15g/L	TEDC	YRW+Non_Flus+Fert_APP0.15+TEDC
11	YRW	否	APP 0.30g/L	TEDC	YRW+Non_Flus+Fert_APP0.30+TEDC
12	YRW	否	PPM 0.15g/L	TEDC	YRW+Non_Flus+P1/1+Fert_PPM0.15+TEDC
13	YRW	否	PPM 0.15g/L	TEDC	YRW+Non_Flus+P1/4+Fert_PPM0.15+TEDC
14	YRW	否	PPM 0.15g/L	TEDC	YRW+Non_Flus+P1/7+Fert_PPM0.15+TEDC

注:Flus、Non_Flus 分别表示毛管冲洗处理与不冲洗处理;Fert 表示施肥处理;P1/1、P1/4、P1/7 分别表示每天一次、每 4 天一次、每 7 天一次灌水施肥。

由于灌水器选择标准不同,本章选择在上述 14 种工况中至少同时覆盖 4 种工况下的灌水器产品,共 9 种,以评估灌水器在多种水源、多种工况条件下的抗堵塞性能,灌水器主要结构参数使用读数显微镜(上海,JC-10,测量精度±0.01mm,量程 4mm)配合游标卡尺进行,测试结果见表 13.3。

表 13.3　9 种灌水器结构参数

灌水器	额定流量/(L/h)	流道几何参数/(mm×mm×mm)			产地
		长	深	宽	
FE1	1.60	35.87	0.72	0.66	以色列
FE2	1.75	50.00	0.74	0.73	中国甘肃
FE3	0.95	61.24	0.55	0.51	以色列

续表

灌水器	额定流量/(L/h)	流道几何参数/(mm×mm×mm)			产地
		长	深	宽	
FE4	1.40	27.34	0.56	0.41	中国甘肃
FE5	1.90	30.22	0.55	0.63	以色列
FE6	2.00	37.98	0.84	0.72	中国甘肃
FE7	1.38	39.76	0.69	0.63	中国上海
FE8	1.40	25.00	0.52	0.63	中国河北
FE9	2.80	41.10	0.56	0.72	中国河北

采用 Pei 等(2014)的流量校正方式对实测流量进行校正,消除温度对流量测试的影响。采用校正后的滴灌灌水器流量结果,计算灌水器的堵塞参数:平均相对流量(Dra)和克里斯琴森均匀系数(CU)表征滴灌毛管整体堵塞程度,流量均匀度通过克里斯琴森均匀系数表征。

堵塞物质的提取及测试过程参考 Han 等(2018)采用的方法,将同类型灌水器毛管首部、中部和尾部所取的 15 个灌水器样品采用高精度的电子天平(精度 10^{-4}g)进行称重,之后放入含 45mL 去离子水的自封袋,将自封袋放入超声波清洗仪(功率 600kW,频率 40Hz)中振荡剥落堵塞物质,然后将脱落后的液态样品烘干后进行称重,上述两次称量的质量差即为堵塞物质累积量的干重,15 个灌水器取平均值即为堵塞物质累积量(ECS)。

13.1.2　灌水器抗堵塞性能综合相对指数的提出

为了能够评价灌水器在不同工况条件下的抗堵塞性能,因此提出综合相对指数(CRI)的概念,该指数包括灌水器抗堵塞性能的关键指标,主要为 Dra、CU、ECS。以某种灌水器作为参照,不同灌水器的抗堵塞性能指标与其抗堵塞性能指标之间的比值可以表征不同类型灌水器之间的差异。

$$\mathrm{CRI}=\frac{\mathrm{EI}_i}{\mathrm{EI}_0} \tag{13.1}$$

式中,EI_i为第 i 种灌水器抗堵塞性能评估指数,主要包括堵塞参数 Dra、CU 及 ECS,其中,Dra 表示堵塞程度,%,CU 表示流量均匀度,%,ECS 为单位面积堵塞物质的累积量,mg/cm^2;EI_0为作为参考标准的灌水器的抗堵塞性能评估指数,本章 14 种工况条件下均使用额定流量为 1.60L/h 片式灌水器(FE1)作为参考灌水器;CRI 越大,则灌水器抗堵塞性能越强。

13.2　滴灌灌水器抗堵塞性能综合相对指数对堵塞行为的量化表达

13.2.1　基于 CRI_Dra 各工况下灌水器的运行性能评估

图 13.1 所示为基于 Dra 测试结果 FE2～FE9 八种灌水器与参考灌水器 FE1 在多种工况下拟合得到的 CRI_Dra。

从图中可以看出，在本章涉及的 14 种不同工况条件下，FE2～FE9 八种灌水器 Dra 与参考灌水器 FE1 的 Dra 呈现直线分布的特征，水质的差异和工况的不同仅会改变在该直线周围分布的相对位置，并不会改变这种整体的分布特征。FE2～FE9 八种灌水器 Dra 均与灌水器 FE1 的 Dra 之间存在显著的线性相关关系($R^2>0.96$，$p<0.05$)。通过拟合曲线可以获得 FE2～FE9 八种灌水器的 CRI_Dra 值，分别为 0.99、1.14、1.06、0.95、1.01、1.20、0.89 和 0.80。由此可见，采用 CRI_Dra 进行评估的条件下，FE3、FE4、FE7 三种灌水器的抗堵塞性能优于 FE1，FE2、FE6 与 FE1 持平，而其余三种灌水器自身抗堵塞性能相比 FE1 较差。其中，FE7 灌水器具有最高的综合相对指数 CRI_Dra(1.20)，其抗堵塞性能在各种水质、工况条件下总体较参考灌水器 FE1 高出 20%；而 FE9 灌水器的 CRI_Dra 值相对最低(0.80)，其抗堵塞性能在各种水质、工况条件下比参考灌水器 FE1 总体低 20%。

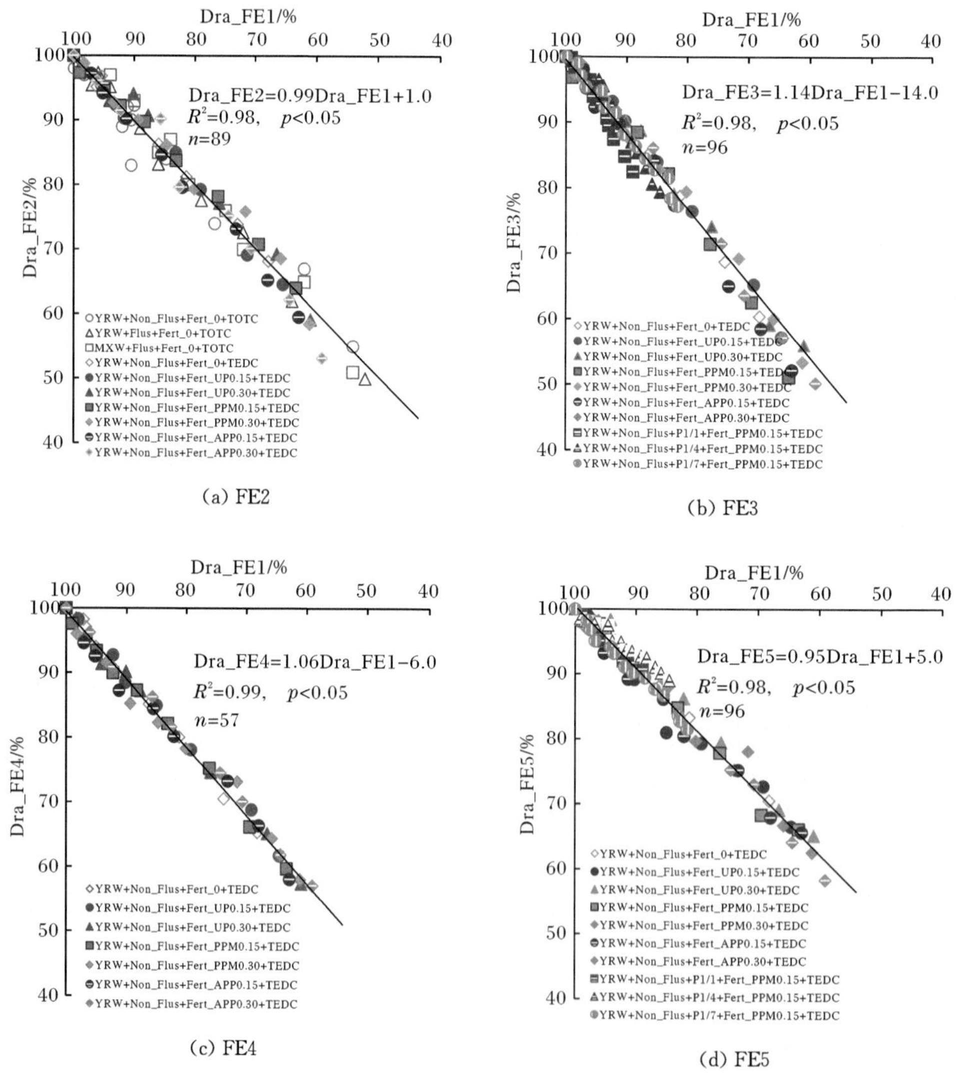

(a) FE2　　(b) FE3

(c) FE4　　(d) FE5

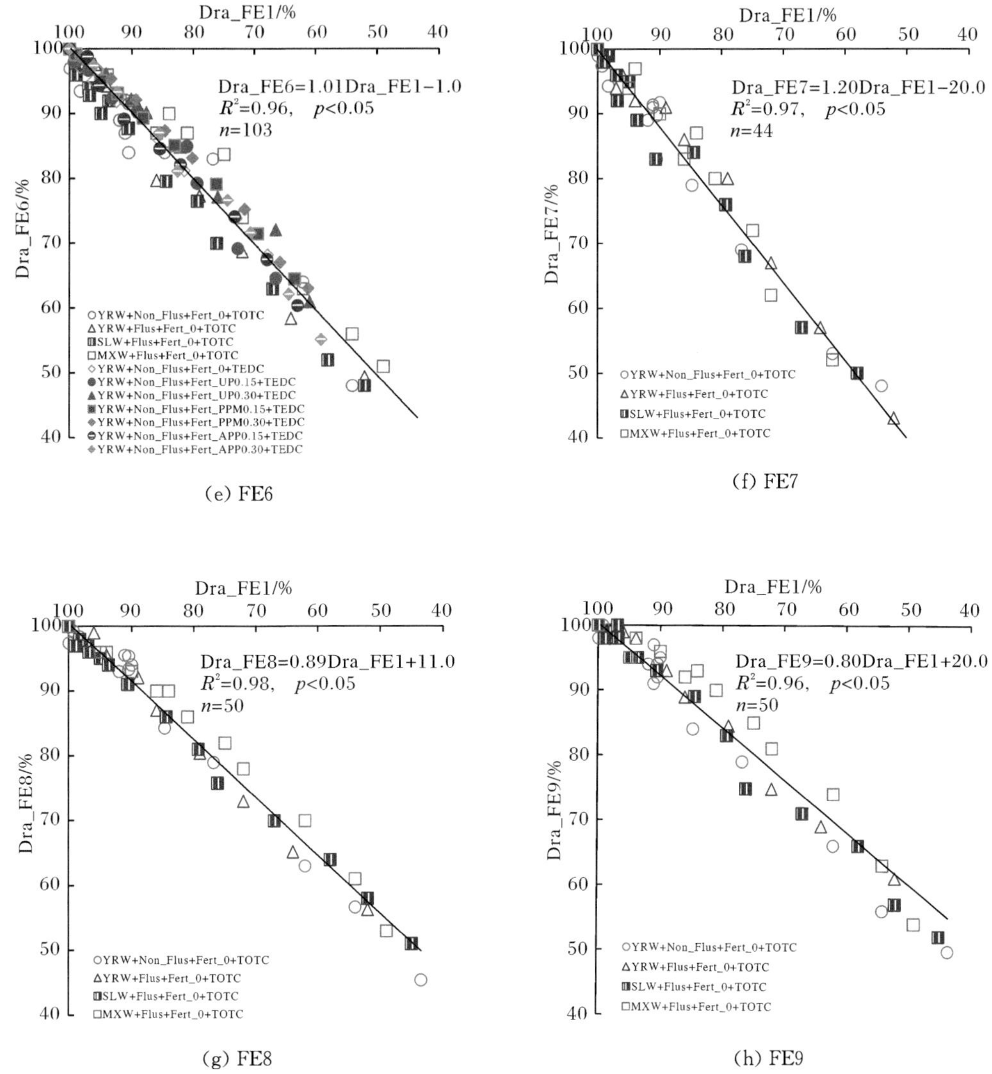

(e) FE6　(f) FE7

(g) FE8　(h) FE9

图 13.1　基于 Dra 测试结果不同灌水器与参考灌水器 FE1 在多种工况下拟合得到的 CRI_Dra

13.2.2　基于 CRI_CU 各工况下灌水器的运行性能评估

图 13.2 所示为基于 CU 测试结果 FE2～FE9 八种灌水器与参考灌水器 FE1 在多种工况下拟合得到的 CRI_CU。

从图中可以看出，基于 CU 所得的结果与基于 Dra 的估算结果表现出高度一致性，不同灌水器间相对 CU 仍然在一条直线周围分布，水质和工况的不同体现在其相对位置不同。FE2～FE9 八种灌水器 CU 与参考灌水器 FE1 的 CU 之间存在显著的线性相关关系($R^2>0.92$，$p<0.05$)。通过拟合曲线可以获得 FE2～FE9 八种灌水器的 CRI_CU 值，分别为 1.03、1.19、1.09、0.94、1.01、1.26、0.98 和 0.85。由此

可见，基于 CRI_CU 进行评估的条件下，FE3、FE4、FE7 这三种灌水器的抗堵塞性能优于 FE1，FE2、FE6、FE8 与 FE1 基本持平，而其余两种灌水器自身抗堵塞性能相比 FE1 较差，相对大小与基于 CRI_Dra 进行的评估略有不同。但是相同之处在于，FE7 灌水器仍然具有最高的 CRI_CU（1.26），而 FE9 灌水器的 CRI_CU 值仍然相对最低（0.85）。

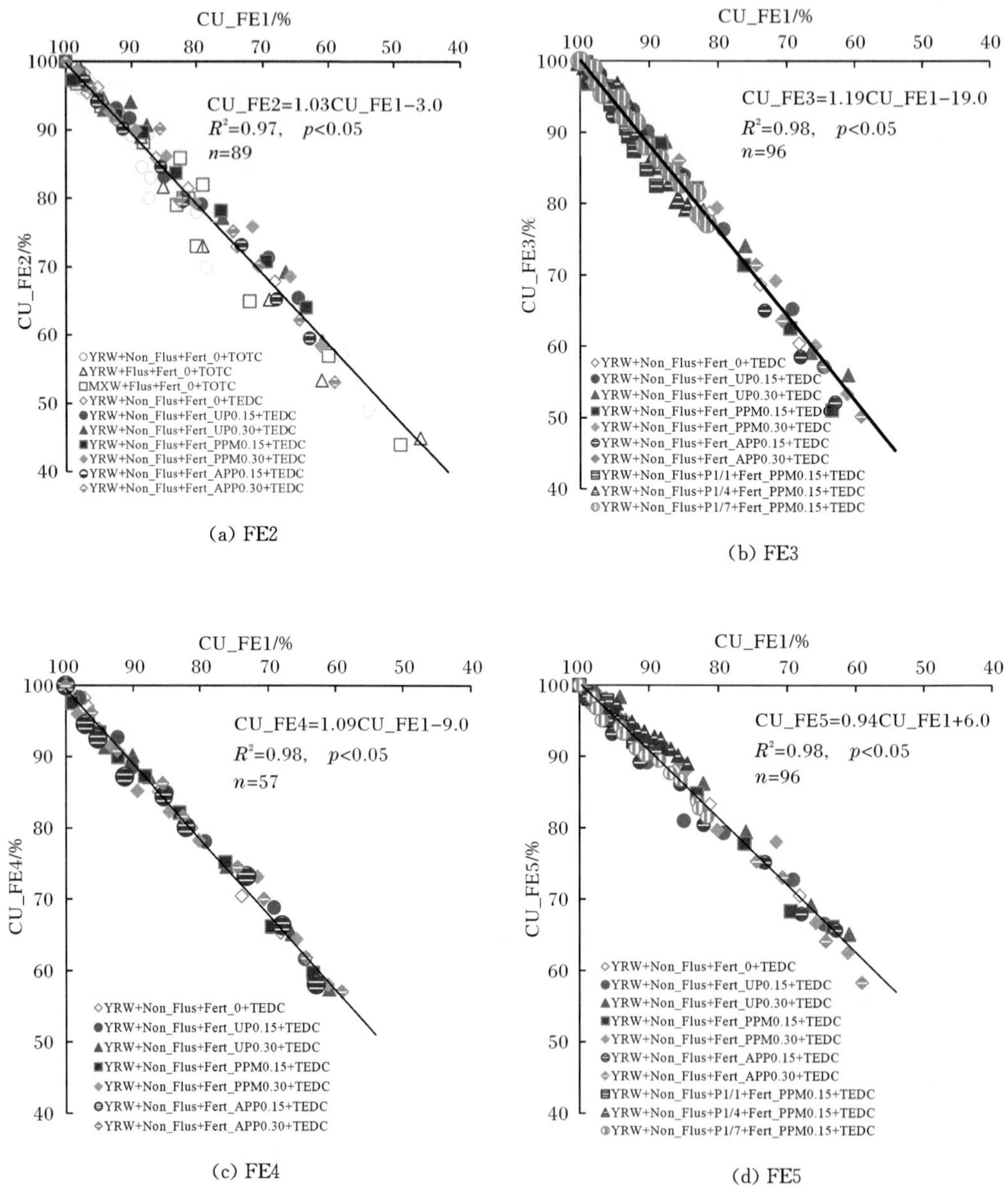

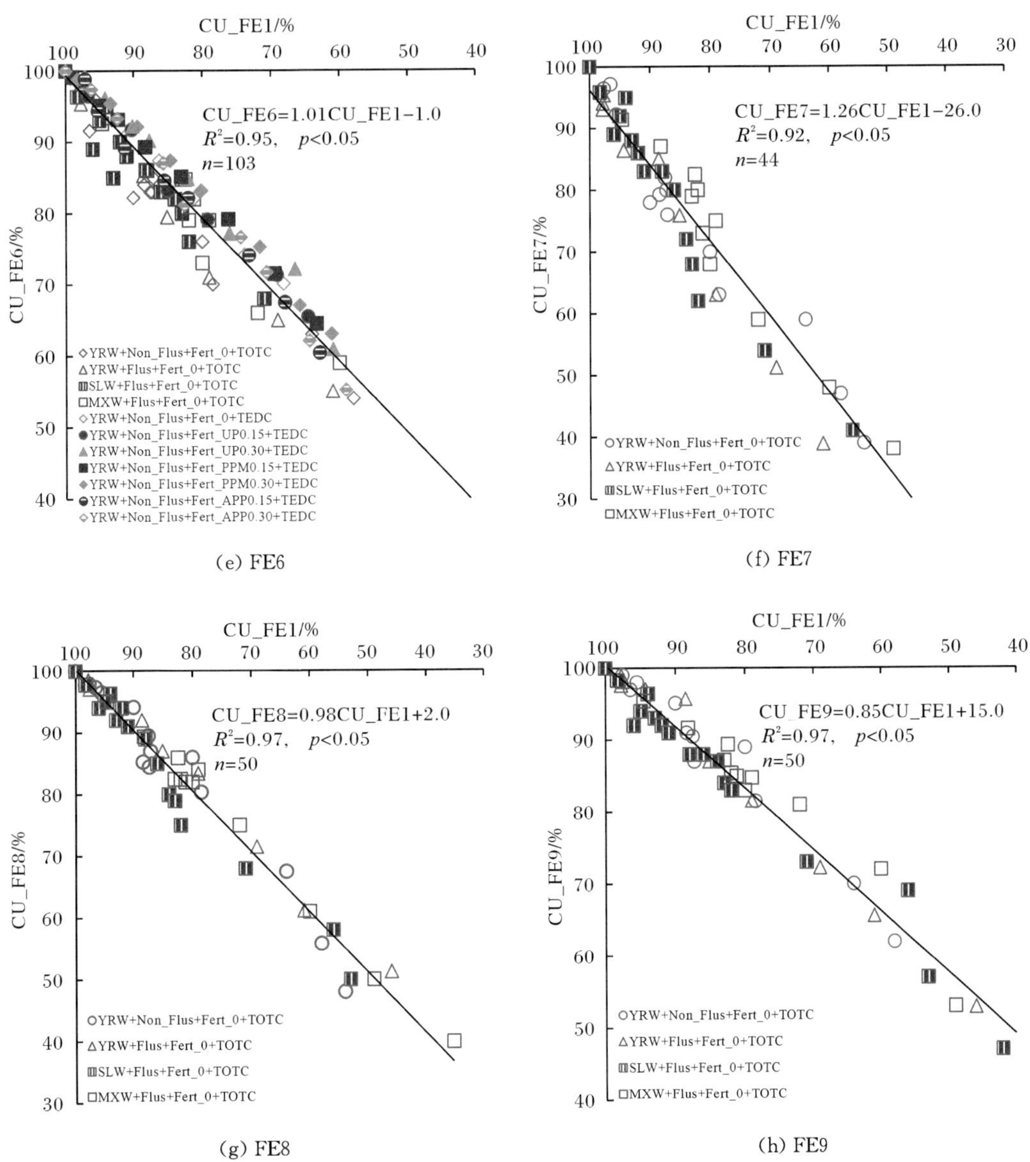

图 13.2　基于 CU 测试结果不同灌水器与参考灌水器 FE1 在多种工况下拟合得到的 CRI_CU

13.2.3　基于 CRI_ECS 的各工况下灌水器运行性能评估

图 13.3 所示为基于灌水器内部堵塞物质累积量 FE2～FE9 八种灌水器测试结果与参考灌水器 FE1 在多种工况下拟合得到的 CRI_ECS。

从图中可以看出，不同灌水器之间堵塞物质累积量的相关估算结果与基于堵塞参数的估算结果相对应。FE2～FE9 八种灌水器的 ECS 与参考灌水器 FE1 的 ECS 之间均存在显著的线性相关关系（$R^2>0.93$，$p<0.05$）。通过拟合曲线可以获得 FE2～FE9 这八种灌水器的 CRI_ECS 值，分别为 1.10、1.15、1.11、1.02、1.09、0.96、0.81 和

0.95。因此，基于 CRI_ECS 进行评估的条件下，FE2、FE3、FE4、FE6 这四种灌水器的抗堵塞性能优于 FE1，FE5、FE7 与 FE1 基本持平，而 FE8 和 FE9 这两种灌水器自身抗堵塞性能相比 FE1 较差。该评估结果相对大小与基于 CRI_Dra 和 CRI_CU 的评估结果略有不同，FE3 灌水器具有最高的 CRI_ECS(1.15)，而 FE8 灌水器的 CRI_ECS 值最低(0.81)。

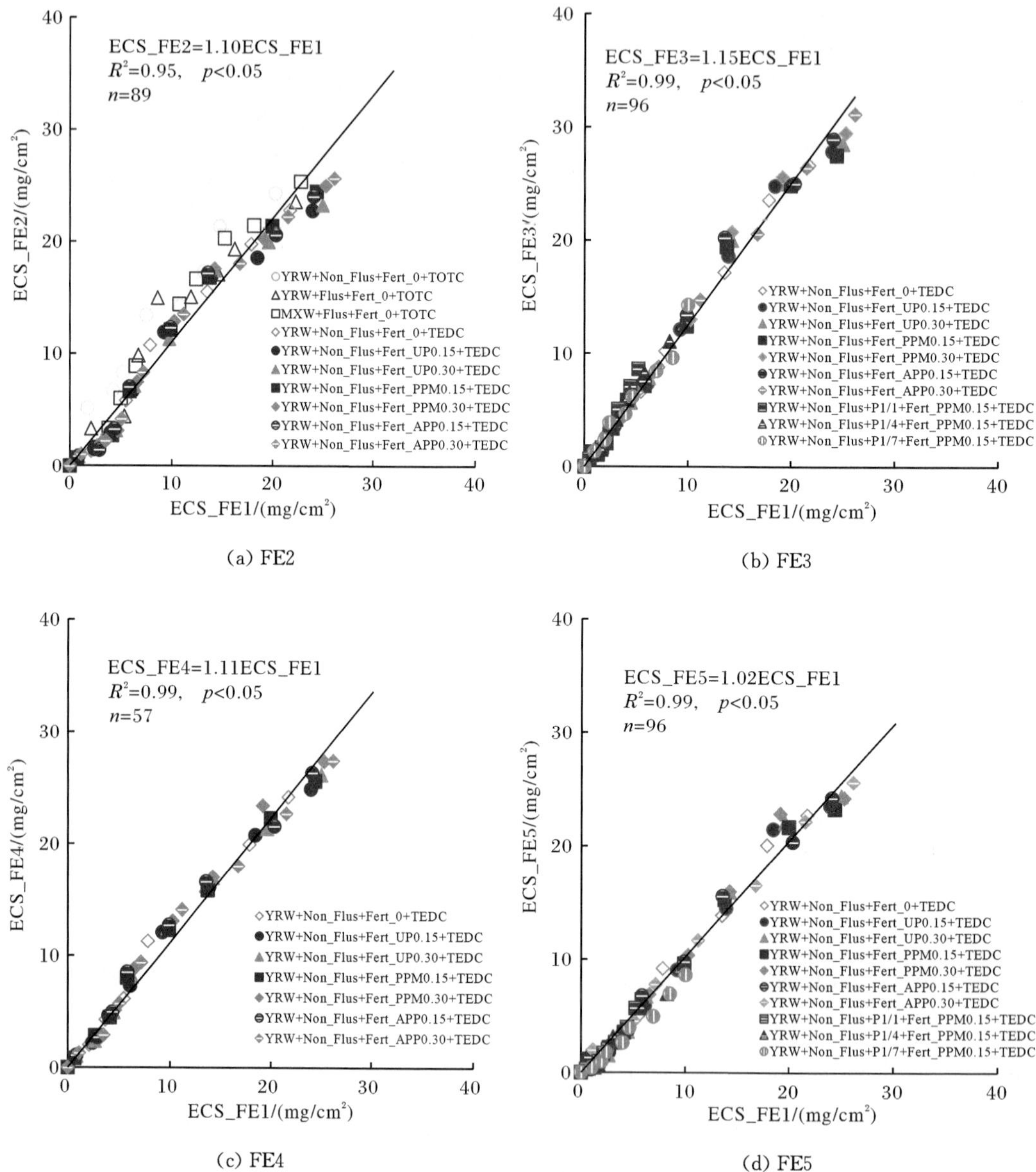

(a) FE2　　(b) FE3

(c) FE4　　(d) FE5

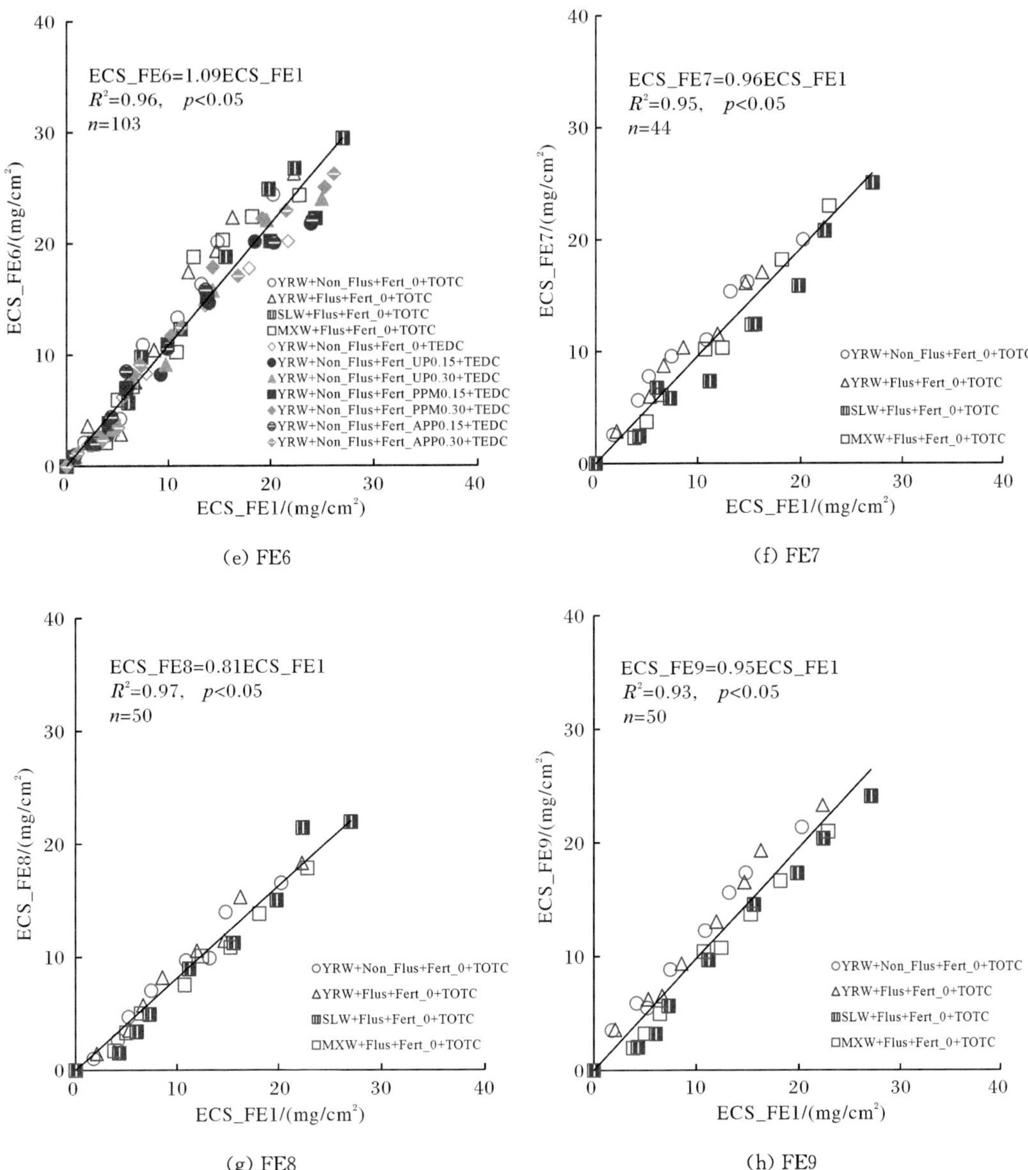

(e) FE6　　(f) FE7

(g) FE8　　(h) FE9

图 13.3　基于 ECS 测试结果不同灌水器与参考灌水器 FE1 在多种工况下拟合得到的 CRI_ECS

13.3　抗堵塞性能综合相对指数影响因素及估算方法

13.3.1　抗堵塞性能综合相对指数影响因素

将 9 种灌水器的 CRI 值(其中 FE1 灌水器 CRI=1)与其对应的灌水器流道特性参数(包括灌水器额定流量 Q、流道长度 L、流道宽度 W、流道深度 D、断面平均流速 v,另外还包括两个无量纲参数 $A^{1/2}/L$ 和 W/D)进行皮尔逊相关分析,各参数中只有 W/D 和 $A^{1/2}/L$

与3个CRI参数之间表现出显著的线性相关关系（$p<0.05$，图13.4）。这与之前不同滴灌水源条件下相关研究结果中建议选择流量和流道尺寸较大的灌水器（Zheng，1993）、短流道的灌水器（Camp，1998；Adin and Sacks，1991）、断面平均流速较大的灌水器（Zhou et al.，2016a）等有所不同。本章提出的综合相对指数CRI集中体现不同类型灌水器之间的相对差异，通过这种方法可以消除滴灌水质和系统运行模式导致的差异，更关注灌水器本身结构的影响效应，而上述研究结果往往是针对特定水源和既定的工况条件，从而导致研究结果差异。W/D和$A^{1/2}/L$这两个无量纲参数可以表现灌水器流道基本特征参数（长、宽、深）对其水力性能和抗堵塞性能的影响，W/D和$A^{1/2}/L$的共同作用导致了灌水器内部局部水动力学的差异（Feng et al.，2018）。这种局部水动力学的差异会显著改变流道微域的堵塞物质附着—脱落—再生长过程，从而导致堵塞物质整体累积量不同（Zhangzhong ct al.，2016；Zhou et al.，2016a），堵塞物质生长过程将直接影响灌水器堵塞程度（Wei et al.，2008），从而影响复杂水滴灌系统使用寿命和应用效益。

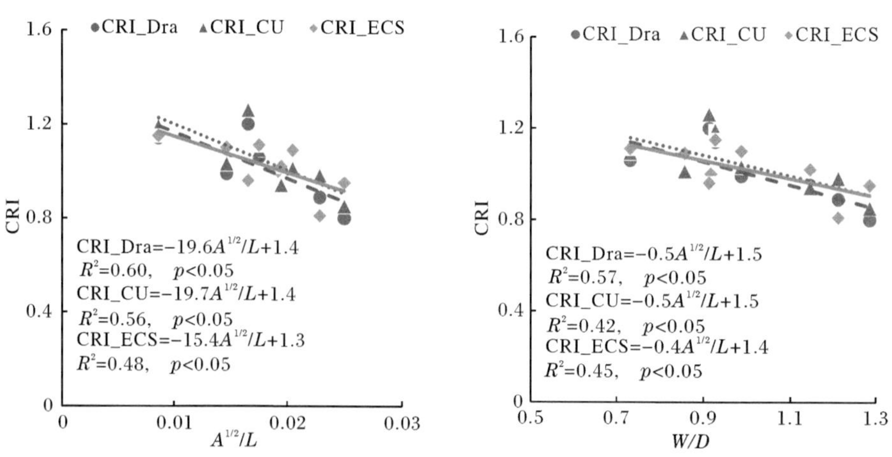

图13.4　CRI与灌水器流道特征参数之间的相关关系

13.3.2　基于关键影响因素的抗堵塞性能综合相对指数估算方法

W/D与$A^{1/2}/L$之间不存在显著的相关关系，从而排除了两者间可能存在的多重共线性对CRI产生的影响。由此可见，灌水器流道结构特征通过其几何参数的综合作用影响灌水器抗堵塞性能，而这种影响造成的差异是通过W/D和$A^{1/2}/L$的共同影响效应表现出来的。据此可以分别建立基于CRI_Dra、CRI_CU和CRI_ECS与其影响因素W/D与$A^{1/2}/L$之间的多元线性关系，如式(13.2)～式(13.4)所示。CRI的估算过程并不会受到滴灌水源和实际工况差异的影响，仅与灌水器结构参数W/D与$A^{1/2}/L$的变化显著相关。综合考虑CRI与W/D和$A^{1/2}/L$之间的相关性以及估算模型的准确性，CRI_Dra是其中相对最适宜评价灌水器抗堵塞性能的参数。

$$\text{CRI\_Dra}=-13.16A^{1/2}/L-0.33W/D+1.57$$
$$R^2=0.75,\quad \text{RMSE}=0.06,\quad F=20.99,\quad p<0.05 \tag{13.2}$$

$$\mathrm{CRI\_CU}=-14.48A^{1/2}/L-0.25W/D+1.55$$
$$R^2=0.62,\quad \mathrm{RMSE}=0.07,\quad F=11.44,\quad p<0.05 \tag{13.3}$$
$$\mathrm{CRI\_ECS}=-11.26A^{1/2}/L-0.24W/D+1.46$$
$$R^2=0.62,\quad \mathrm{RMSE}=0.06,\quad F=11.46,\quad p<0.05 \tag{13.4}$$

13.3.3 抗堵塞性能综合相对指数适用性评价

将本章建立的综合相对指数(CRI)应用于已发表的涉及流道长度、宽度、深度的片式灌水器堵塞研究相关文献(图 13.5)。结果发现,采用 CRI 估算灌水器抗堵塞性能相对大

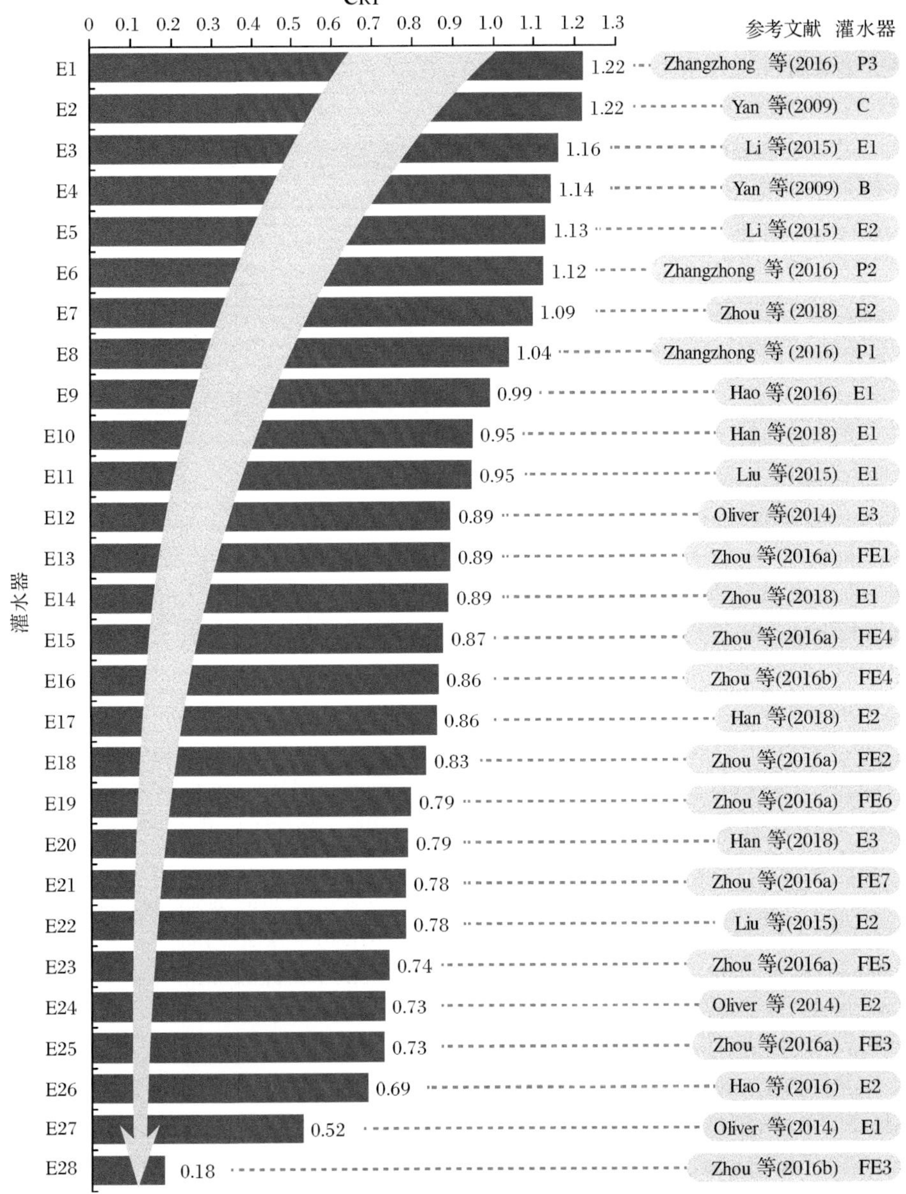

图 13.5　利用 CRI 对已发表相关文献灌水器抗堵塞性能评估

小的准确率在90%以上。通过黄河水、微咸水及混配水测试结果建立的基于CRI的估算方法同样可以用于其他水源滴灌条件下灌水器抗堵塞性能的评估，其准确性并未受到滴灌水源类型和工况条件差异的影响，是一种适用于多种水质条件的灌水器筛选方法。

13.4 小　　结

(1) 黄河水、微咸水及混配水等复杂水源回用农田灌溉过程中，通过14种不同工况条件下滴灌系统灌水器出流特征，建立了Dra、CU和ECS等抗堵塞性能关键指标的综合相对指数。不同水质、多种工况条件下得到的CRI_Dra、CRI_CU和CRI_ECS的相对大小可以有效表征不同类型灌水器间抗堵塞性能的差异，CRI在评估不同水质、多种运行工况下的结果具有准确性和一致性。

(2) CRI不受滴灌水质和工况的影响，而是由灌水器结构类型决定的，其值与灌水器W/D和$A^{1/2}/L$之间显著相关。使用复杂水进行滴灌时，可以通过基于W/D和$A^{1/2}/L$的CRI模型来估算灌水器抗堵塞性能，从而选出高抗堵塞性能的灌水器产品，以保证系统的高效、安全、长期运行。

参 考 文 献

Adin A, Sacks M. 1991. Dripper clogging factor in wastewater irrigation[J]. Journal of Irrigation and Drainage Engineering, 117(6): 813-826.

Bounoua S, Tomas S, Labille J, et al. 2016. Understanding physical clogging in drip irrigation: In situ, in-lab and numerical approaches[J]. Irrigation Science, 34(4): 327-331.

Camp C R. 1998. Subsurface drip irrigation: A review[J]. Transaction of the ASAE, 41(5): 1353-1367.

Capra A, Scicolone, B. 2007. Recycling of poor-quality urban wastewater by drip irrigation systems[J]. Journal of Cleaner Production, 15(16): 1529-1534.

Feng J, Li Y K, Wang W N, et al. 2018. Effect of optimization forms of flow path on emitter hydraulic and anti-clogging performance in drip irrigation system[J]. Irrigation Science, 36(1): 37-47.

Han S Q, Li Y K, Xu F P, et al. 2018. Effect of lateral flushing on emitter clogging under drip irrigation with Yellow River water and a suitable method[J]. Irrigation and Drainage, 67(2): 199-209.

Hao F Z, Li J S, Wang Z, et al. 2016. Effect of ion on emitter clogging of drip system with reclaimed wastewater irrigation[J]. Water Saving Irrigation, 8: 11-17.

Li Y K, Song P, Pei Y T, et al. 2015. Effects of lateral flushing on emitter clogging and biofilm components in drip irrigation systems with reclaimed water[J]. Irrigation Science, 33(3): 235-245.

Liu H J, Huang G H. 2009. Laboratory experiment on drip emitter clogging with fresh water and treated sewage effluent[J]. Agricultural Water Management, 96(5): 745-756.

Liu Y F, Wu P T, Zhu D L, et al. 2015. Effect of water hardness on emitter clogging of drip irrigation[J]. Transactions of the Chinese Society of Agricultural Engineering, 31(20): 95-100.

Oliver M M H, Hewa G A, Pezzaniti D. 2014. Bio-fouling of subsurface type drip emitters applying reclaimed water under medium soil thermal variation[J]. Agricultural Water Management, 133: 12-23.

Pei Y T, Li Y K, Liu Y Z, et al. 2014. Eight emitters clogging characteristics and its suitability under on-site reclaimed water drip irrigation[J]. Irrigation Science,32(2):141-157.

Wei Q S,Lu G,Liu J,et al. 2008. Evaluations of emitter clogging in drip irrigation by two-phase flow simulations and laboratory experiments[J]. Computers and Electronics in Agriculture,63(2):294-303.

Yan D Z,Bai Z H,Rowan M,et al. 2009. Biofilm structure and its influence on clogging in drip irrigation emitters distributing reclaimed wastewater[J]. Journal of Environmental Sciences,21:834-841.

Zhangzhong L L,Yang P L,Ren S M,et al. 2016. Chemical clogging of emitters and evaluation of their suitability for saline water drip irrigation[J]. Irrigation and Drainage,65:439-450.

Zheng Y Q. 1993. Some advice on the application of micro irrigation[J]. Beijing Water Technology,4:23-24.

Zhou B,Li Y K,Song P,et al. 2016a. Anti-clogging evaluation for drip irrigation emitters using reclaimed water[J]. Irrigation Science,35(3):181-192.

Zhou B,Li Y K,Song P,et al. 2016b. A kinetic model for biofilm growth inside non-PC emitters under reclaimed water drip imigation[J]. Agricultural Water Management,168:23-34.

Zhou B,Wang T Z,Wang D,et al. 2018. Chemical clogging behavior in drip irrigation systems using reclaimed water[J]. Transaction of the ASABE,61(5):1667-1675.

第 14 章　滴灌灌水器流道精细结构的漩涡洗壁优化方法与控制阈值

解决灌水器堵塞问题最关键、最直接的方法是优化其内部流道边界，提升灌水器自身抗堵塞性能。众多专家学者借助 CFD 方法对灌水器流道边界优化进行了一些有意义的探索(李永欣等，2005；Marzio et al.，2002)。虽然流道边界优化的思路不尽相同，但整体来看主要有两种：一种是主航道抗堵塞设计方法(魏正英等，2005)，用来消除流道内的流动滞止区和低速区，即消除泥沙容易淤积的漩涡区域，仅保留灌水器主流区，以增强灌水器流道内颗粒物的输移能力，使颗粒物尽快排出灌水器，从而降低灌水器堵塞；另一种是流道漩涡洗壁抗堵塞设计方法(李云开，2005)，认为应该保留流道内流速滞止或低速的漩涡区，对壁面夹角进行圆弧优化，以使漩涡充分发展、水流旋转起来，提升水流对流道壁面的自清洗能力，进而降低堵塞物质附着，促进堵塞物质脱落，提升灌水器的抗堵塞性能。因此，本章借助 CFD 技术快速分析的优势，在对模拟模型进行验证和选择的基础上，对两种主航道、三种漩涡洗壁抗堵塞设计方法进行边界优化的灌水器流道进行对比评价，确定可以协同提升灌水器水力性能与抗堵塞性能的灌水器流道边界优化设计方法。同时，确定当采用漩涡洗壁优化设计方法时适宜的近壁面剪切力控制阈值，旨在为灌水器结构设计提供理论参考。

14.1　滴灌灌水器流道精细结构的漩涡洗壁优化方法

14.1.1　试验概况

1. 物理模型建立与数值模拟

选择目前灌水器最优生产厂家之一的 NETAFIM 公司 Dripline 系列片式灌水器产品为物理原型，具体流道结构特征及参数如图 12.5 所示。

数值模拟主要考虑两种边界优化抗堵塞设计方法：一种是主航道抗堵塞设计方法，分别采用基于主流区与非主流区分界速度流线的边界优化设计和基于流道内颗粒物含量等值线图的边界优化设计两个水平，前者是以齿形流道主流区与非主流区交界处主流区速度流线的外边缘作为流道边界，后者是选取颗粒物含量 4%等值线作为流道边界，分别记为 MC 和 SI；另一种是漩涡洗壁抗堵塞设计方法，考虑流道内漩涡分布特性，分别在灌水器流道不同位置处采用半径为流道宽度的 1/3(0.33mm)和 1/2(0.50mm)的圆弧优化流道边界，设计 3 个水平，分别记为 AO_1、AO_2、AO_3。流道边界具体形式如图 14.1所示。

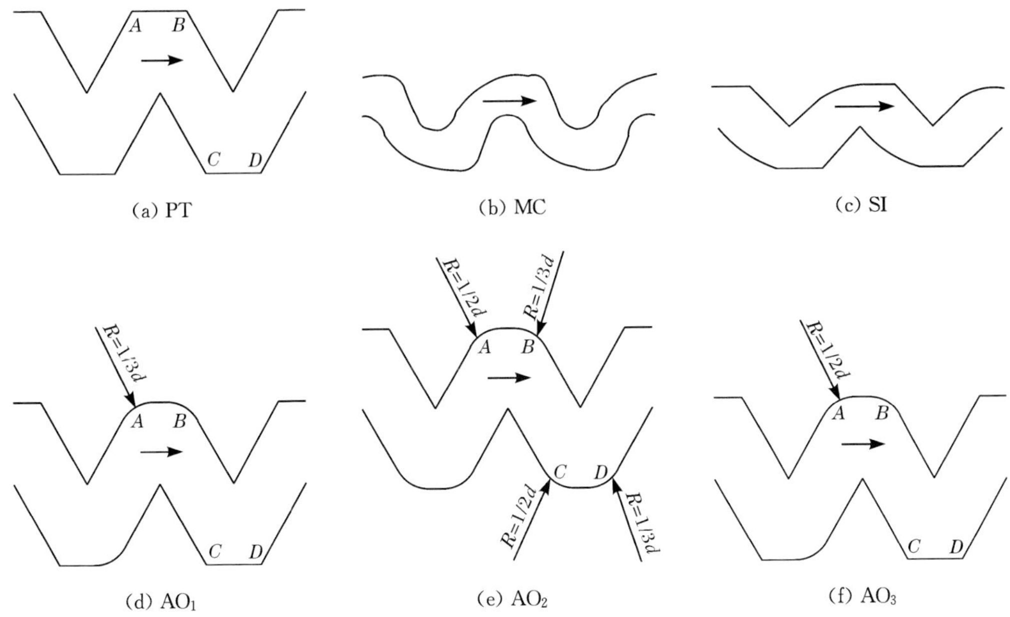

图 14.1　流道结构原型与不同边界优化结构图

A. 齿尖背水区；*B*. 齿尖迎水区；*C*. 齿根背水区；*D*. 齿根迎水区；*d*. 流道宽度；*R*. 圆弧优化半径；PT. 原型结构；MC. 基于主流区与非主流区分界速度流线的边界优化设计；SI. 基于流道内颗粒物含量等值线图的边界优化设计；AO_1. $1/3d$ 圆弧优化；AO_2. $1/3d$ 结合 $1/2d$ 圆弧优化；AO_3. $1/2d$ 圆弧优化；箭头方向为水流运动方向

2. 模型求解与边界条件

为了使数值计算结果更接近实际情况，计算域的构建包括进水口、出水口和流道，计算区域物理模型如图 14.2 所示。

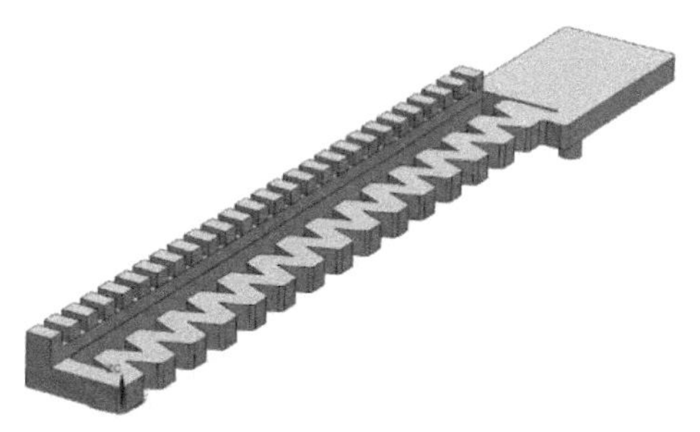

图 14.2　计算区域物理模型

采用 ANSYS ICEM 对网格进行划分，采用六面体结构网格，在近壁面及齿尖转角处进行加密，以便更准确地模拟变化剧烈的流动。综合考虑计算精度要求和效率，经网格独立性检验后确定最终网格个数约为 135 万个。网格划分情况如图 14.3 所示。

在流场计算中，初始条件设置压力进口(0.01MPa、0.03MPa、0.05MPa、0.07MPa、0.09MPa、0.1MPa、0.11MPa、0.13MPa、0.15MPa)，压力出口(0)。除计算域的进水口与出水口外，其他所有流体和固体接触的面均为壁面类型边界，并设置为无滑移边界，通过

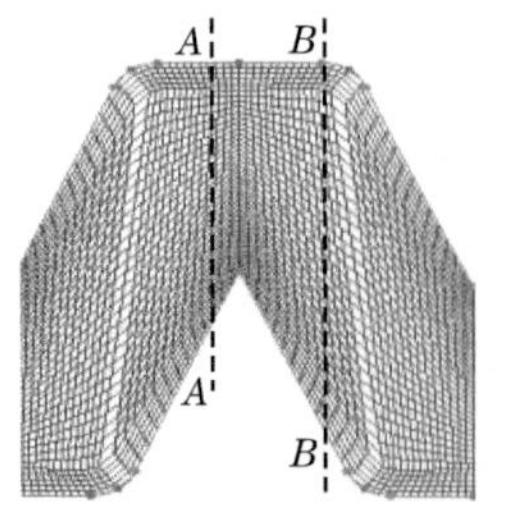

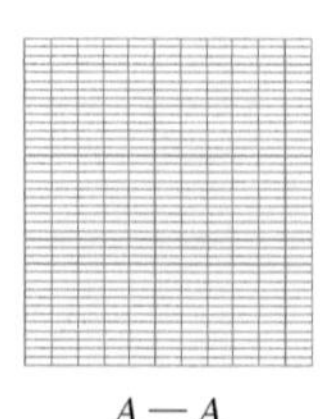

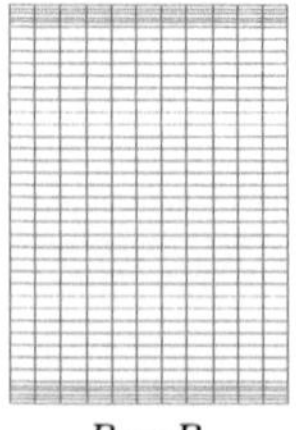

图 14.3 网格划分

标准壁面函数来求解近壁面区流动。采用标准欧拉-拉格朗日多相流模型模拟颗粒物运动。泥沙密度设置为 2500kg/m^3，体积分数为 3%，颗粒粒径为 100μm。数值计算采用有限体积法离散控制方程。对流项等各参数的离散均采用二阶迎风格式。速度和压力的耦合采用 SIMPLE 算法求解。以出口流量与残差值作为收敛的依据，当出口流量基本稳定且残差值低于 10^{-5}时，认为迭代计算达到收敛。

应用最优模拟模型计算得出水流及颗粒物在不同边界优化条件下流道内运动的速度矢量、湍流强度、沙相体积分布后，采用 Tecplot 软件进行数据后处理。

3. 模型验证试验与流动分析

根据《农业灌溉设备 滴头和滴灌管 技术规范和试验方法》(GB/T 17187—2009)的要求，进行灌水器水力性能试验，得到灌水器水力性能曲线，并对流量-压力关系公式两端取对数，从而变成线性关系曲线，并将其作为回归方程，采用最小二乘法计算流态指数与流量系数(魏正英等，2005)。

根据 Liu 等(2010)和 Li 等(2008)的研究，采用改进的 DPIV 测试系统对灌水器内部流动进行测试，得到灌水器结构单元内工作压力 0.1MPa、10μm 荧光粒子条件下流场的分布特征。

分析灌水器流道内部近壁面区流速变化特征时，选取距离流道内壁面 0.1mm 处为近壁面区取样点位置，取样点如图 14.4 所示(以 AO_2 为例)。

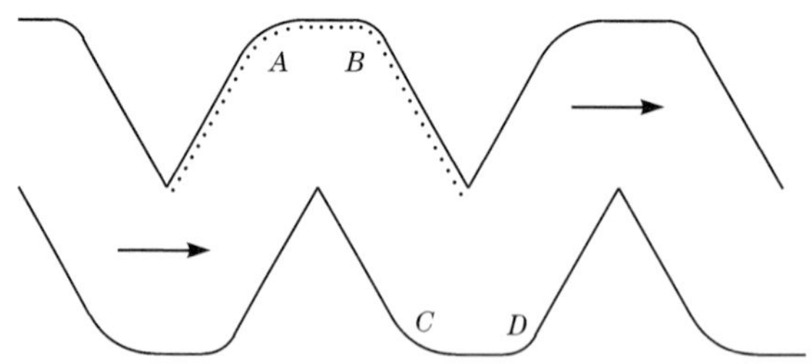

图 14.4 近壁面区取点位置分布图(以 AO_2 为例)

4. 灌水器内部固-液两相流动模拟模型选择与验证

灌水器实测流量与标准 k-ε 模型、RNG k-ε 模型、大涡模拟模型条件下灌水器流量随压力的变化规律如图 14.5 所示，流道内部速度矢量分布情况的对比如图 14.6 所示。灌水器内部特征区域内(漩涡中心区、主流区、尖角剧烈扰动区)特征流速与 DPIV 实测值对比见表 14.1。

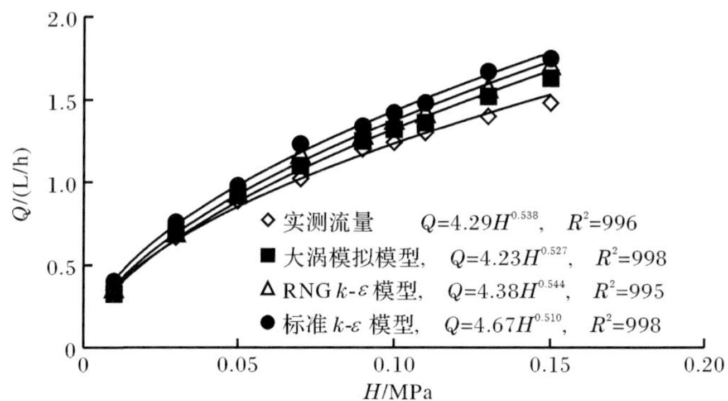

图 14.5　不同模型模拟和实测方法得到的水力特性曲线

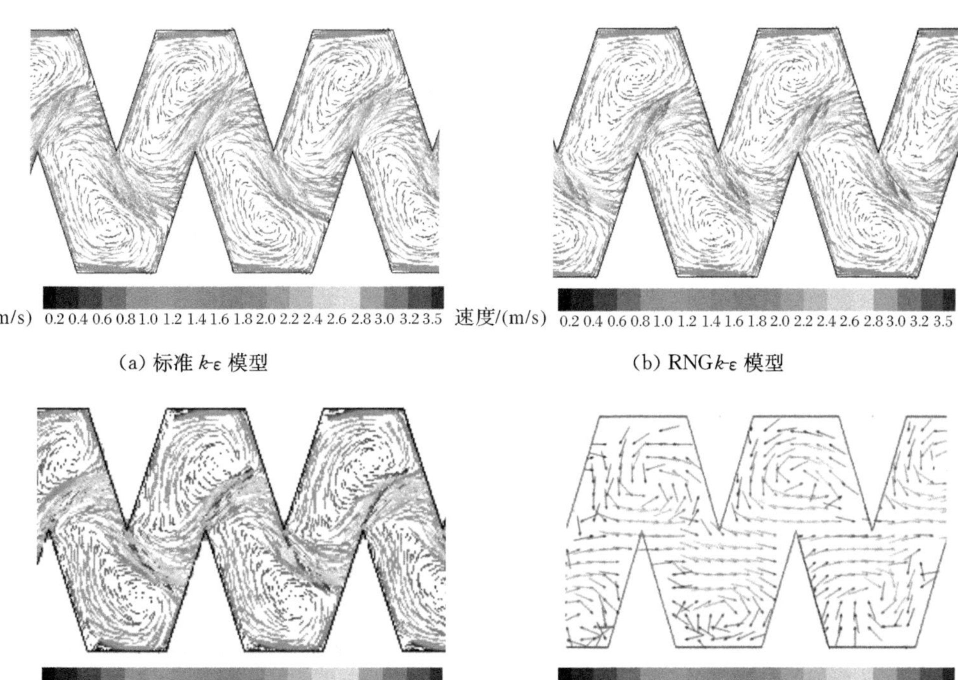

(a) 标准 k-ε 模型　(b) RNGk-ε 模型

(c) 大涡模拟模型　(d) DPIV 测试结果

图 14.6　流道内部速度矢量分布情况的对比

表 14.1　灌水器内部特征区域流速

模型	漩涡中心区流速/(m/s)	主流区流速最大值/(m/s)	尖角剧烈扰动区流速平均值/(m/s)
标准 k-ε 模型	0.27	3.29	2.46
RNG k-ε 模型	0.26	3.13	2.38

续表

模型	漩涡中心区流速/(m/s)	主流区流速最大值/(m/s)	尖角剧烈扰动区流速平均值/(m/s)
大涡模拟模型	0.25	3.11	2.30
DPIV 测试	0.24	3.07	2.21

从图 14.5 可以看出，与实测值相比，标准 k-ε 模型、RNG k-ε 模型、大涡模拟模型流量系数误差分别为 8.9%、2.1%、1.4%，流态指数误差分别为 3.8%、0%、1.9%。总体来说，标准 k-ε 模型计算结果误差最大，大涡模拟模型与 RNG k-ε 模型计算结果较小。从图 14.6 可以看出，大涡模拟模型反映漩涡区分布位置最为精确，标准 k-ε 模型漩涡位置与实测位置偏离最远。从表 14.1 中可以看出，标准 k-ε 模型、RNG k-ε 模型、大涡模拟模型速度在漩涡中心区误差分别为 12.5%、8.33%、4.17%，在主流区最大速度误差分别为 7.12%、1.95%和 1.3%，在尖角剧烈扰动区速度平均值误差分别为 11.31%、7.69%和 4.07%。大涡模拟模型计算误差最小，标准 k-ε 模型计算误差明显大于其余两种模型。

通过宏观与微观两方面验证可以看出，大涡模拟模型模拟精度最高，RNG k-ε 模型次之，而标准 k-ε 模型模拟精度最低。虽然大涡模拟模型最高，但大涡模拟模型对网格尺度要求高，网格必须加密到足够精细才能分辨出湍流结构，且大涡模拟模型是一种非稳态的计算方法，计算复杂，耗时长，对于计算机性能要求较高，所以在求解灌水器内部复杂湍流流场时，大涡模拟模型并不作为主要方法。综合计算精度和计算效率两方面的分析，灌水器内流场的模拟选择 RNG k-ε 模型最为合适。

14.1.2　不同边界优化形式对灌水器宏观水力特性的影响

灌水器实测流量与 5 种边界优化条件下灌水器流量随压力的变化曲线如图 14.7 所示。可以看出，经过两种边界优化，抗堵塞设计方法得到的灌水器流态指数较实测值有所降低，但偏差均在 5%以内，也就是说，对流态指数的影响非常小。但不同边界优化形式对灌水器流量系数的影响较大，在额定工作压力为 0.1MPa 的条件下，经过 MC 和 SI 流道边界优化后的灌水器流量系数分别比 PT 流道形式提高 5.13 倍和 2.15 倍，而 3 种圆弧优化条件下流量系数相对于 PT 流道形式均有所下降，偏差在 3%以内。

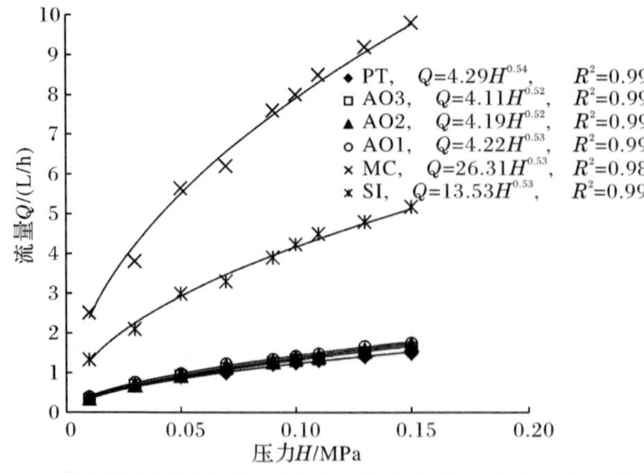

图 14.7　灌水器实测流量与不同边界优化条件下灌水器水力特性曲线

14.1.3　不同边界优化形式对灌水器流道内部泥沙分布特性的影响

在 0.1MPa 工作压力下原型结构与 5 种边界优化流道内部沙相体积分布如图 14.8 所示。可以看出，原型及优化条件下，沙相体积分数最高区域均为 *B* 区域。但所有优化形式 *B* 区域沙相体积分数均较 PT(0.065)有所降低，但降幅差别较大。其中，AO_1 沙相体积分数最高(0.061)，MC(0.054)与 SI(0.056)相差不大，但 AO_2(0.041)与 AO_3(0.032)有明显降低。3 种圆弧优化条件下，泥沙相对容易淤积的区域均为小圆弧优化壁面区域。

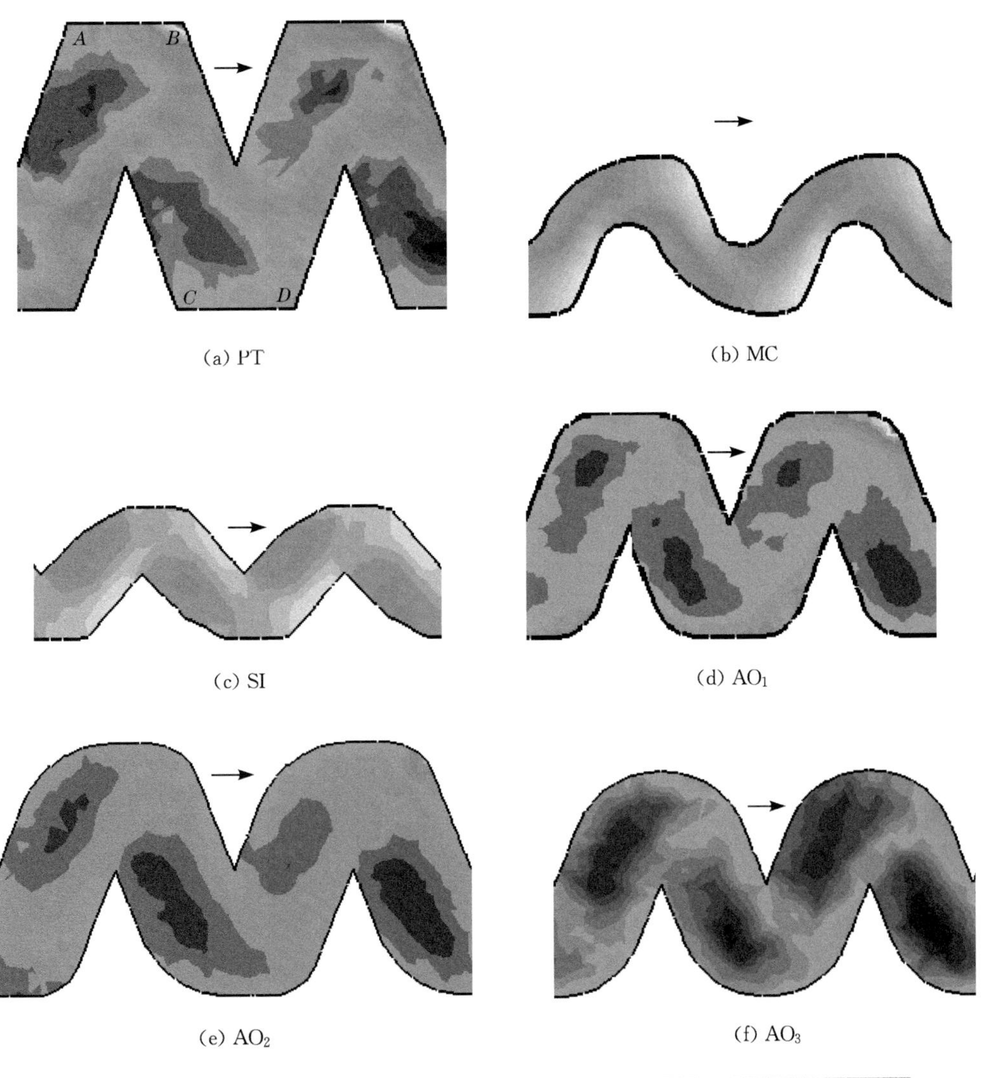

(a) PT　(b) MC　(c) SI　(d) AO_1　(e) AO_2　(f) AO_3

图 14.8　在 0.1MPa 工作压力下原型结构与不同边界优化流道内部沙相体积分布

14.1.4　不同边界优化形式对流道内水流运动速度矢量分布的影响

在 0.1MPa 工作压力下原型结构与 5 种边界优化形式下灌水器水流运动速度矢量分布如图 14.9 所示，原型结构与 5 种边界优化形式下近壁面区速度变化曲线如图 14.10 所示。

从图 14.9 可以看出，相对于 PT，MC 和 SI 优化形式下，流道内基本不存在低速的漩涡区，水流充盈在整个流道内并按照相似运动特征输移。3 种圆弧优化形式下除按照相似运动特征沿水流方向运动的主流区外，在非主流区存在明显的漩涡区域，其中 AO_3 漩涡发展最为充分。3 种圆弧优化形式速度矢量梯度变化均大于 MC(0.28～3.20m/s)和 SI(0.19～3.11m/s)优化形式，3 种圆弧优化形式中 AO_3 速度变化(0.12～4.39m/s)最大。从图 14.10 可以看出，相对于 PT，所有优化形式均提高了近壁面区流速，MC 与 AO_3 流速最高。在泥沙最易发生淤积的 *B* 区域，AO_3 流速最高。

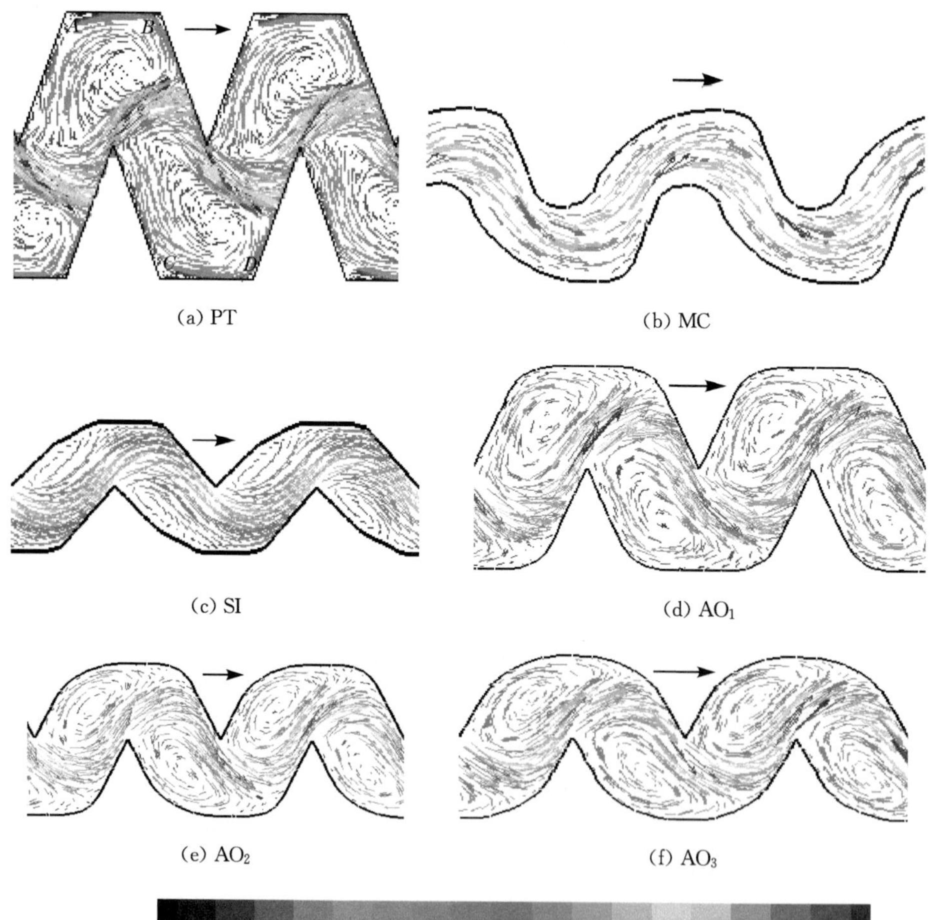

图 14.9　在 0.1MPa 工作压力下原型结构与不同边界优化形式下灌水器水流运动速度矢量分布

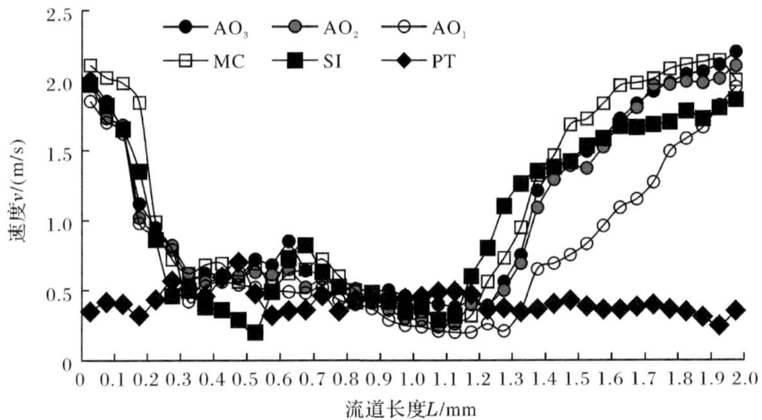

图 14.10　原型结构与不同边界优化形式下近壁面区速度变化曲线

14.1.5　不同边界优化形式对灌水器流道内部湍流强度的影响

在 0.1MPa 工作压力下原型结构与 5 种边界优化形式下流道内湍流强度分布如图 14.11 所示。从图中可以看出，整体来说，MC 与 SI 优化形式下，整体湍流强度低于 PT(0.20～0.57)，尤其是在 MC 优化形式下，整体湍流强度为 0～0.47，在 A 与 C 区域附近存在明显的低湍流强度分布区域，且分布面积较大，近壁面区湍流强度均值分别为0.08 和 0.10。SI 优化形式下，虽然没有湍流强度极低的区域，但整体湍流强度较低，为 0.13～0.55。总体而言，3 种圆弧优化形式下流道内湍流强度均高于 PT，湍流强度整体分布较为一致，均在 A 与 B 区间靠近 B 区处达到最大值，不同圆弧优化形式并未改变流道内湍流特性，但是相互间湍流强度差异较大。3 种圆弧优化形式下，AO_3 湍流强度最大，为 0.23～0.67。

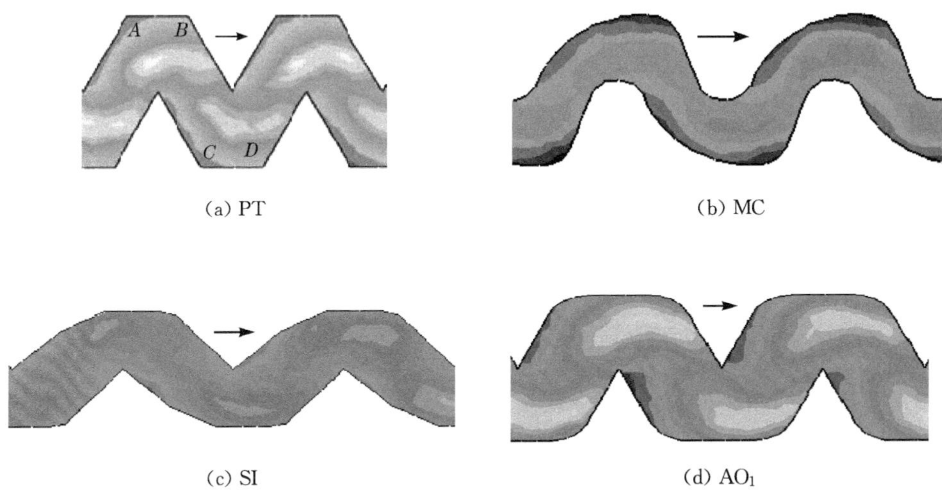

(a) PT　(b) MC

(c) SI　(d) AO_1

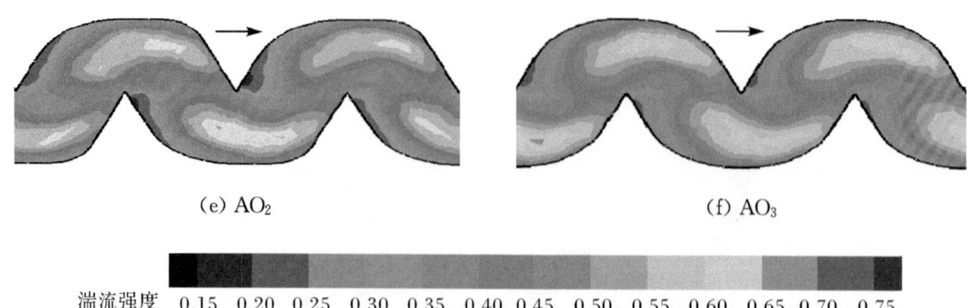

(e) AO_2　　(f) AO_3

湍流强度 0.15 0.20 0.25 0.30 0.35 0.40 0.45 0.50 0.55 0.60 0.65 0.70 0.75

图 14.11　在 0.1MPa 工作压力下原型结构与不同边界优化形式下流道内湍流强度分布

14.1.6　漩涡洗壁优化对灌水器性能的影响

主航道抗堵塞设计和漩涡洗壁抗堵塞设计两种方法的关键区别在于是否保留漩涡区。根据前面的研究结果,后者是比较适宜的,主要原因是近壁面漩涡区的产生,一方面是黏性流体分区运动会改变流态。当主流区和非主流区两流速大小和方向差异较大的流体发生接触运动时,流速较大且方向相对集中的流体势必与其流动方向相反的流体发生相对运动,后者流动发生滞后并转向,偏离主流区,进入非主流区,从而形成漩涡。另一方面是壁面阻碍流体运动。当流体运动至粗糙的边界区域时,流体中颗粒物与壁面发生非弹性碰撞,导致动能减小和流向转变。综上所述,漩涡的存在有助于消能,漩涡的消除势必会严重影响灌水器的水力性能。与此同时,由于漩涡回旋运动对近壁面区的冲刷,阻碍堵塞物质在壁面附着并促进其脱落,提高了灌水器的自清洗能力,对于灌水器抗堵塞性能的提高大有助益。

研究结果表明,漩涡消除后(MC、SI,主航道抗堵塞设计),灌水器流量系数较原型结构提高 4～6 倍,流道消能存在明显不足。因为没有漩涡对流动过程的缓冲作用,灌水器流量极易产生波动,流量达到灌水器本身设计流量的 2～5 倍,即使通过增加流道结构单元数目的方式也不能消除该影响,况且该方法势必会增加灌水器流道与整体长度,从而增加生产线改造成本与毛管管壁破裂的可能性,进而导致管壁厚度也需增加,最终造成整个滴灌系统投资成本的剧增。在泥沙最易淤积的齿尖迎水区沙相体积分数相对最高,加之近壁面区流速与湍流强度相对较低,堵塞物质附着和沉积的容易度和概率增加,灌水器堵塞风险加剧;漩涡充分发展后(AO_1、AO_2、AO_3,漩涡洗壁抗堵塞设计),所有压力条件下流量系数相对于原型结构降低 3%以内,流态指数降低 4.4%以内。这是由于对原齿形结构边角采用圆弧优化后,边角处水流直接与黏性粗糙壁面接触,当产生相对运动时所受阻力增加,故有效降低了流态指数。圆弧优化使得在齿尖迎水区沙相体积分数显著降低(AO_1除外),近壁面区流速与湍流强度显著提高。尤其在采用大圆弧优化 AO_3 形式时,水流与黏性粗糙壁面接触面积相对于小圆弧更大,漩涡发展更充分,对于流量系数和流态指数的降低更有利。与此同时,其泥沙最易淤积区域泥沙含量相对最低,湍流强度最高,堵塞物质最不易发生附着与沉积,漩涡发展最充分的条件下漩涡旋转显著提升近壁面区流速,水流对近壁面区的冲刷能力与颗粒物输移能力最强,灌水器的自清洗能力最高,因而其抗堵塞性能最优。

14.2　再生水滴灌系统灌水器流道近壁面水力剪切力控制阈值

14.2.1　试验概况

本试验采用作者研究团队自主研发的滴灌系统管壁附生生物膜培养装置进行，如图 14.12 所示，该装置由储水桶、蠕动泵、乳胶管、滴灌系统模拟器等组成。其中，储水桶为系统提供水源；蠕动泵为系统提供驱动力，用乳胶管与储水桶连接，从储水桶中提水分别进入滴灌系统模拟器，至模拟器内外筒间充满水后回到储水桶中。滴灌系统模拟器参数见表 14.2。当系统运行时，用遮光布将整个运行系统遮住，避免光照对堵塞物质形成和累积造成影响。

试验采用 PE 毛管，将其切片贴于反应器外壁，以培养堵塞物质，切片取自常用的 ϕ16mm 滴灌毛管，切成长 19cm、宽 1cm 的形状，每个装置内壁均匀放置 30 个 PE 片。利用三维白光干涉形貌仪对 PE 管壁表面特征进行测试，其壁面粗糙度 S_q、峰值高度 S_y和比表面积 S_{dr}分别为 145nm、1504nm 和 0.184%。取样架、PE 片和壁面三维表面形貌结果如图 14.13所示。

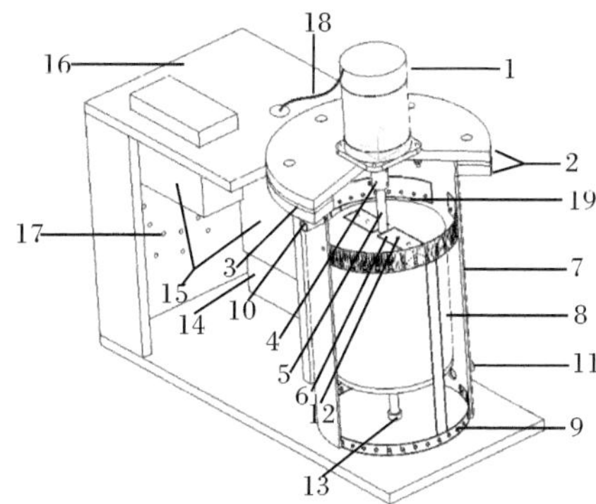

图 14.12　滴灌系统附生生物膜培养装置整体图及滴灌系统模拟器示意图

1. 电机；2. 法兰盘；3. 密封垫片；4. 连接轴承；5. 电机轴；6. 钢片；7. 外筒；8. 内筒；9. 取样架；10. 出水口；11. 进水口；12. 螺钉；13. 固定轴承；14. 变压器；15. 速度控制器；16. 配电盒；17. 散热孔；18. 电线；19. 样品槽

表 14.2　滴灌系统模拟器参数

外筒尺寸/(mm×mm)	内筒尺寸/(mm×mm)	进水口尺寸/mm	出水口尺寸/mm	电机功率/W	转速/(r/min)
ϕ130×252	ϕ110×2135	内径 ϕ10	内径 ϕ10	150	0～3000

滴灌系统管壁附生生物膜培养装置共 18 个，每 6 个装置一组，三组装置对应三种处理工艺，再生水水源作为重复验证，再生水处理工艺分别为速分生化处理技术(rapid biochemical treatment technology，RBTT)、深池曝气污水再利用技术(sequencing batch aeration-wastewater recycling，SBWL)和周期循环活性污泥法(cyclic activated sludge system，CASS)。

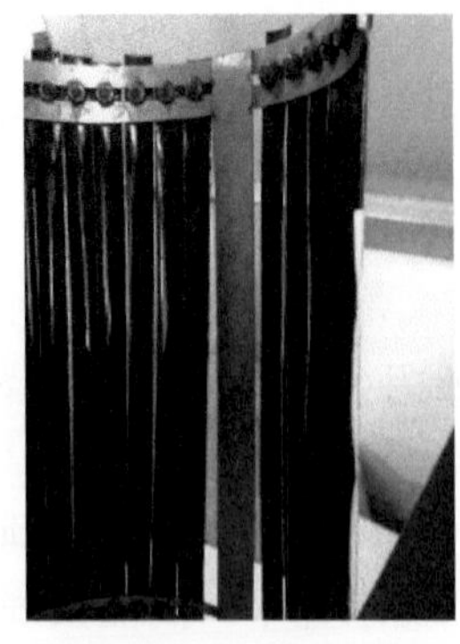

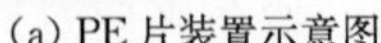

(a) PE 片装置示意图

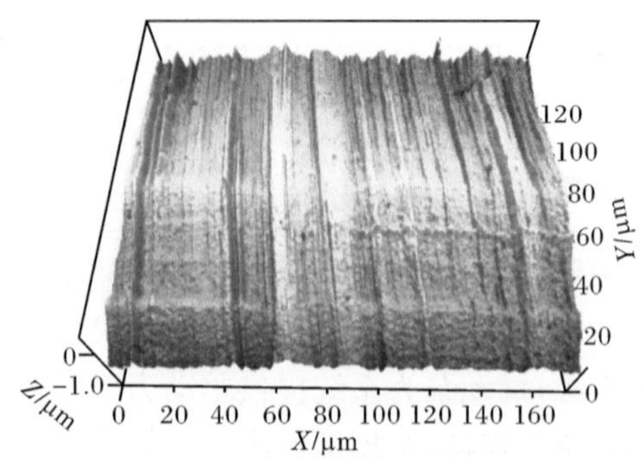

(b) 壁面三维表面形貌

图 14.13　PE 片装置示意图及壁面三维表面形貌特征

试验前将每个模拟培养装置用去离子水洗净晾干，75%酒精灭菌，然后用试验用水冲洗 3 次。试验过程中采用蠕动泵供水，每个模拟培养装置的最大进水流量为 10.08mL/min。水桶中水源每 15 天更换一次，水质每 30 天测试一次，测试结果见表 14.3。

表 14.3　试验用水水质特征　　(单位：mg/L)

水质指标	RBTT	SBWL	CASS
TSS	18.2～27.4	22.1～28.5	16.2～21.2
TN	19.8～26.5	24.9～32.1	20.7～24.7
TP	1.59～4.02	0.28～2.57	3.77～4.15
COD_{Cr}	7.74～8.86	16.4～19.9	20.3～30.7
BOD_5	2.91～4.29	8.82～10.14	9.41～12.58
$CO_3^{2-}+HCO_3^-$	166.3～260.1	190.3～274.5	287.4～387.3
PO_4^{3-}	1.61～3.25	0.27～2.45	3.25～3.64
$Ca^{2+}+Mg^{2+}$	48.4～77.0	87.9～110.7	63.1～118.3
Fe^{3+}	0.006～0.020	0.007～0.014	0.019～0.021

该装置通过伺服电机设定内筒转速，与外筒之间产生的转速差带动水流在外筒内壁产生近壁面水力剪切力，用以表征灌水器流道近壁面平均剪切力，具体计算方法参见周博(2016)使用的计算方法。本试验共设置 6 个剪切力处理组，其中近壁面剪切力为 0 的处理组作为空白对照，处理组设置情况见表 14.4。

表 14.4　试验处理设置情况

试验编号	再生水处理工艺	近壁面剪切力/Pa	*Re*	转速/(r/min)
R0.7	RBTT	0.7	6303	1180
R0.6		0.6	5778	1015
R0.4		0.4	4670	672
R0.2		0.2	3072	335
R0.1		0.1	2074	169
R0		0	0	0

续表

试验编号	再生水处理工艺	近壁面剪切力/Pa	*Re*	转速/(r/min)
S0.7	SBWL	0.7	6303	1180
S0.6		0.6	5778	1015
S0.4		0.4	4670	672
S0.2		0.2	3072	335
S0.1		0.1	2074	169
S0		0	0	0
C0.7	CASS	0.7	6303	1180
C0.6		0.6	5778	1015
C0.4		0.4	4670	672
C0.2		0.2	3072	335
C0.1		0.1	2074	169
C0		0	0	0

试验期间每天运行 8h(8:00～12:00,15:00～19:00),累计运行 80 天,共 640h。系统每运行 10 天进行一次取样,共取样 8 次。每次取样取 3 片培养片,用于测试堵塞物质固体颗粒物(SP)、磷脂脂肪酸(PLFAs)和胞外聚合物(EPS)含量,测试方法按照 Zhou 等(2013)使用的方法。根据测试结果计算单位面积堵塞物质特征组分含量。

基于堵塞物质特征组分随近壁面剪切力增加而增长的动态变化特征,使用二次函数对两者的关系进行拟合:

$$\mathrm{BC}=a\tau^2+b\tau+c \tag{14.1}$$

式中,BC 为堵塞物质特征组分,包括 SP、PLFAs 和 EPS;τ 为近壁面剪切力,Pa;a、b、c 为拟合参数。

堵塞物质特征组分随近壁面剪切力增加而增长的速率($\mathrm{IR_{BC}}$)为

$$\mathrm{IR_{BC}}=2a\tau+b \tag{14.2}$$

当 $\mathrm{IR_{BC}}<1$ 时,表明堵塞物质特征组分的增长速率低于剪切力的单位增长量,其增长过程的动态响应相对不敏感;而当 $\mathrm{IR_{BC}}>1$ 时,表明剪切力的单位增长量会导致堵塞物质特征组分迅速增加,动态响应过程相对敏感。因此,将 $\mathrm{IR_{BC}}=1$ 作为近壁面剪切力临界控制阈值计算标准。

14.2.2　近壁面水力剪切力对堵塞物质 SP 含量的影响

不同剪切力条件下再生水滴灌系统堵塞物质 SP 含量动态变化特征及其与近壁面剪切力的相关关系如图 14.14 所示,各处理组间差异显著性检验结果见表 14.5。

由图 14.14 可以看出,三种处理工艺再生水滴灌条件下不同剪切力处理组堵塞物质 SP 随着系统运行整体均表现出不断增长的趋势,其形成和生长过程都可以分为生长适应期和快速增长期两个阶段。其中,系统运行的前 40 天堵塞物质 SP 生长相对缓慢,处于生长适应期;此后增长速度明显增加,进入快速增长期。三种再生水源滴灌条件下堵塞物质 SP 含量也表现出一定的差异性，在系统运行结束时，RBTT 再生水滴灌条件下堵塞物质 SP 含量最高，平均值为(31.81±6.76)mg/cm²，分别比 SBWL 再生水[(29.78±5.68)mg/cm²]和 CASS 再生水[(28.05±6.32)mg/cm²]条件下高出 6.8%和 13.4%，这与水质中悬浮颗粒物含量相对高低表现出较高的一致性(表 14.3)。

另外，三种处理工艺再生水滴灌条件下，堵塞物质 SP 含量随着近壁面剪切力的增加都表现出先增加后减小的趋势。当近壁面剪切力小于 0.4Pa 时，堵塞物质 SP 含量随着剪切力增大而增大；在 0.4Pa 时，RBTT、SBWL 和 CASS 再生水滴灌条件下堵塞物质 SP 含量的峰值平均值分别为 16.77mg/cm²、16.32mg/cm² 和 12.56mg/cm²，分别高于对照组 94.9%、93.3%和 81.9%；而当剪切力大于 0.4Pa 后，堵塞物质 SP 含量随剪切力增大而逐渐降低，0.7Pa 处理组 SP 含量平均值分别为 10.21mg/cm²、10.20mg/cm² 和 7.47mg/cm²，仍高于对照组 8.1%以上。根据表 14.5 显著性检验结果可知，各处理组 SP 含量间整体表现出一定的差异性，其中，RBTT 和 SBWL 水源差异显著性结果比较一致，而 CASS 处理组差异相对较大。但整体来看，各水源条件下 0.2Pa 处理组均与 0.4Pa 处理组差异性不显著，而两者与其他剪切力处理组间的差异性都达到显著性水平($p<0.05$)。

实际上，如图 14.14 所示，堵塞物质 SP 含量与近壁面剪切力之间表现出二次函数相

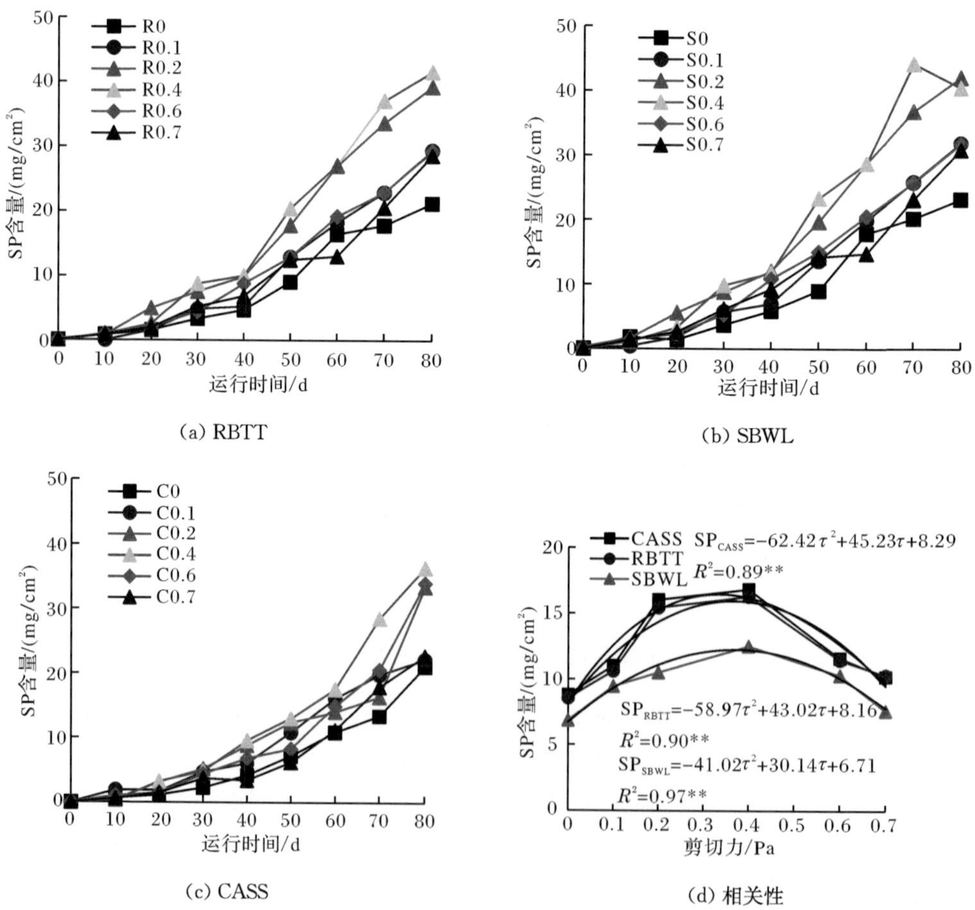

图 14.14 近壁面剪切力影响下堵塞物质 SP 含量动态变化特征及两者之间的相关关系

关关系($p<0.01$),即适当增大或减小剪切力都能有效控制滴灌系统堵塞物质 SP 沉积过程。根据界定的 $IR_{BC}=1$ 进行计算,RBTT、SBWL 和 CASS 再生水滴灌条件下堵塞物质 SP 随近壁面剪切力增长的敏感区间分别为 0.356～0.373Pa、0.355～0.380Pa 和 0.354～0.370Pa。综上所述,有效控制堵塞物质 SP 增长的近壁面剪切力应为(0,0.354Pa)∪(0.380Pa,+∞)。

表 14.5　不同剪切力处理组堵塞物质 SP 含量差异显著性检验结果

处理组	R0	R0.1	R0.2	R0.4	R0.6	R0.7
R0	—	—	—	—	—	—
R0.1	−2.408*	—	—	—	—	—
R0.2	−3.539**	−4.109**	—	—	—	—
R0.4	−3.129*	−3.193*	−0.898N	—	—	—
R0.6	−3.176*	−1.986N	3.392**	2.713*	—	—
R0.7	−1.767N	0.709N	3.216*	2.799*	1.862N	—
处理组	S0	S0.1	S0.2	S0.4	S0.6	S0.7
S0	—	—	—	—	—	—
S0.1	−2.419*	—	—	—	—	—
S0.2	−3.500**	−3.981**	—	—	—	—
S0.4	−3.155*	−3.428**	−1.296N	—	—	—
S0.6	−3.224*	−1.602N	3.341*	2.902*	—	—
S0.7	−1.633N	1.001N	3.240*	3.016*	1.943N	—
处理组	C0	C0.1	C0.2	C0.4	C0.6	C0.7
C0	—	—	—	—	—	—
C0.1	−3.366*	—	—	—	—	—
C0.2	−3.012*	−0.824N	—	—	—	—
C0.4	−2.866*	−1.886N	−1.514N	—	—	—
C0.6	−2.403*	−0.624N	0.351N	2.526*	—	—
C0.7	−0.992N	2.942*	2.402*	3.047*	2.346*	—

注:表中 N 表示不显著,* 表示显著($p<0.05$),* * 表示极显著($p<0.01$)。

14.2.3　近壁面水力剪切力对堵塞物质 PLFAs 含量的影响

不同剪切力条件下再生水滴灌系统堵塞物质 PLFAs 含量动态变化特征及其与近壁面剪切力的相关关系如图 14.15 所示,各处理组间差异显著性检验结果见表 14.6。

由图 14.15 可以看出,堵塞物质 PLFAs 含量随着系统运行的增长特征与 SP 表现出高度的一致性,同样在前 40 天处于生长适应期而此后开始快速增长。在系统运行结束时,RBTT 再生水滴灌条件下 PLFAs 含量同样最高,平均值为(6.39±0.55)mg/cm^2,分别比 SBWL 再生水[(6.26±0.48)mg/cm^2]和 CASS 再生水[(5.98±1.11)mg/cm^2]条件下高出 2.1%和 6.8%。整体来看,PLFAs 含量的差异性低于 SP 含量间的差异性。

三种处理工艺再生水滴灌条件下，堵塞物质 PLFAs 含量随着近壁面剪切力的增加仍然表现出先增大后减小的趋势，两者之间同样存在二次函数相关关系($R^2>0.90$，$p<0.01$)。RBTT、SBWL 和 CASS 再生水滴灌条件下堵塞物质 PLFAs 含量峰值均出现在 0.4Pa 处理组，分别为 7.43mg/cm²、6.95mg/cm² 和 7.23mg/cm²，比对照组分别高出 27.2%、28.8%和 35.5%。由此可见，各剪切力处理组之间 PLFAs 含量的差异性整体弱于 SP 含量之间的差异性，表 14.6 的显著性检验结果也表现出了一致的结果。但整体来看，各水源条件下 0.2Pa 处理组均与 0.4Pa 处理组差异性不显著，而两者与其他剪切力处理组之间的差异性都达到显著性水平($p<0.05$)。根据提出的方法，可以确定 RBTT、SBWL 和 CASS 滴灌条件下 PLFAs 随近壁面剪切力增长的敏感区间分别为 0.320～0.482Pa、0.262～0.428Pa 和 0.273～0.457Pa，抑制 PLFAs 含量增长的近壁面剪切力应控制在(0，0.262Pa)∪(0.457Pa，+∞)。

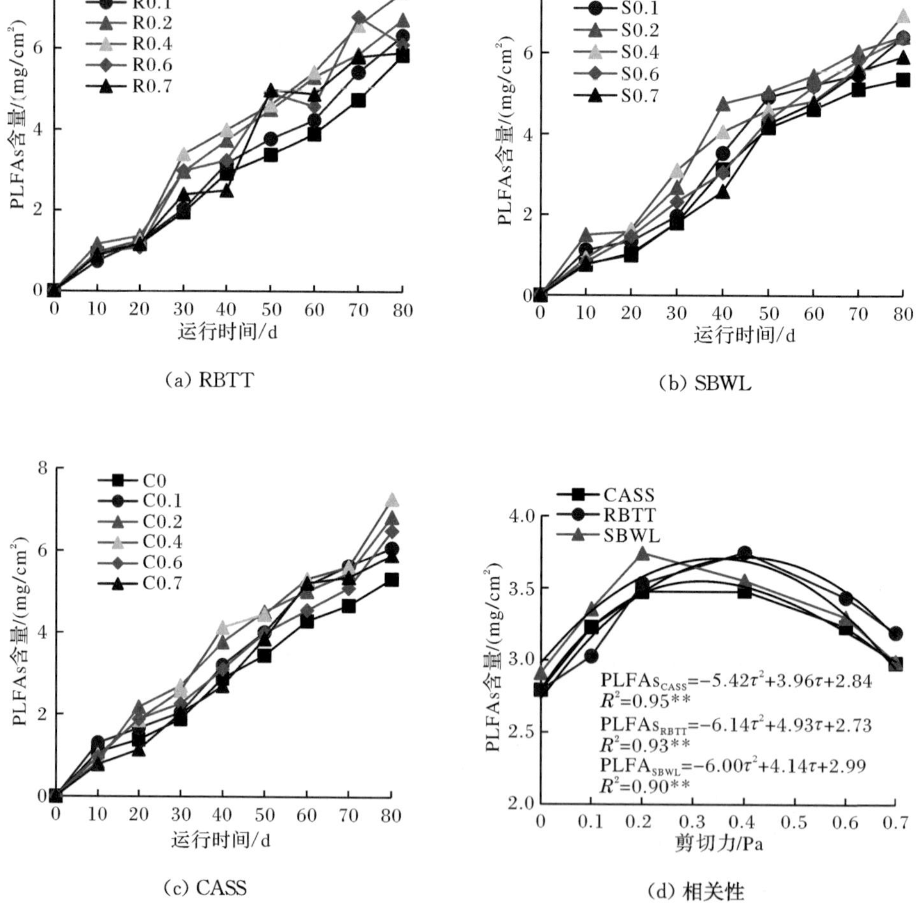

图 14.15　近壁面剪切力影响下堵塞物质 PLFAs 含量动态变化特征及两者之间的相关关系

表 14.6　不同剪切力处理组堵塞物质 PLFAs 含量差异显著性检验结果

处理组	R0	R0.1	R0.2	R0.4	R0.6	R0.7
R0	—	—	—	—	—	—
R0.1	−2.775*	—	—	—	—	—
R0.2	−4.713**	−4.565**	—	—	—	—
R0.4	−3.909**	−3.941**	−1.853N	—	—	—
R0.6	−2.622*	−2.045N	0.602N	1.806N	—	—
R0.7	−1.818N	−0.871N	2.030N	2.425*	1.578N	—
处理组	S0	S0.1	S0.2	S0.4	S0.6	S0.7
S0	—	—	—	—	—	—
S0.1	−4.294**	—	—	—	—	—
S0.2	−5.923**	−3.151*	—	—	—	—
S0.4	−3.648**	−1.265*	1.281N	—	—	—
S0.6	−3.132*	0.588N	2.650*	1.808N	—	—
S0.7	−0.635N	3.561**	3.918**	3.015*	4.375**	—
处理组	C0	C0.1	C0.2	C0.4	C0.6	C0.7
C0	—	—	—	—	—	—
C0.1	−3.948**	—	—	—	—	—
C0.2	−4.125**	−1.879N	—	—	—	—
C0.4	−4.401**	−2.181*	−0.028N	—	—	—
C0.6	−2.343*	−0.045N	2.183*	1.533N	—	—
C0.7	−1.491N	3.021*	3.077*	3.396**	1.258N	—

注：表中 N 表示不显著，* 表示显著($p<0.05$)，* * 表示极显著($p<0.01$)。

14.2.4　近壁面水力剪切力对堵塞物质 EPS 含量的影响

不同剪切力条件下再生水滴灌系统堵塞物质 EPS 含量动态变化特征及其与近壁面剪切力的相关关系如图 14.16 所示，各处理组间差异显著性检验结果见表 14.7。

从图 14.16 中可以看出，随着系统运行，不同处理组堵塞物质 EPS 含量与 SP 和 PLFAs 含量增长一致，表现出先适应生长后迅速增长的特征。在系统运行结束时，EPS 含量的最高值仍然出现在 RBTT 再生水滴灌处理组，平均值为(63.91±5.51)mg/cm^2，但与 SBWL 再生水[(63.16±6.21)mg/cm^2]和 CASS 再生水[(62.55±4.83)mg/cm^2]的差异性不明显，仅在 2.2%之内。同时，由显著性检验结果可见，不同剪切力处理组之间的差异性整体也弱于 SP 和 PLFAs 含量之间的差异性。但是，堵塞物质 EPS 含量同样与近壁面剪切力之间存在二次函数相关关系($p<0.01$)，EPS 含量随着水力剪切力的增加表现出先增加后减小的趋势。RBTT、SBWL 和 CASS 再生水滴灌条件下，EPS 含量的最大值仍然出现在 0.4Pa 处理组，分别为 39.29mg/cm^2、42.24mg/cm^{2}和 42.09mg/cm^2，比对照组分别高出 34.7%、28.0%和 25.5%。根据 $IR_{BC}=1$ 得到 EPS 含量随近壁面剪切

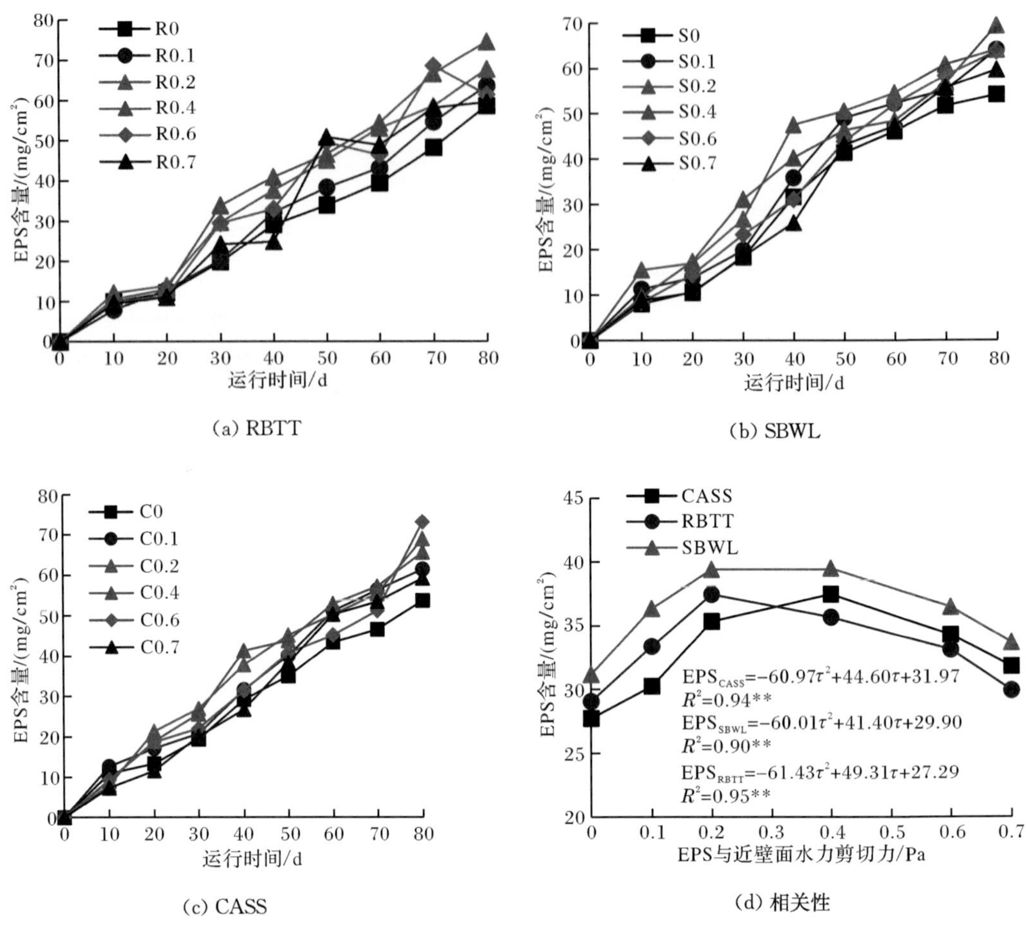

图 14.16 近壁面剪切力影响下堵塞物质 EPS 含量动态变化特征及两者之间的相关关系

力增长的敏感区间分别为 0.393～0.409Pa、0.337～0.353Pa 和 0.358～0.373Pa，从而确定控制 EPS 含量的适宜近壁面剪切力为(0,0.337Pa)∪(0.409Pa,+∞)。

表 14.7 不同剪切力处理组堵塞物质 EPS 含量差异显著性检验结果

处理组	R0	R0.1	R0.2	R0.4	R0.6	R0.7
R0	—	—	—	—	—	—
R0.1	−2.776*	—	—	—	—	—
R0.2	−4.713**	−4.565**	—	—	—	—
R0.4	−3.909**	−3.942**	−1.853N	—	—	—
R0.6	−2.622*	−2.045N	0.602N	1.806N	—	—
R0.7	−1.818N	−0.871N	2.030N	2.425*	1.579N	—
处理组	S0	S0.1	S0.2	S0.4	S0.6	S0.7
S0	—	—	—	—	—	—
S0.1	−4.294**	—	—	—	—	—

续表

处理组	S0	S0.1	S0.2	S0.4	S0.6	S0.7
S0.2	−5.923**	−3.151*	—	—	—	—
S0.4	−3.648**	−1.265N	1.281N	—	—	—
S0.6	−3.132*	0.588N	2.650*	1.808N	—	—
S0.7	−0.635N	3.561**	3.918**	3.015*	4.376**	—
处理组	C0	C0.1	C0.2	C0.4	C0.6	C0.7
C0	—	—	—	—	—	—
C0.1	−3.948**	—	—	—	—	—
C0.2	−4.125**	−1.879N	—	—	—	—
C0.4	−4.401**	−2.181N	−0.028N	—	—	—
C0.6	−2.343*	−0.046N	2.183N	1.534N	—	—
C0.7	−1.491N	3.022*	3.077*	3.397**	1.258N	—

注:表中 N 表示不显著,* 表示显著($p<0.05$),* * 表示极显著($p<0.01$)。

14.2.5　近壁面水力剪切力对堵塞物质表面形貌的影响

利用三维白光干涉形貌仪对不同水源和不同剪切力条件下堵塞物质表面三维形貌进行观测,以系统运行 20 天取样测试结果为例,其结果如图 14.17 所示。从图中可以看出,生物堵塞物质的表面都不是平坦的,均呈高低起伏的山丘分布状,存在凸起。随着时间的延长,生物堵塞物质表面凸起越来越多,表面越来越粗糙。剪切力为 0.2Pa 和 0.4Pa 时,生物堵塞物质表面存在大量的凸起,表面粗糙度较大;剪切力为 0、0.1Pa、0.6Pa 和 0.7Pa 时,生物堵塞物质表面较为平整,表面凸起较少,粗糙度较小。

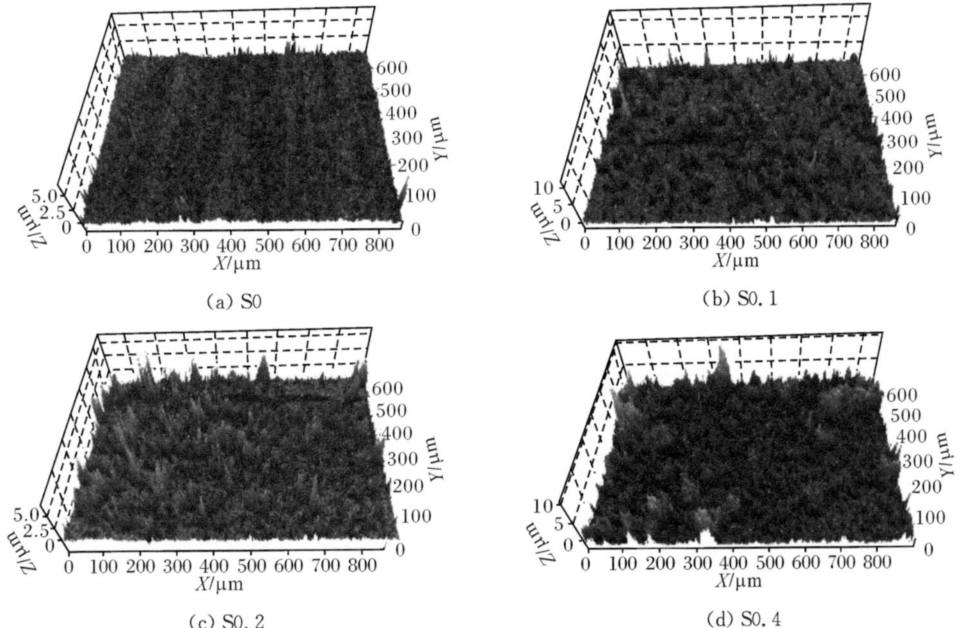

(a) S0　(b) S0.1

(c) S0.2　(d) S0.4

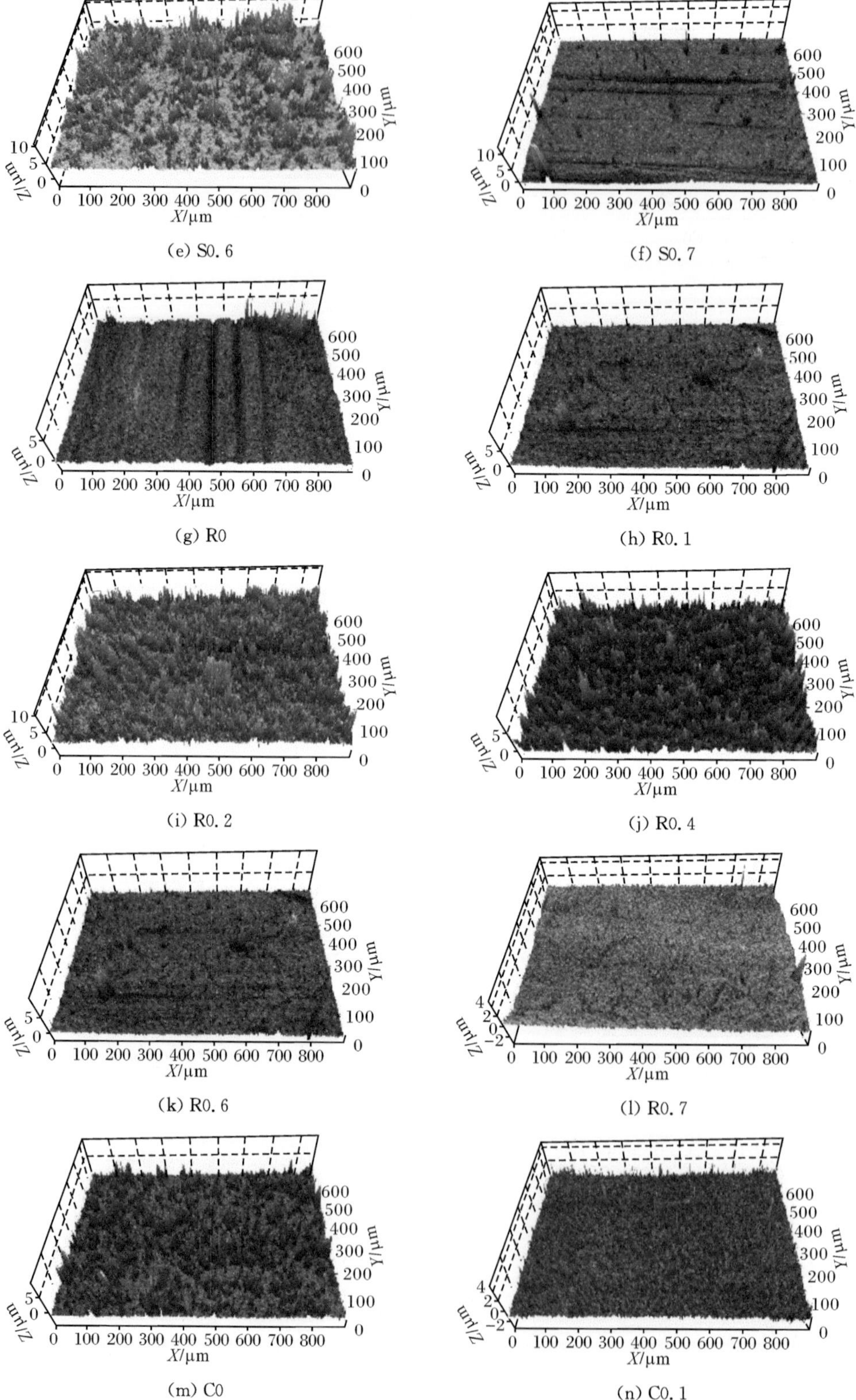

(e) S0.6

(f) S0.7

(g) R0

(h) R0.1

(i) R0.2

(j) R0.4

(k) R0.6

(l) R0.7

(m) C0

(n) C0.1

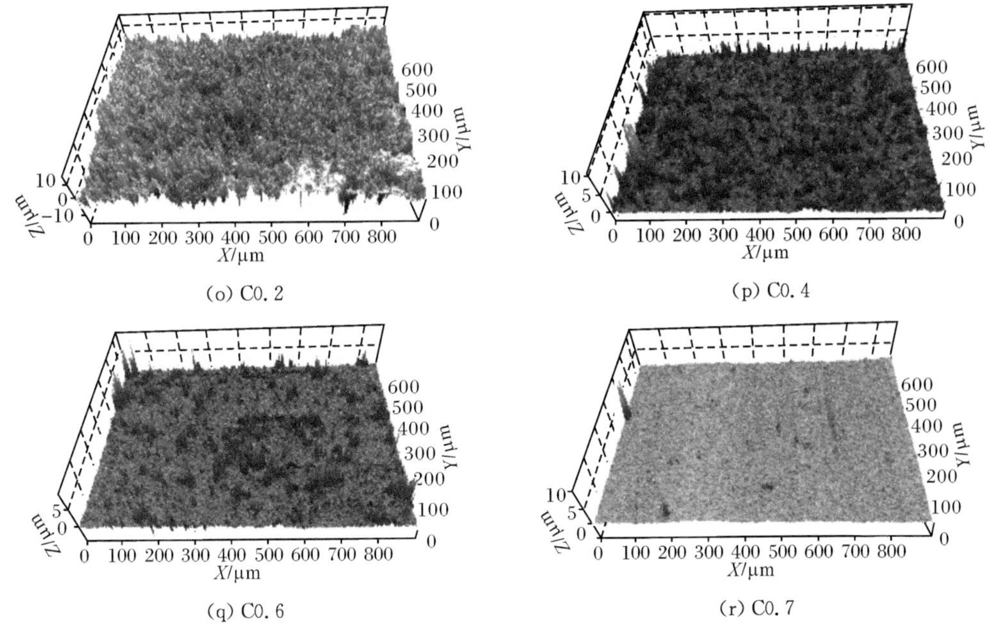

(o) C0.2　(p) C0.4

(q) C0.6　(r) C0.7

图 14.17　不同水源和不同剪切力条件下堵塞物质表面三维形貌特征

14.3　劣质水滴灌系统灌水器流道近壁面水力剪切力控制阈值

14.3.1　试验概况

模拟系统与 14.2 节装置相同，本试验采用三种水源（黄河水、微咸水、黄河水和微咸水 1∶1 的混配水）供水。其中，黄河水取自内蒙古巴彦淖尔市临河区先锋桥下二干渠，含沙量为 36.5kg/m^3；参考内蒙古河套灌区的微咸水水质情况，在当地地下水（E_c＝0.167mS/cm）的基础上，将 $NaHCO_3$、KCl 和 NaCl 按 1∶2.27∶5.85 摩尔比配置微咸水（E_c＝0.377mS/cm）。取－4℃恒温保存的不同水体样品各 500mL，在谱尼测试北京实验室进行水质检测，结果见表 14.8。

表 14.8　水质参数

水源类型	K^+ /(mg/L)	Ca^{2+} /(mg/L)	Na^+ /(mg/L)	Mg^{2+} /(mg/L)	HCO_3^- /(mg/L)	CO_3^{2-} /(mg/L)	Cl^- /(mg/L)	SO_4^{2-} /(mg/L)	pH	电导率 /(mS/cm)	矿化度 /(g/L)
YRW	9.81	63.60	134.00	33.30	214.00	0.00	114.00	176.00	7.95	0.092	0.52
SLW	609.00	54.80	1330.00	71.80	843.00	50.20	1830.00	409.00	8.27	0.679	3.77
MXW	333.00	47.70	820.00	58.80	562.00	31.60	1050.00	320.00	8.20	0.425	2.44

试验采用 PE 毛管切片贴于反应器外筒内壁，为了真实模拟灌水器流道壁面介质，切片取于常用 ϕ16mm 滴灌毛管，大小为 19cm×1cm。试验处理及编号见表 14.9。为避免光照对生物膜的影响，系统在恒温光照培养箱中，温度保持在 30℃。

表 14.9　试验处理及编号

水源类型	水力剪切力/Pa	转速/(r/min)	编号
黄河水(YRW)	0.05	84	YRW-0.05
	0.20	340	YRW-0.20
	0.40	675	YRW-0.40
	0.70	1181	YRW-0.70
微咸水(SLW)	0.05	84	SLW-0.05
	0.20	340	SLW-0.20
	0.40	675	SLW-0.40
	0.70	1181	SLW-0.70
混配水(MXW)	0.05	84	MXW-0.05
	0.20	340	MXW-0.20
	0.40	675	MXW-0.40
	0.70	1181	MXW-0.70

试验共进行 800h，取样周期为 80h/次，取样次数为 10 次，每次取样将 2 片 PE 毛管切片从取样架上取出，一片样品采用超声波振荡脱落生物膜，得到生物膜悬浊液，进行堵塞物质的干重(SP)测试，另一片利用三维白光干涉形貌仪对其表面特征进行测试。

14.3.2　近壁面剪切力对堵塞物质干物质量的影响

不同水源和不同剪切力条件下灌水器内部生物膜单位面积干重的变化特征如图 14.18 所示。可以看出，灌水器内部生物膜生长呈 S 形分布，大致可分为三个阶段：平缓增长阶段、快速增长阶段和动态平衡阶段，且对不同水源而言，各阶段的分界点是一致的。在系统运行的前 320h 不同水源条件下灌水器内部生物膜都处于生长适应阶段，混配水条件下灌水器内部生物膜 SP 增长整体低于其他两种水源，此阶段结束时混配水的灌水器内部生物膜 SP 为 1.83mg/cm^2，分别比黄河水、微咸水的 SP 低 50.42%、35.18%。之后，灌水器内部生物膜进入快速增长期，至系统累计运行 640h 时，不同水源条件下 SP 增长到 5.30～10.39mg/cm^2，混配水条件下灌水器内部生物膜 SP 增长依然低于其他两种水源，此阶段结束时混配水的灌水器内部生物膜 SP 为 5.30mg/cm^2，分别比黄河水、微咸水的 SP 低 49.03%、37.90%。此后，灌水器内部生物膜 SP 趋于动态稳定，增长非常缓慢，直至系统累计运行 800h 试验结束，不同水源条件下 SP 为 6.07～11.74mg/cm^2。此时，混配水条件下的灌水器内部生物膜 SP 依然低于其他两种水源，此阶段结束时混配水的灌水器内部生物膜 SP 为 6.07mg/cm^2，分别比黄河水、微咸水的 SP 低 48.34%、35.03%。

对不同剪切力而言，在灌水器内部生物膜的平缓增长阶段，0.40Pa 剪切力条件下灌水器内部生物膜 SP 最大，平均值为 2.22mg/cm^2，分别比 0.05Pa、0.20Pa、0.70Pa 剪切力条件下高 78.53%、10.76%、76.90%。在灌水器内部生物膜的快速增长和动态平衡两个阶段中，0.20Pa 剪切力条件下灌水器内部生物膜 SP 最大，平均值为 9.70mg/cm^2，分别比 0.05Pa、0.40Pa、0.70Pa 剪切力条件下高 108.85%、21.68%、69.71%。

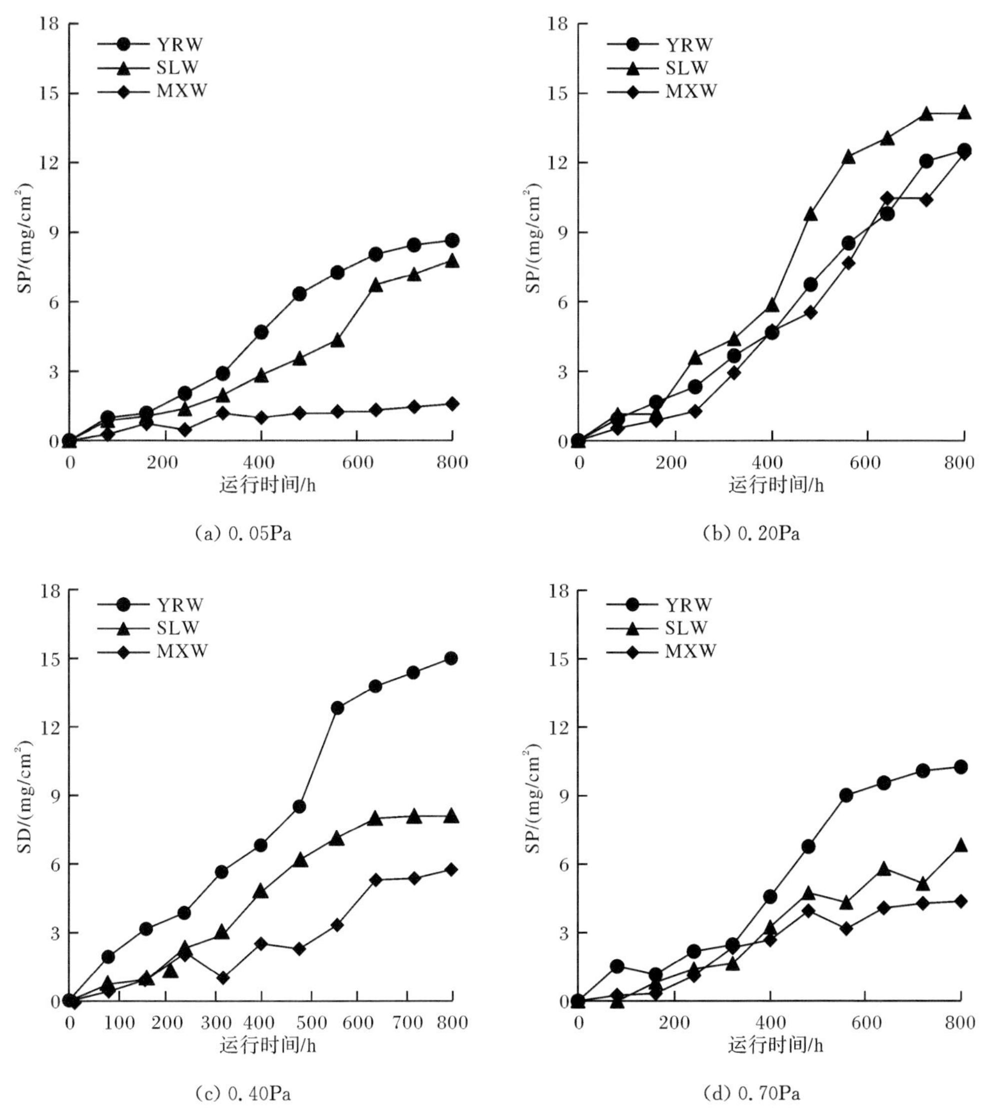

(a) 0.05Pa　(b) 0.20Pa

(c) 0.40Pa　(d) 0.70Pa

图 14.18　不同水源和不同剪切力条件下灌水器内部生物膜单位面积干重的变化特征

14.3.3　近壁面剪切力对堵塞物质表面形貌的影响

本试验对不同水源和不同剪切力条件下灌水器内部附生生物膜形成过程中 80h、320h、560h、800h 四个时期的样品进行分析，四个时期的灌水器内部附生生物膜表面形貌的测试结果分别如图 14.19～图 14.22 所示。此外，还能明显看出黄河水与微咸水的混配对灌水器内部附生生物膜表面的影响，即混配水条件下灌水器内部附生生物膜表面凸起少，较为平坦。对不同剪切力而言，剪切力为 0.05Pa 时灌水器内部附生生物膜表面出现局部凸起，剪切力为 0.20Pa 和 0.40Pa 时灌水器内部附生生物膜结构较紧密，高低起伏不大，无较多独立的凸起，剪切力为 0.70Pa 时灌水器内部附生生物膜表面结构很紧密，局部凸起少，但表面的“沟壑”较多。

(a1) YRW,0.05Pa

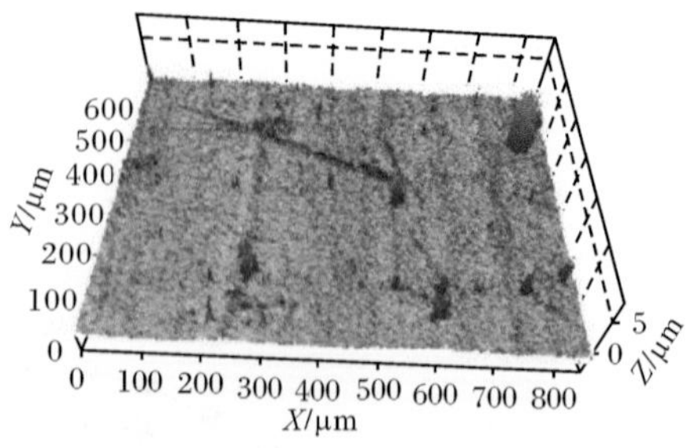

(b1) SLW,0.05Pa

(c1) MXW,0.05Pa

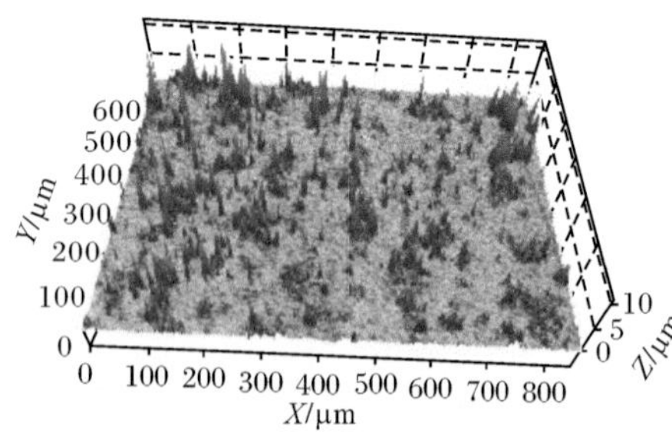

(a2) YRW,0.20Pa

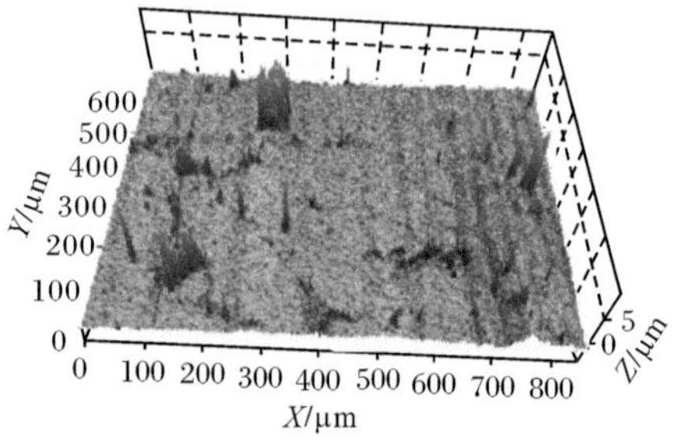

(b2) SLW,0.20Pa

(c2) MXW,0.20Pa

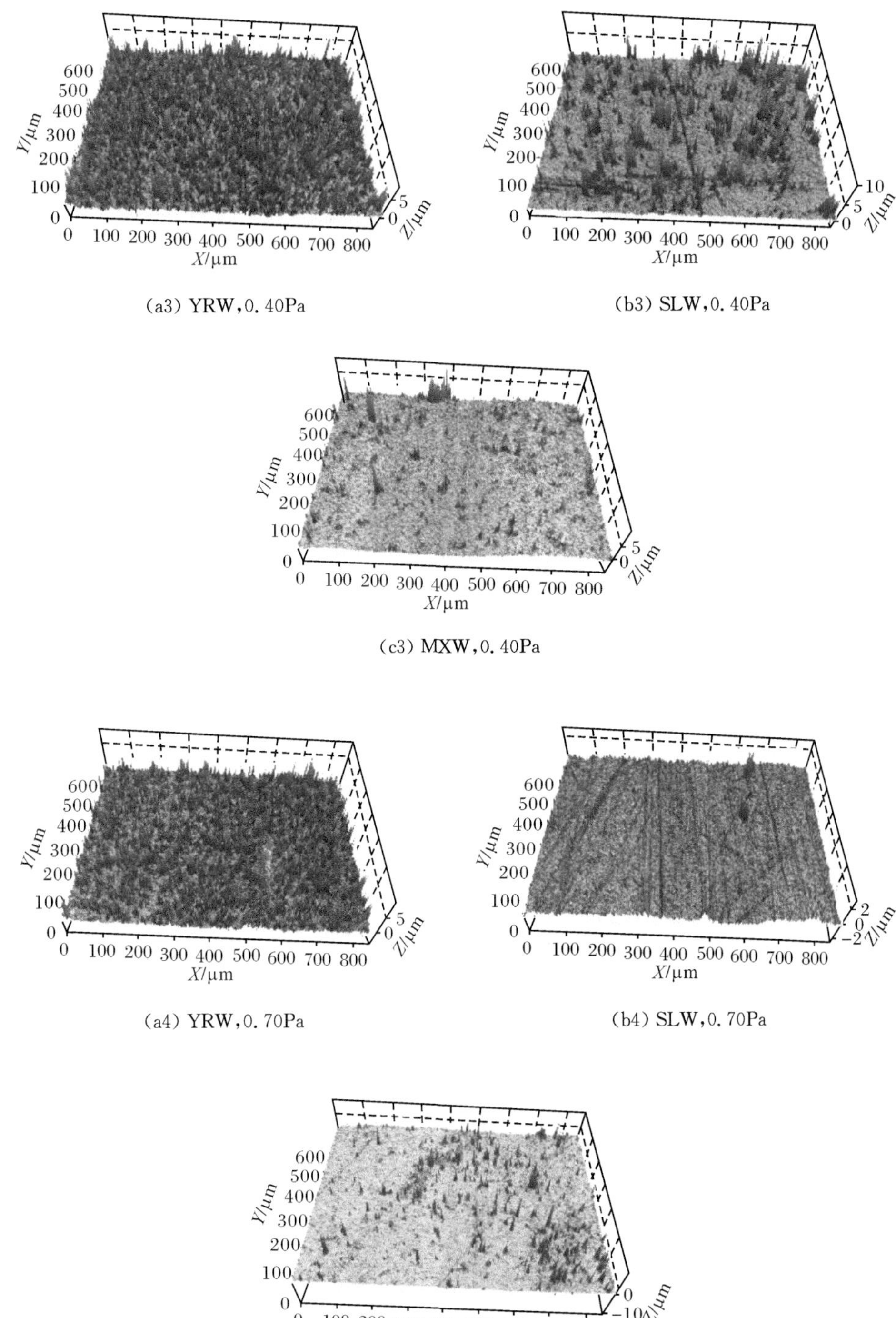

(a3) YRW，0.40Pa

(b3) SLW，0.40Pa

(c3) MXW，0.40Pa

(a4) YRW，0.70Pa

(b4) SLW，0.70Pa

(c4) MXW，0.70Pa

图 14.19　系统运行 80h 时生物膜表面三维形貌

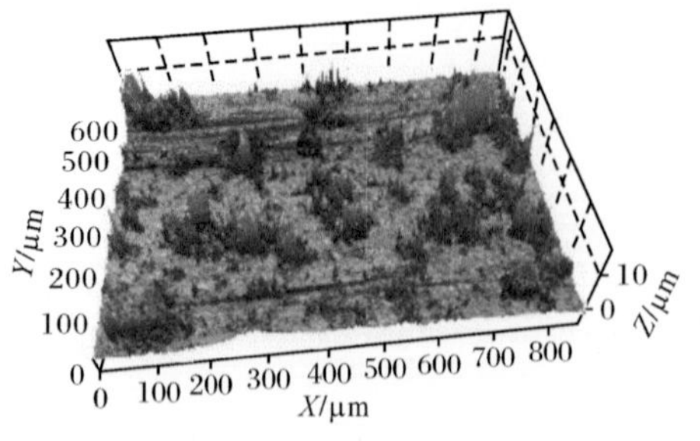

(a1) YRW,0.05Pa

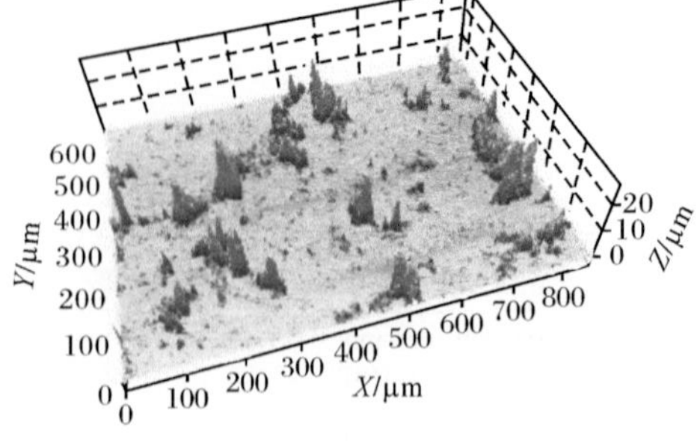

(b1) SLW,0.05Pa

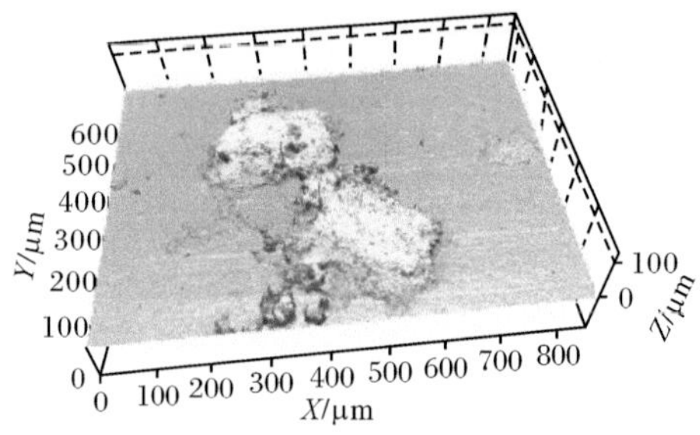

(c1) MXW,0.05Pa

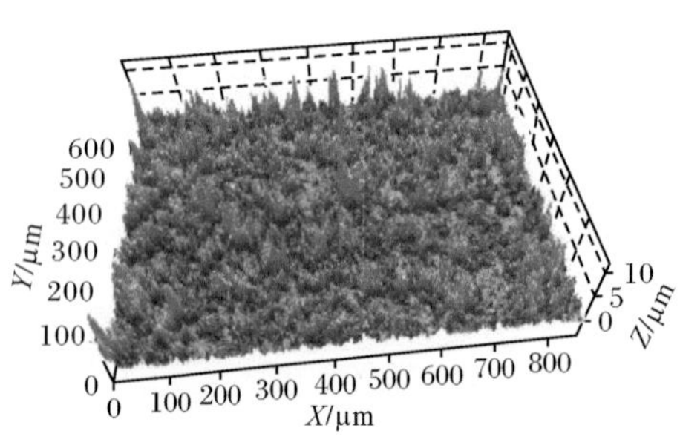

(a2) YRW,0.20Pa

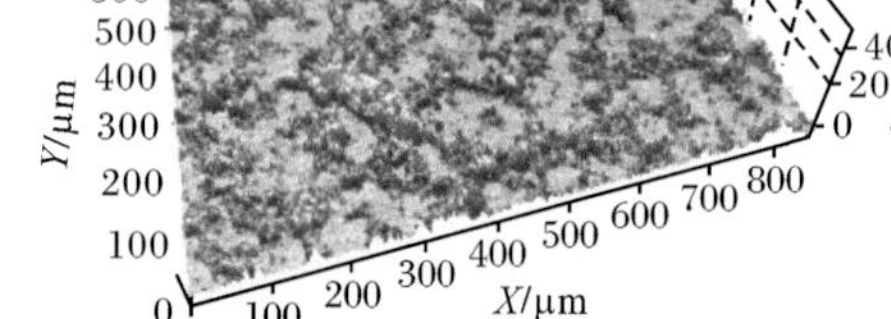

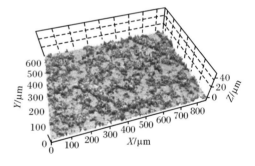

(b2) SLW,0.20Pa

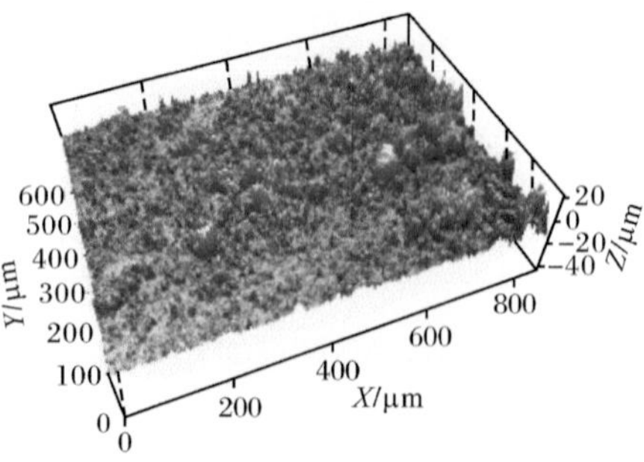

(c2) MXW,0.20Pa

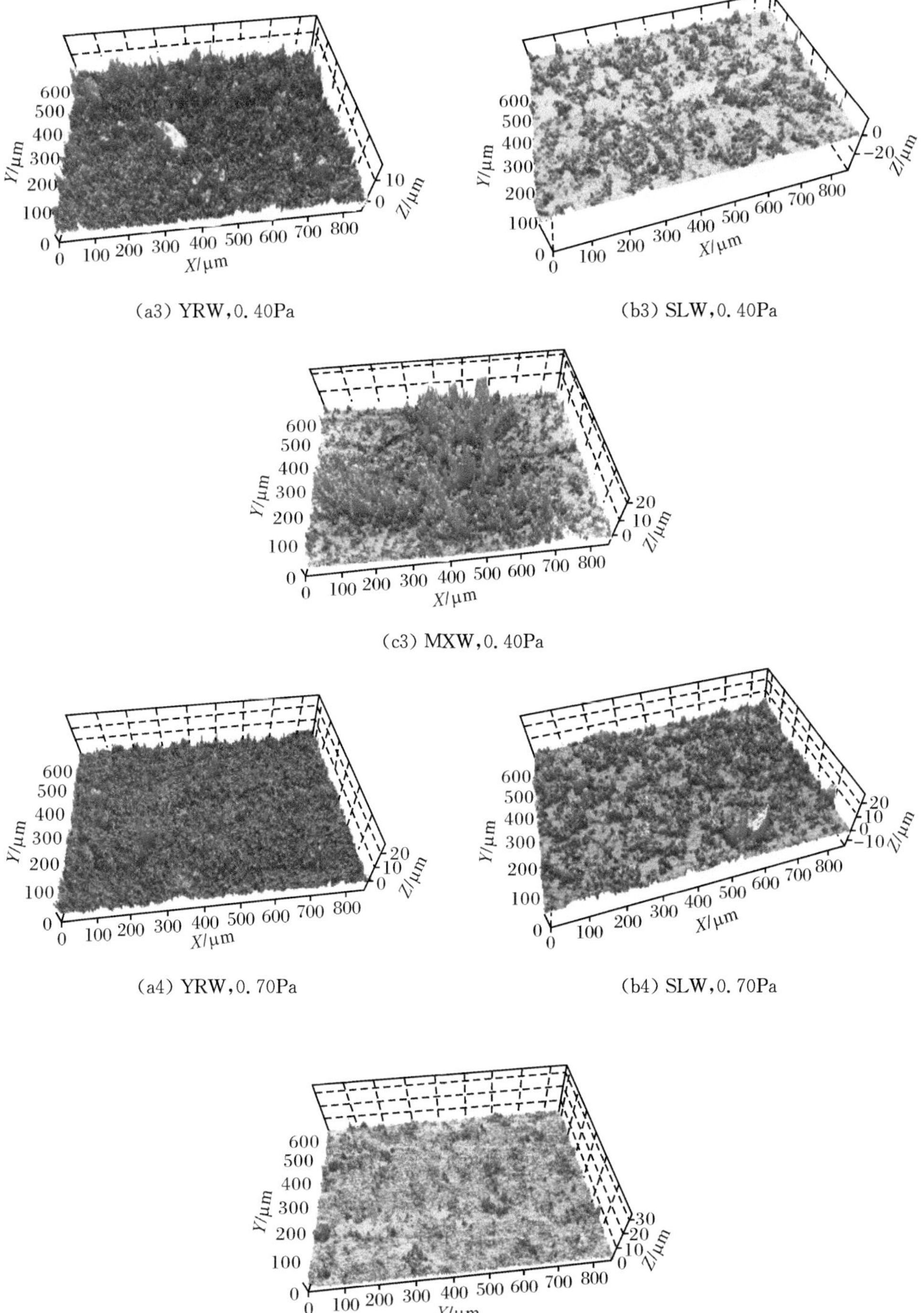

(a3) YRW,0.40Pa　(b3) SLW,0.40Pa

(c3) MXW,0.40Pa

(a4) YRW,0.70Pa　(b4) SLW,0.70Pa

(c4) MXW,0.70Pa

图 14.20　系统运行 320h 时生物膜表面三维形貌

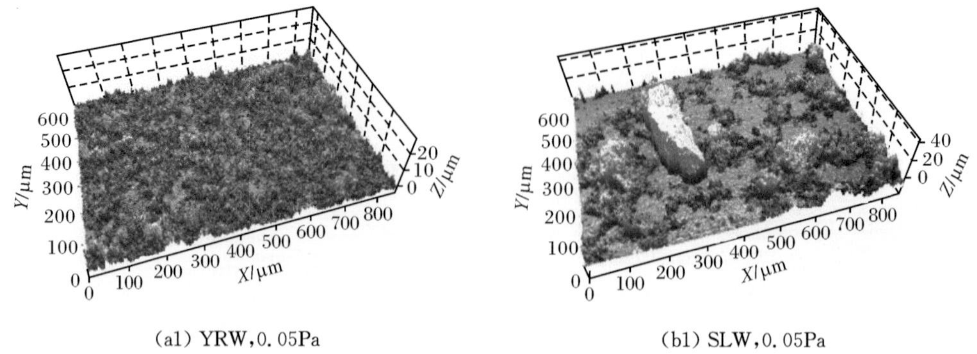

(a1) YRW，0.05Pa　　(b1) SLW，0.05Pa

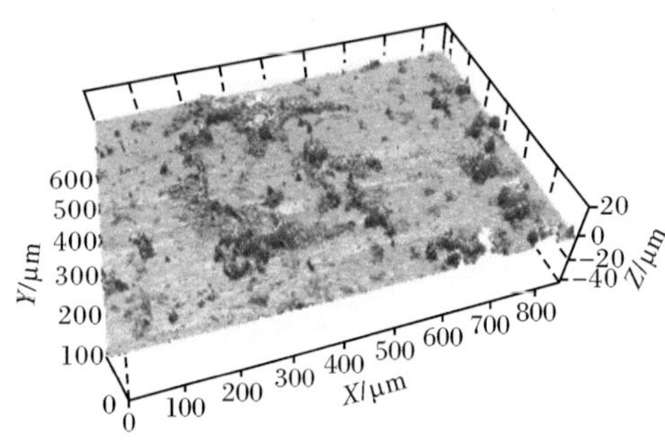

(c1) MXW，0.05Pa

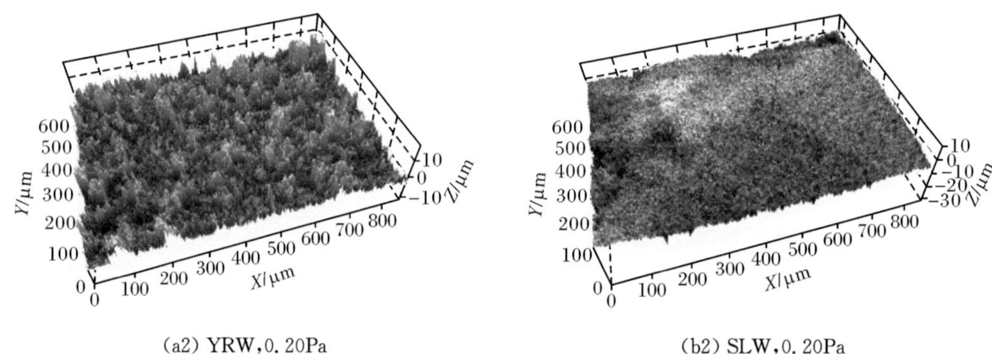

(a2) YRW，0.20Pa　　(b2) SLW，0.20Pa

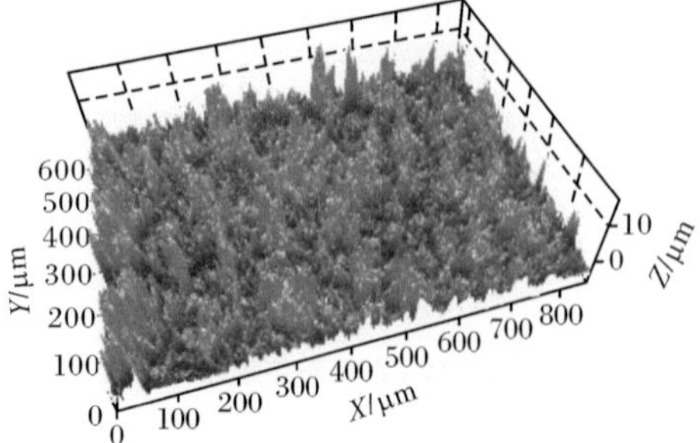

(c2) MXW，0.20Pa

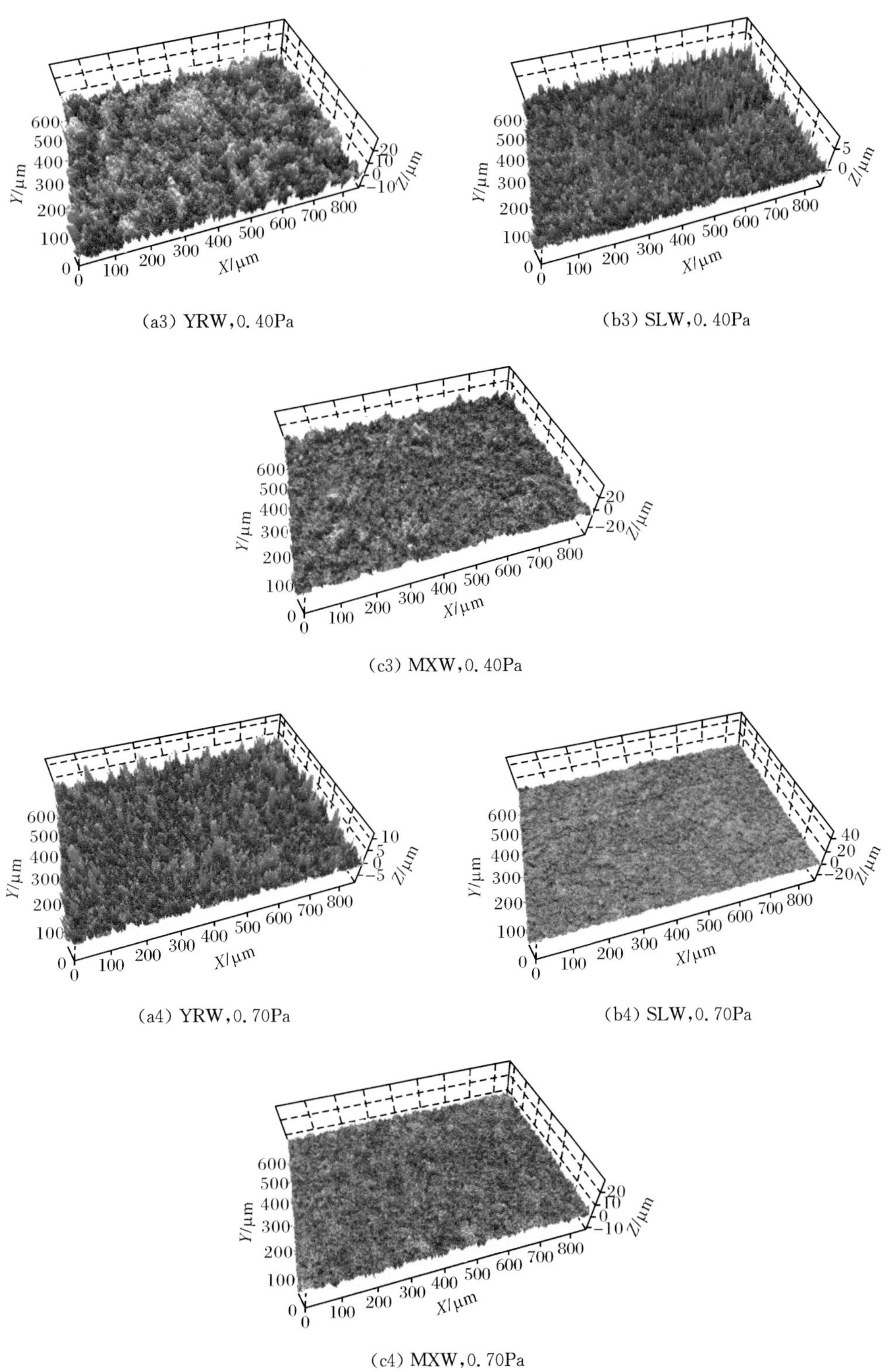

(a3) YRW，0.40Pa　(b3) SLW，0.40Pa

(c3) MXW，0.40Pa

(a4) YRW，0.70Pa　(b4) SLW，0.70Pa

(c4) MXW，0.70Pa

图 14.21　系统运行 560h 时生物膜表面三维形貌

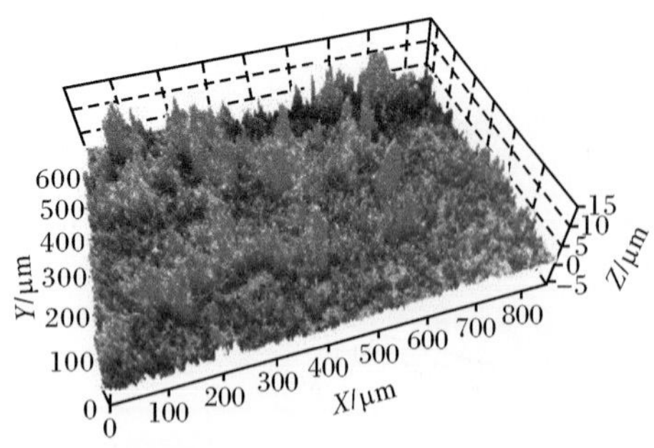

(a1) YRW,0.05Pa

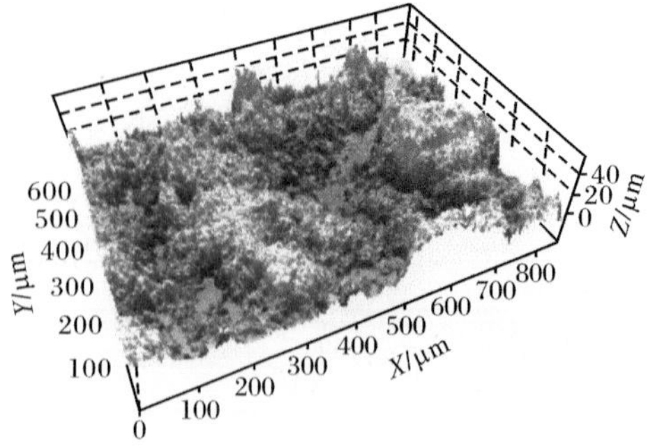

(b1) SLW,0.05Pa

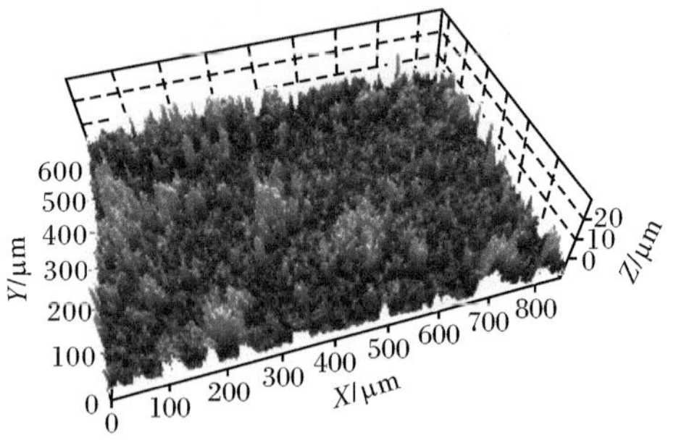

(c1) MXW,0.05Pa

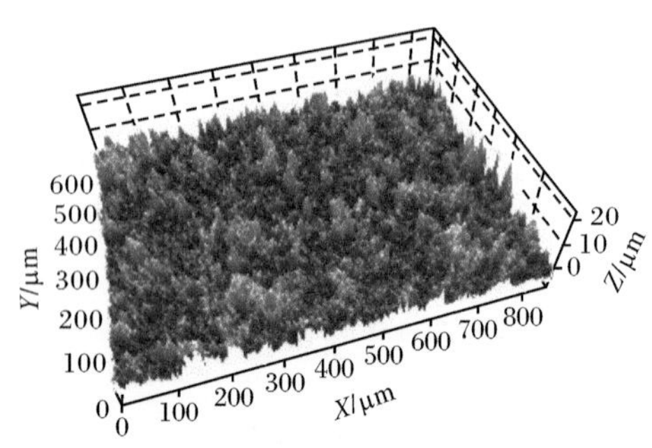

(a2) YRW,0.20Pa

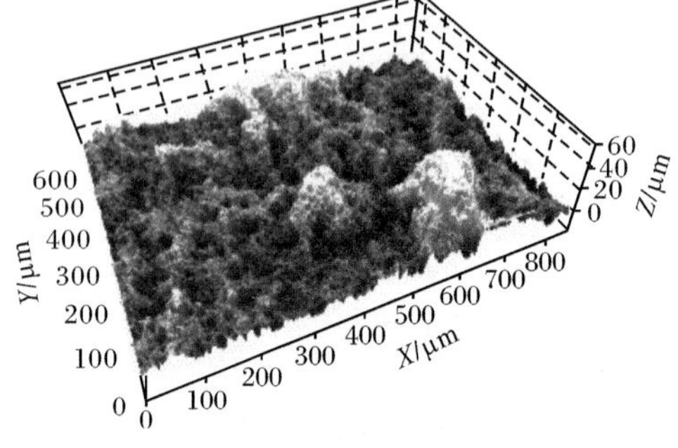

(b2) SLW,0.20Pa

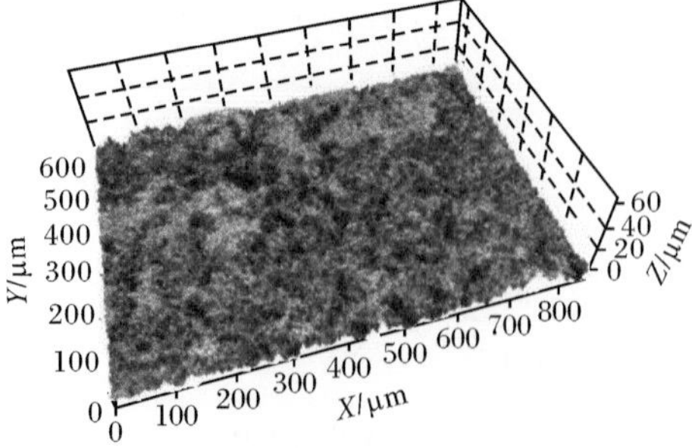

(c2) MXW,0.20Pa

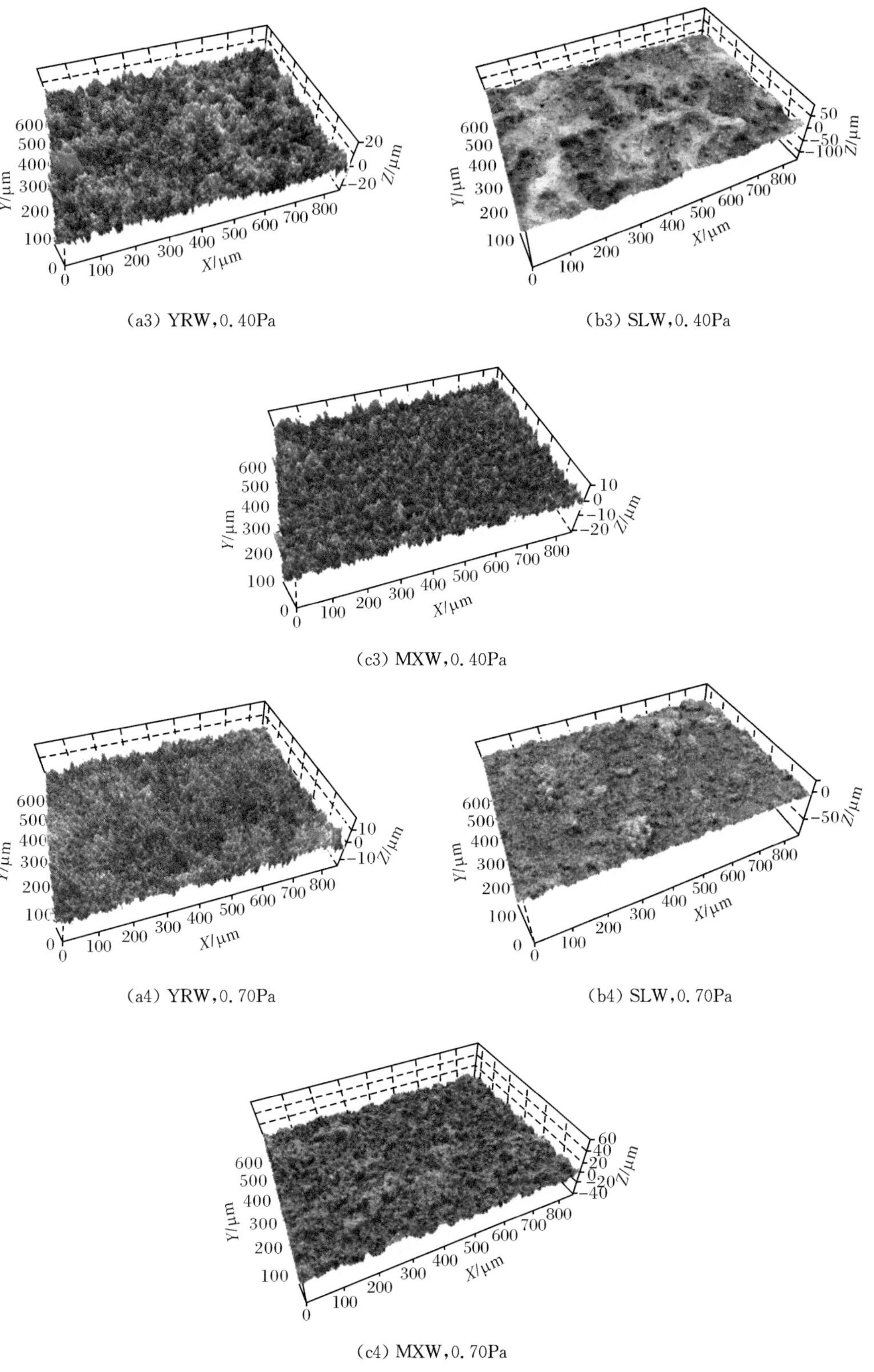

(a3) YRW,0.40Pa　(b3) SLW,0.40Pa

(c3) MXW,0.40Pa

(a4) YRW,0.70Pa　(b4) SLW,0.70Pa

(c4) MXW,0.70Pa

图 14.22　系统运行 800h 时生物膜表面三维形貌

14.4　近壁面水力剪切力对化学堵塞物质形成的影响与临界控制阈值

14.4.1　水力剪切力对碳酸钙析晶污垢的影响

1. 水力剪切力对碳酸钙析晶污垢干重的影响

不同水力剪切力作用对滴灌系统管壁单位面积附着碳酸钙析晶污垢总量随运行时间的动态变化特征如图 14.23(a)所示。

整体来看，PE 管壁表面碳酸钙析晶污垢累积量都表现出 S 形增长的趋势，可以分为生长适应期(0～50h)、快速增长期(50～200h)和动态稳定期(200～300h)三个阶段。不同剪切力间差异显著($F=1.310$，$p<0.01$)，相比于 0，在(0.05Pa，0.70Pa)污垢总量增加了 52%～518%，随剪切力增加，污垢总量呈先增大后减小的趋势，污垢总量最大值出现在(0.35Pa，0.50Pa)。相对增长速率 K 与水力剪切力之间呈良好的二次曲线关系[图 14.23(c)]，不同水力剪切力下碳酸钙析晶污垢相对增长速率 K 的取值见表 14.10。

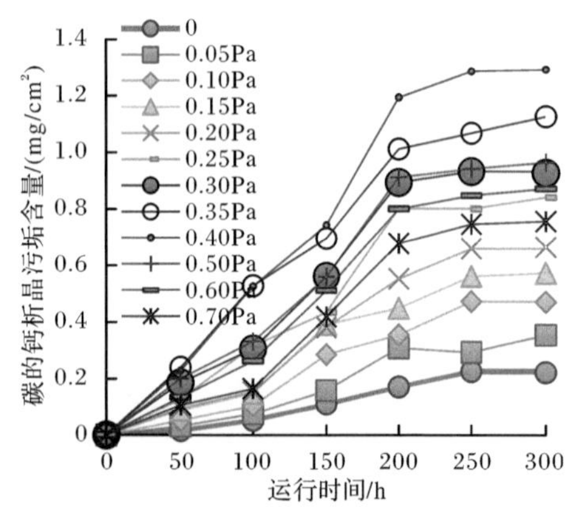

(a) 碳酸钙析晶污垢含量动态变化

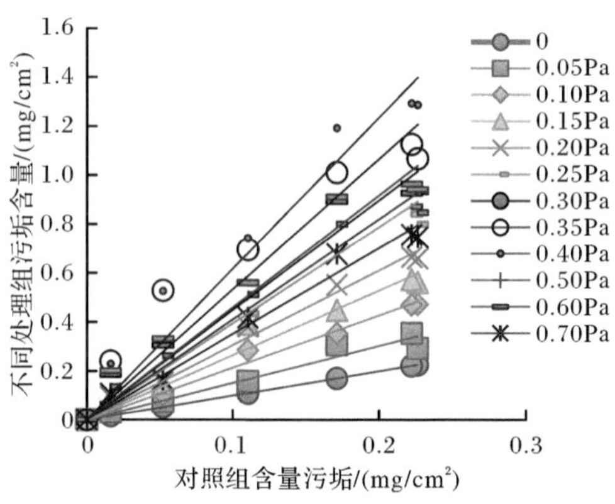

(b) 碳酸钙析晶污垢含量相对变化

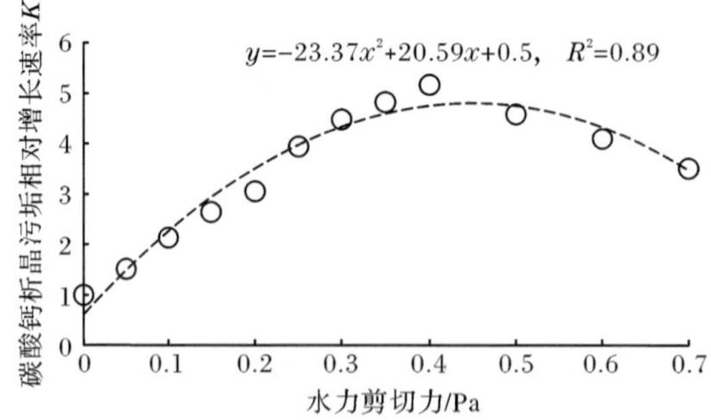

(c) 碳酸钙析晶污垢相对增长速率随水力剪切力的变化趋势

图 14.23　不同水力剪切力对 PE 管壁附着污垢的影响

表 14.10　碳酸钙析晶污垢相对增长速率 K

参数	水力剪切力											
	0	0.05Pa	0.10Pa	0.15Pa	0.20Pa	0.25Pa	0.30Pa	0.35Pa	0.40Pa	0.50Pa	0.60Pa	0.70Pa
K	1	1.52	2.14	2.63	3.06	3.94	4.49	4.83	5.17	4.59	4.10	3.51
R^2	1	0.96	0.99	0.96	0.99	0.94	0.94	0.89	0.94	0.94	0.96	0.98

2. 水力剪切力作用对碳酸钙析晶污垢晶体的影响

1) 水力剪切力作用对碳酸钙析晶污垢晶相的影响

方解石和文石含量分别如图 14.24 和图 14.25 所示。整体来看，不同剪切力作用下所形成的碳酸钙析晶污垢的主要成分为方解石(含量为 94.56%～97.03%)，含有少量文石(含量为 2.01%～4.85%)。不同剪切力条件下形成的方解石和文石的总量具有显著性差异(表 14.11)，总量分别为 0.21～1.18mg/cm²、0.006～0.058mg/cm²，均呈先增加后减小的趋势，且均在 0.40Pa 达到最大值。在(0,0.40Pa)范围内，方解石含量大致呈线性增加的趋势，在(0.40Pa,0.70Pa)则呈线性下降的趋势；而文石在(0,0.15Pa)范围内缓慢积累，在(0.20Pa,0.40Pa)范围内快速生长，又在(0.40Pa,0.70Pa)范围内迅速下降。

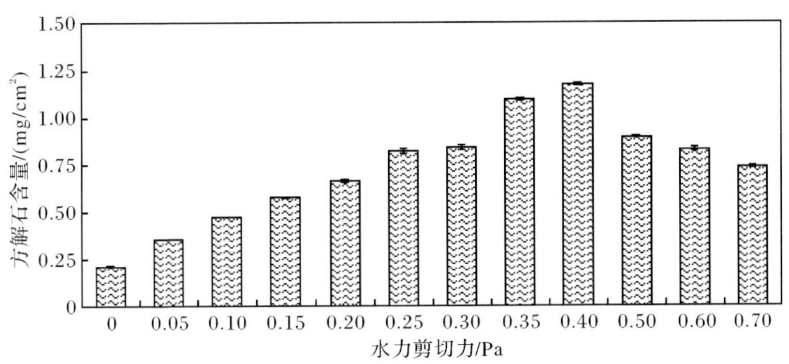

图 14.24　不同水力剪切力条件下方解石含量的变化

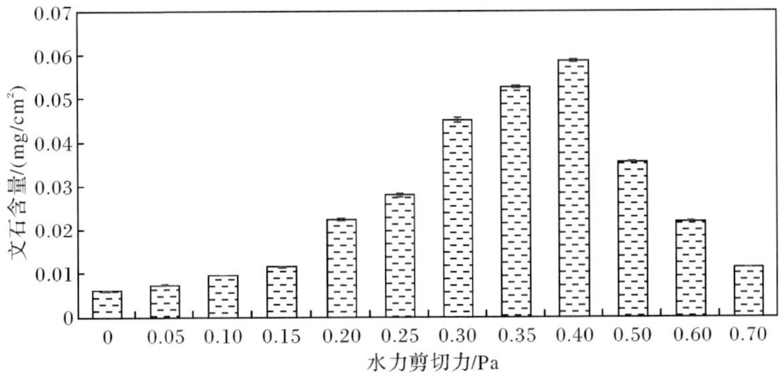

图 14.25　不同水力剪切力条件下文石含量的变化

表 14.11　不同水力剪切力作用下方解石和文石含量差异性检验

因素	组分	F 值	显著性
水力剪切力	方解石	1206.582	<0.01
	文石	3018.637	<0.01

2) 水力剪切力作用对碳酸钙析晶污垢晶体大小的影响

为进一步阐明水力剪切力对碳酸钙析晶污垢晶体结构的影响，从 X 射线衍射的结果(图 14.26)可以看出，方解石晶体对应的主峰在 29.5°左右，各试样有明显差异，说明不同水力剪切力作用下形成的碳酸钙析晶污垢晶体大小并不相同，因此，采用 Scherrer 计算不同水力剪切力作用下所形成碳酸钙析晶污垢晶体的大小，Scherrer 公式为

$$D=\frac{0.89\lambda}{\beta\cos\theta} \tag{14.3}$$

式中，D 为碳酸钙晶粒的直径；λ 为衍射波长；β 为半高宽；θ 为主峰的衍射角。

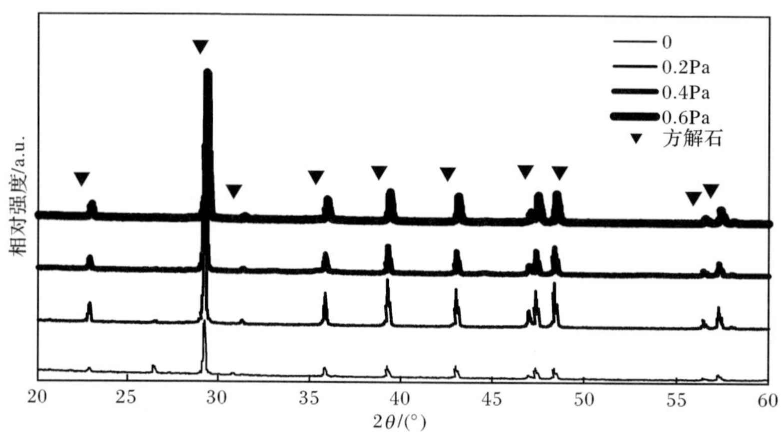

图 14.26　不同水力剪切力作用下碳酸钙析晶污垢 XRD 图谱

由图 14.27 可以看出，碳酸钙析晶污垢晶体的大小随着剪切力增大呈先升高后降低的趋势，在 0.25Pa 时所形成的碳酸钙析晶污垢晶体最大，为 9980nm；0.70Pa 时最小，为 1134.1nm。

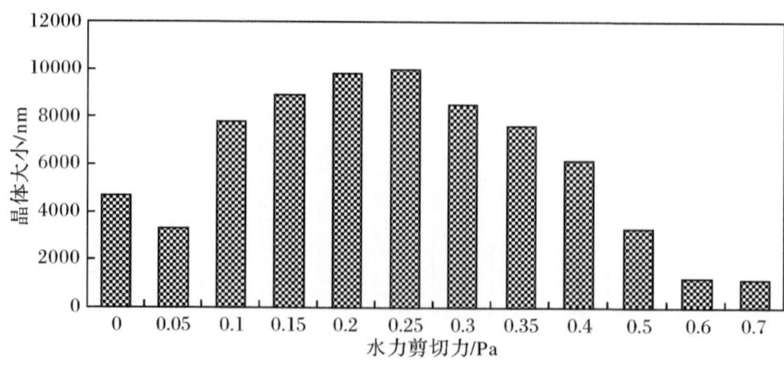

图 14.27　不同水力剪切力作用下碳酸钙析晶污垢晶体的大小

3）水力剪切力作用对碳酸钙析晶污垢晶体表观形貌的影响

图 14.28 为不同水力剪切力作用下滴灌系统管壁碳酸钙析晶污垢晶体的表观形貌。

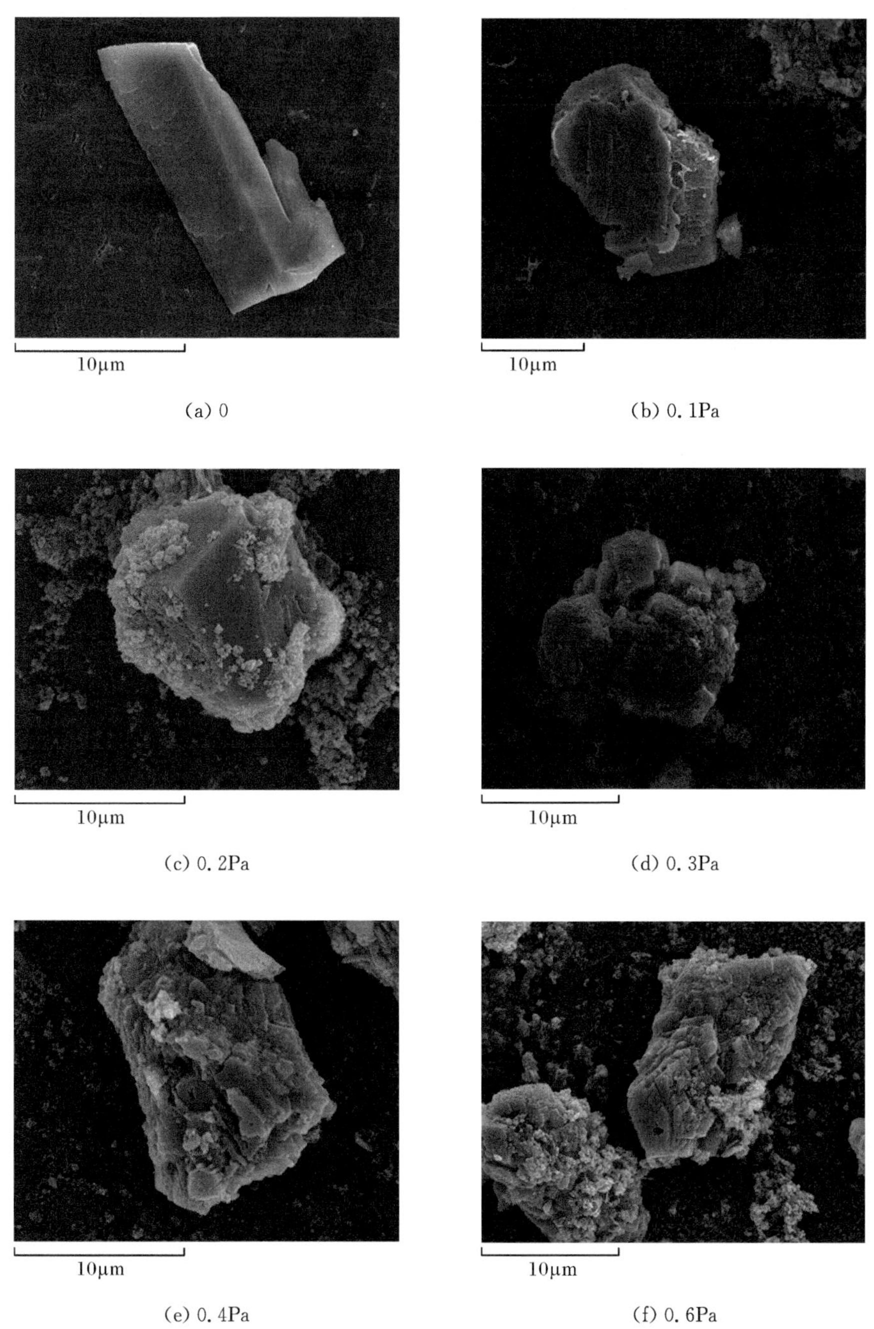

(a) 0　(b) 0.1Pa　(c) 0.2Pa　(d) 0.3Pa　(e) 0.4Pa　(f) 0.6Pa

图 14.28　不同水力剪切力作用下碳酸钙析晶污垢晶体表观形貌

从图 14.28 可以看出，水溶液中方解石型碳酸钙析晶污垢晶体的形状一般为立方体结构。随着水力剪切力的增加，方解石晶体表面有明显的变化。在水力剪切力 0、0.1Pa、

0.2Pa作用下方解石晶体虽然表面有破损但仍可以看出立方体结构；在水力剪切力0.3Pa、0.4Pa、0.6Pa作用下方解石晶体表观形貌发生较大的变化，破损较为严重，可以看出方解石晶体生长的层状结构。因为方解石晶体生长在PE管壁表面，所以图中底部仍保留立方结构，随着水力剪切力增大，晶体上部生长逐渐缩小，使整体结构呈棱台状。

14.4.2 水力剪切力与温度、杂质离子耦合对碳酸钙析晶污垢的影响

1. 多因素耦合对碳酸钙析晶污垢干重的影响

1) 不同温度和水力剪切力作用对碳酸钙析晶污垢干重的影响

不同温度和水力剪切力作用下滴灌系统PE管壁附着碳酸钙析晶污垢随时间的动态变化(CK处理组)如图14.29所示。

整体来看，在不同温度条件下PE管壁附着碳酸钙析晶污垢累积量随系统运行都表现出S形增长趋势[图14.29(a)～(d)]，其可分为生长适应期(0～50h)、快速增长期(50～200h)和动态稳定期(200～300h)三个阶段。不同剪切力作用下碳酸钙析晶污垢累积量存在明显差异($F=12.134$，$p<0.01$)，剪切力(0.20Pa，0.60Pa)时污垢总量比剪切力为0时高184.0%～427.3%[图14.29(e)]；随着剪切力增加污垢总量呈先增加后减少的变化趋势，并在0.4Pa条件下达到最大值；温度对碳酸钙析晶污垢的形成具有显著性影

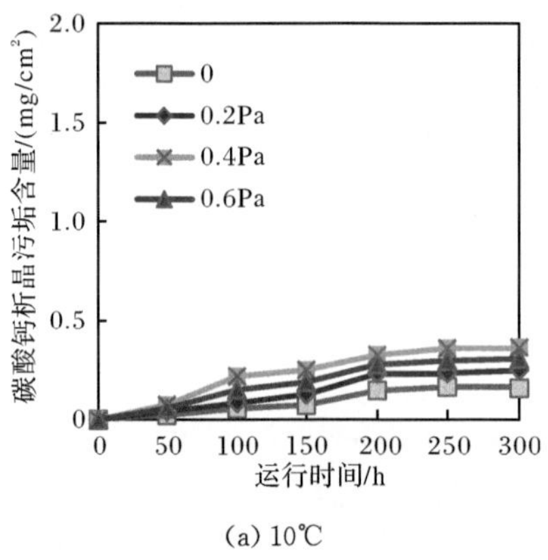

(a) 10℃

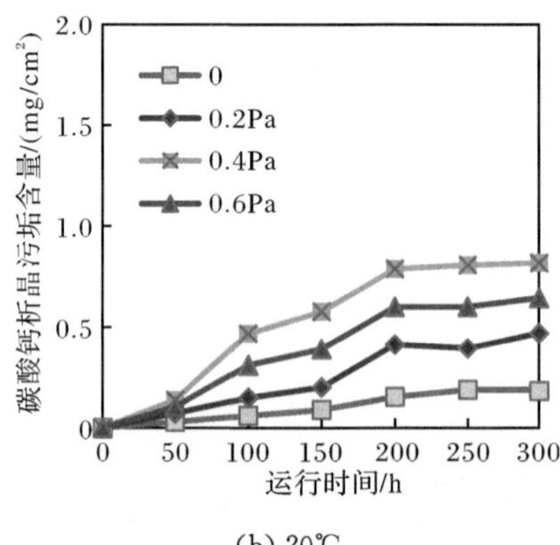

(b) 20℃

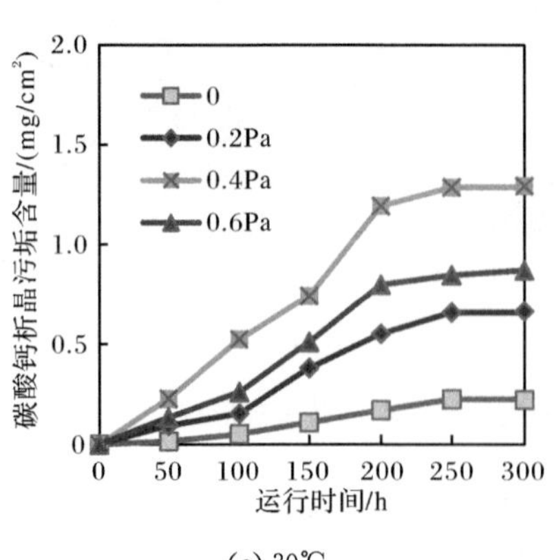

(c) 30℃

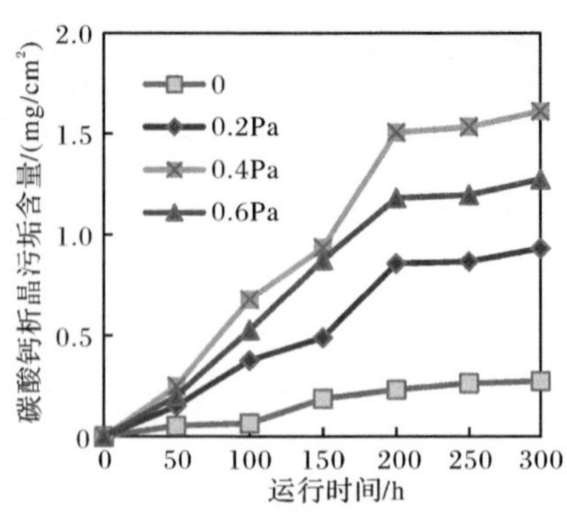

(d) 40℃

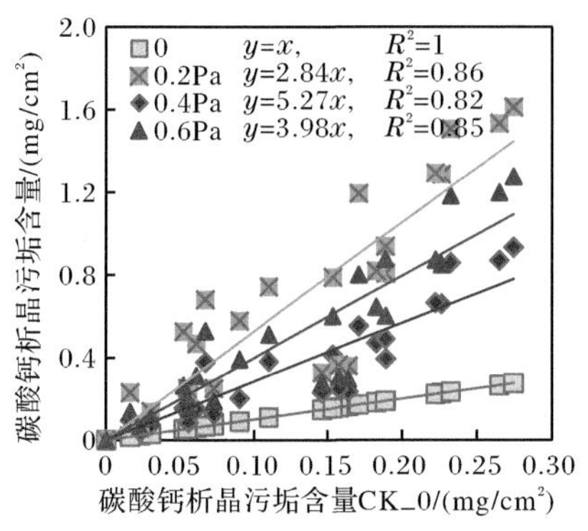

(e) 不同剪切力作用下碳酸钙析晶污垢含量的相对关系

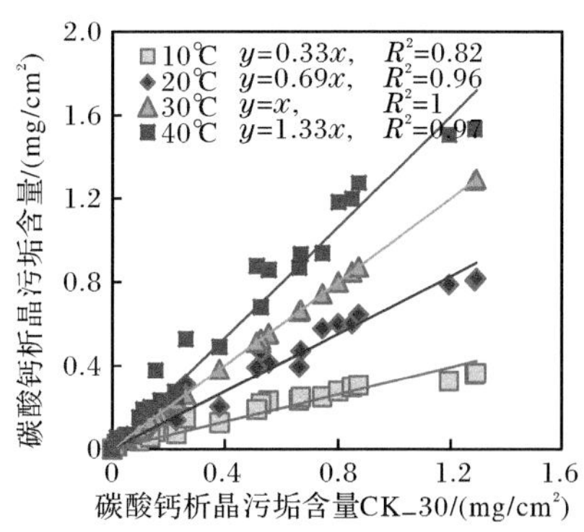

(f) 不同温度条件下碳酸钙析晶污垢含量的相对关系

图 14.29　不同温度条件下水力剪切力对 PE 管壁附着碳酸钙析晶污垢含量的影响

响($F=9.342$，$p<0.01$)，随温度的升高而升高，40℃时碳酸钙析晶污垢累积量平均为 10℃时的 4.03 倍[图 14.29(f)]。

2) 不同温度、Mg^{2+}、水力剪切力对碳酸钙析晶污垢干重的影响

不同温度和水力剪切力作用下滴灌系统 PE 管壁附着碳酸钙析晶污垢随时间的动态变化(Mg^{2+}处理组)如图 14.30 所示。

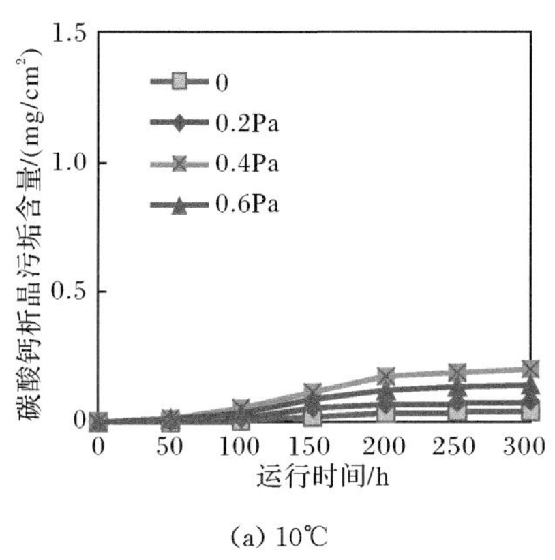

(a) 10℃

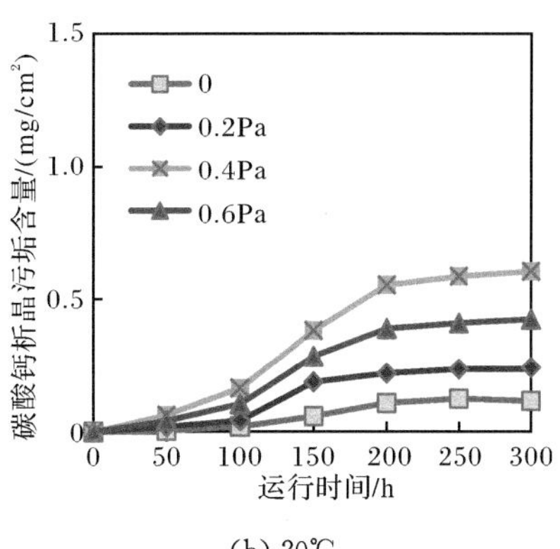

(b) 20℃

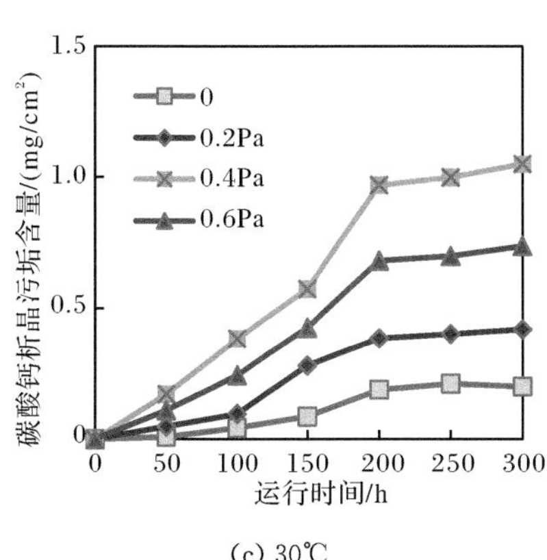

(c) 30℃

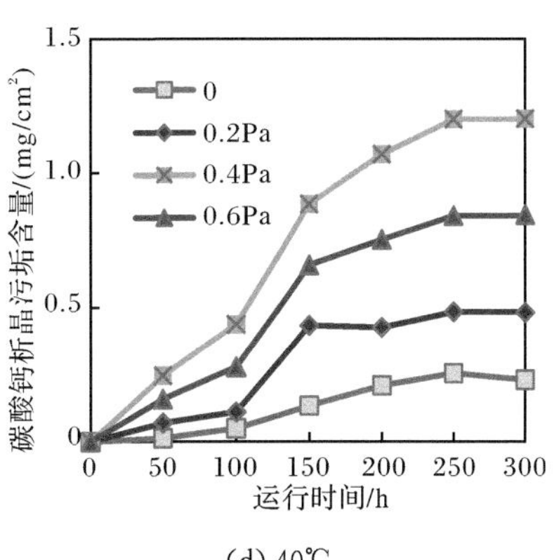

(d) 40℃

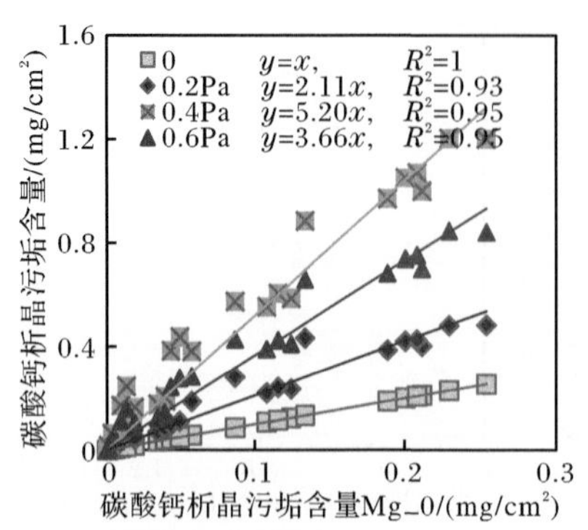

(e) 不同剪切力作用下碳酸钙析晶污垢含量的相对关系

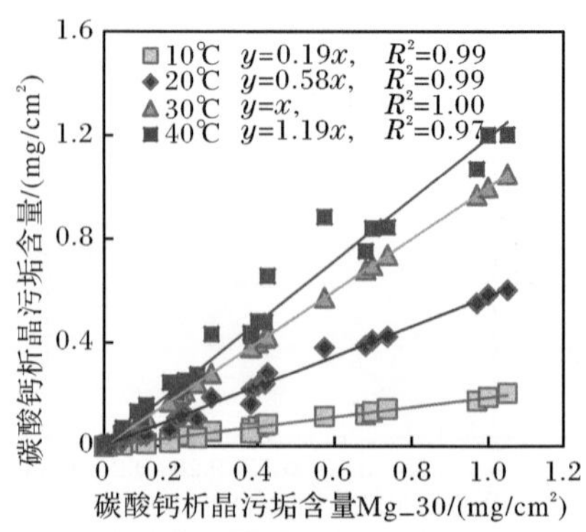

(f) 不同温度条件下碳酸钙析晶污垢含量的相对关系

图 14.30　不同温度和水力剪切力作用下 Mg^{2+} 浓度对 PE 管壁附着碳酸钙析晶污垢含量的影响

整体来看，在不同温度条件下 PE 管壁附着碳酸钙析晶污垢累积量随系统运行都表现出 S 形增长趋势[图 14.30(a)～(d)]，可分为生长适应期(0～50h)、快速增长期(50～200h)和动态稳定期(200～300h)三个阶段。不同剪切力作用下碳酸钙析晶污垢累积量存在明显差异(F=12.150，p<0.01)，剪切力(0.20Pa，0.60Pa)时污垢总量比剪切力为 0 时高 108.0%～419.7%[图 14.30(e)]；随着剪切力增加污垢总量呈先增加后减少的变化趋势，并在 0.4Pa 条件下达到最大值；温度对碳酸钙析晶污垢的形成具有显著性影响(F=12.573，p<0.01)，随温度的升高而升高，40℃时碳酸钙析晶污垢累积量平均为 10℃时的 6.26 倍[图 14.30(f)]。

3) 温度、Fe^{3+}、水力剪切力对碳酸钙析晶污垢干重的影响

不同温度和水力剪切力作用下滴灌系统 PE 管壁附着碳酸钙析晶污垢随时间的动态变化(Fe^{3+} 处理组)如图 14.31 所示。

整体来看，在不同温度条件下 PE 管壁附着碳酸钙析晶污垢累积量随系统运行都表现出 S 形增长趋势[图 14.31(a)～(d)]，可分为生长适应期(0～50h)、快速增长期(50～200h)和动态稳定期(200～300h)三个阶段。不同剪切力作用下碳酸钙析晶污垢累积量存在明显差异(F=13.627，p<0.01)，剪切力(0.20Pa，0.60Pa)时污垢总量比剪切力为 0 时高 232.6%～464.4%[图 14.31(e)]；随着剪切力增加污垢总量呈先增加后减少的变化

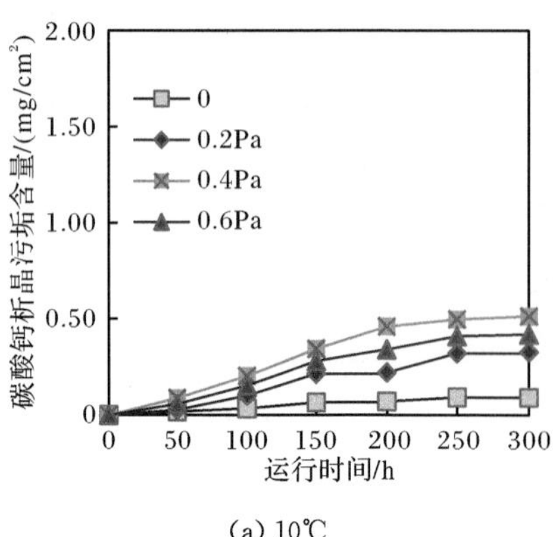

(a) 10℃

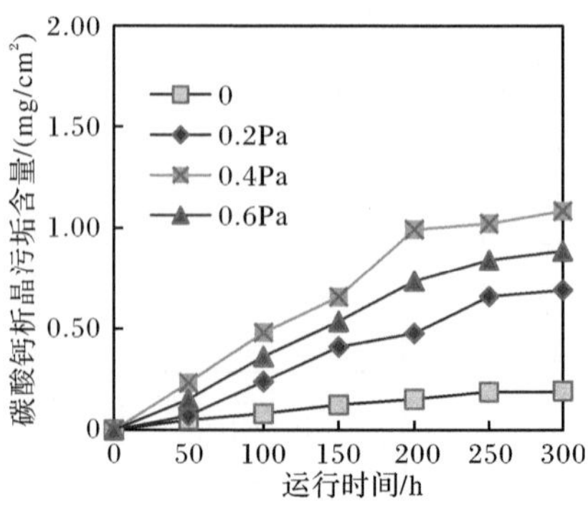

(b) 20℃

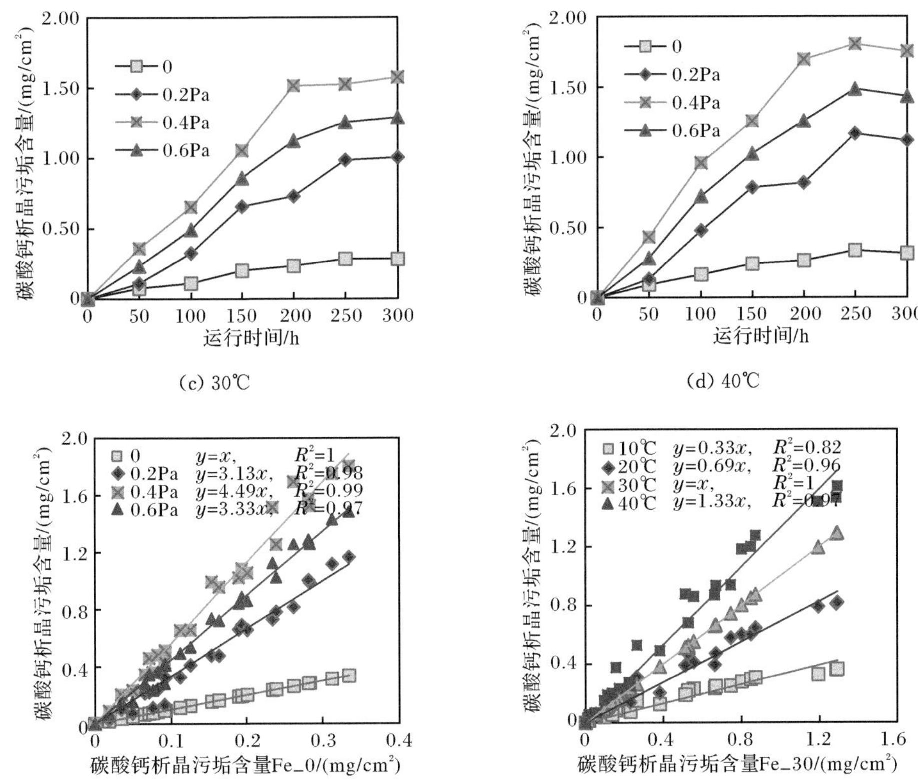

图 14.31　不同温度和水力剪切力作用下 Fe^{3+} 浓度对 PE 管壁附着碳酸钙析晶污垢含量的影响

趋势，并在 0.4Pa 条件下达到最大值；温度对碳酸钙析晶污垢的形成具有显著性影响（$F=10.228$，$p<0.01$），随温度的升高而升高，40℃时碳酸钙析晶污垢累积量平均为 10℃时的 4.05 倍[图 14.31(f)]。

4) 温度、PO_4^{3-}、水力剪切力对碳酸钙析晶污垢干重的影响

不同温度和水力剪切力作用下滴灌系统 PE 管壁附着碳酸钙析晶污垢随时间的动态变化（PO_4^{3-}处理组）如图 14.32 所示。

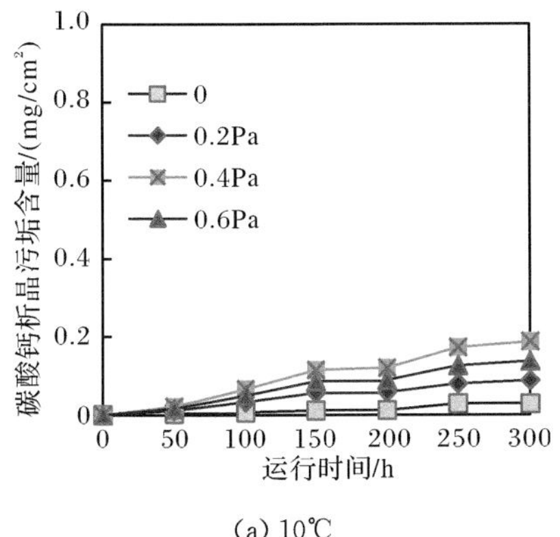

(a) 10℃

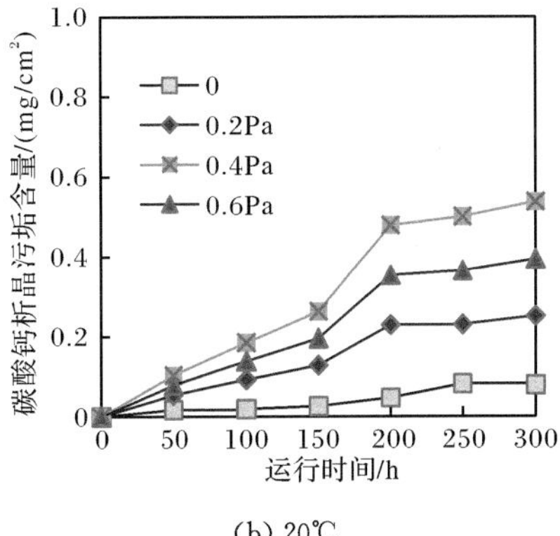

(b) 20℃

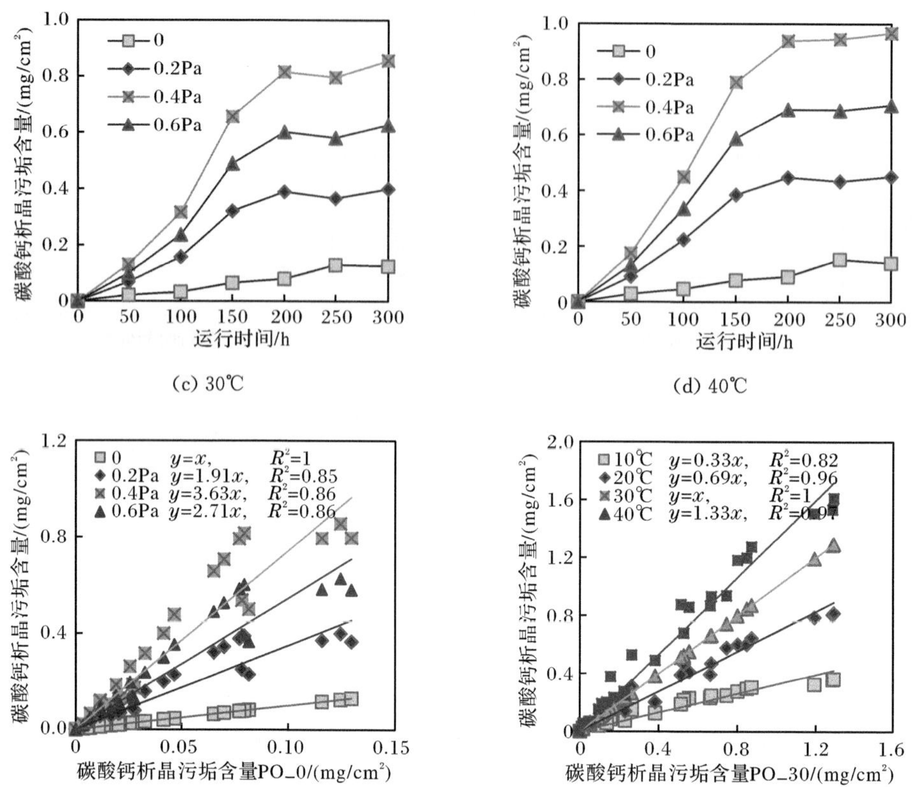

图 14.32 不同温度和近壁面水力剪切力作用下 PO_4^{3-} 对 PE 管壁附着碳酸钙析晶污垢含量的影响

整体来看，在不同温度条件下 PE 管壁附着碳酸钙析晶污垢累积量随系统运行都表现出 S 形增长趋势[图 14.32(a)～(d)]，可分为生长适应期(0～50h)、快速增长期(50～200h)和动态稳定期(200～300h)三个阶段。不同剪切力作用下碳酸钙析晶污垢累积量存在明显差异($F=14.795$，$p<0.01$)，剪切力(0.20Pa，0.60Pa)时污垢总量比剪切力为 0 时高 249.7%～642.5%[图 14.32(e)]；随着剪切力增加污垢总量呈先增加后减少的变化趋势，并在 0.4Pa 条件下达到最大值；温度对碳酸钙析晶污垢的形成具有显著性影响($F=11.616$，$p<0.01$)，随温度的升高而升高，40℃时碳酸钙析晶污垢累积量平均为 10℃时的 4.05 倍[图 14.32(f)]。

2. 多因素耦合对碳酸钙析晶污垢晶体的影响

1) 多因素耦合对碳酸钙析晶污垢晶体的影响

碳酸钙析晶污垢主要以方解石为主(>95%，图 14.33)，还含有少量的文石(图 14.34)。系统运行至 300h，方解石含量为 0.023～1.540mg/cm^2，不同水力剪切力间差异显著(表 14.12)，随水力剪切力增大呈先增大后减小的趋势，水力剪切力为 0.4Pa 时方解石含量最高；不同温度间差异显著(表 14.12)，随着温度升高呈逐渐增加的趋势；不同杂质离子间有明显差异(表 14.12)，Mg^{2+} 和 PO_4^{3-} 抑制了方解石的形成，分别减少了 25.8%～

75.9%、35.1%～82.6%，Fe^{3+}促进了方解石的形成，增加了 4.7%～66.3%。

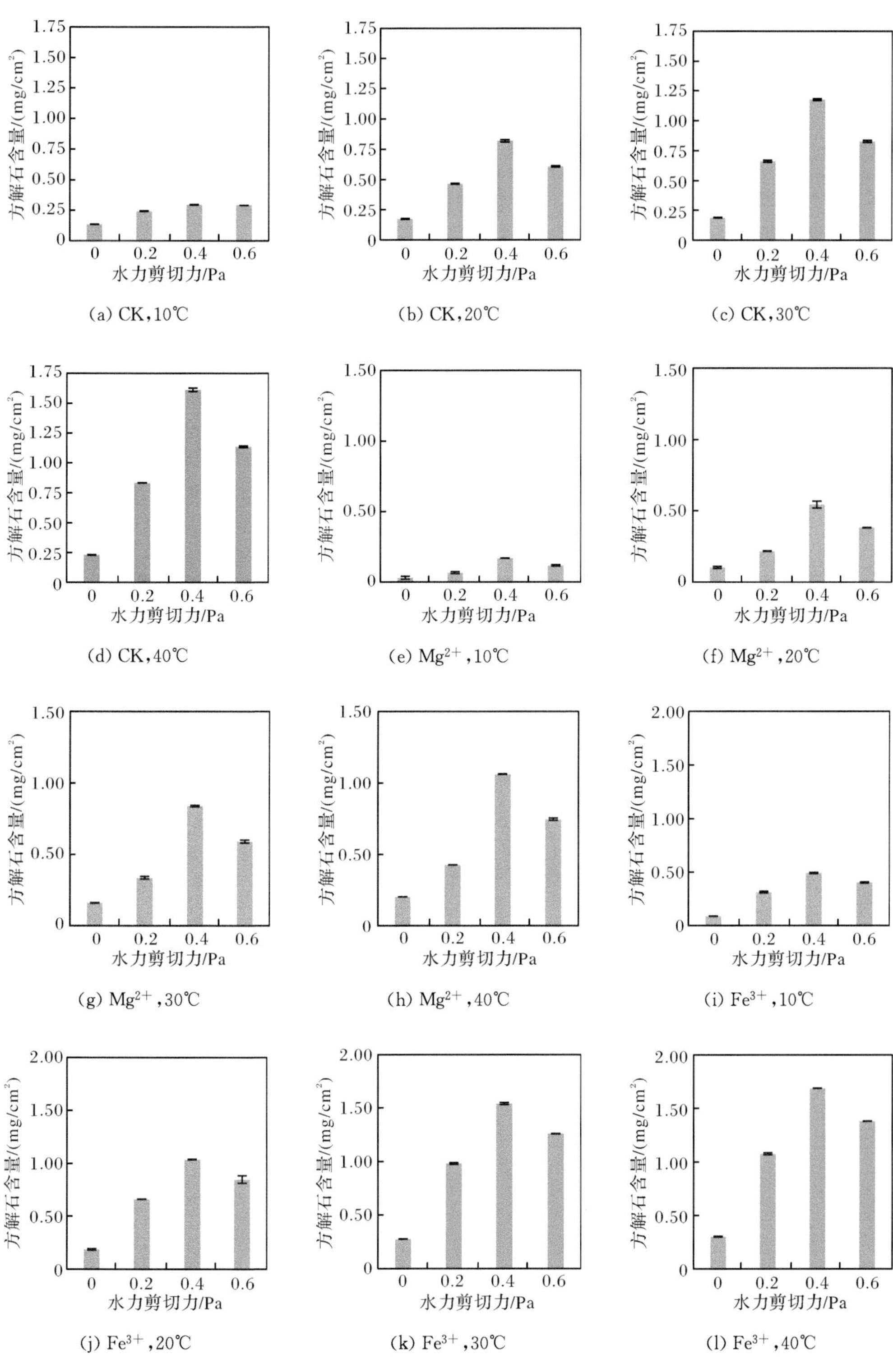

(a) CK，10℃　(b) CK，20℃　(c) CK，30℃

(d) CK，40℃　(e) Mg^{2+}，10℃　(f) Mg^{2+}，20℃

(g) Mg^{2+}，30℃　(h) Mg^{2+}，40℃　(i) Fe^{3+}，10℃

(j) Fe^{3+}，20℃　(k) Fe^{3+}，30℃　(l) Fe^{3+}，40℃

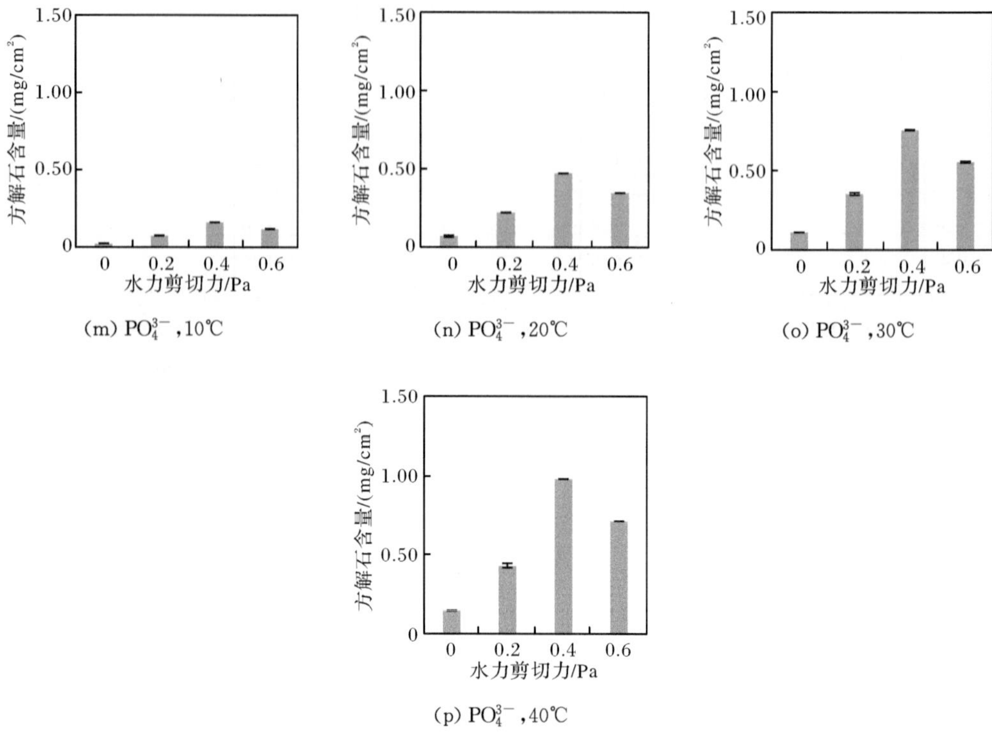

(m) PO_4^{3-}，10℃　(n) PO_4^{3-}，20℃　(o) PO_4^{3-}，30℃

(p) PO_4^{3-}，40℃

图 14.33　多因素耦合作用下方解石含量的变化

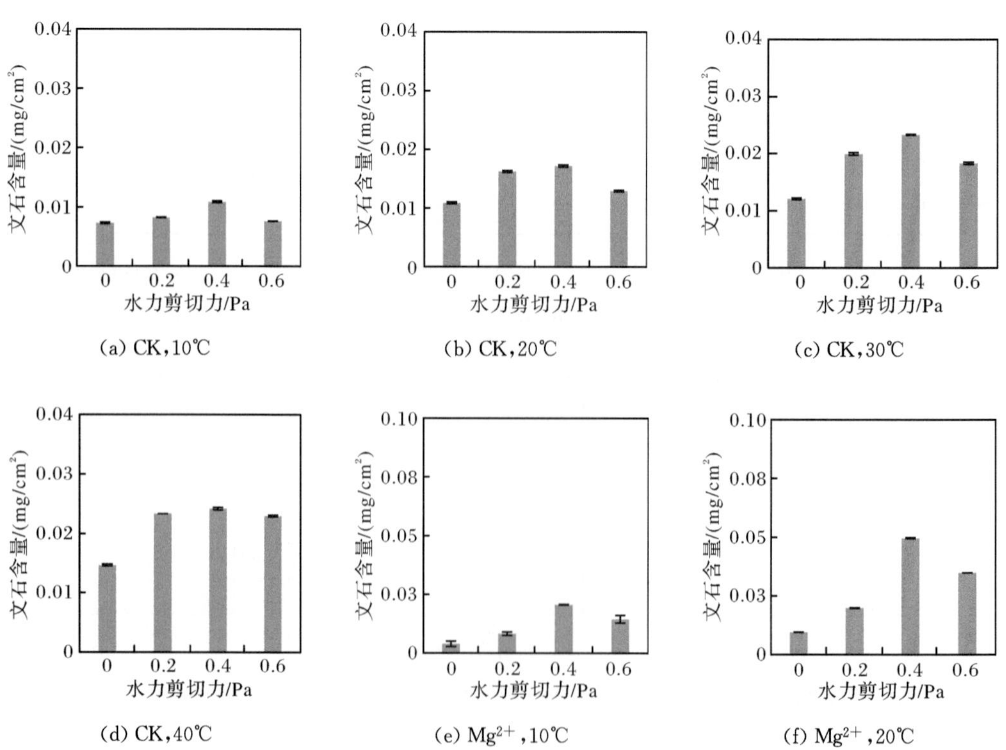

(a) CK，10℃　(b) CK，20℃　(c) CK，30℃

(d) CK，40℃　(e) Mg^{2+}，10℃　(f) Mg^{2+}，20℃

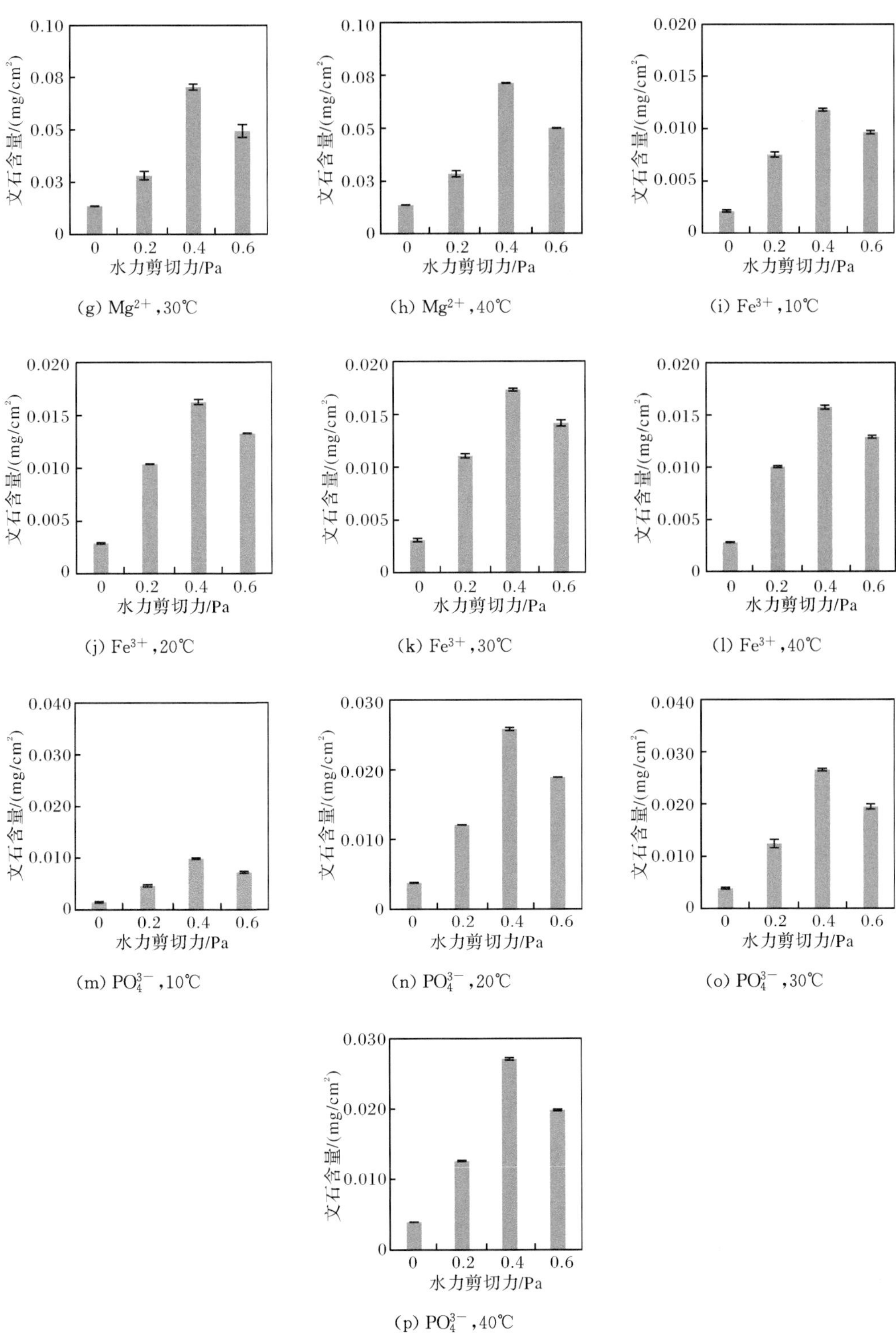

(g) Mg^{2+},30℃　(h) Mg^{2+},40℃　(i) Fe^{3+},10℃

(j) Fe^{3+},20℃　(k) Fe^{3+},30℃　(l) Fe^{3+},40℃

(m) PO_4^{3-},10℃　(n) PO_4^{3-},20℃　(o) PO_4^{3-},30℃

(p) PO_4^{3-},40℃

图 14.34　多因素耦合作用下文石含量的变化

表 14.12 多因素耦合作用下方解石和文石含量差异性检验

组分	影响因素	F值	显著性
方解石	水力剪切力	7176.272	<0.01
	温度	7371.272	<0.01
	杂质离子	7321.623	<0.01
文石	水力剪切力	3597.502	<0.01
	温度	1242.798	<0.01
	杂质离子	3423.364	<0.01

2）多因素耦合对碳酸钙析晶污垢晶体大小的影响

不同温度、水力剪切力、杂质离子条件下形成碳酸钙析晶污垢晶体大小如图 14.35 所示。由图 14.35 可以发现，方解石晶体的大小随着剪切力的增大呈先增大后减小的趋势，晶体大小为 86.3～8533.6nm；温度对 CK 处理形成的污垢晶体大小影响不大，但对 Mg^{2+}、Fe^{3+}、PO_4^{3-} 处理的影响较大，晶体大小随着温度的升高呈增加趋势，在 40℃时晶体大小分别为 10℃时的 1.4～2.4 倍、2.5～51.2 倍、1.3～2.9 倍。Mg^{2+}、Fe^{3+}和 PO_4^{3-} 可以抑制方解石晶体的生长。Mg^{2+}和 PO_4^{3-} 处理所得晶体大小分别是 CK 处理的 4.6%～74.1%、2.3%～28.2%；而 Fe^{3+}在低剪切力条件下可以抑制方解石晶体的生长，此时晶体大小是 CK 处理的 3.3%～15.8%，而在高温、高剪切力条件下则可以促进方解石晶体的生长，此时晶体大小为 CK 处理的 99.3%～286.8%。

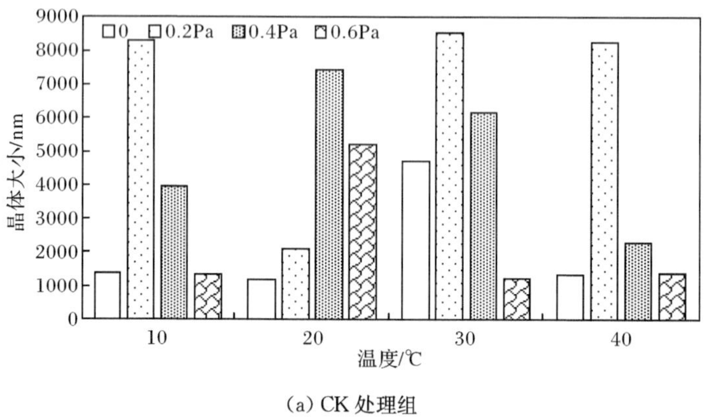

(a) CK 处理组

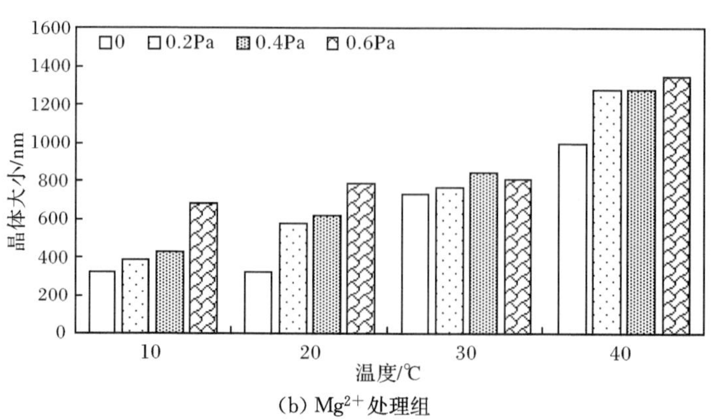

(b) Mg^{2+}处理组

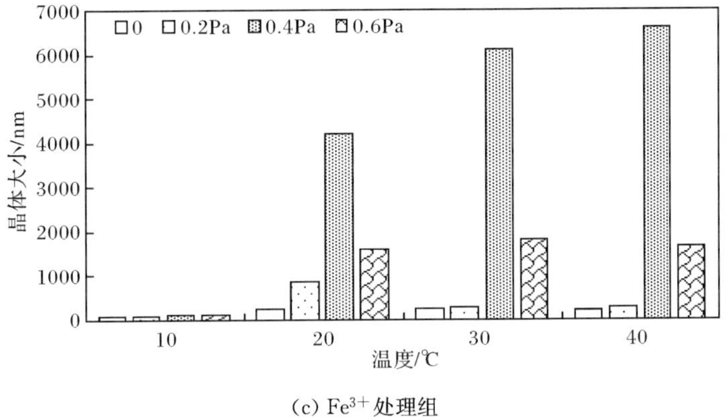

(c) Fe^{3+} 处理组

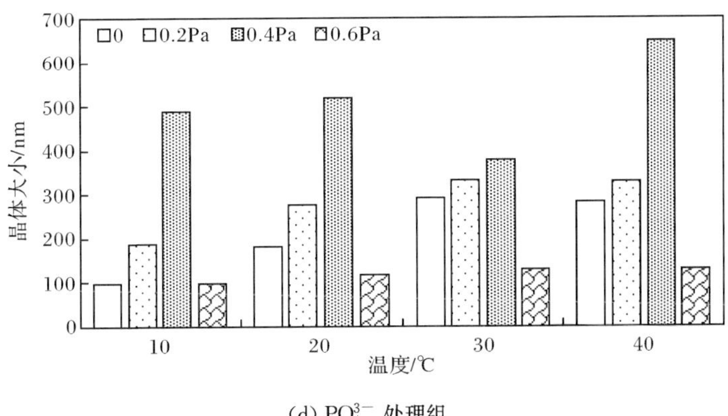

(d) PO_4^{3-} 处理组

图 14.35　多因素耦合作用对碳酸钙析晶污垢晶体大小的影响

3. 多因素耦合对碳酸钙析晶污垢晶体表观形貌的影响

图 14.36～图 14.39 分别为不添加杂质离子、添加 Mg^{2+}、添加 Fe^{3+}、添加 PO_4^{3-}，在不同温度条件下所形成的碳酸钙析晶污垢晶体的表观形貌。从图 14.36 可以看出，在不同温度条件下所形成的碳酸钙析晶污垢晶体均可以看出方解石的立方结构，虽然在剪切力作用下晶体生长被破坏，但仍保留了晶体生长的层状结构。从图 14.37 可以看出，添加

(a) 10℃

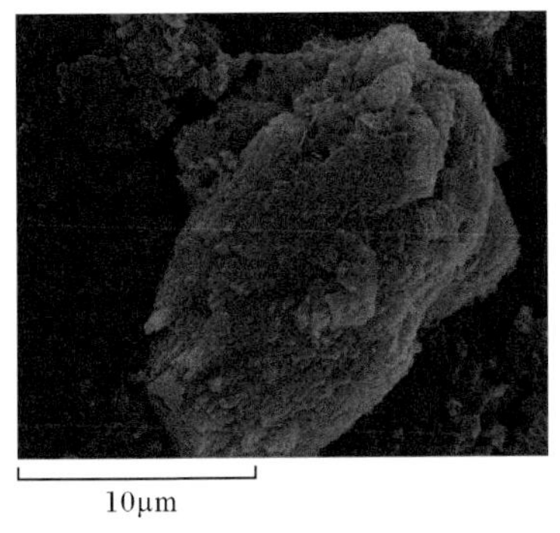

(b) 20℃

(c) 30℃ (d) 40℃

图 14.36 不同温度条件下不添加杂质离子所形成的碳酸钙析晶污垢晶体的表观形貌

Mg^{2+}后，仍可以看到方解石生长的层状结构，但在其表面形成细小的方解石晶体，且表现为随温度升高在表面所形成的晶体数量越多。从图 14.38 可以看出，添加 Fe^{3+} 后，方解石型碳酸钙析晶污垢晶体的表观形貌并没有发生明显变化，但是可以看出随着温度的升高方解石晶体逐渐增大。从图 14.39 可以看出，添加 PO_4^{3-} 后碳酸钙析晶污垢晶体表观形貌有较大的改变，以细小颗粒团聚形成较大的晶体，且随着温度的升高所形成的团聚体体积越大。

(a) 10℃ (b) 20℃

(c) 30℃ (d) 40℃

图 14.37 不同温度条件下添加 Mg^{2+} 所形成的碳酸钙析晶污垢晶体的表观形貌

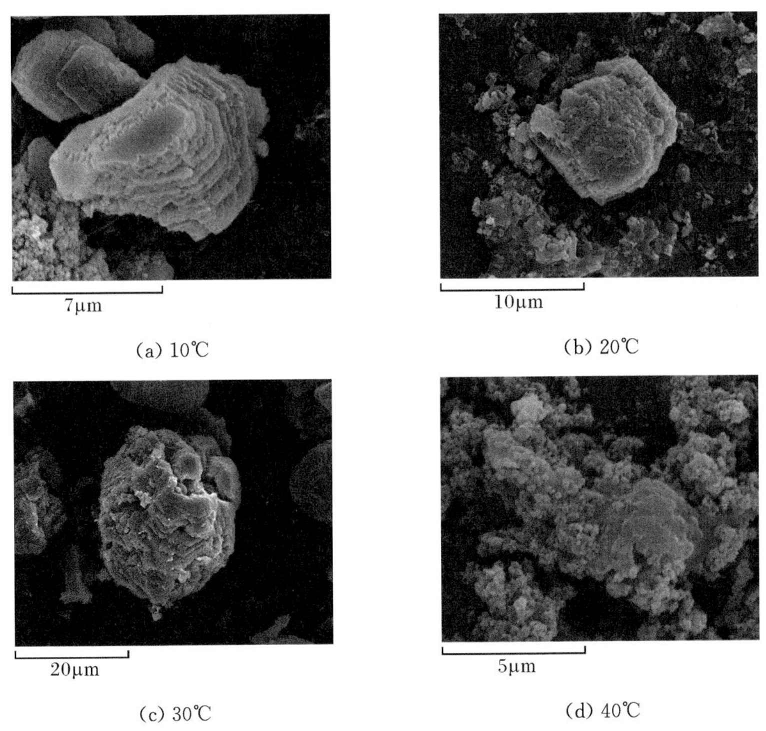

(a) 10℃　(b) 20℃

(c) 30℃　(d) 40℃

图 14.38　不同温度条件下添加 Fe^{3+} 所形成的碳酸钙析晶污垢晶体的表观形貌

(a) 10℃　(b) 20℃

(c) 30℃　(d) 40℃

图 14.39　不同温度条件下添加 PO_4^{3-} 所形成的碳酸钙析晶污垢晶体的表观形貌

14.5 小　结

(1) 消除流道中漩涡区域会严重影响灌水器的水力性能，增加灌水器开发与系统运行成本，对流道边界进行圆弧优化进而使漩涡充分发展，使泥沙最易淤积区域近壁面流速与湍流强度大幅提升，漩涡的回旋作用增强了灌水器的自清洗能力，以最容易的方式和最低的成本实现了灌水器水力性能与抗堵塞性能的协同提升。

(2) 齿形迷宫式流道最优边界优化形式为齿尖背水区、齿尖迎水区、齿根背水区和齿根迎水区均采用半径为流道宽度 1/2 的圆弧进行优化。

(3) 综合考虑堵塞物质干物质质量和堵塞物质表面三维形貌，灌水器近壁面剪切力不应在(0.20Pa，0.40Pa)范围内。

参考文献

李永欣，李光永，邱象玉，等. 2005. 迷宫滴头水力特性的计算流体动力学模拟[J]. 农业工程学报，21(3)：12-16.

李云开. 2005. 灌水器分形流道设计及其流动特性的测试研究与数值仿真[D]. 北京：中国农业大学.

李云开，王天志，冯吉，等. 2015. 滴灌系统管壁附生生物膜培养装置及其使用方法：中国，ZL201410076970. X[P].

魏正英，赵万华，唐一平，等. 2005. 滴灌灌水器迷宫流道主航道抗堵设计方法研究[J]. 农业工程学报，21(6)：1-7.

周博. 2016. 滴灌系统灌水器生物堵塞特性、评估及机理研究[D]. 北京：中国农业大学.

Arbata G，Pujolb T，Puig-Barguésa J，et al. 2013. An experimental and analytical study to analyze hydraulic behavior of nozzle-type underdrains in porous media filters[J]. Agricultural Water Management，126：64-74.

Chandra A M，Jane M. 2013. Advances and challenges with micro-irrigation[J]. Irrigation and Drainage，62(3)：255-261.

Elbana M，de Cartagena F R，Puig-Bargués J. 2012. Effectiveness of sand media filters for removing turbidity and recovering dissolved oxygen from a reclaimed effluent used for micro-irrigation[J]. Agricultural Water Management，111：27-33.

Li Y K，Yang P L，Xu T W，et al. 2008. CFD and digital particle tracking to assess flow characteristics in the labyrinth flow path of a drip irrigation emitter[J]. Irrigation Science，26(5)：427-438.

Liu H S，Li Y K，Liu Y Z，et al. 2010. Flow characteristics in energy dissipation units of labyrinth path in the drip irrigation emitters with DPIV technology[J]. Journal of Hydrodynamics，22(1)：137-145.

Marzio P，Enrico N，Thomas J. 2002. DNS study of turbulent transport at low Prandtl numbers in a channel flow[J]. Journal of Fluid Mechanics，458：419-441.

Megh R G. 2012. Management of Drip/Trickle or Micro Irrigation[M]. New Jersey：Apple Academic Press.

Ribeiro T A P，Paterniani J E S，Airoldi R P S，et al. 2008. Comparison between disc and non-woven synthetic fabric filter media to prevent emitter clogging[J]. Transaction of the ASABE，51(2)：441-453.

Zhou B, Li Y K, Pei Y T, et al. 2013. Quantitative relationship between biofilms components and emitter clogging under reclaimed water drip irrigation[J]. Irrigation Science, 31(6): 1251-1263.

第 15 章　滴灌灌水器循环逐级优化设计流程及分形系列产品设计

研发抗堵塞滴灌管(带)产品已成为众多滴灌设备生产厂家普遍追求的目标。以色列NETAFIM、美国 Rain Bird 等公司均有自己的灌水器设计所,经验较为丰富。但是我国关于抗堵塞滴灌管(带)的研究还处于研发初期,灌水器产品仍以仿制居多,具有自主知识产权而抗堵塞性能优良的灌水器产品市场占有率远远不足。仿造国外的滴头产品,定型过程则需要反复修改。尤其是零件试验性能难以满足产品要求时,必须从模具修改开始,模具甚至还有报废的风险,不仅费时费力、造价极高,最重要的是难以保证产品精度(王建东等,2015;杨培岭等,2009;李云开,2005),究其原因主要是缺乏结构设计理论指导。然而,国际上以公司主导的灌水器产品研发模式注定了设计理论和方法均受到严格保密,先进设备与生产线更是限制引进,导致我国引进的设备主要是国外厂家淘汰的产品,很大程度上限制了我国灌水器生产水平,因此亟须建立面向我国滴灌设备生产企业的灌水器设计理论。

本章针对灌水器产品开发理论与过程中存在的弊端,提出了一种面向流量设计需求的滴灌灌水器流道结构设计方法,并应用该方法研发了水力性能和抗堵塞性能俱佳的分形流道灌水器产品,通过对新产品与国内外厂家代表性产品进行性能测试,验证该方法研发的分形流道灌水器产品的突出性能。

15.1　滴灌灌水器设计技术流程

15.1.1　常见滴灌灌水器设计开发技术流程

国外早在 20 世纪中期就已经开始应用滴灌技术,以色列、美国、澳大利亚等国家的产品研发水平一直处于世界前列,具有众多拥有先进技术与方法的厂家,如以色列的NETAFIM、Metzerplas、Plastro 等,这些公司均有自己的灌水器设计所。传统灌水器设计理论与开发流程如图 15.1 所示,主要采用注塑模具设计与制造工艺。一个产品的定型需要若干次反复修改,尤其在模具加工阶段,并且如果零件试验性能达不到要求,必须从模具开始修改,模具还有报废的风险。开发周期一般为 4～5 月,成本一般在 5 万元以上,产品精度较低。

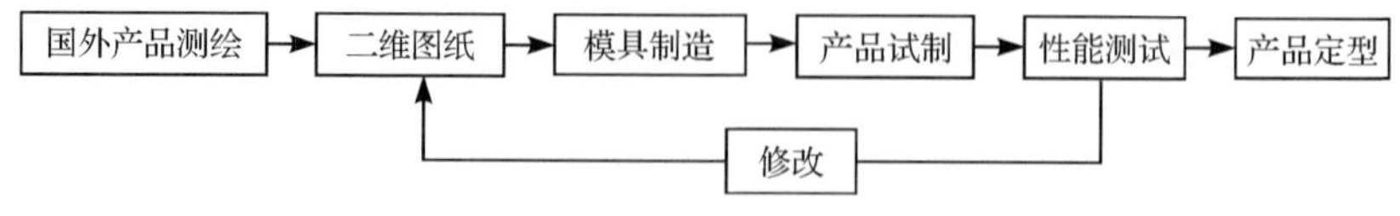

图 15.1　传统灌水器设计理论与开发流程

15.1.2　灌水器循环逐级优化设计方法

作者研究团队针对传统灌水器产品研发过程中存在的弊端，提出了一种面向流量设计需求的灌水器循环逐级优化设计方法。产品定型只需要通过计算机各项软件的设计、计算与模拟实现，无须对模具进行改进或反复制造，大大降低了开发周期与成本。使用该方法设计灌水器产品，开发周期缩短到 1～2 个星期，成本控制在 2 万元以下。与此同时，由于研发流程是从灌水器内部堵塞物质形成机理出发进行的，从本质上提高了灌水器产品的抗堵塞性能。

灌水器循环逐级优化设计方法主要步骤如下。

(1) 模型建立。

考虑边壁粗糙度条件，采用随机线条简化灌水器近壁面堵塞物质附着特征，建立灌水器近壁面堵塞物质附着后粗糙度元模型。采用不同湍流模型对灌水器内部固液两相流动进行模拟，从宏观水力特性和微观流动特性两方面评价模拟的准确性，建立最能准确反映流道内真实流场情况，最适宜的模拟模型为 RNG k-ε 模型。

(2) 流道构型选择。

应用步骤(1)中所建立的最优模拟模型，对灌水器产品的迷宫流道，包括分形流道、齿形流道、三角形流道、矩形流道和梯形流道内部水流及颗粒物运动进行模拟，综合考虑水力性能和抗堵塞性能，以确定灌水器最优流道构型。

(3) 结构参数选择。

建立评估滴灌系统灌水器性能的特征参数及基于灌水器特征参数的快速估算方法。

$$P=-13.16A^{1/2}/L-0.33W/D+1.57 \tag{15.1}$$

式中，L、W、D 分别为流道长度、流道宽度、流道深度，mm；A 为流道断面面积，$A=WD$，mm^2。

根据灌水器流量设计需求，同时考虑现有灌水器流道结构的合理阈值，选定不同流道长、宽和深组合进行试算，获得较高 P 值对应的结构参数组合，并采用步骤(1)中的最优模型模拟不同结构参数组合下的灌水器水力性能，从而确定灌水器最优几何参数组合。

(4) 流道边界优化。

采用步骤(1)中确定的最优模型模拟最优几何参数组合条件下灌水器的内部流动特征，确定灌水器流道近壁面剪切力分布情况。判断是否存在剪切力为 0.2～0.4Pa 的位置，若存在，则需对该位置采用漩涡洗壁优化设计方法进行反复优化，以使漩涡充分发展，水流旋转起来，从而提升水流对流道壁面的自清洗能力，以确保灌水器近壁面剪切力均不处于 0.2～0.4Pa。

(5) 产品定型与生产。

综合步骤(2)～步骤(4)所得灌水器结构构型、几何参数与边界优化形式，进行灌水器三维定型，最终依据用户应用需求，确定滴灌管(带)材料、壁厚等关键参数，实现灌水器新产品的产业化。

15.2 滴灌灌水器分形流道设计

15.2.1 分形设计指导思想

分形是局部和整体有某种方式相似的形，突出了图形中局部和整体之间的相似性，具有这种性质的曲线称为分形曲线，通常采用以下几个步骤得到(图 15.2)：

(1) 把一长度为 L_0 的线段分割成 n 份($n=3,4,5,\cdots$)。

(2) 按照一定的规则(指选取分割后不同位置的线段)向上或向下(可以固定也可以是随机)形成一定角度 $\beta(0°<\beta\leqslant 90°)$，删除原位置处的线段。

(3) 按照上述步骤重复一次或多次，甚至无穷(实际应用很少)，形成一条具有相似结构的折线(即具有处处连续和处处不可微的性质)，这条折线就是分形曲线。经过近 30 年的发展，已经形成了包括 Koch、Minkowski、Levy、Peano 在内的多种分形曲线。

下面以 Koch 曲线为例简单介绍生成法：取定一条欧氏长度为 L_0(生成线段)的直线段，将其三等分之后，保留两端的两段，将中间的一段改成夹角为 60°、两个长为 $L_0/3$ 的等长直线段，如图 15.2(a)中迭代次数 $n=1$ 的操作；将边长为 $L_0/3$ 的 4 段直线段分别进行三等分，并将它们中间一段改成夹角为 60°、两个长度为 $L_0/9$ 的等长直线段，得到图 15.2(a)中 $n=2$ 的操作；重复上述操作直至无穷，得到一条具有相似结构的曲线。实际上不可能进行无穷次迭代，所得曲线在一定标度范围内是自相似的(图形由把原图缩小为 $1/a$ 的相似的 b 个图形所组成)，具有分形特性。

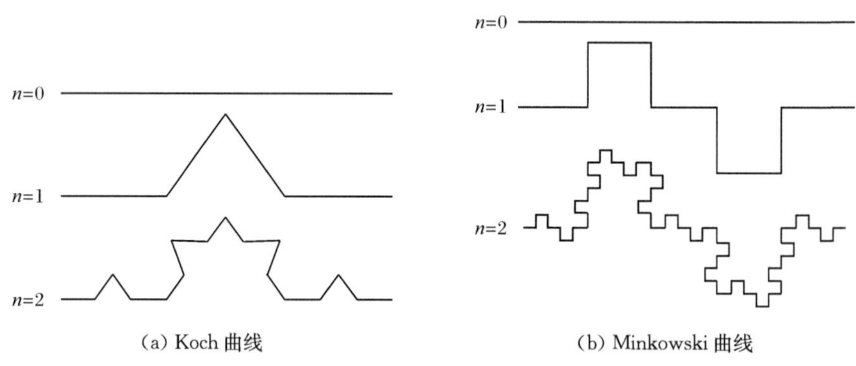

(a) Koch 曲线　　(b) Minkowski 曲线

图 15.2　分形曲线生成器

15.2.2 分形流道构造过程

以生成的分形曲线为边界或中心线，向另一侧或两侧扩展不同距离，就能形成不同宽度的流道，称为分形流道，可作为滴头流道。以分形理论构造出的这种处处连续不可导的曲线，根据迷宫式流道的消能原理不难想象，以这种曲线为边界的流道具有的消能功能是迷宫式流道所无法比拟的。分形曲线的种类繁多，同时每种曲线的变形形式也千变万化，用不同的生成器可以得到不同形式的流道，不同迭代次数的流道对流道内水流特征的影响显著。考虑到滴头流道的设计要求，在保持流道消能单元基本几何参数不变的条件下，根据消能单元数目与排列顺序基本符合原型的原则对分形流道进行修正，如图 15.3 所示，修正后的分形流道更适合滴头流道设计的要求。

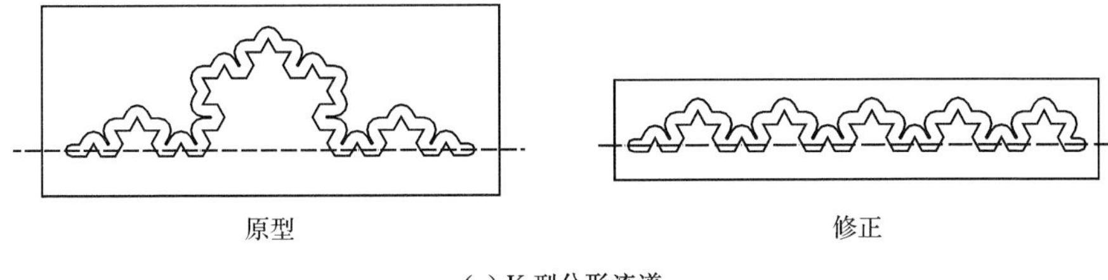

原型　　修正

(a) K 型分形流道

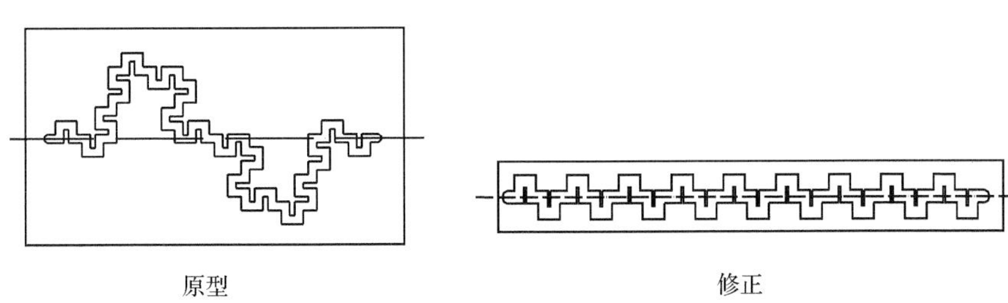

原型　　修正

(b) M 型分形流道

图 15.3　分形流道的原型和修正形式

15.3　滴灌灌水器非流道主体部分的辅助结构设计

灌水器通常由进水格栅、主体流道、出水口和附属结构构成，如图 15.4 所示。进水格栅主要用于把水流引入流道并过滤掉一部分杂质，一般分为滤网式和直条式两种。流道是灌水器最主要的组成部分，其结构形式、尺寸等参数决定了灌水器的流量和灌水均匀性。但也因其狭长的形状特征，在运行过程中极易堵塞。流道优化设计也是当今灌水器研究的热点问题之一。灌水器出口设计一般与滴灌带加工工艺有关，主要分为圆孔形、条形和方形等，其中以圆孔形最为常见。除此之外，附属结构主要是指圆柱式灌水器中连接毛管的圆形管，而除流道、进水格栅、出水口以外的部分，主要目的是使加工及安装方便、标准。

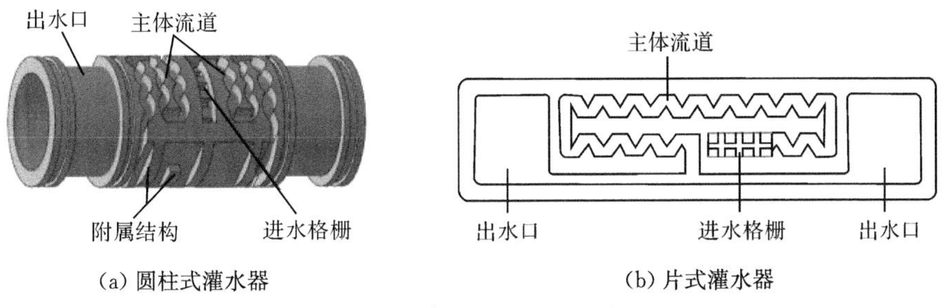

(a) 圆柱式灌水器　　(b) 片式灌水器

图 15.4　灌水器的结构组成

15.3.1 进水格栅

进水格栅的形式主要由流道的性质决定，其单孔最小过流面积必须小于流道面积，以过滤掉易造成流道堵塞的杂质。为了更好地阻挡杂质进入流道，片式灌水器进水格栅的深度要比流道深，而圆柱式灌水器进水格栅的深度与流道深度则基本一致。

1. 滤网式进水格栅

滤网式进水格栅多呈长方形(图 15.5)，通常设置在片式灌水器的中间部分，与出水口相邻。流道环绕其周围，结构较为复杂。因其长方形的结构特点，不适用于圆柱式灌水器，所以集中应用在片式灌水器中。

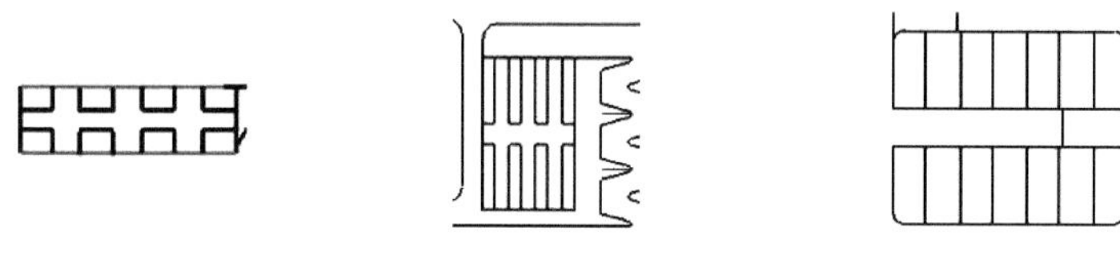

图 15.5 滤网式进水格栅

2. 直条式进水格栅

直条式进水格栅(图 15.6)只占用一个窄条空间，且进水格栅总面积可以达到要求，所以广泛应用在片式灌水器和圆柱式灌水器中，是应用最广泛的一种进水格栅形式。在片式灌水器中进水格栅通常设置在灌水器靠近边缘的地方，流道全部在其另外一侧。进水格栅结构简单，与其相连的流道形式也较简单。在圆柱式灌水器中，进水格栅有前后位置对称的两个，它们可以置于灌水器的一侧，靠近流道的地方，也可以放在灌水器中间，其作用都是一样的。

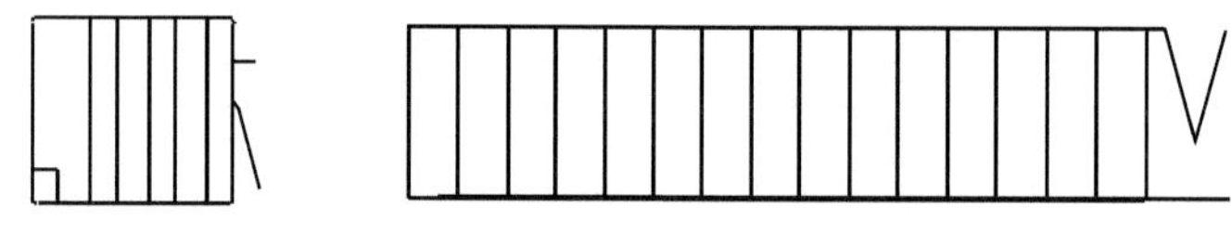

图 15.6 直条式进水格栅

3. 迷宫式进水格栅

迷宫式进水格栅多用于单翼迷宫式滴管带(图 15.7)，灌水器流道进口应设置滤网，当不具备设置滤网的条件时，进口尺寸宜小于主流道尺寸，其具有过滤水中杂质的功能，减小主流道堵塞的概率。

15.3.2 出水口及附属结构

灌水器出口的设计一般与滴灌带的加工工艺有关，主要分为圆孔形、条形、方形等，其中以圆孔形最为常见。

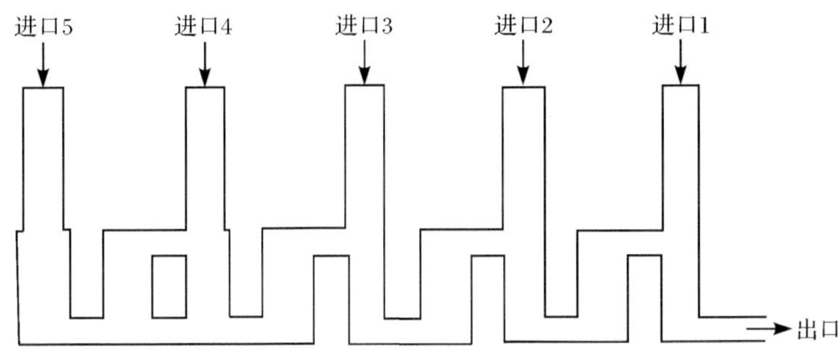

图 15.7　迷宫式进水格栅

片式灌水器的出水口经过一个缓水槽，然后经过灌水管道上的小孔流出。缓水槽结构单一，为长方形构造，深度与流道深度相同(图 15.8)。迷宫式滴灌灌水器的出水孔直接接于流道之后，其形状为方形(图 15.9)。同片式灌水器的出水孔相似，流延式灌水器出水孔接于缓水槽后，呈条形(图 15.10)。

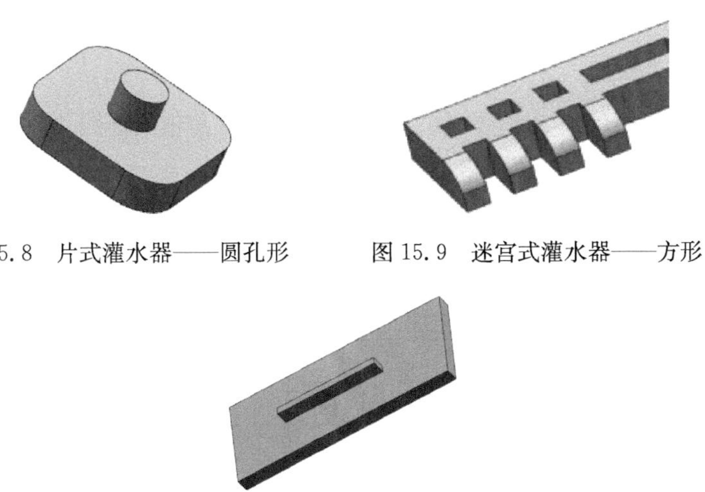

图 15.8　片式灌水器——圆孔形　　　图 15.9　迷宫式灌水器——方形

图 15.10　流延式灌水器——条形

15.3.3　预沉处理

在灌水器内部增设泥沙预沉池(图 15.11)，使水流在进入流道以前，首先进行泥沙预沉处理，最大限度地沉降泥沙，以减小灌水器流道发生堵塞的可能。

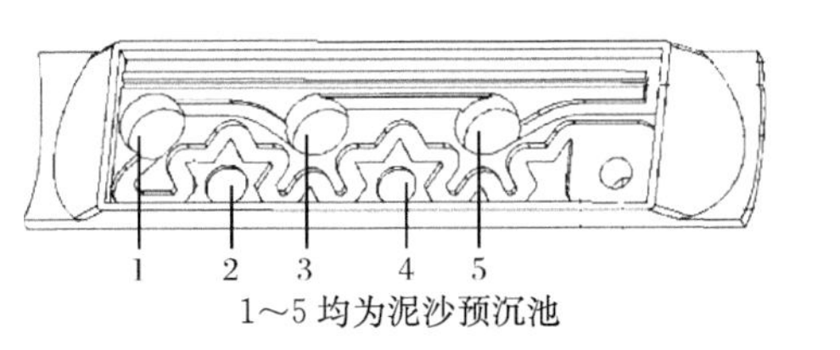

1～5 均为泥沙预沉池

(a) 一种引黄滴灌用片式灌水器(李云开等，2013)

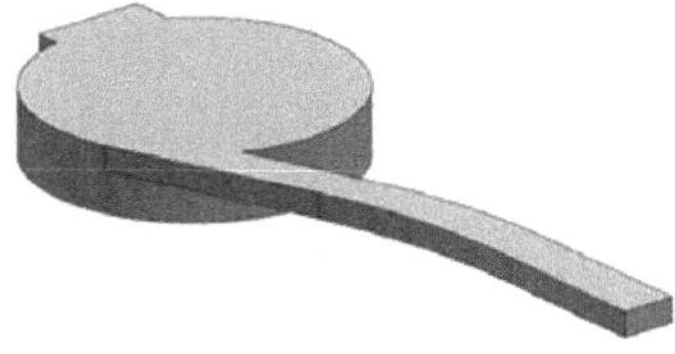

(b) 泥沙预沉池结构

图 15.11　灌水器内部增设泥沙预沉池

15.4 分形流道滴灌灌水器产品设计

应用本章建立的滴灌灌水器循环逐级优化设计方法，以额定流量 $Q=1.6\mathrm{L/h}$ 为例，设计片式灌水器 1 个。

15.4.1 灌水器初级雏形结构设计

1. 流道构型选择

根据得到的各流道构型的真实粗糙度条件下的模拟模型（$\overline{S}_q=1.4\mu\mathrm{m}$），对所有构型流道内部水流及颗粒物运动进行固-液-气三相流动模拟，得到不同流道构型灌水器内部的湍流强度（12.1 节）。可以看出，分形流道灌水器湍流强度最大（湍流强度是一个体现抗堵塞性能的指标，湍流强度的大小代表抗堵塞性能的大小，湍流强度越大，抗堵塞性能越高），因此确定滴灌灌水器最优流道构型为分形流道，即完成灌水器流道构型选择。

2. 结构单元设计

对分形流道真实粗糙度条件下的模拟模型，在满足流道消能需求（即不产生射流）和流态指数 x 为 0.50～0.55，且流道消能需求和流态指数 x 随结构参数（流道长度 L、流道宽度 W、流道深度 D）变化不敏感的前提下，确定所设计分形流道片式灌水器构型的结构参数控制阈值，结果见表 15.1。

表 15.1 分形流道片式灌水器构型的结构参数控制阈值

类型	结构长度/mm	结构宽度/mm	结构深度/mm
分形流道片式灌水器	32.5～51.6	0.75～0.95	0.70～0.85

在各结构参数控制阈值范围内按均等间距设 20 个代表值，得到该结构参数组合灌水器的出流流量和进口压力（具体为 0.01MPa、0.03MPa、0.05MPa、0.07MPa、0.09MPa、0.1MPa、0.11MPa、0.13MPa、0.15MPa下对应的流量值）关系曲线 $Q=k_\mathrm{d}H^x$，其中，Q 为出流流量，k_d 为流量系数，H 为进口压力，x 为流态指数，进而得到流量系数 k_d，将结构参数与 k_d 进行拟合，得到灌水器流量系数 k_FE的预报模型：

$$k_\mathrm{FE}=15.44\times\frac{(WD)^{1.28}}{L^{0.53}} \tag{15.2}$$

3. 灌水器抗堵塞性能评估指数试算

将各结构参数阈值范围按均等间距设 100 个代表值，将各代表值从小到大依次进行参数组合，再将各组合按照流道结构参数从小到大进行排列，根据式（15.1）计算各组合的抗堵塞评估参数 P，试算结果见表 15.2。在此基础上计算相邻两个组合 P 值间的偏差，从相邻两个组合 P 值小于 1%的若干组合中，取一定数量的组合，将其结构参数的值代入式（15.2）中，计算流量系数 k_FE，将计算出的 k_FE值最小的对应的流道结构参数确定为滴灌灌水器流道结构最优参数。

从表 15.2 可以看出，分形流道片式滴灌灌水器试算至第 38 个组合（即 $i=38$）～第 99 个组合（即 $i=99$）时，$\frac{P_{i+1}-P_i}{P_i}$均小于 1%，将第 38 个组合～第 42 个组合结构参数的值分别代入式(15.2)计算 k_{FE}，将 k_{FE}值最小的第 38 个组合即 FE38＃的流道结构参数确定为滴灌灌水器流道结构最优参数，其分形流道的长度为 39.567mm，宽度为 0.824mm，深度为 0.7555mm。

最后，将 FE38＃确定为灌水器初级雏形结构，并进行下一步的二级精细结构设计。

表 15.2　分形流道片式滴灌灌水器抗堵塞性能特征值结果

编号	额定流量 /(L/h)	流道长度 /mm	流道宽度 /mm	流道深度 /mm	P_{FE}	$\frac{P_{i+1}-P_i}{P_i}$/%	k_{FE}
FE1＃	1.6	32.500	0.750	0.7000	2031.400	1.200	
FE2＃	1.6	32.691	0.752	0.7015	2056.000	1.190	
FE3＃	1.6	32.882	0.754	0.7030	2080.800	1.180	
⋮	⋮	⋮	⋮	⋮	⋮	⋮	
FE37＃	1.6	39.376	0.822	0.7540	3015.000	1.000	
FE38＃	1.6	39.567	0.824	0.7555	3045.100	0.997	1.191
FE39＃	1.6	39.758	0.826	0.7570	3075.509	0.992	1.195
FE40＃	1.6	39.949	0.828	0.7585	3106.013	0.987	1.198
FE41＃	1.6	40.140	0.830	0.7600	3136.673	0.982	1.202
FE42＃	1.6	40.331	0.832	0.7615	3167.489	0.978	1.206

15.4.2　灌水器二级精细结构设计

采用漩涡洗壁优化设计方法对该内壁位置进行优化：分析流道内漩涡分布，根据漩涡外边缘的形状和大小，将流道的齿尖迎水区和齿跟迎水区设计为与漩涡外边缘形状和大小相近或相同的圆弧，对灌水器流道的齿尖迎水区和齿跟迎水区进行优化，然后对该优化后的灌水器进行固-液-气三相流动模拟，当灌水器的内壁近壁面水力剪切力均不处于0.2～0.4Pa 时，将该优化后的流道结构确定为灌水器最优流道结构，当灌水器的内壁近壁面水力剪切力还存在 0.2～0.4Pa 时，按照上述方法再次进行优化和模拟。

以 FE38＃为模拟对象，模拟灌水器流道内部固-液-气三相流动，得出灌水器内壁近壁面水力剪切力分布情况，结果如图 15.12 所示。可以看出，在流道的齿尖迎水区和齿跟迎水区存在内壁近壁面水力剪切力处于 0.2～0.4Pa 的内壁位置。

首先采用圆弧半径等于流道宽度，圆弧半径为流道宽度 1/2、1/3 的圆弧三种情况对 FE38＃灌水器齿尖迎水区与齿跟迎水区进行优化，然后对本次优化的 FE38＃灌水器流道内部水流及颗粒物运动分别进行固-液-气三相流动模拟。结果发现，当采用半径为流道宽度 1/2 的圆弧对流道的齿尖迎水区和齿跟迎水区进行优化时，FE38＃灌水器内壁近

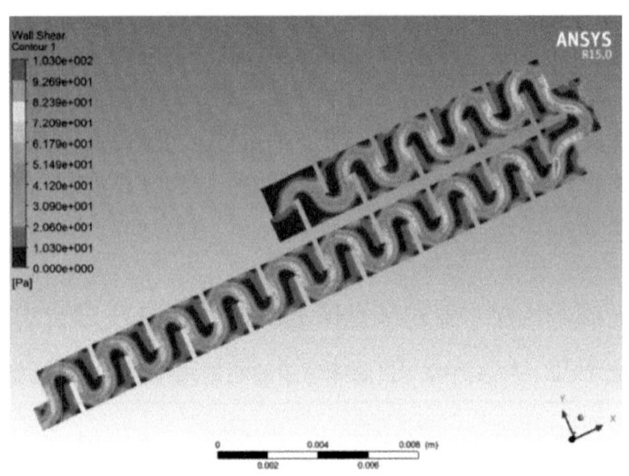

图 15.12　灌水器内壁近壁面水力剪切力分布情况(FE38＃)

壁面水力剪切力均不处于 0.2～0.4Pa,将此时的流道结构确定为灌水器最优流道结构。

15.4.3　灌水器设计流量校核

对得到的灌水器最优流道结构为物理原型进行模拟,直接在 Fluent 中输出流量,得到优化后模拟的流量值,为 1.58L/h,与灌水器额定设计流量 1.6L/h 的偏差为 1.25%,说明边界优化(即漩涡洗壁流道结构优化设计)对流量基本没有影响。

采用 UG NX 系列软件对确定的灌水器最优流道结构进行三维定型,开发高精度模具(精度不低于±5μm),选定滴灌管材料、壁厚等其他参数,实现灌水器新产品的产业化,获得灌水器产品。

该灌水器产品为片式,分形流道的长度为 39.567mm,宽度为 0.824mm,深度为 0.7555mm,流道的齿尖迎水区和齿跟迎水区为半径 0.411mm 的圆弧,如图 15.13 所示。

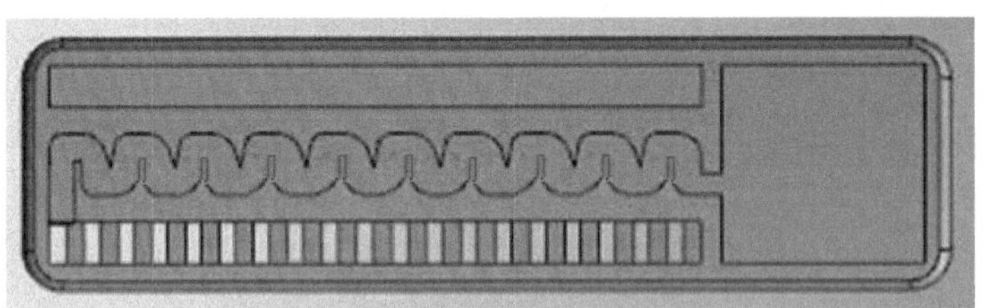

图 15.13　分形流道片式灌水器

15.5　分形流道滴灌灌水器产品性能测试

本章选择引黄灌区三种典型水源:黄河水、微咸水及两者的混配水(混配比例 1∶1),对新开发的分形流道灌水器中的两种代表性产品及其他国内外厂家 14 种代表性产品进行滴灌系统灌水器堵塞原位测试,结果如图 15.14 所示。可以看出,研发的分形流道灌水器新产品较以色列 NETAFIM 公司产品的抗堵塞性能提高了 4.0%～9.1%，新产品的抗堵塞性能已达到国际领先水平。

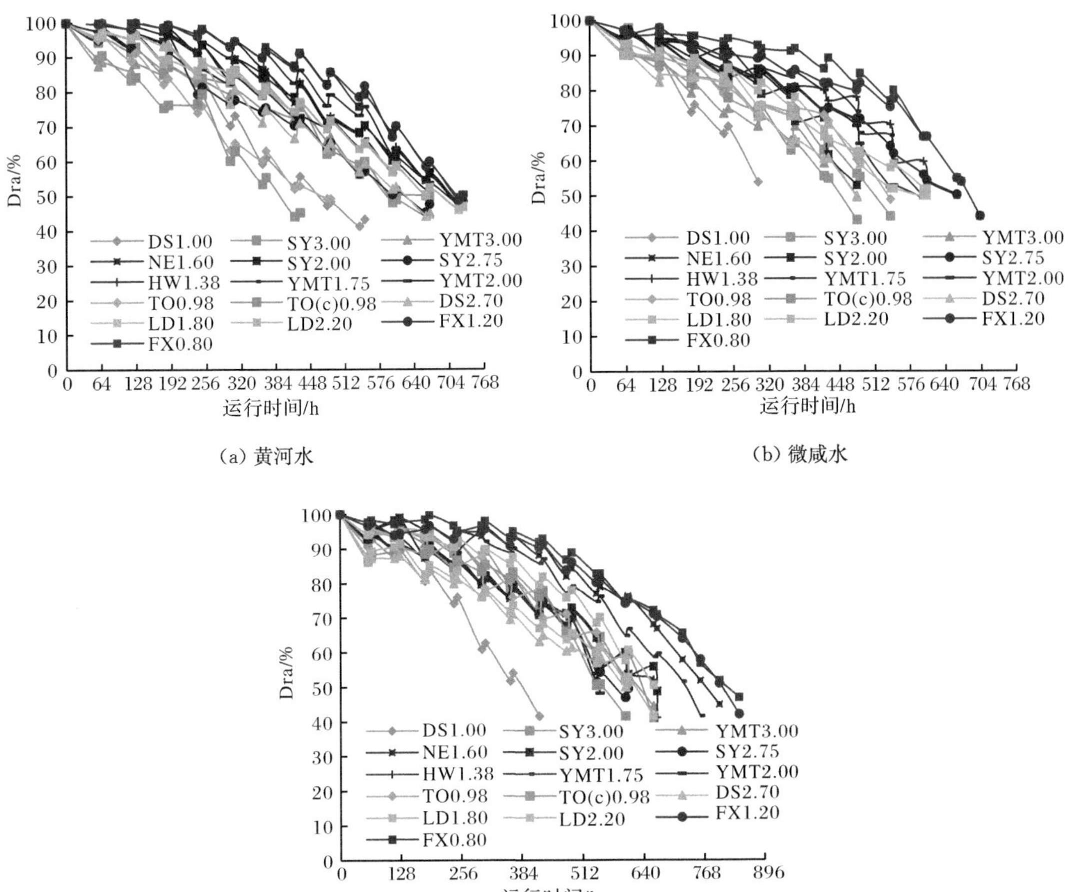

(c) 混配水

图 15.14　不同类型灌水器抗堵塞性能对比测试

DS、SY、YMT、NE、HW、TO、LD 为产品制造厂家缩写，FX 为研发的分形流道产品；数字表示灌水器额定流量

15.6　小　　结

(1) 建立的灌水器设计方法无需对模具进行改进或反复制造，大大降低了开发周期与成本。与此同时，由于研发流程是从灌水器内部堵塞物质形成机理出发的，本质上提高了灌水器产品的抗堵塞性能。

(2) 开发的高抗堵塞灌水器新产品性能优于其他国内外代表性产品，其抗堵塞性能较以色列 NETAFIM 公司产品的抗堵塞性能提高了 4.0%～9.1%，说明新产品的抗堵塞性能已达到国际领先水平。

参 考 文 献

李云开.2005.滴头分形流道设计及其流动特性的试验研究与数值模拟[D].北京:中国农业大学.

李云开,吴丹,杨培岭,等.2013.一种引黄滴灌用片式灌水器:中国,201110273140.2[P].

王建东,龚时宏,马晓鹏,等.2015.一种低压滴灌锯齿型灌水器流道结构优化设计方法:中国,201210013015.2[P].

杨培岭,闫大壮,任树梅,等.2009.一种抗堵塞滴灌灌水器设计方法:中国,200710063794.6[P].

第 16 章　滴灌系统灌水器产品生产制造关键技术与工序优化

高精度注塑模具及精密加工工艺是保证抗堵塞滴灌灌水器产品高质量生产的必要前提。然而，目前国内的灌水器模具精度不高，滴灌带生产线也以引进国外淘汰的生产线为主，但国外相关企业对关键设备的技术参数是严格封锁的。因此，如何开发具有自主知识产权的灌水器精密注塑模具和滴灌带生产线，实现关键设备国产化，这对于我国滴灌技术长期、快速、健康发展具有重大意义。基于此，本章系统介绍我国目前创新研制的灌水器生产线，总结国内单翼迷宫式滴灌带、内镶贴片式滴灌带、内镶圆柱式滴灌带、流延式滴灌带这四种生产线的关键设备及其生产工艺与技术。

16.1　单翼迷宫式滴灌带产业化及关键技术

单翼迷宫式滴灌带的迷宫式流道可以通过整体真空热压一次成型，黏合性好、制造精度高。灌水均匀度可达 85%以上，铺设长度可达 80m，且价格较低，约为 0.15 元/m，经济实用，在新疆维吾尔自治区棉花、小麦等作物滴灌使用中得到大面积推广。

目前新型单翼迷宫式滴灌带生产设备主要是将矩形流道与管带吹塑＋真空吸附成型相结合，同时创新性地将成型轮由传统的五片叠加式结构改进为一体式结构，实现了内部迷宫式流道一次加工成型，从而降低了制造偏差。

16.1.1　单翼迷宫式滴灌带制造机械创新性关键设备

单翼迷宫式滴灌带制造机械关键设备主要包括挤出设备、成型牵引机、收卷机、电控系统，其中，成型牵引机主要由真空成型部分、测径仪、风冷系统、切刀部分、冷却水箱和除水装置等组成。

1. 挤出设备

挤出设备主要由驱动电机、机架、真空上料机、干燥料斗、减速机、螺杆、料筒、换网器、片材模具、电器控制系统等装置组成。螺杆料筒材料为 38CrMoAlA 合金钢，工作表面均经过氮化处理，并喷有耐磨合金，具有很高的硬度及耐磨耐腐蚀性能，比常规氮化螺杆使用寿命增加 3 倍。螺杆采用超长设计，长径比可达到 30∶1，塑化效果好，特别适合聚乙烯塑料加工。减速机采用塑料机械专用硬齿面减速机，齿轮全部经过渗碳淬火处理，齿面磨削加工，使用寿命长、噪声小，传动效率高。

挤出设备的主要技术革新在于换网器由普通换网装置改进为液压自动换网装置(图 16.1)，在外形尺寸不加大的情况下，过滤面积由原来的 2826mm^{2}增加到 39137mm^2，换网时间由原来的 4h 增加到 24h，并且将螺杆直径由 45mm 增加到 65mm，从而减少了停机次数，增加了成品率。通过可编程逻辑控制器(programmable logic controller，PLC)实现挤出量与挤出速度的自动控制，每人可以同时操作两台设备，减少了人力成本。

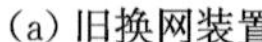

(a) 旧换网装置

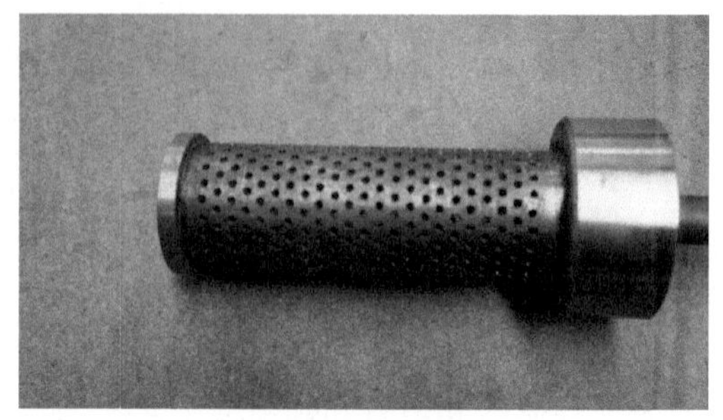

(b) 长效换网装置

图 16.1　旧换网装置与长效换网装置

2. 成型牵引机

成型牵引机的核心部件是成型轮。成型轮主体由成型体和冷却体组成，迷宫式流道和真空吸气孔加工在成型体上，成形体内部为冷却体，冷却水通过主轴上的旋转接头在成型轮内部循环，对成型轮进行冷却，真空度由真空泵提供，通过管路和阀门装在成型轮外侧的真空吸气盘上，真空吸气盘与成型轮表面迷宫底部的吸气孔相接，可根据需要调节真空度，保证迷宫成型饱满。通过多年不断探索，如图 16.2 所示，目前成型轮结构由传统的 5 片叠加结构成功革新为一体式结构，直径从 382mm 增加到 765mm，生产速度由 35m/min提升到 100m/min。

(a) 改进前

(b) 改进后

图 16.2　改进前后成型轮

生产的滴灌带直径通过测径仪进行控制。未冷却的膜泡进入测径仪扫描区，测径仪发出平行光束，对管径进行检测。当检测到的直径比设定尺寸大时，测径仪电磁阀减小供气频率；当检测到的直径比设定尺寸小时，测径仪电磁阀则加快供气频率，以保证通过测径仪的管径符合要求。

在成型过程中，风冷系统也起着重要作用。原设备外部风冷系统只有一个风道，风道长度 900mm,改进后的风冷系统形成一套由双风环、环形风道、剖刀风嘴、下风道组成的系统(图 16.3)。在机头以上、成形轮以下增加了双风环预冷却,在膜胚进入成型轮之前经过两道风环吹风,使膜胚温度下降至黏结的最低温度。同时,在成型轮上加半环形风道,上面安装冷却风机,对成型轮上面不与成型轮接触的滴灌带进行冷却。在剖刀旁侧设置风嘴冷却,风口直对两条滴灌带的中心,冷却滴灌带的同时也使剖刀降温。此后进入风道,风道在原基础上加长到 1200mm,吹风方式也由使用风管吹风变成冷却风机吹风,显著提高了冷却速度。

(a) 下风道

(b) 半环形风道

图 16.3　下风道与半环形风道

经过环形风道后,滴灌带是两条黏合在一起的,通过剖刀将其从中间切开,同时切出出水口。剖刀刀柄可以在刀架上前后伸缩,调整进刀深度,在进行维护或拆装成型轮时可以将刀片收到刀架内以保证工作安全。

3. 收卷机与电控系统

收卷机为三工位,工作时用两工位,另一工位备用。收卷采用力矩电机,调压器控制输出张力,保证卷取速度和生产速度一致且松紧度不变。排线器均匀布线,达到设定长度后自动报警停机。生产线全程采用 PLC 控制,人机界面操作,温控模块自动控温。

16.1.2　单翼迷宫式滴灌带制造机械创新性关键技术

1. 矩形流道与管带吹塑＋真空吸附成型有机结合

生产线采用一体式成型轮,膜胚经过压轮压紧后,膜胚裹在成型轮半圈,成型轮上加工有下凹的矩形流道,流道底部有真空吸气孔,未完全冷却的膜胚被真空吸附在成型轮上,形成迷宫式流道、进水口和两面相连的出水口,一次吸附成型。再经风冷与水冷同时作用,使得流道固化成型。实现了矩形流道与管带吹塑＋真空吸附成型技术的有机结合。

2. 精密模具加工

传统模具加工使用三轴加工中心、主轴转速 8000r/min,成型轮分片加工后组装,组装好后再到磨床上磨外圆，总体的加工误差大于 0.2mm。目前，通过四轴联动加工中心（x、y、z 轴及旋转轴同步运转）可实现成型轮一体式加工（图 16.4），迷宫式流道加工在成型体外圆表面，控制加工误差在 0.005mm 以内。在所有其他工序完成后，将组装好的成型轮装卡在加工中心上，先把外圆加工平整，然后在外圆上加工迷宫式流道和真空吸气孔。成型轮外圆、迷宫式流道、真空吸气孔可以一次装卡全部完成，没有二次误差、模具制造精度在 3%以内。

(a) 四轴联动中心

(b) 成型轮

图 16.4　四轴联动中心与成型轮

16.1.3　单翼迷宫式滴灌带成型工艺

单翼迷宫式滴灌带生产线生产工艺流程：原料自动上料→原料干燥→滴灌带挤出→风环预冷却→真空吸附成型→切刀剖分→冷却定型→风冷除水→匀速牵引→定长卷取→成品检验→包装入库。详细过程如下。

(1) 滴灌带原料制备：原料自动上料→原料干燥→滴灌带挤出。

将原料按配方在拌料机中混合均匀，混合好的料放到料箱中备用。通过真空上料机将料箱内的原料吸到干燥料斗内，料装满后真空上料机停止工作。随着生产过程原料不断消耗，在干燥料斗内的原料减少至真空上料机一个容积的情况下，真空上料机开始工作，保证干燥料斗内原料一直是满的。当料箱中的料没有时，真空上料机就吸不到料，这时真空上料机报警，提醒工人向料箱中加料。

真空上料机之后的设备是干燥料斗，也称料斗式干燥机，具有存入原料和加热烘干两个功能。料斗下面是挤出机，由电机、塑料机械专用硬齿面减速机、螺杆料筒、加热圈、冷却风道、长效网、螺旋机头和配电柜组成。电机通过减速机带动螺杆转动，将原料向前推进，料筒外装有加热圈，温度从入料到机头分 6 个区，分别由 6 块温控仪（PLC 设备用温控模块）控制，当温度低于设定温度时加热，当温度高于设定温度时，冷却风道吹风降温，使温度控制在要求的范围内。在原料向前推进的过程中，随着加热温度的提高原料从固态变为熔融态，熔融态的原料经过长效网过滤后进入机头，保证进入机头的原料干净程度符合使用要求。

(2) 流道吸附成型:风环预冷却→真空吸附成型→切刀剖分→冷却定型→风冷除水。

机头出料为环形膜胚,内部充压缩空气,膜胚外用两道风环吹风预冷却,风环以上是测径仪,安装在成型牵引机上。测径仪作用是控制管径尺寸,当管径大于设定尺寸时,测径仪控制电磁阀减小或停止供气,当管径小于设定尺寸时则加大供气,管径不合格时声光报警。

测径仪控制好管径后,膜胚进入成型轮,膜胚靠压轮与成型轮压紧贴合,同时成型轮和压轮组成一对牵引装置,将膜胚夹住向上牵引。经过压轮后,膜胚裹在成型轮内半圈,成型轮上加工有下凹的迷宫式流道,流道底部有真空吸气孔,未完全冷却的膜胚被真空吸附在成型轮上形成迷宫流道、进水口和两面相连的出水口,压轮和成型轮内部通冷却循环水,迷宫吸好后在成型轮上同时冷却,再加上外部环形风道的风冷配合冷却,形成两条相连的滴灌带。相连的滴灌带在与成型轮分开时经过剖刀剖成两条滴灌带,同时切出出水口。这时滴灌带已经基本成形,但还没有完全冷却。剖开后的滴灌带经过水道、风道组合冷却后进入冷却水箱进一步冷却到位。滴灌带从水箱中出来时会黏附一部分水珠,因此经过水箱后还要经过一组风嘴吹风。

(3) 滴灌带收卷:匀速牵引→定长卷取→成品检验→包装入库。

过了吹风嘴后滴灌带进入由 3 道压辊组成的牵引机,3 道压辊牵引机将滴灌带匀速拉出,在检测合格后收卷。收卷机有 3 个工位,滴灌带一次占用 2 个工位,另外一个换卷时备用,防止换卷时滴灌带堆积在地上。收卷轴前装有排线器,收卷时排线器左右均匀移动,将滴灌带均匀分布在收卷卷芯上。排线器上还装有计米轮,滴灌带通过计米轮后进入收卷卷芯。收卷长度可在 2500m 以内任意设定,到达设定米数自动报警停机。收卷轴为力矩电机控制,通过调压器控制输出力矩,保证收卷的松紧度。收好的成品从收卷轴上卸下,装上堵头和纸板包装后在缠绕打包机上打包,检验合格后包装入库。

16.1.4　单翼迷宫式滴灌带制造机械及其产品性能

单翼迷宫式滴灌带制造机械将矩形迷宫式流道与管带吹塑+真空吸附成型工艺相结合,显著降低了生产成本,其生产速度由 35m/min 提高到 100m/min,制造偏差在 3%以内。生产的滴灌带流态指数可达 0.61～0.68,滴灌带价格为 0.10～0.25 元/m。系统灌水均匀度保持在 0.8 以上的运行时间为 430～540h。目前,国内外先进生产线的各项技术参数见表 16.1。

表 16.1　国内单翼迷宫式灌水器生产线与国外产品关键参数对比

来源	流态指数	安全运行时间/h	价格/万元	生产速度/(m/min)	生产成本/(元/m)	制造偏差/%	壁厚极限值/mm
国内	0.61～0.68	430～540	15～22	70～100	0.10～0.25	3～10	0.15～0.30
国外	0.58～0.65	450～520	80～150	40～50	0.13～0.50	3～10	0.15～0.30

注:国内先进技术厂家以新疆天业集团有限公司、唐山市致富塑料机械有限公司、上海华维节水灌溉股份有限公司、吉林喜丰节水科技股份有限公司等为代表;国外先进技术厂家以以色列 NETAFIM 公司、德国 MAINCOR 公司、美国 DRTS 公司等为代表。

16.2 内镶贴片式滴灌带生产线产业化及关键技术

内镶贴片式滴灌带为内镶扁平状灌水器的一体化滴灌带，流道结构形式多样，抗堵塞性能好，广泛应用于温室作物和大田粮食作物滴灌系统。

内镶贴片式滴灌带生产线在国外片式滴灌带生产设备的基础上，创新采用内外盘双旋转结构的离心式灌水器筛选机，研发128腔全热流道模具，突破了精准快速打孔、集成集散控制、信息编码等多项关键工序技术瓶颈，实现了滴灌带的精细加工、快速生产与集成控制。

16.2.1 内镶贴片式滴灌带制造机械创新性关键设备

内镶贴片式滴灌带制造机械创新性关键设备主要包括注塑机与模具、挤出设备、灌水器上料与筛选装置、冷却定型设备、除水装置、牵引打孔设备、自动卷取设备、电控系统等。

1. 注塑机与模具

注塑机由注射系统、合模系统、液压传动系统、电气控制系统、润滑系统、加热及冷却系统、安全监测系统等组成。模具创新采用128腔全热流道模具，针阀式进浇方式，保证进料均匀一致；所有进料点均采用气缸控制进料量，开模周期在3s左右，提高了模具生产效率，且无料枝产生，不会造成原材料浪费。

2. 挤出设备

挤出设备主要包括驱动电机、电机座、机架、真空上料机、干燥料斗、减速机、螺杆、料筒、换网器、挤出模具、电器控制系统等装置。其螺杆、减速机、机身加热系统与单翼迷宫式滴灌带生产线大致相同，料筒材料为38CrMoAlA，其工作表面均经过氮化处理，并喷有耐磨合金。不同之处在于螺杆采用超长设计，长径比达到33∶1，主电机采用直流电机，转速均匀，受外部电压环境影响小，挤出原料稳定，最大挤出量可达158kg/h。

3. 灌水器上料与筛选装置

灌水器上料机主要由电机传动装置及机架组成，根据筛选盘内灌水器的多少，光控系统可随时自动上料，保证灌水器足量供应。通过改变光电开关位置可改变旋转盘内灌水器数量。

灌水器筛选机主要由内筛选盘、外筛选盘、电机传动装置、气控系统、错向反吹装置及输送系统组成，内外筛选盘进行灌水器快速筛选；光电、气控系统自动控制选出位置正确的灌水器，快速准确地进入输送槽，并将足够量的灌水器储存起来，保证对灌水器输送机的供给；如果有方向不正确的灌水器进入输送槽，灌水器错向反吹装置会将错误方向的灌水器用高压空气吹出，确保输送槽内的灌水器100%的方向正确。其中内外选盘双旋转结构进行离心式筛选，显著提高了筛选速度，最大可达到1500片/min，灌水器供应速度从400个/min增加到1000个/min。

4. 冷却定型设备与除水装置

挤出模具挤出的管材在真空定型水箱中完成最后的定径。真空定型水箱由不锈钢材料制成,管路布局合理美观,真空度稳定,采用闭路小循环方式,有效降低了生产线运行费用,节约了水资源,并且可以根据不同的管径、壁厚要求进行真空度调节;水箱采用直线导轨进行前后移动,增加了设备运行精度,提高了真空水箱稳定性;真空水箱内配有防转管装置,对定型后的管材加以处理,保证了打孔位置的准确性;真空箱前部设有滴灌带针孔漏洞检测装置,如果遇滴灌带管壁有针孔漏洞缺陷,装置会声光报警并同时发出信号停止收卷机换卷,保证生产的产品无针孔漏洞缺陷;在真空箱后半部分装有断管停机装置,当设备运行过程中出现断管情况时,断管停机装置会发出信号,自动停止设备运转,避免操作人员停机不及时而造成原料损失。

滴灌带在高速生产离开冷却水箱时,管表面会带有大量的水。干燥除水装置内装有两套压缩空气风刀,滴灌带在进入除水装置后,在高压风刀的作用下,表面黏附的水膜被强风吹走,滴灌带表面带水量减少 50%以上,对后续牵引打孔和收卷设备起到良好的保护作用。

5. 牵引打孔设备

牵引机采用行星减速电机,伺服控制,在主操作面板上进行操作,便于保证整条生产线速度协调一致;采用多楔带传动,传动平稳,效率高,噪声小,以适应高速生产的需要;采用覆胶多楔带牵引压紧,牵引平稳,且多楔带间隙可根据滴灌带壁厚进行调节。

打孔系统由交流伺服电机、驱动器、运动控制器、测速编码器、灌水器传感器、执行元件等部分组成,并装有吸屑装置,可以有效地吸除滴灌带残片。打孔机采用牵引机上的编码器测速,冲头同步旋转,机械打孔。打孔机的打孔视觉检测系统对每个灌水器上打的孔进行拍照检测,对缺孔、残孔或打孔残片未吸走的缺陷都会声光报警,并根据需要实现当出现打孔缺陷时自动换卷。

6. 自动卷取设备

收卷机采用运动控制器自动控制,独立的触摸屏进行操作。目前,收卷电机从变频控制升级为伺服电机,增加了排线器和计米装置,可根据要求设置每卷滴灌带的卷取长度和宽度,工作稳定可靠。回转臂采用步进控制技术,惯性小,定位准确,排线器均匀布线,达到设定长度后自动打断、换卷,自动化程度高,降低工人劳动强度,满足了滴灌带高速生产要求,同时可切换到手动控制、人工换卷。

7. 电控系统

生产线主电控系统由全程 PLC 控制升级为运动控制器控制,人机界面操作,伺服电机最高转速可达 5000r/min,并能实现每周 10 万个点的精准控制。1 万个点的反应时间低至 1ms,使整条生产线稳定生产速度可达 230m/min,120m 以下打孔速度 800 个/min。同时对生产过程进行实时监控,出现故障时会报警停机,显示故障代码。根据故障代码可以快速确认故障位置并及时排除，把故障损失降到最低。

16.2.2　内镶贴片式滴灌带制造机械创新性关键技术

1. 精密模具加工

采用高精度慢走丝线切割与电火花加工机，加工精度在 0.005mm 内，表面粗糙度达到镜面级，保证了模具的制造精度。128 腔全热流道模具(图 16.5)采用针阀式进浇方式，保证了制品进料的均匀度与一致性，所有进料点均采用气缸控制进料量。同时，采用电动注塑机，使开模周期维持在 3s，提高了模具生产效率；且无料枝产生，不会造成原材料浪费。

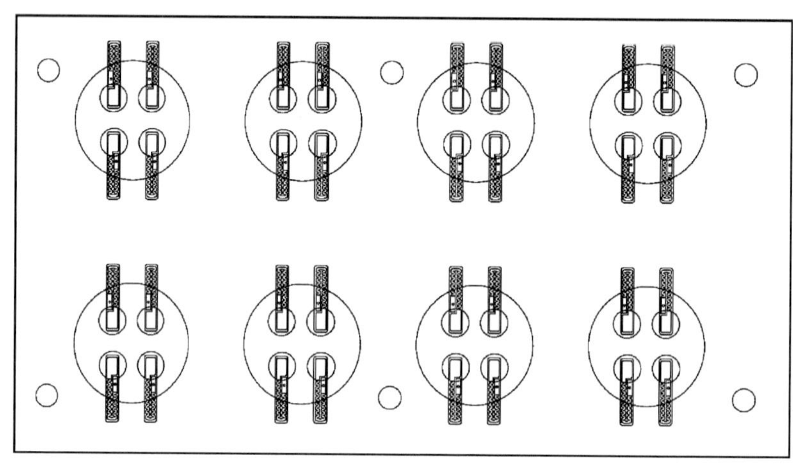

图 16.5　128 腔全热流道模具

2. 全自动上料系统

如图 16.6 所示，全自动上料系统主要包括大型户外储料仓、配比控制系统、真空风机、混料系统等。控制计算机与上料风机连接，实现上料过程自动控制，效率提高了 2 倍。采用大型户外储料仓，可实时监测料位；中央干燥系统可精确控制原料含水率，增加塑料制品表面光泽，提高弯曲强度、拉伸强度，避免内部的裂纹和气泡，减少塑料制品的银纹、凹痕等缺陷，提高塑化能力，缩短成型周期，特别适合吸湿性强的工程塑料；混料系统实现了全自动化，自主开发上料系统，控制计算机与上料风机连接，程序化控制上料，避免了上料过程中的人为错误，同时提高了上料工序的效率；全程采用全封闭铝合金管输送原料，使用风机抽送动力，整个过程封闭、无污染，杜绝粉尘、杂质等其他杂物混入上料管网系统，保持原料清洁、无污染。

3. 生产线快速筛选输送打孔

灌水器筛选机采用离心式筛选，由原来内旋转升级为内外选盘双旋转结构，两盘间的转速比可以任意调节，使得筛选速度提高到 1500 个/min。灌水器在筛选过程中由光电

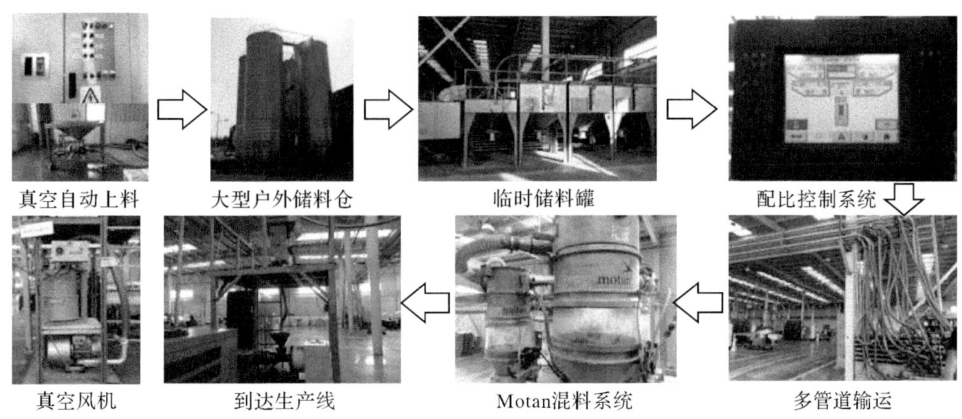

图 16.6　全自动上料系统流程

气控系统自动控制，选出位置正确的灌水器，快速准确地进入输送槽(图 16.7)，并将足够数量的灌水器储存起来，保证对灌水器输送机的供给。如果有方向不正确的灌水器进入输送槽，灌水器错向反吹装置会将错误方向的灌水器用高压空气吹出，以确保输送槽内灌水器方向 100%正确。灌水器采用高压空气输送，为下吹嘴输送方式，能够高速稳定地供给灌水器，分段组合，输送槽采用整体铝合金型材，全程无接缝，灌水器无卡顿现象。牵引机采用行星减速电机，伺服控制，在主操作面板上操作，保证整条生产线速度协调一致；采用覆胶多楔带牵引压紧，保证牵引平稳。

打孔机采用牵引机上的编码器测速，冲头同步旋转，机械打孔。结构简单，易操作，前后左右位置通过手轮调整，冲头与灌水器的间隙微调通过调整螺栓以调整上托板实现。在打孔机后装有打孔视觉检测系统，对每一个灌水器上打的孔进行拍照检测，对没孔、残孔或打孔残片未吸走的缺陷都会有声光报警提示。

(a) 筛选装置

(b) 输送装置

(c) 打孔装置

图 16.7　灌水器筛选装置、输送装置和打孔装置

16.2.3　内镶贴片式滴灌带成型工艺

1. 内镶贴片式灌水器制作加工工艺

内镶贴片式灌水器的制作流程：混料→加料→原料塑化→合模→注射→冷却→开

模→顶出。详细过程如下：

首先将粒状或粉状塑料加入机筒内，并通过螺杆的旋转和机筒外壁加热使塑料成为熔融状态，然后机器进行合模和注射座前移，使喷嘴贴紧模具的浇口道，接着向注射缸通入压力油，使螺杆向前推进，从而以很高的压力和较快的速度将熔料注入温度较低的闭合模具内，经过一定时间和压力保持、冷却，使其固化成型，便可开模取出制品。

2. 内镶贴片式滴灌带生产线加工工艺

内镶贴片式滴灌带生产线加工工艺流程：自动上料混料→灌水器筛选→灌水器定量输送→压轮黏合→冷却定型→干燥除水→匀速牵引→定长卷曲→成品检验→包装入库。详细过程如下。

(1) 灌水器筛选输送：自动上料混料→灌水器筛选→灌水器定量输送。

将检测合格的灌水器装箱备用，一般每箱 6～10kg，放入灌水器上料机。当筛选机内灌水器数量不足时，筛选机内的光电开关就会自动输出供灌水器信号，上料电机启动，通过输送带向筛选机内加入少量灌水器，当筛选机内的灌水器充足时，光电开关停止信号输出，上料电机停止。

筛选机为双旋转式，利用离心力将灌水器内旋转盘甩到外旋转盘，外旋转盘外侧加工有凹槽，与灌水器识别槽外的宽度相匹配。只有方向正确的灌水器才能进入凹槽中稳定地向前输送，没有进入凹槽的灌水器被筛选机外侧的风嘴吹入内旋转盘，重新进入筛选过程。方向正确的灌水器通过反吹装置进入储片槽；不正确的灌水器进入反吹装置会被识别槽卡住无法通过，然后被压缩空气吹入收集箱。

储片槽为整体铝合金型材，输送槽经过特殊处理、耐磨性好。向前输送动力为压缩空气，在高速向前输送的同时也减小了输送槽磨损。灌水器通过储片槽后进入灌水器输送机，输送部分为两条夹紧的同步带，由伺服电机驱动，转速与生产速度匹配，实现灌水器的间距不同。输送机后面是送片杆，送片杆头部经过淬火处理，硬度高、耐磨，送片杆要经过高温机头中心将灌水器送到滴灌管内。

(2) 滴灌带冷却成型：压轮黏合→冷却定型→干燥除水。

滴灌带上料、混料过程与单翼迷宫式滴灌带生产线一致，通过真空上料机自动吸料、干燥漏斗烘干、挤出机挤出后进入真空定径部分。真空定径部分固定一真空套，有一定真空度，未冷却的管材通过内外压力差的大小确定管径。真空套后为压轮，压轮为伺服电机驱动，外圆线速度和生产速度一致。在这个位置压轮将灌水器和滴灌带压合在一起。滴灌带经过真空定径部分后进入真空箱，真空箱为密封结构，内部由真空泵吸真空，同时加满冷却水，滴灌带经过真空箱后基本冷却定型。真空箱内装漏洞检测装置，管壁上出现漏洞会报警，报警信号会传到收卷机，停止收卷。在真空箱的出口位置安装断管停机装置，当滴灌带在生产过程中出现断管时，控制系统会自动停止挤出、送片和牵引收卷，避免人工操作不及时。

(3) 滴灌带收卷：匀速牵引→定长卷曲→成品检验→包装入库。

真空箱后是冷却水槽，槽内充满冷水，但没有真空。滴灌带在冷却水槽中进一步冷却到位，然后进入干燥箱吹掉管材表面的水珠。干燥箱后是牵引打孔一体机，牵引机分为前后两台，将滴灌带拉紧，中间是打孔机，前面用感应辊配合接近开关检测灌水器，然后伺服电机带动打孔冲头旋转一周在灌水器出水孔位置打孔。打孔机后为打孔检测系统，每打一个孔就进行一次检测拍照，有打孔不合格的就报警，并将错误信号传至收卷机记录。打完孔后滴灌带经检测合格后收卷。收卷机为双工位自动收卷机，收卷轴和排线器为伺服电机驱动，转臂为步进电机驱动。当工作位的收卷长度快到设定值时，备用卷开始运转，同时转臂旋转将备用卷换到工作位置，当收卷长度到达设定值时，气缸将滴灌带推至内侧夹到备用卷上并切断。滴灌带开始在新的收卷轴上收卷。收好的成品从收卷轴上卸下，装上纸围板包装后在缠绕打包机上打包，检验合格后，存入库房。

16.2.4　内镶贴片式滴灌带制造机械及其产品性能

目前，内镶贴片式滴灌带制造机械将设计难度极高的片式迷宫流道与复杂的“挤出＋真空定径＋灌水器热压黏结＋打孔成型”精细加工工艺相结合，稳定生产速度可达到150～230m/min，生产成本 0.08～0.6 元/m。国外生产线稳定生产速度为 150～250m/min，生产成本 0.12～1.0 元/m。对比国内外的先进技术，其各项技术参数见表 16.2。

表 16.2　国内内镶贴片式灌水器生产线与国外产品关键参数对比

来源	流态指数	安全运行时间/h	价格/万元	生产速度/(m/min)	生产成本/(元/m)	制造偏差/%	壁厚极限值/mm
国内	0.50～0.51	510～590	150～210	150～230	0.08～0.60	3～10	0.150～1.000
国外	0.51～0.52	480～520	300～350	150～250	0.12～1.00	3～10	0.125～1.000

注：国内先进技术厂家以新疆天业集团有限公司、唐山市致富塑料机械有限公司、上海华维节水灌溉股份有限公司、吉林喜丰节水科技股份有限公司等为代表；国外先进技术厂家以以色列 NETAFIM 公司、德国 MAINCOR 公司、美国 DRTS 公司等为代表。

16.3　内镶圆柱式滴灌带生产线产业化及关键技术

内镶圆柱式滴灌带采用湍流流道设计、灌水均匀、抗堵塞性能较好、流道结构多样，广泛应用于多年生作物或地下滴灌系统，但生产成本较高。

内镶圆柱式滴灌带生产线在国外圆柱式滴灌带生产设备的基础上，实现了复杂的圆柱式迷宫流道结构与“挤出＋真空定径＋灌水器黏结＋打孔成型”加工工艺的结合，采用内外盘双旋转结构的离心式灌水器筛选机、32 腔半热流道模具，并设计优化了灌水器嵌入装置，实现了圆柱式灌水器的等距或变距嵌入。

16.3.1　内镶圆柱式滴灌带制造机械创新性关键设备

内镶圆柱式灌水器滴灌带制造机械的关键组成设备包括注塑机与模具、挤出设备、灌水器上料机与筛选机、灌水器定量输送装置、真空定型冷却设备、牵引打孔设备、卷取设备、电控系统等部分。

1. 注塑机与模具

注塑机与片式滴灌带生产线注塑机相同，包括注射系统、合模系统、液压传动系统、电气控制系统、润滑系统、加热及冷却系统、安全监测系统等部分；但内镶圆柱式滴灌带生产线的模具与片式滴灌带生产线有所差异，内镶圆柱式滴灌带生产线采用32腔半热流道模具，针阀式进浇方式，开模周期较长，一般维持在10s左右。

2. 挤出设备

内镶圆柱式滴灌带生产线挤出设备与片式滴灌带生产线相同，由驱动电机、电机座、机架、真空上料机、干燥料斗、减速机、螺杆、料筒、换网器、挤出模具、电气控制系统等装置组成。在升级换代过程中，螺杆直径由55mm增加到70mm，换网方式从长效网升级为液压自动换网。

3. 灌水器上料机与筛选机

灌水器上料机主要由电机传动装置、机架及灌水器储存箱组成，正常工作中根据筛选盘内灌水器的多少，通过光控系统可控制自动上料，以保证灌水器的足量供应，还可以通过改变光电开关位置调整转盘内灌水器的数量。

灌水器筛选机采用离心式筛选，筛选速度达到200个/min，该筛选机与片式滴灌带生产线筛选机大致相同，主要由内筛选盘、外筛选盘、电机传动装置、气控系统及输送系统组成。电机传动装置与气控系统可以保证筛选机选出位置正确的灌水器，快速准确地进入输送槽。与片式滴灌带生产线不同之处在于，圆柱式灌水器没有正反之分，故只需保证其进入输送槽时为卧式，也因此无法通过反吹装置将位置错误的灌水器吹出，所以在圆柱式灌水器中创新增加了击出装置，利用高度差将位置不正确的灌水器击出，从而确保灌水器准确进入输送槽。

4. 灌水器定量输送装置

灌水器采用高压空气输送，为上吹嘴输送方式，能够高速稳定地供给灌水器。输送槽采用整体铝合金型材，全程无接缝，灌水器无卡顿现象。采用两台伺服电机对灌水器间距进行精确控制：一台利用灌水器输送盘储存灌水器并将灌水器送至机头中心处；另一台带动推杆将灌水器送到滴灌管内，可根据需要在同一根滴灌管上设定5种不同的灌水器间距。灌水器间距偏差小于±5%，输送速度可达到180个/min。

在灌水器输送装置尾部，由挤出模具挤出的管材和灌水器输送装置送入的圆柱灌水器在管材进入真空套前靠管材本身的热量黏结。管材进入水箱冷却后收缩，与灌水器周边形成管径大小的变化，管外壁将灌水器牢牢抱住。

5. 真空定型冷却设备

与片式滴灌带生产线相同，真空定径套材料为优质铜合金，分前后两部分，挤出模具挤出的管材在此处完成最后的定径。真空定型水箱由不锈钢材料制成，通过改变真空度可调节管径、壁厚，真空定型水箱前后移动采用直线导轨，提高了真空定型水箱的稳定性。

滴灌管在高速生产离开冷却水箱时，管表面会带有大量的水。干燥除水装置内装有两套压缩空气圆环风刀，滴灌管在进入除水装置后，在高压空气的作用下，表面黏附的水膜被强风吹走，该装置除水效率为传统风环除水效率的 2 倍。

6. 牵引打孔设备

圆柱式滴灌带生产线牵引设备与片式滴灌带生产线的牵引装置相同，采用行蜗轮减速机，变频控制，在主操作面板上进行操作，便于保证整条生产线速度协调一致。但其打孔设备为纯机械结构，其主要构成为钻孔机构、凸轮进刀机构、卡块锁紧机构和底座。采用风钻安装钻刀对圆柱式滴灌带进行机械钻孔，该打孔装置机械卡块定位、风钻打孔、凸轮进刀，精度高、易操作。

7. 卷取设备与电控系统

圆柱式滴灌带生产线的卷取设备、电控设备与片式滴灌带生产线相同，收卷电机控制器均由 PLC 升级为运动控制器。通过调压器控制输出张力，保证卷取速度和生产速度一致且松紧度不变。排线器均匀布线，达到设定长度后自动报警停机，收卷盘气动卸卷。主电控系统采用 PLC 控制，人机界面操作，温控模块自动控温。

16.3.2　内镶圆柱式滴灌带制造机械创新性关键技术

1. 精密模具加工

内镶圆柱式灌水器 32 腔半热流道模具(图 16.8)的加工与片式灌水器相似，由三轴联动模具加工中心改进为四轴联动模具加工中心，采用高精度慢走丝线切割与电火花加工机，表面粗糙度达到镜面级，加工精度从 0.02mm 降低到 0.005mm 以内。

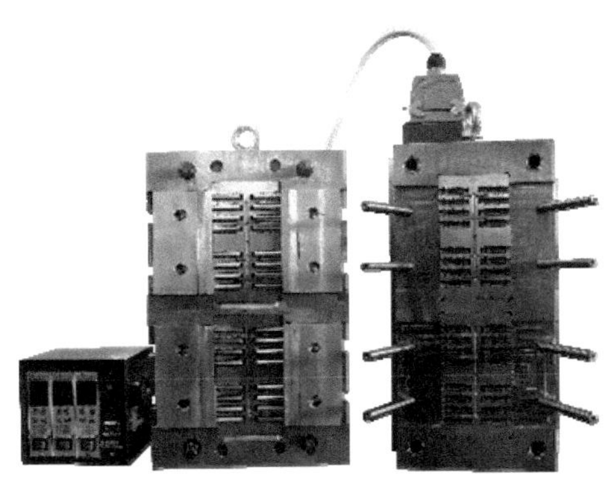

图 16.8　内镶圆柱式灌水器 32 腔半热流道模具

2. 生产线提速

内镶圆柱式滴灌带生产机械的生产速度主要取决于灌水器筛选与打孔速度。通过内外盘双旋转结构可以任意调节两盘间转速比，将筛选速度提高到 200 个/min。采用高精度伺服电机进行智能监控，实现灌水器精确输送，且可以在同一根管上设置 5 种间距。如图 16.9 所示，内镶圆柱式滴灌管打孔装置主要包括钻孔机构、凸轮进刀机构、卡块锁紧机构和底座，采用风钻安装钻刀进行机械钻孔，一套机构可以完成不同孔距的钻孔要求，提高了钻孔速度，使得内镶圆柱式滴灌带生产机械的生产速度由原来的 25m/min 提高到 80m/min。

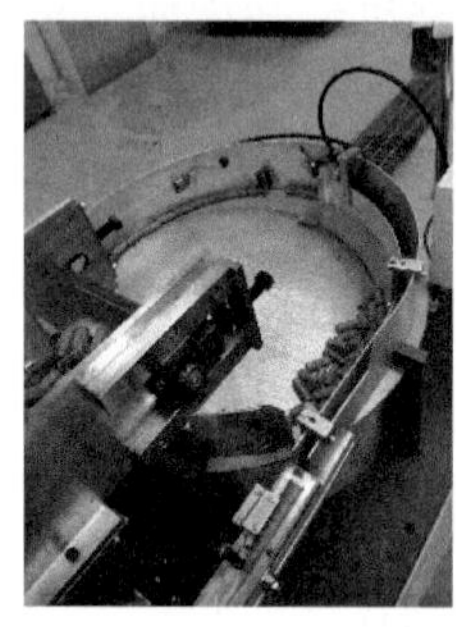

(a) 筛选装置

(b) 输送装置

(c) 打孔装置

图 16.9　内镶圆柱式灌水器筛选装置、输送装置和打孔装置

16.3.3　内镶圆柱式滴灌带成型工艺

1. 内镶圆柱式灌水器的制作加工工艺

内镶圆柱式灌水器的制作加工流程与片式灌水器相同，都要经过混料、加料、原料塑化、合模、注射、冷却、开模、顶出 8 个阶段。不同的是，由于圆柱式灌水器体积较大，用料较多，合模到开模所经过的时间较长，开模周期维持在 10s 左右。

2. 内镶圆柱式滴灌带生产线加工工艺

内镶圆柱式滴灌带生产线加工工艺与片式滴灌带生产线大体相同：灌水器自动上料混料→灌水器筛选→灌水器定量输送→压轮黏合→冷却定型→干燥除水→匀速牵引→定长卷曲。不同之处在于灌水器筛选和打孔工艺两部分。

16.3.4　内镶圆柱式滴灌带制造机械及其产品性能

内镶圆柱式滴灌带制造机械生产速度可达 80m/min，滴灌带流态指数基本可达到 0.52～0.54，系统灌水均匀度保持在 0.8 以上的运行时间为 470～510h。由于壁厚增加，滴灌带价格为 0.40～0.80 元/m。国外生产线生产速度为 80～120m/min，生产成本为 0.8～1.5 元/m。对比国内外的先进技术，其各项技术参数见表 16.3。

表 16.3 国内内镶圆柱式灌水器生产线与国外产品关键参数对比

来源	流态指数	安全运行时间/h	价格/万元	生产速度/(m/min)	生产成本/(元/m)	制造偏差/%
国内	0.52～0.54	470～510	85～95	60～80	0.4～0.8	5～10
国外	0.50～0.60	460～530	180～200	80～120	0.8～1.5	5～10

注:国内先进技术厂家以新疆天业集团有限公司、唐山市致富塑料机械有限公司、上海华维节水灌溉股份有限公司、吉林喜丰节水科技股份有限公司等为代表;国外先进技术厂家以以色列 NETAFIM 公司、德国 MAINCOR 公司、美国 DRTS 公司等为代表。

16.4 流延式滴灌带生产线产业化及关键技术

流延式滴灌带是一种全新的滴灌带形式,通过对带有迷宫式流道的流延片进行叠边和热封加工而成。热封后,滴灌带迷宫与内部边壁的进口处没有完全热熔在一起,即迷宫和滴灌带内边壁在进水口处为可分离的两层,在水压变化的情况下,内管壁张开可以起到一部分压力补偿片的作用,可在一定程度上调节出流流量,同时还具有自清洗功能,在水压达到 1.5 倍工作压力及以上时,两层管壁的间隙打开,对流道中的杂质进行清洗。

我国研究人员总结十几年的滴灌带设备生产经验,研发了具有自主知识产权的流延式滴灌带生产线,整合了微复杂流道结构与流延+真空吸附+叠边热封成型工艺,实现了在保持灌水器性能的条件下降低成本。

16.4.1 流延式滴灌带制造机械创新性关键设备

流延式滴灌带制造机械主要由挤出设备、成型牵引机、收卷机、电控系统组成。其中,成型牵引机又可分为真空成型部分、刀轮部分、裁边回收部分、折边装置、热封部分、冷却水箱、除水装置及压辊牵引机。

1. 挤出设备

挤出设备与上述所述生产线的挤出设备相同,由驱动电机、机架、真空上料机、干燥料斗、减速机、螺杆、料筒、换网器、片材模具、电器控制系统等装置组成。螺杆料筒材料均为 38CrMoAlA,其工作表面均经过氮化处理,并喷有耐磨合金,不同的是流延式生产线的螺杆长径比达到 36∶1,塑化效果好,特别适合聚乙烯塑料的加工。

2. 成型牵引机

成型牵引机为流延式滴灌带生产机械的重要组成部分,其稳定率是保证滴灌带成品率的关键,可以完成热封轮精确控温、裁边装置精确裁边、针孔监测装置准确去杂等一系列牵引设备的高效工作,保证成品率在 98%以上。在不断更新换代中,成型牵引机的成形轮直径由 382mm 增加到 573mm,并且增加了裁边装置和边料回收系统,如图 16.10 所示。

成型牵引机的核心部件为成型轮。如图 16.10(a)所示，成型轮主体由成型体和冷却体组成，迷宫式流道和真空吸气孔加工在成型体上，成型体内含冷却体，冷却水通过主轴上的旋转接头在成型轮内部循环，对成型轮进行冷却。真空度由真空泵提供，通过管路和阀门连接在成型轮外侧的真空吸气盘上，真空吸气盘与成型轮表面迷宫底部的吸气孔相接，真空度可根据流道截面积需要进行调节，以保证迷宫成型饱满。成型轮上面的压轮与成型轮形成一组牵引辊，通过调整转速来调整出料膜片的宽度和厚度，压轮内部也通冷却水循环，外表面高精度磨床加工，使膜片表面光滑，同时对滴灌带膜片进行预冷。成型轮由台达伺服电机控制，行星减速机减速，传动效率高、转速平稳、位置精确。

(a) 成型轮

(b) 裁边装置

(c) 折边装置

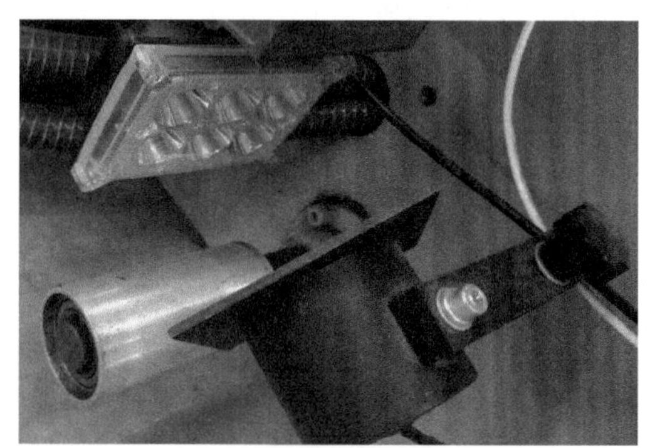

(d) 针孔监测装置

图 16.10　成型牵引机主要组成装置

经过成型轮吸附流道后，需经过刀轮部分进行出水口的精准切割与裁边。刀轮轴由台达伺服电机直接驱动，没有传动误差，并能在 PLC 的控制下在线改变出水口间距和微调出水口的切割位置。在刀轮轴后有两片裁边刀，两刀间距为膜片宽度，超出部分被刀片裁掉，裁掉的部分由风机吸至粉碎机粉碎，粉碎后的料再用风机送至挤出机料斗重复使用。

成型牵引机的叠边与热封装置为全机械结构。其中，叠边装置底面为一排过渡辊，可以有效减小膜片通过叠边装置的摩擦力，上面为一组折边钩，通过渐变的方式将平片材叠成管状，并用两个镀铬的夹子夹平。热封装置由热封轮和两个压轮组成，热封轮表面加工热封线，内部有两片铸铝加热板，加热温度均匀，热封线前后位置可由 PLC 在线调整，以保证热封线与迷宫位置相符。热封轮主轴还装有横向移动装置，可以调整热封线和迷宫宽度方向的相对位置，在热封轮上面装有两个耐高温硅胶压轮，通过气缸打开和压紧，配合热封轮提升滴灌带热封质量。

热封后经过冷却水箱和除水装置，冷却水箱内循环冷水，热封后的滴灌带经过水箱进一步冷却，出水箱后由两个高压扁嘴风嘴利用压缩空气吹掉滴灌带表面的水珠。其牵引机由两组耐磨橡胶辊组成，变频控制，牵引效率高。

3. 收卷机与电控系统

与单翼迷宫式滴灌带生产线的收卷机与电控系统相同，流延式滴灌带生产线的收卷机采用力矩电机，调压器控制输出张力，保证卷取速度和生产速度一致且松紧度不变。主电控系统全程采用 PLC 控制，人机界面操作，温控模块控温。

16.4.2　流延式滴灌带制造机械创新性关键技术

1. 微复杂流道结构与“流延＋真空吸附＋叠边热封”成型工艺有机结合

流延式滴灌带生产线中机头出料为片形膜片，该膜片通过压轮压合作用进入成型轮，成型轮上加工有下凹的迷宫式流道，流道底部有真空吸气孔，未完全冷却的膜片被真空吸附在成型轮上形成迷宫式流道、进水口和出水口，随后经裁边装置裁边后进入折边装置，折边装置把展开的带迷宫的片材折成管状，随后压成带状，折好后的迷宫位于带上表面的中间部位，折叠好的带进入热封轮封边(图 16.11)。热封轮上的加热体由特殊铜材料制成，导热快，不粘原料，内部有两块加热板，高精度温控仪控温。加热温度偏差不大于 1℃。在加热体铜板两侧各有一块隔热板，耐高温 600℃，且导热效果极差，可以有效阻止热量向两侧传导，保证热封轮只加热热封线。

(a) 真空吸附

(b) 叠边热封

图 16.11　流延式滴灌带成型工艺

2. 精密模具加工

如图 16.12 所示，与单翼迷宫式一体式成型轮加工机械相同，由原先的三轴加工中心改进为四轴联动加工中心，转速可达 3000r/min，可以保证成型轮加工精度在 0.005mm内。

(a) 四轴联动加工中心

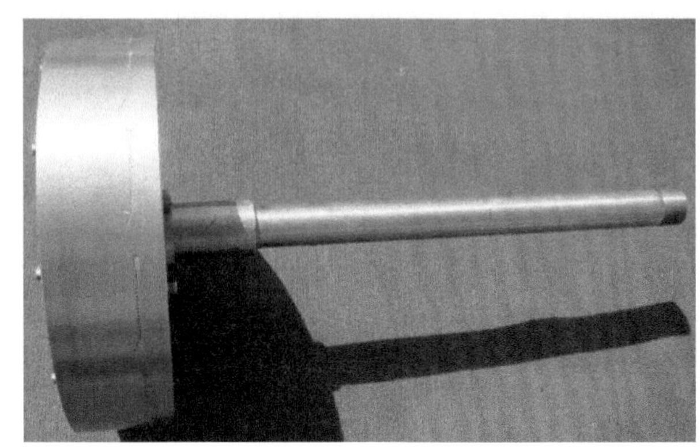

(b) 流延式成型轮

图 16.12　四轴联动加工中心与流延式成型轮

16.4.3　流延式滴灌带成型工艺

流延式滴灌带生产线生产工艺流程：原料自动上料→原料干燥→片材挤出→迷宫真空吸附成型→冷却定型→切出水口→双侧折边→双侧热封→匀速牵引→定长卷曲→成品检验→包装入库。详细过程如下。

(1) 滴灌带原料制备：原料自动上料→原料干燥→片材挤出。

流延式滴灌带生产线的原料自动上料、原料干燥、片材挤出的工艺与单翼迷宫式滴灌带生产线的流程相似，都是通过真空上料机自动吸料，干燥漏斗烘干，挤出机挤出，但其挤出机出料为片形膜片。

(2) 滴灌带真空吸附成型：迷宫真空吸附成型→冷却定型→切出水口→双侧折边。

未冷却的膜片在压轮和成型轮的压合牵引作用下进入成型轮，并绕成型轮一周，成型轮上加工有下凹的迷宫式流道，流道底部有真空吸气孔，还没有完全冷却的膜胚被真空吸附在成型轮上形成迷宫式流道、进水口和方形出水口切口区。压轮和成型轮内部通冷却循环水，迷宫吸好后的同时在成型轮上冷却，保证迷宫的片材已经完全冷却成型。

由于片材在高速生产中会有宽度的波动，在成型轮冷却以后安装了片材裁边回收系统，在片材到成型轮时，宽度超出约 10mm，经过裁边刀两侧各裁掉 5mm，使出来的片材始终保持在需要的宽度，裁掉的边角料直接粉碎回到挤出机中，整个过程中没有废料产生。

(3) 滴灌带热封冷却：双侧热封。

裁边后的迷宫片进入刀轮位置，经刀轮切好出水口后进入折边装置，折边装置把展开的带迷宫的片材折成管状，随后压成带状，折好后的迷宫在带的上面中间，带上面有

14mm 重叠，折叠好的带进入热封轮封边，热封轮与带接触的加热体由特殊铜材料制成，导热快，不黏原料，内部有两块加热板，高精度温控仪控温。加热温度偏差不大于 1℃。在加热体铜板两侧各有一块隔热板，阻止热量向两侧传导，保证热封轮只加热热封线的部位。热封后滴灌带已经成形，然后进入冷却水箱将热封的余热冷却。滴灌带从水箱中出来时会黏附一部分水珠，所以经过水箱后还要经过一组高压风嘴吹风，将滴灌带上的水珠吹回水箱，保证滴灌带表面没有水。

(4) 滴灌带卷取：匀速牵引→定长卷曲→成品检验→包装入库。

过了吹风嘴后滴灌带进入由两道压辊组成的牵引机，两道辊牵引机将滴灌带匀速拉出。在检测合格后进行收卷。收卷机设有两个工位，滴灌带生产一次占用一个工位，另外一个作为换卷时的备用，防止换卷时滴灌带堆积在地上。收卷轴前装有排线器，收卷时排线器左右均匀移动，将滴灌带均匀分布在收卷卷芯上。排线器上还装有计米轮，滴灌带通过计米轮后进入收卷卷芯。收卷长度可在 2500m 以内任意设定，到达设定米数后自动报警停机。收卷轴为力矩电机控制，通过调压器控制输出力矩，保证收卷的松紧度。收好的成品从收卷轴上卸下，装上堵头和纸板包装后在缠绕打包机上打包。

16.4.4　流延式滴灌带制造机械及其产品性能

流延式滴灌带生产线实现了较为复杂的流道结构与流延＋真空吸附＋叠边热封成型工艺的整合，生产速度达 70m/min，并且滴灌管流态指数为 0.57～0.62，系统灌水均匀度保持在 0.8 以上的运行时间为 450～560h。滴灌带价格为 0.15～0.29 元/m，制造偏差在 3%以内。

16.5　再生料滴灌带改性方法与性能研究

在政府的大力支持下，我国滴灌技术推广面积迅猛发展，单翼迷宫式薄壁滴灌带以其较优的性价比成为目前使用量最大的滴灌带。但是由于滴灌带多为聚乙烯材料，田间光照及气温频繁变化条件下的老化问题严重，造成边壁不可恢复性变形，从而导致抗拉伸性能、水力性能迅速降低，为了保证其使用过程中的稳定性，这种滴灌带往往一年一换，产生了大量的废旧塑料，造成严重的环境污染，因此如何建立滴灌带回收再利用技术就变得尤为重要。目前，使用废旧聚乙烯所制作的滴灌带性能得不到保障，因此通过材料改性来提升滴灌带的抗拉伸性能和抗老化性能，并且在一定程度上实现节本、提质、环保的目的。

16.5.1　试验概况

1. 试验材料

试验所用滴灌带的原材料是全新单翼迷宫式滴灌带使用 1～2 年后回收造粒的聚乙烯颗粒。为了弥补废旧聚乙烯滴灌带所带来的韧性降低问题，采取添加增韧剂的方式来进行废旧聚乙烯材料的改性，进而提高废旧材料的韧性。选取了两种物理改性剂[乙烯-醋酸乙烯酯共聚物(EVA)和乙烯-辛烯共聚物(POE)]、一种化学改性剂[马来酸酐接枝共聚物(g-POE)]进行增韧减薄问题的探究,各增韧剂的基本特性见表 16.4。

表 16.4　增韧剂的基本特性

材料名称	牌号	厂家	熔融指数/(g/min)	密度/(g/cm³)
EVA	SV1055	泰国石化	20	0.952
POE	C5070D	沙特 SABIC 公司	5	0.868
g-POE	KHEP-5170	中国海尔科化	0.5～2	0.880～0.900

2. 试验方法

试验选取三种增韧剂来对废旧聚乙烯滴灌带进行材料改性,EVA、POE 的添加比例均设置 6 个梯度,分别为 2%、4%、6%、8%、10%和 12%;g-POE 的含量设置 3 个梯度,分别为 2%、4%、6%;除此之外,通过将 EVA 与 g-POE 的不同配比以及 POE 与 g-POE 的不同配比来进行废旧聚乙烯滴灌带的改性。试验处理见表 16.5。

所有处理的滴灌带均使用同一生产装置进行生产制作,单翼迷宫式滴灌带的流道在管壁上直接成型,滴灌带的标称参数分别为:公称壁厚 0.2mm,公称内径 16mm,公称滴头间距 30cm,额定流量 3L/h。

表 16.5　废旧聚乙烯滴灌带材料改性试验处理

序号	处理名称		配方	成本/(元/m)
1	全部新料	CK	全新新料	0.125
2	全部废料	R	全部废料	0.095
3	添加 EVA	E2	EVA 2%	0.098
4		E4	EVA 4%	0.100
5		E6	EVA 6%	0.102
6		E8	EVA 8%	0.104
7		E10	EVA 10%	0.107
8		E12	EVA 12%	0.109
9	添加 POE	P2	POE 2%	0.098
10		P4	POE 4%	0.100
11		P6	POE 6%	0.102
12		P8	POE 8%	0.104
13		P10	POE 10%	0.107
14		P12	POE 12%	0.109
15	添加 g-POE	g-P2	g-POE 2%	0.094
16		g-P4	g-POE 4%	0.092
17		g-P6	g-POE 6%	0.090

续表

序号	处理名称		配方	成本/(元/m)
18	添加 EVA+g-POE	E4g-P2	EVA 4%+g-POE 2%	0.098
19		E6g-P2	EVA 6%+g-POE 2%	0.100
20		E8g-P2	EVA 8%+g-POE 2%	0.102
21		E4g-P4	EVA 4%+g-POE 4%	0.096
22		E6g-P4	EVA 6%+g-POE 4%	0.098
23		E8g-P4	EVA 8%+g-POE 4%	0.101
24	添加 POE+g-POE	P4g-P2	POE 4%+g-POE 2%	0.098
25		P6g-P2	POE 6%+g-POE 2%	0.100
26		P8g-P2	POE 8%+g-POE 2%	0.102
27		P4g-P4	POE 4%+g-POE 4%	0.096
28		P6g-P4	POE 6%+g-POE 4%	0.098
29		P8g-P4	POE 8%+g-POE 4%	0.101

注:1～2 年生废旧聚乙烯约 8300 元/t,EVA 约 18000 元/t,POE 约 18000 元/t,g-POE 约 27000 元/t,滴灌带米克重为 12.5g/m。

3. 测试内容

(1) 滴灌带外观。

滴灌带表面应光滑平整,不应有气泡、挂料线、明显的未塑化物、杂质,且迷宫式流道成型饱满。通过拍照和观察来表征增韧剂对废旧聚乙烯滴灌带外观的影响。

(2) 滴灌带规格尺寸。

滴灌带规格尺寸主要包括滴灌带壁厚、内径及滴头间距偏差。标准规定:公称壁厚为 0.2mm 的极限偏差为+0.04～−0.02mm,公称内径为 16mm 的滴灌带极限偏差为±0.3mm,滴头间距偏差应在±5%之内。

(3) 滴灌带力学性能。

滴灌带力学性能主要包括耐静水压力、爆破压力、耐拉拔性能、拉伸强度和断裂伸长率,沿滴灌带纵向每隔 50mm 裁取一片试样,每个试样裁取 5 片,试验速度设置为 500mm/min。试样如图 16.13 所示,本试验试样总长度选取 160mm,夹具间的初始距离选取 100mm,标距长度选取 50mm,宽度选取 10mm。试验仪器选用承德市金建检测仪器有限公司的万能试验机 UTM-1422。

图 16.13 中,b 为试样宽度,取值为 10～25mm;h 为试样厚度,$h \leqslant 1$mm;L_0 为标距长度,取值为(50±0.5)mm;L_3 为试样总长度,取值≥150mm。

(4) 滴灌带水力性能。

滴灌带水力性能主要包括流量均匀性及流量与进水口压力之间的关系。通过测试流量均匀性可以得出平均流量、变异系数、流量标准偏差等;通过测试流量与进水口压力之间的关系,可以通过添加趋势线的方式,得出流量系数和流态指数。

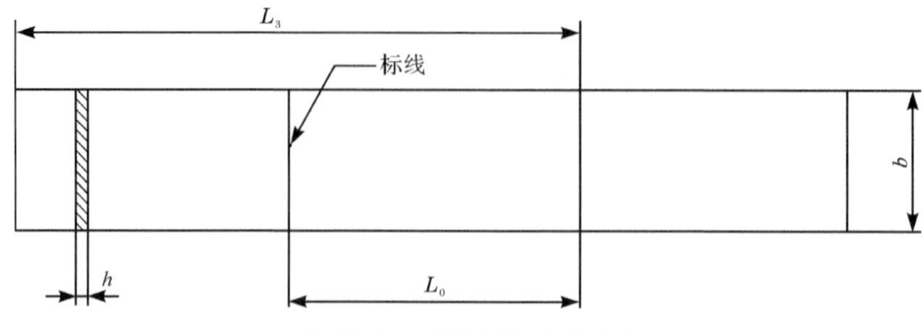

图 16.13　标准试样尺寸要求

16.5.2　增韧剂对再生料滴灌带外观的影响

增韧剂对废旧聚乙烯再生料滴灌带外观的影响如图 16.14 所示。由图 16.14 可知，全新材料制作滴灌带的表面非常光滑，明显优于废旧聚乙烯制作的滴灌带。通过观察和实际触摸可知，EVA、POE 和 g-POE 的添加可以使滴灌带表面更加光滑，且随着 EVA 和 POE 的增加，表面的光滑程度升高。参照《塑料节水灌溉器材　第 1 部分：单翼迷宫式滴

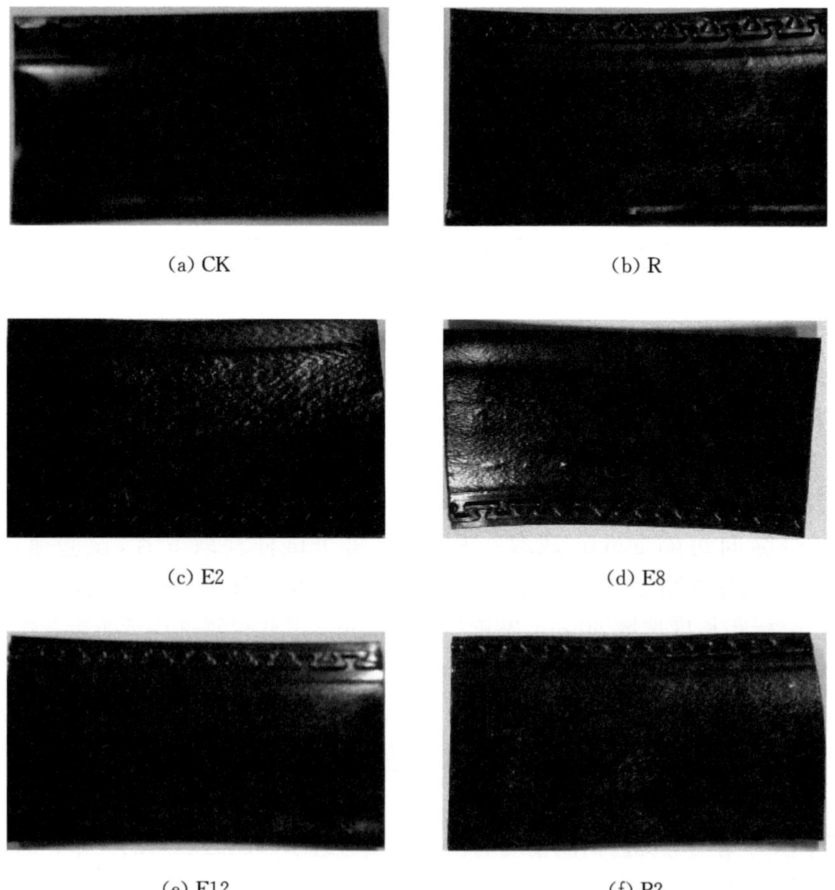

(a) CK　(b) R

(c) E2　(d) E8

(e) E12　(f) P2

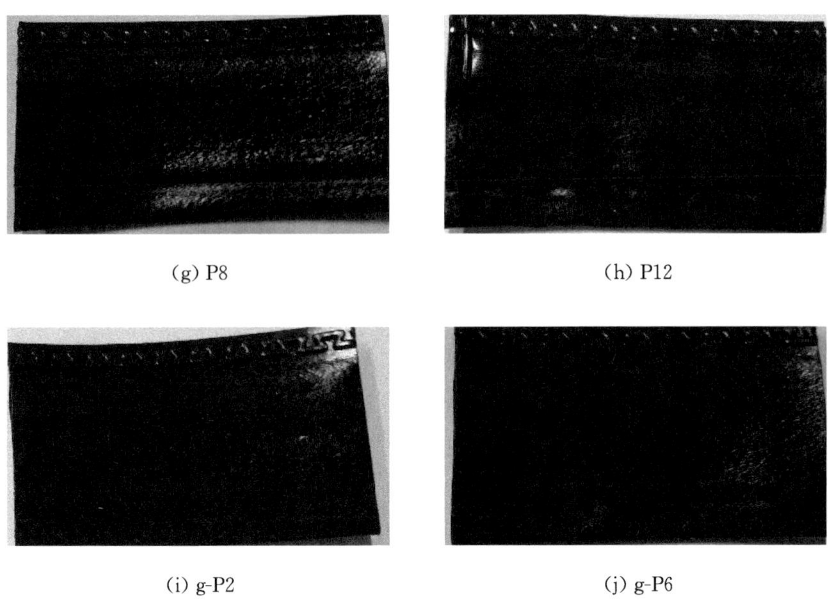

(g) P8　　(h) P12

(i) g-P2　　(j) g-P6

图 16.14 增韧剂对废旧聚乙烯再生料滴灌带外观的影响

灌带》(GB/T 19812.1—2017)与《塑料 拉伸性能的测定 第 3 部分:薄膜和薄片的试验条件》(GB/T 1040.3—2006),分析其主要原因为相比于聚乙烯,EVA 和 POE 具有更强的柔软性、弹性和可加工性,且熔点较低,两种材料的熔点均在 80℃左右,故 EVA 和 POE 的引入降低了聚乙烯的熔点,在加工温度不变的情况下其熔融效果更好,更有利于成型,即混合料在同等温度下更早地出现熔融,在同等压力下更容易发生剪切变形,即更容易注塑成型。

16.5.3 增韧剂对再生料滴灌带规格尺寸的影响

废旧聚乙烯再生料滴灌带规格尺寸见表 16.6。由表 16.6 可知,所有类型滴灌带的壁厚、滴头平均间距和滴头间距偏差率均符合标准。但对管径而言,仅当 POE 材料添加量高于 8%、全部新料、单独添加 g-POE 和添加混合改性剂处理的管径符合规定。主要原因是制作过程中添加增韧剂可以提高滴灌带材料的弹性性能,故不进行自动调整的情况下,添加 EVA、POE 增韧剂会在一定程度上降低滴灌带的管径,均表现出添加量越大,对管径影响越小,且 EVA 对废旧聚乙烯再生料滴灌带管径的影响大于 POE。

表 16.6 废旧聚乙烯再生料滴灌带规格尺寸

序号	处理名称	管径/mm	壁厚/mm	滴头平均间距/cm	滴头间距偏差率/%
1	CK	15.7	0.18～0.20	29.3	2.33
2	R	15.2	0.19～0.22	29.8	0.67
3	E2	15.0	0.18～0.22	29.7	1.00
4	E4	15.0	0.19～0.22	29.8	0.67

续表

序号	处理名称	管径/mm	壁厚/mm	滴头平均间距/cm	滴头间距偏差率/%
5	E6	15.1	0.19～0.22	29.7	1.00
6	E8	15.4	0.18～0.20	29.8	0.67
7	E10	15.3	0.18～0.21	29.9	0.33
8	E12	15.4	0.19～0.22	29.9	0.33
9	P2	15.2	0.18～0.22	29.7	1.00
10	P4	15.5	0.18～0.22	30.0	0.00
11	P6	15.4	0.19～0.23	29.7	1.00
12	P8	15.6	0.18～0.22	29.6	1.33
13	P10	15.7	0.18～0.23	29.7	1.00
14	P12	15.7	0.19～0.22	29.8	0.67
15	g-P2	15.8	0.18～0.20	29.6	1.33
16	g-P4	15.8	0.19～0.20	30.0	0.00
17	g-P6	15.9	0.20～0.22	29.6	1.33
18	E4g-P2	16.3	0.19～0.23	29.7	1.00
19	E6g-P2	16.1	0.18～0.23	29.8	0.67
20	E8g-P2	16.1	0.18～0.22	29.8	0.67
21	E4g-P4	16.2	0.18～0.22	29.8	0.67
22	E6g-P4	16.4	0.18～0.21	29.8	0.67
23	E8g-P4	16.2	0.19～0.22	29.8	0.67
24	P4g-P2	16.2	0.19～0.22	29.8	0.67
25	P6g-P2	16.1	0.18～0.21	29.8	0.67
26	P8g-P2	16.4	0.19～0.22	29.9	0.33
27	P4g-P4	16.2	0.20～0.21	29.7	1.00
28	P6g-P4	16.3	0.18～0.21	29.9	0.33
29	P8g-P4	16.2	0.18～0.23	29.7	1.00

16.5.4 增韧剂对再生料滴灌带力学性能的影响

本节对再生料滴灌带耐静水压、爆破压力、耐拉拔性能(荷载试验前后标线间距变化量)、断裂伸长率以及拉伸强度进行测试。结果表明,静水压试验以及力学性能指标结果均在标准规定的范围之内。

1. EVA 对再生料滴灌带力学性能的影响

EVA 对再生料滴灌带力学性能的影响如图 16.15 所示。由图 16.15 可知,单独加

8% EVA 的耐拉拔性能、爆破压力、断裂伸长率和拉伸强度分别为 1.80%、0.29MPa、628.93%、31.35MPa。单独加 10% EVA 的耐拉拔性能、爆破压力、断裂伸长率和拉伸强度分别为 3.25%、0.30MPa、545.78%、25.31MPa。与全部废旧聚乙烯滴灌带相比，单独加 8% EVA 滴灌带的耐拉拔性能、断裂伸长率和拉伸强度分别提升了 44.0%、36.5%、25.5%，单独加 10% EVA 滴灌带的耐拉拔性能、断裂伸长率和拉伸强度分别提升了 160.0%、18.4%、1.4%，单独加 8% EVA 和 10% EVA 的滴灌带的爆破压力分别降低了 18.9%和 16.1%。单独加 8%～10%的 EVA 可以对废旧聚乙烯滴灌带回收综合力学性能有较好的提高。

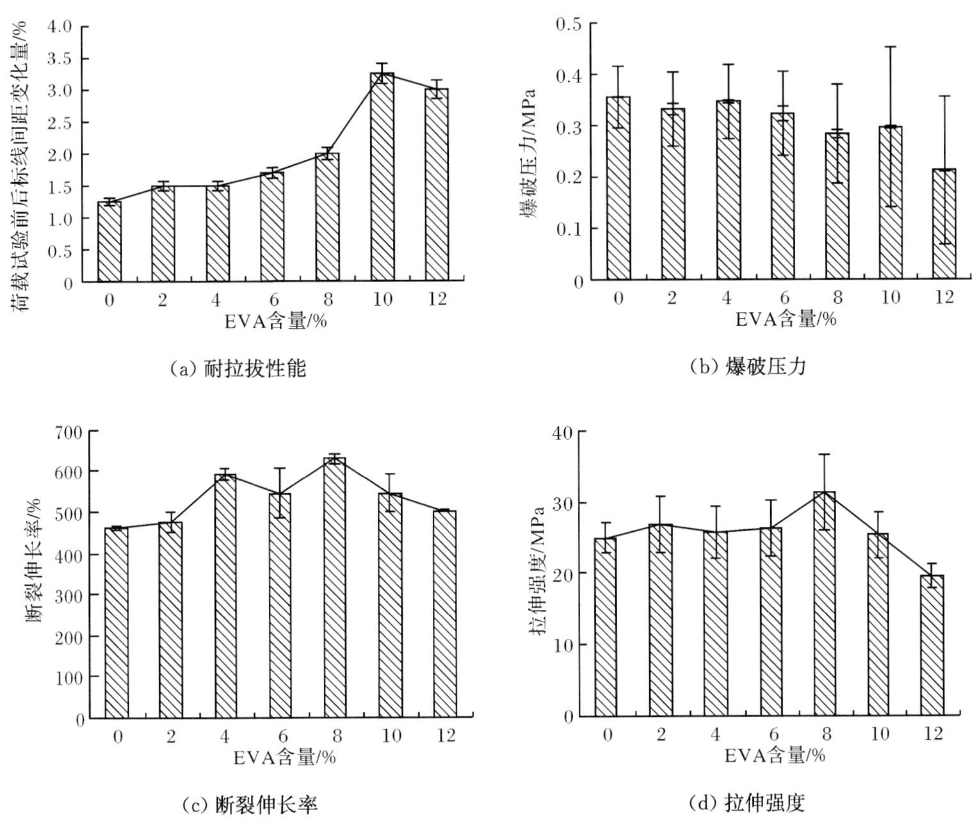

图 16.15　EVA 对再生料滴灌带力学性能的影响

2. POE 对再生料滴灌带力学性能的影响

POE 对再生料滴灌带力学性能的影响如图 16.16 所示。单独加 POE 增韧剂后，滴灌带的耐拉拔性能随 POE 的增加呈线性增加的趋势；滴灌带爆破压力与 POE 的增加呈线性递减的趋势；滴灌带的断裂伸长率随 POE 的增加呈波动的状态，且波动幅度较小，说明 POE 对滴灌带的断裂伸长率影响不大；滴灌带的拉伸强度随着 POE 的增加也未见明显变化趋势，且从图中可以观察到，拉伸强度的标准误差较大，初步判定 POE 材料不如 EVA 稳定，对废旧聚乙烯再生料滴灌带的拉伸强度的影响不大。

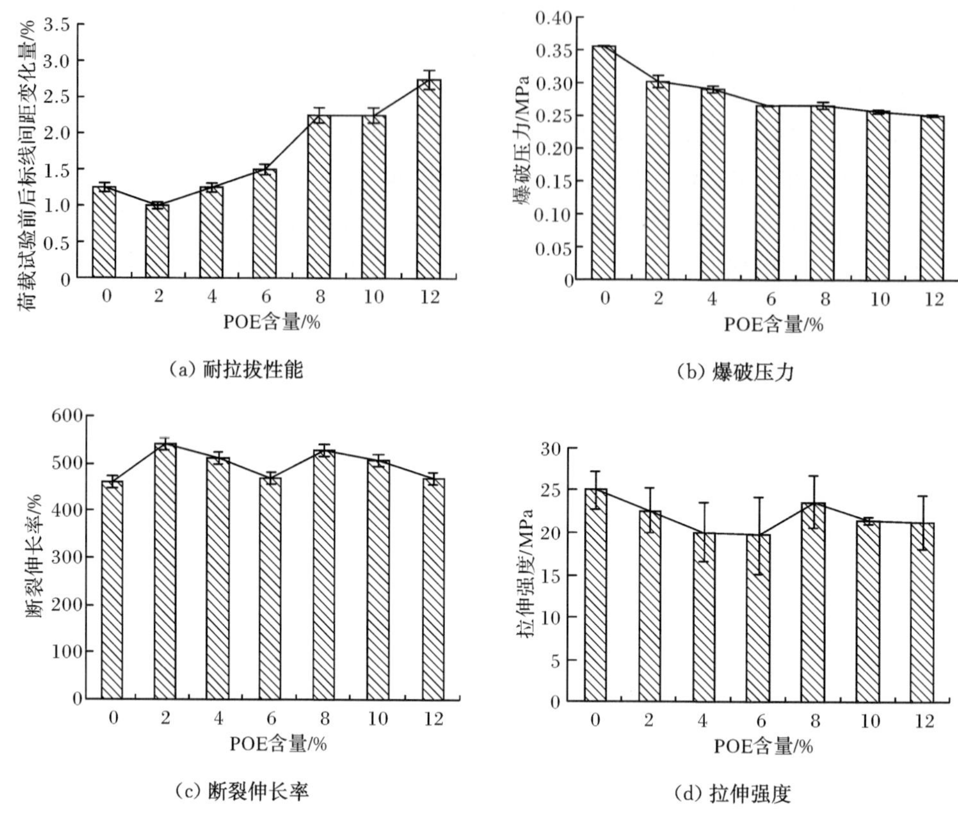

(a) 耐拉拔性能　(b) 爆破压力

(c) 断裂伸长率　(d) 拉伸强度

图 16.16　POE 对再生料滴灌带力学性能的影响

单独加 8% POE 的耐拉拔性能、爆破压力、断裂伸长率和拉伸强度分别为 2.25%、0.27MPa、528.36%、23.6MPa。与全部废旧聚乙烯滴灌带相比，单独加 8% POE 再生料滴灌带的耐拉拔性能、断裂伸长率分别提升了 80.0%、14.6%，单独加 8% POE 再生料滴灌带的爆破压力和拉伸强度分别降低了 25.4%和 5.4%。

3. g-POE 对再生料滴灌带力学性能的影响

g-POE 对再生料滴灌带力学性能的影响如图 16.17 所示。单独加 g-POE 增韧剂后，耐拉拔性能随 g-POE 含量的增加呈线性增加的趋势；爆破压力在添加 g-POE 之后反而

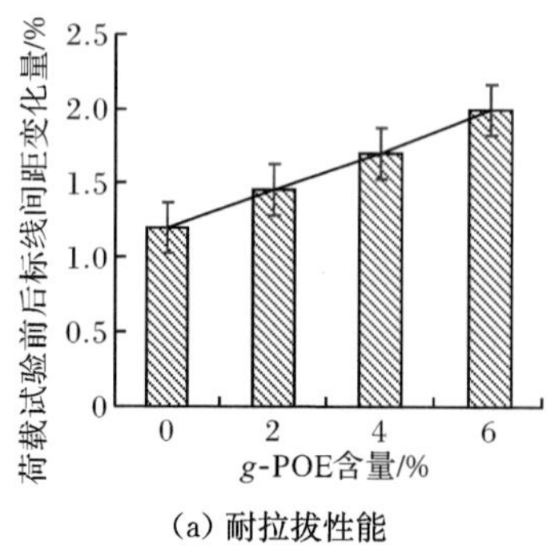

(a) 耐拉拔性能

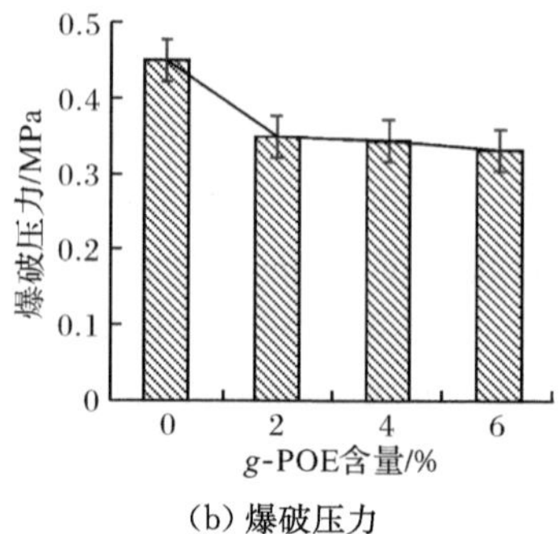

(b) 爆破压力

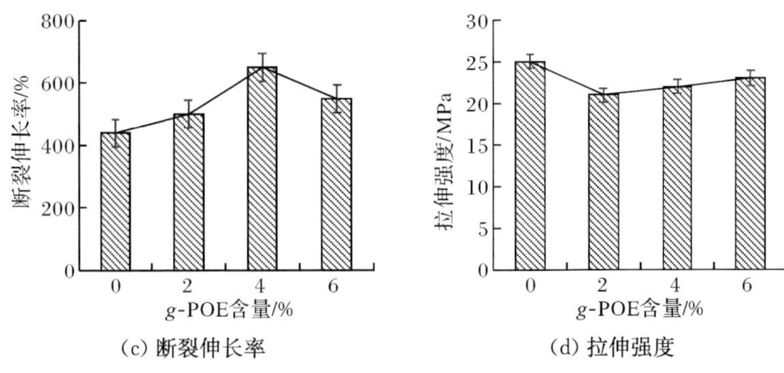

(c) 断裂伸长率　　(d) 拉伸强度

图 16.17　g-POE 对再生料滴灌带力学性能的影响

呈下降的趋势；断裂伸长率在添加 g-POE 之后呈先上升后下降的趋势，且在 g-POE 含量为 4%时达到峰值(700.1%)，较全部废旧聚乙烯再生料滴灌带相比，断裂伸长率提升了 51.8%。

单独加 4%g-POE 的耐拉拔性能、爆破压力、断裂伸长率和拉伸强度分别为 1.8%、0.3MPa、700.1%、21.9MPa。单独加 4%g-POE 再生料滴灌带的耐拉拔性能、断裂伸长率分别提升 40.0%、51.9%；单独加 4%g-POE 再生料滴灌带的爆破压力和拉伸强度分别降低了 27.9%和 12.4%。综上所述，单独加 4%g-POE 可以对废旧聚乙烯再生料滴灌带综合力学性能有较好的提高。

4. EVA 和 g-POE 混合材料对再生料滴灌带力学性能的影响

EVA 和 g-POE 混合材料对再生料滴灌带力学性能的影响如图 16.18 所示。由图可知，与全部废旧聚乙烯再生料滴灌带相比，添加 EVA 和 g-POE 混合材料的废旧聚乙烯再生料滴灌带耐拉拔性能和断裂伸长率均较高，而爆破压力和拉伸强度均较低；当g-POE含量确定为 4%时，滴灌带的耐拉拔性能随 EVA 含量的增加而增加。

综上所述，将 4 个力学指标综合起来看，EVA 与 g-POE 混合料中，E8g-P4 效果较好，故认为 E8g-P4 为提高废旧聚乙烯再生料滴灌带综合力学性能的方案。

5. POE 和 g-POE 混合材料对再生料滴灌带力学性能的影响

POE 和 g-POE 混合材料对再生料滴灌带力学性能的影响如图 16.19 所示。与全部

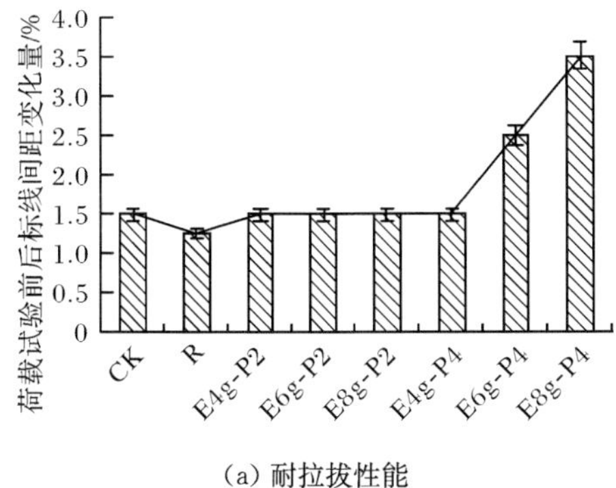

(a) 耐拉拔性能

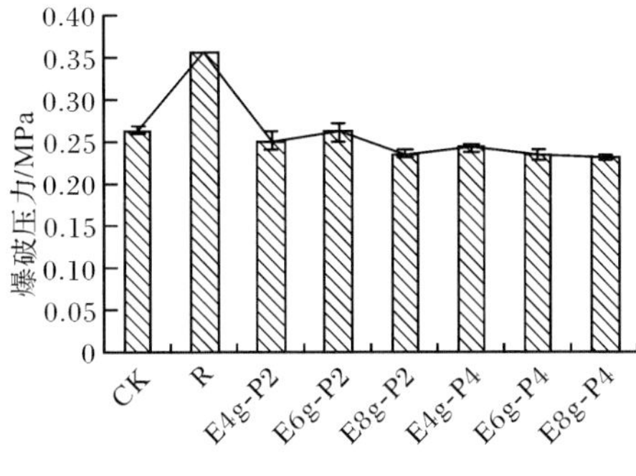

(b) 爆破压力

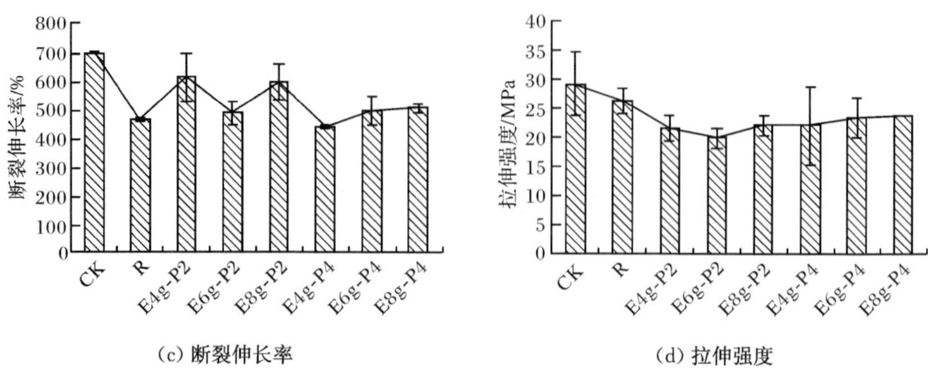

(c) 断裂伸长率　　(d) 拉伸强度

图 16.18　EVA 和 g-POE 混合材料对再生料滴灌带力学性能的影响

废旧聚乙烯再生料滴灌带相比，添加 POE 和 g-POE 混合材料的废旧聚乙烯再生料滴灌带耐拉拔性能和断裂伸长率均较高，而爆破压力和拉伸强度均较低。

综上所述，将 4 个力学指标综合起来看，POE 与 g-POE 混合料中，P6g-P4 效果较好，但总体来看 POE 和 g-POE 混合材料没有可以提高废旧聚乙烯滴灌带综合力学性能的方案。

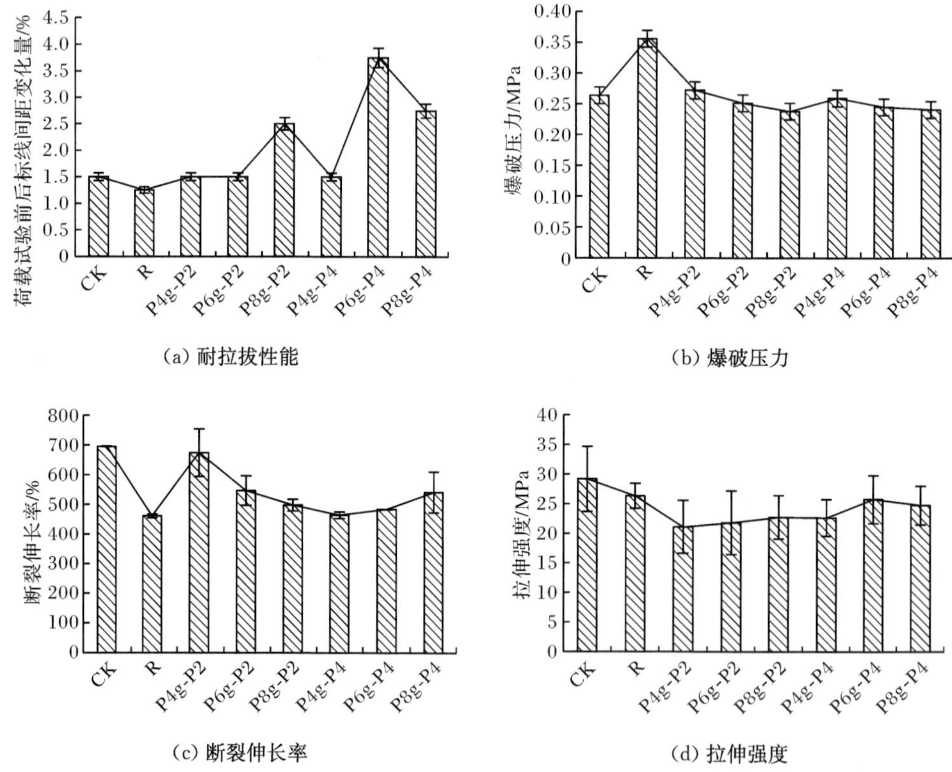

(a) 耐拉拔性能　　(b) 爆破压力

(c) 断裂伸长率　　(d) 拉伸强度

图 16.19　POE 和 g-POE 混合材料对再生料滴灌带力学性能的影响

16.5.5 增韧剂对再生料滴灌带水力性能的影响

1. EVA 对再生料滴灌带水力性能的影响

添加 EVA 再生料滴灌带的流量-压力关系曲线如图 16.20 所示，EVA 对再生料滴灌带水力性能的影响如图 16.21 所示。

由图 16.20 和图 16.21 可得添加 EVA 再生料滴灌带的流量系数、流态指数、流量-压力关系曲线决定系数 R^2。由图 16.21 可知，滴灌带的流量系数随着 EVA 含量增加呈增加趋势，但是与全部废旧聚乙烯滴灌带相比，流量系数都明显低于全部废旧聚乙烯滴灌带，说明添加 EVA 的滴灌带会使滴灌带的流量系数降低。随着 EVA 的添加，滴灌带的流态指数和流量-压力关系曲线的决定系数 R^2 基本没有发生改变，因此 EVA 不会对流态指数和流量-压力关系曲线的决定系数 R^2 产生影响；单独添加 EVA 滴灌带的偏差系数 C_v 值均不同程度地小于全部废旧聚乙烯再生料滴灌带，且都小于 7%，全部符合国家标准。

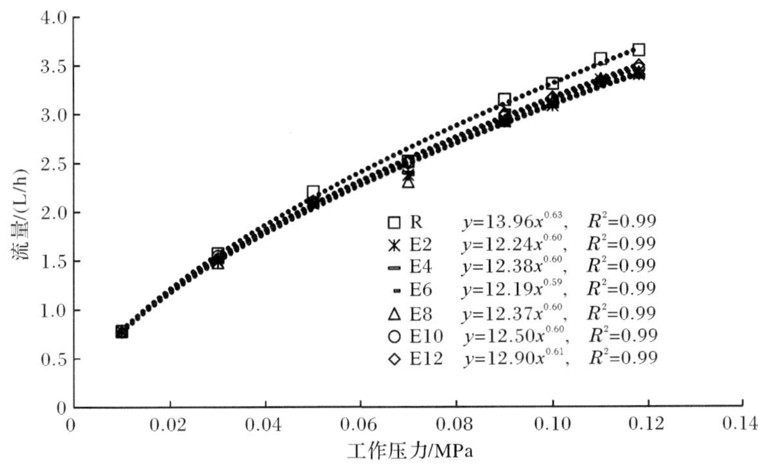

图 16.20 添加 EVA 再生料滴灌带的流量-压力关系曲线

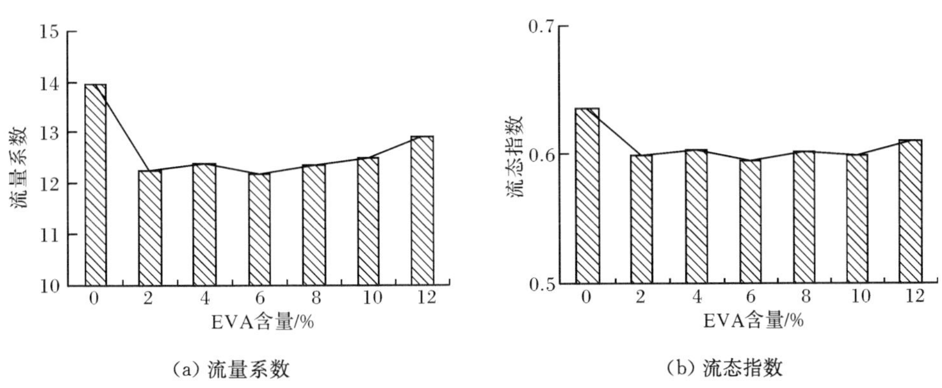

(a) 流量系数 (b) 流态指数

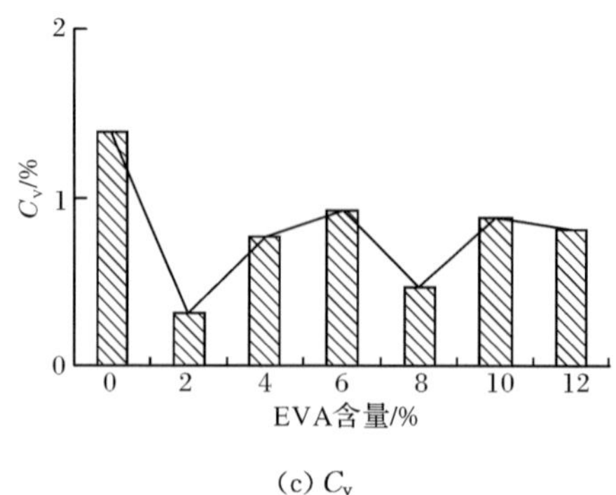

(c) C_v

图 16.21　EVA 对再生料滴灌带水力性能的影响

2. POE 对再生料滴灌带水力性能的影响

添加 POE 再生料滴灌带的流量-压力关系曲线如图 16.22 所示，POE 对再生料滴灌带水力性能的影响如图 16.23 所示。

由图 16.22 和图 16.23 可得添加 POE 再生料滴灌带的流量系数、流态指数、流量-压力关系曲线决定系数 R^2。由图 16.23 可知，滴灌带的流量系数随着 POE 含量增加而波动变化，但是与全部废旧聚乙烯再生料滴灌带相比，流量系数都明显低于全部废旧聚乙烯滴灌带，说明添加 POE 的再生料滴灌带会使滴灌带的流量系数降低。随着 POE 的添加，滴灌带的流态指数和流量-压力关系曲线的决定系数 R^2 的变幅都非常微小，因此添加 POE 不会对流态指数和流量-压力关系曲线的决定系数 R^2 产生影响；单独添加 POE 时，灌水器 C_v 值均不同程度地小于全部废旧聚乙烯滴灌带，且都小于 7%，全部符合国家标准。

3. g-POE 对再生料滴灌带水力性能的影响

添加 g-POE 再生料滴灌带的流量-压力关系曲线如图 16.24 所示， g-POE 对再生料

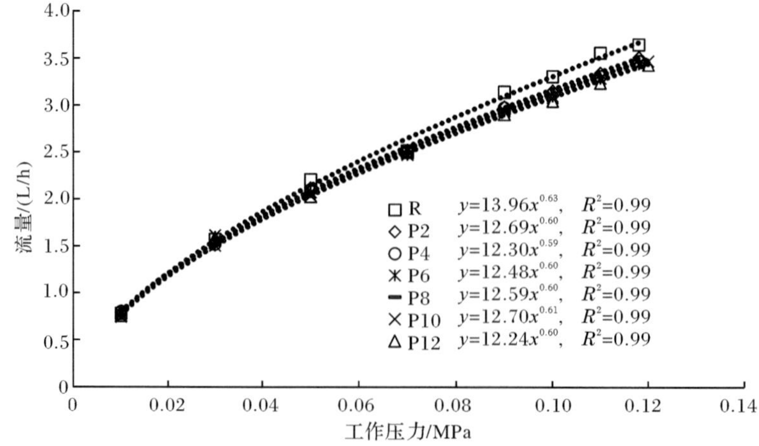

图 16.22　添加 POE 再生料滴灌带的流量-压力关系曲线

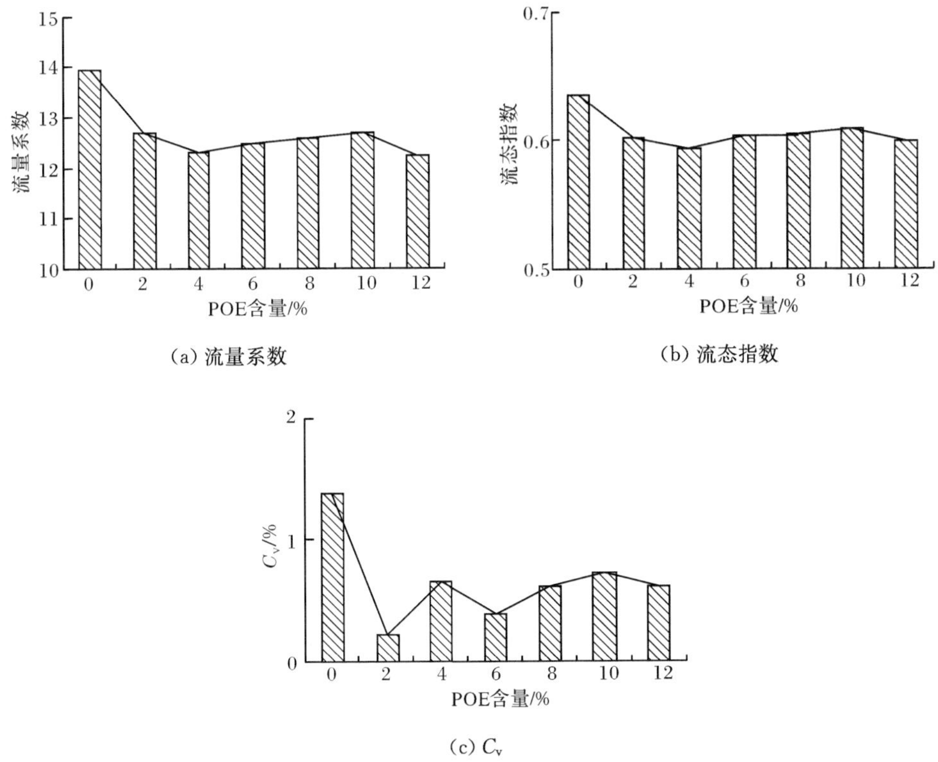

(a) 流量系数　　(b) 流态指数

(c) C_v

图16.23　POE 对再生料滴灌带水力性能的影响

滴灌带水力性能的影响如图 16.25 所示。

由图 16.24 和图 16.25 可得添加 g-POE 再生料滴灌带的流量系数、流态指数、流量-压力关系曲线决定系数 R^2。由图 16.25 可知，滴灌带的流量系数随着 g-POE 含量的增加呈降低趋势。滴灌带的流态指数降低，表明随着 g-POE 的添加，灌水器的流量对压力变化更加敏感；随着 g-POE 的添加，流量-压力关系曲线的决定系数 R^2 变幅非常微小，因此

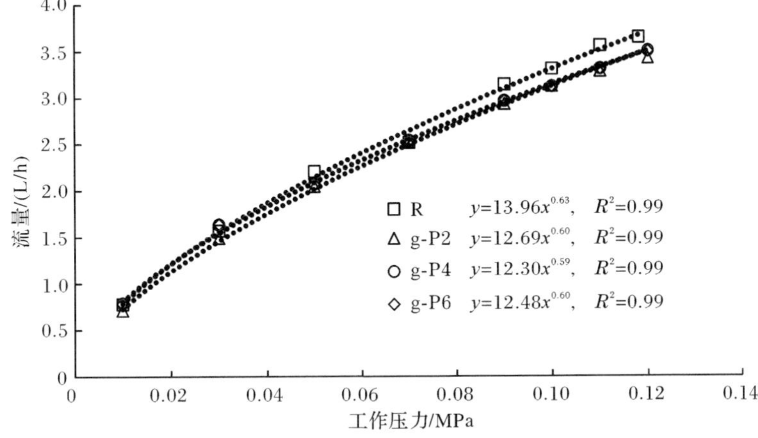

图 16.24　添加 g-POE 再生料滴灌带的流量-压力关系曲线

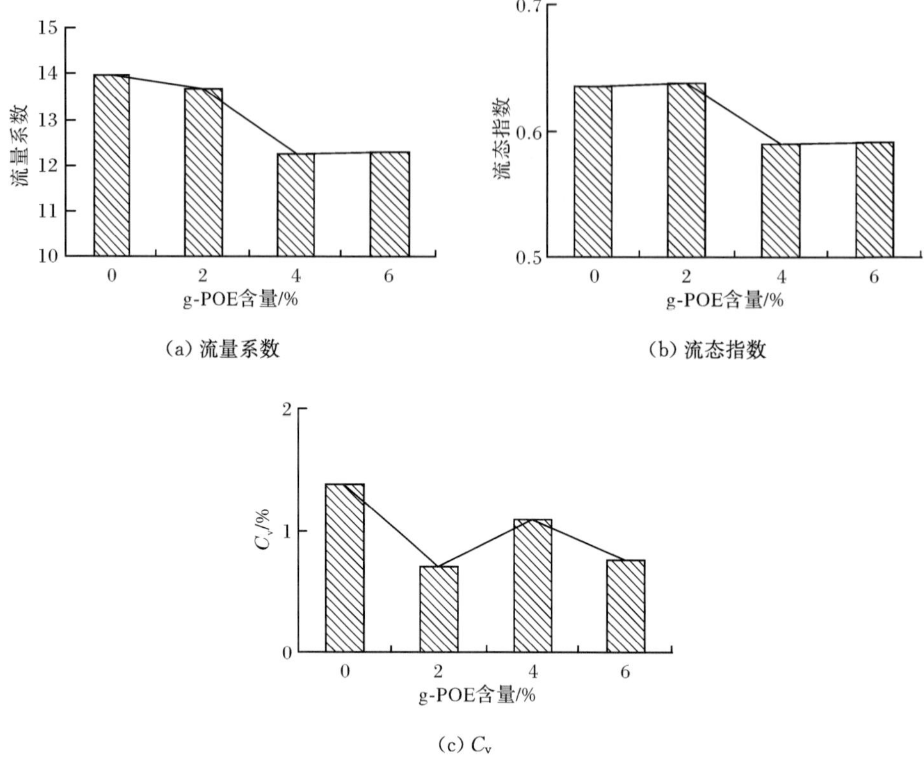

(a) 流量系数　　(b) 流态指数

(c) C_v

图 16.25　g-POE 对再生料滴灌带水力性能的影响

g-POE 不会对流量-压力关系曲线的决定系数 R^2 产生影响；单独添加 g-POE 时，灌水器 C_v 值均不同程度地小于全部废旧聚乙烯滴灌带，且都小于 7%，全部符合国家标准。

4. EVA 和 g-POE 混合材料对再生料滴灌带水力性能的影响

添加 EVA 和 g-POE 混合材料再生料滴灌带的流量-压力关系曲线如图 16.26 所示，

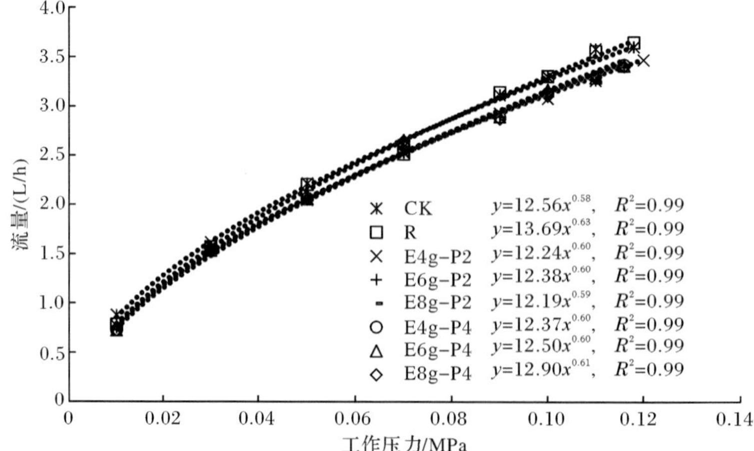

图 16.26　添加 EVA 与 g-POE 混合材料再生料滴灌带的流量-压力关系曲线

EVA 和g-POE混合材料对再生料滴灌带水力性能的影响如图 16.27 所示。

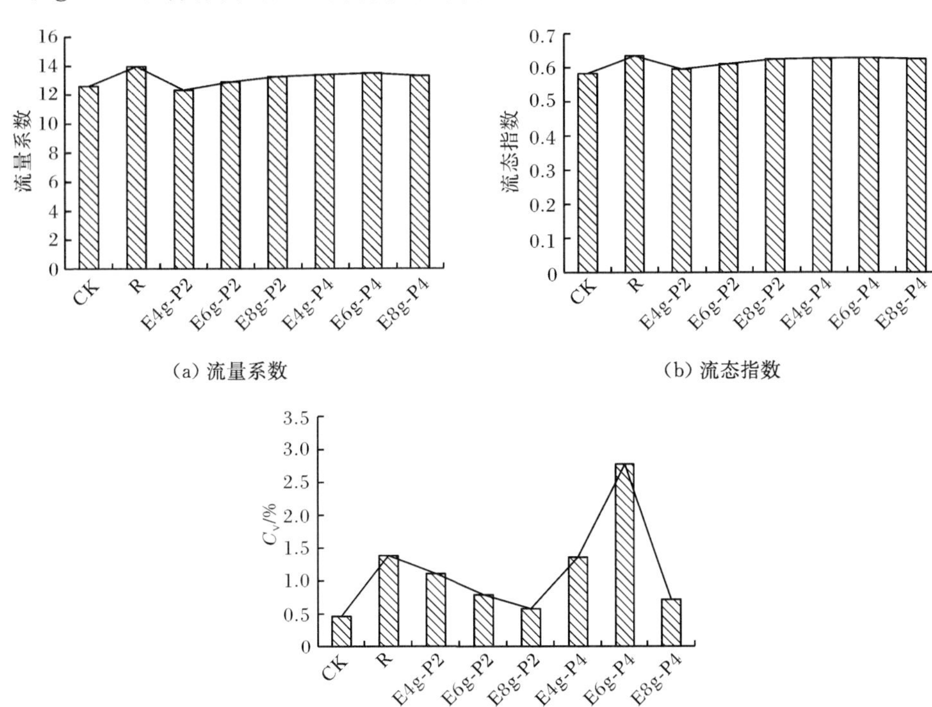

(a) 流量系数　(b) 流态指数

(c) C_v

图 16.27　EVA 与 g-POE 混合材料对再生料滴灌带水力性能的影响

由图 16.26 和图 16.27 可得添加 EVA 和 g-POE 混合材料再生料滴灌带的流量系数、流态指数、流量-压力关系曲线决定系数 R^2。由图 16.27 可知，各改性方案滴灌带的流量系数、流态指数和流量-压力关系曲线的决定系数 R^2 变幅非常微小，因此 EVA 和g-POE 混合材料不会对流量系数、流态指数和流量-压力关系曲线的决定系数 R^2 产生影响；各改性方案滴灌带的 C_v 值有一定的波动，但均小于 7%，全部符合国家标准。

5. POE 和 g-POE 混合材料对再生料滴灌带水力性能的影响

添加 POE 和 g-POE 混合材料再生料滴灌带的流量-压力关系曲线如图 16.28 所示，POE 和 g-POE 混合材料对再生料滴灌带水力性能的影响如图 16.29 所示。

由图 16.28 和图 16.29 可得添加 POE 和 g-POE 混合材料再生料滴灌带的流量系数、流态指数、流量-压力关系曲线决定系数 R^2。由图 16.29 可知，各改性方案滴灌带的流量系数、流态指数和流量-压力关系曲线的决定系数 R^2 的变幅非常微小，因此 POE 和 g-POE 混合材料不会对流量系数、流态指数和流量-压力关系曲线的决定系数 R^2 产生影响；各改性方案滴灌带的 C_v 值有一定的波动，但均小于 7%，全部符合国家标准。

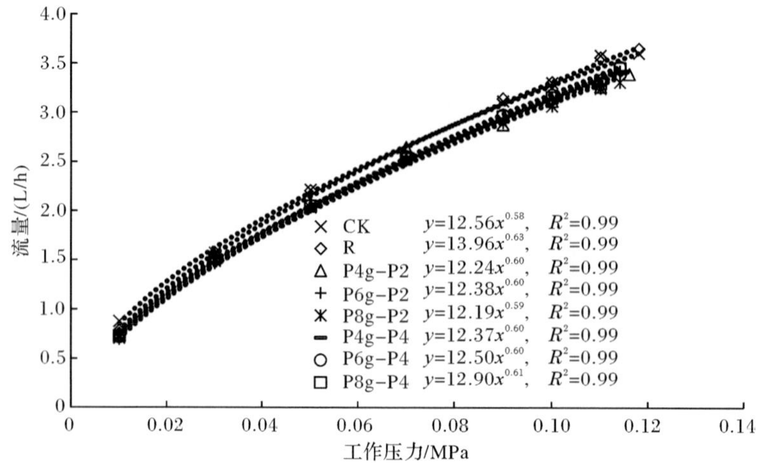

图 16.28　添加 POE 与 g-POE 混合材料再生料滴灌带的流量-压力关系曲线

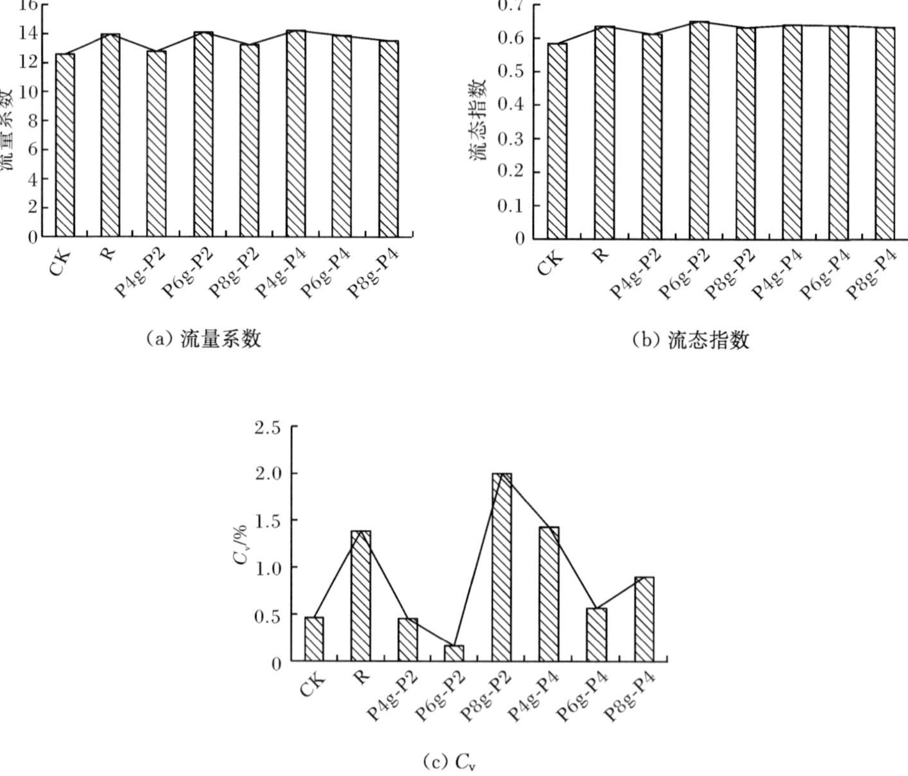

(a) 流量系数　　(b) 流态指数

(c) C_v

图 16.29　POE 与 g-POE 混合材料对再生料滴灌带水力性能的影响

16.6 小　结

(1) 单翼迷宫式滴灌带生产线实现了将简单的矩形流道与管带吹塑+真空吸附成型相结合,并且产品价格较低、流道结构较为简单,但相对于其他形式的灌水器,抗堵塞性能较差。

(2) 内镶贴片式滴灌带和内镶圆柱式滴灌带生产线实现了精准化、连续化生产工艺技术体系,并且其产品流道结构复杂,使用年限较长,但其成本相对较高。

(3) 流延式滴灌带生产线实现了简易流延+真空吸附+叠边热封成型工艺与微复杂迷宫式流道设计完美结合,兼具片式与单翼迷宫式灌水器的优势,成本与流道结构复杂程度也处于两者之间。

(4) 增韧剂的添加一定程度上改善了废旧聚乙烯滴灌带的外观,但对滴灌带的壁厚、滴头平均间距、滴头间距偏差率和水力性能均无明显影响;单独添加 EVA、POE、g-POE 的最优配方分别是 10% EVA、8% POE、4% g-POE。

参考文献

中华人民共和国国家技术监督局. 2017. GB/T 19812.1—2017　塑料节水灌溉器材　第 1 部分:单翼迷宫式滴灌带. 北京:中国标准出版社.

中华人民共和国国家技术监督局. 2006. GB/T 1040.3—2006　塑料　拉伸性能的测定　第 3 部分:薄膜和薄片的试验条件. 北京:中国标准出版社.

第 17 章　不同水源滴灌过滤系统的合理配置组合及运行方式

合理配置滴灌过滤系统，可有效减少进入灌水器的杂质，减缓灌水器堵塞的发生。目前常用的过滤器有离心过滤器（水力旋流器）、介质过滤器（一般指砂石过滤器）、网式过滤器和叠片过滤器。近年来，众多专家学者对过滤器的水力性能和过滤性能等进行了大量研究。喻黎明等（2016）运用基于颗粒动力学理论的欧拉-拉格朗日液固多相湍流模型，对水力旋流器内的水沙两相三维流动进行了 CFD-DEM 耦合数值模拟研究。董文楚（1997）是中国最早从事微灌砂石过滤研究的学者之一，他深入分析了微灌过滤器的设计原理与方法，并对石英砂滤料条件下过滤器的过滤性能进行了研究。翟国亮等（2010）开展了均质砂滤料过滤对粉煤灰水质的固体颗粒质量分数和水质浊度影响的模型试验，探究了对不同滤层厚度条件下的最优过滤流速等。王新坤等（2013）基于 CFD 软件 Fluent，采用多孔介质模型对过滤器内部流场进行数值模拟，得到了过滤器内部的速度分布和水力特性。宗全利等（2010）采用 Fluent 软件对自清洗网式过滤器进行了全流场数值模拟，全面了解其内部水流结构和特性。李楠等（2016）采用试验方法深入研究了微灌用叠片过滤器的水力性能和过滤性能。李浩等（2016）基于多孔介质模型，利用 CFD 方法，准确捕捉了微灌用叠片过滤器内部不稳定流场的流动规律。

本章首先介绍滴灌用过滤器（离心过滤器、网式过滤器、叠片过滤器、砂石过滤器）的结构特征与典型产品，并详细介绍自主研发的滴灌系统过滤器性能测试平台及其应用。对再生水与黄河水条件下滴灌系统一级砂石过滤器粒径级配及运行参数进行选择，并对滴灌系统二级叠片或网式过滤器适宜的目数进行选择，力求最终得到再生水与黄河水滴灌条件下过滤器的最优运行与组合模式。最后自行设计湖泊水滴灌系统低压渗滤过滤设施，并探寻其最优的运行方式。

17.1　滴灌过滤器结构特征与典型产品

17.1.1　离心过滤器工作原理及典型产品

1. 结构特征及工作原理

离心过滤器（图 17.1）一般作为初级过滤或配合其他过滤器使用，以减轻次级过滤的负担。它主要靠离心力来分离密度比水大的杂质，当压力水流由进水口沿切线方向进入漩涡室后做旋转运动，水流旋转产生两个漩涡，主漩涡产生离心力，将沙子和比水重的颗粒推向罐壁，沙子由旋流推动向下而进入储砂罐，而副漩涡把清洁的水提升到出口，其水头损失在 2m 左右。当灌溉水源含沙量较大时，适宜选择这种过滤器，多用于井水和河水中的泥沙过滤。目前常见的结构形式有圆柱形和圆锥形两种。

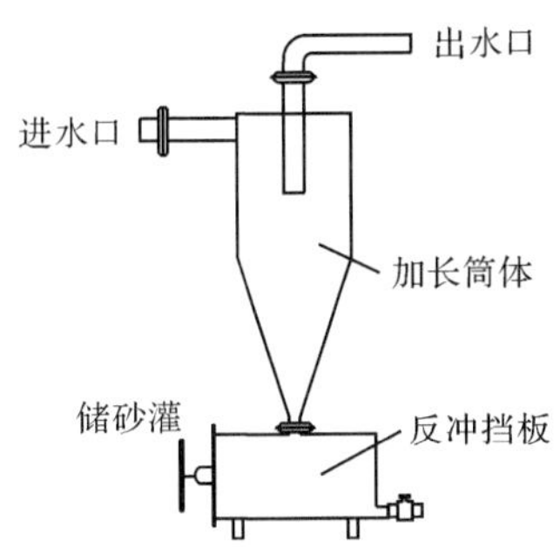

图 17.1　离心过滤器结构示意图

2. 典型产品

目前国内外比较典型的离心过滤器产品主要有 AZUD 自动离心过滤器 4DCL、多灵农业灌溉离心过滤器、蚯蚓 LX16 离心过滤器、水润佳禾离心过滤器、NETAFIM 离心过滤器、杭州桂冠离心过滤器等产品。

17.1.2　砂石过滤器工作原理及典型产品

1. 结构特征及工作原理

砂石过滤器(图 17.2)又称为石英砂过滤器,是通过均质、等粒径的石英砂形成砂床作为过滤载体进行立体深层过滤的过滤器。砂石过滤器是介质过滤器之一,其砂床是三维过滤,具有较强的截获污物的能力,常用于一级过滤。尤其是对水源中的有机杂质和无机杂质截留能力很强,可不间断供水,效果显著。当水中有机物浓度超过 10mg/L 时,无论无机物含量多少,均可选用砂石过滤器。

图 17.2　立式砂石过滤器结构示意图

1. 进水口; 2. 配水盘; 3. 滤水帽; 4. 出水口; 5. 检修孔; 6. 滤料层; 7. 加砂孔

砂石过滤器进行过滤时,未经过滤的原水通过进水口,配合球形外壳,以接近平流的状态到达过滤器的滤料层,如图 17.3(a)所示。当水流过滤料层时,污染物被截留在滤料层的上面。过滤器底部的滤水帽将过滤后的水收集起来并排出罐外。

随着污染物在滤层中不断积累，压力损失不断增大。当压力损失达到一定的设定限度时，自动反冲洗过滤器将自动转换至反冲洗状态，以清洗聚积起来的污染物，如图 17.3(b) 所示。当系统处于反冲洗状态时，同组的一个或多个过滤器会将干净的、经过过滤的水灌入待洗过滤单元中，在这个倒灌过程中被反洗的过滤单元滤料层在水流的冲击下膨胀沸腾，相互搓洗，污染物同滤料剥离，通过排污口被排出。当反冲洗结束后，阀门又恢复到过滤状态，下一个过滤单元则准备进入反冲洗状态。手动反冲洗过滤器需要手动关闭其中一个过滤罐上的三向阀门，同时也打开了该罐的反冲洗管进口，由另一个过滤器来的干净水通过集水管进入待冲洗罐内，水流反向流过砂床时，砂床膨胀，砂粒之间间距增大，截流在孔隙之间的各种污染物被水冲刷分离，并带出砂床，经反冲洗管排出。在反冲洗时，如果水流太大，会把过滤砂冲出罐外，这时可以调节排污管上的排污阀使水流不见滤砂；如果水流不足，可通过关闭装在供水管上的阀来减少流向罐区的供水量，以提高反冲洗流量，待排水口污水变清时，反冲洗过程结束。

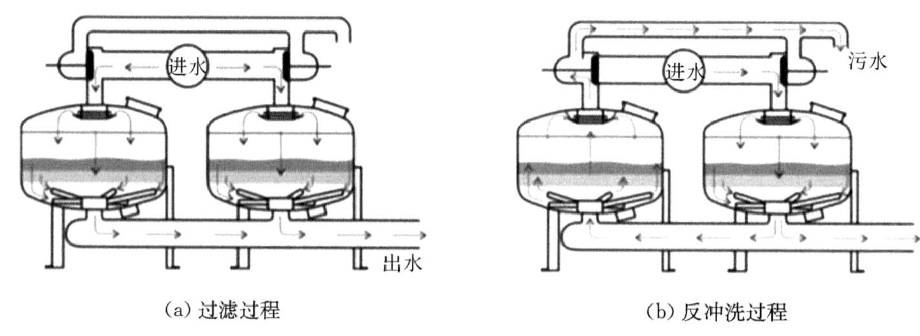

(a) 过滤过程　　(b) 反冲洗过程

图 17.3　砂石过滤器工作过程

2. 典型产品

目前，国内外比较典型的砂石过滤器产品主要有蚯蚓 DN50mm SF24 砂石过滤器、多灵灌溉砂石过滤器、奥特普 ATP-S348/S332 砂石过滤器、新疆惠利砂石网式过滤器、大禹砂石过滤器、NETAFIM 介质过滤器、AMIAD 砂滤器、润农反冲洗砂石过滤器、水润佳禾砂石过滤器等。

17.1.3　网式过滤器工作原理及典型产品

1. 结构特征及工作原理

网式过滤器一般由筛网、壳体、顶盖等部分组成，常用于二级过滤(图 17.4)，其过滤介质主要是尼龙筛网或不锈钢筛网。这种过滤器造价较低，在滴灌系统中使用广泛。网式过滤器种类繁多，按安装方式分类，有立式与卧式两种；按制造材料分类，有塑料和金属两种；按清洗方式分类，有人工清洗和自动清洗两种。

筛网的孔径大小，即网目数的多少，要根据灌水器类型及流道断面大小来确定。根据实践经验，一般要求所选用的过滤器筛网孔径大小应为所使用灌水器孔径大小的 1/10～1/7。

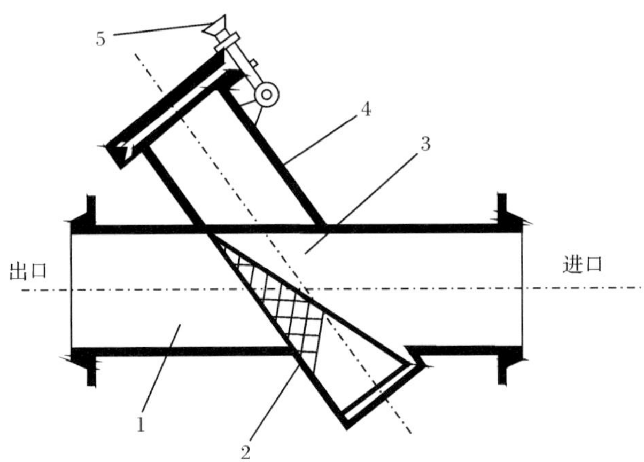

图 17.4　网式过滤器结构示意图

1. 管道；2. 筛网；3. 弧形挡板；4. 手孔；5. 螺母

网式过滤器工作过程如图 17.5(a)所示，灌溉水从进水口由过滤网外侧流向内侧，筛网将尺寸大于网眼尺寸的固体悬浮颗粒截留在表面上，而比网眼小的固体颗粒随水流通过筛网，由出水口排出。具有自动反冲洗功能的网式过滤器工作过程如图 17.5(b)所示，达到预设的压差或时间后，转换单元开始执行反冲洗操作。自动反冲洗时，通过吸吮扫描系统进行污染物的清除。吸吮扫描系统由一个吸吮扫描器和一个带吸嘴的中空管组成，吸嘴紧贴筛网内表面。过滤器外部有一个手摇柄连接到吸吮扫描器，可以转动扫描器形成螺旋运动来扫描筛网内表面并且不会直接接触到筛网。通过打开过滤器端盖上的排污阀来降低吸吮扫描器内部的压力，吸吮口就可以从筛网内表面吸吮杂质颗粒并通过排污阀排出。吸吮扫描过程可以在过滤的同时完成而不需要过滤器断流。手动反冲洗时，将滤网从壳体中取出，借助刷子等进行手动清洗，将杂物脱离过滤网。

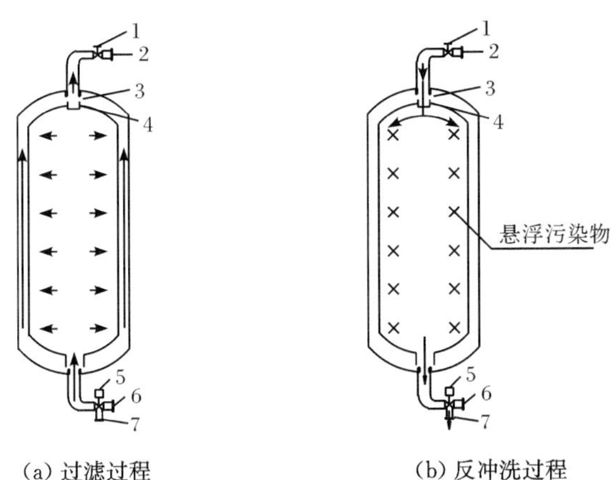

图 17.5　网式过滤器工作过程

1. 手阀；2. 出水管；3. 活动筛网板；4. 固定支点；5. 三通排污阀；6. 进水管；7. 排污管

2. 典型产品

网式过滤器产品类型较多，常见产品主要有北京东方润泽 ATP-GW 不锈钢网式过滤器、AZUD Luxon 自清洗网式过滤器、多灵 FY 系列灌溉网式过滤器、Intertec 金属网式过滤器、深圳市福尔沃 EF 型自动反冲洗过滤器、NETAFIM 自动网式过滤器、大禹网式过滤器、德润农砂石网式过滤器、水润佳禾网式过滤器等。

17.1.4 叠片过滤器工作原理及典型产品

1. 结构特征及工作原理

叠片过滤器作为深层过滤设备，主要由壳体、叠片、进水口、出水口和滤芯柱构成(图 17.6)。材质通常为优质工程塑料，耐磨性极高，辅以不锈钢弹簧支撑，结构坚固。叠片一面是一条连续的径向肋，另一面是一组同心环向肋，同样规格的叠片按照相同的方式紧压组装，构成一个具有巨大过滤表面积的圆柱体。

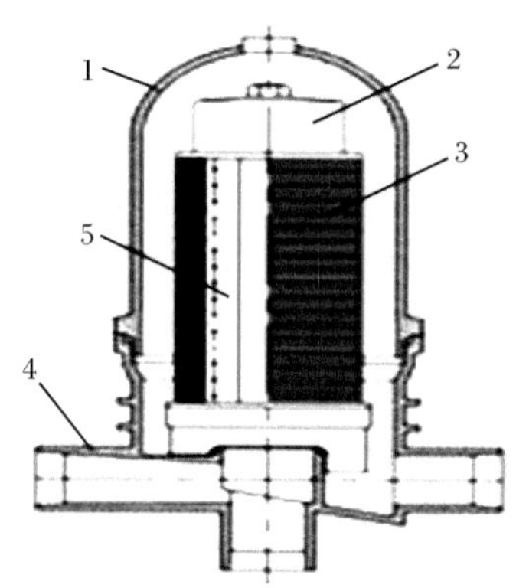

图 17.6 叠片过滤器结构

1. 壳体；2. 活塞帽；3. 叠片；4. 底座；5. 滤芯柱

叠片过滤器过滤过程如图 17.7(a)所示，过滤叠片通过弹簧和流体压力压紧，压差越大，压紧力越强，保证了自锁性高效过滤。液体由叠片外缘通过沟槽流向叠片内缘，经过多个过滤点，形成深层过滤。反冲洗过程如图 17.7(b)所示，自动反冲洗时，达到预设的压差或时间后，转换单元开始执行反冲洗操作。压缩弹簧被释放，活塞上升，释放叠片之间的压力，支撑中部的喷嘴沿切向喷出清水，叠片旋转，释放阻拦的杂质。颗粒物迅速有效通过排水排除。手动反冲洗时，将叠片从壳体中取出，借助刷子等进行手动清洗，将杂物脱离叠片。

2. 典型产品

叠片过滤器是目前滴灌工程中使用最广泛的过滤设备之一，种类繁多，最常见的有多灵 DN80mm 10 单元叠片过滤器、以色列 Arkal 2 寸单体反冲洗叠片过滤器、蚯蚓 3 寸 3 单元 DP3-3 叠片过滤器、NETAFIM 手动叠片过滤器、NETAFIM 自动反冲洗叠片过滤

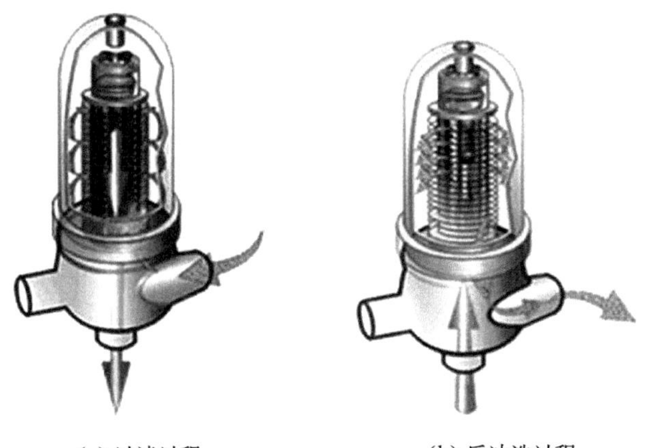

(a) 过滤过程　　(b) 反冲洗过程

图 17.7　叠片过滤器工作过程

器、美国 TORO 公司的 DX 塑料叠片过滤器等。

17.2　滴灌系统过滤器性能测试平台研发及应用

滴灌系统过滤器性能测试平台分别搭建于中国农业大学北京通州实验站(再生水、地下水等水源)和内蒙古巴彦淖尔市磴口县沙区灌溉实验站(黄河水、地表微咸水等水源),平台整体结构如图 17.8 所示,主要由储水池、水泵、过滤器、阀门以及各连接管道组成。

图 17.8　滴灌系统过滤器性能测试平台

(1) 水源及储水系统。试验供水装置为 2m×2m×2m 的蓄水池。

(2) 水泵。考虑到试验场地现状,设计所需流量、扬程和水头损失,水泵采用石家庄水泵厂生产的潜水泵,额定扬程 52m,额定流量 $40m^3/h$,转速 2860r/min,口径为 ϕ100mm,工作压力为 0.1MPa,介质温度≤40℃。

(3) 砂石过滤器。选择北京东方润泽生态科技股份有限公司 4 寸砂石过滤器。两个平行布置的砂石过滤器可视为一个过滤单元。每个砂石过滤器内径为 0.6m,滤料过滤面积为 $2826cm^2$,罐体高度为 0.5m,滤层厚度设置为 30cm。

(4) 叠片过滤器。选择山东莱芜圣雨有限公司的产品，目数分别为 80 目、120 目、150 目、200 目。系统过滤器为双体透明叠片过滤器，其外壳材料为衬塑钢管；过滤头外壳为增强尼龙；叠片材料为 PE；过滤面积为 0.204m^2，外形尺寸(高×宽)为 320mm×790mm；工作压力为 0～0.2MPa。

(5) 网式过滤器。选择山东莱芜圣雨有限公司的产品，目数分别为 80 目、100 目、120 目、150 目、200 目。其规格参数为：进出口管径 3 寸(钢制)，过流量为 45m^3/h。使用中从滤网圆柱面进水，中心出水，不可反向使用。当进出口端两压力表差超出 7m 时需清洗滤网。

(6) 压力表。选择北京布莱特仪表有限公司生产的高精密压力表，量程为 0～0.1MPa，精度等级为 1.6 级，公称直径为 150mm。

(7) 电磁流量计。选择天津凯隆仪表 LDG-100 型电磁流量计，精度等级为管道式电磁流量计 0.5 级；流量量程 2.28～424m^3/h；供电电源 220V；公称压力 1.6MPa；衬里材质为橡胶；介质温度为常温；电极材料为 316L 电极；流量计与配管之间均采用法兰连接，法兰连接尺寸应符合《钢制管法兰 第 1 部分：PN 系列》(GB/T 9124.1—2019)的规定；防爆标志 MdllBT4；消耗总功率小于 20W。

(8) 阀门。由于试验系统管道为 DN100mm，管道中进出口安装法兰式蝶阀，用以控制过滤器进出口流量。

(9) 浊度仪。本系统所用样品浊度均采用意大利哈纳 93703-11(HI93703-11)便携式浊度仪进行测试(图 17.9)。主机尺寸：220mm×82mm×66mm，主机质量：510g。测量范围：0～50FTU、50～1000FTU；量程：自动识别量程转换；解析度：0.01FTU(0～50FTU)、1FTU(50～1000FTU)；测量精度：±5%与±0.5FTU 取较大者；校准模式：手动三点校准，内置三个校准点，0、10FTU、500FTU；光源系统：硅光电池，专用定制红外光源，红外光源的波长为 890nm；单位转换：1FTU=1NTU=1FNU=0.25EBC，1mg/L=1 度；测量标准：符合 ISO 7027 浊度测量标准；数据管理：RS232 数据接口，199 组测量数据存储器；GLP 功能：自动存储最新校准数据、查询校准时间及校准结果；电源：4×1.5VAA 电池，5min 不做任何操作将自动关机；其他指标：RH$_{max}$ 95%，无冷凝。

图 17.9 便携式浊度仪

17.3　再生水滴灌系统过滤器合理配置组合及运行方式

17.3.1　试验概况

1. 砂石过滤器

1) 过滤与反冲洗试验处理

石英砂平均粒径为 0.5～1.0mm、1.0～2.0mm、2.0～3.0mm。过滤流速设置为 0.012m/s、0.017m/s、0.022m/s、0.027m/s 和 0.032m/s，流量分别为 12.21m^3/h、17.30m^3/h、22.38m^3/h、27.47m^3/h 和 32.56m^3/h。反冲洗流速设置为 0.007m/s、0.012m/s、0.017m/s、0.022m/s 和 0.027m/s，流量分别为 7.12m^3/h、12.21m^3/h、17.30m^3/h、22.38m^3/h 和 27.47m^3/h。

2) 试验步骤

(1) 水质测试。测试指标包括 pH、BOD_5、COD_{Cr}、TN、TP、SS、NH_4^+-N、NO_3^--N、水温、浊度及泥沙浓度、粒径分布。开始试验后，每天监测水温，每星期测试水质。

(2) 清水试验。将水池注满清水。在供水压力(0.3MPa)相同的条件下，分别测定在 5 种过滤流速条件下每隔 2min 过滤器前后的压力值，得到过滤器清洁压降曲线，并测试清水浊度。

(3) 水源过滤试验。测试 3 种滤料条件、5 种过滤流速下的过滤情况，直至过滤器前后压差达 10m。每隔 2min 记录过滤器前后压力表读数，同时每隔 5min 采集一次过滤后的水样品，装在离心管内密封好并做好标记，采用便携式浊度仪进行测试。

(4) 确定最优过滤模式。分析不同滤料与过滤流速条件下，过滤器水头损失与浊度去除率。分析得出不同水源条件下过滤器清洁压降曲线，滤料不同粒径、不同过滤流速对浊度去除率的影响，并综合考虑反冲洗所需时间、过滤用水量等因素，确定最优过滤模式。

(5) 反冲洗试验。得到最优过滤模式后，在压差达到 50kPa 后进行反冲洗，测定反冲洗过程中各项测试指标随时间的变化，当压差达到 20～40kPa 时，则进行过滤，记录反冲洗时间。确定最佳反冲洗模式。

(6) 确定砂石过滤器最优运行模式。综合过滤与反冲洗试验结果，最终得到砂石过滤器最适宜的运行模式。

2. 网式过滤器和叠片过滤器

1) 过滤试验处理

叠片过滤器目数设置为 80 目、100 目、120 目、150 目、200 目，网式过滤器目数设置为 80 目、100 目、120 目、150 目、200 目。过滤流量均为 20m^3/h、25m^3/h、30m^3/h、35m^3/h、40m^3/h、45m^3/h、50m^3/h、55m^3/h、60m^3/h、65m^3/h。

2) 试验步骤

(1) 水质测试。测试指标包括 pH、BOD_5、COD_{Cr}、TN、TP、SS、NH_4^+-N、NO_3^--N、水温、浊度及泥沙浓度、粒径分布。开始试验后，每天监测水温，每星期测试水质。

(2) 清水试验。将水池注满清水。通过调节系统出水管尾部蝶阀,改变系统中流量大小。当电磁流量计达到预设最大流量时,停止调节蝶阀,待测试系统运行稳定后,通过过滤器前后压力表读数,测试该流量条件下过滤器水头损失值,并记录。随后按照流量水平设置逐渐减小蝶阀开度,分别测试不同流量水平下过滤器水头损失值。

(3) 水源过滤试验。在蓄水池中注满试验目标水源,分别在 2 种类型过滤器、5 种目数、5 种过滤流量条件下进行过滤,直至过滤器前后压差达到 10m。每隔 2min 记录过滤器前后压力表读数,同时每隔 5min 采集一次过滤后的水样品,装在离心管内密封好并做好标记,采用便携式浊度仪进行测试。

(4) 确定最优过滤模式。通过综合分析不同过滤条件下水头损失与浊度去除率,确定网式过滤器和叠片过滤器的最适宜目数与运行模式。

3. 分析内容

测试前后浊度记录为 $T_i(i=0,1,\cdots,6)$。测试前后和测试过程中每 2min 记录过滤器前后压力表读数,分别记录为 $P_i(i=0,1,\cdots,15)$、$P_j(j=0,1,\cdots,15)$。分析水头损失 Δh_P 和浊度去除率 RE_T。计算公式如下:

$$\Delta h_P = P_i - P_j \tag{17.1}$$

式中,Δh_P 为每次测试时前后水头损失值;$P_i(i=0,1,\cdots,15)$为每次测试时过滤器前压力表读数;$P_j(j=0,1,\cdots,15)$为每次测试时过滤器后压力表读数。

$$RE_T = \frac{T_j - T_{jt}}{T_j} \times 100\% \tag{17.2}$$

式中,RE_T 为浊度去除率,%;$T_j(j=0,1,\cdots,15)$和 $T_{jt}(jt=0,1,\cdots,15)$分别为测试过程中相邻两次浊度先后测试结果。

17.3.2 再生水滴灌系统一级砂石过滤器粒径级配及运行参数选择

1. 清水条件下过滤器空罐水头损失变化规律

依据局部水头损失公式,砂石过滤器局部水头损失随着流量的增大而增加,且呈现二次抛物线的变化趋势:

$$\Delta h_P = \xi_{离} \frac{v^2}{2g} \tag{17.3}$$

综合管道平均流速为

$$v = \frac{Q}{A} \tag{17.4}$$

可以得到过滤器的水力特征方程为

$$\Delta h_P = kQ^2 \tag{17.5}$$

式中,Δh_P 为局部水头损失,m;$\xi_{离}$ 为过滤器局部水头损失系数;v 为管道平均流速,m/s;g 为重力加速度,m/s^2;Q 为流量,m^3/h;A 为管道断面面积,m^2;k 为过滤器系数。

由式(17.5)可知,局部水头损失 Δh_P 只与流量 Q 的二次方成正比。

将试验数据进行回归拟合得到如下方程:

$$\Delta h_P = 0.12Q^{1.03} \tag{17.6}$$

清水作为过滤水源时，不会对过滤器造成堵塞，此曲线即为过滤器清洁压降曲线，为用户提供技术参考。公式中指数和系数的大小随着过滤器种类、规格等的不同而不同，一般用来评价过滤器耗水能力的大小。通过对流量与水头损失进行拟合，得到清水条件下过滤器水头损失与流量之间的关系，如图 17.10 所示。随着系统进口流量增加，水头损失逐渐增大。本试验所得公式中决定系数 $R^2>0.95$，拟合度较高，完全可以用于实际计算。

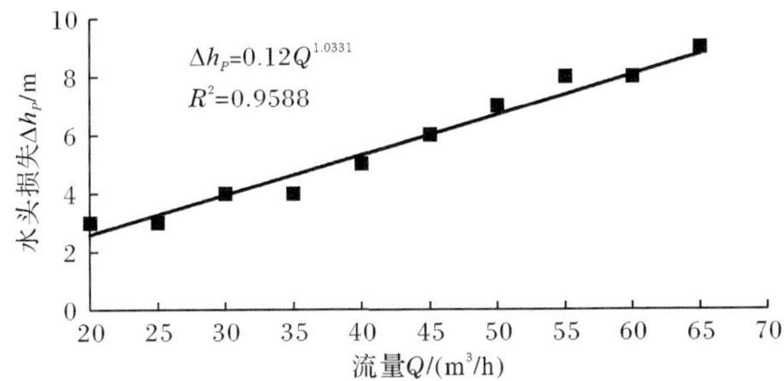

图 17.10　清水条件下过滤器水头损失与流量之间的关系

2. 滤料粒径对过滤器水头损失与过滤能力的影响

1) 滤料粒径对过滤器水头损失的影响

不同滤料粒径对过滤器水头损失的影响如图 17.11 所示。可以看出，在不同过滤流速条件下，三种滤料粒径的过滤器水头损失均随着粒径的增加而减小。随着滤料粒径的增加，水头损失增长幅度减小，水头损失增长速度趋缓，在相同过滤流速与时间条件下，水头损失减小。这主要是因为随着粒径的增加，滤料颗粒表面积减小，滤料颗粒间空隙增加，其对水中颗粒物的截留、吸附等能力均会降低，滤料堵塞程度随着滤料粒径的增加而减小，所以滤料粒径增加，水头损失会随之降低。

2) 滤料粒径对过滤器出水浊度的影响

不同滤料粒径对过滤器出水浊度的影响如图 17.12 所示。可以看出，在不同过滤流速条件下，随着滤料粒径的增加，出水浊度整体呈增加的趋势。在过滤流速为 0.022m/s 时，浊度最低，3 种滤料浊度去除率分别可达 79.60%、76.89%和 73.07%。由此可见，滤

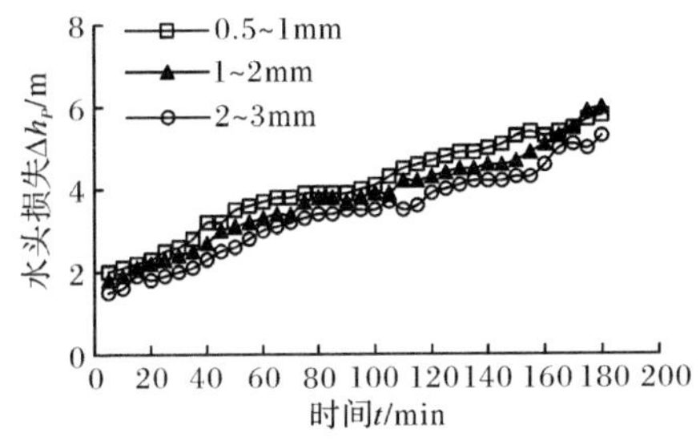

(a) 过滤流速为 0.012m/s

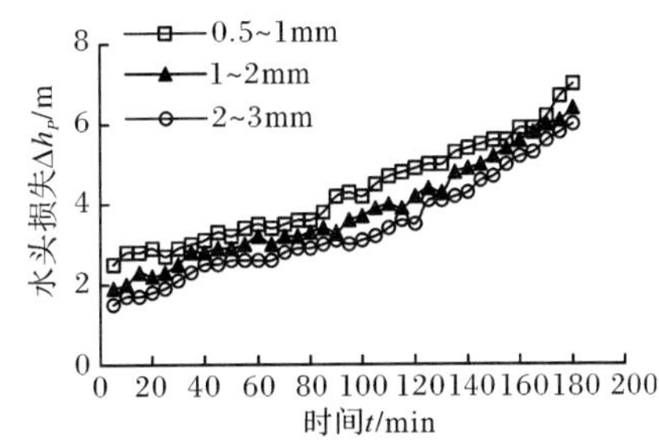

(b) 过滤流速为 0.017m/s

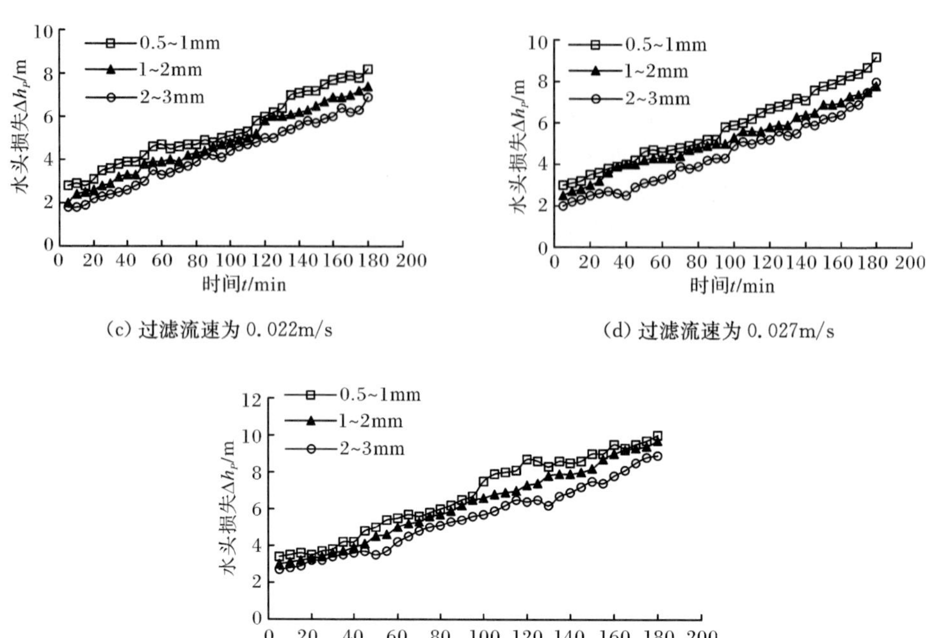

(c) 过滤流速为 0.022m/s

(d) 过滤流速为 0.027m/s

(e) 过滤流速为 0.032m/s

图 17.11　不同滤料粒径条件下过滤器水头损失随时间的变化曲线

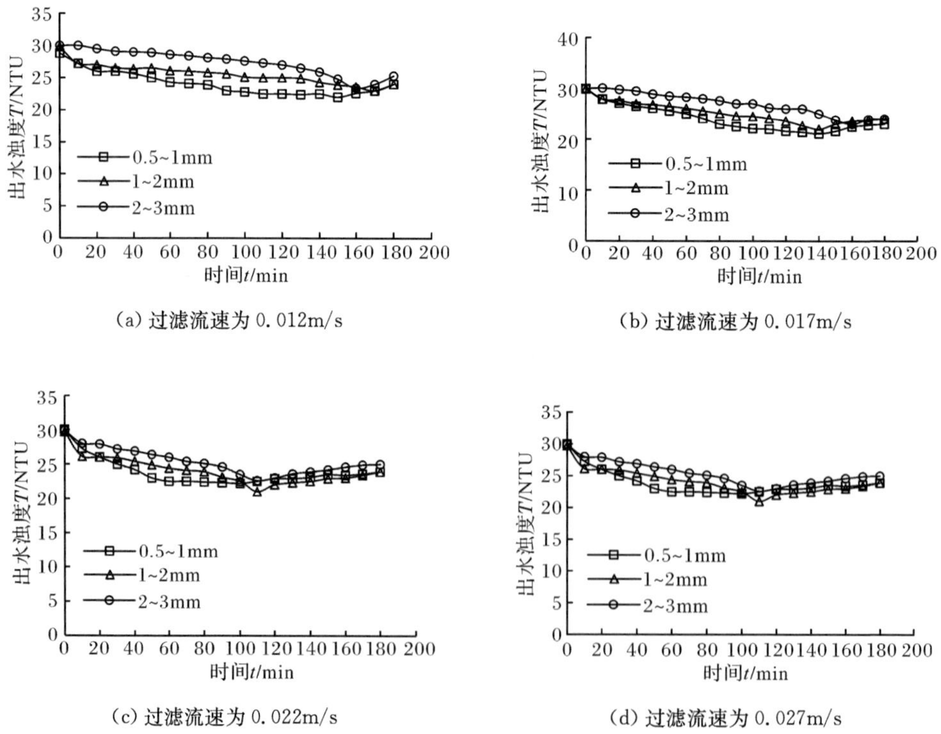

(a) 过滤流速为 0.012m/s

(b) 过滤流速为 0.017m/s

(c) 过滤流速为 0.022m/s

(d) 过滤流速为 0.027m/s

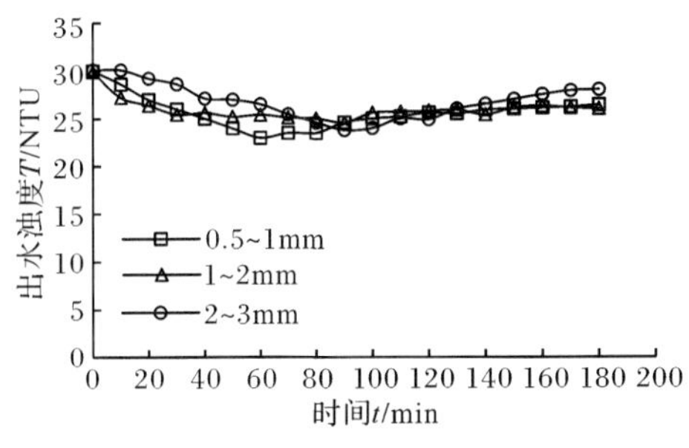

(e) 过滤流速为 0.032m/s

图17.12　不同滤料粒径条件下过滤器出水浊度随时间的变化曲线

料粒径增加,浊度去除率随之降低。当系统运行一定时间时,浊度达到最低值后又重新升高,所有曲线浊度均呈现先减小后轻微增大的趋势,但拐点出现的时间不尽相同。这主要是因为随着滤料粒径增加,水源中大于介质空隙的固体颗粒将会减少,滤料的机械筛滤作用将会降低,滤层对于杂质的沉淀作用也随之降低,且随着滤料粒径增加,滤料表面积减小,对于穿过滤层的小颗粒吸附作用降低,接触絮凝作用也随之越低。因此,随着滤料粒径的增加,出水浊度整体呈增加的趋势。但系统运行一段时间后,滤料颗粒表面会附着各种杂质,从而导致滤料间孔径不断减小,滤料的机械筛滤作用和滤层之间对杂质的沉淀作用将会逐渐加强,且由于杂质与滤层接触的面积逐渐增大,滤层接触黏附的作用会逐渐增强,导致出流的浊度逐渐降低。随着过滤时间的延长,滤层滤料间的孔径逐渐减小,有的甚至被堵塞,但是罐体内的压力是恒定的,故全部水流在压力条件下均从较大的孔径中以较高的速度流出,从而未被滤层有效过滤,滤层形成了固定的水流通道,因而出流的浊度会逐渐增高,直至最终达到原水的浊度水平。但是粒径不同,流速不同,达到过滤极限的时间点也不同。

3. 过滤流速对过滤器水头损失与过滤能力的影响

1) 过滤流速对过滤器水头损失的影响

不同过滤流速条件下,3 种滤料粒径条件下水头损失随时间的变化曲线如图 17.13 所示。从图中可以看出,水头损失均随着时间的延长呈增大趋势。对于相同的滤料粒径,随着流速增加,水头损失整体呈上升趋势,但增长呈现一定的波动状态。在过滤流速为 0.032m/s 时水头损失最大,3 种滤料粒径水头损失最大分别可达 10.0m、9.7m 和 8.9m,已经超过需反冲洗压差值 5m,说明所有处理条件下都已经超过需要反冲洗的状态,在一个过滤周期内,过滤时间均应低于 3h。这是因为过滤流速是影响过滤器压差的重要因素,其大小对压差的大小与增长速度均会产生影响。水中杂质及悬浮颗粒由于其流速较高,较大的杂质被拦截,较小的杂质及悬浮颗粒一部分随水流穿过滤层,另一部分被滤料所吸附,其中吸附和穿过的颗粒数量比例大小与流速关系密切。随着流速的增加,穿过滤料空隙部分以及被滤料表面吸附的小颗粒会增加,被截留的大颗粒也增加,这导致滤层堵塞速度与程度均会增加,从而导致随着流速的增加,水头损失也会增加。由于滤料粒径不同,流速不同,滤层堵塞速度与程度也会有所差异,水头损失的增长呈现一定的波动状态。

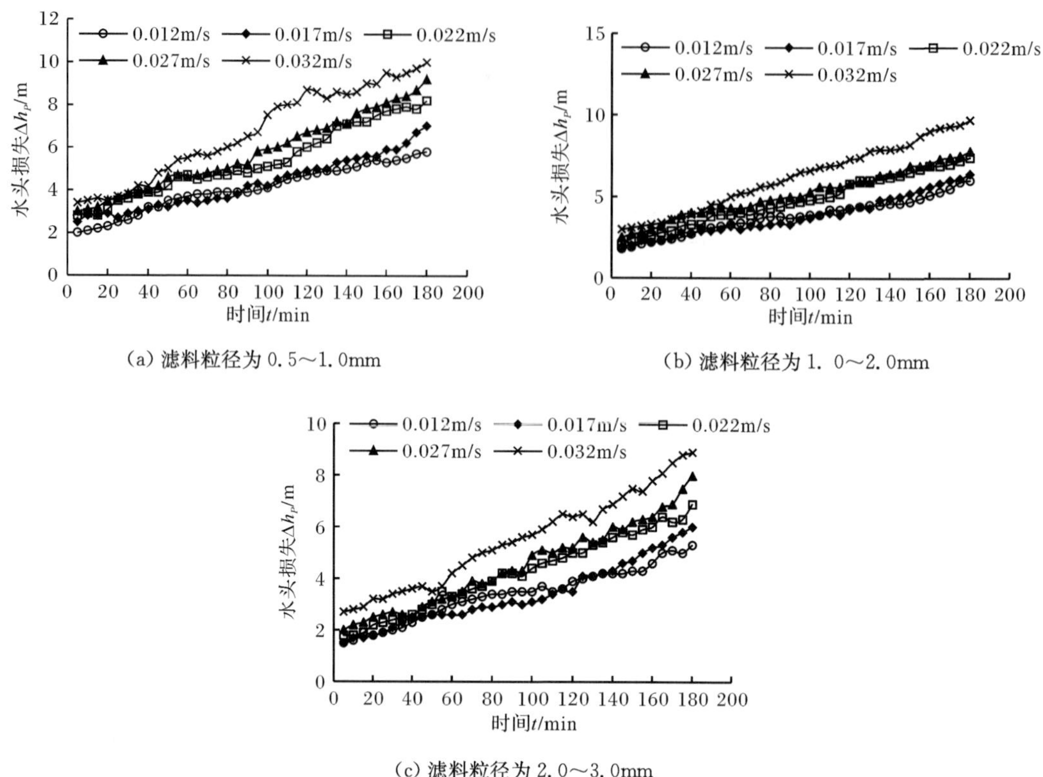

图 17.13　不同过滤流速条件下水头损失随时间的变化曲线

2) 过滤流速对过滤器出水浊度的影响

不同过滤流速条件下,3 种滤料粒径出水浊度随时间的变化曲线如图 17.14 所示。可以看出,出水浊度随着时间延长而减小。相同滤料粒径条件下,随着流速的增加,出水浊度整体呈现先减小后增大的趋势,并呈现一定的波动状态。在过滤流速为 0.022m/s 时浊度最小,分别为 20.94～28.67NTU、23.46～28.79NTU 和 21.45～28.09NTU。在滤料粒径为 0.5～1.0mm 和 1.0～2.0mm 条件下,过滤流速为 0.032m/s 时,出水浊度最高,与最优过滤流速 0.022m/s 相比,相同时间下出水浊度相对高出 27.61%～42.08%和 9.04%～14.87%。在滤料粒径为 2.0～3.0mm 条件下,过滤流速为 0.012m/s 时,出水

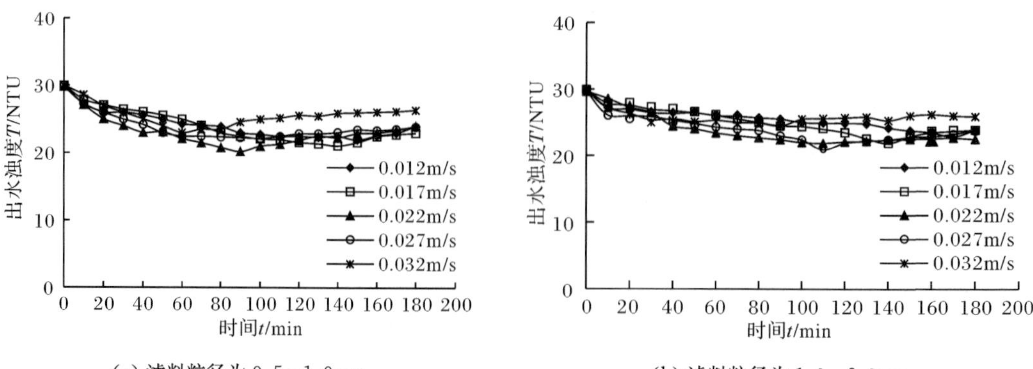

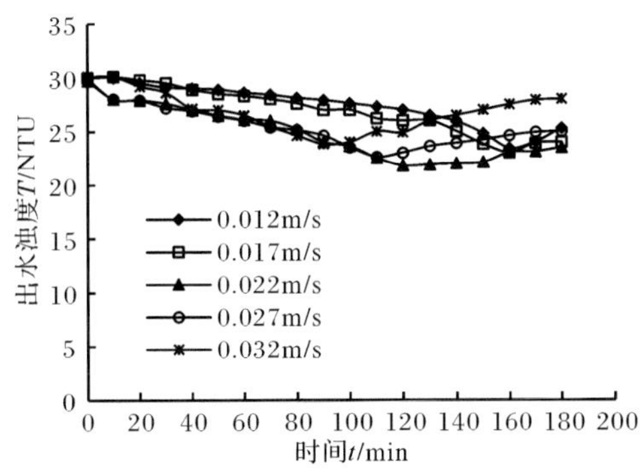

(c) 滤料粒径为 2.0～3.0mm

图 17.14　不同过滤流速条件下出水浊度随时间的变化曲线

浊度最高，与最优过滤流速 0.022m/s 相比，相同时间下出水浊度相对高出 53.71%～61.94%。这主要是由于随着过滤时间的延长，滤料颗粒表面会附着各种杂质，从而导致滤料间孔径不断减小，这样滤料的机械筛滤作用和滤层之间对杂质的沉淀作用将会逐渐加强，且由于杂质与滤层接触的面积逐渐增大，滤层接触黏附的作用也会逐渐增强。当过滤流速较小时，这种杂质的累积速度很慢，对小颗粒杂质的沉淀、吸附作用也很微弱。当流速较大时，这种累积作用比较显著，对小颗粒杂质的沉淀、吸附作用进一步加强，因而出水浊度相对减小。但是，当过滤流速过大时，截留吸附的杂质过多，造成滤料间孔隙堵塞，导致后续水流未被滤层有效过滤，出水浊度增加。因此，选择适当的过滤流速对过滤效果具有显著的促进作用。

4. 再生水滴灌用砂石过滤器适宜的过滤模式与运行参数选择

不同滤料粒径与过滤流速条件下达到需反冲洗状态所需时间及相应浊度去除率见表 17.1。随着过滤流速的增加，达到需反冲洗状态的时间逐渐减小，随着滤料粒径的增加，达到反冲洗状态所需要的时间逐渐增加。在任意滤料粒径条件下，流速为 0.022m/s 时，浊度去除率均为最高。不同粒径条件下，浊度去除率随着粒径的增加而减小，但是达到需要反冲洗状态的时间却随之增大，也就加大了运行成本并减小了工作效率。因此，综合考虑过滤时间、过滤流速和浊度去除率等因素，过滤器最优过滤模式应为：滤料粒径选择 1.0～2.0mm，过滤流速选择 0.022m/s，此时的单次过滤时间为 16min，浊度去除率可达 76.89%。

表 17.1　不同滤料粒径与过滤流速条件下达到需反冲洗状态所需时间及相应浊度去除率

过滤流速/(m/s)	滤料粒径					
	0.5～1.0mm		1.0～2.0mm		2.0～3.0mm	
	过滤时间/min	浊度去除率/%	过滤时间/min	浊度去除率/%	过滤时间/min	浊度去除率/%
0.012	18	72.15	20	69.44	24	54.80
0.017	16	75.32	18	72.61	22	62.32

续表

过滤流速/(m/s)	滤料粒径					
	0.5～1.0mm		1.0～2.0mm		2.0～3.0mm	
	过滤时间/min	浊度去除率/%	过滤时间/min	浊度去除率/%	过滤时间/min	浊度去除率/%
0.022	14	79.60	16	76.89	20	73.07
0.027	12	72.78	16	70.07	20	69.78
0.032	12	68.85	14	66.14	18	63.35

5. 再生水滴灌用砂石过滤器适宜的反冲洗流速选择

在最优过滤模式、不同反冲洗流速条件下，过滤器前后出水水头损失随时间的变化曲线如图 17.15 所示。所有流速条件下，随着时间的延长水头损失均减小。当流速为 0.017m/s 时水头损失下降最快，最先达到最低压差，达到最低压差的时间为 12min，即最优的反冲洗流速为 0.017m/s，所需要的反冲洗时间为 12min。

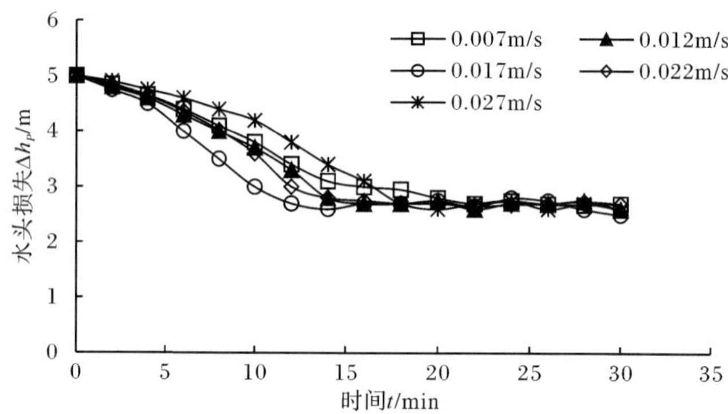

图 17.15　不同反冲洗流速条件下水头损失随时间的变化曲线

17.3.3　再生水滴灌系统二级叠片或网式过滤器适宜的目数选择

1. 网式过滤器目数对过滤性能及水头损失的影响

1) 清水条件下不同目数网式过滤器水头损失的变化规律

如图 17.16 所示，随着进口流量的增加，所有目数过滤器水头损失均呈线性上升趋势。相同流量下，随着目数的增加，水头损失也呈增加趋势。这是因为目数越大，筛网的网孔直径越小，相同流量下穿过网孔面积小的水流流速较大，所以产生较高的水头损失。

2) 再生水条件下不同目数网式过滤器水头损失和浊度的变化规律

不同目数过滤器条件下水头损失随时间的变化如图 17.17 所示，水头损失随系统运行均呈上升趋势。前期上升较慢，当运行时间达 50～80min 时，水头损失呈相对快速的上升趋势，且目数越大，快速上升的时间越短、速度增长越快。这是因为初始过滤过程中，过滤网堵塞程度较轻，起始过滤阻力小，滤网内外压差变化不明显，水头损失上升比较缓慢；持续一段时间后，水流中的杂质逐渐堵塞网面，滤网有效过滤面积逐渐减小，水流穿过

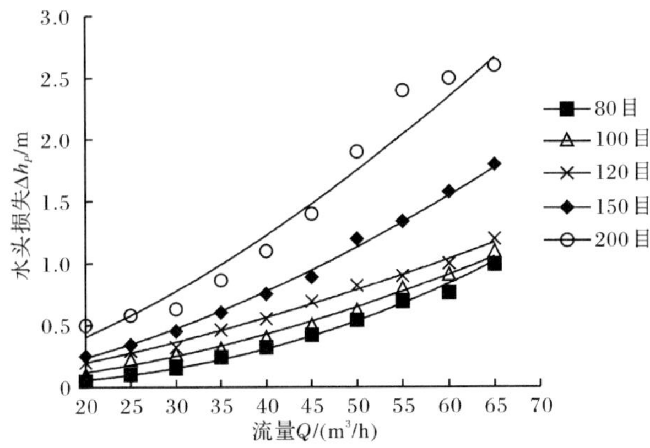

图 17.16　清水条件下不同目数网式过滤器水头损失曲线

过滤层表面阻力增大，内外压差变化迅速上升，引起水头损失快速上升。并且目数越大，网式的网孔直径越小，水中杂质堵塞网孔的速度越快。过滤器不同目数条件下浊度随时间的变化如图 17.18 所示。所有目数过滤器出水浊度均呈现先减小后增大的趋势。

综合浊度去除率和压差变化特征，100 目网式过滤器在较低的压力损失前提下，浊度去除率最高，因而网式过滤器选择 100 目最优。

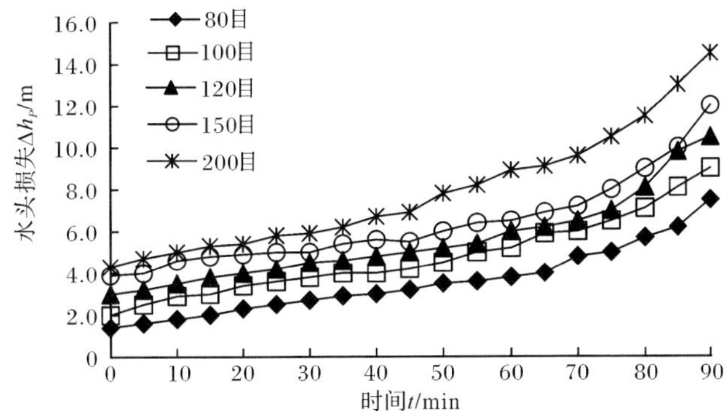

图 17.17　再生水条件下不同目数网式过滤器对水头损失的影响

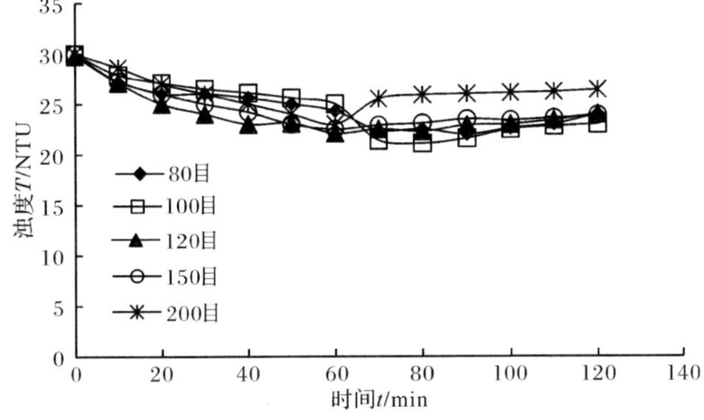

图 17.18　再生水条件下不同目数网式过滤器对浊度的影响

2. 叠片过滤器目数对过滤性能及水头损失的影响

1) 清水条件下不同目数叠片过滤器水头损失的变化规律

如图 17.19 所示，随着进口流量的增加，所有目数过滤器水头损失均呈线性上升趋势。相同流量下，随着目数的增加，水头损失也呈增加趋势。这是因为目数越大，叠片两侧通道越窄，相同流量下穿过通道面积小的水流流速较大，所以产生较高的水头损失。

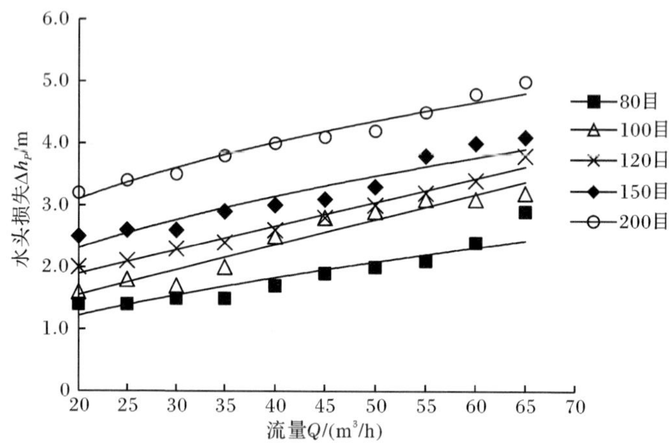

图 17.19　清水条件下不同目数叠片过滤器水头损失曲线

2) 再生水条件下不同目数叠片过滤器水头损失的变化规律

不同目数叠片过滤器水头损失随时间的变化曲线如图 17.20 所示，水头损失均随时间的延长呈上升趋势。前期上升较为缓慢，当运行时间达 45～65min 时开始快速上升，且目数越大，发生快速上升趋势的时间越短，速度增长越快。这是因为在初始过滤过程中，过滤通道堵塞程度较轻，起始过滤阻力小，水头损失上升比较缓慢；持续一段时间后，水流中的杂质逐渐堵塞叠片，有效过滤面积逐渐减小，水流穿过过滤叠片阻力增大，内外压差变化迅速上升，引起水头损失快速上升，并且目数越大，叠片两侧通道越窄，水中杂质堵塞叠片的速度越快。不同目数叠片过滤器浊度随时间的变化曲线如图 17.21 所示。所

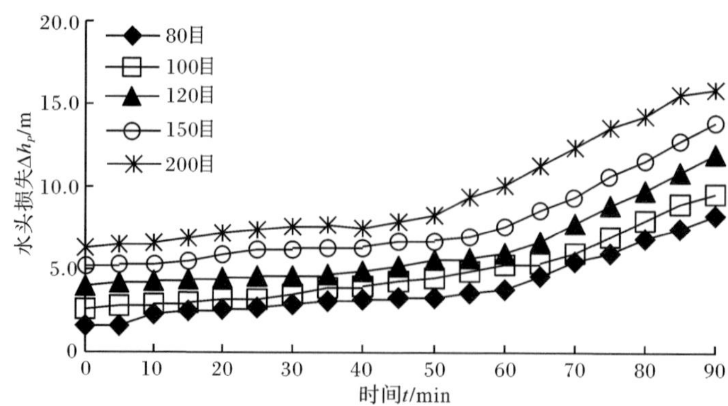

图 17.20　再生水条件下不同目数叠片过滤器对水头损失的影响

有目数叠片过滤器出水浊度均呈先减小后增大的趋势。

综合浊度去除率和压差变化特征，120 目叠片过滤器在较低的压力损失前提下，浊度去除率最高，因而叠片过滤器选择 120 目最优。

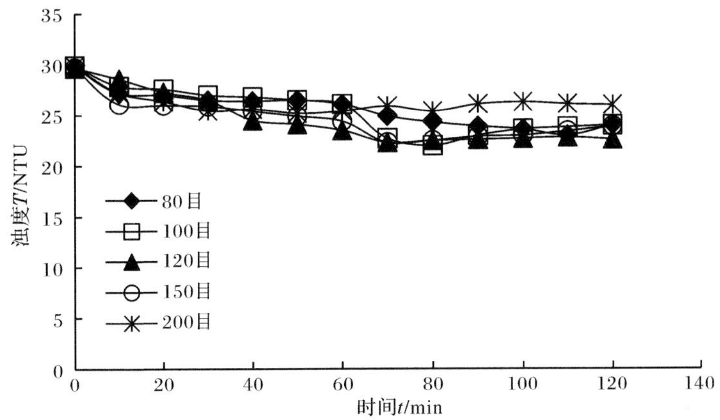

图 17.21　再生水条件下不同目数叠片过滤器对浊度的影响

3. 二级过滤器最优选择

综合最优叠片过滤器和网式过滤器的水头损失及浊度去除率，最终再生水滴灌系统最优的二级过滤器应选择 120 目叠片过滤器。

17.4　引黄滴灌系统过滤器合理配置组合及运行方式

17.4.1　试验概况

黄河水滴灌系统可采用一级离心过滤器＋二级叠片/网式过滤器或一级砂石过滤器＋二级叠片/网式过滤器两种模式。

过滤器性能测试采用内蒙古巴彦淖尔市磴口县乌审干渠原状泥沙，黄河水中小于某粒径的泥沙含量见表 17.2，配置质量分数为 1%、2%、3%、4%、5%来模拟黄河水。离心过滤器选用以下四种典型结构型式：半封闭进口型（semi-closed inlet）、蜗壳进口型（casing inlet）、圆锥筒体型（tapered cylinder）、圆柱筒体型（cylindrical cylinder），具体结构特征见表 17.3。各结构型式在 $15m^3/h$、$20m^3/h$、$25m^3/h$、$30m^3/h$、$35m^3/h$、$40m^3/h$、$45m^3/h$、$50m^3/h$ 8 个流量梯度下进行试验。

自清洗网式过滤器结构特征见表 17.4，在三种出流流量条件下（$60m^3/h$、$80m^3/h$、$100m^3/h$），两种滤网类型（80 目烧结网、80 目楔形网）下，探索四种含沙量（0.5g/L、1.0g/L、1.5g/L、2.0g/L）、两种滤网类型（80 目烧结网、80 目楔形网）对过滤器的局部水头损失、流量变化及泥沙去除率影响，同时在预设压差值 0.7MPa 的条件下，对过滤器的排污性能进行探究。

每组工况下稳定运行 5min 后进行取样，并记录过滤器前后压力表读数，分别记录为

P_i、P_j，分析水头损失 ΔH 和泥沙去除率 RE_S，计算公式如下：

$$\Delta H = P_i - P_j \tag{17.7}$$

式中，ΔH 为每次测试前后水头损失值；$P_i(i=0,1,\cdots,15)$ 为每次测试时过滤器前压力表读数；$P_j(j=0,1,\cdots,15)$ 为每次测试时过滤器后压力表读数。

$$RE_S = \frac{S_j - S_i}{S_j} \times 100\% \tag{17.8}$$

式中，RE_S 为泥沙去除率，%；S_j 和 S_i 分别为测试过程中相邻两次含沙量先后测试结果。

表 17.2　黄河水中小于某粒径的泥沙含量

粒径/mm	0.005	0.010	0.025	0.050	0.100	0.250	0.500
含量/%	24.140	34.040	54.150	78.950	95.860	99.790	100

表 17.3　离心过滤器的四种典型结构型式

编号	结构型式	进出口尺寸/mm	结构特征
SI	半封闭进口型	DN80	
CI	蜗壳进口型	DN80	
TC	圆锥筒体型	DN80	
CC	圆柱筒体型	DN80	22.5°

表 17.4　自清洗网式过滤器结构特征

序号	进出口尺寸/mm	安装形式	额定流量/(m^3/h)	清洗动力	清污元件	滤网尺寸/(mm×mm)
1	DN110	立式	80	水力	吸污嘴	225×250
2	DN110	卧式	80	水力	吸污嘴	225×800
3	DN110	立式	80	电机	钢丝刷	219×500

一级离心过滤器和二级叠片/网式过滤器试验水源都采用内蒙古巴彦淖尔市磴口县乌审干渠内黄河水，泥沙浓度为 2kg/m^3，颗粒物粒径级配见表 17.2。滤料选择石英砂均质滤料，滤料平均粒径分别为 1.00～1.70mm、1.70～2.35mm 和 2.35～3.00mm。过滤流速设置为 0.012m/s、0.015m/s、0.018m/s、0.021m/s 和 0.024m/s，流量分别为 12.21m^3/h、15.26m^3/h、18.31m^3/h、21.37m^3/h、24.42m^3/h。反冲洗流速设置为

0.007m/s、0.012m/s、0.017m/s、0.022m/s 和 0.027m/s，流量分别为 7.12m^3/h、12.21m^3/h、17.30m^3/h、22.38m^3/h、27.47m^3/h。

测试开始前后和测试过程中每 5min 进行取样，并采用比重瓶法测试含沙量，记录为 S_i。测试前后和测试过程中每 2min 记录过滤器前后压力表读数，分别记录为 P_i、P_j。分析水头损失 ΔH 和泥沙去除率 RE_S。

本试验步骤与再生水滴灌系统过滤器合理配置组合及运行方式中所采用的试验步骤相同。

17.4.2　黄河水滴灌系统一级离心过滤器结构形式及运行参数选择

1. 清水条件下水头损失变化规律

清水条件下水头损失变化规律及相关关系曲线如图 17.22 所示。从图中可以看出，四种结构型式离心过滤器的水头损失均随流量的增加而增加，且增加趋势逐渐增大，水头损失与过流流量基本呈指数函数的变化关系；此外，在各操作流量工况条件下，四种结构型式的水头损失都呈现出 $\Delta H_{SI} > \Delta H_{TC} > \Delta H_{CC} > \Delta H_{CI}$ 的分布规律，半封闭进口型 SI 水头损失最大，蜗壳进口型 CI 水头损失最小，圆锥筒体型 TC 和圆柱筒体型 CC 介于两者之间；随着流量的增大，四种结构型式之间的水头损失差异也逐渐增大。在最小流量 15m^3/h 条件下，TC、SI、CI、CC 四种结构型式的水头损失分别为 1.86m、2.60m、0.85m、1.41m；在最大流量 50m^3/h 条件下，TC、SI、CI、CC 四种结构型式的水头损失分别为 12.10m、13.50m、6.38m、9.12m。从图中还可以看出，清水条件下，相对于传统结构型式 TC，SI 平均能耗是其 1.2 倍，CI 是其 0.52 倍，CC 是其 0.79 倍。

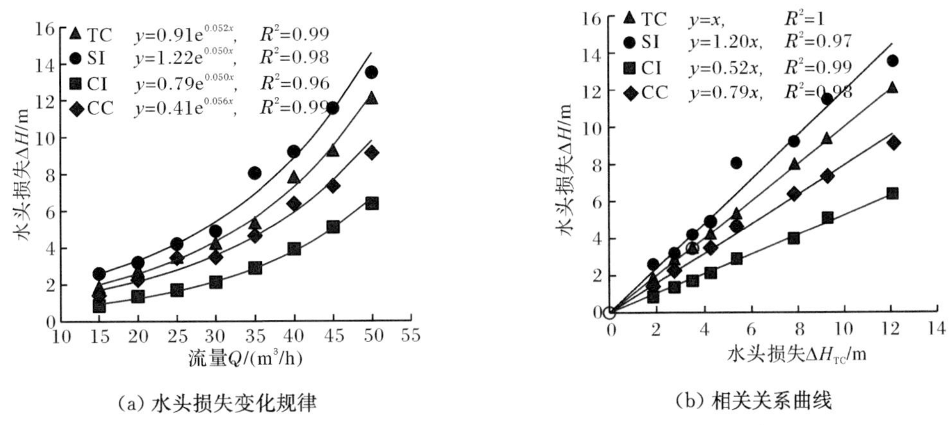

(a) 水头损失变化规律　　(b) 相关关系曲线

图 17.22　清水条件下水头损失变化规律及相关关系曲线

2. 结构型式对过滤器水头损失与泥沙去除率的影响

水头损失和泥沙去除率是反映离心过滤器分离过滤性能最主要的指标，流量-水头损失关系能有效地反映离心过滤器的处理能力和能量损失，过滤器对泥沙的分离效果是反映过滤器分离过滤性能的核心指标，离心过滤器对泥沙的分离过滤性能主要通过泥沙去除率来表征，同时离心过滤器分离精度反映了过滤器的分离质量，分离精度越高，经过过滤器去除的泥沙越细，进入二级管网的泥沙粒径越小。

四种结构型式的离心过滤器过滤 0～100μm 的泥沙颗粒的水头损失都呈现出 $\Delta H_{SI} > \Delta H_{TC} > \Delta H_{CC} > \Delta H_{CI}$的分布规律。与传统结构型式 TC 相比，SI 的水头损失是其 1.17～1.26 倍，CI 的水头损失是其 0.53～0.57 倍，CC 的水头损失是其 0.77～0.84 倍。半封闭进口型 SI 由于在进口靠近轴心处安装有弧形挡流板，起到导流起旋作用，增加了入口处的流速，其水头损失最大；蜗壳进口型 CI 旋流室为螺旋蜗壳状导流结构，与常规圆柱式器壁相比，避免了流体进入过滤器筒体后直接冲击器壁导流，减少了不必要的水头损失，CI 水头损失最小；圆锥筒体型 TC 为常规结构，水头损失略小于半封闭进口型 SI；圆柱筒体型 CC 与圆锥筒体型 TC 相比，下半段为细圆柱形直筒体结构，水头损失略小于圆锥形筒体。综合对比分析这四种典型离心过滤器结构，引起过滤器水头损失的因素主要有入流口挡板、旋流室圆柱器壁和分离室锥体器壁三个主要因素，见表 17.5。SI 结构全部占有这三个因素，因此其水头损失最大，而 TC 占有两个因素，其水头损失次于 SI，CI 与 CC 各占有一个要素，而 CC 的水头损失要大于 CI，表明旋流室圆柱器壁引起的水头损失要大于分离室锥体器壁引起的水头损失。

表 17.5　引起过滤器水头损失的主要因素

型号	入流口挡板	旋流室圆柱器壁	分离室锥体器壁
TC		√	√
SI	√	√	√
CI			√
CC		√	

四种结构型式离心过滤器对于 0～100μm 粒径泥沙去除率都呈现出 $RE_{S,SI} > RE_{S,CI} > RE_{S,CC} > RE_{S,TC}$的趋势，见表 17.6。其中，对于 20～100$\mu$m 粒径泥沙颗粒，SI 的泥沙去除率是 TC 的 1.43～3.43 倍，CI 的泥沙去除率为 TC 的 1.21～2.23 倍，CC 为 TC 的 1.14～2.05 倍，泥沙去除率都大于传统结构型式 TC，由特性参数 k 值的变化发现，粒径越小，去除率差异越显著；而对于 0～20μm 粒径泥沙颗粒，SI 的泥沙去除率与 CI 高于 TC，而 CC 略低于 TC。半封闭进口型 SI 在进口靠近轴心处安装有弧形半封闭挡流板，起到导流起旋作用，一方面增加了入口处的流速，增强了旋流过滤作用；另一方面，弧形挡流板封闭了靠近轴心处，将过滤流体推向靠近过滤器壁面，从而降低了流体直接进入溢流管产生短路流的风险，因此其泥沙去除率最高。蜗壳进口型 CI 通过蜗壳状导流结构导流，避免了流体进入过滤器筒体后直接冲击器壁，稳定了流场，流体的旋流作用更加充分，因此其泥沙去除率也相对较高。圆柱筒体型 CC 与圆锥筒体型 TC 相比，下半段为细圆柱形直筒体结构，底流沉沙更加充分，泥沙去除率也略高于常规圆锥型。

3. 水源含沙浓度对过滤器水头损失与泥沙去除率的影响

含沙浓度在 1～5g/L 范围内，水源含沙浓度越高，对应的水头损失越大，泥沙去除率越低，且随着含沙浓度的增大，水头损失增幅和泥沙去除率降幅也都逐渐增加。水源含沙浓度 5g/L 条件下，水头损失约为 1g/L 条件下 1.19 倍，而泥沙去除率却仅为其的 62%。

表 17.6　不同粒径区间泥沙水头损失与泥沙去除率的相关性分析

项目	特性参数	泥沙粒径				
		80～100μm	60～80μm	40～60μm	20～40μm	0～20μm
ΔH_{TC}	k	1.00	1.00	1.00	1.00	1.00
	R^2	1.00	1.00	1.00	1.00	1.00
ΔH_{SI}	k	1.26	1.24	1.21	1.17	1.19
	R^2	0.95**	0.96**	0.96**	0.96**	0.98**
ΔH_{CI}	k	0.56	0.53	0.56	0.57	0.56
	R^2	0.96**	0.96**	0.95**	0.97**	0.98**
ΔH_{CC}	k	0.79	0.77	0.82	0.84	0.81
	R^2	0.95**	0.96**	0.97**	0.94**	0.98**
$RE_{S,TC}$	k	1.00	1.00	1.00	1.00	1.00
	R^2	1.00	1.00	1.00	1.00	1.00
$RE_{S,SI}$	k	1.43	1.93	2.86	3.43	1.87
	R^2	0.93**	0.97**	0.96**	0.82**	0.44**
$RE_{S,CI}$	k	1.21	1.58	2.06	2.23	1.74
	R^2	0.97**	0.99**	0.95**	0.80**	0.37*
$RE_{S,CC}$	k	1.14	1.49	2.05	1.75	0.99
	R^2	0.98**	0.97**	0.96**	0.75**	0.26

*表示显著(p<0.05)，**表示极显著(p<0.01)。

这主要是由于水源含沙浓度增加，单位体积流体中泥沙颗粒数量也随之增加，泥沙颗粒之间以及泥沙颗粒与离心过滤器器壁之间的碰撞概率也显著提高，碰撞产生的能量损失也成倍增加，所以随着水源含沙浓度的提高，水头损失逐渐增加且增幅逐渐增大。泥沙颗粒之间以及颗粒与过滤器器壁之间两方面碰撞概率的提升，泥沙去除率逐渐减小，且含沙浓度越高，碰撞越剧烈，泥沙去除率降幅也越大，因此，在一定浓度范围内，离心过滤器对于低浓度含沙水的分离过滤效果以及能量利用效率要明显优于高浓度含沙水。图 17.23(a)和(b)分别为水源各含沙浓度条件下与含沙浓度 1g/L 条件下水头损失和泥沙去除率的相关关系，横坐标为含沙浓度 1g/L 工况条件下的数值；图 17.23(c)为水源各

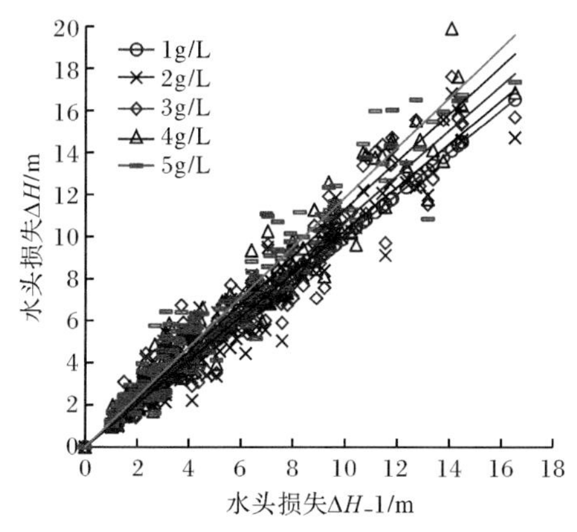

(a) 不同含沙浓度下水头损失的相关关系

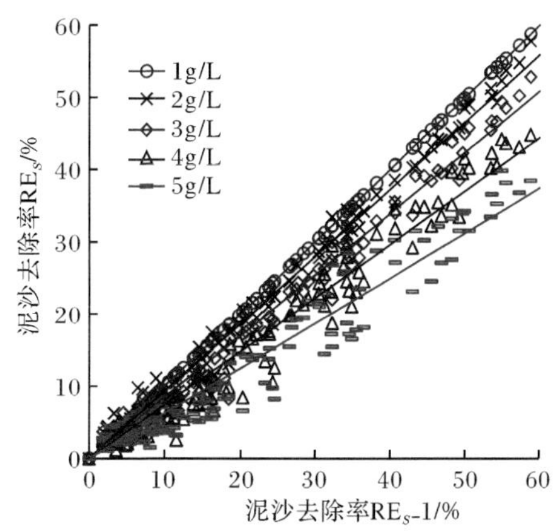

(b) 不同含沙浓度下泥沙去除率的相关关系

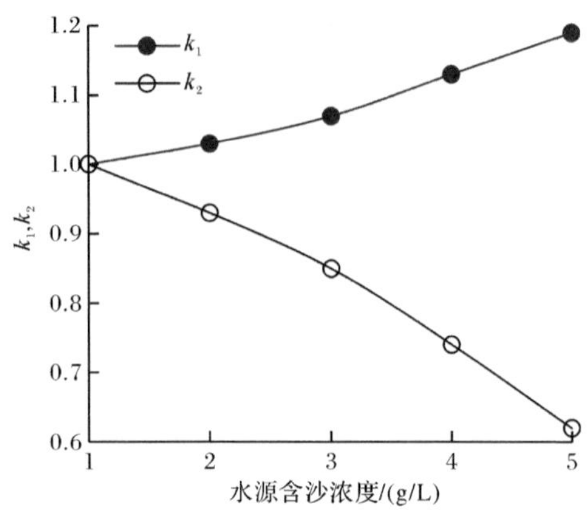

(c) 不同含沙浓度和泥沙去除率的特征参数值变化

图 17.23　不同水源含沙浓度条件下水头损失和分离效率相关关系

含沙浓度下水头损失和泥沙去除率与 1g/L 条件下对比的特性参数值变化，k_1 为水头损失特性参数值，k_2 为泥沙去除率特性参数值。不同含沙浓度条件下水头损失与泥沙去除率特性参数及相关性分析见表 17.7。

表 17.7　不同浓度条件下水头损失与泥沙去除率特性参数及相关性分析

水头损失	k_1	R^2	泥沙去除率	k_2	R^2
ΔH_1	1.00	1.00	RE_{S_1}	1.00	1.00
ΔH_2	1.03	0.97**	RE_{S_2}	0.93	0.99**
ΔH_3	1.07	0.96**	RE_{S_3}	0.85	0.99**
ΔH_4	1.13	0.97**	RE_{S_4}	0.74	0.98**
ΔH_5	1.19	0.96**	RE_{S_5}	0.62	0.97**

* 表示显著($p<0.05$)，* * 表示极显著($p<0.01$)。

4. 操作流量对离心过滤器水头损失和泥沙去除率的影响

离心过滤器过流流量对于其分离过滤性能影响显著，随着过滤器过流流量的增加，对应的水头损失显著增加，而泥沙去除率呈现出小流量下缓慢增加、中流量下快速增加、大流量下趋于稳定的变化规律。流量 50m³/h 条件下，离心过滤器的泥沙去除率约为 15m³/h 条件下的 1.68 倍，而水头损失却为其 6.38 倍。这是由于随着离心过滤器过滤流量的增加，流体碰撞过滤器器壁导流，产生的水头损失更大。因此，随着流量的增加，水头损失显著增加。而在小流量条件下，流体经器壁导流后产生的切向速度较小，旋流作用不充分，而流量达到一定范围时，经过器壁导流起旋后离心旋流作用充分，因此该阶段流量越大，离心旋流作用越充分，泥沙去除率显著提高；而过流流量增大到一定范围时，泥沙颗粒之间以及颗粒与过滤器器壁之间的碰撞逐渐增加，扰动了过滤器内部流场，一定程度上削弱了旋流作用，因此在该阶段泥沙去除率逐渐趋于稳定。图 17.24(a)和(b)分别为各操作流量条件下与 15m³/h 条件下水头损失和泥沙去除率的相关关系，横坐标为操作流量 15m³/h 条件下的数值；图 17.24(c)为各操作流量条件下水头损失和泥沙去除率与

$15m^3/h$ 条件下对比的特性参数值变化，k_1 为水头损失特性参数值，k_2 为泥沙去除率特性参数值。表 17.8 为不同流量条件下水头损失与泥沙去除率特性参数及相关性分析。

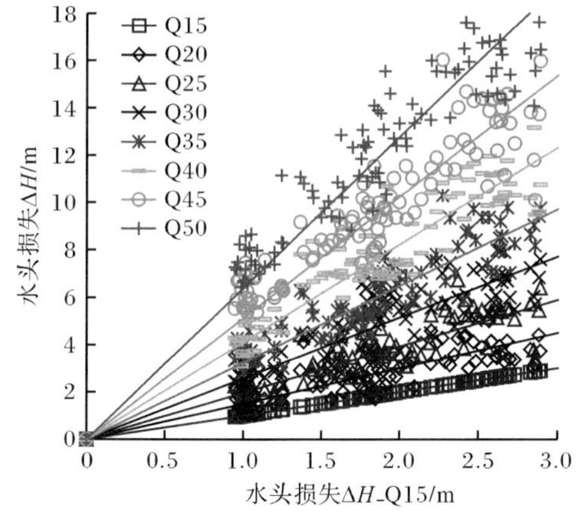

(a) 不同流量条件下水头损失相关关系

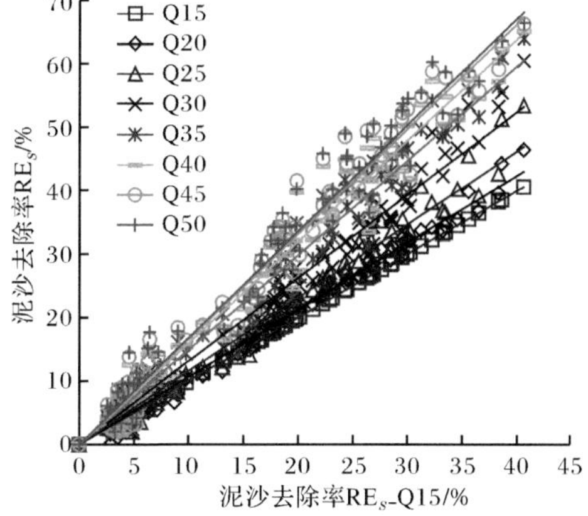

(b) 不同流量条件下泥沙去除率相关关系

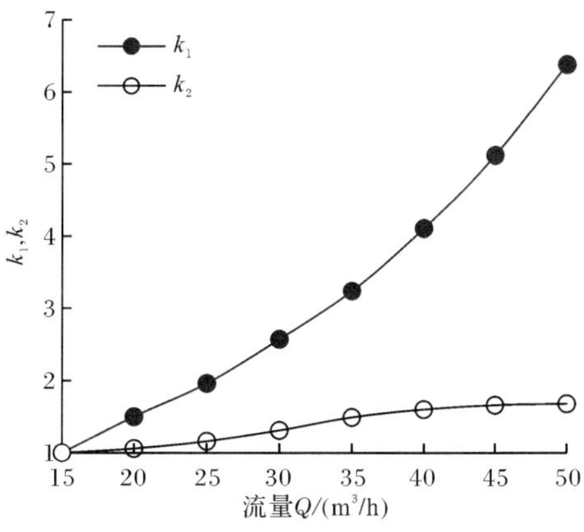

(c) 不同流量和泥沙去除率的特性参数值变化

图 17.24　不同流量条件下水头损失和泥沙去除率相关关系

表 17.8　不同流量条件下水头损失与泥沙去除率特性参数及相关性分析

水头损失	k_1	R^2	泥沙去除率	k_2	R^2
ΔH_Q15	1.00	1.00	RE_S_Q15	1.00	1.00
ΔH_Q20	1.50	0.84**	RE_S_Q20	1.06	0.99**
ΔH_Q25	1.96	0.82**	RE_S_Q25	1.16	0.99**
ΔH_Q30	2.57	0.86**	RE_S_Q30	1.31	0.99**
ΔH_Q35	3.24	0.91**	RE_S_Q35	1.49	0.98**
ΔH_Q40	4.11	0.92**	RE_S_Q40	1.60	0.98**
ΔH_Q45	5.12	0.91**	RE_S_Q45	1.66	0.98**
ΔH_Q50	6.38	0.92**	RE_S_Q50	1.68	0.98**

* 表示显著($p<0.05$)，* * 表示极显著($p<0.01$)。

5. 典型引黄灌区离心过滤器适配性

在操作流量 50m^3/h 的工况条件下，各结构型式离心过滤器泥沙去除率达到最高，各结构型式过滤器在不同含沙量条件下最大泥沙去除率及对应水头损失值见表 17.9。可以发现，四种结构型式离心过滤器在各泥沙级配类型条件下，随着水源含沙量的增加，泥沙去除率显著降低，对应的水头损失波动上升。相比于传统圆锥筒体型离心过滤器 TC，SI、CI、CC 泥沙去除率均高于 TC，且在低含沙量条件下差异显著，而在高含沙量条件下差异明显减弱；而各结构型式在全含沙量条件下水头损失变幅较小，SI 水头损失在全含沙量条件下均略高于 TC，CI 的水头损失在含沙量条件下显著低于 TC，CC 的水头损失在全含沙量条件下也低于 TC。对于宁夏引黄灌区的黄河泥沙处理，SI 的泥沙去除率最高，在最大泥沙去除率工况下，相比于传统结构 TC，SI 的能耗提高了 11.6%，而泥沙去除率也相应提高了 119.9%；CI 最为节能高效，较传统结构型式 TC，CI 的能耗降低了 42.8%，而泥沙去除率却提高了 87.9%。而对于内蒙古引黄灌区的黄河泥沙分离过滤，同样是 SI 的泥沙去除率最高，相对于 TC，SI 的能耗提高了 11.0%，而泥沙去除率也提升了 107.0%；相对于传统结构型式 TC，CI 的能耗降低了 45.9%，而泥沙去除率却提高了 74.9%，CI 能量利用效率最高。离心过滤器处理山西引黄灌区的黄河水，在最大泥沙去除率工况下，相比于传统结构型式 TC，SI 的能耗提高了 16.5%，而泥沙去除率也相应提高了 113.7%，SI 型式过滤器的泥沙去除率最高；CI 的能量利用效率同样最高，相对于传统结构型式 TC，CI 的能耗降低了 49.3%，而泥沙去除率却提高了 84.3%。

表 17.9　各结构型式离心过滤器最大泥沙去除率及对应水头损失值

类型	含沙量	TC		SI		CI		CC	
	/(g/L)	RE_S/%	ΔH/m	RE_S/%	ΔH/m	RE_S/%	ΔH/m	RE_S/%	ΔH/m
宁夏引黄灌区	1	18.63	13.32	40.96	14.87	34.99	7.62	30.29	10.25
	2	18.70	14.00	40.87	13.35	33.04	7.82	25.29	10.51
	3	14.74	15.31	34.90	14.82	30.05	7.56	21.09	10.74
	4	11.73	14.38	28.11	15.86	24.43	8.12	14.79	12.47
	5	10.99	15.87	20.87	16.86	19.47	8.89	13.59	12.32
内蒙古引黄灌区	1	19.12	12.97	39.59	14.39	33.44	7.01	28.90	9.30
	2	17.26	13.01	37.66	15.11	31.76	7.33	24.64	10.30
	3	13.88	13.51	32.79	16.21	27.87	7.75	18.97	10.28
	4	11.87	14.51	26.04	16.65	22.60	8.67	13.85	11.75
	5	11.00	15.36	19.78	17.12	18.21	9.13	13.38	12.40
山西引黄灌区	1	16.02	12.93	34.23	15.06	29.52	6.56	24.74	9.17
	2	14.75	13.51	33.46	15.53	28.48	7.26	21.88	10.38
	3	12.44	13.41	29.28	16.08	25.89	7.91	16.86	10.82
	4	10.96	14.20	24.09	17.65	20.99	7.31	12.99	11.99
	5	10.09	15.10	18.95	17.73	16.68	9.09	12.87	11.99

6. 引黄滴灌用离心过滤器适宜的结构型式与运行参数选择

表 17.10 显示了不同水源含沙量条件下，四种结构型式过滤器最大泥沙去除率及对应水头损失值。可以看出，随着水源含沙量的增加，各结构型式离心过滤器最大分离效率逐渐减小，而与之对应的水头损失值逐渐增加。同一含沙量条件下，SI 的泥沙去除率最高，CI 略小于 SI，CC 小于 CI，TC 最小；而对应的水头损失值 SI 最大，TC 略小于 SI，CC 小于 TC，CI 最小。

图 17.25 为最大泥沙去除率工况下，四种结构型式过滤器对不同粒径区间泥沙去除率。可以看出，对于各粒径区间的泥沙颗粒，泥沙去除率规律基本一致，且颗粒粒径越大，泥沙去除率越高。对于 40～60μm 颗粒泥沙，SI 泥沙去除率达 50.2%，CI 泥沙去除率达到 36.3%，TC 泥沙去除率达到 14.2%，CC 泥沙去除率达 32.7%。CI 与 SI 相比，虽然总泥沙去除率降低了 17.42%～21.70%，但所产生的水头损失却大幅降低了，为 49.42%～55.16%，CI 水头损失最低，泥沙去除率相对较高，能量利用效率达到最高。因此，综合考虑泥沙去除率和水头损失两个因素，引黄滴灌系统最适宜的一级离心过滤器应选择 CI 离心过滤器，其对于 1～5g/L 含沙量的黄河水，泥沙去除率可达 23.45%～29.07%，对应的水头损失为 6.43～8.33m，对于粒径 40μm 以上的泥沙颗粒，泥沙去除率可达 36.32% 以上。

表 17.10　不同水源含沙量条件下最大泥沙去除率及对应水头损失

含沙量 /(g/L)	SI		CI		TC		CC	
	RE_S/%	ΔH/m	RE_S/%	ΔH/m	RE_S/%	ΔH/m	RE_S/%	ΔH/m
1	34.78	14.34	29.07	6.43	14.22	13.38	22.99	9.65
2	33.55	17.01	28.05	7.37	13.45	13.07	21.55	11.86
3	32.82	15.63	27.32	6.74	13.32	12.73	21.14	11.15
4	31.04	17.63	25.54	7.28	13.04	14.10	19.54	10.91
5	29.95	17.47	23.45	8.33	11.85	15.48	17.45	12.42

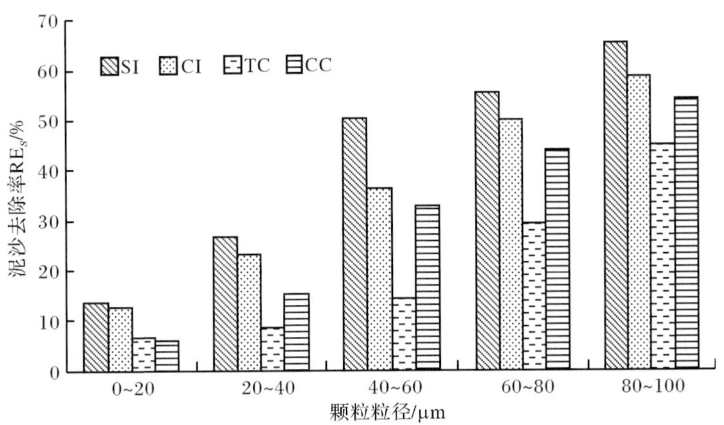

图 17.25　最大泥沙去除率工况下四种结构型式过滤器对不同粒径区间的泥沙去除率对比

17.4.3　黄河水滴灌系统一级砂石过滤器粒径级配及运行参数选择

1. 清水条件下过滤器水头损失变化规律

清水条件下过滤器水头损失变化规律与再生水滴灌系统相同。

2. 过滤流速对过滤器过滤能力与水头损失的影响

1) 不同过滤流速对过滤器水头损失的影响

图 17.26 为不同过滤流速条件下三种滤料过滤器水头损失随时间的变化曲线。从图中可以看出，总体而言，在任意过滤流速与滤料条件下，水头损失均随时间的增加而增大。相同滤料粒径条件下，随着流速的增加，水头损失整体呈上升趋势，但增长呈现一定的波动状态。在过滤流速为 0.024m/s 时水头损失值最大，三种滤料过滤器水头损失最大分别可达 11.2m、10.5m 和 10.1m，已经超过需反冲洗压差值 5m，说明所有处理条件下都已经超过需要反冲洗的状态。

随着流速的增加，穿过滤料空隙部分以及被滤料表面吸附的小颗粒会随之增加，被截留的大颗粒也随之增加，这导致滤层堵塞速度与程度均会增加，从而导致随着流速增加，水头损失也随之增加。由于滤料粒径不同，流速不同，滤层堵塞速度与程度也会有所差

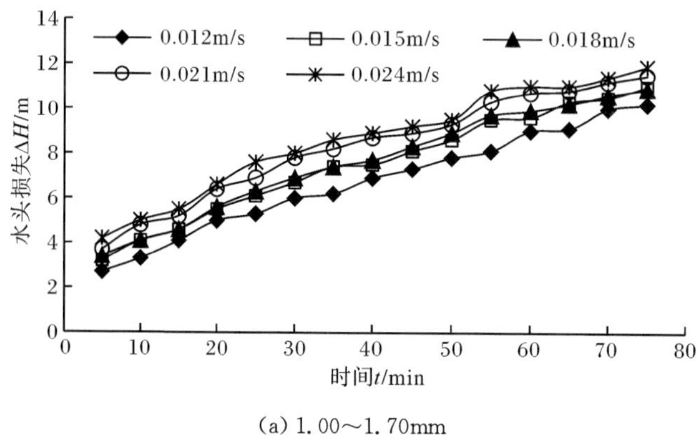

(a) 1.00～1.70mm

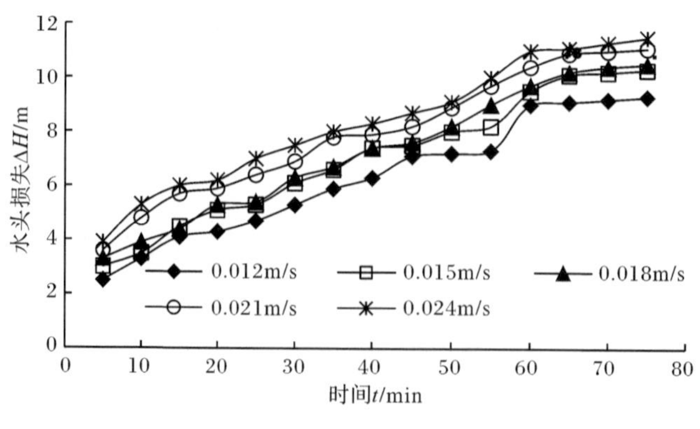

(b) 1.70～2.35mm

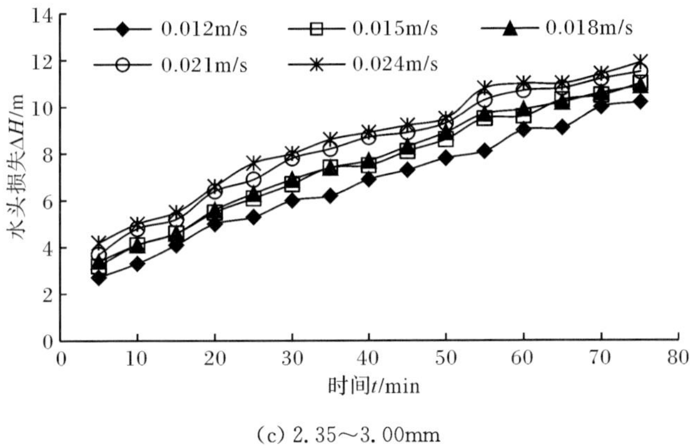

(c) 2.35～3.00mm

图 17.26　不同过滤流速条件下过滤器水头损失随时间的变化曲线

异，水头损失的增长呈现一定的波动状态。

2) 不同过滤流速对含沙量的影响

图 17.27 所示为不同过滤流速条件下三种滤料出水含沙量随时间的变化曲线。从图中可以看出，总体而言，在任意过滤流速与滤料条件下，出水含沙量均随时间的增加而减小。相同滤料粒径条件下，随着流速的增加，出水含沙量整体呈逐渐增加的趋势，并呈现一定的波动状态。在过滤流速为 0.018m/s 时出水含沙量最小，分别为 0.80～0.90g/L、0.85～1.00g/L 和 0.88～1.15g/L。在滤料粒径为 1.00～1.70mm、1.70～3.35mm 和 2.35～3.00mm 条件下，过滤流速为 0.024m/s 时，出水含沙量最高，较最优过滤流速 0.012m/s 相比，相同时间下含沙量相对高出 22.6%～36.3%、7.4%～12.7%。、46.4%～55.8%。

由于滤料能吸附各种杂质，随着过滤时间的延长，滤料颗粒表面就会附着各种杂质，从而导致滤料间孔径不断减小，这样滤料的机械筛滤作用和滤层之间对杂质的沉淀作用将会逐渐加强，且由于杂质与滤层接触的面积逐渐增大，故滤层接触黏附的作用也会逐渐增强。当过滤流速较小时，这种杂质的累积速度很慢，对小颗粒杂质的沉淀、吸附作用也

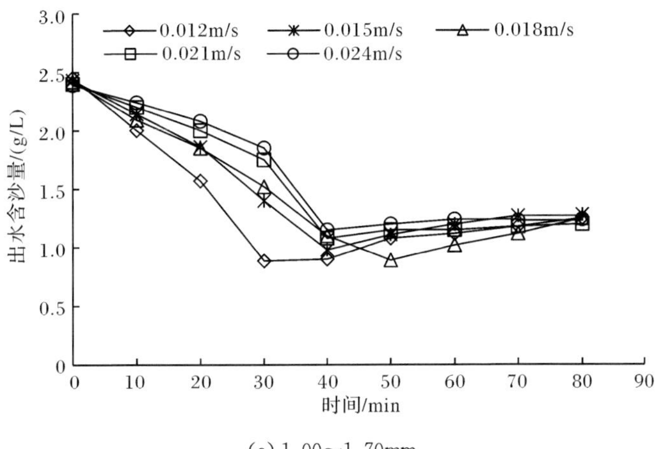

(a) 1.00～1.70mm

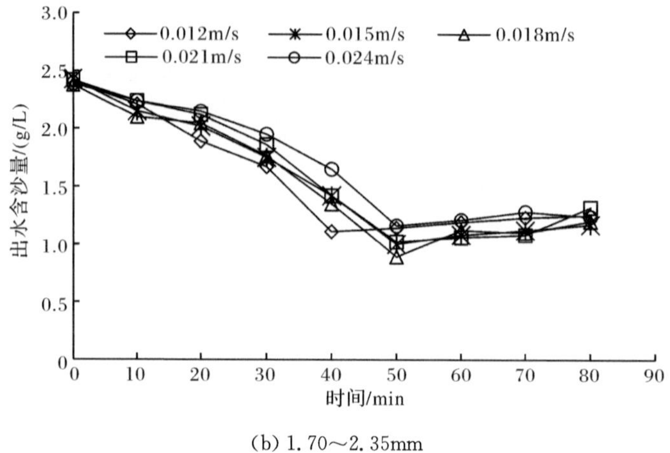

(b) 1.70～2.35mm

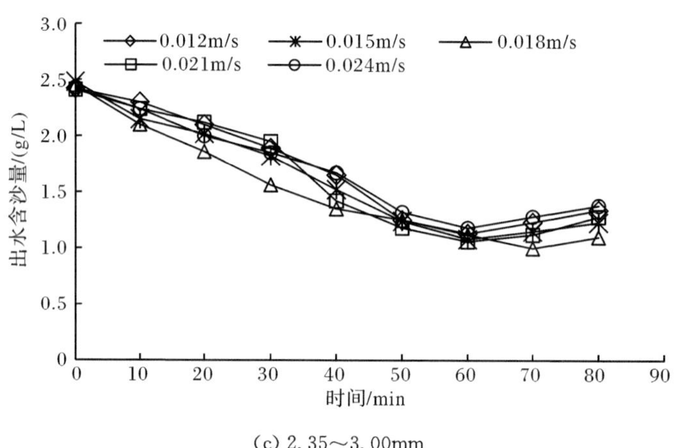

(c) 2.35～3.00mm

图 17.27 不同过滤流速条件下过滤器出水含沙量随时间的变化曲线

很微弱。当过滤流速较大时,这种累积作用比较显著,对小颗粒杂质的沉淀、吸附作用进一步加强,因而出水浊度相对减小。但是,当过滤流速过大时,截留吸附的杂质过多,造成滤料间孔径的堵塞,导致后续水流未被滤层有效过滤,出水含沙量增加。因此,选择适当的过滤流速将对过滤效果产生显著的促进作用。

3. 滤料粒径对过滤器过滤能力与水头损失的影响

1) 不同滤料粒径对水头损失的影响

图 17.28 所示为在不同流速条件下不同滤料粒径对水头损失的影响。可以看出,在任意过滤流速条件下,水头损失值均随粒径的增加而减小。三种滤料水头损失增长幅度分别为 31.4%～87.7%、22.2%～62.9%和 9.2%～47.3%,由此可见随着滤料粒径的增大,水头损失数值增长幅度减小,水头损失增长速度趋缓。随着滤料粒径的增加,相同过滤流速与时间条件下,水头损失值减小。

随着粒径的增加,滤料颗粒表面积减小,滤料颗粒间空隙增加,均会使水中颗粒物的截留、吸附等能力降低，滤料堵塞程度随着滤料粒径的增大而减小，所以随着滤料粒径的增加，水头损失会随之降低。

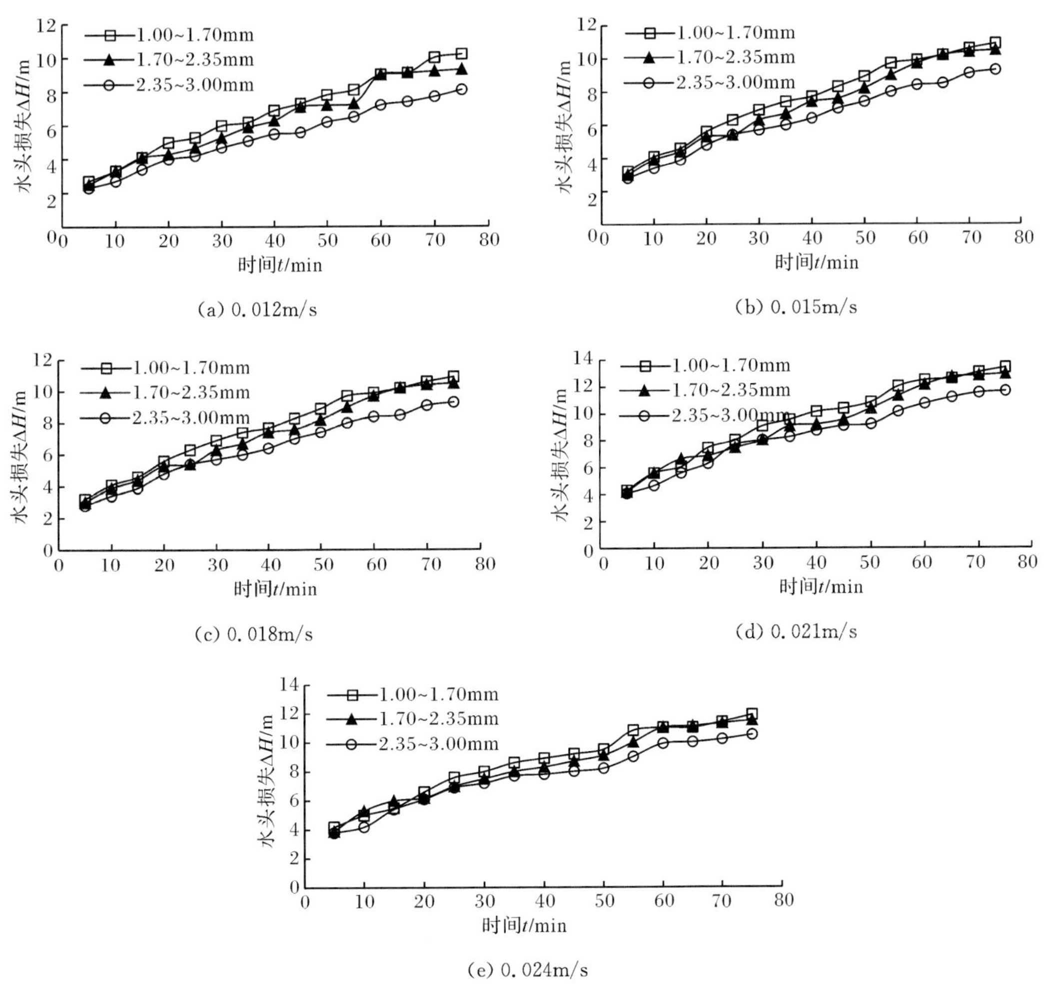

图 17.28　不同流速条件下不同滤料粒径对水头损失的影响

2) 不同滤料粒径对含沙量的影响

图 17.29 所示为不同过滤流速条件下三种滤料粒径对出水含沙量的影响。从图中可以看出，在任意流速条件下，随着滤料粒径的增加，出水含沙量整体呈增加的趋势，但是增幅不等。在过滤流速为 0.018m/s 时，含沙量最低，三种滤料泥沙去除率分别可达 35.9%、30.7%和 28.0%，由此可见，随着滤料粒径的增大，泥沙去除率随之降低。此外，不同流速所有粒径条件下，当系统运行一定时间时，含沙量达到最小值后又重新升高，所有曲线均呈现先减小后增大的趋势，出现最低点的时间也不尽相同。

随着滤料粒径的增加，水源中大于介质空隙的固体颗粒将会减少，滤料的机械筛滤作用将会降低，滤层对杂质的沉淀作用也随之降低，且随着滤料粒径的增加，滤料表面积减小，对于穿过滤层的小颗粒吸附作用降低，接触絮凝作用也随之越低。因此，随着滤料粒径的增加，出水含沙量整体呈增加的趋势。

但无论何种粒径，由于滤料能吸附各种杂质，在运行一段时间后，滤料颗粒表面就会附着各种杂质，从而导致滤料间孔径不断减小，这样滤料的机械筛滤作用和滤层之间对杂质的沉淀作用将会逐渐加强，且由于杂质与滤层接触的面积逐渐增大，滤层接触黏附的作用也会逐渐增强。因此，出流的含沙量会逐渐降低。随着过滤时间的延长，滤层滤料间的孔径逐渐减小，有的甚至被堵塞，但是罐体内的压力是恒定的，故全部水流在压力条件下均从相对较大的孔径中以较高的速度流出，从而未被滤层有效过滤，滤层也因而形成了固定的水流通道，出流的含沙量会逐渐增高，直至最终达到原水的含沙水平。但是粒径不同，流速不同，达到过滤极限的时间点也不一致。

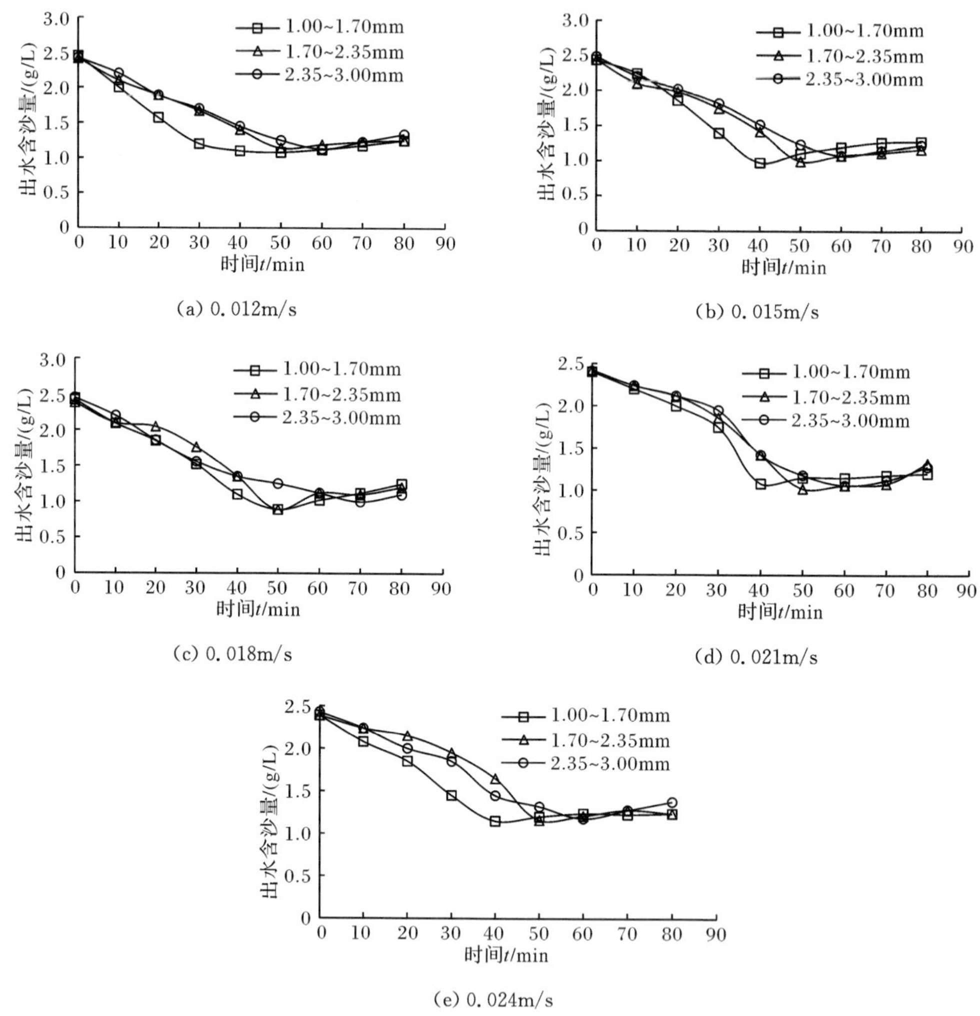

图 17.29 不同滤料粒径条件下过滤器出水含沙量随时间的变化曲线

4. 引黄滴灌用砂石过滤器适宜的过滤模式与运行参数选择

表 17.11 显示了不同滤料粒径与过滤流速条件下达到需反冲洗状态所需时间及相应泥沙去除率。从表中可以看出，随着过滤流速的增加，达到需反冲洗状态的时间逐渐缩

短，随着滤料粒径的增大，达到反冲洗状态所需要的时间逐渐增加。在任意滤料粒径条件下，流速为 0.012m/s 时，泥沙去除率均为最高。不同粒径条件下，泥沙去除率随着粒径的增大而减小，但是达到需反冲洗状态的时间却随之延长，进而减少了反冲洗的次数，减小了运行成本。因此，综合考虑过滤时间、过滤流速和泥沙去除率等因素，过滤器最优过滤模式应为滤料粒径选择 1.70～2.35mm，过滤流速选择 0.012m/s，此时的单次过滤时间为 28min，泥沙去除率为 30.7%。

表 17.11　达到需反冲洗状态所需时间及相应泥沙去除率

过滤流速/(m/s)	粒径					
	1.00～1.70mm		1.70～2.35mm		2.35～3.00mm	
	时间/min	泥沙去除率/%	时间/min	泥沙去除率/%	时间/min	泥沙去除率/%
0.012	20	35.92	28	30.71	34	29.75
0.015	17	23.46	19	18.59	24	18.51
0.018	16	19.32	18	13.99	22	24.08
0.021	11	8.33	12	7.69	16	11.98
0.024	10	12.97	11	6.24	13	7.94

5. 黄河水滴灌用砂石过滤器适宜的反冲洗流速选择

在最优过滤模式下，不同反冲洗流速条件下，过滤器前后出水水头损失随时间的变化曲线如图 17.30 所示。所有反冲洗流速条件下，随时间的延长，水头损失均随之减小。当反冲洗流速为 0.022m/s 时水头损失下降最快，最先达到最低压差，达到最低压差的时间为 10min，即最优的反冲洗流速为 0.022m/s，所需要的反冲洗时间为 10min。

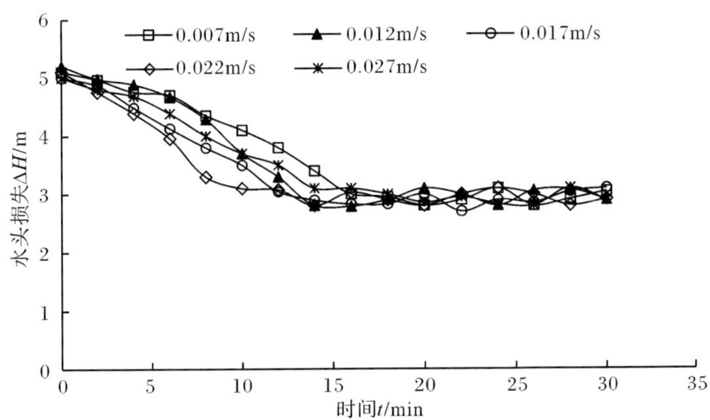

图 17.30　不同反冲洗流速条件下水头损失随时间的变化曲线

17.4.4　黄河水滴灌系统二级网式过滤器结构型式及运行参数选择

1. 清水条件下自清洗网式过滤器水头损失变化规律

水流形态发生变化时会产生水头损失，过滤器和灌溉管道相比，长度较短，沿程水头损失所占比例较小，因此自清洗网式过滤器产生的水头损失是局部水头损失。清水条件下水头损失随系统流量变化曲线如图 17.31 所示。从图中可以发现，三种结构型式自清洗网式过滤器在不同滤网目数和类型下水头损失均随系统流量的增加而增加，且水头损失随系统流量的增加趋势逐渐增大；相同系统流量下，120 目的烧结网产生的水头损失均大于 80 目的烧结网，其中结构型式为立式电机驱动，80 目烧结网产生的水头损失均大于 80 目的楔形网。分析其原因是 120 目的烧结网有效过滤面积系数为 0.26，80 目的烧结网有效过滤面积系数为 0.33，80 目楔形网的有效过滤面积系数为 0.43，滤网面积相同时，孔隙率越低，有效过滤面积越小，相同系统流量通过网孔的流速就越大。

清水条件下，自清洗网式过滤器不发生堵塞，因此局部水头损失系数为一定值，过滤器的水头损失只与系统流量有关，将不同结构型式自清洗网式过滤器不同工况下局部水头损失与流量之间的关系进行拟合。从表 17.12 中可以看出，不同结构型式的自清洗网式过滤器的水头损失-流量回归曲线均不相同，相同结构型式的自清洗网式过滤器，滤网孔隙率越大，k 值越小，流态指数越大，说明过滤器的水头损失与结构型式、内部元件、滤网类型及孔隙率有关，表中公式 R^2 均大于 0.95，表明相关性较高，可用于实际工程中为过

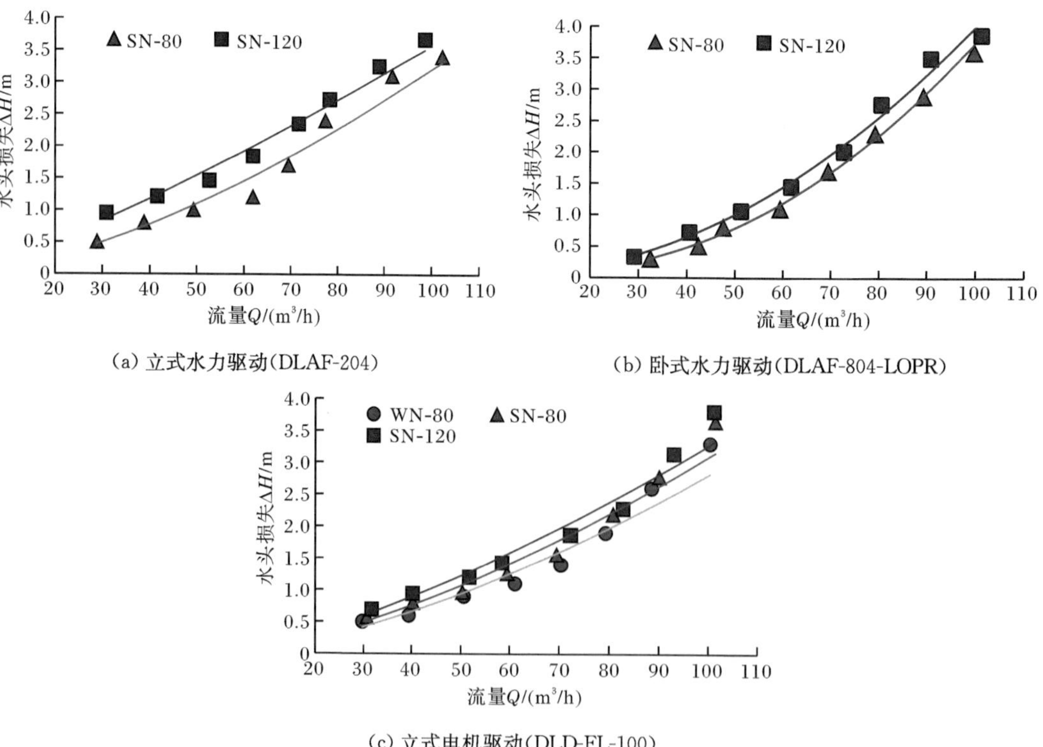

图 17.31　清水条件下水头损失随系统流量变化曲线

滤系统选型提供依据。

表 17.12　清水条件下过滤器水头损失-流量回归方程

过滤器类型	处理	水力特征方程	R^2
DLAF-204	SN-80	$\Delta H=0.0026Q^{1.5468}$	0.9692
	SN-120	$\Delta H=0.0135Q^{1.2104}$	0.9778
DLAF-804-LOPR	SN-80	$\Delta H=0.0001Q^{2.2443}$	0.9945
	SN-120	$\Delta H=0.0004Q^{1.9888}$	0.9950
DLD-FL-100	WN-80	$\Delta H=0.0024Q^{1.5235}$	0.9730
	SN-80	$\Delta H=0.0035Q^{1.4560}$	0.9809
	SN-120	$\Delta H=0.0062Q^{1.3478}$	0.9870

2. 高含沙水条件下自清洗网式过滤器过滤性能研究

在实际微灌工程中，为减轻系统过滤负担，降低清洗频率，沉沙池和离心过滤器为一级过滤，网式过滤器常作为二级过滤设备，一次过滤-清洗周期时长为几小时甚至几十小时，综合考虑到试验场地，为更好地观测不同水源条件下自清洗网式过滤器水力性能变化规律，缩短一次试验时间等因素，自行配置试验所需含沙水源。考虑到 120 目烧结网孔径比 80 目烧结网孔径小，故相同含沙水源条件下，水力性能差异较为明显，选择 80 目烧结网和 80 目楔形网两种不同滤网型式作为参照进行试验。首先，试验开始前对自清洗网式过滤器反冲洗控制系统预设一个较大压差值 $\Delta p=0.12$MPa，保证能够实现一个完整的过滤-反清洗过程，同时保证滤网不被内外压差所破坏。本节以立式电机驱动自清洗网式过滤器(DLD -FL-100)为例阐述其水力性能规律。

1) 流量一定时不同含沙量自清洗网式过滤器过滤性能研究

图 17.32(a)、(c)分别为入流流量为额定流量 80m^3/h 时烧结网和楔形网两种类型立式电机驱动自清洗网式过滤器在不同含沙量水源条件下的水头损失变化曲线。从图中可以看出，四种不同进水含沙量下过滤器的水头损失变化曲线规律基本相同。过滤初始阶段，水头损失基本恒定不变，过滤一段时间后，水头损失曲线出现拐点急剧增加，并且随着进水含沙量的增加，达到拐点的时间与堵塞阶段达到预设压差值 0.12MPa 的时间逐渐缩短。从图 17.32(a)中可以发现，在水头损失曲线出现拐点之前，0.5g/L、1.0g/L、1.5g/L、2.0g/L 的水头损失均值分别为 2.10m、2.18m、2.28m、2.27m，水头损失曲线出现拐点的时间分别为 21min、18.3min、14min、10.5min，达到相同水头损失 12m 时的时间分别为 28.33min、21.67min、16.67min、12.07min。从图 17.32(c)中可以看出，进水含沙量为 0.5g/L、1.0g/L、1.5g/L、2.0g/L 时，过滤初始阶段时的平均水头损失分别为 1.95m、2.01m、1.97m、1.99m，水头损失出现拐点激增的时间分别为 62min、41min、31min、17min，达到预设压差值 12m 的时间分别为 76min、51 min、38min、25min。

图 17.32(b)、(d)分别为入流流量为额定流量 80m^3/h 时烧结网和楔形网两种类型立式电机驱动自清洗网式过滤器在不同含沙量水源条件下系统流量变化曲线。从图中可以看出，四种不同进水含沙量下过滤器的系统流量变化曲线规律基本一致，过滤初期，系统

流量保持恒定不变，后期系统流量曲线出现拐点开始降低，并且随着进水含沙量的增加，系统流量出现拐点下降的时间逐渐缩短。从图 17.32(b)中可以发现，在系统流量下降之前，0.5g/L、1.0g/L、1.5g/L、2.0g/L 时系统流量均值分别为 79.89m³/h、79.63m³/h、79.58m³/h、79.93m³/h，系统流量出现下降拐点的时间与水头损失曲线出现拐点的时间一致，达到相同水头损失 12m 时系统流量分别为 60.92m³/h、65.48m³/h、62.17m³/h、63.53m³/h，较系统初始流量下降幅度分别为 23.75%、17.77%、21.88%、20.52%；从图 17.32(d)中可以看出，进水含沙量为 0.5g/L、1.0g/L、1.5g/L、2.0g/L 时，过滤初始阶段时的系统流量均值分别为 79.87m³/h、79.66m³/h、79.74m³/h、79.64m³/h，系统流量出现下降时的时间与水头损失曲线出现拐点的时间相同，达到预设压差值 12m 时的系统流量分别为 61.57m³/h、62.83m³/h、62.53m³/h、61.81m³/h，较系统初始流量分别下降了 22.91%、21.13%、21.58%、22.39%。

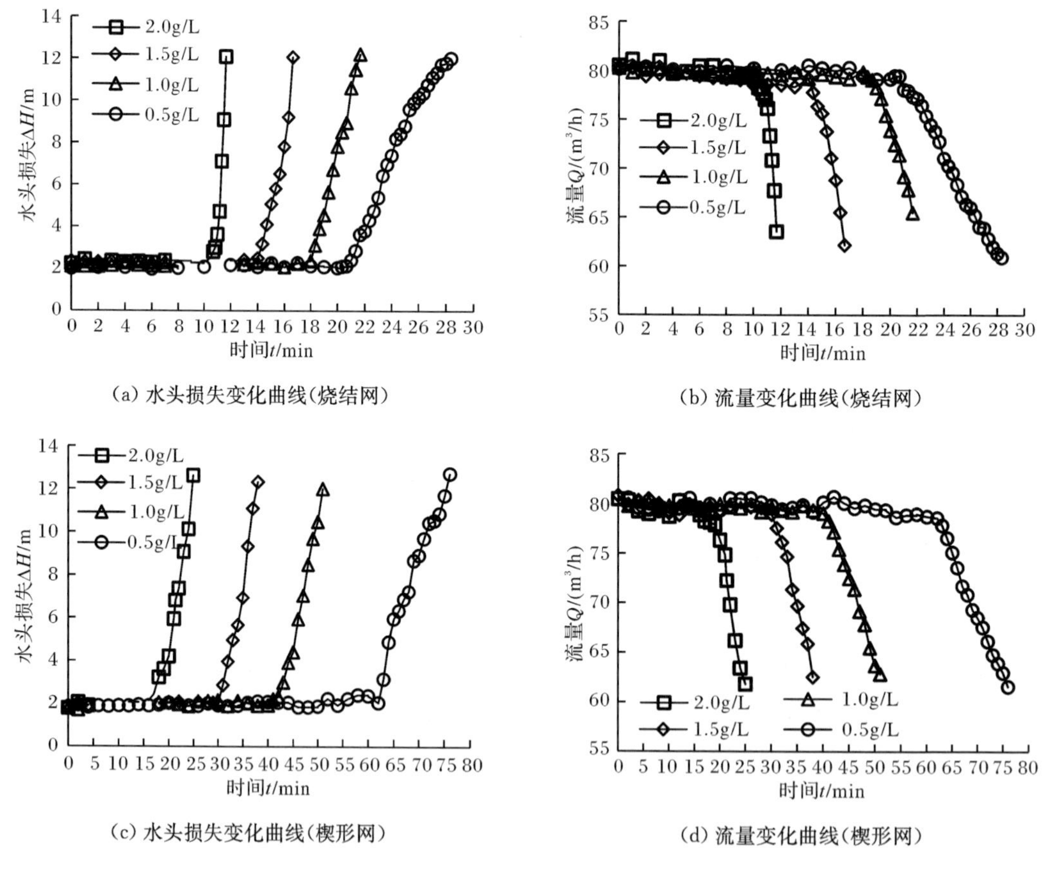

(a) 水头损失变化曲线(烧结网)

(b) 流量变化曲线(烧结网)

(c) 水头损失变化曲线(楔形网)

(d) 流量变化曲线(楔形网)

图 17.32 不同含沙量自清洗网式过滤器水头损失和系统流量随时间的变化曲线

根据自清洗网式过滤器在不同含沙量下的水力特征曲线，对四种不同含沙量下自清洗网式过滤器在不同水头损失时出口进行重复取样，即在水头损失 ΔH_0 基本保持不变，出现拐点后水头损失 $\Delta H_1=5\text{m}$，$\Delta H_2=7\text{m}$，$\Delta H_3=10\text{m}$ 时分别取样 3 次，通过测试出水口中含沙量来分析两种滤网类型自清洗网式过滤器泥沙去除效果，并通过显著性分析得到水源含沙量一定时，不同水头损失下的泥沙去除率，分析结果如图 17.33、表 17.13 所示。从表 17.13 可知，对不同水头损失下泥沙去除效果分析，两种滤网类型下，自清洗网式过滤器过滤状态时，进出口水头损失对泥沙的去除效果均无显著性影响，表明水头损失的增加实际上是拦截在滤网内部的泥沙吸附在滤网表面，导致有效过水面积减小，通过网孔流速增加，而对泥沙的去除效果没有显著影响。滤网形式为楔形网，含沙量为 0.5g/L 时的泥沙去除率为 54.4%～60.9%；1.0g/L 时，泥沙去除率为 57.3%～63.0%；1.5 g/L 时，泥沙去除率为 55.2%～60.7%；2.0g/L 时，泥沙去除率为 57.2%～61.1%。滤网形式为烧结网，含沙量为 0.5g/L、1.0g/L、1.5g/L、2.0g/L 时，泥沙去除率分别为 55.1%～63.0%、59.2%～65.0%、56.2%～64.4%、57.4%～63.8%。同时可以看出，泥沙去除率在一定范围内波动，变化原因是搅拌机一直搅拌水源，水泵进口处水源参数不是一恒定值，过滤器内部泥沙的相互作用会影响泥沙的运动轨迹。

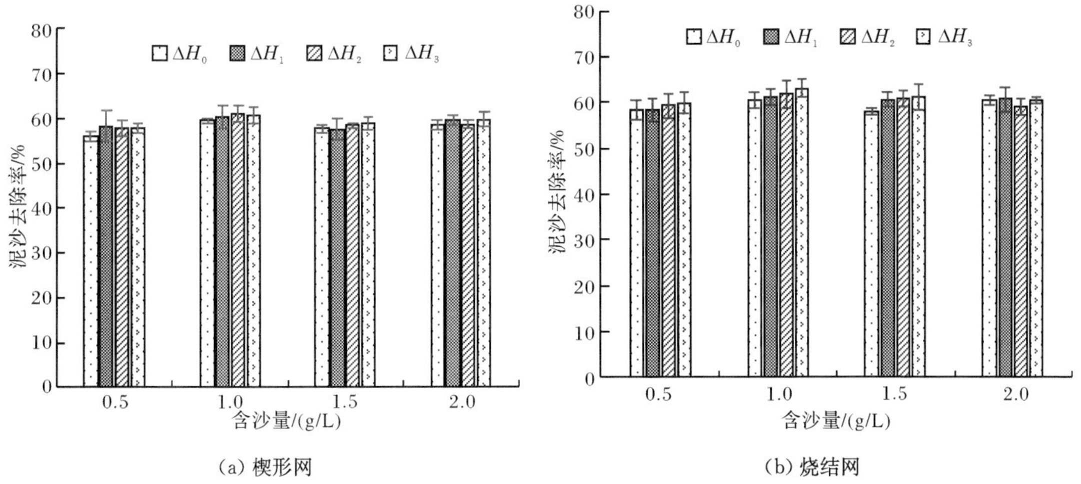

(a) 楔形网　　　　(b) 烧结网

图 17.33　不同含沙量自清洗网式过滤器泥沙去除率

ΔH_0 为过滤初始阶段水头损失保持恒定时的进出口压差值

ΔH_1、ΔH_2、ΔH_3 分别为进出口压差值，即水头损失 5m、7m、10m

表 17.13　不同含沙量时自清洗网式过滤器泥沙去除率结果分析　　(单位：%)

流量/(m³/h)	颗粒级配	筛网类型	ΔH	含沙量			
				0.5g/L	1.0g/L	1.5g/L	2.0g/L
80	G2	楔形网	ΔH_0	55.93a±1.01	59.46a±0.64	57.71a±0.91	58.51a±1.23
			ΔH_1	58.19a±3.41	60.22a±2.58	57.56a±2.33	59.47a±1.05
			ΔH_2	57.83a±1.91	61.02a±1.69	58.36a±0.44	58.60a±0.84
			ΔH_3	57.93a±1.09	60.71a±1.85	59.00a±1.46	59.68a±1.54
		烧结网	ΔH_0	58.30a±2.12	60.46a±2.46	57.83a±2.64	60.39a±2.25
			ΔH_1	58.37a±1.74	61.12a±1.70	60.51a±2.95	60.65a±1.85
			ΔH_2	59.21a±0.72	61.72a±1.56	60.73a±1.70	59.12a±2.77
			ΔH_3	59.79a±1.08	63.05a±2.72	61.25a±1.76	60.43a±0.79

注：根据 Duncan 多重比较，同列字母相同代表没有显著差异，同列字母不同代表差异显著。小写字母表示在 0.05 水平下比较，差异显著；大写字母表示在 0.01 水平下比较，差异极显著。

2）含沙量一定时不同进水流量自清洗网式过滤器过滤性能研究

含沙量为2g/L，泥沙颗粒级配相同时，不同进水流量下自清洗网式过滤器水力性能变化曲线如图17.34所示。从图中可以看出，不同进水流量下的水头损失和系统流量变化趋势与不同含沙量时相同，不同的是进水流量越大，初始水头损失越大，和清水下的流量-水头损失关系一致，达到堵塞阶段拐点的时间越短，达到相同预设压差值0.12MPa的时间越短。筛网形式为烧结网时，进水流量为$60m^3/h$、$80m^3/h$、$100m^3/h$时的初始水头损失均值分别为1.90m、2.27m、3.38m；水头损失曲线出现拐点的时间分别为12min、10min、4min，达到相同水头损失12m时的时间分别为16.33min、11.67min、5min。过滤初始阶段时的系统流量均值分别为$60.10m^3/h$、$79.93m^3/h$、$99.50m^3/h$，系统流量出现下降时的时间与水头损失曲线出现拐点的时间相同，达到预设压差值0.12MPa时的系统流量分别为$48.70m^3/h$、$63.53m^3/h$、$73.25m^3/h$，较系统初始流量分别下降了19.0%、20.5%、26.4%。筛网形式为楔形网时，进水流量为$60m^3/h$、$80m^3/h$、$100m^3/h$时的初始水头损失均值分别为1.66m、1.99m、2.79m；水头损失曲线出现拐点的时间为28min、17min、12.33min，达到相同水头损失0.12MPa时的时间分别为41min、25min、16.37min。过滤初始阶段时的系统流量均值为$59.98m^3/h$、$79.64m^3/h$、$100.7m^3/h$，系统

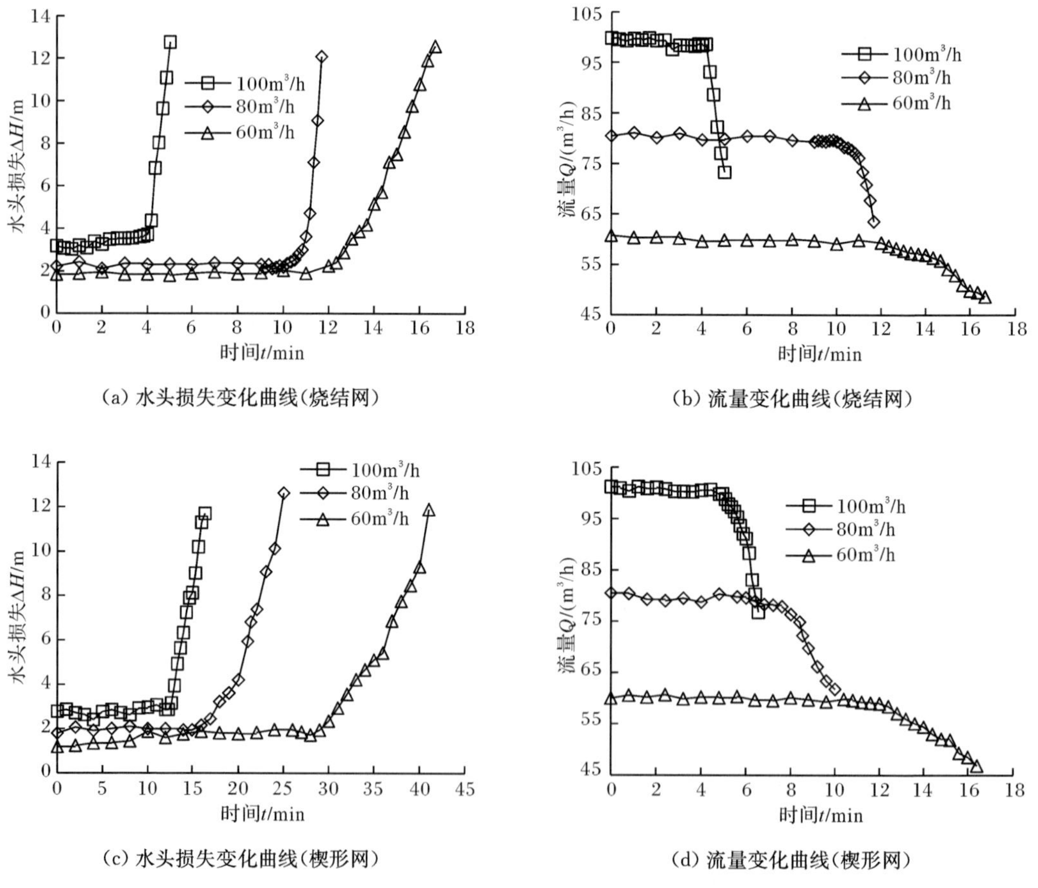

(a) 水头损失变化曲线(烧结网)

(b) 流量变化曲线(烧结网)

(c) 水头损失变化曲线(楔形网)

(d) 流量变化曲线(楔形网)

图17.34 不同进水流量下自清洗网式过滤器水头损失和系统流量随时间的变化曲线

流量出现下降时的时间与水头损失曲线出现拐点的时间相同，达到预设压差值 0.12MPa 时的系统流量分别为 46.86m³/h、61.81m³/h、76.79m³/h，较系统初始流量分别下降了 21.9%、22.4%、23.7%。

图 17.35 是三种进水流量条件下含沙量为 2g/L 时，不同水头损失下的自清洗网式过滤器泥沙去除率，取样方法和不同含沙量时的方法相同，分别在三种不同流量下过滤初期水头损失保持恒定时取样，水头损失为 5m、7m、10m 时取样，对不同水头损失间泥沙去除率测试并进行显著性分析，分析结果见表 17.14。从表中可以得出，相同进水流量条件下，水头损失对过滤器泥沙去除率无显著性影响。滤网为楔形网，当进水流量为 60m³/h 时，泥沙去除率为 51.2%～57.0%；流量为 80m³/h 时，泥沙去除率为 57.2%～61.1%；流量为 100m³/h 时，泥沙去除率为 59.4%～66.1%。滤网为烧结网：进水流量为 60m³/h、80m³/h、100m³/h 时，泥沙去除率分别为 52.2%～57.0%、57.4%～63.8%、63.4%～70.0%。同时可以看出，不同流量下烧结网和楔形网不同水头损失下对泥沙的平均去除率满足 $E_{100} > E_{80} > E_{60}$。

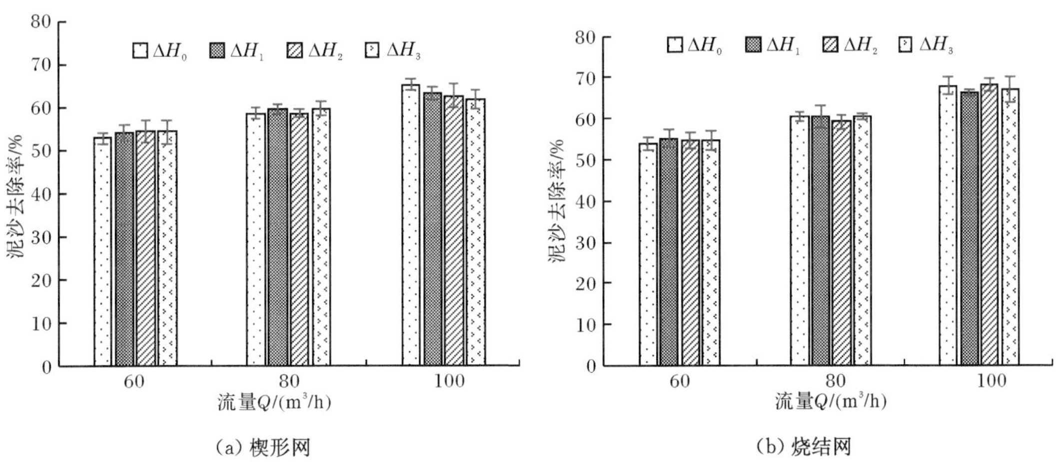

图 17.35　不同流量下自清洗网式过滤器泥沙去除率

表 17.14　不同流量下自清洗网式过滤器泥沙去除率结果分析　（单位：%）

含沙量/(g/L)	颗粒级配	筛网类型	ΔH	进水流量		
				60m³/h	80m³/h	100m³/h
2.0	G2	楔形网	ΔH_0	52.70a±1.26	58.51a±1.23	65.21a±1.21
			ΔH_1	54.10a±1.82	59.47a±1.05	63.32a±1.43
			ΔH_2	54.21a±2.59	58.60a±0.84	62.68a±2.62
			ΔH_3	54.20a±2.66	59.68a±1.54	61.89a±2.26
		烧结网	ΔH_0	53.83a±1.44	60.39a±2.25	68.01a±2.12
			ΔH_1	55.19a±2.27	60.65a±1.85	66.33a±0.82
			ΔH_2	54.73a±1.84	59.12a±2.77	68.23a±1.50
			ΔH_3	54.57a±2.27	60.43a±0.79	66.98a±3.15

注：楔形网在出水流量为 60m³/h、80m³/h、100m³/h 时对应的 ΔH_0 分别为 1.66m、1.99m、2.79m；烧结网在 60m³/h、80m³/h、100m³/h 时 ΔH_0 分别为 1.90m、2.27m、3.38m；ΔH_1、ΔH_2、ΔH_3 为进出口压差值，即水头损失分别为 5m、7m、10m。

3) 含沙量一定时不同泥沙颗粒级配自清洗网式过滤器过滤性能研究

不同含沙量和流量条件下，达到相同预设压差值时，楔形网的过滤时间长于烧结网，而相同含沙量、不同泥沙级配时，泥沙中 100～250μm 细沙的含沙量增加会导致烧结网堵塞很快，无法正常记录水头损失和流量的变化。图 17.36 为流量 $80m^3/h$、水源含沙量为 2g/L 时楔形网自清洗网式过滤器水头损失与系统流量变化曲线。可以看出，泥沙颗粒级配为 G1、G2、G3 时，水头损失曲线的变化经过两个过程，过滤初期水头损失较为恒定，出现拐点后水头损失急剧增大，增大的快慢趋势斜率是 $k_{G1}>k_{G2}>k_{G3}$。分析得出，滤网堵塞阶段水头损失变化受水源中泥沙颗粒级配影响，由水力学能量方程可知，水头损失的急剧增加同样会导致系统流量迅速降低。从图中可以看出，泥沙颗粒级配为 G1、G2、G3 时的初始水头损失均值分别为 2.10m、1.97m、1.99m，表明过滤器未堵塞时，泥沙颗粒间相互作用导致的水头损失对总的局部水头损失较小，水头损失曲线出现拐点的时间分别为 3min、16min、23min，达到相同水头损失 12m 时的时间分别为 6.33min、25min、34min。过滤初始阶段系统流量均值为 $79.83m^3/h$、$79.64m^3/h$、$79.76m^3/h$，系统流量出现下降时的时间与水头损失曲线出现拐点的时间相同，达到预设压差值 12m 时的系统流量分别为 $62.69m^3/h$、$62.81m^3/h$、$61.56m^3/h$，较系统初始流量分别下降了 21.5%、21.1%、22.8%。

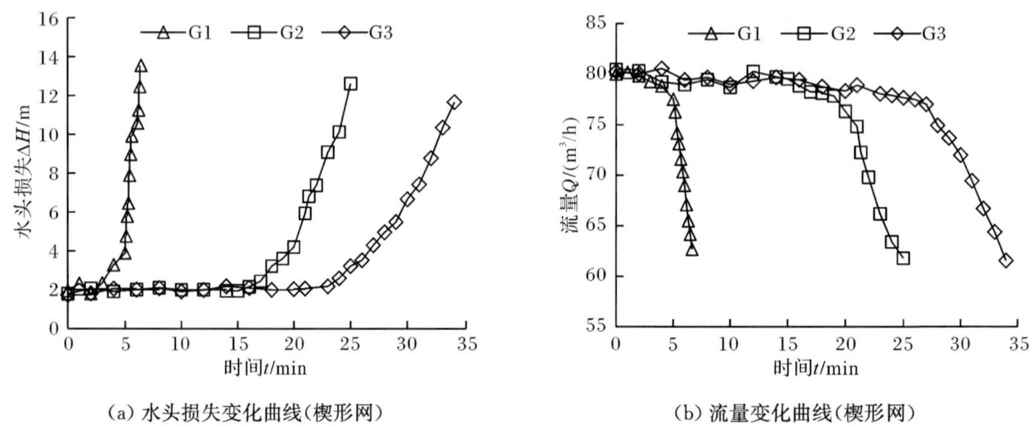

(a) 水头损失变化曲线(楔形网)　　(b) 流量变化曲线(楔形网)

图 17.36　不同泥沙颗粒级配自清洗网式过滤器水头损失和系统流量随时间的变化曲线

进水流量为 $80m^3/h$、含沙量为 2g/L 时，三种不同泥沙颗粒级配不同水头损失下自清洗网式过滤器泥沙去除率如图 17.37 所示。取样方法和上述不同含沙量和流量时一致，从图中可以发现，三种不同泥沙颗粒级配泥沙去除率基本稳定在一定范围内，通过对不同水头损失下的泥沙去除率进行显著性分析，水源泥沙级配一定时，水头损失对过滤器泥沙去除率不存在显著性影响，分析结果见表 17.15。泥沙颗粒级配为 G1 时，泥沙去除率为 42.3%～48.8%；颗粒级配为 G2 时的泥沙去除率为 57.2%～61.1%；颗粒级配为 G3 时，泥沙去除率为 60.7%～68.0%。进水流量和水源含沙量一定时，不同泥沙颗粒级配的平均去除率满足 $E_{G3}>E_{G2}>E_{G1}$。

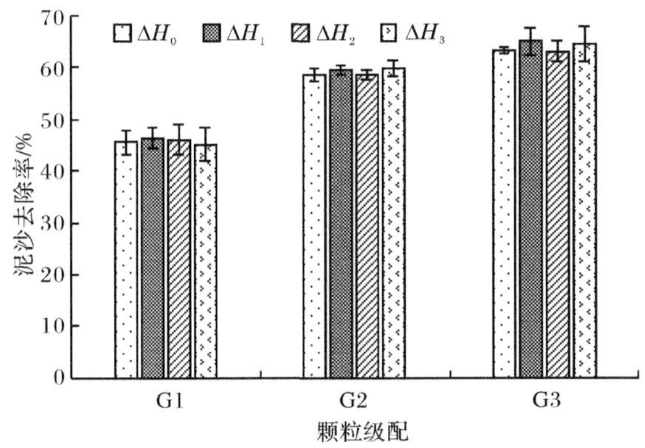

图 17.37　自清洗网式过滤器泥沙去除率随泥沙颗粒级配变化情况

表 17.15　不同泥沙颗粒级配自清洗网式过滤器泥沙去除率　(单位:%)

出水流量/(m³/h)	含沙量/(g/L)	ΔH	颗粒级配		
			G1	G2	G3
80	2	ΔH_0	45.51a±2.36	58.51a±1.23	63.18a±0.52
		ΔH_1	46.33a±1.97	59.47a±1.05	64.92a±2.54
		ΔH_2	45.97a±2.95	58.60a±0.84	62.95a±2.01
		ΔH_3	45.03a±3.24	59.68a±1.54	64.31a±3.37

3. 高含沙水条件下自清洗网式过滤器排污性能研究

1) 排污流量

自清洗网式过滤器和传统网式过滤器相比,不需要停水清洗滤网,能够满足清洗滤网的同时进行灌溉,当自清洗网式过滤器进出口压差达到预设压差值或达到设定过滤时间时,自清洗网式过滤器需借助清洁元件来清除滤网表面拦截的杂质,对于立式电机驱动刮式自清洗网式过滤器,依靠清洗元件电动刷机械刮离及水流剪切的作用下,固体颗粒从排污管排出,实际大田灌溉过程中,进水流量是保持一定的,因此当排污阀由关闭状态变为开启状态时,进水流量必有一部分从排污口分流排出,所以排污流量的大小影响灌溉流量的大小,排污流量由排污管断面尺寸所决定,即排污流量的大小对过滤器的结构参数设计有重大影响,同时也影响排污效果。通过利用水力学能量守恒方程对过滤器的进水口断面、出水口断面、排污口断面分别进行分析,可得式(17.9)和式(17.10)。

$$z_1+\frac{p_1}{\rho g}+\frac{v_1^2}{2g}=z_3+\frac{p_3}{\rho g}+\frac{v_3^2}{2g}+\sum\varepsilon\frac{v_3^2}{2g} \tag{17.9}$$

$$z_1+\frac{p_1}{\rho g}+\frac{v_1^2}{2g}=z_2+\frac{p_2}{\rho g}+\frac{v_2^2}{2g}+\sum\varepsilon\frac{v_2^2}{2g} \tag{17.10}$$

式中,取 1—1 断面为零基准面;z_1、z_2、z_3分别为进水口、出水口、排污口相对高程,m;p_1、p_2、p_3为 1—1 断面、2—2 断面、3—3 断面中心点相对压强,Pa;v_1、v_2、v_3分别为 1—1 断面、2—2 断面、3—3 断面平均流速，m/s；g 为重力加速度，m/s^2；$\sum\varepsilon$ 为过滤器局部水头损失系数，不考虑沿程水头损失，如图 17.38 所示。

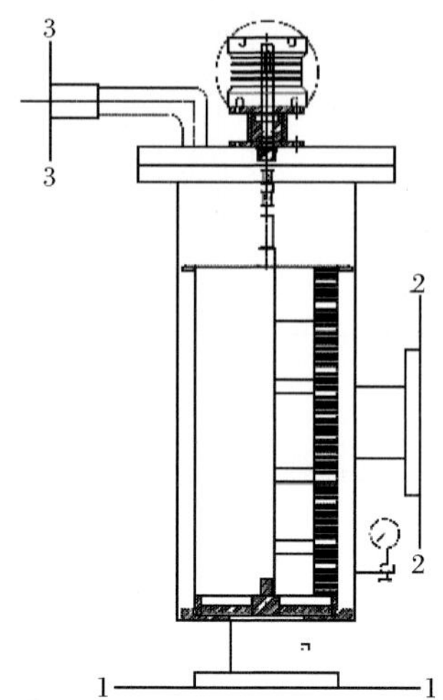

图 17.38　自清洗网式过滤器排污流量计算示意图

1—1 为进水口断面；2—2 为出水口断面；3—3 为排污口断面

在自清洗网式过滤器排污状态时，由流体的连续性方程

$$Q_1 = Q_2 + Q_3 \tag{17.11}$$

可得

$$A_1 v_1 = A_2 v_2 + A_3 v_3 \tag{17.12}$$

式中，Q_1、Q_2、Q_3 分别为进口流量、出口流量、排污口流量，m^3/h；A_1、A_2、A_3 分别为 1—1 断面面积、2—2 断面面积、3—3 断面面积，m^2。

结合以上各式可得，排污流量关系式满足：

$$z_3 - z_2 + \frac{p_3 - p_2}{\rho g} + \left(1 + \sum\varepsilon\right)\frac{Q_3^2}{2gA_3^2} = \left(1 + \sum\varepsilon\right)\frac{(Q_1 - Q_3)^2}{2gA_2^2} \tag{17.13}$$

由式(17.13)可知，排污口流量 Q_3 受过滤器结构参数的影响，主要包括排污口与出口的相对高度、过滤器局部水头损失系数、排污口和出口断面面积的影响；当过滤器结构参数确定时，排污口流量的大小受出口压力 p_2、进口流量 Q_1 的影响，且反冲洗过程中，随着滤网表面泥沙的清除和滤网有效面积的增加，会导致断面流速降低和出口压力增加，所以 Q_3 为一变值，当反冲洗结束后，为一定值。

2) 排污时间

在实际大田灌溉的过程中，当滤网被灌溉水源中的泥沙颗粒堵塞到一定程度时，过滤器滤网的有效过滤面积降低，导致进出口压差增大，出水量降低，不仅增加了微灌系统的能耗，也不能保证灌水质量，若不对其进行排污过程，容易出现滤网破坏甚至断流的现象。排污流量一定时，排污时间越长，耗水量就越多，节水效益降低，排污时间过短，则不能保证过滤器滤网表面附着的杂质被完全除净，从而导致下一周期的过滤时间变短，严重时会出现频繁反冲洗的现象。相关学者研究发现，当过滤器内外压差达到 0.07MPa 时，需要对过滤器进行清洗，因此本试验过滤器选择预设压差值为 0.07MPa，为了保证能够精确分析排污效果随排污时间的变化规律，监测排污管含沙量随排污时间的动态变化，排污时间通过继电控制装置来设置，最长排污时间为 60s。

额定流量条件下不同进口含沙量条件下排污口含沙量随排污时间的变化规律如图 17.39 所示，从图 17.39(a)中可以看出，不同进口含沙量条件下，排污口含沙量随排污时间的变化趋势存在差异，当进口含沙量较低时，排污口含沙量基本是恒定值，排污效果较差，在试验过程中，滤网类型为烧结网时，不同含沙量下反冲洗结束后滤网表面仍然会有泥沙颗粒，甚至有一些会嵌在滤网孔隙中，主要是由于烧结网具有独特的结构，其是由几层滤网烧结而成的，表面粗糙，纳污能力强，尤其是对于小于筛网网孔的泥沙有一定的拦截能力，同时清洗元件为刮刷，泥沙与刷子上的刷毛(细丝)存在一定的间隙，且有一定的柔韧性，所以对细颗粒泥沙的清除效果较差。

图 17.39(b)是滤网类型为楔形网，排污口含沙量随排污时间的变化趋势，与图 17.39(a)相比变化趋势有明显的差异性。从图中可以看出，不同进口含沙量条件下，排污口含沙量随排污时间的变化趋势基本一致，在排污阀打开的瞬间，排污口含沙量浓度为最大值，然后随着排污的进行逐渐降低到一个基本稳定的数值，排污阀打开时，由于排污阀的出口方向与进水方向同向会导致内部流场的变化，且排污口与大气相通，因此在刮刷的机械作用、水流剪切力和内外压差的作用下，滤网内部拦截的泥沙及拦截在滤网表面的颗粒会从滤网表面脱离并迅速从排污口排出，随着排污的进行，过滤器内部拦截的泥沙逐渐被排出，之后达到一种稳态，$t=30$s 时，排污口含沙量基本达到一个定值，而不同进口含沙量浓度下，排污口含沙量满足 $C_{2.0}>C_{1.5}>C_{1.0}>C_{0.5}$，由于过滤器在排污的过程中仍在过滤，达到稳定后，进水的水源中小于网孔的泥沙从出水口逃逸，而被网孔拦截下的泥沙会从排污口排出，因此进口流量和泥沙颗粒级配一定时，进口含沙量越高，排污效果稳定时排污口含沙量也相应越高。

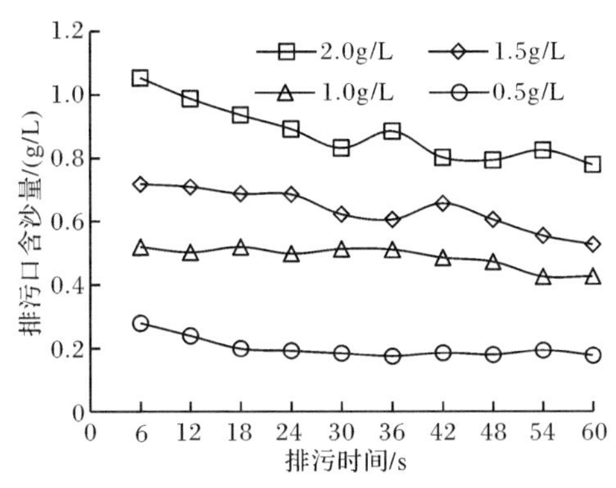

(a) 排污口含沙量变化曲线(烧结网)

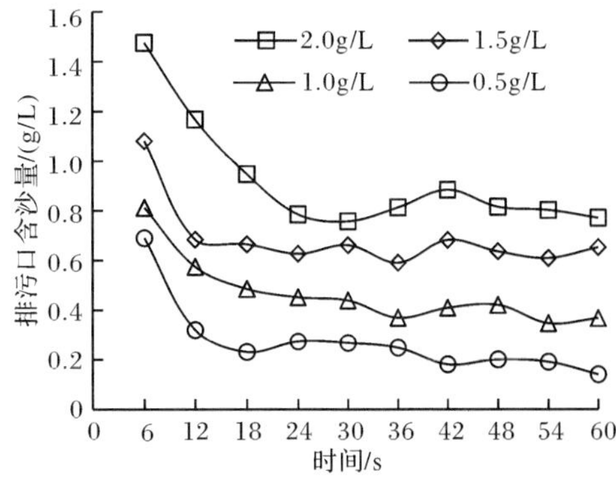

(b) 排污口含沙量变化曲线(楔形网)

图 17.39　不同含沙量条件下自清洗网式过滤器排污口含沙量随排污时间的变化曲线

相同含沙量、不同进口流量条件下排污口含沙量随排污时间的变化曲线如图 17.40 所示，由图可知，同一含沙水源不同流量条件下排污口含沙量变化也基本一致，都是初始时刻排污口含沙量最大，然后逐渐降低到一定范围内的稳定值，达到相同预设压差值时，滤网的有效过滤面积相同且排污管断面面积相同，进口流量越大，排污时排污流量也越大，相同排污时刻排污口含沙量越大，说明进口流量对排污的影响较大。从图中可以看出，排污时间在30s后，排污口含沙量逐渐趋于稳定，排污时间为54s时，三种流量下的排污管含沙量基本相同，此时排污达到一种稳态，水源里的泥沙一部分通过滤网，一部分从排污管排出。

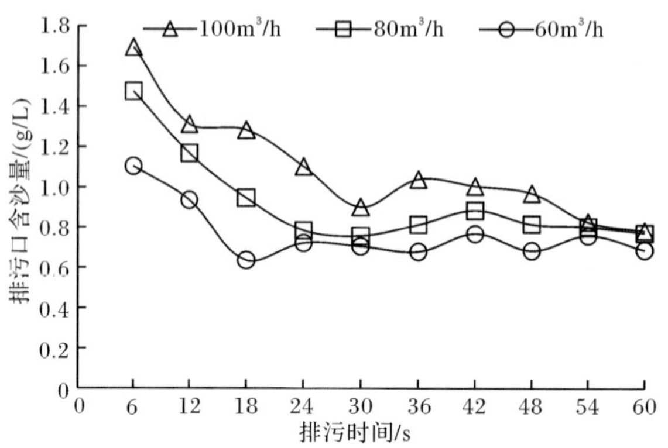

图 17.40　不同进口流量下自清洗网式过滤器排污口含沙量随排污时间的变化曲线

相同进口流量、不同泥沙颗粒级配含沙水源条件下的排污口含沙量随排污时间变化曲线如图17.41所示，由图可知，相同进口流量80m^3/h和含沙量2g/L条件下，不同泥沙颗粒排污口含沙量变化趋势基本一致，初始时刻排污口含沙量最大，然后含沙量降低，最后趋于平稳，但是相同时刻，不同泥沙颗粒级配对应的含沙量差异明显，当泥沙颗粒级配为G1时，排污口含沙量明显一直高于G2、G3，且在稳定阶段时，排污口含沙量满足$C_{G1}>C_{G2}>C_{G3}$，表明排污效果与泥沙颗粒级配有关，被拦截在滤网表面的泥沙，泥沙颗粒粒径越大，越易被排出。从图中可以看出，排污时间在30s后，排污口含沙量趋于稳定。

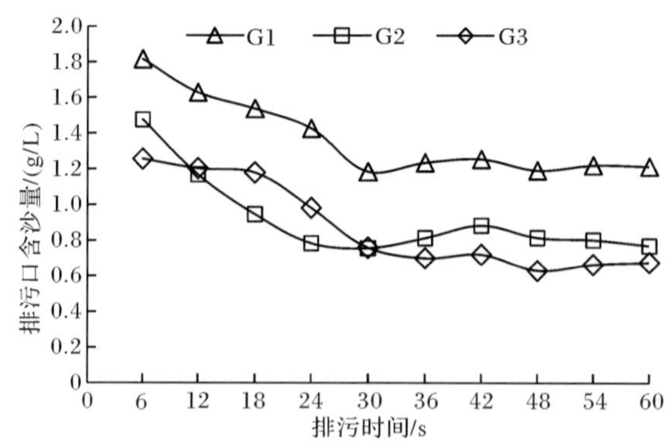

图 17.41　不同泥沙颗粒级配自清洗网式过滤器排污口含沙量随排污时间的变化曲线

17.4.5　黄河水滴灌系统二级叠片过滤器适宜的目数选择

1. 叠片过滤器目数对过滤性能及水头损失的影响

1) 清水条件下不同目数过滤器水头损失变化规律

清水条件下不同目数过滤器水头损失变化规律与再生水滴灌系统相同。

2) 黄河水条件下不同目数过滤器水头损失变化规律

图 17.42 所示为黄河水条件下不同目数过滤器水头损失随时间的变化曲线。不同目数过滤器的水头损失均随着时间的延长呈上升趋势。前期上升较为缓慢,运行一段时间后呈相对快速的上升趋势,且目数越大,发生快速上升趋势的时间越短,速度增长越快。这主要是由于目数越大,水流的过水面积越小,水中堵塞物质堵塞通道的速度越快。

表 17.16 为不同目数过滤器生命周期内平均泥沙去除率。由表可知,过滤器目数越大,平均泥沙去除率越高。这是因为目数越高,叠片两侧通道越窄,对沙粒的截留效果越明显,平均泥沙去除率也相对更高。

综合水头损失和泥沙去除率的变化规律,100 目叠片过滤器在较低水头损失条件下,具有较高的泥沙去除率,因此建议引黄滴灌系统选择 100 目叠片过滤器。

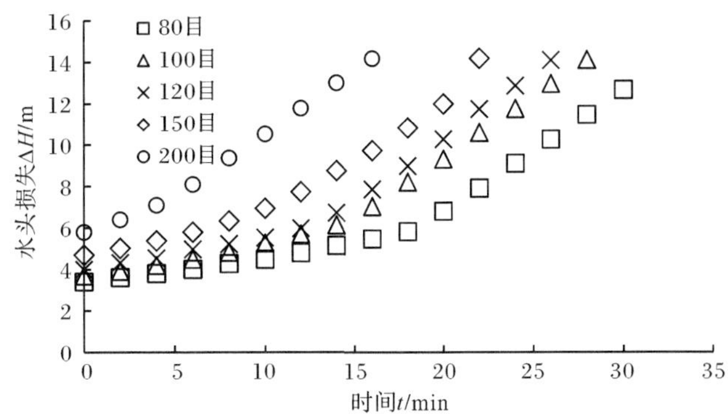

图 17.42　引黄滴灌条件下不同目数过滤器水头损失随时间的变化曲线

表 17.16　不同目数过滤器生命周期内平均泥沙去除率

目数	80	100	120	150	200
平均泥沙去除率/%	27.33	29.94	30.04	33.29	36.13

2. 二级过滤器最优选择

综合最优叠片过滤器的水头损失和泥沙去除率,引黄滴灌系统最优的二级过滤器应选择 100 目叠片过滤器。

17.5 地表湖库水滴灌系统低压渗透过滤设施设计及运行方式

17.5.1 低压过滤系统外观结构设计与运行模式

1. 低压渗透过滤器外观结构设计

低压渗透过滤器依靠过滤器内外水头差产生的水压，使劣质水渗透通过过滤介质层，进入内部储水罐中，是一种砂石过滤器和网式过滤器相互组合的过滤器，考虑装置设计流量和装置结构牢固性，组合过滤器整体设计为六棱柱体形，棱高 1.8m，棱宽 1.5m，由六棱柱体形的外围过滤介质层和内部储水罐组成。外围过滤介质层厚 80cm，内外两侧设有可拆卸筛网和石笼，过滤介质为石英砂。为了便于装置的组装和拆卸，组合过滤器顶端和底部设有六棱形厚 8mm 的钢板，通过多道螺母与过滤介质层底部和顶部连接，形成密闭空间。在组合过滤器顶端均匀设有 6 个填砂口。考虑到装置要长期使用，在过滤介质层外筛网底部设有活动门，便于定期更换过滤介质。装置内部过滤水储水罐由钢骨架焊制在过滤介质层内侧，底部放置潜水泵，潜水泵连接有输水管，把过滤后的水输送到滴灌系统中。结构示意图如图 17.43 所示，低压渗透过滤器水平剖面图如图 17.43(b)所示。

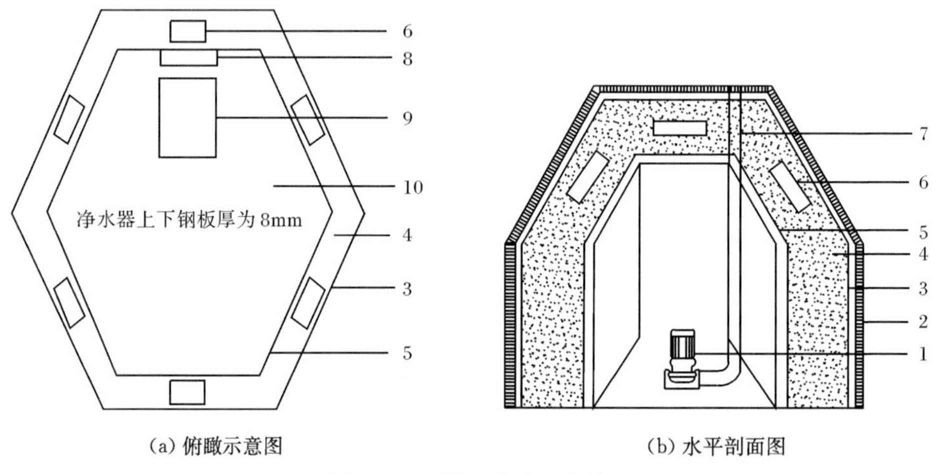

(a) 俯瞰示意图　　(b) 水平剖面图

图 17.43 低压渗透过滤器

1. 潜水泵；2. 石笼；3,5. 筛网片；4. 过滤介质；6. 填砂口；7. 输水管；8. 进人梯；9. 进人口；10. 储水罐

2. 运行模式

组合过滤器过滤介质层由内外两侧筛网片 5、筛网片 3、石笼 2、过滤介质 4 组成。低压渗透过滤器放入湖泊中，借助过滤器外部和内部的水头差，利用水压使劣质水源渗透通过过滤介质层，进入内部储水罐 10 中，通过储水罐内潜水泵将过滤水抽出，然后进入滴灌系统中。该过滤器设计流量为 100m^3/h，泥沙去除率为 76%～83%，设计满足 50 亩大田滴灌用水量需求。

17.5.2 试验概况

考虑到现有低压渗透过滤器体积过大，存在不方便测量等问题，作者所在课题组自主设计了一套低压渗透过滤器性能测试系统，如图 17.44 所示。该系统由蓄水池、水泵、回水管、测速箱、水位管、砂段管、铜阀等组成。通过水位管中的平衡水位(进水位管和出水位管水量达到动态平衡的水位)模拟低压渗透过滤器的最大水头差，利用不同长度砂段管来模拟砂石层厚度。用法兰把砂段管和水位管相连，可以用来模拟单位面积砂石过滤器的过滤性能。试验水源采用黄河干渠水，含沙量为 $2kg/m^3$，储藏于 2m×2m×1.5m 的蓄水池中。考虑到试验需要调节不同的水位高度，经过计算确定试验所需潜水泵扬程 15m，额定流量为 $6m^3/h$。试验选取粒径 2～2.5mm 石英砂作为过滤介质，选取砂段管长度为 80cm，设计 0.4m、0.6m、0.8m、1.0m、1.2m、1.4m、1.6m、1.8m 共 8 个水位高度。考虑装置在不同含沙水源的使用情况，通过配沙装置来调控水源的含沙量，试验在含沙量分别为 $3kg/m^3$、$6kg/m^3$、$9kg/m^3$ 的水源下进行。选用粒径 2～2.5mm 石英砂填充到 80cm 砂段管中，把水位管和砂段管用法兰连接。利用潜水泵把蓄水池中的黄河水抽到水位管中进行试验。

图 17.44　低压渗透过滤器性能测试系统

主要试验步骤如下：

(1) 在水池中注满劣质水源，分别测定过滤器在 8 种水头差条件下，过滤器过滤后水的含沙量，计算泥沙去除率。

(2) 将泥沙按设计浓度加入蓄水池中，进行搅拌，使泥沙混配均匀。

(3) 测试 3 种含沙量水源、8 种水头差条件下，过滤器过滤后水源含沙量和过滤流量，计算泥沙去除率。

(4) 分析不同含沙量水源下过滤装置的泥沙去除率曲线，以及不同水头差条件下过滤装置的泥沙去除率曲线。

17.5.3　低压渗透过滤器结构参数设计及过滤性能研究

1. 低压渗透过滤器砂石层厚度的选取

不同砂石层厚度下单位面积过滤流量和泥沙去除率的动态变化如图 17.45 所示。可以看出，随着砂石层厚度的增大，泥沙去除率呈增大趋势，但增长的幅度各有区别，其中砂石层厚度为 30～80cm 时过滤器泥沙去除率提升幅度明显，砂石层厚度为 80～160cm 时泥沙去除率升高幅度趋于平缓，80cm 砂石层厚度比 70cm 砂石层厚度泥沙去除率提高 11%，90cm 砂石层厚度泥沙去除率比 80cm 砂石层厚度泥沙去除率提高 3%。由图可知，随着砂石层厚度增加，单位面积过滤流量呈减小的趋势，其中砂石层厚度为 30～80cm 时单位面积流量下降趋势比砂石层厚度为 80～160cm 时单位面积过滤流量下降趋势平缓。70cm 砂石层厚度过滤流量比 80cm 砂石层厚度过滤流量高 0.8m^3/h，80cm 砂石层厚度过滤流量较 90cm 砂石层厚度过滤流量高 2m^3/h。综合考虑单位面积过滤流量和泥沙去除率的影响，低压渗透过滤器最优砂石层厚度为 80cm。

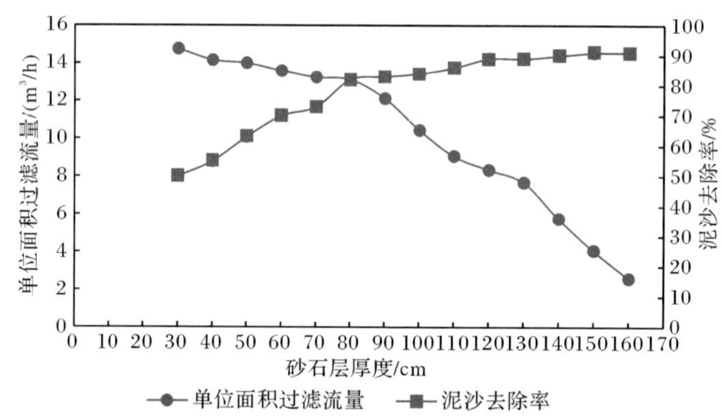

图 17.45　过滤器在不同砂石层厚度下单位面积过滤流量和泥沙去除率的动态变化

2. 低压渗透过滤器过滤介质粒径的选取

不同过滤介质下单位面积过滤流量和泥沙去除率的动态变化如图 17.46 所示。该组合过滤器选取的过滤介质为石英砂，粒径大小分别为 1.5～2.0mm、2.0～2.5mm、2.5～3.0mm。由图可知，随着石英砂粒径的增大，单位面积过滤流量呈增大趋势，且增长的幅度明显。其中 2.0～2.5mm 粒径单位面积流量比 1.5～2.0mm 粒径高 6.954m^3/h，2.5～3.0mm 粒径单位面积流量比 2.0～2.5mm 粒径高 1.566m^3/h。并且从图中可以发现，随着石英砂粒径的增加，泥沙去除率呈减小的趋势，且下降趋势明显，其中 1.5～2.0mm 粒径比2.0～2.5mm 粒径泥沙去除率高 12%，2.5～3.0mm 粒径比 2.0～2.5mm 粒径泥沙去除率高 6%。综合考虑单位面积过滤流量和泥沙去除率的影响，低压渗透过滤器最优过滤介质粒径为 2.0～2.5mm。

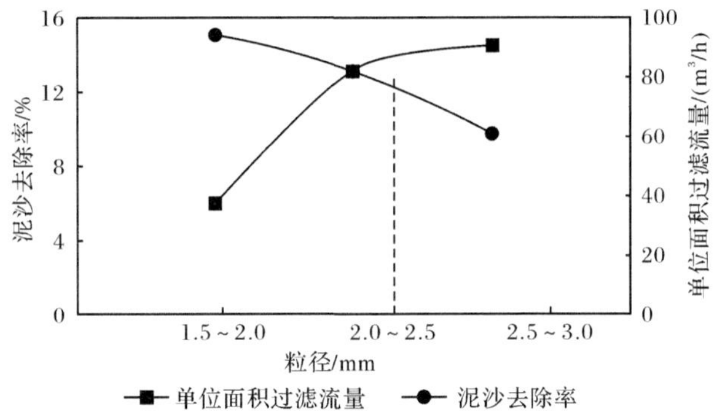

图 17.46　不同过滤介质下单位面积过滤流量和泥沙去除率的动态变化

3. 低压渗透过滤器结构参数设计

在低压渗透过滤器设计过程中，首先要确定其额定流量和泥沙去除率，这两个技术指标与低压渗透过滤器的结构参数（高度、宽度、过滤介质层厚度、滤料粒径）有关，如何建立装置结构参数与额定流量和泥沙去除率两项技术指标的函数关系将是低压渗透过滤器设计中最重要的一步。

通过测试试验结果分析得到水头差、滤料粒径、过滤介质层厚度与单位面积过滤流速的关系，其最佳回归模型为

$$Q=0.3458H+0.37d-0.00344h-0.3189,\quad r_1=1.00,\quad r_2=0.968 \tag{17.14}$$

式中，Q 为单位面积过滤流速，m/s；H 为水头差，m；d 为过滤介质粒径大小，mm；h 为过滤介质层厚度，mm；r_1 和 r_2 分别为相关系数和修正相关系数。

泥沙去除率与滤料粒径和过滤介质层厚度有关，通过试验数据分析得到它们之间的函数关系，回归后的结果为

$$C=-0.37302d-0.3605h+42.4467,\quad r_1=1.00,\quad r_2=0.9587 \tag{17.15}$$

式中，C 为泥沙去除率，%；d 为过滤介质粒径大小，mm；h 为过滤介质层厚度 mm；r_1 和 r_2 分别为相关系数和修正相关系数。

目前，低压渗透过滤器在试点区已取得显著成效，为大面积推广奠定了一定的基础，其推广优势在于：①针对黄河水源中多种粒径的颗粒物（包括泥沙、微生物等）以及有机质等，采用砂石过滤器和网式过滤器组合实现二级过滤，且过滤介质层厚度要比同类型砂石过滤器厚 2～3 倍，出流水质得到明显提升，引黄滴灌系统灌水器堵塞率比原有的过滤措施降低 60%以上；②利用自然渗透的原理实现低压过滤，显著减少了过滤能耗偏高的问题；③制作工艺简单，造价成本相对同类型砂石过滤器低 50%以上；④相比同类型过滤设备复杂的结构和操作过程，该低压渗透过滤器操作简单。

17.6　小　　结

(1) 作者研究团队自主设计了不同类型过滤器综合性能现场测试平台，该平台既可

实现对单个过滤器(砂石过滤器、离心过滤器、叠片过滤器和网式过滤器)的性能测试,还可实现不同过滤器组合(砂石过滤器/离心过滤器+网式过滤器/叠片过滤器)的性能测试。

(2) 再生水滴灌系统砂石过滤器最优运行模式为:滤料粒径选择 1.0～2.0mm,过滤流速选择 0.022m/s,此时的单次过滤时间为 16min,浊度去除率可达 76.89%。反冲洗流速为 0.017m/s,所需要的反冲洗时间为 12min。叠片过滤器选择 100 目。

(3) 引黄滴灌系统砂石过滤器最优运行模式为:滤料粒径选择 1.70～2.35mm,过滤流速选择 0.012m/s,此时的单次过滤时间为 28min,泥沙去除率为 30.71%。反冲洗流速为 0.022m/s,所需要的反冲洗时间为 10min。叠片过滤器选择 100 目。

(4) 低压渗透过滤器依靠所述过滤器内外水头差产生的水压,使劣质水渗透通过过滤介质层,进入内部储水罐中,是一种砂石过滤器和网式过滤器相互组合的过滤器,其最优砂石层厚度为 80cm,最优过滤介质粒径为 2.0～2.5mm。

参考文献

董文楚. 1997. 滴灌用砂过滤器的过滤与反冲洗性能试验研究[J]. 水利学报,1997,(12):7.

李浩,韩启彪,黄修桥,等. 2016. 基于多孔介质模型下微灌网式过滤器 CFD 湍流模型选择及流场分析[J]. 灌溉排水学报,35(4):14-19.

李楠,翟国亮,张文正,等. 2016. 微灌用叠片过滤器的过滤性能试验研究[J]. 灌溉排水学报,35(11):52-56.

王新坤,高世凯,夏立平,等. 2013. 微灌用网式过滤器数值模拟与结构优化[J]. 排灌机械工程学报,31(8):719-723.

喻黎明,邹小艳,谭弘,等. 2016. 基于 CFD-DEM 耦合的水力旋流器水沙运动三维数值模拟[J]. 农业机械学报,47(1):126-132.

翟国亮,陈刚,赵红书,等. 2010. 微灌用均质砂滤料过滤粉煤灰水时对颗粒质量分数与浊度的影响[J]. 农业工程学报,26(12):13-18.

宗全利,刘焕芳,郑铁刚,等. 2010. 微灌用网式新型自清洗过滤器的设计与试验研究[J]. 灌溉排水学报,29(1):78-82.

第 18 章　滴灌水肥一体化系统灌水器堵塞行为及运行优化

滴灌水肥一体化系统根据不同作物的需肥特点、土壤环境和养分含量状况，通过可控的密闭管道系统把水分、养分定时定量、按比例直接提供给作物，是功能化滴灌系统发展的重要方向之一。但是，肥料中的离子成分比较复杂，容易与滴灌水源中的多种物质发生一系列复杂的物理、化学、生物等动力学行为；同时也受到灌水频率、工作压力等系统运行模式，离子类型及浓度等肥料特征以及流道类型等灌水器特征等多种因素影响，这将大大增加灌水器堵塞的风险。基于此，本章将系统研究多种典型水源、不同因素影响下滴灌水肥一体化系统灌水器堵塞发生特征及堵塞物质生长特征，综合室内模拟试验和田间应用效果探究水肥一体化滴灌系统最优运行模式。

18.1　系统灌水频率对灌水器堵塞的控制效应与机制

18.1.1　再生水滴灌系统灌水频率对灌水器生物堵塞的控制效应与机制

1. 试验概况

本试验设置情况与 7.2 节的情况相同，灌水器选用圆柱型迷宫式流道灌水器，其参数见表 18.1。灌水频率设置 1 次/2d($IF_{1/2}$)、1 次/4d($IF_{1/4}$)、1 次/8d($IF_{1/8}$)和 1 次/16d($IF_{1/16}$)，共 4 个处理组。为保持每个处理组的灌水量一致，不同处理组的灌水时间分别为 3h/次、6h/次、12h/次和 24h/次。试验过程中，每 8d 测量一次 $IF_{1/2}$、$IF_{1/4}$和 $IF_{1/8}$灌水器的流量，每 16d 测量一次 $IF_{1/16}$灌水器的流量，系统运行 492h 后，每 24h 对所有灌水器进行流量测试，且在堵塞物质取样时测试所有灌水器的流量。流量测试时保持系统压力为 0.1MPa，每次测试时间为 3min，记录灌水器流量数据，取 2 个重复组的平均值用于计算和分析。通过灌水器的平均相对流量(Dra)、克里斯琴森均匀系数(CU)、堵塞分布等参数对灌水器堵塞情况进行评价，参数计算方法详见第 3 章。

表 18.1　试验用灌水器特征参数

灌水器类型/流道类型	流道几何参数(长×宽×深)/(mm×mm×mm)	灌水器流量 Q/(L/h)	产地	流态指数 x	流量系数 K_d	灌水器形式
圆柱型滴灌管/直齿弧角形	152.23×2.40×0.83	1.8	中国	0.56	0.51	

试验过程中，在系统运行 108h、204h、336h 和 540h 时分别进行 4 次堵塞物质取样，每次取样分别在滴灌毛管的首部、中部和尾部截取 1 个灌水器，取样后立即用自封袋密

封，并置于冰箱中 4℃恒温保存，截取部分用新的灌水器替换。对灌水器流道堵塞物质进行白光干涉三维形貌、固体颗粒物（SP）、胞外聚合物（EPS）、磷脂脂肪酸（PLFAs）测定。具体测试方法详见第 5 章。

2. 滴灌系统灌水频率对灌水器内部堵塞物质固体颗粒物干重形成的影响

4 种灌水频率再生水滴灌灌水器内部堵塞物质固体颗粒物干重的动态变化规律及其与灌水间隔天数之间的相关关系如图 18.1 所示，差异显著性 t 检验结果见表 18.2。

从图 18.1 可以看出，4 种灌水频率灌水器内部堵塞物质固体颗粒物干重随再生水滴灌系统运行逐渐增加，系统运行 204h 后，4 种灌水频率灌水器内部堵塞物质固体颗粒物干重为 $3.09\times10^{-2}\sim3.65\times10^{-2}$g，而系统运行 540h 后达到 $1.17\times10^{-1}\sim1.24\times10^{-1}$g，

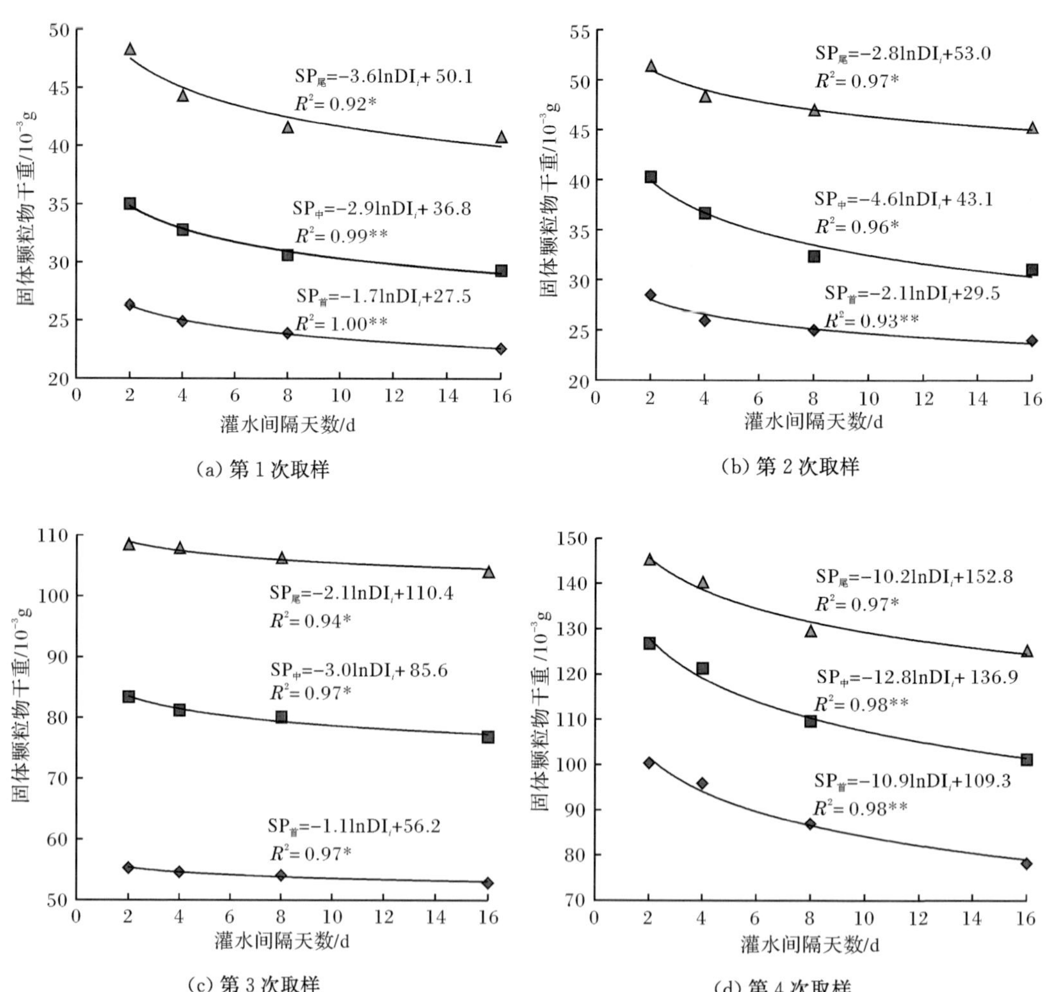

图 18.1 灌水器堵塞物质固体颗粒物干重变化特征及其与灌水间隔天数之间的相关关系

$SP_{首}$、$SP_{中}$和 $SP_{尾}$分别表示每次取样时毛管首部、中部和尾部灌水器固体颗粒物干重的测试结果，DI_i表示灌水间隔时间，单位为 d。图中以 * 表示拟合过程在显著性水平 $p<0.05$ 条件下达到显著，* * 表示在显著性水平 $p<0.01$ 条件下达到极显著

比 204h 时增加了 209.9%～222.1%。随着灌水频率降低，灌水器内部固体颗粒物干重 SP 及其平均增长速率（SPR）都逐渐减小，各处理间呈显著性差异（$p<0.01$，表 18.2），在系统运行 540h 时，$SP_{1/2}$比 $SP_{1/8}$平均高出 16.8%，比 $SP_{1/16}$平均高出 17.6%。不同毛管位置灌水器内部固体颗粒物干重与灌水间隔天数之间存在对数相关关系（$R^2>0.92$），首部、中部、尾部灌水器对应的 R^2平均值分别为 0.97、0.97 和 0.94。另外，还表现出毛管首部、中部和尾部灌水器内部堵塞物质固体颗粒物干重逐渐增加的趋势，4 种灌水频率毛管尾部灌水器内部固体颗粒物干重平均值较首部分别增加了 44.7%、46.3%、49.1%和 60.2%，各灌水频率条件下首部、中部和尾部灌水器干重的差异显著，只有尾部灌水器在高频灌溉（$IF_{1/2}$和 $IF_{1/4}$）以及中部灌水器在低频灌溉（$IF_{1/8}$和 $IF_{1/16}$）条件下未达到显著水平。

表 18.2　不同灌水频率灌水器内部固体颗粒物干重 SP 差异显著性 *t* 检验结果

编号	平均值				首部				中部				尾部			
	$IF_{1/2}$	$IF_{1/4}$	$IF_{1/8}$	$IF_{1/16}$	$IF_{1/2}$	$IF_{1/4}$	$IF_{1/8}$	$IF_{1/16}$	$IF_{1/2}$	$IF_{1/4}$	$IF_{1/8}$	$IF_{1/16}$	$IF_{1/2}$	$IF_{1/4}$	$IF_{1/8}$	$IF_{1/16}$
$IF_{1/2}$	—	—	—	—	—	—	—	—	—	—	—	—	—	—	—	—
$IF_{1/4}$	6.45**	—	—	—	3.95*	—	—	—	7.89**	—	—	—	2.91N	—	—	—
$IF_{1/8}$	7.09**	5.41**	—	—	5.10*	7.14**	—	—	5.39*	3.90*	—	—	4.90*	6.38**	—	—
$IF_{1/16}$	10.20**	8.59**	3.54**	—	6.58**	5.32*	3.99*	—	9.47**	10.34**	3.11N	—	7.33**	4.50*	3.38*	—

注：表中显著性检验结果以 N 表示不显著，* 表示显著（$p<0.05$），** 表示极显著（$p<0.01$）。

3. 滴灌系统灌水频率对灌水器内部堵塞物质胞外聚合物形成的影响

4 种灌水频率再生水滴灌灌水器内部堵塞物质胞外聚合物含量（质量）的动态变化特征及其与灌水间隔天数之间的相关关系如图 18.2 所示，差异显著性 *t* 检验结果见表 18.3。

从图 18.2 可以看出，随着灌水频率的降低，灌水器内部堵塞物质胞外多糖（EPO）、胞外蛋白（EPR）、胞外聚合物总量（EPS）及其增长速率都呈逐渐减小的趋势。在系统运行 540h 时，$IF_{1/2}$时灌水器内部堵塞物质 EPO、EPR 和 EPS 含量分别比 $IF_{1/16}$时高出 58.9%、192.3%和 13.6%，比 $IF_{1/8}$时灌水器高出 6.90%、23.64%和 14.41%。4 种灌水频率再生水滴灌灌水器内部堵塞物质 EPO、EPR 以及 EPS 随着再生水滴灌系统的运行均呈现出逐渐增加的趋势。系统运行 204h 后，4 种灌水频率灌水器 EPO、EPR 和 EPS 平均含量分别为 161.27μg、132.07μg 和 293.34μg，而运行 540h 后则分别达到 664.05μg、663.70μg 和 1327.75μg，较 204h 时分别增加了 311.8%、402.5%和 352.6%。灌水器内部堵塞物质 EPO、EPR 和 EPS 的含量随着灌水间隔天数的增加呈对数减小的趋势（$R^2>0.92$），EPO、EPR 和 EPS 对应的 R^2的平均值分别为 0.96、0.97 和 0.98。经过配对样本的 *t* 检验（$p<0.01$）可以发现，4 种灌水频率灌水器堵塞物质中 EPO、EPR 和 EPS 含量间的差异性存在较大差异，整体来看比较显著，仅有个别条件下未达显著水平，如 $IF_{1/2}$和 $IF_{1/4}$间 EPR、$IF_{1/4}$和 $IF_{1/8}$间 EPO。

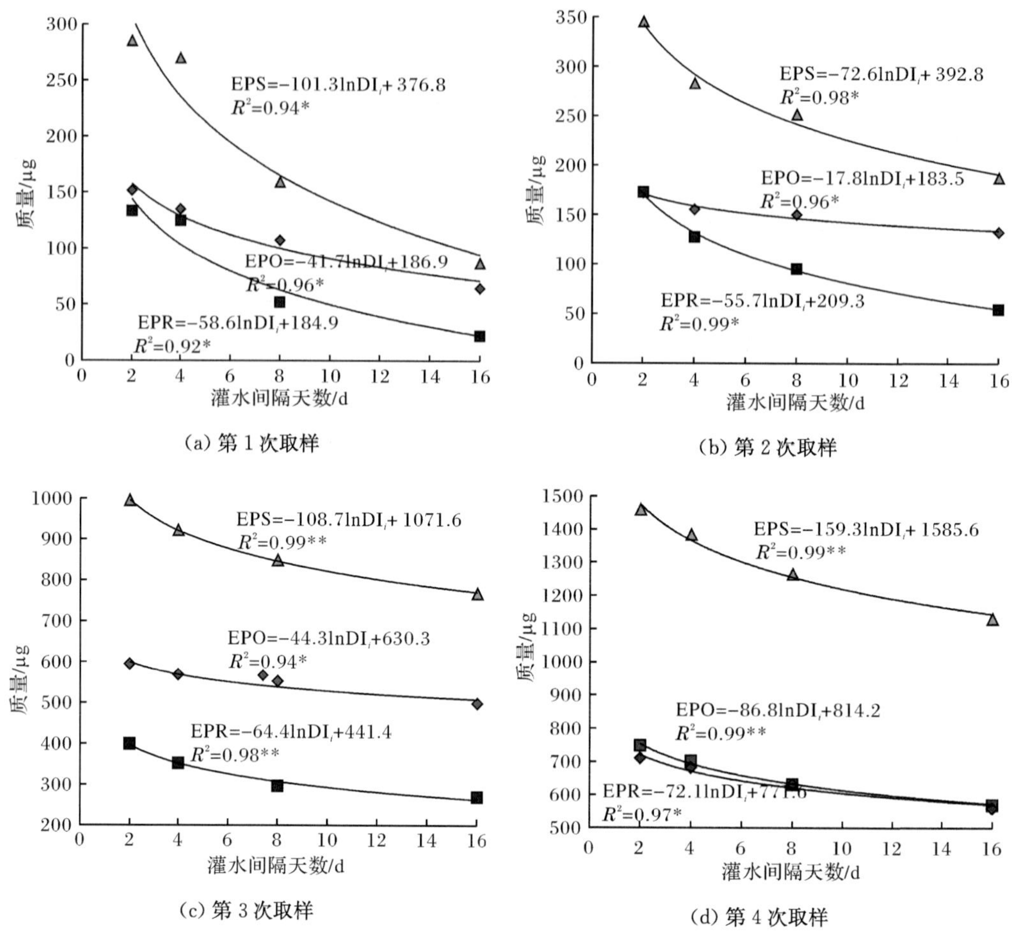

图 18.2　灌水器堵塞物质 EPO、EPR、EPS 质量变化特征及其与灌水间隔天数之间的相关关系

表 18.3　不同灌水频率灌水器内部堵塞物质 EPO、EPR、EPS 差异显著性 *t* 检验结果

胞外聚合物	编号	$IF_{1/2}$	$IF_{1/4}$	$IF_{1/8}$	$IF_{1/16}$
EPO	$IF_{1/2}$	—	—	—	—
	$IF_{1/4}$	4.975*	—	—	—
	$IF_{1/8}$	5.099*	2.407^{N}	—	—
	$IF_{1/16}$	4.718*	3.535*	4.162*	—
EPR	$IF_{1/2}$	—	—	—	—
	$IF_{1/4}$	2.868^{N}	—	—	—
	$IF_{1/8}$	10.303**	5.549*	—	—
	$IF_{1/16}$	8.983**	7.464**	5.125*	—
EPS	$IF_{1/2}$	—	—	—	—
	$IF_{1/4}$	4.074*	—	—	—
	$IF_{1/8}$	8.723**	3.747*	—	—
	$IF_{1/16}$	7.015**	5.248*	3.636*	—

4. 滴灌系统灌水频率对灌水器内部堵塞物质磷脂脂肪酸形成的影响

4 种灌水频率再生水滴灌灌水器内部堵塞物质磷脂脂肪酸(PLFAs)含量的动态变化特征及其与灌水间隔天数之间的相关关系如图 18.3 所示,磷脂脂肪酸种类分布的变化特征如图 18.4 所示。

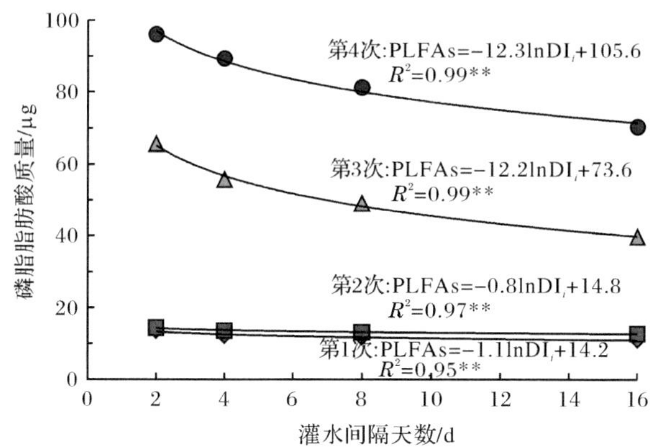

图 18.3　灌水器堵塞物质 PLFAs 质量及其与灌水间隔天数之间的相关关系

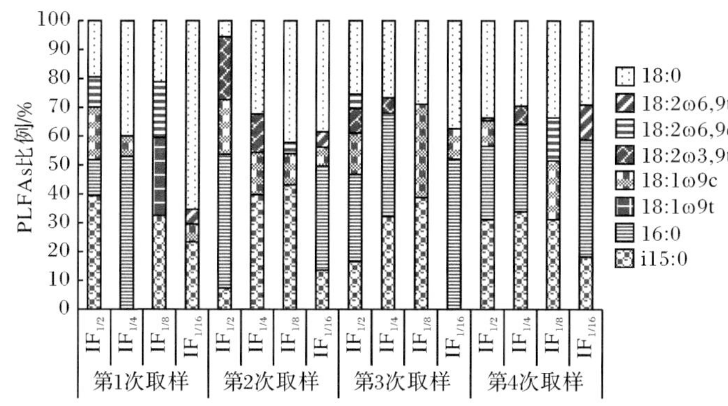

图 18.4　不同灌水频率灌水器内部磷脂脂肪酸分布情况

从图 18.3 可以看出,4 种灌水频率灌水器内部堵塞物质 PLFAs 含量(质量)随再生水滴灌系统运行逐渐增加。整体来看,随着灌水频率的降低,灌水器内部堵塞物质 PLFAs含量及其平均增长速率(PLFAsR)都逐渐减小。系统运行 540h 时,$PLFAs_{1/2}$ 比 $PLFAs_{1/16}$ 平均高出 18.3%,$PLFAsR_{1/2}$ 比 $PLFAsR_{1/16}$ 平均高出 36.6%。系统运行 204h 后,4 种灌水频率灌水器内部堵塞物质 PLFAs 含量为 12.77 ～14.41μg,平均值为 13.50μg;而系统运行 540h 后含量达到 70.33～96.07μg,平均值为 84.25μg,比 204h 时增加了 524.1%。另外,灌水器内部堵塞物质 PLFAs 含量与灌水间隔天数之间存在对数相关关系(R^2>0.95),即随着灌水频率降低,灌水器内部堵塞物质 PLFAs 含量呈对数减小的趋势。从图 18.4 中可以发现,4 种灌水频率灌水器内部堵塞物质磷脂脂肪酸种类主要包括 i15:0、16:0、18:0、18:1ω9t、18:1ω9c、18:2ω3,9t、18:2ω6,9t 和 18:2ω6,9c,且 PLFAs 的种类随系统运行变化比较明显，但每种灌水器中 PLFAs 的种类都保持在 3～7 种，其中，$IF_{1/2}$的主要 PLFAs 包括 i15:0、16:0、18:0、18:1ω9c、18:2ω3,9t、18:2ω6,9t 和 18:2ω6,9c（7 种），$IF_{1/4}$的主要 PLFAs 包括 i15:0、16:0、18:0、18:1ω9c 和 18:2ω3,9t(5 种)，$IF_{1/8}$的主要 PLFAs 包括 i15:0、16:0、18:0、18:1ω9t 和 18:2ω6,9c(5 种)，$IF_{1/16}$的主要 PLFAs 包括 i15:0、16:0、18:0、18:1ω9c 和 18:2ω6,9t(5 种)。整体来看，$IF_{1/2}$的 PLFAs 种类最多，呈现出随着灌水间隔增长而减小的趋势。4 种灌水频率灌水器的主要 PLFAs 都包括好氧细菌 i15:0、16:0、18:0，4 次取样时三者的含量之和分别占到总量的 76.4%、75.7%、81.0%和 84.1%。

5. 滴灌系统灌水频率对灌水器内部及毛管内壁堵塞物质表面形貌的影响

4 种灌水频率灌水器入口和出口以及毛管管壁堵塞物质三维形貌特征参数见表 18.4。

表 18.4　不同灌水频率灌水器内部及毛管管壁堵塞物质三维形貌特征参数

编号	毛管位置	流道位置	第 1 次取样(108h)				第 2 次取样(204h)			
			S_d/μm	S_q/nm	S_y/nm	S_{dr}/%	S_d/μm	S_q/nm	S_y/nm	S_{dr}/%
$IF_{1/2}$	首	入口	4.71	6245	33874	101	4.83	8648	38900	122
		出口	3.09	5463	30214	119	3.18	2540	20030	52
		管壁	5.87	3840	27451	74	6.75	5227	36575	112
	中	入口	6.31	4947	30654	106	6.78	4831	30959	191
		出口	5.18	7458	40315	274	6.01	4308	27906	66
		管壁	7.90	4514	29589	146	8.04	4144	31750	136
	尾	入口	8.53	10612	55232	233	8.90	3454	30273	129
		出口	7.25	5343	28700	201	7.84	7258	40001	137
		管壁	9.93	14082	75714	533	10.49	12138	84964	885
$IF_{1/4}$	首	入口	4.43	11044	63093	281	4.45	5212	37354	102
		出口	2.75	10990	55121	227	2.86	1629	14177	36
		管壁	5.63	3668	31778	62	6.20	5059	30296	148
	中	入口	5.84	9464	49613	300	6.48	1142	13744	44
		出口	4.93	4405	39136	140	5.49	1807	18694	59
		管壁	7.40	3055	24537	97	7.49	7081	32586	236
	尾	入口	7.39	1713	11430	87	8.01	1597	33729	31
		出口	5.62	4200	31918	101	6.02	6403	37324	165
		管壁	9.13	3817	34265	296	10.08	5742	39910	300
$IF_{1/8}$	首	入口	4.15	2214	17192	41	4.19	3195	21498	101
		出口	2.67	7080	50968	196	2.70	4996	31274	134
		管壁	5.43	7775	46878	151	6.02	10458	43641	234

续表

编号	毛管位置	流道位置	第 1 次取样(108h)				第 2 次取样(204h)			
			S_d/μm	S_q/nm	S_y/nm	S_{dr}/%	S_d/μm	S_q/nm	S_y/nm	S_{dr}/%
$IF_{1/8}$	中	入口	5.62	3921	30439	135	6.15	3770	24466	164
		出口	4.83	4194	22112	160	5.30	4313	38703	296
		管壁	6.81	5457	31243	169	6.96	4649	23476	156
	尾	入口	7.09	7003	44662	196	7.67	1175	18984	16
		出口	5.37	12810	56599	232	6.50	1363	23734	19
		管壁	8.79	6205	49997	240	9.82	7284	37595	259
$IF_{1/16}$	首	入口	3.95	11468	62786	246	3.98	9659	52361	307
		出口	2.59	1657	14202	91	2.73	6824	35735	172
		管壁	5.09	5607	35839	113	5.83	4383	29987	131
	中	入口	5.48	433	28352	186	5.95	10179	49395	259
		出口	4.57	5198	34939	207	5.10	3607	23814	84
		管壁	6.54	3387	29528	181	6.80	18217	66993	672
	尾	入口	6.78	6926	51846	162	7.30	6547	38344	224
		出口	5.29	2842	18369	92	6.44	5312	30623	138
		管壁	8.66	8531	43042	338	9.45	6378	35612	238

从表 18.4 可以看出,灌水器入口、出口和毛管管壁堵塞物质的平均厚度(S_d)随着系统运行逐渐增加。随着灌水频率降低,毛管同一位置处灌水器入口、出口和管壁堵塞物质的平均厚度都逐渐减小。系统运行 108h 时,4 种不同灌水频率灌水器入口、出口和毛管管壁堵塞物质平均厚度分别为 3.95～8.53μm、2.59～7.25μm、5.09～9.93μm,且 $IF_{1/4}$、$IF_{1/8}$和 $IF_{1/16}$ 灌水器比 $IF_{1/2}$ 灌水器入口、出口和毛管管壁堵塞物质平均厚度分别小 6.5%～14.3%、11.3%～17.1%和 14.4%～19.8%;而系统运行 204h 时,4 种不同灌水频率灌水器入口、出口和毛管管壁堵塞物质平均厚度分别为 3.98～8.90μm、2.73～7.84μm、5.83～10.49μm,且 $IF_{1/4}$、$IF_{1/8}$和 $IF_{1/16}$灌水器比 $IF_{1/2}$灌水器入口、出口和毛管管壁堵塞物质平均厚度分别小 6.0%～15.6%、9.8%～14.9%和 12.7%～16.2%。另外,4 种灌水频率再生水滴灌灌水器堵塞物质的平均厚度均表现出灌水器出口处小于灌水器入口处的趋势,且出口处堵塞物质的平均厚度比入口处分别减小 20.8%、25.6%、23.1%和 21.7%。另外,还表现出毛管首部、中部和尾部灌水器内部及毛管管壁堵塞物质的平均厚度逐渐增加的趋势,4 种灌水频率毛管尾部灌水器内部及毛管管壁堵塞物质平均厚度的平均值较首部分别增加 95.2%、81.1%、87.0%和 87.9%。但是,堵塞物质的平均粗糙度(S_q)、峰值高度(S_y)、表面展开面与投影面的面积比率(S_{dr})这 3 个堵塞物质表面特征参数与灌水频率、毛管位置等因素之间并未呈现出规律性的变化。

18.1.2　微咸水滴灌系统灌水频率对灌水器化学堵塞的控制效应与机制

1. 试验概况

本试验在内蒙古自治区巴彦淖尔市磴口县北乌兰布和沙区灌溉实验站进行，试验水源采用当地地表微咸水，试验期间水质参数见表 18.5。

表 18.5　微咸水水源水质参数

水源	pH	悬浮物浓度/(mg/L)	电导率/(μS/cm)	矿化度/(mg/L)	COD_{Cr}/(mg/L)	BOD_5/(mg/L)	TP/(mg/L)	TN/(mg/L)	Ca^{2+}浓度/(mg/L)	Mg^{2+}浓度/(mg/L)
微咸水	9.2	<5	9460	4760	24.8	4.2	0.16	2.04	321	127

试验系统首部过滤器选用砂石＋叠片组合式过滤，系统分层布置，每层压力(0.1MPa)利用分流原理来实现工作压力控制，系统尾部设置毛管冲洗装置，如图 3.6 所示。试验设置 3 个处理，每个系统设置 8 种不同流量的分形流道滴灌带作为 8 种重复，用于 8 个运行时间取样。试验设置 3 种灌水频率分别为 1 次/1d($P_{1/1}$)、1 次/4d($P_{1/4}$)、1 次/7d($P_{1/7}$)，为保证试验运行期间 3 种频率处理的总灌水时间相同，则每次灌水时间分别为 3h、12h、21h。每种处理设置毛管冲洗，冲洗频率为 1 次/60h，冲洗流速 0.45m/s。试验自 2016 年 6 月 15 日起运行，至 2016 年 10 月 21 日结束，累计运行时间 360h。

试验采用 6 种分形流道灌水器(FE1～FE6)，灌水器类型及其特征参数见表 18.6。通过对灌水器的平均相对流量(Dra)、克里斯琴森均匀系数(CU)对灌水器堵塞进行评价，参数计算方法详见第 3 章，堵塞物质测试方法详见第 5 章。

表 18.6　试验用灌水器类型及其特征参数

灌水器	额定流量/(L/h)	流道几何参数/(mm×mm×mm)			流量系数	流态指数
		长	宽	深		
FE1	0.8	21.5	0.50	0.45	2.36	0.505
FE2	1.0	23.0	0.50	0.52	3.14	0.506
FE3	1.2	23.0	0.69	0.52	3.64	0.503
FE4	1.4	23.0	0.63	0.52	4.64	0.508
FE5	1.6	29.7	0.90	0.68	5.13	0.507
FE6	2.8	41.1	0.95	0.67	8.27	0.504

2. 微咸水滴灌系统灌水频率对灌水器堵塞的影响效应

微咸水滴灌系统不同灌水频率下灌水器 Dra 和 CU 的动态变化如图 18.5 和图 18.6 所示，从图中可以看出，不同灌水频率对滴灌系统的堵塞影响差异明显，系统运行至 357h，$P_{1/1}$、$P_{1/4}$、$P_{1/7}$处理系统 Dra 达到 84.3%～92.3%、79.1%～80.9%、72.1%～77.8%，CU 达到 83.6%～89.9%、76.1%～82.6%、71.3%～76.4%，其中 $P_{1/1}$处理的 Dra 最高，并且随着灌水频率的降低，滴灌系统 Dra 和 CU 都呈降低的趋势。系统累计运行至 105h，$P_{1/4}$、$P_{1/7}$处理与 $P_{1/1}$处理相比，Dra 低 0.1%～5.7%、CU 低 2.9%～7.0%。系统累计运行至 231h，$P_{1/4}$、$P_{1/7}$处理与 $P_{1/1}$处理相比，Dra 低 4.6%～11.5%、CU 低 4.7%～14.0%。系统累计运行至 357h，$P_{1/4}$、$P_{1/7}$处理与 $P_{1/1}$处理相比，Dra 低 4.6%～18.6%、CU 低 6.7%～15.1%。6 种滴灌管都表现出较好的一致性。

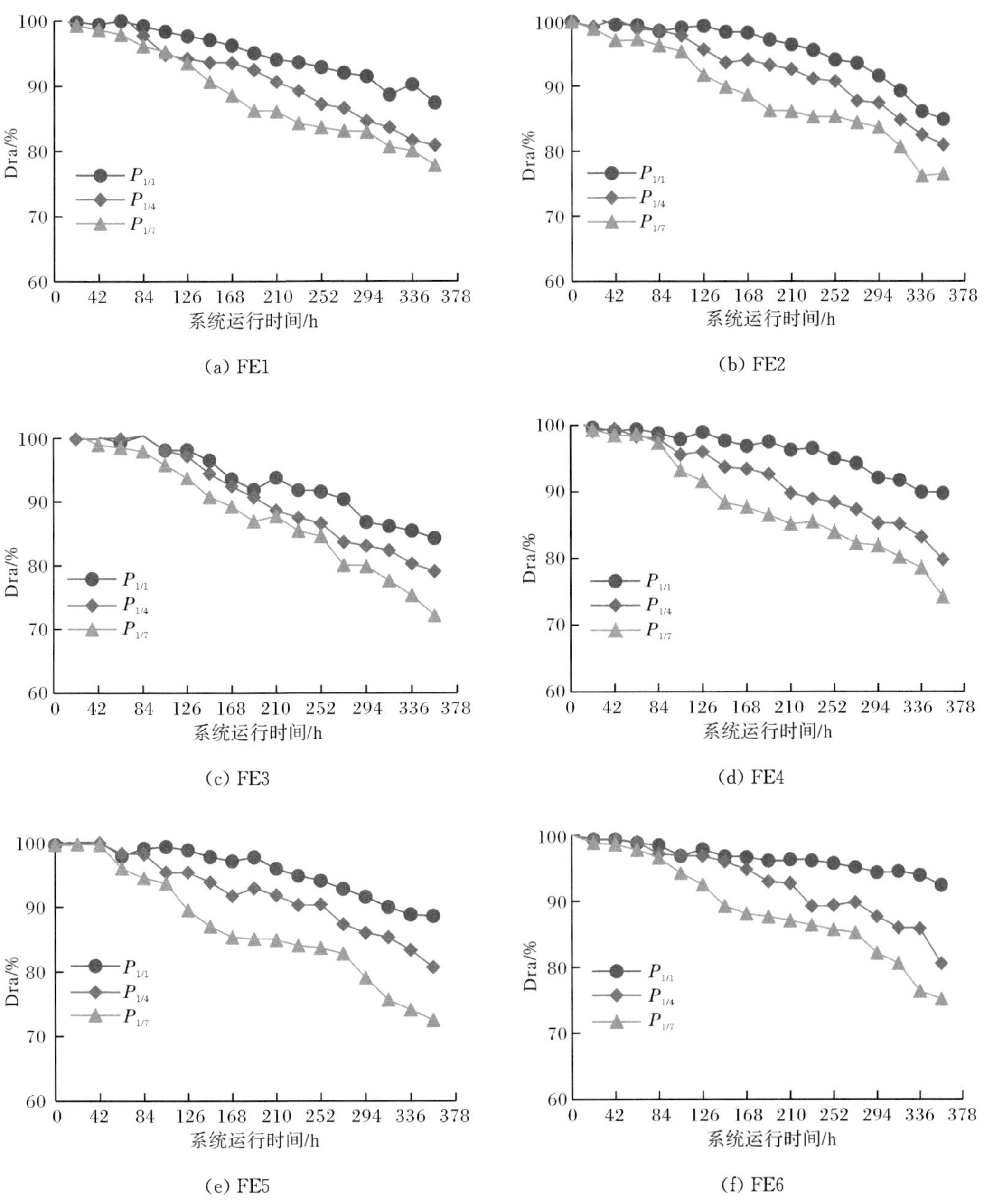

图 18.5　微咸水滴灌系统不同灌水频率下灌水器 Dra 动态变化特征

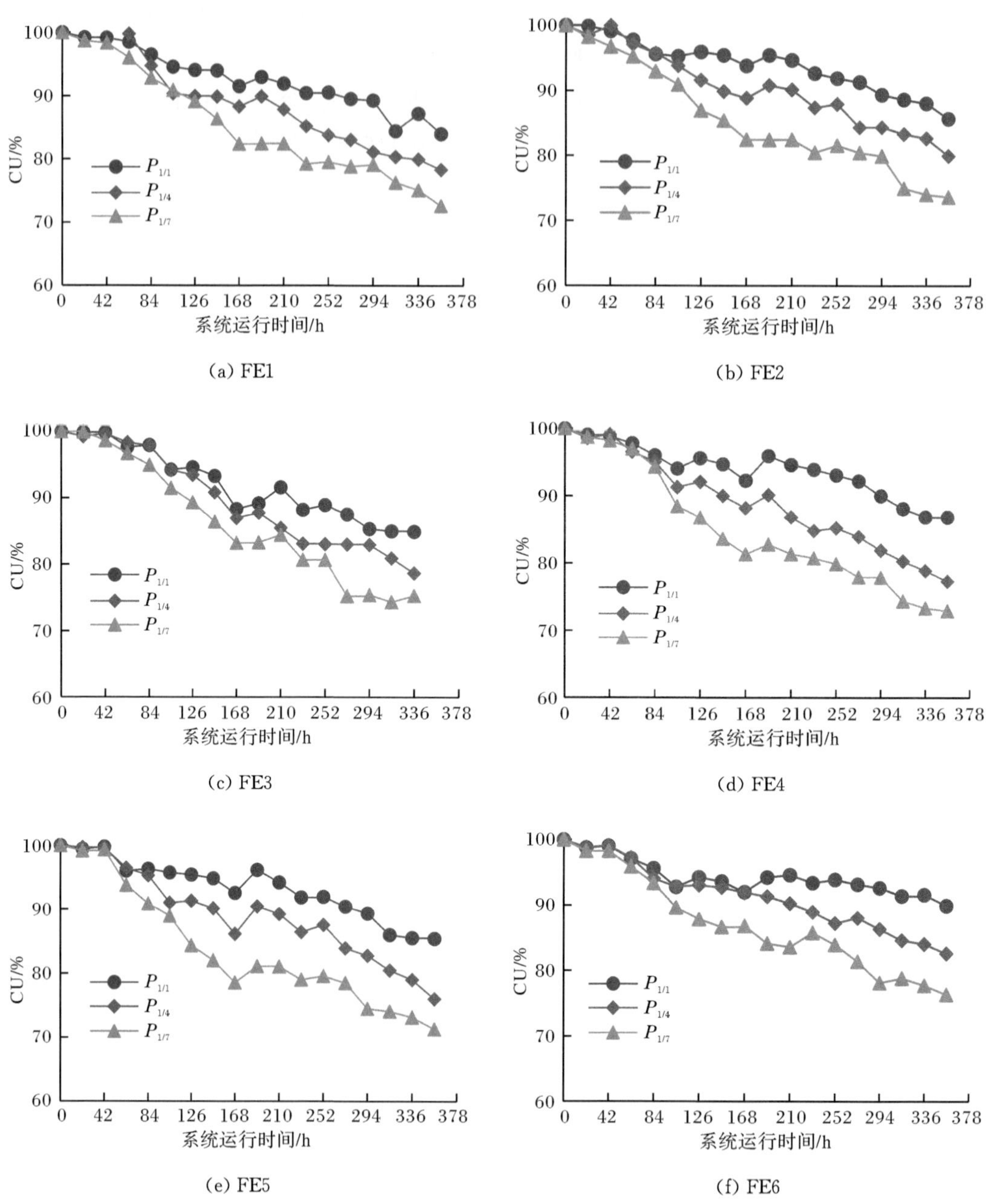

图 18.6　微咸水滴灌系统不同灌水频率下灌水器 CU 动态变化特征

微咸水滴灌系统条件下 $P_{1/4}$、$P_{1/7}$ 处理和 $P_{1/1}$ 处理的 Dra 与 CU 的显著性分析见表 18.7。可以发现，$P_{1/4}$处理的 Dra 和 CU 与 $P_{1/1}$ 处理几乎未表现出显著差异，$P_{1/7}$处理的 Dra 和 CU 与 $P_{1/1}$ 处理表现出显著差异，大部分表现出极显著的差异。这说明灌水频率越低，滴灌系统的堵塞程度越大。除此之外还发现，随着灌水器的额定流量递增，频率变化表现出的差异越来越明显。

表 18.7　不同处理组差异显著性检验结果

参数	编号	F 统计量	FE1		FE2		FE3		FE4		FE5		FE6		平均值	
			$P_{1/4}$	$P_{1/7}$	$P_{1/4}$	$P_{1/7}$	$P_{1/4}$	$P_{1/7}$	$P_{1/4}$	$P_{1/7}$	$P_{1/4}$	$P_{1/7}$	$P_{1/4}$	$P_{1/7}$	$P_{1/4}$	$P_{1/7}$
Dra	$P_{1/1}$	F	3.05	4.2*	2.53	6.44**	1.2	10.21**	6.44*	13.9**	4.38*	15.06**	6.43*	16.5*	3.6	11.06**
		F_{crit}	4.13	4.13	4.13	4.13	4.13	4.13	4.13	4.13	4.13	4.13	4.13	4.13	4.13	4.13
CU	$P_{1/1}$	F	2.87	9.03**	4.15*	14.7**	1.28	5.24*	6.76*	14.5**	4.33*	15.1**	4.7*	15.19**	3.71	11.94**
		F_{crit}	4.13	4.13	4.13	4.13	4.13	4.13	4.13	4.13	4.13	4.13	4.13	4.13	4.13	4.13

3. 微咸水滴灌系统灌水频率对灌水器及毛管内壁堵塞物质的影响效应

不同灌水频率下 6 种滴灌毛管内壁堵塞物质干重的均值如图 18.7 所示。可以看出，不同灌水频率处理下毛管内壁堵塞物质含量差异明显，并且表现出随着灌水频率降低，堵塞物质干重增加的趋势。截至系统运行到 360h，$P_{1/7}$ 毛管内壁的堵塞物质干重为 6.93mg/cm²，分别比 $P_{1/4}$、$P_{1/1}$ 高 25.4%、42.9%。不同灌水频率下灌水器内部堵塞物质干重的动态变化如图 18.8 所示。可以看出，不同频率处理下灌水器内部堵塞物质干重的动态变化差异明显，并且表现出随着灌水频率降低，堵塞物质呈增加的趋势。截至系统运行至 360h，$P_{1/7}$ 处理下灌水器内部堵塞物质干重为 0.17～0.63g，分别比 $P_{1/4}$ 处理、$P_{1/1}$ 处

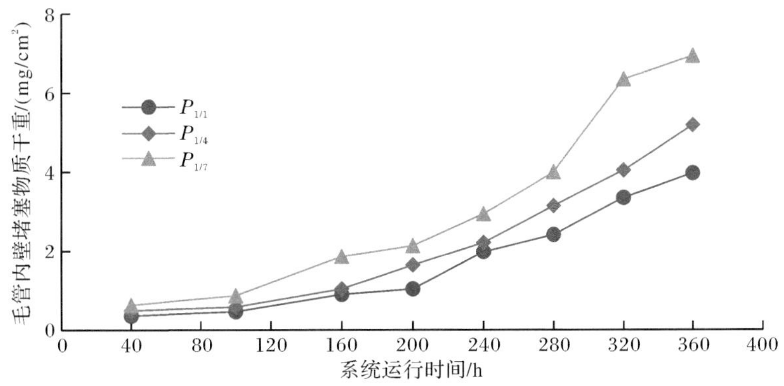

图 18.7　微咸水滴灌系统下不同灌水频率毛管内壁堵塞物质含量动态变化

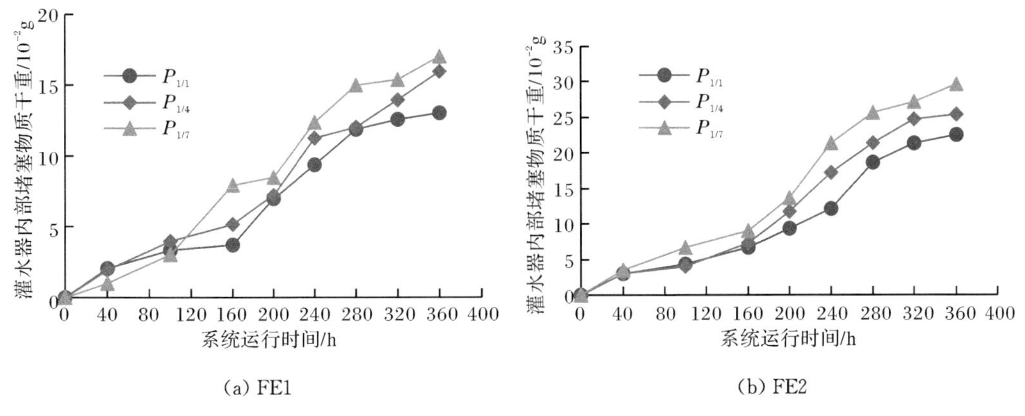

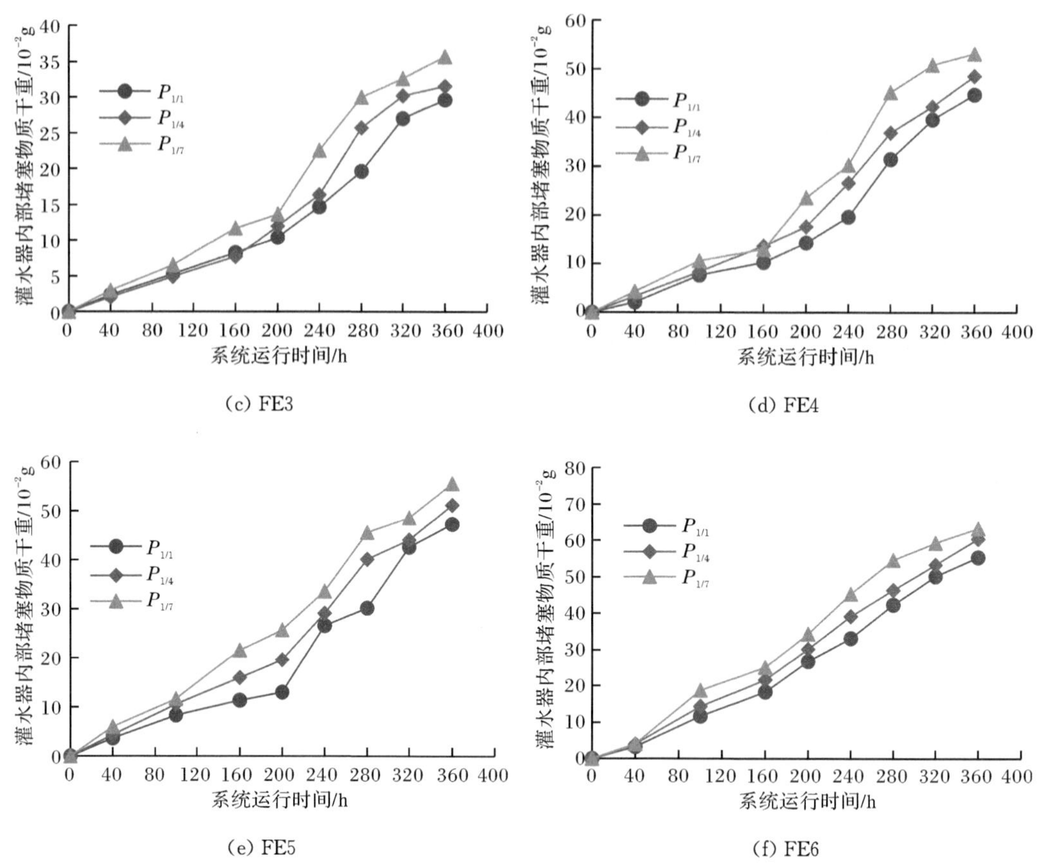

(c) FE3　　(d) FE4

(e) FE5　　(f) FE6

图 18.8　微咸水滴灌系统不同灌水频率下灌水器内部堵塞物质干重的动态变化

理高 12.6%～24.1%、4.6%～14.4%。6 种滴灌管都表现出较好的一致性。

18.1.3　引黄滴灌系统灌水频率对灌水器复合型堵塞的控制效应与机制

1. 试验概况

本试验在内蒙古自治区巴彦淖尔市磴口县北乌兰布和沙区灌溉实验站进行，试验水源采用内蒙古河套灌区乌审干渠黄河水，试验期间水质特征见表 18.8。可以发现，黄河水中除了高浓度的固体悬浮物，水体还受到了轻微的污染（COD_{Cr}、BOD_5、TN、TP），同时水体中有一定浓度的钙离子和镁离子，且矿化度较高。其余试验设置与 18.1.2 节微咸水试验设置一致。

表 18.8　引黄滴灌系统水源水质参数

水源	pH	悬浮物浓度 /(mg/L)	电导率 /(μS/cm)	矿化度 /(mg/L)	COD_{Cr} /(mg/L)	BOD_5 /(mg/L)	TP /(mg/L)	TN /(mg/L)	Ca^{2+}浓度 /(mg/L)	Mg^{2+}浓度 /(mg/L)
黄河水	7.7	41	796	483	6.8	1.7	0.06	1.48	54.7	25.7

2. 引黄滴灌系统灌水频率对灌水器堵塞的影响效应

黄河水滴灌系统不同灌水频率下灌水器 Dra 和 CU 的动态变化如图 18.9 和图 18.10 所示。可以看出，不同灌水频率对滴灌系统的堵塞影响差异明显，系统运行至 357h，$P_{1/1}$、$P_{1/4}$、$P_{1/7}$处理系统 Dra 达到 83.6%～96.3%、77.4%～87.4%、68.9%～83.2%，CU 达

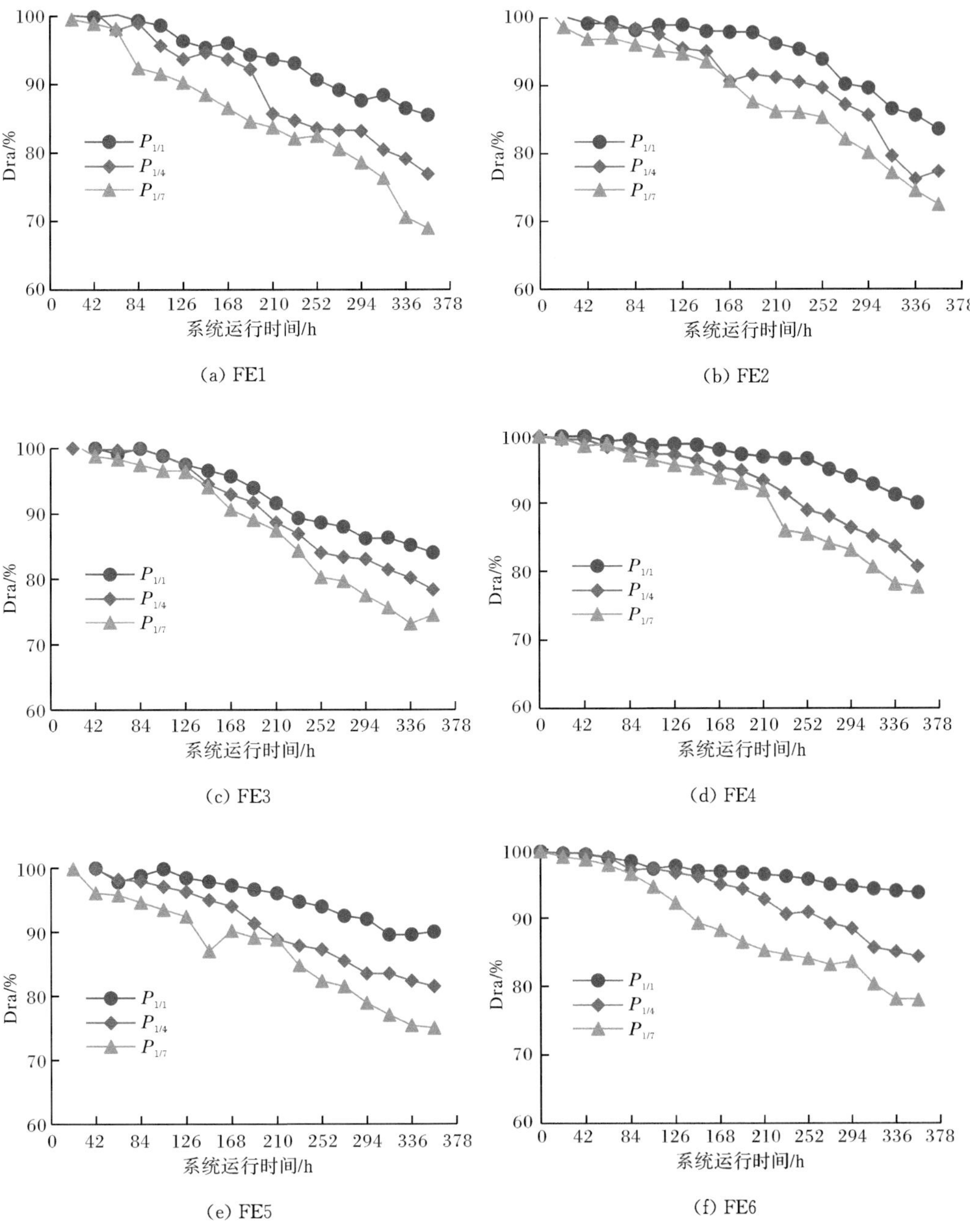

(a) FE1　(b) FE2　(c) FE3　(d) FE4　(e) FE5　(f) FE6

图 18.9　引黄滴灌系统不同灌水频率下灌水器 Dra 的动态变化特征

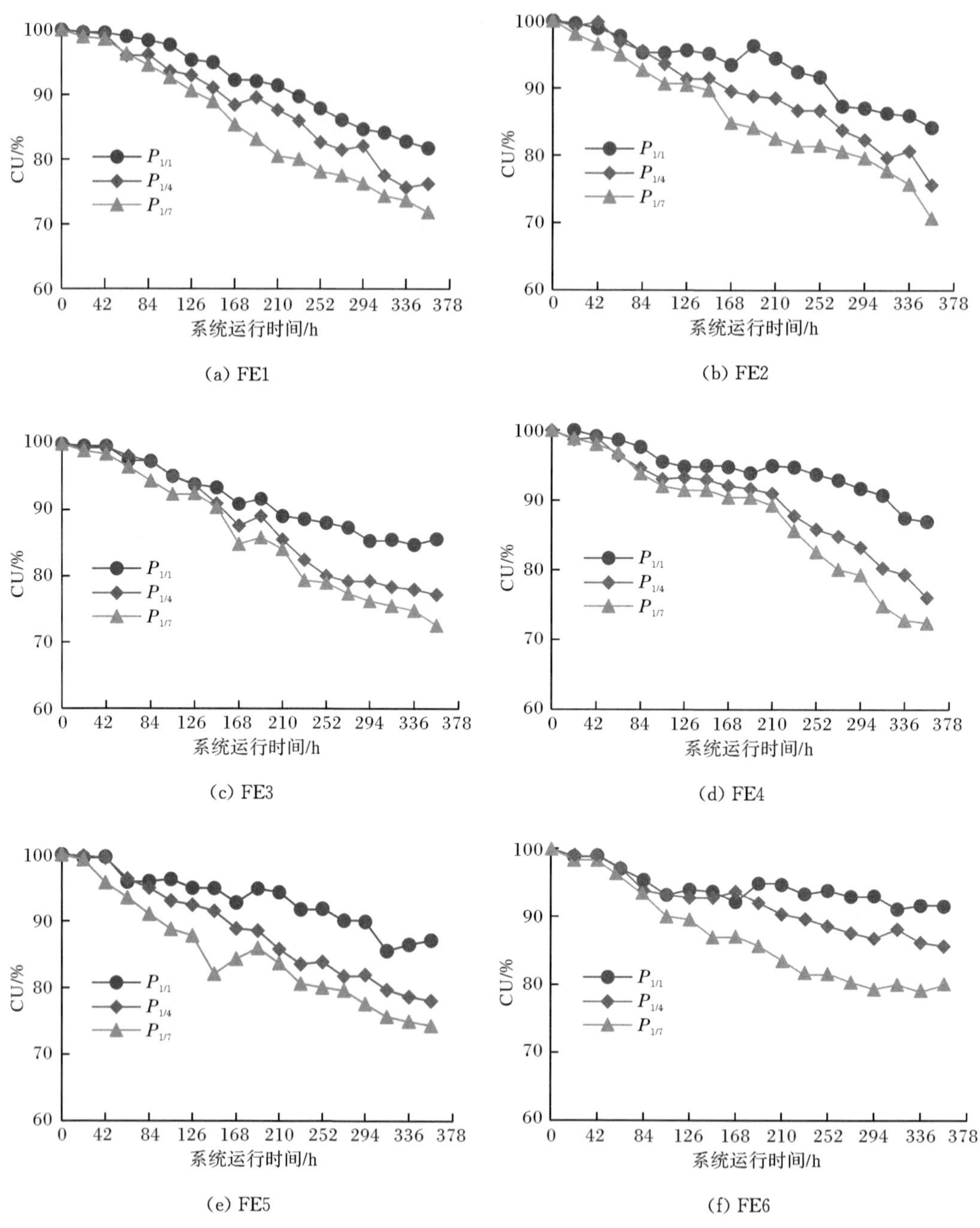

图 18.10　引黄滴灌系统不同灌水频率下灌水器 CU 的动态变化特征

到 81.3%～91.7%、75.6%～85.7%、70.7%～79.9%，其中 $P_{1/1}$ 处理的 Dra 最高，并且随着灌水频率的降低，滴灌系统 Dra 和 CU 都呈降低的趋势。系统累计运行至 105h，$P_{1/4}$、$P_{1/7}$ 处理与 $P_{1/1}$ 处理相比，Dra 低 1.38%～7.21%、CU 低 1.70%～7.80%。系统累计运行至 231h，$P_{1/4}$、$P_{1/7}$ 处理与 $P_{1/1}$ 处理相比，Dra 低 2.70%～11.8%、CU 低 3.9%～11.80%。系统累计运行至 357h，$P_{1/4}$、$P_{1/7}$ 处理与 $P_{1/1}$ 处理相比，Dra 低 6.80%～

19.34%、CU 低 5.5%～17.09%。6 种滴灌管均表现出较好的一致性。

引黄滴灌系统 $P_{1/4}$、$P_{1/7}$处理与 $P_{1/1}$处理 Dra 和 CU 的显著性分析见表 18.9。可以发现，$P_{1/4}$处理的 Dra 和 CU 与 $P_{1/1}$处理未表现出显著差异，$P_{1/7}$处理的 Dra 和 CU 与 $P_{1/1}$表现出显著差异，大部分表现出极显著差异。这说明灌水频率越低，滴灌系统的堵塞程度越大。除此之外还发现，随着灌水器额定流量的递增，灌水频率变化引起滴灌系统 Dra、CU 的差异越来越明显。

表 18.9　引黄滴灌系统不同处理组显著性检验结果

参数	编号	F 统计量	FE1		FE2		FE3		FE4		FE5		FE6		平均值	
			$P_{1/4}$	$P_{1/7}$	$P_{1/4}$	$P_{1/7}$	$P_{1/4}$	$P_{1/7}$	$P_{1/4}$	$P_{1/7}$	$P_{1/4}$	$P_{1/7}$	$P_{1/4}$	$P_{1/7}$	$P_{1/4}$	$P_{1/7}$
Dra	$P_{1/1}$	F	2.59	4.81*	1.9	6.81*	0.93	8.86**	4.11	7.66**	5.24*	14**	6.47*	19.17**	2.99	9.02**
		F_{crit}	4.13	4.13	4.13	4.13	4.13	4.13	4.13	4.13	4.13	4.13	4.13	4.13	4.13	4.13
CU	$P_{1/1}$	F	1.97	5.62*	3.15	4.77*	2.11	10.25**	4.19*	7.08*	5.17*	14.15**	3.8	15.8**	3.3	8.93**
		F_{crit}	4.13	4.13	4.13	4.13	4.13	4.13	4.13	4.13	4.13	4.13	4.1	4.13	4.13	4.13

3. 引黄滴灌系统灌水频率对灌水器及毛管内壁堵塞物质的影响效应

不同灌水频率下 6 种滴灌管毛管内壁堵塞物质含量(干重)的动态变化如图 18.11 所示。可以看出，不同频率处理下毛管内壁堵塞物质含量差异明显，并且表现出随着灌水频率降低，堵塞物质含量呈增加的趋势。截至系统运行至 360h，$P_{1/7}$毛管内壁的堵塞物质含量为 6.02mg/cm^2，分别比 $P_{1/4}$、$P_{1/1}$高 22.56%、48.71%。

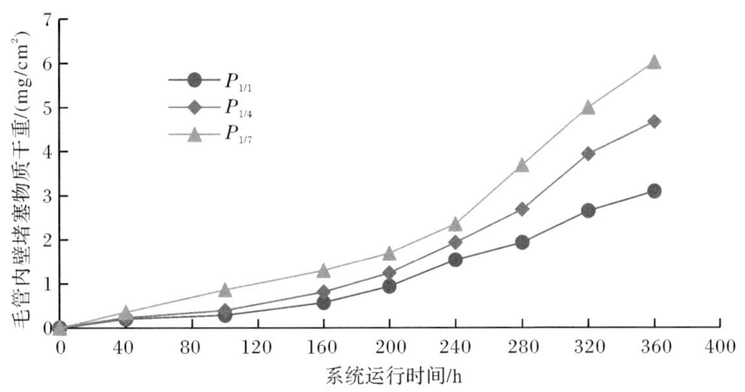

图 18.11　引黄滴灌系统不同灌水频率下毛管内壁堵塞物质干重的动态变化

不同灌水频率下灌水器内部堵塞物质含量(干重)的动态变化如图 18.12 所示。可以看出，不同频率处理下灌水器内部堵塞物质含量差异明显，并且表现出随着灌水频率降低，堵塞物质含量呈增加的趋势。截至系统运行到 360h，$P_{1/7}$频率处理下灌水器内部堵塞物质含量为 190～570mg，分别比 $P_{1/4}$、$P_{1/1}$高 7.3%～12.8%、15.9%～30%。6 种滴灌管均表现出较好的一致性。

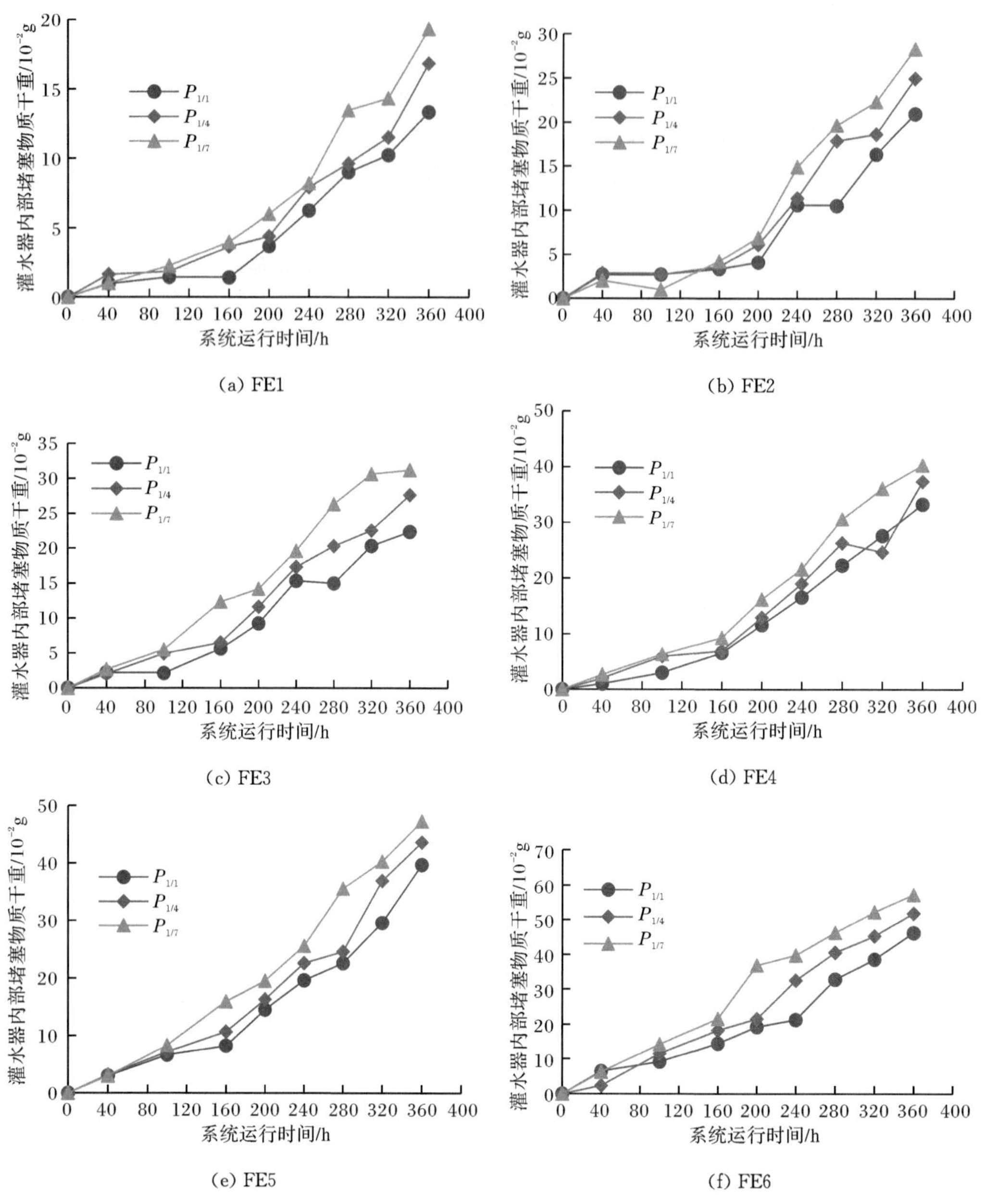

图 18.12　引黄滴灌系统不同灌水频率下灌水器内部堵塞物质干重的动态变化

18.1.4　引黄滴灌磷肥系统频率对灌水器堵塞的控制效应与机制

1. 试验概况

本试验在内蒙古自治区巴彦淖尔市磴口县北乌兰布和沙区灌溉实验站进行，试验水源选自内蒙古河套灌区乌审干渠黄河水，试验期间水质特征见表 18.10。

表 18.10　引黄滴灌磷肥系统水源水质参数

水源	pH	悬浮物浓度 /(mg/L)	电导率 /(μS/cm)	COD_{Cr} /(mg/L)	BOD_5 /(mg/L)	TP /(mg/L)	TN /(mg/L)	Ca^{2+}浓度 /(mg/L)	Mg^{2+}浓度 /(mg/L)
黄河水	7.5±4	41.2±9.3	790±17	6.7±1.3	10.7±3.1	0.56±0.12	1.47±0.23	53±1.2	25.9±1

试验采用 E1～E8 共计 8 种片式灌水器，灌水器特征参数见表 18.11。每种滴灌带设置 8 根，用于 8 个运行时间取样。综合参考河套灌区水肥一体化滴灌技术运行模式，设置 3 种运行频率处理，分别为连续运行(每天运行，$P_{1/1}$)、每 4 天运行 1 次($P_{1/4}$)、每 7 天运行 1 次($P_{1/7}$)，肥料类型为常用磷肥(磷酸二氢钾)，设置浓度为 0.15g/L。实行黄河水—施肥水—黄河水的交替运行模式，施肥约在整个运行时长的中心。以 $P_{1/1}$ 为例，灌水量设置为 7.5m^3，施肥量为 0.45kg，$P_{1/4}$、$P_{1/7}$分别为 $P_{1/1}$ 的 4 倍和 7 倍，并利用水表装置监控以保证 3 种频率条件下各系统灌水量与施肥量一致。单次系统运行期间，$P_{1/1}$、$P_{1/4}$、$P_{1/7}$ 3 种频率灌水量分别为 7.5m^3、30m^3、52.5m^3；施肥量分别为 0.45kg、1.80kg、3.15kg。试验从 2017 年 6 月 20 日开始启动，至 2017 年 10 月 10 日结束，试验运行周期结束后，每种频率条件下灌水器产品总灌水量为 6.72×$10^3$$m^3$，总施肥量为 403.2kg。在灌水器出口处所形成的复合型堵塞物质实物图如图 18.13 所示。其余试验设置与 18.1.2 节微咸水试验一致。

表 18.11　灌水器类型及流道几何参数

灌水器类型	流道长度 L/mm	流道宽度 W/mm	流道深度 D/mm	$A^{1/2}/L$	W/D	断面面积 A /mm^2	流量 Q /(L/h)
E1	61.24	0.57	0.55	0.0091	1.04	0.31	0.95
E2	59.37	0.55	0.66	0.0101	0.83	0.36	1.05
E3	20.00	0.70	0.45	0.0081	1.56	0.32	1.40
E4	35.87	0.66	0.72	0.0192	0.92	0.48	1.60
E5	50.00	0.73	0.74	0.0147	0.99	0.54	1.75
E6	30.22	0.78	0.55	0.0217	1.42	0.43	1.90
E7	37.98	0.72	0.84	0.0205	0.86	0.60	2.00
E8	43.87	0.89	0.88	0.0202	1.01	0.78	2.70

2. 引黄滴灌磷肥系统工作频率对灌水器堵塞的影响效应

3 种工作频率条件下 8 种灌水器的 Dra 和 CU 动态变化如图 18.14 和图 18.15 所示，3 种工作频率下灌水器的 Dra 与 CU 都表现出随着工作频率的降低而减小的趋势。$P_{1/1}$、$P_{1/4}$、$P_{1/7}$三种频率下灌水器平均相对流量 Dra 分别达到 68.6%～90.7%、66.3%～89.0%、62.7%～83.8%；克里斯琴森均匀系数 CU 分别达到 70.3%～93.3%、67.4 %～91.7%、64.2%～85.5%。系统工作频率的降低会导致灌水器内壁中的附生复合型污垢量增加，从而加重了滴灌系统灌水器的堵塞程度。因此，在满足实际作物生长需求的情况下，工作频率的增加有利于缓解污垢物质的形成，提高系统的抗堵塞性能。

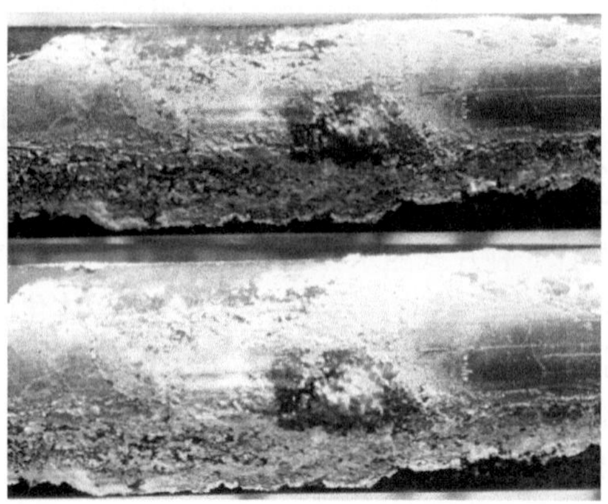

图 18.13　引黄滴灌磷肥系统灌水器出水口堵塞物质实物图

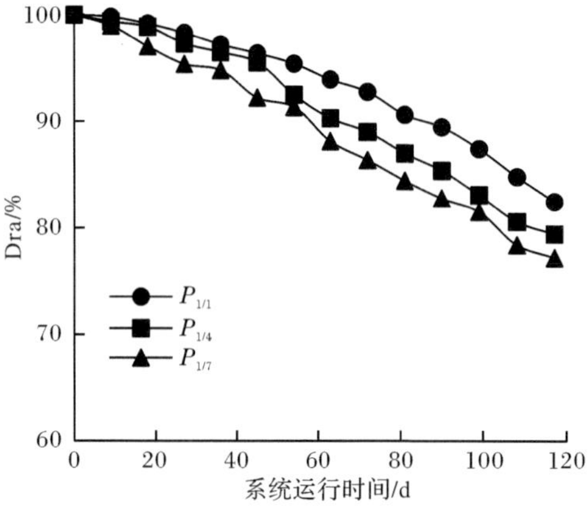

(a) E1

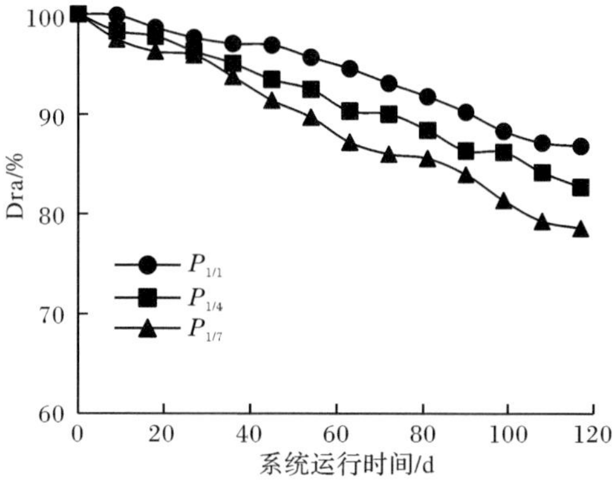

(b) E2

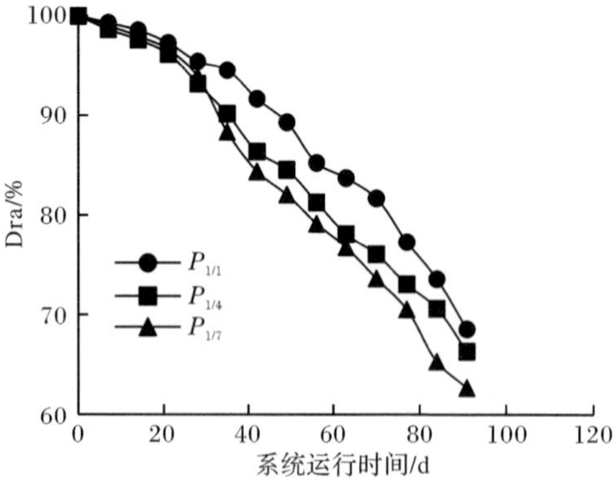

(c) E3

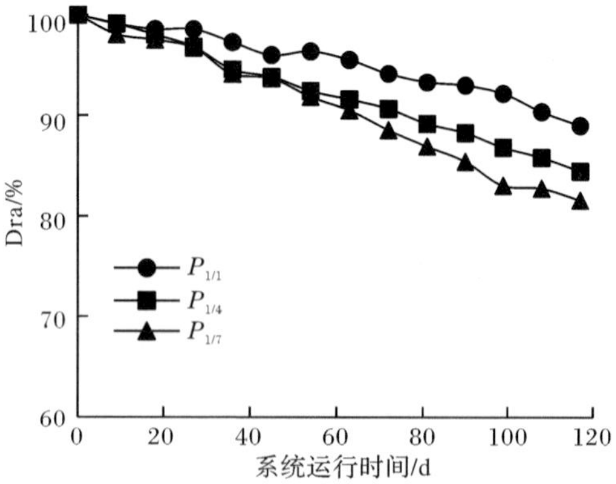

(d) E4

(e) E5　　(f) E6

(g) E7　　(h) E8

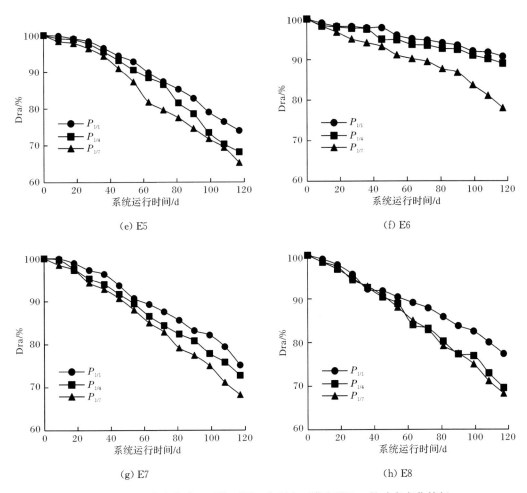

图 18.14　引黄滴灌磷肥系统不同工作频率下灌水器 Dra 的动态变化特征

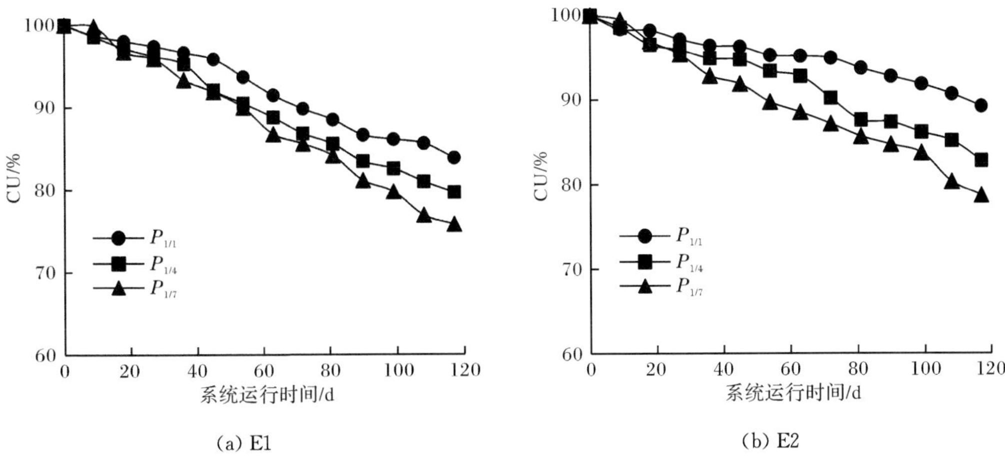

(a) E1　　(b) E2

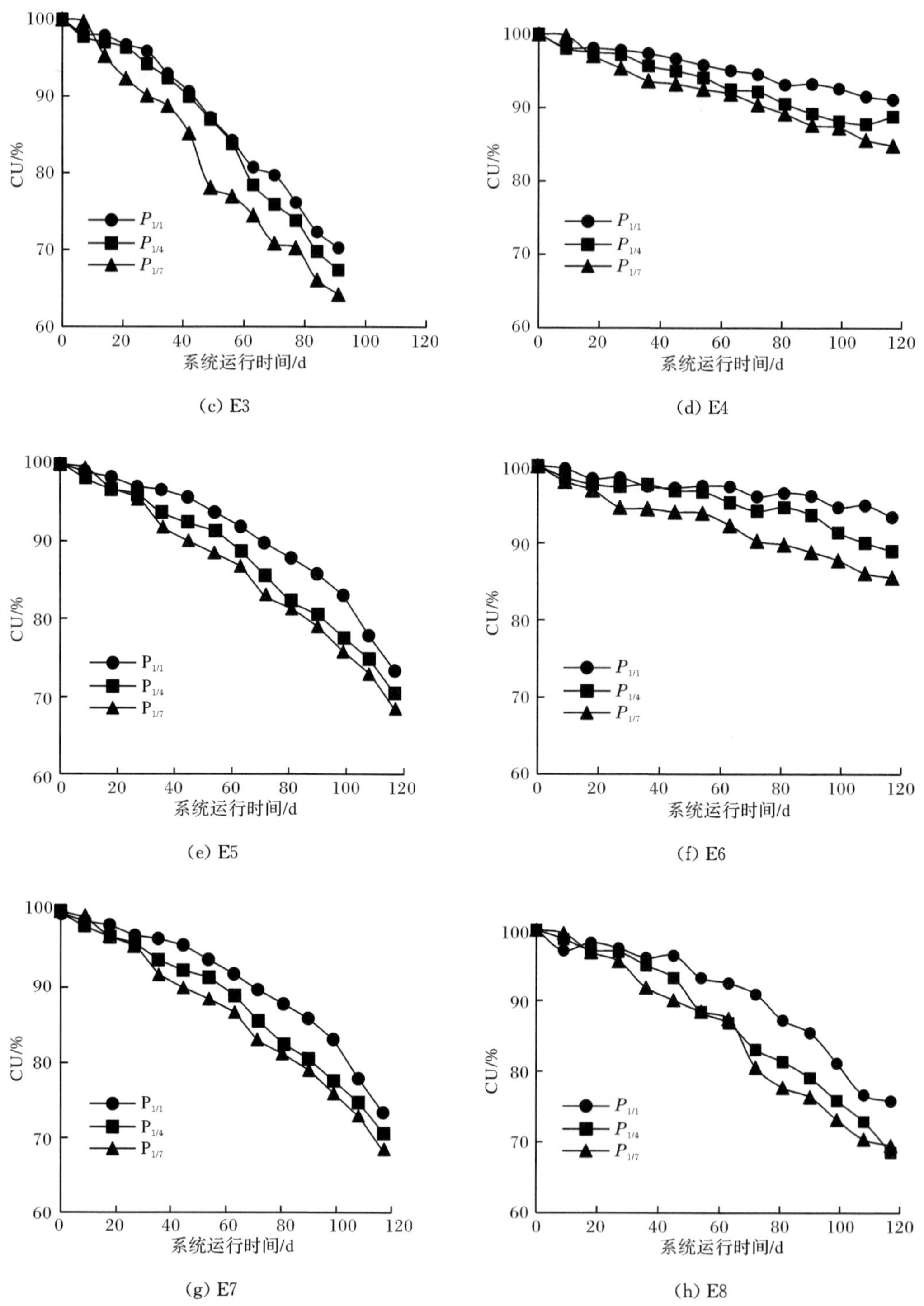

图 18.15　引黄滴灌磷肥系统不同工作频率下灌水器 CU 的动态变化特征

18.2　系统运行工作压力对灌水器堵塞的影响效应与机制

18.2.1　微咸水滴灌系统运行工作压力对灌水器堵塞的影响效应与机制

1. 试验概况

测试平台设置 100kPa(F_{100})、60kPa(F_{60})、20kPa(F_{20})三种运行压力，毛管分 4 层进行布设，每根毛管铺设长度为 15m；在毛管的尾端设置目标冲洗流速控制，保证试验期间能够对滴灌系统的毛管进行定期冲洗。

2. 微咸水滴灌系统运行工作压力对灌水器堵塞的影响效应

微咸水滴灌系统不同运行工作压力下灌水器 Dra 和 CU 的动态变化如图 18.16 和图 18.17 所示，不同运行工作压力对滴灌系统的堵塞影响差异明显，系统运行至 357h，100kPa、60kPa、20kPa 运行工作压力下系统 Dra 分别达到 87.8%～92.4%、84.1%～89.7%、78.5%～81.9%，CU 分别达到 84.3%～87.7%、76.3%～83.8%、67.4%～79.4%，其中 100kPa 处理的 Dra、CU 均最高，并且随着运行工作压力的降低，滴灌系统 Dra 和 CU 都呈降低的趋势。系统累计运行至 105h，60kPa、20kPa 处理与 100kPa 处理相比，Dra 低 0.04%～2.0%、CU 低 3.5%～5.3%。系统累计运行至 231h，60kPa、20kPa 处理与 100kPa 处理相比，Dra 低 2.3%～12.4%、CU 低 2.9%～12.5%。系统累计运行至 357h，60kPa、20kPa 处理与 100kPa 处理相比，Dra 低 3.3%～15.3%、CU 低 4.1%～19.7%。4 种滴灌管不同运行工作压力之间的差异表现出较好的一致性。

微咸水滴灌系统条件下不同工作压力 F_{60}、F_{20} 处理与 F_{100} 处理的 Dra 和 CU 的显著性分析见表 18.12。可以发现，F_{60}、F_{20} 处理的 Dra 和 CU 与 F_{100} 处理表现出显著差异，大部分表现出极显著差异。这说明工作压力越低，滴灌系统的堵塞程度越大。

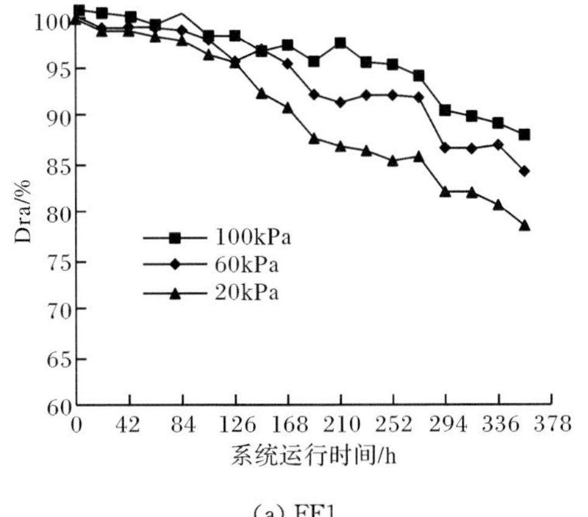

(a) FE1

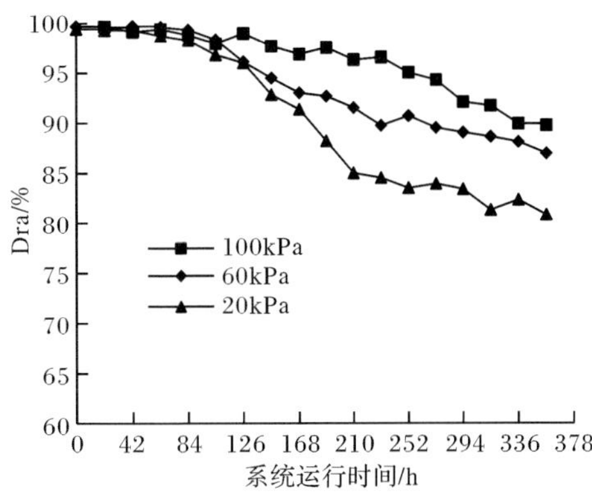

(b) FE2

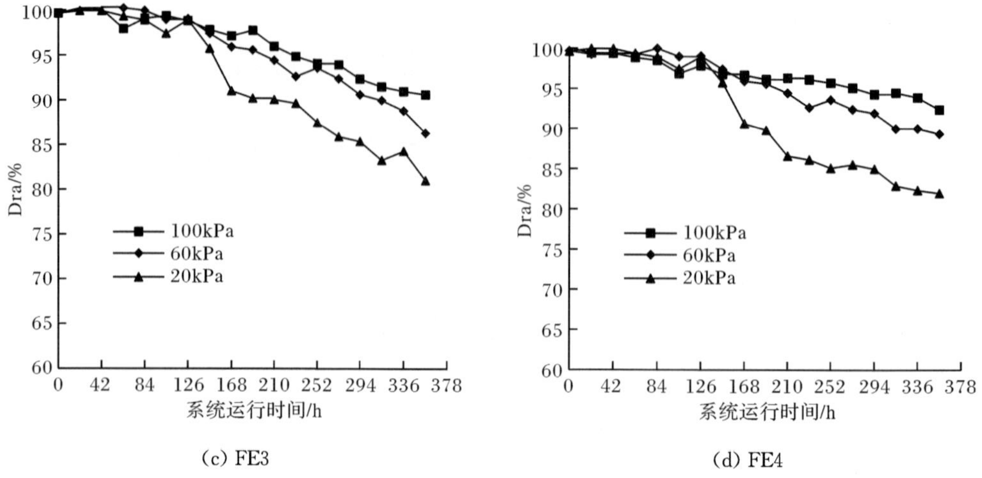

图 18.16　微咸水滴灌系统不同运行工作压力下灌水器 Dra 的动态变化特征

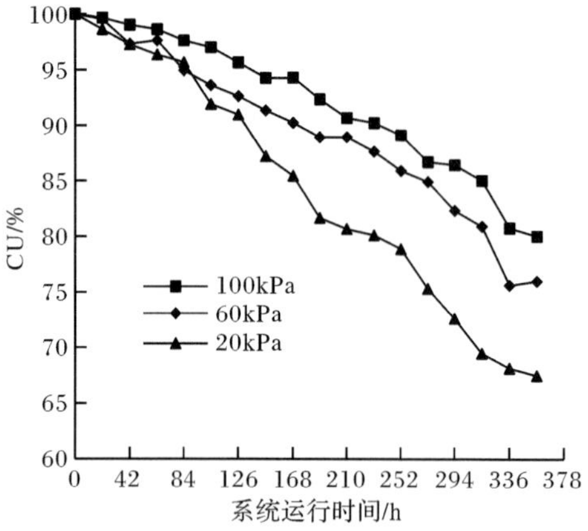

(a) FE1 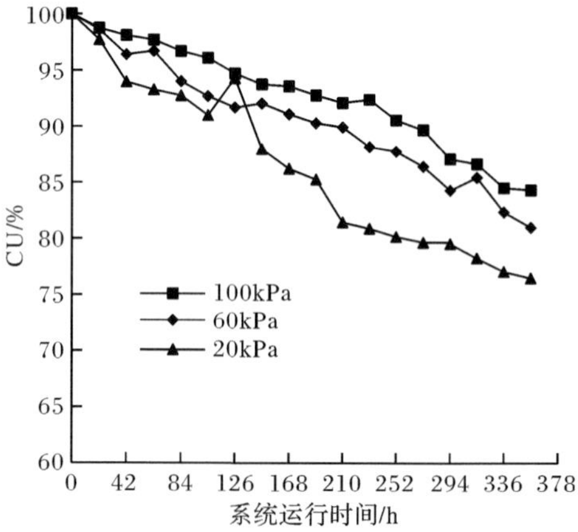　　(b) FE2

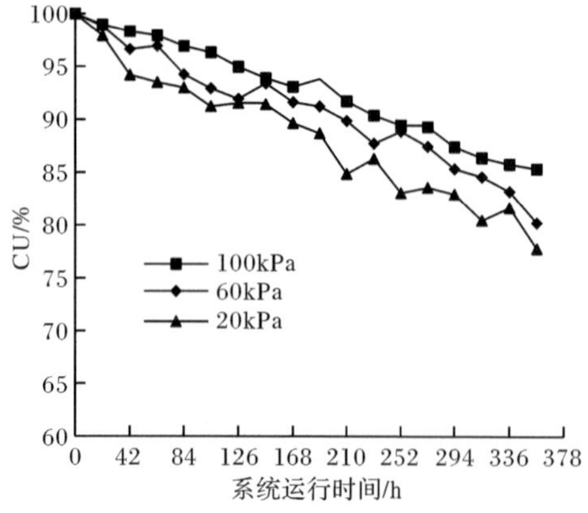

(c) FE3 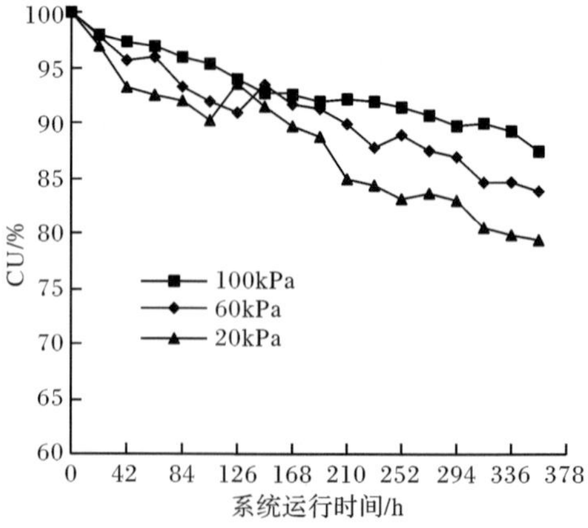　　(d) FE4

图 18.17　微咸水滴灌系统不同运行工作压力下灌水器 CU 的动态变化特征

表 18.12　微咸水滴灌系统不同工作压力下 Dra 和 CU 的显著性分析

参数	编号	F 统计量	FE1		FE2		FE3		FE4		平均值	
			F_{60}	F_{20}	F_{60}	F_{20}	F_{60}	F_{20}	F_{60}	F_{20}	F_{60}	F_{20}
Dra	F_{100}	F	6.30*	8.79**	4.15*	10.04**	0.46	6.05*	5.63*	8.75*	5.96*	7.79**
		F_{crit}	4.13	4.13	4.13	4.13	4.13	4.13	4.13	4.13	4.13	4.13
CU	F_{100}	F	4.30*	7.02*	1.73	8.83**	1.53	5.20*	4.86*	9.33**	5.33*	7.59**
		F_{crit}	4.13	4.13	4.13	4.13	4.13	4.13	4.13	4.13	4.13	4.13

3. 微咸水滴灌系统运行工作压力对灌水器及毛管内壁堵塞物质的影响效应

不同运行工作压力下 4 种滴灌管毛管内壁堵塞物质含量(干重)的动态变化如图 18.18 所示。可以看出,不同运行工作压力下毛管内壁堵塞物质含量差异明显,并且表现出随着运行工作压力降低,堵塞物质含量呈增加的趋势。截至系统运行至 360h,20kPa 处理下毛管内壁的堵塞物质含量为 6.20mg/cm^2,分别比 60kPa、100kPa 高 14.2%、36.1%。不同运行工作压力下灌水器内部堵塞物质干重的动态变化如图 18.19 所示。可以看出,不

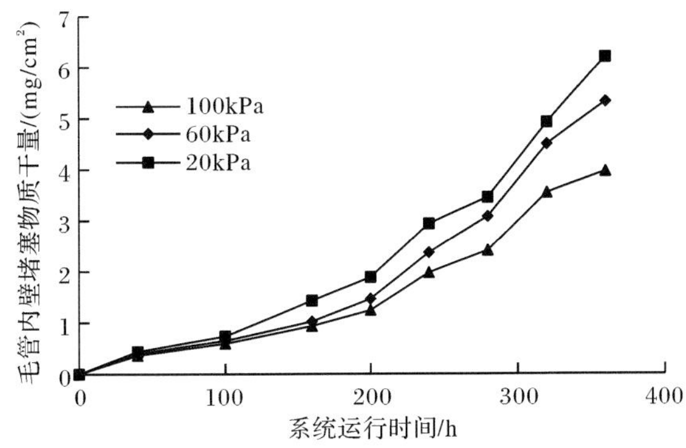

图 18.18　微咸水滴灌系统不同运行工作压力下毛管内壁堵塞物质干重的动态变化

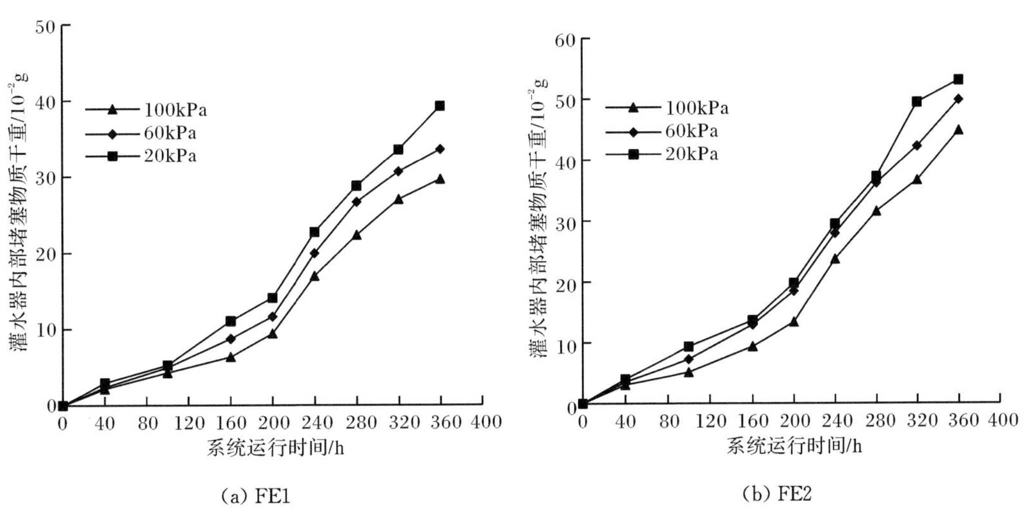

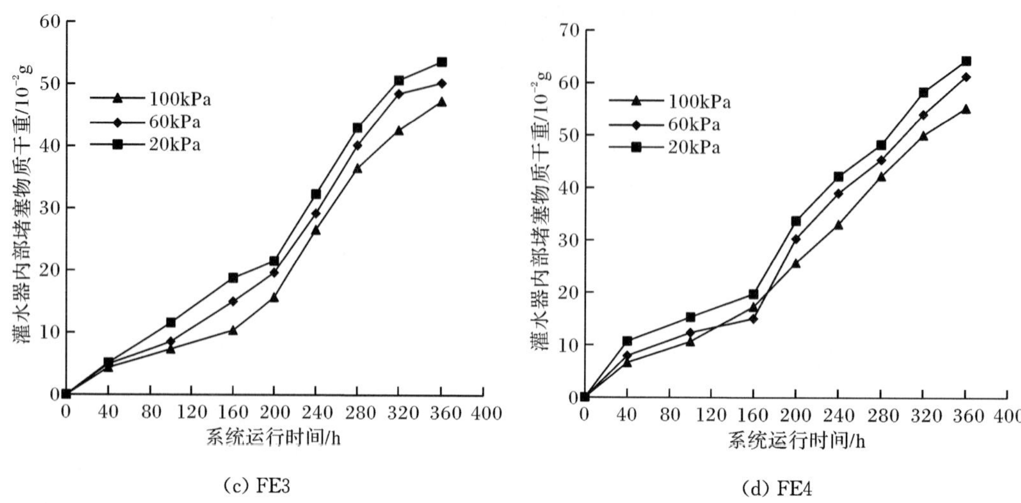

图 18.19　微咸水滴灌系统不同运行工作压力下灌水器内部堵塞物质干重的动态变化

同运行工作压力下灌水器内部堵塞物质干重差异明显，并且表现出随着运行工作压力降低，堵塞物质干重呈增加的趋势。截至系统运行至 360h，20kPa 处理下灌水器内部堵塞物质干重为 0.39～0.64g，分别比 60kPa、100kPa 高 4.7%～14.4%、11.9%～15.5%。4 种滴灌管都表现出较好的一致性。

18.2.2　黄河水滴灌系统运行工作压力对灌水器堵塞的影响效应与机制

1. 试验概况

试验水源采用内蒙古河套灌区乌审干渠黄河水，水质参数见表 18.13。由于黄河水泥沙含量较多，需设置沉沙池对引黄渠道中的推移质泥沙进行处理，并选用砂石加叠片的组合方式进行过滤处理，其中重力式沉沙池为一级过滤。二级过滤采用砂石过滤器＋叠片过滤器，砂石过滤器采用匀质滤料，平均粒径为 1～2mm，当过滤器前后压差达到 50kPa 时清洗过滤器。

黄河水滴灌系统采用分层布置形式，共布设 4 层，试验每个处理设置 8 个重复，每个重复选取 50 个灌水器，从毛管入口开始对灌水器进行编号(1 号～60 号)。每个处理设置 8 条滴灌管，灌水器间距 0.3m，每根滴灌管管长 15m。

表 18.13　乌审干渠黄河水水质参数

水源	pH	悬浮物浓度/(mg/L)	电导率/(μS/cm)	矿化度/(mg/L)	COD_{Cr}/(mg/L)	BOD_5/(mg/L)	TP/(mg/L)	TN/(mg/L)	Ca^{2+}浓度/(mg/L)	Mg^{2+}浓度/(mg/L)
高含沙水	7.2～7.9	38.2～43.7	781～799.8	476～493	5.9～7.2	1.5～1.9	0.04～0.08	1.3～1.5	53.6～55.4	24.6～26.7

滴灌堵塞测试系统自 2016 年 7 月 20 日起运行，至 2016 年 10 月 20 日结束。系统每天 7:00～12:00，14:00～18:00 运行，每日运行 9h，累计运行 720h。工作压力设置 20kPa、40kPa、60kPa、80kPa 和 100kPa，分别标记为 P_{20}、P_{40}、P_{60}、P_{80}、P_{100} 处理；每 60h

进行一次滴灌系统的毛管冲洗，毛管末端冲洗流速设置为 0.45m/s，试验选取灌水器类型及流道几何参数见表 18.14。

表 18.14　灌水器类型及流道几何参数

灌水器类型	灌水器	流量/(L/h)	长/mm	宽/mm	深/mm	流量系数	流态指数
内镶贴片式灌水器	FE1	0.8	21.5	0.50	0.45	2.36	0.505
	FE2	1.0	23.0	0.50	0.52	3.14	0.506
	FE3	1.2	23.0	0.63	0.52	3.64	0.503
	FE4	1.6	29.7	0.63	0.52	5.13	0.507

2. 黄河水滴灌系统运行工作压力对灌水器堵塞的影响效应

滴灌系统不同运行工作压力条件下 4 种灌水器 Dra 和 CU 动态变化如图 18.20 所示，显著性分析见表 18.15。从图 18.20 可以看出，不同运行工作压力对滴灌系统堵塞的影响差异显著，截至系统运行结束，P_{100}、P_{80}、P_{60}、P_{40}、P_{20}处理系统 Dra 分别达到 58.7%～65.4%、56.2%～63.7%、53.6%～59.5%、37.5%～51.4%、27.8%～39.5%，CU 分别达到 54.3%～72.5%、52.2%～69.4%、51.6%～67.8%、41.8%～55.5%、32.4%～44.5%。总体而言，滴灌系统 Dra 和 CU 随灌水器运行工作压力的降低呈下降的趋势，且未呈现线性递减的趋势。当运行工作压力在 60kPa 以上时系统 Dra 和 CU 呈缓慢降低的趋势，而由 60kPa 下降至 40kPa 时迅速降低。与常规 P_{100}工作压力相比，运行工作压力为 P_{80}和 P_{60}的处理系统 Dra 分别下降 2.2%～3.1%、2.7%～4.6%，CU 分别下降 1.7%～2.5%、5.1%～5.9%；P_{40}和 P_{20}处理组 Dra 分别下降 12.4%～16.9%、21.9%～27.9%，CU 分别下降 21.2%～25.9%、25.9%～30.9%。从表 18.15 也可以看出，P_{100}处理与 P_{40}、P_{20}处理的 Dra 和 CU 均表现出显著差异，甚至极显著差异，而与 P_{80}、P_{60}处理的 Dra 和 CU 主要表现为差异不显著，4 种滴灌带的规律均表现出较好的一致性。

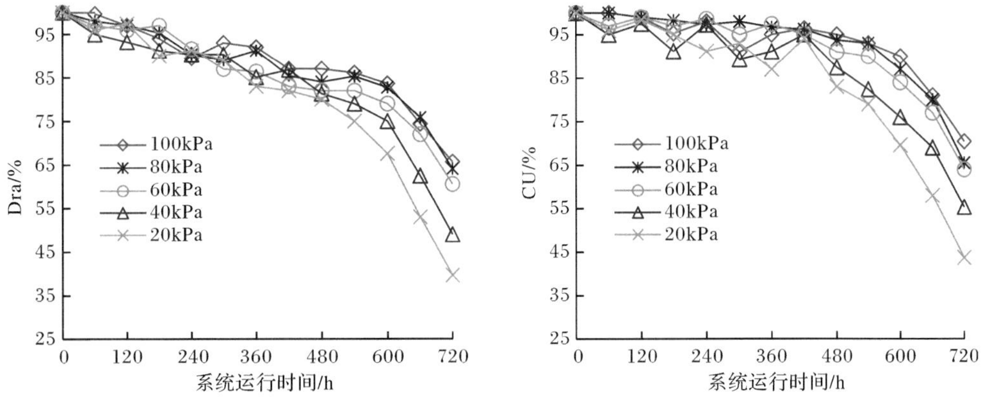

(a) FE1

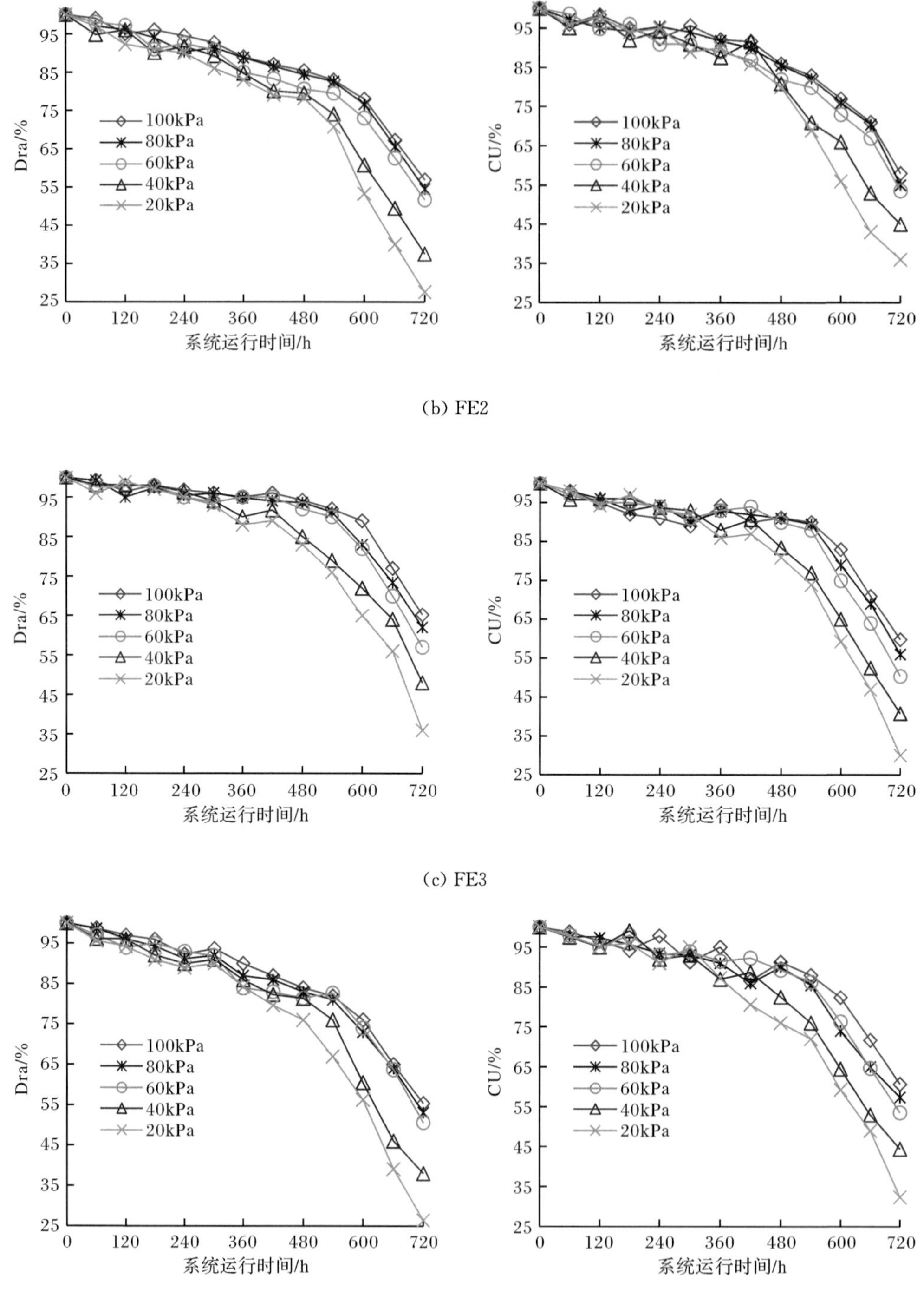

(b) FE2

(c) FE3

(d) FE4

图 18.20 黄河水滴灌系统 4 种灌水器 Dra 和 CU 动态变化

表 18.15　不同运行工作压力下灌水器 Dra 和 CU 的显著性分析

灌水器	编号	Dra					CU				
		P_{100}	P_{80}	P_{60}	P_{40}	P_{20}	P_{100}	P_{80}	P_{60}	P_{40}	P_{20}
FE1	P_{100}	—	—	—	—	—	—	—	—	—	—
	P_{80}	2.40^{N}	—	—	—	—	1.30^{N}	—	—	—	
	P_{60}	3.53*	2.63^{N}	—	—	—	2.83^{N}	3.21*	—	—	
	P_{40}	8.98**	7.53**	4.16*	—	—	7.18**	6.53*	4.04*	—	—
	P_{20}	10.30**	8.72**	7.01**	5.54*	—	8.37**	8.12**	6.94*	5.14*	—
FE2	P_{100}	—	—	—	—	—	—	—	—	—	—
	P_{80}	2.86^{N}	—	—	—	—	2.51^{N}	—	—	—	—
	P_{60}	3.98*	3.15*	—	—	—	4.78*	2.95^{N}	—	—	—
	P_{40}	8.21**	7.46**	5.12*	—	—	7.45**	6.86*	3.99*	—	—
	P_{20}	9.25**	8.23**	4.62*	4.15*	—	8.15**	7.24**	4.72*	3.75*	—
FE3	P_{100}	—	—	—	—	—	—	—	—	—	—
	P_{80}	1.97^{N}	—	—	—	—	1.678^{N}	—	—	—	—
	P_{60}	2.47^{N}	3.56*	—	—	—	2.773^{N}	1.50^{N}	—	—	—
	P_{40}	7.01**	7.92**	3.99*	—	—	7.81**	6.92*	3.99*	—	—
	P_{20}	8.72**	8.96**	4.91*	3.91*	—	8.72**	7.76**	4.91*	2.9^{N}	—
FE4	P_{100}	—	—	—	—	—	—	—	—	—	—
	P_{80}	1.59^{N}	—	—	—	—	1.27^{N}	—	—	—	—
	P_{60}	2.91*	3.74*	—	—	—	1.91**	3.74*	—	—	—
	P_{40}	7.01**	7.94**	4.63*	—	—	6.03**	7.14**	3.63*	—	—
	P_{20}	8.99**	8.12**	5.92*	3.81*	—	8.79**	8.12**	4.92*	2.15^{N}	—

3. 黄河水滴灌系统运行工作压力对灌水器堵塞物质的影响效应

黄河水滴灌系统在不同运行工作压力条件下不同灌水器内部堵塞物质干重的动态变化如图 18.21 所示。可以看出，不同运行工作压力条件下毛管内壁堵塞物质干重差异同样明显，截至系统运行结束，运行工作压力 20kPa(P_{20})、40kPa(P_{40})、60kPa(P_{60})、80kPa(P_{80})、100kPa(P_{100})下灌水器内部堵塞物质干重分别为 20.89～24.63mg、18.62～19.89mg、13.33～15.24mg、11.34～12.46mg、10.69～11.67mg，表现出随着运行工作压力降低堵塞物质干重呈增大的趋势。与常规 P_{100} 工作压力相比，运行工作压力为 P_{80}、P_{60}、P_{40}、P_{20} 的处理系统灌水器内部堵塞物质干重分别增加 0.65～0.79mg、2.64～3.57mg、7.93～8.22mg、10.20～12.96mg，当工作压力从 100kPa 降低至 60kPa 时，灌水器内部堵塞物质干重增加并不明显，但运行工作压力降低至 60kPa 以下时灌水器内部堵塞物质干重呈急剧增加的趋势。4 种滴灌带的规律均表现出较好的一致性。

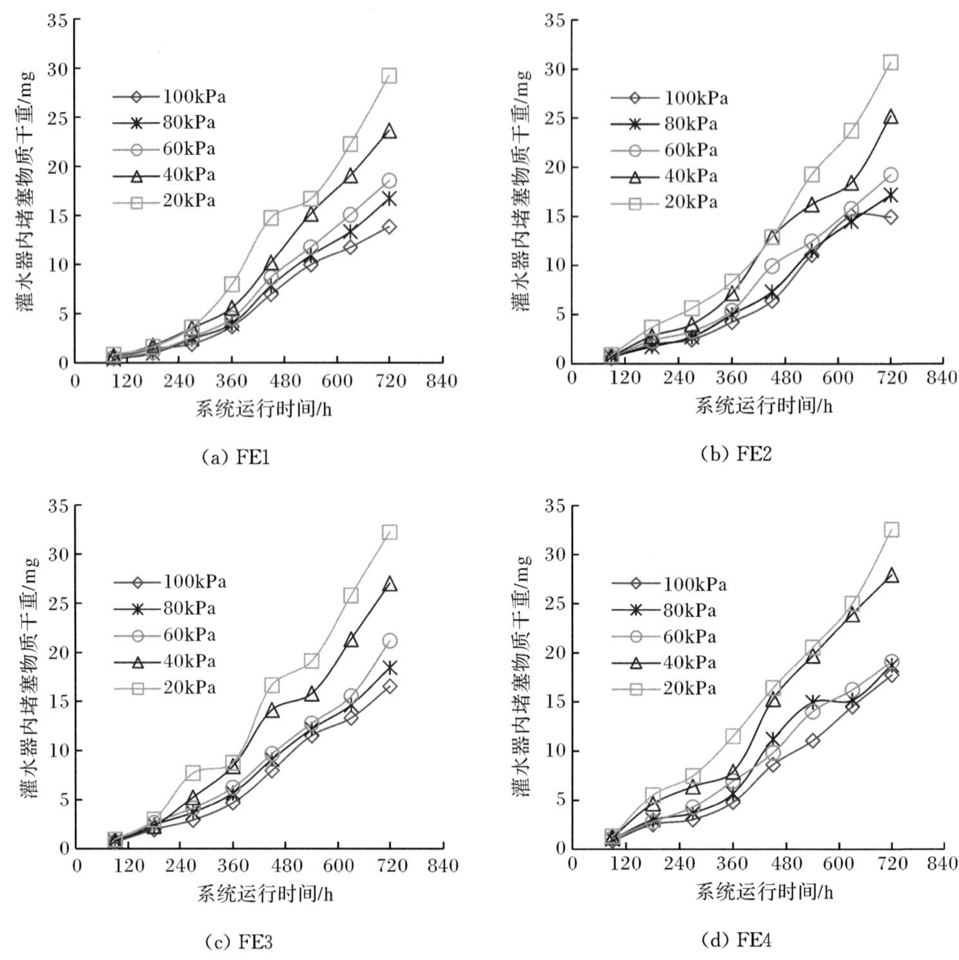

图 18.21　黄河水滴灌系统在不同运行工作压力下灌水器内部堵塞物质干重的动态变化

4. 黄河水滴灌系统运行工作压力对滴灌系统毛管内壁堵塞物质的影响效应

不同运行工作压力下毛管内壁堵塞物质含量(干重)的动态变化如图 18.22 所示。可以看出,截至系统运行结束,运行压力为 P_{20}、P_{40}、P_{60}、P_{80}、P_{100} 处理下灌水器内部堵塞物质含量分别为 4.21～4.34mg/cm²、4.62～5.04mg/cm²、5.19～5.68mg/cm²、6.92～7.21mg/cm²、8.69～8.92mg/cm²,表现出随着运行工作压力降低,毛管内壁堵塞物质干重增大的趋势。与常规 P_{100} 工作压力相比,运行工作压力为 P_{80}、P_{60}、P_{40}、P_{20} 处理系统毛管内壁堵塞物质含量分别增加了 0.41～0.70mg/cm²、0.98～1.34mg/cm²、2.71～2.87mg/cm²、4.48～4.58mg/cm²,当运行工作压力从 100kPa 降低至 60kPa 时,毛管内壁附着物质干重增加并不明显,但运行工作压力降低至 60kPa 以下时灌水器内部堵塞物质呈现急剧增加的趋势,与不同运行工作压力下灌水器内部堵塞物质增长规律具有一致性,且 4 种滴灌带的规律均表现出较好的一致性。

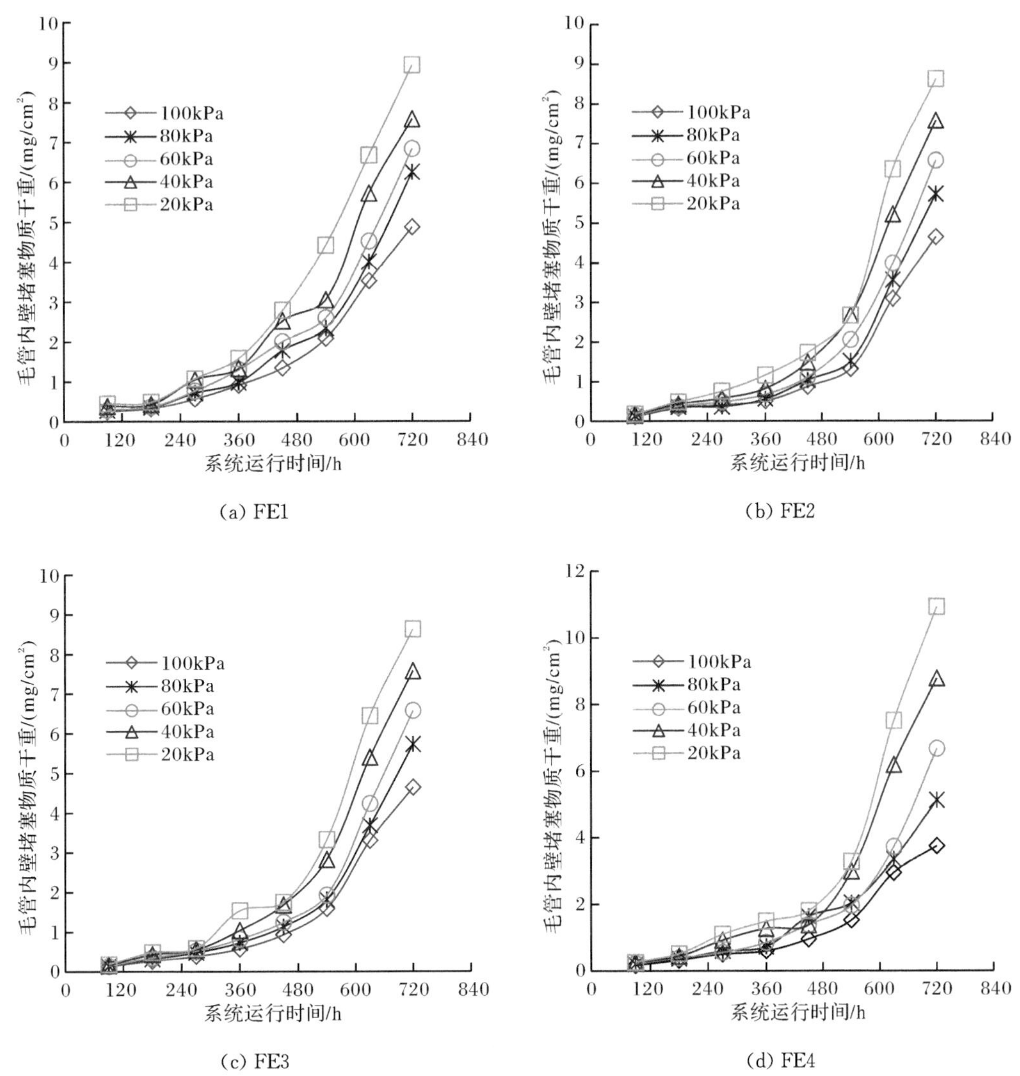

图 18.22　黄河水滴灌系统不同运行工作压力下毛管内壁堵塞物质干重的动态变化

18.2.3　间歇性波动水压对引黄滴灌磷肥系统灌水器堵塞的影响效应与机制

1. 试验概况

试验水源采用高含沙水源，试验期间水质特征见表 18.10。试验设置 4 种压力模式：0.04MPa(对照组 CK)，0.04MPa＋波动水压 1h(记作 FP1)，0.04MPa＋波动水压 2h(记作 FP2)，0.04MPa＋波动水压 4h(记作 FP4)，系统每运行 16h 水压进行间歇性波动，波动水压波幅 0.08～0.1MPa，周期 40s；系统每天运行 8h，每隔 1d 施肥 1 次，每次施肥时间 2h；肥料选型为：磷酸二氢钾(设置浓度为 0.15g/L)；采用的运行方式为：黄河水—施肥水—黄河水交替进行试验；系统每运行 64h 进行毛管冲洗。试验选取 4 种内镶贴片式灌水器(表 18.16)，试验系统首部为两个子首部，首部Ⅰ为常压下运行，过滤器选用沉沙池＋

砂石、叠片组合式过滤；首部Ⅱ为系统进行间歇性波动水压，其水源为经过沉沙池＋砂石、叠片组合式过滤后的水源，通过管道进入系统。

表 18.16 灌水器类型及流道几何参数

类型	灌水器	流量/(L/h)	长/mm	宽/mm	深/mm	流量系数	流态指数
内镶贴片式灌水器	FE1	2.00	24.5	0.61	0.60	5.8	0.511
	FE2	1.60	19.0	0.55	0.49	4.4	0.503
	FE3	1.40	47.0	0.56	0.55	4.2	0.527
	FE4	0.95	85.0	0.55	0.51	4.3	0.610

波动水压功能主要通过变频器和可编程逻辑控制器(programmable logic controller, PLC)来实现，变频器有多种控制加压水泵运行的方式，PLC 是用来执行逻辑判断、计时、计数等顺序控制功能的一种数字运算操作的电子系统，本次试验将波动水压 1/2 周期划分为 7 种压力，然后通过变频器手动旋转调频旋钮将 7 种压力输出为 7 种频率，利用 PLC 通过 GX Works 2 软件进行自动编程。波动水压波幅如图 18.23 所示。

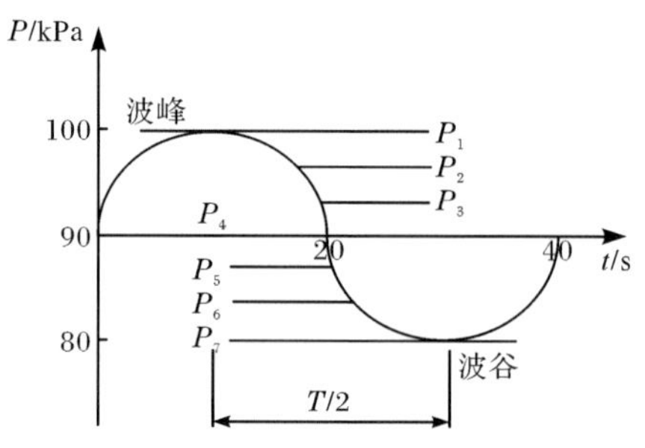

图 18.23 波动水压波幅图

2. 不同波动水压模式下对滴灌系统灌水器内部堵塞物质总量的影响

滴灌系统在对照条件下与不同间歇性波动水压模式下 4 种灌水器内部堵塞物质总量及两者相关性分析如图 18.24 和图 18.25 所示。从图 18.24 可以看出，随着系统运行时间的延长，不同运行模式下灌水器堵塞物质表现出逐步增加的趋势；在整个运行期间，不同波动水压模式 FP1、FP2 、FP4 条件下灌水器内单位面积堵塞物质总量差异明显，与对照组相比，FP1、FP2、FP4 条件下灌水器内部堵塞物质总量分别减少了 0.13～2.17mg/cm^2、0.32～3.70mg/cm^2、0.44～5.83mg/cm^2；从图 18.25 可以看出，对照组与不同波动水压模式下灌水器堵塞物质总量具有良好的线性相关性，不同处理之间差异显著，随着波动时间的延长，斜率下降的趋势越来越大，不同波动水压模式 FP1、FP2、FP4 相较于对照组在整个运行周期内灌水器堵塞物质总量平均分别减少了 11％、19％、26％。

3. 不同波动水压模式下对滴灌系统灌水器内部堵塞物质黏粒、粉粒、沙粒的影响

滴灌系统在对照条件下与不同间歇性波动水压模式下灌水器内堵塞物质黏粒(C)、粉粒(P)、沙粒(G)含量及两者相关性如图 18.26～图 18.31 所示，从图 18.26、图 18.28、图 18.30 中可以发现，在系统整个运行周期，不同波动水压模式 FP1、FP2 、FP4 条件下

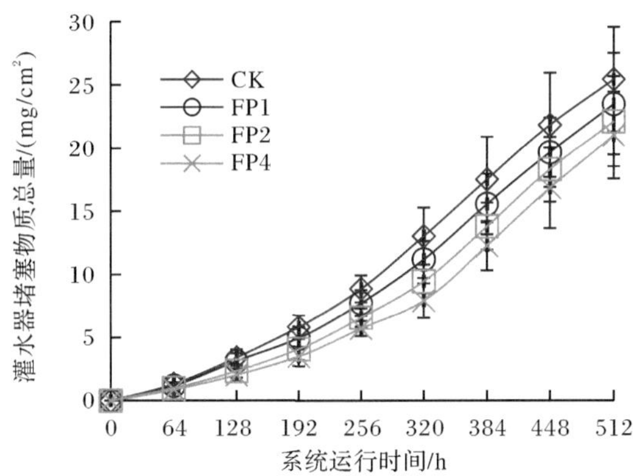

图 18.24　不同波动水压模式下滴灌系统灌水器内部堵塞物质总量的影响

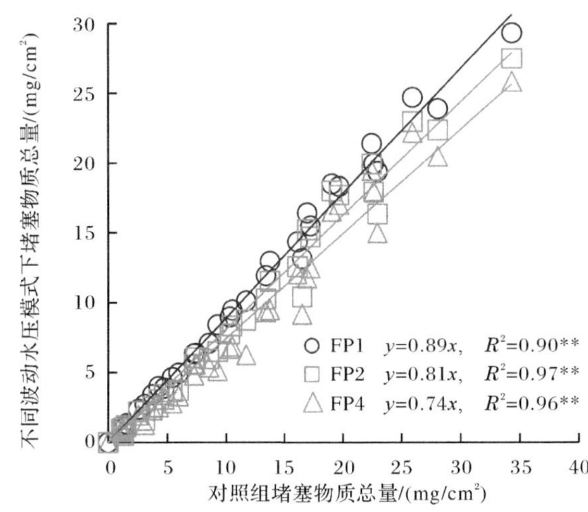

图 18.25　不同波动水压模式与对照组条件下滴灌系统灌水器内部堵塞物质总量相关性分析

灌水器内堵塞物质黏粒(C)、粉粒(P)含量差异明显，与对照组相比，FP1、FP2、FP4 条件下灌水器内堵塞物质中黏粒分别减少 0.05～0.50mg/cm²、0.19～0.91mg/cm²、0.23～1.43mg/cm²，粉粒分别减少 0.25～0.71mg/cm²、0.72～2.74mg/cm²、1.02～4.15mg/cm²。从图中可以发现，不同波动水压模式对灌水器内堵塞物质沙粒含量的影响较小。从图 18.27、图 18.29、图 18.31 中可以发现，对照组与不同波动水压模式下灌水器堵塞物质黏粒、粉粒、沙粒含量表现出良好的线性相关性。其中，堵塞物质黏粒和粉粒在不同水压模式之间差异明显，随着波动时间的延长，斜率下降的趋势逐渐增大，不同波动水压模式 FP1、FP2、FP4 相较于对照组在整个运行周期内灌水器堵塞物质中黏粒含量平均减少 18%、38%、56%，粉粒含量平均减少 8%、29%、34%，对黏粒的去除效果优于粉粒；图中对沙粒的拟合斜率则表现出相反的规律，不同波动水压模式与对照组相比沙粒含量分别减少 7.2%、增加 5.4%、增加 14.5%，说明不同波动水压模式对沙粒的作用效果较小，甚至有上升的趋势。

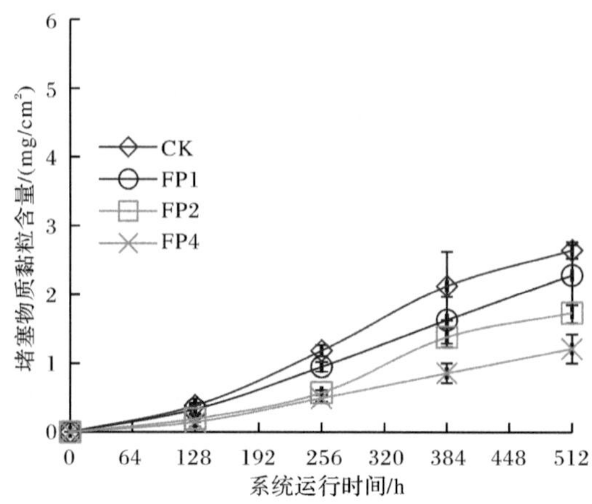

图 18.26　不同波动水压模式对滴灌系统灌水器内部堵塞物质黏粒含量的影响

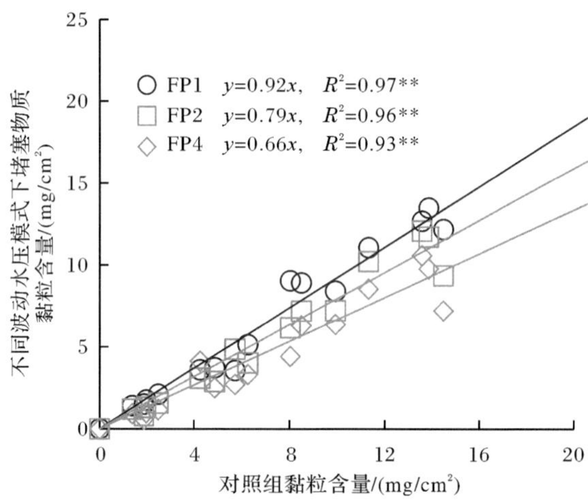

图 18.27　不同波动水压模式与对照组条件下滴灌系统灌水器堵塞物质黏粒含量的相关性分析

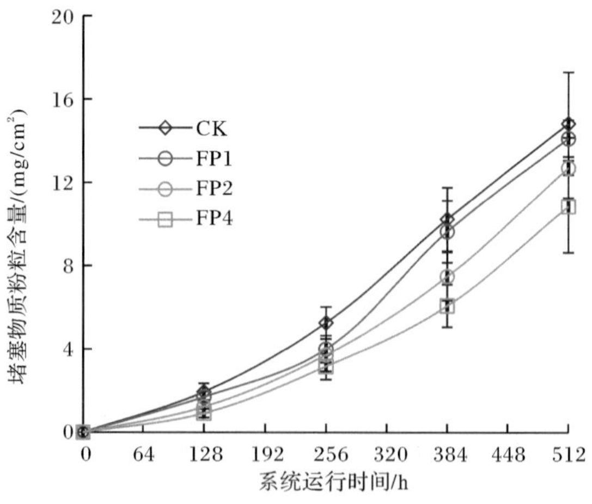

图 18.28　不同波动水压模式对滴灌系统灌水器堵塞物质粉粒含量的影响

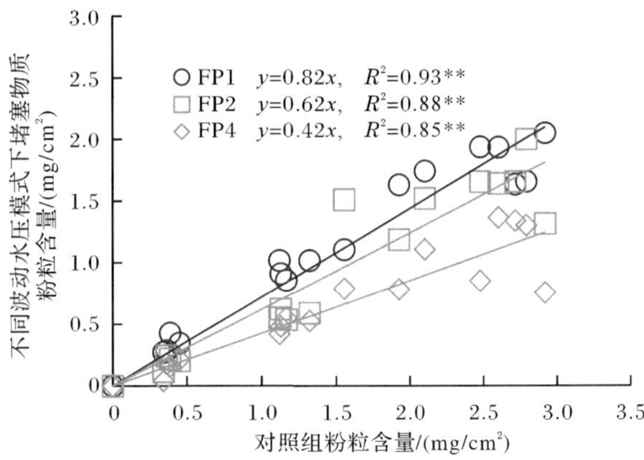

图 18.29　不同波动水压模式与对照组条件下滴灌系统灌水器堵塞物质粉粒含量的相关性分析

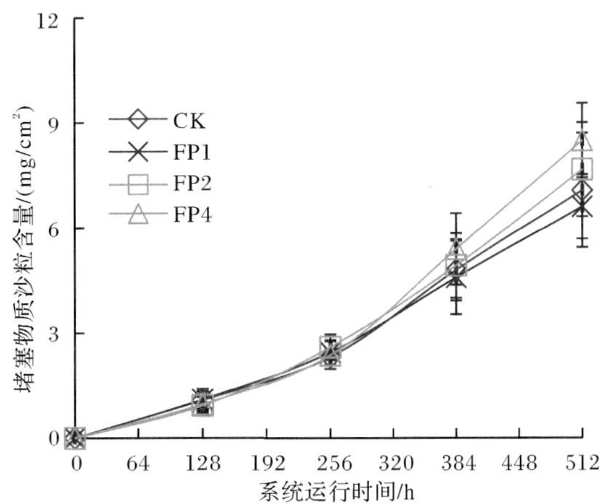

图 18.30　不同波动水压模式对滴灌系统灌水器堵塞物质沙粒含量的影响

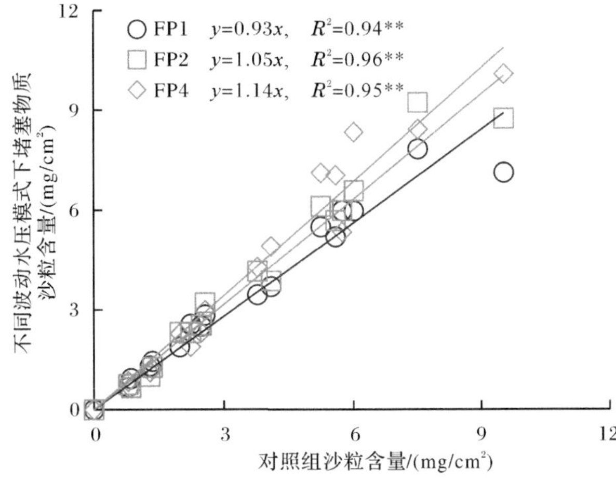

图 18.31　不同波动水压模式与对照组条件下滴灌系统灌水器堵塞物质沙粒含量的相关性分析

4. 不同波动水压模式下对滴灌系统灌水器内部堵塞物质矿物组分的影响

本次试验对滴灌系统灌水器内堵塞物质矿物组分进行测试发现，灌水期内矿物组分主要包括石英、白云母、碱性长石、绿泥石、碳酸钙、碳酸钙镁及少量的氯化钠、三氧化二铁。其中，石英、白云母、碱性长石、绿泥石等硅酸盐为水源中固有矿物组分，碳酸钙、碳酸钙镁等钙镁碳酸盐沉淀为运行过程中新生成矿物；试验所有处理中，固有矿物含量(质量分数)为 60.1%～74.1%，钙镁碳酸盐沉淀占比为 23.6%～38.7%，其他物质占比为 1.2%～2.3%(试验可忽略不计)，本次试验主要对不同波动水压模式下石英、硅酸盐及钙镁碳酸盐沉淀进行分析。滴灌系统对照组及不同间歇性波动水压模式下在整个运行周期内灌水器内部矿物组分及两者相关性分析如图 18.32～图 18.37 所示，从图 18.32、图 18.34、图 18.36 中可以发现，随着运行时间的延长，灌水器内石英、硅酸盐及钙镁碳酸盐沉淀均呈现出逐渐增长的趋势；在系统运行至 128h、256h、384h、512h 时，不同波动水压模式 FP1、FP2 、FP4 灌水器内各种矿物组分差异明显，与对照组相比，FP1、FP2、FP4 条件下灌水器内堵塞物质石英分别减少 0.26～1.30mg/cm^2、0.56～3.23mg/cm^2、0.77～3.86mg/cm^2，灌水器内堵塞物质硅酸盐含量分别减少 0.29～1.28mg/cm^2、0.24～1.82mg/cm^2、0.32～2.59mg/cm^2，不同波动水压模式对堵塞物质中钙镁碳酸盐沉淀含量的影响小于对石英与硅酸盐含量的影响，相较于对照组，钙镁碳酸盐的含量分别减少 0.10～0.81mg/cm^2、0.23～0.61mg/cm^2、0.25～0.75mg/cm^2；从图 18.33、图 18.35、图 18.37 可以发现，对照组与不同波动水压模式下灌水器各矿物组分总量具有良好的线性相关性。其中，堵塞物质矿物组分中石英和硅酸盐在不同波动水压模式之间差异明显，随着波动时间的延长，斜率下降趋势逐渐增大，不同波动水压模式 FP1、FP2、FP4 相较于对照组在整个运行周期内灌水器堵塞物质中石英含量平均分别减少 11%、30%、36%，硅酸盐含量平均分别减少 19%、28%、35%，钙镁碳酸盐含量平均分别减少 12%、17%、11%，而不同波动水压模式间对钙镁碳酸盐控制效果的差异较小。

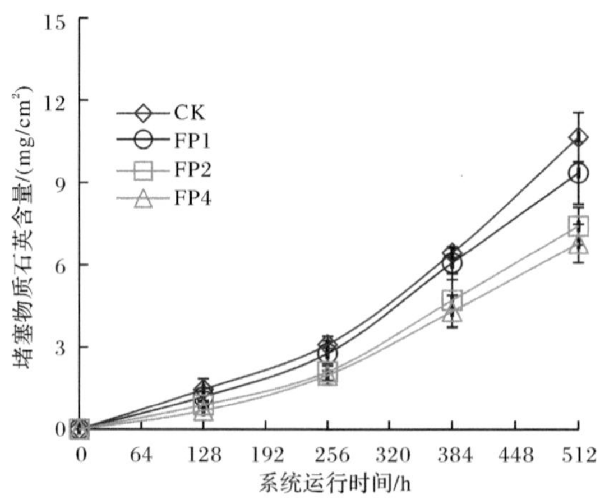

图 18.32 不同波动水压模式对滴灌系统灌水器堵塞物质石英含量的影响

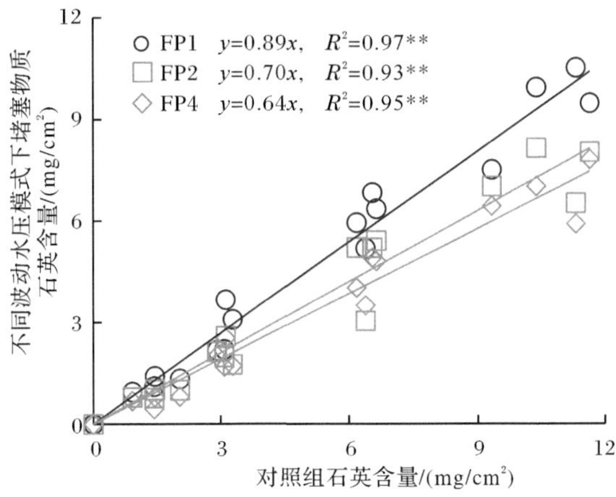

图 18.33　不同波动水压模式与对照组条件下滴灌系统灌水器堵塞物质石英含量的相关性分析

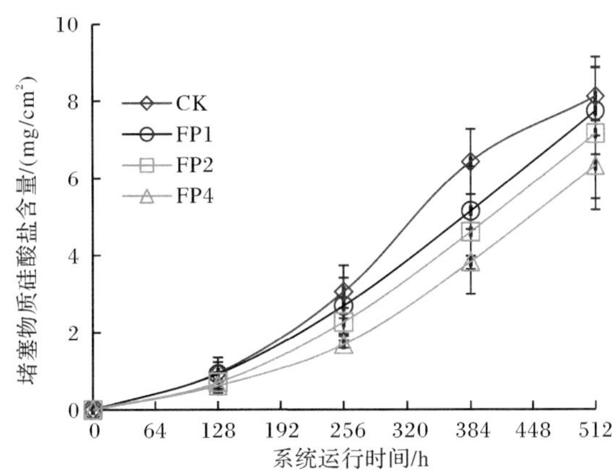

图 18.34　不同波动水压模式对滴灌系统灌水器堵塞物质硅酸盐含量的影响

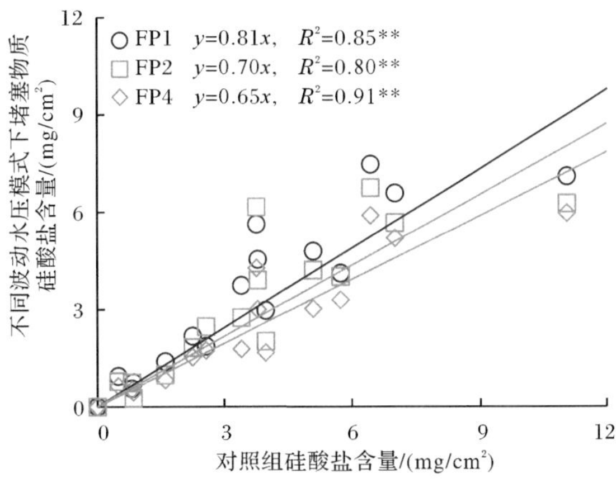

图 18.35　不同波动水压模式与对照组条件下滴灌系统灌水器堵塞物质硅酸盐含量的相关性分析

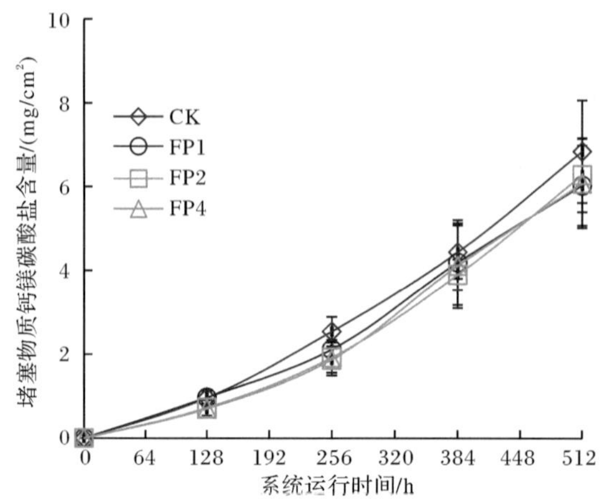

图 18.36　不同波动水压模式对滴灌系统灌水器堵塞物质钙镁碳酸盐含量的影响

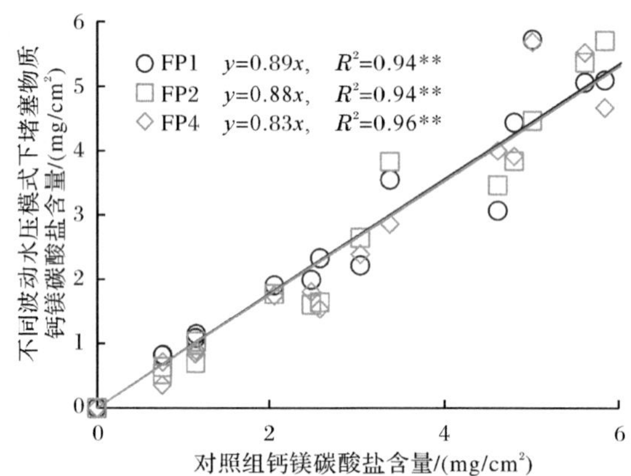

图 18.37　不同波动水压模式与对照组条件下滴灌系统灌水器堵塞物质钙镁碳酸盐含量相关性分析

18.3　再生水滴灌系统施加磷肥对水源钙镁离子浓度的控制要求

18.3.1　试验概况

该试验在中国农业大学北京通州实验站连栋温室内进行。试验主要考虑再生水中 Ca^{2+} 和 Mg^{2+} 的总浓度水平(因为钙离子和镁离子性能近似,难以区分,所以以 1∶1 的比例加入钙镁氯化物),设置了 25mg/L、50mg/L、100mg/L 三个水平,分别标记为 RW_{25}、RW_{50}、RW_{100}。再生水中的钙镁离子浓度水平差异很大,选用不同处理的再生水同时开始试验难度很大,而且浓度也一直处于动态变化,难以形成适宜的处理控制水平,为此考虑采用同一种再生水中添加钙镁离子配置以达到不同的处理水平。经过比较分析,再生水选用钙镁离子总浓度水平[(13.42±6.21)mg/L]比较低的北京市昌平区北七家污水处理厂出流，污水处理采用周期性循环活性污泥法（cyclic activated sludge system, CASS），试验期间每天监测再生水中 COD_{Cr}、TSS、NH_4^+-N、TP、pH、温度等参数，测试结果如图 18.38 所示。对照选择中国农业大学北京通州实验站地下水水源（GW），也同样把钙镁离子浓度配置至 50mg/L 水平，标记为 GW_{50}。磷肥选用 0.3%磷酸氢二铵肥液。

采用作者研究团队独立开发的智能式滴灌系统灌水器抗堵塞性能综合测试装置，系统工作压力保持 100kPa，设置 120 目网式过滤器＋120 目叠片过滤器串联作为过滤处理系统。试验水源置于储水桶中保存，每天试验系统运行前将储水桶中的滴灌水源搅动均匀后补入装置的供水桶中，以补充蒸发、溅出等损失。系统每天运行 12h（7:00～19:00），每 3 天清洗一次过滤器，储水桶中的水源每 15 天更换一次。

滴灌系统灌水器选用圆柱式迷宫流道灌水器（CE）和片式灌水器（FE）各 1 种，灌水器参数见表 18.17。每种滴灌管设置 7 个重复，每条滴灌管（带）长度为 7.5m，灌水器间距为 0.3m，共计 50 个灌水器（25×2 排列），为保证压力一致，管道进口、出口均连接在一起，毛管末端流速控制在 0.40～0.60m/s。

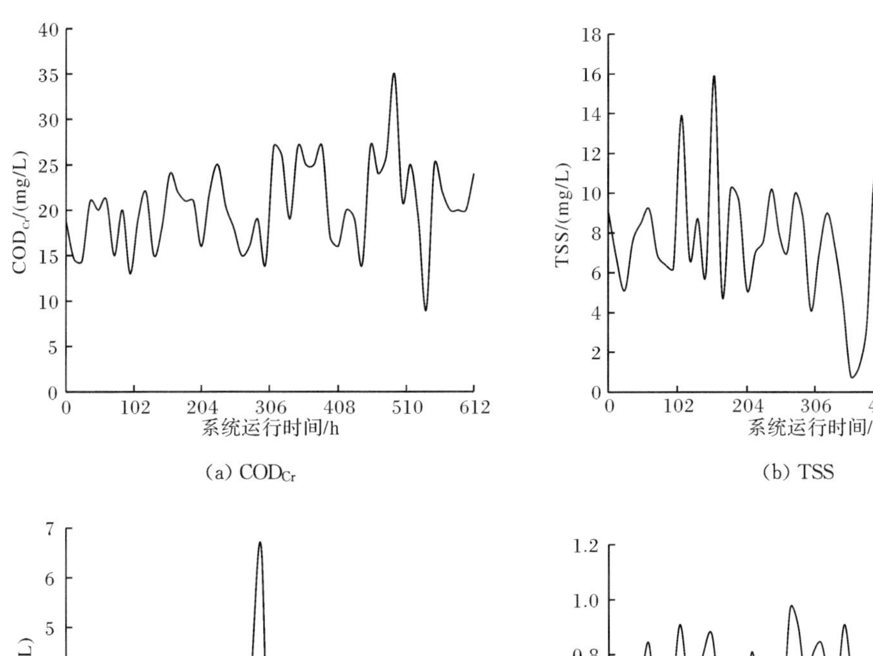

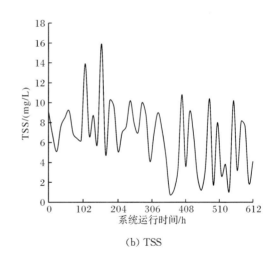

(a) COD_{Cr}　　(b) TSS

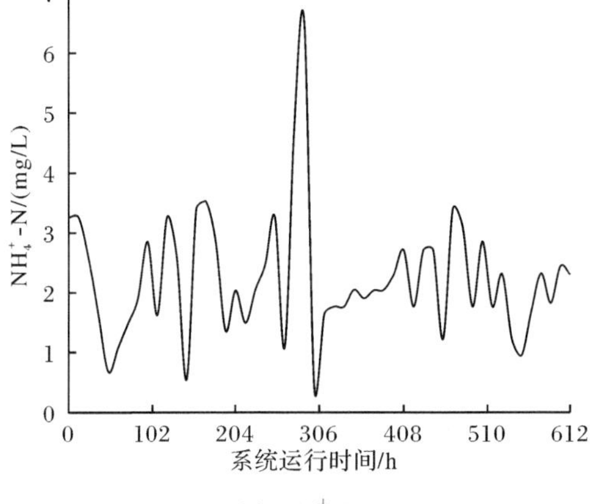

(c) NH_4^+-N

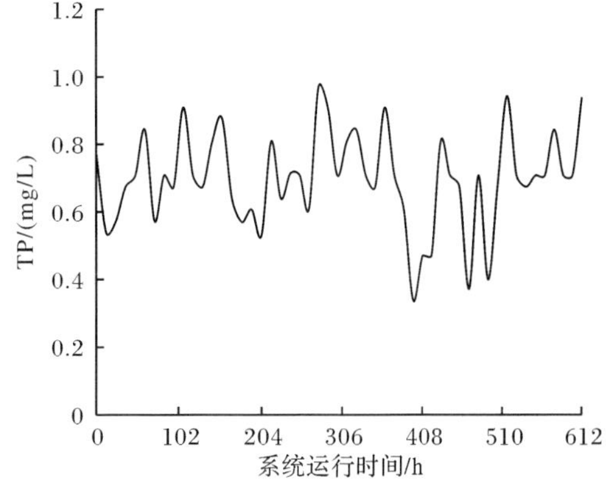

(d) TP

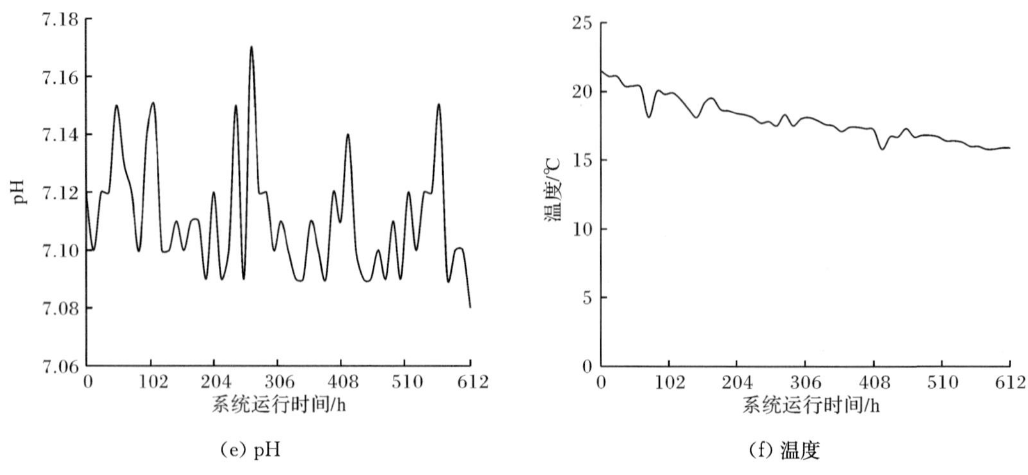

图 18.38　北七家污水处理厂水质参数监测结果

表 18.17　灌水器类型及流道几何参数

类型	灌水器形式	流道几何参数(长×宽×深)/(mm×mm×mm)	额定流量/(L/h)	产地
FE		50.23×0.57×0.67	1.2	以色列
CE		152.23×1.30×1.16	2.9	中国

系统运行 36h 时测定每个灌水器流量，然后计算每个处理灌水器的平均相对流量和灌水均匀度，具体方法详见第 3 章。

当堵塞最严重的 RW_{100} 处理平均流量分别降低到额定流量的 95%、80%、70%、60% 时，破坏性地选取一条毛管进行取样，将毛管上各灌水器从头至尾进行编号，分别取首部(1～5 号)、中部(11～15 号)、尾部(21～25 号)三个位置上的 5 个灌水器样品。将所取样品用小刀小心剥开，用高精度电子天平(精度 10^{-4}g，型号 HZT-A)分别测量灌水器的质量，剪碎后将灌水器装入自封袋中，分别加入 20mL 去离子水后置于超声波清洗器(功率 240W，型号 GVS-10L)中，在频率 60Hz 下进行脱膜处理。堵塞物质干重及矿物组分测试方法详见第 5 章。

18.3.2　施肥浓度对灌水器内部堵塞物质干重和矿物组成的影响

1. 堵塞物质干重

滴灌施磷条件下不同钙镁离子浓度控制水平处理和对照的单位体积内堵塞物质的质量及其增长速率的动态变化过程如图 18.39 所示。从图中可以看出，各处理和对照均表现为随着滴灌系统的运行，单位体积内堵塞物质质量呈逐渐增加的趋势，系统运行至

108h 时灌水器堵塞物质质量为 0.05～6.78mg/mm^3，而系统运行 612h 后达到 0.43～19.95mg/mm^3，比 108h 时增加 124.8%～937.8%。对于钙镁离子浓度控制水平处理，各阶段堵塞物质总体表现出 $SP_{RW25}<SP_{RW50}<SP_{RW100}$，也就是说，随着再生水中钙镁离子浓度的增加，单位体积内堵塞物质的质量迅速递增，SP_{RW25} 分别比 SP_{RW50}、SP_{RW100} 平均低 14.4%和 28.0%。但前期的差距较小，随着系统运行差距逐渐加大。比较各处理和对照之间的差异来看，RW_{50} 和 RW_{100} 两个处理单位体积内堵塞物质的质量要明显高于对照 GW_{50}，两个处理分别较对照高 24.3%、48.8%；处理 RW_{25} 与对照 GW_{50} 之间单位体积内堵塞物质的质量相差不大，仅相差 5.6%。

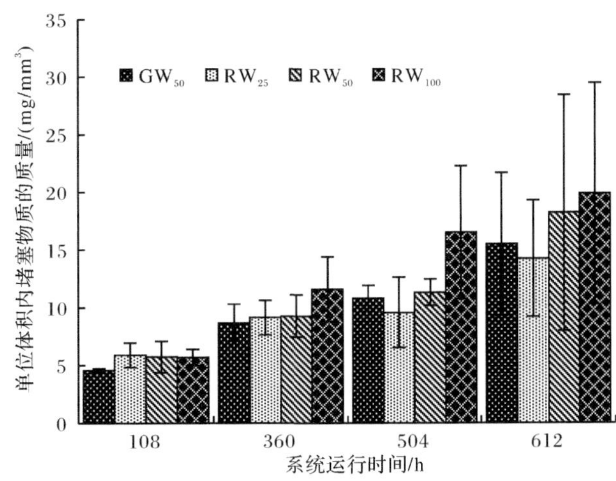

图 18.39　再生水滴灌系统灌水器单位体积内堵塞物质质量的动态变化

2. 堵塞物质矿物组分

借助 X 射线衍射仪及其配套 TOPAS 软件对灌水器堵塞物质中无机矿物组分进行分析，分析发现，滴灌施磷条件下灌水器堵塞物质主要为石英、氢氧磷灰石、碱性长石、斜绿泥石、石灰石、白云石、沸石、闪石、钠铝石、NaCl 等。

对于无机矿物组分分析的统计结果见表 18.18，结果为首部、中部、尾部灌水器测试的均值。从表 18.18 可以看出，石英和氢氧磷灰石沉淀两种堵塞物质组分分别占 8.02%～48.35%、0.62%～59.95%。同时也可以看出，再生水滴灌施磷改变了灌水器内部堵塞物质含量的分布，当系统运行结束后，相较于 GW_{50}，石英含量降低了 0.66%～23.02%，而氢氧磷灰石沉淀含量提高了 0.53%～20.04%。但比较而言，可以发现 RW_{25} 处理和 GW_{50} 处理的氢氧磷灰石含量之间相差较小，偏差仅为 2.58%～12.5%；灌水器堵塞物质中氢氧磷灰石沉淀含量逐渐增加，RW_{25} 处理的灌水器堵塞物质中氢氧磷灰石含量分别比 RW_{50}、RW_{100} 处理的灌水器堵塞物质中氢氧磷灰石含量低 2.68%～13.13%、4.67%～20.04%。同时还可以看出，随着滴灌系统运行，灌水器内部堵塞物质含量的比例也发生了较大变化，石英含量逐渐降低而氢氧磷灰石沉淀含量逐渐提升，系统运行至 612h 后石英含量比 108h 时降低了 1.2%～20.85%，而氢氧磷灰石沉淀含量增加了 12.98%～24.38%。

表 18.18　再生水滴灌系统堵塞物质矿物组分　　(单位:%)

灌水器类型	处理	系统运行时间											
		108h			360h			504h			612h		
		石英	氢氧磷灰石	其他	石英	氢氧磷灰石	其他	石英	氢氧磷灰石	其他	石英	氢氧磷灰石	其他
FE	GW_{50}	29.30	0.67	70.03	48.35	9.57	42.08	24.90	11.05	64.05	25.97	13.39	60.64
	RW_{25}	26.41	0.62	72.97	24.66	10.36	64.98	27.37	11.27	61.36	27.63	13.92	58.45
	RW_{50}	46.90	3.60	49.50	30.93	15.39	53.68	19.10	18.29	62.61	20.26	15.57	64.17
	RW_{100}	42.94	5.29	51.77	31.81	17.87	50.32	28.61	29.74	41.65	22.09	19.13	58.78
CE	GW_{50}	41.37	1.41	57.22	35.34	9.85	54.81	32.56	12.97	54.47	31.04	14.66	54.30
	RW_{25}	39.28	1.31	59.41	38.51	10.45	51.04	30.94	13.02	56.04	25.31	14.29	60.40
	RW_{50}	29.46	3.99	66.55	16.19	20.32	63.49	21.66	16.07	62.27	12.07	27.15	60.78
	RW_{100}	14.32	9.95	75.73	20.42	24.53	55.05	18.86	21.36	59.78	8.02	34.33	57.65

18.3.3　施肥浓度对灌水器堵塞的影响效应

不同处理条件下灌水器 Dra 和 CU 的动态变化过程如图 18.40 和图 18.41 所示。从图中可以看出,Dra 和 CU 均表现为前期平衡波动,之后呈线性变化,但各处理之间、Dra 和 CU 之间进入线性变化的开始时间不一致,总体表现出开始线性变化的时间均为随着钙镁离子浓度的增加,线性开始时间显著提前的变化趋势,同时也呈现出随着钙镁离子浓度增加,线性下降变化速率递增的趋势。也正因为上述两个过程的影响,表现出随着钙镁离子浓度增加,灌水器堵塞越来越严重的趋势,系统运行结束时(系统运行 612h),不同钙镁离子浓度灌水器的 Dra 为 57.4%~83.2%,RW_{100}和 RW_{25}之间相差 13.2%~17.6%;CU 为 78.4%~94.6%,RW_{100}和 RW_{25}之间相差 6.4%~9.7%。比较再生水滴灌施磷条件下各钙镁离子浓度控制水平处理和地下水滴灌施磷对照之间的差异可以发现,RW_{100}、RW_{50}处理与对照 GW_{50}之间差异达到极显著水平($p<0.01$,表 18.19),也就是说,再生水中滴灌施磷会

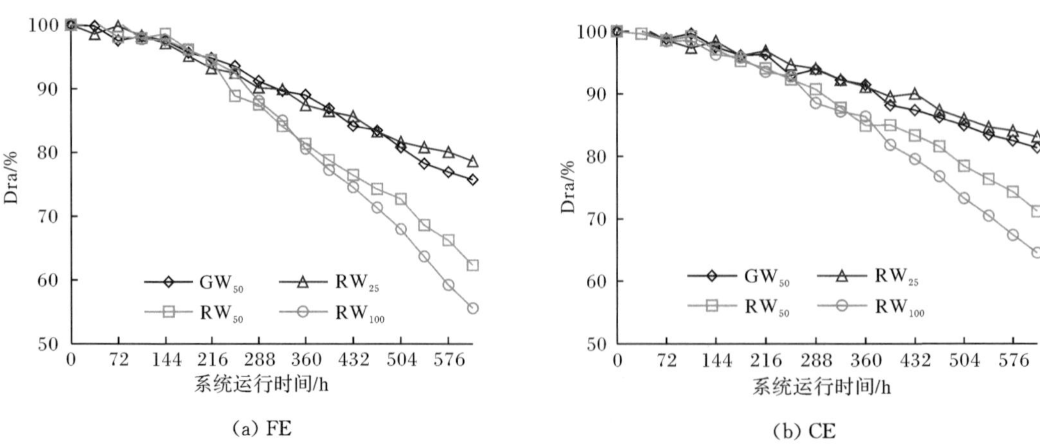

(a) FE　　(b) CE

图 18.40　不同处理条件下灌水器 Dra 的动态变化过程

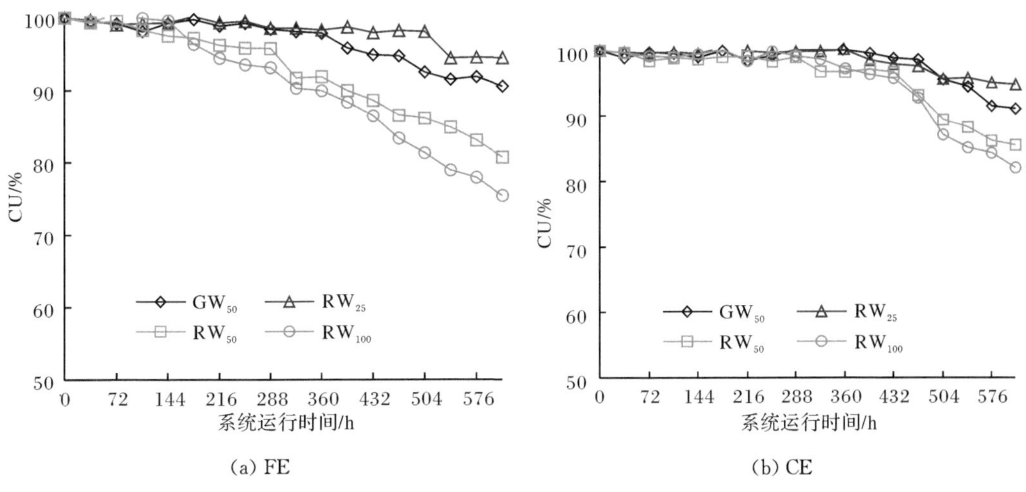

图 18.41　不同处理条件下灌水器 CU 的动态变化过程

显著降低水源中钙镁离子的控制水平；而处理 RW_{25} 与对照 GW_{50} 之间差异未达到显著水平，即再生水中钙镁离子浓度为 25mg/L 与地下水中钙镁离子浓度为 50mg/L 的情况对灌水器堵塞的影响效果相当，换句话说，为了有效减缓灌水器堵塞，滴灌施磷条件下水源中钙镁离子浓度水平再生水约比地下水降低 50%。

表 18.19　不同钙镁离子浓度条件下再生水滴灌系统灌水器堵塞参数的差异显著性分析

灌水器类型	处理	Dra				CU			
		GW_{50}	RW_{25}	RW_{50}	RW_{100}	GW_{50}	RW_{25}	RW_{50}	RW_{100}
FE	GW_{50}	—	N	* *	* *	—	N	* *	* *
	RW_{25}	N	—	* *	* *	N	—	* *	* *
	RW_{50}	* *	* *	—	*	* *	* *	—	*
	RW_{100}	* *	* *	*	—	* *	* *	*	—
CE	GW_{50}	—	N	* *	* *	—	N	* *	* *
	RW_{25}	N	—	* *	* *	N	—	* *	* *
	RW_{50}	* *	* *	—	*	* *	* *	—	*
	RW_{100}	* *	* *	*	—	* *	* *	*	—

18.3.4　施肥浓度对灌水器内部堵塞物质形成的影响

再生水滴灌系统中使用磷肥，由于磷肥对灌溉水水质非常敏感，水源中 Ca^{2+}、Mg^{2+} 等易于形成磷酸盐沉淀，因此易于形成沉淀的盐分离子浓度必须得到有效控制。不同污水处理工艺条件下，Ca^{2+} 和 Mg^{2+} 等盐分离子总浓度差异很大，浓度甚至可以高达 10～528mg/L。研究发现，相同钙镁离子浓度控制水平下(浓度为 50mg/L)，再生水滴灌施磷远比地下水灌水器堵塞更为严重，堵塞物质含量也更高，这也使得钙镁离子浓度控制水平由目前的 50mg/L 降低至 25mg/L 左右。这主要是由于以下三个原因：一是再生水水质极为复杂，其中含有大量的颗粒物、营养元素以及有机污染物等，极易在灌水器内壁形成堵塞物质(Yan et al.,2009),并通过分泌的黏性胞外聚合物不断地吸附水中细小的颗粒物和微生物团体等,不断聚集、生长(Capra and Scicolone,2004;Ravina et al.,1997;Adin and Sacks,1991);二是在水源中加入磷肥后,会增加水源中的颗粒物、营养物质,也增加了堵塞物质生长所需的营养元素供给,提升了堵塞物质的生长量;三是再生水中的钙镁离子及 $CaCO_3$ 沉淀更易与磷肥中的 PO_4^{3-} 相结合形成氢氧磷灰石(Lopez and Carcia,1997)等沉淀物,再生水滴灌灌水器堵塞物质中的氢氧磷灰石含量比地下水高 156.7%,化学沉淀物会在堵塞物质表面附着,引起堵塞物质表面粗糙度的增加和表面特性的改变,进而显著改变悬浮颗粒物、沉淀物以及微生物等附着特性,使得堵塞物质形成的总量大幅提升,钙镁离子浓度控制水平大幅降低,也就出现了钙镁离子浓度同样为 50mg/L 的条件下,再生水滴灌系统灌水器堵塞程度要远远高于同等浓度钙镁离子的地下水滴灌,而与钙镁离子浓度为 25mg/L 的再生水滴灌灌水器堵塞程度相当。

研究发现,当再生水中钙镁离子浓度为 25~100mg/L 时,随着钙镁离子浓度控制水平的增加,灌水器堵塞呈更加严重的变化趋势,Dra 和 CU 大幅增加。这主要是由于水源中存在的大量钙、镁、铁和铝等阳离子,其与磷酸盐作用生成溶解度非常小的化合物,导致磷酸根离子的移动性大大降低。在中性和碱性条件下,钙镁离子对磷的吸附和固定作用主要是化学沉淀和碳酸钙表面吸附作用。各种磷酸钙盐的溶度积相差较大,其中磷酸一钙的溶解度较大,不易沉淀;磷酸三钙是高温下熔成的产物,在水中一般不能形成,其他磷灰石类的产生需要一定时间。因此,通常认为石灰性土壤中磷酸根离子和钙离子沉淀的初步产物以磷酸二钙为主,然而磷酸二钙在中性—碱性条件下仍然是不稳定的,可水解为氢氧磷灰石,或者通过沉淀作用很快生成磷酸二钙并逐步向磷酸八钙转化;氢氧磷灰石的溶度积比磷酸八钙小得多,因此,磷酸八钙仍有可能进一步转化为氢氧磷灰石。此外,碳酸钙可以在其表面吸附磷酸根离子,形成难溶性化合物而使其固定,即磷酸根离子以单分子层沉淀在碳酸钙表面,并和碳酸钙相结合(Lopez and Carcia,1997)。因此,在滴灌施磷条件下,随着水源中钙镁离子浓度的增加,堵塞物质总量大幅增加,进而加剧灌水器堵塞。

此外,不同离子浓度条件下灌水器 Dra 与 CU 之间的关系如图 18.42 所示,不同钙镁离子浓度条件下 Dra 和 CU 的关系依然呈较好的线性关系,这说明不同钙镁离子浓度条件下 Dra 和 CU 的变化是同步的,随着钙镁离子浓度的增加,R^2 越来越大,说明 Dra 和 CU

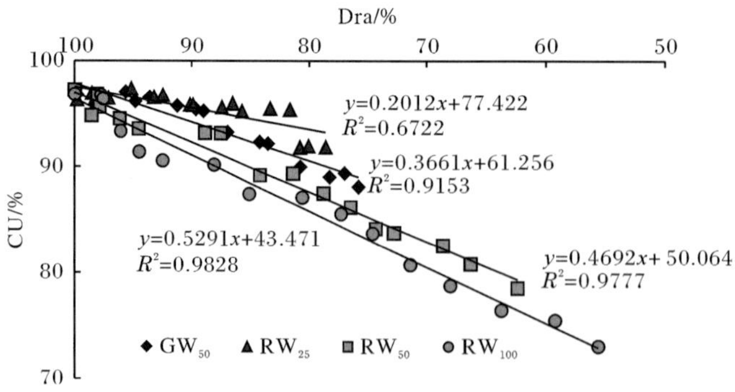

(a) FE

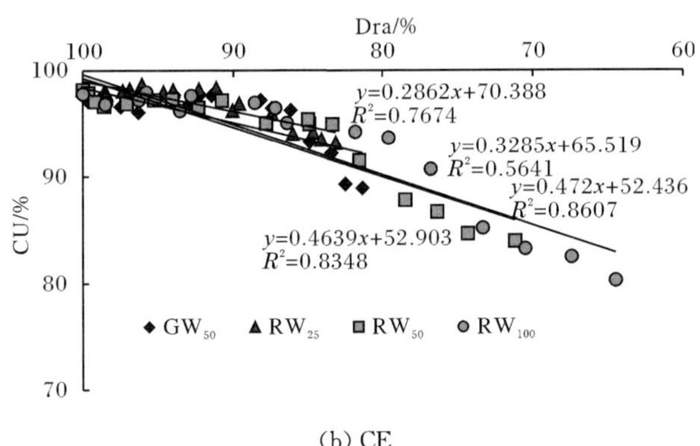

(b) CE

图 18.42　再生水滴灌系统不同离子浓度条件下灌水器 Dra 与 CU 之间的关系

的线性关系越来越强。此外，随着钙镁离子浓度增加，曲线斜率越来越大，说明钙镁离子浓度的增加使得随着 Dra 的降低，CU 的下降速率越来越快。这是由于钙镁离子对磷的吸附和固定作用容易形成堵塞物质，从而使 CU 对 Dra 的变化更加敏感，这与随着钙镁离子浓度控制水平的增加而灌水器堵塞越加严重的变化趋势一致。

18.4　引黄滴灌磷肥系统对灌水器堵塞的影响及作用机理

18.4.1　试验概况

1. 滴灌系统灌水器抗堵塞性能评估方法

(1) 本节选取的灌水器抗堵塞性能评价指标主要包括平均相对流量 Dra，克里斯琴森均匀系数 CU 和统计均匀度 U_s，具体计算方法参见第 3 章。

(2) 引入总体相对指数(emitter total coefficient of evaluation index，ETEI)，其是以国内最常见的额定流量为 2.0L/h 的灌水器作为参照对象，是不同灌水器的抗堵塞性能指标(主要为 Dra、CU、U_s)与流量为 2.0L/h 的灌水器在同一条件下灌水器抗堵塞性能指标之间的比值，具体计算公式如下：

$$ET_{EI}=\frac{EI_Q}{EI_{2.0}} \tag{18.1}$$

式中，EI_Q 为额定流量为 Q 的灌水器抗堵塞性能评价指标，主要为 Dra、CU、U_s 等，%；$EI_{2.0}$为额定流量为 2.0L/h 的灌水器在同一试验条件下的灌水器 Dra、CU、U_s，%。

2. 滴灌系统灌水器堵塞物质提取方法

试验过程中取样 8 次，以 EM_3 每运行两次为一个单元进行取样，每次取样时从各类型灌水器破坏性地取一根滴灌管(带)，从首部、中部、尾部各 15 个灌水器中选取 5 个接近预计 Dra 且差异相对较小的灌水器样品，之后放入同一自封袋密封，并置于冰箱中 4℃恒温保存，以用于样品中堵塞物质测试。为了尽可能消除污垢物质生长的随机性给试验结果带来的影响，尽可能准确地表征堵塞物质特征组分的动态变化过程，每次对多个样品的混合样进行测试。本研究中精确测试了堵塞物质中的物理、化学和生物诱因下的组分，颗粒污垢组分主要考虑固体颗粒物(SP)，测试方法参照 Xue(2016)的测试方法，化学结晶污垢主要考虑钙镁碳酸盐沉淀(C-MP)，测试方法参照 Li 等(2019)的研究，生物污垢组分主要考虑胞外聚合物(EPS)，具体测试方法参考 Zhou 等(2013)采用的方法。其中，分别对第 2、4、6、8 次取样样品内的化学结晶污垢组分 C-MP 与生物污垢组分 EPS 进行测试。

微生物活性(microbial activity，MA)是堵塞物质分析中的重要参数，它表示单位载体堵塞物质中所附着生长的微生物进行新陈代谢活动的强度，MA 的具体测试方法参考 Song 等(2017)的计算方法，利用 C_{EPS}/C_{SP}进行估算。

18.4.2　引黄滴灌磷肥系统灌水器堵塞行为及抗堵塞性能评估

1. 滴灌系统灌水器 Dra 动态变化及 ET_{Dra}

3 种试验模式(EM1、EM2、EM3)条件下，8 种片式灌水器(E1～E8)Dra 动态变化特征及其相对应的灌水器 ET_{Dra}如图 18.43 所示。

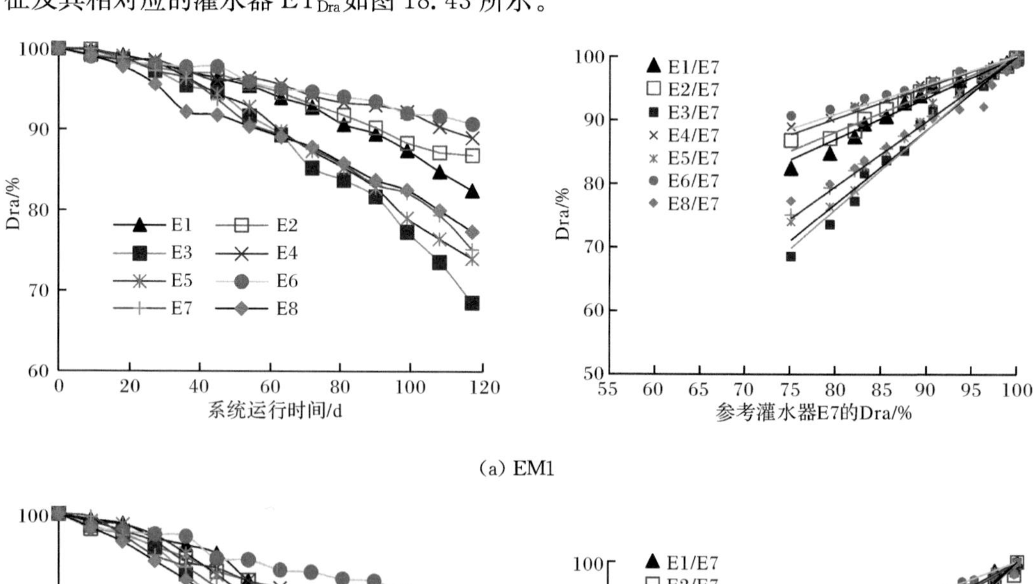

(a) EM1

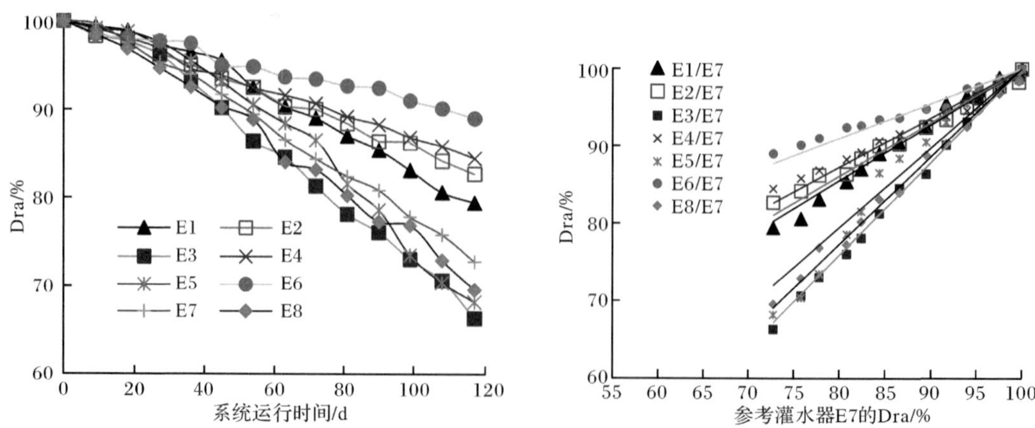

(b) EM2

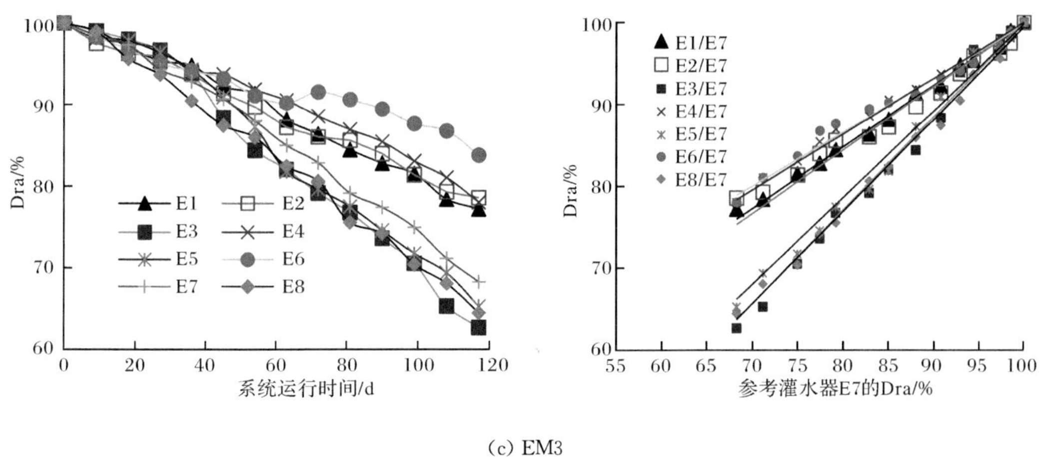

(c) EM3

图 18.43　灌水器 Dra 动态变化规律及其相对应的 ET_{Dra}

从图 18.43 可以看出，3 种试验模式条件下，8 种片式灌水器 Dra 随着系统的运行均表现出逐渐递减的趋势。但是，同一模式条件下的各灌水器 Dra 以及不同模式条件下同一灌水器的 Dra 均存在差异。在系统运行的初始时期，各试验模式下灌水器 Dra 变化幅度较小，且不同灌水器之间的 Dra 值差异也不明显，而灌水器进入堵塞发生阶段后，各试验模式下的灌水器 Dra 开始线性递减，不同灌水器之间的 Dra 值差异也逐渐显现。图 18.45 中 ET_{Dra}的变化规律与 Dra 动态变化较为一致，在 3 种试验模式条件下，均表现为初始差异不大，后期差异逐渐显现。

根据定义，ET_{Dra}是指不同灌水器的平均相对流量 Dra 与流量为 2.0L/h 灌水器的 Dra 在同一条件下的比值，其斜率反映的是各处理组与基于流量 2.0L/h 灌水器参照组的总体差异。因此，综合图 18.43 可以看出，E6 灌水器始终保持最高的 ET_{Dra}值，在 EM1、EM2、EM3 模式下分别比参照组 E7 高出 1.21 倍、1.22 倍、1.19 倍，表现出具有最高的抗堵塞性能；E3 灌水器在 3 种模式中始终处于最低的 ET_{Dra}值，在 EM1、EM2、EM3 模式下分别是参照组 E7 的 91%、90%、92%，为 8 种灌水器中抗堵塞性能最低的灌水器类型。

2. 滴灌系统灌水器 CU 动态变化及 ET_{CU}

从图 18.44 可以看出，8 种片式灌水器 CU 及其相对应的 ET_{CU}值的动态变化规律与 Dra 及 ET_{Dra}的变化规律类似。在 3 种试验模式条件下，CU 与 ET_{CU}值均表现为初始差异不大，后期差异逐渐显现。综合可以看出，截至试验结束，E6 灌水器抗堵塞性能最高，E3 灌水器抗堵塞性能最低，灌水器 $CU_{E4}>CU_{E2}>CU_{E1}>CU_{E7}>CU_{E8}>CU_{E5}$的抗堵塞性能依次递减。在 EM1、EM2、EM3 模式下，E6 在 8 种灌水器的 CU 与 ET_{CU}值中均为最高值，CU 分别为 90.4%、88.9%、85.5%，E6 的 ET_{CU}值较参照组 E7 分别高出 1.23 倍、1.26 倍、1.25 倍，表现出具有最高的抗堵塞性能；E3 在 3 种模式 8 种灌水器的 CU 与 ET_{CU}值中均为最低值，其抗堵塞性能在 8 种灌水器中表现最差，CU 分别为 70.3%、67.4%、64.2%，分别是参照组 E7 的 96%、96%、94%。

3. 滴灌系统灌水器 U_s 动态变化及 ET_{U_s}

从图 18.45 可以看出，8 种片式灌水器 U_s 与其相对应的 ET_{U_s} 值的动态变化规律和 Dra、ET_{Dra} 及 CU、ET_{CU} 的变化规律类似。在 3 种试验模式条件下，U_s 与 ET_{U_s} 均表现为初始差异不大，后期差异逐渐显现。综合图 18.47 可以看出，截至试验结束，8 种片式灌水器的统计均匀度 U_s 以 E6 灌水器最高，$U_{sE4}>U_{sE2}>U_{sE1}>U_{sE7}>U_{sE8}>U_{sE5}>U_{sE3}$ 的抗堵塞性能依次递减。其中，在 EM1、EM2、EM3 模式下，E6 在 8 种灌水器的 U_s 与 ET_{U_s} 值中均为最高值，U_s 分别为 91.4%、88.9%、82.5%、分别是参照组 E7 的 1.24 倍、1.31 倍、1.31 倍，表现出具有最高的均匀度；E3 在 3 种模式 8 种灌水器的 U_s 与 ET_{U_s} 值中均为最低值，其抗堵塞性能在 8 种灌水器中表现最差，U_s 分别为 65.1%、59.2%、55.4%，分别是参照组 E7 的 74%、78%、77%。

4. 滴灌系统灌水器抗堵塞性能评估

以往的研究认为，大流量、大尺寸的灌水器抗堵塞性能相对更强(Camp, 1998)。但

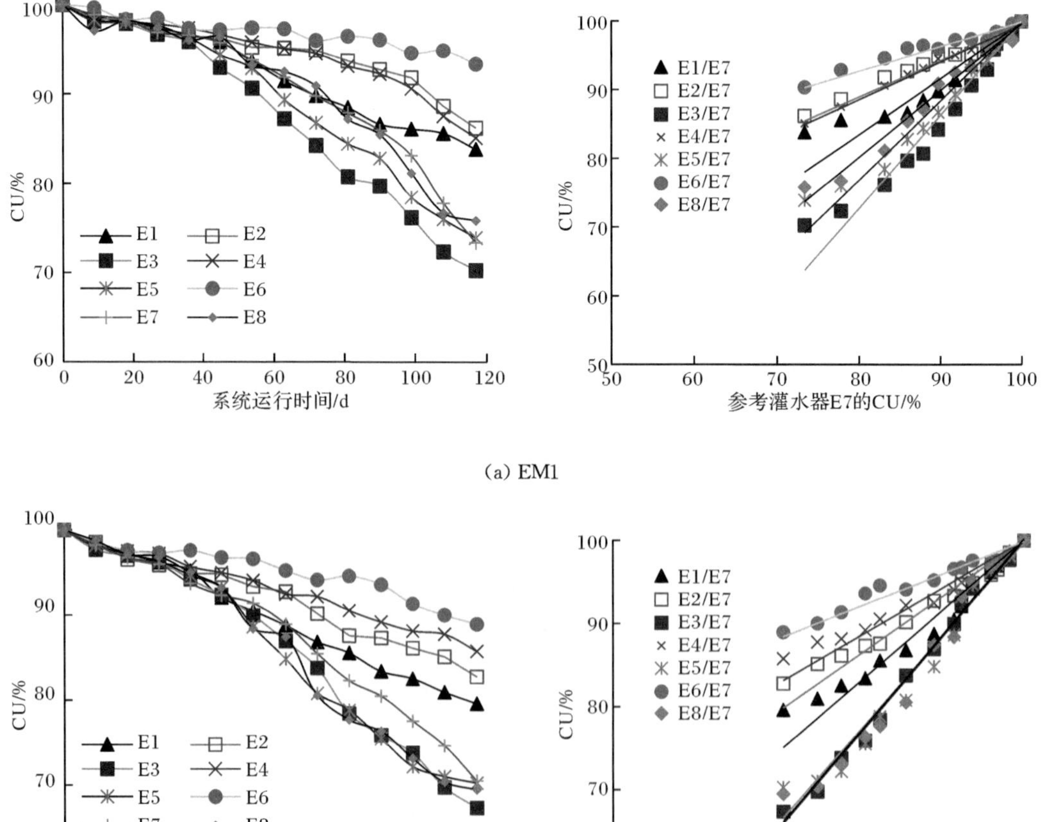

(a) EM1

(b) EM2

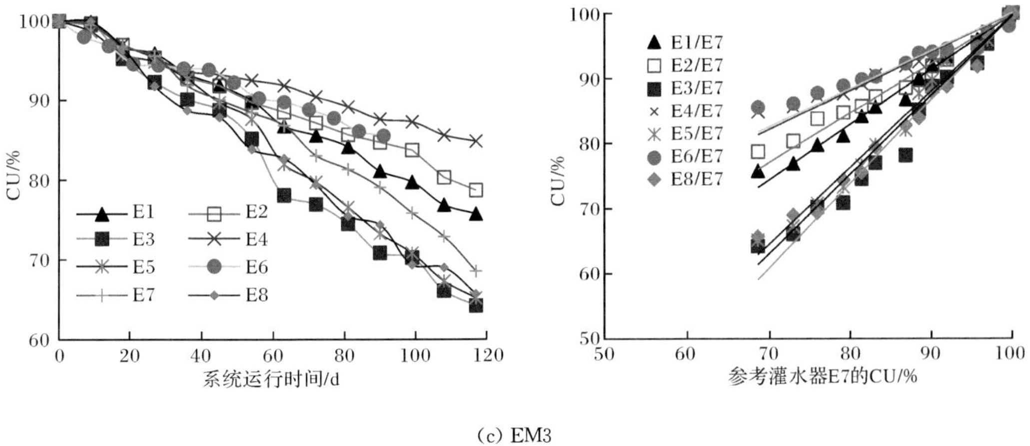

(c) EM3

图 18.44　灌水器 CU 动态变化规律及其相对应的 ET_{CU}

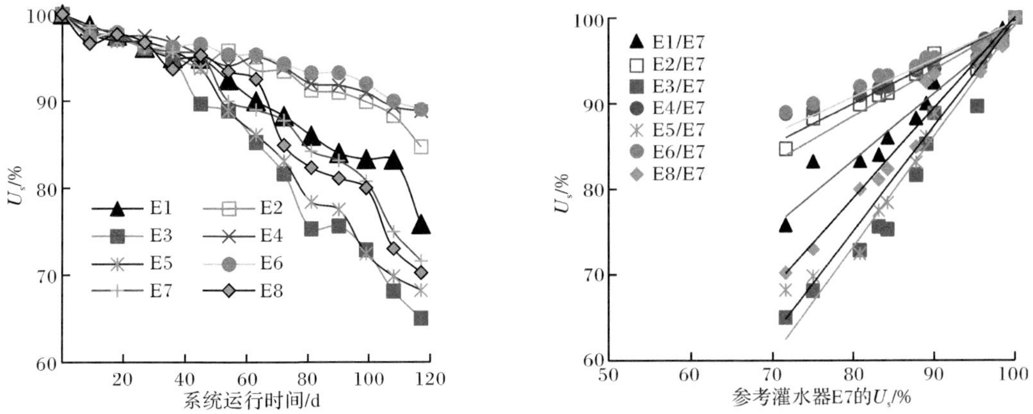

(a) EM1

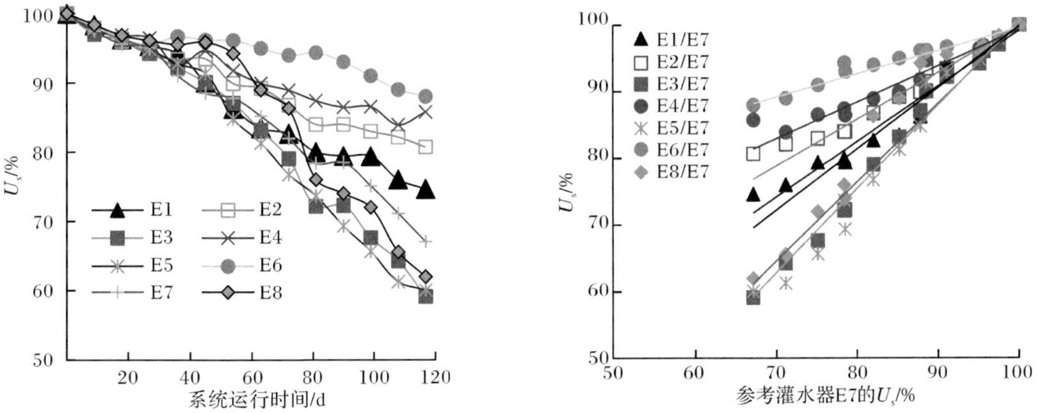

(b) EM2

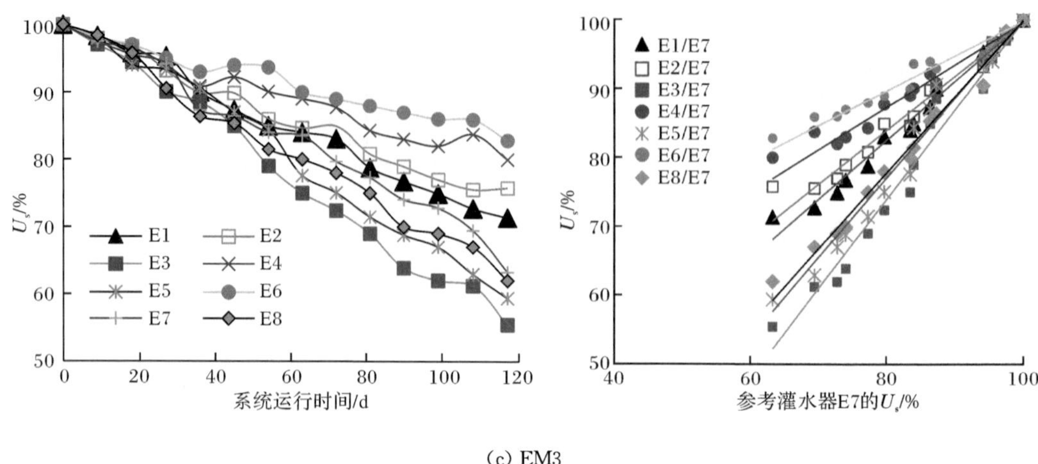

(c) EM3

图 18.45　灌水器 U_s 动态变化规律及其相对应的 ET_{U_s}

本研究却发现 E6 的抗堵塞性能最好，其流量为 1.90L/h，要小于 E7 灌水器(2.00L/h)与 E8 灌水器(2.70L/h)；E8 灌水器流量最大(2.70L/h)，其抗堵塞性能仅高于 E5 和 E3 两种灌水器，这说明流量较大的灌水器并不一定具有较高的抗堵塞性能，简单地以灌水器的流量大小来判定其抗堵塞性能存在一定的局限性。实际上，灌水器的流道几何参数作为影响灌水器抗堵塞性能的决定性因素，不仅影响灌水器额定流量的大小，更决定了灌水器的断面平均流速。而已有研究表明，断面平均流速 v 会对再生水滴灌系统内部附生生物膜的形成和生长产生重要影响，将直接影响灌水器的堵塞程度和抗堵塞性能。在本试验中，试验滴灌水源为具有复杂水质的黄河水，水质中含有大量悬浮颗粒物、盐分离子、化学沉淀、有机污染物、微生物等物质，灌水器内发生的物理-化学-生物耦合反应，形成了更为复杂的复合型堵塞。断面平均流速 v 对于灌水器堵塞的影响表现更为明显。通过分析 3 种试验模式下系统不同的堵塞程度时期，断面平均流速对灌水器内部堵塞物质物理组分(SP)、化学组分(C-MP)、生物组分(EPS、MA)的影响可以看出(图 18.46)，v 与灌水器内部堵塞物质呈显著的线性负相关关系(3 种模式条件下均 $R^2>0.75$，且分别在 $p<0.01$ 或 $p<0.05$ 条件下显著)。究其原因，对于富含大量颗粒物(泥沙颗粒和化学沉淀)与微生物的复杂水源滴灌系统，堵塞物质在流道内一直处于附着—生长—脱落的动态变化过

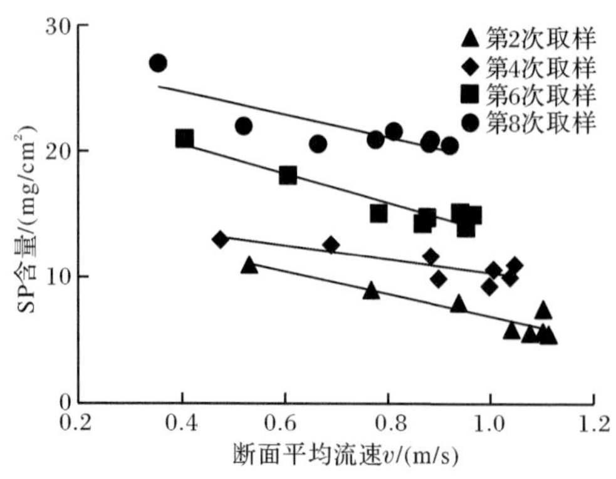

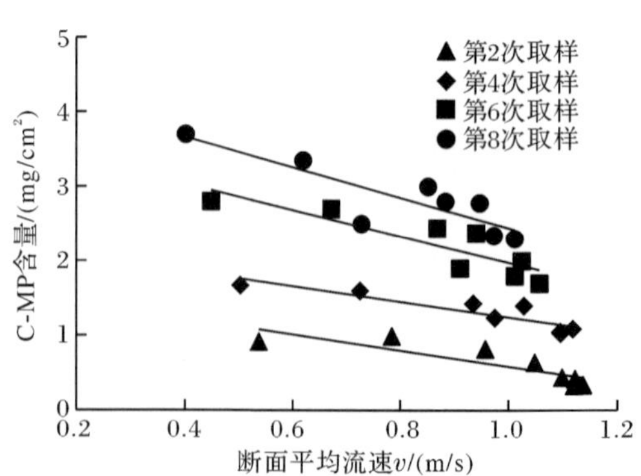

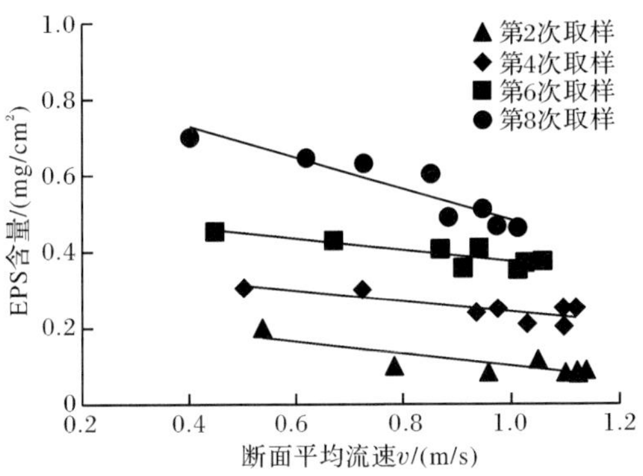
EPS含量/(mg/cm²)
断面平均流速v/(m/s)
第2次取样
第4次取样
第6次取样
第8次取样

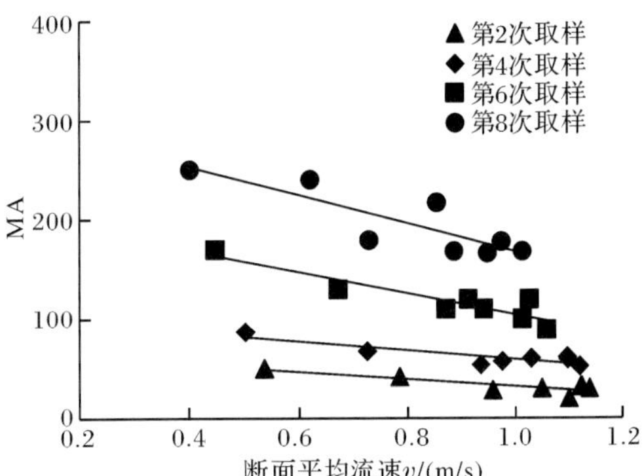
MA
断面平均流速v/(m/s)
第2次取样
第4次取样
第6次取样
第8次取样

(a) EM1

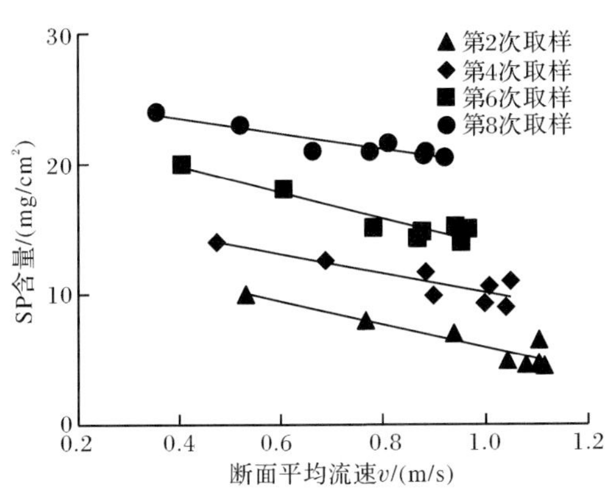
SP含量/(mg/cm²)
断面平均流速v/(m/s)
第2次取样
第4次取样
第6次取样
第8次取样

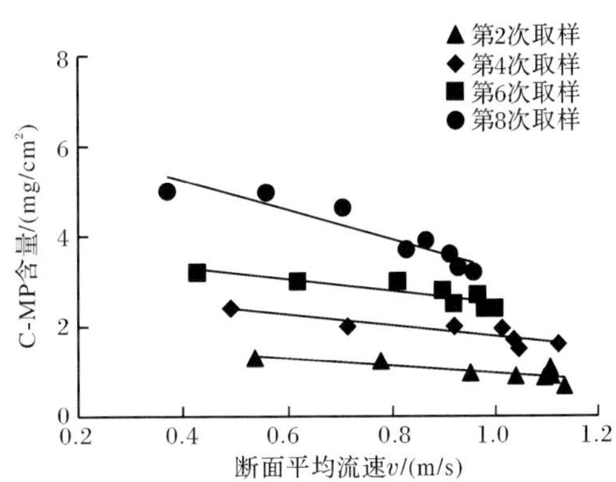
C-MP含量/(mg/cm²)
断面平均流速v/(m/s)
第2次取样
第4次取样
第6次取样
第8次取样

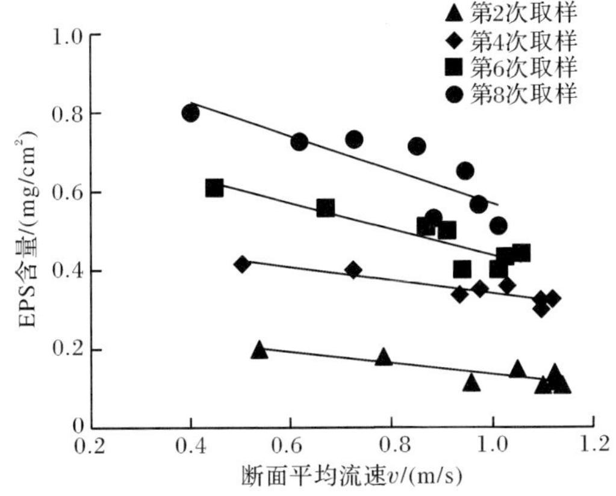
EPS含量/(mg/cm²)
断面平均流速v/(m/s)
第2次取样
第4次取样
第6次取样
第8次取样

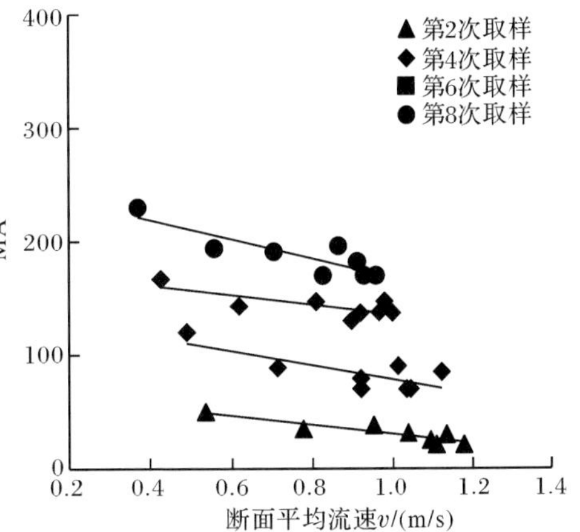
MA
断面平均流速v/(m/s)
第2次取样
第4次取样
第6次取样
第8次取样

(b) EM2

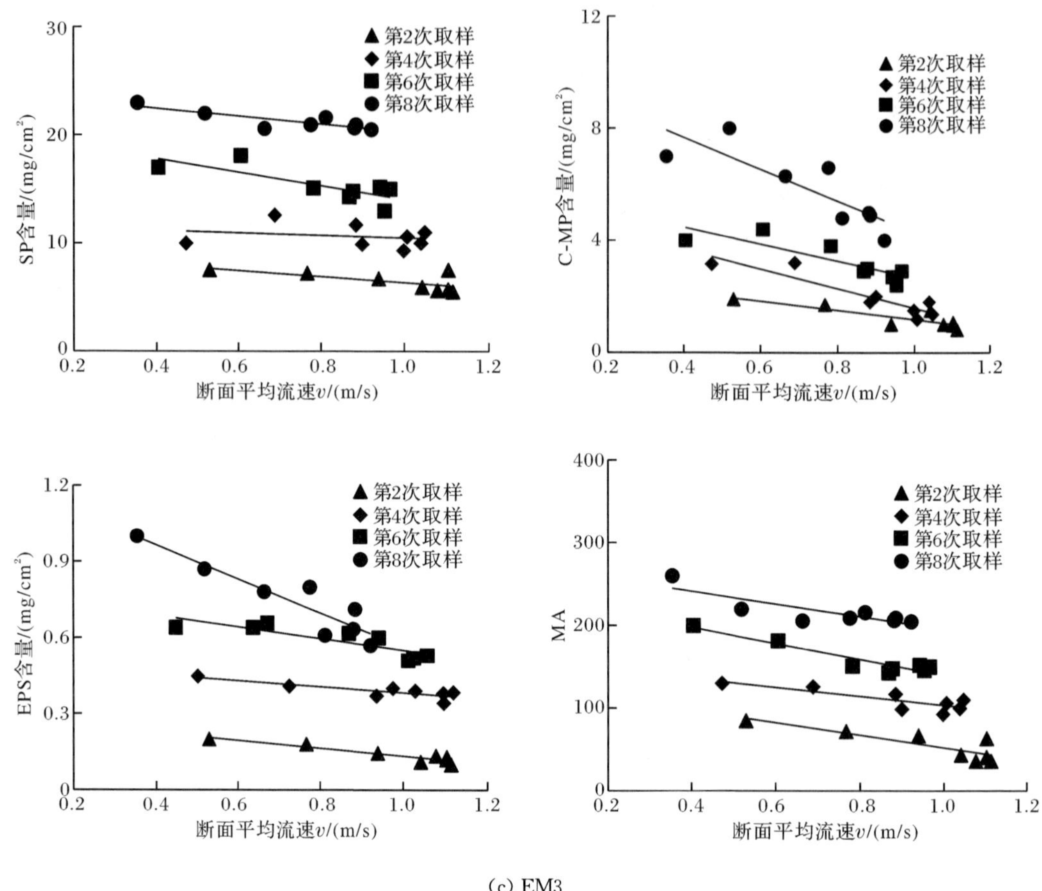

(c) EM3

图 18.46 断面平均流速对灌水器堵塞物质各组分的影响

程。若流道断面平均流速较大，那么水源对微生物生长所需的营养物质供给能力较强，附着在流道内壁堵塞物质内部的空隙会更快地被微生物分泌的黏性胞外聚合物填充，导致近壁面微生物的营养物质供应受限而发生死亡或新陈代谢减慢，则该层堵塞物质对壁面的黏附力降低。同时流道内具有较大的流速，水流运动湍流度会升高，对于附着的堵塞物质的剪切力更大。流速的增大会使堵塞物质更易发生脱落，并随流速较高的水流排出灌水器。

断面平均流速 v 的大小能够显著影响灌水器内部堵塞物质各组分的含量。通过对比灌水器内部堵塞物质 SP、C-MP、EPS、MA 与 Dra 的关系(图 18.47)可以看出，在 3 种试验模式条件下 8 种灌水器内部堵塞物质 SP、C-MP、EPS、MA 均与灌水器 Dra 呈显著的线形负相关关系($R^2>0.74$ 且分别在 $p<0.01$ 或 $p<0.05$ 条件下显著)，不同灌水器内部堵塞物质含量差异表征为其的抗堵塞性能与堵塞程度的差异。因此，灌水器的断面平均流速 v 通过影响灌水器内部堵塞物质的沉积和含量，最终表征为灌水器之间的抗堵塞性能产生差异。

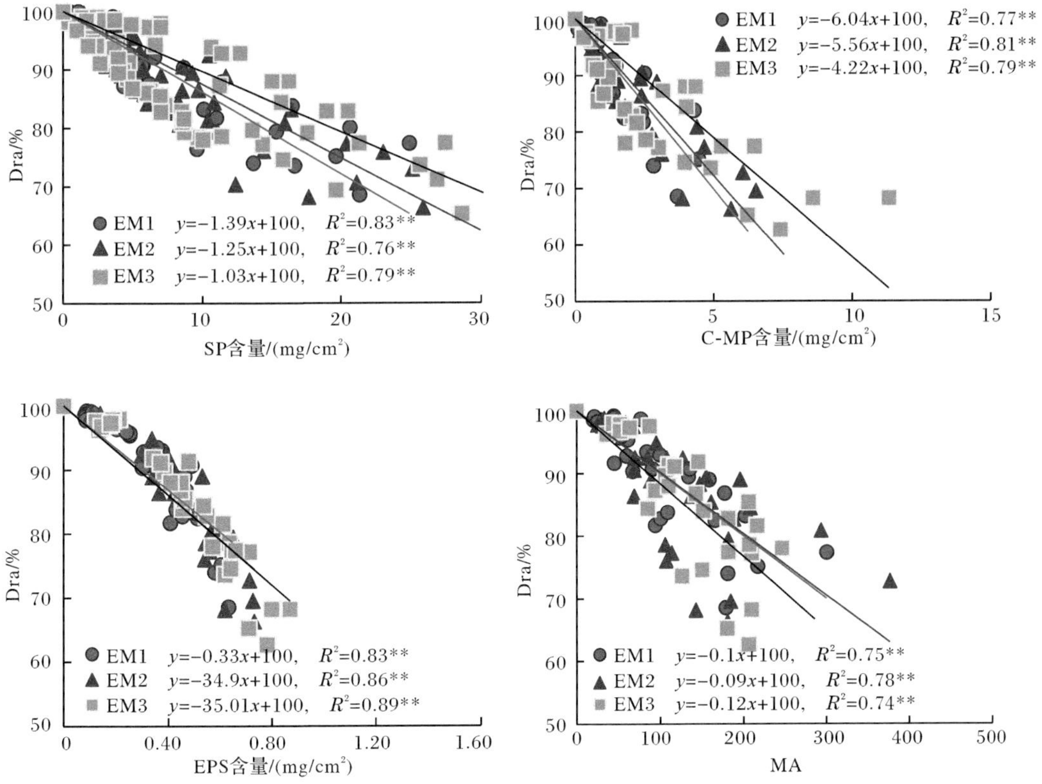

图 18.47　灌水器堵塞物质各组分与 Dra 的相关关系

根据上述结果，分别对 8 种灌水器流道的长(L)、宽(W)、深(D)、横截面面积(A)及其组合形成的无量纲参数 W/D 和 $A^{1/2}/L$ 与断面平均流速 v 进行相关性分析(图 18.48)。结果表明，由几何参数组合形成的无量纲参数 W/D 和 $A^{1/2}/L$ 以及流道长度 L 与外特性参数 v 呈现良好的线性相关关系，R^2 分别为 0.83、0.82、0.77，且在 $p<0.05$ 条件下显著。这说明灌水器的流道长度 L 与无量纲参数(W/D 和 $A^{1/2}/L$)是导致灌水器断面平均流速产生差异的主要原因。其中，W/D 和 $A^{1/2}/L$ 与断面平均流速 v 存在正相关关系，通过增

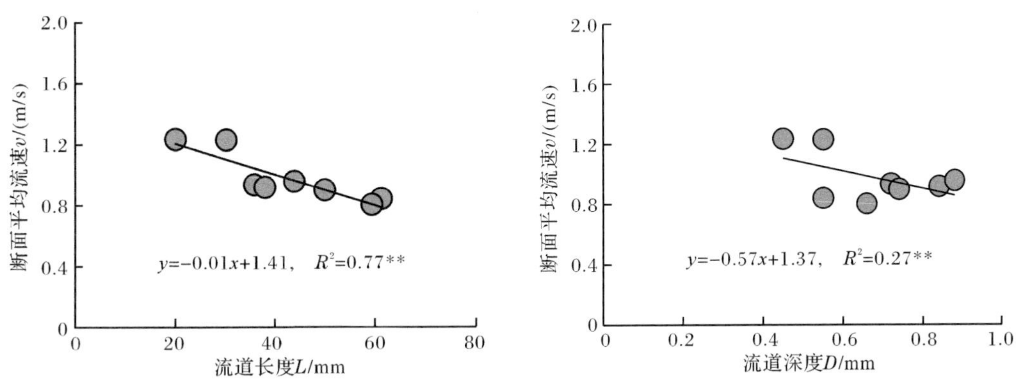

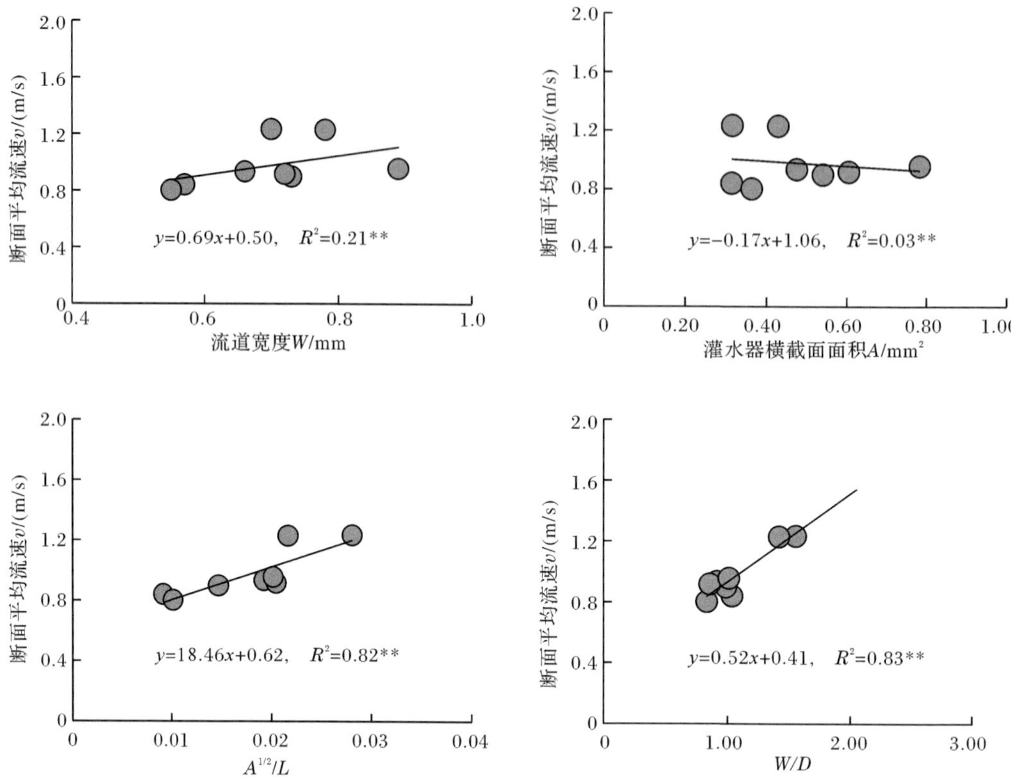

图 18.48 灌水器流道几何参数及无量纲参数与断面平均流速的相关关系

大灌水器的 W/D 与 $A^{1/2}/L$ 可以提高灌水器的断面平均流速 v，从而提高灌水器的抗堵塞性能，灌水器流道长度 L 与断面平均流速 v 存在负相关关系，即增加灌水器的流道长度会导致灌水器的流速减小，从而使灌水器抗堵塞性能降低。

综上所述，不同灌水器抗堵塞性能差异的原因是通过流道结构参数的相互组合，导致灌水器的断面平均流速 v 产生差异。而灌水器产品断面平均流速 v 不同，会显著影响灌水器堵塞物质各组分的形成和生长，从而使不同灌水器的堵塞程度和抗堵塞性能产生差异。而在合理选择和设计抗堵塞型灌水器时，应该选择具有较高断面流速的灌水器，而非简单地通过额定流量进行选择。

18.4.3 引黄滴灌磷肥系统灌水器堵塞物质形成机理

1. 3 种工作频率下灌水器内部污垢固体颗粒物总量

滴灌磷肥水肥一体化系统 3 种工作频率条件下($P_{1/1}$、$P_{1/4}$、$P_{1/7}$)不同类型灌水器流道内污垢总量动态变化过程及三者相关关系如图 18.49 所示。

从图中可以看出，不同运行工作频率下 8 种灌水器(E1～E8)内部污垢物质含量差异明显，即随着滴灌系统的运行时间累计增加，8 种灌水器在 3 种运行工作频率下各个运行时段均呈现出随着运行频率的降低而增加的趋势，并表现出较好的一致性。截至系统运

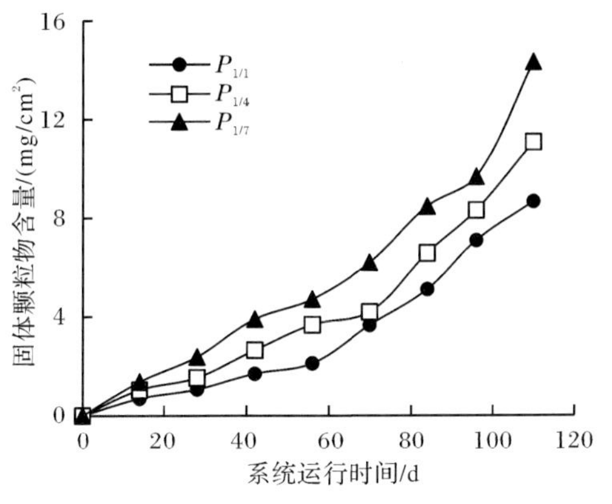

固体颗粒物含量/(mg/cm²)
系统运行时间/d
$P_{1/1}$
$P_{1/4}$
$P_{1/7}$

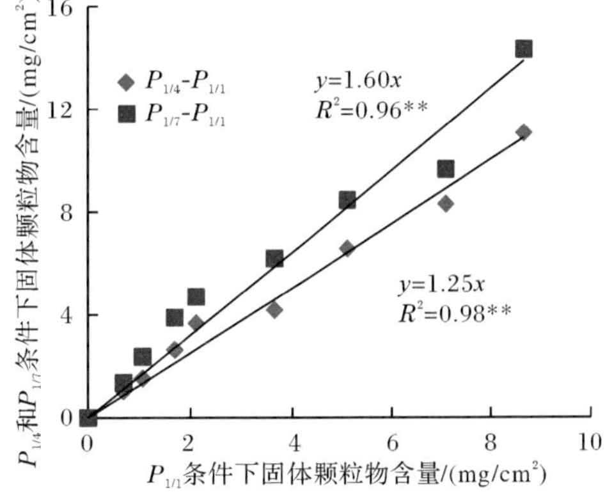

$P_{1/4}$和$P_{1/7}$条件下固体颗粒物含量/(mg/cm²)
$P_{1/1}$条件下固体颗粒物含量/(mg/cm²)
$P_{1/4}$-$P_{1/1}$
$P_{1/7}$-$P_{1/1}$
y=1.60x
R^2=0.96**
y=1.25x
R^2=0.98**

(a) E1

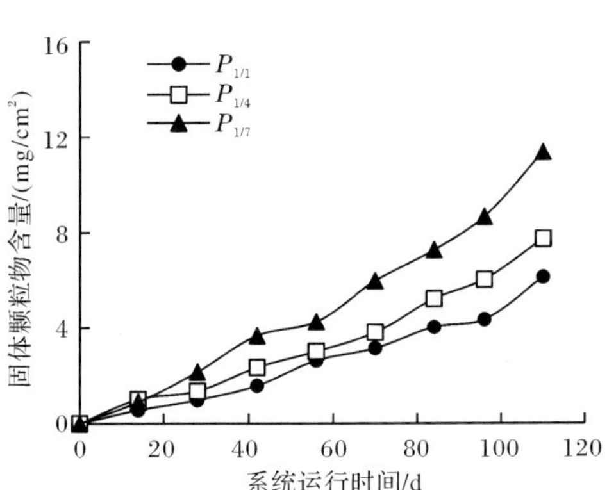

固体颗粒物含量/(mg/cm²)
系统运行时间/d
$P_{1/1}$
$P_{1/4}$
$P_{1/7}$

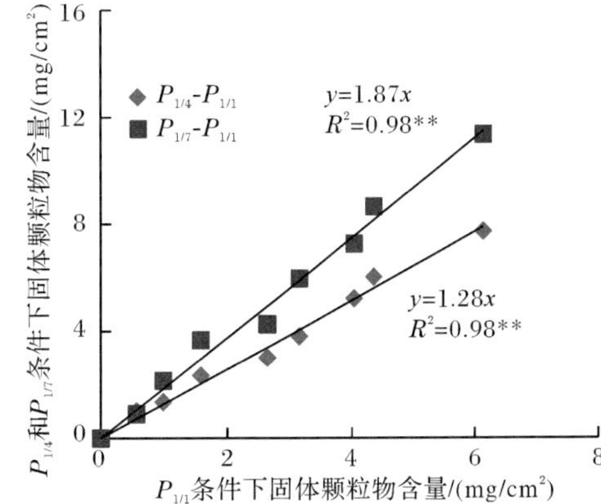

$P_{1/4}$和$P_{1/7}$条件下固体颗粒物含量/(mg/cm²)
$P_{1/1}$条件下固体颗粒物含量/(mg/cm²)
$P_{1/4}$-$P_{1/1}$
$P_{1/7}$-$P_{1/1}$
y=1.87x
R^2=0.98**
y=1.28x
R^2=0.98**

(b) E2

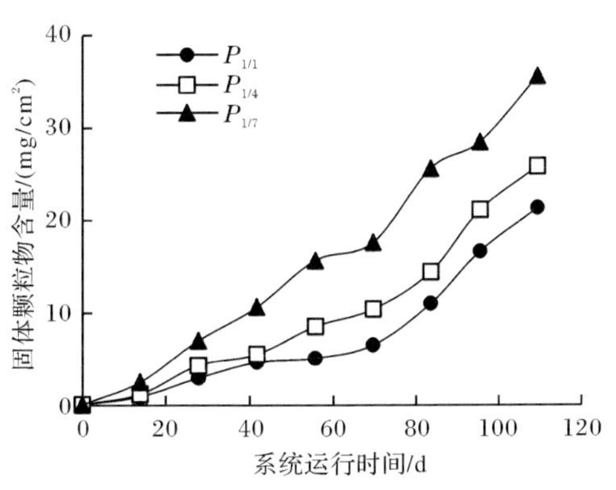

固体颗粒物含量/(mg/cm²)
系统运行时间/d
$P_{1/1}$
$P_{1/4}$
$P_{1/7}$

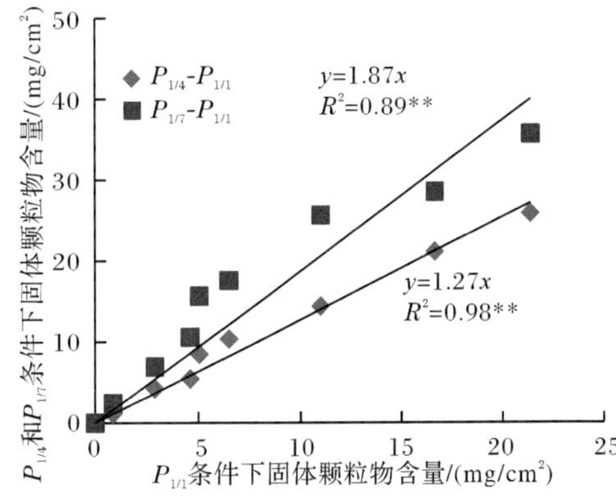

$P_{1/4}$和$P_{1/7}$条件下固体颗粒物含量/(mg/cm²)
$P_{1/1}$条件下固体颗粒物含量/(mg/cm²)
$P_{1/4}$-$P_{1/1}$
$P_{1/7}$-$P_{1/1}$
y=1.87x
R^2=0.89**
y=1.27x
R^2=0.98**

(c) E3

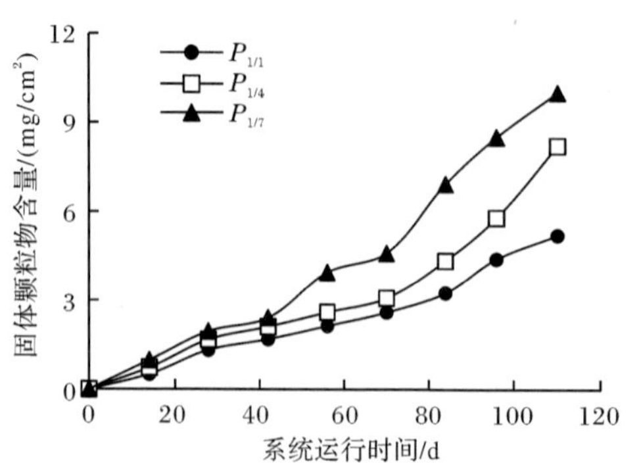
$P_{1/1}$
$P_{1/4}$
$P_{1/7}$
固体颗粒物含量/(mg/cm²)
系统运行时间/d

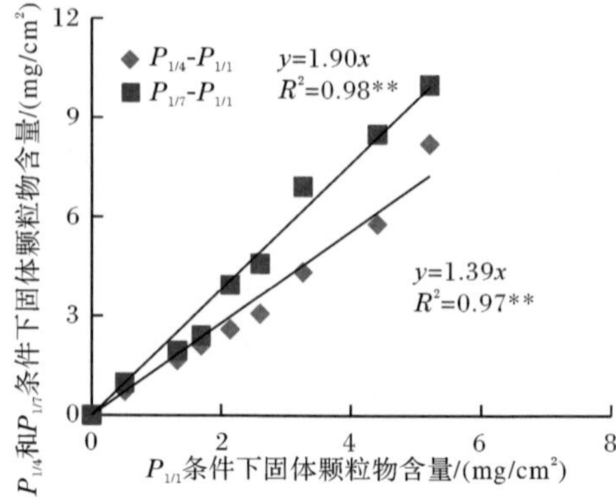
$P_{1/4}$-$P_{1/1}$
$P_{1/7}$-$P_{1/1}$
y=1.90x
R^2=0.98**
y=1.39x
R^2=0.97**
$P_{1/4}$和$P_{1/7}$条件下固体颗粒物含量/(mg/cm²)
$P_{1/1}$条件下固体颗粒物含量/(mg/cm²)

(d) E4

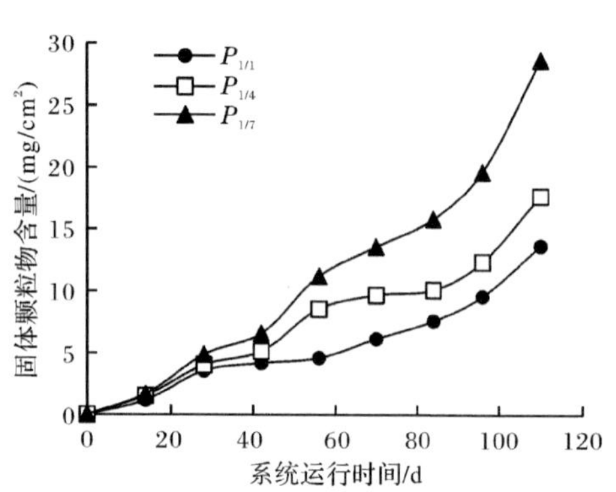
$P_{1/1}$
$P_{1/4}$
$P_{1/7}$
固体颗粒物含量/(mg/cm²)
系统运行时间/d

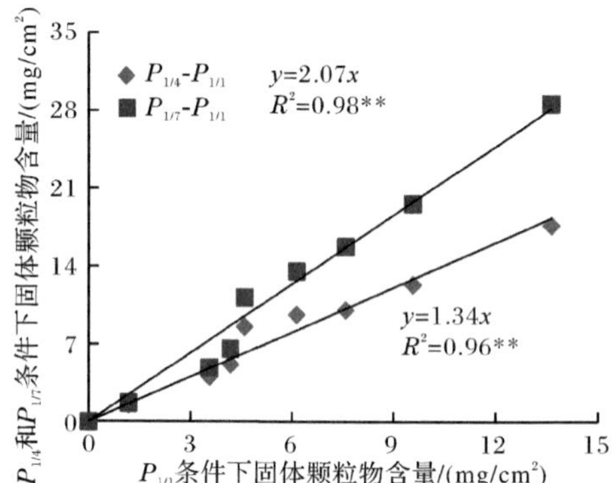
$P_{1/4}$-$P_{1/1}$
$P_{1/7}$-$P_{1/1}$
y=2.07x
R^2=0.98**
y=1.34x
R^2=0.96**
$P_{1/4}$和$P_{1/7}$条件下固体颗粒物含量/(mg/cm²)
$P_{1/1}$条件下固体颗粒物含量/(mg/cm²)

(e) E5

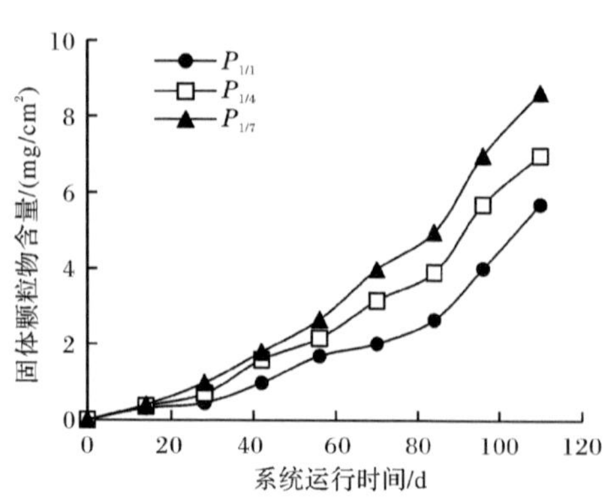
$P_{1/1}$
$P_{1/4}$
$P_{1/7}$
固体颗粒物含量/(mg/cm²)
系统运行时间/d

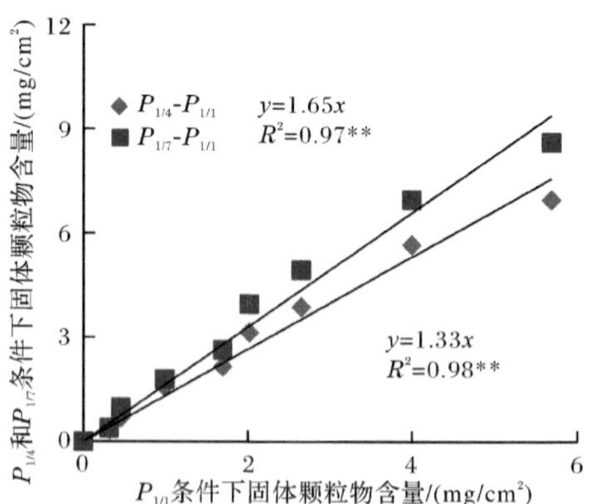
$P_{1/4}$-$P_{1/1}$
$P_{1/7}$-$P_{1/1}$
y=1.65x
R^2=0.97**
y=1.33x
R^2=0.98**
$P_{1/4}$和$P_{1/7}$条件下固体颗粒物含量/(mg/cm²)
$P_{1/1}$条件下固体颗粒物含量/(mg/cm²)

(f) E6

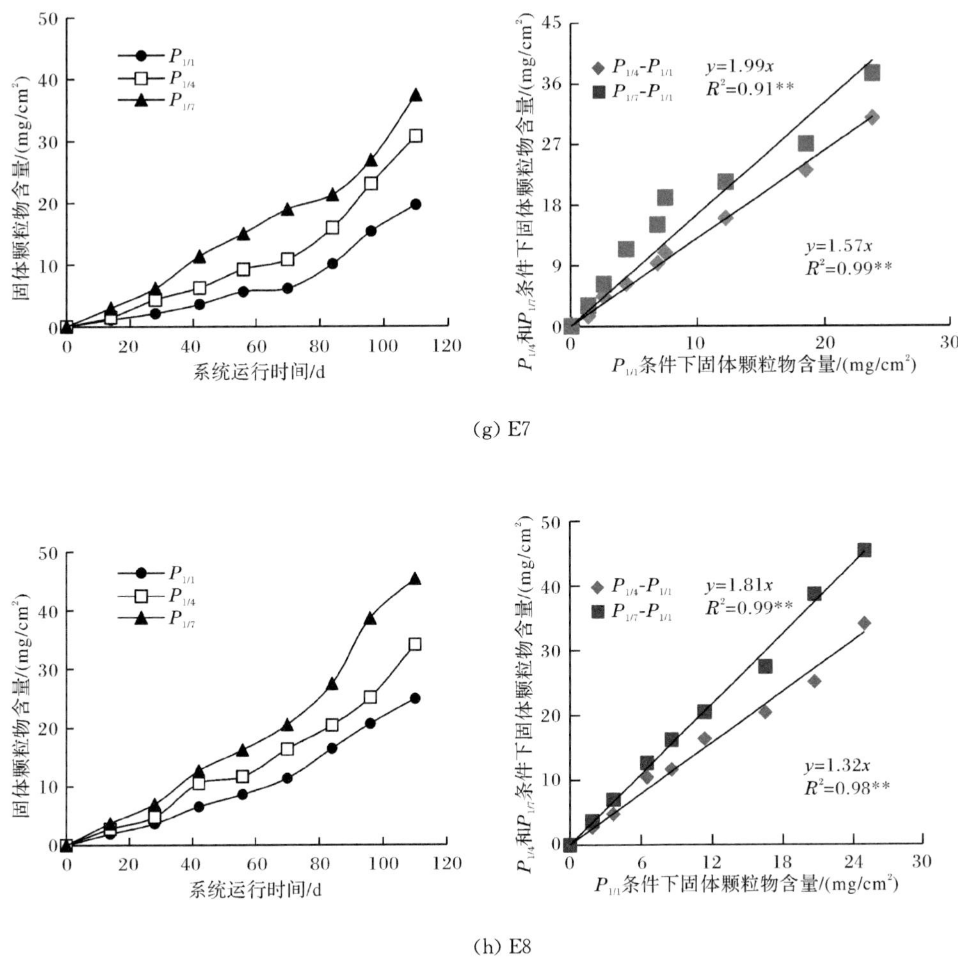

(g) E7

(h) E8

图 18.49　不同工作频率对灌水器污垢物质固体颗粒物含量的影响效应及三者之间的相关关系

行结束时，$P_{1/1}$、$P_{1/4}$、$P_{1/7}$ 三种频率处理下灌水器内部堵塞污垢总量分别为 5.21～24.91mg/cm^2、6.98～34.11mg/cm^2、8.63～37.36mg/cm^2。与此同时，$P_{1/1}$处理下灌水器内的堵塞污垢总量与 $P_{1/4}$、$P_{1/7}$ 处理下灌水器的堵塞污垢总量呈现出极好的相关关系(R^2>0.96)。通过比较三者相关关系可以得出，总体上 $P_{1/4}$、$P_{1/7}$处理下灌水器内部堵塞污垢总量较 $P_{1/1}$污垢总量分别高出 32.1%与 76.3%。

2. 3 种工作频率下灌水器内部污垢 C-MP 总量

滴灌磷肥水肥一体化系统 3 种工作频率条件下($P_{1/1}$、$P_{1/4}$、$P_{1/7}$)不同类型灌水器堵塞污垢中 C-MP 含量动态变化特征及三者相关关系如图 18.50 所示。

从图 18.50 中可以看出，3 种系统工作频率下灌水器内部污垢 C-MP 含量亦呈现出较为明显的差异，随着滴灌系统运行时间的延长，灌水器内部污垢中 C-MP 含量随着运行工作频率的降低而逐渐增加，各灌水器 C-MP 含量动态变化特征表现出较好的一致性。

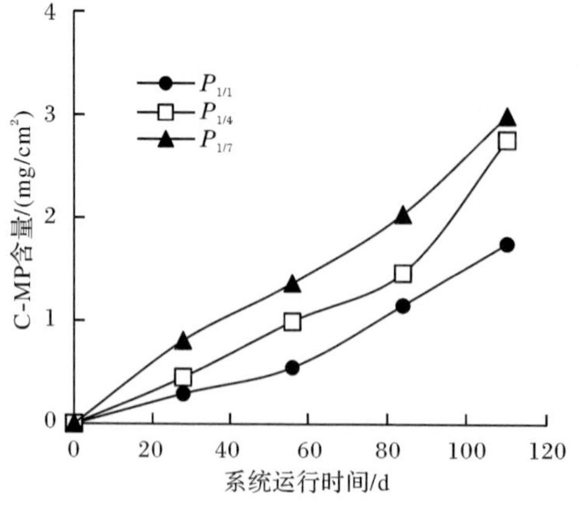
$P_{1/1}$
$P_{1/4}$
$P_{1/7}$
C-MP含量/(mg/cm²)
系统运行时间/d

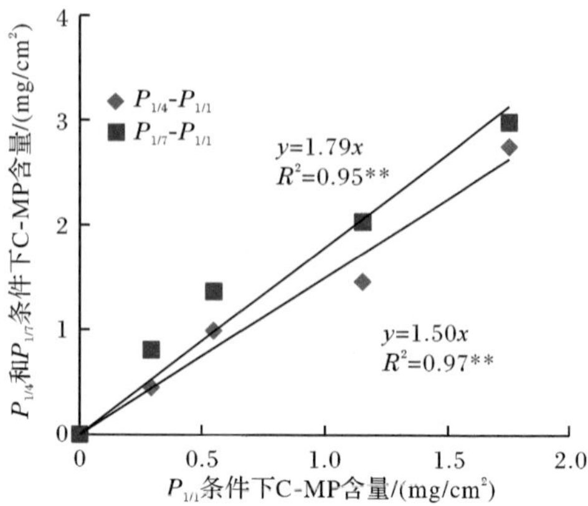
$P_{1/4}$-$P_{1/1}$
$P_{1/7}$-$P_{1/1}$
y=1.79x
R^2=0.95**
y=1.50x
R^2=0.97**
$P_{1/4}$和$P_{1/7}$条件下C-MP含量/(mg/cm²)
$P_{1/1}$条件下C-MP含量/(mg/cm²)

(a) E1

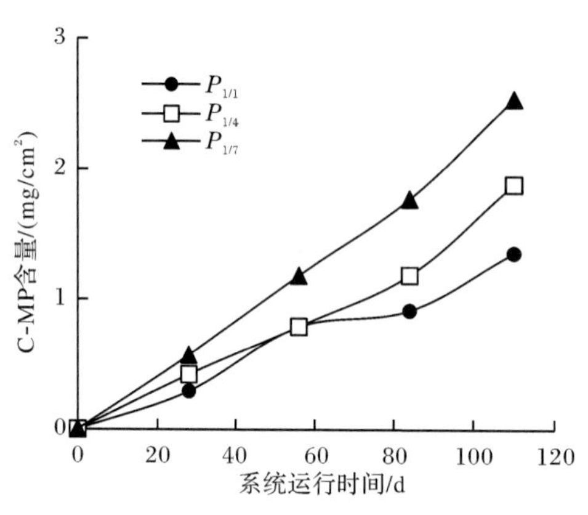
$P_{1/1}$
$P_{1/4}$
$P_{1/7}$
C-MP含量/(mg/cm²)
系统运行时间/d

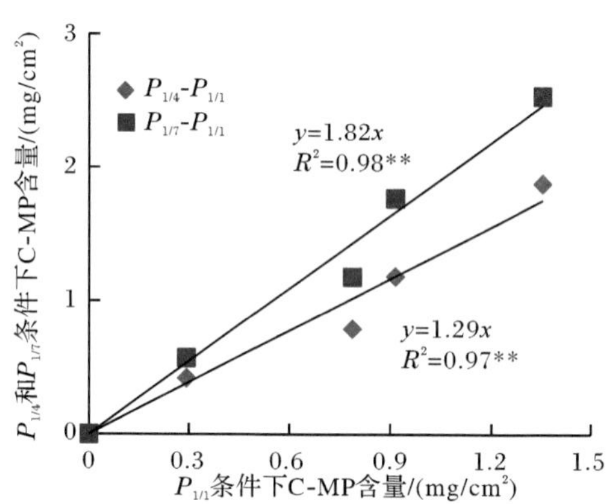
$P_{1/4}$-$P_{1/1}$
$P_{1/7}$-$P_{1/1}$
y=1.82x
R^2=0.98**
y=1.29x
R^2=0.97**
$P_{1/4}$和$P_{1/7}$条件下C-MP含量/(mg/cm²)
$P_{1/1}$条件下C-MP含量/(mg/cm²)

(b) E2

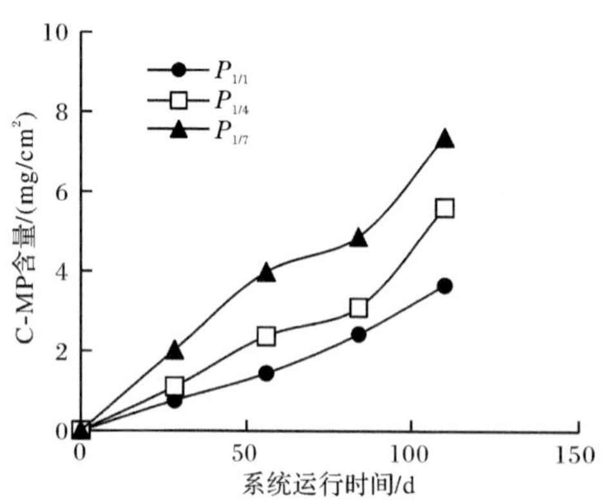
$P_{1/1}$
$P_{1/4}$
$P_{1/7}$
C-MP含量/(mg/cm²)
系统运行时间/d

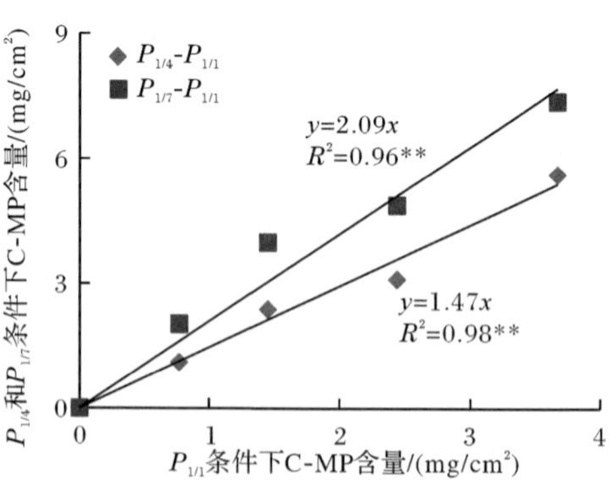
$P_{1/4}$-$P_{1/1}$
$P_{1/7}$-$P_{1/1}$
y=2.09x
R^2=0.96**
y=1.47x
R^2=0.98**
$P_{1/4}$和$P_{1/7}$条件下C-MP含量/(mg/cm²)
$P_{1/1}$条件下C-MP含量/(mg/cm²)

(c) E3

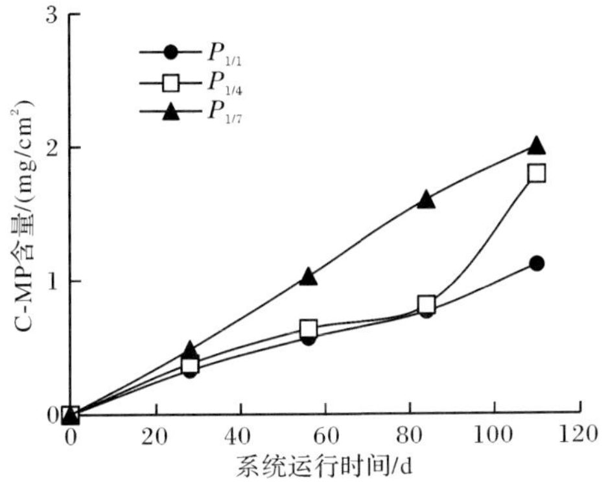

$P_{1/1}$
$P_{1/4}$
$P_{1/7}$
C-MP含量/(mg/cm²)
系统运行时间/d

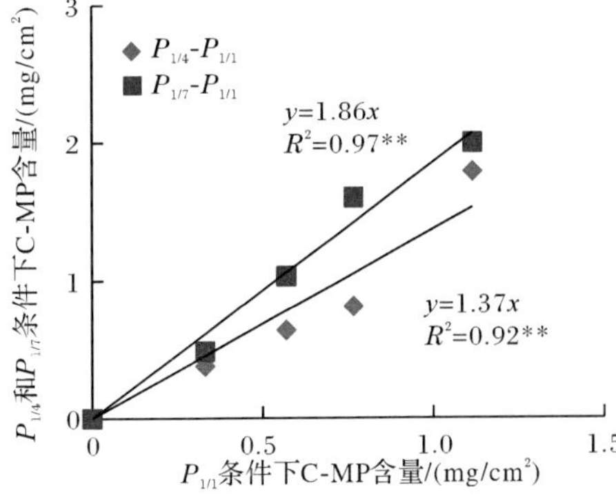

$P_{1/4}$-$P_{1/1}$
$P_{1/7}$-$P_{1/1}$
y=1.86x
R²=0.97**
y=1.37x
R²=0.92**
$P_{1/4}$和$P_{1/7}$条件下C-MP含量/(mg/cm²)
$P_{1/1}$条件下C-MP含量/(mg/cm²)

(d) E4

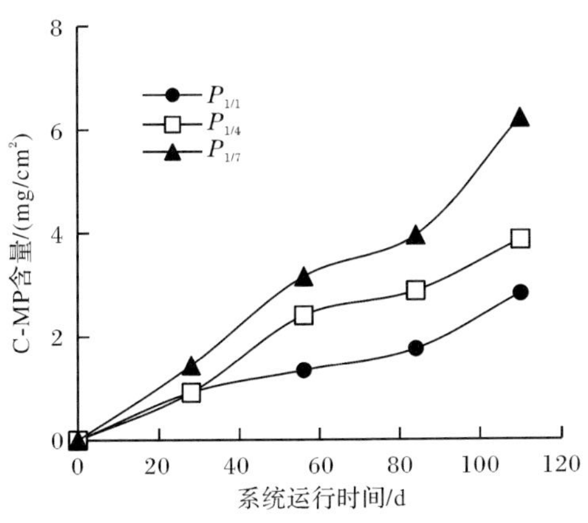

$P_{1/1}$
$P_{1/4}$
$P_{1/7}$
C-MP含量/(mg/cm²)
系统运行时间/d

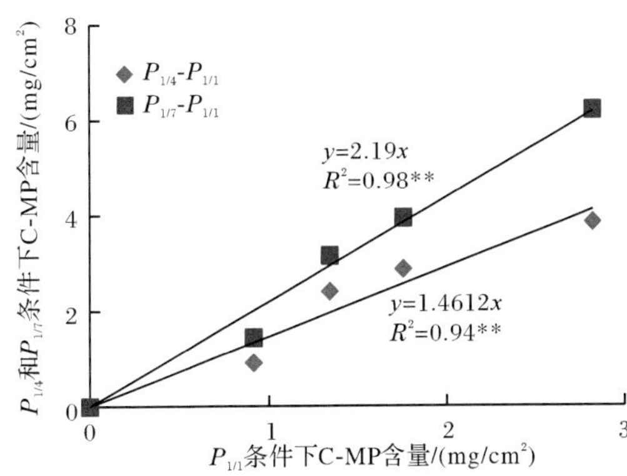

$P_{1/4}$-$P_{1/1}$
$P_{1/7}$-$P_{1/1}$
y=2.19x
R²=0.98**
y=1.4612x
R²=0.94**
$P_{1/4}$和$P_{1/7}$条件下C-MP含量/(mg/cm²)
$P_{1/1}$条件下C-MP含量/(mg/cm²)

(e) E5

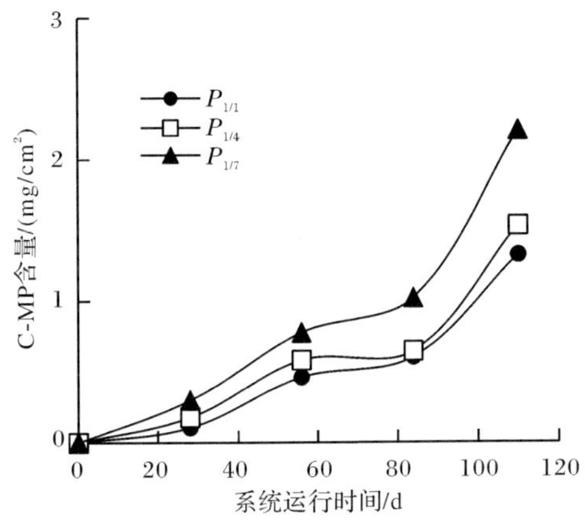

$P_{1/1}$
$P_{1/4}$
$P_{1/7}$
C-MP含量/(mg/cm²)
系统运行时间/d

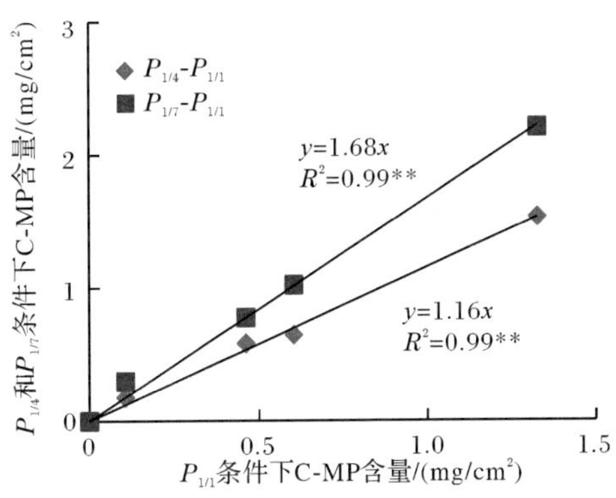

$P_{1/4}$-$P_{1/1}$
$P_{1/7}$-$P_{1/1}$
y=1.68x
R²=0.99**
y=1.16x
R²=0.99**
$P_{1/4}$和$P_{1/7}$条件下C-MP含量/(mg/cm²)
$P_{1/1}$条件下C-MP含量/(mg/cm²)

(f) E6

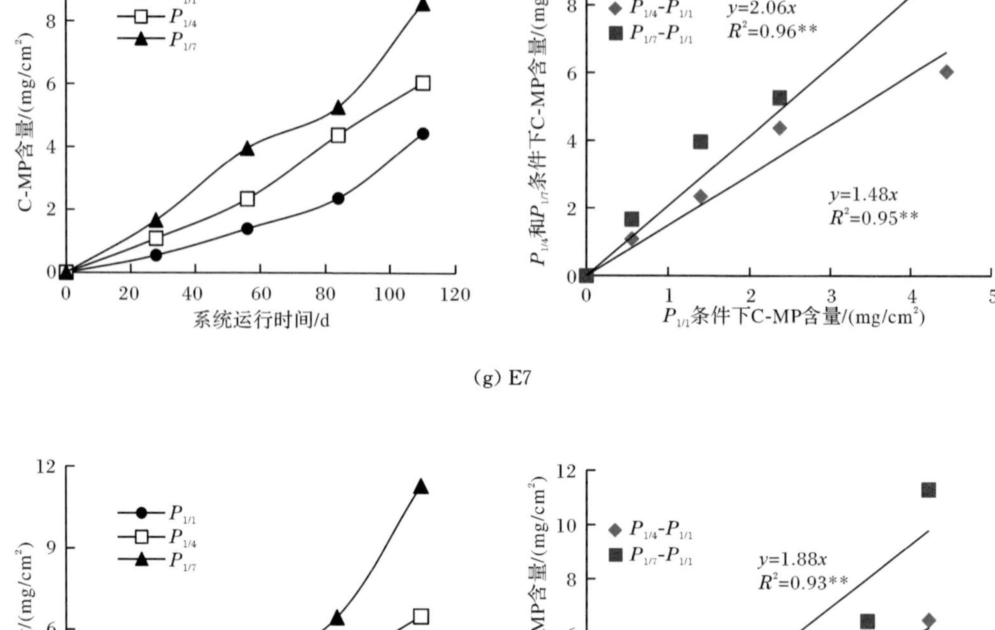

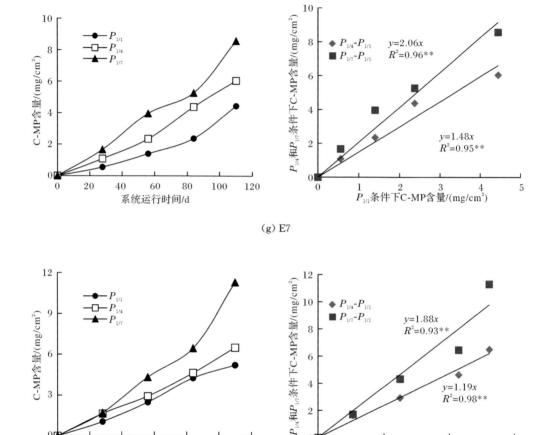

(g) E7

(h) E8

图 18.50　不同工作频率对灌水器污垢物质 C-MP 含量的影响效应及三者之间的相关关系

截至系统运行结束时，$P_{1/1}$、$P_{1/4}$、$P_{1/7}$ 3 种频率处理下灌水器堵塞污垢 C-MP 含量分别为 1.11～5.29mg/cm²、1.53～6.52mg/cm²、1.99～11.31mg/cm²。与此同时，$P_{1/1}$灌水器内的堵塞污垢 C-MP 含量与 $P_{1/4}$、$P_{1/7}$灌水器的堵塞污垢 C-MP 含量呈现出极好的相关关系（R^2>0.92）。通过比较三者的相关关系可以得出，总体上 $P_{1/4}$、$P_{1/7}$ 灌水器内部污垢 C-MP含量总量较 $P_{1/1}$ 污垢钙镁沉淀含量分别高出 36.9%与 91.3%。

3. 3 种工作频率下灌水器内部污垢 EPS 总量

滴灌磷肥水肥一体化系统 3 种工作频率条件下（$P_{1/1}$、$P_{1/4}$、$P_{1/7}$）不同类型灌水器堵塞污垢内生物组分 EPS 含量随时间的动态变化特征及三者相关关系如图 18.51 所示。

从图 18.51 中可以看出，3 种系统工作频率下灌水器内部污垢中 EPS 亦呈现出较为明显的差异，随着滴灌系统运行时间的延长，灌水器内部污垢中 EPS 随着运行工作频率的降低而逐渐增加，各灌水器 EPS 动态变化特征表现出较好的一致性。截至系统运行结束时，$P_{1/1}$、$P_{1/4}$、$P_{1/7}$ 3 种频率处理下灌水器堵塞污垢 EPS 含量分别为 0.46～0.73mg/cm²、0.47～0.78mg/cm²、0.51～0.87mg/cm²。与此同时，$P_{1/1}$ 灌水器内的堵塞污垢 EPS 含量与 $P_{1/4}$、$P_{1/7}$ 灌水器的堵塞物质 EPS 含量呈现出极好的相关关系（$R^2>0.96$）。通过比较

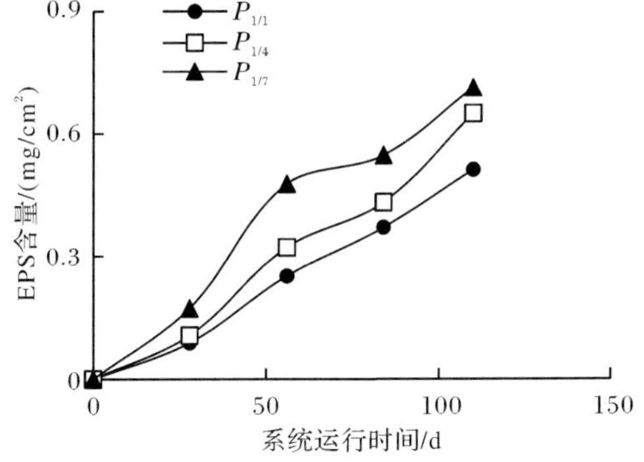

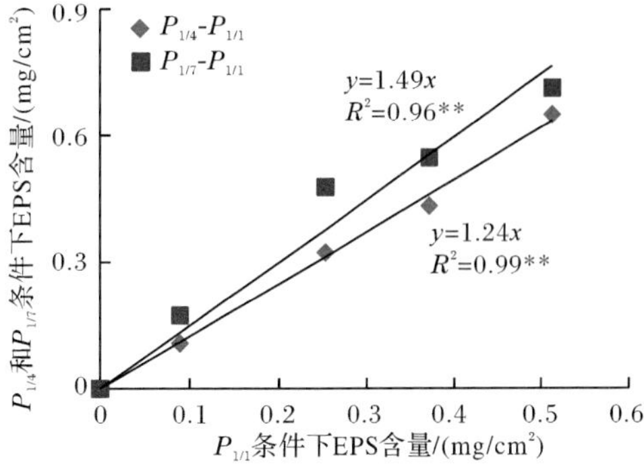

(a) E1

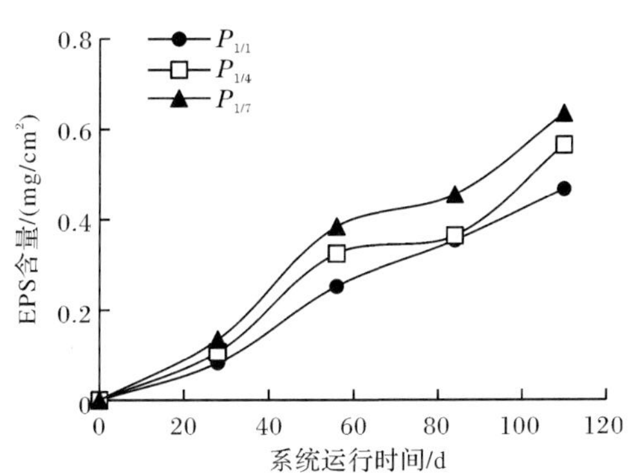

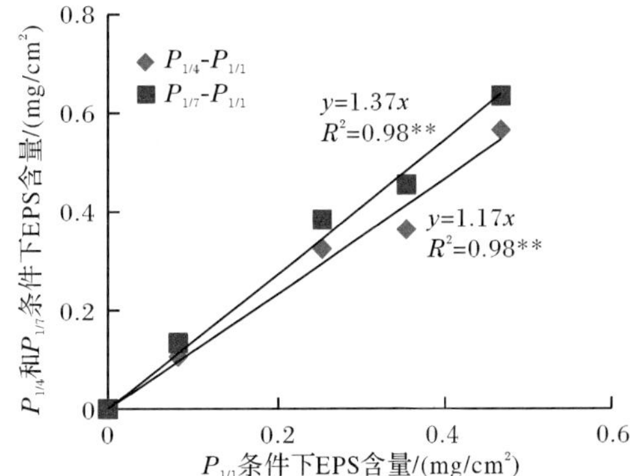

(b) E2

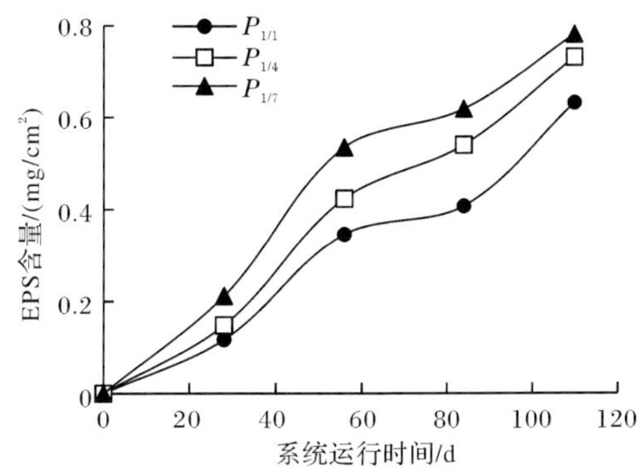

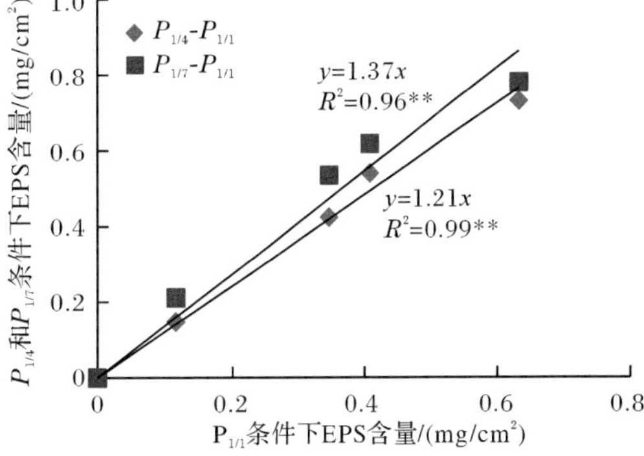

(c) E3

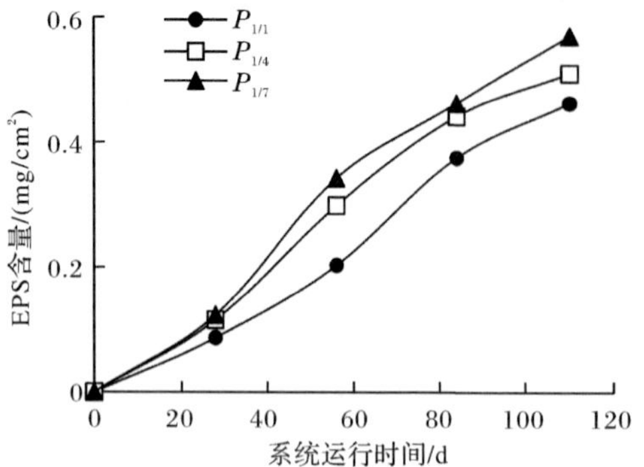

EPS含量/(mg/cm²)
系统运行时间/d
$P_{1/1}$
$P_{1/4}$
$P_{1/7}$

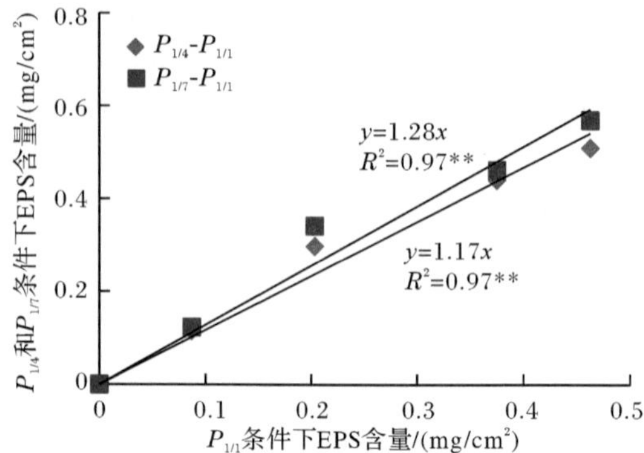

$P_{1/4}$和$P_{1/7}$条件下EPS含量/(mg/cm²)
$P_{1/1}$条件下EPS含量/(mg/cm²)
$P_{1/4}$-$P_{1/1}$
$P_{1/7}$-$P_{1/1}$
y=1.28x
R²=0.97**
y=1.17x
R²=0.97**

(d) E4

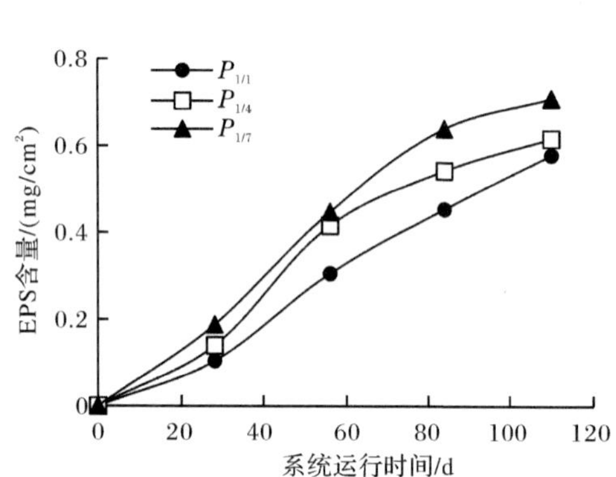

EPS含量/(mg/cm²)
系统运行时间/d
$P_{1/1}$
$P_{1/4}$
$P_{1/7}$

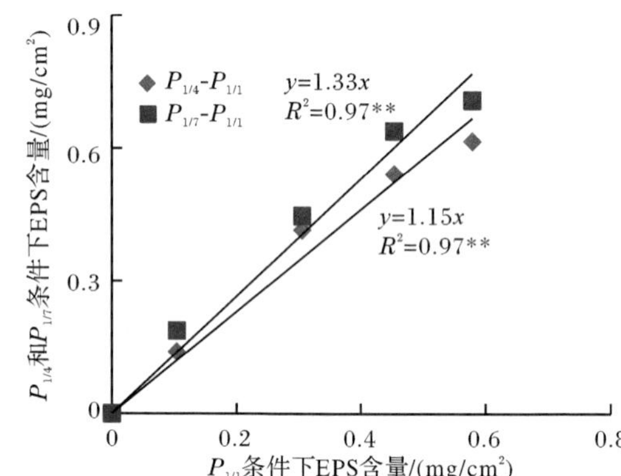

$P_{1/4}$和$P_{1/7}$条件下EPS含量/(mg/cm²)
$P_{1/1}$条件下EPS含量/(mg/cm²)
$P_{1/4}$-$P_{1/1}$
$P_{1/7}$-$P_{1/1}$
y=1.33x
R²=0.97**
y=1.15x
R²=0.97**

(e) E5

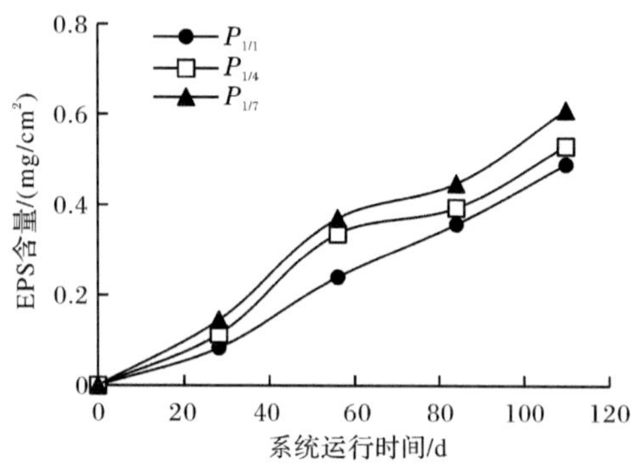

EPS含量/(mg/cm²)
系统运行时间/d
$P_{1/1}$
$P_{1/4}$
$P_{1/7}$

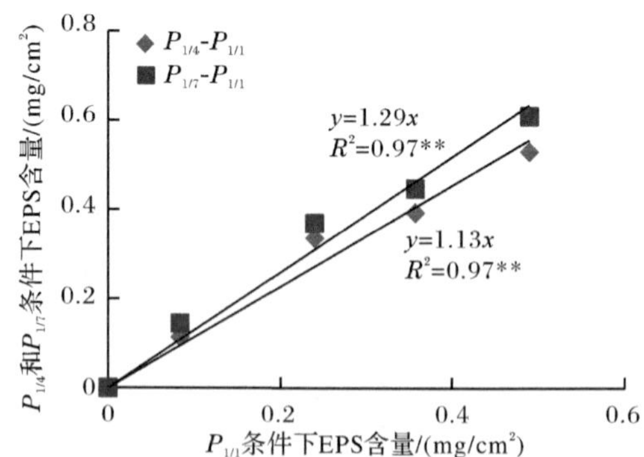

$P_{1/4}$和$P_{1/7}$条件下EPS含量/(mg/cm²)
$P_{1/1}$条件下EPS含量/(mg/cm²)
$P_{1/4}$-$P_{1/1}$
$P_{1/7}$-$P_{1/1}$
y=1.29x
R²=0.97**
y=1.13x
R²=0.97**

(f) E6

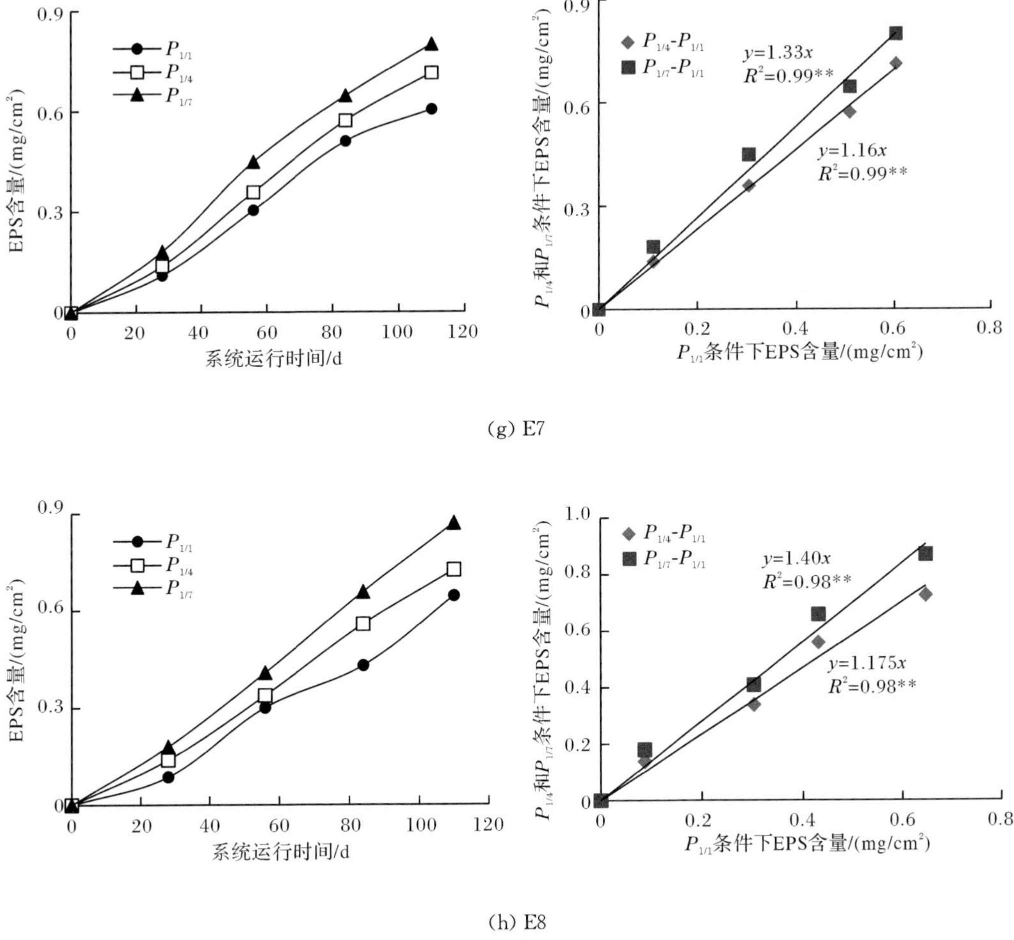

(g) E7

(h) E8

图 18.51　不同工作频率对灌水器污垢物质 EPS 含量的影响效应及三者之间的相关关系

三者相关关系可以得出，总体上 $P_{1/4}$、$P_{1/7}$ 灌水器内部堵塞物质 EPS 总量较 $P_{1/1}$ EPS 总量分别高出 17.6%与 35.7%。

4. 高含沙地表水磷肥滴灌系统灌水器堵塞物质形成机理

3 种工作频率对水肥一体化磷肥滴灌系统灌水器内部附生复合型堵塞物质的生长和形成具有显著影响，流道内部堵塞物质的固体颗粒物(SP)总量、钙镁碳酸盐沉淀(C-MP)含量以及胞外聚合物(EPS)总量都表现出随着工作频率的降低逐渐增大的趋势。截至试验结束时，总体上 $P_{1/4}$、$P_{1/7}$ 灌水器 SP、C-MP、EPS、MA 较 $P_{1/1}$ 灌水器分别高出 32.1%与 76.2%、36.8%与 91.3%、17.6%与 35.6%、21.9%与 44.8%。这主要是由于系统的运行和停止会使滴灌系统滴灌管(带)及灌水器内部一直处于干湿交替的环境，系统运行时滴灌管(带)及灌水器内充满含有磷肥的灌溉水，不断地向灌水器内部输送大量的细小颗粒和微生物团体，并且为灌水器内部堵塞物质供给丰富的营养物质(Bishop，2007)。而当系统停止运行时，内部水流流速趋于平缓并最终停滞，这个阶段正是灌水器内部堵塞物质形成和生长的主要时段。一方面,内部水流的静置会使悬浮于水中的细小颗粒物及微生物黏附于灌水器流道内壁,微生物可在内壁逐渐形成生物堵塞物质,并从中获取水分和营养物质以维持自身生长、繁殖,并不断分泌出带有黏性的 EPS,以此不断地吸附静置在水中的小颗粒物及微生物团体,并且依靠 EPS 产生的黏聚力来有效地保持所形成生物堵塞物质的稳定性,使其内部多孔结构各部分之间更加稳固(Tsai,2005;Vieira et al.,1993),系统停止运行的时间越长,形成的堵塞物质越稳固。另一方面,系统停止运行时,氧气消耗和水分蒸发会诱使流道内部堵塞物质颗粒物表面和灌溉水之间发生反应,并引起内壁堵塞物质内的水分发生迁移和水溶性物质扩散。而长期处于逐渐干燥的环境会影响灌水器内部水溶性盐分含量,导致堵塞物质内部的水分会向堵塞物质表面迁移,进一步促进堵塞物质的形成和富集(Venterink et al.,2002)。因此,流道内部堵塞物质的 SP、C-MP 和 EPS 才会表现出随着工作频率的降低而逐渐增加的趋势。

不仅如此,研究还发现系统工作频率的不同会对其中微生物的活性产生显著影响(图 18.52),8 种灌水器在 3 种工作频率下均表现出较为一致的规律,随着工作频率的降低微生物的活性逐渐增大。$P_{1/1}$灌水器内堵塞物质 MA 与 $P_{1/4}$、$P_{1/7}$灌水器堵塞物质 MA 呈现出极好的相关关系($R^2>0.83$,$p<0.01$)。总体上 $P_{1/4}$、$P_{1/7}$ 灌水器内部堵塞物质 MA 较 $P_{1/1}$堵塞物质 MA 分别高出 21.9%与 44.5%。磷肥的加入为微生物的活动提供了养料,促进微生物大量繁殖,将部分有机磷和矿化了的无机磷又同化为微生物生物量磷,从而增加了微生物生物量磷,提高了微生物的活性(Alori et al.,2017;Sharma et al.,2013)。虽然 $P_{1/1}$的磷肥施用较 $P_{1/4}$、$P_{1/7}$的磷肥施用肥料总量上一致,但在连续施加时间长短上存在差异。由于系统实行的是黄河水—施肥水—黄河水的交替运行模式,$P_{1/1}$在短时间的施加肥料后继续以黄河水运行,较 $P_{1/4}$、$P_{1/7}$而言,相当于缩短了磷肥的利用和在灌水器内部停留的时间,因此其微生物活性较 $P_{1/4}$、$P_{1/7}$两种频率低(Kim et al.,2014;Vrouwenvelder et al.,2010)。这也说明长时间的使用磷肥比短时间的磷肥加入更容易刺激微生物的活性。由于 $MA_{P_{1/7}}>MA_{P_{1/4}}>MA_{P_{1/1}}$,微生物的活性越大,滴灌带(管)中由于水力剪切力脱落的生物膜进入灌水器后黏性越大,更容易吸附更多的微生物及颗粒

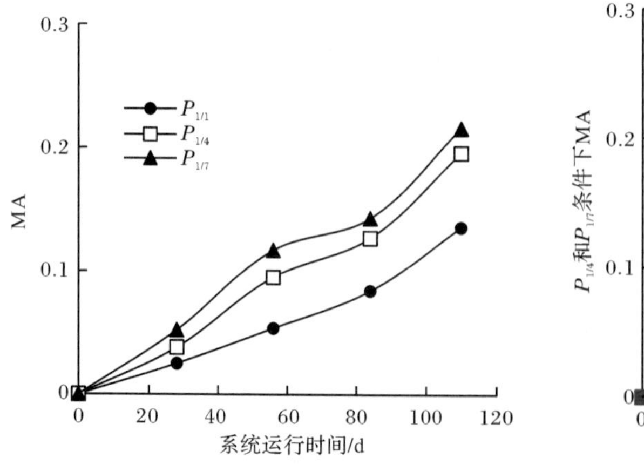

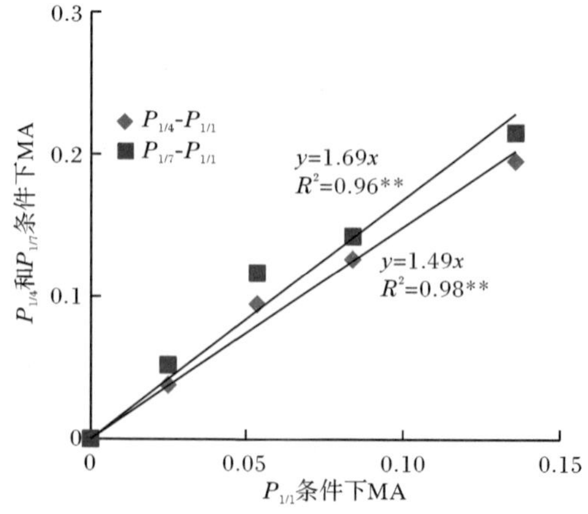

(a) E1

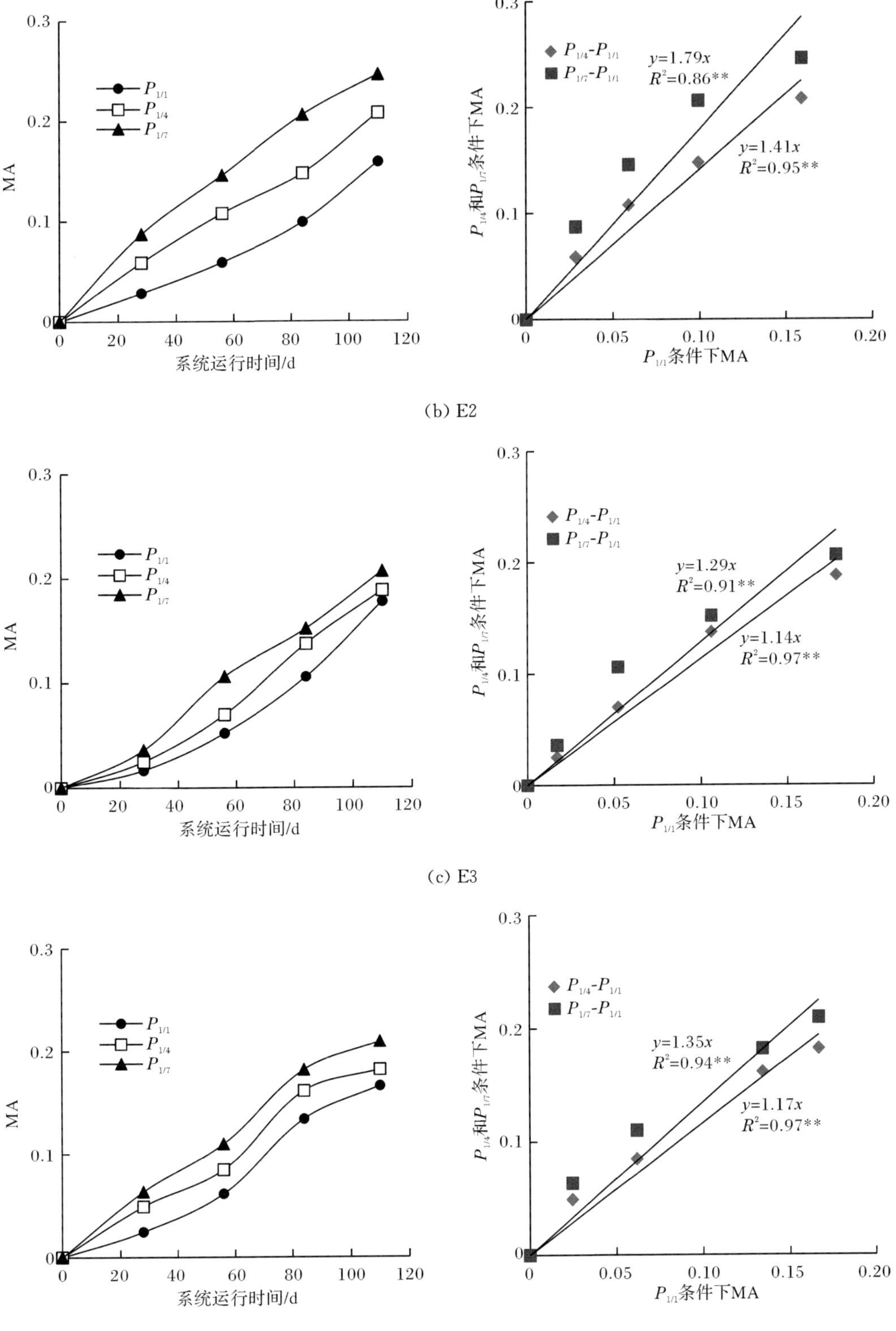

MA
系统运行时间/d
$P_{1/1}$
$P_{1/4}$
$P_{1/7}$
$P_{1/4}$和$P_{1/7}$条件下MA
$P_{1/1}$条件下MA
$P_{1/4}$-$P_{1/1}$
$P_{1/7}$-$P_{1/1}$
y=1.79x
R^2=0.86**
y=1.41x
R^2=0.95**
y=1.29x
R^2=0.91**
y=1.14x
R^2=0.97**
y=1.35x
R^2=0.94**
y=1.17x
R^2=0.97**

(b) E2

(c) E3

(d) E4

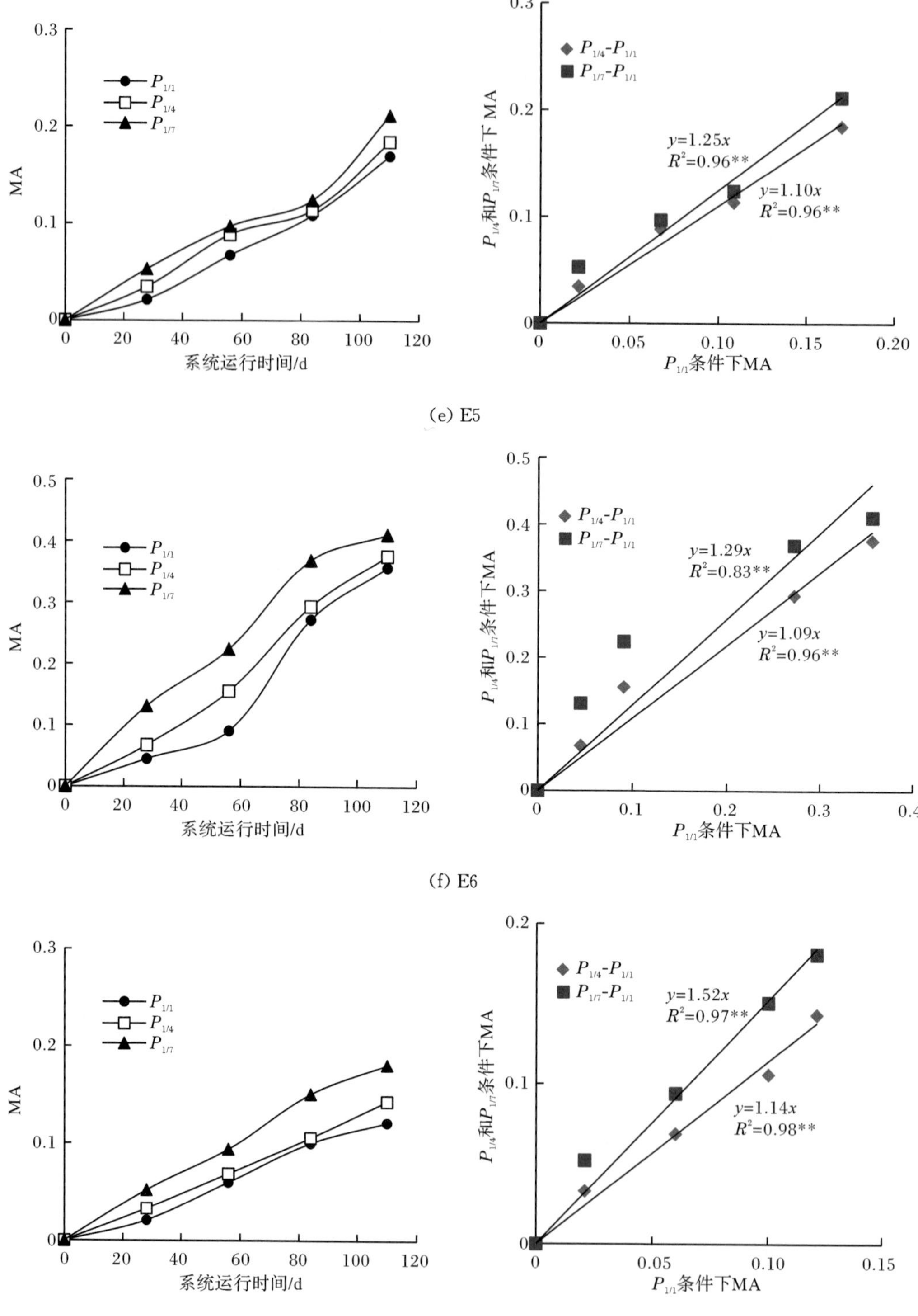

MA
系统运行时间/d
P1/1
P1/4
P1/7
P1/4-P1/1
P1/7-P1/1
P1/4和P1/7条件下MA
P1/1条件下MA
y=1.25x
R²=0.96**
y=1.10x
R²=0.96**
y=1.29x
R²=0.83**
y=1.09x
R²=0.96**
y=1.52x
R²=0.97**
y=1.14x
R²=0.98**

(e) E5

(f) E6

(g) E7

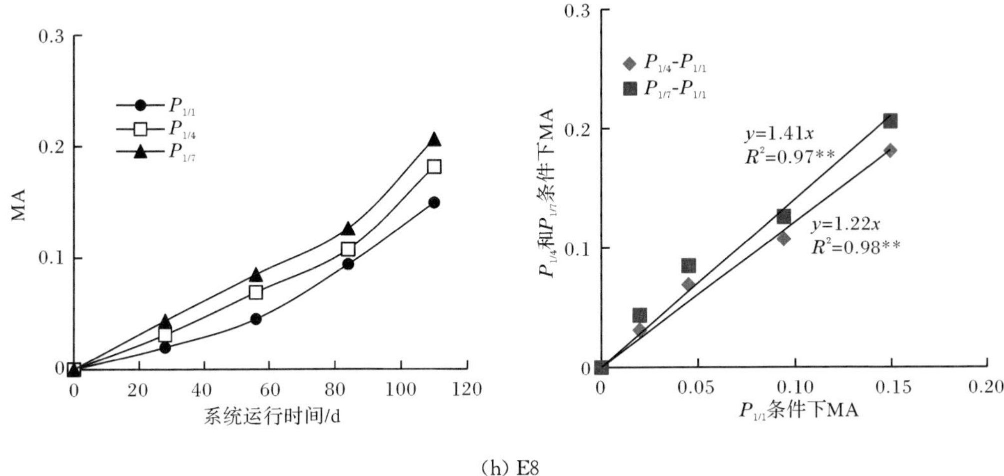

(h) E8

图 18.52　不同工作频率对灌水器微生物活性的影响效应及三者之间的相关关系

物，从而形成生物堵塞物质。本研究中不同工作频率条件下灌水器内部堵塞物质 SP、EPS 等组分的变化规律也证实了这一点。因此，工作频率的降低将加重灌水器内部堵塞物质的形成，加剧系统堵塞的风险。

肥料不仅为水中微生物提供了大量的营养物质，极大地促进了生物堵塞物质的形成，其溶解和沉淀还会促使流道内流体介质发生化学反应，加重水源中 Ca^{2+}、Mg^{2+}、HCO_3^- 等离子化学污垢的析出。面对如此复杂的水质环境，灌水器内部各组分之间究竟如何相互影响，最终导致复合型堵塞物质的形成，分析 8 种灌水器内部 SP、C-MP、EPS、MA 四者之间的相关关系(图 18.53)。同时，根据 3 种工作频率下的堵塞物质 SP、C-MP、EPS 含量存在良好的线性关系($R^2>0.83$)，利用通径分析法分析了在同一频率条件下($P_{1/1}$)堵塞物质内部各组分对灌水器堵塞程度作用的影响路径(表 18.20)。

从图 18.53 可以看出，灌水器内部堵塞物质 SP、C-MP、EPS、MA 均随着另一物质的增长而逐渐增加，这说明在各工作频率条件下堵塞物质内部形成复合污垢的四种组分是一个相互促进不断增长的过程($R^2>0.82$，$p<0.01$)。从表 18.20 中可以看出，不同堵塞物质组分对堵塞程度的直接作用中，SP 与 C-MP 作用显著。就各类堵塞物质组分对堵塞

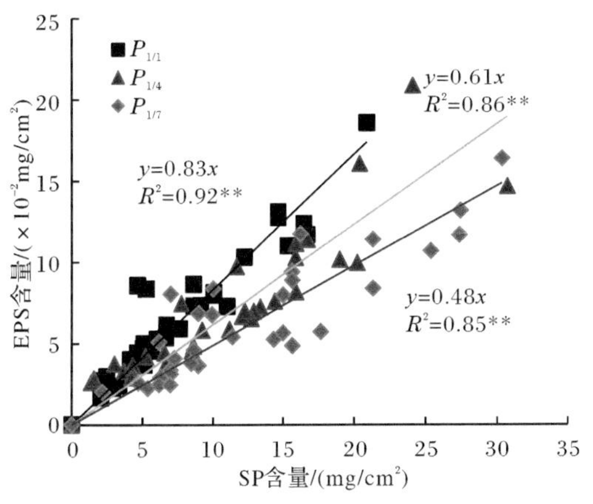

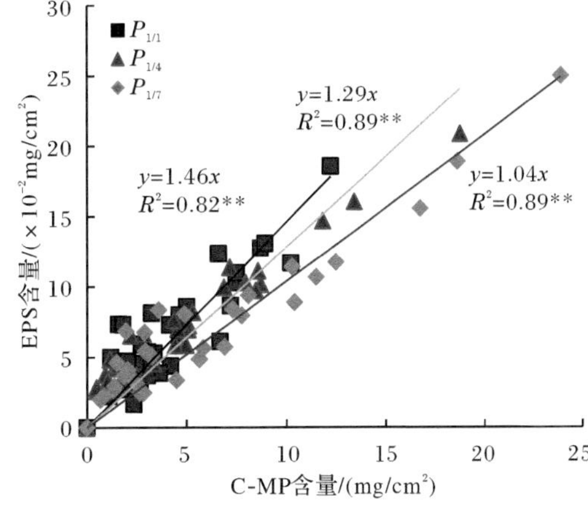

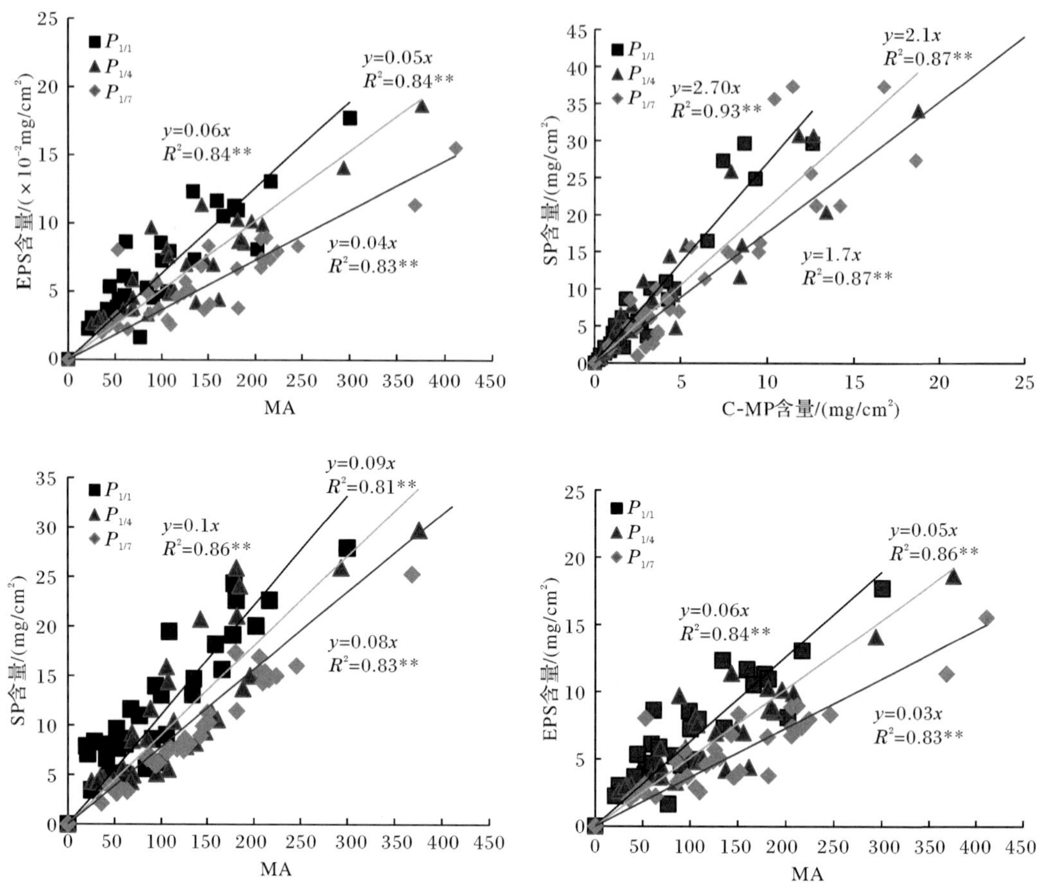

图 18.53　3 种工作频率下 SP、C-MP、EPS、MA 之间相互影响效应

程度的间接作用而言，不同堵塞物质特征组分间接作用大小表现为 $r_{ij}b_j$(MA)$>r_{ij}b_j$(EPS)$>r_{ij}b_j$(C-MP)$>r_{ij}b_j$(SP)，EPS 的间接作用主要作用于 SP(0.258)和 C-MP(0.202)。MA 的间接作用主要作用于 SP(0.413)和 C-MP(0.189)，C-MP 主要作用于 SP(0.172)。就污垢物质各特征组分对堵塞程度的决策作用而言，不同堵塞物质特征组分对堵塞发生的决策作用大小表现为 $R^2_{(i)\,(\mathrm{SP})}>R^2_{(i)\,(\mathrm{C\text{-}MP})}>R^2_{(i)\,(\mathrm{MA})}>R^2_{(i)\,(\mathrm{EPS})}$，其中 SP 和 C-MP 对堵塞起主要决定作用，EPS 与 MA 的间接作用不可忽略。

表 18.20　灌水器堵塞物质对堵塞程度的通径分析

通径	直接作用 b_i	间接作用 $r_{ij}b_j$			总作用 r_{iy}	决定系数 $R^2_{(i)}$
SP(x_1)-EC(y)	0.815	C-MP(x_2)	0.643	−0.033	0.782	0.733
		EPS(x_3)	−0.616			
		MA(x_4)	−0.059			
C-MP(x_2)-EC(y)	0.655	SP(x_1)	0.172	0.035	0.690	0.487
		EPS(x_3)	−0.088			
		MA(x_4)	−0.049			

续表

通径	直接作用 b_i	间接作用 $r_{ij}b_j$			总作用 r_{iy}	决定系数 $R^2_{(i)}$
EPS(x_3)-EC(y)	0.168	SP(x_1)	0.258	0.341	0.509	0.045
		C-MP(x_2)	0.202			
		MA(x_4)	−0.119			
MA(x_4)-EC(y)	0.173	SP(x_1)	0.413	0.571	0.744	0.085
		C-MP(x_2)	0.189			
		EPS(x_3)	−0.031			

通过上述分析可知，灌水器内部堵塞物质的形成过程中发生的一系列物理、化学和生物反应使 SP、C-MP、EPS 以及 MA 相互耦合，促进生长，最终在灌水器内部形成复合型堵塞物质。灌溉水中细小的固体颗粒携带着微生物进入灌水器流道内并不断沉积，水中的微生物在固体颗粒物表面和灌水器内部持续生长并分泌出具有黏性的 EPS，进而吸附更多的固体颗粒物，两者相互促进，不断形成生物堵塞物质与颗粒堵塞物质。同时，水中的化学离子（主要是 Ca^{2+} 和 Mg^{2+}）初步析出形成微晶粒，由于微晶粒表面效应显著，表面自由能高，在表面张力的作用下，当晶体颗粒之间、晶体颗粒与 SP 之间相互碰撞时会发生凝并，固体颗粒不断靠近，最后紧密聚集在一起，残留在颗粒间的微量水会通过氢键将颗粒和颗粒紧密黏结在一起（Rittmann，1982），进而又促进化学结晶堵塞物质与颗粒堵塞物质的形成。在施加磷肥的条件下，水中阳离子数量逐渐增多，当阳离子增多到一定程度时，双电层受静电引力压缩而变薄，Zeta 电位降低，这导致固体悬浮物絮凝强度及沉降强度显著增大（Puig-Bargués et al.，2010）。与此同时，含磷的阴离子与悬浮颗粒物发生的吸附作用，进一步增强颗粒间絮凝团聚能力（Chen et al.，2015）。最终，水质中各种复杂因素使得物理-化学-生物反应不断发生并相互耦合，导致灌水器内部形成含有生物堵塞物质、颗粒堵塞物质、化学结晶堵塞物质的复合堵塞物质，甚至延伸至灌水器出口处。

18.5　高盐地下水滴灌磷肥系统对灌水器堵塞的影响及作用机理

18.5.1　试验概况

试验于 2018 年在中国农业大学北京通州实验站进行，试验水源选自实验站驻地高盐地下水，水质特征参数见表 18.21。该地区地下水符合Ⅳ类标准水质，为中等盐分程度的高盐地下水水质。试验系统分为 4 层，每层布置 1 种灌水器，每种灌水器设置 8 个重复。试验选用 4 种内镶贴片式灌水器，其特征参数见表 18.22。每条滴灌带布设 18m，灌水器间距为 30cm。系统运行压力为 0.1MPa，采用水表监测滴灌过水流量和肥料量。试验选取 3 种磷肥：磷酸二氢钾（MKP）、磷酸脲（UP）、聚磷酸铵（APP），设置 3 个肥料浓度：0g/L、0.15g/L 和 0.30g/L，其中不施肥处理作为对照组（CK），共计 7 个处理，编号分别为 MKP_0.30、MKP_0.15、UP_0.30、UP_0.15、APP_0.30、APP_0.15 及 CK。试验系统每天运行一次，代表实际田间灌溉或施肥一次。每隔一天施肥一次，施肥在整个操作时间的中心进行。试验按照实际大田作物滴灌带铺设及灌水施肥量进行折合计算，具体按照每公顷大田作物滴灌带铺设 9000m、一次灌溉 225m^3、一次施肥 15kg 计算，本试验系统折合每条滴灌带(18m)过流量为 0.45m^3/d、施肥量为 33.75g/d。

表 18.21 试验水源水质特征参数

水源	pH	Ca^{2+}浓度/(mg/L)	Mg^{2+}浓度/(mg/L)	Fe^{3+}浓度/(mg/L)	Mn^{2+}浓度/(mg/L)	总硬度/(mg/L)	溶解性总固体(TDS)/(mg/L)
高盐地下水	7.50～7.55	77～85	78～86	0.0510～0.0542	0.114～0.132	518～535	1016～1058

表 18.22 内镶贴片式灌水器特征参数

灌水器	额定流量/(L/h)	流道几何参数			流量系数	流态指数
		长度/mm	宽度/mm	深度/mm		
E1	0.95	85.0	0.55	0.51	3.10	0.51
E2	1.40	47.0	0.56	0.55	4.90	0.51
E3	1.60	19.0	0.55	0.49	5.20	0.51
E4	2.00	24.5	0.61	0.60	6.50	0.61

灌水器堵塞程度通过 Dra 和 CU 评估。试验期间每 8 天取样一次，每次取样时每种类型灌水器破坏性取一根滴灌带，分别从首部、中部、尾部各选取 5 个灌水器样品放入同一自封袋密封，并置于冰箱中 4℃恒温保存，用于样品中堵塞物质干重、矿物组分测试。其中，在施肥处理中均发现有非晶体成分。为进一步探究高盐地下水滴灌施磷肥条件下灌水器堵塞物质中的非晶体成分，借助傅里叶变换红外光谱仪，扫描电镜、X 射线能谱分析仪、热裂解气相色谱-质谱联用仪等仪器确定堵塞物质的红外光谱图、色谱图、SEM 图像及元素组成。

18.5.2 不同磷肥类型和浓度对灌水器堵塞特性的影响

1. 滴灌磷肥对灌水器性能的影响

试验结果表明，所有处理的灌水器性能均随时间的延长而降低。早期(0～16d)表现为缓慢下降，后期(16～64d)表现为快速下降。此外，在不同处理中灌水器的性能差异很大。不同处理间的 Dra 与 Dra_CK、CU 与 CU_CK 的相关性如图 18.54 所示。与 CK 相比，UP 和 APP 显著减轻了灌水器堵塞($p<0.05$)。UP 处理的 Dra 和 CU 分别提高了 25.0%～45.0%和 26.2%～44.5%，APP 处理分别提高了 46.3%～73.6%和 46.1%～74.6%。反之，MKP 的 Dra 和 CU 分别降低了 14.3%～34.7%和 10.8%～38.6%，说明灌水器堵塞加剧。施肥浓度对灌水器堵塞也有显著影响。APP 在高浓度(0.30g/L)和短期施肥模式下显著缓解了灌水器的堵塞，比低浓度(0.15g/L)和长期施肥模式分别提高了 50.9%和 52.7%。但 UP 处理显示相反的结果。短期施肥模式下 UP 的 Dra 和 CU 分别比长期施肥模式显著降低 36.3%和 33.1%。对于 MKP 处理，Dra 和 CU 的降低比率分别为 17.9%和 25.1%。

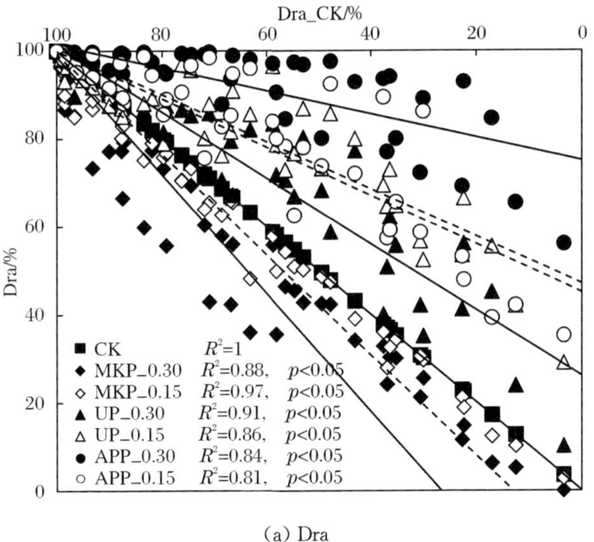

(a) Dra

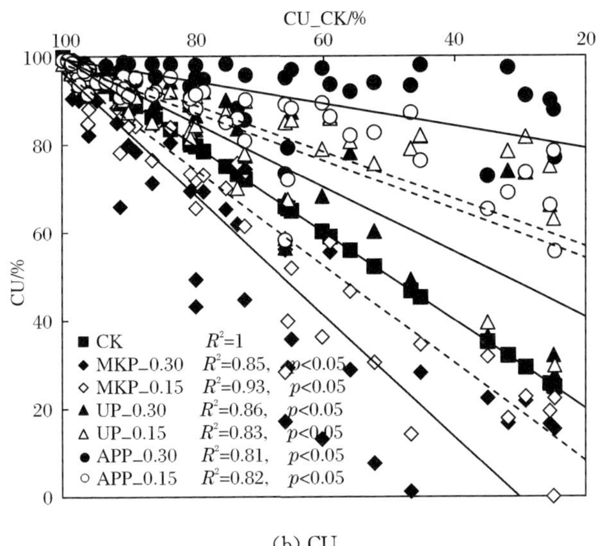

(b) CU

图 18.54　对照组与施肥处理灌水器性能参数的相关关系

2. 灌水器堵塞物质干重和矿物成分

随着时间的推移，各处理中堵塞物质干重(DW)逐渐增加。此外，施肥类型和浓度直接影响堵塞物质干重(DW)的积累。与对照组相比，UP 和 APP 显著($p<0.05$)降低了堵塞物质干重(DW)，分别降低 21.1%～28.6%和 32.2%～42.0%(图 18.55)。施用 MKP 后，堵塞物质干重(DW)增加 3.0%～18.7%。施肥浓度对堵塞物质干重(DW)也有显著影响。在短期施肥模式下，随着施肥浓度的增加，APP 对堵塞物质生成的缓解作用更为显著，比长期施肥模式降低了 14.7%。短期施肥模式下 UP 和 MKP 处理的堵塞物质干

重(DW)分别比长期施肥模式高 9.7%和 15.5%。

灌水器内堵塞物质各矿物组分干重如图 18.56 所示(以试验结束时灌水器 E1 为例)。结果表明,其矿物成分主要为白云母、斜长岩、碱性长石、单水碳钙石、白云石、文石、方解石、石英、磷酸盐等。按其主要化学成分可分为碳酸盐、磷酸盐、硅酸盐和石英。CK 的矿物成分以碳酸盐为主,施肥处理的矿物成分以碳酸盐和磷酸盐的混合物为主。E1 灌水器内 4 种矿物组分的比例分别为碳酸盐 18.5%~94.1%、磷酸盐 34.6%~60.1%、硅酸盐 5.0%~15.9%、石英 0.9%~8.2%。

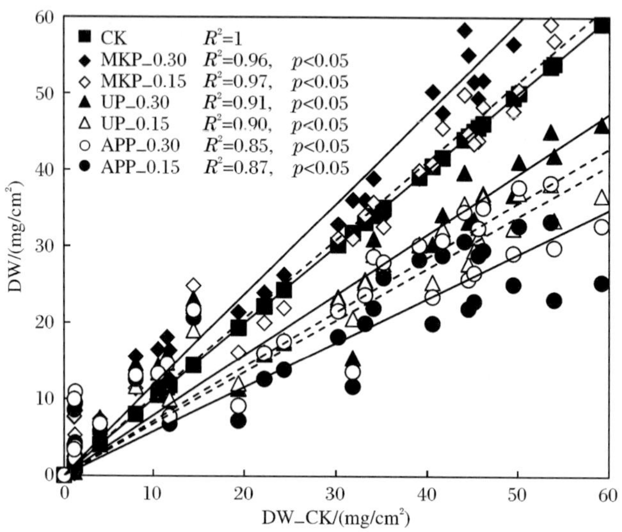

图 18.55 对照组与施肥处理 DW 的相关关系

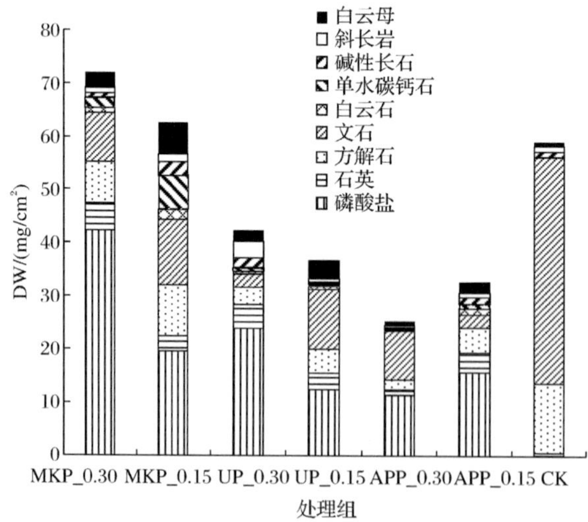

图 18.56 运行结束时各处理矿物组分干重(以试验结束时灌水器 E1 为例)

3. 不同处理间矿物组分的相关性

碳酸盐、磷酸盐、硅酸盐和石英平均含量的变化表明，所有矿物组分在早期(0～16d)呈缓慢上升趋势，在后期(16～64d)呈快速上升趋势。此外，不同处理之间矿物含量差异很大。与 CK 相比，UP、APP 和 MKP 均显著抑制碳酸盐的形成($p<0.05$)[图 18.57(a)]。3 种肥料处理(UP、APP 和 MKP)的碳酸盐含量分别降低了 50.4%～59.2%、66.0%～81.5%和 74.1%～76.2%。肥料浓度对碳酸盐含量有显著影响($p<0.05$)。因此，MKP_0.30的碳酸盐含量显著低于 MKP_0.15 17.7%，UP_0.30 显著低于 UP_0.15 45.5%，而 APP_0.30 显著低于 APP_0.15 8%。不同处理间的磷酸盐含量存在显著差异($p<0.05$)[图 18.57(b)]。UP_0.15 和 APP_0.15 的磷酸盐含量分别比 MKP_0.15 低

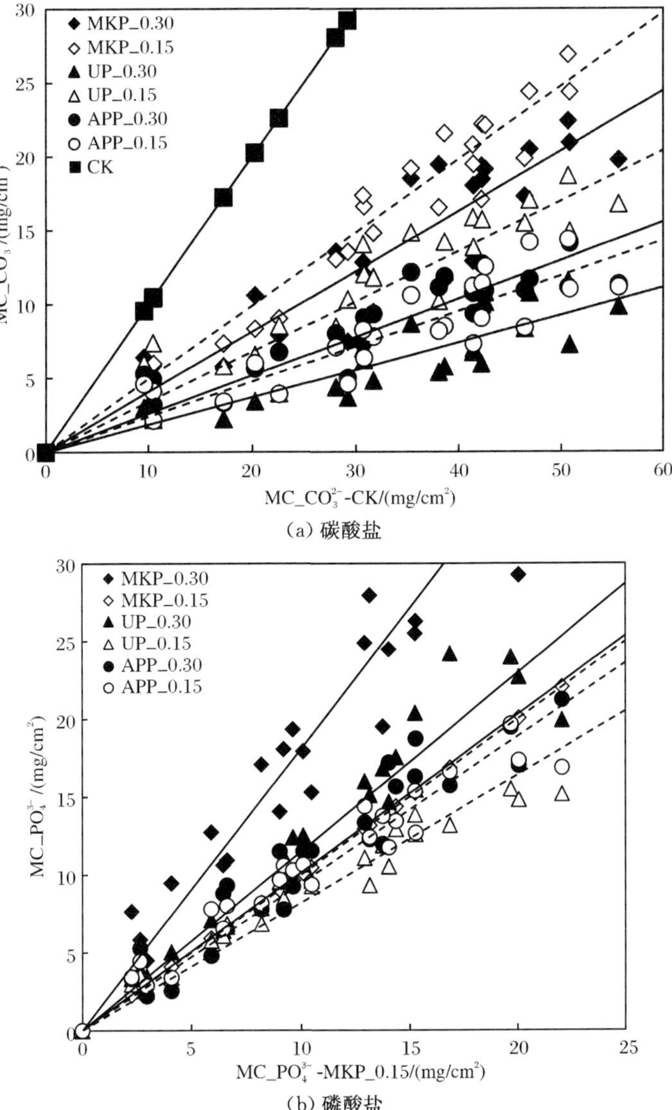

(a) 碳酸盐

(b) 磷酸盐

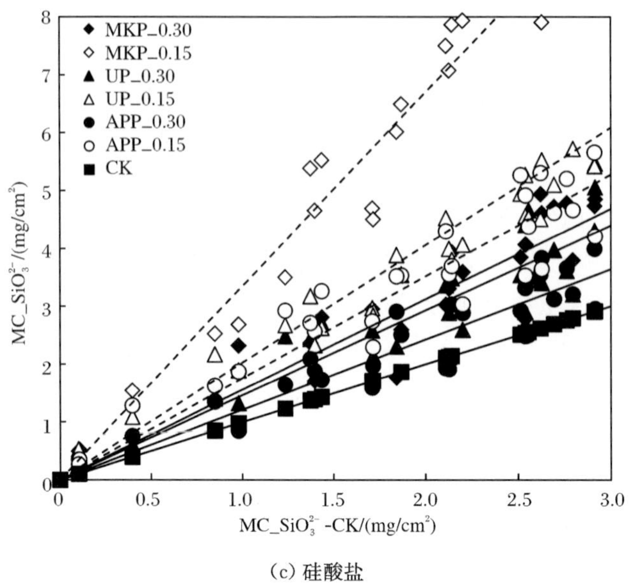

(c) 硅酸盐

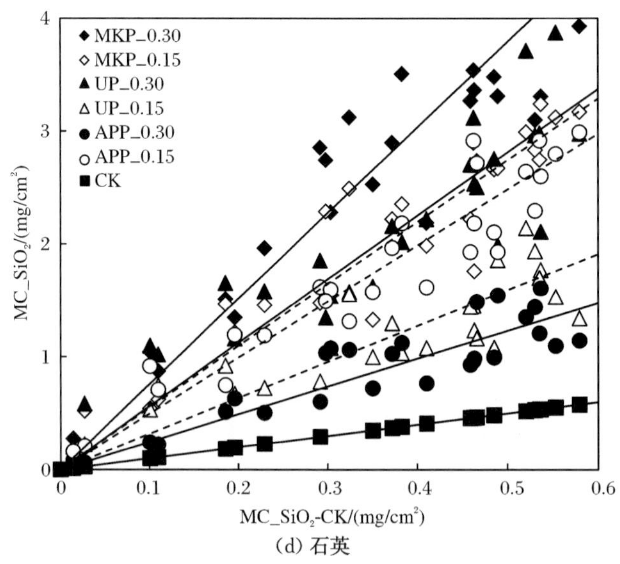

(d) 石英

图 18.57　各矿物组分的相关关系

18.0%和5.9%，UP_0.30 和 APP_0.30 分别比 MKP_0.30 低 36.5%和 43.9%。肥料浓度对磷酸盐含量有明显影响。UP、APP 和 MKP 3 种施肥方式下短期施肥模式的磷酸盐含量分别显著增加 40.0%、7.5%和 80.7%($p<0.05$)。与对照相比，3 种磷肥显著($p<0.05$)促进了硅酸盐的形成[图 18.57(c)]。UP、APP 和 MKP 的硅酸盐含量分别比 CK 提高 46.6%～102.8%、21.3%～75.8%和 56.1%～234.9%。肥料浓度对硅酸盐含量也有显著影响($p<0.05$)。MKP_0.30 的硅酸盐含量比 MKP_0.15 低 53.4%，UP_0.30 比 UP_0.15 低 31.0%，APP_0.30 比 APP_0.15 低 27.8%。不同处理[图 18.57(d)]的石英含量也有显著差异($p<0.05$)。UP、APP 和 MKP 的石英含量分别增加了 218.3%～

462.2%、146.1%～396.3%和 448.2%～657.6%。MKP_0.30 的石英含量比 MKP_0.15 高 38.2%，UP_0.30 比 UP_0.15 低 76.6%，APP_0.30 比 APP_0.15 低 50.4%。

4. 各矿物组分含量与 CU 的相关性

灌水器 Dra 和 CU 之间存在线性关系。图 18.58 表明，各处理中碳酸盐、磷酸盐、硅酸盐和石英的含量与 CU 呈显著负相关（$p<0.05$，$R^2>0.82$），碳酸盐、磷酸盐、硅酸盐和石英的拟合参数 k（回归线斜率系数）分别为－5.28～－0.96、－5.53～－0.66、－27.01～－6.89和－124.34～－15.19。

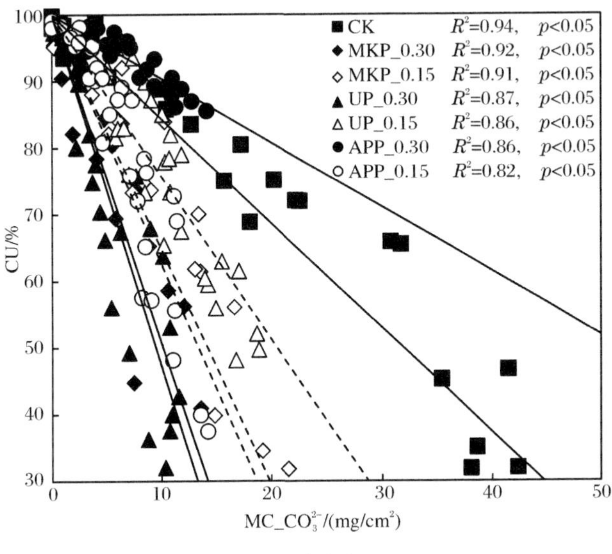

(a) 碳酸盐

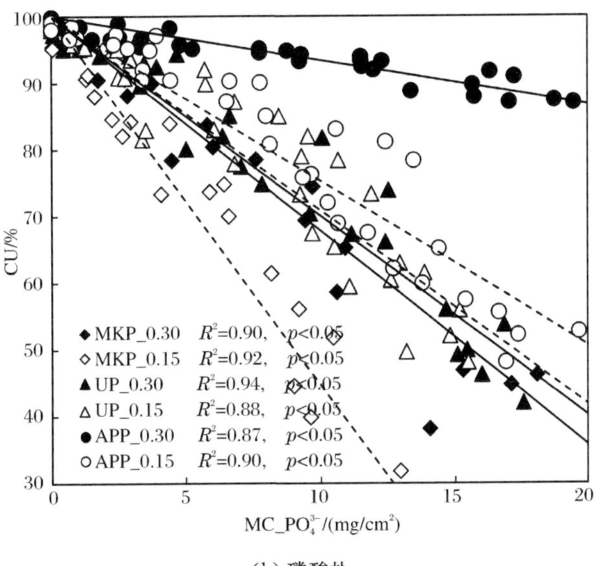

(b) 磷酸盐

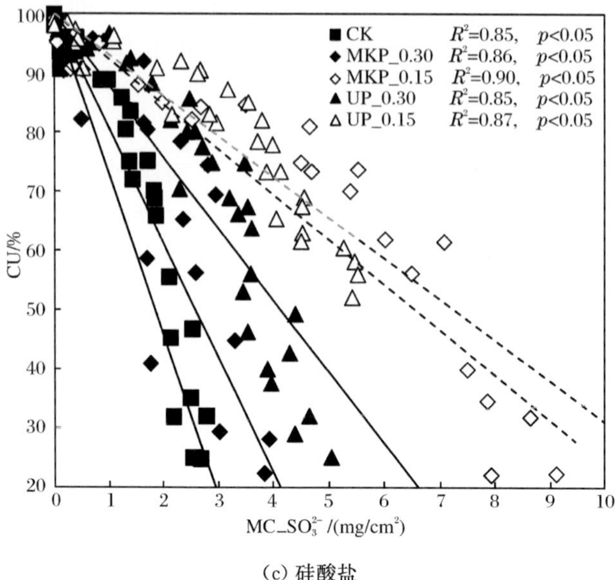

(c) 硅酸盐

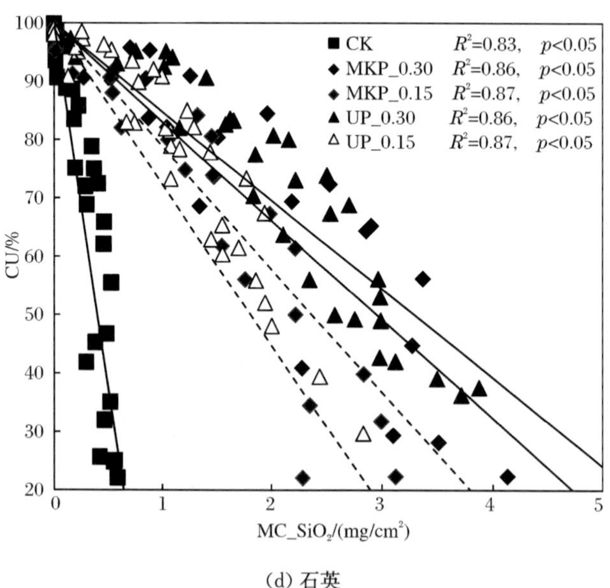

(d) 石英

图 18.58　不同灌水器的矿物组成与 CU 的相关关系

18.5.3　不同磷肥类型和浓度灌水器内部堵塞物质形成机理

试验结果表明,UP 和 APP 可以有效缓解灌水器堵塞。UP 通过降低碳酸盐含量来缓解滴头堵塞,尽管堵塞物质矿物成分中磷酸盐、硅酸盐和石英含量有所增加。碳酸盐的减少是因为 UP 溶液呈酸性,促进了 CO_3^{2-} 向 HCO_3^- 的转化,从而抑制了碳酸盐的形成。另外,UP 水解产生大量 PO_4^{3-},与 CO_3^{2-} 竞争 Ca^{2+} 和 Mg^{2+}。因此,促进了磷酸钙沉淀的产生,且呈幂函数增长趋势,进一步抑制了碳酸盐沉淀的产生(Hammes and Verstraete,

2002)。此外,UP 的使用降低了 HSW 的 pH(1%以上水溶液的 pH 为 1.89),导致硅酸盐含量显著增加。实际上,pH 的降低促进了硅醇结构的缩合,并促使硅酸盐凝胶聚合(Neofotistou and Demadis,2004),从而加剧了硅酸盐的沉积。石英含量的增加可能是水源中石英等颗粒物的负电荷所致。而 UP 的加入则会引起大量正电荷通过静电吸引压缩电双层,并随着阳离子的增加和 Zeta 电位的降低而变薄(Zhou et al.,2019),导致固体颗粒的絮凝沉降强度显著提高。试验是在室温和 100kPa 压力下进行的,这些条件下很难形成石英。因此,堵塞物质中发现的石英主要来自水源。以石英为自变量,磷酸盐、碳酸盐和硅酸盐为因变量,其聚集过程表明,硅酸盐与石英之间存在较强的线性关系,硅酸盐的变化率随系统的运行而相对稳定。稳定的变化进一步揭示了硅酸盐和石英基本上是同源的,都来源于水,而不只是来源于系统运行过程中的化学反应。碳酸盐和磷酸盐呈幂函数增长,说明它们不仅来源于水源,而且是化学反应的结果。

APP 处理也显著减少了灌水器滴头堵塞。与 UP 相似,APP 使用时滴头堵塞物中碳酸盐含量显著降低,硅酸盐和石英含量增加,同时出现磷酸盐组分。APP 还产生竞争性吸附以形成磷酸盐,从而降低碳酸盐的含量。然而,APP 并没有显著改变施肥水的 pH。碳酸盐含量大幅度下降的原因是 APP 通常是不同链长的混合物。这种特殊的结构使得 APP 在一定浓度下能够螯合 Ca^{2+}、Mg^{2+} 等金属离子,螯合 Ca^{2+}、Mg^{2+} 从而降低了碳酸盐与 Ca^{2+}、Mg^{2+} 反应的概率,大大减少了碳酸盐的形成。磷酸盐的形成主要是由于 APP 带来的大量 PO_4^{3-},不可避免地与水中的 Ca^{2+} 反应,形成不溶性磷酸钙。硅酸盐和石英的形成机理与 UP 相似。硅酸盐和石英的含量呈线性增长趋势,碳酸盐和磷酸盐的含量呈二次函数增长趋势,增长速度逐渐减慢,说明 APP 可以抑制盐物质的形成。

施用 MKP 后,灌水器堵塞急剧增加,碳酸盐含量明显降低。与 UP 类似,这主要是由于 pH 的降低和 Ca^{2+}、Mg^{2+} 的竞争吸附,形成了磷酸盐沉淀。另外,MKP 增加了堵塞物质中硅酸盐和石英的含量。在滴灌中应用 MKP 时,高盐水中 Ca^{2+}、Mg^{2+} 消耗 HCO_3^- 形成大量碳酸盐,然后电解 MKP 产生的剩余 Ca^{2+}、Mg^{2+}、PO_4^{3-} 生成磷酸盐。磷酸二钙被认为是灌溉水中 PO_4^{3-} 和 Ca^{2+} 反应形成的主要沉淀物。然后,磷酸二钙水解为羟基磷灰石或磷酸二钙迅速转化为磷酸八钙,并进一步转化为羟基磷灰石。另外,$CaCO_3$ 吸收 PO_4^{3-} 并形成不溶性化合物(Zhou et al.,2018)。因此,在高盐度地下水中应用 MKP 时,水中磷酸盐的形成主要取决于 PO_4^{3-} 在碳酸钙表面的附着和离子反应。同时,磷酸盐和碳酸盐的沉积显著增大了滴头内表面堵塞物质的表面积,进一步促进了堵塞物质在流道表面的沉积(Zhou et al.,2019)。这两种效应共同导致碳酸盐和磷酸盐呈指数增长趋势,而硅酸盐和石英的含量呈线性增长,这两种效应共同加剧了灌水器的堵塞。

结果表明,在相同施肥量下,磷肥浓度会影响灌水器的堵塞程度。UP 和 APP 分别在长期施肥模式和短期施肥模式下能有效缓解灌水器堵塞。在 UP 处理中,短期施肥模式下堵塞程度明显高于长期施肥模式。这主要是因为在短期施肥模式下,磷酸盐和石英的沉淀量显著增加。磷酸盐的增加可能与时间因素有关,反应时间越长,形成的磷酸盐越多。UP 浓度越高,石英的絮凝沉降越明显,石英含量越高。对于 APP 处理,肥料浓度越高,灌水器堵塞的风险越低。随着 APP 浓度的增加,螯合作用逐渐增强,还原碳酸盐沉淀作用逐渐显现。APP 在一定浓度下与 Ca^{2+} 和 Mg^{2+} 反应，形成胶体悬浮液堵塞排放口，这与水源中 Ca^{2+} 的含量和聚磷酸铵的浓度有关。1982 年，Hagin 和 Tucker 指出，将少量聚磷酸铵溶液注入高溶解钙的水中，导致焦磷酸钙沉淀，而注入大量聚磷酸，由于聚磷酸的隔离能力，导致沉淀消失。

18.5.4 系统运行温度对滴灌磷肥系统灌水器堵塞的影响与机理

1. 灌水器堵塞物质总量和矿物组分

图 18.59 所示为 2017 年和 2018 年试验中灌水器堵塞物质干重、矿物组分 X 射线衍射图（以系统运行末期为例）及矿物组分构成比例。从图中可以看出，与 CK 处理相比，APP 的施加有助于控制灌水器内部堵塞物质的生成，施加 APP 后灌水器堵塞物质总量显著降低，至系统运行末期堵塞物质总量分别减少 15.3%～26.7%和 35.1%～46.4%。不同施肥浓度间堵塞物质总量差异显著，A0.30（施肥浓度为 0.30g/L）处理较 A0.15（施肥浓度为 0.15g/L）堵塞物质总量分别减少了 13.5%（2017 年）和 17.4%（2018 年）。施用 APP 在高温运行条件下比在较低温度条件下运行具有更好的减缓堵塞的效果，高温（2018 年）和低温（2017 年）两种运行条件下施用 APP 处理较 CK 处理堵塞物质总量分别减少 29.9%～51.9%和 12.6%～24.5%。进一步经 X 射线衍射分析发现，灌水器内部堵塞物质主要矿物组分包括石英、$CaCO_3$-正交相、$CaCO_3$-三方相、白云石、白云母、碱性长石、绿泥石、磷酸盐等成分，还含有极少量的 NaCl、Fe_2O_3 等。矿物组分比例变化如图 18.59(d) 所示，CK 处理以碳酸盐（方解石和文石）为主（90%以上），而 APP 处理则以磷酸盐和碳酸盐混合物为主（72%以上），且随着运行时间的延长，APP 处理堵塞物质磷酸盐比例逐渐增大。

2. 堵塞物质碳酸盐动态变化

高盐水滴灌系统灌水器堵塞物质碳酸盐成分（文石、方解石、白云石）变化及各处理相关关系如图 18.60 所示。施加 APP 处理堵塞物质碳酸盐总量显著低于 CK 处理[图 18.60(c)]，碳酸盐堵塞物质中文石和方解石的含量显著低于 CK 处理[图 18.60(f)和(i)]，而白云石含量则相反[图 18.60(l)]。施加 APP 处理较 CK 处理堵塞物质碳酸盐总量显著减少 62.3%～79.8%，文石、方解石含量分别显著减少 62.1%～80.2%、67.9%～80.6%，但白云石含量显著增加 122.4%～270.4%。同时，不同施肥浓度间堵塞物质碳酸盐含量差异显著，其中 A0.30 处理较 A0.15 处理堵塞物质文石分别减少了 20.6%（2017 年）和 48.0%（2018 年），方解石分别减少了 34.8%（2017 年）和 18.6%（2018 年），而白云石分别增加了 51.9%（2017 年）和 40.6%（2018 年）。系统运行末期，高温条件下（2018 年）施用 APP 处理较 CK 处理堵塞物质中文石、方解石以及碳酸盐总量分别降低 16.3～21.8mg/cm²、1.2～2.6mg/cm²、17.2～23.8mg/cm²；而在低温条件下（2017 年）施用 APP 处理较 CK 处理堵塞物质中文石、方解石以及碳酸盐总量分别降低 16.0～16.6mg/cm²、1.0～2.1mg/cm²、16.9～18.4mg/cm²。

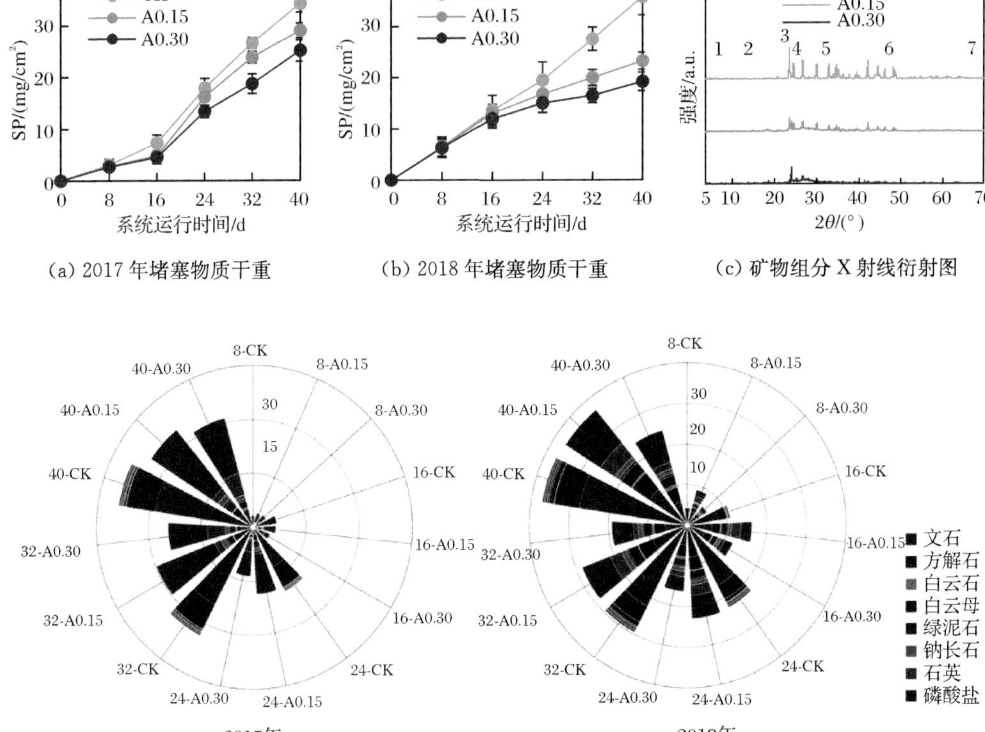

(a) 2017 年堵塞物质干重　(b) 2018 年堵塞物质干重　(c) 矿物组分 X 射线衍射图

(d) 矿物组分比例变化

图 18.59　2017 年和 2018 年灌水器堵塞物质干重、矿物组分 X 射线衍射图及矿物组分比例变化

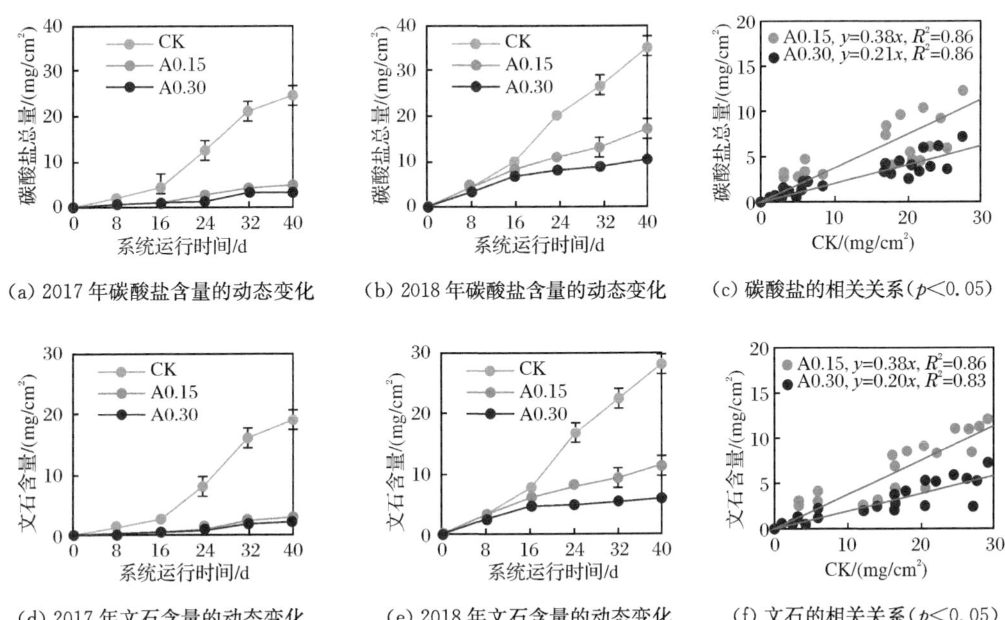

(a) 2017 年碳酸盐含量的动态变化　(b) 2018 年碳酸盐含量的动态变化　(c) 碳酸盐的相关关系(p<0.05)

(d) 2017 年文石含量的动态变化　(e) 2018 年文石含量的动态变化　(f) 文石的相关关系(p<0.05)

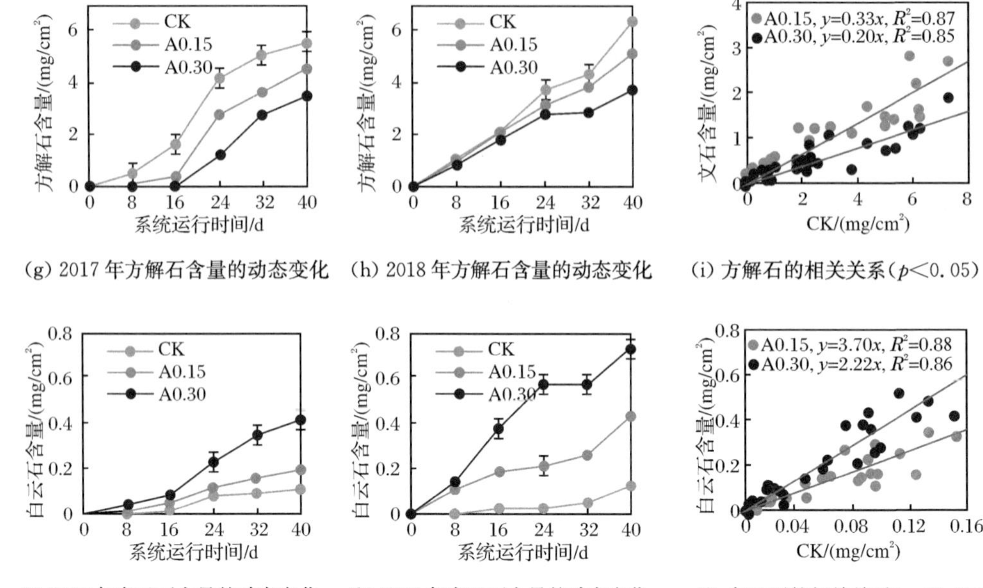

(g) 2017 年方解石含量的动态变化　(h) 2018 年方解石含量的动态变化　(i) 方解石的相关关系($p<0.05$)

(j) 2017 年白云石含量的动态变化　(k) 2018 年白云石含量的动态变化　(l) 白云石的相关关系($p<0.05$)

图 18.60　堵塞物质碳酸盐成分变化及各处理相关关系

3. 堵塞物质硅酸盐动态变化

高盐水滴灌系统各处理灌水器堵塞物质硅酸盐成分(白云母、绿泥石、钠长石)变化及各处理相关关系如图 18.61 所示。施用 APP 处理堵塞物质硅酸盐总量、白云母、绿泥石和钠长石的含量均显著高于 CK 处理[图 18.61(c)、(f)、(i)和(l)],施用 APP 处理中白云母、绿泥石、钠长石含量显著增加 106.5%～186.1%、49.7%～135.6%、26.1%～48.5%。同时,不同施肥浓度间堵塞物质硅酸盐含量差异显著。其中,A0.30 处理较 A0.15 堵塞物质白云母分别增加了 24.3%(2017 年)和 21.5%(2018 年),绿泥石分别增加了 31.7%(2017 年)和 15.1%(2018 年),钠长石分别降低了 32.2%(2017 年)和 12.5%(2018 年)。运行温度对堵塞物质硅酸盐的形成有减缓作用,高温条件下(2018 年)施用 APP 处理较 CK 处理堵塞物质白云母、绿泥石、钠长石和硅酸盐总量分别增加 1.2～1.7mg/cm²、0.2～0.3mg/cm²、0.2～0.4mg/cm²、1.6～2.3mg/cm²,而低温条件下(2017 年)施用 APP 处理较 CK 处理堵塞物质白云母、绿泥石、钠长石和硅酸盐总量分别增加 0.9～1.2mg/cm²、0.2～0.3mg/cm²、0.2～0.6mg/cm²、1.4～2.1mg/cm²。

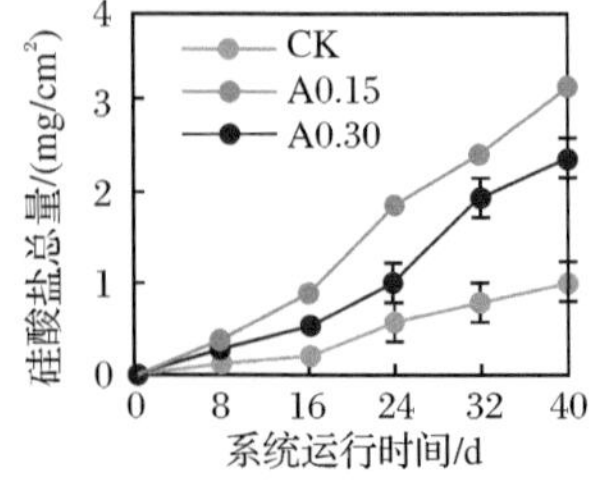

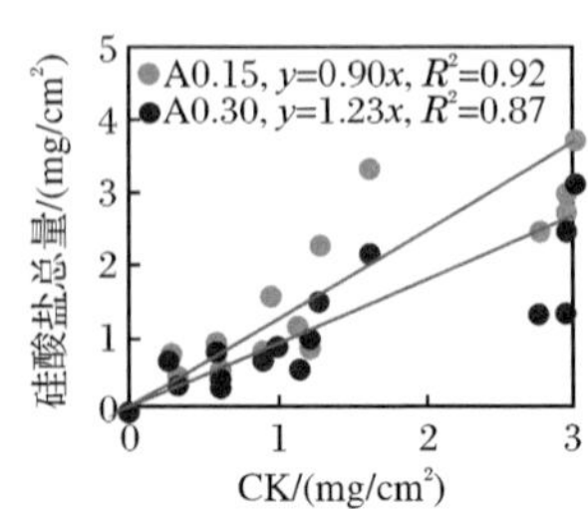

(a) 2017 年硅酸盐总量的动态变化　(b) 2018 年硅酸盐总量的动态变化　(c) 硅酸盐的相关性分析($p<0.05$)

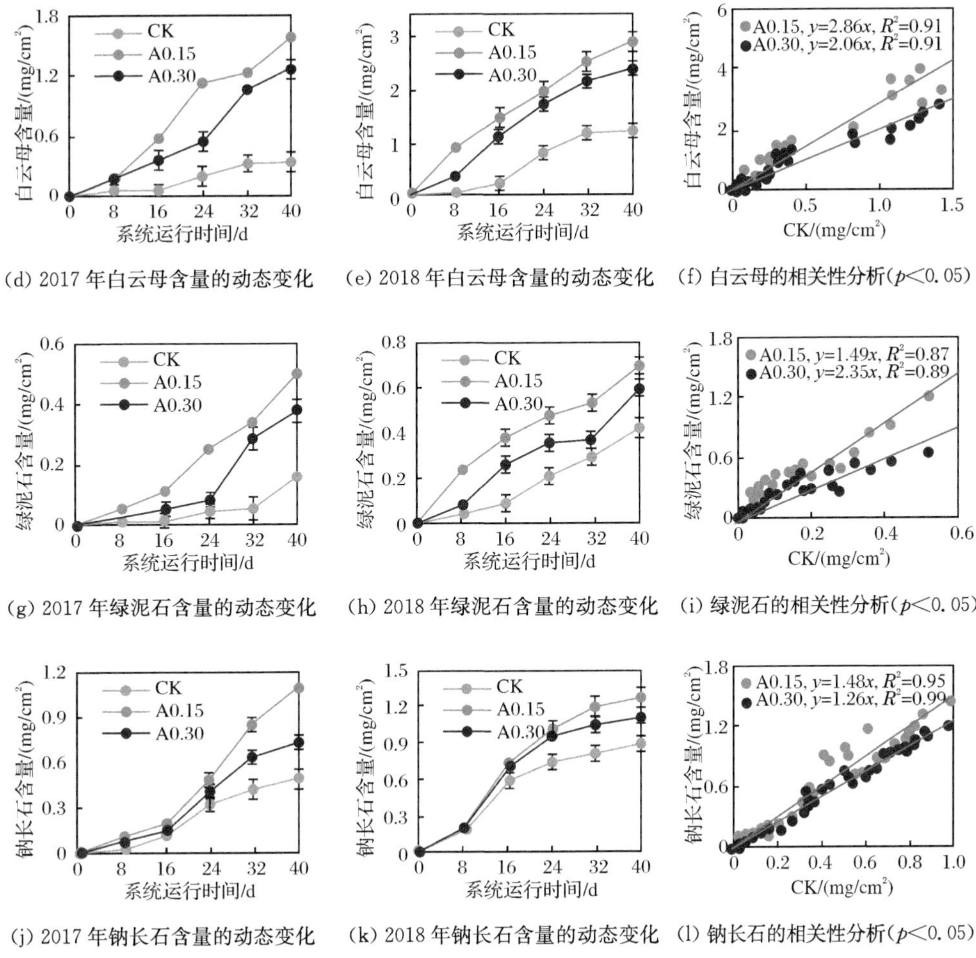

(d) 2017 年白云母含量的动态变化 (e) 2018 年白云母含量的动态变化 (f) 白云母的相关性分析($p<0.05$)

(g) 2017 年绿泥石含量的动态变化 (h) 2018 年绿泥石含量的动态变化 (i) 绿泥石的相关性分析($p<0.05$)

(j) 2017 年钠长石含量的动态变化 (k) 2018 年钠长石含量的动态变化 (l) 钠长石的相关性分析($p<0.05$)

图 18.61 堵塞物质硅酸盐成分变化及各处理相关关系

4. 堵塞物质磷酸盐动态变化

高盐水滴灌系统各处理灌水器堵塞物质磷酸盐成分的变化及各处理相关关系如图 18.62所示。两年中 CK 处理均无磷酸盐出现，而施用 APP 处理后则均出现了磷酸盐，系统运行末期堵塞物质磷酸盐含量分别达到了 17.6～21.0mg/cm^2(2017 年)和8.1～10.4mg/cm^2(2018 年)，可见高温运行模式(2018 年)较低温运行模式(2017 年)磷酸盐含量大幅降低。不同施肥浓度间堵塞物质磷酸盐含量差异显著，A0.30 处理磷酸盐含量较 A0.15 处理显著降低了 20.6%。

5. 堵塞物质石英动态变化

高盐水滴灌系统各处理灌水器堵塞物质石英成分变化及各处理相关关系如图 18.63 所示。施用 APP 处理的堵塞物质中石英的含量均显著高于 CK 处理[图 18.65(c)]，施用 APP 处理堵塞物质石英含量显著增加 301.2%～1152.6%(2017 年)和 279.6%～890.8%

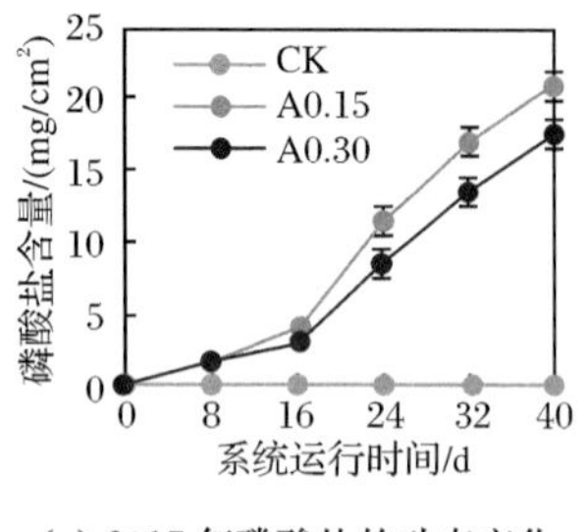

(a) 2017 年磷酸盐的动态变化

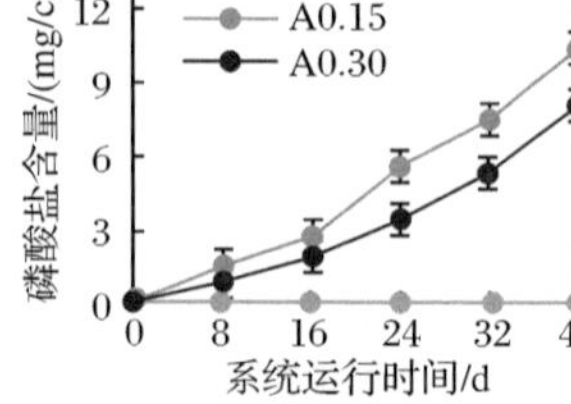

(b) 2018 年磷酸盐的动态变化

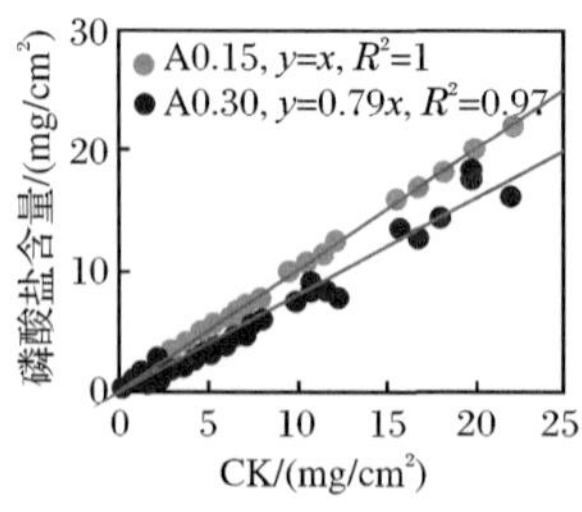

(c) 磷酸盐的相关关系($p<0.05$)

图 18.62　堵塞物质磷酸盐成分变化及各处理相关关系

(2018 年)。不同施肥浓度间堵塞物质石英含量差异显著，至系统运行末期 A0.30 处理石英含量较 A0.15 处理分别降低了 212.2%(2017 年)和 161.0%(2018 年)。对于两种温度运行条件下的结果，对于石英的影响差异较小，高温条件下(2018 年)施用 APP 处理较 CK 处理堵塞物质石英增加 1.2～3.9mg/cm²，低温条件下(2017 年)施用 APP 处理较 CK 处理堵塞物质石英增加 1.0～3.8mg/cm²。

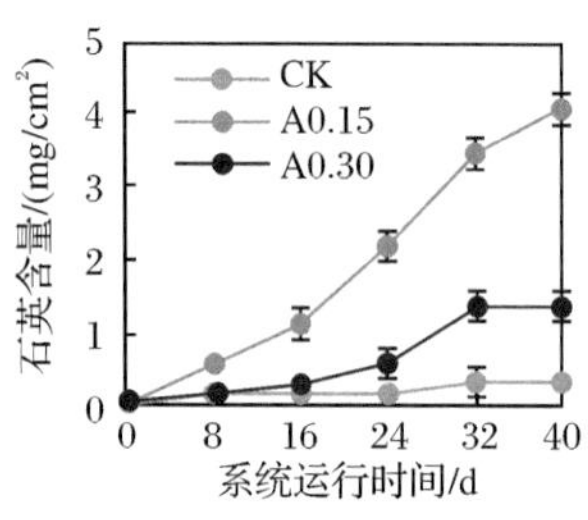

(a) 2017 年磷酸盐动态变化

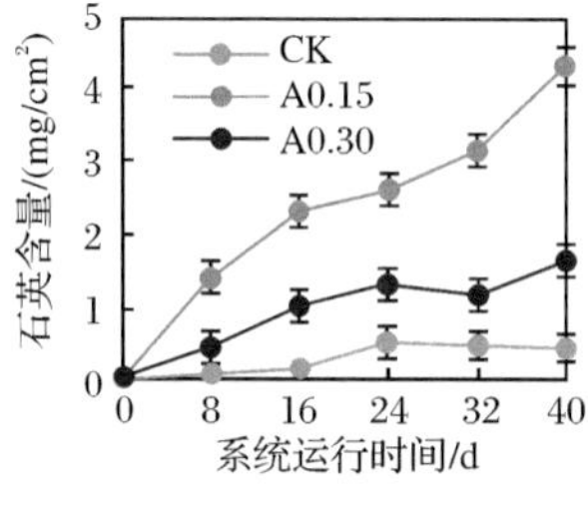

(b) 2018 年磷酸盐动态变化

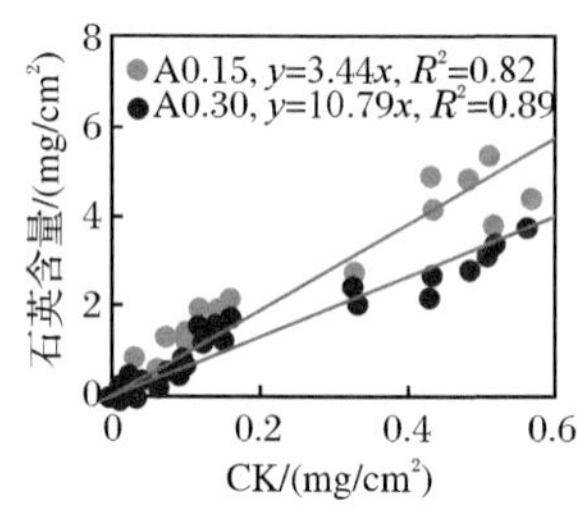

(c) 磷酸盐的相关性分析($p<0.01$)

图 18.63　堵塞物质石英成分变化及处理相关关系

6. 高盐水滴灌聚磷酸铵条件下灌水器堵塞机理

长期以来，APP 对于不同水质条件下灌水器堵塞的影响争议较大。针对高盐水，发现 APP 的施用均显著降低了滴灌灌水器堵塞物质含量及堵塞程度，这与 Fares 等的观点一致，但却与 Kafkafi 等和 Xiao 等的结论截然相反。APP 是链长不同的混合物，这种特殊的结构导致 APP 可以在一定浓度下螯合 Ca^{2+} 和 Mg^{2+} 及其他金属离子，从而起到螯合 Ca^{2+} 和 Mg^{2+} 的作用，这使得 APP 的螯合作用一方面降低了高盐水中阴离子与钙镁离子反应形成沉淀的概率；另一方面，低水平的 Mg^{2+} 会抑制方解石的生长，而高浓度的 Mg^{2+} 会抑制文石的自然沉淀，因此进一步降低了堵塞物质含量最高的文石与方解石两种碳酸盐沉淀，从而抑制了高盐水滴灌系统灌水器堵塞，显著提高了滴灌系统 Dra 和 CU (图 18.64)。

本节与 Xiao 等在黄河水滴灌系统中施用 APP 的研究相比，后者反而增加了灌水器堵塞，水质条件的极大不同是 APP 的施入对灌水器堵塞影响截然不同的主要原因，黄河水中除了含有的 Ca^{2+}、Mg^{2+} 等离子影响外，其一，黄河水中含有比高盐水多得多的细小泥沙颗粒，而颗粒物表面大多带有负电荷，此时，磷肥带来的大量带有正电荷的离子及水

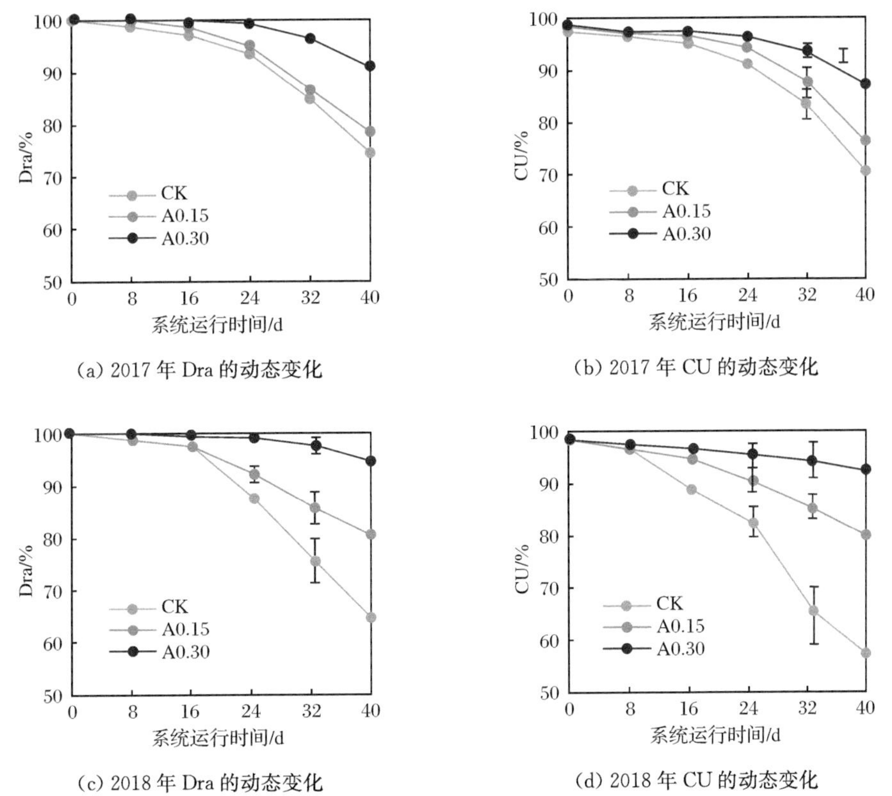

(a) 2017 年 Dra 的动态变化　　(b) 2017 年 CU 的动态变化

(c) 2018 年 Dra 的动态变化　　(d) 2018 年 CU 的动态变化

图 18.64　滴灌系统 Dra 和 CU 变化规律

源中原本存在的钙镁离子导致固体颗粒物的双电层由于静电吸引而被压缩，随着阳离子的增多而变薄，电势减小，这种现象造成了固体颗粒物的絮凝和沉降，从而增加了灌水器的堵塞；其二，黄河水作为地表水，其中含有较多的微生物成分，而 APP 的加入为微生物提供了更多的养分，从而进一步促进了生物絮凝作用的发生，最终形成生物污垢，从而堵塞灌水器流道；其三，黄河水滴灌聚磷酸铵增加灌水器内部堵塞物质碳酸盐的原因可能还与微生物矿化有关，微生物的新陈代谢作用及分泌的代谢产物对碳酸盐颗粒的形成具有重要影响，一些种类的微生物会促进碳酸盐的形成。这也使得 Xiao 等发现 APP 的施用反而增加了灌水器的堵塞程度。

本节还发现 APP 的施用还会增加堵塞物质中磷酸盐、硅酸盐和石英的含量，也会使灌水器堵塞面临一定的风险。磷酸盐的形成，主要是由于 APP 的施用带来了大量 PO_4^{3-}，不可避免地与水中的 Ca^{2+} 反应形成不溶性磷酸钙化合物。硅酸盐（白云母、绿泥石、钠长石）和石英主要来自水源中固体颗粒物的沉淀和絮凝。APP 加入灌溉水中带来大量阳离子，与高盐水中带正电荷的泥沙等固体颗粒相互吸引，静电作用使得双电层结构不断压缩变薄，Zeta 电势降低（Zhou et al.，2019），从而加剧了固体颗粒的絮凝和团聚，而含磷酸根离子和悬浮颗粒的吸附进一步增强了颗粒的絮凝和团聚（Chen et al.，2015）。由于复杂的水质因素，这些絮凝体中发生了复杂的物理和化学反应，使得石英、白云母、绿泥石、钠长石不断形成和沉淀。事实上，堵塞物质磷酸盐、碳酸盐（白云石、方解石等）、硅酸盐和石英之间是相互影响的，其间存在复杂的影响关系。借助结构方程模型验证了假设的正确性，结果显示聚磷酸铵与堵塞物质文石、方解石呈显著负相关，而与白云石、硅酸盐、石英和磷酸盐呈显著正相关，说明聚磷酸铵的加入显著降低了文石与方解石的形成，而显著增加了白云石、硅酸盐、石英和磷酸盐的形成。同时，文石、方解石、石英和磷酸盐均对 Dra 产生显著的负向影响，而硅酸盐产生了显著的正向影响，白云石无显著影响。

18.6 小　结

(1) 在再生水滴灌系统中，随着灌水频率降低，4 种灌水频率条件下灌水器的整体堵塞情况降低，且堵塞程度严重的灌水器数量也减少。在系统运行 540h 后，高频灌溉($IF_{1/2}$)系统中灌水器 Dra 和 CU 的最小值分别达到 31.0%和 32.0%。随着灌水频率升高，4 种灌水频率灌水器内部堵塞物质 SP、EPS 和 PLFAs 显著增加，且 SP、EPS 和 PLFAs与灌水间隔天数呈对数变化趋势($R^2>0.92$)。系统运行 540h 后，SP、EPS 和 PLFAs的最大值分别达到 1.24×10^{-1}g、1327.75μg 和 96.07μg。综合考虑灌水频率对再生水滴灌灌水器自身抗堵塞性能及作物产量和品质的影响，再生水滴灌水肥一体化较为适宜的灌水频率为 1 次/8d 至 1 次/4d。随着工作频率的降低，灌水器的堵塞程度明显增加，工作频率越高，灌水器的抗堵塞性能越高，因此在满足作物生长发育需求的情况下，高频灌溉有助于提高微咸水、引黄滴灌(磷肥)系统的抗堵塞性能。

(2) 运行压力的降低，将导致微咸水滴灌系统灌水器抗堵塞性能的下降。对于引黄滴灌系统，随着灌水器运行工作压力的降低，灌水器抗堵塞性能、堵塞物质累积量均先缓慢降低，而当压力降低至 40kPa 及以下时呈现急剧下降，40～60kPa 是压力影响灌水器堵塞较为敏感的区间范围，工作压力在 60kPa 以上有利于保持灌水器良好的抗堵塞性能；采用间歇性波动水压模式，可以有效控制堵塞物质的积累，随着波动时间的增加，对堵塞物质的控制效果越来越好。结果显示，当设置波动水压四小时即 FP4 处理为滴灌系统最佳的运行模式，灌水器堵塞物质总量减少 26%；堵塞物质中黏粒和粉粒的含量分别减少 56%、34%；波动水压对堵塞物质中石英、硅酸盐、钙镁碳酸盐分别减少 36%、35%、11%；高含沙水滴灌系统 Dra 和 CU 分别提高 10.1%～16.7%、8.9%～14.2%。

(3) 比较两种水质灌溉条件下灌水器的堵塞分布率，轻微堵塞比例地下水高于再生水，一般堵塞比例地下水低于再生水，严重堵塞比例地下水低于再生水，完全堵塞比例地下水低于再生水，由此得出相同 Ca^{2+}、Mg^{2+} 浓度地下水灌溉灌水器堵塞程度轻于再生水灌溉。室内再生水滴灌施肥(磷肥)试验中堵塞物质中的主要无机化学组分包括石英沉淀、钙镁碳酸盐沉淀及其他沉淀，石英沉淀随着系统运行时间延长而减少，钙镁沉淀随着运行时间延长而增加，对于所有灌水器只有钙镁沉淀中氢氧磷灰石的含量随着 Ca^{2+}、Mg^{2+} 浓度的增加而增加，这可能是由于氢氧磷灰石中含有钙和磷元素，是 Ca^{2+}、Mg^{2+} 与磷肥反应生成的最直接的产物。

(4) 引黄滴灌磷肥系统堵塞物质内部 SP、C-MP、EPS 和 MA，随着运行时间的延长，呈现出前期增长较快—中期减慢—后期继续加快的动态变化过程。各组分含量之间呈现出显著的线性正相关关系($R^2>0.82$)，固体颗粒物含量的增长持续带动着微生物附着并产生大量 EPS，共同促进生物污垢与颗粒污垢的形成，C-MP 形成的微晶粒与 SP 之间发生凝并，促进化学结晶污垢与颗粒污垢的形成，而含磷的阴离子的加入增强了颗粒间絮凝团聚能力，SP、C-MP、EPS 和 MA 发生的一系列物理、化学和生物反应相互耦合促进共同增长，最终导致灌水器复合型污垢的形成。与此同时，堵塞物质内部各组分含量随着工作频率的降低逐渐增大，污垢含量的增加加重了灌水器的堵塞程度，使得灌水器的 CU 与 Dra 随着频率的降低而减小。小流量灌水器并不意味着弱的抗堵塞能力，应该选择具有较大断面平均流速 v 而非额定流量大的灌水器产品。

(5)高盐水(HSW)滴灌施磷试验结果表明，与不施肥相比，施用 MKP 加重了灌水器的堵塞。两种新型磷肥(APP 和 UP)的加入虽然增加了磷、硅酸盐和石英的沉淀，但通过抑制碳酸盐的形成，有效地缓解了灌水系统的堵塞。此外，在相同的磷肥施用量下，长期低浓度运行和短期高浓度运行方式下，UP 和 APP 的解堵效果明显(灌水均匀性提高了 26.2%～74.6%)。APP 的施用有效缓解了高盐水滴灌系统灌水器堵塞，主要是因为 APP 长链屏蔽作用显著降低了堵塞物质中高含量的文石、方解石两种碳酸盐水平，使得堵塞物质总重降低 15.3%～46.4%，但 APP 的施入使得堵塞物质中出现了磷酸盐沉淀，同时也会少量增加硅酸盐和石英的含量，从而存在一定的风险。

参考文献

Adin A, Sacks M. 1991. Dripper clogging factor in wastewater irrigation[J]. Journal of Irrigation and Drainage Engineering, 117(6): 813-826.

Alori E T, Glick B R, Babalola O O. 2017. Microbial phosphorus solubilization and its potential for use in sustainable agriculture[J]. Frontiers in Microbiology, 8: 971.

Bishop P L. 2007. The role of biofilms in water reclamation and reuse[J]. Water Science Technology, 55: 19-26.

Camp C R. 1998. Subsurface drip irrigation: A review[J]. Transaction of the ASAE, 41(5): 1353-1367.

Capra A, Scicolone B. 2004. Emitter and filter tests for wastewater reuse by drip irrigation[J]. Agricultural Water Management, 68(2): 135-149.

Chen W, Zheng H L, Teng H K, et al. 2015. Enhanced coagulation-flocculation performance of iron-based coagulants: Effects of PO_4^{3-} and SiO_3^{2-} modifiers[J]. PLOS ONE, 10(9): e0137116.

Dalvi V B, Tiwari K N, Pawade M N, et al. 1999. Response surface analysis of tomato production under microirrigation[J]. Agricultural Water Management, 41(1): 11-19.

Hammes F, Verstraete W. 2002. Key roles of pH and calcium metabolism in microbial carbonate precipitation[J]. Reviews in Environmental Science and Biotechnology, 1(1): 3-7.

Hebbar S S, Ramachandrappa B K, Nanjappa H V, et al. 2004. Studies on NPK drip fertigation in field grown tomato[J]. European Journal of Agronomy, 21(1): 117-127.

Isreali Y, Hangin J, Shelly K. 1985. Efficiency of fertilizers as nitrogen sources to banana plantations under drip irrigation[J]. Fertilizer Research, 8(2): 101-106.

Kim C M, Kim S J, Lan H K, et al. 2014. Effects of phosphate limitation in feed water on biofouling in forward osmosis (FO) process[J]. Desalination, 349: 51-59.

Li Y K, Pan J C, Chen X Z, et al. 2019. Dynamic effects of chemical precipitates on drip irrigation system clogging using water with high sediment and salt loads[J]. Agricultural Water Management, 213:

833-842.

Lincoln Z, Micheal D D, Johannes M S, et al. 2008. Nitrogen and water use efficiency of zucchini squash for a plastic mulch bed system on a sandy soil[J]. Scientia Horticulturae, 116(1): 8-16.

Lopez P A, Carcia N A. 1997. Phosphate sorption in vertisols of southwestern spain[J]. Soil Science, 162(1/2): 69-77.

Neofotistou E, Demadis K D. 2004. Use of antiscalants for mitigation of silical(SiO_2) fouling and deposition: Fundamentals and applications in desalination systems[J]. Desalination, 167: 257-278.

Pei Y T, Li Y K, Liu Y Z, et al. 2014. Eight emitters clogging characteristics and its suitability under on-site reclaimed water drip irrigation[J]. Irrigation Science, 32(2): 141-157.

Puig-Bargués J, Arbat G, Elbana M, et al. 2010. Effect of flushing frequency on emitter clogging in microirrigation with effluents[J]. Agricultural Water Management, 97(6): 883-891.

Ravina E, Sofer Z, Marcu A, et al. 1997. Control of clogging in drip irrigation with stored treated municipal sewage effluent[J]. Agricultural Water Management, 33(2): 127-137.

Rittmann B E. 1982. The effect of shear stress on biofilm loss rate[J]. Biotechnology and Bioengineering, 24(2): 501-506.

Sharma S B, Sayyed R Z, Trivedi M H, et al. 2013. Phosphate solubilizing microbes: Sustainable approach for managing phosphorus deficiency in agricultural soils[J]. Springer Plus, 2: 587.

Song P, LiY K, Zhou B, et al. 2017. Controlling mechanism of chlorination on emitter bio-clogging for drip irrigation using reclaimed water[J]. Agricultural Water Management, 184: 36-45.

Tsai Y P. 2005. Impact of flow velocity on the dynamic behavior of biofilm bacteria[J]. Biofouling, 21: 267-277.

Venterink H O, Davidsson T E, Kiehl K, et al. 2002. Impact of drying and re-wetting on N, P and K dynamics in a wetland soil[J]. Plant and Soil, 243(1): 119-130.

Vieira M J, Melo L, Pinheiro M M. 1993. Biofilm formation: Hydrodynamic effects on internal diffusion and structure[J]. Biofouling, 7: 67-80.

Vrouwenvelder J S, Beyer F, Dahmani K, et al. 2010. Phosphate limitation to control biofouling[J]. Water Research, 44: 3454-3466.

Xue S. 2016. Emitter clogging material formation mechanism and growth kinetics model in drip irrigation system[D]. Beijing: China Agricultural University.

Yan D Z, Bai Z H, Rowan M, et al. 2009. Biofilm structure and its influence on clogging in drip irrigation emitters distributing reclaimed wastewater[J]. Journal of Environmental Sciences, 21(6): 834-841.

Zheng Y Q. 1993. Some advice on the application of micro irrigation[J]. Beijing Water Technology, 4: 23-24.

Zhou B, Li Y K, Pei Y T, et al. 2013. Quantitative relationship between biofilms components and emitter clogging under reclaimed water drip irrigation[J]. Irrigation Science, 31(6): 1251-1263.

Zhou H, Li Y, Wang Y, et al. 2019. Composite fouling of drip emitters applying surface water with high sand concentration: Dynamic variation and formation mechanism[J]. Agricultural Water Management, 215: 25-43.

Zotarelli L, Dukes M D, Scholberg J M, et al. 2009. Tomato nitrogen accumulation and fertilizer use efficiency on a sandy soil, as affected by nitrogen rate and irrigation scheduling[J]. Agricultural Water Management, 96(8): 1247-1258.

第19章 滴灌系统毛管冲洗对灌水器堵塞的控制效应与技术模式

毛管冲洗是控制灌水器堵塞的有效方法之一，水流对毛管内壁的冲刷作用使得管内沉积物随水流排出管外，减少沉积物进入灌水器的概率，从而有效减缓灌水器堵塞的发生(Tayel et al.，2013；Nakayama and Bucks，1991)。因其效应显著且成本低廉，适宜在不同工况下推广应用。已有专家学者探究了毛管冲洗频率(Puig-Bargués and Lamm，2013；Ravina et al.，1997)、流速(Lamm et al.，2006)，获得一些较有意义的结果，但目前并没有统一标准，也没有针对不同水源条件下的毛管冲洗的适宜模式。

基于此，本章首先研究滴灌毛管流速对管道内壁堵塞物质形成的影响效应，随后研究毛管冲洗频率对再生水、黄河水滴灌灌水器堵塞的控制效应，确定灌水器堵塞控制的最优冲洗模式。

19.1 滴灌毛管断面平均流速对管道内壁堵塞物质形成的影响

19.1.1 试验概况

本试验选用两种经过处理的污水作为水源，分别为生物泳动床(FBR)工艺处理污水、曝气生物滤池(BAF)工艺处理污水。

试验主要考虑滴灌毛管内流速对生物堵塞物质的影响，可忽略滴灌灌水器出流及其对局部水流运动的干扰，故采用Φ16PE管代替滴灌毛管进行试验。试验过程中，管道内流速主要通过调节管道内流量来实现，通过三级联调压力控制模式可以使管道出流流量锁定到既定目标，目标流量控制极为稳定。试验考虑滴灌毛管内常见流速，设计6个水平，每个水平设置5个重复，具体情况见表19.1。试验期间每天运行8h停机，每隔4天停机1天。每天测量水温，试验期间温度为(28.0±1.5)℃，偏差较小，温度差异引起的误差可以忽略不计。

表19.1 试验处理

试验处理	平均流量 $q/(m^3/s)$	平均流速 $v/(m/s)$	水力剪切力 $\tau/(N/m^2)$	雷诺数 Re	水流运动流态
T_1	0.03	0.06	0.31	916	层流
T_2	0.06	0.12	0.63	1834	层流
T_3	0.24	0.45	0.81	7334	紊流
T_4	0.48	0.90	2.73	14670	紊流
T_5	0.72	1.34	5.84	22004	紊流
T_6	0.96	1.78	8.71	29340	紊流

试验开始后，分别在系统运行后的第 9 天(72h)、15 天(120h)、20 天(160h)、25 天(200h)、27 天(216h)取样，每次在管道中间断截取 2～5cm 的 PE 管段，放入相应的标签袋，并进行生物堵塞物质测试。整个试验期间共取样 5 次，第一次取样两份，一份用于生物堵塞物质初期形貌观察，一份用于生物堵塞物质生长厚度测量，其他时间取样一份，其用于生物堵塞物质生长厚度测量。生物堵塞物质厚度测量每次取 5 个样，取平均值即为该条件下的结果。

19.1.2 毛管平均流速对管壁附着堵塞物质的影响

再生水滴灌毛管内生物堵塞物质的平均厚度随运行时间变化的统计结果如图 19.1 所示。

可以看出，随着系统运行，6 种流速条件下均显示出毛管内生物堵塞物质生长经历了一个快速增长—逐渐稳定—波动平衡的过程，但各控制流速间差异显著。生物堵塞物质的形成过程是一个动态变化过程，其间会在附着、生长以及脱落等过程中有不同的表现。前期生物堵塞物质生长迅速，厚度呈现线性增长趋势，生物堵塞物质生长占优，生物堵塞物质处于累积过程；后期生物堵塞物质生长缓慢，逐渐趋于平衡，厚度呈现波动状态，主要是由生物堵塞物质呈现反复生长、脱落、再生长等动态过程。相比较而言，曝气生物滤池工艺再生水的波动更为强烈。6 种流速条件下，生物泳动床再生水滴灌毛管生物堵塞物质厚度明显高于曝气生物滤池，两种工艺再生水的毛管生物堵塞物质最大平均厚度分别可达 17.4～26.1μm、15.8～21.2μm。总体而言，6 种流速条件下毛管生物堵塞物质厚度达到动态平衡的时间并未一致，随着流速的递增，生物堵塞物质平均厚度达到平衡的时间呈现先递减后增加的趋势，0.90m/s 流速条件下生物堵塞物质区域稳定的时间最短。生物堵塞物质是开放性的、自组织的微生物系统，利用“S 型曲线”($y=e^{(b_0+b_1/t)}$，y 为生物堵塞物质平均厚度，t 为运行时间)对生物堵塞物质生长过程进行模拟的结果见表 19.2。可以看出两种再生水处理条件下毛管内生物堵塞物质生长均符合 S 型曲线变化($R^2>0.81$)，但比较而言生物泳动床的拟合效果更好。

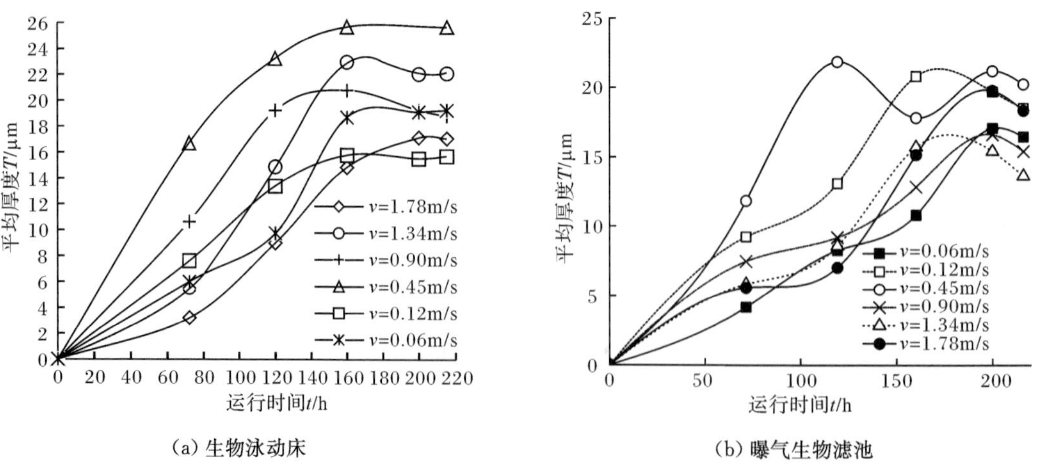

图 19.1 不同流速条件下再生水滴灌毛管生物堵塞物质生长曲线

表 19.2　生物堵塞物质生长过程的 S 型曲线拟合参数

流速/(m/s)	生物泳动床工艺再生水			曝气生物滤池工艺再生水		
	b_0	b_1	R^2	b_0	b_1	R^2
0.06	3.60	−131.71	0.93	3.44	−147.18	0.96
0.12	3.19	−79.10	0.96	3.40	−85.64	0.90
0.45	3.52	−49.50	0.96	3.33	−56.41	0.73
0.90	3.35	−65.09	0.82	3.11	−82.88	0.87
1.34	3.94	−155.67	0.96	3.22	−106.12	0.89
1.78	3.78	−187.09	0.99	3.60	−131.71	0.85

19.1.3　流速与快速生长期附着堵塞物质平均厚度间的关系

平均流速与快速生长期生物堵塞物质平均厚度的关系如图 19.2 所示。可以看出，当模拟系统运行 120h 以内各种控制流速条件下，毛管生物堵塞物质均处于快速生长期。利用显微镜对曝气生物滤池和生物泳动床两种工艺再生水滴灌毛管内快速生长期(72h、120h)生物堵塞物质平均厚度进行测试。从图中可以看出，两种工艺再生水滴灌毛管内生物堵塞物质厚度随流速的变化呈现单峰型变化；所设计的 6 种控制流速条件下流速为 0.45m/s时快速生长期生物堵塞物质平均厚度最大，也就是该流速条件下生物堵塞物质最容易形成；对于生物泳动床工艺再生水滴灌毛管，当流速大于 0.12m/s 以后，系统运行 72h 和 120h 时生物堵塞物质平均厚度与流速的关系曲线呈平行变化的趋势，也就是说生物堵塞物质平均厚度主要受毛管内平均流速控制而呈现线性变化规律，而对于曝气生物滤池并未呈现相同的变化趋势。

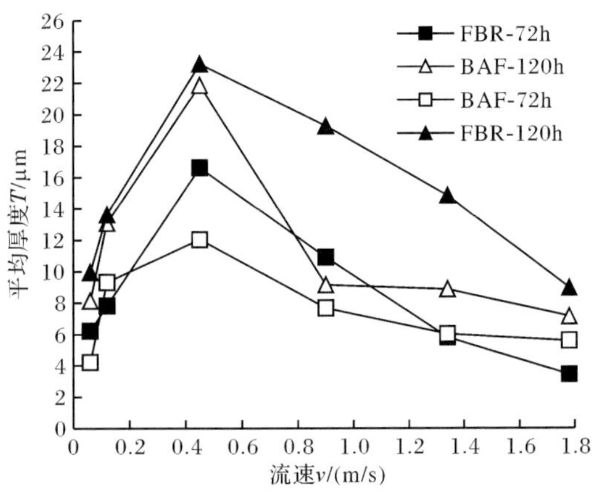

图 19.2　平均流速与快速生长期生物堵塞物质平均厚度的关系

19.1.4　流速对快速生长期附着堵塞物质表面三维形貌特征的影响

两种工艺处理污水滴灌毛管内快速生长期(以系统运行 72h 为例)生物膜形貌特征测试结果如图 19.3 和图 19.4 所示。可以看出，两种工艺再生水滴灌毛管内壁生物堵塞物质并不是平坦的，均呈高低起伏的山丘状分布，同时随着流速的增加生物堵塞物质表面呈现先趋于光滑后变粗糙的过程。在 0.06m/s 和 0.12m/s 两种控制流速条件下，生物堵塞物质出现局部大的单峰凸起；在 0.45m/s 和 0.90m/s 两种控制流速条件下，生物堵塞物质表面整体较为一致，但小凸起明显较多；而在 1.34m/s 和 1.78m/s 两种控制流速条件下，生物堵塞物质表面出现局部凹坑。

利用 SPIP 软件对三维白光干涉形貌仪采集的图像进行生物堵塞物质表面形貌分析，对于 S_q、S_y、S_{dr}三个参数的统计结果见表 19.3。S_q和 S_y两个参数反映了生物堵塞物质表面的粗糙度情况，两种工艺再生水处理下，随着流速的增加，两个参数均呈现先增大后减小的变化趋势，这与三维形貌特征图的直观表现一致；S_{dr}主要衡量生物堵塞物质表面吸附能力，其值越大说明生物堵塞物质表面对固体颗粒物质、微生物团体、微生物等的吸附和捕捉作用越强，生物堵塞物质易累积，随着流速增加 S_{dr}也同样呈现先增大后减小的变化趋势。总体而言，所设计的 6 种控制流速条件下，0.12m/s 和 0.45m/s 两种流速条件下 S_q、S_y和 S_{dr}三个参数均较大，表现出该流速条件下生物堵塞物质表面最为粗糙、生物堵塞物质表面吸附能力最强，这些为生物堵塞物质的生长提供了基础；相比较而言，曝气生物滤池再生水处理的这种变化趋势高于生物泳动床工艺再生水。

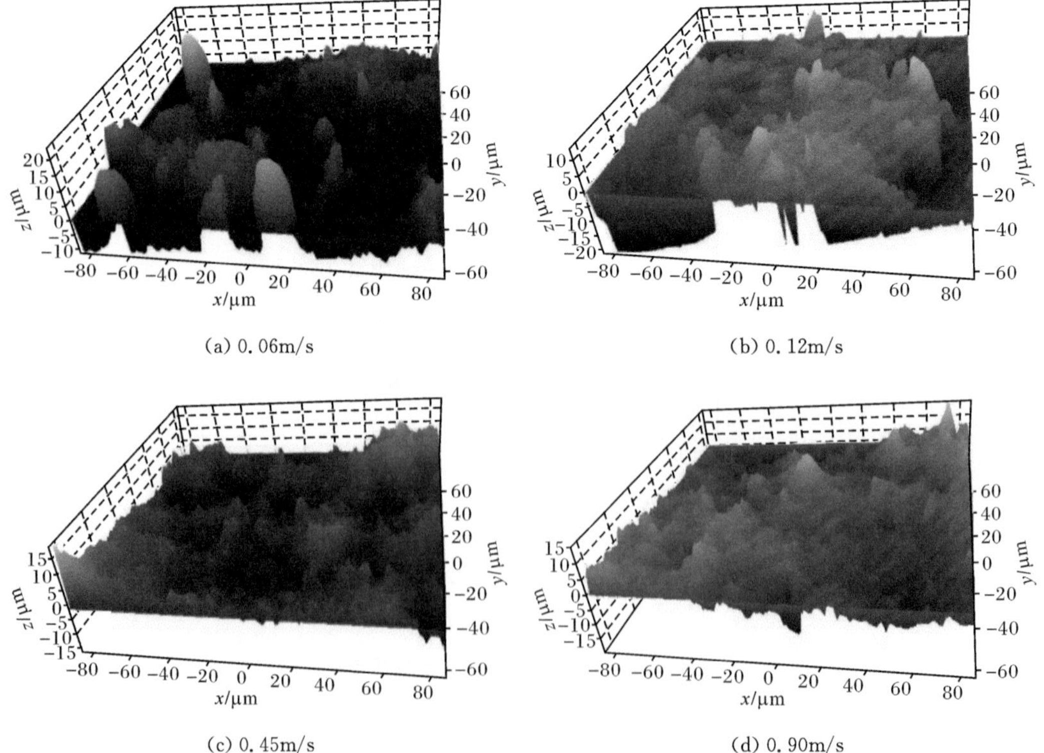

(a) 0.06m/s　(b) 0.12m/s

(c) 0.45m/s　(d) 0.90m/s

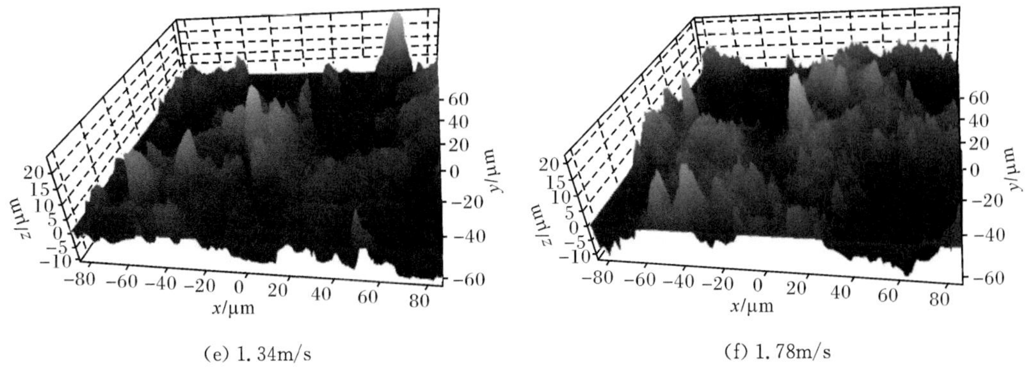

(e) 1.34m/s　　(f) 1.78m/s

图 19.3　生物泳动床工艺再生水滴灌毛管生物堵塞物质表面形貌特征

(a) 0.06m/s　　(b) 0.12m/s

(c) 0.45m/s　　(d) 0.90m/s

(e) 1.34m/s　　(f) 1.78m/s

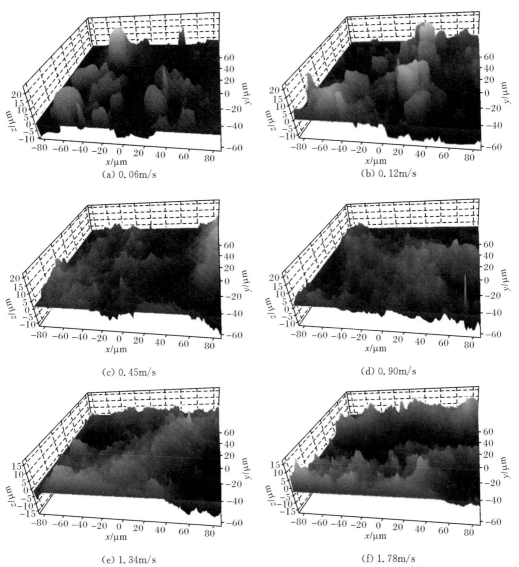

图 19.4　曝气生物滤池工艺再生水滴灌毛管生物堵塞物质表面形貌特征

表 19.3　不同流速条件下生物堵塞物质三维形貌参数表

再生水水质类型	三维形貌参数	流速					
		0.06m/s	0.12m/s	0.45m/s	0.90m/s	1.34m/s	1.78m/s
生物泳动床工艺	S_q/nm	2652	3838	1960	1907	2562	1453
	S_y/nm	18725	28621	19397	15748	19538	9057
	S_{dr}/%	28.6	49.3	18.0	16.1	32.2	9.8
曝气生物滤池工艺	S_q/nm	1729	5457	5163	2252	2084	2174
	S_y/nm	11977	32496	31488	15191	13152	12778
	S_{dr}/%	10.3	94.3	1.76	18.4	10.4	13.6

19.2　毛管冲洗频率对再生水滴灌系统灌水器堵塞的控制效应与适宜模式

19.2.1　试验概况

试验于 2012 年在北京市昌平区北七家镇污水处理厂内进行，该污水处理厂处理工艺为周期循环式活性污泥法。试验期间水质参数逐日监测结果如图 19.5 所示。水质参数统计值见表 19.4。

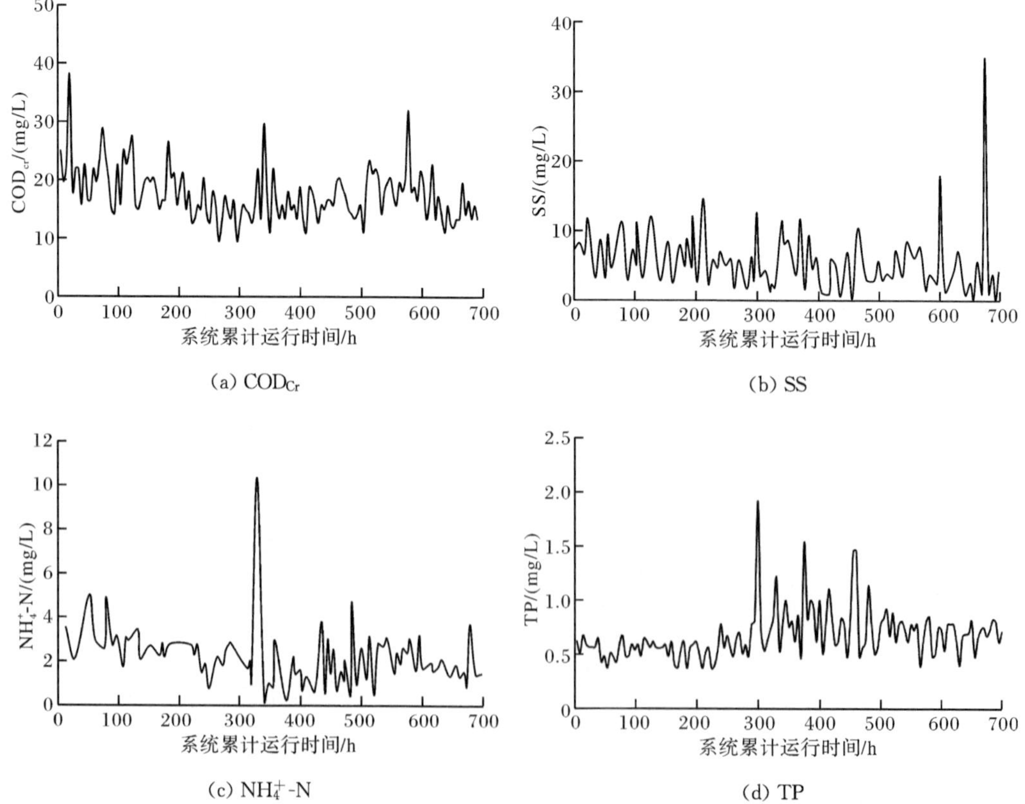

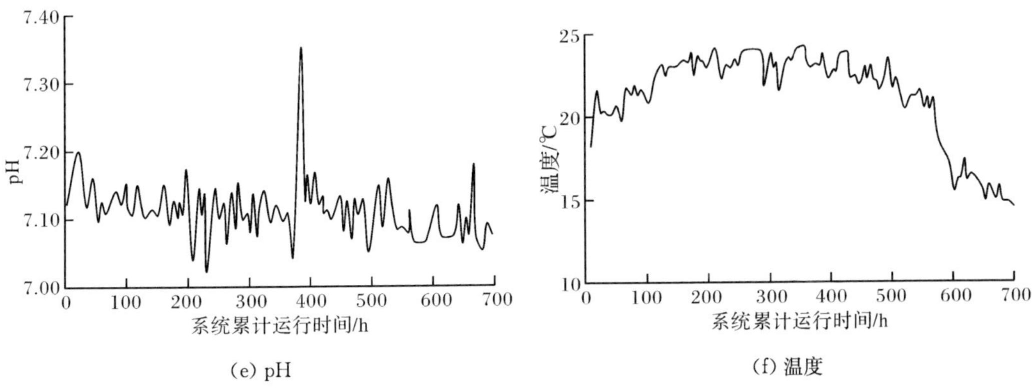

(e) pH　　(f) 温度

图 19.5　试验期间每日水质参数监测动态

表 19.4　水质参数统计值

水质参数	COD_{Cr} /(mg/L)	SS /(mg/L)	NH_4^+-N /(mg/L)	TP /(mg/L)	pH	温度 /℃
均值	13.43±4.41	5.03±1.55	2.39±0.99	0.78±0.08	7.12±0.05	22.5±2.15

试验主要考虑毛管冲洗频率的差异，设置每周 1 次(高频)、每 2 周 1 次(中频)、每 3 周 1 次(低频)3 种处理水平，分别标记为 $P_{1/1}$、$P_{1/2}$、$P_{1/3}$，冲洗流速选择目前能够接受冲洗流速 0.3～0.6m/s 的中间值 0.45m/s；并设置不冲洗的对照处理，标记为 P_0。试验选择 2 种 16mm 管径的非压力补偿片式灌水器，灌水器结构类型及特征参数见表 19.5。每个处理设置 2 个重复，每个重复选取 40 个灌水器，毛管长 12m。

表 19.5　灌水器特征参数

编号	灌水器流量 q/(L/h)	流态指数 x	流量系数 K_d	灌水器流道几何参数 (长×宽×深)/(mm×mm×mm)	灌水器结构	厂家
E1	1.20	0.45	0.39	48.20×0.50×0.64		Metzerplas
E2	1.05	0.51	0.31	50.23×0.57×0.67		NETAFIM

系统每周周一至周五运行 5 天，每天运行 5h，周六和周日对系统进行流量测试，并实施毛管冲洗控制措施。试验第一阶段从 2012 年 5 月 7 日开始，到 2012 年 11 月 20 日结束，累计运行 600h，为防止冻坏，将滴灌管收入简易防雨棚内放置；第二阶段从 2013 年 4 月 8 日开始，至 2013 年 5 月 5 日结束，系统累计运行 700h。当滴灌系统分别运行至国际上公认的灌水器堵塞前后时(Dra＝75%)开始进行毛管冲洗，依靠 E1、E2 两种滴灌灌水器本身抗堵塞能力的差异自然形成两种不同的开始冲洗的堵塞控制水平。为此，从系统运行至 400h 时开始(灌水器 Dra 分别达到约 80%和 65%)，按照设计的频率进行冲洗。冲洗时打开系统尾部冲洗阀门，将冲洗微调阀门全开，同时通过主管道阀门配合电磁流量计控制冲洗流速。每次冲洗 5min，冲洗完成后关闭冲洗阀门，将压力调至系统运行压力

(100kPa)。

开始进行毛管冲洗后，每次冲洗前、后分别采用称重法进行灌水器流量测试。2012年试验分别在系统累计运行500h、600h时，在毛管的首部、中部、尾部分别截取一个灌水器样本，采样后立即封入自封袋，并放入冰箱内保存。参考第5章提出的生物堵塞物质提取和测试方法，测试生物堵塞物质固体颗粒物(SP)、磷脂脂肪酸(PLFAs)含量与分布以及胞外聚合物(EPS)含量。

微生物活性(MA)是生物堵塞物质分析中的重要参数，它表示单位载体生物堵塞物质中所附着生长的微生物进行新陈代谢活动的强度，利用 C_{EPS}/C_{SD} 进行估算。

19.2.2 毛管冲洗对灌水器内部生物堵塞物质形成的控制效应与机理

1. 毛管冲洗对灌水器内部生物堵塞物质中固体颗粒含量的影响

不同毛管冲洗频率下两种再生水滴灌系统灌水器内部生物堵塞物质固体颗粒物含量的测试结果如图19.6所示。可以看出，两种类型灌水器内部生物堵塞物质固体颗粒物含量均表现为 $SP_{P_0}>SP_{P_{1/3}}>SP_{P_{1/1}}>SP_{P_{1/2}}$，这说明毛管冲洗可以有效地促进生物堵塞物质脱落，控制生物堵塞物质形成，与不冲洗对照 P_0 相比，各冲洗频率条件下，E1、E2两种灌水器内部固体颗粒物含量要分别低4.7%～46.8%、1.7%～40.9%。这表明随着毛管冲洗频率的降低，含量呈现先减后增的变化趋势，而2周1次的频率进行毛管冲洗对生物堵塞物质固体颗粒物含量的影响最为显著。对于不同位置的灌水器，生物堵塞物质中固体颗粒物含量均表现为 $SP_{尾}>SP_{中}>SP_{首}$ 的变化趋势，但不同冲洗频率对不同位置的灌水器内部生物堵塞物质固体颗粒物含量形成的影响而言，并未呈现规律性的变化趋势。系统运行至500h和600h的两次取样对生物堵塞物质中固体颗粒物含量随毛管冲洗频率的变化具有良好的一致性，但600h取样时的各处理和各位置灌水器内部生物堵塞物质固体颗粒物量要明显高于500h，这说明生物堵塞物质中固体颗粒物含量处于形成和聚集状态。

2. 毛管冲洗对灌水器内部生物堵塞物质中微生物含量及优势群落的影响

不同毛管冲洗频率下灌水器内部生物堵塞物质中微生物PLFAs含量的测试结果如图19.7所示。可以看出，生物堵塞物质中PLFAs含量均表现为 $PLFAs_{P_0}>PLFAs_{P_{1/3}}>$

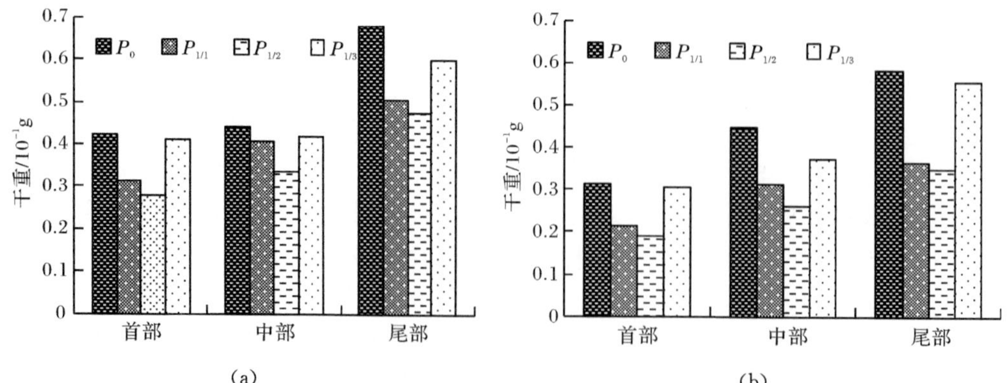

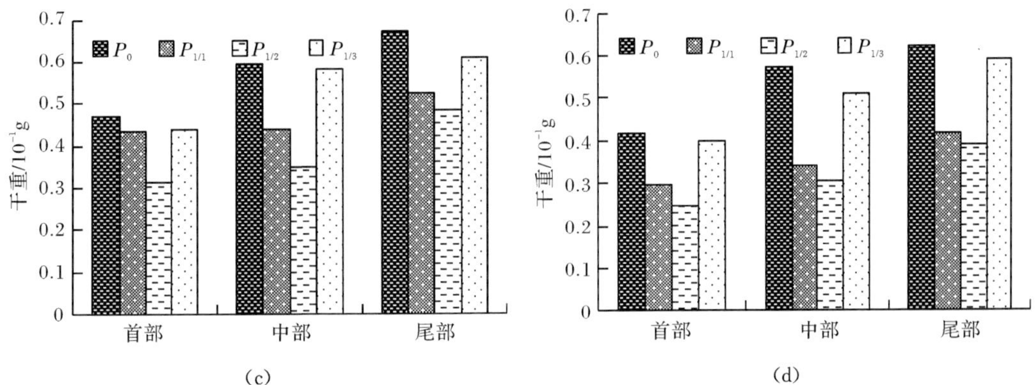

图 19.6　毛管冲洗频率对灌水器生物堵塞物质固体颗粒物的影响效应

图(a)和图(c)分别反映了灌水器 E1 在滴灌系统分别运行至 500h 和 600h 时，首、中、尾部灌水器生物堵塞物质中固体颗粒物组分的测试结果；图(b)和图(d)反映了灌水器 E2 的测试结果

$PLFAs_{P_{1/1}} > PLFAs_{P_{1/2}}$，这说明毛管冲洗对于 PLFAs 形成的影响显著，3 种冲洗频率下灌水器内部生物堵塞物质 PLFAs 含量要比不冲洗低 8.1%～48.8%。PLFAs 含量随着频率的降低而表现为先降低后增加的变化趋势，2 周 1 次毛管冲洗频率条件下的灌水器内部生物堵塞物质中 PLFAs 含量最低。对于不同位置的灌水器，生物堵塞物质中 PLFAs含量均表现为 $PLFAs_{尾} > PLFAs_{中} > PLFAs_{首}$ 的变化趋势。这与固体颗粒物含量的变化趋势一致，但两次取样之间的差异明显较小。

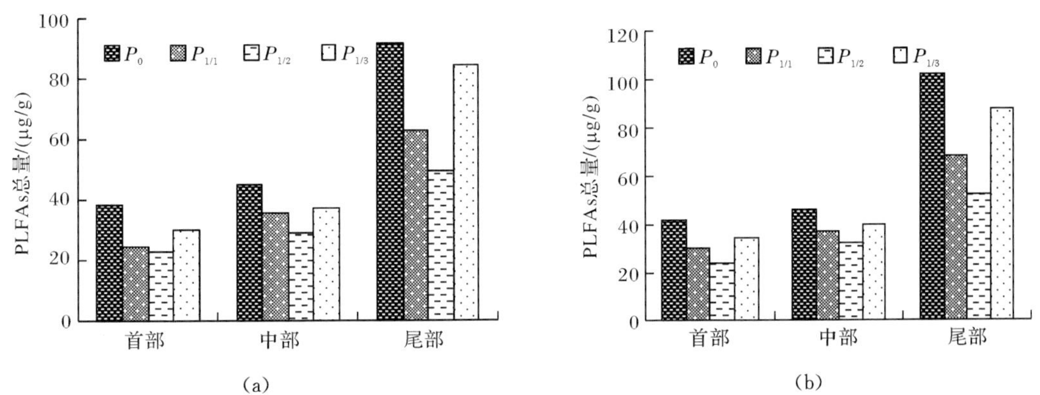

图 19.7　毛管冲洗频率对灌水器生物堵塞物质中微生物 PLFAs 含量的影响效应

图(a)和图(b)分别反映了滴灌系统分别运行至 500h 和 600h 时，首、中、尾部灌水器生物堵塞物质中微生物 PLFAs 含量的测试结果，样本为灌水器 E1 和 E2 的混合物

灌水器内部生物堵塞物质中各种微生物 PLFAs 含量的分布情况如图 19.8 所示。可以看出，灌水器内部生物堵塞物质中微生物 PLFAs 种类主要为 10:0、14:0、a14:0、i15:0、16:0、i16:0、a16:0、17:0、18:0、18:1ω7t、18:1ω9c、18:2ω6,9c、20:0，所有样品中均含好氧细菌；毛管冲洗对 PLFAs 的分布影响显著，经过毛管冲洗后的灌水器内部生物堵塞物质中微生物种类明显偏低，不冲洗处理系统运行至 500h 样本中含有的 PLFAs 达到 6 种，

16:0、18:0、18:1ω9c、20:0 为优势菌种，而各冲洗处理后仅为 2～5 种。然而，各冲洗频率处理间 PLFAs 优势菌群差异不显著，均为 16:0 与 18:0，但所占比例差异显著。

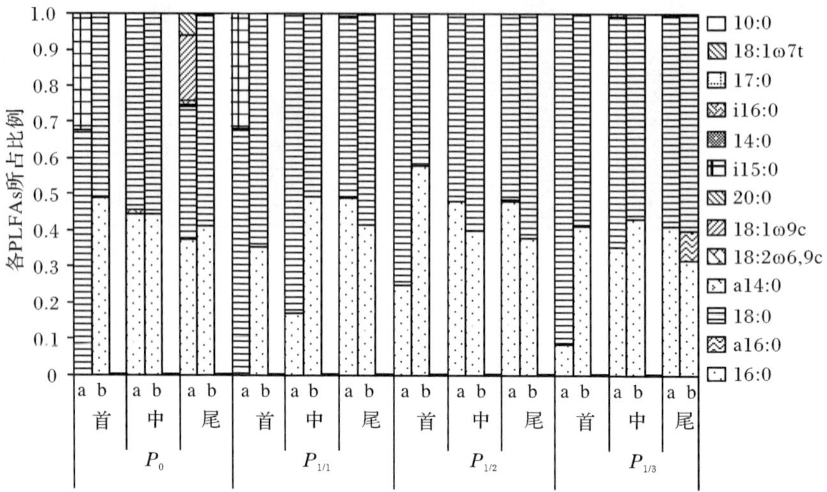

图 19.8　灌水器内部生物堵塞物质中微生物 PLFAs 的含量分布

a、b 分别表示系统累计运行至 500h、600h 时所取样本

3. 毛管冲洗对灌水器内部生物堵塞物质中黏性 EPS 含量的影响

不同毛管冲洗频率下两种再生水滴灌系统灌水器内部生物堵塞物质中黏性 EPS 含量的测试结果如图 19.9 所示。可以看出，黏性 EPS 表现为 $EPS_{P_0}>EPS_{P_{1/3}}>EPS_{P_{1/1}}>EPS_{P_{1/2}}$，这表明随着毛管冲洗频率的降低，含量呈现先降后增的变化趋势；与不冲洗对照 P_0 相比，各冲洗频率处理中 EPS 含量要分别低 21.7%～43.5%、35.3%～57.6%、7.2%～27.6%。对于不同位置的灌水器，趋势与 SP、PLFAs 含量的变化趋势一致。对于 500h 和 600h 的两次取样具有良好的一致性，但 600h 取样时的含量要明显高于 500h，这与固体颗粒物含量的变化趋势一致。

与此同时，采用 1 周 1 次的高频冲洗和 3 周 1 次的低频冲洗均未能获得较为满意的结果，而 2 周 1 次是再生水滴灌系统较为适宜的毛管冲洗频率。这主要是由于，在高频冲洗条件下，生物堵塞物质生长一直处于初期阶段，生物堵塞物质量总体较少，初期阶段的

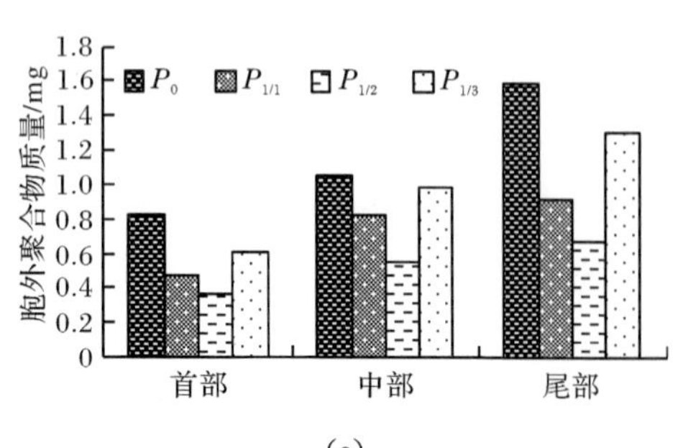

(a)

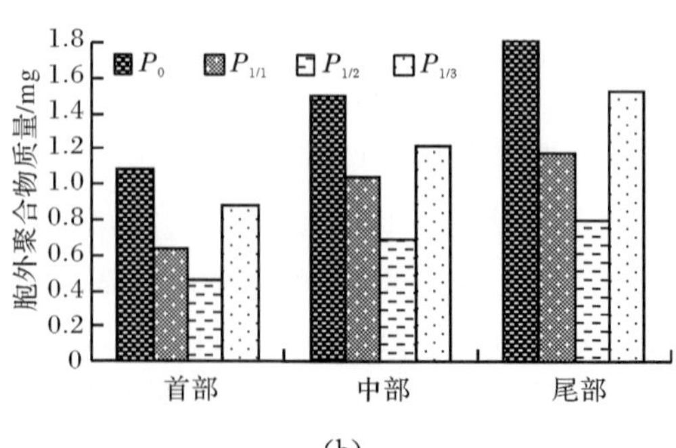

(b)

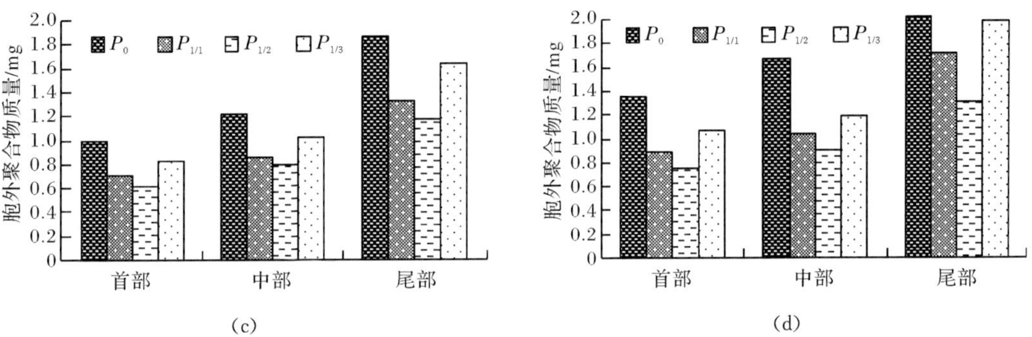

图 19.9　毛管冲洗频率对灌水器生物堵塞物质中 EPS 含量的影响效应

图(a)和图(c)分别反映了灌水器 E1 在滴灌系统分别运行至 500h 和 600h 时，首、中、尾部灌水器生物堵塞物质中黏性 EPS 含量的测试结果；图(b)和图(d)反映了灌水器 E2 的测试结果

生物堵塞物质也容易脱落，毛管冲洗和滴灌系统正常运行过程中脱落的生物堵塞物质量少而形成的生物堵塞物质颗粒也较小，极易进入灌水器流道内部而形成堵塞物质；与此同时，高频冲洗条件下生物堵塞物质长期处于频繁的生长与脱落状态，微生物逐渐适应这种频繁变化环境，并表现出较强的微生物活性。从 MA 的分析结果(图 19.10)也可以看出，首部、中部、尾部三个灌水器的计算值较为接近，灌水频率的影响较大，1 周 1 次冲洗频率的 MA 明显要高于其他两个处理频率。正是因为微生物活性大，脱落后的生物堵塞物质进入灌水器后黏性大，越容易吸附更多的微生物及颗粒物，更容易产生堵塞，也正是这个原因使得每周 1 次的毛管冲洗频率未能有效地控制灌水器。而对于低频冲洗，由于毛管内壁生物堵塞物质生长时间较长、量大，发育相对成熟，冲洗过程以及滴灌系统正常运行过程中进入灌水器内部的脱落物量也较大，因而未能获得满意的控制效果。不同冲洗频率条件下灌水器内部生物堵塞物质中 SP、PLFAs、EPS 等组分的变化规律也证实了这一点。

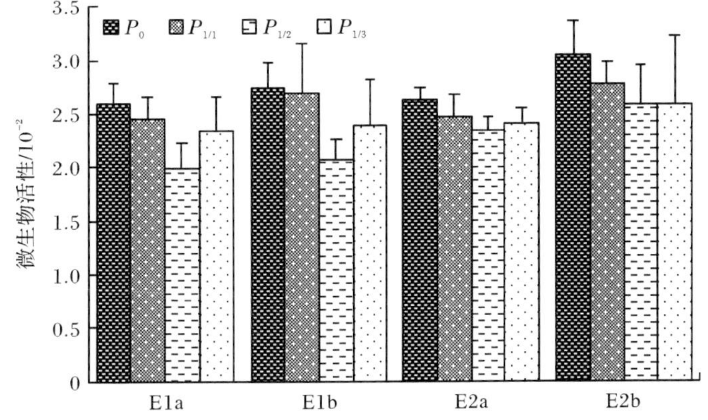

图 19.10　不同毛管冲洗条件下灌水器生物堵塞物质中的微生物活性

计算值为首部、中部、尾部三个灌水器测量值的均值

19.2.3 毛管冲洗对滴灌系统灌水器堵塞的控制与适宜频率

E1 和 E2 两种灌水器在不同毛管冲洗频率下 Dra 和 CU 的动态变化如图 19.11 所示，各处理间的显著性分析结果见表 19.6。

如图 19.11 所示，毛管冲洗明显有助于减缓灌水器堵塞，各毛管冲洗处理条件下两种灌水器均表现出 Dra 和 CU 显著高于不冲洗处理，系统至试验结束时(700h)，灌水器 E1 在三种冲洗频率的 Dra 要高于对照 82.6%、125.0%和 33.6%，而 E2 的 Dra 要高于对照 124.5%、158.7%和 68.6%；灌水器 E1 在三种冲洗频率的 CU 要高于对照 172.3%、230.8%和 32.2%，而 E2 的 CU 要高于对照 113.2%、182.1%和 40.9%。三种频率间并未随着频率的增加和降低呈现出持续变化，而在 2 周 1 次毛管冲洗频率条件下的 Dra 和 CU 均最高。但这种变化并不是从开始进行冲洗处理就表现出显著差异，而是直至系统运行 500h 以后才变得十分明显。这主要是由于冲洗过程中形成的水力剪切力将毛管内壁形成的生物堵塞物质带出了滴灌系统，这也使得滴灌系统正常运行过程中毛管内壁生物堵塞物质脱落进入灌水器内部的量大为缩减，因而能够起到良好的控堵效果。虽然冲洗过程中也有少量会进入灌水器内部，但因为冲洗时毛管内压力减小，所以带入灌水器内部的脱落物也会较少。见表 19.6，不同毛管冲洗处理之间 Dra 和 CU 的差异均达到显著水平，部分已经达到极显著水平。

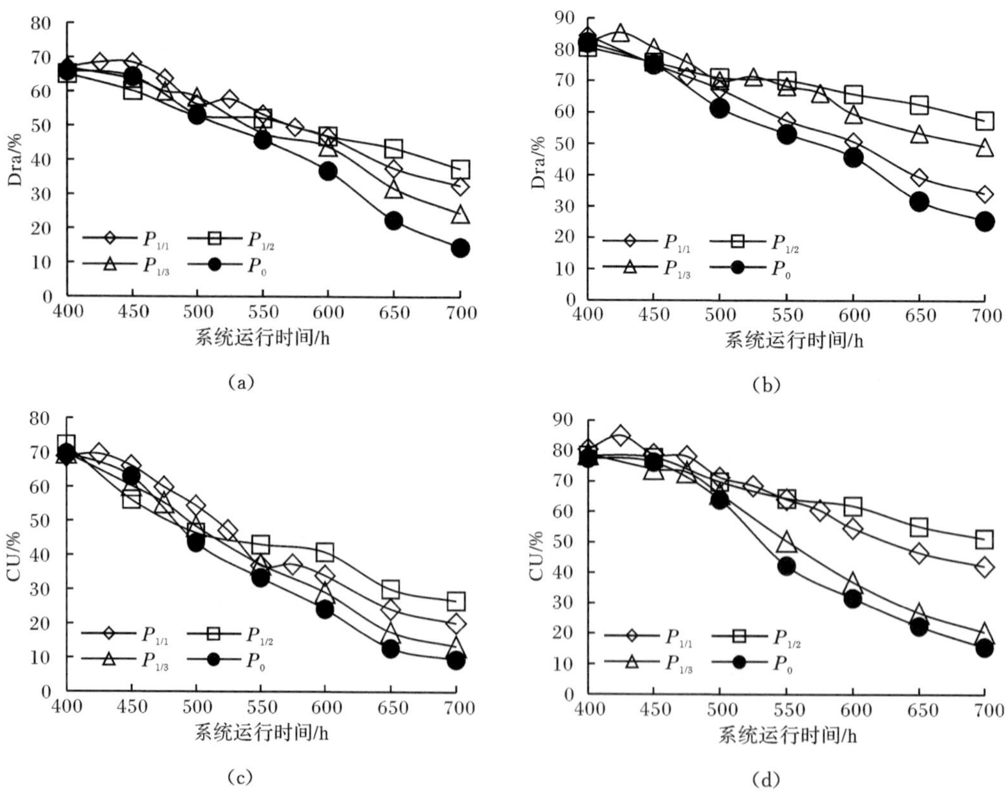

图 19.11 毛管冲洗频率对灌水器堵塞的影响效应

图(a)和图(b)分别反映了 E1 和 E2 两种灌水器 Dra 变化的测试结果；图(c)和图(d)反映了 CU 变化的测试结果

表 19.6　显著性分析

灌水器类型			E1			E2		
冲洗频率			$P_{1/1}$	$P_{1/2}$	$P_{1/3}$	$P_{1/1}$	$P_{1/2}$	$P_{1/3}$
Dra	P_0	F 值	2.89*	3.26*	2.57*	3.45*	3.69**	2.84*
		F 临界值	2.36	2.36	2.36	2.36	3.50	2.36
CU		F 值	3.78**	2.70*	2.53*	2.71*	3.82**	3.79**
		F 临界值	3.71	2.45	2.45	2.45	3.71	3.71

注：* 表示显著($p<0.05$)，* * 表示极显著($p<0.01$)。

分析发现，虽然毛管冲洗后 Dra 和 CU 之间依然保持明显的线性关系(图 19.12)，但已经产生了新的变化，当堵塞程度比较小时[约 Dra>70%(冲洗处理与非冲洗处理下 Dra-CU 关系拟合直线的交点，计算结果为 Dra=72.3%，以 70%计)]，相同 Dra 条件下冲洗毛管的 CU 要高于未冲洗毛管[本研究结果跟 Pei 等(2014)的研究结果 CU=1.1853Dra−17.313 非常一致]，也就是说毛管冲洗更有利于保持灌水均匀度，这主要是由于灌水器和毛管内壁形成的生物堵塞物质本身也较少，因而冲洗过程中毛管内壁生物堵塞物质脱落形成的颗粒物进入灌水器流道内的量也较少；与此同时，冲洗使得毛管内壁脱落的生物堵塞物质绝大部分已经被冲出滴灌系统，在正常灌溉过程中脱落生物堵塞物质形成的颗粒物也较少、较小。而当堵塞程度增加到一定程度后，滴灌系统毛管内壁因为生物堵塞物质的附着改变了壁面特性，使得粗糙度增加，也更加有利于生物堵塞物质的形成和生长，毛管内壁生物堵塞物质中微生物也逐渐适应了冲洗胁迫，因而毛管内壁生物堵塞物质厚度也会逐渐增加，这使得毛管冲洗过程中产生的颗粒物脱落量和脱落产生的颗粒物大小都明显高于未冲洗毛管，因而进入灌水器内部的颗粒物较大；与此同时，灌水器内部生物堵塞物质已经积累到一定程度，并使流道过水断面逐渐缩减。也正是因为这两个原因，较大的颗粒进入已经缩减的灌水器流道，使得堵塞的可能性大幅增加，这也使得相同的 Dra 条件下 CU 会下降迅速。研究发现，灌水器 E1 通过毛管冲洗对 Dra 的控制效果要劣于灌水器 E2，而对 CU 的控制效果要明显优于灌水器 E2，这也证实了这一点。

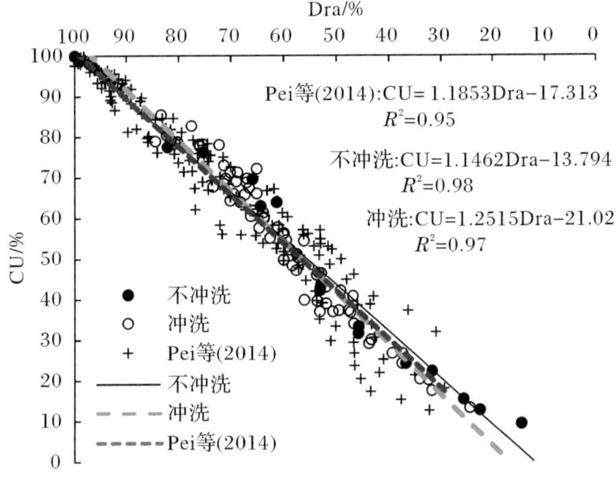

图 19.12　不同毛管冲洗条件下灌水器 Dra 和 CU 之间的关系

19.3　黄河水滴灌条件下毛管冲洗对灌水器堵塞的控制效应与适宜模式

19.3.1　试验概况

毛管冲洗对不同类型滴灌管(带)产品的堵塞控制效应评估试验于内蒙古自治区巴彦淖尔市磴口县北乌兰布和沙区灌溉实验站内开展。试验水源取自河套灌区乌审干渠的黄河原水,试验期间水质测试结果见表 19.7。测试平台工作压力恒定为 0.1MPa,并每天进行压力校准。测试平台首部的二级过滤系统,由 1 组砂石过滤器(2 个直径为 60cm 的罐体,匀质滤料,平均粒径为 1.30～2.75mm)＋1 个叠片过滤器(150 目)组成,当砂石过滤器前后压差达到 50kPa 时进行反冲洗,叠片过滤器每 3 天清洗一次。冲洗处理通过试验平台尾部的冲洗流速调控装置实现对各滴灌管(带)按照 0.45m/s 的流速进行定期冲洗,冲洗频率为 1 次/60h,冲洗时间为 6min。本试验界定当某种滴灌管(带)平均相对流量≤50%时,该种灌水器停止运行。

表 19.7　河套灌区乌审干渠黄河水源水质参数

水源	pH	悬浮物浓度/(mg/L)	电导率/(μS/cm)	矿化度/(mg/L)	COD_{Cr}/(mg/L)	BOD_5/(mg/L)	TP/(mg/L)	TN/(mg/L)	Ca^{2+}浓度/(mg/L)	Mg^{2+}浓度/(mg/L)
黄河水	7.2～7.9	38.2～43.7	781.3～799.8	476.6～493.5	5.9～7.2	1.5～1.9	0.04～0.08	1.3～1.5	53.6～55.4	24.6～26.7

试验选取国内外常用的 4 种类型,共计 16 种代表性滴灌管(带)产品,其特征参数见表 4.11。每根滴灌管(带)长 15m,每种 8 根作为 8 个重复处理组。滴灌管(带)中灌水器间隔 0.30m,即每根滴灌管(带)包括 45 个灌水器,从首部至尾部分别标号(1～45 号)。

不冲洗处理试验平台每运行 60h 和冲洗处理试验平台冲洗前后,采用称重法对所有灌水器进行流量测试。

19.3.2　毛管冲洗对系统平均相对流量的影响及其恢复能力评价

毛管冲洗对不同类型滴灌管(带)系统平均相对流量 Dra 的影响与不同类型滴灌管(带)系统每次冲洗后 Dra 的恢复程度 R_{Dra}的动态变化规律分别如图 19.13 和图 19.14 所示。

如图 19.13 所示,冲洗并未改变 Dra 整体的动态变化特征,冲洗与不冲洗条件下均表现出先波动平衡、后迅速下降的两段式变化规律。冲洗比不冲洗条件下 Dra 高 9.6%～26.3%。冲洗对四种灌水器 Dra 的提升作用差异较为显著。片式灌水器最高,冲洗比不冲洗条件下 Dra 提升 15.3%～26.3%;圆柱灌水器次之,Dra 提升 13.9%～18.8%;单翼迷宫灌水器再次,Dra 提升 10.3%～15.1%;贴条灌水器最低,Dra 提升 9.6%～12.1%。

如图 19.14 所示,所有灌水器的 R_{Dra}均在各自运行时间中期达到最大值,但是 R_{Dra}大小差异较大。片式灌水器 R_{Dra}最高,介于 1.7%～3.1%;圆柱灌水器次之,介于1.2%～2.6%;单翼迷宫灌水器再次,介于 0.9%～2.1%;贴条灌水器最低,介于1.1%～1.9%。

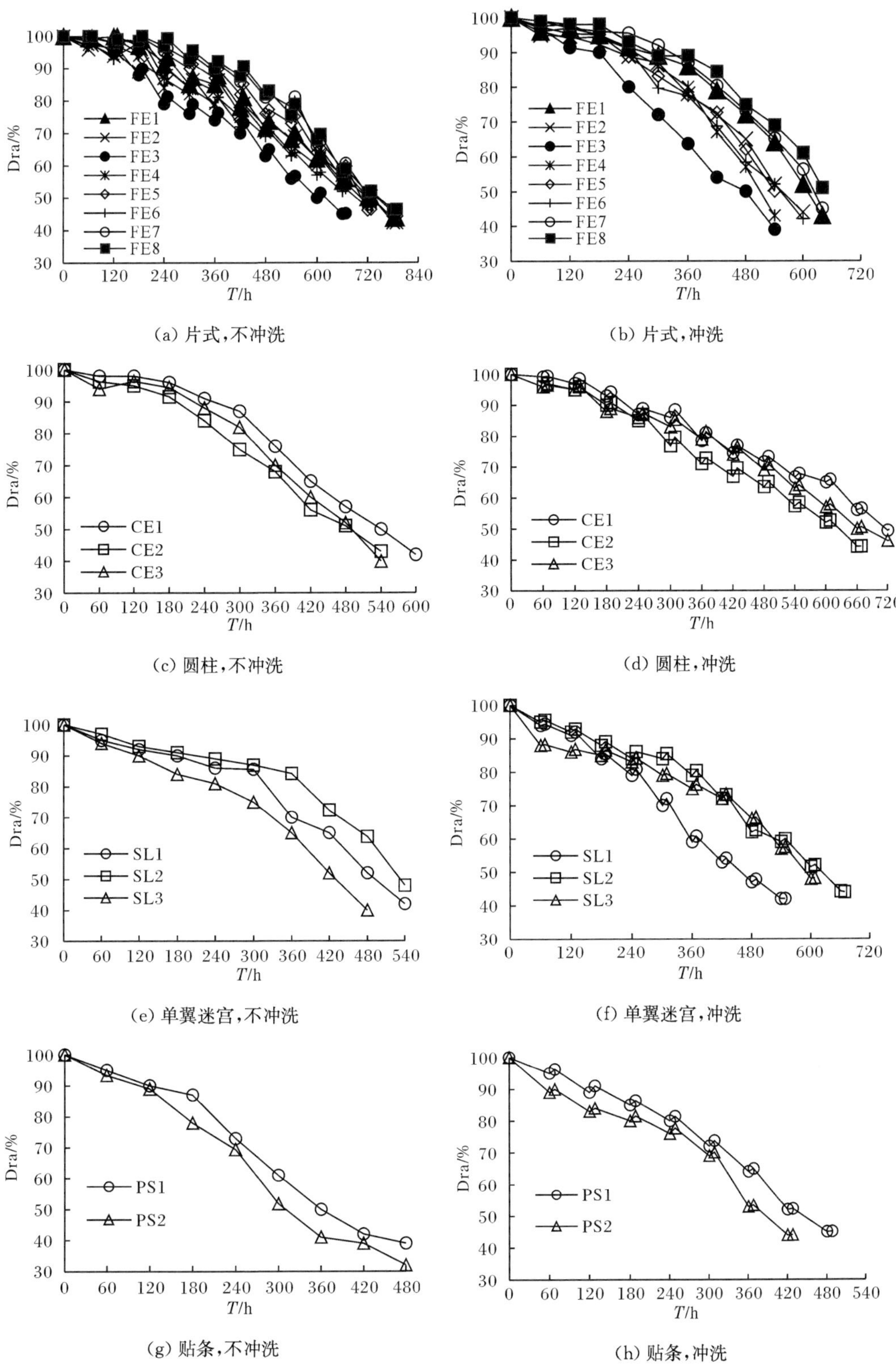

图 19.13　毛管冲洗对系统 Dra 动态变化特征的影响

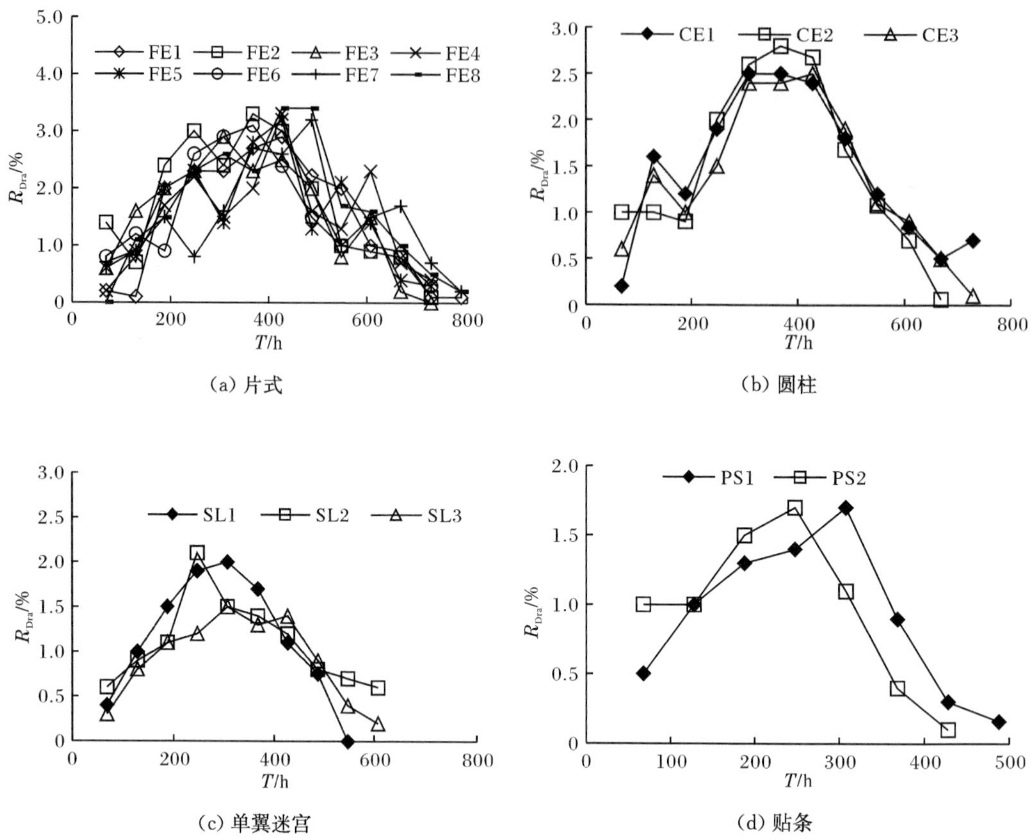

(a) 片式　(b) 圆柱

(c) 单翼迷宫　(d) 贴条

图 19.14　每次冲洗后 Dra 恢复程度的动态变化特征

19.3.3　毛管冲洗对系统灌水均匀度的影响及恢复能力

毛管冲洗对不同类型滴灌管(带)系统灌水均匀度 CU 的影响与不同类型滴灌管(带)系统每次冲洗后 CU 的恢复程度 R_{CU}的动态变化规律分别如图 19.15 和图 19.16 所示。

如图 19.15 所示,冲洗并未改变 CU 整体的动态变化特征,CU 与 Dra 动态变化特征较为一致。冲洗比不冲洗条件下 CU 高 3.7%～10.9%。冲洗对四种灌水器 CU 的提升作用差异较为显著。片式灌水器最高,冲洗比不冲洗条件下 CU 提升 5.7%～10.9%;圆柱灌水器次之,CU 提升 4.2%～8.3%;单翼迷宫灌水器再次,CU 提升3.9%～5.1%;贴条灌水器最低,CU 提升 3.7%～4.6%。

如图 19.16 所示,每次冲洗后 R_{CU}的动态变化规律与 R_{Dra}较为一致,所有灌水器均在各自运行时间中期达到最大值,R_{CU}大小差异也较大,呈现出片式灌水器最高,圆柱灌水器次之,单翼迷宫灌水器再次,贴条灌水器最低的变化规律,R_{CU}分别为 1.4%～2.1%、1.0%～1.3%、0.7%～1.1%、0.2%～0.8%。

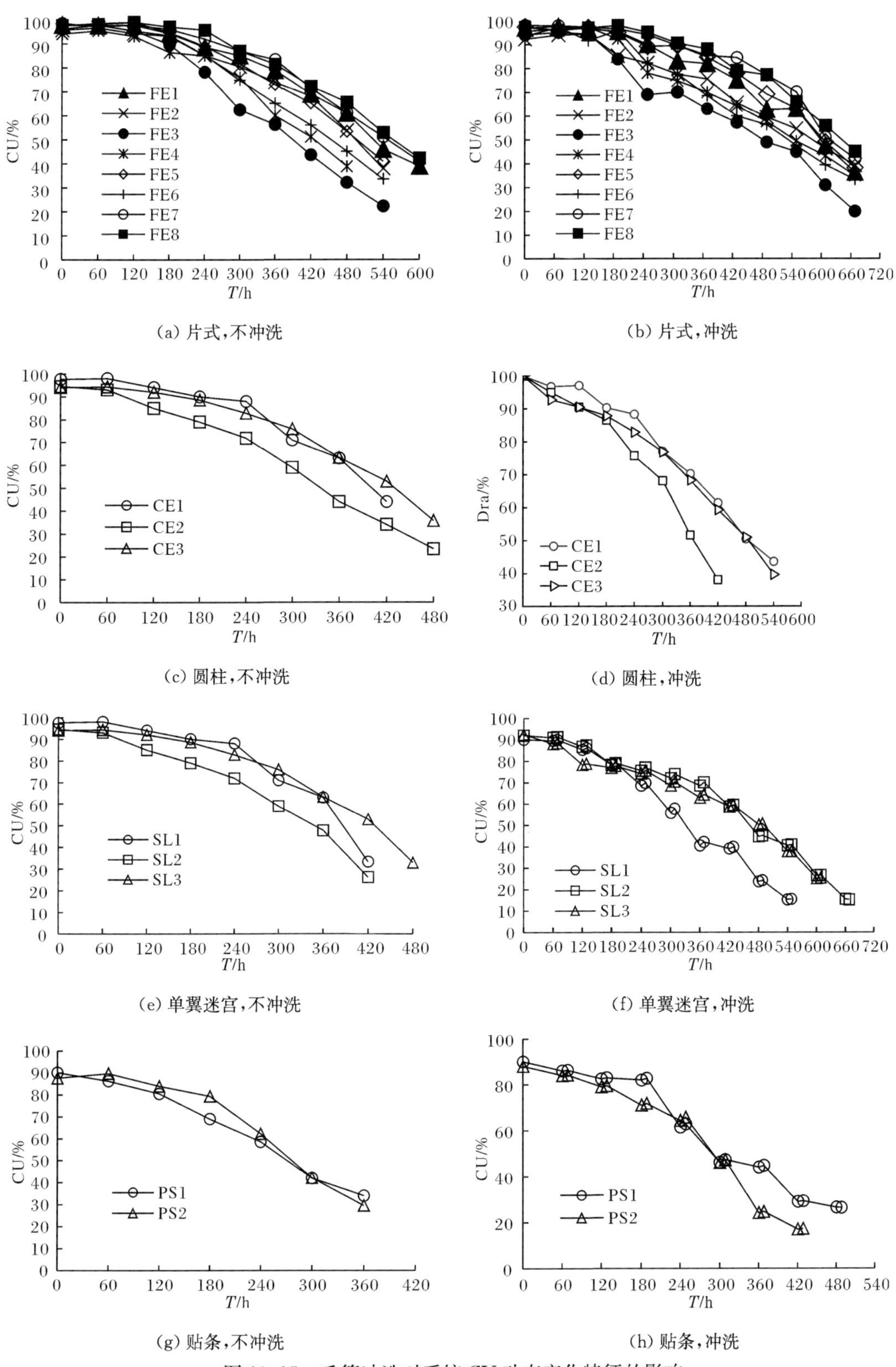

图 19.15 毛管冲洗对系统 CU 动态变化特征的影响

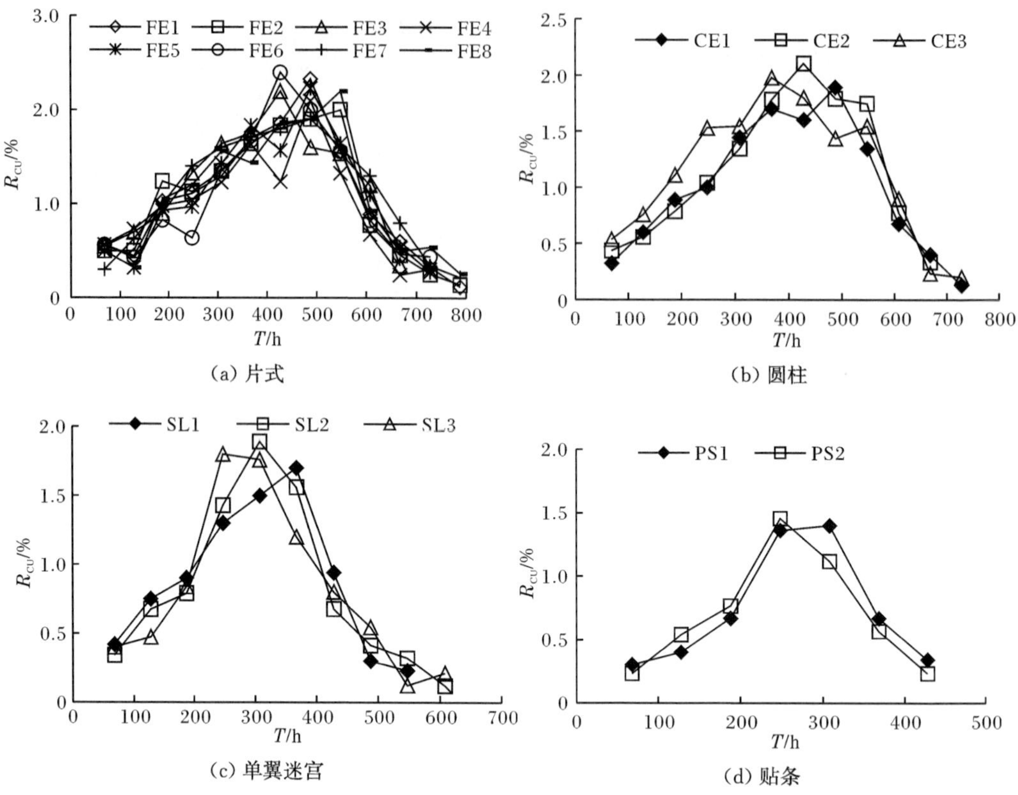

图 19.16　每次冲洗后 CU 恢复程度的动态变化特征

19.3.4　毛管冲洗对单个灌水器出流的影响

分别在不同滴灌管(带)首部选择 3 号、8 号、13 号灌水器、中部选择 18 号、23 号、28 号灌水器、尾部选择 33 号、38 号、43 号灌水器，追踪其不冲洗与冲洗前后流量的变化，并计算每次冲洗后各个滴头流量恢复程度 R_q，每部分 3 个灌水器取均值，见表 19.8 和表19.9。

随着系统的运行，冲洗对于所有类型灌水器的流量下降速率均有缓解作用，且每次冲洗后流量均有所恢复，在系统运行中期 R_q 达到最大，但冲洗对不同类型灌水器流量下降趋势的缓解和 R_q 大小差异较为显著。系统运行后，每个灌水器流量 q 开始发生缓慢降低。当系统运行到 240h 时，不冲洗条件下，片式、圆柱、单翼迷宫、贴条灌水器流量 q 较初始流量分别降低 4.5%～9.8%、8.8%～12.4%、11.5%～19.6%、27.3%～30.5%，而在冲洗条件下分别降低 3.0%～6.7%、5.6%～10.0%、8.4%～14.8%、18.5%～23.0%，四种灌水器冲洗较不冲洗条件下流量 q 降幅分别高 13.2%～17.4%、19.3%～21.5%、17.4%～24.6%、22.5%～29.8%。在冲洗条件下，片式、圆柱、单翼迷宫和贴条灌水器单个滴头 R_q 分别为 3.2%～5.5%、2.4%～3.0%、1.9%～2.3%、1.0%～1.9%，其中片式灌水器 R_q 最高，分别比圆柱、单翼迷宫、贴条灌水器高 5.3%～7.9%、6.4%～8.2%、7.4%～10.7%；当系统运行到 480h 时，不冲洗条件下，片式、圆柱、单翼迷宫、贴条灌水器

流量 q 较初始流量分别降低 3.6%～8.7%、6.8%～9.4%、10.5%～12.7%、21.4%～27.5%，而在冲洗条件下分别降低 4.5%～7.3%、3.5%～19.6%、7.3%～12.9%、17.5%～29.9%，四种灌水器冲洗较不冲洗条件下流量 q 降幅分别高 6.7%～12.1%、4.1%～8.5%、4.3%～2.6%、2.5%～1.1%。在冲洗条件下，片式、圆柱、单翼迷宫和贴条灌水器单个滴头 R_q 分别为 1.2%～3.2%、1.5%～2.5%、0.9%～1.3%、0.5%～1.1%，其中片式灌水器 R_q 最高，分别比圆柱、单翼迷宫、贴条灌水器高 4.2%～6.4%、5.2%～6.6%、6.5%～11.4%。不冲洗处理系统运行到 720h 后所有灌水器运行结束，冲洗处理系统所有灌水器运行结束时间则为 780h。冲洗与不冲洗条件下，均为片式灌水器结束运行时间最晚，其运行时间分别比圆柱、单翼迷宫、贴条灌水器运行时间长 7.7%～23.1%、15.4%～40.0%、23.1%～55.6%。

表 19.8　不冲洗条件下单个灌水器流量追踪　（单位：L/h）

灌水器类型		毛管位置	测试时间												
			0h	60h	120h	180h	240h	300h	360h	420h	480h	540h	600h	660h	720h
片式	FE1	首	1.56	1.54	1.55	1.50	1.42	1.38	1.26	1.15	1.02	0.83	0.69	0.54	—
		中	1.62	1.52	1.49	1.44	1.39	1.25	1.15	1.04	0.83	0.70	0.61	0.52	—
		尾	1.61	1.55	1.46	1.44	1.28	1.15	1.02	0.80	0.66	0.63	0.56	0.50	—
	FE2	首	1.97	1.95	1.91	1.90	1.77	1.66	1.55	1.45	1.24	1.21	1.13	—	—
		中	2.00	1.95	1.96	1.89	1.82	1.59	1.55	1.37	1.17	1.17	1.12	—	—
		尾	1.98	1.94	1.83	1.80	1.60	1.44	1.27	1.00	0.82	0.83	0.79	—	—
	FE3	首	2.74	2.64	2.67	2.59	2.45	2.37	2.17	1.98	1.76	1.67	—	—	—
		中	2.71	2.61	2.56	2.48	2.39	2.15	1.98	1.79	1.43	1.38	—	—	—
		尾	2.69	2.67	2.51	2.48	2.20	1.98	1.75	1.38	1.13	1.09	—	—	—
	FE4	首	1.37	1.35	1.35	1.28	1.23	1.17	1.03	0.95	0.84	0.73	—	—	—
		中	1.37	1.34	1.32	1.27	1.20	1.11	1.01	0.90	0.78	0.65	—	—	—
		尾	1.35	1.35	1.30	1.26	1.10	1.07	0.95	0.81	0.68	0.54	—	—	—
	FE5	首	1.74	1.70	1.67	1.66	1.55	1.46	1.36	1.27	1.09	0.88	—	—	—
		中	1.68	1.71	1.72	1.65	1.59	1.39	1.35	1.20	1.02	0.86	—	—	—
		尾	1.70	1.68	1.65	1.65	1.59	1.51	1.40	1.17	1.00	0.75	—	—	—
	FE6	首	1.97	1.98	1.96	1.96	1.86	1.78	1.69	1.50	1.38	1.22	0.97	—	—
		中	1.96	1.98	1.94	1.91	1.84	1.74	1.61	1.46	1.30	1.13	0.95	—	—
		尾	1.94	1.95	1.96	1.89	1.82	1.59	1.55	1.37	1.17	0.99	0.92	—	—
	FE7	首	1.37	1.39	1.36	1.34	1.29	1.22	1.13	1.02	0.91	0.79	0.63	0.59	—
		中	1.39	1.36	1.34	1.33	1.24	1.16	1.09	1.02	0.87	0.70	0.61	0.58	—
		尾	1.39	1.37	1.37	1.32	1.27	1.12	1.08	0.96	0.82	0.69	0.57	0.53	—
	FE8	首	2.80	2.77	2.74	2.74	2.60	2.49	2.37	2.09	1.93	1.71	1.56	1.13	1.08
		中	2.80	2.77	2.72	2.67	2.58	2.44	2.25	2.04	1.83	1.58	1.26	1.01	1.00
		尾	2.80	2.73	2.74	2.64	2.55	2.23	2.16	1.92	1.64	1.38	1.16	0.87	0.79

续表

灌水器类型		毛管位置	测试时间												
			0h	60h	120h	180h	240h	300h	360h	420h	480h	540h	600h	660h	720h
圆柱	CE1	首	2.68	2.65	2.65	2.59	2.46	2.35	2.05	1.76	1.54	1.35	1.13	—	—
		中	2.56	2.60	2.57	2.53	2.37	2.16	1.95	1.75	1.48	1.27	1.11	—	—
		尾	2.66	2.54	2.46	2.51	2.33	2.04	1.87	1.68	1.38	1.21	1.02	—	—
	CE2	首	1.73	1.75	1.74	1.68	1.59	1.42	1.37	1.15	0.99	0.83	—	—	—
		中	1.79	1.73	1.71	1.65	1.51	1.35	1.22	1.01	0.92	0.77	—	—	—
		尾	1.77	1.71	1.69	1.63	1.46	1.26	1.15	0.92	0.84	0.71	—	—	—
	CE3	首	2.20	2.16	2.17	2.11	2.00	1.91	1.66	1.42	1.23	1.10	—	—	—
		中	2.18	2.11	2.15	2.09	1.98	1.87	1.61	1.38	1.18	0.95	—	—	—
		尾	2.17	2.07	2.12	2.08	1.94	1.80	1.54	1.32	1.14	0.88	—	—	—
单翼迷宫	SL1	首	0.98	0.95	0.92	0.90	0.86	0.86	0.70	0.65	0.52	—	—	—	—
		中	0.97	0.94	0.90	0.86	0.81	0.79	0.65	0.58	0.44	—	—	—	—
		尾	1.00	0.92	0.87	0.81	0.75	0.73	0.62	0.52	0.40	—	—	—	—
	SL2	首	2.89	2.94	2.82	2.77	2.71	2.63	2.60	2.19	1.99	1.52	—	—	—
		中	2.95	2.91	2.79	2.73	2.67	2.61	2.53	2.17	1.91	1.44	—	—	—
		尾	2.93	2.88	0.73	2.70	2.63	2.54	2.51	2.11	1.86	1.42	—	—	—
	SL3	首	3.00	2.91	2.79	2.61	2.53	2.41	2.05	1.69	1.38	1.14	—	—	—
		中	3.00	2.87	2.75	2.59	2.48	2.29	1.99	1.65	1.32	1.09	—	—	—
		尾	3.00	2.82	2.70	2.52	2.43	2.25	1.95	1.56	1.20	1.05	—	—	—
贴条	PS1	首	0.98	0.93	0.88	0.85	0.72	0.60	0.49	0.41	0.38	—	—	—	—
		中	0.97	0.92	0.86	0.82	0.71	0.56	0.45	0.37	0.34	—	—	—	—
		尾	0.96	0.92	0.84	0.80	0.70	0.54	0.41	0.34	0.30	—	—	—	—
	PS2	首	0.95	0.93	0.88	0.82	0.71	0.57	0.46	0.42	0.37	—	—	—	—
		中	0.96	0.93	0.88	0.78	0.69	0.56	0.43	0.39	0.34	—	—	—	—
		尾	0.96	0.92	0.87	0.76	0.68	0.51	0.40	0.38	0.31	—	—	—	—

表 19.9 冲洗条件下单个灌水器流量追踪和流量恢复能力评价

灌水器类型		毛管位置	测试时间																							
			0	60h		120h		180h		240h		300h		360h		480h		540h		600h		360h		720h		780h	
			q /(L/h)	q /(L/h)	R_q /%	q /(L/h)	R_q /%	q /(L/h)	R_q /%	q /(L/h)	R_q /%	q /(L/h)	R_q /%	q /(L/h)	R_q /%	q /(L/h)	R_q /%	q /(L/h)	R_q /%	q /(L/h)	R_q /%	q /(L/h)	R_q /%	q /(L/h)	R_q /%	q /(L/h)	R_q /%
片式	FE1	首	1.56	1.55	1.41	1.57	2.12	1.51	1.56	1.55	1.41	1.57	2.12	1.51	1.56	1.55	1.41	1.57	2.12	1.51	1.56	1.55	1.41	1.57	2.12	1.51	1.41
		中	1.62	1.53	1.54	1.51	2.03	1.45	1.62	1.53	1.54	1.51	2.03	1.45	1.62	1.53	1.54	1.51	2.03	1.45	1.62	1.53	1.54	1.51	2.03	1.45	1.54
		尾	1.61	1.57	2.11	1.48	1.41	1.45	1.61	1.57	2.11	1.48	1.41	1.45	1.61	1.57	2.11	1.48	1.41	1.45	1.61	1.57	2.11	1.48	1.41	1.45	2.11
	FE2	首	1.97	1.96	2.19	1.93	1.74	1.91	1.97	1.96	2.19	1.93	1.74	1.91	1.97	1.96	2.19	1.93	1.74	1.91	1.97	1.96	2.19	1.93	1.74	1.91	2.19
		中	2.00	1.97	2.21	1.98	1.52	1.89	2.00	1.97	2.21	1.98	1.52	1.89	2.00	1.97	2.21	1.98	1.52	1.89	2.00	1.97	2.21	1.98	1.52	1.89	2.21
		尾	1.98	1.95	1.62	1.85	2.08	1.81	1.98	1.95	1.62	1.85	2.08	1.81	1.98	1.95	1.62	1.85	2.08	1.81	1.98	1.95	1.62	1.85	2.08	1.81	1.62
	FE3	首	2.74	2.65	1.57	2.68	1.33	2.59	2.74	2.65	1.57	2.68	1.33	2.59	2.74	2.65	1.57	2.68	1.33	2.59	2.74	2.65	1.57	—	—	—	—
		中	2.71	2.63	1.47	2.57	1.97	2.48	2.71	2.63	1.47	2.57	1.97	2.48	2.71	2.63	1.47	2.57	1.97	2.48	2.71	2.63	1.47	—	—	—	—
		尾	2.69	2.68	1.98	2.53	1.41	2.48	2.69	2.68	1.98	2.53	1.41	2.48	2.69	2.68	1.98	2.53	1.41	2.48	2.69	2.68	1.98	—	—	—	—
	FE4	首	1.37	1.37	1.96	1.37	1.91	1.29	1.37	1.37	1.96	1.37	1.91	1.29	1.37	1.37	1.96	1.37	1.91	1.29	1.37	1.37	1.96	1.37	1.91	—	—
		中	1.37	1.35	1.48	1.33	1.47	1.28	1.37	1.35	1.48	1.33	1.47	1.28	1.37	1.35	1.48	1.33	1.47	1.28	1.37	1.35	1.48	1.33	1.47	—	—
		尾	1.35	1.37	1.70	1.32	1.44	1.26	1.35	1.37	1.70	1.32	1.44	1.26	1.35	1.37	1.70	1.32	1.44	1.26	1.35	1.37	1.70	1.32	1.44	—	—
	FE5	首	1.74	1.72	1.35	1.69	1.45	1.67	1.74	1.72	1.35	1.69	1.45	1.67	1.74	1.72	1.35	1.69	1.45	1.67	1.74	1.72	1.35	1.69	1.45	—	—
		中	1.68	1.72	1.90	1.73	2.14	1.66	1.68	1.72	1.90	1.73	2.14	1.66	1.68	1.72	1.90	1.73	2.14	1.66	1.68	1.72	1.90	1.73	2.14	—	—
		尾	1.70	1.69	2.01	1.66	1.60	1.66	1.70	1.69	2.01	1.66	1.60	1.66	1.70	1.69	2.01	1.66	1.60	1.66	1.70	1.69	2.01	1.66	1.60	—	—
	FE6	首	1.97	1.99	2.09	1.98	1.83	1.97	1.97	1.99	2.09	1.98	1.83	1.97	1.97	1.99	2.09	1.98	1.83	1.97	1.97	1.99	2.09	1.98	1.83	—	—
		中	1.96	1.99	2.02	1.96	1.30	1.92	1.96	1.99	2.02	1.96	1.30	1.92	1.96	1.99	2.02	1.96	1.30	1.92	1.96	1.99	2.02	1.96	1.30	—	—
		尾	1.94	1.97	1.70	1.98	1.47	1.89	1.94	1.97	1.70	1.98	1.47	1.89	1.94	1.97	1.70	1.98	1.47	1.89	1.94	1.97	1.70	1.98	1.47	—	—
	FE7	首	1.37	1.40	1.62	1.38	2.05	1.35	1.37	1.40	1.62	1.38	2.05	1.35	1.37	1.40	1.62	1.38	2.05	1.35	1.37	1.40	1.62	1.38	2.05	1.35	1.62
		中	1.39	1.38	1.35	1.35	1.67	1.34	1.39	1.38	1.35	1.35	1.67	1.34	1.39	1.38	1.35	1.35	1.67	1.34	1.39	1.38	1.35	1.35	1.67	1.34	1.35
		尾	1.39	1.38	2.05	1.39	1.26	1.33	1.39	1.38	2.05	1.39	1.26	1.33	1.39	1.38	2.05	1.39	1.26	1.33	1.39	1.38	2.05	1.39	1.26	1.33	2.05
	FE8	首	2.80	2.79	1.40	2.76	1.68	2.75	2.80	2.79	1.40	2.76	1.68	2.75	2.80	2.79	1.40	2.76	1.68	2.75	2.80	2.79	1.40	2.76	1.68	2.75	1.40
		中	2.80	2.79	1.31	2.73	2.01	2.68	2.80	2.79	1.31	2.73	2.01	2.68	2.80	2.79	1.31	2.73	2.01	2.68	2.80	2.79	1.31	2.73	2.01	2.68	1.31
		尾	2.80	2.75	1.55	2.76	2.05	2.65	2.80	2.75	1.55	2.76	2.05	2.65	2.80	2.75	1.55	2.76	2.05	2.65	2.80	2.75	1.55	2.76	2.05	2.65	1.55

续表

灌水器类型		毛管位置	测试时间																								
			0	60h		120h		180h		240h		300h		360h		480h		540h		600h		660h		720h		780h	
			q /(L/h)	q /(L/h)	R_q /%	q /(L/h)	R_q /%	q /(L/h)	R_q /%	q /(L/h)	R_q /%	q /(L/h)	R_q /%	q /(L/h)	R_q /%	q /(L/h)	R_q /%	q /(L/h)	R_q /%	q /(L/h)	R_q /%	q /(L/h)	R_q /%	q /(L/h)	R_q /%	q /(L/h)	R_q /%
圆柱	CE1	首	2.68	2.66	2.16	2.66	1.53	2.60	2.68	2.66	2.16	2.66	1.53	2.60	2.68	2.66	2.16	2.66	1.53	2.60	2.68	2.66	2.16	2.66	1.53	—	—
		中	2.56	2.61	1.92	2.58	1.47	2.54	2.56	2.61	1.92	2.58	1.47	2.54	2.56	2.61	1.92	2.58	1.47	2.54	2.56	2.61	1.92	2.58	1.47	—	—
		尾	2.66	2.55	1.65	2.48	2.01	2.52	2.66	2.55	1.65	2.48	2.01	2.52	2.66	2.55	1.65	2.48	2.01	2.52	2.66	2.55	1.65	2.48	2.01	—	—
	CE2	首	1.73	1.76	2.08	1.76	1.65	1.69	1.73	1.76	2.08	1.76	1.65	1.69	1.73	1.76	2.08	1.76	1.65	1.69	1.73	1.76	2.08	—	—	—	—
		中	1.79	1.75	1.92	1.73	1.72	1.66	1.79	1.75	1.92	1.73	1.72	1.66	1.79	1.75	1.92	1.73	1.72	1.66	1.79	1.75	1.92	—	—	—	—
		尾	1.77	1.72	1.86	1.71	1.42	1.64	1.77	1.72	1.86	1.71	1.42	1.64	1.77	1.72	1.86	1.71	1.42	1.64	1.77	1.72	1.86	—	—	—	—
	CE3	首	2.20	2.17	1.70	2.19	1.39	2.12	2.20	2.17	1.70	2.19	1.39	2.12	2.20	2.17	1.70	2.19	1.39	2.12	2.20	2.17	1.70	2.19	1.39	—	—
		中	2.18	2.12	2.18	2.17	2.08	2.10	2.18	2.12	2.18	2.17	2.08	2.10	2.18	2.12	2.18	2.17	2.08	2.10	2.18	2.12	2.18	2.17	2.08	—	—
		尾	2.17	2.08	2.05	2.14	2.16	2.08	2.17	2.08	2.05	2.14	2.16	2.08	2.17	2.08	2.05	2.14	2.16	2.08	2.17	2.08	2.05	2.14	2.16	—	—
单翼迷宫	SL1	首	0.98	0.96	1.31	0.94	1.61	0.91	0.98	0.96	1.31	0.94	1.61	0.91	0.98	0.96	1.31	0.94	1.61	—	—	—	—	—	—	—	—
		中	0.97	0.95	1.43	0.92	2.01	0.87	0.97	0.95	1.43	0.92	2.01	0.87	0.97	0.95	1.43	0.92	2.01	—	—	—	—	—	—	—	—
		尾	1.00	0.93	1.74	0.89	2.12	0.82	1.00	0.93	1.74	0.89	2.12	0.82	1.00	0.93	1.74	0.89	2.12	—	—	—	—	—	—	—	—
	SL2	首	2.89	2.95	1.83	2.84	2.07	2.78	2.89	2.95	1.83	2.84	2.07	2.78	2.89	2.95	1.83	2.84	2.07	2.78	2.89	2.95	1.83	—	—	—	—
		中	2.95	2.92	1.57	2.81	2.02	2.74	2.95	2.92	1.57	2.81	2.02	2.74	2.95	2.92	1.57	2.81	2.02	2.74	2.95	2.92	1.57	—	—	—	—
		尾	2.93	2.89	1.70	0.75	1.88	2.71	2.93	2.89	1.70	0.75	1.88	2.71	2.93	2.89	1.70	0.75	1.88	2.71	2.93	2.89	1.70	—	—	—	—
	SL3	首	3.00	2.92	1.67	2.81	1.41	2.62	3.00	2.92	1.67	2.81	1.41	2.62	3.00	2.92	1.67	2.81	1.41	2.62	3.00	—	—	—	—	—	—
		中	3.00	2.88	1.43	2.77	1.47	2.60	3.00	2.88	1.43	2.77	1.47	2.60	3.00	2.88	1.43	2.77	1.47	2.60	3.00	—	—	—	—	—	—
		尾	3.00	2.83	2.17	2.72	1.65	2.53	3.00	2.83	2.17	2.72	1.65	2.53	3.00	2.83	2.17	2.72	1.65	2.53	3.00	—	—	—	—	—	—
贴条	PS1	首	0.98	0.94	1.63	0.90	1.28	0.86	0.98	0.94	1.63	0.90	1.28	0.86	0.98	0.94	1.63	0.90	1.28	—	—	—	—	—	—	—	—
		中	0.97	0.93	2.06	0.88	1.50	0.83	0.97	0.93	2.06	0.88	1.50	0.83	0.97	0.93	2.06	0.88	1.50	—	—	—	—	—	—	—	—
		尾	0.96	0.93	1.34	0.86	2.15	0.81	0.96	0.93	1.34	0.86	2.15	0.81	0.96	0.93	1.34	0.86	2.15	—	—	—	—	—	—	—	—
	PS2	首	0.98	0.94	1.69	0.90	1.54	0.86	0.98	0.94	1.69	0.90	1.54	0.86	0.98	0.94	1.69	—	—	—	—	—	—	—	—	—	—
		中	0.97	0.93	1.37	0.88	1.78	0.83	0.97	0.93	1.37	0.88	1.78	0.83	0.97	0.93	1.37	—	—	—	—	—	—	—	—	—	—
		尾	0.96	0.93	1.59	0.86	1.81	0.81	0.96	0.93	1.59	0.86	1.81	0.81	0.96	0.93	1.59	—	—	—	—	—	—	—	—	—	—

19.4　面向引黄滴灌系统灌水器堵塞控制的毛管最优冲洗模式

19.4.1　试验概况

试验在内蒙古自治区巴彦淖尔市磴口县北乌兰布和沙区灌溉实验站内进行，水源采用河套灌区乌审干渠水源，水质参数见表 19.10，泥沙粒径级配如图 19.17 所示。

表 19.10　乌审干渠黄河水源水质参数

检测项目	检测值	检测项目	检测值
pH	7.7	磷酸盐(以 PO_4^{3-} 计)/(mg/L)	0.24
TSS/(mg/L)	41	硫酸浓度/(mg/L)	140
电导率/(μS/cm)	796	TP(以 P 计)/(mg/L)	0.06
TDS/(mg/L)	483	TN(以 N 计)/(mg/L)	1.48
化学需氧量(COD_{Cr})/(mg/L)	6.8	Fe^{3+}浓度/(mg/L)	2.24
五日生化需氧量(BOD_5)/(mg/L)	1.7	Ca^{2+}浓度/(mg/L)	54.7
碳酸盐(CO_3^{2-})/(mg/L)	<2.0	Mg^{2+}浓度/(mg/L)	25.7
重碳酸盐(HCO_3^-)/(mg/L)	187		

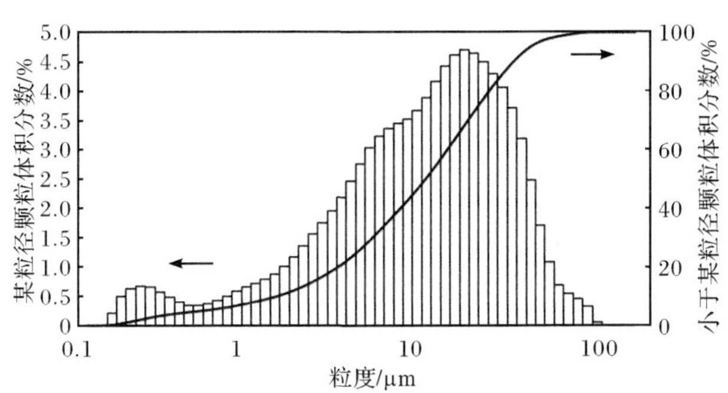

图 19.17　乌审干渠黄河水泥沙粒径级配

设置 6 种冲洗处理和一个不冲洗处理作为对照，相关试验处理见表 19.11。每个处理设置两个重复。每个处理选择 3 种 16mm 管径的片式灌水器滴灌带产品，灌水器结构类型及特征参数见表 19.12。

试验过程中滴灌带首部压力为 100kPa，每天运行 8h(7:00am～11:00am，2:00pm～6:00pm)，按照设计的频率进行冲洗，冲洗前后均采用称重法测量灌水器流量。试验从 2015 年 7 月 1 日开始，到 2015 年 10 月 3 日结束，累计运行 720h。冲洗时打开系统尾部冲洗阀门，将冲洗微调阀门全开，同时通过主管道阀门配合电磁流量计控制冲洗流速。冲洗完成后关闭冲洗阀门，将压力调至系统运行压力(100kPa)。

表 19.11 试验冲洗频率及冲洗流速设置

冲洗频率	冲洗流速＋冲洗时间	编号
1 次/4d(32h)	0.4m/s+6min	$P_{1/32}+F_{0.4}$
	0.2m/s+12min	$P_{1/64}+F_{0.2}$
1 次/8d(64h)	0.4m/s+6min	$P_{1/64}+F_{0.4}$
	0.6m/s+4min	$P_{1/64}+F_{0.6}$
1 次/12d(96h)	0.4m/s+6min	$P_{1/96}+F_{0.4}$
1 次/16d(128h)	0.4m/s+6min	$P_{1/128}+F_{0.4}$

表 19.12 灌水器结构参数

编号	灌水器流量 q/(L/h)	灌水器流道(长×宽×深)/(mm×mm×mm)	灌水器结构
E1	1.40	33.75×0.63×0.52	
E2	1.80	29.70×0.90×0.68	
E3	2.96	42.68×0.95×0.67	

流量测试与堵塞物质含量测试参照本章前两节所述测试方法。

19.4.2 不同毛管冲洗模式对灌水器堵塞的影响

灌水器内部堵塞物质含量与毛管内壁堵塞物质含量之间的相关性，如图 19.18 所示。两者具有很好的相关性($R^2>0.90$)，这说明对于引黄滴灌系统，灌水器堵塞的原因主要是毛管内壁上形成的堵塞物质脱落后进入了灌水器，当灌水器还未堵塞时毛管内壁已经形成了一定数量的堵塞物质，否则仅进行毛管冲洗处理后灌水器内部堵塞物质含量的差异应该不大。这说明通过毛管冲洗控制毛管中的堵塞物质形成，进而控制灌水器内部堵塞物质的形成，缓解引黄滴灌系统灌水器堵塞问题，关键在于选择最为适宜的模式以维持滴灌系统的高效运行。

不同毛管冲洗模式以及不冲洗处理下灌水器的 Dra、CU 以及三种灌水器的均值分别如图 19.19 和图 19.20 所示，灌水器在毛管冲洗前后 Dra 恢复程度的均值如图 19.21 所示。

如图 19.19 和图 19.20 所示，随着滴灌系统的运行，灌水器 Dra 和 CU 均表现为前期缓慢波动变化后迅速降低的变化趋势，各毛管冲洗处理条件下灌水器 Dra、CU 均显著高于不冲洗处理(CK)，3 种灌水器的规律表现出较好的一致性。对于 1 次/4d、1 次/8d、1 次/12d、1 次/16d 4 种毛管冲洗频率处理，系统分别运行至 300～440h 时 CU 才降至滴灌系统 80%以下，1 次/8d 的冲洗频率维持的时间最长，而不冲洗处理仅维持 270h 左右就已经降至 80%以下；系统运行 300h 后，各处理之间表现出显著差异，Dra 分别比不冲洗处理高 10.3%～23.2%、11.4%～40.7%、4.9%～13.6%、4.4%～10%，CU 分别比不冲洗处理高 17.4%～93.2%、18.34%～113.5%、7.0%～38.0%、3.7%～25.0%。比较 4

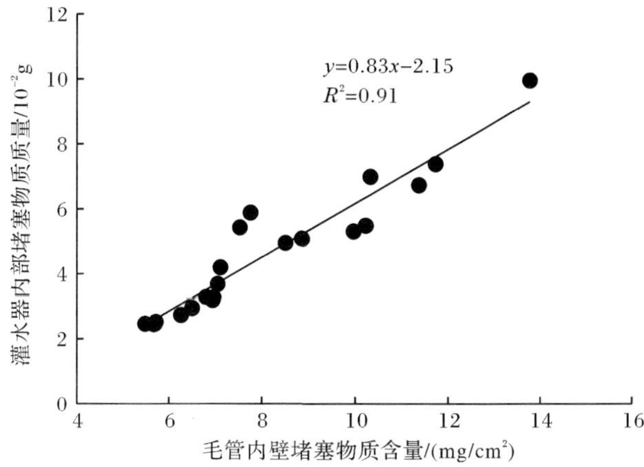

图 19.18　毛管内壁和灌水器内部堵塞物质的相关性分析

种冲洗频率处理可以发现,随着冲洗频率的降低系统 Dra、CU 表现为先增加后降低的变化趋势,1 次/8d 的冲洗模式 Dra 和 CU 最高。

对于 0.2m/s、0.4m/s、0.6m/s 3 种毛管冲洗流速处理,系统分别运行至 360～440h 时 CU 才降至滴灌系统 80%以下,0.4m/s 的冲洗流速处理维持的时间最长。系统运行至 300h 后,各处理之间表现出显著差异,Dra 分别比不冲洗处理高 6.1%～24.7%、11.4%～40.7%、4.9%～25.5%;CU 分别比不冲洗处理高 9.8%～68.9%、18.3%～

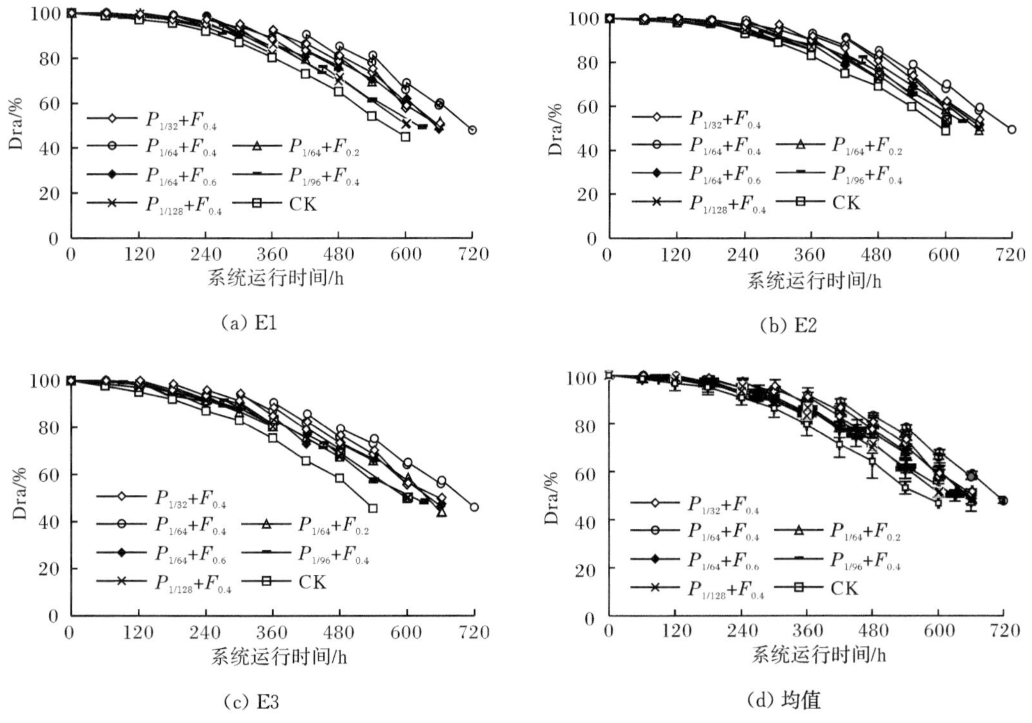

图 19.19　不同冲洗模式对系统 Dra 的影响效应

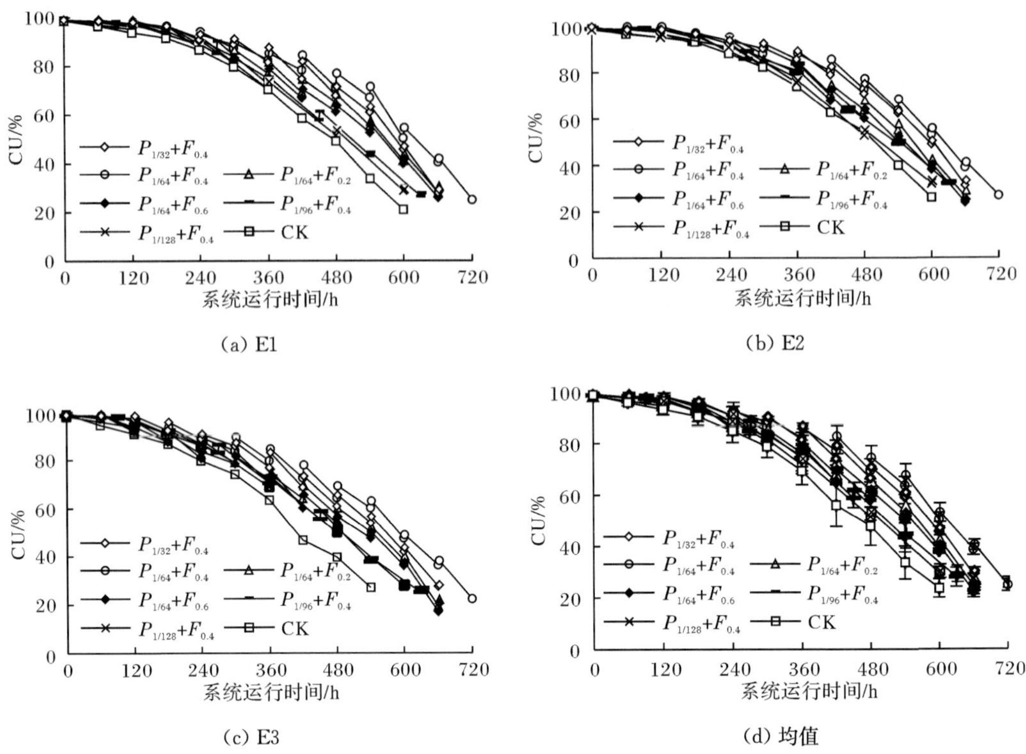

图 19.20　不同冲洗模式对系统 CU 的影响效应

113.5%、7.9%～61.1%。比较 3 种冲洗流速可以发现，随着冲洗流速的升高系统 Dra 和 CU 表现为先增加后降低的变化趋势，0.4m/s 冲洗流速处理灌水器 Dra 和 CU 最高。

如图 19.21 所示，毛管冲洗在不同时期灌水器冲洗流量的恢复程度基本呈现“中期大，初期末期小”的规律，而各冲洗处理中 $P_{1/64}+F_{0.4}$ 使系统 Dra 最高可以恢复 3.6%～4.4%，各种冲洗模式冲洗恢复程度之间的差异与 Dra 表现一致。

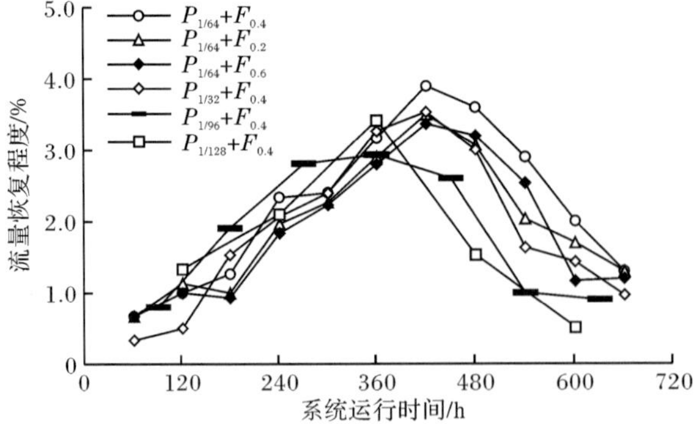

图 19.21　不同冲洗模式系统 Dra 的恢复程度

19.4.3 不同毛管冲洗模式对灌水器内部堵塞物质的影响

不同毛管冲洗模式以及不冲洗处理下 3 种灌水器内部堵塞物质含量的均值如图 19.22 所示。可以看出，对于 1 次/4d、1 次/8d、1 次/12d、1 次/16d 4 种毛管冲洗频率，灌水器中堵塞物质质量表现出明显的差异。与不冲洗处理相比，灌水器中堵塞物质含量分别低 30.7%、33.0%、18.9%、16.2%。比较 4 种冲洗频率处理可以发现，随着冲洗频率的降低，灌水器中堵塞物质质量呈现先降低后升高的规律。其中 1 次/8d 的冲洗频率处理对灌水器中堵塞物质质量的影响最为明显。

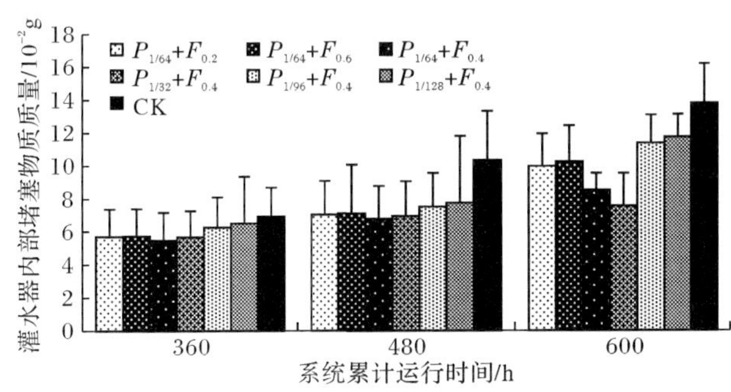

图 19.22 不同冲洗模式对灌水器内部堵塞物质的影响效应

对于 0.2m/s、0.4m/s、0.6m/s 三种毛管冲洗流速处理而言，灌水器中堵塞物质质量表现出明显的差异。与不冲洗处理相比，灌水器中堵塞物质含量分别低26.8%、33.1%、25.7%。比较 3 种冲洗流速处理发现，随着冲洗流速升高，灌水器中堵塞物质含量呈现先降低后升高的规律。其中 0.4m/s 的冲洗流速处理对灌水器中堵塞物质含量的影响最为明显。随着系统运行，灌水器内部堵塞物质含量呈现递增趋势，说明灌水器中堵塞物质含量一直处于聚集状态。

19.4.4 不同毛管冲洗模式对毛管内壁堵塞物质的影响效应

不同毛管冲洗模式以及不冲洗处理下毛管内壁堵塞物质含量的均值如图 19.23 所示。从图中可以看出，对于 1 次/4d、1 次/8d、1 次/12d、1 次/16d 4 种毛管冲洗频率，毛管中堵塞物质重量表现出明显的差异。与不冲洗处理相比，毛管中堵塞物质含量分别低 37.3%、38.1%、23.4%、16.9%。比较 4 种冲洗频率处理可以发现，随着冲洗频率的降低，灌水器中堵塞物质含量呈现先降低后升高的规律。其中以 1 次/8d 的冲洗频率处理的毛管中堵塞物质含量最低。系统运行到 360h、480h 和 600h 时的 3 次取样与灌水器中堵塞物质呈现的规律具有良好的一致性。

对于 0.2m/s、0.4m/s、0.6m/s 3 种毛管冲洗流速，灌水器中堵塞物质含量表现出明显的差异。与不冲洗处理相比，毛管中堵塞物质含量分别低 34.7%、37.9%、32.9%。比较 3 种冲洗流速处理发现，随着冲洗流速升高，毛管中堵塞物质含量呈现先降低后升高的规律。其中以 0.4m/s 的冲洗流速处理的毛管中堵塞物质的含量最低。系统运行到 360h、480h 和 600h 的 3 次取样与灌水器中堵塞物质呈现的规律具有较好的一致性。随

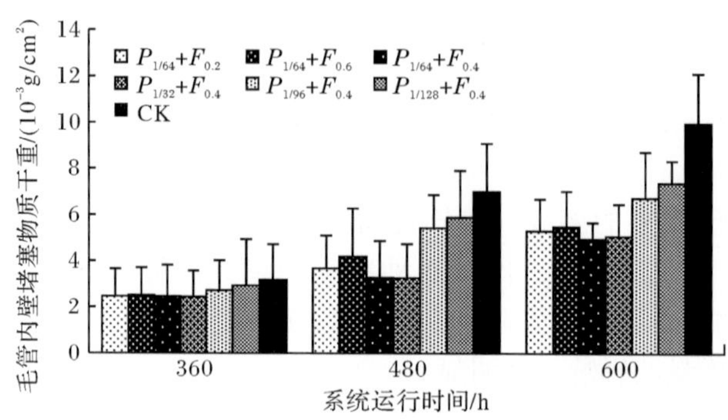

图 19.23　不同冲洗模式对毛管内壁堵塞物质的影响效应

着运行时间的累积，毛管内壁堵塞物质含量呈现递增的趋势，说明毛管中泥沙一直处于絮凝、淤积的状态。

综上所述，引黄滴灌系统灌水器内部堵塞物质主要是毛管内壁堵塞物质脱落后进入灌水器内部而形成的，可以借助毛管冲洗控制灌水器堵塞，适宜的模式为系统每运行 64h 以 0.4m/s 的冲洗流速冲洗一次，每次冲洗 6min，可以使灌水器 CU 维持在 80%以上运行 420h 左右。

结果表明，冲洗的适宜频率不宜过高或过低，$P_{1/32}+F_{0.4}$的高频处理并没有达到最佳的冲洗效果，由毛管和灌水器中堵塞物质含量来看，$P_{1/32}+F_{0.4}$处理毛管和灌水器中泥沙含量比 $P_{1/64}+F_{0.4}$要高，原因是 $P_{1/32}+F_{0.4}$的频率过高，黄河水泥沙表面附着微生物，持续的高频冲洗会增加微生物抗性，使生物堵塞物质逐渐适应了这种频繁变化的环境，达不到较好的脱落效果，越到后期这种表现越明显，使得后期冲洗效果次于 1 次/8d 的冲洗频率。$P_{1/96}+F_{0.4}$和 $P_{1/128}+F_{0.4}$的毛管中堵塞物质含量较多，并且表现出冲洗频率越低，堵塞物质含量越高的现象。原因是冲洗时间间隔较长导致毛管内壁上的泥沙淤积量较大，使得毛管中冲洗水流能量损失严重，并且堵塞物质在毛管以及灌水器入口处附着比较牢固，冲洗水流难以冲散。对于冲洗流速的选择，与毛管内的堵塞物质形成速率紧密相关，与水质、温度以及系统设计等都有关系。本试验中，三种冲洗流速所表现出来的差异是明显的，其中最适宜的冲洗流速为 0.4m/s。这与 Li 等(2012)研究所得出的 0.45m/s 左右的流速可以有效控制微生物生长的结论比较一致。结果表明，0.4m/s 冲洗流速下的 Dra、CU 均为 3 种处理中最高，$P_{1/64}+F_{0.6}$、$P_{1/64}+F_{0.2}$中毛管与灌水器中堵塞物质含量均高于 $P_{1/64}+F_{0.4}$冲洗模式。原因可能是 0.6m/s 的流速产生的水力剪切力虽然较大，但是由于冲洗时间较短，毛管中冲刷掉的堵塞物质没有完全排出滴灌系统，有的进入灌水器内部或堵在格栅入口处，形成堵塞。而 0.2m/s 的流速处理所产生的水力剪切力较小，不足以使毛管上的附着堵塞物质有效脱落，也不能够有效冲散灌水器入口处淤积的堵塞物质，从而达不到良好的冲洗效果。系统的 Dra、CU 与毛管和灌水器中堵塞物质含量呈现出的规律具有较好的一致性。

19.5 小　　结

(1) 再生水滴灌条件下，毛管内生物堵塞物质生长均符合 S 型曲线变化($R^2>0.81$)。0.45m/s 流速条件下快速生长期生物堵塞物质平均厚度最大，0.12m/s 和 0.45m/s 两种流速条件下 S_q、S_y和 S_{dr}三个参数均较大。再生水滴灌系统较为适宜的毛管冲洗频率为每 2 周 1 次。

(2) 引黄滴灌条件下，不同类型灌水器对冲洗的适宜性表现为：片式灌水器最高，圆柱灌水器次之，单翼迷宫灌水器再次，贴条灌水器最低。最佳的毛管冲洗模式为：冲洗频率为 1 次/8d(64h)，冲洗流速为 0.4m/s。

参 考 文 献

Lamm F R, Ayars J E, Nakayama F S. 2006. Microirrigation for Crop Production: Design, Operation, and Management[M]. Amsterdam: Elsevier Science.

Li G B, Li Y K, Xu T W, et al. 2012. Effects of average velocity on the growth and surface topography of biofilms attached to the reclaimed wastewater drip irrigation system laterals[J]. Irrigation Science, 30: 103-113.

Nakayama F S, Bucks D A. 1991. Water quality in drip/trickle irrigation: A review[J]. Irrigation Science, 12(4): 187-192.

Pei Y T, Li Y K, Liu Y Z, et al. 2014. Eight emitters clogging characteristics and its suitability evaluation under on-site reclaimed water drip irrigation[J]. Irrigation Science, 32(2): 141-157.

Puig-Bargués J, Lamm F R. 2013. Effect of flushing velocity and elapsed time on sediment transport in driplines[C]//ASABE Annuel International Meeting, Kansas City.

Ravina E, Sofer Z, Marcu A, et al. 1997. Control of clogging in drip irrigation with stored treated municipal sewage effluent[J]. Agricultural Water Management, 33(2): 127-137.

Tayel M Y, Pibars S K, Mansour H A G. 2013. Effect of drip irrigation method, nitrogen source, and flushing schedule on emitter clogging[J]. Agricultural Sciences, 4(3): 131-137.

第 20 章　化学加氯配合毛管冲洗控制灌水器生物堵塞技术与模式

化学加氯和毛管冲洗是灌水器堵塞控制方法中应用最广、最经济的方法(Puig-Bargués et al.,2010a,2010b;Cararo et al.,2006;Dehghanisanij et al.,2005;Hills and Brenes,2001;Hills et al.,2000;Tajrishy et al.,1994)。第 19 章已经对毛管冲洗模式进行了探讨,本章将进一步对化学加氯方法及两者的配合模式进行研究。化学加氯主要是利用氯的强氧化性来杀死微生物,进而控制堵塞物质的形成和生长,从而有效控制和减轻生物堵塞。加氯处理主要的运行参数包括加氯间隔、加氯浓度和持续时间(Hills and Brenes,2001;Ravina et al.,1997)。目前对于最佳的加氯处理模式还没有一致的意见,也未形成可以遵循的规范,尚需进一步探索研究。

本章通过污水处理厂现场滴灌试验结合多年田间加氯试验,研究化学加氯与毛管冲洗对滴灌系统灌水器生物堵塞的控制机理,确定化学加氯适宜浓度以及化学加氯配合毛管冲洗联合应用模式,验证化学加氯对作物生长、产量和品质以及土壤环境健康质量的影响,为适宜的加氯处理+毛管冲洗模式提供科学依据。

20.1　化学加氯对滴灌系统灌水器生物堵塞物质形成的控制机理及适宜浓度选择

20.1.1　试验概况

试验再生水水源及水质特征同 19.2.1 节。

试验主要考虑不同加氯模式对不同类型灌水器的堵塞控制效果,在化学加氯总量相同的基础上,试验设置 3 种余氯浓度和加氯时长(即一次加氯试验通入次氯酸钠的时间长度)处理水平,2.5mg/L×2.0h(低浓度长持续时间),5.0mg/L×1.0h(中浓度中持续时间),10.0mg/L×0.5h(高浓度短持续时间)。三种浓度处理水平,分别标记为 C2.5T2、C5T1、C10T0.5,同时设置不加氯处理组为对照,标记为 C0T0。试验选取 3 种类型 16mm 管径的非压力补偿片式滴灌带,每个处理设置 2 个重复,每个重复选取 40 个灌水器,毛管长 12m。灌水器特征参数见表 20.1。

试验过程中,滴灌管首部压力为 0.1MPa,系统采用时序调控器实现自动开关,每周周一至周五运行 5 天,每天运行 5h,当系统运行至国际上公认的灌水器堵塞前后(Dra=75%)时进行加氯处理,即系统累计运行至 400h 左右,3 种灌水器 Dra 分别为 72.5%、72.6%、76.9%,按照设计的余氯浓度与持续时间进行加氯。加氯频率为两周一次。加氯前后均对系统进行流量测试。试验第一阶段从 2012 年 5 月 7 日开始,到 2012 年 11 月 20 日结束,累计运行 600h,由于气温下降,为防止冻坏,将滴灌管收入简易防雨棚内放置;第二阶段从 2013 年 4 月 8 日开始,至 2013 年 5 月 5 日结束,考虑到不加氯处理组基本完全

表 20.1　灌水器特征参数

编号	流量 q /(L/h)	流道几何参数(长×宽×深) /(mm×mm×mm)	制造偏差 C_v/%	灌水器结构	厂家
E1	1.05	20.23×0.57×0.67	2.6		NETAFIM
E2	1.20	152.23×2.40×0.75	3.8		河北龙达
E3	2.60	152.23×2.40×1.01	4.2		河北龙达

堵塞(Dra＝13%)，继续运行意义不大，因此第二阶段累计运行 100h，系统累计运行 700h。为了增强加氯处理的杀菌效果，加氯开始前向再生水中加入适量的盐酸(HCl)，将再生水的 pH 控制在 6 左右。加入流量的剂量通过在加酸过程中监测再生水的 pH 来实时调节。

通常情况下一次加氯处理试验在 1m^3 水中加入 240mL 盐酸。加氯原料采用次氯酸钠溶液，加氯时将一定量的次氯酸钠溶液溶于盛放自来水的水桶中，记录每次加氯量，方便以后快速调整浓度，利用可调式比例泵调节加氯浓度，加氯过程中每 10min 在毛管末端取水样测试余氯浓度，使滴灌系统末端余氯浓度与设计值一致。这种加氯方式使余氯浓度的相对误差(|实测浓度－设计浓度|/设计浓度)为 0%～20%。加氯结束后系统停止运行 12h，使得余氯特别是 HClO 小分子充分地进行杀菌作用。

20.1.2　化学加氯对灌水器生物堵塞物质微生物数量的影响

不同加氯处理下再生水滴灌系统灌水器内部堵塞物质中 PLFAs 含量的测试结果如图 20.1 所示。可以看出，化学加氯可以有效地控制生物堵塞物质中微生物的数量，沿毛管铺设方向上，不同加氯方式对堵塞物质中微生物 PLFAs 含量的影响表现为相同的规律，即 $\mathrm{PLFAs}_{\text{尾}}>\mathrm{PLFAs}_{\text{中}}>\mathrm{PLFAs}_{\text{首}}$。控制余氯浓度为 10mg/L、5mg/L、2.5mg/L 的处理组分别比不加氯降低 8.3%～40.0%、15.4%～32.6%、16.5%～36.1%。不同加氯方式之间差别较大，微生物 PLFAs 含量表现为 $\mathrm{PLFAs}_{\mathrm{C0T0}}>\mathrm{PLFAs}_{\mathrm{C10T0.5}}>\mathrm{PLFAs}_{\mathrm{C5T1}}>\mathrm{PLFAs}_{\mathrm{C2.5T2}}$。经过差异显著性 t 检验($p<0.05$，见表 20.2)发现，不同加氯方式对堵塞物质中微生物 PLFAs 含量具有显著影响。在加氯总量控制条件下稍微降低加氯浓度、增加加氯时间控制效果更为明显，两次取样测试结果具有较好的一致性。

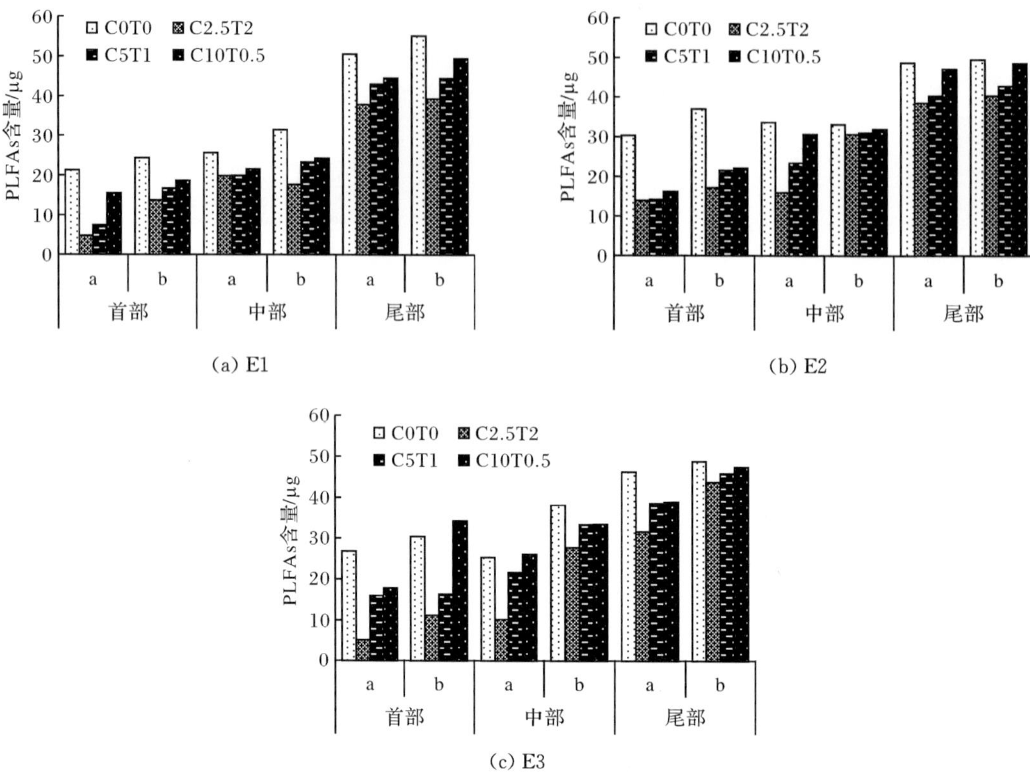

(a) E1

(b) E2

(c) E3

图 20.1 微生物 PLFAs 含量变化

图(a)、图(b)和图(c)分别反映了三种不同的灌水器 E1、E2、E3，首、中、尾三个部位灌水器内部堵塞物质中 PLFAs 含量的测试结果

a、b 表示滴灌系统 Dra 分别下降至 65%、55%左右时进行堵塞物质取样

表 20.2 微生物 PLFAs 含量统计分析

取样时间	配对处理	t 值	相关系数(r)	标准差(RMSE)
500h	C0T0-C2.5T2	9.596**	0.943	4.542
	C0T0-C5T1	7.228**	0.954	3.875
	C0T0-C10T0.5	3.810**	0.934	4.385
	C2.5T2-C5T1	−3.647**	0.946	4.272
	C2.5T2-C10T0.5	−5.342**	0.925	5.032
	C5T1-C10T0.5	−3.869**	0.973	2.921
600h	C0T0-C2.5T2	5.966**	0.879	5.945
	C0T0-C5T1	5.225**	0.921	4.634
	C0T0-C10T0.5	2.405**	0.895	5.262
	C2.5T2-C5T1	−5.978**	0.989	1.886
	C2.5T2-C10T0.5	−3.615**	0.865	6.317
	C5T1-C10T0.5	−2.058^{N}	0.886	5.618

注：N 代表无显著性差异，* 代表显著性差异(p<0.05)，** 代表极显著性差异(p<0.01)。

20.1.3　化学加氯对灌水器生物堵塞物质中微生物种类的影响

3 种灌水器生物堵塞物质中各种微生物 PLFAs 种类的分布情况如图 20.2 所示。可以看出，灌水器内微生物 PLFAs 含有 11 种，主要包括细菌：10：0、14：0、a16：0、20：0、16：0、i16：0、i15：0、18：1ω7t、18：0，真菌：18：2ω6，9c、18：1ω9c。加氯对微生物PLFAs种类的分布影响显著，经过化学加氯后的灌水器内微生物种类由原来的 7 种或 8 种下降到 5 种，其中真菌种类变为 0。加氯前后优势菌没有发生变化，均为假单胞杆菌16：0、嗜热解氢杆菌18：0，但各处理间所占比例差异明显。随着加氯浓度增加，较对照组出现了新的细菌14：0 和 18：1ω7t，灌水器内微生物群落结构发生变化，高浓度下微生物出现抗性细菌。

加氯处理对灌水器内微生物 PLFAs 标记多样性指数统计结果见表 20.3。加氯具有杀菌作用，因而降低了微生物多样性，与对照组相比，两次取样结果均显示生物多样性指数下降 0.3%～15.0%，但生物多样性并未随着加氯浓度的增加而降低，主要表现为随着加氯浓度的降低、持续时间的增加，多样性指数呈现出逐渐减小的趋势。

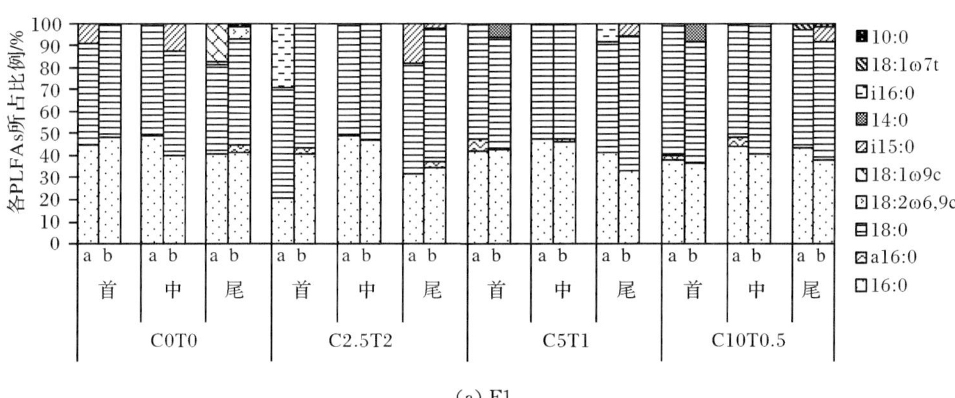

(a) E1

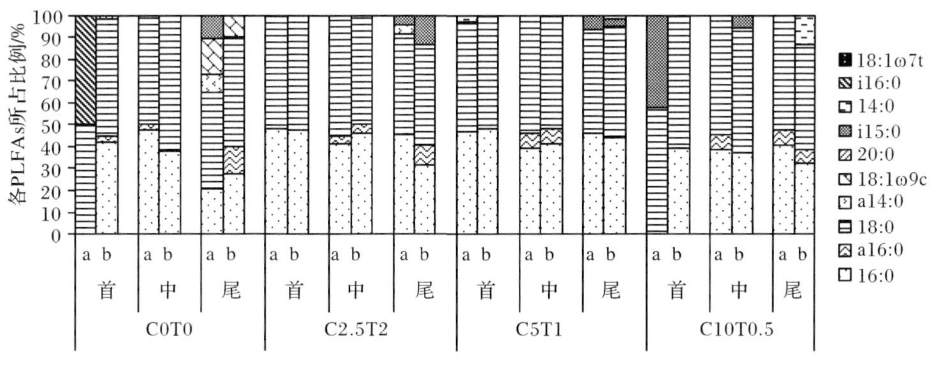

(b) E2

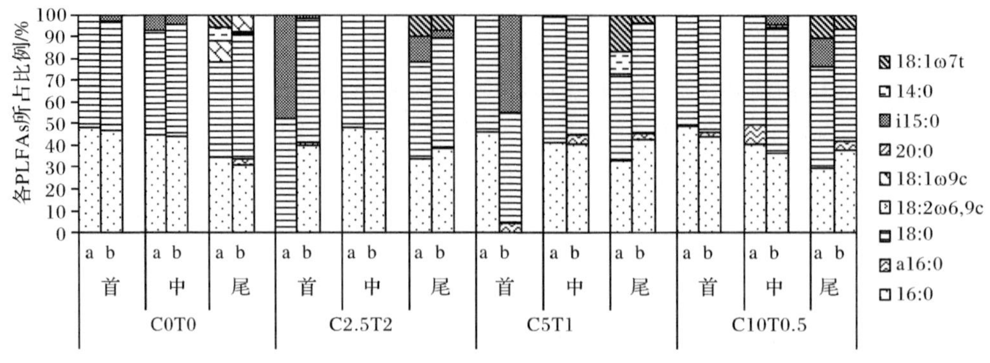

(c) E3

图 20.2 微生物 PLFAs 种类分布

a、b 表示滴灌系统 Dra 分别下降至 65%、55%时进行首、中、尾三个部位灌水器内部微生物 PLFAs 含量的测试结果

表 20.3 微生物 PLFAs 标记多样性指数分析

灌水器类型	第一次取样				第二次取样			
	C0T0	C2.5T2	C5T1	C10T0.5	C0T0	C2.5T2	C5T1	C10T0.5
E1	0.395	0.349	0.359	0.376	0.395	0.339	0.357	0.368
E2	0.423	0.360	0.374	0.400	0.393	0.337	0.358	0.388
E3	0.418	0.375	0.381	0.412	0.393	0.370	0.376	0.392

20.1.4 化学加氯对灌水器生物堵塞物质中微生物活性的影响

不同加氯处理下 3 种灌水器内微生物活性 MA 的动态变化情况如图 20.3 所示。可以看出，加氯显著抑制了灌水器堵塞物质中微生物的活性，但并未表现出施氯总量约束条件下随着加氯浓度变化活性抑制作用有更加明显的变化趋势，主要表现为随着加氯持续时间延长活性抑制作用增强的变化趋势，高浓度短持续时间、中浓度中持续时间、低浓度长持续时间 3 种处理下微生物活性分别较对照降低 2.6%～10.1%、4.6%～12.4%、

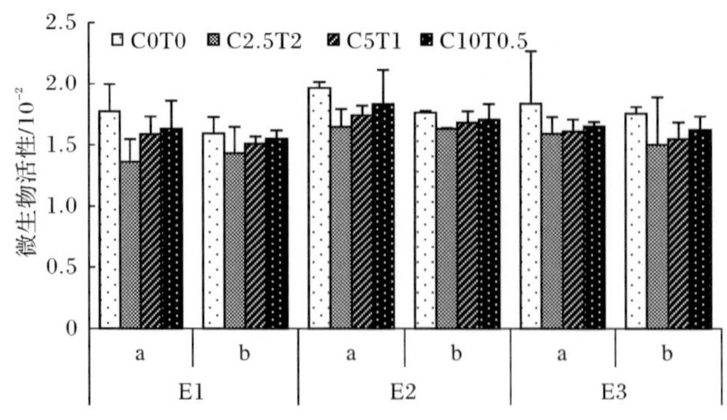

图 20.3 微生物活性变化

7.4%～23.2%。其变化趋势与灌水器内微生物 PLFAs 含量变化趋势一致。第二次取样与第一次取样相比较，各处理之间变化趋势相同，但是微生物活性整体下降，与第一次取样相比下降幅度为 1.0%～10.3%。3 种类型灌水器微生物活性变化具有良好的一致性。

20.1.5　化学加氯对灌水器生物堵塞物质中微生物分泌黏性胞外聚合物的影响

不同加氯浓度下灌水器堵塞物质中微生物分泌黏性 EPS 含量的变化情况如图 20.4 所示。可以看出，化学加氯可以有效抑制堵塞物质中黏性 EPS 的分泌，虽然化学加氯总量相同，但是加氯模式对黏性 EPS 含量的影响差异明显，表现为 $EPS_{C0T0} > EPS_{C10T0.5} > EPS_{C5T1} > EPS_{C2.5T2}$ 的变化趋势，随着加氯浓度的减小和持续时间的延长，EPS 含量也逐渐增加。与对照组相比，3 种加氯处理组黏性 EPS 含量分别降低 22.7%～43.4%、19.8%～43.1%、24.6%～42.1%，这种变化趋势与 PLFAs、MA 的变化趋势较为一致。试验过程两次取样中 EPS 含量变化趋势相同。经过差异显著性 t 检验（$p<0.01$，见表 20.4）发现，不同加氯方式对堵塞物质中黏性 EPS 的含量具有显著影响，两次取样测试结果具有很好的一致性。

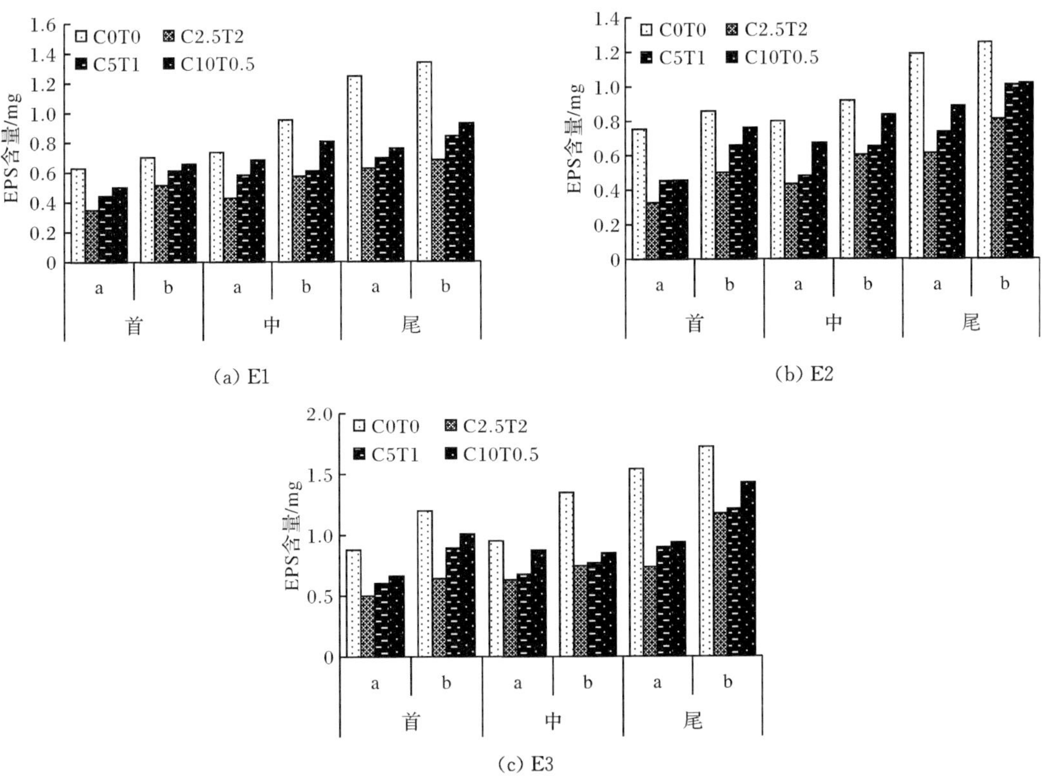

图 20.4　微生物分泌黏性 EPS 的含量变化

图(a)、图(b)和图(c)分别反映了三种不同的灌水器 E1、E2、E3，首、中、尾三个部位灌水器内部堵塞物质中黏性 EPS 含量的测试结果

a、b 表示滴灌系统 Dra 分别下降至 65%、55%左右时进行堵塞物质取样

表 20.4 微生物分泌的黏性 EPS 含量统计分析

取样时间	配对处理	t 值	相关系数(r)	标准差(RMSE)
500h	C0T0-C2.5T2	7.709**	0.915	0.1767
	C0T0-C5T1	6.414**	0.940	0.1643
	C0T0-C10T0.5	4.040**	0.809	0.1893
	C2.5T2-C5T1	−7.084**	0.957	0.0435
	C2.5T2-C10T0.5	−10.747**	0.948	0.0556
	C5T1-C10T0.5	−4.164**	0.910	0.0694
600h	C0T0-C2.5T2	8.821**	0.909	0.1529
	C0T0-C5T1	6.270**	0.891	0.1614
	C0T0-C10T0.5	4.329**	0.892	0.1538
	C2.5T2-C5T1	−4.043**	0.918	0.0832
	C2.5T2-C10T0.5	−9.169**	0.942	0.0745
	C5T1-C10T0.5	−4.877**	0.948	0.0710

20.1.6 控制滴灌系统灌水器生物堵塞适宜的化学加氯浓度

不同加氯模式条件下灌水器内部堵塞物质中固体颗粒物含量(通常占堵塞物质含量的 90%以上)的变化情况如图 20.5 所示。可以看出,加氯后固体颗粒物含量大幅降低,降幅在 4.8%~28.8%,这也证实了化学加氯能够控制灌水器内生物堵塞物质的形成,进而也有效控制了生物堵塞,使得滴灌系统 Dra 和 CU 分别提升了 14.7%~22.8%、6.77%~19.9%(图 20.6),但并未能控制灌水器堵塞行为的发生。根据文献报道,0.4mg/L 的余氯浓度连续加氯;在灌水结束前按照 0.5mg/L 的余氯浓度进行加氯处理(Cararo et al.,2006);每 2 周 1 次加氯处理,保持末端余氯 2mg/L,接触时间 6h,都可以取得与本研究推荐的加氯方式相似的效果,显著减轻灌水器内的生物堵塞。

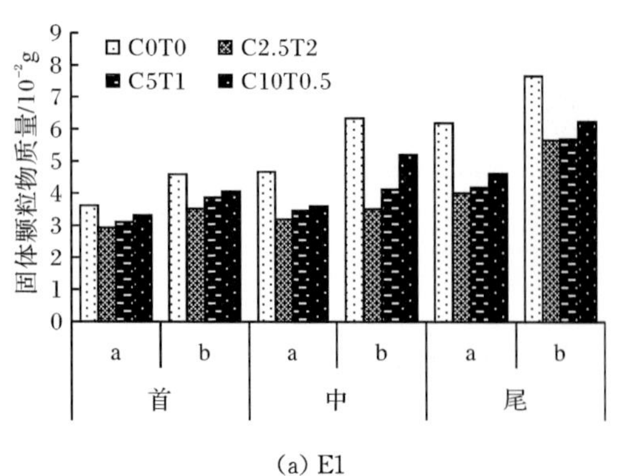

(a) E1

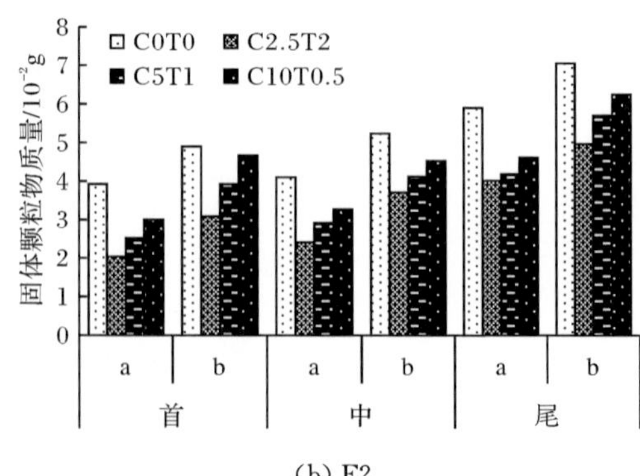

(b) E2

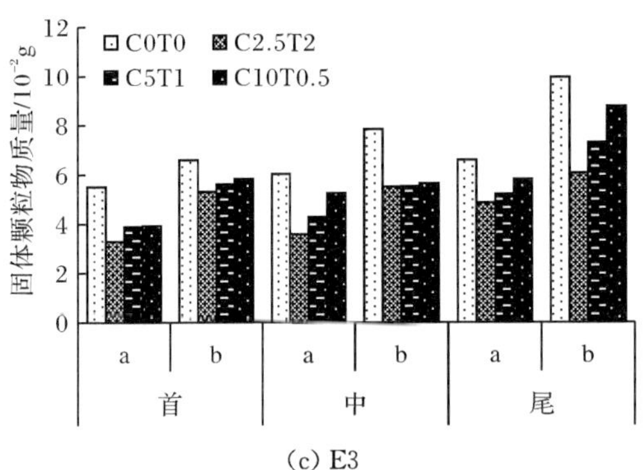

(c) E3

图 20.5　化学加氯对灌水器内部堵塞物质中固体颗粒物质量的影响

图(a)、图(b)和图(c)分别反映了三种不同的灌水器 E1、E2、E3，

首、中、尾三个部位灌水器内固体颗粒物质量的测试结果

a、b 表示滴灌系统 Dra 分别下降至 65%、55%左右时进行堵塞物质取样

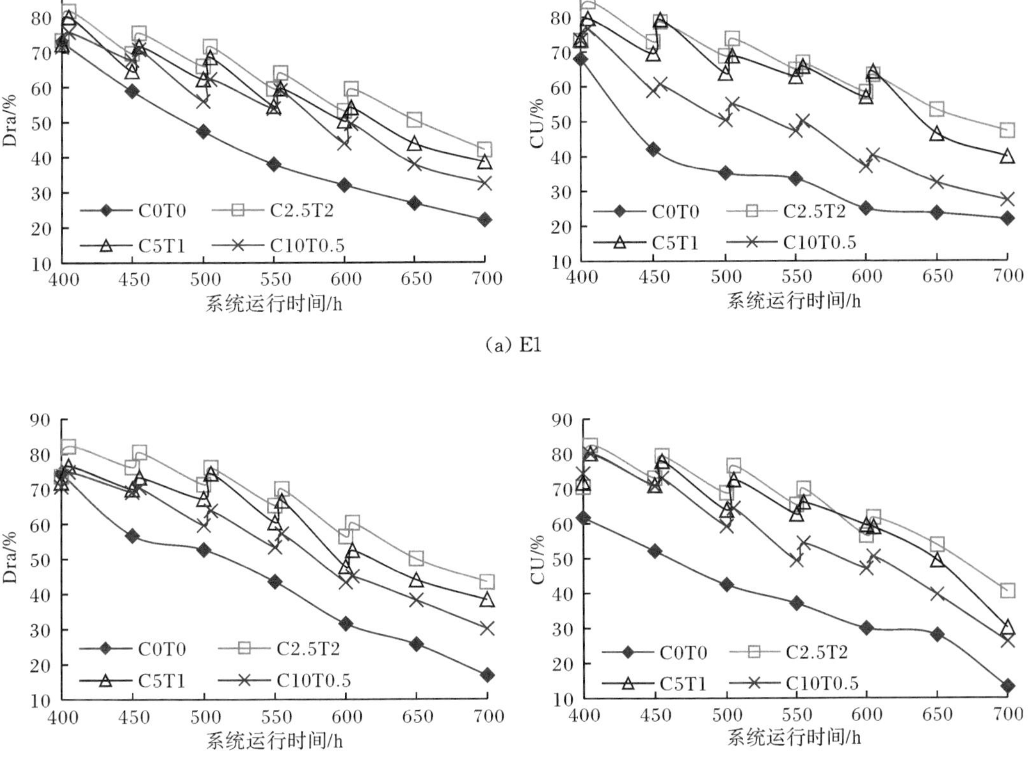

(a) E1

(b) E2

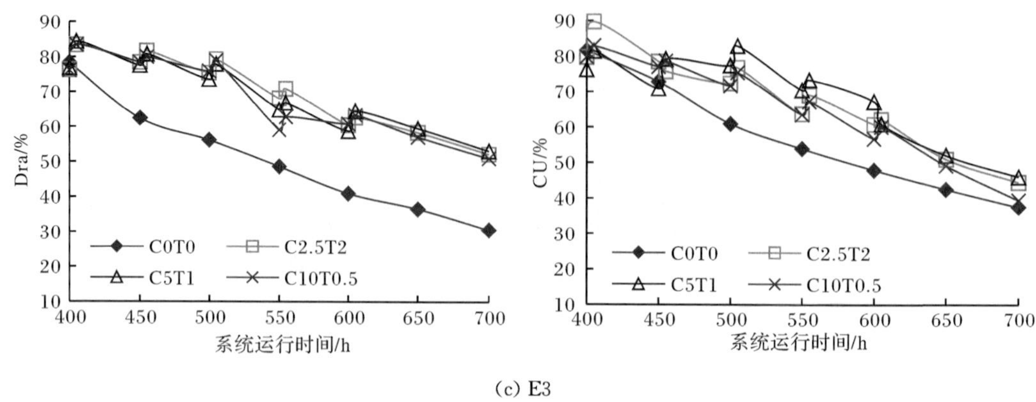

(c) E3

图 20.6　化学加氯对灌水器堵塞控制效果的影响

不同加氯模式对灌水器生物堵塞物质形成以及生物堵塞的控制效果差异很大，在加氯总量约束条件下，比较而言，3 种加氯方式中 2.5mg/L×2h（低浓度长持续时间）加氯模式是 CASS 污水处理工艺再生水滴灌系统控制灌水器生物堵塞最为适宜的模式，这与李久生等（2010）对低浓度高频率（2.5mg/L，1 周 1 次）加氯模式的研究结果较为一致。这主要是由于在相同加氯量条件下，低浓度的加氯已经能够杀死再生水中的细菌、微生物，随着加氯时间的增加，微生物活性以及黏性 EPS 的分泌受到抑制，使灌水器内部生物堵塞物质逐渐脱落，进而使生物堵塞物质的发育受到控制。而随着加氯浓度的增加杀菌作用更加明显，堵塞物质处于不断脱落、附着、再生长的状态，以适应环境，微生物也在不断地适应此变化，微生物活性逐渐增强。微生物活性增加使得毛管壁上脱落的颗粒物更加频繁，颗粒物团体具有较高的黏性，运动过程中可吸附水中颗粒物，进入灌水器流道中更容易发生堵塞；另外，加氯浓度增加对堵塞物质的群落结构产生影响，加氯促使微生物对其中的菌种进行选择，可以产生新的微生物以适应此环境，继续在灌水器中生存发展。研究表明，氯可以和水中的有机物生成更容易被微生物利用的小分子有机物，在一定程度上又会促进生物堵塞物质形成（Vidar and Kari，1995）。从生物堵塞物质群落结构角度来看，生物堵塞物质中微生物对化学试剂的敏感程度明显低于悬浮微生物，因此说明毛管内壁上生物堵塞物质会由于群落结构的调整而改变物理结构和化学性质，从而可能会保护微生物免除氯的影响（Norton and Lechevallier，2000）。因此，高浓度短时间加氯处理未获得更好的再生水滴灌控堵效果。

20.2　化学加氯配合毛管冲洗对灌水器生物堵塞物质形成的控制机理及适宜模式

20.2.1　试验概况

试验在加氯量相同的原则下设置加氯方式，目的是在加氯成本相同的前提下比较不同加氯浓度与加氯时间组合的加氯效果。根据 Li 等（2015）提出的再生水滴灌加氯堵塞控制适宜的余氯浓度为 2.50mg/L,本试验设计加氯浓度分别为 0.80mg/L、1.25mg/L、2.50mg/L,加氯持续时间相应为 3h、2h、1h;根据闫大壮(2010)关于毛管冲洗流速对滴灌毛管中生物量的最优控制研究结果,冲洗流速设置为 0.45m/s。则加氯配合毛管冲洗:低浓度长持续时间、中浓度中持续时间、高浓度短持续时间 3 个处理组分别以 C0.80T3、C1.25T2、C2.50T1 表示,C0T0 表示空白对照组。试验中使用余氯浓度大于 9%的次氯酸钠溶液作为原料。试验过程中滴灌管首部压力均为 0.1MPa,系统采用自动灌溉控制器控制。为了增强加氯处理的杀菌效果,加氯开始前向再生水中加入适量的盐酸(HCl),使再生水的 pH 控制在 6 左右。调节方式与 20.1.1 节方法相同。

按照试验设计,加氯持续时间结束后,关闭比例泵支管阀门,系统停止运行,保证管道内余氯充分作用,12h 后打开系统尾部冲洗阀门,将冲洗微调阀门全开,同时通过主管道阀门配合电磁流量计控制冲洗流速,每次冲洗 5min,冲洗完成后关闭冲洗阀门,将压力调至系统运行压力(0.1MPa)。加氯与冲洗频率为 2 周 1 次。系统每天运行时间为 7:00am~11:00am,2:00pm~6:00pm,运行时间共计 8h。试验从 2013 年 6 月 20 日开始,到 2013 年10 月17 日结束,累计运行 960h。

试验选择 3 种内径为 16mm 的非压力补偿片式灌水器,灌水器结构类型及特征参数见表 20.5。每条滴灌管选取 40 个灌水器,毛管长 12m。

表 20.5 灌水器特征参数

编号	额定流量 q/(L/h)	流态指数 x	流量系数 K_d	灌水器流道几何参数 (长×宽×深)/(mm×mm×mm)	灌水器结构	厂家
E1	1.2	0.45	0.39	48.20×0.50×0.64		Metzerplas
E2	1.2	0.51	0.31	50.23×0.57×0.67		Plastro
E3	1.8	0.51	0.56	152.23×2.40×0.83		Hebel Longda

试验用水水质参数见表 20.6。

表 20.6 水质参数统计值

水质参数	COD_{Cr} /(mg/L)	SS /(mg/L)	NH_4^+-N /(mg/L)	TP /(mg/L)	pH	温度/℃
平均值	18.61±4.66	6.01±3.45	1.38±1.25	1.10±0.49	7.14±0.07	22.5±1.66

开始进行化学加氯处理后,每次加氯前进行流量测试,采用称重法对系统灌水器进行流量测试,对照组每两周测试 1 次,加氯处理组加氯 12h 后,再次进行流量测试。流量测试完成后通过第 3 章介绍的方法进行灌水器实测流量校正。灌水器堵塞评价指标包括平

均相对流量(Dra)与克里斯琴森均匀系数(CU)。

2014 年试验在系统累计运行 320h、640h、960h 时，在毛管首部、中部、尾部分别取 5 个相邻的灌水器样本，将 5 个取样灌水器求其平均值作为微生物测试样本进行测试。由于试验中每个处理包括三个重复，每次取样破坏一条滴灌管。采样后立即封入自封袋，并放入冰箱内保存。使用第 4 章介绍的方法测试所取样品中的磷脂脂肪酸 PLFAs 含量分布、胞外聚合物 EPS 含量及固体颗粒物 DW 的含量。微生物活性表示单位载体堵塞物质中附着生长的微生物进行新陈代谢活动的强度，利用 C_{EPS}/C_{SD}进行估算参考(Li et al.，2015)。

取每个处理三个时期的生物膜水样约 20g，将水样 14000r/min 离心 15min(4℃)，收集沉淀用于 DNA 提取。根据 E. Z. N. A. © soil 试剂盒说明书进行总 DNA 抽提，DNA 浓度和纯度利用 NanoDrop 2000 进行检测，采用 1%琼脂糖凝胶电泳检测 DNA 提取质量。用 338F 和 806R 引物对 16S rRNA 的 V3－V4 可变区进行 PCR 扩增，扩增程序为：95℃预变性 3min，27 个循环(95℃变性 30s，55℃退火 30s，72℃延伸 30s)，最后 72℃延伸 10min。扩增体系为 20μL，4μL×5FastPfu 缓冲液，2μL 2. 5mmol/L dNTPs，0. 8μL 引物(5μmol/L)，0. 4μL FastPfu 聚合酶；10ng DNA 模板。

扩增结束后，使用 2%琼脂糖凝胶回收 PCR 产物，利用 AxyPrep DNA Gel Extraction Kit 进行纯化，Tris-HCl 洗脱，2%琼脂糖凝胶电泳检测。利用 QuantiFluor™-ST 进行检测定量。使用 2%琼脂糖凝胶电泳，检查扩增效果。将样品的 PCR 产物，送至上海美吉生物医药科技有限公司在 Illumina-MiSeq 平台上进行高通量测序。

20. 2. 2　化学加氯配合毛管冲洗对灌水器内部附生生物膜中微生物总量的影响

从图 20. 7 中可以看出，再生水滴灌灌水器迷宫式流道内附生生物膜中包含细菌和真菌，经过加氯处理后，细菌含量显著减少，而真菌未检测到。在加氯总量一定的情况下，C0. 80T3、C1. 25T2、C2. 50T1 处理组较对照组 PLFAs 含量降幅分别为 28. 36%～53. 75%、20. 74%～43. 79%、12. 52%～30. 91%，呈显著性差异(表 20. 7，$p<0.01$)，说明加氯处理能够杀死细菌、真菌等微生物，显著降低微生物的含量。其中 C0. 80T3 处理组 PLFAs 含量最低，与 C1. 25T2、C2. 50T1 处理组存在显著性差异，这表明低浓度长持续时间加氯对控制生物膜中微生物的生长效果最佳。针对三种不同类型迷宫式流道，生物膜中 PLFAs 含量均表现出 $PLFAs_{C0T0}>PLFAs_{C2.50T1}>PLFAs_{C1.25T2}>PLFAs_{C0.80T3}$[图 20. 7(e)]，表明随着加氯持续时间的延长，PLFAs 含量呈逐渐降低的趋势，达到显著性水平($p<0.05$)。三次取样 PLFAs 含量的变化趋势相同，具有较好的一致性，体现了规律的重复性。在系统运行结束时，C0T0、C0. 80T3、C1. 25T2 和 C2. 50T1 处理中灌水器迷宫流道内单位面积上 PLFAs 含量分别达到 8. 97～15. 17μg、4. 27～10. 22μg、5. 16～10. 58μg 和 6. 45～12. 35μg，不同处理下虽然含量不同，但均与灌水器堵塞程度(Dra 越小，表明迷宫式流道出流越少，堵塞程度越大)存在显著的正相关关系[图 20. 7(d)中，$R^2>0.65$，$p<0.01$]，随着堵塞程度的增加，PLFAs 含量逐渐增加，且各处理线性关系斜率相同，但截距不同，表明加氯处理可以控制微生物的生长，但不能完全杀死微生物、去除生物膜而控制堵塞的发生。

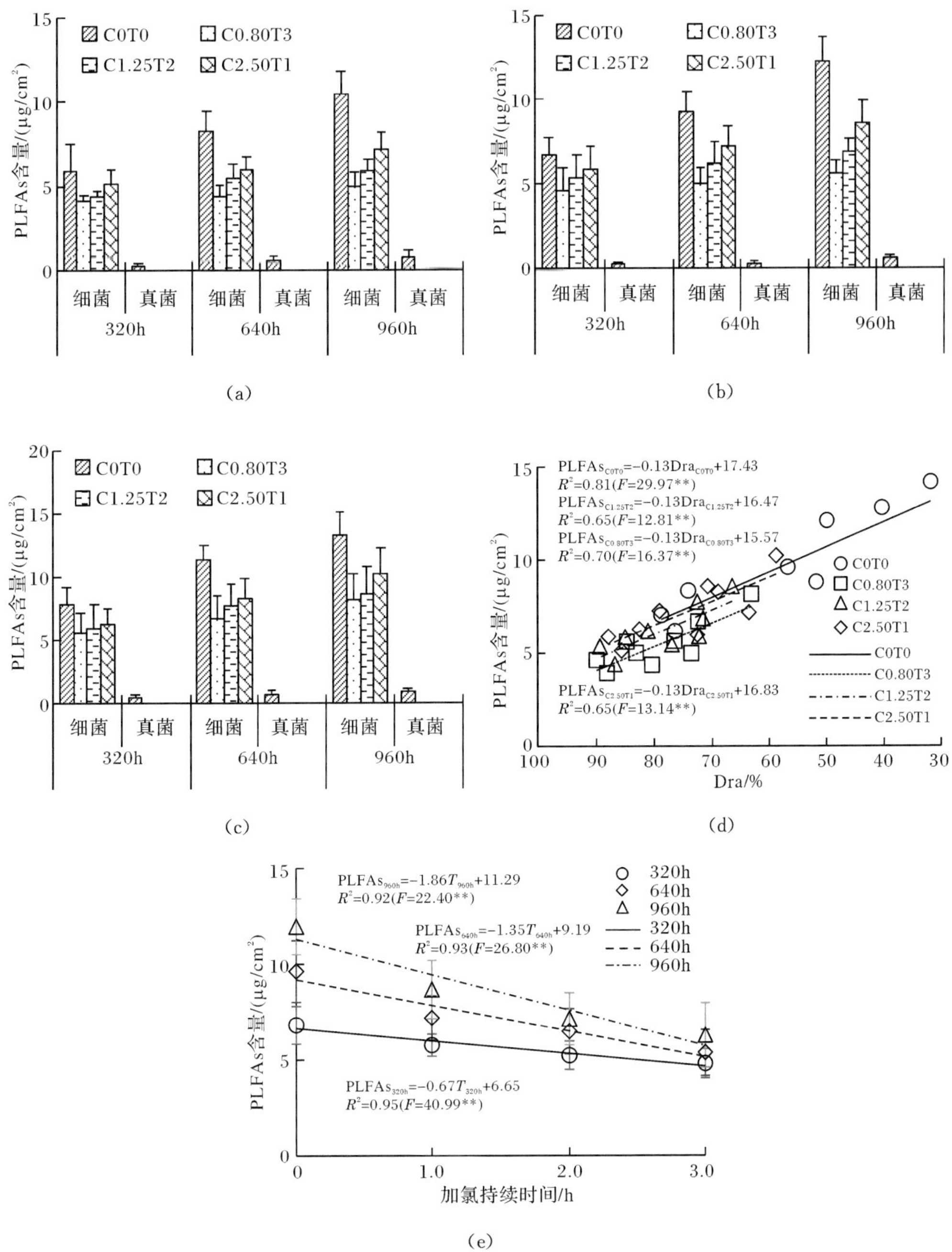

图 20.7　加氯配合毛管冲洗对灌水器内部生物堵塞物质中微生物 PLFAs 含量的影响

图(a)、图(b)、图(c)分别反映了三种不同尺寸迷宫式流道，系统运行至 320h、640h、960h 分别进行生物膜取样，每个处理取首、中、尾三个部位灌水器测试生物膜中 PLFAs 含量的结果，PLFAs 的测试方法参考 Pennanen 等(1999)使用的方法；图(d)反映了不同处理 PLFAs 含量与灌水器平均相对流量之间的相关关系；图(e)反映了三次取样中，PLFAs 含量随着加氯持续时间的变化关系

表 20.7 不同处理组间微生物 PLFAs 含量统计分析

处理组	320h			640h			960h		
	t 值	r	RMSE	t 值	r	RMSE	t 值	r	RMSE
C0T0-C0.80T3	7.829**	0.841	0.883	20.320**	0.933	0.794	19.609**	0.891	0.933
C0T0-C1.25T2	5.801**	0.825	0.913	16.201**	0.943	0.766	20.558**	0.924	0.840
C0T0-C2.50T1	5.251**	0.920	0.778	11.570**	0.933	0.797	19.096**	0.961	0.719
C0.80T3-C1.25T2	−3.697**	0.970	0.587	−6.695**	0.947	0.705	−5.978**	0.977	0.653
C0.80T3-C2.50T1	−6.023**	0.916	0.697	−11.176**	0.947	0.699	−13.547**	0.960	0.729
C1.25T3-C2.50T1	−3.227*	0.933	0.716	−5.671**	0.970	0.612	−9.022**	0.963	0.717

20.2.3 化学加氯配合毛管冲洗对灌水器内部附生生物膜中微生物群落结构的影响

生物膜样品中 16S rRNA 序列基于门、纲、目、科水平下的微生物种群分类如图 20.8 所示。加氯处理后迷宫式流道内附生生物膜中的细菌以变形菌门(Proteobacteria)、γ-变形菌纲(Gammaproteobacteria)、黄单胞菌目(Xanthomonadales)、黄单胞菌科(Xanthomonadaceae)为优势菌。其次是拟杆菌门(Bacteroidetes)、鞘脂杆菌(Sphingobacteriia)、鞘脂杆菌目(Sphingobacteriales)、噬几丁质菌科(Chitinophagaceae);厚壁菌门(Firmicutes)、芽孢杆菌纲(Bacilli)、芽孢杆菌目(Bacillales)、芽孢杆菌科(Bacillaceae)两个菌类占优势。

Proteobacteria 菌群的相对丰度均随添加氯浓度的增加而增加,表明该菌受氯影响明显,通过加氯处理不能达到很好的控菌效果,但总的丰度随着时间的增加而减小;到 960h 时 C2.50T1 处理中 Proteobacteria 菌群的数量由原来 320h 时的 44%变为 29%。

拟杆菌门(Bacteroidetes)作为第二大优势菌群,该菌群在 320h 时菌群数量随着浓度的增加逐渐减小,菌群数由氯浓度 0mg/L 时的 21%到氯浓度 2.5mg/L 时降为 11%。在 640h 和 960h 时,菌群数量变化不明显,浓度的变化对 Bacteroidetes 数量变化影响不大,但在短时间内增加氯的浓度可有效地控制 Bacteroidetes 菌群的增长。

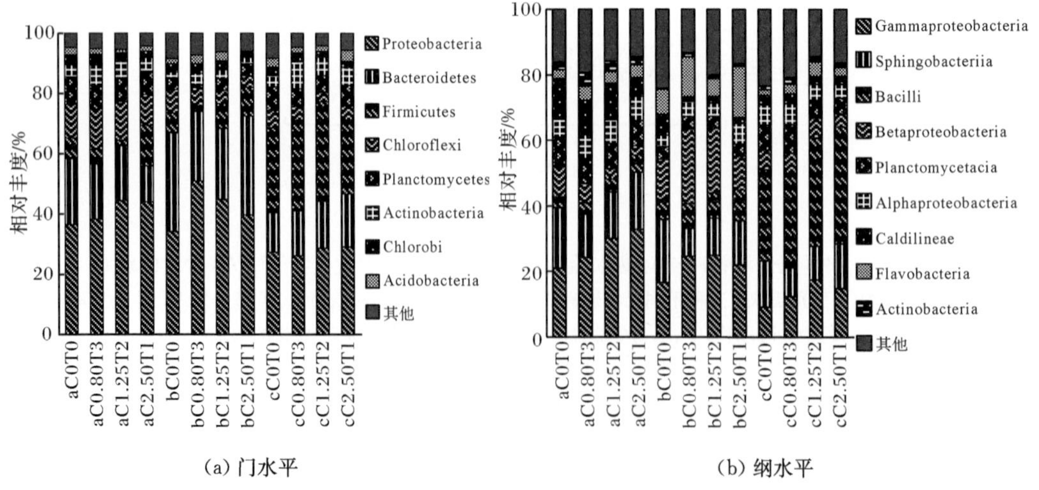

(a) 门水平 (b) 纲水平

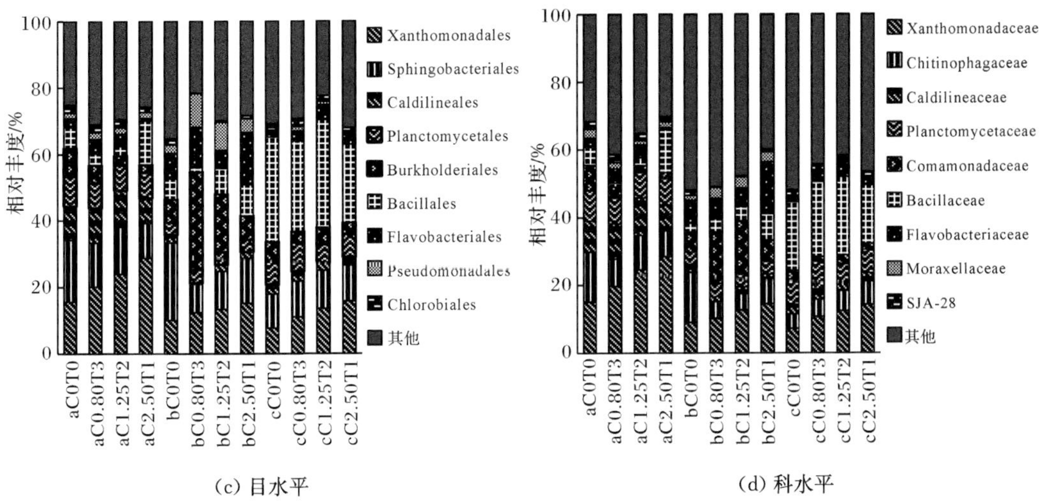

(c) 目水平　　　　(d) 科水平

图 20.8　门、纲、目、科水平下微生物群落结构

a 代表 320h、b 代表 640h、c 代表 960h

第三大优势菌群厚壁菌门(Firmicutes)随着时间的增长菌群数明显增加，且在每一个时间段内，该菌群数量随着氯浓度的变化而变化明显，在系统运行至 320h 时加氯浓度为 0. 00mg/L、0. 80mg/L、1. 25mg/L、2. 50mg/L，相对丰度分别为 6. 84%、4. 69%、1. 69%、13. 57%；在 640h 时相对丰度分别为 6. 63%、1. 89%、8. 11%、9. 53%；在 960h 时相对丰度分别为 28. 28%、30. 03%、33. 05%、24. 57%；随着系统运行时间的延长，该菌群丰度明显增加，由于该菌属于革兰氏阳性菌，细胞壁比较厚，表面疏水性强，不易附着在管壁，附着后对生物膜具有保护作用，不易清除掉，成为生物膜中的优势菌群后加氯浓度增加对该菌的丰度影响不明显。该菌在 640h 内 C1. 25T2 处理下可达到最佳控制效果。随着系统运行时间的增加，纲水平下的 Betaproteobacteria(22. 79%)、目水平下的 Burkholderiales(29. 54%)、科水平下的 Comamonadaceae(15. 32%)相对丰度增加明显，尤其是 C0. 80T3 加氯处理组，表明低浓度长持续时间加氯处理组对生物膜群落分布产生了显著影响。

20. 2. 4　化学加氯配合毛管冲洗对灌水器内部附生生物膜中微生物多样性的影响

灌水器迷宫式流道内附生生物膜中微生物 16S rRNA 基因高通量测序概况见表 20. 8，经过质量监控处理后共得到 46762 条细菌序列，经过质量控制获得 3652801 条高质量序列，在 97%相似水平下归类到 3493 个 OTUs。细菌序列的平均长度为 484bp，所测样品的细菌序列数从 3357 到 5711。不同加氯模式三次取样中 16S rRNA 基因总序列共计 3357～5711 条，OTUs 数量为 297～689。每个处理样品的丰富度采用 Ace、Chao 两个指数进行评估，反映样品中有多少物种。从表中可以看出，加氯处理降低了生物膜中的微生物数量，与对照组相比三种加氯模式 Ace 指数降幅在 3. 36%～20. 56%。每个处理样品的 OTUs 与 Chao 指数显著相关(R^2 为 0. 886)，Chao 指数三次取样，较对照组分别降低 2. 06%～7. 29%、22. 27%～39. 21%、18. 16%～23. 07%，表明加氯处理控制微生物的效果随时间的延长先增加后减小，系统继续运行，加氯对微生物数量的控制效果减弱。

表 20.8 微生物 16S rRNA 基因高通量测序概况

取样时间/h	处理	reads	OTUs	Ace	Chao	Shannon	Simpson
320	C0T0	3417	446	804	631	4.71	0.0356
	C0.80T3	4237	437	643	618	4.13	0.0797
	C1.25T2	3577	441	638	585	4.41	0.0588
	C2.50T1	3357	429	777	608	4.62	0.0297
640	C0T0	3903	569	754	732	5.42	0.0099
	C0.80T3	5711	452	709	691	4.31	0.0323
	C1.25T2	3088	445	636	625	4.93	0.0214
	C2.50T1	3838	534	712	725	5.06	0.0214
960	C0T0	4546	597	780	815	5.37	0.0112
	C0.80T3	3943	493	631	627	4.92	0.0282
	C1.25T2	3589	477	681	667	4.98	0.0188
	C2.50T1	3776	523	695	667	5.16	0.0136

样品多样性采用 Shannon、Simpson 指数进行评估，反映样品中物种的数量分布。从表 20.8 中发现，每个处理样品的 OTUs 与 Shannon 指数显著相关($R^2=0.71$)。将生物膜中多样性指数 Shannon 和 Simpson 与灌水器迷宫式流道堵塞程度之间做相关关系(图 20.9)发现，Shannon 指数与 Dra 呈显著的相关关系，随着堵塞程度的增加，多样性指数 Shannon 逐渐增加，三次取样样品微生物 Shannon 指数与加氯持续时间呈显著的线性相关关系，随着加氯持续时间的增加，Shannon 指数逐渐降低，与对照组相比，三次取样时间下加氯处理组 Shannon 指数降幅在 1.91%～12.31%、6.64%～20.48%、3.91%～8.38%，320h 时取样 C0.80T3 处理组 Shannon 指数最低。Simpson 指数与 Dra 呈对数相关关系($R^2=0.71$)，随着堵塞程度的增加，Simpson 指数逐渐降低。三次取样 Simpson 指数与加氯持续时间呈现显著的指数相关关系，随着加氯持续时间的增加，Simpson 指数逐渐增加，其中 320h 时取样的 C2.5T1 处理组 Shannon 指数最高，达到 0.0297。

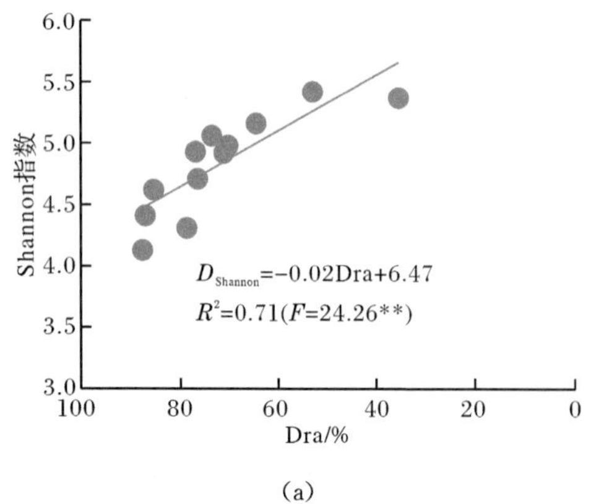

(a)

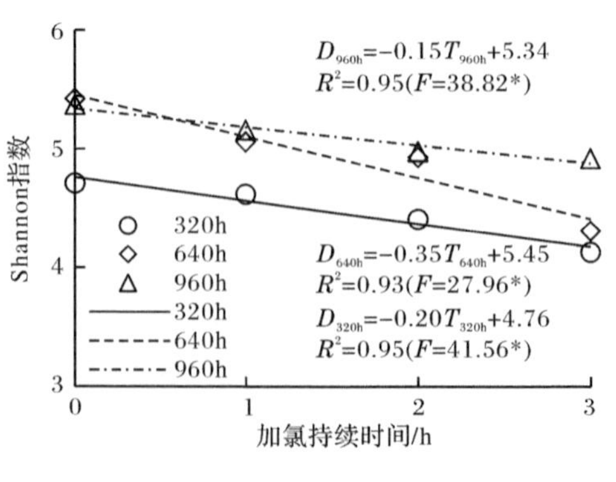

(b)

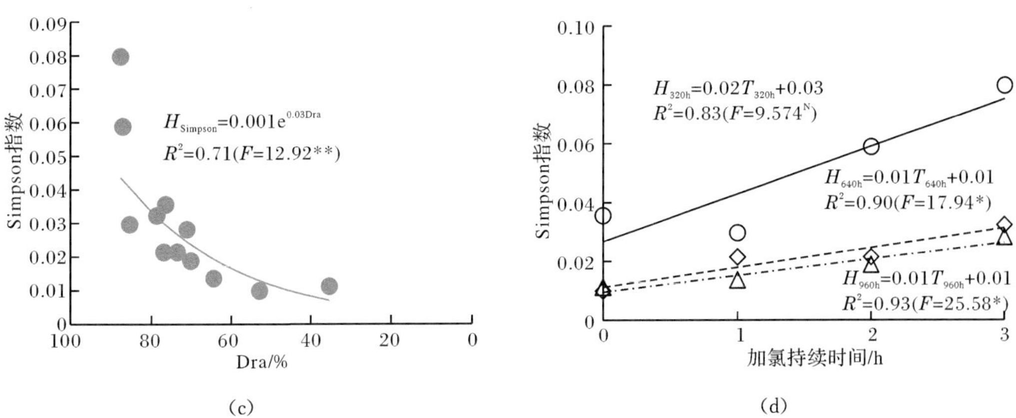

图 20.9　Shannon 和 Simpson 指数与堵塞程度及加氯持续时间的相关关系

20.2.5　化学加氯配合毛管冲洗对灌水器内部附生生物膜中微生物活性的影响

图 20.10 显示了不同加氯模式下灌水器迷宫式流道附生生物膜中微生物活性的测试结果及与加氯浓度的相关关系。从图中可以看出，加氯处理下微生物活性增加，与对照组相比，不同加氯模式生物活性增幅在 0.54%～18.31%。其中，高浓度短持续时间处理 C2.50T1 与对照组具有显著性差异($p<0.05$)，见表 20.9。随着系统运行时间的延长，微

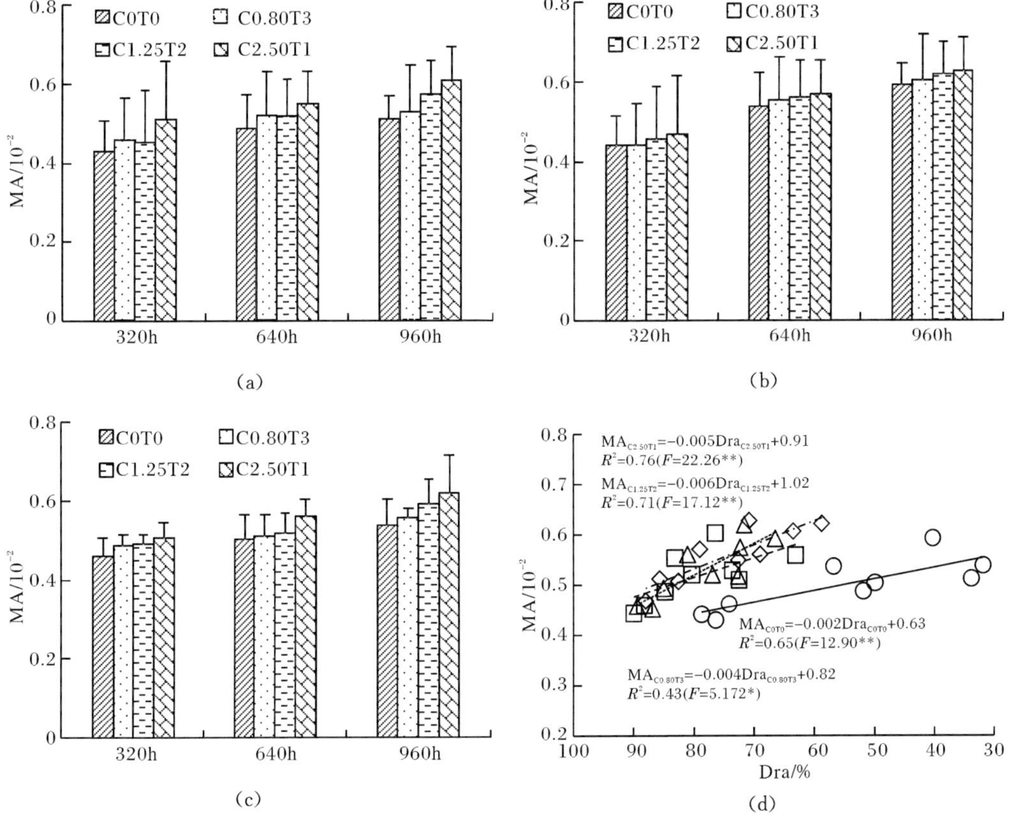

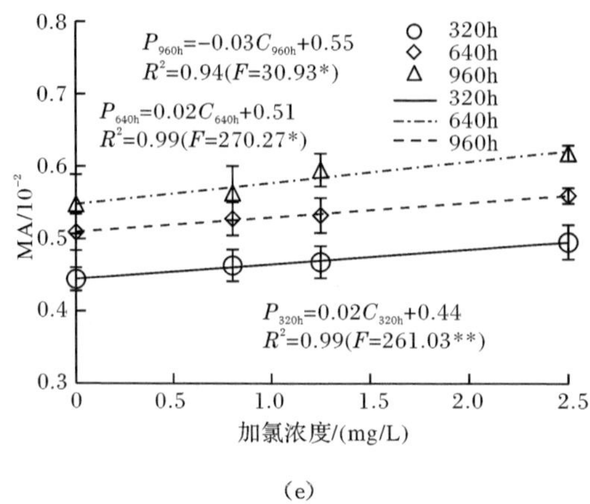

(e)

图 20.10 不同加氯模式下灌水器迷宫式流道附生生物膜中微生物活性的测试结果及与加氯浓度的相关关系

图(a)、图(b)、图(c)分别反映了三种不同类型灌水器，系统运行至 320h、640h、960h 时分别进行生物膜取样，计算微生物活性的结果；图(d)反映了不同处理微生物活性与灌水器堵塞程度之间的相关关系；图(e)反映了三次取样中，微生物活性随着加氯浓度的变化关系

生物活性也逐渐增大，与 320h 相比，640h、960h 取样微生物增幅分别在 4.7%～24.9%、14.7%～36.0%。虽然氯有杀菌作用，但并不能完全杀死微生物，耐氯微生物逐渐在生物膜中稳定，随着生物膜的生长，微生物活性也逐渐增强。三种不同类型灌水器，微生物活性均表现出 $MA_{C0T0}<MA_{C2.50T1}<MA_{C1.25T2}<MA_{C0.80T3}$，随着加氯浓度的增加呈现出显著的线性正相关关系($p<0.05$)。三次取样的变化趋势相同，具有较好的一致性。在系统运行结束时，C0T0、C0.80T3、C1.25T2 和 C2.50T1 处理中灌水器内 MA 分别达到 0.51～0.59、0.52～0.60、0.57～0.62 和 0.61～0.63。

表 20.9 微生物活性 *t* 检验分析

处理组	320h			640h			960h		
	t 值	*r*	RMSE	*t* 值	*r*	RMSE	*t* 值	*r*	RMSE
C0T0-C0.80T3	−2.198^N	0.965	0.161	−0.932^N	0.657	0.245	−0.923^N	0.831	0.225
C0T0-C1.25T2	−1.591^N	0.833	0.212	−1.812^N	0.798	0.197	−2.677*	0.724	0.230
C0T0-C2.50T1	−2.507*	0.846	0.249	−5.874**	0.896	0.161	−4.048**	0.709	0.228
C0.80T3-C1.25T2	−0.387^N	0.905	0.191	−0.408^N	0.910	0.185	−1.548^N	0.736	0.248
C0.80T3-C2.50T1	−2.279*	0.928	0.207	−1.608^N	0.658	0.245	−2.371^N	0.647	0.263
C1.25T2-C2.50T1	−1.702^N	0.902	0.222	−1.819^N	0.704	0.213	−1.761^N	0.852	0.199

20.2.6 化学加氯配合毛管冲洗适宜的应用模式

借助再生水滴灌化学加氯现场试验，研究不同加氯浓度与加氯持续时间对滴灌灌水器迷宫式流道内部附生生物膜的作用机理及影响效果。结果表明，加氯处理后灌水器迷宫式流道内部附生生物膜中的微生物 PLFAs 总量显著降低、微生物优势群落中变形菌门、厚壁菌门相对丰度增加，拟杆菌门相对丰度降低，微生物数量及多样性指数也显著降低，微生物生长受到抑制。这与众多学者对城市供水管道加氯控制生物膜结果相似，城市供水系统加氯浓度高于 1.0mg/L 时，可基本抑制生物膜的生长(Niquette et al.，2000)。适宜浓度可控制生物膜的生长，浓度增加或者降低均达不到理想的灭菌效果。Ren 等(2015)对实际管道采样研究表明，加氯浓度 0.23～0.44mg/L 的供水管道生物膜中细菌总数和可培养细菌总数仍很高，并未得到有效控制。投氯量过高会引发氯化消毒副产物过高，当微生物附着于铁质输水管时，自由氯浓度在 3～4mg/L 时难以控制生物膜滋生；在次氯酸钠投量为 15mg/L 条件下，采用如此高浓度消毒剂也并不能完全控制再生水管道生物膜微生物，部分微生物仍可能存活并得到恢复(Wang et al.，2016)。

结果表明，在微生物得到控制的同时，随着加氯浓度的增加，微生物活性显著增加，表明氯对微生物的控制效果减弱，增加了生物膜抗性生成的风险。通过高通量测序技术全面分析发现导致微生物各表征参数变化的主要原因是受到生物膜中耐氯菌的影响，对细菌与加氯浓度(持续时间)进行相关分析(图 20.11)发现：变形菌门(Xanthomonadales、Pseudomonadales、Xanthomonadaceae)、厚壁菌门(Bacilli)、放线菌门(Actinobacteria)、硝化螺旋菌门(Nitrospirae)内的耐氯细菌加氯处理后丰度显著性增加，其中厚壁菌门、放线菌门的细胞壁厚，作为革兰氏阳性菌，黏附力差，不易附着在灌水器流道内表面，该类菌的增加不利于生物膜的聚集与生长。随着系统运行时间的延长，一旦附着，细胞壁厚不易受到氯的侵害，研究表明，生物膜形成后细菌菌落增加，消毒剂分子穿越生物膜需要花费更长时间，使得抗性增强(Bridier et al.，2011)，从而不易清除掉，而低浓度长加氯持续时间处理(C0.80T3)增加了氯对生物膜的作用时间，对生物膜的清除效果更加显著。以往研究城市输水管道生物膜中变形菌门的 α-变形菌纲和 γ-变形菌纲细菌、厚壁菌门和放线菌门细菌可能存在一定种类的耐氯菌，通过个体原因或者群体原因增加生物膜对消毒剂的抗性(Douterelo et al.，2013；Simoes L C and Simoes M，2013；McCoy and Vanbriesen，2012；Simoes et al.，2010 Poitelon et al.，2010)。而拟杆菌门(Sphingobacteriia、Anaerolineaceae)对氯最为敏感，丰度显著降低，且随着系统运行时间增加，相对丰度也逐渐降低。

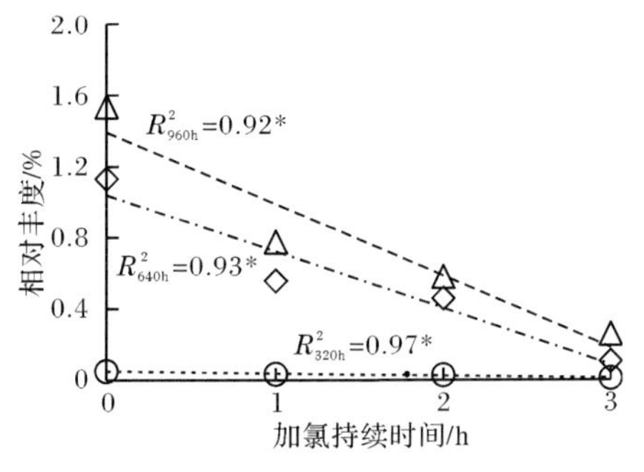

a1

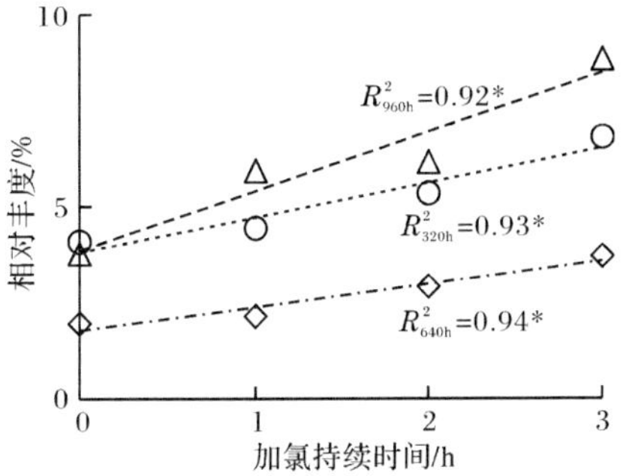

a2

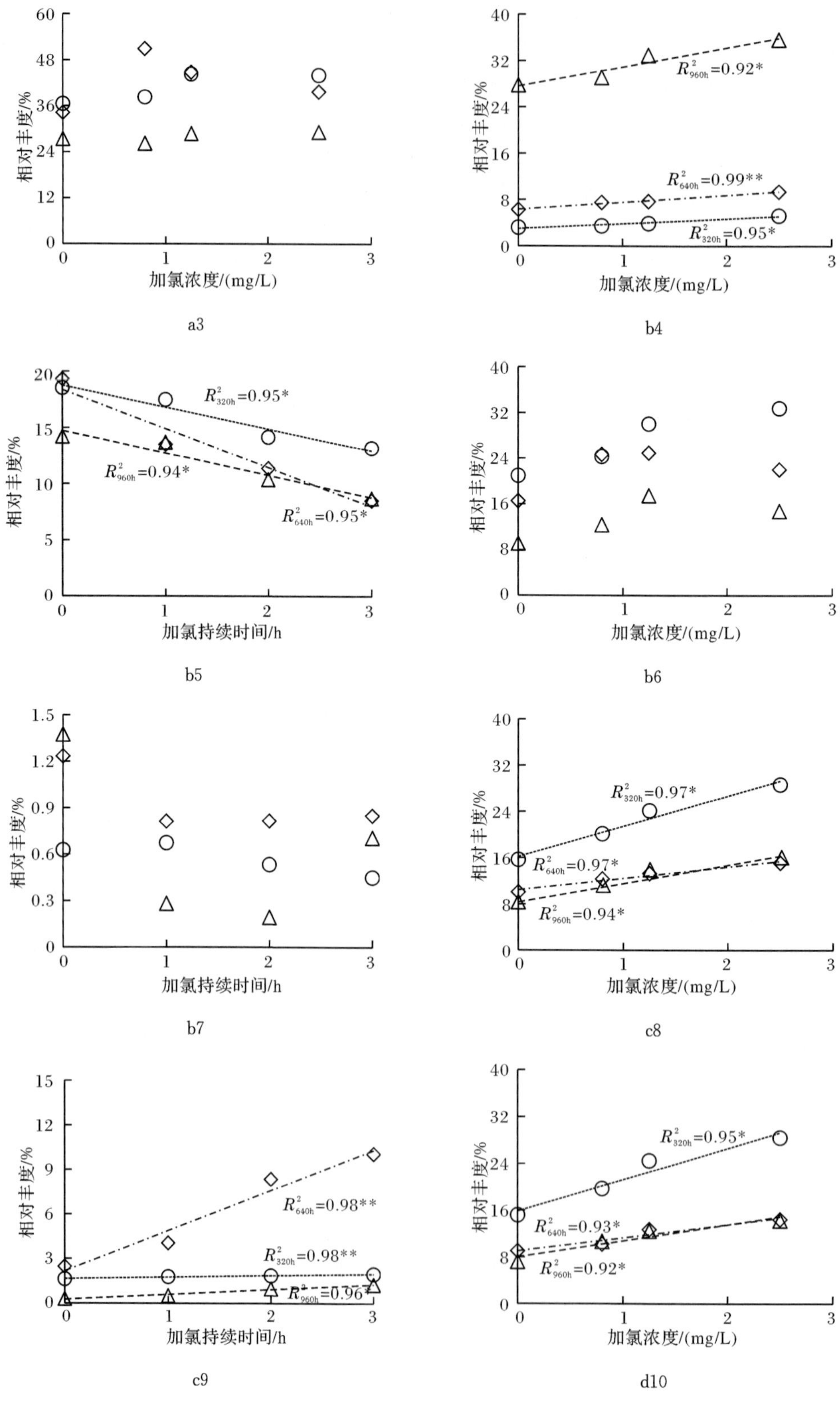

相对丰度/%
加氯浓度/(mg/L)
加氯持续时间/h
R^2_{960h}=0.92*
R^2_{640h}=0.99**
R^2_{320h}=0.95*
R^2_{320h}=0.95*
R^2_{960h}=0.94*
R^2_{640h}=0.95*
R^2_{320h}=0.97*
R^2_{640h}=0.97*
R^2_{960h}=0.94*
R^2_{640h}=0.98**
R^2_{320h}=0.98**
R^2_{960h}=0.96*
R^2_{320h}=0.95*
R^2_{640h}=0.93*
R^2_{960h}=0.92*
a3
b4
b5
b6
b7
c8
c9
d10

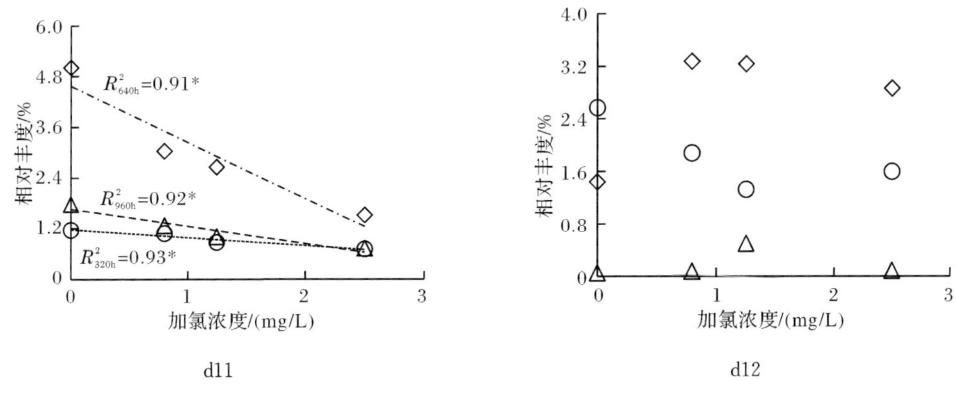

图 20.11　门、纲、目、科水平下特定菌群与加氯浓度及加氯持续时间的相关关系

a、b、c 和 d 分别代表门、纲、目、科四个水平；1～12 分别代表 Nitrospirae、Actinobacteria、Proteobacteria、Bacilli、Sphingobacteriia、Gammaproteobacteria、Deltaproteobacteria、Xanthomonadales、Pseudomonadales、Xanthomonadaceae、Anaerolineacea、Moraxellaceae；

对于城市输水管道的研究主要集中于投放消毒剂后生物膜中耐氯菌及致病菌的变化，生物膜中常见的异养耐氯菌包括假单胞菌属（*Pseudomonas*）、微球菌属（*Micrococcus*）、芽孢杆菌属（*Bacillus*）、黄杆菌属（*Flavobacerium*）、食酸菌属（*Acidovorax*）、鞘脂单胞菌属（*Sphingomonas*）等。我们更关心的是生物膜与迷宫式流道堵塞程度之间的关系，分析（图 20.11）后发现门水平上的 Nitrospirae 和 Proteobacteria，纲水平上的 Bacilli、Gammaproteobacteria 和 Deltaproteobacteria，目水平上的 Xanthomonadales，科水平上的 Xanthomonadaceae 和 Moraxellaceae 均与堵塞程度呈显著的相关关系。这与 Zhou 等（2013）研究结果：再生水滴灌灌水器附生生物膜中微生物 PLFAs 含量与灌水器堵塞程度间存在着极显著的线性关系相吻合，说明灌水器迷宫式流道内生物膜中含有引起灌水器堵塞的关键微生物菌群。微生物菌群对于诱发灌水器生物堵塞起到极为重要的作用。Nitrospirae、Bacilli、Xanthomonadales 和 Xanthomonadaceae 四种菌与加氯浓度（持续时间）和堵塞程度均呈显著性相关关系，加氯处理直接影响该四种菌的相对丰度，进而体现为生物膜相关参数变化，最终对灌水器迷宫式流道产生堵塞。

再生水中富含的颗粒物、有机质被微生物分泌的黏性胞外聚合物吸附，促进灌水器迷宫式流道内附生生物膜的形成，使得迷宫式流道内堵塞物质逐渐增加，最终导致灌水器生物堵塞（Dosoretz et al.，2010），引起滴灌灌水器迷宫式流道出流与灌水器均匀度的下降（Pei et al.，2014；Li et al.，2009；Puig-Bargués et al.，2005）。这复杂的过程中关键微生物、黏性胞外聚合物、堵塞物质、堵塞程度之间是如何相互影响的？加氯处理是如何影响各组分之间的关系及其影响路径，从而最终降低灌水器堵塞程度的？生物膜的生长首先需要微生物分泌黏性胞外聚合物在管壁附着（Oliver et al.，2014），然后逐渐吸收营养物质及悬浮颗粒物进行生长。在输水管道系统中，氯主要是使附着于生物膜表面的细菌失活，进而改变生物膜的细菌群落结构，Williams 等（2005）发现经氯消毒后的生物膜以 α-和 β-Proteobacteria 菌为主；Gomez-Alvarez 等（2012）发现，氯消毒后大量存在的细菌为

Caulobacter、*Rhodopsudomonas*、*Synechococcus*、*Bradyrhizobium* 和 *Pseudomonas*。属水平下优势菌主要是 *Thermomonas*、*Brevibacillus*、*Anoxybacillus*、*Flavobacterium*。将九种相对丰度大于 1%的菌属与黏性胞外聚合物进行相关分析发现，变形菌门中的 *Acinetobacter* 和 *Thermomonas* 与黏性胞外聚合物含量存在显著的线性相关关系($R^2=0.81$，$p<0.01$ 和 $R^2=0.45$，$p<0.01$)，如图 20.12 所示，加氯处理后较不加氯处理组相对丰度分别增加 15.8%～110.9%、6.5%～40.6%，随着加氯持续时间或浓度呈现出线性递增的关系，且随着两种耐氯菌相对丰度的增大，EPS 含量逐渐降低，表明加氯处理后，两种耐氯菌相对丰度逐渐增加，影响了生物膜整体黏性胞外聚合物的释放，降低了对再生水中的营养物质及悬浮颗粒物吸附的可能性。

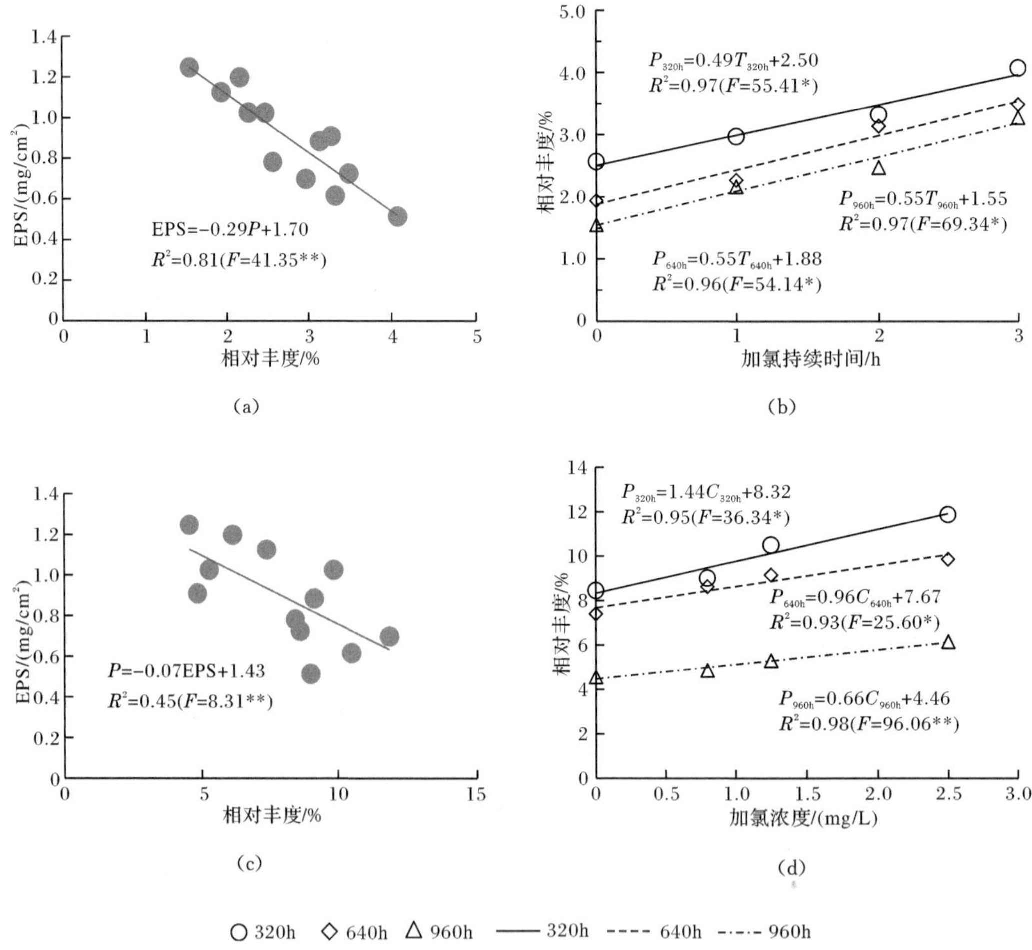

图 20.12　耐氯菌与不同加氯处理及胞外聚合物含量的相关关系

图(a)代表 *Acinetobacter* 相对丰度与胞外聚合物含量的相关关系，图(b)代表 *Acinetobacter* 相对丰度与加氯持续时间的相关关系；图(c)代表 *Thermomonas* 相对丰度与胞外聚合物含量的相关关系，图(d)代表 *Thermomonas* 相对丰度与加氯浓度的相关关系

同时，黏性胞外聚合物产生的黏聚力可以保持生物污垢的稳定性，使得生物膜内部多孔结构更加稳定(Tsai，2005)，加氯降低了生物膜的稳定性，使其容易被清除掉。另外，

生物膜中的胞外聚合物与氯分子作用时，会消耗氯分子并影响其扩散，从而使得生物膜内细胞不受毒害，低浓度长持续时间的消耗对胞外聚合物作用更明显，因而显著降低了其含量。

经过对三种不同尺寸流道内 EPS 含量、堵塞物质含量与灌水器堵塞程度三者进行相关分析发现[图 20.13(a)]，随着黏性 EPS 含量的降低，堵塞物质含量与堵塞程度均呈线性递减(图 20.13，$p<0.01$)，三者相互促进。三种灌水器具有相同的趋势。这与 Zhou 等(2013)发现堵塞物质干重、微生物含量和黏性胞外聚合物含量与 Dra 具有显著的线性相关关系相吻合。因此，可以得出微生物中 *Acinetobacter* 和 *Thermomonas* 是导致灌水器

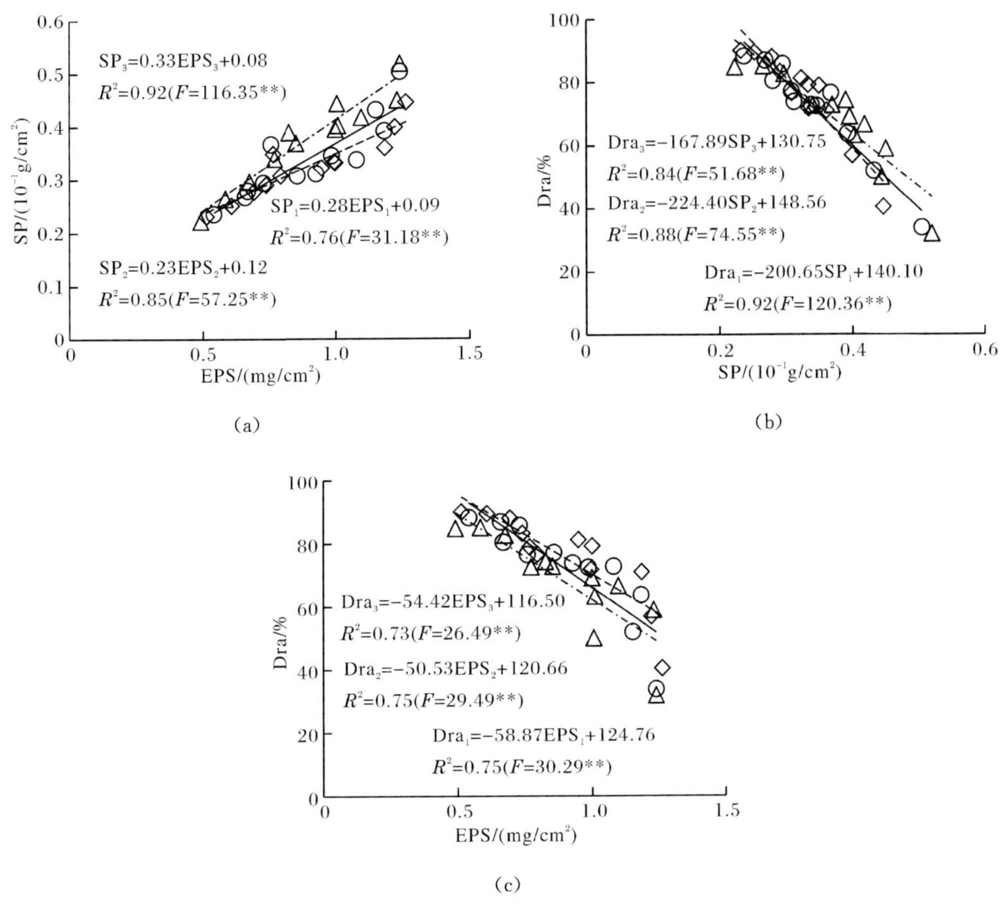

图 20.13　EPS、SP 与 Dra 的相关关系

SP 取样方法：分别将滴灌管(带)首、中和尾部所取的样品用小刀小心剥开，用高精度电子天平(精确到 0.0001g)分别测量灌水器的重量，然后将各类型的灌水器分别装入自封袋，加入 15mL 去离子水后置于超声波清洗器中脱膜处理 20min，取出后置于烘箱中 60℃恒温烘干，再称量灌水器，则灌水器的初始重量和经过脱膜、烘干后的重量之差即为所求生物膜干重；胞外聚合物的含量主要考虑胞外多糖和胞外蛋白的含量，胞外多糖的测定采用苯酚-硫酸法，胞外蛋白的测定采用 Lowry 方法

迷宫式流道堵塞发生的直接因素，两种菌相对丰度增加导致 EPS 含量降低，从而间接降低了堵塞物质的含量，使得灌水器出流增加，最终降低了灌水器堵塞程度。通过对灌水器 Dra 和 CU 分析不同加氯模式下的灌水器堵塞变化规律(图 20.14)发现，加氯处理组明显降低了灌水器堵塞，减缓了灌水器平均相对流量的下降趋势，使得 Dra 提升 26.93%～39.90%，CU 提升 19.60%～30.68%。各处理组三种灌水器均表现出 Dra 和 CU 显著高于对照组，差异达到显著性水平(表 20.10 和表 20.11)。三种灌水器 Dra、CU 并未随着加氯浓度或者持续时间表现出持续变化，其中 E1、E2 灌水器 C0.80T3 处理组平均相对流量最高，抗堵效果最好，而 E3 灌水器 C1.25T2 处理组平均相对流量最高，但与 C0.80T3处理组差异不显著。因此，在考虑高浓度余氯会对植物根系有所损伤的情况下(Coelho and Resende，2001)，低浓度长持续时间加氯可以明显缓解灌水器堵塞程度，提高系统的抗堵塞性能。

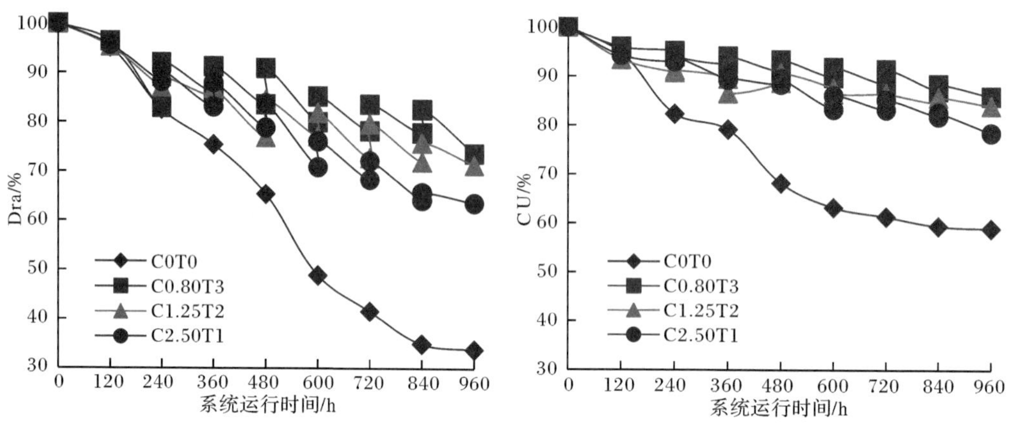

(a) E1

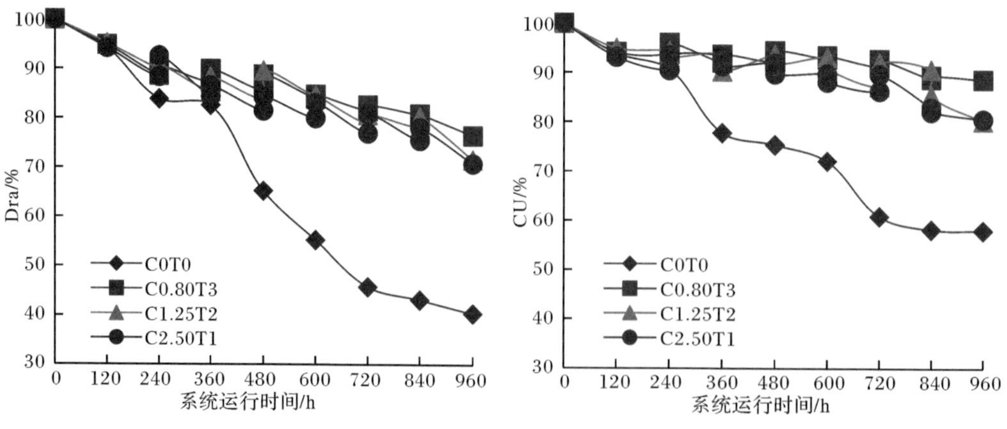

(b) E2

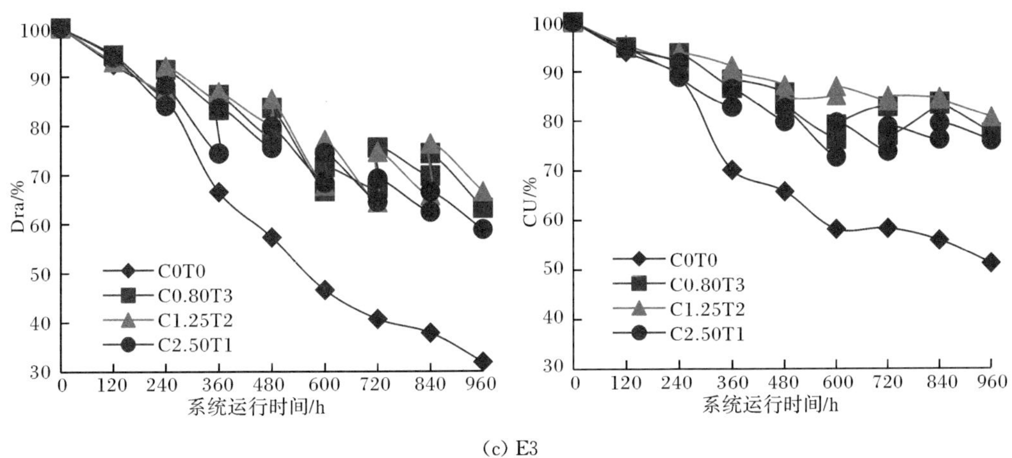

(c) E3

图 20.14 加氯对灌水器堵塞的影响

表 20.10 不同处理组 Dra 显著性检验

处理组	E1			E2			E3		
	t 值	*r*	RMSE	*t* 值	*r*	RMSE	*t* 值	*r*	RMSE
C0T0-C0.80T3	−3.381**	0.922	4.225	−3.457**	0.944	4.034	−3.853**	0.977	3.592
C0T0-C1.25T2	−3.407**	0.966	3.956	−3.490**	0.941	3.872	−3.902**	0.971	3.590
C0T0-C2.50T1	−3.700**	0.996	3.488	−3.307*	0.959	3.777	−3.542**	0.983	3.408
C0.80T3-C1.25T2	2.077N	0.955	1.839	2.021N	0.988	1.395	−0.236N	0.982	1.578
C0.80T3-C2.50T1	2.520*	0.940	2.467	4.143**	0.995	1.481	2.499*	0.973	1.854
C1.25T2-C2.50T1	2.134N	0.978	1.974	4.037**	0.992	1.130	2.300*	0.961	1.998

表 20.11 不同处理组 CU 显著性检验

处理组	E1			E2			E3		
	t 值	*r*	RMSE	*t* 值	*r*	RMSE	*t* 值	*r*	RMSE
C0T0-C0.80T3	−4.710**	0.970	3.352	−3.802**	0.890	3.591	−3.978**	0.940	3.360
C0T0-C1.25T2	−4.149**	0.944	3.330	−4.052**	0.829	3.408	−4.265**	0.967	3.514
C0T0-C2.50T1	−4.527**	0.962	3.028	−3.713**	0.888	3.305	−4.025**	0.978	2.956
C0.80T3-C1.25T2	6.137**	0.974	1.062	0.576N	0.821	1.840	−2.853*	0.947	1.650
C0.80T3-C2.50T1	4.661**	0.991	1.564	2.750*	0.920	1.754	2.735*	0.951	1.888
C1.25T2-C2.50T1	1.748N	0.961	1.602	2.573*	0.904	1.590	3.828**	0.947	2.139

20.3　化学加氯配合毛管冲洗对作物生长及土壤健康质量的影响

20.3.1　试验概况

试验在中国农业大学北京通州实验站进行，试验区土壤为黏壤土，其颗粒组成、容重、田间持水率见表 20.12。定植前耕层土壤的基本理化性状见表 20.13。

试验于 2013 年、2014 年和 2015 年期间进行，试验地安装有自动气象站（HOBO，U30），可以连续观测试验期间的气象条件，包括温度、湿度、降水量、风速、日照、辐射、压强等。2013 年试验期间试验区总降水量为 204.14mm，主要集中在 7 月和 8 月。2014 年试验期间试验区总降水量为 316.90mm，降水分布较为分散。2015 年冬小麦试验区降水量为 78.59mm，降水少，需要灌溉补水；夏玉米试验期间，试验区降水量为 284.92mm，降水较为充足，在生育期关键期进行补充灌溉。试验期间降水量如图 20.15 所示。

表 20.12　试验土壤物理特性

土层深度/cm	不同粒径颗粒质量分数/%			容重/(g/cm³)	田间持水率/%	饱和导水率/(cm/s)	土壤质地
	0～0.005mm	0.005～0.05mm	0.05～1mm				
0～20	17.8	31.0	51.2	1.45	21.23	27.80	黏壤土
20～40	25.8	33.0	41.2	1.64	18.21	24.89	黏土
40～70	22.8	28.0	49.2	1.57	20.10	28.64	黏土
70～100	12.8	22.1	65.1	1.58	15.75	28.81	壤土

表 20.13　供试耕层土壤基本理化性状

不同土层/cm	pH	有机质/(g/kg)	全氮/%	全磷/(mg/kg)	全钾/(g/kg)	速效氮/(mg/kg)	速效磷/(mg/kg)	速效钾/(mg/kg)
0～10	7.3	300.0	2.26	595.5	11.9	634.2	28.9	183.5
10～20	7.4	282.7	2.02	579.0	11.9	591.6	31.6	178.4
20～40	7.6	260.8	1.62	354.2	21.0	372.0	25.5	219.7
40～60	7.6	262.7	1.61	351.0	12.8	417.5	24.3	197.8
60～80	7.5	285.2	2.51	346.8	14.6	714.1	25.4	199.7

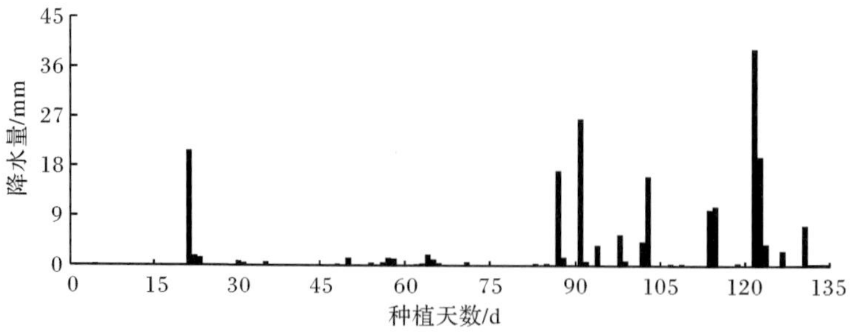

(a) 2013 年，春玉米

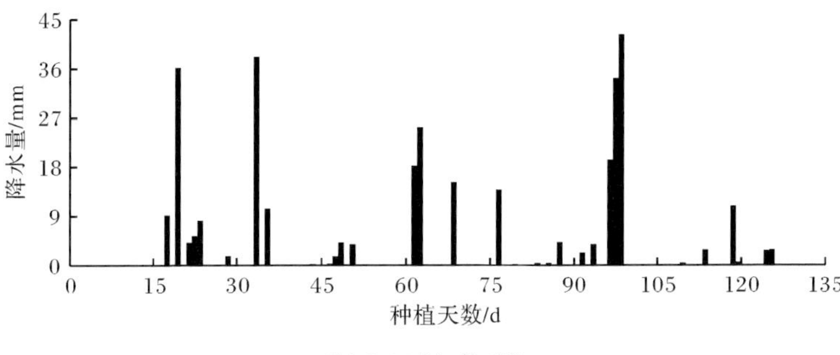

(b) 2014 年,春玉米

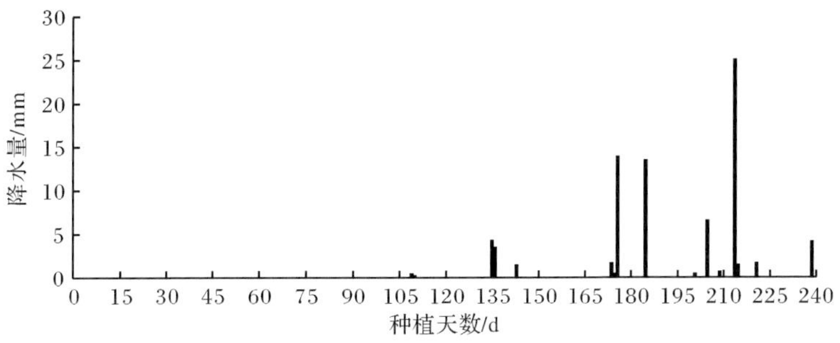

(c) 2015 年,冬小麦

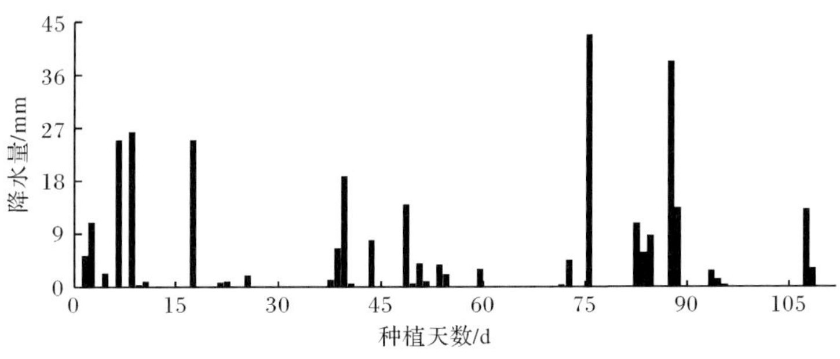

(d) 2015 年,夏玉米

图 20.15　试验期间降水量

2013 年与 2014 年进行春玉米种植,供试春玉米品种为农大 86。2013 年春玉米于 5 月 5 日播种,9 月 20 日收获,全生育期 139 天;2014 年由于试验田供水管道整修耽误,于 5 月 15 日播种,9 月 26 日收获,全生育期 135 天。春玉米起垄宽窄行种植,垄肩宽 0.6m,垄高 0.3m,垄长 30m,沟心距为 1.4m 每个处理小区 3 垄,小区面积为 126m^2。每垄种植两行玉米,垄上玉米行距 0.5m,株距 0.3m,种植密度大约是 3175 株/亩。种植间距布置如图 20.16 所示。

2014 年春玉米收获后,调整种植方案,进行冬小麦—夏玉米轮作种植。小麦(条播)—玉米轮作种植尺寸(图 20.17):小麦宽窄行种植,六行小麦之间的间距依次为 12.5cm、12.5cm、20cm、12.5cm、12.5cm,相邻两组小麦之间的间距为 30cm,一条滴灌带

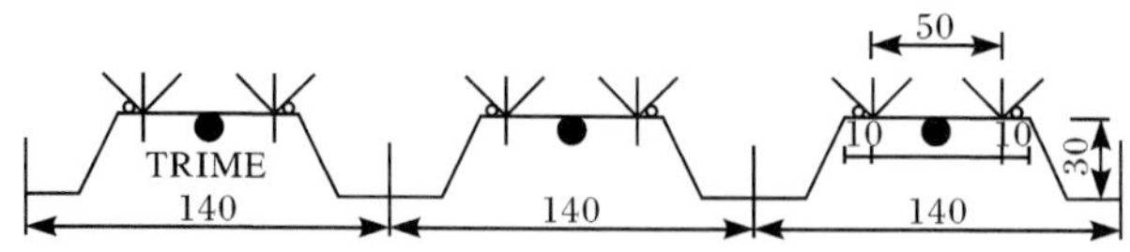

图 20.16 再生水滴灌春玉米种植图(单位:cm)

灌 6 行小麦,相邻滴灌带间距为 100cm;玉米宽窄行种植,窄行 30cm,宽行 70cm,一条滴灌带灌 2 行玉米,相邻滴灌带间距 100cm;在播种完小麦后不需要对滴灌带做任何处理,即可将其直接应用于玉米的灌溉。毛管开沟浅埋于土壤 3~5cm 深度处。每个小区铺设 4 条滴灌带,小区面积为 120m^2。

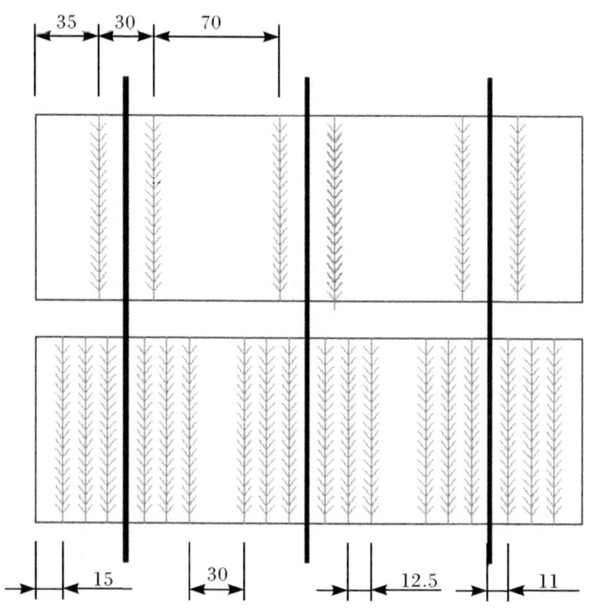

图 20.17 冬小麦—夏玉米轮作种植尺寸(单位:cm)

小麦于 2014 年 10 月 5 日播种,2015 年 6 月 6 日收获,全生育期 244 天,收获后土地免耕,按照原计划的种植尺寸,于 2015 年 6 月 15 日进行夏玉米的播种,9 月 28 日收获,全生育期 105 天。小麦播种量为 15kg/亩,夏玉米种植密度大约为 4446 株/亩。

毛管选用 Metzerplas 公司生产的内镶贴片式滴灌带,滴头间距 30cm,0.1MPa 下额定流量为 1.2L/h。灌水器特征参数见表 20.14。毛管滴头间距与玉米种植间距相等,基本能保证灌水器滴头与玉米根区重合。

表 20.14 灌水器特征参数

流道类型	流道几何参数(长×宽×深)/(mm×mm×mm)	灌水器流量 q/(L/h)	灌水器结构	厂家
锯齿尖角形	48.20×0.50×0.64	1.20		Metzerplas

试验设置 3 种加氯浓度的处理水平，具体处理见表 20.15。整个试验区滴灌系统由储水池(容积 $24m^3$，提供再生水)、水泵(扬程 45m，流量 $10m^3/h$)、过滤装置(砂石过滤器＋网式过滤器)、水表、压力表、控制阀门及输水管道等组成。

加氯装置采用可调式比例泵，加氯原料为次氯酸钠溶液，不同处理组加氯时间根据试验设计进行。对照组标记为 C0T0，加氯处理组依次标记为 C1.25T2、C2.50T1、C5.0T0.5、C0.8T3。2013 年共进行加氯处理 3 次，分别在第 3 次灌水(2013 年 5 月 23 日)、第 5 次灌水(2013 年 6 月 14 日)、第 7 次灌水(2013 年 8 月 16 日)进行加氯处理。2013 年试验结束后，将滴灌带集中存储在仓库中，第二年播种后重新铺设。2014 年共进行 5 次加氯处理，加氯时间分别为 2014 年 6 月 24 日、2014 年 7 月 11 日、2014 年 7 月 25 日、2014 年 8 月5 日、2014 年 8 月 27 日。2015 年冬小麦—夏玉米轮作期，重新铺设新的滴灌带，试验期间共进行加氯处理 10 次，冬小麦从 2015 年 4 月 16 日起，每次灌水都进行加氯处理，到 2015 年 5 月 26 日冬小麦试验结束，共进行 6 次加氯处理；冬小麦收获后，滴灌带位置不变，进行夏玉米的滴灌灌水，整个生育期，从 2015 年 7 月 11 日起进行加氯处理，共进行 4 次。

表 20.15　再生水滴灌加氯田间试验处理

序号	2013 年		2014 年		2015 年	
	加氯浓度/(mg/L)	持续时间/h	加氯浓度/(mg/L)	持续时间/h	加氯浓度/(mg/L)	持续时间/h
1	0	0	0	0	0	0
2	1.25	2.0	1.25	2.0	0.80	3
3	2.50	1.0	2.50	1.0	1.25	2
4	5.00	0.5	5.00	0.5	2.50	1

测试内容与方法如下：

1) 土壤含水率测定及灌水量

土壤含水率采用 TRIME 水分测量仪测定，可以做到连续监测土壤含水率，以做出恰当的灌水计划。各处理土壤水分测定位置位于小区中心处，自玉米三叶期后每隔 3 天测量一次，冬小麦返青期后，每隔 5 天测量一次，灌水和降水后加测，测定层为 0～10cm、10～20cm、20～40cm、40～60cm、60～80cm。不同处理组滴灌系统首部均安装有水表，可精确测定单次灌水量及各处理总的灌水量，记录各处理灌水时间、单次灌水量，见表 20.16和表 20.17。

表 20.16　春玉米小区灌水量

2013 年:春玉米			2014 年:春玉米		
灌水日期	计划湿润层土壤含水率均值	灌水定额/mm	灌水日期	计划湿润层土壤含水率均值	灌水定额/mm
5 月 9 日	0.69	44.1	5 月 16 日	0.72	37.8
5 月 17 日	0.73	35.7	5 月 23 日	0.75	31.5
5 月 23 日	0.75	31.5	6 月 24 日	0.76	29.4
5 月 30 日	0.74	33.6	7 月 11 日	0.71	39.9
6 月 14 日	0.76	29.4	7 月 25 日	0.80	21.0

续表

2013 年:春玉米			2014 年:春玉米		
灌水日期	计划湿润层土壤含水率均值	灌水定额/mm	灌水日期	计划湿润层土壤含水率均值	灌水定额/mm
7 月 8 日	0.72	37.8	8 月 5 日	0.79	23.1
8 月 16 日	0.76	58.8	8 月 27 日	0.76	58.8
总计		270.9	总计		241.5

表 20.17 冬小麦—夏玉米小区灌水量

2014～2015 年:冬小麦			2015 年:夏玉米		
灌水日期	计划湿润层土壤含水率均值	灌水定额/mm	灌水日期	计划湿润层土壤含水率均值	灌水定额/mm
10 月 11 日	0.76	50.4	6 月 22 日	0.75	52.5
12 月 6 日	0.79	44.1	7 月 2 日	0.79	44.1
3 月 25 日	0.68	67.2	7 月 11 日	0.77	27.3
4 月 7 日	0.73	35.7	8 月 11 日	0.71	39.9
4 月 16 日	0.75	31.5	8 月 17 日	0.76	29.4
4 月 23 日	0.80	21.0	9 月 15 日	0.74	33.6
5 月 6 日	0.72	37.8			
5 月 14 日	0.73	35.7			
5 月 21 日	0.81	18.9			
5 月 26 日	0.79	23.1			
总计		365.4	总计		226.8

2) 作物相关指标测定

(1) 玉米产量测定。

玉米成熟后采摘时均对产量进行测定。定株测定玉米单果重及每小区总产量。

(2) 玉米品质测定。

玉米收获后分别对每个处理玉米籽粒取样,分别对脂肪、粗蛋白、粗淀粉、粗灰分、维生素 C、纤维素 6 大品质指标进行测试。

(3) 冬小麦产量测量。

随机取 1m^2 区域计算其内有效穗数。取 20 个麦穗,剔除 5 粒以下的小穗,数粒数,计算穗粒数。之后测定千粒重,最后折算成每亩理论产量。

(4) 冬小麦品质测定。

冬小麦收获后分别对每个处理的小麦籽粒取样,对粗蛋白、淀粉、维生素 C、灰分 4 个品质指标进行测试。

3) 土壤环境健康测试

(1) 土壤样品取样。

玉米收获后分别取玉米植株正下方根际土、非根际土、垂直滴灌管布置方向距滴头 30cm 处(湿润体边缘)、裸地 4 处土壤样本。依次分别取湿润体边缘、非根际土和裸地这 3 个取样点的样本,最后将春玉米植株四周的土挖去,慢慢将根上的大土块拨开,剩下黏在根系上的细颗粒土，再用毛刷轻轻将细颗粒土刷下来。此样本取 3 个重复，每个取两份，用于测土壤酶活性和土壤微生物。2013 年、2014 年在春玉米收获时进行取样，而 2015 年冬小麦收获后，免耕播种夏玉米，在夏玉米收获时进行土壤样品的取样。

(2) 土壤酶活性。

本试验分别取 0～20cm 处根际土、非根际土、湿润体边缘土及裸地土(未被水灌溉的区域，即非灌溉区土壤)进行土壤脲酶、过氧化氢酶和磷酸酶活性的测试。3 年试验期间均进行了测试。

(3) 土壤微生物。

分别取根际土 0～20cm、非根际土 0～20cm 和 40～60cm、垂直滴灌管布置方向距滴头 30cm 处正下方 0～20cm 和 40～60cm 5 种土壤样本及裸地进行 PLFAs 测试。

2013 年、2014 年进行了土壤微生物 PLFAs 的测试。

(4) 高通量测序。

2013 年、2014 年对春玉米不同处理下土壤进行了高通量测序。

4) 灌水器流量测试及堵塞物质取样

(1) 流量测试。

春玉米再生水滴灌田间试验，在每次加氯后进行一次流量测定。每个处理选取一根滴灌管用于灌水器流量测试，膜下滴灌与地下滴灌分别取一根滴灌管于地表进行测量。将每根滴灌管的灌水器从首到尾编号，即编号 1～100，分别取首部(灌水器 1～15)、中部(灌水器 43～57)、尾部(灌水器 86～100)各 15 个灌水器进行测量，在每个滴头下面放置一个盛水的测量容器，确保每个灌水器出流都能够滴到测量容器中。

灌水前先清洗过滤器，保证系统在运行中不会由过滤器堵塞而造成压力变小。试验前将滴灌管移到测量容器旁边，将系统压力调至 0.1MPa，待系统稳定后，由两人共同将滴灌管快速移至测量容器正上方，用秒表开始计时 3min。待 3min 后取出测量容器，用称量法称量，电子天平感量为 0.5g，然后折算为每小时的流量，即为灌水器的流量。

(2) 堵塞物质固体颗粒物和胞外聚合物测试方法参见第 4 章相关内容。

20.3.2 加氯处理对田间滴灌灌水器堵塞控制效果

1. 加氯对灌水器出流与灌水均匀度的影响

滴灌系统平均相对流量的测试结果如图 20.18 所示。通过两年滴灌系统的运行，灌水器出流已经发生轻微堵塞现象。当系统运行一年后，对照组灌水器平均相对流量下降了 15.5%，加氯处理组下降幅度为 6.5%～7.5%，其中加氯处理组较对照组平均相对流量提高 9.5%～10.6%，体现了良好的控堵效果。在滴灌毛管放置一冬后再次使用时，进行流量测试后发现灌水器平均相对流量提升，主要是由于过冬低温造成生物堵塞物质分解，毛管内生物堵塞物质干燥，再次使用时毛管冲洗将堵塞物一起清走，起到清除堵塞的效果。这与相关研究者(李久生等，2010；Lamm et al.，2006；Trooien et al.，2000)报道的滴灌带放置一段时间后重新使用，灌水器流量会得到一定程度的恢复结果类似。加氯处理只能起到减轻堵塞的效果，但是并不能抑制堵塞的发生，因此在 2014 年试验结束后发现，加氯处理条件下灌水器平均相对流量下降至 82.2%～85.6%，其中低浓度长时间加氯处理组效果最明显，加氯浓度 0.80mg/L×3h 处理组平均相对流量水平最高。

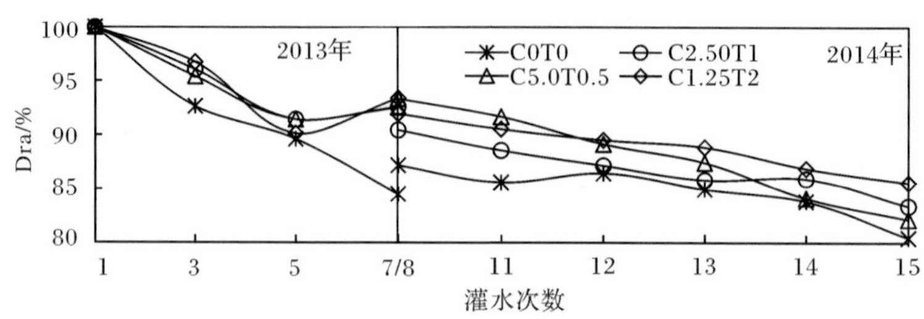

图 20.18　田间滴灌灌水器平均相对流量变化

滴灌系统灌水均匀度的测试结果如图 20.19 所示。通过两年滴灌系统的运行，滴灌灌水均匀度有所下降。当系统运行一年后，对照组灌水均匀度下降了 15.0%，加氯处理组下降 7.6%～9.5%，对再生水滴灌系统灌水均匀度的下降起到一定的抑制作用。第二年运行期间，加氯处理对保持系统灌水均匀度起重要作用，在试验结束时，不同加氯处理组灌水均匀度为 88.0%～93.2%，其中加氯浓度 0.80mg/L×3h 处理组灌水均匀度最高，这与平均相对流量的结果相同。

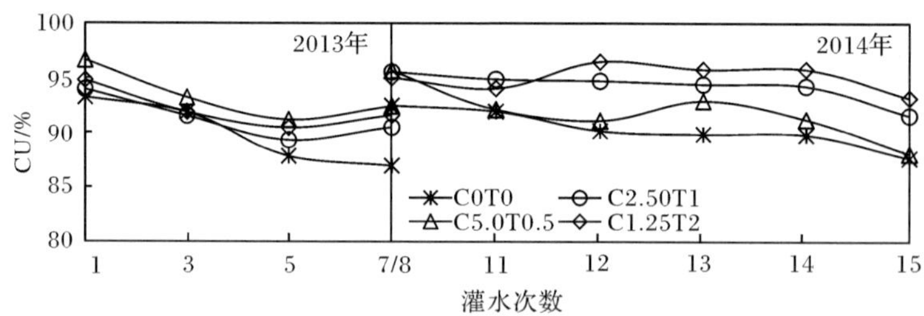

图 20.19　田间滴灌灌水均匀度变化

2. 加氯对灌水器内固体颗粒物的影响

加氯处理明显降低灌水器内固体颗粒物含量(图 20.20)，其中加氯处理组固体颗粒物含量较对照组降幅为 18.3%～55.3%，说明加氯处理有效控制了滴灌灌水器堵塞。其中低浓度长时间处理组(C0.80T3)固体颗粒物含量最低，控堵效果最明显。从滴灌带不同位置来看，随着水流方向，滴灌灌水器内固体颗粒物含量逐渐增加，其中中部灌水器固体颗粒物含量比首部增加 31.9%～72.9%，尾部灌水器固体颗粒物含量比首部增加 35.4%～83.6%，说明滴灌带尾部更容易发生堵塞，与滴灌带首部流速大于尾部流速、剪切力较强有关。

3. 加氯对灌水器内胞外聚合物的影响

不同加氯模式下田间滴灌灌水器堵塞物质中微生物分泌黏性 EPS 含量的变化情况如图 20.21 所示。可以看出，加氯处理可以有效抑制堵塞物质中黏性胞外聚合物的分泌，

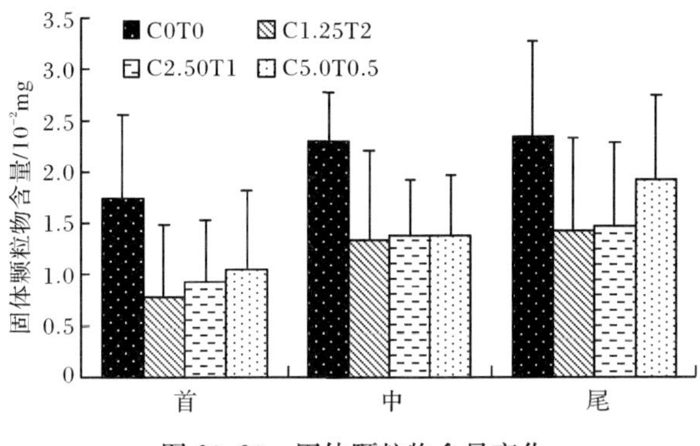

图 20.20　固体颗粒物含量变化

其中加氯处理组黏性胞外聚合物含量较对照组降幅为 13.3%～77.8%。不同加氯模式对黏性 EPS 含量的影响差异明显，表现为 $EPS_{C0T0}>EPS_{C5.0T0.5}>EPS_{C2.50T1}>EPS_{C1.25T2}$ 的变化趋势，即随着加氯浓度的减小持续时间的增加，EPS 含量也逐渐减少。此结果与不同处理组田间滴灌灌水器内固体颗粒物含量变化趋势一致。

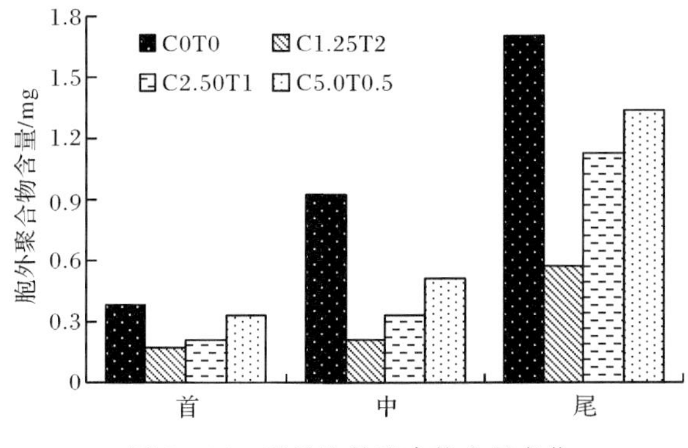

图 20.21　黏性胞外聚合物含量变化

4. 加氯对灌水器内微生物活性的影响

不同加氯模式下田间滴灌灌水器堵塞物质中微生物活性 MA 的变化情况如图 20.22 所示。可以看出，不同加氯模式对灌水器堵塞物质中微生物的活性起到显著的抑制作用，

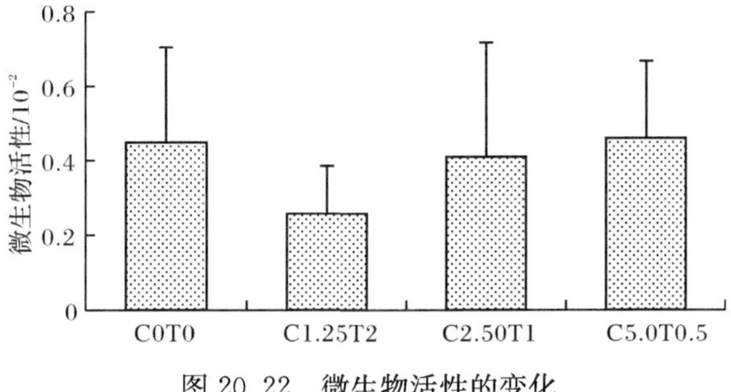

图 20.22　微生物活性的变化

主要表现为随着加氯持续时间增加而活性抑制作用增强的变化趋势，低浓度长持续时间处理组下微生物活性最低，较对照组下降 42.3%。微生物活性降低，抑制了黏性胞外聚合物的分泌，降低了灌水器内固体颗粒物附着的可能性，从而减轻滴灌灌水器的堵塞。

20.3.3 加氯处理对土壤环境质量的影响

1. 加氯对根区土壤微生物含量及组成的影响

再生水滴灌不同加氯模式下 0～20cm 土层中基于 PLFAs 生物标记的土壤微生物含量及群落结构组成如图 20.23 所示。2013 年共监测到 19 种 PLFAs 标记的微生物，其中包括细菌 a14:0，15:0，a15:0，16:0，a16:0，i16:0，16:1ω7c，16:1ω9c，18:0，18:1ω7c，18:1ω5c，18:1ω10t，cy15:0，cy17:0；真菌 18:1ω9t，18:1ω9c，18:2ω9，12c；放线菌 10Me16:0，10Me18:0。2014 年检测到的 PLFAs 标记微生物基本相同，包含 18 种，与 2013 年相比真菌 18:1ω9t 未在样品中检测到。加氯处理使得微生物种类下降，但不同位置处，微生物种类变化不一致。其中根际土种类最多，包含 15 种，加氯后变为 9～12 种，随着加氯浓度增加，种类逐渐减少。其次是非根际土，包含 12 种，但是加氯处理后下降为 8 种或 9 种，三种加氯浓度下微生物种类相似。湿润体边缘土虽然受氯的影响小，但是微生物种类并没有增加，反而是三种土样中微生物种类最少的，可能是受再生水灌溉与根系分泌物质影响小，使得土壤微生物种类小于根际土与非根际土。其中对照组包含 8 种，不同浓度加氯处理组包含 6 种或 7 种，不同处理组在微生物种类上基本相似。不同位置及处理下，优势菌均为 a15:0(芽孢杆菌 bacillus)、16:0(假单胞菌 *Psudomonas*)、18:0(嗜热解氢杆菌 *Hydrogenobacter*)，三种均为好氧菌。两年测试占所有微生物的比例分别为 29.0%～67.8%、39.3%～72.8%。

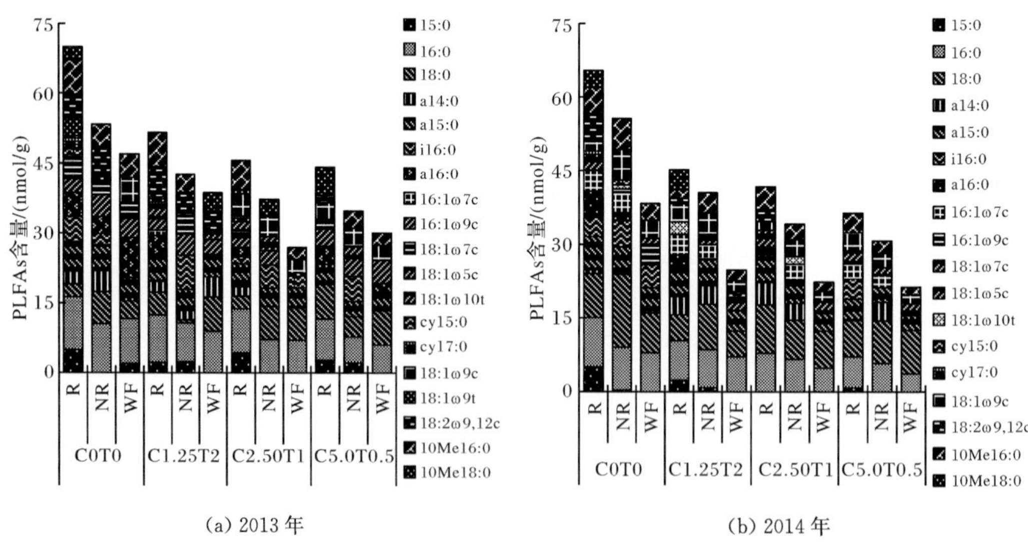

(a) 2013 年

(b) 2014 年

图 20.23 加氯后不同位置土壤微生物 PLFAs 含量及组成

R 代表根际土(rhizosphere soil)；NR 代表非根际土(non-rhizosphere soil)；WF 代表湿润体边缘土(wetting front soil)

对于不同再生水滴灌加氯模式下，0～20cm 土层对照组根际土中 PLFAs 标记微生物总量最高，两年取样测试分别为 69.9nmol/g、65.3nmol/g，加氯处理显著降低了土壤微生物含量，根际土、非根际土、湿润体边缘土加氯后较对照组分别下降 26.2%～44.4%、19.9%～44.7%、17.7%～44.2%，不同加氯模式下，随着加氯浓度的增加加氯持续时间的减少，微生物总量逐渐减小，表现出 $PLFAs_{C0T0}>PLFAs_{C1.25T2}>_{C2.50T1}>PLFAs_{C5.0T0.5}$ 的变化趋势。三个不同位置处微生物 PLFAs 含量有相同的变化趋势，即 $PLFAs_{R}>PLFAs_{NR}>PLFAs_{WF}$，春玉米表层根系发达，次生根较多，由于根系不断地向生长介质中分泌大量的有机物质，为根际微生物提供了丰富的营养和能源，因此根际土微生物含量最多，再生水滴灌加氯直接作用于非根际土，因而非根际土微生物更为敏感，下降率最大可达 44.7%。两年的变化趋势相同，但 2014 年不同加氯模式下微生物总量降幅低于 2013 年，表明氯对土壤微生物的毒害作用减弱，可能与土壤的自我修复有关。

根据 PLFAs 标记不同微生物分类，细菌、真菌、放线菌总量见表 20.18，加氯处理后三种菌均有不同程度下降。其中细菌含量在微生物总量中占有绝大部分，含量占比在 72.7%～83.9%。加氯处理组细菌含量较对照组下降 16.9%～42.5%，其中低浓度长持续时间加氯模式与对照组有差异但不显著，中浓度中持续时间、高浓度短持续时间加氯处理组显著性水平（$p<0.05$）下降，表明高浓度加氯对细菌含量产生显著性危害。真菌、放线菌在土壤中含量较少，且均随着加氯浓度的增加含量逐渐减少，其中真菌在高浓度短持续加氯模式下达到显著性水平（$p<0.05$），而加氯处理并未导致放线菌含量下降达到显著性水平。其中优势菌 16:0、a15:0 均随着加氯浓度的增加而显著下降（图 20.24），降幅分别在 7.0%～47.3%、3.1%～44.4%，均达到显著性水平（$p<0.05$）。细菌与真菌比例也可以代表土壤生态系统的稳定性及土壤结构，该比值越低，土壤生态系统越稳定，可利用养分也越多。从监测结果看出，不加氯处理组细菌/真菌比值最低，且随着加氯浓度增加加氯持续时间降低，该比值逐渐增大，高浓度短持续时间加氯模式下该值最大，说明加氯使得土壤微生物群落结构发生变化，导致土壤的稳定性降低。

表 20.18　不同类群 PLFAs 含量及其比值

年份	处理	细菌/(nmol/g)	真菌/(nmol/g)	放线菌/(nmol/g)	16:0/(nmol/g)	a15:0/(nmol/g)	细菌/真菌
2013	C0T0	43.15a±7.19	6.98a±1.84	6.59a±3.06	10.51a±0.84	5.55a±0.64	6.28a±0.58
	C1.25T2	33.95ab±3.68	5.31ab±1.13	5.03a±1.97	9.13ab±0.97	5.04ab±0.71	6.48a±0.64
	C2.50T1	28.13b±6.14	4.31ab±1.44	4.17a±1.86	7.90b±1.40	4.30b±0.54	6.71a±0.83
	C5.0T0.5	28.17b±4.44	4.06b±0.99	4.10a±1.76	6.82b±1.78	3.89b±0.57	7.02a±0.57
2014	C0T0	41.07a±9.06	5.91a±2.01	6.09a±2.63	8.87a±1.01	5.85a±0.80	7.19a±1.06
	C1.25T2	29.02ab±7.54	3.83ab±1.36	3.94a±1.85	7.63ab±0.46	5.10b±0.76	7.81a±0.97
	C2.50T1	26.34b±7.29	3.22ab±1.12	3.18a±1.37	6.46bc±1.54	4.58b±0.86	8.34a±0.77
	C5.0T0.5	24.02b±5.55	2.80b±0.86	2.67a±1.18	5.26c±1.36	3.52b±0.79	8.73a±0.74

注：同一列中字母相同代表各处理在 0.05 水平上差异不显著，字母不同代表各处理在 0.05 水平上差异显著。

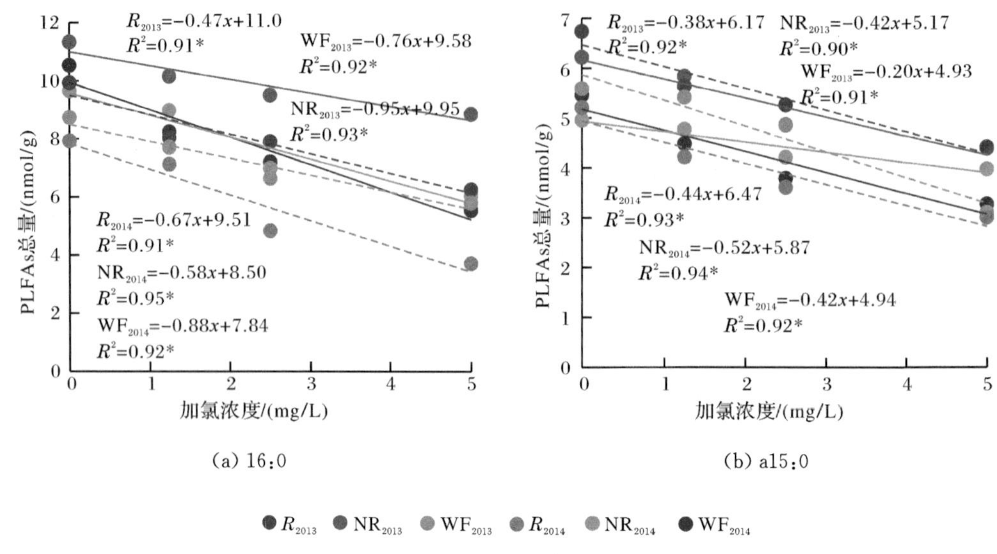

图 20.24　16:0、a15:0 与加氯浓度的相关关系

将 PLFAs 标记微生物进行生态学指数分析(表 20.19)发现,加氯处理改变了微生物群落结构,使得多样性指数 H 显著下降,且随着加氯浓度的增加,多样性指数逐渐降低,降幅在 5.3%～14.2%,其中高浓度短持续时间加氯模式下微生物多样性指数最低。均匀度指数 J 在加氯前后基本上无变化,加氯浓度并没有造成某些微生物的突增或者突减,两年此值分别在 0.94～0.96、0.91～0.94 变化。优势度指数 D 并没有发生显著变化,表明加氯处理后优势菌 a15:0、16:0、18:0 的地位并未发生改变。

表 20.19　PLFAs 标记生态学指数变化

处理	2013 年			2014 年		
	多样性指数 H	均匀度指数 J	优势度指数 D	多样性指数 H	均匀度指数 J	优势度指数 D
C0T0	2.31a±0.22	0.95a±0.01	0.89a±0.02	2.19a±0.27	0.91a±0.05	0.87a±0.03
C1.25T2	2.15b±0.16	0.94a±0.01	0.87a±0.02	2.07b±0.29	0.94a±0.02	0.86a±0.04
C2.50T1	2.05b±0.36	0.95a±0.03	0.85a±0.04	1.90c±0.21	0.92a±0.03	0.83a±0.04
C5.0T0.5	2.02b±0.27	0.96a±0.01	0.85a±0.04	1.88c±0.26	0.93a±0.03	0.83a±0.04

2. 加氯对根区土壤细菌群落结构的影响

经过 PLFAs 标记微生物分析发现,加氯处理后对土壤微生物群落多样性产生显著影响,而细菌在土壤中占主要部分。因此,对两年土壤样本进行高通量测序技术分析,探索再生水滴灌加氯前后土壤细菌群落变化(图 20.25)。从门水平上共获得 35 个类群,将相对丰度小于 1%类群与极少量无法划分的门统一归为其他,得到 11 个类群。从两年的数据结果看出,变形菌门是主要的优势菌群,两年中三个土样相对丰度分别如下:2013 年,24.5%、26.6%、27.7%;2014 年,20.0%、21.2%、23.0%。再生水滴灌加氯处理后,土壤中的放线菌(Actinobacteria)、厚壁菌门(Firmicutes)、硝化螺旋菌门(Nitrospirae)较对照组相对丰度降低，分别由 14.3%下降到 11.3%(2013 年)，18.1%下降到 12.0%(2014 年)；3.9%下降到 2.3%(2013 年)，6.6%下降到 2.3%(2014 年)，2.1%下降到 1.8%(2013 年)，3.5%下降到 1.6%(2014 年)。拟杆菌门(Bacteroidetes)、芽单胞菌门(Gemmatimonadetes)较对照组相对丰富增加，分别由 7.3%上升到 9.0%(2013 年)，3.2%上升到 9.2%(2014 年)；4.4%上升到 4.9%(2013 年)，4.2%上升到 4.8%(2014 年)。两年变化规律具有较好的一致性。绿弯菌门(Chloroflexi)、浮霉菌门(Planctomycetes)在再生水灌溉后，两年测试中相对丰度有增有减，并没有体现出良好的规律性，可能受其他环境因素变化的影响。对 β 多样性进行 PCA 分析后(图 20.26)，CK(裸土，即未种植作物土壤)、DI(再生水滴灌土壤)与 DI.C(再生水滴灌加氯处理后的土壤)三个处理之间关系较远，分别处于三个不同的象限，表明土壤微生物结构、功能等多样性有很大的

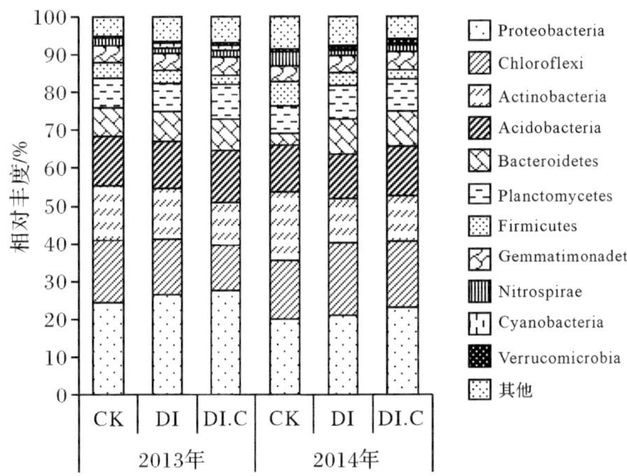

图 20.25　样品中细菌门、纲水平下群落组成

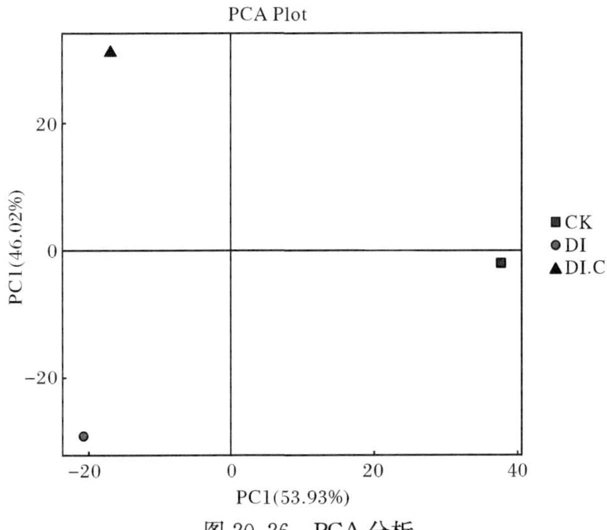

图 20.26　PCA 分析

横坐标表示第一主成分，百分比则表示第一主成分对样品差异的贡献值；纵坐标表示第二主成分，百分比表示第二主成分对样品差异的贡献值；图中的每个点表示一个样品，同一个组的样品使用同一种颜色表示

不同。因此，再生水滴灌加氯后会对土壤微生物群落结构产生比较大的影响。

从表 20.20 可以看出，再生水滴灌提高了样品中 OTUs 数目以及 Ace 和 Chao 值，但是经过加氯处理后，三个指标均降低。表明再生水滴灌可增加细菌数目及物种丰富度指数，但是氯的强氧化杀菌作用，对土壤微生物群落有一定的损害作用，导致三个指标值降低。同时，多样性指数 Shannon 也表现出相似的规律。

表 20.20　不同处理样品细菌序列及多样性分析

取样时间	处理	Reads	OTUs	Ace	Chao	Shannon	Simpson
2013 年	CK	7991	1675	2284 (2159,2352)	2194 (2095,2317)	6.72 (6.69,6.75)	0.0024 (0.0022,0.0025)
	DI	8298	1783	2362 (2275,2465)	2299 (2203,2418)	6.79 (6.76,6.82)	0.0024 (0.0022,0.0025)
	DI. C	7239	1659	2326 (2213,2459)	2227 (2107,2374)	6.75 (6.72,6.79)	0.0023 (0.0021,0.0025)
2014 年	CK	10246	2151	2899 (2796,3018)	2930 (2798,3089)	6.92 (6.89,6.95)	0.0021 (0.002,0.0022)
	DI	10143	2394	3330 (3211,3467)	3272 (3134,3436)	7.05 (7.02,7.07)	0.0024 (0.0022,0.0026)
	DI. C	10631	2374	3188 (3082,3311)	3131 (3009,3277)	7.02 (6.99,7.05)	0.0019 (0.0018,0.0021)

3. 加氯对土壤酶活性的影响

不同加氯模式对土壤酶活性的影响见表 20.21。除 2013 年根际土脲酶活性没有达到显著性水平外，加氯处理对三种酶活性的影响均达到显著性水平($p<0.05$)。两年试验变化趋势具有较好的一致性。随着加氯浓度的增加加氯持续时间的减少，脲酶活性(urease activity，UA)逐渐降低，即 $UA_{C0T0}>UA_{C1.25T2}>UA_{C2.50T1}>UA_{C5.0T0.5}$，较对照组下降 7.5%～20.6%。其中根际土不加氯处理组脲酶活性最高，达到 13.09mg NH_3-N/g，与不加氯处理组相比，根际土、非根际土、湿润体边缘土脲酶活性分别降低 7.5%～10.7%、13.3%～22.5%、17.3%～27.8%。过氧化氢酶活性与脲酶活性变化规律相似，不同加氯模式较对照组分别降低 2.8%～17.4%、6.6%～25.3%、13.3%～27.2%。其中 2013 年加氯处理组与对照组酶活性差异达到显著水平，由于过氧化氢酶具有降低土壤中毒害、保护玉米的作用，土壤具有缓冲作用，随着持续加氯，2014 年低浓度长持续时间、中浓度中持续时间加氯处理组过氧化氢酶活性降低，但是未达到显著性水平，而高浓度短持续时间加氯处理组降幅达到显著性水平，表明低浓度加氯可以缓解对土壤过氧化氢酶活性的抑制作用。碱性土壤以碱性磷酸酶为主，本试验中供试土壤 0～20cm 土层中 pH 在 7.3 左右，故测定碱性磷酸酶的活性大小。磷酸酶活性在 10.4～17.0mg/g，随着加氯浓度的增加加氯持续时间的减少，磷酸酶活性(phosphatase activity，PA)逐渐降低，即 $PA_{C0T0}>PA_{C1.25T2}>PA_{C2.50T1}>PA_{C5.0T0.5}$，三种模式较对照组分别下降 4.4%～12.6%、10.3%～17.7%、13.6%～22.3%，且高浓度短持续时间加氯模式降幅最大，差异显著，与过氧化氢酶规律相似。

表 20.21　土壤酶活性变化

项目	处理	2013 年			2014 年		
		R	NR	WF	*R*	NR	WF
脲酶活性	C0T0	13.09a±1.11	12.76a±0.95	11.80a±0.90	13.08a±0.63	11.71a±0.79	11.15a±0.90
	C1.25T2	12.12a±0.61	11.05b±0.53	9.76b±0.74	11.83b±0.62	9.49b±0.59	8.86b±0.42
	C2.50T1	12.09a±0.33	10.48bc±0.45	9.25b±0.30	11.84b±0.66	9.39b±0.51	8.26b±0.36
	C5.0T0.5	11.81a±0.39	9.53b±0.37	8.58b±0.47	11.68b±0.55	9.07b±0.62	8.05b±0.41
过氧化氢酶活性	C0T0	1.01a±0.03	0.94a±0.03	0.85a±0.04	0.91a±0.05	0.76a±0.03	0.72a±0.10
	C1.25T2	0.89b±0.03	0.87a±0.02	0.71b±0.05	0.88a±0.03	0.74a±0.03	0.67ab±0.03
	C2.50T1	0.78c±0.04	0.76b±0.03	0.64c±0.04	0.84ab±0.03	0.71b±0.04	0.63ab±0.03
	C5.0T0.5	0.74c±0.04	0.70b±0.05	0.62c±0.03	0.78b±0.02	0.66b±0.03	0.59b±0.05
碱性磷酸酶活性	C0T0	17.03a±0.51	16.38a±0.46	14.57a±0.27	16.63a±0.36	15.02a±0.76	13.40a±0.24
	C1.25T2	16.28a±0.34	14.32b±0.31	13.35b±0.39	15.48b±0.25	13.67b±0.43	12.88a±0.61
	C2.50T1	15.18b±0.66	13.48c±0.36	12.22c±0.40	13.79c±0.58	12.97b±0.70	12.02b±0.22
	C5.0T0.5	14.63b±0.65	13.36c±0.33	11.31d±0.73	12.69d±0.31	12.97c±0.46	10.38c±0.32

土壤酶形成和积累主要来源于土壤中微生物活动。在土壤生态系统中，土壤微生物多样性与土壤微生物含量和土壤酶活性显著相关(Acosta-Martínez et al.,2008)。土壤微生物含量的增加，可以刺激土壤酶促反应向正向反应，土壤中有机质和矿物质养分加速分解转化，更有利于作物根系对养分的吸收利用。本试验通过相关性分析得出(表20.22)，土壤脲酶活性与微生物总量、细菌、真菌、放线菌以及16:0(假单胞杆菌)呈显著或极显著正相关关系，过氧化氢酶活性与微生物总量、细菌及16:0(假单胞杆菌)呈显著正相关关系，而碱性磷酸酶活性与微生物总量、细菌、16:0(假单胞杆菌)和a15:0呈显著正相关关系，各类菌群共同作用导致土壤酶活性下降，其中微生物总量、细菌总量及16:0(假单胞杆菌)总量三个参数均对土壤酶活性产生显著影响(表20.22)。Yang等(2016)研究发现，水稻—麦轮作体系中长期施用氯化肥引起土壤微生物群落结构改变及土壤生物活性降低，显著降低了土壤脲酶、碱性磷酸酶、过氧化氢酶的活性。表明加氯直接导致土壤微生物含量及群落结构的改变，间接导致土壤酶活性的下降，从而可能引起土壤质量的下降。

表 20.22　土壤微生物群落类群与土壤酶活性的相关关系

类别	脲酶活性	过氧化氢酶活性	碱性磷酸酶活性
微生物总量	0.970**	0.862*	0.920**
细菌	0.938**	0.835*	0.881*
真菌	0.859*	0.706	0.692
放线菌	0.847*	0.699	0.677
16:0	0.769*	0.755*	0.791*
a15:0	0.706	0.685	0.717*

注：表中数据为相关系数。

4. 加氯对土壤健康产生的风险

两年再生水滴灌不同加氯模式田间试验研究发现,化学加氯使得微生物种群数量下降,改变了微生物群落结构,导致微生物多样性显著下降,进而导致土壤微生物总量显著下降,其中细菌在微生物中占比最大,下降最显著。B/F 比值逐渐升高表明土壤稳定性降低,可利用养分减少(Orwin et al.,2018),土壤中参与物质循环的真菌、放线菌含量减少,也降低了土壤养分有效利用。土壤中的优势菌群也是有益微生物类群 a15:0(芽孢杆菌 *Bacillus*)、16:0(假单胞杆菌 *Psudomonas*)显著下降。微生物体的 PLFAs 组成具有种属特异性(Saetre and Baath,2000),两者均属于革兰氏阳性菌,对热、紫外线和一些化学药品有很强抗性,可忍受不良环境。a15:0 可降解土壤中难溶的含磷含钾化合物,而 16:0 有极强分解有机物的能力,二者含量的降低对土壤肥力及健康产生很大的危害。

细菌是土壤微生物的重要组成,参与了土壤养分循环,而且对维持整个土壤生态系统的稳定性起重要作用。PLFAs 标记微生物中细菌含量下降显著,因此我们采用高通量测序技术进一步对裸土、再生水滴灌土壤及加氯后土壤定性分析,发现变形菌门(Proteobacteria)为第一优势菌群,拟杆菌门(Bacteroidetes)、芽单胞菌门(Gemmatimonadetes)、蓝藻菌门(Cyanobacteria)、疣微菌门(Verrucomicrobia)等在再生水滴灌及加氯处理组中相对丰度高于裸土。Guo 等(2017)的研究发现,再生水灌溉土壤中 Proteobacteria、Gemmatimonadetes 和 Bacteroidetes 三种菌群相对丰度明显高于清水灌溉,与我们的研究结果相似。加氯处理并未导致这些优势菌群相对丰度降低。Proteobacteria:Acidobacteria 的比值反映了土壤的营养水平,比值越高,土壤营养水平越高(Smit et al., 2001)。经过分析发现,该比值在裸土、再生水滴灌土壤、加氯处理土壤三个土样中两年分别为 1.85、2.12、2.02(2013 年),1.64、1.80、1.77(2014 年),表明再生水滴灌提高了土壤的营养水平,但是由于氯的强氧化性,具有毒性,施入后降低了土壤的营养水平,从而减少了作物可利用的养分,间接对作物生长产生不利影响。同时,加氯处理显著降低了硝化螺旋菌门(Nitrospirae)的相对丰度,两年分别降低了 11.2%、55.2%,降低了土壤中氮循环。放线菌门(Actinobacteria)可分解碳水化合物,主要参与土壤中有机质的转化,该菌门的降低对土壤肥力影响显著。厚壁菌门(Firmicutes)加氯后的相对丰度较不加氯再生水处理组两年分别下降了 30.7%、31.2%,芽孢杆菌(a15:0)属于该菌门,两种测试方式得到的结果一致。因此加氯处理对 Proteobacteria:Acidobacteria 比值、Nitrospirae、Actinobacteria、Firmicutes 的影响使得土壤营养水平降低,氮循环减弱,从而对作物产量和品质产生了不利风险。

20.3.4 加氯处理对作物生长的影响

再生水滴灌不同加氯处理下春玉米株高变化见表 20.23,各处理下玉米植株高度均随着生长阶段增高,但是不同加氯处理下玉米株高生长量具有一定差异,随着加氯浓度的增加,株高下降,但未达到显著水平($p<0.05$)。播种 75 天后,春玉米株高基本达到峰值。株高之间差异不明显,玉米营养生长减缓。经过两年测试发现,加氯对株高生长情况未产生不利影响。

表 20.23　春玉米株高变化　（单位：cm）

年份	处理	15d	45d	75d	105d
2013	C0T0	30.3a±3.6	157.7a±2.0	271.2a±6.0	282.0a±9.2
	C1.25T2	30.0a±1.6	157.0a±4.3	270.6a±4.8	279.3a±10.1
	C2.50T1	27.8a±3.4	157.6a±1.4	267.6a±3.1	273.3a±23.5
	C5.0T0.5	27.1a±2.1	155.2a±5.0	268.3a±6.8	257.0a±6.0
	F 值	0.953	0.312	0.305	1.955
2014	C0T0	32.1a±0.8	157.3a±4.5	272.6a±2.7	277.0a±5.6
	C1.25T2	30.2a±1.0	154.7a±2.5	271.3a±1.2	270.7a±19.6
	C2.50T1	29.8a±2.5	154.0a±1.2	270.8a±5.1	268.0a±13.1
	C5.0T0.5	29.1a±3.0	153.5a±1.1	266.4a±3.7	263.3a±11.9
	F 值	1.165	1.188	1.754	0.535

再生水滴灌不同加氯处理下春玉米茎粗变化见表 20.24，根据计算，再生水滴灌不同加氯方式下玉米茎粗变化基本一致，均为先增大后减小的趋势，再生水滴灌加氯对玉米各个生长阶段茎粗的影响不显著，随着植株的生长，差异性不明显。

经过两年的春玉米再生水滴灌试验发现，加氯处理对作物生长量株高、茎粗并未产生不利影响，不同加氯处理间生长量也未达到显著性水平，因此没有对冬小麦—夏玉米的表观生长量继续监测。

表 20.24　春玉米茎粗变化　（单位：cm）

年份	处理	15d	45d	75d	105d
2013	C0T0	0.9a±0.1	29.8a±3.5	34.9a±3.1	29.6a±2.3
	C1.25T2	1.0a±0.1	29.2a±1.3	34.6a±1.3	29.1a±1.9
	C2.50T1	0.9a±0.1	29.5a±1.7	33.8a±0.7	27.5a±3.0
	C5.0T0.5	1.0a±3.0	28.0a±4.4	32.8a±4.0	27.5a±3.0
	F 值	1.165	0.213	0.377	0.614
2014	C0T0	0.9a±0.1	32.4a±2.7	37.5a±2.3	30.1a±0.7
	C1.25T2	0.9a±0.1	30.5a±1.2	35.4a±0.9	28.8a±0.9
	C2.50T1	1.0a±0.1	29.0a±2.1	33.7a±2.0	28.5a±0.2
	C5.0T0.5	0.9a±0.1	28.5a±1.8	33.9a±1.9	28.3a±1.8
	F 值	0.205	2.182	2.731	1.758

20.3.5　加氯处理对作物产量及水分利用效率的影响

再生水滴灌加氯处理后作物产量及水分利用关系变化结果见表 20.25。可以看出，三种不同加氯浓度下再生水滴灌春玉米产量略低于对照组，随着加氯浓度的增加，春玉米产量逐渐降低。两年试验表现出相同的变化趋势。其中，2013 年再生水滴灌春玉米总产量在 10504.69kg/hm^{2}左右，加氯处理后，春玉米产量降低 2.5%～6.5%；2014 年再生水滴灌春玉米总产量在 10050. 56kg/hm^2 左右，加氯处理组春玉米产量降幅为 1. 9%～7. 5%。2015 年冬小麦—夏玉米轮作条件下，冬小麦最高产量为 8. 11t/hm^2，加氯处理组产量无明显变化，加氯处理组夏玉米产量下降在 2. 5%以内，加氯处理对产量有一定的抑制作用，但是作用效果不明显，未达到显著水平。

由此可见，不同加氯模式下水分利用效率各不相同，其中加氯处理组灌溉水利用率与水分利用效率分别低于对照组，主要原因是加氯处理对玉米根系造成伤害，同时作物根系土壤环境质量下降，影响作物根系对水分的吸收，从而降低水分利用效率，但未达到显著性水平。

表 20. 25　春玉米产量及水分利用关系

2013 年：春玉米				2014 年：春玉米			
处理	产量 /(kg/hm^2)	灌溉水利用率 /(kg/m^3)	水分利用效率 /(kg/m^3)	处理	产量 /(kg/hm^2)	灌溉水利用率 /(kg/m^3)	水分利用效率 /(kg/m^3)
C0T0	10. 83a±0. 28	4. 00	2. 28	C0T0	10. 44a±0. 10	4. 33	1. 87
C1. 25T2	10. 56a±0. 41	3. 90	2. 22	C0. 80T3	10. 14a±0. 9	4. 20	1. 82
C2. 50T1	10. 50a±0. 57	3. 88	2. 21	C1. 25T2	9. 85a±0. 13	4. 08	1. 76
C5. 0T0. 5	10. 13a±0. 38	3. 74	2. 13	C2. 50T1	9. 61a±0. 06	3. 98	1. 72

20. 3. 6　加氯处理对作物品质的影响

由表 20. 26 可知，再生水滴灌不同加氯模式对春玉米脂肪、蛋白质、维生素 C 以及纤维素含量产生了显著影响($p<0.05$)。加氯处理导致脂肪和蛋白质含量显著下降，与对照组相比，降幅分别在 2. 2%～16. 6%、2. 2%～14. 1%，且随着加氯浓度的增加氯持续时间的减少，两指标含量逐渐降低，高浓度短持续时间加氯模式对脂肪和蛋白质品质的下降作用最为显著。而维生素 C 含量在低浓度长持续时间加氯模式下含量降低，随着加氯浓度的增加，维生素 C 含量逐渐增加，且高于对照组。Li 等(2012)研究表明，再生水滴灌显著降低了番茄果实中维生素 C 的含量，但是加氯处理在一定程度上缓解了果实中维生素 C 含量降低的趋势，我们的研究结果与之相似。纤维素指标显著增加，其中加氯处理组较不加氯处理组增加了 12. 1%～21. 7%，但是随着加氯浓度的增加，并未表现出较好的一致性，2013 年在中浓度中持续时间处理中，纤维素含量最高，为 19. 98%，而在 2014 年，低浓度长持续时间加氯处理模式下，达到最高值，为 25. 20%。品质指标中，淀粉和灰分指标在不同加氯模式下平均值分别为 66. 51g/100g、1. 36g/100g(2013 年)和 65. 56g/100g、1. 18g/100g(2014 年)，未表现出显著性差异。

表 20. 26　春玉米品质

年份	处理	脂肪 /(g/100g)	蛋白质 /(g/100g)	淀粉 /(g/100g)	灰分 /(g/100g)	维生素 C /(g/100g)	纤维素 /%
2013	C0T0	4. 00a±0. 06	9. 62a±0. 48	68. 77a±1. 11	1. 42a±0. 04	0. 32b±0. 007	17. 08a±0. 87
	C1. 25T2	3. 87b±0. 03	8. 71b±0. 45	65. 80a±2. 41	1. 35a±0. 01	0. 28a±0. 003	19. 14b±0. 29
	C2. 50T1	3. 39c±0. 04	8. 49b±0. 43	66. 22a±1. 79	1. 34a±0. 03	0. 34c±0. 009	19. 98b±1. 16
	C5. 0T0. 5	3. 33c±0. 05	8. 26b±0. 33	65. 27a±2. 07	1. 33a±0. 03	0. 36d±0. 012	19. 63b±0. 47

续表

年份	处理	脂肪/(g/100g)	蛋白质/(g/100g)	淀粉/(g/100g)	灰分/(g/100g)	维生素 C/(g/100g)	纤维素/%
2014	C0T0	3.69a±0.05	7.03a±0.02	66.46a±0.23	1.27a±0.02	0.37b±0.004	20.71a±0.69
	C1.25T2	3.61b±0.02	6.75c±0.03	65.27a±1.31	1.15a±0.04	0.29d±0.006	25.20c±0.26
	C2.50T1	3.45c±0.04	6.87b±0.04	66.30a±0.82	1.15a±0.02	0.32c±0.004	23.83b±0.35
	C5.0T0.5	3.38d±0.05	6.58d±0.04	64.22a±0.69	1.16a±0.02	0.39a±0.004	24.77bc±0.90

2015 年夏玉米品质指标中(表 20.27),加氯处理显著降低了脂肪、蛋白质、灰分、维生素 C 和纤维素含量。其中脂肪和蛋白质含量随着加氯浓度的增加而逐渐减少,降幅分别在 3.1%～5.5%和 6.4%～9.6%。灰分、维生素 C 和纤维素含量均在 C1.25T2 处理组达到最低值。而不同加氯处理水平下,淀粉含量较对照组增加,并未产生显著影响。冬小麦测试的四个品质指标中(表 20.28),粗蛋白、灰分和维生素 C 指标均显著降低,其中粗蛋白和灰分降幅分别在 6.8%～16.4%和 7.3～17.1%。不同加氯处理下粗蛋白含量变化随着加氯浓度的增加而逐渐减少,维生素 C 在 C1.25T2 处理下达到最低值,与玉米的变化规律相同。不同加氯水平下,灰分含量无显著性差别,并未随加氯浓度的变化而表现出一定的趋势。加氯处理后淀粉含量下降,但是并未达到显著影响,与春、夏玉米该品质指标呈现出相同的规律。

表 20.27　2015 年夏玉米品质

处理	品质指标					
	脂肪/%	蛋白质/%	灰分/%	淀粉/%	维生素 C/%	纤维素/%
C0T0	3.83a±0.04	7.38a±0.03	1.32a±0.02	64.76a±0.56	0.41a±0.007	23.17c±0.25
C0.80T3	3.71b±0.03	6.91b±0.05	1.23b±0.02	65.40a±0.78	0.35c±0.005	26.20a±0.44
C1.25T2	3.70b±0.05	6.73c±0.07	1.22b±0.02	64.97a±0.90	0.34b±0.004	24.50b±0.30
C2.50T1	3.62ab±0.09	6.67c±0.06	1.24b±0.03	64.88a±0.29	0.38d±0.003	25.95a±0.76

注:表中字母表示采用 LSD 法在 $p<0.05$ 水平上的差异显著性分析检测结果。

表 20.28　2015 年冬小麦品质

处理	品质指标			
	粗蛋白/%	灰分/%	淀粉/%	维生素 C/%
C0T0	9.25a±029	1.73a±0.04	80.67a±1.01	0.41a±0.007
C0.80T3	8.62b±0.10	1.55b±0.03	79.47a±0.65	0.35ab±0.005
C1.25T2	8.12c±0.04	1.53b±0.05	79.30a±0.26	0.34bc±0.004
C2.50T1	7.73d±0.22	1.52b±0.04	79.07a±0.84	0.38c±0.003

20.4　小　　结

(1) 化学加氯可有效控制灌水器内部堵塞物质中微生物生长,微生物 PLFAs 含量下降 8.3%～36.1%、种类减少 2～3 种、活性降低 2.6%～23.2%、分泌的黏性 EPS 含量下降 19.8%～43.4%，进而有效控制了生物堵塞物质的形成，SP 下降 4.8%～48.2%、灌水器平均相对流量和灌水均匀度分别提升 14.7%～22.8%、6.77%～19.9%。但不同加氯模式之间差异显著，低浓度长持续时间加氯更为有效。

(2) 加氯可以显著降低迷宫式流道内附生生物膜的形成，PLFAs 总量降低 12.5%～53.8%、微生物分泌的 EPS 总量降低 3.4%～20.6%；同时微生物种类减少，Ace 与 Chao 指数分别降低 7.9%～40.4%和 2.1%～39.2%；微生物多样性指数降低，Shannon 指数降幅在 1.9%～20.5%。但加氯处理使得微生物活性增加了 0.5%～19.2%，耐氯菌（*Acinetobacter* 和 *Thermomonas*）的相对丰度增加，增加了菌群的抗菌风险，这也在一定程度上抑制了加氯效果。综合来看，低浓度＋长持续时间模式（0.80mg/L＋3h）是控制复杂迷宫式流道内附生生物膜形成的适宜模式，可以有效控制灌水器堵塞，使迷宫式流道内附生生物膜总量下降了 43.0%、相对平均流量提升了 39.9%。

(3) 通过再生水滴灌田间试验研究发现，化学加氯处理滴灌系统灌水器相对平均流量保持在 80%以上，灌水均匀度保持在 90%以上。再生水滴灌加氯处理显著降低了 PLFAs标记的微生物总量，降幅在 11.3%～60.9%，使细菌、真菌、放线菌含量下降，导致微生物群落多样性下降，然而优势菌群微生物 a15:0、16:0、18:0 在加氯前后未变。其中加氯对细菌含量影响最为显著。再生水滴灌可提高土壤菌群多样性，加氯处理并不会改变变形菌门（Proteobacteria）优势菌群地位，但是会降低硝化螺旋菌门（Nitrospirae）、放线菌门（Actinobacteria）和厚壁菌门（Firmicutes）的相对丰度，从而降低土壤营养水平，使得土壤健康存在风险。加氯通过杀菌引起微生物群落结构变化间接导致脲酶活性、过氧化氢酶活性与碱性磷酸酶活性分别下降 7.5%～27.8%、2.8%～7.2%、3.9%～23.7%，进而导致脂肪和蛋白质含量显著下降 2.2%～16.6%、2.2%～14.1%，但长期加氯并未对春玉米产量产生不利影响。高浓度短持续时间加氯模式容易生产更大的土壤健康风险，使土壤微生物、酶活性显著下降，进而使得脂肪与蛋白质含量也显著降低。

参考文献

李久生，陈磊，栗岩峰. 2010. 加氯处理对再生水滴灌系统灌水器堵塞及性能的影响[J]. 农业工程学报，26(5)：7-13.

闫大壮. 2010. 再生水滴灌下生物膜对滴头堵塞诱发机理及其控制模式研究[D]. 北京：中国农业大学.

Acosta-Martínez V，Acosta-Mercado D，Sotomayor-Ramírez D，et al. 2008. Microbial communities and enzymatic activities under different management in semiarid soils[J]. Applied Soil Ecology，38(3)：249-260.

Bridier A，Briandet R，Thomas V，et al. 2011. Resistance of bacterial biofilms to disinfectants：A review[J]. Biofouling，27(9)：1017-1032.

Caporaso J G，Kuczynski J，Stombaugh J，et al. 2010. QIIME allows analysis of high-throughput community sequencing data[J]. Nature Methods，7(5)：335-336.

Cararo D C，Botrel T A，Hills D J，et al. 2006. Analysis of clogging in drip emitters during wastewater irrigation[J]. Applied Engineering in Agriculture，22(2)：251-257.

Coelho R D, Resende R S. 2001. Biological clogging of Netafim's drippers and recovering process through chlorination impact treatment[C]//ASAE Meeting Paper 012231, Sacramento.

Dehghanisanij H, Yamamoto T, Ould A B, et al. 2005. The effect of chlorine on emitter clogging include by algae and protozoa and the performance of drip irrigation[J]. Transactions of the ASAE, 48(2): 519-527.

Dosoretz C G, Tarchitzky J, Katz I, et al. 2010. Fouling in microirrigation systems applying treated wastewater effluents[J]. Treated Wastewater in Agriculture Use and Impacts on the Soil Environment and Crops, 2010: 328-350.

Douterelo I, Sharpe R L, Boxall J B. 2013. Influence of hydraulic regimes on bacterial community structure and composition in an experimental drinking water distribution system[J]. Water Research, 47(2): 503-516.

Gomez-Alvarez V, Revetta R P, Domingo J W S. 2012. Metagenomic analyses of drinking water receiving different disinfection treatments[J]. Applied and Environment Microbiology, 78(17): 6095-6102.

Guo W, Mathias N A, Qi X B, et al. 2017. Effects of reclaimed water irrigation and nitrogen fertilization on the chemical properties and microbial community of soil[J]. Journal of Integrative Agriculture, 16(3): 679-690.

Herlemann D P, Lundin D, Labrenz M, et al. 2013. Metagenomic assembly of an aquatic representative of the verrucomicrobial class spartobacteria[J]. mBio, 4(3): 1157-1169.

Hills D J, Brenes M J. 2001. Microirrigation of wastewater effluent using drip tape[J]. Applied and Engineering in Agriculture, 17(3): 303-308.

Hills D J, Tajrishy M A, Tchobanoglous G. 2000. The influence of filtration on ultraviolet disinfection of secondary effluent for microirrigation[J]. Transactions of the ASAE, 43(6): 1499-1505.

Lamm F R, Ayars J E, Nakayama F S. 2006. Microirrigation for Crop Production: Design, Operation, and Management[M]. Amsterdam: Elsevier Science.

Li J S, Chen L, Li Y F. 2009. Comparison of clogging in drip emitters during application of sewage effluent and groundwater[J]. Transactions of the ASABE, 52: 1203-1211.

Li J S, Li Y F, Zhang H. 2012. Tomato yield and quality and emitter clogging as affected by chlorination schemes of drip irrigation systems applying sewage effluent[J]. Journal of Integrative Agriculture, 11(10): 1744-1754.

Li Y K, Song P, Pei Y T, et al. 2015. Effects of lateral flushing on emitter clogging and biofilm components in drip irrigation systems with reclaimed water[J]. Irrigation Science, 33(3): 235-245.

Lim Y M, Kim B K, Kim C, et al. 2010. Assessment of soil fungal communities using pyrosequencing[J]. The Journal of Microbiology, 48(3): 284-289.

McCoy S T, Vanbriesen J M. 2012. Temporal variability of bacterial diversity in a chlorinated drinking water distribution system[J]. Journal of Environmental Engineering, 138(7): 786-795.

Niquette P, Servais P, Savoir R. 2000. Impacts of pipe materials on densities of fixed bacterial biomass in a drinking water distribution system[J]. Water Research, 34(6): 1952-1956.

Norton C D, Lechevallier M W. 2000. A pilot study of bacteriological population changes through potable water treatment and distribution[J]. Applied and Environmental Microbiology, 66(1): 268-276.

Oliver M M, Hewa G A, Pezzaniti D. 2014. Bio-fouling of subsurface type drip emitters applying reclaimed water under medium soil thermal variation[J]. Agricultural Water Management, 133: 12-23.

Orwin K H, Dickie I A, Holdaway R, et al. 2018. A comparison of the ability of PLFA and 16S rRNA gene metabarcoding to resolve soil community change and predict ecosystem functions[J]. Soil Biology and Biochemistry,117:27-35.

Pei Y,Li Y,Liu Y,et al. 2014. Eight emitters clogging characteristics and its suitability under on-site reclaimed water drip irrigation[J]. Irrigation Science,32:141-157.

Pennanen T,Liski J,Bååth E,et al. 1999. Structure of the microbial communities in coniferous forest soils in relation to site fertility and stand development stage[J]. Microbial Ecology,38:168-179.

Poitelon J B,Joyeux M,Welte B,et al. 2010. Variations of bacterial 16S rDNA phylotypes prior to and after chlorination for drinking water production from two surface water treatment plants[J]. Journal of Industrial Microbiology & Biotechnology,37(2):117-128.

Puig-Bargués J,Arbat G, Elbana M,et al. 2010a. Effect of flushing frequency on emitter clogging in microirrigation with effluents[J]. Agricultural Water Management,97(6):883-891.

Puig-Bargués J,Lamm F R,Trooien T P. 2010b. Effect of dripline flushing on subsurface drip irrigations ystems[J]. Transactions of the ASABE,53(1):147-155.

Ravina E,Sofer Z,Marcu A. 1997. Control of clogging in drip irrigation with stored treated municipal sewage effluent[J]. Agricultural Water Management,33(2):127-137.

Ren H,Wang W,Liu Y,et al. 2015. Pyrosequencing analysis of bacterial communities in biofilms from different pipe materials in a city drinking water distribution system of East China[J]. Applied Microbiology and Biotechnology,99(24):10713-10724.

Saetre P,Baath E. 2000. Spatial variation and patterns of soil microbial community structure in a mixed spruce-birch stand[J]. Soil Biology and Biochemistry,32:909-917.

Schloss P D,Gevers D,Westcott S L. 2011. Reducing the effects of PCR amplification and sequencing artifacts on 16S rRNA-based studies[J]. PLoS ONE,6(12):e27310.

Simoes L C,Simoes M. 2013. Biofilms in drinking water:Problems and solutions[J]. RSC Advances,3(8):2520-2533.

Simoes L C,Simoes M,Vieira M J. 2010. Influence of the diversity of bacterial isolates from drinking water on resistance of biofilms to disinfection[J]. Applied and Environmental Microbiology,76(19):6673-6679.

Smit E,Leeflang P,Gommans S,et al. 2001. Diversity and seasonal fluctuations of the dominant members of the bacterial soil community in a wheat field as determined by cultivation and molecular methods[J]. Applied and Environmental Microbiology,67:2284-2291.

Tajrishy M A,Hills D J,Tchobanoglous G. 1994. Pretreatment of secondary effluent for drip irrigation[J]. Journal of Irrigation and Drainage Engineering,120(4):716-731.

Trooien T P,Lamm E R,Stone L R,et al. 2000. Subsurface drip irrigation using livestock wastewater:Dripline flow rates[J]. Applied Engineering in Agriculture,16(5):505-508.

Tsai Y P,2005. Impact of flow velocity on the dynamic behavior of biofilm bacteria[J]. Biofouling,21:267-277.

Vidar L,Kari O. 1995. The influence of disinfection processes on biofilm formation in water distribution systems[J]. Water Research,29(4):1013-1021.

Wang R,Wang Y,Yuan L. 2016. Influence of high-concentration disinfectant on microorganisms in biofilm formed in reclaimed water pipeline[J]. China Water &Wastewater,(5):14-17.

Williams M M,Domingo J W,Mekes M C,2005. Population diversity in model potable water biofilms receiving chlorine or chloramines residual[J]. Biofouling,21:279-288.

Yang L S, Zhang Y T, Huang X C, et al. 2016. Effects of long-term application of chloride containing fertilizers on the biological fertility of purple soil under a rice-wheat rotation system[J]. Scientia Agricultura Sinica, 49(4): 686-694.

Zhou B, Li Y, Pei Y, et al. 2013. Quantitative relationship between biofilms components and emitter clogging under reclaimed water drip irrigation[J]. Irrigation Science, 31: 1251-1263.

第 21 章　劣质水滴灌条件下灌水器堵塞控制综合技术体系

我国水环境污染与水资源紧缺并重，再生水、微咸水、高含沙水等劣质水源也常常作为滴灌水源，其复杂的水质特征极大地增加了灌水器堵塞风险。大量科研学者试图从合理配置过滤设备、周期性加酸和加氯处理、毛管冲洗、灌水器结构优化等多角度出发缓解灌水器堵塞问题，并取得了一些有意义的研究结果(Han et al.，2019；Li et al.，2019；Liu et al.，2019；张万宝等，2015；Zhang et al.，2011；Puig-Bargués et al.，2010；Li et al.，2008；李云开等，2007；翟国亮等，2007；Salvador et al.，2004；Ravina et al.，1992)。然而，目前并没有从滴灌系统的全角度出发进行整体协同调控的案例，更是缺乏针对劣质水源的滴灌系统灌水器堵塞控制技术体系。因此，本章针对黄河水、微咸水和再生水三种最常见劣质水源的水质特点，综合考虑滴灌系统各个关键环节，将现有灌水器堵塞控制技术进行有机集成，形成针对三种类型劣质水源的滴灌系统灌水器堵塞逐级调控技术体系。

21.1　黄河水滴灌系统灌水器堵塞控制综合技术体系及应用模式

21.1.1　基本思路及应用模式

1. 基本思路

以控制黄河水源细粒径黏性泥沙在滴灌系统内的输移过程为目标，构建“灌水器排沙-毛管冲沙-过滤器拦沙-沉淀池沉沙”相结合的黄河水滴灌系统灌水器堵塞控制综合技术体系(图 21.1)：从滴灌系统灌水器出发，通过流道结构优化提升灌水器的自排沙能力，使更多的细颗粒黏性泥沙可以通过灌水器流道排出体外。毛管内淤积的泥沙因其内部流动变化发生脱落而进入灌水器内部诱发堵塞，可以通过周期性毛管冲洗冲出淤积在毛管内的泥沙。充分利用灌水器的自排沙能力并结合周期性毛管冲洗可使绝大多数泥沙排出滴灌系统，需要据此明确进入毛管的泥沙粒径和浓度阈值。对于上述两者难以解决的部分，可利用过滤器进一步拦截泥沙颗粒，结合过滤器的拦截能力可进一步确定进入过滤器的泥沙粒径与浓度阈值。最后，利用沉沙池进一步沉淀过滤器难以拦截的泥沙，根据进入过滤器的泥沙控制阈值和黄河水中泥沙特征，可以确定沉沙池的处理标准。通过四级调控方法配合可以最大限度地发挥每一级的泥沙处理能力，基于这种“反向设计”方法，结合“正向施工”，彻底改变传统的高成本泥沙沉滤处理模式。

2. 应用模式

1) 重力式沉沙-过滤复合系统

沉沙池为重力式沉沙-过滤复合系统(图 21.2～图 21.4)，通过数值模拟与试验相结

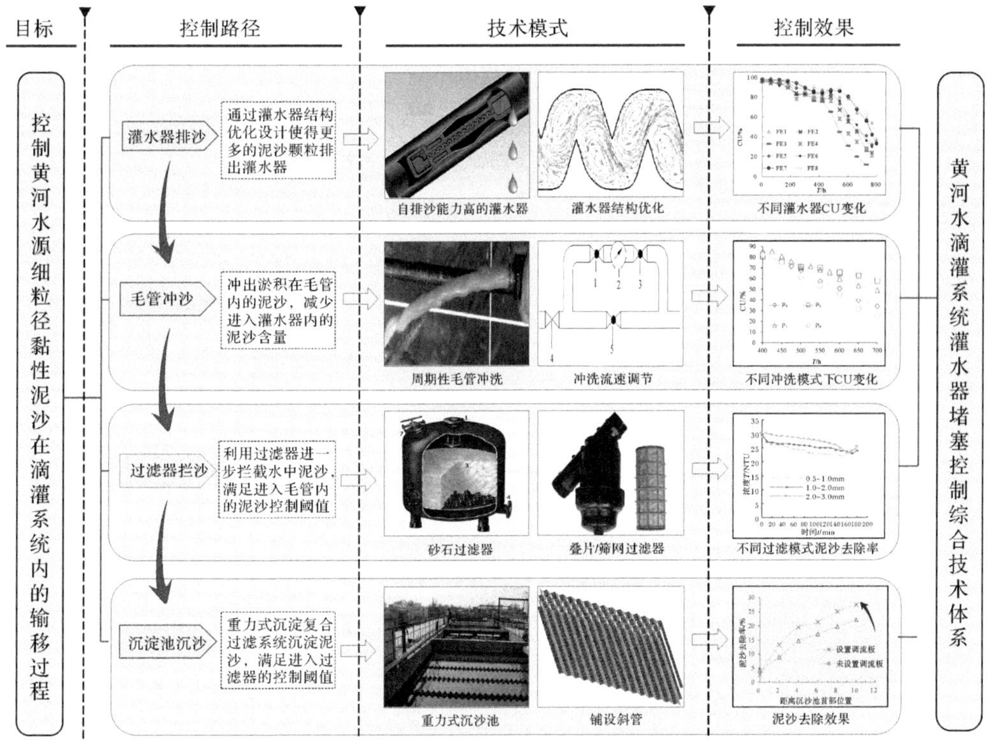

图 21.1　黄河水滴灌系统灌水器堵塞控制综合技术体系

合的方法确定系统最优的结构参数(以引水流量 $60m^3/h$ 为例)：沉沙池长为 10m，高为 2.2m，工作水深 2m；在距沉沙池前墙 1.2m 处设置调流板，泥沙去除效率可提高 3.2%～6.5%；沉沙池尾部设置斜管沉降区，斜管的截面为正六边形，管径为 35mm，铺设面积为 $10m^2$，铺设长度为 5m，垂直高度为 1m，布置高度距沉沙池底为 0.8m，斜管与水平面呈 60°布置；滤网适宜布置角度为 45°，目数为 100 目。通过对重力式沉沙-过滤复合系统处理泥沙设施结构参数进行整体优化，泥沙去除效率提高了 31.5%～48.2%，而沉沙池的尺寸大幅缩减。

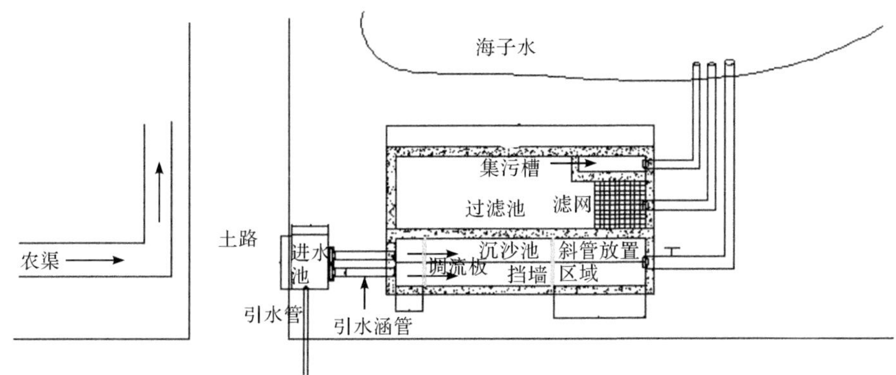

图 21.2　重力式沉沙-过滤复合系统俯视图

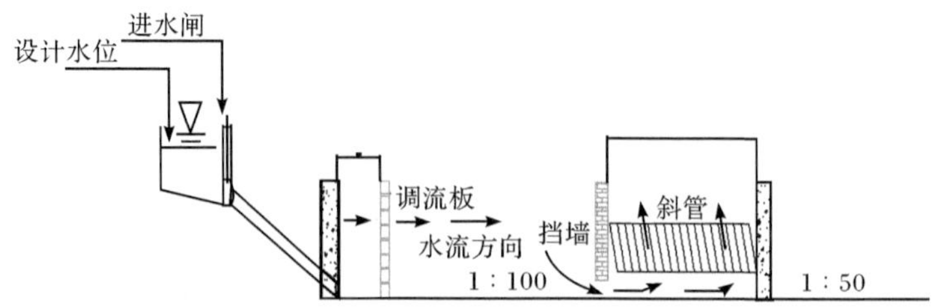

图 21.3　重力式沉沙-过滤复合系统纵剖面图

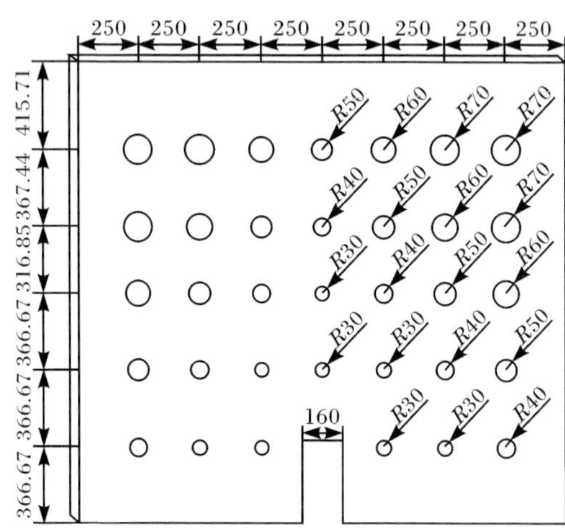

图 21.4　调流板示意图(单位:mm)

2) 过滤器合理配置组合及运行方式

黄河水过滤选用一级砂石+二级叠片/网式过滤模式:综合考虑过滤时间、过滤流速和含沙量去除率等因素,砂石过滤器最优过滤模式为滤料粒径选择 1.70～2.35mm,过滤流速选择 0.012m/s,此时的单次过滤时间为 28min,含沙量去除率为 30.7%。在此过滤模式下,最优的反冲洗流速为 0.022m/s,所需要的反冲洗时间为 10min。对于二级叠片/网式过滤器,综合考虑浊度去除率和压差变化特征,100 目网式过滤器在相对较低的压力损失下,浊度去除率最高,因而网式过滤器选择 100 目相对最优,同样的判定标准可以发现叠片过滤器选择 120 目相对最优。相关内容详见 17.4 节。

3) 毛管冲洗对灌水堵塞的控制效应

设置 6 种冲洗处理和不冲洗处理作为对照,通过测试灌水器的平均相对流量(Dra)和克里斯琴森均匀系数(CU),以及对毛管和灌水器内部沉积的泥沙进行定量分析,得到黄河水滴灌系统毛管冲洗适宜的模式为每运行 64h 左右,以 0.4m/s 的流速冲洗毛管 6min 左右,该模式下滴灌系统 Dra 比不冲洗处理提高 11.4%～40.7%,CU 提高 18.3%～113.5%,灌水器内部堵塞物质减少 16.2%～33.1%。相关内容详见 19.4 节。

4) 灌水器自排沙能力提升结构优化

对 16 种滴灌管(带)进行抗堵塞试验,结果显示作者研究团队自主研发的分形流道片式灌水器具有更好的水力性能和抗堵塞性能,可以最大限度地发挥灌水器的自排沙能力,系统安全运行时间(CU>80%)提升 15.6%～24.2%,其中抗堵塞滴灌灌水器优化设计流程及分形系列产品设计详见第 15 章,而适宜的滴灌带可通过灌水器抗堵塞能力评估指数 CRI 来选取,相关内容详见第 13 章。

21.1.2　应用实例

条山农场位于甘肃省景泰县内,黄河水是该地区唯一的地面径流,多年平均含沙量达到 5kg/m^3以上,极易导致滴灌系统灌水器堵塞。自 2006 年起,条山农场采用黄河水滴灌系统灌水器堵塞控制综合技术体系,取得了良好的应用效果,在此简要进行介绍。

沉沙池主要包括预沉淀池、过滤墙和清水池等设施(图 21.5)。设计蓄水池有效容积为 6 万 m^3,断面为倒梯形,池壁坡比为 1∶0.75,池顶尺寸长 240m、宽 75m,池底尺寸长 233.4m、宽 68.4m,池深 4m。工作流程为黄河水经过渠道引至沉沙池,经过分水管道进入预沉淀池,大部分泥沙在预沉淀池中沉降;水流由过滤墙的上部进水孔洞进入过滤墙,墙中堆积的沙砾层可进一步对泥沙进行过滤;水流由过滤墙下部出水孔洞进入清水池进一步沉降水中的泥沙,在清水池末端设置取水浮管,浮管下部连接水泵进水管。

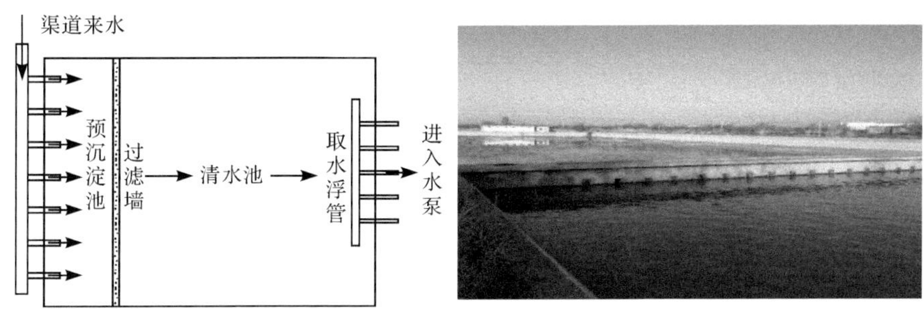

图 21.5　沉沙池整体布置结构图

在经过沉沙池沉沙后,采用两级叠片过滤器进行拦沙,分别为泵房 120 目自动反冲洗式叠片过滤器(型号为 AZUD 4DCL)、田间首部 80 目叠片过滤器(型号为 AZUD M300)。自动反冲洗式叠片过滤系统主要由五套过滤器和自动反冲洗控制装置组成,每套过滤器包括 6 组叠片过滤器,两边各 3 组,每组叠片过滤器里又包括并联的 6 个 120 目的叠片过滤器,且各组叠片过滤器呈并联连接,五套过滤器也呈并联连接,可独立工作,也可独立实现自动反冲洗(图 21.6)。

图 21.6　自动反冲洗过滤器结构布置图与控制装置

采用的毛管冲洗模式为系统每运行 60h 进行一次冲洗，毛管末端冲洗流速设置为 0.45m/s。灌水器选用内镶片式灌水器，流量为 2.0L/h。经过泥沙多级调控后，条山农场黄河水泥沙去除率达到 90.1%以上(表 21.1)，至今滴灌系统已安全运行十余年之久，应用效果良好。

表 21.1　条山农场逐级泥沙调控模式含沙量结果分析

编号	取样位置	含沙量/(mg/L)	泥沙去除率/%	编号	取样位置	含沙量/(mg/L)	泥沙去除率/%
1	进水口	8.190	0.0	4	沉沙池尾	1.410	82.7
2	过滤墙前	3.380	58.7	5	过滤器后	1.358	83.4
3	过滤墙中	1.871	77.1	6	田间入口	0.810	90.1

综上所述，为了缓解黄河水滴灌系统灌水器堵塞，沉沙池宜安装斜管和调流板，此时泥沙的去除效率可提高 31.5%～48.2%；过滤器配置可选用一级砂石过滤器＋二级叠片/网式过滤器，其中砂石过滤器滤料粒径宜选择 1.70～2.35mm，过滤流速为 0.012m/s，反冲洗流速为 0.022m/s，反冲洗时间为 10min，配置网式过滤器适宜目数为 100 目，叠片过滤器则为 120 目；适宜的冲洗模式为每运行 64h 左右，以 0.4m/s 的流速冲洗毛管 6min 左右；滴灌带可通过灌水器抗堵塞能力评估指数 CRI 来选取。通过对 8 种不同类型的灌水器开展原位抗堵塞试验，并对滴灌系统灌水器流量进行长期动态测试，发现采用“灌水器排沙-毛管冲沙-过滤器拦沙-沉沙池沉沙”相结合的灌水器堵塞控制集成技术后，黄河水滴灌系统安全运行时间(CU＞80%)最低可达到 420h 以上。

21.2　微咸水滴灌系统灌水器堵塞控制综合技术体系及应用模式

21.2.1　基本思路及应用模式

1. 基本思路

微咸水水源矿化度高，水中含有大量的钙、镁等离子，极易形成化学沉淀，从而造成灌水器堵塞(图 21.7)。以控制灌水器内部钙镁沉淀形成和附着为目标，构建“控制水质-调节运行-配施酸肥”相结合的微咸水灌水器堵塞控制集成技术体系。其中，“控制水质”中以矿化度作为水质主要评定参数，采用咸淡水混配、磁化处理等方式使得微咸水矿化度处于控制阈值内，从源头处减少造成灌水器化学堵塞的关键组分；“调节运行”中主要通过调控系统的灌溉压力、灌水频率以及轮灌模式等来减少沉淀物在灌水器表面的附着，从而减缓灌水器化学堵塞；“配施酸肥”主要是通过施加酸性的肥料结合定期加酸的方法，清除生成的沉淀物质。

2. 应用模式

1) 微咸水水源矿化度控制阈值

依托滴灌系统灌水器化学堵塞原位试验(详见 4.2 节)，不同矿化度水质下灌水器的

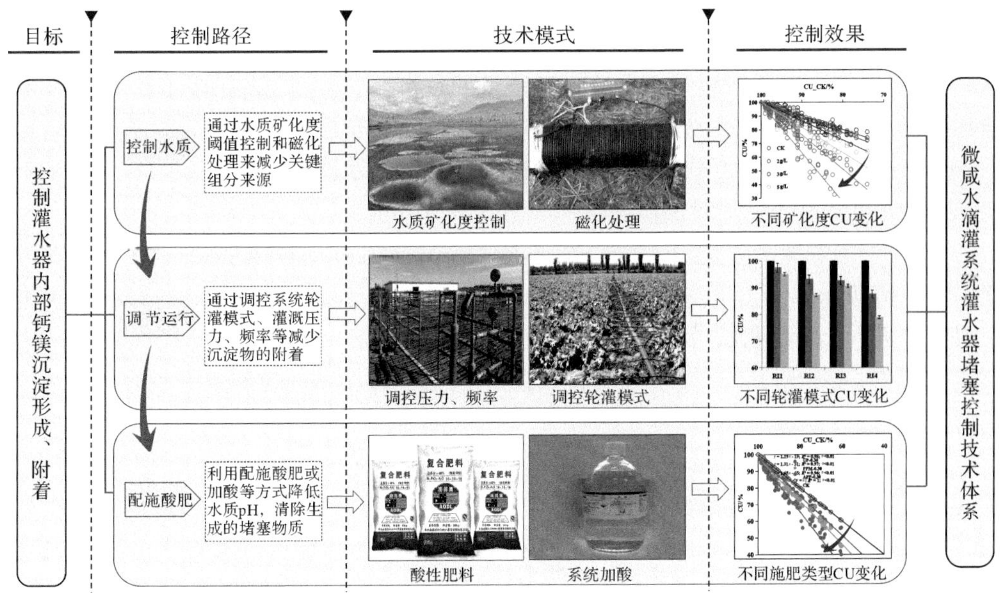

图 21.7　微咸水滴灌系统灌水器堵塞控制集成技术体系

化学堵塞差异显著，呈现增加到急剧增加的变化趋势。与 1g/L 水源矿化度处理相比，2～5g/L 处理下灌水器的堵塞程度呈缓慢增长的趋势，Dra 和 CU 分别降低 8.1%～33.4%和 10.4%～27.5%，而 7～9g/L 处理下灌水器堵塞呈急剧增长的趋势，Dra 和 CU 分别降低 59.9%～98.7%和 67.4%～112.5%。因此建议采用微咸水滴灌系统时水质矿化度应小于 5g/L。

2) 微咸水滴灌系统运行方式优化

滴灌系统的运行模式会显著影响灌水器内部沉淀物质的生长及形成过程。因此，可以通过优化系统运行模式减缓灌水器化学堵塞，常见的运行方式优化主要包括以下几点。

(1) 微咸水滴灌系统适宜的灌水频率：试验在内蒙古自治区巴彦淖尔市磴口县北乌兰布和沙区灌溉实验站内进行，试验设置三种灌水频率，分别为 1 次/d、1 次/4d、1 次/7d ($P_{1/1}$、$P_{1/4}$、$P_{1/7}$)，测试 6 种灌水器的 Dra 和 CU，并对堵塞物质进行定量、定性分析。结果表明，微咸水滴灌系统采用 $P_{1/1}$ 的高频滴灌可以有效缓解灌水器堵塞。在此模式下，当系统累计运行至 357h，$P_{1/1}$ 处理 Dra 和 CU 分别比 $P_{1/4}$、$P_{1/7}$ 处理高 4.60%～18.6%和 6.7%～15.09%。

(2) 微咸水滴灌系统适宜的工作压力：试验区于内蒙古自治区巴彦淖尔市磴口县中国农业大学引黄滴灌试验基地进行，设置 0.1MPa、0.06MPa、0.02MPa 三种运行压力，测试 4 种灌水器的 Dra 和 CU。结果表明，系统运行至 357h，0.06MPa、0.02MPa 运行压力处理 Dra 分别比 0.1MPa 处理低 3.3%～15.3%、CU 低 4.1%～19.7%，0.06MPa 是滴灌系统运行压力的敏感区间，因此对于微咸水滴灌系统适宜的工作压力应不低于 0.06MPa。

(3) 微咸水滴灌系统咸淡水交替轮灌模式：试验在内蒙古河套灌区临河曙光实验站

内进行，通过在番茄苗期、开花期和坐果期设置 RI1(淡、淡、淡)、RI2(淡、咸、淡)、RI3(淡、淡、咸)、RI4(淡、咸、咸)四种灌水模式，测试灌水器的 Dra 和 CU。结果表明，采用淡水与微咸水进行交替滴灌可以缓解灌水器化学堵塞的发生，试验运行结束后，RI2 处理组中灌水器的 Dra、CU 分别比 RI4 处理高 15.7%和 22.1%，并且该模式下番茄的产量和品质得到一定提升。因此建议采用咸淡水轮灌的模式以缓解灌水器堵塞。

3) 微咸水滴灌系统肥料选择方法

试验在中国农业大学进行，设置 F0(不施肥，pH 为 8.0)、F1(硫酸铵，pH 为 7.5)、F2(硫酸铵+硫酸，pH 为 6.5)和 F3(硫酸脲，pH 为 5.7)四种施肥模式，通过对滴灌系统的 Dra 和 CU 进行长周期测试，发现相比于 F0 处理，配施酸肥 Dra 和 CU 分别提高 30.2%～183.7%和 42.8%～152.3%，且水质 pH 越低，对灌水器堵塞的控制效果越好。

21.2.2 应用实例

内蒙古河套灌区水资源极度紧缺，迫使该地区广泛分布的微咸水/咸水也常常作为滴灌水源(图 21.8)，由此导致的灌水器化学堵塞问题也成为该地区滴灌技术应用的关键障碍。自 2012 年起，中国农业大学联合内蒙古河套灌区管理总局科技文化处在当地进行了微咸水滴灌系统灌水器堵塞控制集成技术体系的推广，取得了良好的控堵效果。

图 21.8 内蒙古磴口县微咸水

水质控制上，微咸水的矿化度控制在 5g/L 以下，对于部分矿化度超过 5.0g/L 的地区，则采取和当地矿化度较低的湖库水或者黄河水等混配来降低水质的矿化度，并且利用 900mT 的磁化处理器进行处理。

系统调控上，微咸水滴灌系统适宜的运行压力处于 0.06～0.1MPa；滴灌系统适宜的灌溉频率为 1～4 天 1 次，在作物长时间不需要通过滴灌系统灌水时(如降水充足等)，仍每隔 4 天通过滴灌系统灌水约 30min，以保持毛管及灌水器内部处于湿润状态；根据油葵等作物的种植特点，作物一般可在苗期采用淡水，后期采用咸淡水交替进行灌溉。

配施酸肥上，氮肥多选用磷酸尿素、硝酸铵、硫酸铵和磷酸一铵，磷肥选用磷酸尿素、磷酸二氢钾和磷酸一铵，钾肥优先选用硝酸钾和氯化钾，或选用由上述单质肥料配制的水溶性复混肥料。由于当地为盐碱化土壤，所以于每年的运行末期在滴灌系统中注入一次低浓度硫酸以清除堵塞，部分酸性土壤区选用土壤酸性改良剂 Lineout 有机酸。

微咸水滴灌系统灌水器堵塞控制集成技术在巴彦淖尔市磴口地区应用后，最初应用的滴灌系统运行良好，显著提高了系统的使用寿命。

综上所述，为了缓解微咸水滴灌系统灌水器堵塞，适宜的矿化度阈值应在5g/L以下，可采用900mT的磁化器对微咸水进行处理，在可允许的范围内宜采用高频滴灌，系统工作压力应不低于0.06MPa，采用淡水与微咸水进行交替滴灌，以及配施酸性肥料均可以缓解灌水器堵塞的发生。而通过对8种不同类型的灌水器开展原位滴灌试验，并对滴灌系统灌水器流量进行长期动态测试，发现采用“控制水质（矿化度阈值控制和磁化处理来减少关键组分来源）-调节运行（调控轮灌模式、灌溉压力、频率等控制沉淀物附着过程）-配施酸肥（配施酸性肥料清除生成的堵塞物质）”相结合的灌水器堵塞控制集成技术后，微咸水滴灌系统安全运行时间（CU>80%）可达到390h以上（6～9年）。

21.3　再生水滴灌系统灌水器堵塞控制综合技术体系及应用模式

21.3.1　基本思路及应用模式

1. 基本思路

针对再生水水源富含微生物及其生长所需的有机质、BOD_5、COD_{Cr}、N、P等物质的问题，以控制再生水中微生物在滴灌系统壁面附着、生长为目标，提出了“前截-中控-后清”相结合的再生水灌水器堵塞逐级调控技术（图21.9）。“前截”是利用过滤器截除微生物附着的颗粒物，从而减少颗粒物输送到毛管内的数量；“中控”为借助周期性加氯处理配合毛管冲洗来控制毛管和灌水器内壁中微生物的生长；“后清”是利用微生物拮抗和电化学法灭杀滴灌管网中的微生物，清除微生物分泌的黏性EPS。

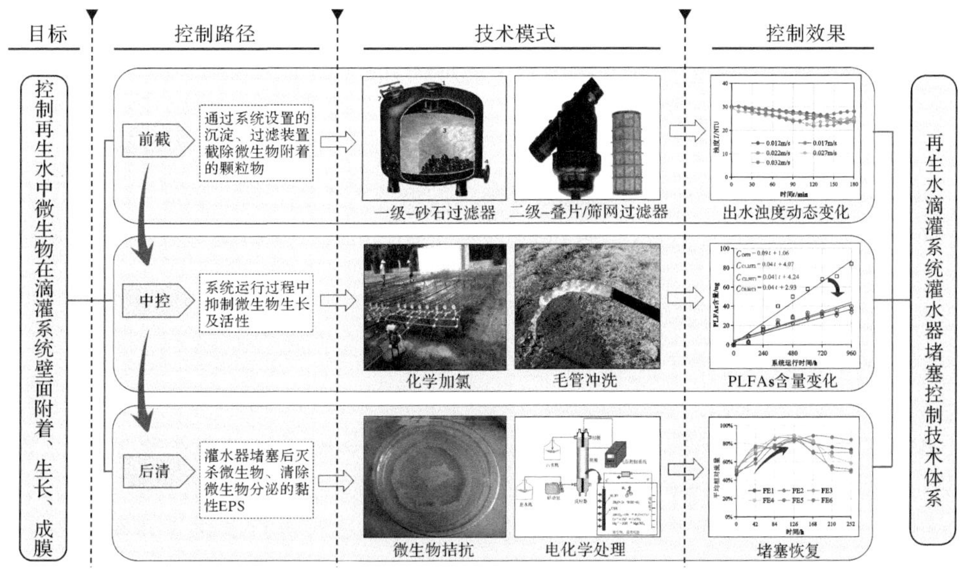

图21.9　再生水滴灌系统灌水器堵塞控制体系

2. 应用模式

1) 过滤器合理配置组合及运行方式

过滤器配置采用一级砂石过滤器＋二级叠片/筛网过滤器的组合过滤模式，综合考虑过滤时间、过滤流速和浊度去除率等因素，过滤器最优过滤模式应为滤料粒径选择 1.0～2.0mm，过滤流速选择 0.022m/s，此时的浊度去除率可达 79.60%。在此过滤模式下，最优的反冲洗流速为 0.017m/s，所需要的反冲洗时间为 12min。在此模式下，过滤器水头损失下降最快，最先达到最低压差。相关内容详见 17.3.2 节。

综合考虑浊度去除率和压差变化特征，100 目筛网过滤器在相对较低的压力损失前提下，浊度去除率最高，因而筛网过滤器选择 100 目相对最优；同样的判定标准可以发现叠片过滤器选择 120 目相对最优。相关内容详见 17.3.3 节。

2) 周期性加氯配合毛管冲洗

借助两年 CASS 工艺再生水现场滴灌试验，研究不同加氯方式配合毛管冲洗对灌水器内堵塞的控制效应，分析毛管冲洗对灌水器内部固体颗粒物含量、EPS 含量、微生物含量以及优势菌群的影响。研究发现，加氯配合毛管冲洗处理可以有效控制灌水器堵塞的发生。整体来看，加氯处理较不加氯处理分别提升 26.9%～43.3%、19.6%～46.0%，最优的模式为低浓度长持续时间（0.80mg/L×3h）加氯配合毛管冲洗（冲洗流速为 0.45m/s，约 1 次/50h）。相关内容详见 20.2 节。

3) 微生物拮抗技术应用模式

采用三种处理工艺（CASS、RBTT 和 SBWL）再生水进行生物膜培养试验，筛选出兼具生防和根际促生作用的枯草芽孢杆菌和解淀粉芽孢杆菌作为拮抗菌剂。例如，发现解淀粉芽孢杆菌可有效抑制再生水滴灌系统灌水器流道附生生物膜的生长，使得生物膜总量降低 44.9%～73.8%，灌水器平均相对流量提高了 31.9%～44.3%。然而，不合理的拮抗菌剂施用可能会增加生物膜群落中微生物活性、增加黏性胞外聚合物的分泌，反而刺激生物膜的形成，并导致流道堵塞（Wen et al.，2020）。综合考虑控制效果与风险，建议灌水器堵塞程度下降到 25%时开始进行周期性施加拮抗菌剂，施加拮抗菌剂的时间为 10～15min，浓度为 10^9CFU/mL，菌剂施加模式为每 2 天 1 次，连续施加 2 次。同时配合流速为 0.45m/s 左右的管道冲洗，冲洗时间为 5～10min，在拮抗菌剂反应 24h 后进行。相关内容详见 21.1 节～21.3 节。

4) 电化学技术应用模式

电化学处理通过抑制生物膜中关键菌群（*Reyranella*、Sphingomonadaceae_uncultured、Rhodobacteraceae_unclassified、*Brevundimonas*）的相对丰度，降低生物膜内部的稳定性，使得生物膜微生物群落中的细菌丰富度与多样性降低，EPS 的分泌减少了 40.9%～70.3%，使得生物膜含量下降 36.8%～66.0%。灌水器平均相对流量提升，考虑到滴灌系统运行及电能消耗，滴灌系统灌水器堵塞程度达到 10%时进行电化学处理是适宜的应用模式（song et al.，2021）。

21.3.2 应用实例

以北京市昌平区北七家污水处理厂周边绿化作物为例进行再生水滴灌系统堵塞集成控制体系的介绍，该地区选用 CASS 工艺处理的再生水，出流后的水质参数见表 21.2。处理后的再生水采用一级砂石过滤器＋二级筛网过滤器进一步过滤，其中砂石过滤器（型号：长沙多灵-DWMF 卧式过滤器）砂石填充粒径为 1.5mm，过滤流速选择 0.022m/s，反冲洗流速为 0.017m/s；筛网过滤器（型号：AZUD Luxon）目数为 100 目。经过两级过滤后的水质浊度可降低 76.3%～82.6%。

表 21.2　再生水水质参数

Ca^{2+}浓度/(mg/L)	Mg^{2+}浓度/(mg/L)	SO_4^{2-}浓度/(mg/L)	HCO_3^-浓度/(mg/L)	PO_4^{3-}浓度/(mg/L)	S^{2-}浓度/(mg/L)
45.7	15.0	46.4	296	4.89	0.01
COD/(mg/L)	NH_4^+-N浓度/(mg/L)	SS/(mg/L)	TP/(mg/L)	DO/(mg/L)	pH
16.5	2.7	5.4	0.91	1.01	7.16

根据该地区野牛草、结缕草、羊胡子草等草坪植物的需水和灌水器堵塞的控制需求，制定适宜该地区的灌溉模式。在作物需水期，每隔 3～7 天滴灌一次，灌水器选用 1.75L/h 的灌水器（型号：YMT-1.75），单次滴灌时间 2～4h。滴灌系统每运行 40～60h 后采用低浓度长持续时间（0.80mg/L×3h）加氯配合毛管冲洗（冲洗流速为 0.45m/s，冲洗时间为 5min）来控制系统内部微生物的生长；并在每年的年末进行周期性施加枯草芽孢杆菌（浓度为 10^9CFU/mL）一次以进一步清除毛管及灌水器内壁附生的生物膜。通过这种调控方法，再生水滴灌中引发的灌水器堵塞问题得到有效控制，自该技术应用以来相关的滴灌系统一直未曾更换过滴灌带，显著降低了系统的维护费用。

综上所述，再生水滴灌系统灌水器堵塞逐级调控技术中，过滤器配置可选用砂石过滤器＋叠片/筛网过滤器，其中砂石过滤器最优滤料粒径宜选择 1.0～2.0mm，过滤流速为 0.022m/s，反冲洗流速为 0.017m/s，反冲洗时间为 12min，配置筛网过滤器适宜目数为 100 目，叠片过滤器为 120 目；加氯配合毛管冲洗的最优模式为低浓度长持续时间加氯（0.80mg/L×3h），毛管冲洗流速为 0.45m/s，约 50h 冲洗一次；微生物拮抗菌剂清除灌水器堵塞的应用模式为灌水器堵塞程度达到 25%时开始周期性施加拮抗菌剂，施加菌剂的时间为 10～15min，浓度为 10^9CFU/mL，菌剂施加模式为每 2 天 1 次，连续施加两次，待拮抗菌剂反应 24h 后以管道冲洗流速为 0.45m/s 左右、冲洗时间为 5～10min，对滴灌管进行冲洗；采用电化学法可以有效控制灌水器堵塞，适宜的处理模式为灌水器堵塞程度达到 10%时进行护理。而通过对不同类型的灌水器开展原位滴灌试验，并对滴灌系统灌水器流量进行长期动态测试，发现采用“前截（过滤器截除微生物附着的颗粒物）、中控（加氯处理配合毛管冲洗控制微生物生长）、后清（利用微生物拮抗和电化学技术灭杀微生物）”相结合的灌水器堵塞控制集成技术后，再生水滴灌系统安全运行时间（CU＞80%）可达到 907h 以上（10 年以上）。

参 考 文 献

李云开，杨培岭，任树梅，等. 2007. 分形流道设计及几何参数对滴头水力性能的影响[J]. 机械工程学报，43(7)：109-114.

卢金锁，路泽星，于健. 2015. 一种旋流泥沙分离装置：中国，CN104386847A[P].

王伟楠，徐飞鹏，周博，等. 2014. 引黄滴灌水源中泥沙表面附生生物膜的分形特征[J]. 排灌机械工程学报，10：914-920.

翟国亮，陈刚，赵武，等. 2007. 微灌用石英砂滤料的过滤与反冲洗试验[J]. 农业工程学报，23(12)：46-50.

张万宝，李聪敏，曹峰. 2015. 黄河水滴灌工程泥沙处理效果评估[J]. 农业工程，5(4)：107-109.

Burgess P M, Moresi L N. 1999. Modelling rates and distribution of subsidence due to dynamic topography over subducting slabs: Is it possible to identify dynamic topography from ancient strata[J]. Basin Research, 11(4): 305-314.

Diao H F, Li X Y, Gu J D, et al. 2004. Electron microscopic investigation of the bactericidal action of electrochemical disinfection in comparison with chlorination, ozonation and Fenton reaction[J]. Process Biochemistry, 39(11): 1421-1426.

Eroglu S, Sahin U, Tunc T, et al. 2012. Bacterial application increased the flow rate of $CaCO_3$-clogged emitters of drip irrigation system[J]. Journal of Environmental Management, 98(6): 37-42.

Han S Q, Li Y K, Zhou B, et al. 2019. An in-situ accelerated experimental testing method for drip irrigation emitter clogging with inferior water[J]. Agricultural Water Management, 212: 136-154.

Kafkafi U, Tarchizky J. 2011. A tool for efficient fertilizer and water management[R]. Paris: International Fertilizer Industry Association.

Li Q, Song P, Zhou B, et al. 2019. Mechanism of intermittent fluctuated water pressure on emitter clogging substances formation in drip irrigation system utilizing high sediment water[J]. Agricultural Water Management, 215: 16-24.

Li X B, Kang Y H, Wan S Q, et al. 2015. Effect of drip-irrigation with saline water on Chinese rose (Rosa chinensis) during reclamation of very heavy coastal saline soil in a field trial[J]. Scientia Horticulturae, 186: 163-171.

Li Y K, Yang P L, Xu T W, et al. 2008. CFD and digital particle tracking to assess flow characteristics in the labyrinth flow path of a drip irrigation emitter[J]. Irrigation Science, 26(5): 427-438.

Liu Z Y, Xiao Y, Li Y K, et al. 2019. Influence of operating pressure on emitter anti-clogging performance of drip irrigation system with high-sediment water[J]. Agricultural Water Management, 213: 174-184.

Morita C, Sano K, Morimatsu S, et al. 2000. Disinfection potential of electrolyzed solutions containing sodium chloride at low concentrations[J]. Journal of Virological Methods, 85(1-2): 163-174.

Puig-Bargués J, Arbat G, Elbana M, et al. 2010. Effect of flushing frequency on emitter clogging in microirrigation with effluents[J]. Agricultural Water Management, 97(6): 883-891.

Rameshwaran P, Epe A, Yazar A, et al. 2015. The effect of saline irrigation water on the yield of pepper: Experimental and modelling study[J]. Irrigation and Drainage, 64(1): 41-49.

Ravina E P, Sofer Z A, Marcu A S, et al. 1992. Control of emitter clogging in drip irrigation with reclaimed wastewater[J]. Irrigation Science, 13(3): 129-139.

Şahin Ü, Anapalı Ö, Dönmez M F, et al. 2005. Biological treatment of clogged emitters in a drip irrigation system[J]. Journal of Environmental Management, 76(4): 338-341.

Salvador P G, Arviza V J, Bralts V F. 2004. Hydraulic flow behaviour through an in-line emitter labyrinth using CFD techniques[C]//ASAE/CSAE Annual International Meeting, Ottawa.

Song P, Xiao Y, Ren Z J, et al. Electrochemical biofilm control by reconstructing microbial community in agricultural water distribution systems[J]. Journal of Hazardous Materials, 2021, 403: 123616.

Wen J X, Xiao Y, Song P, et al. Bacillus amyloliquefaciens application to prevent biofilms in reclaimed water microirrigation systems[J]. Irrigation and Drainage, 2021, 70(1): 4-15.

Zhang J, Zhao W H, Tang Y P, et al. 2011. Structural optimization of labyrinth-channel emitters based on hydraulic and anti-clogging performances[J]. Irrigation Science, 29(5): 351-357.

Zhang W, Zhou G W, Min W, et al. 2015. Fate of fertilizer N in saline water drip-irrigated cotton field using 15N tracing method[J]. Acta Pedologica Sinica, 52(2): 372-380.

附录　作者发表的相关论文清单

[1] Zeyuan Liu, Peng Hou, Yingdong Zha, Tahir Muhammad, Yunkai Li*. Salinity threshold of desalinated saline water used for drip irrigating: The perspective of emitter clogging. Journal of Cleaner Production, 2022, 361: 132143.

[2] Bo Zhou, Peng Hou, Yang Xiao, Peng Song, En Xie, Yunkai Li*. Visualizing, quantifying, and controlling local hydrodynamic effects on biofilm accumulation in complex flow paths. Journal of Hazardous Materials, 2021, 416: 125937.

[3] Zeyuan Liu, Tahir Muhammad, Jaume Puig-Bargués, Siqi Han, Yongjiu Ma, Yunkai Li*. Horizontal roughing filter for reducing emitter composite clogging in drip irrigation systems using high sediment water. Agricultural Water Management, 2021, 258: 107215.

[4] Tahir Muhammad, Yang Xiao, Jaume Puig-Bargués, Wenchao Liu, Zeyuan Liu, Xiuzhi Chen, Yunkai Li*. Effects of coupling multiple factors on $CaCO_3$ fouling in agricultural saline water distribution systems. Agricultural Water Management, 2021, 248: 106757.

[5] Tahir Muhammad, Bo Zhou*, Zeyuan Liu, Xiuzhi Chen, Yunkai Li*. Effects of phosphorus-fertigation on emitter clogging in drip irrigation system with saline water. Agricultural Water Management, 2021, 243: 106392.

[6] Peng Hou, Jaume Puig-Bargués, Yang Xiao, Tao Xue, Jinyan Wang, Peng Song, Yunkai Li*. An improved design of irrigation centrifugal filter for separating water and fine sediment: Appropriately increase head loss for high efficiency. Irrigation Science, 2021, 40(2): 51-161.

[7] Peng Hou, Shuqin Li*, Zeyuan Liu, Hongxu Zhou, Tahir Muhammad, Ruonan Wu, Wenchao Liu, Yunkai Li. Water temperature effects on hydraulic performance of pressure-compensating emitter in a drip irrigation system. Irrigation and Drainage, 2021, 70(2): 332-341.

[8] Yang Xiao, Jaume Puig-Bargués, Bo Zhou, Qiang Li, Yunkai Li*. Increasing phosphorus availability by reducing clogging in drip fertigation systems. Journal of Cleaner Production, 2020, 262: 121319.

[9] Changjian Ma, Yang Xiao, Jaume Puig-Bargués, Manoj K. Shukla, Xuelin Tang, Peng Hou, Yunkai Li*. Using phosphate fertilizer to reduce emitter clogging of drip fertigation systems with high salinity water. Journal of Environmental Management, 2020, 263: 110366.

[10] Yang Xiao, Barbara Sawicka, Yaoze Liu, Bo Zhou, Peng Hou, Yunkai Li*. Visualizing the macroscale spatial distributions of biofilms in complex flow channels using industrial computed tomography. Biofouling, 2020, 36(2): 115-125.

[11] Peng Hou, Tianzhi Wang, Bo Zhou, Peng Song, Wenzhi Zeng, Tahir Muhammad, Yunkai Li*. Variations in the microbial community of biofilms under different near-wall hydraulic shear stresses in agricultural irrigation systems. Biofouling, 2020, 36(1): 44-55.

[12] 侯鹏，肖洋，吴乃阳，王海军，马永久，李云开*．黄河水滴灌系统灌水器结构-泥沙淤积-堵塞行为的相关关系研究．水利学报，2020，51(11)：1372-1382.

[13] Peng Song, Gary Feng, John Brooks, Bo Zhou, Hongxu Zhou, Zhirui Zhao, Yunkai Li*. Environmental risk of chlorine-controlled clogging in drip irrigation system using reclaimed water: the perspec-

tive of soil health. Journal of Cleaner Production, 2019, 232: 1452-1464.

[14] Bo Zhou, Hongxu Zhou, Jaume Puig-Bargués, Yunkai Li*. Using an anti-clogging relative index (CRI) to assess emitters rapidly for drip irrigation systems with multiple low-quality water sources. Agricultural Water Management, 2019, 221: 270-278.

[15] Bo Zhou, Yunkai Li*, Song Xue, Ji Feng. Variation of microorganisms in drip irrigation systems using high-sand surface water. Agricultural Water Management, 2019, 218: 37-47.

[16] Hongxu Zhou, Yunkai Li*, Yan Wang, Bo Zhou, Rabin Bhattarai. Composite fouling of drip emitters applying surface water with high sand concentration: dynamic variation and formation mechanism. Agricultural Water Management, 2019, 215: 25-43.

[17] Qiang Li, Peng Song, Bo Zhou, Yang Xiao, Tahir Muhammad, Zeyuan Liu, Hongxu Zhou, Yunkai Li*. Mechanism of intermittent fluctuated water pressure on emitter clogging substances formation in drip irrigation system utilizing high sediment water. Agricultural Water Management, 2019, 215: 16-24.

[18] Yunkai Li*, Jiachong Pan, Xiuzhi Chen, Song Xue, Ji Feng, Tahir Muhammad, Bo Zhou*. Dynamic effects of chemical precipitates on drip irrigation system clogging using water with high sediment and salt loads. Agricultural Water Management, 2019, 213: 833-842.

[19] Zeyuan Liu, Yang Xiao, Yunkai Li*, Bo Zhou, Ji Feng, Siqi Han, Tahir Muhammad. Influence of operating pressure on emitter anti-clogging performance of drip irrigation system with high-sediment water. Agricultural Water Management, 2019, 213: 174-184.

[20] Siqi Han, Yunkai Li*, Bo Zhou, Zeyuan Liu, Ji Feng, Yang Xiao. An in-situ accelerated experimental testing method for drip irrigation emitter clogging with inferior water. Agricultural Water Management, 2019, 212: 136-154.

[21] Peng Song, Bo Zhou, Gary Feng, John P. Brooks, Hongxu Zhou, Zhirui Zhao, Yaoze Liu, Yunkai Li*. The influence of chlorination timing and concentration on microbial communities in labyrinth channels: implications for biofilm removal. Biofouling, 2019, 35(4): 401-415.

[22] Hongxu Zhou, Yunkai Li*, Yang Xiao, Zeyuan Liu. Different operation patterns on mineral components of emitters clogging substances in drip phosphorus fertigation system. Irrigation Science, 2019, 37(6): 691-707.

[23] Bo Zhou, Yunkai Li*, Yanzheng Liu, Yunpeng Zhou, Peng Song. Critical controlling threshold of internal water shear force of anti-clogging drip irrigation emitters using reclaimed water. Irrigation Science, 2019, 37(4): 469-481.

[24] Yunkai Li*, Ji Feng, Song Xue, Tahir Muhammad, Xiuzhi Chen, Naiyang Wu, Weishan Li, Bo Zhou*. Formation mechanism for emitter composite-clogging in drip irrigation system. Irrigation Science, 2019, 37(2): 169-181.

[25] Hongxu Zhou, Yunkai Li*, Youheng Fang, Yang Xiao, Qiang Li. Assessment of flat emitter anti-clogging performance in drip irrigation systems. Transactions of the ASABE, 2019, 62(3): 641-653.

[26] Ji Feng, Yunkai Li*, Weinan Wang, Song Xue. Effect of optimization forms of flow path on emitter hydraulic and anti-clogging performance in drip irrigation system. Irrigation Science, 2018, 36(1): 37-47.

[27] Bo Zhou, Di Wang, Tianzhi Wang, Yunkai Li*. Chemical clogging behavior in drip irrigation systems using reclaimed water. Transactions of the ASABE, 2018, 61(5): 1667-1675.

[28] 李云开*，周博，杨培岭. 滴灌系统灌水器堵塞机理与控制方法研究进展. 水利学报，2018，49(1):

103-114.

[29] Bo Zhou, Tianzhi Wang, Yunkai Li* , Vincent Bralts. Effects of microbial community variation on bio-clogging in drip irrigation emitters using reclaimed water. Agricultural Water Management, 2017, 194:139-149.

[30] Peng Song, Yunkai Li* , Bo Zhou, Chunfa Zhou, Zhijing Zhang, Jiusheng Li* . Controlling mechanism of chlorination on emitter bio-clogging for drip irrigation using reclaimed water. Agricultural Water Management, 2017, 184:36-45.

[31] Bo Zhou, Yunkai Li* , Peng Song, Yunpeng Zhou, Yang Yu, Vincent Bralts. Anti-clogging evaluation for drip irrigation emitters using reclaimed water. Irrigation Science, 2017, 35(3):181-192.

[32] 宋鹏,李云开*,李久生,裴旖婷. 加氯及毛管冲洗控制再生水滴灌系统灌水器堵塞. 农业工程学报, 2017, 33(2):80-86.

[33] Bo Zhou, Yunkai Li* , Peng Song, Zhenci Xu, Vincent Bralts. A kinetic model for biofilm growth inside non-PC emitters under reclaimed water drip irrigation. Agricultural Water Management, 2016, 168:23-34.

[34] Bo Zhou, Yunkai Li* , Peng Song, Tianzhi Wang, Yinguang Jiang, Honglu Liu. Formulation of an emitter clogging control strategy for drip irrigation with reclaimed water. Irrigation and Drainage, 2016, 65(4):451-460.

[35] Lili Zhangzhong, Peiling Yang, Yunkai Li* , Shumei Ren. Effects of flow path geometrical parameters on flow characteristics and hydraulic performance of drip irrigation emitters. Irrigation and Drainage, 2016, 65(4):426-438.

[36] Haosu Sun, Yunkai Li* , Ji Feng, Haisheng Liu, Yaoze Liu. Effects of flow path boundary optimizations on particle transport in drip irrigation emitters. Irrigation and Drainage, 2016, 65(4):417-425.

[37] Ji Feng, Yunkai Li* , Haosu Sun, Peng Song, Haisheng Liu. Visualizing particle movement in cylindrical drip irrigation emitters with Digital Particle Image Velocimetry. Irrigation and Drainage, 2016, 65(4):404-416.

[38] Haisheng Liu, Haosu Sun, Yunkai Li* , Ji Feng, Peng Song, Mindi Zhang. Visualizing particle movement in flat drip irrigation emitters with Digital Particle Image Velocimetry. Irrigation and Drainage, 2016, 65(4):390-403.

[39] 李云开*,冯吉,宋鹏,周博,王天志,薛松. 低碳环保型滴灌技术体系构建与研究现状分析. 农业机械学报, 2016, 47(6):83-92.

[40] Yunkai Li* , Peng Song, Yiting Pei, Ji Feng. Effects of lateral flushing on emitter clogging and biofilm components in drip irrigation systems with reclaimed water. Irrigation Science, 2015, 33(3):235-245.

[41] Bo Zhou, Yunkai Li* , Yaoze Liu, Feipeng Xu, Yiting Pei, Zhenhua Wang* . Effect of drip irrigation frequency on emitter clogging using reclaimed water. Irrigation Science, 2015, 33(3):221-234.

[42] 李云开*,王伟楠,孙昊苏. 再生水滴灌毛管内颗粒-管壁碰撞特征研究. 农业机械学报, 2015, 46(9):159-166.

[43] 周博,李云开*,裴旖婷,杨培岭,姜银光. 再生水滴灌灌水器附生生物膜生长对堵塞的影响. 农业工程学报, 2015, 31(3):146-151.

[44] Yiting Pei, Yunkai Li* , Yaoze Liu, Bo Zhou, Ze Shi, Yinguang Jiang. Eight emitters clogging characteristics and its suitability under on-site reclaimed water drip irrigation. Irrigation Science, 2014, 32(2):141-157.

[45] Bo Zhou, Yunkai Li* , Yaoze Liu, Yiting Pei, Yinguang Jiang, Honglu Liu*. Effects of flow path depth on emitter clogging and surface topographical characteristics of biofilms. Irrigation and Drainage, 2014, 63(1): 46-58.

[46] 周博,李云开*,宋鹏,许振赐.引黄滴灌系统灌水器堵塞的动态变化特征及诱发机制研究.灌溉排水学报,2014,33(Z1):123-128.

[47] 李云开*,冯吉.滴灌灌水器内部水动力学特性测试研究进展.排灌机械工程学报,2014,32(1):86-92.

[48] Bo Zhou, Yunkai Li* , Yiting Pei, Yaoze Liu, Zhijing Zhang, Yinguang Jiang. Quantitative relationship between biofilms components and emitter clogging under reclaimed water drip irrigation. Irrigation Science, 2013, 31(6): 1251-1263.

[49] Yunkai Li* , Bo Zhou, Yaoze Liu, Yinguang Jiang, Yiting Pei, Ze Shi. Preliminary surface topographical characteristics of biofilms attached on drip irrigation emitters using reclaimed water. Irrigation Science, 2013, 31(4): 557-574.

[50] Yunkai Li* , Haisheng Liu, Peiling Yang, Dan Wu. Analysis on tracing ability of different size particles in drip irrigation emitters with computational fluid dynamics. Irrigation and Drainage, 2013, 62(3): 340-351.

[51] Dan Wu, Yunkai Li* , Haisheng Liu, Peiling Yang, Haosu Sun, Yaoze Liu. Simulating on the flow characteristics in the drip irrigation emitter with large body methods. Mathematical and Computer Modelling, 2013, 62(3): 340-351.

[52] 李云开*,宋鹏,周博.再生水滴灌系统灌水器堵塞的微生物学机理及控制方法研究.农业工程学报.2013,29(15):98-107.

[53] 冯吉,孙昊苏,李云开*.滴灌灌水器内颗粒物运动特性的数字粒子图像测速.农业工程学报.2013,29(13):90-97.

[54] Guibing Li, Yunkai Li* , Tingwu Xu, Yaoze Liu, Hai Jin, Peiling Yang, Dazhuang Yan, Shumei Ren* , Zhifang Tian. Effects of average velocity on the growth and surface topography of biofilms attached to the reclaimed wastewater drip irrigation system laterals. Irrigation Science, 2012, 30(2): 103-113.

[55] Yunkai Li* , Yaoze Liu, Guibing Li, Tingwu Xu, Haisheng Liu, Shumei Ren, Dazhuang Yan, Peiling Yang*. Surface topographic characteristics of suspended particulates in reclaimed wastewater and effects on clogging in labyrinth drip irrigation emitters. Irrigation Science, 2012, 30(1): 43-56.

[56] Yunkai Li* , Peiling Yang, Honglu Liu, Tingwu Xu, Haisheng Liu. Pressure loss mechanism analyzed with pipe turbulence theory and friction coefficient prediction in labyrinth path of drip irrigation emitter. Irrigation and Drainage, 2011, 60(2): 179-186.

[57] 杜少卿,曾文杰,施泽,刘耀泽,李云开*,高福栋.工作压力对滴灌管迷宫流道灌水器水力性能的影响.农业工程学报,2011,27(S2):55-60.

[58] Haisheng Liu, Yunkai Li* , Yanzheng Liu, Peiling Yang, Shumei Ren, Runjie Wei, Hongbing Xu. Flow characteristics in energy dissipation units of labyrinth path in the drip irrigation emitters with DPIV technology. Journal of Hydrodynamics, 2010, 22(1): 137-145.

[59] Yunkai Li, Peiling Yang* , Tingwu Xu, Honglu Liu, Haisheng Liu, Feipeng Xu. Hydraulic property and flow characteristics of three labyrinth flow paths of drip irrigation emitters under micro-pressure. Transactions of the ASABE, 2009, 52(4): 1129-1138.

[60] Yunkai Li, Peiling Yang*, Tingwu Xu, Shumei Ren, Xiongcai Lin, Runjie Wei, Hongbing Xu. CFD and digital particle tracking to assess flow characteristics in the labyrinth flow path of a drip irrigation emitter. Irrigation Science, 2008, 26(5): 427-438.

[61] 李云开*，杨培岭，任树梅，雷显龙，吴显斌，管孝艳. 分形流道设计及几何参数对滴头水力性能的影响. 机械工程学报，2007，43(7)：109-114.

[62] 李云开*，刘世荣，杨培岭，任树梅，林雄财. 滴头锯齿型迷宫流道消能特性的流体动力学分析. 农业机械学报，2007，38(12)：49-52.

[63] Yunkai Li, Peiling Yang*, Shumei Ren, Tingwu Xu. Hydraulic characterizations of tortuous flow in path drip irrigation emitter. Journal of Hydrodynamics, 2006, 18(4): 449-457.

[64] 李云开*，杨培岭，任树梅，杨玲，吴显斌. 圆柱型迷宫式流道滴灌灌水器平面模型试验研究. 农业机械学报，2006，37(4)：48-51.

[65] 李云开*，杨培岭，任树梅. 滴灌灌水器流道设计理论研究若干问题的进展与评述. 农业机械学报，2006，37(2)：145-149.

[66] 李云开，杨培岭*，任树梅，杨玲. 滴灌灌水器迷宫式流道内部流体流动特性分析与试验研究. 水利学报，2005，36(7)：886-890.

[67] 李云开，杨培岭*，任树梅，杨玲，吴显斌. 滴头性能综合测试平台构建及其在水力特性研究中的应用. 农业工程学报，2005，21(S1)：104-106.

[68] 李云开，杨培岭*，任树梅，杨玲，吴显斌. 重力滴灌灌水器水力性能及其流道内流体流动机理. 农业机械学报，2005，36(10)：54-57.